Cerbe / Wilhelms

Technische Thermodynamik

Autor:
Prof. Dr.-Ing. Gernot Wilhelms
Professor für Energietechnik, Kältetechnik und Technische Mechanik
Ostfalia Hochschule für angewandte Wissenschaften, Wolfenbüttel
g.wilhelms@ostfalia.de

Mitautor bis zur 5. Auflage:
Prof. Dipl.-Ing. Hans-Joachim Hoffmann (gest. 1980)
Professor für Thermodynamik, Energietechnik und Klimatechnik
Fachhochschule Braunschweig/Wolfenbüttel

Mitautor bis zur 18. Auflage:
Prof. Dr.-Ing. Günter Cerbe
Professor für Thermodynamik, Energietechnik und Gastechnik
Ostfalia Hochschule für angewandte Wissenschaften, Wolfenbüttel

Günter Cerbe

Gernot Wilhelms

Technische Thermodynamik

Theoretische Grundlagen und praktische Anwendungen

19., überarbeitete Auflage

Mit 217 Bildern, 40 Tabellen, 136 Beispielen, 139 Aufgaben und 182 Kontrollfragen

HANSER

Autor:
Prof. Dr.-Ing. Gernot Wilhelms, Ostfalia Hochschule für angewandte Wissenschaften, Wolfenbüttel

Bibliografische Information der Deutschen Nationalbibliothek:
Die Deutsche Nationalbibliothek verzeichnet diese Publikation in der Deutschen Nationalbibliografie; detaillierte bibliografische Daten sind im Internet über
http://dnb.d-nb.de abrufbar.

Vilshofener Straße 10 | 81679 München | info@hanser.de
Internet: www.hanser-fachbuch.de

Lektorat: Frank Katzenmayer
Herstellung: Der Buchmacher, Arthur Lenner, Windach
Covergestaltung: Max Kostopoulos
Coverkonzept: Marc Müller-Bremer, www.rebranding.de, München
Titelbild: © Siemens-Pressebild
Satz: Lumina Datamatics GmbH, München
Druck und Bindung: CPI books GmbH, Leck
Printed in Germany

Print-ISBN 978-3-446-46519-0
E-Book-ISBN 978-3-446-46813-9

Vorwort zur neunzehnten Auflage

Die neunzehnte Auflage knüpft im Wesentlichen an die achtzehnte Auflage an.

In drei einführenden Abschnitten werden als Grundlagen zunächst die thermodynamischen Größen und Begriffe eingeführt, anschließend werden zum ersten Hauptsatz die Energie, die Energieerhaltung und die Energiebilanz und danach zum zweiten Hauptsatz die Energieentwertung behandelt. Schon diese ersten Schritte werden mit praxisnahen einfachen Beispielen unterstützt und vertieft.

Zur Erleichterung des Einstiegs in das Fachgebiet werden die grundsätzlichen Zusammenhänge zunächst mithilfe des idealen Gases erläutert, um darauf aufbauend auf das Verhalten der realen Stoffe einzugehen.

Das Lehrbuch zielt in allen Bereichen auf die technischen Anwendungen ab. Unter diesem Blickwinkel werden das Verhalten und die Bewertung thermischer Maschinen und Anlagen, die Grundlagen der Gemische, die Strömungsvorgänge, die Wärmeübertragung, die Einführung in chemische Reaktionen, die Verbrennung einschließlich der Emissionen und deren Minderung sowie die Brennstoffzellen dargestellt. Wegen der zunehmenden Bedeutung realer Gemische wurde ab der achtzehnten Auflage mit Abschnitt 6.5 eine Einführung in reale Gemische aufgenommen. In der vorliegenden Auflage wurde der Begriff Arbeitsverhältnis präzisiert. Für Kreisprozesse, die in einem geschlossenen System ablaufen, wird nun die Arbeit des reversiblen Kreisprozesses auf die insgesamt abgegebene Volumenänderungsarbeit bezogen. Technische Entwicklungen, Normen, Regeln, Rechenverfahren und technische Daten, z. B. beim Klimaschutz, bei Emissionen, bei Kraftwerks-Anlagen, bei Brennstoffzellen u. a., sind in ihrem aktuellen Stand wiedergegeben.

Das Grundwissen der Thermodynamik ist in nur einem Band zusammengefasst, der neben den grundlegenden thermodynamischen Fragestellungen auch die technische Praxis berücksichtigt. Darüber hinaus enthält dieses Buch einige Themenbereiche, die i. Allg. in Lehrbüchern der Thermodynamik nicht behandelt werden, uns aber notwendig erscheinen. So wird eine Einführung in Größen und Einheitensysteme vorangestellt, um das Lösen von Beispielen und Aufgaben zu erleichtern. Die thermische Ausdehnung wird wegen der häufigen Anwendung in der technischen Praxis behandelt, der Abschnitt Wärmeübertragung dient der Abrundung des gesamten Wissensgebietes. Das alles erfordert eine knappe Darstellung, sodass nicht alle Teilgebiete in gleicher Tiefe behandelt werden können und auf die spezielle Fachliteratur verwiesen werden muss, z. B. bei der Wärmeübertragung oder auch bei technischen Anlagen.

Bis auf wenige Ausnahmen wie z. B. bei der Verbrennungsrechnung werden grundsätzlich Größengleichungen verwendet. Bei Beispielen im Bereich der Grundlagen setzen wir den Druck in der SI-Einheit Pa ein. Im Bereich der technischen Anwendungen verwenden wir überwiegend die Einheit bar. Bei der Bezeichnung und den Formelzeichen verwenden wir die in der thermodynamischen Fachliteratur bevorzugten. Dadurch wird auch der Zugang zur weiterführenden Literatur erleichtert.

Wie bisher haben wir uns um korrekte Definitionen der Begriffe bemüht und gleichzeitig versucht, das manchmal als schwer zugänglich angesehene Wissensgebiet von vermeidbaren Schwierigkeiten zu befreien. Das eigentliche Ziel auch dieser Auflage bleibt die Umsetzung der thermodynamischen Grundlagen in die technische Anwendung. Hierbei sollen die 136 Beispiele mit durchgerechneten Lösungen und Aufgaben mit Lösungsergebnissen helfen. Gemeinsam mit 182 Kontrollfragen mit Antworten sollen sie das Studium erleichtern, das Wissen vertiefen, den Übergang zur technischen Anwendung schaffen sowie das Selbststudium ermöglichen.

Durch die schon in früheren Auflagen vorgenommene Straffung der Grundlagen konnte sichergestellt werden, dass bei der Einführung der Bachelor- und Masterstudiengänge keine Inhalte gegenüber den Diplomstudiengängen preisgegeben wurden.

Inhaltlich abgestimmt mit diesem Lehrbuch ist das dazugehörige Übungsbuch „Wilhelms, G.: Übungsaufgaben Technische Thermodynamik“. Es hat sich als gute Hilfe bei der Erarbeitung und Vertiefung des Wissens, beim Selbststudium und bei der Examensvorbereitung erwiesen.

Die vorliegende Auflage wurde in allen Bereichen aktualisiert, an vielen Stellen wurden Texte zum besseren Verständnis präzisiert und ergänzt. Zu den Änderungen und Ergänzungen wurden wir durch zahlreiche Anmerkungen von Fachkollegen angeregt und bestärkt. Ihnen allen, insbesondere meinem Kollegen Prof. Dr.-Ing. Henning Zindler, danken wir herzlich.

Die vorliegende Fassung wendet sich gleichermaßen an die Ingenieur- und Physikstudierenden der Fachhochschulen und der Technischen Universitäten/Hochschulen, um ihnen den Weg von den *theoretischen Grundlagen zu den praktischen Anwendungen* zu erleichtern.

Wolfenbüttel, im Frühjahr 2021 *Gernot Wilhelms*

Inhaltsverzeichnis

Formelzeichen

A	Fläche
a	Absorptionskoeffizient (Strahlung)
a	Ascheanteil
a	Beschleunigung
a	Temperaturleitfähigkeit
B	Anergie
b	spezifische Anergie
C_{12}	Strahlungsaustauschkonstante
c	Geschwindigkeit
c	Kohlenstoffanteil (Brennstoff)
c	spezifische Wärmekapazität
c_p, c_v	–, konst. Druck (isobar), konst. Vol. (isochor)
C_m	molare Wärmekapazität
C_{mp}, C_{mv}	–, konst. Druck (isobar), konst. Vol. (isochor)
c_s	Schallgeschwindigkeit
d	Durchlasskoeffizient (Strahlung)
d	Durchmesser
E	Exergie, Arbeitsfähigkeit
E_B	Brennstoffexergie
E_g	Exergie eines geschlossenen Systems
E_m	molare Exergie
E_q	Exergie der Wärme
E_v	Exergieverlust
E^*	Exergie eines strömenden Fluids
e	spezifische Exergie
F	Faraday-Konstante
F	freie Energie (Helmholtz-Funktion)
F	Kraft
G	freie Enthalpie (Gibbs-Funktion)
G	Gewichtskraft
Gr	Grashof-Zahl
g	Fallbeschleunigung
H	Enthalpie
H_m	molare Enthalpie
H_o, H_u	spezifischer Brennwert, Heizwert
H_{om}	molarer Brennwert
H_{um}	– Heizwert
H_{on}, H_{un}	auf das Normvolumen bezogener Brennwert, Heizwert
h	spezifische Enthalpie
h	Höhe, Länge
h	Wasserstoffanteil (Brennstoff)
$\vec{I}$	Impuls
I	elektrische Stromstärke
k	Boltzmann-Konstante
k	Wärmedurchgangskoeffizient
l	Länge
l	Verbrennungsluftmenge
l_a	Luftgehalt des Abgases
M	molare Masse
M	spezifische Ausstrahlung
M_s	–, des schwarzen Körpers
M_λ	spektrale spezifische Ausstrahlung
$M_{\lambda s}$	–, des schwarzen Körpers
M_d	Drehmoment
m	Masse
Ma	Mach-Zahl
N_A	Avogadro- oder Loschmidt-Konstante
Nu	Nußelt-Zahl

n	Drehzahl
n	Polytropenexponent
n	Stickstoffanteil (Brennstoff)
n	Stoffmenge (kmol)
o	Sauerstoffanteil (Brennstoff)
o	Sauerstoffmenge (zur Verbrennung)
P	Leistung
P_{BZ}	Leistung der Brennstoffzelle
P_{diss}	dissipierte Leistung
P_e	Kupplungsleistung
P_{ei}	Eigenbedarfsleistung
P_{gen}	Generatorleistung
P_{GUD}	Leistung des GUD-Kraftwerks
P_{ind}	indizierte Leistung
P_{kl}	Klemmenleistung
P_t	technische Leistung
Pe	Péclet-Zahl
Pr	Prandtl-Zahl
p	Druck, Absolutdruck
p_{abs}	Absolutdruck
p_{amb}	atmosphärischer Bezugsdruck
p_d	Differenzdruck (allgemein)
$p_{dü}$	Düsendruck, kritischer Druck
p_e	Überdruck (über Atmosphärendruck)
p_{kin}	kinetischer Druck (Staudruck)
p_t	Totaldruck (Strömung)
p^*	Partialdruck
Q	Wärme
$\dot{Q}$	Wärmestrom, Wärmeleistung
$\dot{Q}_B$	Brennstoffleistung, Feuerungswärmeleistung
Q^{rev}	Wärme bei reversiblen Vorgängen
q	auf die Masse bezogene Wärme
$\dot{q}$	Wärmestromdichte, Heizflächenbelastung
q_a	Abgasverlust
q_f	spezifische Flüssigkeitsenthalpie
R	Gaskonstante
R_d	Wärmedurchgangswiderstand
R_i	individuelle (od. spezielle) Gaskonstante
R_l	Wärmeleitwiderstand
R_m	molare (od. universelle) Gaskonstante
$R_ü$	Wärmeübergangswiderstand
Ra	Rayleigh-Zahl
Re	Reynolds-Zahl
r	Radius
r	Raumanteil
r	Reflexionskoeffizient (Strahlung)
r	spezifische Verdampfungsenthalpie
r_v, r_t	Arbeitsverhältnis
S	Entropie
S_{diss}	Entropieerzeugung
S_M	Entropietransport durch Materie
S_m	molare Entropie
S_q	Entropietransport durch Wärme
S_{trans}	Entropietransport
S_{Syst}	Entropie des Systems
s	spezifische Entropie
s	Schwefelanteil (Brennstoff)
T	thermodynamische Temperatur
t	Celsius-Temperatur
U	innere Energie
U	elektrische Spannung
u	spezifische innere Energie
u	Umfangsgeschwindigkeit
V	Volumen
V_f	Volumen der feuchten Luft
V_m	molares Volumen
υ	spezifisches Volumen
υ_f, υ_t	Abgasmenge, feucht, trocken
W	Arbeit
W_{BZ}	Arbeit der Brennstoffzelle
W_{diss}	Dissipationsenergie
W_e	Kupplungsarbeit
W_g	Gesamtarbeit (geschlossenes System)
W_{ind}	indizierte Arbeit
W_k	Arbeit des irreversiblen Kreisprozesses
W_k^{rev}	Arbeit des reversiblen Kreisprozesses
W_n	Nutzarbeit an der Kolbenstange
W_R	Reaktionsarbeit (elektrochem. Reaktion)

W_r	Reibungsarbeit
W_t	technische Arbeit (offenes System)
W_t^{rev}	reversible technische Arbeit
W_t^*	technische Arbeit (kin. und pot. Energieänderung berücksichtigt)
$W_{tT\,verl}$	Arbeitsverlust (Turbine)
$W_{tV\,verl}$	Arbeitsmehraufwand (Verdichter)
W_u	Verschiebearbeit
W_v	Volumenänderungsarbeit
w	spezifische Arbeit
w	Geschwindigkeit
w	Wasseranteil (Brennstoff)
x	Dampfgehalt im Nassdampf
x	Feuchtegehalt feuchter Luft
y	Stoffmengenanteil
Z	extensive Zustandsgröße
Z	Realgasfaktor
z	Höhe
α	Düsenbeiwert
α	Längenausdehnungskoeffizient
α	Verhältnis vergaster/vorhandener Kohlenstoff
α	Wärmeübergangskoeffizient
β	Schaufelwinkel
γ	Volumenausdehnungskoeffizient
γ	Wichte
$\Delta_B H_m^0$	molare Standardbildungsenthalpie
$\Delta_R G$	freie Reaktionsenthalpie
$\Delta_R H$	Reaktionsenthalpie
$\Delta_R S$	Reaktionsentropie
δ	Wandstärke
ε	Emissionskoeffizient
ε	Längendehnung
ε	Verdichtungsverhältnis (Kolbenmaschine)
ε_{KM}, ε_{WP}	Leistungszahl, Kältemaschine, Wärmepumpe
ε_0	relativer Schadraum (Kolbenverdichter)
ζ	exergetischer Wirkungsgrad
η	dynamische Viskosität
η	Wirkungsgrad
η_a	Ausnutzungsgrad (GUD-Prozess)
η_A	Abkühlgrad (Rückkühlwerk)
η_{Ab}	Abtrenngrad (CO_2-Abtrennung)
η_{BZ}	Wirkungsgrad der Brennstoffzelle
η_c	Carnot-Faktor, η_{th} beim Carnot-Prozess
η_D	wärmetechnischer Kraftwerksnettowirkungsgrad
η_{Diff}	Diffusorwirkungsgrad
$\eta_{Dü}$	Düsenwirkungsgrad
η_{ei}	Eigenbedarfswirkungsgrad
η_f	feuerungstechnischer Wirkungsgrad
$\eta_{f\,kon}$	feuerungstechnischer Wirkungsgrad (Kondensation im Abgas)
η_{gen}	Generatorwirkungsgrad
η_{ges}	Gesamtwirkungsgrad, Kraftwerksnettowirkungsgrad
η_{GUD}	Gesamtwirkungsgrad des GUD-Kraftwerks
η_i	innerer Wirkungsgrad
η_{id}	idealer Wirkungsgrad der Brennstoffzelle
η_{ind}	indizierter Wirkungsgrad
η_{isen}	isentroper Wirkungsgrad
η_k	Kesselwirkungsgrad
η_m	mechanischer Wirkungsgrad
η_r	Rohrleitungswirkungsgrad
η_{th}	thermischer Wirkungsgrad (Wärmekraftmaschine)
η_{th}^{rev}	thermischer Wirkungsgrad der reversiblen Wärmekraftmaschine
$\varkappa$	Isentropenexponent, Verhältnis c_p/c_v
λ	Liefergrad von Kolbenverdichtern
λ	Luftverhältnis bei der Verbrennung
λ	Wellenlänge
λ	Wärmeleitfähigkeit

λ_A Aufheizgrad (Kolbenverdichter)
λ_P Drosselgrad (Kolbenverdichter)

μ Füllungsgrad von Kolbenverdichtern
μ Massenanteil

ν kinematische Viskosität
ν stöchiometrische Zahl

ξ Heizzahl

ϱ Dichte
ϱ innere Verdampfungsenthalpie
ϱ^* Partialdichte

σ spezifische Schmelzenthalpie
σ Stefan-Boltzmann-Konstante

τ Zeit

φ Einspritzverhältnis (Verbrennungsmotor)
φ relative Feuchte

ψ äußere Verdampfungsenthalpie
ψ Druckverhältnis (Verbrennungsmotor)
ψ Durchflussfunktion (Düsenströmung)

ω Winkelgeschwindigkeit

Indizes

0 (hochgestellt), chem. Standardzustand (25 °C, 1,0 bar, auch 1,013 25 bar)
0 Zustand bei 0 K oder 0 °C
1 vor der Zustandsänderung
2 nach der Zustandsänderung
12 Änderung vom Zustand 1 nach 2

A, a Abgas, Verbrennungsgas
a Wert aus Abgas- bzw. Verbrennungsgasanalyse
a in Achsrichtung
a Komponente (Gemisch)
ab abgeführt
ad adiabat
amb Umgebungszustand

B, b Brennstoff
BZ Brennstoffzelle
b Bezugszustand, Umgebungszustand
b Komponente (Gemisch)

c Komponente (Gemisch)
car Carnot-Prozess
c/r Clausius-Rankine-Prozess

D Dampfkraftanlage
D, d Dampf
d Diesel-Prozess
diss Dissipation

e effektiv (Kupplung)
eis Eis
er Ericsson-Prozess

f feucht, Flüssigkeit

G Gasturbinenanlage
GUD GUD-Kraftwerk
g Gas
g geschlossen (System)
gef gefördert (Kolbenverdichter)

IGCC Integrated Gasification Combined Cycle
i beliebige Komponente
i Impuls
ib isobar
ich isochor
id ideal
ind indiziert
isen isentrop
ith isotherm

j Joule-Prozess

k Kesselaustritt
k Kreisprozess
k, kr kritisch
kin kinetisch (Druck)
kon Kondensation (im Abgas)
KM Kältemaschine
KV Kolbenverdichter

L, l	Luft
M	Materie
Mi	Mischungswert
m	mechanisch
m	in Meridianrichtung
m	Mittelwert
m	molare Größe
N, n	Normalrichtung (senkrecht)
n	Normzustand, physikalischer Normzustand
n	Nullpunkt
n	Nutzen
o	Otto-Prozess
ORC	Organic Rankine Cycle
pol	polytrop
r	Reibung
rev	(hochgestellt) reversibel
s	Sättigungs-, Siedezustand
s	Seiliger-Prozess
st	Stirling-Prozess
T	Turbine
t	total (Druck)
t	trocken
th	thermisch
tr	Tripelpunkt
u	in Umfangsrichtung
u	Umgebung
u	unvollständig verbrannt
V	Verdichter
v	vor der Verbrennung
verl	Verlust
w	Wand
w	Wasser
w	Welle
wg	Kühlgrenze (f. Luft)
WP	Wärmepumpe
x	beliebiger Zwischenzustand, Variable
x	Nassdampf
z	zwischenüberhitzt
zu	zugeführt
τ	Taupunkt
$'$	siedende Flüssigkeit
$''$	Sattdampf
$\cdot$	zeitliche Ableitung eines Wertes, z. B. Massenstrom $\dot{m}$
*	Änderung der kinet. und pot. Energie berücksichtigt
*	brennwertbezogen (Wirkungsgrad)
*	vereinfachter Clausius-Rankine-Prozess
*	Partialgröße (Gemisch)

1 Grundlagen der Thermodynamik

1.1 Aufgabe der Thermodynamik

Das zentrale Thema der Thermodynamik ist die Energie. Man kann die Thermodynamik daher als allgemeine Energielehre innerhalb der Physik betrachten, die Grundlage für fast alle Ingenieurdisziplinen ist.

Aufgabe der Thermodynamik ist die Entwicklung von Verfahren, mit denen Energieumwandlungen und -übertragungen allgemein beschrieben werden. Das geschieht auf der Basis von zwei naturwissenschaftlichen Erfahrungstatsachen: dem 1. und 2. Hauptsatz der Thermodynamik. Der 1. Hauptsatz verknüpft die unterschiedlichen Energieformen, der 2. Hauptsatz gestattet eine Bewertung der Energie. Die Folgerungen aus den beiden Hauptsätzen gehen weit über das engere Fachgebiet der Thermodynamik hinaus.

Die Verfahren zur Energieumwandlung und Energieübertragung erfordern Apparate und Maschinen, die in ihrer Grundkonzeption dargestellt werden. In den Maschinen und Apparaten befinden sich Gase und Flüssigkeiten, deren thermisches Verhalten daher ebenfalls eingehend untersucht wird.

1.2 Größen und Einheitensysteme

1.2.1 Physikalische Größen und Größenarten

Physikalische Größen G kennzeichnen physikalische Eigenschaften von Stoffen oder physikalischen Erscheinungen.

Der Wert einer physikalischen Größe, der *Größenwert*, wird als Produkt aus *Zahlenwert* $\{G\}$ und *Einheit* $[G]$ angegeben:

$$G = \{G\} \cdot [G]$$

Oft werden Größenwerte auch als Größen bezeichnet, gemeinsames Formelzeichen ist G.

Die Einheit ist eine willkürlich wählbare, aber vereinbarte Größe der gleichen Art wie die betrachtete Größe. Der Zahlenwert gibt das Vielfache der physikalischen Größe in der vereinbarten Einheit an. Die physikalische Größe „Durchmesser eines Kolbens“ mit dem

Größenwert $d = 0{,}1$ m z. B. besteht aus dem Zahlenwert $\{d\} = 0{,}1$ und der Einheit $[d] = \mathrm{m}$. Statt der Einheit m kann eine andere Einheit verwendet werden, sie muss jedoch von der Art einer Länge sein, wie z. B. cm oder Zoll. Das ändert an dieser physikalischen Größe nichts, sie wird dann beispielsweise beschrieben durch $d = 10$ cm, mit dem Zahlenwert $\{d\} = 10$ und der Einheit $[d] = \mathrm{cm}$, oder durch $d = 3{,}94$ Zoll.

Unter dem Begriff *Größenart* sind gleichartige Größen zusammengefasst; z. B. stellt die Größe Arbeit etwas anderes als die Größe Wärme dar, beide gehören jedoch der gemeinsamen Größenart Energie an.

Die überwiegende Zahl der physikalischen Größenarten ist durch die Naturgesetze miteinander verknüpft. Einige jedoch müssen unabhängig voneinander definiert werden. Man bezeichnet sie als *Grundgrößenarten* oder *Basisgrößen.* Aus ihnen werden mittels der Naturgesetze die *abgeleiteten Größenarten* definiert. Zum Beispiel müssen in dem Naturgesetz für gleichförmige Bewegung

$$\text{Geschwindigkeit} = \frac{\text{Weg}}{\text{Zeit}}$$

zwei Größenarten unabhängig voneinander festgelegt sein, dann kann die dritte abgeleitet werden.

Die Dimension erfasst den begrifflichen Inhalt einer physikalischen Größe. Für die Dimensionen der Basisgrößen verwendet man Großbuchstaben, z. B. L (Länge), T (Zeit). Die Dimensionen abgeleiteter Größen werden als Potenzprodukte der Dimensionen der Basisgrößen gebildet. Für die Dimension der Geschwindigkeit c gilt z. B.:

$$\dim c = \mathrm{LT}^{-1}$$

Größen gleicher Art haben immer gleiche Dimension, dagegen müssen bei gleicher Dimension die Größen nicht unbedingt gleicher Art sein; z. B. haben die Größen Volumen und Widerstandsmoment die gleiche Dimension, sind aber nicht gleicher Art. Die manchmal anzutreffende falsche Bezeichnung „Dimension“ für den Begriff der Einheit muss vermieden werden.

Welche Größenart Basisgröße ist, ist weitgehend als Vereinbarung anzusehen, lediglich die Anzahl liegt fest. In obigem Beispiel ist die Geschwindigkeit die abgeleitete Größenart, da Länge und Zeit als Basisgröße vereinbart sind. Nur für die Basisgrößen müssen Einheiten festgelegt werden, man bezeichnet sie als *Grundeinheiten* oder *Basiseinheiten.* Ihre Wahl erfolgt willkürlich. Bedingung ist lediglich eine möglichst internationale Vereinbarung über ihre gemeinsame Verwendung. Für die abgeleiteten Größenarten werden aufgrund der mathematisch formulierten Naturgesetze die *abgeleiteten Einheiten* gebildet, für die Geschwindigkeit beispielsweise

$$\text{Geschwindigkeitseinheit} = \frac{\text{Längeneinheit}}{\text{Zeiteinheit}}$$

Mit den Basiseinheiten m für die Länge und s für die Zeit wird die abgeleitete Einheit für die Geschwindigkeit m/s. Häufig gibt man der abgeleiteten Einheit eine neue Bezeichnung, wie z. B. der Arbeit die Einheit J (*Joule*[1])).

1.2.2 Größengleichungen

Gleichungen zwischen physikalischen Größen heißen *Größengleichungen.* Da die Naturgesetze von der Wahl der Einheiten unabhängig sind, müssen auch Größengleichungen so formuliert sein, dass beliebige Einheiten für die einzelnen Größen eingesetzt werden können. Größengleichungen enthalten nur die Formelzeichen der physikalischen Größen und Zahlenwerte, die aus der mathematischen Entwicklung der Gleichung, z. B. beim Differenzieren, entstehen; andere Zahlenwerte und Zeichen, die aus der Umrechnung verschiedener Einheiten herrühren, enthalten sie nicht.

In Größengleichungen muss der Wert der physikalischen Größe vollständig, d. h. als Produkt aus Zahlenwert und Einheit, eingesetzt werden. Betrachten wir als Beispiel das physikalische Gesetz

$$\text{Arbeit} = \text{Kraft} \cdot \text{Weg}$$

$$W = F \cdot s$$

Bei einer Kraft von $F = 10\,000\ \mathrm{N}$ (*Newton*[2])) sind der Zahlenwert $\{F\} = 10\,000$ und die Einheit $[F] = \mathrm{N}$ in die Größengleichung einzusetzen; entsprechend ist mit dem Weg von beispielsweise $s = 7{,}2\ \mathrm{m}$ zu verfahren. Die Arbeit ist dann, mit der Einheit $1\ \mathrm{N\,m} = 1\ \mathrm{J}$:

$$W = F\,s = 10\,000\ \mathrm{N} \cdot 7{,}2\ \mathrm{m} = 72\,000\ \mathrm{N\,m} = 72\,000\ \mathrm{J}$$

In Ausnahmefällen ist bei wiederholt vorkommenden Berechnungen die Verwendung einer *zugeschnittenen Größengleichung* als Rechenerleichterung von Nutzen. Ist beispielsweise in einer tabellarischen Berechnung die Arbeit in kW h zu ermitteln, so lässt sich durch Einsetzen des Umrechnungsfaktors $3{,}6 \cdot 10^6\ \mathrm{J/(kW\,h)}$ (T 2.1) folgende zugeschnittene Größengleichung bilden:

$$W = F\,s = F\,s\,\frac{1}{3{,}6 \cdot 10^6}\,\frac{\mathrm{kW\,h}}{\mathrm{N\,m}} = \frac{1}{3{,}6 \cdot 10^6}\left(\frac{F}{\mathrm{N}}\right)\left(\frac{s}{\mathrm{m}}\right)\mathrm{kW\,h}$$

Die Einheiten sind als Faktoren zu behandeln, sie können daher an beliebiger Stelle geschrieben werden. Am anschaulichsten ist es, wenn sie bei den Formelzeichen der dazugehörigen Größen stehen, d. h. die Einheit N bei der Kraft F und die Einheit m bei dem Weg s.

Auch diese Gleichung ist eine Größengleichung, da die Kraft F und der Weg s in beliebigen Einheiten eingesetzt werden können, lediglich für die Arbeit liegt die auf

---

1) *Joule* (sprich dʒu'l) (1818–1889), engl. Physiker, untersuchte besonders die Wärmeentwicklung elektrischer Ströme (Joule'sches Gesetz) und das Verhalten von Gasen bei Drosselung (Joule-Thomson-Effekt).

2) *Isaac Newton* (sprich njut(ə)n) (1643–1727), Prof. für Naturwissenschaften in England, einer der genialsten Naturforscher, befasste sich u. a. mit der Bewegung der Himmelskörper, fand das Gravitationsgesetz.

diesen Rechnungszweck „zugeschnittene" Einheit kW h fest. Aufgrund ihres Aufbaus ist die Gleichung allerdings für die Krafteinheit N und die Längeneinheit m besonders gut geeignet, da sich dann die einzusetzenden Einheiten mit den in der Gleichung vorhandenen kürzen. Für das obige Beispiel ergibt die Berechnung nach der zugeschnittenen Größengleichung

$$W = \frac{1}{3{,}6 \cdot 10^6} \, \frac{10\,000\,\mathrm{N}}{\mathrm{N}} \, \frac{7{,}2\,\mathrm{m}}{\mathrm{m}} \, \mathrm{kW\,h} = 0{,}02\,\mathrm{kW\,h}$$

Größengleichungen gelten unabhängig von den gewählten Einheiten, wir werden sie daher, wann immer es möglich ist, benutzen.

1.2.3 Zahlenwertgleichungen

Beziehungen zwischen reinen Zahlen sind *Zahlenwertgleichungen*. Wir verwenden sie nur in Sonderfällen. Beispielsweise wird neben der *Celsius*-Temperaturskala[1] in englisch sprechenden Ländern die *Fahrenheit*-Skala[2] verwendet. Die Zahlenwerte bei den unterschiedlichen Einheiten sind durch eine Zahlenwertgleichung verknüpft.

$$\{t_\mathrm{C}\} = \frac{5}{9}\left(\{t_\mathrm{F}\} - 32\right)$$

Die Gleichung ergibt den Zahlenwert der Celsius-Temperatur; für die Temperatur der Fahrenheit-Skala ist deren reiner Zahlenwert einzusetzen. Für 122 °F ergibt sich z. B.

$$\{t_\mathrm{C}\} = \frac{5}{9}\left(122 - 32\right) = 50$$

Man findet manchmal zu Zahlenwertgleichungen umgearbeitete Größengleichungen, beispielsweise in der Form

$$W = \frac{1}{3{,}6 \cdot 10^6} \, F\,s$$

Die Gleichung ist aus der zugeschnittenen Größengleichung des Abschnittes 1.2.2 hervorgegangen. Sie gilt nur für ganz bestimmte Einheiten von W, F und s, die unbedingt zusätzlich genannt werden müssen. Solche Art Gleichungen wollen wir grundsätzlich vermeiden, da sie leicht zu Fehlern Anlass geben und oft keinen Rückschluss auf den physikalischen Sachverhalt ermöglichen.

1.2.4 Einheitensysteme

Werden die für ein bestimmtes Gebiet der Physik erforderlichen Basisgrößen und Basiseinheiten vereinbart, so lässt sich ein Einheitensystem entwickeln.

---

[1] *Anders Celsius* (1701-1744), schwedischer Astronom, führte die nach ihm benannte Thermometereinteilung ein.
[2] *Daniel Gabriel Fahrenheit* (1686-1726), Physiker in Danzig und Amsterdam.

Durch die freie Wahl der Basisgrößen und Basiseinheiten sowie der Umrechnungsfaktoren für abgeleitete Einheiten sind im Laufe der Entwicklung der Naturwissenschaften mehrere Einheitensysteme entstanden. Weltweit ist überwiegend das von der Generalkonferenz für Maß und Gewicht 1960 beschlossene *Internationale Einheitensystem* (*SI*) gebräuchlich.[1] Es ist in Deutschland durch das „Gesetz über Einheiten im Meßwesen“ seit 1969 vorgeschrieben. Dem SI liegen sieben Basisgrößen mit sieben Basiseinheiten zu Grunde (**T 1.1**):

T 1.1 Basisgrößen und Basiseinheiten des SI [41; Tabelle 1]

Basisgröße	Basiseinheit	
	Bezeichnung	Einheitenzeichen
Länge	Meter	m
Masse	Kilogramm	kg
Zeit	Sekunde	s
Elektr. Stromstärke	Ampere	A
Thermodyn. Temperatur	Kelvin	K
Stoffmenge	Mol	mol
Lichtstärke	Candela	cd

Die Einheit Meter ist seit 1983 mithilfe der Lichtgeschwindigkeit definiert und damit von eventuellen Veränderungen des Urmeters, das etwas kürzer als der 40millionste Teil des Pariser Meridians ist, unabhängig. Das Meter ist die Länge der Strecke, die Licht im Vakuum während der Dauer von 1/299 792 458 Sekunden durchläuft (17. Generalkonferenz für Maß und Gewicht, 1983).

Die Einheit Kilogramm wird durch die Masse eines bei Paris aufbewahrten Zylinders aus 90 Teilen Platin und 10 Teilen Iridium (Internationaler Kilogrammprototyp) verkörpert.[2] Ursprünglich verstand man unter 1 kg die Masse von 1 Liter Wasser bei 4 °C.

Die Einheit Sekunde wurde ursprünglich aus der Umlaufzeit der Erde um die Sonne definiert. Sie wird heute mittels der Periodendauer der Strahlung des Nuklids Zäsium ^{133}Cs festgelegt.

Die Einheit Ampere ist die Stärke eines elektrischen Stromes, der zwischen zwei parallelen Leitern eine bestimmte Kraft pro Meter Leiterlänge hervorruft.

Die Einheit Kelvin ist der 273,16te Teil der thermodynamischen Temperatur des Tripelpunktes des Wassers (vgl. Abschn. 1.3.3).

[1] In einigen Ländern wird auch das angelsächsische Einheitensystem verwendet.

[2] An einer Neudefinition des Kilogramms wird gearbeitet. Angestrebt wird eine Rückführung auf Fundamentalkonstanten der Physik oder auf eine bestimmte Anzahl Siliziumatome in einer perfekt runden Kugel.

Die Einheit Mol ist die Stoffmenge eines Systems, das aus ebenso viel Einzelteilchen besteht, wie Atome in 12 g des Kohlenstoffnuklids ^{12}C enthalten sind. Die Einzelteilchen können Atome, Moleküle, Elektronen o. a. Teilchen sein. [1)]

Die Einheit Candela ist die Lichtstärke einer Strahlungsquelle bei festgelegter Frequenz und Strahlstärke.

Tritt in allen Einheitengleichungen nur der Umrechnungsfaktor 1 auf, so bezeichnet man das System als *kohärentes Einheitensystem.* In nichtkohärenten Einheitensystemen treten von 1 verschiedene Umrechnungsfaktoren auf.

In kohärenten Einheitensystemen treten oft bei den abgeleiteten Größenarten ziemlich große oder kleine Stellenzahlen auf. Wegen der besseren Übersicht werden in solchen Fällen die Zahlenwerte um eine oder mehrere Zehnerpotenzen vergrößert oder verkleinert, was durch Vorsatzzeichen zu den Einheiten gekennzeichnet wird. Diese Vorsatzzeichen sind genormt, ein Auszug ist in **T 1.2** aufgeführt.

T 1.2 Genormte Vorsatzzeichen für dezimale Vielfache und Teile von Einheiten [41; Tabelle 5]

Vorsatz	Vorsatzzeichen	Bedeutung des Vorsatzzeichens
Peta	P	das 10^{15}fache der Einheit
Tera	T	„ 10^{12} „ „ „
Giga	G	„ 10^{9} „ „ „
Mega	M	„ 10^{6} „ „ „
Kilo	k	„ 10^{3} „ „ „
Hekto	h	„ 10^{2} „ „ „
Deka	da	„ 10^{1} „ „ „
Dezi	d	„ 10^{-1} „ „ „
Zenti	c	„ 10^{-2} „ „ „
Milli	m	„ 10^{-3} „ „ „
Mikro	µ	„ 10^{-6} „ „ „
Nano	n	„ 10^{-9} „ „ „
Piko	p	„ 10^{-12} „ „ „

Über die SI-Einheiten hinaus umfasst dieses *Gesetzliche Einheitensystem* die nicht kohärenten Teile und Vielfache der SI-Einheiten, die atomphysikalischen Einheiten und einige zum SI nicht kohärente Einheiten, wie z. B. die Zeit in h, das Volumen in *l* oder den Druck in bar.

---

1) Der Begriff *Substanzmenge* anstelle von Stoffmenge (entspr. „amount of substance“) hat sich im deutschsprachigen Schrifttum nicht durchgesetzt.

Als Beispiel einer abgeleiteten Größenart wollen wir die Kraft betrachten **(T 1.3)**. Für sie gilt das Gesetz:

Kraft = Masse · Beschleunigung

$$F \quad = \quad m \quad \cdot \qquad a$$

Mit der Masse $m = 1$ kg als Basisgröße und der Beschleunigung $a = 1\ \frac{\mathrm{m}}{\mathrm{s}^2}$ als bereits abgeleitete Größenart ergibt sich

$$F = m\,a = 1\ \mathrm{kg} \cdot 1\ \frac{\mathrm{m}}{\mathrm{s}^2} = 1\ \frac{\mathrm{kg\,m}}{\mathrm{s}^2} = 1\ \mathrm{N}$$

Die abgeleitete Einheit $\frac{\mathrm{kg\,m}}{\mathrm{s}^2}$ hat die neue Bezeichnung Newton mit dem Einheitenzeichen N erhalten. 1 N ist demnach die Kraft, die der Masse $m = 1$ kg die Beschleunigung $a = 1\ \frac{\mathrm{m}}{\mathrm{s}^2}$ erteilt.

T 1.3 Einige abgeleitete Größenarten und Einheiten des Internationalen Einheitensystems

Größenart	Einheit	physikalische Gleichung	Einheitengleichung
Kraft	N (Newton)	$F = m \cdot a$	$\mathrm{N} = \frac{\mathrm{kg\,m}}{\mathrm{s}^2}$
Energie	J (Joule)	$W = F \cdot s$	$\mathrm{J} = \mathrm{N\,m} = \frac{\mathrm{kg\,m}^2}{\mathrm{s}^2}$
Leistung	W (Watt)	$P = \frac{W}{\tau}$	$\mathrm{W} = \frac{\mathrm{J}}{\mathrm{s}} = \frac{\mathrm{kg\,m}^2}{\mathrm{s}^3}$

Beispiel 1.1: Ein Fahrzeug legt in 40 s einen Weg von 350 m zurück.

a) Mit welcher Geschwindigkeit bewegt sich das Fahrzeug? Die Geschwindigkeit ist in der Einheit des Internationalen Einheitensystems anzugeben.

b) Wie lautet die zugeschnittene Größengleichung, in der der Weg in m und die Zeit in s eingesetzt werden kann und die Geschwindigkeit in Kilometer pro Stunde ausgerechnet wird?

c) Wie groß ist die Geschwindigkeit in Kilometer pro Stunde?

Lösung:

Zu a): Über das Gesetz Geschwindigkeit = Weg/Zeit ergibt sich:

$$c = \frac{l}{\tau} = \frac{350\ \mathrm{m}}{40\ \mathrm{s}} = \underline{8{,}75\ \frac{\mathrm{m}}{\mathrm{s}}}$$

Zu b):

$$c = \frac{l}{\tau} = \frac{l}{\tau}\,\frac{3600\ \mathrm{s}}{\mathrm{h}}\,\frac{\mathrm{km}}{1000\ \mathrm{m}} = \underline{3{,}6\ \frac{l/\mathrm{m}}{\tau/\mathrm{s}}\,\frac{\mathrm{km}}{\mathrm{h}}}$$

Zu c):

$$c = 3{,}6\ \frac{\frac{350\ \mathrm{m}}{\mathrm{m}}}{\frac{40\ \mathrm{s}}{\mathrm{s}}}\,\frac{\mathrm{km}}{\mathrm{h}} = \underline{31{,}5\ \frac{\mathrm{km}}{\mathrm{h}}}$$

Beispiel 1.2: Welche abgeleitete Einheit ergibt sich im Internationalen Einheitensystem für die Leistung aus den Basiseinheiten?

Lösung:

$$\text{Leistung} = \frac{\text{Arbeit}}{\text{Zeit}}; \ \text{Arbeit} = \text{Kraft} \cdot \text{Weg}; \ \text{Kraft} = \text{Masse} \cdot \text{Beschleunigung}$$

$$[P] = \left[\frac{W}{\tau}\right] = \left[\frac{F\,s}{\tau}\right] = \left[\frac{m\,a\,s}{\tau}\right] = \frac{\text{kg}\,\frac{\text{m}}{\text{s}^2}\,\text{m}}{\text{s}} = \underline{\frac{\text{kg}\,\text{m}^2}{\text{s}^3}}$$

Die Einheit der Leistung im Internationalen Einheitensystem ist $\frac{\text{kg}\,\text{m}^2}{\text{s}^3}$. Sie erhält die neue Bezeichnung Watt[1)] W.

Aufgabe 1.1: In einem Kraftwerk ist eine Turbinenleistung von 100 MW installiert. Welche Arbeit verrichten die Turbinen in 10 Minuten? Die Arbeit ist

a) in der Einheit des Internationalen Einheitensystems,

b) in der Einheit kW h anzugeben.

Aufgabe 1.2: Welchen Druck übt ein auf der Erde befindlicher Körper mit der Masse 3000 kg bei einer Auflagerfläche von 5000 mm^2 auf seine Unterlage aus? $\left(\text{Druck} = \frac{\text{Kraft}}{\text{Fläche}}\right)$.

Der Druck ist anzugeben in den Einheiten des Internationalen Einheitensystems.

1.3 Thermische Zustandsgrößen

Die Eigenschaften eines Stoffes[2)] werden durch physikalische Größen beschrieben. Diese Größen heißen *Zustandsgrößen*. Sie haben für einen bestimmten Zustand des Stoffes feste Werte. Zwei Gruppen, die thermischen und die kalorischen Zustandsgrößen, werden wir eingehend behandeln. Die *thermischen Zustandsgrößen* sind Volumen V, Druck p und Temperatur T. Sie sind durch die thermische Zustandsgleichung (s. Abschn. 1.4) miteinander verknüpft.

1.3.1 Volumen

Das *Volumen* V ist der Raum, den der Stoff mit der Masse m ausfüllt. Bei konstanten physikalischen Bedingungen ist das Volumen eines Stoffes von der Menge des Stoffes abhängig.

Das *spezifische Volumen* v ist das *auf die Masse bezogene* Volumen.

$$v = \frac{V}{m} \qquad \textbf{(Gl 1.1)}$$

[1)] *James Watt* (sprich wɔt) (1736–1819), Mechaniker an der Universität Glasgow, verbesserte die von Thomas Newcomen erfundene Dampfmaschine und ließ dies 1769 patentieren.

[2)] Anstelle des Begriffes *Stoff* führen wir später das *thermodynamische System* ein (Abschn. 1.7.1). Weitere thermodynamische Zustandsgrößen sind in Abschn. 1.7.2 zusammengestellt.

Solche auf die in einem System enthaltene Menge eines Stoffes *bezogenen* Größen sind von der Größe des Systems unabhängig. [1)]

Beispiel 1.3: Ein Gasbehälter ist mit 250 000 kg Erdgas gefüllt, das einen Raum von 300 000 m³ einnimmt. Bei konstanter Temperatur werden 100 000 kg Gas entnommen, wobei die auf dem Gasinhalt schwimmende obere Begrenzungsscheibe entsprechend absinkt.

Wie verhalten sich Volumen und spezifisches Volumen?

Lösung:

Das Volumen verringert sich durch Absinken der oberen Scheibe bei konstanten Werten für Druck und Temperatur um das Verhältnis der Massen im Behälter:

$$V_2 = V_1 \frac{m_2}{m_1} = 300\,000\ \text{m}^3 \ \frac{150\,000\ \text{kg}}{250\,000\ \text{kg}} = \underline{180\,000\ \text{m}^3}$$

Das spezifische Volumen ist

$$v_1 = \frac{V_1}{m_1} = \frac{300\,000\ \text{m}^3}{250\,000\ \text{kg}} = \underline{1{,}2\ \frac{\text{m}^3}{\text{kg}}} \quad \text{oder} \quad v_2 = \frac{\text{V}_2}{\text{m}_2} = \frac{180\,000\ \text{m}^3}{150\,000\ \text{kg}} = \underline{1{,}2\ \frac{\text{m}^3}{\text{kg}}}$$

d. h., v ist von der Masse unabhängig.

Andere physikalische Bedingungen, wie z. B. höhere Temperatur oder höherer Druck, können jedoch das Volumen und das spezifische Volumen verändern. In einer verschlossen gehaltenen Fahrradpumpe z. B. verringern sich mit dem Hereindrücken des Kolbens bei konstanter Luftmasse sowohl das Volumen V als auch das spezifische Volumen v.

Der Kehrwert des spezifischen Volumens ist die *Dichte* des Stoffes

$$\varrho = \frac{1}{v} = \frac{m}{V} \qquad \textbf{(Gl 1.2)}$$

Eine für thermodynamische Betrachtungen weniger wichtige Größe ist die *Wichte*:

$$\gamma = \frac{G}{V} = \frac{m\,g}{V} = \varrho\,g \qquad \textbf{(Gl 1.3)}$$

Die Bezeichnung spezifisches Gewicht für γ soll nicht mehr benutzt werden.

1.3.2 Druck

Als Druck p bezeichnet man die senkrecht auf eine Fläche A wirkende und darauf bezogene Kraft F_N (Normalkraft).

$$p = \frac{F_\text{N}}{A}$$

[1)] *Spezifische* Zustandsgrößen: Sie sind auf die Masse m bezogen, z. B. v.

Bei Flüssigkeiten und Gasen ist der Druck an den Begrenzungsflächen und im Inneren des Systems wirksam. Die Kraft F kann durch das Eigengewicht des Stoffes oder durch äußere Belastung hervorgerufen werden.

Der durch die Gewichtskraft G der Flüssigkeits- oder Gassäule auf die Bodenfläche A eines Zylinders verursachte Druck ist **(B 1.1 a)**:

$$p = \frac{G}{A} = \frac{m g}{A}$$

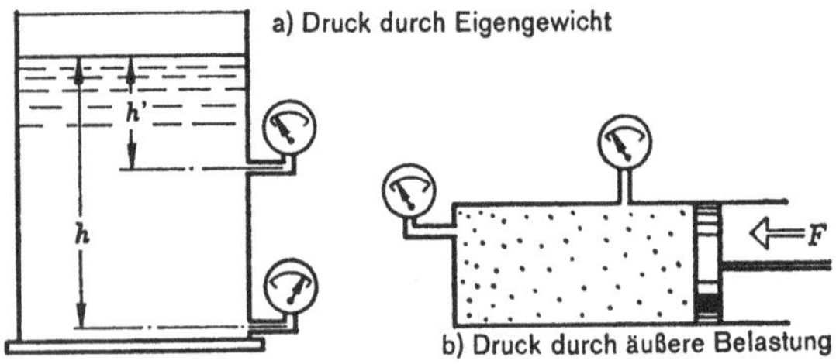

B 1.1 Druck in Flüssigkeiten und Gasen

Wir führen Gl 1.2 ein und ersetzen das Volumen durch $V = A h$

$$p = \frac{\varrho V g}{A} = \frac{\varrho A h g}{A}$$

$$p = \varrho h g \qquad \textbf{(Gl 1.4)}$$

Der Druck durch Eigengewicht ist von der Höhe h der Flüssigkeits- oder Gassäule abhängig. Gl 1.4 gilt, solange ϱ und g von der Höhe h unabhängig sind.

In beliebigen Gefäßen gilt Gl 1.4 ebenfalls, da sich der Druck in Flüssigkeiten und Gasen nach allen Richtungen gleichmäßig fortpflanzt **(B 1.2)**.

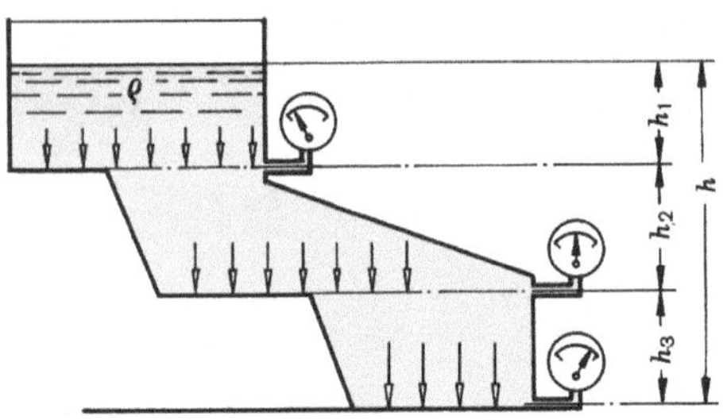

B 1.2 Druck durch Gewicht in beliebigem Gefäß

Oft ist die äußere Belastung so groß, dass der Druck infolge des Eigengewichtes vernachlässigt werden kann. Dann wird an beliebiger Stelle des Systems annähernd der gleiche Druck gemessen (B 1.1 b).

In den in der Thermodynamik behandelten Systemen ist bei Gasen die Veränderung des Gasdruckes mit der Höhe in der Regel vernachlässigbar und nur die äußere Belastung maßgebend, bei Flüssigkeiten ist dagegen oft die Höhe der Flüssigkeitssäule zu beachten. Die Flüssigkeitssäule kann zur Absolutdruckmessung (B 1.4 c) und zur Differenzdruckmessung zwischen dem System und der Umgebung herangezogen werden **(B 1.3)**.

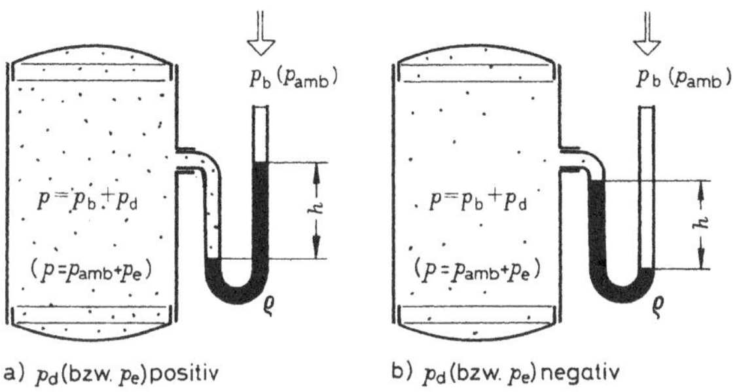

B 1.3 Druckmessung durch Flüssigkeitssäule

Der Umgebungsdruck heißt Bezugsdruck p_b, er ist meist, aber nicht immer, der jeweilige Atmosphärendruck, der dann mit p_{amb} bezeichnet wird.[1] Ist der Absolutdruck p (Druck gegenüber dem Druck null im leeren Raum, auch als p_{abs} bezeichnet) im Behälter größer als der Bezugsdruck, so misst das Manometer einen positiven *Differenzdruck* p_d (B 1.3 a), ist der Absolutdruck im Behälter kleiner als der Bezugsdruck, so misst das Manometer einen negativen Differenzdruck p_d (B 1.3 b). Für den Absolutdruck gilt:

$$p = p_b + p_d \qquad \textbf{(Gl 1.5)}$$

Die Druckdifferenz gegenüber atmosphärischem Bezugsdruck p_{amb} wird *Überdruck* p_e genannt.[2] Dann kann statt Gl 1.5 geschrieben werden:

$$p = p_{amb} + p_e \qquad \textbf{(Gl 1.6)}$$

Der Zustand eines Stoffes wird immer durch den Absolutdruck p (p_{abs}) beschrieben.

Die meisten Messgeräte **(B 1.4)** erfassen nicht den Absolutdruck, sondern wie das U-Rohrmanometer (B 1.3) den Differenzdruck zum Bezugsdruck, der zusätzlich gemessen werden muss. Zur Differenzdruckbestimmung ist in Gl 1.4 p_d (bzw. p_e) statt p einzuführen:

$$p = p_b + g\,h\,\varrho \qquad \textbf{(Gl 1.7)}$$

[1] ambiens (lat.) = umgebend.
[2] excedens (lat.) = überschreitend.

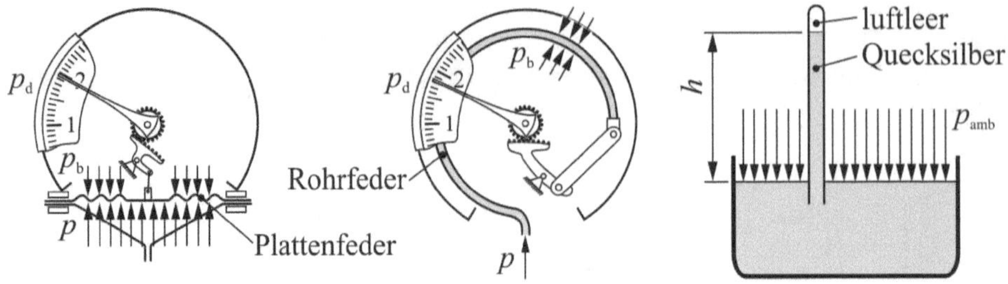

a) Plattenfedermanometer zur Über- und Unterdruckmessung b) Rohrfedermanometer zur Überdruckmessung c) Gefäßbarometer zur Messung des Atmosphärendruckes

B 1.4 Beispiele von Druckmessgeräten

Die SI-Einheit des Druckes ist das Pascal[1)] (Pa), 1 Pa = 1 N/m². Das Pascal ist für viele Anwendungen unanschaulich klein. Daher wird oft das dezimale Vielfache angegeben, z. B. Megapascal (1 MPa = 10^6 Pa) in den Internationalen Wasserdampftafeln oder Hektopascal (1 hPa = 100 Pa) in der Meteorologie. In der technischen Praxis wird das Bar[2)] (bar) bevorzugt, da der Atmosphärendruck etwa 1 bar beträgt; kleine Drücke werden auch in mbar angegeben.

$$1\ \text{bar} = 10^5\ \text{Pa} = 0{,}1\ \text{MPa} = 100\ \text{kPa} \qquad \textbf{(Gl 1.8)}$$

Der Druck, den das Gewicht der Luftsäule der Erde auf die Erdoberfläche ausübt, wird *Atmosphärendruck* p_{amb} genannt. Er schwankt in engen Grenzen mit den meteorologischen Bedingungen. Gl 1.4 ist nicht anwendbar, da sich infolge großer Höhe ϱ und g mit der Höhe ändern. Als *Normdruck* p_n ist der Luftdruck vereinbart, der einer 760 mm hohen Quecksilbersäule von 0 °C bei Normfallbeschleunigung das Gleichgewicht hält.[3)]

$$p_n = 101\,32\mathbf{5}\ \text{Pa} = 101{,}32\mathbf{5}\ \text{kPa} = 1{,}013\,2\mathbf{5}\ \text{bar} \qquad \textbf{(Gl 1.9)}$$

Die Druckmessung durch Flüssigkeitssäulen führte dazu, statt des Druckes die Höhe der Flüssigkeitssäule anzugeben, die diesem Druck das Gleichgewicht hält, und als Druckeinheit ihre Höhe zu verwenden, wie mmWS (Wassersäule) oder mmHg (Quecksilbersäule). Solche Einheitenzeichen müssen jedoch vermieden werden, da der durch eine Flüssigkeitssäule verursachte Druck von deren Wichte abhängt, die sich mit der Temperatur und der örtlich unterschiedlichen Fallbeschleunigung ändert.[4)]

---

1) *Pascal* (1623-1662), franz. Mathematiker und Philosoph, entdeckte das Gesetz der Druckfortpflanzung in Flüssigkeiten.

2) Bar von baros (griech.) = Gewicht, Schwere.

3) Diese Festlegung geht auf *Torricelli* (1608-1647, ital. Math. u. Phys.) zurück, der als Erster mit einer Anlage nach B 1.4c den Luftdruck nachgewiesen hat. Eine fettgedruckte letzte Ziffer kennzeichnet einen genauen Zahlenwert [DIN 1333:1992-02; Nr. 2.2]

4) mmHg ist in der Medizin noch gesetzlich zulässig.

Die Umrechnung einiger Druckeinheiten außerhalb des SI in die SI-Einheit Pa zeigt **T 1.4**.

T 1.4 Umrechnung von Druckeinheiten*)

Einheit außerhalb des SI		Umrechnung in SI-Einheit
Name	Anwendung	
Bar	Technik	1 bar = 10^5 Pa
Quecksilbersäule	Medizin	1 mmHg = 133,3224 Pa
Techn. Atmosphäre	älteres Schrifttum	1 at = 98 066,5 Pa
pound/square inch (psi)	angelsächsisches System	1 lbf/in^2 = 6 894,76 Pa

*) at ist seit 1978 nicht mehr zulässig, mmHg nur noch in der Medizin.

Beispiel 1.4: In einem Vakuumkondensator hat sich Wasser angestaut. An der Messstelle A, die sich oberhalb des Wasserspiegels befindet, wird ein Absolutdruck von 6 kPa, an der unterhalb des Wasserspiegels liegenden Messstelle B wird eine Druckdifferenz von −88 kPa gegenüber Atmosphärendruck gemessen. Der augenblickliche Atmosphärendruck beträgt 101 kPa, die Dichte des Wassers 994 kg/m^3.

Wie hoch liegt der Wasserspiegel über der Messstelle B?

Lösung:

Der Absolutdruck an der Messstelle B ist (Gl 1.6)

$$p_B = p_{amb} + p_{eB} = (101 - 88)\ \text{kPa} = 13\ \text{kPa}$$

Die Druckdifferenz zwischen den beiden Messstellen wird durch die Wassersäule mit der Höhe h verursacht (Gl 1.4).

$$p_B - p_A = \varrho h g$$

$$h = \frac{p_B - p_A}{\varrho g} = \frac{(13-6)\ \text{kPa}\ 10^3\ \frac{\text{Pa}}{\text{kPa}}}{994\ \frac{\text{kg}}{\text{m}^3}\ 9{,}81\ \frac{\text{m}}{\text{s}^2}}\ \frac{\text{N}}{\text{m}^2\ \text{Pa}}\ \frac{\frac{\text{kg m}}{\text{s}^2}}{\text{N}} = \underline{0{,}718\ \text{m}}$$

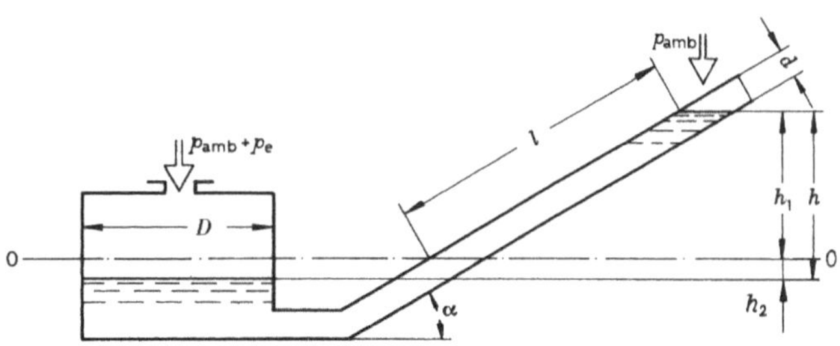

B 1.5 Schrägrohrmanometer

Beispiel 1.5: Der Druck in einem Gasbehälter wird durch ein Schrägrohrmanometer (**B 1.5**) gemessen, das gegenüber dem nichtbelasteten Zustand einen Ausschlag von $l = 4{,}9$ cm anzeigt.

$D = 50$ mm, $d = 5$ mm, $\alpha = 30°$, $\varrho = 850$ kg/m^3 (Dichte der Füllflüssigkeit).

Wie hoch ist der Überdruck in dem Gasbehälter in Pa und in mbar bzw. hPa?

Lösung:

Der Überdruck im Behälter ist gleich dem Druck der Flüssigkeitssäule im Schrägrohrmanometer entsprechend Gl 1.4

$$p_e = \varrho g h$$

Die Flüssigkeitssäule h setzt sich aus der Teilhöhe h_1 und der Spiegelabsenkung h_2 zusammen:

$$h_1 = l \sin\alpha, \qquad \frac{\pi D^2}{4} h_2 = \frac{\pi d^2}{4} l$$

$$h_2 = \left(\frac{d}{D}\right)^2 l$$

Die Gesamthöhe h ist:

$$h = h_1 + h_2 = l \left[\sin\alpha + \left(\frac{d}{D}\right)^2\right] = 4{,}9 \text{ cm} \left[0{,}5 + \left(\frac{5 \text{ mm}}{50 \text{ mm}}\right)^2\right]$$

$$h = 4{,}9 \text{ cm } 0{,}51 = 2{,}5 \text{ cm} = 0{,}025 \text{ m}$$

Damit ergibt sich der Überdruck:

$$p_e = \varrho g h = 850 \frac{\text{kg}}{\text{m}^3} 9{,}81 \frac{\text{m}}{\text{s}^2} 0{,}025 \text{ m} \frac{\text{N}}{\frac{\text{kg m}}{\text{s}^2}}$$

$$p_e = 208 \frac{\text{N}}{\text{m}^2} = \underline{208 \text{ Pa}}$$

$$p_e = 208 \text{ Pa } 10^{-5} \frac{\text{bar}}{\text{Pa}} 10^3 \frac{\text{mbar}}{\text{bar}} = \underline{2{,}08 \text{ mbar}} = \underline{2{,}08 \text{ hPa}}$$

Aufgabe 1.3: Mit einem U-Rohr-Manometer wird der statische Druck in einer Dampfleitung gemessen. Bei von der Messstelle abgetrenntem und kondensatfreiem Manometer befindet sich die Druckentnahme in der Dampfleitung 2,0 m über dem Quecksilberspiegel des U-Rohres. Bei einer solchen Messanordnung kondensiert in der heruntergeführten Druckentnahmeleitung der Dampf. Durch eine sogenannte Vorlage (Kondensgefäß) wird dafür gesorgt, dass die Druckentnahmeleitung vollständig mit kondensiertem Wasser gefüllt ist. Der Barometerstand beträgt 0,99 bar (= 990 hPa). Die Dichten des Wassers und Quecksilbers sind für 20 °C und etwa 1 bar mit

$$\varrho_W = 998 \frac{\text{kg}}{\text{m}^3} \quad \text{und} \quad \varrho_{Hg} = 13\,550 \frac{\text{kg}}{\text{m}^3}$$

anzusetzen.

a) Wie hoch ist der Absolutdruck des Dampfes in Pa und in bar, wenn die Quecksilbersäule 500 mm hoch ist und sich der höhere Stand in dem freien Schenkel einstellt?

b) Welche Höhe hätte die Quecksilbersäule, wenn die Messung an einer Gasleitung mit dem gleichen Absolutdruck wie in der Dampfleitung durchgeführt würde?

Aufgabe 1.4: Der in einer älteren Veröffentlichung angegebene Druck 1,5 at ist in den Einheiten des Internationalen und des angelsächsischen Einheitensystems sowie in der Einheit bar anzugeben.

Aufgabe 1.5: In einer Brennkammer mit 23 kPa Überdruck wird ein Gasbrenner betrieben. Das Brenngas wird einer im Freien aufgestellten Druckgasflasche entnommen. Der Druckverlust in der Zuleitung beträgt 0,5 kPa, der Atmosphärendruck 1020 hPa.

a) Auf welchen Überdruck in kPa und in mbar muss das Druckminderventil an der Druckgasflasche eingestellt werden, damit der Gasdruck am Brenner 2 kPa höher als in der Brennkammer ist?

b) Welche Höhendifferenz stellt sich bei einem mit Quecksilber gefüllten U-Rohrmanometer ein, das hinter dem Druckminderventil den Gasdruck misst ($\varrho_{Hg} = 13\,550\ \mathrm{kg/m^3}$)?

1.3.3 Temperatur

Temperaturbegriff. Die *Temperatur* ist eine aus der Erfahrung bekannte physikalische Größenart, mit der wir die Begriffe „warm" und „kalt" verbinden. Sie ist eine der wenigen Basisgrößen der Physik, die nicht aus anderen Größenarten abgeleitet werden können.

Bringt man zwei Stoffe mit verschiedenen Temperaturen miteinander in Berührung, so wird der Stoff mit der höheren Temperatur kälter, der mit der niedrigeren Temperatur wärmer. Erfahrungsgemäß stellt sich eine gemeinsame Temperatur ein, die sich nicht mehr ändert. Diesen Beharrungszustand nennt man *thermisches Gleichgewicht.*

Die Thermodynamik postuliert als *„nullten Hauptsatz der Thermodynamik"*:

Systeme im thermischen Gleichgewicht haben die gleiche Temperatur.

Den nullten Hauptsatz nennt man auch *„Satz von der Existenz der Temperatur"*. Welcher Temperaturwert einem thermischen Gleichgewicht zugeordnet wird, ist völlig willkürlich und muss vereinbart werden. Systeme, die nicht im thermischen Gleichgewicht sind, haben unterschiedliche Temperaturen.

Temperaturmessung. Die Temperatur wird durch Thermometer gemessen. Thermometer ermitteln leicht erfassbare physikalische Größen, die sich mit der Temperatur ändern. Die bekanntesten Thermometer sind *Flüssigkeitsthermometer,* in denen die durch die Temperaturerhöhung verursachte Ausdehnung der Flüssigkeit gemessen wird. Daneben gibt es verschiedene andere Temperaturmessgeräte **(B 1.6)**, die nur erwähnt werden sollen, wie Flüssigkeitsfederthermometer, Dampfdruckfederthermometer, Metallausdehnungsthermometer, Widerstandsthermometer (auf Metall- oder Halbleiterbasis), Thermoelemente, Strahlungsthermometer.

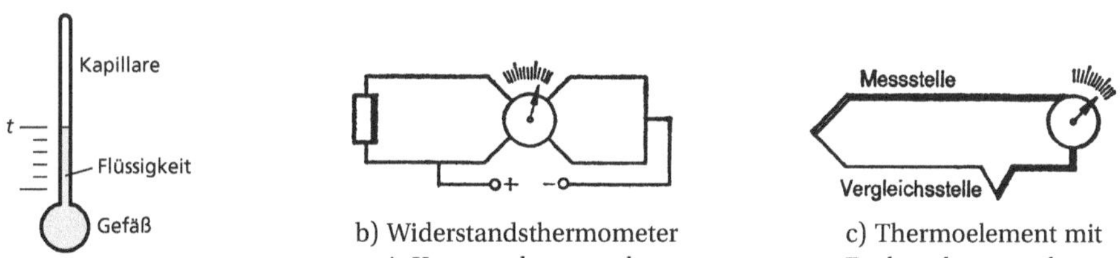

a) Flüssigkeitsthermometer

b) Widerstandsthermometer mit Kreuzspulmesswerk

c) Thermoelement mit Drehspulmesswerk

B 1.6 Beispiele von Temperaturmessgeräten

Temperaturskalen. Man erhält eine *empirische Temperaturskala*, wenn man reproduzierbare Temperaturfestpunkte vereinbart, z. B. bei einem Druck von 101,325 kPa den Schmelzpunkt des Eises mit 0 °C und den Verdampfungspunkt des Wassers mit 100 °C (Celsius, 1742[1]).

Erwärmt man ein Thermometer, beispielsweise ein Quecksilber-Glasthermometer (B 1.6 a), von 0 °C auf 100 °C, teilt die eingetretene Verlängerung des Quecksilberfadens in 100 gleiche Teile und vergleicht diese Skala mit der in gleicher Weise gewonnenen Skala eines Alkoholthermometers, so stellt man Differenzen fest, die durch die unterschiedliche Temperaturabhängigkeit der thermischen Ausdehnungskoeffizienten von Quecksilber und Alkohol verursacht werden.

Der einzige Stoff, dessen thermische Ausdehnung nicht mit der Temperatur veränderlich ist, ist das ideale Gas. Es dehnt sich bei konstantem Druck je °C Temperaturerhöhung um $\frac{1}{273{,}15}$ des Volumens aus, das es bei 0 °C ausfüllt. Das Volumen des idealen Gases ändert sich daher linear mit der Temperatur, sodass die mit dem idealen Gas gewonnene Temperaturskala die einzige exakt unterteilte ist. Sie heißt *Temperaturskala des idealen Gases.* Das Gasthermometer arbeitet im Prinzip nach B 1.3, statt der Volumenänderung wird demnach die Druckänderung als leichter zu handhabende Messgröße verwendet.

Mithilfe des 2. Hauptsatzes konnte Kelvin nachweisen, dass unabhängig von der Wahl eines Thermometers eine universelle Temperatur, die *thermodynamische Temperatur,* mit einem *absoluten Nullpunkt* existiert.[2] Diese Temperatur lässt sich theoretisch exakt durch ein ideales Gasthermometer darstellen.

Zur Definition der Einheit der thermodynamischen Temperatur wählte man 1954 als einzigen Festpunkt den *Tripelpunkt des Wassers,* bei dem unter 611 Pa Eis, Wasser und Wasserdampf gleichzeitig vorkommen. Diesem Festpunkt ordnete man die Temperatur

$$T_{\text{tr}} = 273{,}16\,\text{K}$$

zu. Damit ist die Einheit der thermodynamischen Temperatur

$$1\,\text{K} = \frac{T_{\text{tr}}}{273{,}16} \qquad \textbf{(Gl 1.10)}$$

Der Zahlenwert 273,16 wurde gewählt, damit das Kelvin möglichst genau mit dem zuvor gebräuchlichen Grad Celsius übereinstimmte. Heute ist die Celsius-Temperaturskala über die Kelvin-Temperaturskala durch folgende Gleichung definiert

$$t = T - T_0\,; \qquad T_0 = 273{,}15\,\text{K} \qquad \textbf{(Gl 1.11)}$$

Die Celsius-Temperaturskala ist also eine Kelvin-Temperaturskala, bei der der Nullpunkt auf 273,15 K verschoben ist.

---

[1] Im Gegensatz zur heutigen Celsius-Temperaturskala ordnete Celsius dem Schmelzpunkt des Eises 100 °C und dem Verdampfungspunkt des Wasser 0 °C zu.

[2] *Lord Kelvin* (sprich k'Elvin) (*Sir William Thomson*), lebte 1824–1907 in England als Physiker, erkannte gleichzeitig mit Clausius den 2. Hauptsatz der Thermodynamik. $T = 0$ K ist nicht erreichbar, erzielt wurde bisher $T \approx 0{,}2$ mK. Zur Benennung s. Abschn. 3.5.4.

Im Internationalen Einheitensystem ist die thermodynamische Temperatur T Basisgröße mit der Basiseinheit Kelvin (Einheitenzeichen K). Für die Celsius-Temperatur wird das Formelzeichen t verwendet, ihr Einheitenname ist das Grad Celsius (Einheitenzeichen °C), ein besonderer Name für das Kelvin.

Bei Temperaturdifferenzen ergeben sich für thermodynamische und Celsius-Temperaturen gleiche Werte; als Einheit ist K zu benutzen, bei Differenzen aus Celsius-Temperaturen ist aber auch °C zulässig.

Da das Gasthermometer, das die thermodynamische Temperatur exakt wiedergibt, schwierig zu handhaben ist, sind international eine Reihe weiterer Temperaturfestpunkte vereinbart, wie beispielsweise der Erstarrungspunkt des Silbers mit 1234,93 K, der des Goldes mit 1337,33 K.[1] Auf diese Weise entstand die *Internationale Temperaturskala (ITS)*, die 1927 als Internationale Praktische Temperaturskala (IPTS) geschaffen, 1990 zuletzt verbessert wurde (ITS-90). Sie beginnt bei 0,65 K und gibt die thermodynamische Temperaturskala möglichst genau wieder. Sie ist in vielen Ländern gesetzlich eingeführt.

Durch den Index 90 am Formelzeichen kann im Bedarfsfall auf die Anwendung der ITS-90 aufmerksam gemacht werden (T_{90}, t_{90}).

Abweichungen der ITS-90 gegenüber der Temperaturskala des idealen Gases liegen innerhalb der heute erreichbaren kleinsten Messunsicherheit.

In englisch sprechenden Ländern werden zusätzlich die *Fahrenheit*- und *Rankine*-Skala[2] mit den Einheiten °F und °R verwendet. Es gilt: 1 °F = 1 °R. In das SI wird umgerechnet nach den Zahlenwertgleichungen:

$$\{T\} = \frac{5}{9}\,\{T_{\mathrm{R}}\} \qquad \textbf{(Gl 1.12)}$$

$$\{t\} = \frac{5}{9}\,(\{t_{\mathrm{F}}\} - 32) \qquad \textbf{(Gl 1.13)}$$

0 °C entsprechen danach 32 °F.

Beispiel 1.6: Die Celsius-Temperatur $t = 40\,°\mathrm{C}$ ist in K, °F und °R auszudrücken.

Lösung:

$$T = t + T_0 = 40\,°\mathrm{C} + 273{,}15\,\mathrm{K} = \underline{313{,}15\,\mathrm{K}}$$

$$\{T_{\mathrm{R}}\} = \frac{9}{5}\,\{T\} = \frac{9}{5}\,313{,}15 = 564\,; \qquad T_{\mathrm{R}} = \underline{564\,°\mathrm{R}}$$

$$\{t_{\mathrm{F}}\} = \frac{9}{5}\,\{t\} + 32 = \frac{9}{5}\,40 + 32 = 104\,; \qquad t_{\mathrm{F}} = \underline{104\,°\mathrm{F}}$$

Aufgabe 1.6: Welchen Zahlenwerten in °C, K und °R entspricht die Temperatur $t_{\mathrm{F}} = 100\,°\mathrm{F}$?

[1] Messunsicherheit ca. 10 mK beim Silbererstarrungspunkt.

[2] *William J. M. Rankine* (sprich r'ænkin) (1802–1872), Ingenieur und Physiker in England, lieferte die erste Theorie der Dampfmaschine.

1.4 Thermische Zustandsgleichung

1.4.1 Thermische Zustandsgleichung eines homogenen Systems[1]

Zwischen den thermischen Zustandsgrößen Druck p, spezifisches Volumen v und Temperatur T besteht bei allen homogenen Stoffen ein Zusammenhang, der ausgedrückt werden kann durch die Beziehungen $f(p, v, T) = 0$ oder

$$p = p(v, T) \qquad v = v(p, T) \qquad T = T(p, v) \tag{Gl 1.14}$$

Demnach ist durch zwei thermische Zustandsgrößen eines homogenen Systems auch die dritte festgelegt. Die mathematische Verknüpfung der drei Zustandsgrößen heißt *thermische Zustandsgleichung.* Auch sämtliche übrigen Zustandsgrößen werden durch jeweils zwei bekannte Zustandsgrößen bestimmt, sodass ein homogenes System durch zwei beliebige Zustandsgrößen eindeutig beschrieben ist.

Bei heterogenen Systemen sind weitere Angaben notwendig. So kennzeichnen z. B. bei der Verdampfung eines Stoffes die Zustandsgrößen p und T den Zustand nicht eindeutig. Die thermische Zustandsgleichung ist für Systeme, in denen Aggregatzustandsänderungen auftreten, kompliziert. Es wurden aber Zustandsgleichungen für eine Reihe von Stoffen entwickelt, die sehr genaue Ergebnisse liefern z. B. für H_2O (Abschn. 5.2.1).

1.4.2 Thermische Zustandsgleichung des idealen Gases

Für Gase nimmt die thermische Zustandsgleichung eine einfache Form an. Für sehr niedrige Drücke ($p \to 0$) wurde durch Messungen gezeigt, dass der Ausdruck $\frac{pv}{T}$ für verschiedene Messwerte von p, v und T immer den gleichen konstanten Wert annimmt, der als *individuelle, spezielle* oder *spezifische Gaskonstante* R_i eines bestimmten Gases bezeichnet wird.[2]

$$\frac{pv}{T} = R_i \quad \text{für} \quad p \to 0$$

Der Zahlenwert von R_i ist für verschiedene Gase unterschiedlich, für ein und dasselbe Gas jedoch unabhängig vom Zustand des Gases **(T 1.5)**. Streng genommen gilt die Gleichung nur für den Grenzfall, dass der Druck des Gases den Wert null annimmt.

Meist wird die Gleichung umgestellt und in der Form

$$pv = R_i T \tag{Gl 1.15}$$

[1] Def. siehe Abschn. 1.7.1.

[2] Nach der kinetischen Gastheorie sind in diesem Zustand das Eigenvolumen der Moleküle und die zwischen den Molekülen wirkenden Kräfte vernachlässigbar klein.

angegeben. Ein Gas, das Gl 1.15 bei allen Drücken exakt befolgen würde, heißt *ideales Gas*. Gl 1.15 ist demnach die *thermische Zustandsgleichung des idealen Gases*. Ein solches Gas gibt es in Wirklichkeit nicht, viele Gase können aber bei nicht zu hohen Drücken rechnerisch wie das ideale Gas behandelt werden.

In Zustandsbereichen eines Gases, in denen Gl 1.15 nicht anwendbar ist, ist für dieses Gas auch die Bezeichnung *nichtideales (reales) Gas* gebräuchlich. Die Ausdrücke ideales oder nichtideales Gas bezeichnen also nicht die Stoffeigenschaften des Gases, sondern kennzeichnen lediglich den zu betrachtenden Zustandsbereich ein und desselben Gases.

Für die Gasmasse m hat die thermische Zustandsgleichung des idealen Gases die Form

$$p\,V = m\,R_i\,T \qquad \textbf{(Gl 1.16)}$$

In der thermischen Zustandsgleichung für das ideale Gas sind zwei schon früher gefundene physikalische Gesetze enthalten. *Boyle*[1] und *Mariotte*[2] erkannten, dass für Gase bei konstanter Temperatur das Produkt aus Druck und Volumen konstant bleibt.

$$p\,V = \text{const} \quad \textit{bei} \quad T = \textit{konstant} \qquad \textbf{(Gl 1.17)}$$

Ebenso ist in der thermischen Zustandsgleichung des idealen Gases das von *Gay-Lussac*[3] für konstanten Druck entdeckte und nach ihm benannte Gesetz enthalten:

$$\frac{V}{T} = \text{const} \quad \textit{bei} \quad p = \textit{konstant} \qquad \textbf{(Gl 1.18)}$$

Beispiel 1.7: In einer Stahlflasche von 10 l Inhalt befindet sich Sauerstoff von 20 °C und 5 MPa. Für einen physikalischen Versuch wird Sauerstoff entnommen, wodurch der Flaschendruck auf 4 MPa bei konstanter Temperatur fällt. Der Druck des entnommenen Sauerstoffs wird über ein Ventil auf 104 kPa reduziert, die Temperatur wird durch Beheizung auf 60 °C erhöht. Es soll näherungsweise ideales Gasverhalten angenommen werden.

a) Welche Sauerstoffmasse wurde entnommen?

b) Welches Volumen nimmt der entnommene Sauerstoff ein?

Lösung:

Zu a): Die Sauerstoffmassen in der Flasche vor und nach der Entnahme sind (Gl 1.16):

$$m_1 = \frac{p_1\,V}{R_{O_2}\,T}, \qquad m_2 = \frac{p_2\,V}{R_{O_2}\,T}$$

Die Differenz dieser Massen wurde entnommen (Stoffwerte T 1.5):

$$m_e = m_1 - m_2 = \frac{V}{R_{O_2}\,T}\,(p_1 - p_2) = \frac{0{,}01\ \text{m}^3\ \text{kg K}}{259{,}8\ \text{J}\ 293{,}15\ \text{K}}\,(5-4)\,10^6\ \text{Pa}\,\frac{\text{N}}{\text{Pa m}^2}$$

$$m_e = \underline{0{,}131\ \text{kg}}$$

---

[1] *Robert Boyle* (sprich bɔyl) (1627–1691), engl. Physiker und Chemiker, entdeckte 1662 das nach beiden Wissenschaftlern benannte Gesetz.

[2] *Edme Mariotte* (sprich mariɔt) (1620–1684), franz. Physiker, befasste sich besonders mit der Optik, entdeckte 1676 das Gesetz von Boyle wahrscheinlich neu.

[3] *Joseph Louis Gay-Lussac* (sprich ge lysak) (1778–1850), französischer Naturwissenschaftler, fand 1802 das Ausdehnungsgesetz für das ideale Gas.

T 1.5 Stoffwerte von Gasen*

Gas	Chemisches Symbol	Molares Normvolumen bei 0 °C, 101,325 kPa V_{mn} $\frac{m^3}{kmol}$	Molare Masse M $\frac{kg}{kmol}$	Spezielle Gaskonstante R_i $\frac{J}{kg\,K}$
Helium	He	22,425	4,0026	2077,3
Argon	Ar	22,392	39,948	208,1
Wasserstoff	H_2	22,428	2,0159	4124,5
Stickstoff	N_2	22,403	28,0134	296,8
Sauerstoff	O_2	22,392	31,9988	259,8
Luft (trocken)	–	22,401	28,9655	287,1
Kohlenstoffmonoxid	CO	22,398	28,0101	296,8
Kohlenstoffdioxid	CO_2	22,264	44,0095	188,9
Schwefeldioxid	SO_2	21,876	64,0638	129,8
Ammoniak	NH_3	22,078	17,0305	488,2
Methan	CH_4	22,360	16,0425	518,3
Ethin (Acetylen)	C_2H_2	22,212	26,0373	319,3
Ethen (Ethylen)	C_2H_4	22,246	28,0532	296,4
Ethan	C_2H_6	22,190	30,0690	276,5

* R_i, C_{mp} und c_p nach Stephan/Schaber/Stephan/Mayinger [6a; Tabelle 6.2], für Helium nach Baehr/Kabelac [1; Tabelle 10.6].
M nach [40; Tabelle 1], V_{mn} und ϱ_n nach [53; Tabelle 2]. $c_v, \varkappa$ und C_{mv} nach Gln 2.46/2.47 und Gl 2.54 berechnet.

Zu b): Volumen des entnommenen Sauerstoffs:

$$V_e = \frac{m_e R_{O_2} T_e}{p_e} = \frac{0{,}131\,\text{kg}\;259{,}8\,\text{J}\;333{,}15\,\text{K}}{\text{kg K}\;104 \cdot 10^3\,\text{Pa}}\;\frac{\text{Pa m}^2}{\text{N}}$$

$$V_e = \underline{0{,}109\,\text{m}^3}$$

Beispiel 1.8: Ein Kompressor mit nachgeschaltetem Kühler fördert 25 kg/h Pressluft von 28 °C in einen Windkessel von 4 m^3. Im Windkessel bleibt die Temperatur konstant bei 28 °C. Der Windkessel versorgt einen Verbraucher, der 5 m^3/h Luft von 20 °C mit einem Überdruck von 200 kPa benötigt. Die Abkühlung der Luft von 28 °C auf 20 °C tritt in der Zuleitung ein. Der Kompressor wird in Abhängigkeit vom Windkesseldruck ein- bzw. ausgeschaltet. Die Einschaltung erfolgt bei einem Überdruck von 250 kPa, die Aus-

Dichte im Normzustand bei 0 °C, 101,325 kPa ϱ_n $\frac{kg}{m^3}$	Molare und spezifische Wärmekapazität bei 0 °C und idealem Gaszustand C_{mp} $\frac{kJ}{kmol\,K}$	c_p $\frac{kJ}{kg\,K}$	C_{mv} $\frac{kJ}{kmol\,K}$	c_v $\frac{kJ}{kg\,K}$	$\varkappa = \frac{c_p}{c_v}$ bei 0 °C und idealem Gaszustand	Gas
0,1785	20,7863	5,1932	12,4718	3,1159	1,667	Helium
1,7841	20,7858	0,5203	12,4713	0,3122	1,667	Argon
0,0899	28,6228	14,2003	20,3083	10,0758	1,409	Wasserstoff
1,2504	29,0967	1,0389	20,7822	0,7421	1,400	Stickstoff
1,4290	29,2722	0,9150	20,9577	0,6552	1,397	Sauerstoff
1,2929	29,0743	1,0043	20,7598	0,7172	1,400	Luft (trocken)
1,2506	29,1242	1,0403	20,8097	0,7435	1,399	Kohlenstoffmonoxid
1,9767	35,9336	0,8169	27,6191	0,6280	1,301	Kohlenstoffdioxid
2,9285	38,9666	0,6092	30,6521	0,4794	1,271	Schwefeldioxid
0,7714	35,0018	2,0557	26,6873	1,5675	1,311	Ammoniak
0,7175	34,5667	2,1562	26,2522	1,6379	1,316	Methan
1,1772	39,3536	1,5127	31,0391	1,1934	1,268	Ethin (Acetylen)
1,2611	45,1842	1,6119	36,8697	1,3155	1,225	Ethen (Ethylen)
1,3551	51,9556	1,7291	43,6411	1,4526	1,190	Ethan

schaltung bei einem Überdruck von 700 kPa. Der Barometerstand beträgt 101 kPa. Es soll näherungsweise ideales Gasverhalten angenommen werden.

Wie groß sind:

a) die Stillstandszeit,

b) die Laufzeit des Kompressors?

Lösung:

Zu a): Nach Abschalten des Kompressors befindet sich die Luftmasse m_1 im Windkessel, bei Einschalten die Luftmasse m_2. Die Differenz m_v wird vom Verbraucher mit dem stündlichen Bedarf $\dot{m}_v$ während der Stillstandszeit τ_s des Kompressors entnommen.

$$\tau_s = \frac{m_v}{\dot{m}_v} = \frac{m_1 - m_2}{\dot{m}_v}$$

Die einzelnen Massen berechnen wir nach der thermischen Zustandsgleichung (Gl 1.16).

$$m_1 = \frac{p_1 V_1}{R_l T_1} = \frac{(700 + 101)\,10^3\,\text{Pa}\,4\,\text{m}^3\,\text{kg K N}}{287{,}1\,\text{J}\,301{,}15\,\text{K Pa m}^2} = 37{,}06\,\text{kg}$$

$$m_2 = \frac{p_2 V_2}{R_l T_2} = \frac{(250 + 101)\,10^3\,\text{Pa}\,4\,\text{m}^3\,\text{kg K N}}{287{,}1\,\text{J}\,301{,}15\,\text{K Pa m}^2} = 16{,}24\,\text{kg}$$

$$\dot{m}_\text{v} = \frac{p_\text{v} \dot{V}_\text{v}}{R_l T_\text{v}} = \frac{(200 + 101)\,10^3\,\text{Pa}\,5\,\text{m}^3\,\text{kg K N}}{\text{h}\,287{,}1\,\text{J}\,293{,}15\,\text{K Pa m}^2} = 17{,}88\,\frac{\text{kg}}{\text{h}}$$

Die Stillstandszeit ist:

$$\tau_\text{s} = \frac{(37{,}06 - 16{,}24)\,\text{kg h}}{17{,}88\,\text{kg}} = \underline{1{,}16\,\text{h}}$$

Zu b): Der Kompressor liefert stündlich die Luftmasse $\dot{m}_\text{k}$. Davon wird während der Lieferung vom Verbraucher stündlich die Masse $\dot{m}_\text{v}$ entnommen, die Differenz $\dot{m}_\text{k} - \dot{m}_\text{v}$ füllt den Windkessel, der bis zum Ausschalten des Kompressors die Luftmasse $m_\text{v} = m_1 - m_2$ aufnimmt. Die Auffüllzeit ist:

$$\tau_\text{a} = \frac{m_\text{v}}{\dot{m}_\text{k} - \dot{m}_\text{v}} = \frac{20{,}8\,\text{kg}}{25\,\frac{\text{kg}}{\text{h}} - 17{,}88\,\frac{\text{kg}}{\text{h}}} = \underline{2{,}92\,\text{h}}$$

Aufgabe 1.7: Wie groß sind Volumen, spezifisches Volumen und Dichte von 5 kg Luft (näherungsweise als ideales Gas anzunehmen) bei dem Druck 400 kPa und der Temperatur 82 °C?

Aufgabe 1.8: In einer Unterdruckkammer von 2 m^3 soll gegenüber dem Umgebungszustand eine Druckdifferenz von −30 kPa bei konstanter Temperatur von 26 °C erzeugt werden. Es soll näherungsweise ideales Gasverhalten angenommen werden.

Welche Luftmasse ist abzusaugen?

Aufgabe 1.9: Ein Gasbehälter ist mit 250 000 kg Erdgas gefüllt, das einen Raum von 300 000 m^3 einnimmt. Es soll näherungsweise ideales Gasverhalten angenommen werden.

Welche Temperatur hat das Erdgas, wenn die Gaskonstante 450 J/(kg K) und der Überdruck 3,58 kPa bei einem Atmosphärendruck von 102,6 kPa betragen?

Aufgabe 1.10: Ein Behälter mit 100 m^3 Inhalt ist vollständig mit Stickstoff (näherungsweise als ideales Gas anzunehmen) gefüllt. Die Temperatur des Stickstoffs beträgt 15 °C. Im Behälter herrscht ein Überdruck von 900 kPa bei einem Atmosphärendruck von 100 kPa.

Welche Stickstoffmasse befindet sich im Behälter?

1.5 Mengenmaße Kilomol und Normvolumen; molare Gaskonstante

1.5.1 Kilomol

Bisher hatten wir zur Angabe von Materiemengen die Masse benutzt, die im Internationalen Einheitensystem eine Basisgröße ist. Die Masse wird als Mengenmaß in der Thermodynamik bevorzugt. Neben der Masse können aber auch andere Größen zur Beschreibung von Materiemengen verwendet werden. Denkbar wäre es beispielsweise, die Zahl der Moleküle anzugeben. Diese Art der Mengenangabe hätte jedoch den Nachteil, dass die außerordentlich hohen Zahlenwerte den menschlichen Denkgewohnheiten fremd sind. Statt die Zahl der Moleküle selbst als Größe zu verwenden, wurde deshalb eine ganz bestimmte Molekülzahl als neue SI-Basiseinheit mit der Bezeichnung *Mol* (Einheitenzeichen: mol) eingeführt. Damit wurde die *Stoffmenge n* (auch *Molmenge* genannt) zu einer zusätzlichen SI-Basisgröße. Die Zahl der Moleküle eines Kilomols ist die *Avogadro-Konstante* (T 1.6):[1]

$$N_A = 6{,}022 \cdot 10^{26}\,\frac{1}{\text{kmol}} \qquad \textit{Avogadro-Konstante}^{2)}$$

Ursache für gerade diese Molekülzahl war die Festlegung der molaren Masse[3] des Wasserstoffs mit $M_{H_2} \approx 2$ kg/kmol, also mit soviel kg, wie die relative Molekülmasse angibt. In der Wasserstoffmasse von 2 kg sind nämlich $6{,}022 \cdot 10^{26}$ Moleküle enthalten. Ein Kilomol eines anderen Stoffes muss – bei den vereinbarten $6{,}022 \cdot 10^{26}$ Molekülen – eine andere Masse haben, da die Masse des einzelnen Moleküls eine andere ist. Für Sauerstoff ergibt sich beispielsweise mit der relativen Molekülmasse 32 die molare Masse zu $M_{O_2} = 32$ kg/kmol.

Alle relativen Molekülmassen waren ursprünglich auf das Wasserstoffatom mit der Masse 1 bezogene Relativzahlen, daher ist durch die relative Molekülmasse eines jeden Stoffes der Zahlenwert der molaren Masse M bestimmt.

Die Stoffmenge n und die Masse m lassen sich mittels der molaren Masse ineinander umrechnen:

$$m = n M \qquad \textbf{(Gl 1.19)}$$

Statt der relativen Molekülmasse vom Wasserstoff wird seit 1962 das eindeutiger darstellbare Kohlenstoffisotop ^{12}C mit der relativen Molekülmasse 12 als Bezugsgröße verwendet. Werte für M s. T 1.5.

Die Stoffmenge als Materiemaß ist nicht auf die Erfassung der Anzahl der Moleküle beschränkt. Sie wird ganz allgemein für jeweils zu benennende Teilchen (Atome, Elektronen, Ionen u. a.) verwendet (Abschn. 1.2.4).

---

1) *Amedeo Avogadro* (1776–1856), italienischer Physiker, veröffentlichte 1811 das nach ihm benannte Gesetz. *Loschmidt* (1821–1895), Prof. in Wien, lieferte Beiträge zur kinetischen Gastheorie, berechnete die Avogadro-Konstante. Die Anzahl der Moleküle je m³ Normvolumen heißt *Loschmidt-Konstante.*

2) Genauer Wert s. T 1.6.

3) Statt der Bezeichnungen molare Masse, molares Volumen und molare Wärmekapazität findet man auch Molmasse, Molvolumen und Molwärme.

1.5.2 Normvolumen

Nach dem Gesetz von *Avogadro* ist bei allen idealen Gasen in gleichem Volumen bei gleichen Drücken und Temperaturen dieselbe Anzahl Moleküle enthalten. Das bedeutet, dass ein Kilomol eines jeden idealen Gases mit der Molekülzahl $\{N_A\} = 6{,}022 \cdot 10^{26}$ bei gleichen physikalischen Bedingungen das gleiche Volumen, molares Volumen V_m genannt, einnimmt. Bei *physikalischem Normzustand,* worunter

$$t_n = 0\,°C \quad \text{und} \quad p_n = 101{,}325\,\text{kPa} \quad \textit{physikalischer Normzustand} \qquad \textbf{(Gl 1.20)}$$

verstanden werden[1], ist dieses molare Volumen $V_{mn} = 22{,}414\,m^3/kmol$ (T 1.6), abgerundet[2]

$$V_{mn} = 22{,}4\,\frac{m^3}{kmol} \quad \textit{molares Normvolumen, bei idealem Gas} \qquad \textbf{(Gl 1.21)}$$

V_{mn} wird molares Normvolumen genannt. Bei nichtidealen Gasen weicht das molare Normvolumen V_{mn} etwas von $22{,}4\,m^3/kmol$ ab (T 1.5).

Der Index n kennzeichnet den physikalischen Normzustand mit der Normtemperatur t_n und dem Normdruck p_n. Das von einer bestimmten Gasmenge hierbei ausgefüllte Volumen heißt *Normvolumen* V_n.

Das Normvolumen V_n kann aus der Stoffmenge n und dem molaren Normvolumen V_{mn} berechnet werden nach

$$V_n = n\,V_{mn} \qquad \textbf{(Gl 1.22)}$$

Für einen beliebigen Zustand gilt:

$$V = n\,V_m \qquad \textbf{(Gl 1.23)}$$

Die Dichte eines Gases ist (Gl 1.2)

$$\varrho = \frac{1}{v} = \frac{m}{V} = \frac{M}{V_m} \qquad \textbf{(Gl 1.24)}$$

mit dem molaren Volumen $V_m = M\,v$, das von 1 kmol eingenommen wird. Im physikalischen Normzustand ist

$$\varrho_n = \frac{M}{V_{mn}} \qquad \textbf{(Gl 1.25)}$$

Normvolumen und Masse sind durch die Dichte im physikalischen Normzustand (*Normdichte*) miteinander verknüpft:

---

[1] Physikalischer Normzustand nach DIN 1343 [54; Nr. 2]. Als „chemischer Standardzustand" sind $t_0 = 25\,°C$, $p_0 = 100$ kPa bei neueren Tabellierungen üblich, daneben wird auch $p_0 = 101{,}325$ kPa verwendet (vgl. Abschn. 9.8.1).

[2] Genauer Wert s. T 1.6.

$$m = \varrho_n V_n \qquad \textbf{(Gl 1.26)}$$

Werte für ϱ_n (T 1.5), sonst nach Gl 1.25.

1.5.3 Molare Gaskonstante

Die thermische Zustandsgleichung des idealen Gases (Gl 1.15) nimmt für die Stoffmenge 1 kmol, d. h. für die molare Masse M, die Form an

$$p M v = M R_i T$$

Hierin wird Gl 1.24 eingeführt:

$$p V_m = M R_i T \qquad \textbf{(Gl 1.27)}$$

Da das molare Volumen V_m für alle idealen Gase unter gleichen physikalischen Bedingungen gleich groß ist, wird der Ausdruck $\frac{p V_m}{T}$ ein für alle idealen Gase gleich großer konstanter Wert mit der Bezeichnung *molare* oder *universelle (allgemeine) Gaskonstante* R_m.[1] Damit ergibt sich die thermische Zustandsgleichung für 1 kmol:

$$p V_m = R_m T \qquad \textbf{(Gl 1.28)}$$

Mit der Stoffmenge n gilt:

$$p V = n R_m T \qquad \textbf{(Gl 1.29)}$$

Der Zahlenwert der molaren Gaskonstanten kann durch Einsetzen des physikalischen Normzustandes aus Gl 1.28 berechnet werden:[2]

$$R_m = \frac{p V_m}{T} = \frac{101\,325 \,\frac{\mathrm{N}}{\mathrm{m}^2}\, 22{,}414\,\mathrm{m}^3}{\mathrm{kmol}\; 273{,}15\,\mathrm{K}}$$

$$R_m = 8\,314{,}46 \frac{\mathrm{J}}{\mathrm{kmol\,K}} \quad \textit{molare Gaskonstante} \qquad \textbf{(Gl 1.30)}$$

Aus der molaren Gaskonstanten R_m wird die spezielle Gaskonstante eines bestimmten Gases R_i ermittelt nach

$$R_i = \frac{R_m}{M} \qquad \textbf{(Gl 1.31)}$$

In **T 1.6** sind Naturkonstanten und vereinbarte Bezugszustände sowie einige weitere physikalische Größen zusammengestellt.

---

[1] Statt der Schreibweise R_m verwenden DIN 1304-1:1994-03 und DIN 1345 [55] R. Die auf 1 Molekül bezogene molare Gaskonstante heißt *Boltzmann-Konstante*: $k = \frac{R_m}{N_A} = 1{,}38 \cdot 10^{-23}\, \frac{\mathrm{J}}{\mathrm{K}}$ (genauer Wert T 1.6).

[2] Genauer Wert s. T 1.6.

T 1.6 Naturkonstanten, Bezugsgröße und -zustände sowie weitere Größen

	Name	Größe
Naturkonstanten [21]	Avogadro-Konstante	$N_A = 6{,}022\,140\,76 \cdot 10^{26}$ 1/kmol
	Boltzmann-Konstante	$k = 1{,}380\,649 \cdot 10^{-23}$ J/K
	Faraday-Konstante	$F = 96\,485{,}332\,12$ C/mol
	Planck'sches Wirkungsquantum	$h = 6{,}626\,070\,15 \cdot 10^{-34}$ J s
	Stefan-Boltzmann-Konstante	$\sigma = 5{,}670\,374 \cdot 10^{-8}$ W/(m^2 K^4)
	Wien'sche Verschiebungskonstante	$w = 2897{,}771\,96$ µm K
	Molare Gaskonstante	$R_m = 8\,314{,}462\,6$ J/(kmol K)
	Molares Normvolumen des idealen Gases	$V_{mn} = 22{,}413\,969\,54$ m^3/kmol
	Gravitationskonstante	$\Gamma = 6{,}674\,30 \cdot 10^{-11}$ m^3/(kg s^2)
	Lichtgeschwindigkeit im Vakuum	$c_0 = 299\,792\,458$ m/s
	Masse des Elektrons	$m_e = 9{,}109\,383\,702 \cdot 10^{-31}$ kg
	Masse des Protons	$m_p = 1{,}672\,621\,924 \cdot 10^{-27}$ kg
	Masse des Neutrons	$m_n = 1{,}674\,927\,498 \cdot 10^{-27}$ kg
Bezugsgrößen und -zustände	Normfallbeschleunigung [21]	$g_n = 9{,}806\,65$ m/s^2
	Physikalischer Normzustand [1]: Normtemperatur Normdruck	$t_n = 0$ °C, $T_n = 273{,}15$ K $p_n = 101{,}325$ kPa
	Chemischer Standardzustand [36; S. 57]	$t_0 = 25$ °C, $T_0 = 298{,}15$ K $p_0 = 100$ kPa (auch $p_0 = 101{,}325$ kPa)
	Tripelpunkt des Wassers [32]	$t_{tr} = 0{,}01$ °C, $T_{tr} = 273{,}16$ K $p_{tr} = 611{,}657$ Pa
Weitere Größen	Erdmasse [2]	$m_E = 5{,}973 \cdot 10^{24}$ kg
	Mittlerer Erdradius [2]	$r_E = 6\,371{,}009$ km
	Mittlerer Erdbahnradius [3]	$d_{S,E} = 149\,598\,000$ km
	Sonnenmasse [3]	$m_S = 1{,}989 \cdot 10^{30}$ kg
	Mittlerer Sonnenradius [3]	$r_S = 696\,260$ km
	Mittlere Temperatur der Sonnenoberfläche [3]	$T_S = 5\,780$ K

[1] DIN 1343 [54; Nr. 2]

[2] [37; S. 74]

[3] [37; S. 62]

Beispiel 1.9: Für die Sauerstoffmenge 0,131 kg sind die Stoffmenge in kmol und das Normvolumen anzugeben.

Lösung:

Die Stoffmenge n ist (Gl 1.19):

$$n = \frac{m}{M} = \frac{0{,}131\ \text{kg kmol}}{31{,}999\ \text{kg}} = \underline{0{,}0041\ \text{kmol}}$$

Das Normvolumen ist (Gl 1.22):

$$V_\text{n} = nV_\text{mn} = 0{,}0041\ \text{kmol}\ 22{,}392\ \frac{\text{m}^3}{\text{kmol}} = \underline{0{,}0917\ \text{m}^3}$$

Aufgabe 1.11: Für CO sind mithilfe der molaren Masse die Dichte im physikalischen Normzustand und die spezielle Gaskonstante zu berechnen.

1.6 Thermische Ausdehnung

Unter konstantem Druck stehende Körper dehnen sich mit steigender Temperatur aus. Der Vorgang wird als *thermische Ausdehnung* bezeichnet. Ausnahmen von diesem Verhalten sind selten, wie beispielsweise beim Wasser, das bei +4 °C sein geringstes Volumen erreicht.

1.6.1 Längenänderung

Die *Längenänderung* Δl fester Körper ist von der Länge l des Körpers, seiner Temperaturänderung und einem Stoffwert, dem thermischen Längenausdehnungskoeffizienten α, abhängig.

Als *thermischen Längenausdehnungskoeffizienten* definiert man:

$$\alpha = \frac{1}{l}\frac{\text{d}l}{\text{d}T} \quad \textit{bei } p = \textit{konstant, bezogen auf Ausgangslänge} \qquad \textbf{(Gl 1.32)}$$

α kann man sich anschaulich vorstellen als Längenänderung eines Stabes, bezogen auf die Ausgangslänge, bei 1 K Temperaturänderung.

α ist temperaturabhängig. Bei der Berechnung des Mittelwertes des Längenausdehnungskoeffizienten bezieht man die Längenänderung nicht auf die Ausgangslänge, sondern auf die Länge l_b bei einer Bezugstemperatur t_b.

Dann kann die Bezugslänge l bei der Integration der Gl 1.32 als konstante Größe behandelt werden.

$$\int_{t_1}^{t_2} \alpha\, \text{d}T = \frac{1}{l_\text{b}} \int_{l_1}^{l_2} \text{d}l = \frac{1}{l_\text{b}}(l_2 - l_1)$$

Mit der Längenänderung bei Temperaturänderung von t_1 auf t_2

$$\Delta l = l_2 - l_1 = l_b\,\alpha_m\big|_{t_1}^{t_2}(t_2 - t_1) \qquad \textbf{(Gl 1.33)}$$

gilt für den *mittleren Längenausdehnungskoeffizienten*:

$$\alpha_m\big|_{t_1}^{t_2} = \frac{\int_{t_1}^{t_2} \alpha\,\mathrm{d}T}{t_2 - t_1} \qquad \textbf{(Gl 1.34)}$$

In Tabellen werden die Mittelwerte zwischen der Bezugstemperatur t_b und der Endtemperatur t angegeben. In **T 1.7** ist als Bezugstemperatur $t_0 = 0\ °C$ gewählt.[1)]

Mit der Bezugslänge l_0 wird aus Gl 1.33

$$\Delta l = l_2 - l_1 = l_0\,\alpha_m\big|_{t_1}^{t_2}\,(t_2 - t_1) \qquad \textbf{(Gl 1.35)}$$

Für die Längenänderung bei Temperaturänderung von 0 °C auf t_1 gilt

$$l_1 - l_0 = l_0\,\alpha_m\big|_{0\,°C}^{t_1}\,(t_1 - 0\ °C) \qquad \textbf{(Gl 1.36)}$$

und für eine Temperaturänderung von 0 °C auf t_2

T 1.7 Mittlere Längen- und Volumenausdehnungskoeffizienten, geltend für die Länge l_0 bzw. das Volumen V_0 des Körpers bei 0 °C [15]

	Längenausdehnungskoeffizient $\alpha_m\big|_{0\,°C}^{t}$ in $\frac{m}{K\,m} = \frac{1}{K}$	
Temperaturbereich	**0 °C–100 °C**	**0 °C–200 °C**
Aluminium (99,5%)	$23{,}8 \cdot 10^{-6}$	$24{,}5 \cdot 10^{-6}$
Gusseisen	$10{,}4 \cdot 10^{-6}$	$11{,}1 \cdot 10^{-6}$
Glas (technisch)	$(3{,}5\text{–}8{,}1) \cdot 10^{-6}$	$(3{,}6\text{–}8{,}4) \cdot 10^{-6}$
Quarzglas	$0{,}5 \cdot 10^{-6}$	$0{,}6 \cdot 10^{-6}$
Kupfer	$16{,}5 \cdot 10^{-6}$	$16{,}9 \cdot 10^{-6}$
Messing (mit 62% Cu)	$18{,}4 \cdot 10^{-6}$	$19{,}3 \cdot 10^{-6}$
Stahl (mit 0,2–0,6% C)	$11{,}0 \cdot 10^{-6}$	$12{,}0 \cdot 10^{-6}$
	Volumenausdehnungskoeffizient $\gamma_m\big|_{0\,°C}^{t}$ in $\frac{m^3}{m^3\,K} = \frac{1}{K}$	
Temperaturbereich	**0 °C–50 °C**	**0 °C–100 °C**
Quecksilber	$182{,}2 \cdot 10^{-6}$	$182{,}6 \cdot 10^{-6}$
Glyzerin	$520 \cdot 10^{-6}$	–

[1)] In DIN 51045-1:1989-09; Nr. 3.1.2.2 „Bestimmung der Längenänderung fester Körper" wird als Regelfall 20 °C vorausgesetzt.

$$l_2 - l_0 = l_0\, \alpha_m|_{0\,°C}^{t_2}\, (t_2 - 0\,°C) \qquad \textbf{(Gl 1.37)}$$

Subtrahiert man diese beiden Gleichungen,[1] erhält man durch Vergleich mit Gl 1.35 für den Mittelwert des Längenausdehnungskoeffizienten zwischen t_1 und t_2:

$$\alpha_m|_{t_1}^{t_2} = \frac{\alpha_m|_{0\,°C}^{t_2}\, t_2 - \alpha_m|_{0\,°C}^{t_1}\, t_1}{t_2 - t_1} \qquad \textbf{(Gl 1.38)}$$

Der nach Gl 1.38 gebildete Mittelwert $\alpha_m|_{t_1}^{t_2}$ ist auf diejenige Länge bezogen, die den tabellierten Werten zugrunde liegt, hier also auf l_0 bei 0 °C. In der Regel ist aber die Länge l_1 bei t_1 bekannt; l_1 hängt mit l_0 zusammen nach Gl 1.36:

$$l_1 = l_0(1 + \alpha_m|_{0\,°C}^{t_1}\, t_1) \qquad \textbf{(Gl 1.39)}$$

Wir ersetzen in Gl 1.35 l_0 durch Gl 1.39:

$$\Delta l = l_1 \alpha_m|_{t_1}^{t_2}\, (t_2 - t_1)\, \frac{1}{1 + \alpha_m|_{0\,°C}^{t_1}\, t_1}$$

Der Term $\frac{1}{1 + \alpha_m t_1}$ nimmt wegen des kleinen Zahlenwertes des Produktes $\alpha_m t_1$ (s. T 1.7) etwa den Wert 1 an, sodass mit guter Näherung auch bei Einsetzen des auf l_0 bezogenen Mittelwertes für $\alpha_m|_{t_1}^{t_2}$ gilt:

$$\Delta l \approx l_1 \alpha_m|_{t_1}^{t_2}\, (t_2 - t_1) \qquad \textbf{(Gl 1.40)}$$

Das Verhältnis der Längenänderung zur Ausgangslänge heißt relative Längenänderung oder *Längendehnung* $\left(\varepsilon = \frac{\Delta l}{l_1}\right)$.

Der Längenausdehnungskoeffizient bei einer bestimmten Temperatur lässt sich näherungsweise durch Polynome berechnen, z. B.:

$$\alpha = (a + b\,t + c\,t^2 + d\,t^3)\, \frac{1}{K} \qquad \textbf{(Gl 1.41)}$$

Werte für die Koeffizienten $a \ldots d$ für einige Stoffe s. **T 1.8**. Nach Gl 1.34 berechnet sich der mittlere Längenausdehnungskoeffizient, bezogen auf die Länge l_b, zu

$$\alpha_m|_{t_1}^{t_2} = \frac{a(t_2 - t_1) + \frac{b}{2}(t_2^2 - t_1^2) + \frac{c}{3}(t_2^3 - t_1^3) + \frac{d}{4}(t_2^4 - t_1^4)}{t_2 - t_1}\, \frac{1}{K} \qquad \textbf{(Gl 1.42)}$$

[1] Zur Vereinfachung der Gleichungen wird der Ausdruck 0 °C z. T. weggelassen, da bei der Produktbildung das Glied ohnehin wegfällt. Die Einheit °C für t_1 (statt exakt $t_1 - 0$ °C) steht dann für eine Temperatur*differenz* und kann z. B. gegen die Einheit K gekürzt werden.

T 1.8 Temperaturabhängigkeit des Längenausdehnungskoeffizienten; Koeffizienten für Gl 1.41 und Gl 1.42 [22; S. 361f, Tab. 3.19b]

Stoff	Temperaturbereich t_1 bis t_2	Koeffizienten			
		a	b	c	d
	°C	–	$\frac{1}{°C}$	$\frac{1}{°C^2}$	$\frac{1}{°C^3}$
Aluminium	−250 bis 600	$22{,}69 \cdot 10^{-6}$	$39{,}02 \cdot 10^{-9}$	$-118{,}56 \cdot 10^{-12}$	$154{,}84 \cdot 10^{-15}$
Baustahl	−250 bis 700	$11{,}26 \cdot 10^{-6}$	$21{,}88 \cdot 10^{-9}$	$-52{,}56 \cdot 10^{-12}$	$55 \cdot 10^{-15}$
Bronze	0 bis 500	$17{,}04 \cdot 10^{-6}$	$8{,}68 \cdot 10^{-9}$		
Gold	−250 bis 900	$14{,}13 \cdot 10^{-6}$	$11{,}578 \cdot 10^{-9}$	$-35{,}07 \cdot 10^{-12}$	$36{,}936 \cdot 10^{-15}$
Kupfer	−250 bis 600	$15{,}95 \cdot 10^{-6}$	$19{,}758 \cdot 10^{-9}$	$-64{,}92 \cdot 10^{-12}$	$83{,}6 \cdot 10^{-15}$
Silber	−250 bis 800	$18{,}74 \cdot 10^{-6}$	$19{,}918 \cdot 10^{-9}$	$-51{,}72 \cdot 10^{-12}$	$50{,}72 \cdot 10^{-15}$
Thermometerglas	−250 bis 480	$7{,}457 \cdot 10^{-6}$	$16{,}174 \cdot 10^{-9}$	$-57{,}72 \cdot 10^{-12}$	$85{,}04 \cdot 10^{-15}$
Titan	−123 bis 883	$8{,}13 \cdot 10^{-6}$	$9{,}39 \cdot 10^{-9}$	$-6{,}609 \cdot 10^{-12}$	

1.6.2 Volumenänderung

Beliebige Stoffe. Die *Volumenänderung* ΔV eines Körpers ist bei konstantem Druck von dem Volumen V des Körpers, seiner Temperaturänderung und einem Stoffwert, dem thermischen Volumenausdehnungskoeffizienten γ, abhängig.

Als *thermischen Volumenausdehnungskoeffizienten* definiert man:

$$\gamma = \frac{1}{V}\,\frac{\mathrm{d}V}{\mathrm{d}T} \quad \textit{bei } p = \textit{konstant, bezogen auf Ausgangsvolumen} \qquad \textbf{(Gl 1.43)}$$

γ kann man sich anschaulich vorstellen als Volumenänderung, bezogen auf das Ausgangsvolumen, bei 1 K Temperaturänderung.

γ ist temperaturabhängig. In T 1.7 ist der Mittelwert γ_m für den Temperaturbereich zwischen 0 °C und t, bezogen auf das Volumen V_0 bei 0 °C, tabelliert. Ähnlich den Ableitungen bei der Längenänderung gilt somit:

$$\Delta V = V_2 - V_1 = V_0\,\gamma_m\big|_{t_1}^{t_2}\,(t_2 - t_1) \qquad \textbf{(Gl 1.44)}$$

Hierin ist

$$\gamma_m\big|_{t_1}^{t_2} = \frac{\gamma_m\big|_{0\,°C}^{t_2}\,t_2 - \gamma_m\big|_{0\,°C}^{t_1}\,t_1}{t_2 - t_1} \qquad \textbf{(Gl 1.45)}$$

Der nach Gl 1.45 gebildete Mittelwert $\gamma_m|_{t_1}^{t_2}$ ist auf das Volumen bezogen, das den tabellierten Werten zugrunde liegt, hier also auf V_0 bei 0 °C. In der Regel ist aber das Volumen V_1 bei t_1 bekannt. Ähnlich der Ableitung zu Gl 1.38 bei der Längenänderung gilt

$$V_1 = V_0 \left(1 + \gamma_m|_{0\,°C}^{t_1}\, t_1\right) \qquad \textbf{(Gl 1.46)}$$

Eingesetzt in Gl 1.44 erhält man:

$$\Delta V = V_1\, \gamma_m|_{t_1}^{t_2}\, (t_2 - t_1)\, \frac{1}{1 + \gamma_m|_{0\,°C}^{t_1}\, t_1}$$

Feste Körper und Flüssigkeiten. Bei festen Körpern und in der Regel auch bei Flüssigkeiten nimmt das Glied $\dfrac{1}{1 + \gamma_m t_1}$ wegen des kleinen Zahlenwertes des Produktes $\gamma_m t_1$ etwa den Wert 1 an, sodass sich auch bei Einsetzen des auf V_0 bezogenen Mittelwertes für $\gamma_m|_{t_1}^{t_2}$ mit guter Näherung ergibt:

$$\Delta V \approx V_1\, \gamma_m|_{t_1}^{t_2}\, (t_2 - t_1) \qquad \textbf{(Gl 1.47)}$$

Das Verhältnis der Volumenänderung zum Ausgangsvolumen heißt relative Volumenänderung oder *Volumendehnung* $\left(\dfrac{\Delta V}{V_1}\right)$.

Thermischer Längen- und Volumenausdehnungskoeffizient sind einander proportional. Wird ein Würfel mit dem Volumen V_0 und der Kantenlänge l_0 von 0 °C auf t_1 erwärmt, so wachsen seine Kantenlänge und damit sein Volumen:

$$V_1 = l_1^3 = l_0^3\, (1 + \alpha_m t_1)^3 = l_0^3\, (1 + 3\alpha_m t_1 + 3\alpha_m^2 t_1^2 + \alpha_m^3 t_1^3)$$

Wegen des kleinen Zahlenwertes von $\alpha_m t_1$ werden die 2. und 3. Potenzen von $\alpha_m t_1$ vernachlässigbar klein, sodass mit $V_0 = l_0^3$ gilt

$$V_1 \approx V_0 \left(1 + 3\alpha_m|_{0\,°C}^{t_1}\, t_1\right)$$

Durch Vergleich mit Gl 1.46 ergibt sich angenähert

$$\gamma_m \approx 3\alpha_m \qquad \textbf{(Gl 1.48)}$$

Gase. Bei Gasen ist der Ausdehnungskoeffizient γ wesentlich größer als bei festen und flüssigen Stoffen, sodass das Glied $\dfrac{1}{1 + \gamma_m\, t_1}$ nicht angenähert gleich 1 gesetzt werden darf; Gl 1.47 ist dann nicht verwendbar.

Für das *ideale Gas* sind die Zusammenhänge einfach: Ersetzt man in Gl 1.43 V und $\mathrm{d}V$ durch die thermische Zustandsgleichung ($\mathrm{d}V = mR_i\, \mathrm{d}T/p$ für $p = \text{const}$), so erhält man

$$\gamma = \frac{1}{T} \quad \textit{bei } p = \textit{konstant, ideales Gas} \qquad \textbf{(Gl 1.49)}$$

Bezogen auf das Volumen V_0 bei $t_0 = 0\ ^\circ\text{C}$ bzw. $T_0 = 273{,}15$ K gilt

$$\gamma_\text{m}\big|_{t_1}^{t_2} = \frac{1}{T_0} \quad \textit{bei } p = \textit{konstant, bez. auf } V_0\textit{, ideales Gas} \qquad \textbf{(Gl 1.50)}$$

Statt mit γ berechnet man die Volumenänderung bei Gasen i. Allg. mittels der thermischen Zustandsgleichung, bei idealem Gas nach Gl 1.18:

$$\frac{V_2}{V_1} = \frac{T_2}{T_1} \quad \textit{bei } p = \textit{konstant, ideales Gas}$$

Beispiel 1.10: In die 200 m lange Heißwasserleitung in einem Heizkraftwerk sind, jeweils 50 m von den Leitungsenden entfernt, zwei Kompensatoren zur Aufnahme der thermischen Ausdehnung eingebaut. Leitungsmaterial: Stahl mit 0,3 % Kohlenstoff. Die Leitung wird bei 20 °C (Bezugstemperatur) verlegt, die maximale Leitungstemperatur beträgt 120 °C, die niedrigste 10 °C. Die Änderung der Einbaulänge der Ausdehnungsstücke selbst infolge Temperatureinfluss ist zu vernachlässigen. Der Längenausdehnungskoeffizient ist mit konstantem Wert für den Temperaturbereich 0 °C–100 °C einzusetzen.

a) Für welche Längenänderung muss jeder Kompensator ausgelegt werden?

b) Um welche Länge müssen die Kompensatoren vorgestreckt werden, damit ihre Belastung bei den Extremwerten der Temperatur gleich groß ist?

c) Welche Druckspannung würde in der Leitung maximal auftreten, wenn sie ohne Kompensatoren verlegt worden wäre?

Lösung:

Zu a): Je Kompensator ist die Längenänderung von 100 m Stahlleitung aufzunehmen. Sie ist (Gl 1.33):

$$\Delta l = l_\text{b}\,\alpha_\text{m}\big|_{t_1}^{t_2}\,(t_2 - t_1) \approx 100\ \text{m}\ 11 \cdot 10^{-6}\ \frac{\text{m}}{\text{K m}}\ (120 - 10)\ \text{K}$$

$$\Delta l \approx \underline{0{,}121\ \text{m}}$$

Zu b): Die Kompensatoren müssen bei vernachlässigter Temperaturabhängigkeit des Längenausdehnungskoeffizienten bei der mittleren Temperatur von $t_\text{m} = \frac{t_1 + t_2}{2} = 65\ ^\circ\text{C}$ ihre Normallänge haben, damit sie bei den Grenztemperaturen gleiche Längenänderungen aufnehmen. Beim Verlegen bei $t_\text{b} = 20\ ^\circ\text{C}$ müssen sie daher gestreckt werden um (Gl 1.33):

$$\Delta l_\text{r} = l_\text{b}\,\alpha_\text{m}\,(t_\text{m} - t_\text{b}) \approx 100\ \text{m}\ 11 \cdot 10^{-6}\ \frac{\text{m}}{\text{K m}}\ (65 - 20)\ \text{K}$$

$$\Delta l_\text{r} \approx \underline{0{,}050\ \text{m}}$$

Zu c): Ändert sich die Temperatur eines Körpers und greifen gleichzeitig Kräfte an, so berechnet sich die Dehnung als Summe der einzelnen Dehnungen:

$$\varepsilon = \alpha_\text{m}\,\Delta t + \frac{\sigma}{E}$$

E ist der Elastizitätsmodul. Der Zusammenhang gilt im Proportionalbereich des Hooke'schen Gesetzes, auf das wir hier nicht eingehen.

Durch die feste Einspannung der Leitung soll die Dehnung völlig unterbunden sein ($\varepsilon = 0$). Dann ist die Druckspannung σ, mit $E = 202\,000\ \text{N/mm}^2$ für Stahl mit 0,3 % Kohlenstoff:

$$\sigma = -\alpha_m \, \Delta t \, E = -\alpha_m \, (t_2 - t_b) \, E$$

$$\sigma = -11 \cdot 10^{-6} \, \frac{1}{K} \, (120 - 20) \, K \, 202\,000 \, \frac{N}{mm^2} = \underline{-222 \, \frac{N}{mm^2}}$$

Beispiel 1.11: Ein Quecksilberbarometer (entsprechend B 1.4c) mit Messingskala wurde bei 20 °C in der Einheit bar geeicht. Bei 32 °C wird ein Messwert von 1,0200 bar abgelesen. Welches ist der wirkliche Barometerstand?

a) Bei Beachtung der Quecksilberausdehnung und Vernachlässigung der Längenänderung der Messingskala.

b) Unter Berücksichtigung der Ausdehnung des Quecksilbers und der Messingskala.

Die Temperaturabhängigkeit der Ausdehnungskoeffizienten ist zu vernachlässigen.

Lösung:

Zu a): Bei der Eichtemperatur $t_1 = 20$ °C wird der Druck von $p_1 = 1{,}0200$ bar durch eine Quecksilbersäule der Höhe h_1 verursacht. Hier wird daher die Marke 1,0200 bar angebracht.

$$p_1 = h_1 \, \varrho_1 \, g \quad \text{mit} \quad \varrho_1 = \text{Dichte des Quecksilbers bei } t_1 = 20\,°\text{C}$$

In dieser Höhe h_1 befindet sich bei der Ablesung die Quecksilbersäule, jedoch bei der Temperatur von $t_2 = 32$ °C. Infolge veränderter Dichte ϱ_2 hält aber das Quecksilber nicht dem Druck 1,0200 bar, sondern dem Luftdruck p_2 das Gleichgewicht.

$$p_2 = h_1 \, \varrho_2 \, g \quad \text{mit} \quad \varrho_2 = \text{Dichte des Quecksilbers bei } t_2 = 32\,°\text{C}$$

Aus den beiden Gleichungen ergibt sich:

$$\frac{p_2}{p_1} = \frac{\varrho_2}{\varrho_1} = \frac{v_1}{v_2}$$

Wir setzen Gl 1.46 mit $v = v_0 \, (1 - \gamma_m \, t)$ ein:

$$p_2 = p_1 \, \frac{v_1}{v_2} = p_1 \, \frac{1 + \gamma_m \, t_1}{1 + \gamma_m \, t_2} = 1{,}0200 \text{ bar} \, \frac{1 + 182{,}2 \cdot 10^{-6} \, \frac{m^3}{m^3 \, K} \, 20\,°\text{C}}{1 + 182{,}2 \cdot 10^{-6} \, \frac{m^3}{m^3 \, K} \, 32\,°\text{C}}$$

$$p_2 = \underline{1{,}0178 \text{ bar}}$$

Der wirkliche Barometerstand ist kleiner als der Messwert, da die Dichte des Quecksilbers infolge der Erwärmung gefallen ist.

Zu b): Bei der Eichung bei $t_1 = 20$ °C hatte die Messingskala die Länge (Gl 1.39):

$$h_1 = h_0 \, (1 + \alpha_m \, t_1)$$

Hier wurde die Marke 1,0200 bar angebracht. Durch Erwärmung auf $t_2 = 32$ °C hat sich die Skala verlängert und die Marke 1,0200 bar verschoben auf

$$h_2 = h_0 \, (1 + \alpha_m \, t_2)$$

In der Höhe h_2 befindet sich die Quecksilbersäule bei der Messung, sie steht daher im Gleichgewicht mit dem Druck

$$p_2' = h_2 \, \varrho_2 \, g$$

Durch Verbindung mit $p_1 = h_1 \varrho_1 g$, d. h. mit den Werten bei Eichtemperatur, ergibt sich

$$\frac{p_2'}{p_1} = \frac{h_2\,\varrho_2}{h_1\,\varrho_1} = \frac{h_2\,v_1}{h_1\,v_2}$$

Wir führen für h_1 und h_2 (Gl 1.39) und für $\frac{v_1}{v_2}$ die unter a) ermittelte Beziehung ein:

$$p_2' = p_1\,\frac{(1+\alpha_\mathrm{m}\,t_2)\,(1+\gamma_\mathrm{m}\,t_1)}{(1+\alpha_\mathrm{m}\,t_1)\,(1+\gamma_\mathrm{m}\,t_2)}$$

$$p_2' = 1{,}0200\ \mathrm{bar}\,\frac{\left(1+18{,}4\cdot10^{-6}\,\frac{1}{\mathrm{K}}\,32\,^\circ\mathrm{C}\right)\left(1+182{,}2\cdot10^{-6}\,\frac{1}{\mathrm{K}}\,20\,^\circ\mathrm{C}\right)}{\left(1+18{,}4\cdot10^{-6}\,\frac{1}{\mathrm{K}}\,20\,^\circ\mathrm{C}\right)\left(1+182{,}2\cdot10^{-6}\,\frac{1}{\mathrm{K}}\,32\,^\circ\mathrm{C}\right)}$$

$$p_2' = \underline{1{,}0180\ \mathrm{bar}}$$

Die Längenänderung der Messingskala beeinflusst die Messung günstig. Der Einfluss ist jedoch gering, er liegt außerhalb der Ablesegenauigkeit des Barometers.

Aufgabe 1.12: Ein gebrochener Stahlträger wird mit Stahllaschen repariert, die mit Gewindebolzen angeschraubt werden. Die Bolzen bestehen aus Stahl mit 0,3 % Kohlenstoff. Sie haben einen Durchmesser von 50 mm und werden in vorgewärmtem Zustand spannungsfrei eingezogen. Nach dem Abkühlen der Bolzen auf 20 °C soll die Zugkraft je Bolzen 343 kN betragen.

Träger und Laschen sind starr anzunehmen. Für den Längenausdehnungskoeffizienten kann der Wert zwischen 0 °C und 100 °C eingesetzt werden. Die Durchmesseränderung der Bolzen infolge der Abkühlung ist zu vernachlässigen. Zur Lösung vergleiche Bsp. 1.10 c.

a) Auf welche Temperatur müssen die Bolzen vorgewärmt werden?

b) Wie groß ist die Zugkraft je Bolzen, wenn die Außentemperatur +5 °C beträgt?

Aufgabe 1.13: Ein im Freien stehender Stickstoffbehälter von 100 m^3 Inhalt ist durch ein Sicherheitsventil gegen unzulässig hohen Druck geschützt. Der Behälter wurde bei 15 °C vollständig gefüllt. Durch Sonnenbestrahlung steigt die Behältertemperatur auf 32 °C, wobei der Druck infolge des Sicherheitsventils konstant bleibt. Stickstoff soll näherungsweise als ideales Gas angenommen werden.

Wie viel % der ursprünglichen Stickstoffmenge entweichen durch das Sicherheitsventil?

1.7 Thermodynamisches System

1.7.1 Systeme und Systemgrenzen

Als *thermodynamisches System* bezeichnet man einen abgegrenzten Bereich (auch Kontrollraum genannt), der untersucht werden soll. Er ist von seiner *Umgebung* durch *Systemgrenzen* getrennt. Zwischen dem System und seiner Umgebung können Wechselwirkungen auftreten, indem Materie, Arbeit oder Wärme die Systemgrenze überschreiten.

Ein System, über dessen Grenze keine Materie tritt, heißt *geschlossenes System*. Es enthält eine abgemessene, unverändert große Stoffmenge. Ein System, über dessen Grenze Materie tritt, heißt *offenes System*. Es wird von Stoff durchströmt.

Zum Beispiel ist als geschlossenes System ein Gas anzusehen, das in einem Zylinder eingeschlossen ist (B 1.7 a), als offenes System ein Zylinder mit ein- und ausströmendem Gas (B 1.7 b).

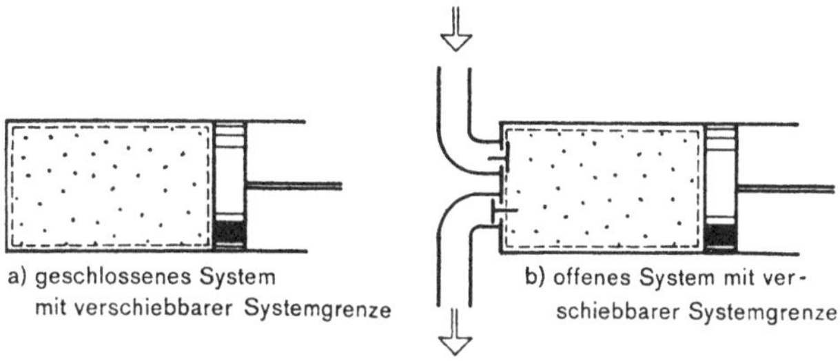

B 1.7 Thermodynamische Systeme

a) adiabate, starre Systemgrenze b) nichtadiabate, starre Systemgrenze

B 1.8 Systemgrenzen[1)]

Systemgrenzen können wirkliche oder gedachte Wände sein. Sie sind entweder verschiebbar **(B 1.7)** oder auch starr **(B 1.8)**. Systemgrenzen heißen auch *Bilanzhüllen*, weil Energie- und Stoffströme, die die Systemgrenzen überschreiten, erfasst und bilanziert werden.

Ein wichtiges Merkmal der Systemgrenzen ist ihre Eigenschaft, *adiabat*[2)] (*wärmedicht*) (B 1.8 a) oder *nichtadiabat* bzw. *diatherm* (*wärmedurchlässig*) (B 1.8 b) zu sein. Bei unterschiedlichen Temperaturen des Systems und der Umgebung gleichen sich bei nichtadiabater Systemgrenze die Temperaturen aus. Bei adiabater Systemgrenze treten Veränderungen im System aufgrund eines Temperaturunterschiedes zwischen System und Umgebung nicht auf. Ein System mit adiabater Systemgrenze heißt *adiabates System.*

Ein System, bei dem jede Wechselwirkung mit seiner Umgebung ausgeschlossen ist, bei dem also weder Stoff noch Energie die Systemgrenze überschreiten können, heißt *isoliertes* oder *ab*geschlossenes System.[3)]

Wir betrachten zunächst *homogene* Systeme, das sind Systeme mit einem einheitlichen Stoff oder Stoffgemisch, wie z. B. Stickstoff oder Luft in Gasphase. Jeder homogene Teil eines Systems heißt *Phase.* Systeme mit mehreren Phasen, z. B. ein Gemisch aus Wasser und Wasserdampf, heißen *heterogene* Systeme. Die Stoffeigenschaften verschiedener Phasen unterscheiden sich in der Regel erheblich. Für Gase und Flüssigkeiten ist die gemeinsame Bezeichnung *Fluid* gebräuchlich.

---

1) Die Schraffur für Dämmung [DIN ISO 128-50:2002-05; SN 55] (sich kreuzende Doppellinien) kennzeichnet adiabate Systeme.

2) *ἀδιάβατος* (griech.) = unpassierbar. Adiabate Systemgrenzen verhindern den Übergang von Wärme. Definition der Wärme s. Abschn. 2.4.

3) Ein System ohne Stoff- und Wärmezu- oder -abfuhr heißt *thermisch isoliert* [55; Nr. 1.6].

1.7.2 Zustandsgrößen und Prozessgrößen

Die hier zusammengestellten Größen werden z. T. erst in späteren Abschnitten definiert. Die Zusammenstellung ist als Hilfestellung beim Nachschlagen zu verstehen.

Zustandsgrößen: Physikalische Größen, die den Zustand eines thermodynamischen Systems beschreiben, nennt man thermodynamische Zustandsgrößen. Man unterscheidet:

Thermische Zustandsgrößen: Volumen V, Druck p, Temperatur T (Abschn. 1.3).

Kalorische Zustandsgrößen: z. B. innere Energie U (Abschn. 2.3), Enthalpie H (Abschn. 2.5) und weitere.

Spezifische Zustandsgrößen: Auf die Masse m bezogene Zustandsgrößen. Sie werden mit Kleinbuchstaben bezeichnet (Ausnahmen: Masse m und Stoffmenge n, für die ebenfalls kleine Buchstaben verwendet werden.) Beispiel: $v = \frac{V}{m}$ (Abschn. 1.3.1).

Molare Zustandsgrößen: Auf die Stoffmenge n (Molmenge) bezogene Zustandsgrößen, auch stoffmengenbezogene Zustandsgrößen genannt. Sie werden durch Großbuchstaben mit dem Index m gekennzeichnet, z. B. $V_\mathrm{m} = \frac{V}{n}$ (Abschn. 1.5.2).

Intensive Zustandsgrößen: Sie sind von der Größe des Systems unabhängig, z. B. Druck p, Temperatur T. Spezifische und molare Größen gehören zu den intensiven Zustandsgrößen.

Extensive Zustandsgrößen: Sie sind proportional zur Größe des Systems; bei dessen Teilung teilen sie sich, beim Zusammenfügen addieren sie sich, z. B. Volumen V, Masse m, Stoffmenge n.

Zur Beschreibung des *Zustandes eines Systems* mit einem homogenen Fluid, z. B. Luft, sind nur zwei intensive Zustandsgrößen erforderlich, z. B. p und T. Soll auch die *Größe des Systems* angegeben werden, so benötigt man zusätzlich eine extensive Zustandsgröße, z. B. die Masse m oder die Stoffmenge n.

Prozessgrößen: Prozessgrößen – wie Arbeit oder Wärme – treten an der Systemgrenze auf. Sie sind vom Verlauf der Zustandsänderung abhängig.

1.7.3 Zustandsänderungen und Prozesse

Zustandsänderungen. Thermodynamische Prozesse verändern den Zustand eines thermodynamischen Systems und damit dessen Zustandsgrößen. Wird z. B. Gas in einem adiabaten Zylinder komprimiert (B 1.7a, jedoch wärmedicht), so steigt der Gasdruck. Das Gas durchläuft eine *Zustandsänderung.* Hierbei baut sich in Kolbennähe vorübergehend ein etwas höherer Druck als im Inneren auf, es entsteht also vorübergehend ein Ungleichgewicht. Der Ausgleich erfolgt jedoch mit weit höherer Geschwindigkeit als der mittleren Kolbengeschwindigkeit, sodass man bei diesem und vielen anderen thermodynamischen Prozessen mit einer Folge von Gleichgewichtszuständen während einer Zustandsänderung rechnen kann, man spricht dann von einer *quasistatischen Zustandsänderung.*

Prozesse. *Prozesse* (Vorgänge) verursachen Zustandsänderungen in den beteiligten Systemen. Gleiche Zustandsänderungen können durch unterschiedliche Prozesse bewirkt werden, z. B. kann die Temperatur in einem Zylinder durch Kompression oder Wärmezufuhr erhöht werden.

Reversible Prozesse. Ein Prozess ist *reversibel* oder *umkehrbar*, wenn der ursprüngliche Zustand des Systems wieder erreicht werden kann, ohne dass Änderungen in der Umgebung zurückbleiben. Als Beispiel für solche reversiblen Prozesse denken wir aus dem Bereich der Mechanik an die Schwingung eines Pendels. Wenn keinerlei Luft- oder Lagerreibung vorhanden ist, stellt sich periodisch der Ausgangszustand wieder ein: Diese Schwingung ist reversibel. Als einen anderen reversiblen mechanischen Vorgang können wir uns die Dehnung einer Feder vorstellen **(B 1.9)**, bei der durch eine reibungsfreie Hebelübersetzung eine Zugfeder dauernd mit der Gewichtskraft des Körpers K im Gleichgewicht steht. Der Körper K kann durch beliebig kleine Kräfte auf- oder abwärts bewegt und so der Ausgangszustand wieder hergestellt werden.

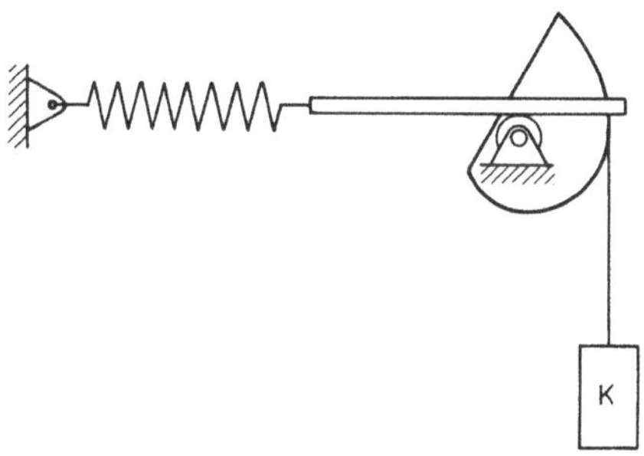

B 1.9 Dehnung einer gespannten Feder

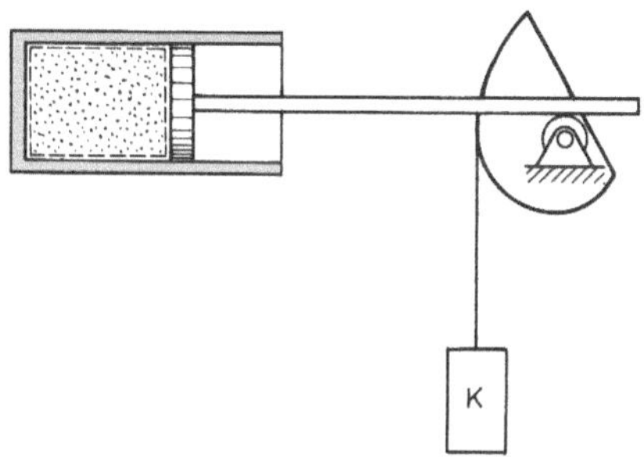

B 1.10 Verdichtung und Entspannung eines Gases

Auch thermodynamische Prozesse können wir uns reversibel denken. Als Beispiel betrachten wir eine Vorrichtung zur Verdichtung und Entspannung eines Gases in einem adiabaten Zylinder **(B 1.10)**. Durch Entspannung des Gases wird der Körper K gehoben und die vom Gas abgegebene Arbeit als potenzielle Energie in dem Körper K gespeichert. Wenn keinerlei Reibung vorhanden ist und keine Ungleichgewichte im System auftreten (wie z. B. die oben beschriebene Druckdifferenz zwischen Kolbennähe und dem Inneren), d. h. der Prozess als Folge von Gleichgewichtszuständen abläuft, ist der Prozess reversibel. Ein reversibler Prozess verläuft daher quasistatisch.

Die Erfahrung lehrt, dass alle in der Natur und Technik ablaufenden Prozesse irreversibel sind. Reversible Prozesse sind somit nur gedanklich durchführbar. Sie sind aber als idealisierte Prozesse zur Bewertung der wirklichen Prozesse von besonderer Bedeutung.

Irreversible Prozesse. Ein Prozess ist *irreversibel* oder *nichtumkehrbar*, wenn er nicht vollständig wieder rückgängig gemacht werden kann. Das System kann zwar seinen Anfangszustand wieder erreichen, es bleiben aber Veränderungen in der Umgebung zurück. So kann z. B. Sauerstoff aus einem Druckbehälter ausströmen und sich mit Umgebungsluft mischen, die Sauerstoffmoleküle kehren aber nicht von allein wieder in den Druckbehälter zurück. Beim Ausströmen hätte der Sauerstoff Arbeit verrichten können, stattdessen wurde durch Reibung und anschließende Mischung mit der Umgebungsluft Energie dissipiert[1)] (Dissipationsenergie) und dadurch entwertet. Durch Trennen des Sauerstoffs von der Luft und durch Verdichten könnte der Ausgangszustand im Druckbehälter wieder hergestellt werden. Dann muss aber von außen Arbeit aufgebracht werden, wodurch sich der Zustand eines anderen Systems ändert.

Beispiele für irreversible Prozesse sind: reibungsbehaftete Strömungen, plastische Verformungen, elektrische Vorgänge, Verbrennung und Ausgleichsvorgänge, wie z. B. Temperatur-, Druck- oder Konzentrationsausgleich.

Stationäre Prozesse. Prozesse, in deren zeitlichem Verlauf der Zustand des Systems unverändert bleibt oder periodisch wieder hergestellt wird (B 1.7 b), nennt man *stationäre Prozesse*. In offenen Systemen spricht man auch von *stationären Fließprozessen* (B 1.8 b). In ihnen bleiben die Zustandsgrößen beim Zu- und Abfluss, die zu- und abströmenden Stoffmengen, die im System befindliche Stoffmenge und die Energieübertragung über die Systemgrenze zeitlich konstant, der Prozess verläuft unter *Beharrung*.

Kontrollfragen (Antworten Abschnitt 11.1)

1.2

1. Welches sind die Basisgrößen und Basiseinheiten des SI?

1.3

2. Definieren Sie Absolutdruck und Überdruck. Welche Druckeinheit verwendet das SI?
3. Was versteht man unter a) einer empirischen, b) der thermodynamischen, c) der internationalen Temperaturskala?
4. Was wird als Nullter Hauptsatz der Thermodynamik bezeichnet?

1.4

5. a) Was ist ein ideales Gas?
   b) Geben Sie die thermische Zustandsgleichung des idealen Gases an.
   c) Wie ist die spezielle Gaskonstante definiert?
6. Wie lauten und wann gelten die Gesetze von
   a) Boyle-Mariotte,
   b) Gay-Lussac?

1.5

7. Wie ist der physikalische Normzustand festgelegt?
8. a) Was besagt das Gesetz von Avogadro?
   b) Was versteht man unter Avogadro-Konstante?
9. Erläutern Sie die Begriffe
   a) Kilomol, b) molare Masse, c) molares Volumen, d) Normvolumen.
10. Wie kann
    a) die Masse aus der Stoffmenge in kmol,
    b) das molare Normvolumen aus dem Normvolumen,
    c) die Dichte im physikalischen Normzustand aus der molaren Masse berechnet werden?

[1)] dissipieren (lat.) = zerstreuen.

11. a) Wie ist die molare Gaskonstante definiert?
    b) Weisen Sie nach, dass sie für alle idealen Gase den gleichen Wert hat.
    c) Wie hängen molare und spezielle Gaskonstante zusammen?
12. a) Wie werden durch Temperaturänderung verursachte Längen- und Volumenänderung berechnet; Gleichung?
    b) Was versteht man unter Längendehnung?
    c) Bei welchem Stoff ist der thermische Ausdehnungskoeffizient temperaturunabhängig? Gibt es Stoffe, die sich bei Abkühlung ausdehnen?
13. Was versteht man unter geschlossenen bzw. offenen Systemen?
14. Was versteht man unter Zustandsgrößen; welche Gruppen von Zustandsgrößen unterscheidet man in der Thermodynamik, welche können Sie benennen?
15. Erläutern Sie den Zusammenhang zwischen Prozess und Zustandsänderung.
16. Welche thermodynamischen Prozesse verlaufen irreversibel?

2 Erster Hauptsatz der Thermodynamik

2.1 Energieerhaltung, Energiebilanz

Der erste Hauptsatz verallgemeinert den Energiebegriff und postuliert das Naturgesetz von der *Erhaltung der Energie*. Er ist Grundlage für die *Bilanzierung von Energien*.

Für ein System und seine Grenzen lassen sich gespeicherte Energie und transportierte Energie unterscheiden.

Die in einem System *gespeicherte Energie* ist eine wichtige Zustandsgröße des Systems. Sie ist eine extensive Zustandsgröße, d. h., beim Zusammenfügen von mehreren Systemen addieren sich deren Energien. Man unterscheidet verschiedene Formen von gespeicherter Energie, z. B. potenzielle Energie, kinetische Energie, innere Energie.

Steht das System in Wechselwirkung mit einem anderen System oder mit seiner Umgebung, wird z. B. das Volumen des Systems verändert, so überschreitet Energie die Systemgrenze. Formen solcher *transportierter Energie* sind Arbeit und Wärme. Wird Energie in Form von Arbeit über die Systemgrenze transportiert, sagt man, dass Arbeit *verrichtet* wird. Wird Energie in Form von Wärme über die Systemgrenze transportiert, sagt man, dass Wärme *übertragen* wird. Bei offenen Systemen überschreitet mit dem Stoff auch die darin gespeicherte Energie die Systemgrenze.

Wird keine Energie über die Systemgrenze transportiert (abgeschlossenes System), so bleibt die im System gespeicherte Energie erhalten (*Energieerhaltungssatz*). Wird Energie über die Systemgrenze transportiert, so ändert sich die gespeicherte Energie um den gleichen Betrag (*Energiebilanz*).

Nachfolgend werden die in der Thermodynamik vorkommenden Energieformen näher behandelt.

2.2 Arbeit am geschlossenen System

Volumenänderungsarbeit. Wir führen einem Gas in einem geschlossenen System durch einen Kolben Arbeit zu, indem wir das Gas *reversibel* verdichten **(B 2.1 a)**. Das Gas nimmt im Ausgangszustand, den wir in der Regel durch den Index 1 kennzeichnen wollen, das Zylindervolumen V_1 ein und befindet sich unter dem Druck p_1.

Nach der Arbeitszufuhr hat sich das Zylindervolumen auf V_2 verkleinert, während der Druck auf p_2 gestiegen ist. Den Endpunkt nach einer Zustandsänderung wollen wir normalerweise durch den Index 2 kennzeichnen. Wir tragen den Ausgangs- und Endzustand in ein Koordinatensystem mit den Achsen p und V ein und verbinden diese Punkte durch die dazwischen liegenden Zustandspunkte (B 2.1 b).

Die aufzuwendende Arbeit ist nach den Gesetzen der Mechanik

$$\text{Arbeit} = \text{Kraft} \cdot \text{Weg}$$

Für eine beliebige Zwischenstellung des Kolbens gilt, mit der senkrecht auf den Kolben wirkenden Kraft F und dem Weg ds:

$$\mathrm{d}W = F \cdot \mathrm{d}s$$

Die Kolbenkraft F hält der entgegengerichteten Kraft des auf die Kolbenfläche A wirkenden Gasdruckes p das Gleichgewicht

$$F = -p \cdot A$$

Oben eingesetzt ergibt sich

$$\mathrm{d}W = -p \cdot A \cdot \mathrm{d}s$$

Das Produkt $A \cdot \mathrm{d}s$ stellt die Volumenänderung $\mathrm{d}V$ dar.

$$\mathrm{d}W_{\mathrm{v}}^{\mathrm{rev}} = -p\,\mathrm{d}V$$

Wir legen eine quasistatische Zustandsänderung zugrunde und vernachlässigen damit kleine Ungleichgewichte im Inneren. Dann ist $\mathrm{d}W_{\mathrm{v}}^{\mathrm{rev}} = \mathrm{d}W_{\mathrm{v}}$, integriert:

$$W_{\mathrm{v}\,12} = -\int_1^2 p\,\mathrm{d}V \qquad \textit{geschlossenes System}^{1)} \qquad \textbf{(Gl 2.1)}$$

Neben den inneren Irreversibilitäten können von außen verursachte Dissipationseffekte auftreten. Wir definieren *als Volumenänderungsarbeit* $W_{\mathrm{v}\,12}$ (sprich: wv eins zwei) *die einem geschlossenen System reversibel über die Systemgrenze zu- oder abgeführte Arbeit.* Die Systemgrenze kann adiabat oder nichtadiabat sein.

Das Vorzeichen der Volumenänderungsarbeit $W_{\mathrm{v}\,12}$ ist aufgrund des oben gemachten Ansatzes bei zugeführter Arbeit positiv, da $\int_1^2 p\,\mathrm{d}V$ bei Volumenverringerung negativ wird. Wird die Volumenänderungsarbeit vom System an die Umgebung abgegeben, so sind die Zustandspunkte 1 und 2 gegenüber der Darstellung in B 2.1 b vertauscht, wodurch $\int_1^2 p\,\mathrm{d}V$ positiv und damit die Arbeit $W_{\mathrm{v}\,12}$ negativ werden. Diese Regel, nach der *zugeführte Energie positiv, abgeführte Energie negativ* ist, gilt für alle Energiearten.

---

1) Der Übersichtlichkeit halber verzichten wir hier und im Folgenden auf die genaue mathematische Schreibweise: $\int_{V_1}^{V_2} f(V)\,\mathrm{d}V$ (bestimmtes Integral der Funktion $p = f(V)$ in den Grenzen von V_1 bis V_2).

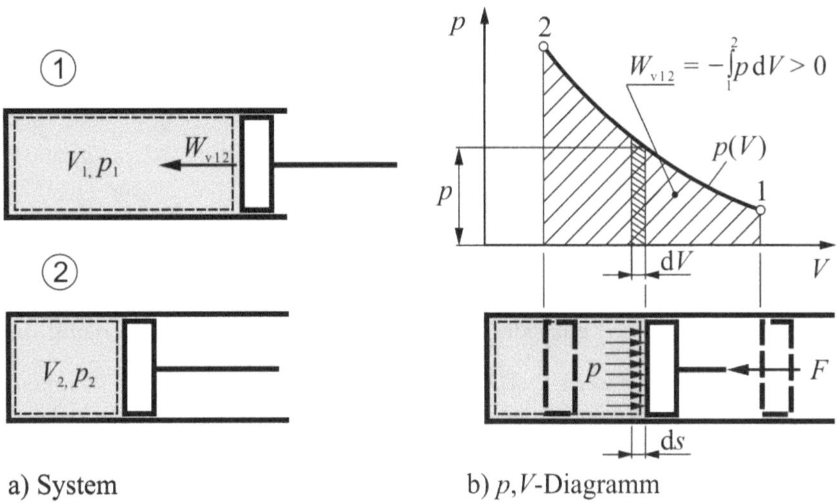

B 2.1 Volumenänderungsarbeit[1)]

Der Betrag der Volumenänderungsarbeit hängt von dem Wert des Integrals $\int_1^2 p\,dV$ ab. Zur Durchführung der Integration muss ein formelmäßiger Zusammenhang zwischen p und V, d. h. der Verlauf der Zustandsänderung, bekannt sein. Die Volumenänderungsarbeit ist demnach vom Verlauf der Zustandsänderung abhängig, sie ist eine *Prozessgröße,* keine Zustandsgröße. Das Produkt $p\,dV$ kann im p,V-Diagramm durch den schraffierten Flächenstreifen grafisch dargestellt werden (B 2.1 b). Das Integral über $p\,dV$ und damit die gesamte Volumenänderungsarbeit sind durch die Fläche unter der Zustandsänderung zur V-Achse darstellbar.

Bezogen auf die Masse ergibt sich die *spezifische Volumenänderungsarbeit*

$$w_{v12} = \frac{W_{v12}}{m} = -\int_1^2 p\,dv$$

Dissipationsenergie. Durch Reibung und andere Vorgänge wird Energie *im System* dissipiert. Diese Energie bezeichnen wir als Dissipationsenergie $W_{diss\,12}$.

Die gesamte am geschlossenen System verrichtete Arbeit W_{g12} kann somit aus Volumenänderungsarbeit und Dissipationsenergie (z. B. nach B 2.4 b) bestehen.

$$W_{g12} = W_{v12} + W_{diss\,12} \quad \textit{geschlossenes System} \tag{Gl 2.2}$$

$$W_{g12} = -\int_1^2 p\,dV + W_{diss\,12} \quad \textit{geschlossenes System} \tag{Gl 2.3}$$

1) Flächen werden mit dem Formelzeichen (z. B. W_{v12}) oder dem Wert (z. B. 20 J) der Energie beschriftet, unabhängig davon, welches Vorzeichen die Fläche mathematisch hat. Das Formelzeichen wird zur Erläuterung ggf. mit > 0 oder < 0 ergänzt.

Die Dissipationsenergie kann dem System nur zugeführt werden, sie ist somit immer positiv.

Auf die Masse m bezogen ergeben sich die spezifischen Größen:

$$w_{g\,12} = w_{v\,12} + w_{diss\,12} = -\int_1^2 p\,dv + w_{diss\,12}$$

Bei Kompression oder Expansion auftretende Dissipation kann den Verlauf der Zustandsänderung und damit auch die Volumenänderungsarbeit $W_{v\,12}$ beeinflussen. So wird z. B. bei adiabater Systemgrenze infolge von Dissipation der Enddruck bei gleicher Volumenänderung größer, sodass auch der Betrag des Integrals $-\int_1^2 p\,dV$ und damit die Volumenänderungsarbeit größer werden **(B 2.2)**. Obwohl bei der Expansion die Volumenänderungsarbeit größer ist (neg.), ist infolge der im Inneren auftretenden Dissipationsenergie (pos.) die nach außen abgegebene Arbeit $W_{g\,12}$ (Gl. 2.2) kleiner als bei der Expansion ohne Dissipation.

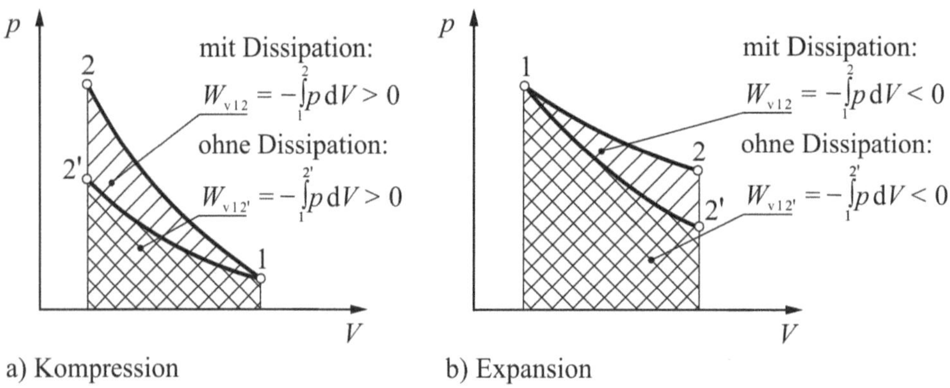

B 2.2 Zustandsänderung und Volumenänderungsarbeit mit und ohne Dissipation bei adiabatem, geschlossenem System

Nutzarbeit an der Kolbenstange. Die Volumenänderungsarbeit wird zwischen dem System und dem Kolben (B 2.1) übertragen. Wird durch die Volumenänderung auch das Volumen einer unter konstantem Druck befindlichen Umgebung (z. B. auf der Erde) geändert, so ist die *Verschiebearbeit* $W_{u\,12}$ zu berücksichtigen.

$$W_{u\,12} = -p_b\,(V_2 - V_1) \qquad \textbf{(Gl 2.4)}$$

Die Volumenänderungsarbeit $W_{v\,12}$ teilt sich auf in diese Verschiebearbeit und in die an der Kolben*stange* übertragene Nutzarbeit $W_{n\,12}$ **(B 2.3)**:

$$W_{v\,12} = W_{u\,12} + W_{n\,12}$$

Die *Nutzarbeit an der Kolbenstange* ist:

$$W_{n\,12} = W_{v\,12} - W_{u\,12} \quad \textit{geschlossenes System} \qquad \textbf{(Gl 2.5)}$$

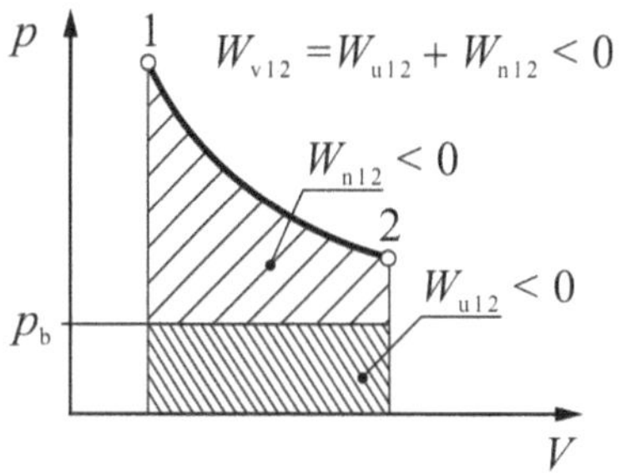

B 2.3 Nutzarbeit an der Kolbenstange W_{n12} und Verschiebearbeit W_{u12} am geschlossenen System

$$W_{n12} = -\int_1^2 p\,dV + p_b\,(V_2 - V_1)$$

$$W_{n12} = -\int_1^2 (p - p_b)\,dV \qquad \textit{geschlossenes System} \qquad \textbf{(Gl 2.6)}$$

In W_{n12} ist äußere Irreversibilität nicht berücksichtigt. Diese wird durch den mechanischen Wirkungsgrad erfasst, den wir bei den Maschinen einführen (z. B. Abschn. 4.1.2 und 4.5.2).

2.3 Innere Energie

Wir führen einem adiabat eingeschlossenen Gas Volumenänderungsarbeit W_{v12} zu **(B 2.4 a)**. Da Energie nicht verloren gehen kann, muss die als Volumenänderungsarbeit zugeführte Energie im Gas gespeichert werden.

Eine gleich große Energie wird einem ähnlichen System (B 2.4 b) durch einen Rührer zugeführt (Wellenarbeit W_{w12}).[1] Dieser Prozess ist irreversibel, die Arbeit dissipiert im System, es handelt sich um Dissipationsenergie W_{diss12}. Dann wird die gleiche Energie wie vorher im Gas gespeichert, da vom System keinerlei Energie an die Umgebung abgegeben wird.

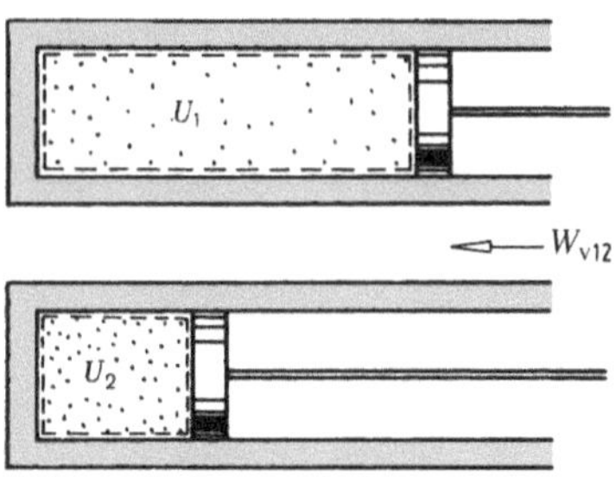

a) Volumenänderungsarbeit

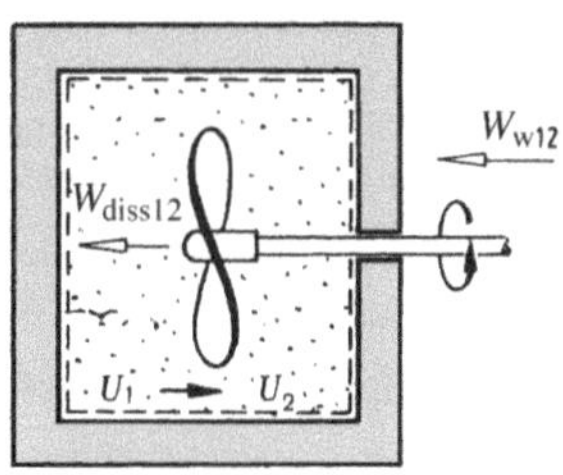

b) Dissipation von Wellenarbeit

B 2.4 Arbeitszufuhr an ein adiabates, geschlossenes System

[1] Definition s. Gl 2.23. Die Dissipation von Wellenarbeit ist natürlich nicht sinnvoll. Sie wird hier lediglich zur Veranschaulichung der Begriffe herangezogen.

Die in einem System gespeicherte Energie nennen wir *innere Energie U*. Wird einem adiabaten, geschlossenen System Arbeit zugeführt, so muss die innere Energie steigen:

$$\int_1^2 dW_g = \int_1^2 dU$$

$$W_{g\,12} = U_2 - U_1 \qquad \textit{adiabates, geschlossenes System} \qquad \textbf{(Gl 2.7)}$$

Wir erkennen: Es tritt trotz verschiedener Arten von zugeführter Arbeit die gleiche Erhöhung der inneren Energie des Systems ein. Auch bei Verteilung der Arbeit auf gleichzeitig auftretende Kompression und Dissipation würde die Erhöhung der inneren Energie gleich groß sein. Wir folgern daraus: Die einem adiabaten, geschlossenen System zugeführte Arbeit erhöht die innere Energie U des Systems. Da diese Erhöhung nur von dem Betrag, nicht von der Art der Arbeit abhängt, *ist die innere Energie eine Zustandsgröße.* Sie gehört zur Gruppe der *kalorischen Zustandsgrößen.*

Die innere Energie U stellt den Energievorrat eines Systems dar. [1)]

Bezogen auf die Masse ergibt sich die *spezifische innere Energie* $u = \frac{U}{m}$ und die *spezifische Arbeit*

$$w_{g\,12} = \frac{W_{g\,12}}{m} = u_2 - u_1 \qquad \textit{adiabates, geschlossenes System}$$

Der absolute Wert der inneren Energie ist hoch, er umfasst z. B. auch die in den Elektronen und Atomkernen gespeicherte Energie. Dieser Wert ist für technische Berechnungen bedeutungslos, es genügt daher, mit Energiedifferenzen zu rechnen oder einen Nullpunkt zu vereinbaren.

Höhere innere Energie wirkt sich als vergrößerte kinetische und potenzielle Energie der Moleküle des Systems aus. Gehen in dem untersuchten System chemische Umwandlungen vor sich, so ist die chemisch gebundene Energie als Teil der inneren Energie zu berücksichtigen.

Beispiel 2.1: In einem adiabaten Zylinder von 500 *l* (**B 2.5**) befindet sich ein Gas, dessen Druck durch einen konstant belasteten Kolben auf 200 kPa (abs.) gehalten wird. Dem Gas wird die Wellenarbeit $W_{w\,12} = 0{,}2$ kW h zugeführt, die im Inneren vollständig dissipiert, wobei sich die Temperatur von 18 °C auf 600 °C erhöht. Der Umgebungsdruck beträgt 98 kPa. Die Volumenänderung soll quasistatisch verlaufen. Für die Berechnung der Volumenvergrößerung soll näherungsweise ideales Gas zugrunde gelegt werden.

a) Wie groß ist die abgeführte Volumenänderungsarbeit?

b) Um welchen Wert ändert sich die innere Energie des Systems?

c) Wie groß ist die an die Umgebung abgegebene Verschiebearbeit?

d) Wie groß ist die an die Kolbenstange abgegebene Nutzarbeit?

[1)] Ferner gehören potenzielle und kinetische Energie zur Energie eines Systems. Wir beschränken unsere Betrachtungen aber auf *ruhende* Systeme, in denen sich kinetische und potenzielle Energie nicht ändern.

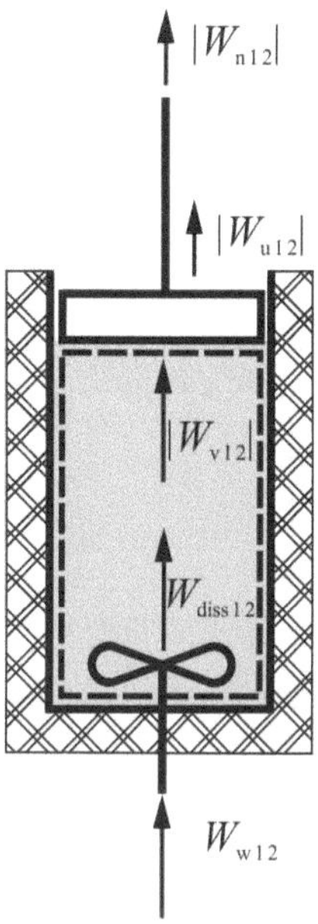

B 2.5 Dissipation von Wellenarbeit in einem adiabaten, geschlossenen System[1)]

Lösung:

Zu a): Volumenänderungsarbeit (Gl 2.1) bei konstantem Druck:

$$W_{v12} = -\int_1^2 p\,dV = -p\,(V_2 - V_1)$$

Hierin V_2 (Gl 1.18):

$$V_2 = V_1\,\frac{T_2}{T_1} = 500\,l\,\frac{873{,}15\text{ K}}{291{,}15\text{ K}} = 1499{,}5\,l$$

$$W_{v12} = -200 \cdot 10^3\text{ Pa}\,\frac{\text{N}}{\text{Pa m}^2}\,(1499{,}5 - 500)\,l\,\frac{\text{m}^3}{10^3\,l}\,\frac{\text{kJ}}{10^3\text{ N m}}$$

$$W_{v12} = \underline{-200\text{ kJ}} \quad \text{(neg., d. h. abgeführt)}$$

Zu b): Für adiabate Systeme gilt Gl 2.7, in die wir Gl 2.2 einführen:

$$U_2 - U_1 = W_{g12} = W_{v12} + W_{diss12} = -200\text{ kJ} + 0{,}2\text{ kW h}\ 3{,}6 \cdot 10^3\,\frac{\text{kJ}}{\text{kW h}}$$

$$U_2 - U_1 = \underline{+520\text{ kJ}} \quad \text{(pos., d. h., die innere Energie steigt)}$$

Zu c): Verschiebearbeit (Gl 2.4)

$$W_{u12} = -p_b\,(V_2 - V_1)$$

$$W_{u12} = -98 \cdot 10^3\text{ Pa}\,\frac{\text{N}}{\text{Pa m}^2}\,(1499{,}5 - 500)\,l\,\frac{\text{m}^3}{10^3\,l}\,\frac{\text{kJ}}{10^3\text{ N m}}$$

---

1) Energie-Pfeile werden mit dem Betrag der Energie, als Formelzeichen (z. B. $|W_{v12}|$) oder als Wert (z. B. 20 J), beschriftet. Ist erkennbar, dass die Energie zugeführt wird, also positiv ist, können beim Formelzeichen die Betragsstriche weggelassen werden.

$$W_{u\,12} = \underline{-98\,\text{kJ}} \quad \text{(neg., d. h. abgeführt)}$$

Zu d): Nutzarbeit an der Kolbenstange (Gl 2.5):

$$W_{n\,12} = W_{v\,12} - W_{u\,12} = -200\,\text{kJ} - (-98\,\text{kJ})$$

$$W_{n\,12} = \underline{-102\,\text{kJ}} \quad \text{(neg., d. h. abgeführt)}$$

Man erkennt die mehrfache Energieumwandlung: Wellenarbeit ($W_{w\,12}$ = 720 kJ) wird in Dissipationsenergie ($W_{diss\,12}$ = 720 kJ), diese in erhöhte innere Energie ($U_2 - U_1$ = 520 kJ) und Volumenänderungsarbeit ($|W_{v\,12}|$ = 200 kJ), letztere in Verschiebearbeit ($|W_{u\,12}|$ = 98 kJ) und Nutzarbeit an der Kolbenstange ($|W_{n\,12}|$ = 102 kJ) umgewandelt.

Man erkennt ferner, dass die im System dissipierte Energie ($W_{diss\,12}$ = 720 kJ) nicht völlig wertlos ist, sondern teilweise direkt (hier $|W_{v\,12}|$ = 200 kJ) oder teilweise indirekt aus der erhöhten inneren Energie in Arbeit umgewandelt werden kann. Hierauf werden wir bei der Exergie (Abschn. 3.9) näher eingehen.

Aufgabe 2.1: Einem adiabaten, gasgefüllten Behälter (ähnlich B 2.5) wird reversibel die Volumenänderungsarbeit 1,5 MJ entzogen.

a) Um welchen Wert ändert sich die innere Energie des Systems?

b) Welche Dissipationsenergie ist zuzuführen, damit die innere Energie ihren ursprünglichen Wert wieder erreicht?

2.4 Wärme

Wir führen einem nichtadiabat eingeschlossenen Gas Arbeit zu **(B 2.6)**. In B 2.4 hatten wir den Vorgang der Arbeitzufuhr bei adiabater Systemgrenze betrachtet. Die zugeführte Arbeit blieb dabei in dem System und erhöhte dessen innere Energie.

Bei einem System mit nichtadiabater Systemgrenze wird bei Zufuhr der gleichen Arbeit die innere Energie weniger stark erhöht, wenn die Temperatur der Umgebung niedriger als die des Systems ist. Ein Teil der zugeführten Energie muss demnach die nichtadiabate Systemgrenze überschritten haben. Wir bezeichnen diese Energie als Wärme.

Wärme ist die Energie, die allein aufgrund eines Temperaturunterschiedes zwischen zwei Systemen oder zwischen einem System und seiner Umgebung übertragen wird.

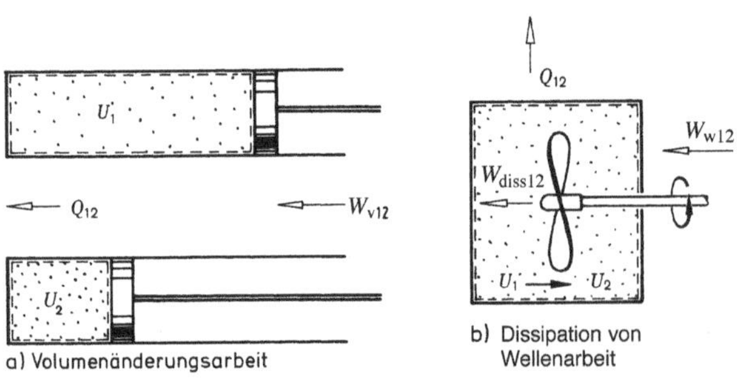

B 2.6 Arbeitszufuhr an ein geschlossenes System mit nichtadiabater Systemgrenze

Den Übergang dieser Energie über die Systemgrenze nennen wir *Wärmezu-* oder *Wärmeabfuhr.* Wärme und Arbeit bewirken demnach gemeinsam eine Änderung der inneren Energie; Energiebilanz:

$$\mathrm{d}Q + \mathrm{d}W_{\mathrm{g}} = \mathrm{d}U \qquad \textit{geschlossenes System} \qquad \textbf{(Gl 2.8)}$$

$$Q_{1\,2} + W_{\mathrm{g}\,1\,2} = U_2 - U_1 \qquad \textit{geschlossenes System} \qquad \textbf{(Gl 2.9)}$$

Aus der umgestellten Gl 2.9

$$Q_{1\,2} = U_2 - U_1 - W_{\mathrm{g}\,1\,2} \qquad \textit{geschlossenes System}$$

ist die Wärme formal definiert:

Wärme ist die Differenz aus der Änderung der inneren Energie und der verrichteten Arbeit, wenn das betrachtete System geschlossen ist.

Wir erhalten eine auch für offene Systeme geltende Gleichung, indem wir die Arbeit $W_{\mathrm{g}\,1\,2}$ formal durch Gl 2.3 ersetzen:

$$Q_{1\,2} - \int_1^2 p\,\mathrm{d}V + W_{\mathrm{diss}\,1\,2} = U_2 - U_1 \qquad \textit{gilt allgemein} \qquad \textbf{(Gl 2.10)}$$

Dann ist allerdings $\int_1^2 p\,\mathrm{d}V$ ein rein mathematischer Term, der *nicht die Bedeutung einer Arbeit* hat.

Dividieren wir Gl 2.9 bzw. Gl 2.10 durch die Masse des Systems, so tritt darin die auf die *Masse bezogene Wärme* auf.

$$q_{1\,2} + w_{\mathrm{g}\,1\,2} = u_2 - u_1 \qquad \textit{geschlossenes System}$$

$$q_{1\,2} - \int_1^2 p\,\mathrm{d}v + w_{\mathrm{diss}\,1\,2} = u_2 - u_1 \qquad \textit{gilt allgemein}$$

Mit obigem Ansatz ist auch das Vorzeichen für die Wärmezu- oder Wärmeabfuhr festgelegt: *Zugeführte Wärme wird positiv, abgeführte Wärme negativ.*

Die Wärme $Q_{1\,2}$ ist – wie die Arbeit $W_{\mathrm{g}\,1\,2}$ – eine Prozessgröße und damit vom Prozessverlauf abhängig. Das ist aus Gl 2.9 erkennbar, nach der eine bestimmte Änderung der Zustandsgröße U durch unterschiedliche Anteile der Prozessgrößen $Q_{1\,2}$ und $W_{\mathrm{g}\,1\,2}$ bewirkt werden kann.

Wärme und Arbeit sind Formen der Energieübertragung. Beide treten nur beim Überschreiten der Systemgrenzen auf, im Inneren des Systems existieren diese Größen nicht. Für das Innere des Systems muss der Begriff innere Energie verwendet werden.

Beispiel 2.2: Einem gleichen System wie im Bsp. 2.1, jedoch mit nichtadiabatem Zylinder, wird die Wellenarbeit 0,2 kW h zugeführt, die im Inneren vollständig dissipiert. Die Hälfte dieser Arbeit erhöht die innere Energie des Systems, wobei die Temperatur von 18 °C auf 309 °C steigen soll.

Welche Volumenänderungsarbeit und Wärme werden abgegeben?

Lösung:

Erhöhung der inneren Energie:

$$U_2 - U_1 = \frac{W_{\text{diss}\,1\,2}}{2} = \frac{0{,}2\,\text{kW h}\,3{,}6 \cdot 10^3\,\text{kJ}}{2\,\text{kW h}} = 360\,\text{kJ}$$

Volumenänderungsarbeit:

$$W_{\text{v}\,1\,2} = -p\,(V_2 - V_1)$$

Hierin V_2 (Gl 1.18):

$$V_2 = V_1\,\frac{T_2}{T_1} = 500\,l\,\frac{582{,}15\,\text{K}}{291{,}15\,\text{K}} = 1\,000\,l$$

$$W_{\text{v}\,1\,2} = -200 \cdot 10^3\,\text{Pa}\,\frac{\text{N}}{\text{Pa m}^2}\,(1\,000 - 500)\,l\,\frac{\text{m}^3}{10^3\,l}\,\frac{\text{kJ}}{10^3\,\text{N m}}$$

$$W_{\text{v}\,1\,2} = \underline{-100\,\text{kJ}} \quad \text{(neg., d. h. abgegeben)}$$

Wärme nach Gl 2.9, in Verbindung mit Gl 2.2:

$$Q_{1\,2} = U_2 - U_1 - W_{\text{g}\,1\,2} = U_2 - U_1 - (W_{\text{diss}\,1\,2} + W_{\text{v}\,1\,2})$$

$$Q_{1\,2} = 360\,\text{kJ} - \left(0{,}2\,\text{kW h}\,3{,}6 \cdot 10^3\,\frac{\text{kJ}}{\text{kW h}} - 100\,\text{kJ}\right)$$

$$Q_{1\,2} = \underline{-260\,\text{kJ}} \quad \text{(neg., d. h. abgegeben)}$$

Aufgabe 2.2: Das System nach Bsp. 2.2 befindet sich in einer Umgebung mit dem atmosphärischen Bezugsdruck 102 kPa.

a) Wie groß ist die an die Umgebung übertragene Verschiebearbeit?

b) Wie groß ist die Nutzarbeit an der Kolbenstange?

2.5 Arbeit am offenen System und Enthalpie

Die bisher behandelten Prozesse liefen in geschlossenen Systemen ab, wobei ein eingeschlossener Stoff einmalig die Arbeit $W_{\text{g}\,1\,2}$, bei reversibler (quasistatischer) Expansion einmalig die Volumenänderungsarbeit $W_{\text{v}\,1\,2}$, abgeben kann. In der Technik sind jedoch die offenen Systeme wichtiger, weil die meisten Prozesse mit Stoffdurchfluss verlaufen und hierbei in einer Maschine stetig Arbeit verrichtet werden kann.

Diese an einem offenen System verrichtete Arbeit nennen wir technische Arbeit $W_{\text{t}\,1\,2}$. Sie besteht aus einem *reversiblen* Anteil $W_{\text{t}\,1\,2}^{\text{rev}}$ und der Dissipationsenergie $W_{\text{diss}\,1\,2}$.

$$W_{\text{t}\,1\,2} = W_{\text{t}\,1\,2}^{\text{rev}} + W_{\text{diss}\,1\,2} \qquad \textbf{(Gl 2.11)}$$

Auf die Masse bezogen ergibt sich die spezifische technische Arbeit $w_{\text{t}\,1\,2}$ mit der spezifischen reversiblen technischen Arbeit $w_{\text{t}\,1\,2}^{\text{rev}}$:

$$w_{\text{t}\,1\,2} = w_{\text{t}\,1\,2}^{\text{rev}} + w_{\text{diss}\,1\,2}$$

Wir betrachten einen stationären Fließprozess (Abschn. 1.7.3), bei dem ein strömender Stoff eine Maschine antreibt. Die Systemgrenzen sind zunächst adiabat **(B 2.7)**.

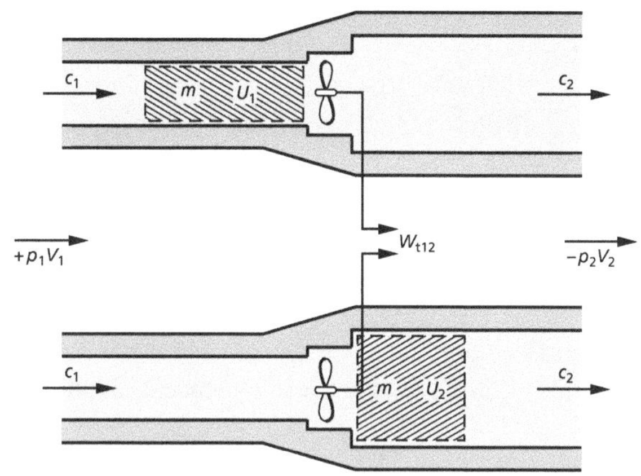

B 2.7 Technische Arbeit W_{t12} an einem offenen System mit adiabaten Grenzen

Statt des offenen Systems verfolgen wir als leichter zu überschauendes geschlossenes Ersatzsystem eine bestimmte Stoffmasse m, die sich bei Beginn des Prozesses mit dem Volumen V_1 vor der Maschine, am Ende des Prozesses mit dem Volumen V_2 hinter der Maschine befindet. Diese Stoffmasse ist in B 2.7 schraffiert dargestellt. Sie verrichtet in der Maschine die Arbeit W_{t12}, die über die Systemgrenze nach außen abgegeben wird. Die Stoffmasse m wird von der nachströmenden Stoffmasse durch die Maschine gedrückt und verdrängt ihrerseits die Stoffmasse am Abfluss. Diesen Vorgang können wir durch eine Verdrängung mittels konstant belasteter Kolben ersetzt denken. Der linke Kolben verdrängt die Stoffmasse m mit dem Volumen V_1 gegen den konstanten Druck p_1. Hierbei führt der Kolben dem System die *Einschubarbeit* $+p_1 V_1$ zu (zugeführte Arbeit ist positiv).

Während des Überströmens verdrängt die Stoffmasse m mit dem Volumen V_2 den rechten Kolben gegen den konstanten Druck p_2, wobei das System an den rechten Kolben die *Ausschubarbeit* $-p_2 V_2$ abgibt (abgegebene Arbeit ist negativ).

Die innere Energie des Ersatzsystems ändert sich beim Durchströmen von U_1 auf U_2. Wir setzen bei zunächst *vernachlässigter Änderung der kinetischen und potenziellen Energie* die Energiebilanz für das geschlossene Ersatzsystem an (Gl 2.7):

$$W_{g12} = U_2 - U_1 \quad \textit{für adiabate Systeme}$$

Die Arbeit W_{g12} setzt sich aus der technischen Arbeit W_{t12} und den Arbeiten durch die Volumenverdrängung der Stoffmasse m zusammen.

$$W_{t12} + p_1 V_1 - p_2 V_2 = U_2 - U_1$$

Die Differenz $p_1 V_1 - p_2 V_2$ wird *Verschiebearbeit* genannt, sie ist zur Verschiebung des Stoffes durch das System notwendig. Die Verschiebearbeit wird nur aus Zustandsgrößen des Anfangs- und Endzustandes gebildet und ist somit selbst eine Zustandsgröße. Wir stellen obige Gl um:

$$W_{t12} = (U_2 + p_2 V_2) - (U_1 + p_1 V_1)$$

Die Klammerausdrücke enthalten nur Zustandsgrößen, die zu einer neuen Zustandsgröße, der *Enthalpie*[1], zusammengefasst werden.

$$H = U + p\,V \qquad \textbf{(Gl 2.12)}$$

Auf die Masse m bezogen ergibt sich die *spezifische Enthalpie*

$$h = \frac{H}{m} = u + p\,v$$

Die *technische Arbeit* bei adiabaten Systemen kann demnach – bei vernachlässigter Änderung der kinetischen und potenziellen Energie – als Differenz zweier Zustandsgrößen berechnet werden:

$$W_{t\,12} = H_2 - H_1 \qquad \textit{adiabates, offenes System} \qquad \textbf{(Gl 2.13)}$$

Die *spezifische technische Arbeit* bei adiabaten Systemen ergibt sich, wenn man die technische Arbeit auf die am Prozess beteiligte Stoffmasse bezieht (Änderung der kinetischen und potenziellen Energie vernachlässigt):

$$w_{t\,12} = \frac{W_{t\,12}}{m} = h_2 - h_1 \qquad \textit{adiabates, offenes System}$$

Berücksichtigt man die Änderung der kinetischen Energie $\frac{m}{2}\,(c_2^2 - c_1^2)$ und der potenziellen Energie $m\,g\,(z_2 - z_1)$ – mit z als Höhe –, so geht Gl 2.13 über in[2]

$$W^*_{t\,12} = H_2 - H_1 + \frac{m}{2}\,(c_2^2 - c_1^2) + m\,g\,(z_2 - z_1) \qquad \textit{adiabates, offenes System}$$

(Gl 2.14)

Die Vernachlässigung der potenziellen Energie ist meist gerechtfertigt, bei hohen Differenzen der Zu- und Abströmgeschwindigkeit (c_1, c_2) ist die Änderung der kinetischen Energie zu berücksichtigen. Die Summe aus Enthalpie und kinetischer Energie wird *Totalenthalpie* genannt:

$$H^* = H + m\,\frac{c^2}{2} \qquad \textbf{(Gl 2.15)}$$

Sind die Systemgrenzen nichtadiabat, so muss bei der Energiebilanz die an der Systemgrenze übertretende Wärme berücksichtigt werden (Gl 2.9). Unter Vernachlässigung der Änderung der kinetischen und potenziellen Energie ergibt sich:

$$Q_{1\,2} + W_{g\,1\,2} = U_2 - U_1$$

$$Q_{1\,2} + W_{t\,1\,2} + p_1\,V_1 - p_2\,V_2 = U_2 - U_1$$

$$Q_{1\,2} + W_{t\,1\,2} = (U_2 + p_2\,V_2) - (U_1 + p_1\,V_1)$$

$$Q_{1\,2} + W_{t\,1\,2} = H_2 - H_1 \qquad \textit{offenes System} \qquad \textbf{(Gl 2.16)}$$

---

[1] ἐνθάλπειν (griech.) = sich erwärmen.

[2] Den Index * verwenden wir für die technische und die reversible technische Arbeit, wenn die Änderung der kinetischen und potenziellen Energie berücksichtigt wird.

Auf die Masse m bezogen gilt

$$q_{12} + w_{t12} = h_2 - h_1 \qquad \textit{offenes System}$$

Berücksichtigt man die Änderung der kinetischen und potenziellen Energie, so erhält man

$$Q_{12} + W^*_{t12} = H_2 - H_1 + \frac{m}{2}\left(c_2^2 - c_1^2\right) + m\,g\,(z_2 - z_1) \qquad \textit{offenes System} \qquad \textbf{(Gl 2.17)}$$

auf die Masse m bezogen

$$q_{12} + w^*_{t12} = h_2 - h_1 + \tfrac{1}{2}\left(c_2^2 - c_1^2\right) + g\,(z_2 - z_1)$$

Die technische Arbeit, die nach Gl 2.17 mit der Enthalpie und der Wärme verknüpft ist, kann auch ohne Kenntnis kalorischer Größen ermittelt werden. Hierzu gehen wir von der differenzierten Gl 2.12 aus:

$$\mathrm{d}H = \mathrm{d}U + p\,\mathrm{d}V + V\,\mathrm{d}p$$

$$\mathrm{d}U = \mathrm{d}H - p\,\mathrm{d}V - V\,\mathrm{d}p$$

und führen sie in die differenzierte Gl 2.10 $(\mathrm{d}Q - p\,\mathrm{d}V + \mathrm{d}W_{\text{diss}} = \mathrm{d}U)$ ein. Wir erhalten damit eine vom offenen System unabhängige Gleichung:

$$\mathrm{d}Q - p\,\mathrm{d}V + \mathrm{d}W_{\text{diss}} = \mathrm{d}H - p\,\mathrm{d}V - V\,\mathrm{d}p$$

$$\mathrm{d}Q + V\,\mathrm{d}p + \mathrm{d}W_{\text{diss}} = \mathrm{d}H$$

$$Q_{12} + \int_1^2 V\,\mathrm{d}p + W_{\text{diss}\,12} = H_2 - H_1 \qquad \textit{gilt allgemein} \qquad \textbf{(Gl 2.18)}$$

Auf die Masse m bezogen:

$$q_{12} + \int_1^2 v\,\mathrm{d}p + w_{\text{diss}\,12} = h_2 - h_1 \qquad \textit{gilt allgemein}$$

Gl 2.18 gilt auch für geschlossene Systeme. Dann ist allerdings $\int_1^2 V\,\mathrm{d}p$ ein rein mathematischer Term, der *nicht die Bedeutung einer Arbeit hat* (vgl. Gl 2.21).

Wir stellen Gl 2.17 um

$$Q_{12} + W^*_{t12} - \frac{m}{2}\left(c_2^2 - c_1^2\right) - m\,g\,(z_2 - z_1) = H_2 - H_1$$

und erhalten durch Gleichsetzen mit Gl 2.18 für die technische Arbeit eine von kalorischen Größen unabhängige Gleichung:

$$W^*_{t12} = \int_1^2 V\,\mathrm{d}p + \frac{m}{2}\left(c_2^2 - c_1^2\right) + m\,g\,(z_2 - z_1) + W_{\text{diss}\,12} \qquad \textit{offenes System}$$

(Gl 2.19)

Auf die Masse m bezogen:

$$w_{t12}^{*} = \int_1^2 v\,dp + \tfrac{1}{2}\left(c_2^2 - c_1^2\right) + g\,(z_2 - z_1) + w_{diss\,12} \qquad \textit{offenes System}$$

Wir ersetzen in Gl 2.19 $W_{t12}^{*} - W_{diss\,12}$ nach Gl 2.11 und erhalten die reversible technische Arbeit $W_{t12}^{rev\,*}$:

$$W_{t12}^{rev\,*} = \int_1^2 V\,dp + \frac{m}{2}\left(c_2^2 - c_1^2\right) + m\,g\,(z_2 - z_1) \qquad \textit{offenes System} \qquad \textbf{(Gl 2.20)}$$

Auf die Masse m bezogen:

$$w_{t12}^{rev\,*} = \int_1^2 v\,dp + \tfrac{1}{2}\left(c_2^2 - c_1^2\right) + g\,(z_2 - z_1) \qquad \textit{offenes System}$$

Ändern sich kinetische und potenzielle Energie nicht, so ist die reversible technische Arbeit

$$W_{t12}^{rev} = \int_1^2 V\,dp \qquad \textit{offenes System} \qquad \textbf{(Gl 2.21)}$$

Diese Arbeit kann im p,V-Diagramm **(B 2.8)** dargestellt werden. $V\,dp$ ist der schraffierte Flächenstreifen, die reversible technische Arbeit $W_{t12}^{rev} = \int_1^2 V\,dp$ die gesamte Fläche neben der Zustandsänderung zur p-Achse, wenn sich die kinetische und potenzielle Energie nicht ändern.

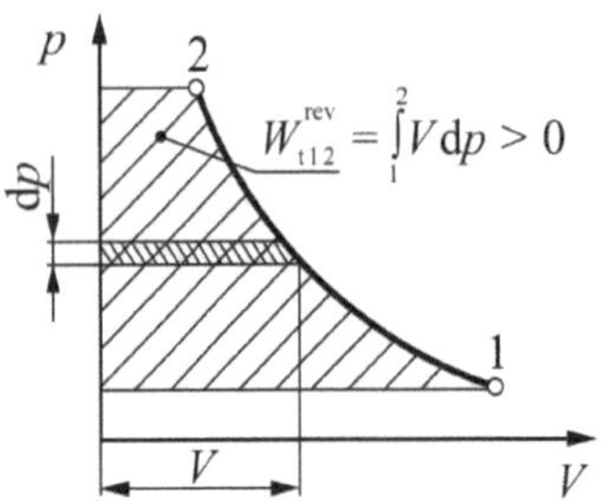

B 2.8 Reversible technische Arbeit ohne Änderung der kinetischen und potenziellen Energie im p,V-Diagramm

Zugeführte reversible technische Arbeit (s. B 2.8) ist, wie jede zugeführte Arbeit, positiv, denn $\int_1^2 V\,dp$ ist bei Druckerhöhung positiv, sodass $W_{t12}^{rev} = \int_1^2 V\,dp$ positiv wird.

Auf die Masse m bezogen ist die *spezifische reversible technische Arbeit* ohne Änderung der kinetischen und potenziellen Energie:

$$w_{t12}^{rev} = \frac{W_{t12}^{rev}}{m} = \int_1^2 v\,dp \qquad \textit{offenes System}$$

Dieses Integral ist vergleichbar mit dem schon für geschlossene Systeme ermittelten Integral $-\int_1^2 p\,\mathrm{d}V$ (Gl 2.1). Natürlich lässt sich auch für das geschlossene System der Ausdruck $\int_1^2 V\,\mathrm{d}p$ (Gl 2.21) berechnen, die Bedeutung einer tatsächlich verrichteten Arbeit hat er jedoch nur beim offenen System. Entsprechend gilt, dass $-\int_1^2 p\,\mathrm{d}V$ (Gl 2.1) nur beim geschlossenen System die Bedeutung einer wirklich verrichteten Arbeit – der Volumenänderungsarbeit $W_{\mathrm{v}12}$ – hat. Dagegen behalten die innere Energie U und die Enthalpie H unabhängig vom System ihre Bedeutung als *Zustandsgröße*.

Wie schon beim geschlossenen System erläutert, kann Dissipation den Verlauf der Zustandsänderung und damit die reversible technische Arbeit $W_{\mathrm{t}12}^{\mathrm{rev}}$ beeinflussen. So wird z. B. bei adiabater Systemgrenze das Endvolumen bei gleicher Druckänderung größer, sodass auch der Betrag des Integrals $\int_1^2 V\,\mathrm{d}p$ und damit der Betrag der reversiblen technischen Arbeit größer werden **(B 2.9)**.

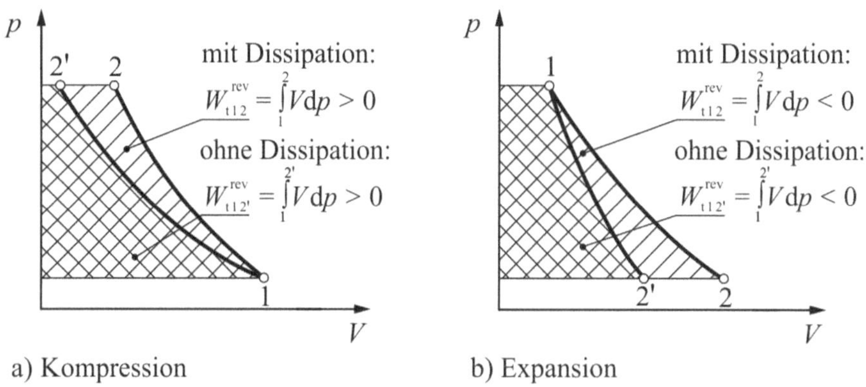

B 2.9 Zustandsänderung und reversible technische Arbeit mit und ohne Dissipation bei offenem, adiabatem System (ohne Änderung kinetischer und potenzieller Energie)

Wir werden vereinfachend die Vorgänge oft reversibel ($W_{\mathrm{diss}\,12} = 0$) und ohne Änderung der kinetischen und der potenziellen Energie behandeln. Auf die Änderung der kinetischen und potenziellen Energie gehen wir in Abschn. 7.2 und 7.4 näher ein.

In die Gleichungen kann statt der Stoffmasse m auch der Massenstrom $\dot{m}$ eingeführt werden, dann treten Leistungen anstelle von Arbeiten auf, z. B. die *technische Leistung*[1)]

$$P_{\mathrm{t}12} = \dot{m}\, w_{\mathrm{t}12} \qquad \textbf{(Gl 2.22)}$$

1) Vgl. Abschn. 7.2.1.

Abschließend sei an die aus der Mechanik bekannte *Wellenarbeit* erinnert, die an einer sich drehenden Welle übertragen wird:

$$W_{\mathrm{w}\,12} = 2\pi \int_{\tau_1}^{\tau_2} n\, M_{\mathrm{d}}\, \mathrm{d}\tau = \int_{\tau_1}^{\tau_2} M_{\mathrm{d}}\, \omega\, \mathrm{d}\tau \qquad \textbf{(Gl 2.23)}$$

In dem System nach B 2.7 setzt sich z. B. technische Arbeit in Wellenarbeit um, in dem System nach B 2.4 wird Wellenarbeit in Dissipationsenergie umgesetzt.

Die *Wellenleistung* ist

$$P_{\mathrm{w}} = \frac{\mathrm{d}W_{\mathrm{w}}}{\mathrm{d}\tau} = M_{\mathrm{d}}\omega \qquad \textbf{(Gl 2.24)}$$

Beispiel 2.3: Einer adiabaten Maschine (B 2.7) strömen 10,0 m^3 Luft mit 500 kPa zu. Die Luft gibt in der Maschine die technische Arbeit 6,04 MJ ab und tritt mit 100 kPa aus, wobei sich das Luftvolumen auf 34,5 m^3 vergrößert hat. Die Änderung der kinetischen und potenziellen Energie kann vernachlässigt werden.

Wie ändern sich Enthalpie und innere Energie der Luft während des Durchströmens?

Lösung:

Änderung der Enthalpie in adiabaten Systemen (Gl 2.13):

$$H_2 - H_1 = W_{\mathrm{t}\,12} = \underline{-6{,}04\ \mathrm{MJ}} \qquad \text{(die Enthalpie fällt)}$$

Änderung der inneren Energie aus der vor Gl 2.12 abgeleiteten Gleichung:

$$U_2 - U_1 = W_{\mathrm{t}\,12} + p_1\, V_1 - p_2\, V_2$$

$$U_2 - U_1 = -6{,}04\ \mathrm{MJ} + 500\ \mathrm{kPa}\ 10\ \mathrm{m}^3 - 100\ \mathrm{kPa}\ 34{,}5\ \mathrm{m}^3$$

$$U_2 - U_1 = -6{,}04\ \mathrm{MJ} + 1\,550\ \mathrm{kPa\ m}^3\ \frac{10^3\ \mathrm{N}}{\mathrm{kPa\ m}^2}\ \frac{\mathrm{MJ}}{10^6\ \mathrm{N\ m}}$$

$$U_2 - U_1 = \underline{-4{,}49\ \mathrm{MJ}} \qquad \text{(die innere Energie fällt weniger stark als die Enthalpie)}$$

Aufgabe 2.3: In einem Verdichter mit nichtadiabaten Wänden wird Luft komprimiert, wobei ihr die technische Arbeit 10 MJ zugeführt wird. Die Enthalpie, die kinetische Energie und die potenzielle Energie der Luft sollen sich während des Verdichtungsvorgangs nicht ändern.

Wie viel Wärme muss zu- oder abgeführt werden?

2.6 Formulierungen des ersten Hauptsatzes der Thermodynamik

In der ersten Hälfte des 19. Jahrhunderts entwickelte sich die Erkenntnis, dass die Wärme eine Energieform ist. Sie war daher in das schon bekannte Gesetz von der Erhaltung der Energie einzubeziehen, nach dem Energie nicht verloren oder gewonnen, sondern nur in eine andere Energieform umgewandelt werden kann.

Diese Erkenntnis wurde von *Robert Mayer*[1] zum ersten Mal theoretisch begründet und 1842 veröffentlicht. Unabhängig voneinander waren einige Jahre vorher *Carnot*[2], wie erst lange nach seinem Tode bekannt wurde, und ein Jahr später *Joule* zu dem gleichen Ergebnis wie Mayer gelangt. Joule wies in einem Versuch in einer Anlage ähnlich B 2.4 nach, dass die Zufuhr von Dissipationsenergie an ein System die gleiche Wirkung wie die Zufuhr von Wärme hatte, sodass Wärme und Arbeit Größen gleicher Art sein mussten.

Zu Anfang des 20. Jahrhunderts setzte sich eine Theorie durch, die auf den Erfahrungstatsachen des ersten und zweiten Hauptsatzes aufbaut. Diese Theorie ermöglicht eine scharfe begriffliche Trennung zwischen Wärme und innerer Energie: Die innere Energie kennzeichnet den Zustand des Systems, während die Wärme nur beim Überschreiten der Systemgrenze in Erscheinung tritt.

Im Internationalen Einheitensystem ist die Einheit der Wärme, wie die aller Energieformen, das Joule, mit 1 J = 1 N m. Zur Umrechnung in andere Energieeinheiten s. **T 2.1**.

T 2.1 Umrechnung von Energieeinheiten

Einheit außerhalb des SI		Umrechnung in SI-Einheit
Name	Anwendung	
Kilowattstunde	Energiehandel	1 kW h = 3,6 MJ
Steinkohleneinheit*)	Energiestatistik	1 kg SKE = 29,3 MJ
15 °C-Kalorie*)	älteres Schrifttum	$1\ \text{kcal}_{15\,°\text{C}} = 4\,185{,}5$ J
British thermal unit	angelsächsisches Einheitensystem	1 Btu = 1,055 06 kJ

*) Die Einheit SKE ist zurückzuführen auf Steinkohle mit $H_u = 7\,000$ kcal/kg = 29,3 MJ/kg. $1\ \text{kcal}_{15\,°\text{C}}$ ist die Energie, die 1 kg Wasser zugeführt werden muss, um es bei 101,325 kPa von 14,5 °C auf 15,5 °C zu erwärmen.

Der 1. Hauptsatz ist ein Erfahrungssatz, der nicht bewiesen werden kann. Im Laufe der geschichtlichen Entwicklung waren verschiedene Definitionen gebräuchlich, wie z. B.: *Eine Maschine kann nur Arbeit verrichten, wenn ihr der gleiche Betrag anderer Energie zugeführt wird.*

Allgemein formuliert:

Die Energie eines abgeschlossenen Systems bleibt stets konstant.

Speziell auf das geschlossene oder offene System angewendet, kann der 1. Hauptsatz wie folgt formuliert werden:

---

[1] *Robert Mayer* (1814–1878), Arzt und Physiker in Heilbronn, berechnete aus vorliegenden Messungen erstmals den Umrechnungswert der Einheit kcal in die Einheit kp m.

[2] *Nicolaus Léonard Sadi Carnot* (1796–1832), franz. Physiker, führte die Kreisprozesse in die Thermodynamik ein, entdeckte den 2. Hauptsatz.

1. Geschlossenes, ruhendes System:

Beim geschlossenen, ruhenden System wandelt sich die als Wärme und als Arbeit zugeführte Energie in innere Energie um.

$$Q_{12} + W_{g\,12} = U_2 - U_1 \qquad \textbf{(Gl 2.25)}$$

2. Offenes System, stationärer Prozess:

Beim offenen System wandelt sich die als Wärme und als Arbeit zugeführte Energie in Enthalpie, kinetische Energie und potenzielle Energie um.

$$Q_{12} + W^*_{t\,12} = H_2 - H_1 + \frac{m}{2}\left(c_2^2 - c_1^2\right) + m\,g\,(z_2 - z_1) \qquad \textbf{(Gl 2.26)}$$

Ohne Änderung der kinetischen und potenziellen Energie (für vereinfachte, grundlegende Betrachtungen, Gl 2.16):

$$Q_{12} + W_{t\,12} = H_2 - H_1$$

Die Gültigkeit der Hauptsätze der Thermodynamik setzt immer eine so große Anzahl von Molekülen voraus, dass eine makroskopische Beobachtung möglich ist. Die Ergebnisse, nämlich die Hauptsätze, werden als reine Erfahrungstatsachen hingenommen, die nicht näher untersucht werden. Sie sind nicht dadurch beweisbar, dass man sie auf andere Sätze zurückführt.

Daneben besteht die Möglichkeit molekularstatistischer Untersuchungen, die von der molekularen und atomaren Struktur der Materie ausgehen. Aus den statistischen Mittelwerten der kinetischen Zustände aller Moleküle werden die makroskopischen Größen – die Zustandsgrößen – erklärt und die Hauptsätze aufgrund noch allgemeinerer Naturgesetze entwickelt, die allerdings ebenfalls nicht „beweisbar“ sind.

Die dem Ingenieur geläufigere Vorstellung ist die makroskopische, sodass die Literatur der technischen Thermodynamik von dieser „phänomenologischen“ Betrachtungsweise her entwickelt wird.

Aufgabe 2.4: Die Ergebnisse des Bsp. 2.3 sind in den Einheiten $\text{kcal}_{15\,°\text{C}}$, kW h und Btu anzugeben.

2.7 Kalorische Zustandsgleichungen

2.7.1 Kalorische Zustandsgleichungen eines homogenen Systems

Zwei Zustandsgrößen beschreiben den Zustand eines homogenen thermodynamischen Systems eindeutig. Die spezifische innere Energie und die spezifische Enthalpie können demnach aus den Beziehungen ermittelt werden:

$$u = u\,(v, T) \qquad h = h\,(p, T)$$

Diese Funktionen heißen *kalorische Zustandsgleichungen*. Wir bilden deren vollständiges Differenzial, indem wir bei der Ableitung nach der einen Unbekannten die andere jeweils konstant halten:

$$du = \left(\frac{\partial u}{\partial T}\right)_v dT + \left(\frac{\partial u}{\partial v}\right)_T dv \qquad \textbf{(Gl 2.27)}$$

$$dh = \left(\frac{\partial h}{\partial T}\right)_p dT + \left(\frac{\partial h}{\partial p}\right)_T dp \qquad \textbf{(Gl 2.28)}$$

2.7.2 Spezifische Wärmekapazitäten eines homogenen Systems

Die jeweils ersten Differenzialquotienten in Gl 2.27 und Gl 2.28 haben für die thermodynamische Praxis besondere Bedeutung, da sie bei vielen Vorgängen auftreten. Sie werden *spezifische Wärmekapazität* genannt:

$$c_v = \left(\frac{\partial u}{\partial T}\right)_v \quad \textit{spezifische Wärmekapazität bei konstantem Volumen} \qquad \textbf{(Gl 2.29)}$$

$$c_p = \left(\frac{\partial h}{\partial T}\right)_p \quad \textit{spezifische Wärmekapazität bei konstantem Druck} \qquad \textbf{(Gl 2.30)}$$

Man kann die spezifische Wärmekapazität messen, indem man einem System, das keine Aggregatzustandsänderung erfährt, bei konstantem Volumen bzw. konstantem Druck Wärme oder Dissipationsarbeit zuführt:

Aus Gl 2.10 ($dq - p\,dv + dw_{\text{diss}} = du$) ergibt sich mit Gl 2.27 und Gl 2.29 bei konstantem Volumen ($dv = 0$):

$$dq + dw_{\text{diss}} = c_v\,dT \qquad \textit{bei } V = \textit{konstant} \qquad \textbf{(Gl 2.31)}$$

$$Q_{12} + W_{\text{diss}\,12} = m \int_1^2 c_v\,dT \qquad \textit{bei } V = \textit{konstant} \qquad \textbf{(Gl 2.32)}$$

Aus Gl 2.18 ($dq + v\,dp + dw_{\text{diss}} = dh$) ergibt sich mit Gl 2.28 und Gl 2.30 bei konstantem Druck ($dp = 0$):

$$dq + dw_{\text{diss}} = c_p\,dT \qquad \textit{bei } p = \textit{konstant} \qquad \textbf{(Gl 2.33)}$$

$$Q_{12} + W_{\text{diss}\,12} = m \int_1^2 c_p\,dT \qquad \textit{bei } p = \textit{konstant} \qquad \textbf{(Gl 2.34)}$$

Die spezifische Wärmekapazität ist somit messbar und anschaulich vorstellbar als diejenige Wärme (oder Dissipationsarbeit), mit der man die Temperatur von 1 kg eines Stoffes, der keine Aggregatzustandsänderung erfährt, um 1 K steigern kann. Bei konstantem Volumen ist c_v, bei konstantem Druck c_p zu verwenden.

Bei festen und flüssigen Stoffen tritt Temperaturerhöhung bei konstantem Volumen seltener auf, sodass in der Regel mit c_p zu rechnen ist. Die Zahlenwerte von c_p und c_v unterscheiden sich bei diesen Stoffen in den üblichen Druck- und Temperaturbereichen kaum, man findet daher anstelle der genauen Bezeichnung c_p häufig die Bezeichnung c.

Die spezifische Wärmekapazität ist, ausgenommen beim *einatomigen* idealen Gas, temperaturabhängig, bei realen Gasen auch druckabhängig. Näherungsweise lässt sich die spezifische Wärmekapazität bei einer bestimmten Temperatur durch Polynome berechnen. Hierzu wurden unterschiedliche Potenzreihen entwickelt, z. B.:

$$c = a + b\,T + c\,T^2 + d\,T^3 + e\,T^4 \qquad \textbf{(Gl 2.35 a)}$$

Werte für die Koeffizienten $a \ldots e$ für die spezifische Wärmekapazität bei konstantem Druck einiger idealer Gase s. **T 2.2.**

Für *Wasser* kann die spezifische isobare Wärmekapazität in $\frac{\text{kJ}}{\text{kg K}}$ nach folgendem Polynom berechnet werden [24; S.19, Gl (1.20)]:

$$c_p = 4{,}173\,666 + 4{,}691\,707 \cdot 10^{-5} t - 6{,}695\,665 \cdot 10^{-7} t^2 + 4{,}217\,099 \cdot 10^{-8} t^3 \qquad \textbf{(Gl 2.35 b)}$$

T 2.2 Temperaturabhängigkeit der spezifischen Wärmekapazität bei konstantem Druck für einige *ideale Gase*; Koeffizienten für Gl 2.35 und Gl 2.39 [35; S. 898f, Table A-1]

Gas	Temperaturbereich T_1 bis T_2 K	Koeffizienten				
		a $\frac{\text{kJ}}{\text{kg K}}$	b $\frac{\text{kJ}}{\text{kg K}^2}$	c $\frac{\text{kJ}}{\text{kg K}^3}$	d $\frac{\text{kJ}}{\text{kg K}^4}$	e $\frac{\text{kJ}}{\text{kg K}^5}$
H_2	300 bis 1 000	11,9150	$16{,}0021 \cdot 10^{-3}$	$-36{,}4620 \cdot 10^{-6}$	$358{,}1928 \cdot 10^{-10}$	$-123{,}1056 \cdot 10^{-13}$
	1 000 bis 3 000	15,3140	$-3{,}7986 \cdot 10^{-3}$	$5{,}0305 \cdot 10^{-6}$	$-17{,}8314 \cdot 10^{-10}$	$2{,}1432 \cdot 10^{-13}$
N_2	300 bis 1 000	1,1063	$-0{,}4639 \cdot 10^{-3}$	$0{,}9528 \cdot 10^{-6}$	$-4{,}6154 \cdot 10^{-10}$	$0{,}3427 \cdot 10^{-13}$
	1 000 bis 3 000	0,7333	$0{,}7327 \cdot 10^{-3}$	$-0{,}3897 \cdot 10^{-6}$	$1{,}0101 \cdot 10^{-10}$	$-0{,}1026 \cdot 10^{-13}$
O_2	300 bis 1 000	0,9976	$-0{,}8892 \cdot 10^{-3}$	$2{,}8574 \cdot 10^{-6}$	$-28{,}4960 \cdot 10^{-10}$	$9{,}7422 \cdot 10^{-13}$
	1 000 bis 3 000	0,8206	$0{,}4703 \cdot 10^{-3}$	$-0{,}2735 \cdot 10^{-6}$	$0{,}8294 \cdot 10^{-10}$	$-0{,}0944 \cdot 10^{-13}$
CO	300 bis 1 000	1,1215	$-0{,}6216 \cdot 10^{-3}$	$1{,}4494 \cdot 10^{-6}$	$-9{,}7149 \cdot 10^{-10}$	$2{,}0742 \cdot 10^{-13}$
	1 000 bis 3 000	0,7882	$0{,}6611 \cdot 10^{-3}$	$-0{,}3404 \cdot 10^{-6}$	$0{,}8468 \cdot 10^{-10}$	$-0{,}0820 \cdot 10^{-13}$
CO_2	300 bis 1 000	0,4209	$1{,}8885 \cdot 10^{-3}$	$-1{,}8526 \cdot 10^{-6}$	$10{,}2003 \cdot 10^{-10}$	$-2{,}4211 \cdot 10^{-13}$
	1 000 bis 3 000	0,6137	$1{,}1051 \cdot 10^{-3}$	$-0{,}6449 \cdot 10^{-6}$	$1{,}7896 \cdot 10^{-10}$	$-0{,}1907 \cdot 10^{-13}$
H_2O	300 bis 1 000	1,9090	$-0{,}7203 \cdot 10^{-3}$	$2{,}4555 \cdot 10^{-6}$	$-19{,}4456 \cdot 10^{-10}$	$5{,}9321 \cdot 10^{-13}$
	1 000 bis 3 000	1,2927	$1{,}2442 \cdot 10^{-3}$	$-0{,}2491 \cdot 10^{-6}$	$-0{,}0082 \cdot 10^{-10}$	$0{,}0417 \cdot 10^{-13}$
Luft	300 bis 1 000	1,0679	$-0{,}5378 \cdot 10^{-3}$	$1{,}3544 \cdot 10^{-6}$	$-9{,}8872 \cdot 10^{-10}$	$2{,}4484 \cdot 10^{-13}$
	1 000 bis 3 000	0,7996	$0{,}5525 \cdot 10^{-3}$	$-0{,}2717 \cdot 10^{-6}$	$0{,}6661 \cdot 10^{-10}$	$-0{,}0640 \cdot 10^{-13}$

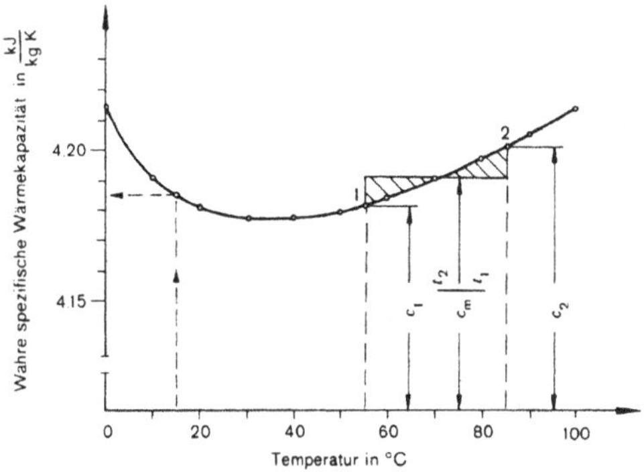

B 2.10 Wahre spezifische Wärmekapazität von Wasser bei 101,325 kPa

B 2.10 zeigt als Beispiel den Verlauf der spezifischen Wärmekapazität für Wasser zwischen 0 °C und 100 °C bei 101,325 kPa. Zur Unterscheidung von der meist benutzten mittleren spezifischen Wärmekapazität wird die für eine bestimmte Temperatur gültige auch als *wahre spezifische Wärmekapazität* bezeichnet.

In der Regel rechnet man mit dem *Mittelwert der spezifischen Wärmekapazität:*

$$Q_{12} + W_{\text{diss}\,12} = m\, c_{\text{m}}|_{t_1}^{t_2}\,(t_2 - t_1) \qquad \textbf{(Gl 2.36)}$$

Gl 2.36 gilt unter der Bedingung, dass der Aggregatzustand sich nicht ändert. Gl 2.36 muss mit Gl 2.32 bzw. Gl 2.34 übereinstimmen. Daraus ergibt sich

$$c_{\text{m}}|_{t_1}^{t_2} = \frac{\int_{t_1}^{t_2} c\,\text{d}t}{t_2 - t_1} = \frac{\int_{T_1}^{T_2} c\,\text{d}T}{T_2 - T_1} \qquad \textbf{(Gl 2.37)}$$

Der Mittelwert der spezifischen Wärmekapazität zwischen t_1 und t_2 kann geometrisch als Höhe eines dem Integral über $c\,\text{d}t$ flächengleichen Rechtecks mit der Breite $t_2 - t_1$ gedeutet werden (B 2.10).

In **T 2.3** ist die wahre spezifische Wärmekapazität für verschiedene Stoffe bei 20 °C angegeben.

T 2.3 Wahre spezifische Wärmekapazität c_p einiger fester und flüssiger Stoffe bei 20 °C

Fester Stoff	$\frac{\text{kJ}}{\text{kg K}}$	Flüssigkeit	$\frac{\text{kJ}}{\text{kg K}}$
Beton	0,88	Benzol	1,72
Holz	2,1–2,9	Quecksilber	0,138
Eis (bei 0 °C)	2,04	Wasser*)	4,1843

*) bei 101,325 kPa [32]

T 2.4 Mittlere spezifische Wärmekapazität $c_{pm}|_{0\,°C}^{t}$ einiger Metalle

Temperaturbereich	0 °C–100 °C $\frac{kJ}{kg\,K}$	0 °C–300 °C $\frac{kJ}{kg\,K}$	0 °C–500 °C $\frac{kJ}{kg\,K}$
Aluminium	0,908	0,954	0,992
Blei	0,131	0,136	–
Eisen, rein	0,464	0,469	0,473
Stahl, 0,2 % C	0,473	0,502	0,540
Stahl, 1,0 % C	0,490	0,515	0,552
Gusseisen	0,544	0,573	0,590
Kupfer	0,387	0,401	0,408

In **T 2.4** ist die mittlere spezifische Wärmekapazität für verschiedene Stoffe zwischen 0 °C und t angegeben. Aus diesen Werten kann die mittlere spezifische Wärmekapazität für beliebige Temperaturbereiche nach der Überlegung berechnet werden, dass die zur Erwärmung von t_1 auf t_2 erforderliche Wärme gleich der Differenz zwischen einer Erwärmung des Körpers von 0 °C auf t_2 und einer Erwärmung von 0 °C auf t_1 ist.[1)]

$$Q_{12} = Q_{02} - Q_{01}$$

$$m\,c_m|_{t_1}^{t_2}\,(t_2 - t_1) = m\,c_m|_{0\,°C}^{t_2}\,(t_2 - 0\,°C) - m\,c_m|_{0\,°C}^{t_1}\,(t_1 - 0\,°C)$$

$$c_m|_{t_1}^{t_2} = \frac{c_m|_{0\,°C}^{t_2}\,t_2 - c_m|_{0\,°C}^{t_1}\,t_1}{t_2 - t_1} \qquad \textbf{(Gl 2.38)}$$

Wird c gemäß dem Polynom nach Gl 2.35 in Gl 2.37 eingesetzt und die Gleichung integriert, so lässt sich die mittlere spezifische Wärmekapazität berechnen nach:

$$c_m|_{T_1}^{T_2} = \frac{a\,(T_2 - T_1) + \frac{b}{2}\,(T_2^2 - T_1^2) + \frac{c}{3}\,(T_2^3 - T_1^3) + \frac{d}{4}\,(T_2^4 - T_1^4) + \frac{e}{5}\,(T_2^5 - T_1^5)}{T_2 - T_1}$$

(Gl 2.39)

Oft wird in vereinfachten Berechnungen oder zur klaren Hervorhebung der thermodynamischen Zusammenhänge die Temperaturabhängigkeit der spezifischen Wärmekapazität vernachlässigt und mit dem Wert für 0 °C oder mit dem Wert für die mittlere Temperatur des behandelten Temperaturbereiches gerechnet.

Die *spezifische* Wärmekapazität gilt für 1 kg, ist also auf die Masse bezogen, das Produkt $m\,c$ ist die *Wärmekapazität* eines Stoffes mit der Masse m.

[1)] s. Fußnote zu Gl 1.38.

Beispiel 2.4: 500 kg Aluminium sind durch Wärmezufuhr von 300 °C auf 500 °C zu erwärmen. Welche Wärme ist zuzuführen?

Lösung:

Mittlere spezifische Wärmekapazität (Gl 2.38):

$$c_m\big|_{t_1}^{t_2} = \frac{c_m\big|_{0\,°C}^{t_2} t_2 - c_m\big|_{0\,°C}^{t_1} t_1}{t_2 - t_1} = \frac{0{,}992\ \dfrac{kJ}{kg\,K}\ 500\ °C - 0{,}954\ \dfrac{kJ}{kg\,K}\ 300\ °C}{(500 - 300)\ K} = 1{,}049\ \frac{kJ}{kg\,K}$$

Zuzuführende Wärme (Gl 2.36) mit $W_{diss\,1\,2} = 0$:

$$Q_{1\,2} = m\,c_m\big|_{t_1}^{t_2} (t_2 - t_1) = 500\ kg\ 1{,}049\ \frac{kJ}{kg\,K}\ 200\ K = 104\,900\ kJ\ \frac{MJ}{10^3\ kJ}$$

$$Q_{1\,2} = \underline{104{,}9\ MJ}$$

Beispiel 2.5: 10 kg Luft, die sich mit 20 °C in einem geschlossenen Behälter mit starrer Systemgrenze befindet, wird die Arbeit 500 kJ zugeführt, die im Inneren dissipiert. Durch die nichtadiabate Wand gibt die Luft 600 kJ als Wärme ab. Die mittlere spezifische Wärmekapazität der Luft bei konstantem Volumen ist 0,718 kJ/(kg K).

a) Wie ändert sich die innere Energie der Luft?

b) Welche Temperatur nimmt die Luft an?

Lösung:

Zu a): (Gl 2.9)

$$U_2 - U_1 = Q_{1\,2} + W_{g\,1\,2} = -600\ kJ + 500\ kJ$$

$$U_2 - U_1 = \underline{-100\ kJ} \quad \text{(negativ, d. h., die innere Energie fällt)}$$

Zu b): (Gl 2.36)

$$Q_{1\,2} + W_{diss\,1\,2} = m\,c_{vm}\big|_{t_1}^{t_2} (t_2 - t_1)$$

$$t_2 = \frac{Q_{1\,2} + W_{diss\,1\,2}}{m\,c_{vm}\big|_{t_1}^{t_2}} + t_1 = \frac{-600\ kJ + 500\ kJ}{10\ kg\ 0{,}718\ \dfrac{kJ}{kg\,K}} + 20\ °C$$

$$t_2 = -13{,}9\ K + 20{,}0\ °C = \underline{6{,}1\ °C}$$

Anmerkung zu t_2: Addiert man zu einer Celsius-Temperatur (hier $t_1 = 20$ °C) eine Temperaturdifferenz in K oder °C (hier −13,9 K), so erhält man das Ergebnis als Celsius-Temperatur.

Aufgabe 2.5: In einem Wärmeübertrager werden 100 kg Luft von 100 °C auf 20 °C bei konstant bleibendem Druck gekühlt. Reibungsverluste im Wärmeübertrager sind zu vernachlässigen.

Mittlere spezifische Wärmekapazität der Luft $c_{pm}\big|_{t_1}^{t_2} = 1{,}013$ kJ/(kg K).

a) Welche Wärme wird der Luft entzogen?

b) Wie ändert sich die Enthalpie der Luft?

Aufgabe 2.6: In einem Wärmeübertrager werden bei konstantem Druck stündlich 50 000 kg Gas, $c_{pmG}\big|_{30\,°C}^{70\,°C} = 1{,}26$ kj/(kg K), von 70 °C auf 30 °C durch Wasser gekühlt, das sich dabei von 22 °C auf 32 °C aufwärmt. Für die spezifische Wärmekapazität des Wassers soll näherungsweise der Wert bei 20 °C (T 2.3) eingesetzt werden. Wärmeverluste an die Umgebung sind zu vernachlässigen.

Wie viel Wasser ist stündlich erforderlich?

Aufgabe 2.7: Der Inhalt des bei 10 °C mit 250 000 kg gefüllten 300 000 m³ großen Gasbehälters des Bsp. 1.3 erwärmt sich durch Sonneneinstrahlung bei konstantem Druck von 10 °C auf 40 °C. Der Behälter steht unter einem Überdruck von 3 kPa, der Umgebungsdruck beträgt 101 kPa. Mittlere spezifische Wärmekapazität des Erdgases: $c_{pm}|_{10\,°\mathrm{C}}^{40\,°\mathrm{C}} = 1{,}8\ \mathrm{kJ/(kg\,K)}$. Es soll näherungsweise ideales Gasverhalten angenommen werden.

a) Wie groß ist die zugeführte Wärme?

b) Wie groß ist die abgegebene Volumenänderungsarbeit?

c) Wie ändert sich die innere Energie?

2.7.3 Kalorische Zustandsgleichungen des idealen Gases

Beim idealen Gas werden in dem vollständigen Differenzial der kalorischen Zustandsgleichungen (Gl 2.27 und Gl 2.28)

$$\mathrm{d}u = \left(\frac{\partial u}{\partial T}\right)_v \mathrm{d}T + \left(\frac{\partial u}{\partial v}\right)_T \mathrm{d}v$$

$$\mathrm{d}h = \left(\frac{\partial h}{\partial T}\right)_p \mathrm{d}T + \left(\frac{\partial h}{\partial p}\right)_T \mathrm{d}p$$

die zweiten Ausdrücke zu null, sodass innere Energie und Enthalpie nur von der Temperatur abhängen. Für $\left(\frac{\partial u}{\partial v}\right)_T$ beweist das ein von *Gay-Lussac* (1807) durchgeführter und später von *Joule* (1845) verbesserter Überströmversuch **(B 2.11)**.

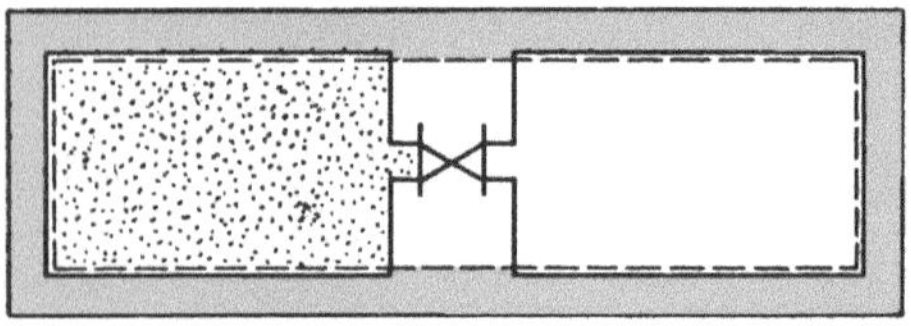

B 2.11 Überströmversuch

Im linken Gefäß eines wärmedichten Systems befindet sich Gas, das rechte Gefäß steht unter Vakuum. Öffnet man das Ventil, so strömt ein Teil des Gases in das rechte Gefäß über, wobei sich das Gas im linken Gefäß abkühlt und im rechten erwärmt. Nach Ausgleich der Temperatur wird die Ausgangstemperatur beim idealen Gas exakt erreicht, wie durch Temperaturmessung nachweisbar ist, beim nichtidealen Gas stellt sich meist eine Abkühlung ein, bei sehr hohen Temperaturen kann auch eine Erwärmung beobachtet werden (Abschn. 5.2.4).

Die spezifische innere Energie des Systems muss nach dem Überströmen die gleiche wie vorher sein, da Energie in keiner Form die Systemgrenze überschritten hat; das spezifische Volumen hat sich jedoch vergrößert. Demnach ist die innere Energie des idealen Gases bei konstanter Temperatur vom Volumen unabhängig. Die Ableitung der inneren Energie nach dem Volumen $\left(\frac{\partial u}{\partial v}\right)_T$ muss dann gleich null sein. Somit entfällt in Gl 2.27

beim idealen Gas das zweite Glied und die innere Energie wird zu einer reinen Temperaturfunktion, mit $\left(\frac{\partial u}{\partial T}\right)_v = c_v$ (Gl 2.29):

$$du = \left(\frac{\partial u}{\partial T}\right)_v dT = c_v\, dT \qquad \textbf{(Gl 2.40)}$$

Auch die Enthalpie des idealen Gases ist eine reine Temperaturfunktion, wie sich durch Einführung der thermischen Zustandsgleichung des idealen Gases (Gl 1.15) in Gl 2.12 zeigt:

$$h = u + p\,v = u + R_i\, T$$

Da u eine reine Temperaturfunktion ist, kann auch h nur von der Temperatur abhängen und muss somit unabhängig vom Druck sein. Das bedeutet, dass der Ausdruck $\left(\frac{\partial h}{\partial p}\right)_T$ in Gl 2.28 beim idealen Gas gleich null sein muss. Dadurch vereinfacht sich Gl 2.28 mit $\left(\frac{\partial h}{\partial T}\right)_p = c_p$ (Gl 2.30) zu

$$dh = \left(\frac{\partial h}{\partial T}\right)_p dT = c_p\, dT \qquad \textbf{(Gl 2.41)}$$

Gl 2.40 und Gl 2.41 sind die *kalorischen Zustandsgleichungen des idealen Gases.*

Die Gleichungen gelten für das ideale Gas bei Zustandsänderungen jeder Art, wie durch den Überströmversuch nachgewiesen ist. Für alle übrigen Stoffe gilt bei Vorgängen mit unverändertem Aggregatzustand Gl 2.40 nur bei $v = \text{const}$ und Gl 2.41 nur bei $p = \text{const.}$, da nur dann die zweiten Glieder in Gl 2.27 und 2.28 entfallen.

Unter der vereinfachenden Annahme konstanter spezifischer Wärmekapazität ergibt sich mit den Integrationskonstanten u_0 und h_0:

$$u = c_v\, T + u_0 \qquad \textbf{(Gl 2.42)}$$

$$h = c_p\, T + h_0 \qquad \textbf{(Gl 2.43)}$$

u_0 ist die spezifische innere Energie und h_0 ist die spezifische Enthalpie bei 0 K. Ihr Wert ist wegen $p_0 = 0$ gleich, wie sich aus der Definition der Enthalpie $h = u + p\,v$ (Gl 2.12) erkennen lässt. Der Wert ist für Berechnungen jedoch nicht von Interesse, da nur Differenzen der inneren Energie und der Enthalpie bei Zustandsänderungen von Bedeutung sind. Oft wählt man einen Bezugspunkt mit dem Wert null für u oder h, der beispielsweise bei 0 °C oder 0 K liegen kann.

Meist berechnet man jedoch Differenzen der inneren Energie und der Enthalpie durch das bestimmte Integral, wobei die Temperaturabhängigkeit der spezifischen Wärmekapazität berücksichtigt und für c_p und c_v die Mittelwerte (c_{pm} und c_{vm}) der behandelten Temperaturbereiche eingesetzt werden:

$$u_2 - u_1 = \int_{T_1}^{T_2} c_v\, dT = c_{vm}\big|_{T_1}^{T_2} (T_2 - T_1) \qquad \textbf{(Gl 2.44)}$$

$$h_2 - h_1 = \int_{T_1}^{T_2} c_p \, \mathrm{d}T = c_{pm}|_{T_1}^{T_2} (T_2 - T_1) \qquad \textbf{(Gl 2.45)}$$

Die Temperaturänderung eines idealen Gases kann demnach aus der Änderung der inneren Energie oder Enthalpie nach Gl 2.44 und Gl 2.45 berechnet werden.

Beispiel 2.6: In einem Wärmeübertrager werden stündlich 50 000 kg ideales Gas von 70 °C auf 30 °C gekühlt $c_{pm}|_{30\,°C}^{70\,°C} = 1{,}26\,\mathrm{kJ/(kg\,K)}$, $c_{vm}|_{30\,°C}^{70\,°C} = 0{,}90\,\mathrm{kJ/(kg\,K)}$. Wie ändern sich dabei stündlich die innere Energie und Enthalpie des Gases?

Lösung:
Änderung der inneren Energie (Gl 2.44):

$$\dot{U}_2 - \dot{U}_1 = \dot{m}\, c_{vm}|_{T_1}^{T_2} (T_2 - T_1) = 50\,000 \,\frac{\mathrm{kg}}{\mathrm{h}}\, 0{,}90 \,\frac{\mathrm{kJ}}{\mathrm{kg\,K}}\, (303{,}15 - 343{,}15)\,\mathrm{K}\, \frac{\mathrm{GJ}}{10^6\,\mathrm{kJ}}$$

$$\dot{U}_2 - \dot{U}_1 = \underline{-1{,}8\,\mathrm{GJ/h}}$$

Änderung der Enthalpie (Gl 2.45):

$$\dot{H}_2 - \dot{H}_1 = \dot{m}\, c_{pm}|_{T_1}^{T_2} (T_2 - T_1) = 50\,000 \,\frac{\mathrm{kg}}{\mathrm{h}}\, 1{,}26 \,\frac{\mathrm{kJ}}{\mathrm{kg\,K}}\, (303{,}15 - 343{,}15)\,\mathrm{K}\, \frac{\mathrm{GJ}}{10^6\,\mathrm{kJ}}$$

$$\dot{H}_2 - \dot{H}_1 = \underline{-2{,}52\,\mathrm{GJ/h}}$$

$\dot{U}$ und $\dot{H}$ fallen, wie durch das negative Vorzeichen zum Ausdruck gebracht wird. [1)]

2.7.4 Spezifische Wärmekapazitäten des idealen Gases

Zusammenhang zwischen c_p und c_v. Die Differenz zwischen h und u ist (Gl 2.12):

$$h - u = p\,v$$

Wir führen die thermische Zustandsgleichung (Gl 1.15) ein und differenzieren:

$$h - u = R_\mathrm{i}\,T \qquad \mathrm{d}h - \mathrm{d}u = R_\mathrm{i}\,\mathrm{d}T$$

$\mathrm{d}h$ und $\mathrm{d}u$ ersetzen wir nach Gl 2.40 und Gl 2.41: $c_p\,\mathrm{d}T - c_v\,\mathrm{d}T = R_\mathrm{i}\,\mathrm{d}T$

$$c_p - c_v = R_\mathrm{i} \qquad \textbf{(Gl 2.46)}$$

Die Differenz der beiden spezifischen Wärmekapazitäten des idealen Gases ist gleich der spezifischen Gaskonstanten R_i und somit unabhängig von der Temperatur, obwohl c_p und c_v mit den Temperaturen veränderlich sind, **(B 2.12)**, (T 2.4) und (**T 2.5**).

Das Verhältnis der spezifischen Wärmekapazitäten wird mit $\varkappa$ bezeichnet.

$$\varkappa = \frac{c_p}{c_v} \qquad \textbf{(Gl 2.47)}$$

Beim idealen Gas ist $\varkappa$ gleich dem *Isentropenexponenten.* [2)]

[1)] Der Punkt über dem Formelzeichen zeigt an, dass es sich um Vorgänge innerhalb einer bestimmten Zeit – hier je Stunde – handelt, z. B. um den Massenstrom $\dot{m}$ in kg/h.

[2)] Nähere Erläuterung folgt in Abschn. 3.4.4.

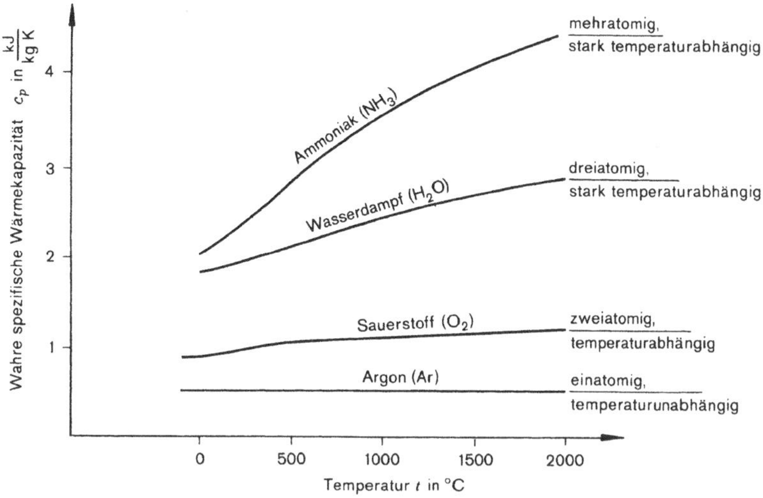

B 2.12 Wahre spezifische Wärmekapazität c_p einiger Gase für den idealen Gaszustand[1)]

Wir führen Gl 2.46 ein:

$$\varkappa = \frac{c_v + R_i}{c_v} = 1 + \frac{R_i}{c_v}$$

Mit steigender Temperatur wächst bei zwei- und mehratomigen idealen Gasen c_v, demnach muss $\varkappa$ mit steigender Temperatur fallen. Die Temperaturabhängigkeit von $\varkappa$ ist beim zweiatomigen idealen Gas bei nicht zu hohen Temperaturen gering und kann häufig vernachlässigt werden, bei mehratomigen Gasen ist sie jedoch zu beachten. Beim nichtidealen Gas sind die spezifischen Wärmekapazitäten außerdem druckabhängig.

Aus Gl 2.46 folgt mit Gl 2.47:

$$c_v = \frac{R_i}{\varkappa - 1} \qquad \textbf{(Gl 2.48)}$$

$$c_p = \frac{\varkappa R_i}{\varkappa - 1} \qquad \textbf{(Gl 2.49)}$$

Mittels der kalorischen Zustandsgleichungen kann mit $\varkappa_m$ folgender Zusammenhang zwischen der Änderung der Enthalpie und der inneren Energie hergestellt werden:

$$h_2 - h_1 = \varkappa_m \left(u_2 - u_1\right) \qquad \textbf{(Gl 2.50)}$$

Hierin ist $\varkappa_m$ der Mittelwert für $\varkappa$ zwischen den Temperaturen t_1 und t_2:

$$\varkappa_m\Big|_{t_1}^{t_2} = \frac{c_{pm}\Big|_{t_1}^{t_2}}{c_{vm}\Big|_{t_1}^{t_2}} \qquad \textbf{(Gl 2.51)}$$

1) Werte nach [10]

T 2.5 Mittlere molare isobare und spezifische isobare Wärmekapazität von Gasen für den idea-

Temp.	H_2		N_2		O_2		CO	
°C	$C_{mp}\|_{0\,°C}^{t}$ $\frac{kJ}{kmol\,K}$	$c_{pm}\|_{0\,°C}^{t}$ $\frac{kJ}{kg\,K}$	$C_{mp}\|_{0\,°C}^{t}$ $\frac{kJ}{kmol\,K}$	$c_{pm}\|_{0\,°C}^{t}$ $\frac{kJ}{kg\,K}$	$C_{mp}\|_{0\,°C}^{t}$ $\frac{kJ}{kmol\,K}$	$c_{pm}\|_{0\,°C}^{t}$ $\frac{kJ}{kg\,K}$	$C_{mp}\|_{0\,°C}^{t}$ $\frac{kJ}{kmol\,K}$	$c_{pm}\|_{0\,°C}^{t}$ $\frac{kJ}{kg\,K}$
0	28,62	14,20	29,09	1,038	29,26	0,9144	29,11	1,039
100	28,94	14,36	29,12	1,040	29,53	0,9228	29,16	1,041
200	29,07	14,42	29,20	1,042	29,92	0,9350	29,29	1,046
300	29,14	14,46	29,35	1,048	30,39	0,9497	29,50	1,053
400	29,19	14,48	29,56	1,055	30,87	0,9647	29,77	1,063
600	29,32	14,54	30,11	1,075	31,75	0,9922	30,41	1,086
800	29,52	14,64	30,69	1,096	32,49	1,0154	31,05	1,109
1 000	29,79	14,78	31,25	1,116	33,11	1,0347	31,65	1,130
1 200	30,12	14,94	31,77	1,134	33,62	1,0507	32,17	1,149
1 400	30,47	15,11	32,22	1,150	34,07	1,0647	32,63	1,165
1 600	30,84	15,30	32,62	1,164	34,47	1,0772	33,03	1,179
1 800	31,21	15,48	32,97	1,177	34,83	1,0885	33,38	1,192
2 000	31,58	15,67	33,28	1,188	35,17	1,0991	33,69	1,203
2 200	31,93	15,84	33,55	1,198	35,48	1,1088	33,96	1,212
2 500	32,44	16,09	33,91	1,210	35,93	1,1229	34,31	1,225
3 000	33,22	16,48	34,40	1,228	36,62	1,1444	34,79	1,242
M in $\frac{kg}{kmol}$	2,0159		28,0134		31,9988		28,0101	
ϱ_n in $\frac{kg}{m^3}$	0,0899		1,2504		1,4290		1,2506	

Anmerkungen zu T 2.5:

Spezifische isochore Wärmekapazität $c_{vm}|_{0\,°C}^{t}$ nach Gl 2.46: $c_{vm}|_{0\,°C}^{t} = c_{pm}|_{0\,°C}^{t} - R_i$

Molare isochore Wärmekapazität $C_{mv}|_{0\,°C}^{t}$ nach Gl 2.54: $C_{mv}|_{0\,°C}^{t} = C_{mp}|_{0\,°C}^{t} - R_m$

Mittelwert $\varkappa_m|_{0\,°C}^{t}$ nach Gl 2.51: $\varkappa_m|_{0\,°C}^{t} = \dfrac{c_{pm}|_{0\,°C}^{t}}{c_{vm}|_{0\,°C}^{t}} = \dfrac{C_{mp}|_{0\,°C}^{t}}{C_{mv}|_{0\,°C}^{t}}$

$c_{pm}|_{t_1}^{t_2}$ kann auch mittels Polynom (Gl 2.38) berechnet werden. Die Ergebnisse können von den Tabellenwerten leicht abweichen.

Beispiel 2.7: Das Verhältnis der spezifischen Wärmekapazitäten ist für Luft von 0 °C und für Luft in den Temperaturbereichen 0 °C–500 °C und 1 000 °C–2 000 °C aus den Werten der T 2.5 zu berechnen. Näherungsweise sollen Luft als ideales Gas angenommen und Zwischenwerte aus der Tabelle linear interpoliert werden.

Lösung:

(Gl 2.47): $\varkappa = \dfrac{c_p}{c_v} = \dfrac{c_p}{c_p - R_i}$

$$\varkappa_0 = \frac{c_{p_0}}{c_{p_0} - R_i} = \frac{1{,}004\ \frac{kJ}{kg\,K}}{1{,}004\ \frac{kJ}{kg\,K} - 0{,}2871\ \frac{kJ}{kg\,K}} = \underline{1{,}40}$$

len Gaszustand[1)]

H_2O		CO_2		SO_2		Luft (trocken)		Temp.
$C_{mp}\|_{0\,°C}^{t}$ $\frac{kJ}{kmol\,K}$	$c_{pm}\|_{0\,°C}^{t}$ $\frac{kJ}{kg\,K}$	$C_{mp}\|_{0\,°C}^{t}$ $\frac{kJ}{kmol\,K}$	$c_{pm}\|_{0\,°C}^{t}$ $\frac{kJ}{kg\,K}$	$C_{mp}\|_{0\,°C}^{t}$ $\frac{kJ}{kmol\,K}$	$c_{pm}\|_{0\,°C}^{t}$ $\frac{kJ}{kg\,K}$	$C_{mp}\|_{0\,°C}^{t}$ $\frac{kJ}{kmol\,K}$	$c_{pm}\|_{0\,°C}^{t}$ $\frac{kJ}{kg\,K}$	°C
33,47	1,858	35,92	0,8162	38,91	0,6074	29,08	1,004	0
33,71	1,871	38,17	0,8673	40,71	0,6355	29,15	1,006	100
34,08	1,892	40,13	0,9118	42,43	0,6623	29,30	1,012	200
34,54	1,917	41,83	0,9505	43,99	0,6867	29,52	1,019	300
35,05	1,945	44,33	1,0073	45,35	0,7079	29,79	1,029	400
36,15	2,007	45,85	1,0418	47,55	0,7422	30,41	1,050	600
37,34	2,073	47,86	1,0875	49,20	0,7680	31,03	1,071	800
38,56	2,140	49,50	1,1248	50,47	0,7878	31,60	1,091	1000
39,76	2,207	50,85	1,1554	51,49	0,8037	32,11	1,109	1200
40,91	2,271	51,98	1,1811	52,31	0,8165	32,57	1,124	1400
42,00	2,331	52,93	1,2027	53,00	0,8273	32,97	1,138	1600
43,03	2,389	53,74	1,2211	53,59	0,8365	33,32	1,150	1800
43,97	2,441	54,44	1,2370	54,09	0,8443	33,64	1,161	2000
44,86	2,490	55,06	1,2511	54,54	0,8513	33,93	1,171	2200
46,07	2,557	55,85	1,2690	55,13	0,8605	34,31	1,185	2500
47,82	2,654	56,91	1,2931	55,95	0,8733	34,84	1,203	3000
18,0153		44,095		64,0638		28,9655		M in $\frac{kg}{kmol}$
0,8038		1,9767		2,9285		1,2929		ϱ_n in $\frac{kg}{m^3}$

[1)] $C_{mp}|_{0\,°C}^{t}$ nach Stephan/Schaber/Stephan/Mayinger [6a; Tabelle 6.4]. M nach DIN EN ISO 6976 [40; Tab.1], ϱ_n nach DIN 1871 [53; Tab. 2]. $c_{pm}|_{0\,°C}^{t}$ nach Gl 2.53 berechnet. Auf den zusätzlichen Index m zur Kennzeichnung des Mittelwertes bei der molaren Wärmekapazität wird verzichtet; wir schreiben $C_{mp}|_{0\,°C}^{t}$ statt $C_{mpm}|_{0\,°C}^{t}$.

$$\varkappa_m|_{0\,°C}^{500\,°C} = \frac{c_{pm}|_{0\,°C}^{500\,°C}}{c_{pm}|_{0\,°C}^{500\,°C} - R_l} = \frac{1{,}040\,\frac{kJ}{kg\,K}}{1{,}040\,\frac{kJ}{kg\,K} - 0{,}2871\,\frac{kJ}{kg\,K}} = \underline{1{,}38}$$

$$\varkappa_m|_{1\,000\,°C}^{2\,000\,°C} = \frac{c_{pm}|_{1\,000\,°C}^{2\,000\,°C}}{c_{pm}|_{1\,000\,°C}^{2\,000\,°C} - R_l} = \frac{1{,}231\,\frac{kJ}{kg\,K}}{1{,}231\,\frac{kJ}{kg\,K} - 0{,}2871\,\frac{kJ}{kg\,K}} = \underline{1{,}30}$$

mit (Gl 2.38): $$c_{pm}|_{t_1}^{t_2} = \frac{c_{pm}|_{0\,°C}^{t_2}\,t_2 - c_{pm}|_{0\,°C}^{t_1}\,t_1}{t_2 - t_1}$$

$$c_{pm}|_{t_1}^{t_2} = \frac{1{,}161\,\frac{kJ}{kg\,K}\,2\,000\,°C - 1{,}091\,\frac{kJ}{kg\,K}\,1\,000\,°C}{2\,000\,°C - 1\,000\,°C} = 1{,}231\,\frac{kJ}{kg\,K}$$

Aufgabe 2.8: Die spezifische Wärmekapazität von trockener Luft (näherungsweise als ideales Gas anzunehmen), die bei etwa 100 kPa zur Trocknung verwendet werden soll, ist mittels Polynom zu ermitteln und mit den Werten in T 8.3a bzw. nach T 2.5 zu vergleichen:

a) als wahre spezifische Wärmekapazität bei 600 °C,

b) als mittlere spezifische Wärmekapazität zwischen 100 °C und 600 °C.

2.7.5 Molare Wärmekapazitäten des idealen Gases

Die auf 1 kmol eines Gases bezogene Wärmekapazität heißt molare Wärmekapazität.

$$C_{mv} = M\, c_v \qquad \textbf{(Gl 2.52)}$$

$$C_{mp} = M\, c_p \qquad \textbf{(Gl 2.53)}$$

Die Differenz der beiden molaren Wärmekapazitäten ist (mit Gl 2.46 und Gl 1.31) *gleich der molaren Gaskonstanten* R_m:

$$C_{mp} - C_{mv} = M\,(c_p - c_v) = M\, R_i$$

$$C_{mp} - C_{mv} = R_m \qquad \textbf{(Gl 2.54)}$$

Das Verhältnis der beiden molaren Wärmekapazitäten ist wie das der spezifischen Wärmekapazitäten

$$\varkappa = \frac{C_{mp}}{C_{mv}} \qquad \textbf{(Gl 2.55)}$$

da der Faktor M herausfällt. Wir führen $\varkappa$ in Gl 2.54 ein:

$$\varkappa C_{mv} - C_{mv} = C_{mv}\,(\varkappa - 1) = R_m$$

$$C_{mv} = \frac{1}{\varkappa - 1}\, R_m \qquad \textbf{(Gl 2.56)}$$

$$C_{mp} = \frac{\varkappa}{\varkappa - 1}\, R_m \qquad \textbf{(Gl 2.57)}$$

Die molaren Wärmekapazitäten idealer Gase hängen nur von R_m und $\varkappa$ ab (Gl 2.56 und Gl 2.57). $\varkappa$ hat für das einatomige ideale Gas den konstanten Zahlenwert 1,667, für das zweiatomige ideale Gas im mittleren Temperaturbereich etwa den Wert 1,4; folglich haben die molaren Wärmekapazitäten für ideale Gase mit gleicher Atomzahl gleiche Zahlenwerte **(T 2.6)**.

Die kinetische Gastheorie deutet die molaren Wärmekapazitäten aus der Vorstellung des einatomigen Moleküls als Kugel, des zweiatomigen Moleküls als Hantel. Nach dieser Theorie, die die Temperaturerhöhung als vergrößerte Bewegungsenergie der Moleküle erklärt, führt die Kugel reine Translationsbewegungen in drei möglichen Richtungen aus, die Zahl ihrer Freiheitsgrade ist drei. Die Hantel kann zusätzlich um zwei senkrecht zur Verbindungslinie der beiden Atome liegenden Achsen rotieren, wodurch sich die Zahl ihrer Freiheitsgrade um zwei auf fünf erhöht.

Mit der Zahl der Freiheitsgrade eines idealen Gases wächst die molare Wärmekapazität direkt proportional (T 2.6), und zwar steigt je Freiheitsgrad der Bewegung bei Erwärmung eines Kilomols um 1 K die innere Energie um $\frac{1}{2}\, R_m$. Diese einfachen Verhältnisse

T 2.6 Molare Wärmekapazitäten idealer Gase

ideales Gas	einatomig	zweiatomig
$\varkappa$	1,667	1,4
C_{mv}	$\frac{1}{0{,}667} R_m = \frac{3}{2} R_m$	$\frac{1}{0{,}4} R_m = \frac{5}{2} R_m$
C_{mp}	$\frac{3}{2} R_m + R_m = \frac{5}{2} R_m$	$\frac{5}{2} R_m + R_m = \frac{7}{2} R_m$
Zahl der Freiheitsgrade	3	5
Geltungsbereich	allgemein	mittlere Temperaturen

treffen exakt nur für das einatomige ideale Gas zu, bei dem sich die molaren Wärmekapazitäten nicht mit der Temperatur ändern. Beim zweiatomigen idealen Gas gelten diese Modellvorstellungen nur im Gebiet mittlerer Temperaturen in der Größenordnung der Raumtemperatur. Mit steigender Temperatur schwingen bei diesen Gasen die beiden Atome zusätzlich innerhalb des Moleküls auf zweierlei Weise (längs und quer), sodass zwei weitere Freiheitsgrade zu berücksichtigen sind und die molaren Wärmekapazitäten sich asymptotisch den Werten $C_{mv} = \frac{7}{2} R_m$ und $C_{mp} = \frac{9}{2} R_m$ nähern. Bei niedriger Temperatur kommt dagegen neben der Schwingungsbewegung auch die Rotationsbewegung zum Stillstand, wodurch die Zahl der Freiheitsgrade auf die der reinen Translation, also auf drei, fällt. Die molaren Wärmekapazitäten nähern sich mit fallender Temperatur den Werten $C_{mv} = \frac{3}{2} R_m$ und $C_{mp} = \frac{5}{2} R_m$.

Bei drei- und mehratomigen idealen Gasen ist eine Deutung in dieser einfachen Form nicht möglich, da weitere Freiheitsgrade auftreten.

Beispiel 2.8: Für Kohlenstoffdioxid[1)] sind die spezifischen und molaren Wärmekapazitäten bei konstantem Volumen und konstantem Druck in dem Temperaturbereich 150 °C bis 1 500 °C zu berechnen. Näherungsweise sollen Kohlenstoffdioxid als ideales Gas angenommen und Zwischenwerte aus T 2.5 linear interpoliert werden.

Lösung:

Spezifische Wärmekapazitäten:

(Gl 2.39): $$c_{pm}\Big|_{t_1}^{t_2} = \frac{c_{pm}\Big|_{0\,°C}^{t_2} t_2 - c_{pm}\Big|_{0\,°C}^{t_1} t_1}{t_2 - t_1}$$

$$c_{pm}\Big|_{150\,°C}^{1\,500\,°C} = \frac{1{,}1919\,\frac{kJ}{kg\,K}\,1\,500\,°C - 0{,}8896\,\frac{kJ}{kg\,K}\,150\,°C}{1\,500\,°C - 150\,°C} = \underline{1{,}225\,5\,\frac{kJ}{kg\,K}}$$

1) Bei der Bezeichnung von Kohlenstoff- und Stickstoff-Verbindungen wird umgangssprachlich häufig das Wort „Stoff“ weggelassen: Kohlendioxid, Stickoxid.

(Gl 2.46): $c_v = c_p - R_{CO_2}$

$$c_{vm}|_{150\,°C}^{1\,500\,°C} = 1{,}225\,5\ \frac{kJ}{kg\,K} - 0{,}188\,9\ \frac{kJ}{kg\,K} = \underline{1{,}037\ \frac{kJ}{kg\,K}}$$

Molare Wärmekapazitäten:

(Gl 2.52): $$C_{mv}|_{150\,°C}^{1\,500\,°C} = M\,c_{vm}|_{150\,°C}^{1\,500\,°C} = 44{,}0095\ \frac{kg}{kmol}\ 1{,}037\ \frac{kJ}{kg\,K} = \underline{45{,}6\ \frac{kJ}{kmol\,K}}$$

(Gl 2.53): $$C_{mp}|_{150\,°C}^{1\,500\,°C} = M\,c_{pm}|_{150\,°C}^{1\,500\,°C} = 44{,}0095\ \frac{kg}{kmol}\ 1{,}225\,5\ \frac{kJ}{kg\,K} = \underline{53{,}9\ \frac{kJ}{kmol\,K}}$$

Aufgabe 2.9: 129 300 kg/h Luft unter niedrigem Druck sind von 90 °C auf 25 °C zu kühlen. Die Luft durchströmt bei konstantem Druck einen Wärmeübertrager, in dem die Wärme von Kühlwasser aufgenommen wird, das sich dabei von 20 °C auf 32 °C erwärmt. Für die spezifischen Wärmekapazitäten sollen näherungsweise für Wasser der Wert bei 20 °C (T 2.3), für Luft der Mittelwert zwischen 0 °C und 100 °C eingesetzt werden.

Welche Kühlwassermenge ist stündlich erforderlich?

Kontrollfragen (Antworten Abschnitt 11.2)

2.1 1. Nennen Sie Beispiele für a) gespeicherte, b) transportierte Energie.

2.2 2. Wie ist die Volumenänderungsarbeit definiert (Annahme: quasistatische Zustandsänderung)?

3. Skizzieren Sie im p,V-Diagramm und benennen Sie die einem geschlossenen System reversibel zugeführte Arbeit (Annahme: quasistatische Zustandsänderung); Vorzeichen?

2.3 4. Wie ist die innere Energie definiert?

2.4 5. Wie ist die Wärme definiert?

2.5 6. In welchem System kann technische Arbeit, in welchem Volumenänderungsarbeit auftreten?

7. Wie sind folgende Begriffe definiert:

   a) reversible technische Arbeit

   b) Enthalpie

8. Skizzieren Sie im p,V-Diagramm und benennen Sie die einem offenen System (ohne Änderung der kinetischen und potenziellen Energie) reversibel zugeführte Arbeit; Vorzeichen?

9. Einem Gas wird reversibel Arbeit zugeführt. Die Arbeit ist im p,V-Diagramm darzustellen, zu benennen und es ist das Vorzeichen anzugeben, falls es sich

   a) um ein geschlossenes,

   b) um ein offenes System (bei konstant bleibender kinetischer und potenzieller Energie) handelt.

2.6 10. Wie ändert sich die innere Energie eines geschlossenen Systems mit starren Grenzen, wenn es:

   a) adiabat ist und 10 kJ in Form von Dissipationsenergie,

   b) nichtadiabat ist und 10 kJ in Form von Wärme,

   c) nichtadiabat ist und 10 kJ in Form von Dissipationsenergie und weitere 10 kJ in Form von Wärme

   zugeführt werden?

11. Was wird als Erster Hauptsatz der Thermodynamik bezeichnet?

2.7 12. a) Wie kann man die spezifische Wärmekapazität messen?
    b) Bei welchen Stoffen ist c temperaturabhängig?
13. a) Geben Sie die kalorischen Zustandsgleichungen des idealen Gases an.
    b) Für welche Zustandsänderungen gelten sie?
    c) Unter welchen Bedingungen gelten die Gleichungen auch bei beliebigen Stoffen?
14. Welches ist das Ergebnis des Überströmungsversuchs von Gay-Lussac und Joule?
15. a) Geben Sie Beziehungen zwischen den spezifischen Wärmekapazitäten des idealen Gases an. Sind sie temperaturabhängig?
    b) Was versteht man unter molarer Wärmekapazität, wie hängt sie mit der spezifischen Wärmekapazität zusammen?
    c) Geben Sie Beziehungen zwischen den molaren Wärmekapazitäten des idealen Gases an. Sind sie temperaturabhängig?
16. a) Wie wird bei einem starren Behälter die bei Temperaturabfall eines idealen Gases abgegebene Wärme berechnet, aus welcher Energie wird sie gedeckt?
    b) Wie ändern sich innere Energie und Enthalpie?
    c) Welche Volumenänderungsarbeit wird zu- oder abgeführt?

    Welches Vorzeichen ergibt sich zu a) bis c)?
17. Beantworten Sie die Fragen nach 16., wenn statt des starren Behälters das System durch einen konstant belasteten Zylinder dargestellt wird.

3 Zweiter Hauptsatz der Thermodynamik

3.1 Aussagen des zweiten Hauptsatzes

Der zweite Hauptsatz beruht, wie der erste Hauptsatz, auf Erfahrung. Er postuliert das Naturgesetz der *Irreversibilität* aller natürlichen und technischen Vorgänge.

Im Laufe der Entwicklung der Thermodynamik sind zum zweiten Hauptsatz unterschiedliche *qualitative Aussagen* gemacht worden.

Die älteste Formulierung stammt von *Clausius*[1)] 1850 und betrifft die Wärmeübertragung: *Wärme kann nie von selbst von einem System niederer Temperatur auf ein System höherer Temperatur übergehen.* Eine Formulierung von *Planck*[2)] betrifft die begrenzte Umwandelbarkeit von innerer Energie bzw. Wärme in Arbeit: *Es ist unmöglich, eine periodisch arbeitende Maschine zu bauen, die weiter nichts bewirkt als Heben einer Last und Abkühlung eines Wärmereservoirs.* Andere Formulierungen behandeln die Energieentwertung durch Reibung.

Baehr[3)] fasste die Aussagen über den zweiten Hauptsatz wie folgt zusammen: *Alle natürlichen und technischen Prozesse sind irreversibel.*

Aus obigen Formulierungen und auch aus dem Beispiel des Sauerstoffs, der aus einem Druckbehälter ausströmt (Abschn. 1.7.3), erkennt man:

> *Der zweite Hauptsatz macht Aussagen zur Richtung von Prozessen in Systemen, die man sich selbst überlässt, sowie zur eingeschränkten Umwandelbarkeit von Wärme und innerer Energie in Arbeit.*

3.2 Entropie[4)]

3.2.1 Einführung der Entropie

Die Aussagen in Abschn. 3.1 sind qualitativer Natur. Zur quantitativen Erfassung der Irreversibilität führen wir eine neue Zustandsgröße, die *Entropie*, ein. Sie wurde zuerst von *Clausius*

---

1) *Rudolf Julius Emanuel Clausius* (1822–1888), Prof. in Berlin, Zürich, Würzburg und Bonn, formulierte die beiden Hauptsätze quantitativ, führte den Begriff Entropie ein.

2) *Max Planck* (1858–1947), Prof. in Berlin und Göttingen. Er führte die Quantentheorie in die Strahlungslehre ein.

3) *Hans Dieter Baehr*, geb. 1928, Prof. für Thermodynamik in Berlin, Braunschweig, Bochum, Hamburg und Hannover.

4) Entropie von ἐντρέπειν (griech.) = „umkehren“.

verwendet. Die Entropie ermöglicht neben der rechnerischen Erfassung der Irreversibilität die anschauliche Darstellung der bei einem Prozess auftretenden Wärme und Dissipationsenergie, wie wir in Abschn. 3.2.3 erkennen werden.

Wir führen die Entropie ein, indem wir sie aus schon bekannten Zustandsgrößen ableiten. [1)] Zum Nachweis als Zustandsgröße beschränken wir uns auf einfache Systeme (eine Phase), deren Zustand durch zwei Größen (z. B. T und v) eindeutig beschrieben ist.

Wir gehen von der allgemein gültigen Gl 2.10 aus

$$\mathrm{d}Q + \mathrm{d}W_{\text{diss}} = \mathrm{d}U + p\,\mathrm{d}V$$

und dividieren diese Gl durch T:

$$\frac{\mathrm{d}Q + \mathrm{d}W_{\text{diss}}}{T} = \frac{\mathrm{d}U + p\,\mathrm{d}V}{T} \qquad \textbf{(Gl 3.1)}$$

Für das ideale Gas lässt sich leicht nachweisen, dass die Integration der Gl vom Integrationsweg unabhängig ist. Wir führen dazu $\mathrm{d}U = m\,c_v\,\mathrm{d}T$ (Gl 2.40) und $p = \dfrac{m\,R_\mathrm{i}\,T}{V}$ (Gl 1.16) ein:

$$\frac{\mathrm{d}Q + \mathrm{d}W_{\text{diss}}}{T} = m\,c_v\,\frac{\mathrm{d}T}{T} + m\,R_\mathrm{i}\,\frac{\mathrm{d}V}{V} \qquad \textbf{(Gl 3.2)}$$

Eine Integration der Gl 3.2 ist vom Weg unabhängig, wie aus der rechten Seite erkennbar ist. Es kann aber auch ohne Einschränkung auf das ideale Gas nachgewiesen werden, dass mit T als integrierendem Nenner die rechte Seite in Gl 3.1 ein vollständiges Differenzial und eine Integration damit vom Wege unabhängig ist. [2)] Da die rechten Seiten der Gl 3.1 und Gl 3.2 somit nur von Zustandsgrößen abhängen, führen wir für sie eine neue Zustandsgröße, die Entropie, ein:

$$\mathrm{d}S = \frac{\mathrm{d}U + p\,\mathrm{d}V}{T} \qquad \textbf{(Gl 3.3)}$$

Wenn wir bei der Ableitung von der allgemein gültigen Gl 2.18

$$\mathrm{d}Q + \mathrm{d}W_{\text{diss}} = \mathrm{d}H - V\,\mathrm{d}p$$

ausgehen, so ergibt sich in gleicher Weise

$$\mathrm{d}S = \frac{\mathrm{d}H - V\,\mathrm{d}p}{T} \qquad \textbf{(Gl 3.4)}$$

Gl 3.3 und Gl 3.4 verknüpfen die Entropie einer Phase mit anderen Zustandsgrößen.

Die Entropie S ist eine *extensive* Zustandsgröße. Auf die Masse m bezogen erhält man die spezifische Entropie s.

---

1) Es gibt auch andere Möglichkeiten zur Einführung der Entropie, z. B. nach Gl. 3.5. Daneben kann S durch Aussagen über ihre Eigenschaften eingeführt werden (z. B. [1]). In der statistischen Thermodynamik wird S durch die Wahrscheinlichkeit thermodynamischer Zustände definiert.

2) Auf den Nachweis wird hier verzichtet, näheres s. z. B. in [1; Kap. 4.4.1] oder in [6a; Kap. 8.3].

Eine wesentliche Eigenschaft der Entropie erkennt man aus den nachfolgenden Gln 3.5 und 3.7. Man erhält sie, wenn man die jeweils linken Seiten der Gl 3.3 und Gl 3.1 gleichsetzt.

$$\mathrm{d}S = \frac{\mathrm{d}Q}{T} + \frac{\mathrm{d}W_{\mathrm{diss}}}{T} \qquad \textbf{(Gl 3.5)}$$

3

Gl 3.5 betrachten wir als Definitionsgleichung der Entropie und bezeichnen sie als *1. Teil des zweiten Hauptsatzes der Thermodynamik*. Für die Terme der rechten Seite führen wir ein

$$\mathrm{d}S_{\mathrm{q}} = \frac{\mathrm{d}Q}{T}$$ Entropieänderung durch *Wärmetransport* **(Gl 3.6 a)**

$$\mathrm{d}S_{\mathrm{diss}} = \frac{\mathrm{d}W_{\mathrm{diss}}}{T}$$ *Entropieerzeugung* (-produktion) durch Dissipation **(Gl 3.6 b)**

In Gl 3.5 eingesetzt ergibt sich

$$\mathrm{d}S = \mathrm{d}S_{\mathrm{q}} + \mathrm{d}S_{\mathrm{diss}} \qquad \textbf{(Gl 3.7 a)}$$

Die Entropieänderung infolge Wärmetransport $\mathrm{d}S_{\mathrm{q}}$ kann positiv oder negativ sein, je nachdem, ob die Wärme zu- oder abgeführt wird.

Die Entropieerzeugung (-produktion) $\mathrm{d}S_{\mathrm{diss}}$ ist, da alle realen Prozesse dissipationsbehaftet sind, immer größer null.

$$\mathrm{d}S_{\mathrm{diss}} > 0 \qquad \textbf{(Gl 3.7 b)}$$

Gl 3.7 b ist der 2. *Teil des zweiten Hauptsatzes der Thermodynamik*. Mit den beiden Gleichungen (Definition der Entropie (Gl 3.5) und (Gl 3.7 b) ist der zweite Hauptsatz der Thermodynamik nun mathematisch formuliert.

3.2.2 Entropiebilanzen

Die Entropie eines Systems ändert sich (Gln 3.5 und 3.7)

- wenn Wärme – und mit ihr Entropie – *über die Systemgrenze* transportiert wird. Gleiches gilt für den Transport von Materie. Den Vorgang nennt man *Entropietransport* (Zufuhr: positiv, Abfuhr: negativ).
- wenn Energie im System dissipiert. Dadurch wird Entropie *im System* erzeugt. Den Vorgang nennt man *Entropieerzeugung* oder *Entropieproduktion* (stets positiv).

Zu- oder Abfuhr von *Arbeit verändert die Entropie nicht.*

Entropien können somit auf der Grundlage des zweiten Hauptsatzes *bilanziert* werden, vergleichbar mit der Bilanzierung der Energien mittels des ersten Hauptsatzes. Es ist jedoch die Besonderheit der erzeugten Entropie zu beachten.

Allgemeine Bilanz. Zur Formulierung einer allgemeinen Entropiebilanz ergänzen wir die Gl 3.7 a um den Entropietransport durch Materie (S_{M}) und benennen die Entropieänderung des Systems mit $\mathrm{d}S_{\mathrm{Syst}}$ (statt $\mathrm{d}S$): [1)]

[1)] Den Index „Syst“ führen wir hier zur Einführung in das Thema ein, später werden wir darauf verzichten.

$$dS_{Syst} = dS_q + dS_M + dS_{diss} \qquad \textbf{(Gl 3.8 a)}$$

In einem Zeitintervall $\Delta\tau$ ändert sich die Entropie des Systems um:

$$\Delta S_{Syst} = S_{q12} + S_{M1} - S_{M2} + S_{diss12} \qquad \textbf{(Gl 3.8 b)}$$

Die Entropieerzeugung hat den Charakter einer Prozessgröße. Wir kennzeichnen sie daher – wie bei Prozessgrößen üblich – mit dem Index 12 ($S_{diss\,1\,2}$). Gleiches gilt für den Entropietransport durch Wärme. Diese Größen bewirken eine Änderung der extensiven Zustandsgröße S_{Syst} vom Anfangszustand 1 zum Endzustand 2, die wir – wie bei Zustandsgrößen üblich – mit den Indizes 1 und 2 bezeichnen. Bezüglich der mit Materie transportierten Entropie unterscheiden wir zwischen der mit Materie zugeführten Entropie S_{M1}und der abgeführten Entropie S_{M2}.

Bezogen auf das Zeitintervall $\Delta\tau$ erhält man die zeitliche Änderung der Entropie des Systems:

$$\frac{\Delta S_{Syst}}{\Delta\tau} = \dot{S}_{q12} + \dot{S}_{M1} - \dot{S}_{M2} + \dot{S}_{diss\,1\,2} \qquad \textbf{(Gl 3.9 a)}$$

Die mit der Wärme und der Materie transportierte Entropie kann man zum Entropietransport S_{trans} bzw. zum Entropietransportstrom $\dot{S}_{trans\,12} = \dot{S}_{q12} + \dot{S}_{M1} - \dot{S}_{M2}$ zusammenfassen:[1)]

$$\frac{\Delta S_{Syst}}{\Delta\tau} = \dot{S}_{trans\,1\,2} + \dot{S}_{diss\,1\,2} \qquad \textbf{(Gl 3.9 b)}$$

In den Gln 3.8 b/3.9 sind:

ΔS_{Syst}	Entropieänderung des Systems (+/−)
$S_{q\,1\,2}$	mit der Wärme transportierte Entropie
S_{M1}, S_{M2}	mit der Materie transportierte Entropie
$S_{diss\,1\,2}$	erzeugte (produzierte) Entropie (+)
$\dot{S}_{trans\,1\,2}$	Entropietransportstrom
$\dot{S}_{diss\,1\,2}$	Entropieerzeugungs- oder Entropieproduktionsrate (+)

Aus Gl 3.8 erkennt man:

Die Entropie eines Systems steigt durch Zufuhr und fällt durch Abfuhr von Entropie über die Systemgrenze; sie steigt durch Entropieerzeugung im Inneren.

1) Bei nichtstationären Prozessen ändern sich die Entropietransportströme während des Prozessverlaufs, dann sind die mittleren Werte einzusetzen.

Man kann einen Prozess anhand der Entropieerzeugung $S_{\mathrm{diss}\,12}$ beurteilen:

Bei allen realen Prozessen wird Entropie erzeugt. Nur bei reversiblen Prozessen (unerreichbares Ideal) ist die Entropieerzeugung gleich null.

$S_{\mathrm{diss}\,12} > 0$ *irreversibler Prozess*

$S_{\mathrm{diss}\,12} = 0$ *reversibler Prozess*

$S_{\mathrm{diss}\,12} < 0$ *unmöglicher Prozess*

Ziel der Entropiebilanz ist i. Allg. die Ermittlung der erzeugten Entropie $S_{\mathrm{diss}\,12}$. Diese kann auch als Summe der Entropieänderungen aller an einem Prozess beteiligten Teilsysteme ermittelt werden ($\Delta S_{\mathrm{ges}} = \Delta S_{\mathrm{a}} + \Delta S_{\mathrm{b}} + \Delta S_{\mathrm{c}} + \ldots$), was oft einfacher ist.[1)]

Entropiebilanz für ein geschlossenes System. Beim geschlossenen System **(B 3.1)** wird keine Materie über die Systemgrenze transportiert: $S_{\mathrm{M}} = 0$. Die Entropie des Systems ändert sich vom Zustand 1 zum Zustand 2 ($\Delta S_{\mathrm{Syst}} = S_2 - S_1$).

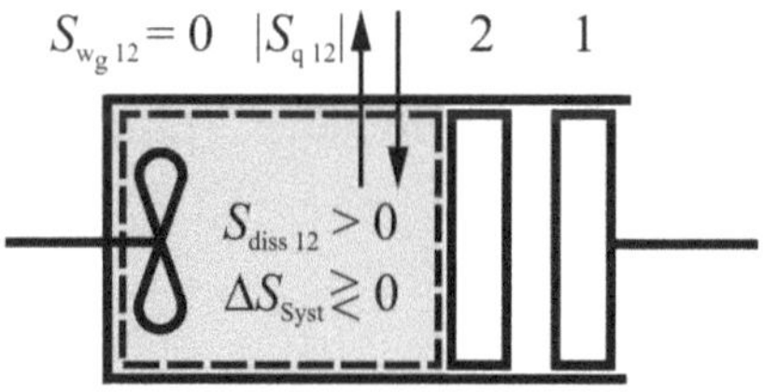

B 3.1 Entropiebilanz, geschlossenes System[2)]

Damit gilt mit Gl 3.8 b:

$$\Delta S_{\mathrm{Syst}} = S_2 - S_1 = S_{\mathrm{q}\,12} + S_{\mathrm{diss}\,12} \qquad \textit{geschlossenes System} \qquad \textbf{(Gl 3.10 a)}$$

$S_{\mathrm{q}\,12}$ ersetzen wir nach der integrierten Gl 3.6 a:

$$\Delta S_{\mathrm{Syst}} = S_2 - S_1 = \int_1^2 \frac{\mathrm{d}Q}{T} + S_{\mathrm{diss}\,12} \qquad \textit{geschlossenes System} \qquad \textbf{(Gl 3.10 b)}$$

Bei einem einmaligen Prozess in einem geschlossenen System bewirken Entropietransport durch Wärme $S_{\mathrm{q}\,12}$ und Entropieerzeugung $S_{\mathrm{diss}\,12}$ eine Entropieänderung des Systems ΔS_{Syst}.[3)]

---

1) Das Berechnungsverfahren zeigen wir für verschiedene technische Anwendungen in den Abschnitten 3.5.5, 3.7.2, 6.2.4, 6.3.3, 8.6.4 und 9.8.3.

2) Fließt Energie in Form von Arbeit ($W_{\mathrm{g}\,12}$) über die Systemgrenze, wird damit keine Entropie in das System transportiert ($S_{\mathrm{w_g}\,12} = 0$). Wird ein Teil dieser Arbeit ($W_{\mathrm{diss}\,12}$) im System dissipiert (entwertet), wird dabei aber Entropie erzeugt ($S_{\mathrm{diss}\,12} > 0$). Energie kann auch unabhängig davon, ob sie vorher als Arbeit über die Systemgrenze geflossen ist, in einem System entwertet werden (s. Kap. 3.7.2 Temperaturausgleich oder Kap. 6.3.3 Gemischbildung).

3) Ausgenommen ist der Sonderfall mit $S_{\mathrm{diss}\,12} = -S_{\mathrm{q}\,12}$; dann ist $\Delta S_{\mathrm{Syst}} = 0$

T ist die Temperatur *im System am Ort* der zu- oder abgeführten Wärme.[1] Zur Berechnung des Integrals $\int_1^2 \frac{\mathrm{d}Q}{T}$ muss der Verlauf von T bekannt sein oder eine mittlere Temperatur eingeführt werden. Hierauf gehen wir in Abschnitt 3.8.2 ein.

Bei *isothermer* Wärmezu- oder -abfuhr (T = const) vereinfacht sich Gl 3.10 b zu

$$\Delta S_{\text{Syst}} = S_2 - S_1 = \frac{Q_{1\,2}}{T} + S_{\text{diss}\,1\,2} \qquad \textit{isothermes, geschlossenes System} \qquad \textbf{(Gl 3.10 c)}$$

Entropiebilanz für ein offenes System. Wir wenden Gl 3.9 a auf einen stationären Fließprozess an **(B 3.2)**, der in technischen Maschinen und Anlagen i. Allg. vorliegt. Bei diesem Prozess bleibt die Entropie des Systems S_{Syst} unverändert (ΔS_{Syst} = 0). An der Kontrollfläche 1 strömt dem System der Entropiestrom $\dot{S}_{\text{M}1} = \dot{m}s_1$ zu, $\dot{S}_{\text{M}2} = \dot{m}s_2$ strömt an der Kontrollfläche 2 ab. s_1 und s_2 sind die spezifischen Entropien des zu- bzw. abgeführten Stoffstromes. Damit gilt (Gl 3.9 a):

$$\dot{S}_{\text{M}2} - \dot{S}_{\text{M}1} = \dot{m}(s_2 - s_1) = \dot{S}_{\text{q}\,1\,2} + \dot{S}_{\text{diss}\,1\,2} \qquad \textit{stationärer Fließprozess} \qquad \textbf{(Gl 3.11 a)}$$

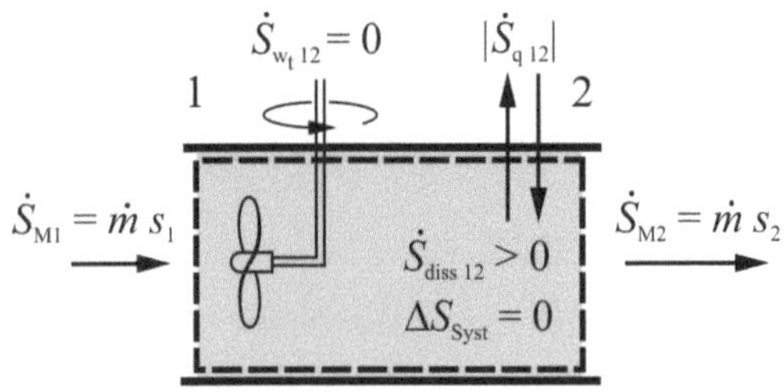

B 3.2 Entropiebilanz eines stationären Fließprozesses[2]

Mit Gl 3.6 a gilt:

$$\dot{S}_{\text{M}2} - \dot{S}_{\text{M}1} = \dot{m}(s_2 - s_1) = \int_1^2 \frac{\mathrm{d}\dot{Q}}{T} + \dot{S}_{\text{diss}\,1\,2} \qquad \textit{stationärer Fließprozess} \qquad \textbf{(Gl 3.11 b)}$$

[1] Der Wärmetransport setzt eine Temperaturdifferenz voraus. Dadurch tritt eine weitere Entropieerzeugung *auf dem Transportweg* zwischen den Systemen auf (Abschnitt 3.8). Diese darf nicht dem betrachteten System zugerechnet werden. In der Fachliteratur findet man daher z. T. auch den Index „rev" d. h. Q^{rev}. Wir verzichten auf den Index „rev“.

[2] Fließt Energie in Form von Arbeit ($W_{\text{t}\,1\,2}$) über die Systemgrenze, wird damit keine Entropie in das System transportiert ($\dot{S}_{W_{\text{t}\,1\,2}}$ = 0). Wird ein Teil dieser Arbeit ($W_{\text{diss}\,1\,2}$) im System dissipiert (entwertet), wird dabei aber Entropie erzeugt ($\dot{S}_{\text{diss}\,1\,2}$ > 0). Energie kann auch unabhangig davon, ob sie vorher als Arbeit über die Systemgrenze geflossen ist, in einem System entwertet werden (s. Kap. 3.7.2 Temperaturausgleich oder Kap. 6.3.3 Gemischbildung).

Bei *isothermer* Wärmezu- oder -abfuhr (T = const) gilt die einfache Gleichung:

$$\dot{S}_{M2} - \dot{S}_{M1} = \dot{m}(s_2 - s_1) = \frac{\dot{Q}_{12}}{T} + \dot{S}_{diss\,12} \qquad \textit{isothermer stationärer Fließprozess}$$

(Gl 3.11 c)

3

Beim stationären Fließprozess bewirken der mit Wärme transportierte Entropiestrom $\dot{S}_{q\,12}$ und die Entropieerzeugungsrate $\dot{S}_{diss\,12}$ eine Entropieänderung des Stoffstromes.[1)]

Adiabate Systeme. In adiabaten Systemen ist $dS_q = 0$.

Für *geschlossene adiabate Systeme* gilt Gl 3.10 a mit $S_{q\,12} = 0$:

$$\Delta S_{Syst} = S_2 - S_1 = S_{diss\,12} \geq 0 \qquad \textit{adiabates, geschlossenes System} \qquad \textbf{(Gl 3.12)}$$

Für *offene adiabate Systeme* mit stationären Fließprozessen gilt Gl 3.11 a mit $\dot{S}_{q\,12} = 0$:

$$\dot{S}_{M2} - \dot{S}_{M1} = \dot{m}(s_2 - s_1) = \dot{S}_{diss\,12} \geq 0 \quad \textit{adiabater, stationärer Fließprozess}$$

(Gl 3.13)

In adiabaten geschlossenen Systemen bleibt die erzeugte Entropie im System, bei stationären Fließprozessen in offenen Systemen wird sie vom Stoffstrom aufgenommen.

Entropieerzeugung in weiteren Prozessen. Die Entropieänderung in Kreisprozessen wird in Abschn. 3.5.5, die Entropieerzeugung durch Temperaturausgleich in Abschn. 3.7.2, durch Wärmetransport (Wärmeübertragung) in den Abschn. 3.8.1 und 8.6.4, durch Gemischbildung in den Abschnitten 6.2.4 und 6.3.3, durch Verbrennung in Abschn. 9.8.3 behandelt.

Beispiel 3.1: In einem Behälter befindet sich ein Gemisch aus Wasser und Öl, das durch ein Rührwerk mit 2 kW Wellenleistung gemischt wird. Der Behälter wird auf 30 °C konstant gekühlt.

Wie groß ist die Entropieerzeugungsrate in dem Gemisch?

Lösung 1:

Die zugeführte Wellenleistung wird vollständig dissipiert (Bild 2.6 b), d. h. $\dot{W}_{diss\,12} = P_{w\,12} = 2$ kW.

Damit ist die Entropieerzeugungsrate (entsprechend Gl 3.6 b):

$$\dot{S}_{diss\,12} = \frac{\dot{W}_{diss\,12}}{T} = \frac{2000\ \text{W}}{303{,}15\ \text{K}} = \underline{6{,}6\ \frac{\text{W}}{\text{K}}}$$

Lösung 2:

Nach der Entropiebilanzgleichung (Gl 3.10 c) ist, mit $S_2 - S_1 = 0$ und $\dot{Q}_{12} = -P_{w\,12} = -2000$ kW:

$$\dot{S}_{diss\,12} = -\frac{\dot{Q}_{12}}{T} = -\frac{-2000\ \text{W}}{303{,}15\ \text{K}} = \underline{6{,}6\ \frac{\text{W}}{\text{K}}}$$

[2)] Ausgenommen ist der Sonderfall mit $\dot{S}_{diss\,12} = -\dot{S}_{q\,12}$; dann ist $\dot{S}_{M2} = \dot{S}_{M1}$

Aufgabe 3.1: Das Wasser eines Kochtopfes wird mit 500 W elektrisch beheizt. Die Wassertemperatur beträgt 100 °C, sie bleibt konstant.

Wie groß ist die Entropieerzeugungsrate in dem Wasser?

3.2.3 *T,S*-Diagramm

Volumenänderungsarbeit und reversible Arbeit können als Fläche im p,V-Diagramm dargestellt werden (Abschn. 2.2, B 2.1 und Abschn. 2.5, B 2.8). Um auch andere bei einem Vorgang auftretende Energien in einem Diagramm zu veranschaulichen, formen wir Gl 3.5 um:

$$dS = \frac{dQ + dW_{diss}}{T}$$

$$T\,dS = dQ + dW_{diss} \qquad \textbf{(Gl 3.14 a)}$$

$$\int_1^2 T\,dS = Q_{12} + W_{diss\,12} \qquad \textbf{(Gl 3.14 b)}$$

In einem Diagramm mit den Koordinaten T und S stellt $T\,dS$ einen schmalen Flächenstreifen, $\int_1^2 T\,dS$ die Fläche unter der Zustandsänderung dar **(B 3.3)**. Wir erkennen (Gl 3.14b):

Im T,S-Diagramm stellt die Fläche unter der Zustandsänderung die Summe aus zu- oder abgeführter Wärme Q_{12} und Dissipationsenergie $W_{diss\,12}$ dar.

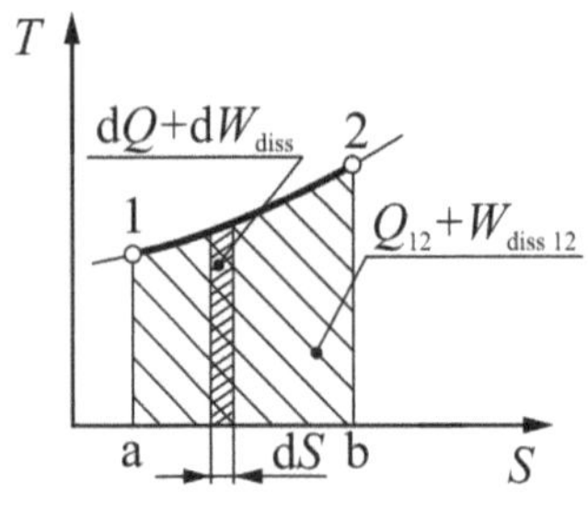

B 3.3 Zustandsänderung im *T,S*-Diagramm

Bei reversiblen Vorgängen ($W_{diss\,12} = 0$) stellt diese Fläche die Wärme, bei adiabaten Vorgängen ($Q_{12} = 0$) die Dissipationsenergie dar.

Auch andere Energien oder Energieänderungen können im *T,S*-Diagramm dargestellt werden, wie in Abschn. 3.4 gezeigt wird.

3.3 Fundamentalgleichungen

Fundamentalgleichungen [1] umfassen die thermische und kalorische Zustandsgleichung sowie die Entropie. Fundamentalgleichungen werden für ein ganzes Fluid oder für die Phase eines Fluids (flüssig oder gasförmig) aufgestellt. Beispiele für Fundamentalgleichungen einer Phase sind die Gleichungen 3.3 und 3.4, hier für die spezifischen Größen:

3

$$\mathrm{d}u = T\,\mathrm{d}s - p\,\mathrm{d}v \qquad \textbf{(Gl 3.15 a)}$$

$$\mathrm{d}h = T\,\mathrm{d}s + v\,\mathrm{d}p \qquad \textbf{(Gl 3.15 b)}$$

Bei Stoffumwandlungen (Abschn. 9.8) treten öfter die Terme $u - Ts$ oder $h - Ts$ auf. Es ist üblich, diese nur aus Zustandsgrößen bestehenden Terme zu neuen Zustandsgrößen zusammenzufassen:

$f = u - Ts$ *spezifische freie Energie (Helmholtz* [2]*-Funktion)* **(Gl 3.16 a)**

$g = h - Ts$ *spezifische freie Enthalpie (Gibbs* [3]*-Funktion)* **(Gl 3.16 b)**

Auch hieraus lassen sich Fundamentalgleichungen entwickeln. Für die freie Energie differenzieren wir Gl 3.16 a und führen $\mathrm{d}u - T\,\mathrm{d}s = -p\,\mathrm{d}v$ (Gl 3.15 a) ein.

$$\mathrm{d}f = \mathrm{d}u - T\,\mathrm{d}s - s\,\mathrm{d}T$$

$$\mathrm{d}f = -\,s\,\mathrm{d}T - p\,\mathrm{d}v \qquad \textbf{(Gl 3.17 a)}$$

Entsprechend gilt für die spezifische freie Enthalpie (aus Gl 3.16 b und Gl 3.15 b):

$$\mathrm{d}g = \mathrm{d}h - T\,\mathrm{d}s - s\,\mathrm{d}T$$

$$\mathrm{d}g = -s\,\mathrm{d}T + v\,\mathrm{d}p \qquad \textbf{(Gl 3.17 b)}$$

In allgemeiner Form lauten diese Fundamentalgleichungen:

für die spezifische innere Energie $u = u(s, v)$ **(Gl 3.18 a)**

für die spezifische Enthalpie $h = h(s, p)$ **(Gl 3.18 b)**

für die spezifische freie Energie $f = f(T, v)$ **(Gl 3.18 c)**

für die spezifische freie Enthalpie $g = g(T, p)$ **(Gl 3.18 d)**

---

[1] Fundamentalgleichungen werden auch *kanonische Zustandsgleichungen* genannt.

[2] *Hermann Ludwig Ferdinand von Helmholtz* (1821–1894), studierte Medizin, war Professor für Physiologie sowie Pathologie und später für Physik. Er führte die freie Energie bei der Untersuchung elektrochemischer Vorgänge ein.

[3] *Josiah Willard Gibbs* (1839–1903), Professor für mathematische Physik an der Yale-Universität in New Haven (USA), schuf die thermodynamischen Grundlagen der physikalischen Chemie.

Aus den Fundamentalgleichungen lassen sich T, p und v thermodynamisch definieren, die Beziehung $s = s(T, v)$ ableiten (z. B. [1] u. [6a; Kap. 8.5]) und alle thermodynamischen Größen für thermodynamisches Gleichgewicht berechnen. Fundamentalgleichungen für alle Zustandsbereiche eines Fluids sind komplex. Sie werden in EDV-Anlagen zur direkten Berechnung von Zustandsgrößen oder von Tabellen werten (für H_2O z. B. T 5.4 und T 5.5) und Diagrammen (für Kältemittel z. B. B 5.30 und B 5.31) benutzt.

3.4 Einfache Zustandsänderungen des idealen Gases

Wir behandeln in diesem Abschnitt einfache, quasistatische Zustandsänderungen idealer Gase. Diese lassen sich rechnerisch leicht erfassen. Sie ermöglichen es, auch komplizierte Prozesse zu berechnen, indem diese Prozesse in Teilvorgänge mit einfachen Zustandsänderungen zerlegt werden. Für die einzelnen Zustandsänderungen werden wir aus der thermischen Zustandsgleichung jeweils eine Gleichung ermitteln, die die Veränderung der thermischen Zustandsgrößen erfasst.

In geschlossenen Systemen kann die eingeschlossene Stoffmenge eine einfache Zustandsänderung, z. B. Expansion vom Anfangsdruck p_1 auf den Enddruck p_2 bei konstanter Temperatur, nur einmal durchlaufen. Für die hierbei verrichtete Volumenänderungsarbeit $W_{v12} = -\int_1^2 p\,dV$ (Gl 2.1) werden wir einfach anwendbare Gleichungen entwickeln.

Die meisten thermodynamischen Prozesse verlaufen in offenen Systemen **(B 3.4)**, denen der Stoffstrom $\dot{m}$ zuströmt, der eine Zustandsänderung in dem offenen System erfährt und es anschließend wieder verlässt. Wir vernachlässigen in diesem Abschnitt die Änderung der kinetischen und potenziellen Energie[1] und behandeln nachfolgend nur stationäre Fließprozesse.

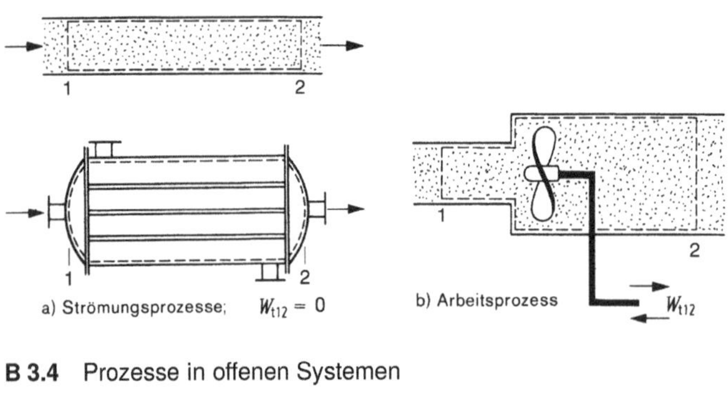

B 3.4 Prozesse in offenen Systemen

[1] Die Änderung der kinetischen und potenziellen Energie wird in Abschn. 7.2 behandelt.

Bei den offenen Systemen kann man *Strömungsprozesse* und *Arbeitsprozesse* unterscheiden (Abschn. 7.2). Strömungsprozesse (B 3.4 a) verlaufen in Systemen, in denen keine Vorrichtung zur Zu- oder Abfuhr von Arbeit vorhanden ist: $W_{t\,1\,2} = 0$. Bei reversiblen Strömungsprozessen ($W_{diss\,1\,2} = 0$) und konstanter kinetischer und potenzieller Energie ist der Druck konstant ($dp = 0$), sodass auch die reversible technische Arbeit $W_{t\,1\,2}^{rev} = \int_1^2 V\,dp = 0$ ist (Gl 2.21). Beispiele für Strömungsprozesse sind die Vorgänge in Wärmeübertragern und Rohrleitungen. Für diese Prozesse sind in erster Linie Wärmezu- und -abfuhr zu ermitteln.

3

Arbeitsprozesse (B 3.4 b) laufen in Systemen ab, denen technische bzw. reversible technische Arbeit zugeführt („Arbeitsmaschine“) oder entnommen wird („Kraftmaschine“). Beispiele für Arbeitsprozesse sind Turbinen-, Verdichter- und Kolbenmaschinenprozesse. Zur Berechnung von Arbeitsprozessen werden wir einfach anwendbare Gleichungen für die reversible technische Arbeit entwickeln. Hierzu verwenden wir die bereits bekannten allgemeinen Gleichungen (Abschn. 2.5).

Wenn bei offenen Prozessen statt der Masse m der Massenstrom $\dot{m}$ eingesetzt wird, ergibt sich statt der Arbeit $W_{t\,1\,2}$ die Leistung $P_{t\,1\,2}$.

Die zu- oder abgeführte Wärme sowie die Änderung der Entropie werden mithilfe des ersten Hauptsatzes ermittelt.

Die Änderung der inneren Energie kann aus Gl 2.44, die Änderung der Enthalpie aus Gl 2.45 ermittelt werden. Diese Berechnungen sind in allen Fällen gleich und werden nicht besonders aufgeführt.

Es ist zu beachten, dass die nachfolgend aufgeführten Gleichungen im Allgemeinen für das ideale Gas gelten und dass sie nur in Zustandsbereichen angewandt werden dürfen, in denen sich der behandelte Stoff näherungsweise wie das ideale Gas verhält. Darauf wird anschließend nur noch in Einzelfällen hingewiesen. Gleichungen für beliebige Stoffe oder allgemein gültige Gleichungen sind dagegen regelmäßig durch einen Hinweis gekennzeichnet.

3.4.1 Isochore Zustandsänderung

Bei der isochoren Zustandsänderung bleibt das Volumen konstant (**B 3.5**).

$$dV = 0; \qquad V = \text{const}; \qquad V_1 = V_2 = V \tag{Gl 3.19}$$

Änderung der thermischen Zustandsgrößen. Die Veränderung der thermischen Zustandsgrößen berechnen wir aus der thermischen Zustandsgleichung (Gl 1.16):

$$p_1\,V = m\,R_i\,T_1 \qquad p_2\,V = m\,R_i\,T_2$$

$$\frac{p_1}{p_2} = \frac{T_1}{T_2}; \qquad \frac{p}{T} = \text{const} \tag{Gl 3.20}$$

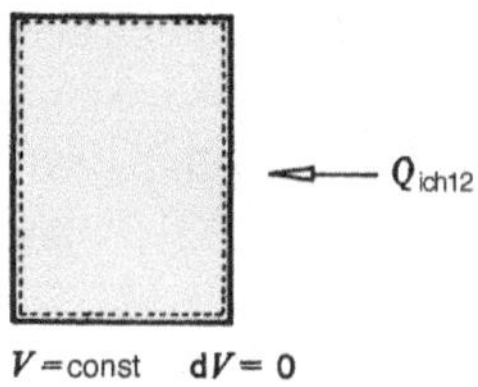

B 3.5 Isochore Zustandsänderung

Volumenänderungsarbeit. Die am geschlossenen System verrichtete Volumenänderungsarbeit ist $W_{v\,1\,2} = -\int_1^2 p\,\mathrm{d}V$ (Gl 2.1); mit $\mathrm{d}V = 0$ wird daraus

$$W_{v\,ich\,1\,2} = 0^{1)} \qquad \textbf{(Gl 3.21)}$$

Reversible technische Arbeit. Für die am offenen System verrichtete reversible technische Arbeit ergibt sich bei V = const nach Gl 2.21 sowie mit Gl 1.16:

$$W_{t\,ich\,1\,2}^{rev} = \int_1^2 V\,\mathrm{d}p = V\,(p_2 - p_1) = m\,R_i\,(T_2 - T_1) \qquad \textbf{(Gl 3.22)}$$

p,V-Diagramm. Die Volumenänderungsarbeit und die reversible technische Arbeit lassen sich im *p,V*-Diagramm als Flächen darstellen (Kapitel 2.2 u. 2.5). Die Volumenänderungsarbeit entspricht der Fläche unter der Zustandsänderung zur *V*-Achse, die reversible technische Arbeit entspricht der Fläche zur *p*-Achse **(Bild 3.6)**.

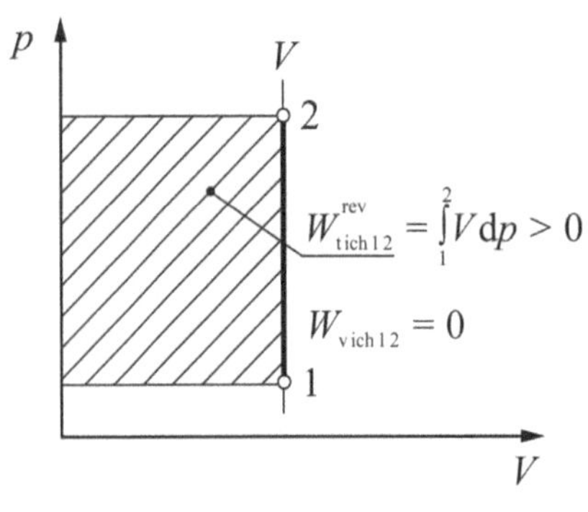

B 3.6 Isochore Drucksteigerung im *p,V*-Diagramm

Wärme. Die zu- oder abgeführte Wärme ist nach Gl 2.10 mit $\mathrm{d}V = 0$ und Gl 2.44:

$$Q_{ich\,1\,2} = U_2 - U_1 - W_{diss\,1\,2} = m\,c_{vm}\big|_{T_1}^{T_2}\,(T_2 - T_1) - W_{diss\,1\,2}$$

bei V = konstant, beliebige Stoffe **(Gl 3.23)**

[1] Der Index ich kennzeichnet die Art der Zustandsänderung, in diesem Fall die isochore Zustandsänderung. Wir werden in späteren Abschnitten auf diese ausführliche Indexbezeichnung meist verzichten.

Für einen reversiblen Vorgang ($W_{\text{diss}\,1\,2} = 0$) gilt:[1)]

$$Q^{\text{rev}}_{\text{ich}\,1\,2} = U_2 - U_1 = m\,c_{v\text{m}}\big|_{T_1}^{T_2}\,(T_2 - T_1) \qquad \textit{bei } V = \textit{konstant, beliebige Stoffe}$$

(Gl 3.24)

Bei reversibler Zustandsänderung wird die zugeführte Wärme vollständig zur Erhöhung der inneren Energie des Systems verwendet, die abgeführte Wärme wird umgekehrt aus der inneren Energie des Systems gedeckt.

3

Änderung der Entropie. Mit $V = \text{const}$ gilt (Gl 3.3 mit $\text{d}V = 0$)

$$\text{d}S = \frac{\text{d}U}{T}$$

Wir führen Gl 2.40 ($\text{d}U = m\,c_v\,\text{d}T$) ein, die bei isochoren Zustandsänderungen ($\text{d}V = 0$) für alle Stoffe gilt, wenn sich der Aggregatzustand nicht ändert, nicht nur für das ideale Gas (s. Abschn. 2.7.3):

$$\text{d}S = \frac{m\,c_v\,\text{d}T}{T}$$

Integriert ergibt sich[2)]

$$S_2 - S_1 = m\,c_{v\text{m}}\big|_{t_1}^{t_2}\,\ln\frac{T_2}{T_1} \qquad \textit{bei } V = \textit{konstant, beliebige Stoffe} \qquad \textbf{(Gl 3.25)}$$

Die Gleichungen 3.23, 3.24 u. 3.25 gelten bei isochorer Zustandsänderung nicht nur für das ideale Gas, sondern für beliebige Stoffe bei gleich bleibender Phase, wie aus Gl 2.27 (mit $\text{d}v = 0$) erkennbar ist.

***T,S*-Diagramm.** Die Isochore hat im T,S-Diagramm bei $c_{v\text{m}} = \text{const}$ infolge des logarithmischen Zusammenhangs der Temperaturen einen exponentiellen Verlauf (Gl 3.25).

Zur Darstellung dieser Zustandsänderung kann der Nullpunkt für S willkürlich angenommen werden, da die Zustandsänderung nur durch die Temperaturen und die Entropiedifferenzen dargestellt wird. Oft wird der Nullpunkt $s = 0$ für $t = 0\,°\text{C}$ angenommen. Da bei der isochoren Zustandsänderung $Q_{1\,2} + W_{\text{diss}\,1\,2} = U_2 - U_1$ ist (Gl 2.10), stellt die Fläche unter der Kurve nicht nur die Summe der zu- oder abgeführten Wärme und Dissipationsenergie, sondern auch die Änderung der inneren Energie dar **(B 3.7)**.

---

1) Für die bei reversiblen Prozessen zu- oder abgeführte Wärme wird hier zunächst die Bezeichnung $Q^{\text{rev}}_{1\,2}$ eingeführt, um die Einordnung der Prozesse zu erleichtern. Formal ist der Index „rev“ überflüssig, wie aus Gl 2.10 (für den Grenzfall $W_{\text{diss}\,1\,2} = 0$) erkennbar ist. Später wird der Index „rev“ bei der Wärme weggelassen.

2) Strenggenommen ist $\frac{c_v}{T}$ $\left(\text{bzw. } \frac{c_p}{T}\right)$ unter Beachtung der Temperaturabhängigkeit von c_v (bzw. c_p) zu integrieren, was bei hohen Temperaturen und mehr als zweiatomigen Gasen u. U. zu berücksichtigen ist. Näherungsweise kann aber $c_{v\text{m}}$ (bzw. $c_{p\text{m}}$) als konstanter Wert nach Gl 2.38 oder 2.39 eingesetzt werden.

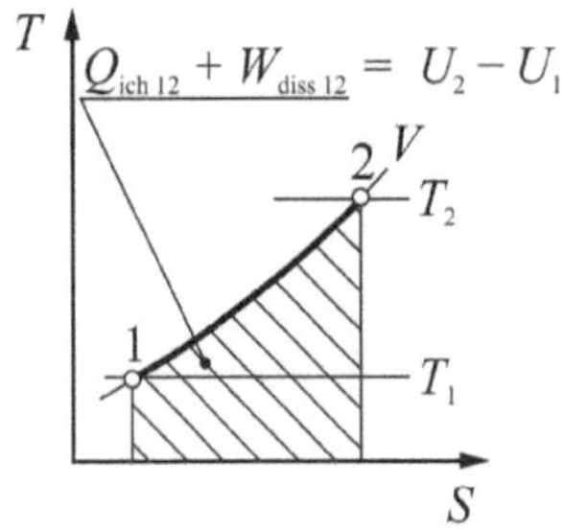

B 3.7 Isochore Drucksteigerung im T,S-Diagramm

Für alle Zustandsänderungen des idealen Gases ist $\mathrm{d}u = c_v\,\mathrm{d}T$; Punkte gleicher innerer Energie liegen also auf einer Isothermen. Daraus folgt sowohl für reversible als auch für irreversible Prozesse (Gl 3.3):

Die Fläche unter der Isochoren zwischen zwei Temperaturen stellt im T,S-Diagramm beim idealen Gas immer die Änderung der inneren Energie zwischen diesen Temperaturen dar.

Beispiel 3.2: In einem 20 m³ fassenden Kugelgasbehälter befindet sich Stickstoff unter 1 MPa bei 25 °C. Dem Behälter werden zusätzlich 10 kmol Stickstoff zugeführt, wodurch die Temperatur auf 70 °C steigt. Dieser Vorgang verläuft sehr schnell, sodass die Behälterwand während des Auffüllens als adiabat angesehen werden kann. Erst anschließend sinkt die Temperatur durch Wärmeabgabe an die Umgebung wieder auf 25 °C.

Stickstoff soll als ideales Gas angenommen werden. Für seine spezifische Wärmekapazität soll näherungsweise der Wert bei 0 °C verwendet werden.

a) Welche Stickstoffmassen sind vor und nach dem Auffüllen im Behälter?

b) Welcher Druck stellt sich unmittelbar nach dem Auffüllen ein?

c) Wie ändern sich Druck und innere Energie durch Abkühlung nach Beendigung des Auffüllens?

d) Wie groß ist die an die Umgebung nach Beendigung des Auffüllens abgeführte Wärme?

Lösung:

Zu a): (Gl 1.16):

$$m_\mathrm{a} = \frac{p_\mathrm{a}\,V}{R_{\mathrm{N_2}}\,T_\mathrm{a}} = \frac{10^6\ \mathrm{Pa\,N\,20\,m^3\,kg\,K}}{\mathrm{Pa\,m^2\,296{,}8\,J\,298{,}15\,K}} = \underline{226{,}012\ \mathrm{kg}}$$

$$m_\mathrm{Mi} = m_\mathrm{a} + m_\mathrm{b} = m_\mathrm{a} + n\,M = 226{,}012\ \mathrm{kg} + 10\ \mathrm{kmol}\ 28{,}0134\ \frac{\mathrm{kg}}{\mathrm{kmol}}$$

$$m_\mathrm{Mi} = \underline{506{,}134\ \mathrm{kg}}$$

Zu b): Druck (Gl 1.16):

$$p_\mathrm{Mi} = \frac{m_\mathrm{Mi}\,R_{\mathrm{N_2}}\,T_\mathrm{Mi}}{V} = \frac{506{,}134\ \mathrm{kg}\ 296{,}8\ \mathrm{J}\ 343{,}15\ \mathrm{K}}{\mathrm{kg\,K}\ 20\ \mathrm{m^3}}\ \frac{\mathrm{N\,m}}{\mathrm{J}}\ \frac{\mathrm{MPa\,m^2}}{10^6\ \mathrm{N}} = \underline{2{,}58\ \mathrm{MPa}}$$

Zu c): Druckabfall (Gl 3.20):

$$p_2 = p_\mathrm{Mi}\,\frac{T_2}{T_\mathrm{Mi}} = 2{,}58\ \mathrm{MPa}\ \frac{298{,}15\ \mathrm{K}}{343{,}15\ \mathrm{K}} = \underline{2{,}24\ \mathrm{MPa}}$$

Verringerung der inneren Energie (Gl 2.44):

$$U_2 - U_{\mathrm{Mi}} = m_{\mathrm{Mi}}\, c_{v\mathrm{m}}\big|_{25\,^\circ\mathrm{C}}^{70\,^\circ\mathrm{C}}\, (T_2 - T_{\mathrm{Mi}}) = 506{,}146\ \mathrm{kg}\ 0{,}7421\ \frac{\mathrm{kJ}}{\mathrm{kg\,K}}\ (298{,}15 - 343{,}15)\ \mathrm{K}$$

$$U_2 - U_{\mathrm{Mi}} = \underline{-16\,902\ \mathrm{kJ}}$$

Zu d): Abgeführte Wärme (Gl 3.1) mit $W_{\mathrm{gMi},2} = 0$:

$$Q_{\mathrm{Mi},2} = U_2 - U_{\mathrm{Mi}} = \underline{-16\,902\ \mathrm{kJ}}$$

Aufgabe 3.2: In einem Autoreifen, dessen Volumen konstant mit 0,025 m^3 angenommen werden soll, befindet sich Luft mit 18 °C bei einem Überdruck von 157 kPa. Der Luft wird durch Sonnenbestrahlung die Wärme 2,55 kJ zugeführt. Der Barometerstand beträgt 99 kPa.

Die Luft soll als ideales Gas angenommen werden. Für ihre spezifische Wärmekapazität soll näherungsweise der Wert bei 0 °C verwendet werden.

a) Welche Lufttemperatur stellt sich im Reifen ein?

b) Welcher Reifenüberdruck tritt auf?

c) Wie ändern sich innere Energie und Enthalpie des Reifeninhalts?

d) Welche Luftmasse ist abzulassen, damit sich der ursprüngliche Reifendruck wieder einstellt (Temperatur hierbei unverändert)?

Aufgabe 3.3: 10 m^3 Luft von 100 kPa, 60 °C werden isochor auf 300 °C erwärmt. Für die spezifische Wärmekapazität der Luft soll näherungsweise der Wert zwischen 0 °C und 300 °C verwendet werden. Die Luft soll näherungsweise als ideales Gas angenommen werden.

Wie ändert sich die Entropie?

3.4.2 Isobare Zustandsänderung

Bei der isobaren Zustandsänderung bleibt der Druck konstant **(B 3.8)**.

$$\mathrm{d}p = 0; \qquad p = \mathrm{const}; \qquad p_1 = p_2 = p \qquad \textbf{(Gl 3.26)}$$

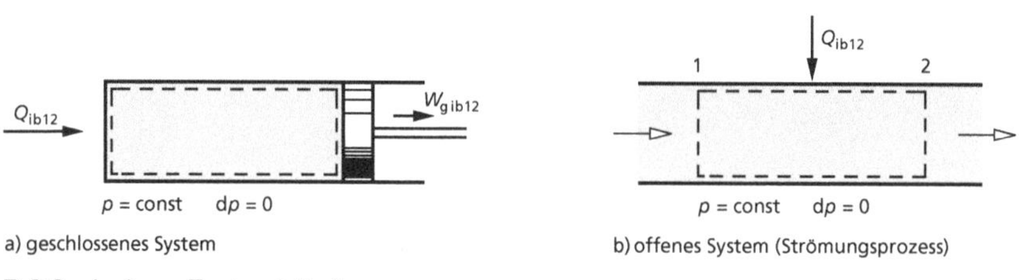

B 3.8 Isobare Zustandsänderung

Änderung der thermischen Zustandsgrößen. Die Veränderung der thermischen Zustandsgrößen berechnen wir aus der thermischen Zustandsgleichung (Gl 1.16) bzw. nach Gl 1.18:

$$p\,V_1 = m\,R_{\mathrm{i}}\,T_1; \qquad p\,V_2 = m\,R_{\mathrm{i}}\,T_2$$

$$\frac{V_1}{V_2} = \frac{T_1}{T_2}; \qquad \frac{V}{T} = \mathrm{const} \qquad \textbf{(Gl 3.27)}$$

Es handelt sich um das schon bekannte Ausdehnungsgesetz für Gase nach *Gay-Lussac.*

Volumenänderungsarbeit. Die am geschlossenen System verrichtete Volumenänderungsarbeit ist $W_{v\,12} = -\int_1^2 p\,dV$; mit $p = \text{const}$ wird daraus

$$W_{v\,ib\,12} = p\,(V_1 - V_2) \quad \textit{gilt allgemein bei } p = \textit{konstant} \qquad \textbf{(Gl 3.28)}$$

Mit der thermischen Zustandsgleichung des idealen Gases (Gl 1.16) ergibt sich

$$W_{v\,ib\,12} = m\,R_i\,(T_1 - T_2) \qquad \textbf{(Gl 3.29)}$$

Bei Volumenvergrößerung (B 3.8) wird die Arbeit vom System abgegeben, ihr Wert ist negativ. $W_{v\,ib\,12}$ ist im p,V-Diagramm als Fläche dargestellt **(B 3.9)**.

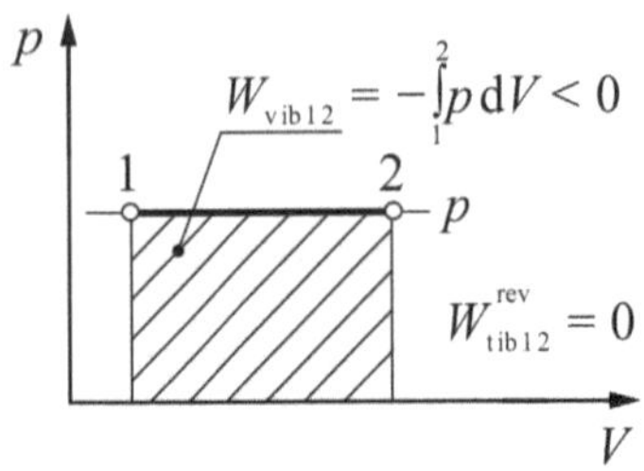

B 3.9 Isobare Volumenvergrößerung im p,V-Diagramm

Reversible technische Arbeit. Die am offenen System verrichtete reversible technische Arbeit (Gl 2.21) wird mit $dp = 0$ zu

$$W^{rev}_{t\,ib\,12} = 0 \qquad \textbf{(Gl 3.30)}$$

Wärme. Die zu- oder abgeführte Wärme ist nach Gl 2.18 und Gl 2.45 mit $dp = 0$:

$$Q_{ib\,12} = H_2 - H_1 - W_{diss\,12} = m\,c_{pm}\big|_{T_1}^{T_2}\,(T_2 - T_1) - W_{diss\,12}$$

$$\textit{bei } p = \textit{konstant, beliebige Stoffe} \qquad \textbf{(Gl 3.31)}$$

Für einen reversiblen Vorgang ($W_{diss\,12} = 0$) gilt:

$$Q^{rev}_{ib\,12} = H_2 - H_1 = m \int_{T_1}^{T_2} c_p\,dT = m\,c_{pm}\big|_{T_1}^{T_2}\,(T_2 - T_1)$$

$$\textit{bei } p = \textit{konstant, beliebige Stoffe} \qquad \textbf{(Gl 3.32)}$$

Die bei reversiblem Prozess zugeführte Wärme (positiv) ist gleich der Enthalpieerhöhung des Systems. Von der als Wärme zugeführten Energie bleibt ein Teil als erhöhte innere Energie in dem System (Gl 2.9 mit $W_{diss\,12} = 0$):

$$U_2 - U_1 = Q^{rev}_{ib\,12} + W_{v\,ib\,12} \quad \textit{gilt allgemein bei } p = \textit{konstant}$$

Ein kleinerer Anteil wird bei der Vergrößerung des Volumens in Form von Volumenänderungsarbeit $W_{v\,ib\,12}$ vom System wieder abgegeben. Bei der Volumenverkleinerung wird Volumenänderungsarbeit zugeführt (positiv), während Wärme abgeführt wird (negativ). Die Wärmeabfuhr wird bei reversiblem Vorgang aus der Enthalpieerniedrigung des Systems bestritten (Gl 3.32). Die innere Energie fällt dann um die Differenz zwischen abgeführter Wärme und zugeführter Volumenänderungsarbeit (Gl 2.9).

Änderung der Entropie. Mit $p = \text{const}$ gilt (Gl 3.4 mit $\mathrm{d}p = 0$):

$$\mathrm{d}S = \frac{\mathrm{d}H}{T}$$

Wir führen Gl 2.41 ($\mathrm{d}H = m\,c_p\,\mathrm{d}T$) ein:[1]

$$\mathrm{d}S = \frac{m\,c_p\,\mathrm{d}T}{T}$$

$$S_2 - S_1 = m\,c_{pm}\big|_{t_1}^{t_2} \ln\frac{T_2}{T_1} = m\,\varkappa\,c_{vm}\big|_{t_1}^{t_2} \ln\frac{T_2}{T_1} \qquad \textit{bei } p = \textit{konstant, beliebige Stoffe}$$

(Gl 3.33)

Die Gleichungen 3.31, 3.32 und 3.33 gelten bei isobarer Zustandsänderung nicht nur für das ideale Gas, sondern für beliebige Stoffe bei gleich bleibender Phase, wie aus Gl 2.28 (mit $\mathrm{d}p = 0$) erkennbar ist.

***T,S*-Diagramm.** Bei der isobaren Zustandsänderung ist $Q_{12} + W_{\mathrm{diss}\,12} = H_2 - H_1$ (Gl 2.18), also stellt die Fläche unter der Isobaren im *T,S*-Diagramm nicht nur die Summe der zu- oder abgeführten Wärme und Dissipationsenergie, sondern auch die Änderung der Enthalpie dar **(B 3.10)**.

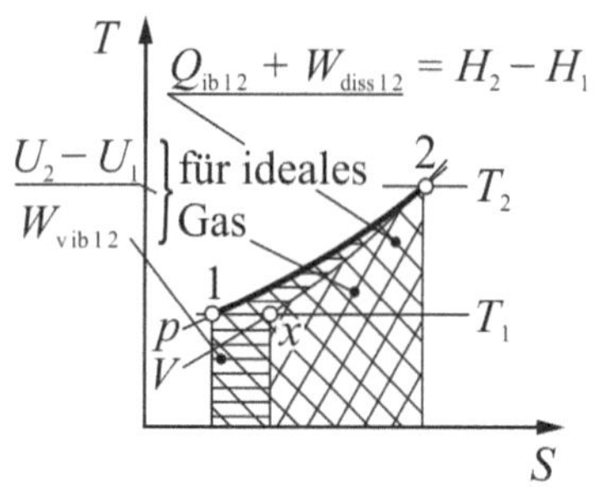

B 3.10 Isobare Volumenvergrößerung im *T,S*-Diagramm

Für alle Zustandsänderungen des idealen Gases ist $\mathrm{d}h = c_p\,\mathrm{d}T$; Punkte gleicher Enthalpie liegen somit auf einer Isothermen. Daraus folgt sowohl für reversible als auch für irreversible Prozesse:

Die Fläche unter der Isobaren zwischen zwei Temperaturen stellt im T,S-Diagramm beim idealen Gas immer die Änderung der Enthalpie zwischen diesen Temperaturen dar.

Die Isobare hat bei $c_{pm} = \text{const}$ im *T,S*-Diagramm einen exponentiellen Verlauf (Gl 3.33), der aber flacher als bei der Isochoren ist.

---

[1] Zur Integration gilt analog die *Fußnote 1* zu Gl 3.25.

Beim idealen Gas kann unter der Isochoren als Hilfslinie zwischen den Temperaturen T_1 und T_2 die Änderung der inneren Energie dargestellt werden, wie bei der Isochoren erläutert wurde. Die Restfläche zeigt die Volumenänderungsarbeit $W_{v\,12}$, wie aus Gl 2.8 und Gl 2.2 hervorgeht:

$$Q_{12} + W_{\text{diss}\,12} = U_2 - U_1 - W_{v\,12}$$

Die abgegebene Volumenänderungsarbeit $W_{v\,12}$ ist negativ, daher ist die Fläche für die Änderung der inneren Energie kleiner als die Gesamtfläche (B 3.10).

Beispiel 3.3: In dem Zylinder eines Verbrennungsmotors befindet sich 1 g Luft unter 4,5 MPa, 590 °C. Während sich das Zylindervolumen beim Rückgang des Kolbens vergrößert, wird dem System durch eingespritzten und dabei verbrannten Brennstoff die Energie 2,0 kJ zugeführt. Die Brennstoffzufuhr wird so dosiert, dass der Druck im Zylinder konstant bleibt. Nach dem beschriebenen Verfahren arbeitet der Dieselmotor.

Die Veränderung der Masse und der Gaszusammensetzung im Zylinder ist zu vernachlässigen; auch nach der Verbrennung ist mit den Stoffwerten für Luft (als ideales Gas anzunehmen) zu rechnen. Der Vorgang soll reversibel verlaufen.

a) Die thermischen Zustandsgrößen vor und nach der Brennstoffzufuhr sind zu bestimmen.

b) Welche Volumenänderungsarbeit wird vom Gas an den Kolben abgegeben?

c) Wie ändern sich Enthalpie und innere Energie?

Lösung:

Zu a): Thermische Zustandsgrößen vor der Verbrennung:

$$p_1 = \underline{4{,}5\ \text{MPa}}; \qquad t_1 = \underline{590\ °\text{C}}; \qquad T_1 = \underline{863{,}15\ \text{K}}$$

$$v_1 = \frac{R_i\,T_1}{p_1} = \frac{287{,}1\ \text{J}\ 863{,}15\ \text{K}}{\text{kg K}\ 4{,}5 \cdot 10^6\ \text{Pa}}\ \frac{\text{Pa m}^2}{\text{N}}\ \frac{\text{N m}}{\text{J}} = \underline{0{,}055\,07\ \frac{\text{m}^3}{\text{kg}}}$$

$$V_1 = m\,v_1 = 0{,}001\ \text{kg}\ 0{,}055\,07\ \frac{\text{m}^3}{\text{kg}}\ 10^6\ \frac{\text{cm}^3}{\text{m}^3} = \underline{55{,}07\ \text{cm}^3}$$

Thermische Zustandsgrößen nach der Verbrennung:

Die Energiezufuhr durch die Verbrennung kann wie eine Wärmezufuhr bei $p = \text{const}$ aus der Umgebung behandelt werden; nach Gl 3.32:

$$T_2 - T_1 = \frac{Q_{\text{ib}\,12}}{m\,c_{pm}|_{T_1}^{T_2}} = \frac{2\ \text{kJ kg K}}{0{,}001\ \text{kg}\ 1{,}215\,73\ \text{kJ}} = 1\,645{,}1\ \text{K}$$

$$T_2 = \underline{2\,508{,}3\ \text{K}} \qquad t_2 = \underline{2\,235\ °\text{C}}$$

Hierin wurde die mittlere spezifische Wärmekapazität nach Gl 2.38 bestimmt. t_2 wurde mit 2 200 °C vorausgeschätzt, Zwischenwerte in T 2.5 wurden näherungsweise linear interpoliert.

$$c_{pm}|_{T_1}^{T_2} = c_{pm}|_{t_1}^{t_2} = \frac{c_{pm}|_{0\,°\text{C}}^{t_2}\,t_2 - c_{pm}|_{0\,°\text{C}}^{t_1}\,t_1}{t_2 - t_1}$$

$$c_{pm}|_{T_1}^{T_2} = \frac{1{,}171\ \frac{\text{kJ}}{\text{kg K}}\ 2\,200\ °\text{C} - 1{,}048\,95\ \frac{\text{kJ}}{\text{kg K}}\ 590\ °\text{C}}{(2\,200 - 590)\ \text{K}} = 1{,}215\,73\ \frac{\text{kJ}}{\text{kg K}}$$

Die annähernd richtig vorausgeschätzte Temperatur macht eine Nachrechnung von c_{pm} nicht erforderlich.

3

Nach Gl 1.18:

$$V_2 = V_1 \, \frac{T_2}{T_1} = 55{,}07 \text{ cm}^3 \, \frac{2\,508{,}3 \text{ K}}{863{,}15 \text{ K}} = \underline{160 \text{ cm}^3}$$

$$v_2 = \frac{V_2}{m} = \frac{160 \text{ cm}^3 \text{ m}^3}{0{,}001 \text{ kg } 10^6 \text{ cm}^3} = \underline{0{,}160 \, \frac{\text{m}^3}{\text{kg}}}$$

$$p_2 = p_1 = \underline{4{,}5 \text{ MPa}}$$

Zu b): Volumenänderungsarbeit nach Gl 3.28:

$$W_{\text{v ib} 1 2} = p\,(V_1 - V_2) = 4{,}5 \cdot 10^6 \text{ Pa} \, \frac{\text{N}}{\text{Pa m}^2} \, (55{,}07 - 160) \text{ cm}^3 \, \frac{\text{m}^3}{10^6 \text{ cm}^3} \, \frac{\text{J}}{\text{N m}}$$

$$W_{\text{v ib} 1 2} = \underline{-472 \text{ J}} \quad \text{(neg., d. h. abgegeben)}$$

Zu c): Änderung der Enthalpie nach Gl 3.32:

$$H_2 - H_1 = Q_{\text{ib} 1 2} = \underline{2{,}0 \text{ kJ}} \quad \text{(pos., d. h. gestiegen)}$$

Änderung der inneren Energie nach Gl 2.44:

$$U_2 - U_1 = m \, c_{v\text{m}}|_{T_1}^{T_2} \, (T_2 - T_1)$$

mit Gl 2.46

$$c_{v\text{m}} = c_{p\text{m}} - R_i = 1{,}215\,73 \, \frac{\text{kJ}}{\text{kg K}} - 0{,}2871 \, \frac{\text{kJ}}{\text{kg K}}$$

$$c_{v\text{m}} = 0{,}929 \, \frac{\text{kJ}}{\text{kg K}}$$

$$U_2 - U_1 = 0{,}001 \text{ kg } 0{,}929 \, \frac{\text{kJ}}{\text{kg K}} \, 1\,645{,}1 \text{ K} = \underline{1{,}53 \text{ kJ}} \quad \text{(pos., d. h. gestiegen)}$$

Beispiel 3.4: In einem Wärmeübertrager mit der Wärmeleistung 1 000 kW werden 1,9 kg/s Helium, Eintrittstemperatur 10 °C, isobar bei 1,5 MPa erwärmt (Druckverluste vernachlässigt). Helium soll als ideales Gas angenommen werden.

Wie ändert sich der Entropiestrom?

Lösung:

Austrittstemperatur nach Gl 3.32 mit $W_{\text{diss} 1 2} = 0$:

$$\dot{Q}^{\text{rev}}_{\text{ib} 1 2} = \dot{m} \, c_p \, (t_2 - t_1)$$

$$t_2 = t_1 + \frac{\dot{Q}^{\text{rev}}_{\text{ib} 1 2}}{\dot{m} \, c_p} = 10 \text{ °C} + \frac{1\,000 \text{ kW s kg K}}{1{,}9 \text{ kg } 5{,}1932 \text{ kJ}} = \underline{111{,}35 \text{ °C}}$$

Änderung des Entropiestromes (Gl 3.33):

$$\dot{S}_2 - \dot{S}_1 = \dot{m} \, c_p \ln \frac{T_2}{T_1}$$

$$\dot{S}_2 - \dot{S}_1 = 1{,}9 \, \frac{\text{kg}}{\text{s}} \, 5{,}1932 \, \frac{\text{kJ}}{\text{kg K}} \ln \frac{384{,}50 \text{ K}}{283{,}15 \text{ K}} = \underline{3{,}019 \, \frac{\text{kW}}{\text{K}}}$$

Aufgabe 3.4: Der Inhalt des mit 250 000 kg gefüllten 300 000 m³ großen Erdgasbehälters des Bsp. 1.3 erwärmt sich bei konstantem Druck durch Sonneneinstrahlung von 10 °C auf 40 °C. Die mittlere isobare spezifische Wärmekapazität für diese Zustandsänderung hat den Wert 1,8 kJ/(kg K). Erdgas soll näherungsweise als ideales Gas angenommen werden. Ermitteln Sie:

a) das Volumen und das spezifische Volumen nach der Erwärmung,

b) die Änderung der Enthalpie,

c) die Änderung der Entropie.

Aufgabe 3.5: Die Isobare für Luft $p = 100$ kPa ist maßstäblich in das T,s-Diagramm von $T_1 = 300$ K bis $T_5 = 1\,500$ K einzuzeichnen. Der Anfangspunkt soll $s_1 = 0$ angenommen werden. Es sind 3 Zwischenpunkte bei $T_2 = 600$ K, $T_3 = 900$ K und $T_4 = 1\,200$ K zu berechnen.

Luft soll näherungsweise als ideales Gas angenommen werden. Die Veränderlichkeit der spezifischen Wärmekapazität mit der Temperatur ist bei der Rechnung zu berücksichtigen. Näherungsweise sollen Zwischenwerte aus T 2.5 linear interpoliert werden.

3.4.3 Isotherme Zustandsänderung

Bei der isothermen Zustandsänderung bleibt die Temperatur konstant **(B 3.11)**.

$$dT = 0\,; \qquad T = \text{const}\,; \qquad T_1 = T_2 = T \qquad \textbf{(Gl 3.34)}$$

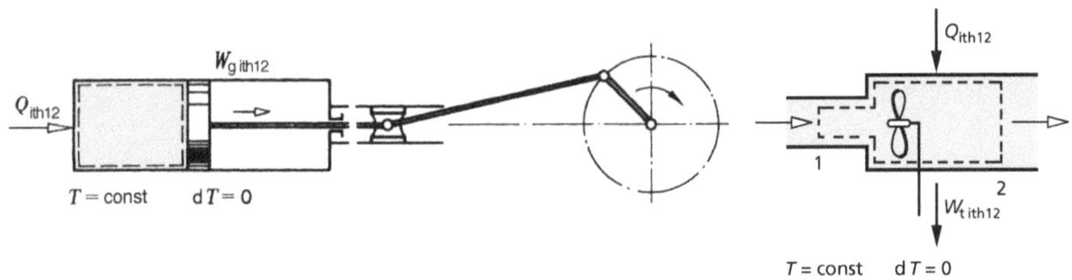

a) geschlossenes System b) offenes System (Arbeitsprozess)

B 3.11 Isotherme Zustandsänderung

Änderung der thermischen Zustandsgrößen. Die thermischen Zustandsgrößen verändern sich nach dem schon bekannten Gesetz von *Boyle-Mariotte* (Gl 1.17):

$$p_1\,V_1 = p_2\,V_2\,; \qquad p\,V = \text{const} \qquad \textbf{(Gl 3.35)}$$

Im p,V-Diagramm verläuft die Isotherme als gleichseitige Hyperbel, mit den Koordinatenachsen als Asymptoten, wie die mathematische Form der Gl 3.35, xy = const, erkennen lässt. Wir ermitteln die Neigung der Isothermen durch die 1. Ableitung der Gl 3.35:

$$p\,V = \text{const} \qquad p\,\mathrm{d}V + V\,\mathrm{d}p = 0$$

$$\tan\alpha_{\text{ith}} = \frac{\mathrm{d}p}{\mathrm{d}V} = -\frac{p}{V}$$

Die Subtangente stellt immer das Volumen V_1 dar, da $\tan\alpha_{\text{ith1}} = -\dfrac{p_1}{V_1}$ ist.

Beachtet man diesen Zusammenhang, so kann man die Hyperbel im p,V-Diagramm schnell angenähert richtig konstruieren **(B 3.12)**.

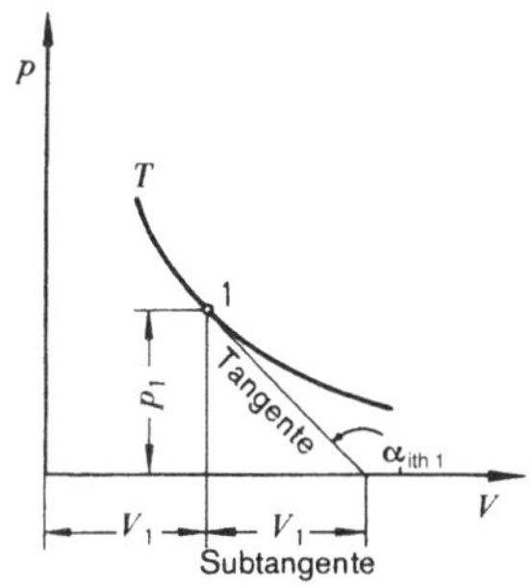

B 3.12 Die Isotherme, eine gleichseitige Hyperbel

Volumenänderungsarbeit. Die am geschlossenen System verrichtete Volumenänderungsarbeit ist mit $p = \dfrac{m\,R_i\,T}{V}$

$$W_{v\,12} = -\int_1^2 p\,dV = -\int_1^2 m\,R_i\,T\,\frac{dV}{V}$$

mit $T = \text{const}$ wird daraus

$$W_{v\,ith\,12} = m\,R_i\,T \ln\frac{V_1}{V_2} = p_1\,V_1 \ln\frac{p_2}{p_1} \qquad \textbf{(Gl 3.36)}$$

Hierin wurden $\dfrac{V_1}{V_2} = \dfrac{p_2}{p_1}$ (Gl 1.17) und $p_1\,V_1 = m\,R_i\,T$ (Gl 1.16) eingeführt. Der Wert der Arbeit ist bei Expansion des Systems, bei der Arbeit abgegeben wird, wie vereinbart, negativ, da $\ln\dfrac{p_2}{p_1}$ bei Expansion negativ ist. Bei Kompression des Systems wird Arbeit zugeführt und der Wert ist positiv. Im p,V-Diagramm ist $W_{v\,ith\,12}$ als Fläche dargestellt **(B 3.13)**. Die Volumenänderungsarbeit hängt für ein bestimmtes Gas nur von der Temperatur und vom Druckverhältnis p_2/p_1 ab, nicht aber vom Ausgangsdruck p_1 (Gl 3.36).

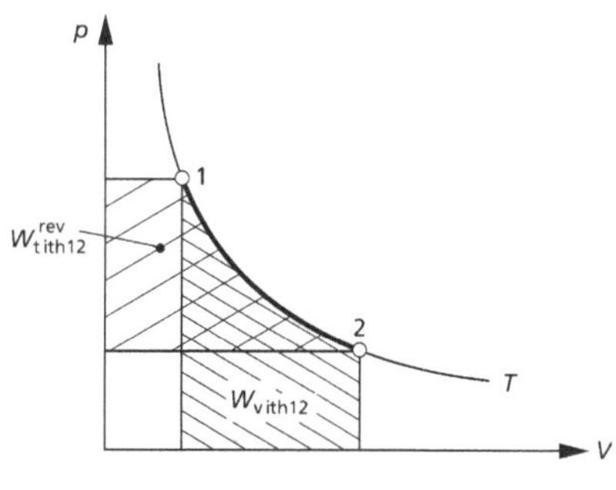

B 3.13 Isotherme Expansion im p,V-Diagramm

Reversible technische Arbeit. Zur Herleitung der am offenen System verrichteten reversiblen technischen Arbeit führen wir in Gl 2.21 die thermische Zustandsgleichung Gl 1.16 ein:

$$W_{t12}^{rev} = \int_1^2 V\,dp = \int_1^2 \frac{m\,R_i\,T}{p}\,dp$$

$$W_{tith12}^{rev} = m\,R_i\,T\ln\frac{p_2}{p_1}$$

Durch Vergleich mit Gl 3.36 ergibt sich

$$W_{tith12}^{rev} = W_{vith12} \qquad \textbf{(Gl 3.37)}$$

Reversible technische Arbeit und Volumenänderungsarbeit sind bei der isothermen Zustandsänderung gleich groß. Auch die reversible technische Arbeit hängt, wie die Volumenänderungsarbeit, für ein bestimmtes Gas nur von der Temperatur und vom Druckverhältnis p_2/p_1 ab.

Wärme. Die Änderungen der inneren Energie und der Enthalpie sind für das ideale Gas null, da $dT = 0$ ist (Gl 2.44 u. Gl 2.45). Die bei isothermer Zustandsänderung zu- oder abgeführte Wärme ist somit (Gl 2.9 u. Gl 2.16)

$$Q_{ith12} = -W_{g12} = -W_{t12} \qquad \textbf{(Gl 3.38)}$$

Für einen reversiblen Vorgang (Gl 2.2 u. Gl 2.11 mit $W_{diss12} = 0$) gilt:

$$Q_{ith12}^{rev} = -W_{vith12} = -W_{tith12}^{rev} \qquad \textbf{(Gl 3.39)}$$

Bei isothermer Expansion wird die abgegebene Arbeit ($W_{g\,ith12}$ beim geschlossenen, $W_{t\,ith12}$ beim offenen System) vollständig aus zugeführter Wärme gedeckt, bei isothermer Kompression wird die zugeführte Arbeit vollständig in abgeführte Wärme umgewandelt (Gl 3.38). Entsprechendes gilt bei einem reversiblen Vorgang für W_{vith12}, W_{tith12}^{rev} und Q_{ith}^{rev} (Gl 3.39).

Änderung der Entropie. Bei $T = \text{const}$ gilt für alle Stoffe nach der integrierten Gl 3.5:

$$S_2 - S_1 = \frac{Q_{12} + W_{diss12}}{T} \qquad \textit{gilt allgemein bei } T = \textit{konstant} \qquad \textbf{(Gl 3.40)}$$

Für das ideale Gas gehen wir von Gl 3.4 aus. Darin ist $dH = 0$, da $dT = 0$ ist (Gl 2.41: $dh = c_p\,dT$) und $\frac{V}{T} = \frac{m\,R_i}{p}$ (Gl 1.16).

$$dS = -\frac{V\,dp}{T} = -m\,R_i\,\frac{dp}{p} \qquad \textbf{(Gl 3.41)}$$

$$S_2 - S_1 = m\,R_i\ln\frac{p_1}{p_2} \qquad \textit{für ideales Gas bei } T = \textit{konstant} \qquad \textbf{(Gl 3.42)}$$

Anstelle des Druckverhältnisses kann auch das Volumenverhältnis eingeführt werden $\left(\frac{p_1}{p_2} = \frac{V_2}{V_1} \text{ nach Gl 1.17}\right)$:

$$S_2 - S_1 = m\,R_i\ln\frac{V_2}{V_1} \qquad \textit{für ideales Gas bei } T = \textit{konstant} \qquad \textbf{(Gl 3.43)}$$

T,S-Diagramm. Wir führen in Gl 3.38 für das geschlossene System Gl 2.2 ($W_{g\,12} = W_{v\,12} + W_{diss\,12}$) oder für das offene System Gl 2.11 ($W_{t\,12} = W_{t\,12}^{rev} + W_{diss\,12}$) und außerdem Gl 3.40 ein:

$$Q_{12} + W_{diss\,12} = -W_{v\,ith\,12} = -W_{t\,ith\,12}^{rev} = T\,(S_2 - S_1)$$

für ideales Gas bei $T = konstant$ **(Gl 3.44)**

Die Fläche unter der Isothermen stellt somit im *T,S*-Diagramm beim idealen Gas neben $Q_{12} + W_{diss\,12}$ auch die Volumenänderungsarbeit $W_{v\,ith\,12}$ (beim geschlossenen System) und – bei konstanter potenzieller und kinetischer Energie – die reversible technische Arbeit $W_{t\,ith\,12}^{rev}$ (beim offenen System) dar **(B 3.14)**. Bei reversiblen Vorgängen entfällt $W_{diss\,12}$.

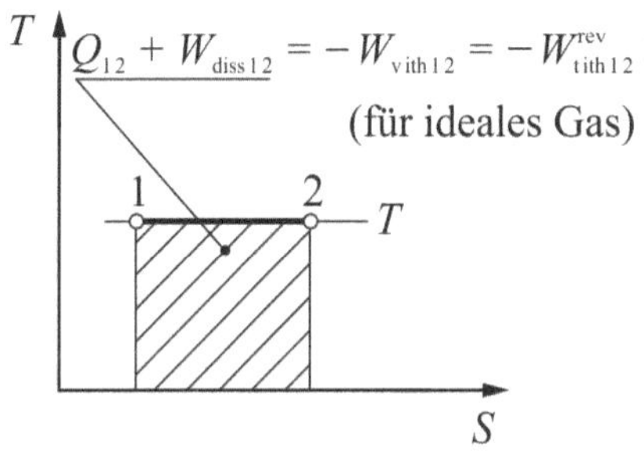

B 3.14 Isotherme Expansion im *T,S*-Diagramm

Beispiel 3.5: In einem gut gekühlten 10 *l* großen Zylinder wird Luft von 100 kPa bei konstant bleibender Temperatur durch einen Kolben zunächst auf das Volumen von 1 *l*, anschließend auf das Volumen von 0,1 *l* reversibel verdichtet. Luft soll näherungsweise als ideales Gas angenommen werden.

a) Welche Volumenänderungsarbeit ist für jeden Teilvorgang erforderlich?

b) Wie viel Wärme wird jeweils zu- oder abgeführt?

c) Wie ändern sich Druck, innere Energie und Enthalpie?

d) Wie ändern sich die Ergebnisse zu a) bis c), wenn statt der Luft Wasserstoff verdichtet wird?

Lösung:

Zu a): nach Gl 3.36: $W_{v\,ith\,12} = p_1\,V_1 \ln \dfrac{V_1}{V_2}$

$$W_{v\,ith\,12} = 100 \cdot 10^3\ \text{Pa}\ \frac{\text{N}}{\text{Pa m}^2}\ 0{,}01\ \text{m}^3 \ln\left(\frac{10\,l}{1\,l}\right) \frac{\text{kJ}}{10^3\ \text{N m}} = \underline{2{,}3\ \text{kJ}} \quad \text{(positiv, d. h. zugeführt)}$$

$$W_{v\,ith\,23} = p_2\,V_2 \ln \frac{V_2}{V_3}$$

daraus wird mit Gl 1.17: $p_1\,V_1 = p_2\,V_2$ und $\dfrac{V_2}{V_3} = \dfrac{1\,l}{0{,}1\,l} = 10 = \dfrac{V_1}{V_2}$

$$W_{v\,ith\,23} = W_{v\,ith\,12} = \underline{2{,}3\ \text{kJ}} \quad \text{(positiv, d. h. zugeführt)}$$

Zu b): nach Gl 3.39:

$$Q_{ith\,12}^{rev} = -W_{v\,ith\,12} = \underline{-2{,}3\ \text{kJ}} \quad \text{(negativ, d. h. abgeführt)}$$

$$Q_{ith\,23}^{rev} = -W_{v\,ith\,23} = \underline{-2{,}3\ \text{kJ}} \quad \text{(negativ, d. h. abgeführt)}$$

Zu c): nach Gl 1.17:

$$p_2 = p_1 \frac{V_1}{V_2} = 100\,\text{kPa}\,\frac{10\,l}{1\,l} = \underline{1\,000\,\text{kPa}}$$

$$p_3 = p_1 \frac{V_1}{V_3} = 100\,\text{kPa}\,\frac{10\,l}{0{,}1\,l} = \underline{10\,000\,\text{kPa}}$$

Innere Energie und Enthalpie ändern sich nicht, da sie nur von der Temperatur abhängen (Gl 2.44) und (Gl 2.45), die bei der Isothermen konstant bleibt.

Zu d): Die Gasart hat bei gleichem Anfangsdruck und -volumen, d. h. bei gleicher Molekülzahl, jedoch nicht bei gleicher Masse, auf die Volumenänderungsarbeit, die Wärmeübertragung und die Änderung der Zustandsgrößen bei der isothermen Zustandsänderung keinen Einfluss, trotz ungleicher Massen.

Aufgabe 3.6: In einem Zylinder ist 0,1 kg Luft unter 2 MPa, 20 °C eingeschlossen, der bei konstant bleibendem Druck die Wärme 30,6 kJ zugeführt wird. Anschließend wird die Luft bei konstant bleibender Temperatur reversibel auf 100 kPa entspannt.

Luft soll näherungsweise als ideales Gas angenommen werden. Für die spezifische Wärmekapazität soll näherungsweise der Mittelwert zwischen 0 °C und 300 °C eingesetzt werden.

a) Welche Volumenänderungsarbeit gibt die Luft bei der Entspannung an den Kolben ab?

b) Wie viel Wärme wird bei der Entspannung zu- oder abgeführt?

c) Welche Werte ergeben sich für Volumenänderungsarbeit und Wärmeübertragung bei der isothermen Entspannung, wenn die Luft ohne vorherige Erwärmung, d. h. bei 20 °C, reversibel auf den gleichen Enddruck entspannt worden wäre?

Aufgabe 3.7: 100 kg Stickstoff werden in einem offenen System reversibel von 100 kPa, 27 °C bei konstanter Temperatur auf 1,5 MPa verdichtet. Stickstoff soll näherungsweise als ideales Gas angenommen werden.

a) Welche reversible technische Arbeit ist zu- oder abzuführen?

b) Welche Wärme ist zu- oder abzuführen?

c) Wie ändern sich innere Energie, Enthalpie und Entropie?

3.4.4 Isentrope Zustandsänderung

Bei der isentropen Zustandsänderung bleibt die Entropie konstant.

$$\mathrm{d}S = 0\,; \qquad S = \text{const}\,; \qquad S_1 = S_2 = S \qquad \textbf{(Gl 3.45)}$$

Eine isentrope Zustandsänderung liegt z. B. bei einem reversiblen Vorgang ($W_{\text{diss}\,1\,2} = 0$) in einem adiabaten System vor **(B 3.15)**.

Änderung der thermischen Zustandsgrößen. Wir entwickeln die Zusammenhänge zwischen den thermischen Zustandsgrößen bei der Isentropen:

Für $\mathrm{d}S = 0$ ergibt sich aus Gl 3.3 und Gl 3.4

$$\mathrm{d}U = -p\,\mathrm{d}V \quad \text{und} \quad \mathrm{d}H = V\,\mathrm{d}p$$

Diese beiden Gleichungen dividieren wir

$$\frac{\mathrm{d}H}{\mathrm{d}U} = -\frac{V\,\mathrm{d}p}{p\,\mathrm{d}V}$$

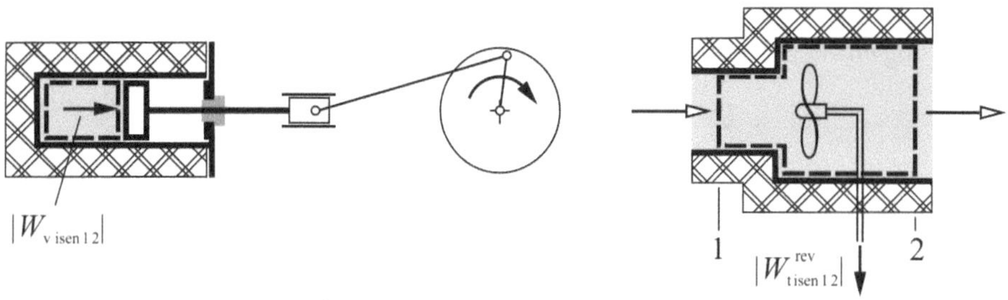

a) geschlossenes System
$W_{\text{diss}\,1\,2} = 0 \wedge Q_{1\,2} = 0 \rightarrow S = \text{const}$

b) offenes System (Arbeitsprozess)
$W_{\text{diss}\,1\,2} = 0 \wedge Q_{1\,2} = 0 \rightarrow S_1 = S_2$

B 3.15 Isentrope Zustandsänderung in einem adiabaten System

Der Term auf der rechten Seite der Gl wird *Isentropenexponent* genannt:

$$k = -\frac{V\,\mathrm{d}p}{p\,\mathrm{d}V} \quad \textit{bei } S = \textit{konstant, beliebige Stoffe} \qquad \textbf{(Gl 3.46)}$$

Beim idealen Gas ist $\mathrm{d}H/\mathrm{d}U = \varkappa$ (entsprechend Gl 2.50) und somit $k = \varkappa$.

$$\frac{\mathrm{d}p}{p} = -\varkappa\,\frac{\mathrm{d}V}{V} \quad \textit{für ideales Gas bei } S = \textit{konstant}$$

$\varkappa$ ist beim zwei- und mehratomigen idealen Gas temperaturabhängig (Abschn. 2.7.4). Setzt man den Mittelwert

$$\varkappa_{\mathrm{m}}\big|_{T_1}^{T_2} = \frac{c_{p\mathrm{m}}\big|_{T_1}^{T_2}}{c_{v\mathrm{m}}\big|_{T_1}^{T_2}}$$

ein, so kann die Gleichung integriert und dann entlogarithmiert werden. Wir verzichten auf die ausführliche Schreibweise des Exponenten und schreiben statt $\varkappa_{\mathrm{m}}\big|_{T_1}^{T_2}$ nur $\varkappa$.

$$\ln\frac{p_2}{p_1} = -\varkappa\ln\frac{V_2}{V_1} = \ln\left(\frac{V_1}{V_2}\right)^{\varkappa}$$

$$\frac{p_2}{p_1} = \left(\frac{V_1}{V_2}\right)^{\varkappa} \qquad \textbf{(Gl 3.47)}$$

$$p_1\,V_1^{\varkappa} = p_2\,V_2^{\varkappa}\,; \qquad p\,V^{\varkappa} = \text{const} \qquad \textbf{(Gl 3.48)}$$

Wir führen Gl 1.15 in Gl 3.47 ein und erhalten den Zusammenhang mit der dritten thermischen Zustandsgröße, der Temperatur:

$$p_1 = \frac{m\,R_{\mathrm{i}}\,T_1}{V_1}; \qquad p_2 = \frac{m\,R_{\mathrm{i}}\,T_2}{V_2}; \qquad \frac{p_2}{p_1} = \frac{T_2\,V_1}{V_2\,T_1} = \left(\frac{V_1}{V_2}\right)^{\varkappa}$$

Wir stellen die Gleichung um und führen wieder Gl 3.47 ein:

$$\frac{T_1}{T_2} = \left(\frac{V_2}{V_1}\right)^{\varkappa-1} = \left(\frac{p_1}{p_2}\right)^{\frac{\varkappa-1}{\varkappa}} \qquad \textbf{(Gl 3.49)}$$

Die Neigung der Isentropen im p,V-Diagramm kann aus der bereits vor Gl 3.47 gebildeten 1. Ableitung ermittelt werden.

$$\tan \alpha_{\text{isen}} = \frac{dp}{dV} = -\varkappa \frac{p}{V}$$

Der Tangens des Neigungswinkels der Isentropen ist $\varkappa$-mal größer als bei der Isothermen. Die Subtangente stellt bei der Isentropen $\frac{V_1}{\varkappa}$ dar, da

$$\tan \alpha_{\text{isen}\,1} = -\varkappa \frac{p_1}{V_1} = -\frac{p_1}{\left(\frac{V_1}{\varkappa}\right)}$$

ist. Die Isentrope verläuft im p,V-Diagramm steiler als die Isotherme **(B 3.16)**.

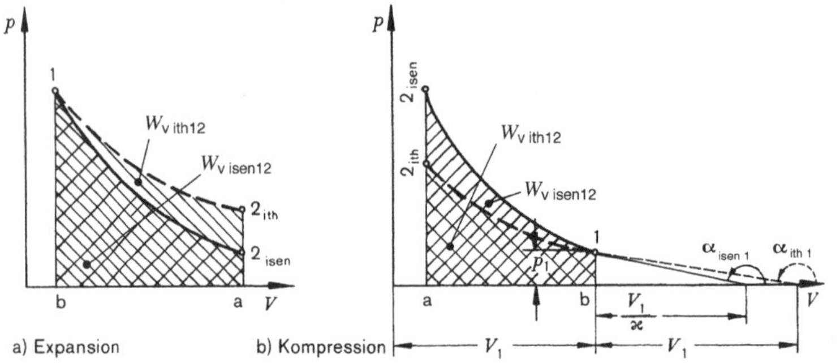

B 3.16 Volumenänderungsarbeit bei isentroper und isothermer Zustandsänderung

Volumenänderungsarbeit. Die am geschlossenen System verrichtete Volumenänderungsarbeit ist

$$W_{v12} = -\int_1^2 p\,dV \quad \text{mit Gl 3.48} \quad p = \frac{p_1 V_1^\varkappa}{V^\varkappa}:$$

$$W_{v\,isen\,12} = -p_1 V_1^\varkappa \int_1^2 \frac{dV}{V^\varkappa}$$

$$W_{v\,isen\,12} = \frac{-p_1 V_1^\varkappa}{-\varkappa+1}\left(V_2^{-\varkappa+1} - V_1^{-\varkappa+1}\right) = \frac{p_1 V_1^\varkappa}{\varkappa-1}\left(\frac{V_2}{V_2^\varkappa} - \frac{V_1}{V_1^\varkappa}\right)$$

$$W_{v\,isen\,12} = \frac{p_1 V_1}{\varkappa-1}\left(\frac{V_2 V_1^\varkappa}{V_2^\varkappa V_1} - \frac{V_1^\varkappa}{V_1^\varkappa}\right)$$

$$W_{v\,isen\,12} = \frac{p_1 V_1}{\varkappa-1}\left[\left(\frac{V_1}{V_2}\right)^{\varkappa-1} - 1\right] \qquad \textbf{(Gl 3.50)}$$

Wir ersetzen $\left(\frac{V_1}{V_2}\right)^{\varkappa-1}$ nach Gl 3.49.

$$W_{\mathrm{v\,isen\,1\,2}} = \frac{p_1\,V_1}{\varkappa - 1}\left(\frac{T_2}{T_1} - 1\right) \qquad \textbf{(Gl 3.51)}$$

$$W_{\mathrm{v\,isen\,1\,2}} = \frac{p_1\,V_1}{\varkappa - 1}\left[\left(\frac{p_2}{p_1}\right)^{\frac{\varkappa-1}{\varkappa}} - 1\right] \qquad \textbf{(Gl 3.52)}$$

3

$p_1\,V_1$ kann auch durch $m\,R_\mathrm{i}\,T_1$ (Gl 1.16) ersetzt werden. Dann ist zu erkennen (Gl 3.52), dass die Volumenänderungsarbeit für ein bestimmtes Gas nicht vom Ausgangsdruck p_1, sondern nur vom Druckverhältnis p_2/p_1 und von der Ausgangstemperatur T_1 abhängt. In Gl 3.51 setzen wir $p_1\,V_1 = m\,R_\mathrm{i}\,T_1$:

$$W_{\mathrm{v\,isen\,1\,2}} = \frac{m\,R_\mathrm{i}}{\varkappa - 1}\,(T_2 - T_1) \qquad \textbf{(Gl 3.53)}$$

und führen die thermische Zustandsgleichung erneut ein:

$$W_{\mathrm{v\,isen\,1\,2}} = \frac{1}{\varkappa - 1}\,(p_2\,V_2 - p_1\,V_1) \qquad \textbf{(Gl 3.54)}$$

Gl 3.50 bis Gl 3.54 sind, wie in Abschn. 3.4.5 gezeigt wird, Sonderfälle von allgemeinen, über den Bereich der isentropen Zustandsänderung hinausgehenden Gleichungen für die Volumenänderungsarbeit.

Eine nur auf die isentrope Zustandsänderung zugeschnittene, nicht auf allgemeine Zustandsänderungen erweiterbare Gleichung für die Volumenänderungsarbeit ergibt sich aus den Gleichungen 3.3 und 2.1 mit $\mathrm{d}S = 0$:

$$W_{\mathrm{v\,isen\,1\,2}} = U_2 - U_1 = m\,c_{v\mathrm{m}}\big|_{T_1}^{T_2}\,(T_2 - T_1) \qquad \textbf{(Gl 3.55)}$$

Einem System bei isentropem Vorgang zugeführte Volumenänderungsarbeit dient demnach ausschließlich der Erhöhung der inneren Energie des Systems. Abgegebene Volumenänderungsarbeit wird vollständig aus der inneren Energie des Systems gedeckt (Gl 3.55).

Die Vorzeichenvereinbarung, nach der zugeführte Arbeit positiv ist, trifft auch für die Isentropengleichungen zu. Beispielsweise wird nach Gl 3.52 bei Kompression $p_2 > p_1$, sodass der Klammerausdruck und damit $W_{\mathrm{v\,isen\,1\,2}}$ positiv werden.

Reversible technische Arbeit. Die bei einer isentropen Zustandsänderung am offenen System verrichtete reversible technische Arbeit berechnet sich nach Gl 3.4 und Gl 2.21 mit $\mathrm{d}S = 0$ zu

$$W_{\mathrm{t\,isen\,1\,2}}^{\mathrm{rev}} = H_2 - H_1 \qquad \textbf{(Gl 3.56)}$$

Die reversible technische Arbeit ist also gleich der Enthalpiedifferenz des Systems. Wir führen Gl 2.45 ein und ersetzen c_p durch c_v (Gl 2.47):

$$W_{\mathrm{t\,isen\,1\,2}}^{\mathrm{rev}} = m\,c_{p\mathrm{m}}\big|_{T_1}^{T_2}\,(T_2 - T_1) = m\,\varkappa\,c_{v\mathrm{m}}\big|_{T_1}^{T_2}\,(T_2 - T_1)$$

Ein Vergleich mit Gl 3.55 ergibt

$$W_{\mathrm{t\,isen\,1\,2}}^{\mathrm{rev}} = \varkappa\,W_{\mathrm{v\,isen\,1\,2}} \qquad \textbf{(Gl 3.57)}$$

Die Gleichungen 3.50 bis 3.55 für die Volumenänderungsarbeit ergeben, mit $\varkappa$ multipliziert, die reversible technische Arbeit einer isentropen Zustandsänderung.

Auch die reversible technische Arbeit hängt für ein bestimmtes Gas nur vom Druckverhältnis p_2/p_1 und von der Ausgangstemperatur T_1 ab.

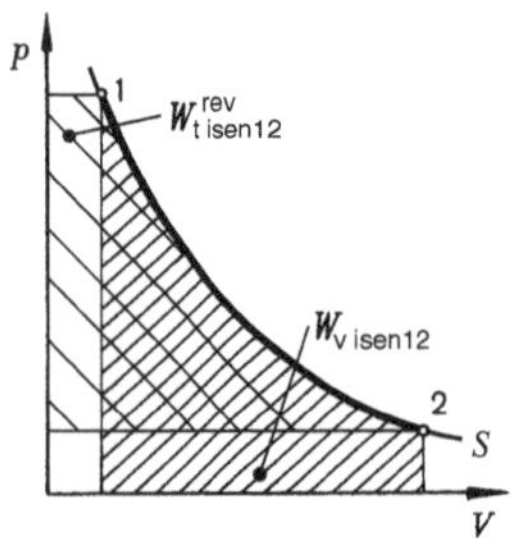

B 3.17 Isentrope Expansion im p, V-Diagramm

Vergleich der isothermen mit der isentropen Zustandsänderung. Die Isotherme ist die erwünschtere Zustandsänderung (B 3.16), denn ein isotherm entspanntes System verrichtet die größere Volumenänderungsarbeit, während ein isotherm komprimiertes System den geringeren Aufwand an Volumenänderungsarbeit erfordert (Fläche 1 2_{ith} a b), verglichen mit der jeweiligen Isentropen (Fläche 1 2_{isen} a b).

Diese Erkenntnis wird durch den Vergleich der reversiblen technischen Arbeiten bestätigt **(B 3.18)**.

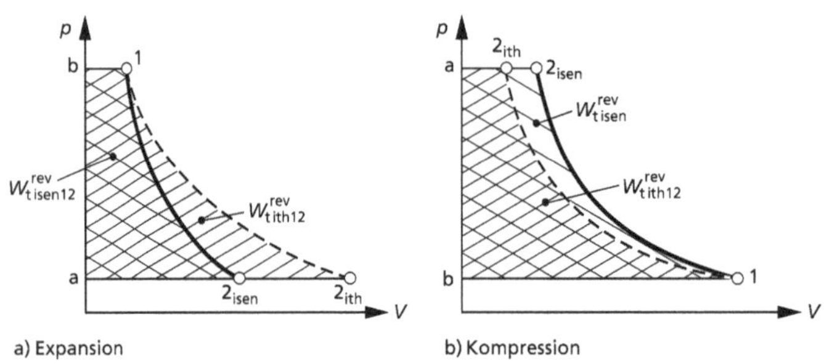

B 3.18 Reversible technische Arbeit W_{t12}^{rev} bei isentroper und isothermer Zustandsänderung im p, V-Diagramm

Wärme. Die bei einer isentropen Zustandsänderung übertragene Wärme ergibt sich nach Gl 3.5 mit $\mathrm{d}S = 0$ zu

$$Q_{\text{isen}\,12} = -W_{\text{diss}\,12} \qquad \textbf{(Gl 3.58)}$$

Für einen reversiblen Vorgang ($W_{\text{diss}\,12} = 0$) gilt:

$$Q_{\text{isen}\,12}^{\text{rev}} = 0$$

Änderung der Entropie. Bei der isentropen Zustandsänderung bleibt die Entropie konstant (Gl 3.45).

***T,S*-Diagramm.** Für das ideale Gas können durch die als Hilfslinie eingezeichnete Isochore zwischen den beiden Temperaturen die Änderung der inneren Energie und durch die als Hilfslinie eingezeichnete Isobare die Änderung der Enthalpie bei der isentropen Zustandsänderung dargestellt werden **(B 3.19)**. Die Fläche unter der Isochoren ist wegen $W_{\text{v isen}\,1\,2} = U_2 - U_1$ (Gl 3.55) gleich der Volumenänderungsarbeit und die Fläche unter der Isobaren wegen $W^{\text{rev}}_{\text{t isen}\,12} = H_2 - H_1$ (Gl 3.56) gleich der reversiblen technischen Arbeit, wenn sich kinetische und potenzielle Energie nicht ändern.

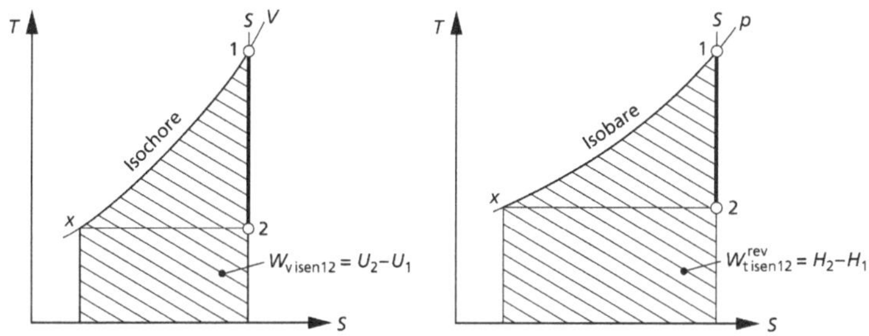

a) Volumenänderungsarbeit
$U_x = U_2$ (ideales Gas)

b) reversible technische Arbeit
$H_x = H_2$ (ideales Gas)

B 3.19 Isentrope Expansion im *T,S*-Diagramm

Beispiel 3.6: In einem 10 *l* großen, adiabaten Zylinder wird durch einen Kolben Luft von 100 kPa, 15 °C zunächst auf das Volumen 1 *l*, dann weiter auf das Volumen von 0,1 *l* reversibel verdichtet.

Luft soll näherungsweise als ideales Gas angenommen werden. Die Temperaturabhängigkeit der spezifischen Wärmekapazität und deren Verhältnis $\varkappa$ ist zu vernachlässigen, ihre Zahlenwerte sind für 0 °C einzusetzen.

a) Welche Volumenänderungsarbeit ist für jede Teilverdichtung erforderlich?

b) Wie ändern sich bei den Teilverdichtungen die thermischen und kalorischen Zustandsgrößen?

Lösung:

Zu a): Volumenänderungsarbeit der ersten Teilverdichtung (Gl 3.50):

$$W_{\text{v isen}\,1\,2} = \frac{p_1\,V_1}{\varkappa - 1}\left[\left(\frac{V_1}{V_2}\right)^{\varkappa-1} - 1\right]$$

$$W_{\text{v isen}\,1\,2} = \frac{100 \cdot 10^3\ \text{Pa N}}{\text{m}^2\ \text{Pa}}\ \frac{0{,}01\ \text{m}^3}{(1{,}400 - 1)}\left[\left(\frac{10\,l}{1\,l}\right)^{1401-1} - 1\right]\frac{1}{10^3}\ \frac{\text{kJ}}{\text{N m}}$$

$$W_{\text{v isen}\,1\,2} = \underline{3{,}78\ \text{kJ}} \quad \text{(positiv, d. h. zugeführt)}$$

Zwischendruck (Gl 3.48):

$$p_2 = p_1\left(\frac{V_1}{V_2}\right)^{\varkappa} = 100\ \text{kPa}\left(\frac{10\,l}{1\,l}\right)^{1{,}400} = 2511{,}9\ \text{kPa}$$

Volumenänderungsarbeit der zweiten Teilverdichtung:

$$W_{\text{v isen}\,2\,3} = \frac{p_2\,V_2}{\varkappa - 1}\left[\left(\frac{V_2}{V_3}\right)^{\varkappa-1} - 1\right]$$

$$W_{\text{v isen}\,2\,3} = \frac{2\,511{,}9 \cdot 10^3\ \text{Pa N}}{\text{m}^2\ \text{Pa}}\ \frac{0{,}001\ \text{m}^3}{(1{,}400 - 1)}\left[\left(\frac{1\,l}{0{,}1\,l}\right)^{1{,}400-1} - 1\right]\frac{\text{kJ}}{10^3\ \text{N m}}$$

$$W_{\text{v isen}\,2\,3} = \underline{9{,}5\ \text{kJ}} \quad \text{(positiv, d. h. zugeführt)}$$

Im Vergleich mit Bsp. 3.5 (isotherme Zustandsänderung) steigt die Volumenänderungsarbeit erheblich. Außerdem ist trotz gleicher Volumenverhältnisse die Volumenänderungsarbeit bei der zweiten Teilverdichtung größer als bei der ersten, da die Ausgangstemperatur T_2 höher als T_1 ist. Bei gleicher Ausgangstemperatur sind die Volumenänderungsarbeiten auch bei der isentropen Zustandsänderung bei gleichen Druck- oder Volumenverhältnissen gleich, wie aus Gl 3.50 und Gl 3.52 durch Ersetzen des Gliedes $p_1\,V_1$ durch $m\,R_i\,T_1$ erkennbar ist.

Zu b): Thermische Zustandsgrößen nach der ersten Teilverdichtung:

$$p_2 = \underline{2\,511{,}9\ \text{kPa}} \qquad v_2 = \frac{V_2}{m} = \frac{0{,}001\ \text{m}^3}{0{,}012\,09\ \text{kg}} = \underline{0{,}082\,7\ \frac{\text{m}^3}{\text{kg}}}$$

mit m nach Gl 1.16:

$$m = \frac{p_1\,V_1}{R_i\,T_1} = \frac{100 \cdot 10^3\ \text{Pa N}\,0{,}01\ \text{m}^3\ \text{kg K}}{\text{m}^2\ \text{Pa}\ 287{,}1\ \text{J}\ 288{,}15\ \text{K}} = 0{,}012\,09\ \text{kg}$$

(Gl 3.49):

$$T_2 = T_1\left(\frac{V_1}{V_2}\right)^{\varkappa-1} = 288{,}15\ \text{K}\left(\frac{10\,l}{1\,l}\right)^{1{,}400-1} = \underline{723{,}8\ \text{K}}; \qquad t_2 = \underline{451\ {}^\circ\text{C}}$$

Thermische Zustandsgrößen nach der zweiten Teilverdichtung:

$$p_3 = p_2\left(\frac{V_2}{V_3}\right)^{\varkappa} = 2511{,}9\ \text{kPa}\left(\frac{1\,l}{0{,}1\,l}\right)^{1{,}400} = \underline{63\,096\ \text{kPa}}$$

$$v_3 = \frac{V_3}{m} = \frac{0{,}0001\ \text{m}^3}{0{,}012\,09\ \text{kg}} = \underline{0{,}008\,27\ \frac{\text{m}^3}{\text{kg}}}$$

$$T_3 = T_2\left(\frac{V_2}{V_3}\right)^{\varkappa-1} = 723{,}8\ \text{K}\left(\frac{1\,l}{0{,}1\,l}\right)^{1{,}400-1} = \underline{1\,818{,}1\ \text{K}}; \qquad t_3 = \underline{1\,545\ {}^\circ\text{C}}$$

Änderung der kalorischen Zustandsgrößen durch die 1. Teilverdichtung (Gl 2.44):

$$U_2 - U_1 = m\,c_v\,(T_2 - T_1) = 0{,}012\,09\ \text{kg}\ 0{,}7172\ \frac{\text{kJ}}{\text{kg K}}\ (723{,}8 - 288{,}15)\ \text{K}$$

$$U_2 - U_1 = \underline{3{,}78\ \text{kJ}}$$

oder nach Gl 3.55:

$$U_2 - U_1 = W_{\text{v isen}\,1\,2} = \underline{3{,}78\ \text{kJ}}$$

(Gl 2.50):

$$H_2 - H_1 = \varkappa\,(U_2 - U_1)$$

$$H_2 - H_1 = 1{,}400 \cdot 3{,}78\ \text{kJ} = \underline{5{,}29\ \text{kJ}} \quad \text{(positiv, d. h. steigt)}$$

Änderung der kalorischen Zustandsgrößen durch die 2. Teilverdichtung:

$$U_3 - U_2 = m\,c_v\,(T_3 - T_2) = 0{,}012\,09\ \text{kg}\ 0{,}7172\ \frac{\text{kJ}}{\text{kg K}}\ (1\,818{,}1 - 723{,}8)\ \text{K}$$

$$U_3 - U_2 = \underline{9{,}5\ \text{kJ}}$$

oder nach Gl 3.55:

$$U_3 - U_2 = W_{\text{v isen 2 3}} = \underline{9{,}5\ \text{kJ}}$$

(Gl 2.50):

$$H_3 - H_2 = \varkappa\,(U_3 - U_2) = 1{,}400 \cdot 9{,}5\ \text{kJ} = \underline{13{,}3\ \text{kJ}} \quad \text{(positiv, d. h. steigt)}$$

Aufgabe 3.8: In dem Zylinder des Bsp. 3.6 wird nach der 1. Teilverdichtung die komprimierte Luft bei Stillstand des Kolbens auf 15 °C gekühlt und erst anschließend auf 0,1 *l* reversibel weiter verdichtet. Vernachlässigungen wie in Bsp. 3.6.

a) und b) sind wie in Bsp. 3.6 zu ermitteln.

c) Wie viel Wärme ist bei der Zwischenkühlung abzuführen, wie ändern sich hierbei innere Energie und Enthalpie der Luft?

d) Der Gesamtvorgang ist im p, V-Diagramm schematisch darzustellen.

Aufgabe 3.9: Entsprechend Aufgabe 3.7 werden 100 kg N_2 in einem offenen System reversibel von 100 kPa, 27 °C isentrop auf 1,5 MPa verdichtet. Stickstoff soll näherungsweise als ideales Gas angenommen werden, für die spezifische Wärmekapazität soll näherungsweise der Wert bei 0 °C eingesetzt werden.

a) bis c) sind entsprechend Aufgabe 3.6 zu bearbeiten.

3.4.5 Polytrope Zustandsänderung

Bei der polytropen Zustandsänderung **(B 3.20)** bleibt das Produkt $p\,V^n$ konstant, wie nachfolgend näher erläutert wird.

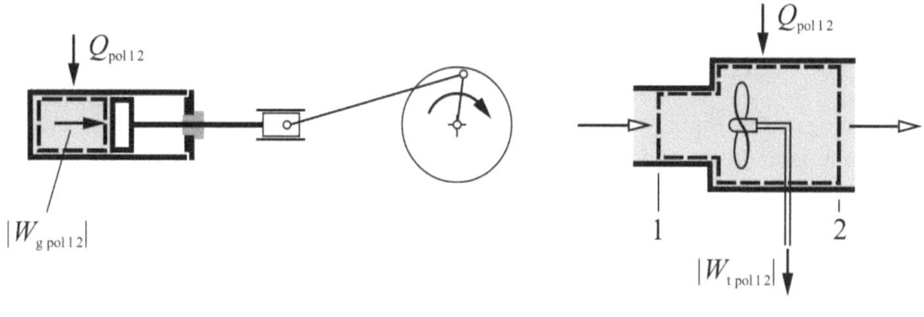

a) geschlossenes System $p\,V^n = \text{const}$

b) offenes System (Arbeitsprozess) $p_1\,V_1^n = p_2\,V_2^n$

B 3.20 Polytrope Zustandsänderung

Änderung der thermischen Zustandsgrößen. Alle bisher besprochenen einfachen Zustandsänderungen können als Sonderfall einer allgemeinen, der polytropen Zustandsänderung, angesehen werden. Wir formen die ermittelten Zusammenhänge zwischen den thermischen Zustandsgrößen p und V für die einzelnen Zustandsänderungen folgendermaßen um:

$$\begin{array}{lllll}
\text{Isochore} & V = \text{const}, & p^0\,V = \text{const} & \rightarrow \quad p\,V^{\frac{1}{0}} = p\,V^{\infty} = \text{const}; & n = \infty \\
\text{Isobare} & p = \text{const} & & \rightarrow \quad p\,V^0 = \text{const}; & n = 0 \\
\text{Isotherme} & p\,V = \text{const} & & \rightarrow \quad p\,V^1 = \text{const}; & n = 1 \\
\text{Isentrope} & p\,V^{\varkappa} = \text{const} & & \rightarrow \quad p\,V^{\varkappa} = \text{const}; & n = \varkappa
\end{array}$$

Es zeigt sich, dass sich für alle Zustandsänderungen p und V nach dem Gesetz

$$p\,V^n = \text{const} \qquad \textbf{(Gl 3.59)}$$

ändern, in dem der Exponent n für die verschiedenen Zustandsänderungen unterschiedliche Werte annimmt. Sie alle lassen sich als Polytropen im p,V-Diagramm darstellen **(B 3.21)**.

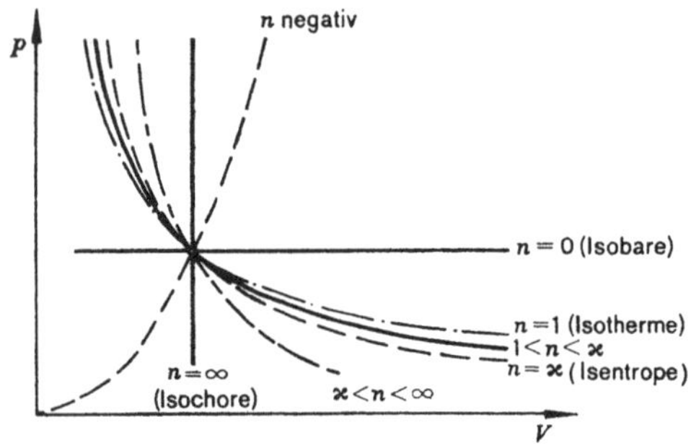

B 3.21 Polytropen im p,V-Diagramm

Die Zusammenhänge zwischen den thermischen Zustandsgrößen können aus Abschnitt 3.4.4 übernommen werden, für den der Sonderfall der Isentropen mit $n = \varkappa$ zu Grunde gelegt worden war. Die Beziehungen lauten in Anlehnung an Gl 3.47 bis 3.49:

$$p_1\,V_1^n = p_2\,V_2^n \qquad \textbf{(Gl 3.60)}$$

$$\frac{T_1}{T_2} = \left(\frac{V_2}{V_1}\right)^{n-1} = \left(\frac{p_1}{p_2}\right)^{\frac{n-1}{n}} \qquad \textbf{(Gl 3.61)}$$

Sind der Anfangs- und Endzustand bekannt, so lässt sich aus Gl 3.61 der Polytropenexponent n durch Logarithmieren der Gl errechnen:[1)]

$$n = \frac{\ln\dfrac{p_2}{p_1}}{\ln\dfrac{p_2}{p_1} - \ln\dfrac{T_2}{T_1}} = \frac{\ln\dfrac{p_2}{p_1}}{\ln\dfrac{V_1}{V_2}} \qquad \textbf{(Gl 3.62)}$$

[1)] Da wir quasistatische Zustandsänderungen vorausgesetzt haben (Abschn. 1.7.3), ist n für den gesamten Zustandsverlauf konstant. In diesem Fall lassen sich alle Größen für beliebige Zwischenzustände berechnen.

Volumenänderungsarbeit. Für die am geschlossenen System verrichtete polytrope Volumenänderungsarbeit können die für die isentrope Zustandsänderung entwickelten Gleichungen übernommen werden, indem $\varkappa$ durch n ersetzt wird.

$$W_{\mathrm{v\,pol\,1\,2}} = \frac{p_1\,V_1}{n-1}\left[\left(\frac{V_1}{V_2}\right)^{n-1} - 1\right] \qquad \textbf{(Gl 3.63)}$$

$$W_{\mathrm{v\,pol\,1\,2}} = \frac{p_1\,V_1}{n-1}\left(\frac{T_2}{T_1} - 1\right) \qquad \textbf{(Gl 3.64)}$$

$$W_{\mathrm{v\,pol\,1\,2}} = \frac{p_1\,V_1}{n-1}\left[\left(\frac{p_2}{p_1}\right)^{\frac{n-1}{n}} - 1\right] \qquad \textbf{(Gl 3.65)}$$

$$W_{\mathrm{v\,pol\,1\,2}} = \frac{m\,R_{\mathrm{i}}}{n-1}\,(T_2 - T_1) \qquad \textbf{(Gl 3.66)}$$

$$W_{\mathrm{v\,pol\,1\,2}} = \frac{1}{n-1}\,(p_2\,V_2 - p_1\,V_1) \qquad \textbf{(Gl 3.67)}$$

Auch in diesen Gleichungen kann nach der thermischen Zustandsgleichung $p_1\,V_1 = m\,R_{\mathrm{i}}\,T_1$ (Gl 1.16) eingeführt werden.

Gl 3.55 darf für die Polytrope nicht übernommen werden, sie ist auf isentrope Zustandsänderungen beschränkt. Eine der Gl 3.55 ähnliche Gleichung ergibt sich jedoch, wenn in Gl 3.66 $c_{p\mathrm{m}} - c_{v\mathrm{m}} = c_{v\mathrm{m}}\,(\varkappa - 1) = R_{\mathrm{i}}$ nach Gl 2.46 und Gl 2.47 eingeführt wird:

$$W_{\mathrm{v\,pol\,1\,2}} = m\,c_{v\mathrm{m}}\big|_{T_1}^{T_2}\,\frac{\varkappa - 1}{n-1}\,(T_2 - T_1) \qquad \textbf{(Gl 3.68)}$$

Reversible technische Arbeit. Für die am offenen System verrichtete polytrope reversible technische Arbeit kann die für die isentrope Zustandsänderung entwickelte Gl 3.57 übernommen werden, indem $\varkappa$ durch n ersetzt wird:

$$W_{\mathrm{t\,pol\,1\,2}}^{\mathrm{rev}} = n\,W_{\mathrm{v\,pol\,1\,2}} \qquad \textbf{(Gl 3.69)}$$

Für $W_{\mathrm{v\,pol\,1\,2}}$ können alle oben genannten Gleichungen verwendet werden.

Ein Vergleich der Gl 3.37 und Gl 3.69 zeigt, dass auch die isotherme Zustandsänderung ein Sonderfall der polytropen mit $n = 1$ ist.

Bei allen Arbeitsprozessen, sowohl mit isothermer, isentroper als auch polytroper Zustandsänderung, sind die Volumenänderungsarbeit und die reversible technische Arbeit für ein bestimmtes Gas nicht vom Ausgangsdruck p_1, sondern nur vom Druckverhältnis p_2/p_1 und von der Ausgangstemperatur T_1 abhängig.

p, V-Diagramm. Bei Verdichtungs- und Entspannungsvorgängen ist der Bereich der Polytropen von besonderer Bedeutung, der zwischen der Isothermen und der Isentropen liegt. Der Grenzfall der Isothermen nämlich tritt nur ein, wenn die gesamte bei der Kompression bzw. Expansion des Systems verrichtete Arbeit in Form von Wärme über die Systemgrenze ab- bzw. zugeführt wird. Das ist nur theoretisch, und zwar bei sehr langsam verlaufenden Vorgängen möglich. Für den zweiten Grenzfall, die Isentrope, ist bei

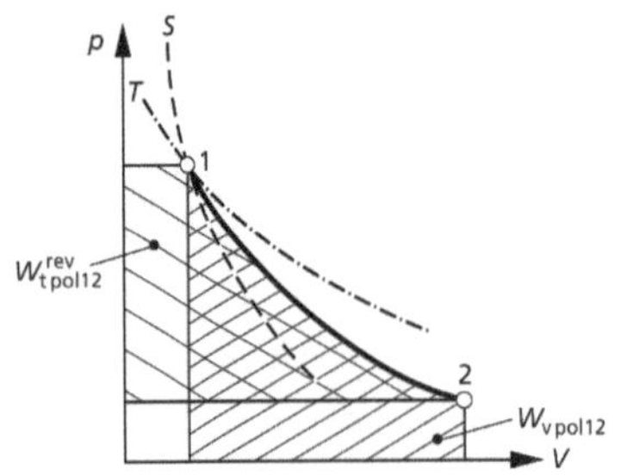

B 3.22 Polytrope Expansion im p,V-Diagramm

reversiblem Vorgang eine adiabate Systemgrenze vorausgesetzt, was ebenfalls nur theoretisch, bei sehr schnell verlaufenden Vorgängen jedoch angenähert erreicht wird.

Bei reversiblen Vorgängen, d. h. bei Vernachlässigung von Dissipation, verlaufen demnach normalerweise die Kompression oder Expansion zwischen der Isothermen und der Isentropen **(B 3.22)** mit dem Polytropenexponenten

$$1 < n < \varkappa$$

In der Praxis nähert sich die Zustandsänderung dieser Polytropen der Isentropen, und zwar umso mehr, je schnelllaufender die Maschine ist.

Die Zustandslinie $n = \varkappa$ ist bei reversiblen Vorgängen die Grenzlinie zwischen Wärmezu- und -abfuhr. Beispielsweise wird bei einer reversiblen Expansion bei $n > \varkappa$ Wärme abgeführt, bei $n < \varkappa$ Wärme zugeführt, bei $n < 1$ (auch bei negativem n) wird sogar mehr Wärme zu- als Arbeit abgeführt, bei negativem n ist die Wärmezufuhr so groß, dass trotz Volumenvergrößerung Druck und Temperatur zunehmen (vgl. Bsp. 3.7).

Wärme. Die zu- oder abzuführende Wärme ist nach Gl 2.9 und Gl 2.2 mit der Volumenänderungsarbeit verknüpft:[1)]

$$Q_{\mathrm{pol}\,12} = -W_{\mathrm{v\,pol}\,12} + U_2 - U_1 - W_{\mathrm{diss}\,12} \quad \textit{gilt allgemein} \qquad \textbf{(Gl 3.70)}$$

Wir führen für das ideale Gas Gl 3.68 und Gl 2.44 ein:

$$Q_{\mathrm{pol}\,12} = -m\,c_{v\mathrm{m}}\big|_{T_1}^{T_2} \frac{\varkappa - 1}{n - 1}\,(T_2 - T_1) + m\,c_{v\mathrm{m}}\big|_{T_1}^{T_2}\,(T_2 - T_1) - W_{\mathrm{diss}\,12}$$

$$Q_{\mathrm{pol}\,12} = m\,c_{v\mathrm{m}}\big|_{T_1}^{T_2} \frac{n - \varkappa}{n - 1}\,(T_2 - T_1) - W_{\mathrm{diss}\,12} \qquad \textbf{(Gl 3.71)}$$

Für einen reversiblen Vorgang ($W_{\mathrm{diss}\,12} = 0$) lauten obige Gleichungen:

$$Q_{\mathrm{pol}\,12}^{\mathrm{rev}} = -W_{\mathrm{v\,pol}\,12} + U_2 - U_1 \quad \textit{gilt allgemein} \qquad \textbf{(Gl 3.72)}$$

$$Q_{\mathrm{pol}\,12}^{\mathrm{rev}} = m\,c_{v\mathrm{m}}\big|_{T_1}^{T_2} \frac{n - \varkappa}{n - 1}\,(T_2 - T_1) \qquad \textbf{(Gl 3.73)}$$

[1)] Die Verknüpfung kann auch mit der technischen Arbeit erfolgen.

Wir dividieren Gl 3.73 durch Gl 3.68 und erhalten zwischen zu- oder abgeführter Wärme und verrichteter Volumenänderungsarbeit für eine reversible Zustandsänderung die Beziehung

$$\frac{Q^{\mathrm{rev}}_{\mathrm{pol}\,12}}{W_{\mathrm{v\,pol}\,12}} = \frac{n-\varkappa}{\varkappa-1} \qquad \textbf{(Gl 3.74)}$$

Änderung der Entropie. Für die polytrope Zustandsänderung gilt (Gl 2.9 und Gl 2.2):

$$\mathrm{d}Q + \mathrm{d}W_{\mathrm{diss}} = \mathrm{d}U - \mathrm{d}W_{\mathrm{v}}$$

Wir führen die polytrope Volumenänderungsarbeit des idealen Gases (Gl 3.68)

$$\mathrm{d}W_{\mathrm{v}} = m\,c_v\,\frac{\varkappa-1}{n-1}\,\mathrm{d}T$$

sowie die kalorische Zustandsgleichung des idealen Gases (Gl 2.40: $\mathrm{d}U = m\,c_v\,\mathrm{d}T$) ein

$$\mathrm{d}Q + \mathrm{d}W_{\mathrm{diss}} = m\,c_v\,\frac{n-\varkappa}{n-1}\,\mathrm{d}T \qquad \textbf{(Gl 3.75)}$$

Aus Gl 3.75 erhalten wir:[1)]

$$\mathrm{d}S = \frac{\mathrm{d}Q + \mathrm{d}W_{\mathrm{diss}}}{T} = m\,c_v\,\frac{n-\varkappa}{n-1}\,\frac{\mathrm{d}T}{T}$$

$$S_2 - S_1 = m\,c_{v\mathrm{m}}\big|_{t_1}^{t_2}\,\frac{n-\varkappa}{n-1}\,\ln\frac{T_2}{T_1} = m\,c_{v\mathrm{m}}\big|_{t_1}^{t_2}\,\frac{\varkappa-n}{n-1}\,\ln\frac{T_1}{T_2} \quad \textit{für ideales Gas} \qquad \textbf{(Gl 3.76)}$$

Wird die Entropieänderung aus Gl 3.4 abgeleitet, so ergibt sich mit Gl 2.41 und Gl 1.16

$$\mathrm{d}S = \frac{\mathrm{d}H}{T} - \frac{V\,\mathrm{d}p}{T} = m\,c_p\,\frac{\mathrm{d}T}{T} - m\,R_{\mathrm{i}}\,\frac{\mathrm{d}p}{p}$$

$$S_2 - S_1 = m\,c_{p\mathrm{m}}\big|_{t_1}^{t_2}\,\ln\frac{T_2}{T_1} - m\,R_{\mathrm{i}}\,\ln\frac{p_2}{p_1} \quad \textit{für ideales Gas} \qquad \textbf{(Gl 3.77)}$$

Entsprechend gilt (aus Gl 3.3)

$$S_2 - S_1 = m\,c_{v\mathrm{m}}\big|_{t_1}^{t_2}\,\ln\frac{T_2}{T_1} + m\,R_{\mathrm{i}}\,\ln\frac{V_2}{V_1} \quad \textit{für ideales Gas} \qquad \textbf{(Gl 3.78)}$$

***T,S*-Diagramm.** Wird die Polytrope im *T,S*-Diagramm dargestellt, so kann für das ideale Gas mit der Isochoren als Hilfslinie zwischen den beiden Temperaturen T_1 und T_2 **(B 3.23 a)** die Änderung der inneren Energie bei der polytropen Zustandsänderung als Fläche unter der Isochoren und die Volumenänderungsarbeit $W_{\mathrm{v}\,12}$ (Gl 2.9 und Gl 2.10) als gesamte Fläche gezeigt werden. Wird außer der Polytropen die Isobare als Hilfslinie zwischen den Temperaturen T_1 und T_2 gezeichnet (B 3.23 b), so entsprechen die Fläche unter der Isobaren der Änderung der Enthalpie und die gesamte Fläche der reversiblen technischen Arbeit $W^{\mathrm{rev}}_{\mathrm{t}\,12}$ (Gl 2.16 und Gl 2.18), wenn sich kinetische und potenzielle Energie nicht ändern.

[1)] Mit der Vernachlässigung bei $c_{v\mathrm{m}}$ bzw. $c_{p\mathrm{m}}$ (Gln 2.4 und 2.5) gemäß Fußnote zu Gl 3.25.

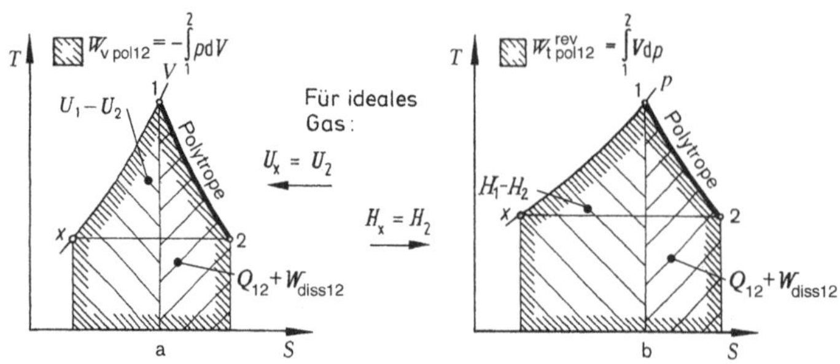

B 3.23 Polytrope reversible Expansion $\varkappa > n > 1$ im T,S-Diagramm

Beispiel 3.7: In dem Zylinder eines Verbrennungsmotors befindet sich 1 g Luft unter 2,95 MPa, 945 °C. Während sich das Zylindervolumen beim Rückgang des Kolbens vergrößert, wird gleichzeitig Brennstoff eingespritzt und verbrannt. Dadurch findet eine Volumenvergrößerung mit dem Polytropenexponenten $n = -1$ statt, während der Druck auf 3,82 MPa steigt.

Die Massenzunahme durch den eingespritzten Brennstoff und die Veränderung der Gaszusammensetzung durch die Verbrennung sind zu vernachlässigen, die Temperaturabhängigkeit der spez. Wärmekapazität und deren Verhältnis $\varkappa$ ist jedoch zu beachten. Luft soll näherungsweise als ideales Gas angenommen werden. Der Vorgang soll reversibel verlaufen.

a) Die thermischen Zustandsgrößen vor und nach der Brennstoffzufuhr sind zu bestimmen.

b) Welche Volumenänderungsarbeit wird vom Gas an den Kolben abgegeben?

c) Wie ändern sich Enthalpie, innere Energie und Entropie?

d) Welche Energie wird durch den Brennstoff zugeführt?

e) Die Zustandsänderung ist im p,V-Diagramm darzustellen.

Lösung:

Zu a): Thermische Zustandsgrößen vor der Verbrennung:

$$p_1 = \underline{2{,}95\,\text{MPa}} \qquad t_1 = \underline{945\,°\text{C}} \qquad T_1 = \underline{1\,218{,}15\,\text{K}}$$

$$v_1 = \frac{R_i T_1}{p_1} = \frac{287{,}1\,\text{J}\;1\,218{,}15\,\text{K}\;\text{Pa}\,\text{m}^2}{\text{kg}\,\text{K}\;2{,}95\cdot 10^6\,\text{Pa}\;\text{N}}\;\frac{\text{N}\,\text{m}}{\text{J}} = \underline{0{,}118\,55\;\frac{\text{m}^3}{\text{kg}}}$$

$$V_1 = m\,v_1 = 0{,}001\,\text{kg}\;0{,}118\,6\;\frac{\text{m}^3}{\text{kg}}\;10^6\;\frac{\text{cm}^3}{\text{m}^3} = \underline{118{,}55\,\text{cm}^3}$$

Thermische Zustandsgrößen nach der Verbrennung:

$$p_2 = \underline{3{,}82\,\text{MPa}}$$

nach Gl 3.61:

$$\frac{T_1}{T_2} = \left(\frac{p_1}{p_2}\right)^{\frac{n-1}{n}} \qquad T_2 = 1\,218{,}15\,\text{K}\left(\frac{3{,}82\,\text{MPa}}{2{,}95\,\text{MPa}}\right)^{\frac{-1-1}{-1}} = \underline{2\,042{,}6\,\text{K}} \qquad t_2 = \underline{1\,769{,}45\,°\text{C}}$$

$$\frac{V_2}{V_1} = \left(\frac{p_1}{p_2}\right)^{\frac{1}{n}} \qquad V_2 = 118{,}55\,\text{cm}^3\left(\frac{2{,}95\,\text{MPa}}{3{,}82\,\text{MPa}}\right)^{\frac{1}{-1}} = \underline{153{,}5\,\text{cm}^3}$$

Zu b): Volumenänderungsarbeit nach Gl 3.66:

$$W_{\mathrm{v\,pol\,1\,2}} = \frac{m\,R_{\mathrm{i}}}{n-1}\,(T_2 - T_1) = \frac{0{,}001\ \mathrm{kg}\ 287{,}1\ \mathrm{J}}{\mathrm{kg\,K}\,(-1-1)}\,(2\,042{,}6 - 1\,218{,}15)\ \mathrm{K}$$

$$W_{\mathrm{v\,pol\,1\,2}} = \underline{-118\ \mathrm{J}} \quad \text{(neg., d. h. abgegeben)}$$

Zu c): Änderung der Enthalpie nach Gl 2.45; mittl. spez. Wärmekapazität nach Gl 2.38:

$$c_{p\mathrm{m}}\Big|_{T_1}^{T_2} = c_{p\mathrm{m}}\Big|_{t_1}^{t_2} = \frac{c_{p\mathrm{m}}\big|_{0\,^\circ\mathrm{C}}^{t_2}\,t_2 - c_{p\mathrm{m}}\big|_{0\,^\circ\mathrm{C}}^{t_1}\,t_1}{t_2 - t_1}$$

$$c_{p\mathrm{m}}\Big|_{T_1}^{T_2} = \frac{1{,}1482\ \frac{\mathrm{kJ}}{\mathrm{kg\,K}}\ 1\,769{,}45\ ^\circ\mathrm{C} - 1{,}0855\ \frac{\mathrm{kJ}}{\mathrm{kg\,K}}\ 945\ ^\circ\mathrm{C}}{(1\,769{,}45 - 945)\ \mathrm{K}} = \underline{1{,}220\ \frac{\mathrm{kJ}}{\mathrm{kg\,K}}}$$

$$H_2 - H_1 = m\,c_{p\mathrm{m}}\Big|_{T_1}^{T_2}\,(T_2 - T_1) = 0{,}001\ \mathrm{kg}\ 1\,220\ \frac{\mathrm{J}}{\mathrm{kg\,K}}\,(2\,042{,}6 - 1\,218{,}15)\ \mathrm{K}$$

$$H_2 - H_1 = \underline{1\,005{,}8\ \mathrm{J}} \quad \text{(pos., d. h. gestiegen)}$$

Änderung der inneren Energie nach Gl 2.40; $c_{v\mathrm{m}}$ nach Gl 2.46:

$$c_{v\mathrm{m}} = c_{p\mathrm{m}} - R_{\mathrm{i}} = 1\,220\ \frac{\mathrm{J}}{\mathrm{kg\,K}} - 287{,}1\ \frac{\mathrm{J}}{\mathrm{kg\,K}} = 932{,}9\ \frac{\mathrm{J}}{\mathrm{kg\,K}}$$

$$U_2 - U_1 = m\,c_{v\mathrm{m}}\Big|_{T_1}^{T_2}\,(T_2 - T_1) = 0{,}001\ \mathrm{kg}\ 932{,}9\ \frac{\mathrm{J}}{\mathrm{kg\,K}}\,(2\,042{,}6 - 1\,218{,}15)\ \mathrm{K}$$

$$U_2 - U_1 = \underline{769\ \mathrm{J}} \quad \text{(pos., d. h. gestiegen)}$$

Änderung der Entropie nach Gl 3.77:

$$S_2 - S_1 = m\left(c_{p\mathrm{m}}\Big|_{T_1}^{T_2}\ln\frac{T_2}{T_1} - R_{\mathrm{i}}\ln\frac{p_2}{p_1}\right)$$

$$S_2 - S_1 = 0{,}001\ \mathrm{kg}\left(1\,220\ \frac{\mathrm{J}}{\mathrm{kg\,K}}\ln\frac{2\,042{,}6\ \mathrm{K}}{1\,218{,}15\ \mathrm{K}} - 287{,}1\ \frac{\mathrm{J}}{\mathrm{kg\,K}}\ln\frac{3{,}82\ \mathrm{MPa}}{2{,}95\ \mathrm{MPa}}\right)$$

$$S_2 - S_1 = \underline{0{,}556\ \frac{\mathrm{J}}{\mathrm{K}}}$$

Zu d): Die Energiezufuhr durch Verbrennung wird wie eine Wärmezufuhr aus der Umgebung betrachtet; nach Gl 3.73:

$$Q_{\mathrm{pol\,1\,2}}^{\mathrm{rev}} = m\,c_{v\mathrm{m}}\Big|_{T_1}^{T_2}\,\frac{\varkappa - n}{n-1}\,(T_1 - T_2)$$

mit $\varkappa_{\mathrm{m}}$ nach Gl 2.47:

$$\varkappa_{\mathrm{m}} = \frac{c_{p\mathrm{m}}}{c_{v\mathrm{m}}} = \frac{1{,}220\ \frac{\mathrm{kJ}}{\mathrm{kg\,K}}}{0{,}932\,9\ \frac{\mathrm{kJ}}{\mathrm{kg\,K}}} = 1{,}3078$$

$$Q_{\mathrm{pol\,1\,2}}^{\mathrm{rev}} = 0{,}001\ \mathrm{kg}\ 932{,}9\ \frac{\mathrm{J}}{\mathrm{kg\,K}}\ \frac{1{,}3078 - (-1)}{-1-1}\,(1\,218{,}15 - 2\,042{,}6)\ \mathrm{K}$$

$$Q_{\mathrm{pol\,1\,2}}^{\mathrm{rev}} = \underline{887\ \mathrm{J}} \quad \text{(pos., d. h. zugeführt)}$$

Durch eine Energiebilanz kontrollieren wir die Rechnung:

$$Q^{\text{rev}}_{\text{pol}\,1\,2} = U_2 - U_1 - W_{\text{v pol}\,1\,2}$$

$$\underline{887\,\text{J}} = 769\,\text{J} - (-118\,\text{J}) = \underline{887\,\text{J}}$$

Zu e): Der Verlauf der Zustandsänderung ist mit

$$pV^{-1} = \text{const}$$

$$p = \text{const}\, V^1$$

im p, V-Diagramm eine Gerade durch den Koordinatennullpunkt **(B 3.24)**.

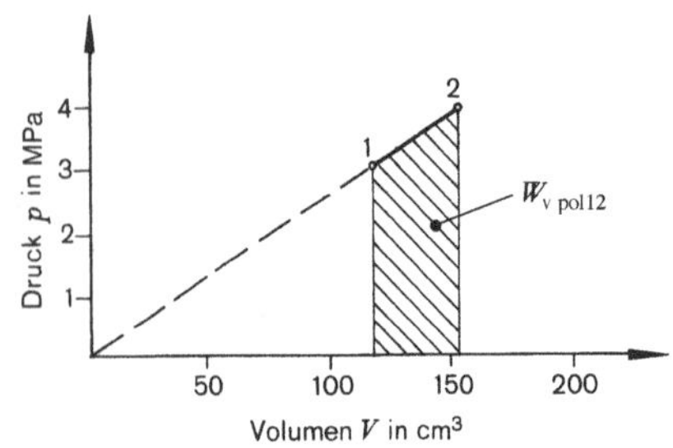

B 3.24 Polytrope mit $n = -1$

Beispiel 3.8: Luft expandiert polytrop mit konstantem Exponenten n von 500 kPa und 180 °C (Zustand 1) auf 100 kPa und 30 °C (Zustand 2). Die spezifische Entropieänderung bei der Expansion ist zu berechnen. Luft soll näherungsweise als ideales Gas angenommen werden. Die Veränderlichkeit der spezifischen Wärmekapazität mit der Temperatur ist zu berücksichtigen. Näherungsweise sollen Zwischenwerte aus T 2.5 linear interpoliert werden. Um zu zeigen, dass solche Aufgaben auf verschiedene Arten gelöst werden können, sollen hier drei Wege zur Lösung eingeschlagen werden:

a) Die Entropieänderung ist längs der Polytropen zu berechnen.

b) Die Entropieänderung ist längs einer Isentropen bis zur Temperatur 30 °C (Zustand 3) und dann längs der Isothermen zum Endpunkt zu bestimmen.

c) Die Entropieänderung ist längs einer Isentropen bis zum Druck 100 kPa (Zustand 4) und dann längs der Isobaren zum Endpunkt zu bestimmen.

Lösung:

Im T,S-Diagramm sehen die drei Lösungswege wie folgt aus (**B 3.25**):

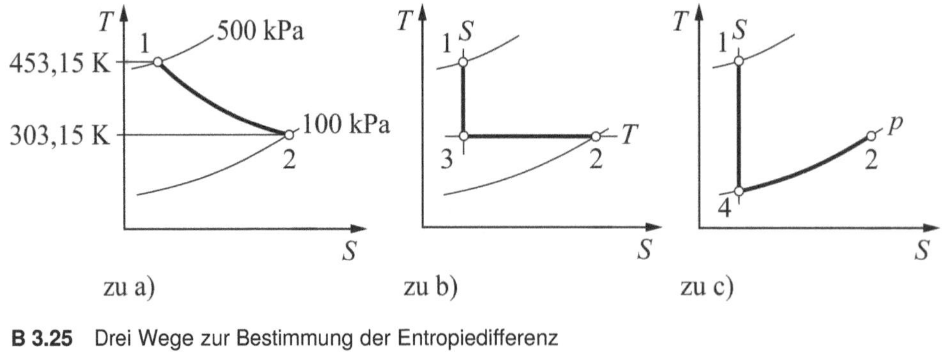

B 3.25 Drei Wege zur Bestimmung der Entropiedifferenz

3

Zu a): Für die Polytrope ist nach Gl 3.77:

$$s_2 - s_1 = c_{pm}\big|_{t_1}^{t_2} \ln \frac{T_2}{T_1} - R_i \ln \frac{p_2}{p_1}$$

Zunächst wird die mittlere spezifische Wärmekapazität berechnet.

$$c_{pm}\big|_{0\,°\mathrm{C}}^{30\,°\mathrm{C}} = 1{,}0046\ \frac{\mathrm{kJ}}{\mathrm{kg\,K}}; \qquad c_{pm}\big|_{0\,°\mathrm{C}}^{180\,°\mathrm{C}} = 1{,}0108\ \frac{\mathrm{kJ}}{\mathrm{kg\,K}} \qquad (\mathrm{T\,2.5})$$

$$c_{pm}\big|_{t_1}^{t_2} = \frac{c_{pm}\big|_{0\,°\mathrm{C}}^{t_2} t_2 - c_{pm}\big|_{0\,°\mathrm{C}}^{t_1} t_1}{t_2 - t_1} \qquad (\mathrm{Gl\,2.38})$$

$$c_{pm}\big|_{30\,°\mathrm{C}}^{180\,°\mathrm{C}} = \frac{1{,}0046\ \frac{\mathrm{kJ}}{\mathrm{kg\,K}}\ 30\ °\mathrm{C} - 1{,}0108\ \frac{\mathrm{kJ}}{\mathrm{kg\,K}}\ 180\ °\mathrm{C}}{30\ °\mathrm{C} - 180\ °\mathrm{C}} = 1{,}01204\ \frac{\mathrm{kJ}}{\mathrm{kg\,K}}$$

$$R_i = 0{,}2871\ \frac{\mathrm{kJ}}{\mathrm{kg\,K}} \ (\mathrm{T\,1.5})$$

Damit ergibt sich

$$s_2 - s_1 = 1{,}01204\ \frac{\mathrm{kJ}}{\mathrm{kg\,K}} \ln \frac{303{,}15\ \mathrm{K}}{453{,}15\ \mathrm{K}} - 0{,}2871\ \frac{\mathrm{kJ}}{\mathrm{kg\,K}} \ln \frac{100\ \mathrm{kPa}}{500\ \mathrm{kPa}} = \underline{0{,}055\ \frac{\mathrm{kJ}}{\mathrm{kg\,K}}}$$

Die Lösung zu a) ist auch mittels Gl 3.76 möglich:

$$s_2 - s_1 = c_{vm}\big|_{t_1}^{t_2} \frac{n - \varkappa}{n - 1} \ln \frac{T_2}{T_1}$$

Darin ist:

$$c_{vm}\big|_{t_1}^{t_2} = c_{pm}\big|_{t_1}^{t_2} - R_i \qquad (\mathrm{Gl\,2.46})$$

$$c_{vm}\big|_{30\,°\mathrm{C}}^{180\,°\mathrm{C}} = 1{,}01204\ \frac{\mathrm{kJ}}{\mathrm{kg\,K}} - 0{,}2871\ \frac{\mathrm{kJ}}{\mathrm{kg\,K}} = 0{,}72494\ \frac{\mathrm{kJ}}{\mathrm{kg\,K}}$$

$$\varkappa_{\mathrm{m}} = \frac{c_{pm}}{c_{vm}} = \frac{1{,}01204\ \frac{\mathrm{kJ}}{\mathrm{kg\,K}}}{0{,}72494\ \frac{\mathrm{kJ}}{\mathrm{kg\,K}}} = 1{,}39603 \qquad (\mathrm{Gl\,2.47})$$

Nun muss n bestimmt werden (Gl 3.62):

$$n = \frac{\ln \frac{p_1}{p_2}}{\ln \frac{p_1}{p_2} - \ln \frac{T_1}{T_2}} = \frac{\ln 5}{\ln 5 - \ln \frac{453{,}15}{303{,}15}} = 1{,}333$$

Auch danach ergibt sich für die spezifische Entropiedifferenz:

$$s_2 - s_1 = 0{,}72494\ \frac{\mathrm{kJ}}{\mathrm{kg\,K}}\ \frac{1{,}333 - 1{,}39603}{1{,}333 - 1} \ln \frac{303{,}15\ \mathrm{K}}{453{,}15\ \mathrm{K}} = \underline{0{,}055\ \frac{\mathrm{kJ}}{\mathrm{kg\,K}}}$$

Zu b): Für die Isotherme ist $s_2 - s_3 = R_i \ln \frac{p_3}{p_2}$ (Gl 3.42)

Zunächst ist das Druckverhältnis zu berechnen:

$$\left(\frac{p_1}{p_3}\right)^{\frac{\varkappa-1}{\varkappa}} = \frac{T_1}{T_2} = \frac{453{,}15\ \text{K}}{303{,}15\ \text{K}} = 1{,}495 \qquad \text{(Gl 3.49)}$$

$$\frac{p_1}{p_3} = 1{,}495^{\frac{1{,}396\,03}{0{,}396\,03}} = 4{,}125 \qquad p_3 = \frac{500\ \text{kPa}}{4{,}125} = 121{,}2\ \text{kPa}$$

Es gilt:

$$s_1 = s_3 \longrightarrow s_2 - s_1 = s_2 - s_3$$

$$s_2 - s_3 = 0{,}287\,1\ \frac{\text{kJ}}{\text{kg K}} \ln \frac{121{,}2\ \text{kPa}}{100\ \text{kPa}} = \underline{0{,}055\ \frac{\text{kJ}}{\text{kg K}}}$$

Zu c): Für die Isobare ist

$$s_2 - s_4 = c_{pm}\Big|_{t_2}^{t_4} \ln \frac{T_2}{T_4} \qquad \text{(Gl 3.33)}$$

Zunächst muss das Temperaturverhältnis berechnet werden:

$$\frac{T_1}{T_4} = \left(\frac{p_1}{p_2}\right)^{\frac{\varkappa-1}{\varkappa}} \qquad \text{(Gl 3.49)}$$

Die hierbei zu erwartende Änderung von $\varkappa_m$ wird vernachlässigbar klein. Es wird mit dem vorn bestimmten Wert $\varkappa_m = 1{,}396\,03$ weitergerechnet.

$$\frac{T_1}{T_4} = 5^{\frac{0{,}396\,03}{1{,}396\,03}} = 1{,}578\,65; \qquad T_4 = \frac{453{,}15\ \text{K}}{1{,}578\,65} = 287{,}05\ \text{K}$$

Es gilt: $s_1 = s_4 \longrightarrow s_2 - s_1 = s_2 - s_4$. Hier wird näherungsweise $c_{pm}\Big|_{0\,°\text{C}}^{t_2}$ eingesetzt.

$$s_2 - s_4 = 1{,}005\ \frac{\text{kJ}}{\text{kg K}} \ln \frac{303{,}15\ \text{K}}{287{,}05\ \text{K}} = \underline{0{,}055\ \frac{\text{kJ}}{\text{kg K}}}$$

Die Rechnung zeigt, dass es verschiedene Wege zur Lösung dieser Aufgabe gibt. Sie lässt erkennen, dass Zustandsgrößen – hier die spezifische Entropie – unabhängig von dem Weg sind, auf dem der Zustand erreicht wurde.

Aufgabe 3.10: In einem 10 *l* großen Zylinder wird durch einen Kolben Luft von 100 kPa, 15 °C auf 1 *l* längs einer Polytropen mit dem Exponenten $n = 1{,}2$ reversibel verdichtet. Luft soll näherungsweise als ideales Gas angenommen werden. Die Temperaturabhängigkeit der spez. Wärmekapazität ist zu vernachlässigen, es ist mit dem Wert bei 0 °C zu rechnen.

a) Wie ändern sich Druck, Temperatur, innere Energie, Enthalpie und Entropie?

b) Welche Werte ergeben sich für Volumenänderungsarbeit und Wärmeübertragung?

Aufgabe 3.11: 5 kg Helium expandieren in einem geschlossenen System von 1 MPa, 400 °C reversibel auf 200 kPa, 120 °C. Helium soll näherungsweise als ideales Gas angenommen werden.

a) Mit welchem Polytropenexponenten verläuft die Expansion?

b) Welche Volumenänderungsarbeit wird verrichtet?

c) Wie viel Wärme wird zu- oder abgeführt?

d) Wie ändern sich innere Energie, Enthalpie und Entropie?

Aufgabe 3.12: 5 kmol Kohlenstoffdioxid werden in einem offenen System reversibel polytrop von 100 kPa, 25 °C auf 3 MPa verdichtet, Endtemperatur 320 °C. Das Kohlenstoffdioxid soll als ideales Gas behandelt werden. Änderungen der kinetischen und potenziellen Energie sind zu vernachlässigen.

Die Temperaturabhängigkeit der spezifischen Wärmekapazität und des Isentropenexponenten sind zu berücksichtigen, wobei die Werte aus T 2.5 näherungsweise linear interpoliert werden sollen.

a) Wie ändern sich Enthalpie, innere Energie und Entropie?

b) Wie groß ist die zu- oder abzuführende Wärme?

c) Welche Arbeit ist erforderlich?

3.4.6 Zustandsänderungen in adiabaten Systemen

In der technischen Praxis verlaufen Energieumwandlungen häufig so schnell, dass Wärmezu- oder -abfuhr gegenüber den übrigen beteiligten Energien vernachlässigt und die Prozesse adiabat betrachtet werden können.

Bei reversiblen Vorgängen erfolgt dann eine isentrope, bei irreversiblen Vorgängen dagegen eine polytrope Zustandsänderung, bei der die *Entropie steigt* **(B 3.26)**. Die Fläche unter der Zustandsänderung im T,S-Diagramm stellt bei einem irreversiblen adiabaten Vorgang die Dissipationsenergie dar (Gl 3.14 b mit $Q_{12} = 0$).

$$\int_1^2 T\,\mathrm{d}S = W_{\mathrm{diss}\,12}$$

Wir ermitteln $W_{\mathrm{diss}\,12}$ aus Gl 3.71 (mit $Q_{12} = 0$):

$$W_{\mathrm{diss}\,12} = m\,c_{v\mathrm{m}}\big|_{T_1}^{T_2}\,\frac{n-\varkappa}{n-1}\,(T_2 - T_1) \qquad \textit{für adiabate Systeme und ideales Gas} \qquad \textbf{(Gl 3.79)}$$

Bei *offenen Systemen* kann mithilfe der Enthalpieänderung (beim idealen Gas Fläche unter der Isobaren zwischen T_1 und T_2) die technische Arbeit $W_{\mathrm{t}\,12}$ (Gl 2.16 mit $Q_{12} = 0$; ohne Änderung der kinetischen und potenziellen Energie)

$$W_{\mathrm{t}\,12} = H_2 - H_1$$

als Fläche dargestellt werden (B 3.26).

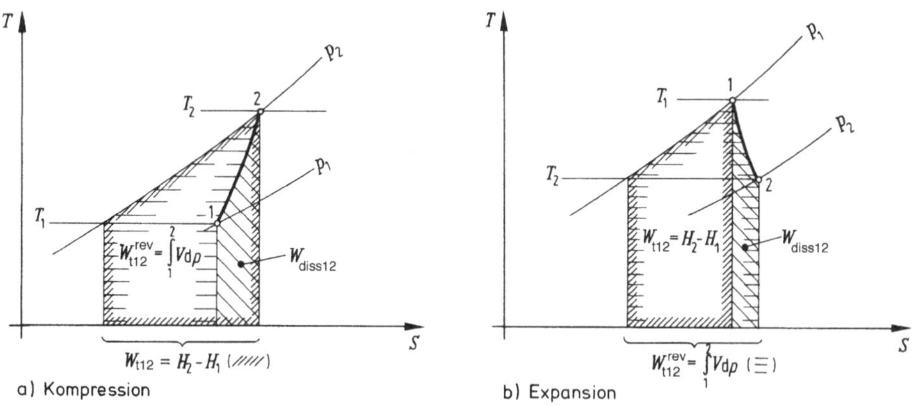

B 3.26 Prozesse in adiabaten offenen Systemen im T,S-Diagramm

$W_{t\,12}$ kann in den reversiblen Teil $W_{t\,12}^{rev}$ und den dissipierten Teil $W_{diss\,12}$ zerlegt werden (Gl 2.11). Somit ist auch $W_{t\,12}^{rev}$ als Fläche darstellbar.

Bei Kompression ist die reversible technische Arbeit $W_{t\,12}^{rev}$ kleiner als die tatsächlich erforderliche technische Arbeit $W_{t\,12}$, da die Dissipationsenergie $W_{diss\,12}$ zusätzlich aufzuwenden ist (B 3.26 a). Bei Expansion ist die reversible technische Arbeit $W_{t\,12}^{rev}$ größer als die tatsächlich abgegebene technische Arbeit $W_{t\,12}$, da die Dissipationsenergie $W_{diss\,12}$ im Fluid verbleibt (B 3.26 b).

Die in B 3.26 dargestellte reversible technische Arbeit gilt für den Zustandsverlauf $1 \rightarrow 2$. Dissipation verändert aber den Verlauf der Zustandsänderung und damit auch den Betrag der reversiblen technischen Arbeit (B 2.9). Bei der Definition von Wirkungsgraden gehen wir hierauf näher ein (Abschn. 4.2.4).

Bei *geschlossenen Systemen* können in ähnlicher Weise mithilfe der Isochoren zwischen T_1 und T_2 die Änderung der inneren Energie, die tatsächlich zu- oder abgeführte Arbeit $W_{g\,12}$ und die Volumenänderungsarbeit $W_{v\,12}$ dargestellt werden.

Beispiel 3.9: In einem adiabaten Verdichter wird ein Normvolumenstrom von 100 000 m³/h Methan von 1 MPa, 12 °C auf 4 MPa verdichtet, wodurch die Temperatur auf 150 °C steigt. Methan soll als ideales Gas behandelt, die spezifische Wärmekapazität kann mit dem Wert für 0 °C eingesetzt, die Änderung der kinetischen und potenziellen Energie vernachlässigt werden. Als Normdichte kann der Wert für das reale Gas aus T 1.5 verwendet werden.

a) Welche Verdichtungsleistung ist erforderlich (Lagerreibung vernachlässigt)?

b) Welche Leistung wird dissipiert?

c) Wie ändern sich der Enthalpie- und der Entropiestrom?

d) Wie groß ist die reversible technische Verdichterleistung?

Lösung:

Zu a): Massenstrom nach Gl 1.25:

$$\dot{m} = \dot{V}_n\,\rho_n = 100\,000\,\frac{\mathrm{m}^3}{\mathrm{h}}\,\frac{\mathrm{h}}{3\,600\,\mathrm{s}}\,0{,}717\,5\,\frac{\mathrm{kg}}{\mathrm{m}^3} = 19{,}930\,56\,\frac{\mathrm{kg}}{\mathrm{s}}$$

Technische Leistung nach Gl 2.16 mit $\dot{Q}_{12} = 0$; $h_2 - h_1$ nach Gl 2.45:

$$P_{t\,12} = \dot{H}_2 - \dot{H}_1 = \dot{m}\,c_p\,(T_2 - T_1)$$

$$P_{t\,12} = 19{,}930\,56\,\frac{\mathrm{kg}}{\mathrm{s}}\,2{,}156\,2\,\frac{\mathrm{kJ}}{\mathrm{kg\,K}}\,(423{,}15 - 285{,}15)\,\mathrm{K} = \underline{5\,930{,}4\,\mathrm{kW}}$$

Zu b): Polytropenexponent aus Gl 3.62:

$$n = \frac{\ln\dfrac{p_2}{p_1}}{\ln\dfrac{p_2}{p_1} - \ln\dfrac{T_2}{T_1}} = \frac{\ln\dfrac{4\,\mathrm{MPa}}{1\,\mathrm{MPa}}}{\ln\dfrac{4\,\mathrm{MPa}}{1\,\mathrm{MPa}} - \ln\dfrac{423{,}15\,\mathrm{K}}{285{,}15\,\mathrm{K}}} = 1{,}398\,06$$

Dissipierte Leistung (Gl 3.79):

$$P_{diss\,12} = \dot{m}\,c_v\,\frac{\varkappa - n}{n - 1}\,(T_1 - T_2)$$

$$P_{diss\,12} = 19{,}930\,56\,\frac{\mathrm{kg}}{\mathrm{s}}\,1{,}637\,9\,\frac{\mathrm{kJ}}{\mathrm{kg\,K}}\,\frac{1{,}316 - 1{,}398\,06}{1{,}398\,06 - 1}\,(285{,}15 - 423{,}15)\,\mathrm{K} = \underline{928{,}7\,\mathrm{kW}}$$

Zu c): Änderung des Enthalpiestromes (vergleiche Lösung zu a)):

$$\dot{H}_2 - \dot{H}_1 = P_{t\,12} = \underline{5\,930{,}4\,\text{kW}}$$

Entropiestromänderung (Gl 3.76):

$$\dot{S}_2 - \dot{S}_1 = \dot{m}\, c_v \frac{\varkappa - n}{n - 1} \ln \frac{T_1}{T_2}$$

$$\dot{S}_2 - \dot{S}_1 = 19{,}930\,56\, \frac{\text{kg}}{\text{s}}\, 1{,}637\,9\, \frac{\text{kJ}}{\text{kg K}}\, \frac{1{,}316 - 1{,}398\,06}{1{,}398\,06 - 1} \ln \frac{285{,}15\,\text{K}}{423{,}15\,\text{K}} = \underline{2{,}656\, \frac{\text{kW}}{\text{K}}}$$

Zu d): Reversible technische Verdichterleistung (Gl 2.11):

$$P_{t\,12}^{\text{rev}} = P_{t\,12} - P_{\text{diss}\,12}$$

$$P_{t\,12}^{\text{rev}} = (5\,930{,}4 - 928{,}7)\,\text{kW} = \underline{5\,002\,\text{kW}}$$

Aufgabe 3.13: In einer adiabaten Gasturbine expandieren irreversibel 100 000 kg/h Luft von 1 MPa, 960 K auf 100 kPa, Austrittstemperatur 600 K. Die spezifische Wärmekapazität soll mit dem Wert bei 0 °C eingesetzt werden, die Luft soll als ideales Gas behandelt werden. Änderungen der kinetischen und potenziellen Energie sind zu vernachlässigen.

a) Welche Leistung gibt die Turbine ab (Lagerreibung vernachlässigt)?

b) Welche Leistung wird dissipiert?

c) Wie ändern sich der Enthalpie- und der Entropiestrom?

d) Wie groß ist die reversible technische Leistung der Turbine?

Aufgabe 3.14: 10 *l* Luft von 100 kPa, 15 °C werden in einem Kompressor zunächst auf 1 MPa, anschließend auf 10 MPa reversibel verdichtet. Die Verdichtung erfolgt wahlweise

a) in einem nichtadiabaten Kompressor bei konstanter Temperatur,

b) in einem adiabaten Kompressor,

c) in einem nichtadiabaten Kompressor mit dem Polytropenexponenten $n = 1{,}2$.

Luft soll näherungsweise als ideales Gas angenommen werden. Die spez. Wärmekapazitäten und deren Verhältnis $\varkappa$ sollen mit den Werten bei 0 °C eingesetzt werden. Die kinetische und potenzielle Energie sollen sich nicht ändern.

Für die beiden Teilverdichtungen sind in den Fällen a) bis c) zu ermitteln

1. die reversible technische Arbeit
2. die zu- oder abgeführte Wärme
3. die Änderung der inneren Energie, Enthalpie und Entropie
4. der Verlauf im p,V-Diagramm mit Kennzeichnung der Flächen für die reversible technische Arbeit.

3.5 Kreisprozesse

3.5.1 Kontinuierlicher Ablauf in Kreisprozessen

Wir haben bisher Prozesse betrachtet, die die Zustandsänderung eines Stoffes vom Zustand 1 zum Zustand 2 bewirkten und damit abgeschlossen waren.

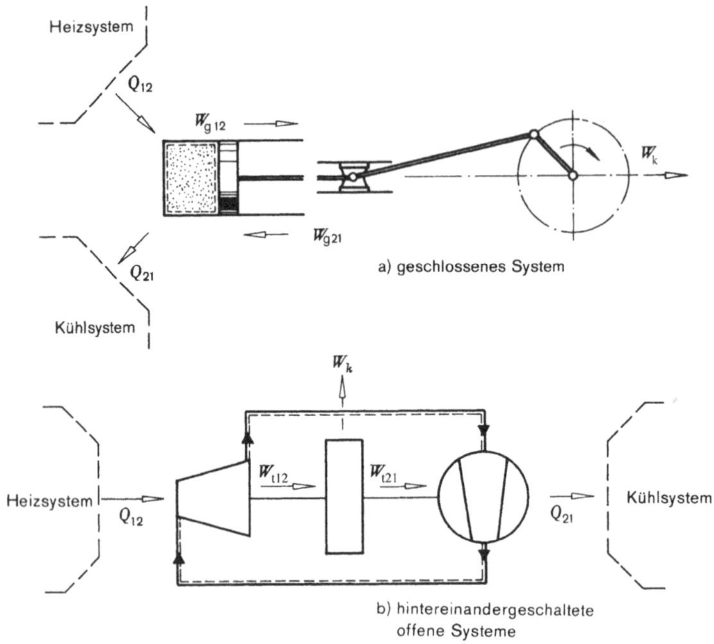

B 3.27 Schaltbilder von Kreisprozessen

Eine solche Zustandsänderung kann ein geschlossenes System nur einmal, ein offenes System nur so lange durchlaufen, wie – bspw. bei Expansion – Stoff vom Zustand 1 nachgeliefert wird. Nachströmender Stoff steht jedoch nicht unbegrenzt zur Verfügung, sodass auch in offenen Systemen kein endloser Ablauf möglich ist. Bei geeigneter Zustandsänderung von 1 nach 2, z. B. bei isothermer Expansion, kann auf diese Weise von geschlossenen Systemen einmalig, von offenen Systemen für eine begrenzte Zeit Arbeit verrichtet werden.

Es gibt aber eine Möglichkeit, bei beiden Systemen einen periodischen bzw. ununterbrochenen Verlauf der betrachteten Expansion von 1 nach 2 zu erreichen! Das geschlossene System muss hierzu durch einen zweckmäßigen Vorgang wieder in den Anfangszustand 1 gebracht werden, wonach die Zustandsänderung von 1 nach 2 sich wiederholen und die Expansionsarbeit erneut abgegeben werden kann **(B 3.27 a)**.

Beim offenen System muss der abströmende Stoff vom Zustand 2 in einem nachgeschalteten zweiten offenen System auf geeignete Weise ständig wieder in den Anfangszustand 1 gebracht werden. Dadurch wird die Expansionsarbeit bei der Zustandsänderung von 1 nach 2 kontinuierlich verrichtet (B 3.27 b).

Ein solcher Prozess, bei dem ein System seinen Anfangszustand wieder erreicht, ist ein *Kreisprozess* **(B 3.28)**.

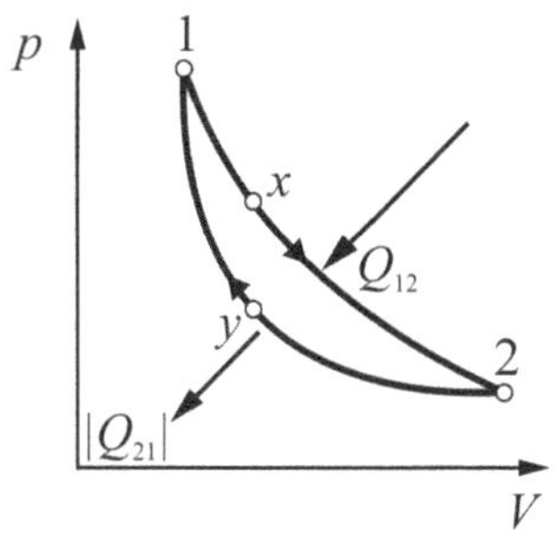

B 3.28 Kreisprozess im p,V-Diagramm[1)]

3

3.5.2 Arbeit und Prozessverlauf

Arbeit des Kreisprozesses. Wir betrachten in einem geschlossenen System einen beliebigen Kreisprozess (B 3.28). Ein solcher Prozess kann beispielsweise durch eine Kolbenmaschine verwirklicht gedacht werden (B 3.27 a). Das in dem Zylinder der Maschine eingeschlossene Gas expandiert von 1 über x nach 2 und gibt dabei an den Kolben die negative Arbeit $W_{g\,12}$ ab, die in einen Energiespeicher gegeben wird. Anschließend wird das Gas durch den Kolben über den Zustand y auf den Anfangszustand 1 verdichtet. Die hierfür erforderliche positive Arbeit $W_{g\,21}$ wird dem Energiespeicher entnommen.

Bei diesem Prozess ist nach Wiedererreichen des Anfangspunktes 1 ein negativer Energiebetrag im Speicher zurückgeblieben, der als Arbeit nach außen abgegeben werden kann. Wir nennen sie die *Arbeit des Kreisprozesses* W_k.

Für die Zustandsänderungen von 1 nach 2 über x und von 2 nach 1 über y setzen wir jeweils Gl 2.9 an und addieren die Gleichungen:

$$Q_{12} + W_{g\,12} = U_2 - U_1$$

$$Q_{21} + W_{g\,21} = U_1 - U_2$$

$$W_{g\,12} + W_{g\,21} = -(Q_{12} + Q_{21})$$

Die Summen der vom Gas an den Kolben abgegebenen und dann wieder vom Kolben dem Gas zugeführten Arbeiten hatten wir Arbeit des Kreisprozesses W_k genannt:

$$W_k = \sum W_g = -\sum Q \qquad \textbf{(Gl 3.80)}$$

Den Kreisprozess (B 3.28) können wir auch in hintereinander geschalteten offenen Systemen ablaufen lassen (B 3.27 b). Für die Zustandsänderungen in den einzelnen offenen Systemen setzen wir jeweils Gl 2.16 an und addieren die Gleichungen:[2)]

[1)] Die bei einer Zustandsänderung zu- bzw. abgeführte Energie kann in Diagrammen mit einem Energiepfeil, der auf die Zustandslinie hin- bzw. von der Zustandslinie wegzeigt, eingetragen werden.

[2)] Die kinetische und potenzielle Energie fallen bei der Addition heraus, daher wurden sie weggelassen und Gl 2.16 statt Gl 2.17 angesetzt.

$$Q_{12} = H_2 - H_1 - W_{t12}$$

$$Q_{21} = H_1 - H_2 - W_{t21}$$

$$W_{t12} + W_{t21} = -(Q_{12} + Q_{21})$$

Nach Gl 3.80 ist $W_k = -\sum Q$, somit wird aus obiger Gleichung

$$W_k = \sum W_t = -\sum Q \qquad \textbf{(Gl 3.81)}$$

Die *Arbeit des reversiblen Kreisprozesses* W_k^{rev} ergibt sich aus Gl 3.80 und Gl 3.81 mit $\sum W_{diss} = 0$:

$$W_k^{rev} = \sum W_v = -\sum Q^{rev} \qquad \textbf{(Gl 3.82)}$$

$$W_k^{rev} = \sum W_t^{rev} = -\sum Q^{rev} \qquad \textbf{(Gl 3.83)}$$

Die Arbeit des Kreisprozesses W_k (reversibel W_k^{rev}) ist gleich der Summe aller zu- und abgeführten Arbeiten $\sum W_g$ (reversibel $\sum W_v$) bzw. technischen Arbeiten $\sum W_t$ (reversibel $\sum W_t^{rev}$) und auch gleich dem negativen Wert der Summe aller zu- und abgeführten Wärmen $-\sum Q$ (reversibel $-\sum Q^{rev}$) (Gl 3.80 bis Gl 3.83).

Die Gleichungen 3.80 bis 3.83 sind gleichermaßen für die Berechnung von Kreisprozessen verwendbar, wenngleich $\sum W_g$ bzw. $\sum W_v$ nur in geschlossenen Systemen und $\sum W_t$ bzw. $\sum W_t^{rev}$ nur in offenen Systemen die Bedeutung von tatsächlich verrichteten Arbeiten haben.

Rechts- und linkslaufende Kreisprozesse. Ein Kreisprozess, bei dem in einem Zustandsdiagramm, z. B. dem p,V-Diagramm, die aufeinander folgenden Zustandsänderungen im Uhrzeigersinn verlaufen, wird als *rechtslaufender Kreisprozess* bezeichnet (B 3.28). Werden die aufeinander folgenden Zustandsänderungen im Gegenuhrzeigersinn durchlaufen, liegt ein *linkslaufender Kreisprozess* vor **(B 3.29)**.

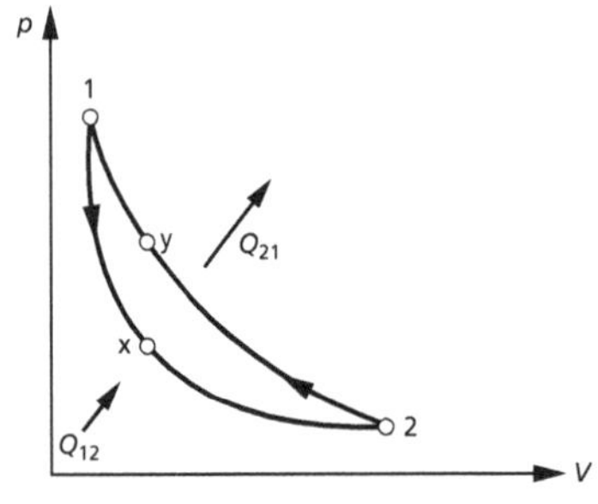

B 3.29 Linkslaufender Kreisprozess im p,V-Diagramm

Die bei dem jeweiligen Prozessverlauf verrichteten Arbeiten sollen für reversible Kreisprozesse nachfolgend dargestellt werden.

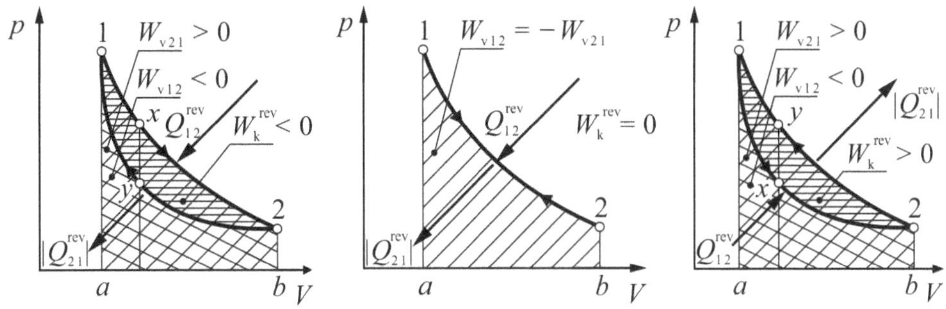

a) rechtslaufender Prozess b) Kreisprozess ohne Nutzarbeit c) linkslaufender Prozess

B 3.30 Arbeit des reversiblen Kreisprozesses im p,V-Diagramm, $W_k^{rev} = \sum W_v$

Rechtslaufender Kreisprozess. Nach Gl 3.82 ist die Arbeit des reversiblen Kreisprozesses gleich der Summe der Volumenänderungsarbeiten. Bei der Expansion von 1 nach 2 über x **(B 3.30 a)** wird die negative Volumenänderungsarbeit

$$W_{v\,12} = -\int_1^2 p\,\mathrm{d}V \mathrel{\widehat{=}} \text{Fläche } 1\,x\,2\,b\,a$$

frei. Nach der Expansion wird der Anfangszustand durch eine über y verlaufende Zustandsänderung erreicht. Dabei muss dem System die positive Volumenänderungsarbeit

$$W_{v\,21} = -\int_2^1 p\,\mathrm{d}V \mathrel{\widehat{=}} \text{Fläche } 2\,y\,1\,a\,b$$

zugeführt werden.

Beim rechtslaufenden Kreisprozess ist die bei Expansion abgeführte negative Volumenänderungsarbeit größer als die bei Kompression zuzuführende positive, sodass bei dem gesamten Kreisprozess ein negativer Wert für die Arbeit übrig bleibt, die vom System abgegeben wird (Abschn. 3.5.3). Beim reversiblen Kreisprozess wird diese Arbeit W_k^{rev} im p,V-Diagramm durch die von den Zustandsänderungen eingeschlossene Fläche dargestellt.

Die Arbeit des rechtslaufenden Kreisprozesses ist als eine vom System nach außen abgegebene Arbeit immer negativ, wir nennen sie in diesem Fall auch *Nutzarbeit des Kreisprozesses.* Dann muss nach Gl 3.80 bis Gl 3.83 $\sum Q$ (reversibel $\sum Q^{rev}$) positiv werden, es muss mehr Wärme zu- als abgeführt, insgesamt also Wärme aufgenommen werden. Die Temperatur T_x, bei der die Wärme zugeführt wird, ist höher als die Temperatur T_y, bei der die Wärme abgeführt wird (B 3.28), denn für ein beliebiges Volumen $V = V_x = V_y$ ist (Gl 1.15):

$$T_x = \frac{p_x\,V}{m\,R_i} \qquad T_y = \frac{p_y\,V}{m\,R_i}$$

$$\frac{T_x}{T_y} = \frac{p_x}{p_y} > 1 \rightarrow T_x > T_y$$

Die Maschine oder Anlage, in der dieser Kreisprozess abläuft, bei dem *Wärme aufgenommen und Arbeit abgegeben wird,* ist eine *Wärmekraftmaschine* (*Wärmekraftanlage*). Der

Überschuss aus der zugeführten gegenüber der abgeführten Wärme wird in Wärmekraftmaschinen (-anlagen) in Arbeit umgesetzt.

Beim reversiblen Kreisprozess werden die eingeschlossene Fläche im p, V-Diagramm und damit die Arbeit zu null, wenn zur Wiedergewinnung des Anfangszustandes 1 die gleiche Zustandsänderung wie bei der Expansion verwendet würde (B 3.30 b). Dann würde die bei der Expansion abgegebene Arbeit gerade wieder für die Kompression verbraucht. Wärmezu- und Wärmeabfuhr würden bei gleicher Temperatur, $T_x = T_y$, erfolgen. Die Umformung von Wärme in Arbeit ist demnach nur möglich, wenn die Wärmezufuhr bei höherer Temperatur als die Wärmeabfuhr vor sich geht.

Anstelle der Volumenänderungsarbeiten können auch die reversiblen technischen Arbeiten zur Berechnung der Arbeit des reversiblen Kreisprozesses herangezogen werden (Gl 3.83). Diese sind bei konstanter kinetischer und potenzieller Energie $W_{t12} = \int_1^2 V\,\mathrm{d}p$ und $W_{t21} = \int_2^1 V\,\mathrm{d}p$ und somit im p, V-Diagramm als Flächen unter den Zustandsänderungen zur p-Achse darstellbar. Auch durch die Summe der reversiblen technischen Arbeiten erscheint die von den Zustandsänderungen eingeschlossene Fläche als Arbeit des reversiblen Kreisprozesses **(B 3.31)**.

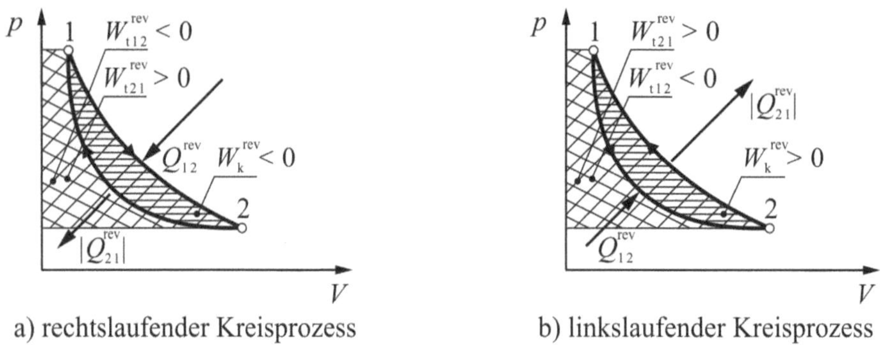

B 3.31 Arbeit des reversiblen Kreisprozesses im p, V-Diagramm, $W_k^{rev} = \sum W_t^{rev}$

Linkslaufender Kreisprozess. Wird der Anfangszustand 1 durch eine Zustandsänderung $2\,y\,1$ nach (B 3.30 c) angestrebt, so ist die zuzuführende positive Volumenänderungsarbeit

$$W_{v21} = -\int_2^1 p\,\mathrm{d}V \mathrel{\widehat{=}} \text{Fläche } 2\,y\,1\,a\,b$$

größer als die bei Expansion abgegebene negative Volumenänderungsarbeit

$$W_{v12} = -\int_1^2 p\,\mathrm{d}V \mathrel{\widehat{=}} \text{Fläche } 1\,x\,2\,b\,a\,.$$

Insgesamt wird die Arbeit dieses *linkslaufenden Kreisprozesses* positiv und ist von außen zuzuführen. $\sum Q$ (reversibel $\sum Q^{rev}$) wird negativ (Gl 3.80 bis Gl 3.83), es wird mehr Wärme ab- als zugeführt, insgesamt also Wärme abgegeben. Die Wärmeaufnahme findet bei niedrigerer Temperatur als die Wärmeabgabe statt: $T_x < T_y$.

Die Maschine, in der dieser Kreisprozess abläuft, bei dem *Wärme abgegeben und Arbeit aufgenommen* wird, heißt *Wärmepumpe* oder *Kältemaschine* (Abschn. 3.5.6). Die abgeführte Wärme wird aus der zugeführten Wärme und der zugeführten Arbeit gedeckt.

Kreisprozesse im T,S-Diagramm. Im T,S-Diagramm lässt sich die Arbeit $W_\mathrm{k}^\mathrm{rev}$ mittels der zu- oder abgeführten Wärmen $\sum Q^\mathrm{rev}$ (Flächen zur S-Achse) veranschaulichen. Da $\sum Q^\mathrm{rev} = -W_\mathrm{k}^\mathrm{rev}$ ist (Gl 3.82 u. Gl 3.83), stellt die von den Zustandsänderungen eingeschlossene Fläche auch hier die Arbeit des reversiblen Kreisprozesses $W_\mathrm{k}^\mathrm{rev}$ dar **(B 3.32)**.

3

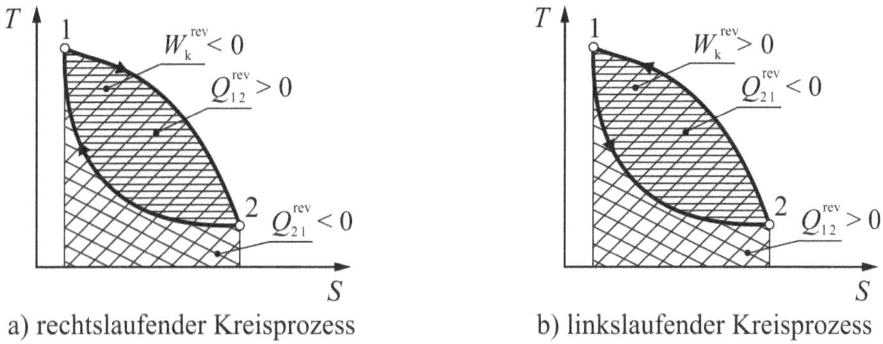

B 3.32 Arbeit des reversiblen Kreisprozesses $W_\mathrm{k}^\mathrm{rev}$ im T,S-Diagramm

Die Arbeit des reversiblen Kreisprozesses $W_\mathrm{k}^\mathrm{rev}$ stellt sich im p,V- und im T,S-Diagramm als von den Zustandsänderungen eingeschlossene Fläche dar.

3.5.3 Wärmekraftmaschine

Umwandlung von Wärme in Arbeit. Beim rechtslaufenden Kreisprozess wird einer Maschine Wärme zugeführt und durch sie in Arbeit verwandelt. Wünschenswert ist ein Kreisprozess, bei dem ein möglichst großer Teil der zugeführten Wärme von der Maschine in Form von Arbeit abgegeben wird. Wir werden sehen, dass diese Energieumwandlung von Wärme in Arbeit nie vollständig sein kann, sondern dass auch im günstigsten Fall nur ein Teil der zugeführten Wärme als Arbeit abgegeben wird (Abschn. 3.5.4).

Thermischer Wirkungsgrad. Das Verhältnis des Betrages der abgegebenen Nutzarbeit des Kreisprozesses zur zugeführten Wärme wird als *thermischer Wirkungsgrad* bezeichnet.

$$\eta_\mathrm{th} = \frac{|W_\mathrm{k}|}{Q_\mathrm{zu}} \qquad \textbf{(Gl 3.84)}$$

Für den reversiblen Kreisprozess gilt

$$\eta_\mathrm{th}^\mathrm{rev} = \frac{|W_\mathrm{k}^\mathrm{rev}|}{Q_\mathrm{zu}^\mathrm{rev}} \qquad \textbf{(Gl 3.85)}$$

Beispiel 3.10: 100 kg Luft von 15 MPa, 40 °C durchlaufen in drei hintereinander geschalteten offenen Systemen einen Kreisprozess. Zunächst werden in einem Wärmeübertrager der durchströmenden Luft 50 MJ als Wärme isobar zugeführt, dann wird die Luft in einer Turbine entspannt und gleichzeitig durch eingespritzten Brennstoff beheizt, sodass die Expansion mit $n = 1{,}2$ polytrop verläuft. Anschließend wird die Luft in einem gut gekühlten Verdichter bei konstanter Temperatur auf den Ausgangszustand verdichtet. Der Prozess soll reversibel verlaufen.

Die Veränderung der Gaszusammensetzung durch die Verbrennung, die Temperaturabhängigkeit der spez. Wärmekapazität und deren Verhältnis $\varkappa$ sind zu vernachlässigen; die Zahlenwerte sollen für Luft von 0 °C und idealen Gaszustand eingesetzt werden.

a) Der Kreisprozess ist schematisch im p,V-Diagramm darzustellen.

b) Für die Eckpunkte des Kreisprozesses sind Druck, Volumen, Temperatur, innere Energie und Enthalpie zu bestimmen, wobei $U_1 = 0$ gesetzt werden soll.

c) Die Nutzarbeit des Kreisprozesses ist zu berechnen.

d) Der thermische Wirkungsgrad ist zu bestimmen.

Lösung:

Zu a): **(B 3.33)**

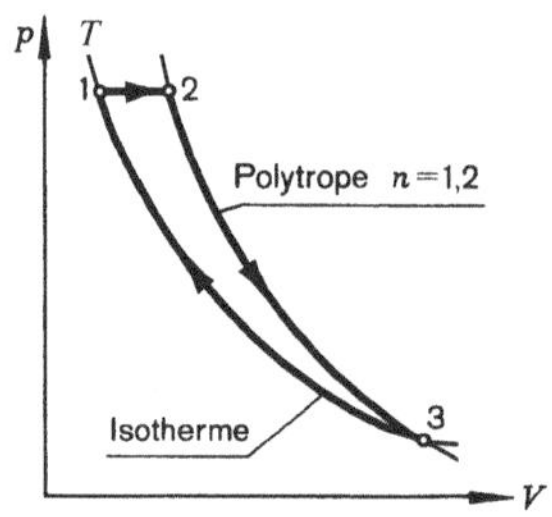

B 3.33 Kreisprozess des Bsp. 3.10

Zu b): *Punkt* 1: $p_1 = \underline{15\,\text{MPa}}$; $t_1 = \underline{40\,°\text{C}}$; $T_1 = \underline{313{,}15\,\text{K}}$

(Gl 1.16): $V_1 = \dfrac{m R_i T_1}{p_1} = \dfrac{100\,\text{kg}\; 287{,}1\,\text{J}\; 313{,}15\,\text{K}}{\text{kg K}\; 15 \cdot 10^6\,\text{Pa}} \dfrac{\text{m}^2\,\text{Pa}}{\text{N}} \dfrac{\text{N m}}{\text{J}}$

$V_1 = \underline{0{,}599\,4\,\text{m}^3}$; $U_1 = \underline{0}$

(Gl 2.12): $H_1 = U_1 + p_1 V_1$

$= 0 + 15 \cdot 10^6\,\text{Pa} \dfrac{\text{N}}{\text{Pa m}^2}\, 0{,}599\,4\,\text{m}^3 \dfrac{\text{MJ}}{10^6\,\text{N m}}$

$H_1 = \underline{9{,}0\,\text{MJ}}$

Punkt 2: $p_2 = \underline{15\,\text{MPa}}$

(Gl 3.32): $t_2 = \dfrac{Q_{12}^{\text{rev}}}{m\, c_p} + t_1 = \dfrac{50\,000\,\text{kJ kg K}}{100\,\text{kg}\; 1{,}004\,3\,\text{kJ}} + 40\,°\text{C}$

$t_2 = \underline{537{,}9\,°\text{C}}$ $T_2 = \underline{811\,\text{K}}$

(Gl 3.27): $V_2 = V_1 \dfrac{T_2}{T_1} = 0{,}599\,\text{m}^3 \dfrac{811\,\text{K}}{313{,}15\,\text{K}} = \underline{1{,}552\,\text{m}^3}$

(Gl 2.44): $U_2 = m\, c_v\,(T_2 - T_1) + U_1 = 100\,\text{kg}\; 0{,}717\,2 \dfrac{\text{kJ}}{\text{kg K}}\,(811 - 313{,}15)\,\text{K} \dfrac{\text{MJ}}{10^3\,\text{kJ}} + 0$

$U_2 = \underline{35{,}7\,\text{MJ}}$

(Gl 2.45): $H_2 = m\, c_p\,(T_2 - T_1) + H_1 = 100\,\text{kg}\; 1{,}004\,3 \dfrac{\text{kJ}}{\text{kg K}}\,(811 - 313{,}15)\,\text{K} \dfrac{\text{MJ}}{10^3\,\text{kJ}} + 9{,}0\,\text{MJ}$

$H_2 = \underline{59{,}0\,\text{MJ}}$

Punkt 3: $t_3 = t_1 = \underline{40\,°\text{C}}$

$T_3 = T_1 = \underline{313{,}15\,\text{K}}$

(Gl 3.61): $p_3 = p_2 \left(\dfrac{T_3}{T_2}\right)^{\frac{n}{n-1}} = 15\,\text{MPa} \left(\dfrac{313{,}15\,\text{K}}{811\,\text{K}}\right)^{\frac{1{,}2}{1{,}2-1}} = \underline{0{,}0497\,\text{MPa}}$

$$V_3 = V_2 \left(\frac{T_2}{T_3}\right)^{\frac{1}{n-1}} = 1{,}552\,\text{m}^3 \left(\frac{811\,\text{K}}{313{,}15\,\text{K}}\right)^{\frac{1}{1{,}2-1}} = \underline{181\,\text{m}^3}$$

$$U_3 = m\,c_v\,(T_3 - T_2) + U_2 = 100\,\text{kg}\,0{,}717\,2\,\frac{\text{kJ}}{\text{kg K}}\,(313{,}15 - 811)\,\text{K}\,\frac{\text{MJ}}{10^3\,\text{kJ}} + 35{,}7\,\text{MJ}$$

$$U_3 = \underline{0}$$

$$H_3 = m\,c_p\,(T_3 - T_2) + H_2 = 100\,\text{kg}\,1{,}004\,3\,\frac{\text{kJ}}{\text{kg K}}\,(313{,}15 - 811)\,\text{K}\,\frac{\text{MJ}}{10^3\,\text{kJ}} + 59\,\text{MJ}$$

$$H_3 = \underline{9{,}0\,\text{MJ}}$$

Die Punkte 3 und 1 sind durch eine Isotherme verbunden, d. h. $T_3 = T_1$. Dann müssen auch $U_3 = U_1$ und $H_3 = H_1$ sein, da innere Energie und Enthalpie nur von der Temperatur abhängen. Die Zahlenrechnung bestätigt diese Überlegung.

Geht man von Punkt 3 zum Anfangspunkt 1 zurück, so erreichen alle Zustandsgrößen wieder ihren ursprünglichen Wert.

Zu c): Die *Nutzarbeit des Kreisprozesses* kann nach Gl 3.82 oder Gl 3.83 ermittelt werden.

nach Gl 3.82: $W_\text{k}^\text{rev} = \sum W_\text{v} = W_{\text{v ib}\,1\,2} + W_{\text{v pol}\,2\,3} + W_{\text{v ith}\,3\,1}$

(Gl 3.28): $W_{\text{v ib}\,1\,2} = p_1\,(V_1 - V_2) = 15 \cdot 10^6\,\text{Pa}\,\frac{\text{N}}{\text{Pa m}^2}\,(0{,}5994 - 1{,}552)\,\text{m}^3\,\frac{\text{MJ}}{10^6\,\text{N m}}$

$W_{\text{v ib}\,1\,2} = -14{,}29\,\text{MJ}$

(Gl 3.66): $W_{\text{v pol}\,2\,3} = \frac{m\,R_\text{i}}{n-1}\,(T_3 - T_2) = \frac{100\,\text{kg}\,287{,}1\,\text{J}}{\text{kg K}\,(1{,}2-1)}\,(313{,}15 - 811)\,\text{K}\,\frac{\text{MJ}}{10^6\,\text{J}}$

$W_{\text{v pol}\,2\,3} = -71{,}47\,\text{MJ}$

(Gl 3.36): $W_{\text{v ith}\,3\,1} = m\,R_\text{i}\,T_1\,\ln\frac{p_1}{p_3} = 100\,\text{kg}\,287{,}1\,\frac{\text{J}}{\text{kg K}}\,313{,}15\,\text{K}\,\frac{\text{MJ}}{10^6\,\text{J}}\,\ln\frac{15\,\text{MPa}}{0{,}0497\,\text{MPa}}$

$W_{\text{v ith}\,3\,1} = 51{,}33\,\text{MJ}$

$W_\text{k}^\text{rev} = -14{,}29\,\text{MJ} - 71{,}47\,\text{MJ} + 51{,}33\,\text{MJ} = \underline{-34{,}4\,\text{MJ}}$

nach Gl 3.83: $W_\text{k}^\text{rev} = \sum W_\text{t}^\text{rev} = W_{\text{t ib}\,1\,2}^\text{rev} + W_{\text{t pol}\,2\,3}^\text{rev} + W_{\text{t ith}\,3\,1}^\text{rev}$

(Gl 3.30): $W_{\text{t ib}\,1\,2}^\text{rev} = 0$

(Gl 3.69): $W_{\text{t pol}\,2\,3}^\text{rev} = n\,W_{\text{v pol}\,2\,3} = -1{,}2 \cdot 71{,}47\,\text{MJ} = -85{,}76\,\text{MJ}$

(Gl 3.37): $W_{\text{t ith}\,3\,1}^\text{rev} = W_{\text{v ith}\,3\,1} = 51{,}33\,\text{MJ}$

$W_\text{k}^\text{rev} = 0 - 85{,}76\,\text{MJ} + 51{,}33\,\text{MJ} = \underline{-34{,}4}\,\text{MJ}$

Wir prüfen das Ergebnis nach einer dritten Methode:

(Gl 3.82) oder (Gl 3.83):

$$W_\text{k}^\text{rev} = -\sum Q^\text{rev} = -(Q_{\text{ib}\,1\,2}^\text{rev} + Q_{\text{pol}\,2\,3}^\text{rev} + Q_{\text{ith}\,3\,1}^\text{rev})$$

mit: $Q_{\text{ib}\,1\,2}^\text{rev} = 50\,\text{MJ}$

(Gl 3.74): $Q_{\text{pol}\,2\,3}^\text{rev} = W_{\text{v pol}\,2\,3}\,\frac{n-\varkappa}{\varkappa-1} = -71{,}47\,\text{MJ}\,\frac{1{,}2 - 1{,}400}{1{,}400 - 1} = 35{,}7\,\text{MJ}$

(Gl 3.39): $Q_{\text{ith}\,3\,1}^{\text{rev}} = -W_{\text{v ith}\,3\,1} = -51{,}3\ \text{MJ}$

$$W_{\text{k}}^{\text{rev}} = -(50\ \text{MJ} + 35{,}8\ \text{MJ} - 51{,}3\ \text{MJ}) = \underline{-34{,}4\ \text{MJ}}$$

Die drei Lösungswege liefern die gleiche Nutzarbeit. In der Regel genügt die Lösung nach der einfachsten Methode, in diesem Fall nach Gl 3.83, da hierin $W_{\text{t ib}\,1\,2}^{\text{rev}} = 0$ wird.

Zu d): *Thermischer Wirkungsgrad:*

(Gl 3.85): $$\eta_{\text{th}}^{\text{rev}} = \frac{|W_{\text{k}}^{\text{rev}}|}{Q_{\text{zu}}^{\text{rev}}} = \frac{|W_{\text{k}}^{\text{rev}}|}{Q_{\text{ib}\,1\,2}^{\text{rev}} + Q_{\text{pol}\,2\,3}^{\text{rev}}} = \frac{34{,}4\ \text{MJ}}{50\ \text{MJ} + 35{,}7\ \text{MJ}} = \underline{0{,}40}$$

3.5.4 Grenzen der thermischen Energieumwandlung

Carnot-Prozess. An einem von *Carnot* 1824 vorgeschlagenen und nach ihm benannten reversiblen Kreisprozess lassen sich die Grenzen der thermischen Energieumwandlung anschaulich aufzeigen.

Der Carnot-Prozess besteht aus zwei isothermen und zwei isentropen Zustandsänderungen **(B 3.34** u. **B 3.35)**. Bei rechtslaufendem Prozess wird die Wärme bei der höchsten

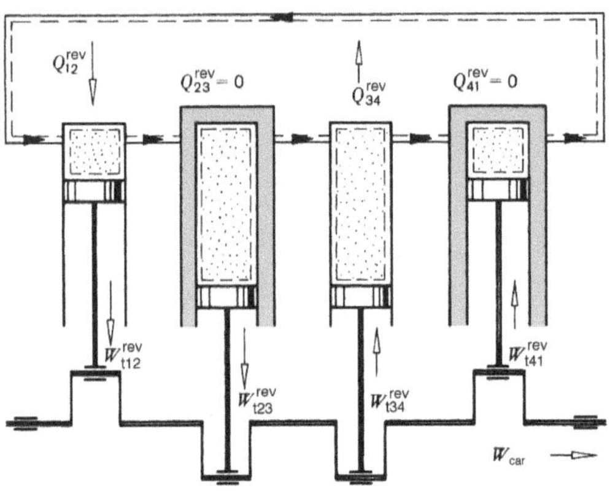

geschlossenes System, bestehend aus vier offenen Systemen

B 3.34 Carnot-Prozess, Arbeitsprinzip

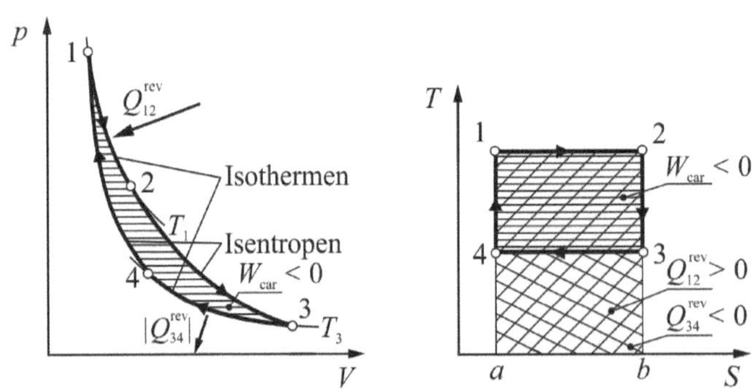

a) p,V-Diagramm b) T,S-Diagramm

B 3.35 Rechtslaufender Carnot-Prozess im p,V- und T,S-Diagramm im Prozess vorkommenden Temperatur isotherm zugeführt und bei der tiefsten Temperatur isotherm abgeführt.

Die Nutzarbeit des Carnot-Prozesses W_{car} ist nach Gl 3.82 oder Gl 3.83 mit $Q_{23}^{rev} = Q_{41}^{rev} = 0$:

$$W_{car} = -(Q_{12}^{rev} + Q_{34}^{rev})$$

Hierin ist die isotherme Wärmeübertragung (Gl 3.44 mit $W_{diss\,12} = 0$):

$$Q_{12}^{rev} = T_1\,(S_2 - S_1)$$

$$Q_{34}^{rev} = T_3\,(S_4 - S_3) = -T_3\,(S_2 - S_1)$$

Wir dividieren die ab- durch die zugeführte Wärme:

$$\frac{Q_{34}^{rev}}{Q_{12}^{rev}} = -\frac{T_3}{T_1}$$

$$\frac{Q_{12}^{rev}}{T_1} + \frac{Q_{34}^{rev}}{T_3} = 0; \qquad \sum \frac{Q_{ith}^{rev}}{T} = 0 \qquad \textbf{(Gl 3.86)}$$

Die *Nutzarbeit des Carnot-Prozesses* [1)] ist mit $Q_{34}^{rev} = -Q_{12}^{rev}\,\frac{T_3}{T_1}$ (Gl 3.86):

$$W_{car} = -(Q_{12}^{rev} + Q_{34}^{rev}) = -\left(Q_{12}^{rev} - Q_{12}^{rev}\,\frac{T_3}{T_1}\right)$$

$$W_{car} = -\left(1 - \frac{T_3}{T_1}\right) Q_{12}^{rev} \qquad \textbf{(Gl 3.87)}$$

Carnot-Faktor. Dem thermischen Wirkungsgrad des Carnot-Prozesses geben wir als dem besten in einem Kreisprozess überhaupt möglichen die Bezeichnung *Carnot-Faktor* [1; Kap. 3.1.5]. [2)]

$$\eta_c = \eta_{th\,max}^{rev} = \frac{|W_{car}|}{Q_{12}^{rev}} = 1 - \frac{T_3}{T_1} \qquad \textbf{(Gl 3.88)}$$

Der Carnot-Faktor gibt an, welcher Anteil der einem Kreisprozess zugeführten Wärme maximal in Arbeit umwandelbar ist. Der Carnot-Faktor ist von dem Arbeitsmittel und von allen Einzelheiten in der Bauart des Systems völlig unabhängig, sondern nur durch die Temperaturen T_1 und T_3 bestimmt, zwischen denen der Prozess abläuft.

Wir erkennen (Gl 3.88):

1. Der Carnot-Faktor wird umso günstiger, je höher die Temperatur T_1 ist, bei der die Wärme Q_{12}^{rev} zugeführt wird, und je niedriger die Temperatur T_3 ist, bei der die Wärme Q_{34}^{rev} abgeführt wird. Die tiefstmögliche Temperatur T_3 ist in der Regel die Umgebungstemperatur T_b.

[1)] Vergleichsprozesse, wie der Carnot-Prozess u. a. (Abschnitte 4 u. 5) werden grundsätzlich als *reversible* Prozesse angenommen. Daher ist bei Formelzeichen mit Kennzeichnung des Vergleichsprozesses (z. B. W_{car}) der Index „rev" entbehrlich.

[2)] Der Carnot-Faktor begrenzt den Wirkungsgrad aller Prozesse, in deren Verlauf Energie, z. B. Brennstoffenergie, zunächst in Wärme und schließlich in Arbeit umgewandelt wird. Dieser Einschränkung unterliegen elektrochemische Energieumwandlungen nicht (s. Brennstoffzelle, Abschnitt 9.9).

2. Der Wert $\eta_c = 1$ ist nicht erreichbar, weil in Wärmekraftmaschinen die Temperatur T_3 nicht auf 0 K gesenkt werden kann. Die zugeführte Wärme kann demnach beim Kreisprozess niemals vollständig, sondern nur zu einem Teil in Arbeit umgeformt werden. Der übrige Teil wird bei geringer Temperatur an die Umgebung abgeführt.

3. Der Carnot-Faktor und damit die Nutzarbeit des Carnot-Prozesses werden zu null, wenn zwischen Wärmezufuhr und Wärmeabfuhr kein Temperaturgefälle ($T_3 = T_1$) besteht. Die mit Umgebungstemperatur T_b zur Verfügung stehenden riesigen Energien in den Meeren und in der Luft sind somit thermodynamisch wertlos.

Der thermische Wirkungsgrad des Carnot-Prozesses kann im *T,S*-Diagramm als Flächenverhältnis gedeutet werden (B 3.35 b).

$$\eta_c = \frac{\text{Fläche } 1\,2\,3\,4}{\text{Fläche } 1\,2\,\text{b}\,\text{a}}$$

Wird ein beliebiger reversibler Kreisprozess im *T,S*-Diagramm **(B 3.36)** durch viele Senkrechten in Teilprozesse zerlegt, dann ist der thermische Wirkungsgrad dieses beliebigen Kreisprozesses

$$\eta_{th}^{rev} = \frac{\sum \text{Fläche } ///}{\sum \text{Fläche } (/// + \backslash\backslash\backslash)}$$

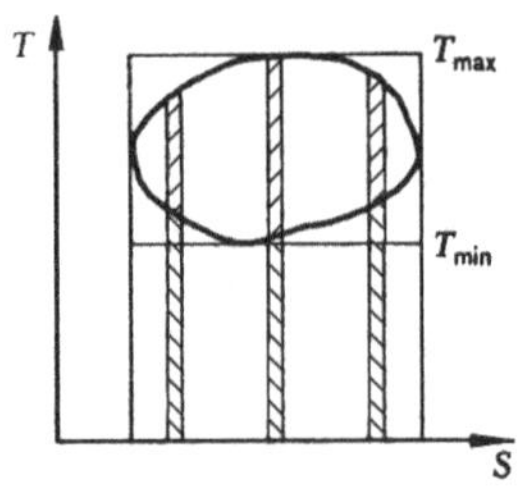

B 3.36 Beliebiger reversibler Kreisprozess im *T,S*-Diagramm

Wird dem beliebigen Kreisprozess mit den Temperaturen T_{max} und T_{min} ein Carnot-Prozess umschrieben, so ist an den Flächenverhältnissen erkennbar, dass der thermische Wirkungsgrad der Teilprozesse meist kleiner und nur im Grenzfall gleich dem des entsprechenden Teil-Carnot-Prozesses ist.

Es ist kein reversibler Kreisprozess mit einem besseren thermischen Wirkungsgrad als beim Carnot-Prozess denkbar.

Der Carnot-Prozess wird gern als Vergleichsprozess zur Beurteilung anderer Kreisprozesse herangezogen. Er ist aber bisher in keiner Maschine verwirklicht worden (vgl. Abschn. 4.1.2).

Einige andere Vergleichsprozesse, z. B. der Stirling-Prozess (Abschn. 4.3.2) und der Ericsson-Prozess (Abschn. 4.2.3), erreichen den gleichen thermischen Wirkungsgrad wie der Carnot-Prozess. Die ersten Erkenntnisse über reversible Kreisprozesse gehen aber auf Carnot zurück.

Thermodynamische Temperatur. Aus dem Carnot-Faktor lässt sich mittels eines Gedankenexperiments die *Temperatur thermodynamisch definieren:* Man legt für eine der beiden Temperaturen, z. B. für T_1, einen willkürlichen Zahlenwert fest, misst an einer nach dem Carnot-Prozess arbeitenden Wärmekraftmaschine den thermischen Wirkungsgrad $\left(\eta_c = \frac{|W_{car}|}{Q_{12}^{rev}}\right)$ und kann daraus die unbekannte Temperatur T_3 berechnen $\left(\eta_c = 1 - \frac{T_3}{T_1}\right)$. Diese einwandfreie physikalische Definition der Temperatur fand zuerst Kelvin, nach dem die Einheit der thermodynamischen Temperatur benannt ist. Die auf diese Weise gewonnene Temperatur stimmt mit der des Gasthermometers überein. Praktisch ist dieser Versuch nicht durchführbar, da der Carnot-Prozess bisher in keiner Maschine verwirklicht wurde (vgl. Abschnitt 4.1.2).

Aufgabe 3.15: Ein Carnot-Prozess mit Luft ist maßstäblich in ein *T,s*-Diagramm einzutragen.

Der Anfangszustand ist 2 MPa, 748 °C. Von dort erfolgt die Entspannung zunächst isotherm auf 900 kPa und dann isentrop auf 200 kPa. Die spezifische Entropie für den Anfangszustand soll $s_1 = 0$ angenommen werden. Luft soll näherungsweise als ideales Gas angenommen werden. Es ist mit konstantem $\varkappa = 1{,}4$ zu rechnen.

3.5.5 Vergleich reversibler und irreversibler Kreisprozesse

Auswirkung von Dissipation auf die beteiligten Systeme. Am Beispiel eines (reversiblen) Carnot-Prozesses und eines mit Reibung behafteten Carnot-Prozesses soll die Auswirkung dissipativer Effekte auf die Entropieänderungen der an einem Kreisprozess beteiligten Systeme betrachtet werden.

Beispiel 3.11: Ein rechtslaufender (reversibler) Carnot-Prozess **(B 3.37)** soll mit 10 kg Luft durchgeführt werden. Der Anfangszustand ist mit $p_1 = 2$ MPa, $T_1 = 1\,000$ K gegeben. Die erste Expansion erfolgt isotherm auf $p_2 = 1$ MPa, die zweite Expansion erfolgt isentrop auf $p_3 = 0{,}2$ MPa. Luft soll näherungsweise als ideales Gas angenommen werden. Die isentropen Zustandsänderungen sind mit $\varkappa = 1{,}4$ zu berechnen.

Zur Durchführung des Carnot-Prozesses mit dem Arbeitsmittel Luft, System B, muss von einem Heizkörper, System A, Wärme zugeführt und an einen Kühlkörper, System C, Wärme abgegeben werden **(B 3.38)**. Die Wärmeübertragung von A nach B bzw. von B nach C soll jeweils ohne Temperaturgefälle erfolgen. Die

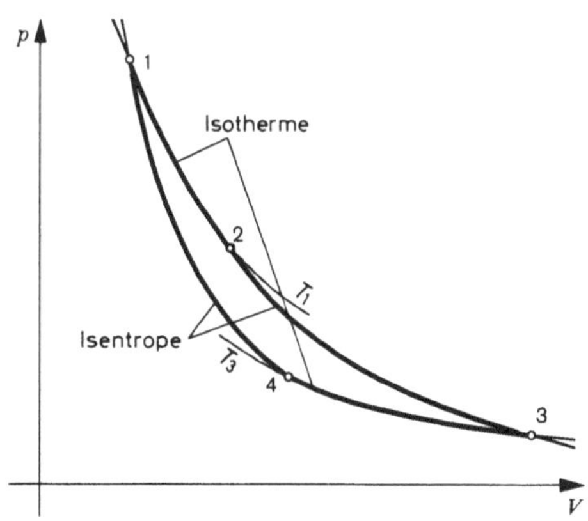

B 3.37 Carnot-Prozess im *p,V*-Diagramm

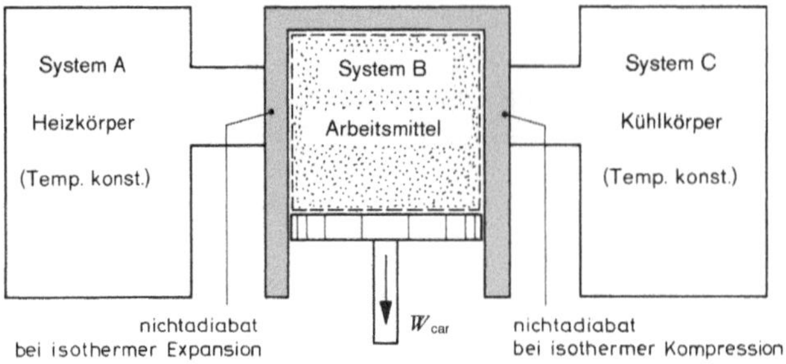

B 3.38 Schematische Darstellung der am Carnot-Prozess beteiligten Systeme

Wand um das System B muss während der isentropen Zustandsänderungen adiabat, während der isothermen dagegen nichtadiabat sein.

Die zu- und abzuführende Wärme, die Nutzarbeit, die Entropieänderungen der Systeme A, B, C und die Entropieerzeugung sind zu bestimmen.

Lösung:

Bestimmung der Zustandsgrößen (Gl 3.49).

$$\frac{T_2}{T_3} = \left(\frac{p_2}{p_3}\right)^{\frac{\varkappa-1}{\varkappa}} = 5^{\frac{1,4-1}{1,4}} = 1{,}583\,82$$

$$T_3 = \frac{T_2}{1{,}583\,82} = \frac{1\,000\text{ K}}{1{,}583\,82} = 631{,}385\text{ K}$$

$$\frac{p_2}{p_3} = \frac{p_1}{p_4}; \qquad p_4 = \frac{p_1\,p_3}{p_2}$$

$$p_4 = \frac{2\text{ MPa}}{1\text{ MPa}}\,200\text{ kPa} = 400\text{ kPa}$$

Zustands-punkt	p kPa	T K
1	2000	1000
2	1000	1000
3	200	631
4	400	631

Die Wärmezufuhr bei der isothermen Expansion ist (Gl 3.36)

$$Q_{12}^{\text{rev}} = -W_{v\,12} = m\,R_i\,T_1 \ln\frac{p_1}{p_2}$$

$$Q_{12}^{\text{rev}} = 10\text{ kg}\;0{,}287\,1\;\frac{\text{kJ}}{\text{kg K}}\;1\,000\text{ K}\ln\frac{2\text{ MPa}}{1\text{ MPa}}$$

$$Q_{12}^{\text{rev}} = \underline{1\,990\text{ kJ}}$$

Die Wärmeabfuhr bei der isothermen Kompression ist

$$Q_{34}^{\text{rev}} = -W_{v\,34} = m\,R_i\,T_3 \ln\frac{p_3}{p_4}$$

$$Q_{34}^{\text{rev}} = 10\text{ kg}\;0{,}287\,1\;\frac{\text{kJ}}{\text{kg K}}\;631{,}385\text{ K}\ln\frac{200\text{ kPa}}{400\text{ kPa}}$$

$$Q_{34}^{\text{rev}} = \underline{-1\,256{,}47\text{ kJ}}$$

Die Wärmeübertragung bei der isentropen Expansion und Kompression ist gleich null. Folglich ist die Nutzarbeit dieses Carnot-Prozesses (Gl 3.82)

$$W_{\text{car}} = -(Q_{12}^{\text{rev}} + Q_{34}^{\text{rev}})$$

$$W_{\text{car}} = -(1\,990\text{ kJ} - 1\,256{,}47\text{ kJ}) = \underline{-734\text{ kJ}}$$

Die Entropie des Systems B ändert sich nur bei den isothermen Zustandsänderungen. Bei den Isentropen ist die Entropieänderung gleich null.

$$S_2 - S_1 = \frac{Q_{12}^{\text{rev}}}{T_1} = \frac{1\,990\ \text{kJ}}{1\,000\ \text{K}} = \underline{1{,}990\ \frac{\text{kJ}}{\text{K}}}$$

$$S_4 - S_3 = \frac{Q_{34}^{\text{rev}}}{T_3} = \frac{-1\,256{,}47\ \text{kJ}}{631{,}39\ \text{K}} = \underline{-1{,}990\ \frac{\text{kJ}}{\text{K}}}$$

Die Entropieänderungen bei Hin- und Rückgang sind dem Betrag nach gleich; es wird nach einem Arbeitsspiel der Anfangszustand wieder erreicht. Die Entropie des Systems B ändert sich nicht: $\Delta S_{\text{B}} = 0$.

Erfolgt die Wärmeübertragung von A nach B und von B nach C *ohne Temperaturgefälle*, dann ist die Entropieänderung des Systems A

$$\Delta S_{\text{A}} = -(S_2 - S_1) = \underline{-1{,}990\ \frac{\text{kJ}}{\text{K}}}$$

und die des Systems C

$$\Delta S_{\text{C}} = -(S_4 - S_3) = \underline{+1{,}990\ \frac{\text{kJ}}{\text{K}}}$$

Die *Summe der Entropieänderungen* aller am Carnot-Prozess beteiligten Systeme, d. h. die Entropieerzeugung dieses reversiblen Carnot-Prozesses ist

$$S_{\text{diss}} = \Delta S_{\text{ges}} = \underline{0}$$

Beispiel 3.12: Der Carnot-Prozess nach Bsp. 3.11 ist nun mit Reibung behaftet und dadurch irreversibel. Bei gleicher Luftmenge treten die gleichen Drücke und Temperaturen auf, aber bei den isothermen Zustandsänderungen wird 10 % der Volumenänderungsarbeit dem System B durch Reibungsarbeit (Dissipationsenergie) zugeführt. Die Wärmeübertragung von A nach B bzw. von B nach C soll auch hier jeweils ohne Temperaturgefälle erfolgen.

Die zu- und abzuführende Wärme, die Nutzarbeit, die Entropieänderungen der Systeme A, B, C und die Entropieerzeugung sind zu bestimmen.

Lösung:

Da sich die Drücke und die Temperaturen gegenüber dem Bsp. 3.11 nicht ändern, bleiben auch die Volumenänderungsarbeiten gleich.

$$W_{\text{v}\,12} = -1\,990\ \text{kJ}\,; \qquad W_{\text{v}\,34} = 1\,256{,}47\ \text{kJ}$$

Folglich ist entsprechend der Aufgabenstellung

$$W_{\text{diss}\,12} = 199\ \text{kJ}\,; \qquad W_{\text{diss}\,34} = 125{,}65\ \text{kJ}$$

Die bei der isothermen Expansion vom Arbeitsmittel B an den Kolben abgegebene Arbeit $W_{\text{g}\,12}$ ist (Gl 2.9 und Gl 2.2) mit $U_1 = U_2$ dem Betrage nach gleich der zugeführten Wärme Q_{12}:

$$Q_{12} = -W_{\text{g}\,12} = -(W_{\text{v}\,12} + W_{\text{diss}\,12})$$

$$Q_{12} = -W_{\text{g}\,12} = 1\,990\ \text{kJ} - 199\ \text{kJ} = \underline{1\,791\ \text{kJ}}$$

Diese Arbeit $(-W_{\text{g}\,12})$ ist kleiner als die bei reversiblen Prozessen bei der isothermen Expansion vom Arbeitsmittel an den Kolben abgegebene Arbeit $(-W_{\text{v}\,12})$. Es wird aber auch von System A weniger Wärme (Q_{12}) dem System B zugeführt.

Die bei der isothermen Kompression vom Kolben dem Arbeitsmittel B zugeführte Arbeit $W_{\text{g}\,34}$ ist gleich dem Betrag der Wärmeabfuhr Q_{34}:

$$Q_{34} = -W_{\text{g}\,34} = -(W_{\text{v}\,34} + W_{\text{diss}\,34})$$

$$Q_{34} = -W_{\text{g}\,34} = -(1\,256{,}47\ \text{kJ} + 125{,}65\ \text{kJ}) = \underline{-1\,382{,}12\ \text{kJ}}$$

Die beim Rückgang, bei der isothermen Kompression, vom Kolben dem System B zugeführte Arbeit W_{g34} ist größer als die Volumenänderungsarbeit W_{v34}, denn der Kolben muss auch die Reibungsarbeit aufbringen. Es muss aber auch mehr Wärme (Q_{34}) als bei dem reversiblen Prozess an das System C abgegeben werden. Der Betrag der Nutzarbeit dieses irreversiblen Carnot-Prozesses W_k ist nun gleich der Summe der zu- und abgeführten Wärme (entspr. Gl 3.80):

$$W_k = \sum W_g = -\sum Q$$

$$W_k = -(Q_{12} + Q_{34}) = -(1\,791\text{ kJ} - 1\,382{,}12\text{ kJ}) = \underline{-409\text{ kJ}}$$

Diese Nutzarbeit reicht nicht aus, um bei der Umkehr des Prozesses die dem System C zugeführte Energie Q_{34} von der Temperatur T_3 wieder auf die Temperatur T_1 zu heben. Der Prozess mit Reibung ist, wie nicht anders zu erwarten war, irreversibel.

Die Entropieänderungen des Systems B sind

$$S_2 - S_1 = \frac{Q_{12} + W_{\text{diss}\,12}}{T_1} = \frac{1\,791\text{ kJ} + 199\text{ kJ}}{1\,000\text{ K}} = 1{,}990\ \frac{\text{kJ}}{\text{K}}$$

$$S_4 - S_3 = \frac{Q_{34} + W_{\text{diss}\,34}}{T_3} = \frac{-1\,382{,}12\text{ kJ} + 125{,}6\text{ kJ}}{631{,}385\text{ K}} = -1{,}990\ \frac{\text{kJ}}{\text{K}}$$

d. h., *die Entropie des Systems B ändert sich nicht*: $\Delta S_B = 0$.

Die Entropieänderung des Systems A ist bei der Wärmeübertragung ohne Temperaturgefälle

$$\Delta S_A = \frac{(Q_{12})_A}{T_1} = \frac{-1\,791\text{ kJ}}{1\,000\text{ K}} = -1{,}791\ \frac{\text{kJ}}{\text{K}}$$

Die dem System B zugeführte Wärme Q_{12} wird A entzogen $(Q_{12})_A$; sie hat bei A den gleichen Betrag, aber das entgegengesetzte Vorzeichen. Entsprechend ist für C:

$$\Delta S_C = \frac{(Q_{34})_C}{T_3} = \frac{1\,382{,}12\text{ kJ}}{631{,}385\text{ K}} = 2{,}189\ \frac{\text{kJ}}{\text{K}}$$

Die Entropieerzeugung S_{diss} ist gleich der Summe der Entropieänderungen aller beteiligten Systeme, somit (mit $\Delta S_B = 0$):

$$S_{\text{diss}} = \Delta S_{\text{ges}} = \Delta S_A + \Delta S_C = \underline{0{,}398\ \frac{\text{kJ}}{\text{K}}}$$

Die Summe der Entropien aller an dem reibungsbehafteten Carnot-Prozess beteiligten Systeme wird größer, es wird Entropie erzeugt. Die Ursache liegt bei den irreversiblen Reibungsvorgängen.

Entropieänderung der beteiligten Systeme. Durch Betrachtung aller an einem Carnot-Prozess beteiligten Systeme (B 3.38) soll das Verhalten der Entropie bei irreversiblen Kreisprozessen erläutert werden. Es werden folgende Prozesse tabellarisch gegenübergestellt:

1. Carnot-Prozess nach Bsp. 3.11 (reibungsfrei)
   Wärmeübertragung ohne Temperaturgefälle. Der Gesamtvorgang ist reversibel.
2. Carnot-Prozess nach Bsp. 3.11 (reibungsfrei)
   Wärmeübertragung mit einem Temperaturgefälle von 30 K zwischen den Systemen A und B und den Systemen B und C. Der Gesamtvorgang ist irreversibel.

3. Reibungsbehafteter Carnot-Prozess nach Bsp. 3.12
   Wärmeübertragung mit einem Temperaturgefälle von 30 K zwischen den Systemen A und B und den Systemen B und C. Der Gesamtvorgang ist stärker irreversibel als Prozess Nr. 2.

Die Gegenüberstellung zeigt **(T 3.1)**:

1. Die Summe der Entropien aller beteiligten Systeme bei Prozess Nr. 1, dem reversiblen Prozess, bleibt konstant: $S_{diss} = 0$.
2. Die Summe der Entropien aller beteiligten Systeme nimmt dagegen sowohl bei Prozess Nr. 2, der durch die Wärmeübertragung unter Temperaturgefälle irreversibel ist,

T 3.1 Gegenüberstellung der drei Carnot-Prozesse mit den Zahlenwerten der Bsp. 3.11 und 3.12, bei Nr. 2 und 3 aber mit einem Temperaturgefälle von 30 K

Prozess Nr.	Heizkörper System A	Arbeitsmittel System B	Kühlkörper System C
1 a) Übertragene Wärme	1 990 kJ		1 256 kJ
b) Temperatur, bei der Wärme abgegeben oder aufgenommen wird	1 000 K	1 000 K; 631 K	631 K
c) Nutzarbeit		−734 kJ	
d) Entropieänderung	$-1{,}990\ \frac{kJ}{K}$	0	$+1{,}990\ \frac{kJ}{K}$
e) Entropieänderung aller Systeme (Entropieerzeugung)		0	
2 a) Übertragene Wärme	1 990 kJ		1 256 kJ
b) Temperatur, bei der Wärme abgegeben oder aufgenommen wird	1 030 K	1 000 K; 631 K	601 K
c) Nutzarbeit		−734 kJ	
d) Entropieänderung	$-1{,}932\ \frac{kJ}{K}$	0	$+2{,}089\ \frac{kJ}{K}$
e) Entropieänderung aller Systeme (Entropieerzeugung)		$+0{,}157\ \frac{kJ}{K}$	
3 a) Übertragene Wärme	1 791 kJ		1 382 kJ
b) Temperatur, bei der Wärme abgegeben oder aufgenommen wird	1 030 K	1 000 K; 631 K	601 K
c) Nutzarbeit		−409 kJ	
d) Entropieänderung	$-1{,}739\ \frac{kJ}{K}$	0	$+2{,}298\ \frac{kJ}{K}$
e) Reibungsarbeit (Dissipationsenergie)		325 kJ	
f) Entropieänderung aller Systeme (Entropieerzeugung)		$+0{,}56\ \frac{kJ}{K}$	

und bei Prozess Nr. 3, der außerdem durch die im Zylinder auftretende Reibung irreversibel ist, zu: $S_{diss} > 0$.

3. Die Entropie des Arbeitsmittels selbst erreicht unabhängig davon, ob der Prozess reversibel oder irreversibel verläuft, nach jedem Umlauf wieder den Ausgangswert, da die Entropie eine Zustandsgröße ist.

Beispiel 3.13: Für den reibungsbehafteten Carnot-Prozess nach Bsp. 3.12 ist die Entropieerzeugung mittels Entropiebilanz zu ermitteln.

Lösung:

Der Prozess läuft in einem geschlossenen System (B) ab, dem Wärme bei hoher Temperatur zugeführt und aus dem Abwärme bei niedriger Temperatur abgeführt wird. In dem System (B) wird Energie dissipiert. Nach einem Umlauf erreichen alle Zustandsgrößen wieder ihren Ausgangszustand, auch die Entropie, d. h. $\Delta S_B = 0$.

Es gilt Gl 3.11 a mit $\sum S_q$ statt $S_{q\,1\,2}$ und $\Delta S_B = 0$ statt ΔS_{Syst}:

$$0 = S_{q\,zu} + S_{q\,ab} + S_{diss}$$

$$S_{diss} = -S_{q\,zu} - S_{q\,ab} = -\frac{Q_{zu}}{T_{zu}} - \frac{Q_{ab}}{T_{ab}} = -\frac{1791\ \text{kJ}}{1000\ \text{K}} - \frac{-1382\ \text{kJ}}{631\ \text{K}}$$

$$\underline{S_{diss} = 0{,}398\ \frac{\text{kJ}}{\text{K}}}$$

Erwartungsgemäß wird das Ergebnis von Bsp. 3.12 bestätigt. Die erzeugte Entropie S_{diss} wird mit der Entropie der Abwärme $S_{q\,ab}$ aus dem Prozess abgeführt, zusammen mit der zugeführten Entropie der Wärme $S_{q\,zu}$.

3.5.6 Wärmepumpe und Kältemaschine

Beim linkslaufenden Kreisprozess (B 3.29) erfolgt die Wärmeabgabe (negativ) bei hoher Temperatur; sie ist größer als die Wärmeaufnahme (positiv) bei niedriger Temperatur. $\sum Q$ wird somit negativ, W_k positiv (Gl 3.80/3.81), es ist also Arbeit zuzuführen.

Dieses „Heben" von Wärme auf eine höhere Temperatur ist der Zweck der linkslaufenden Kreisprozesse. Sie können auf zwei Arten technisch genutzt werden: als Wärmepumpe und als Kältemaschine.

Wärmepumpe. Bei der *Wärmepumpe* dient die bei dem Prozess abgeführte Wärme zur Beheizung eines Gebäudes oder Stoffes. Als Nutzen ist die bei höherer Temperatur T_1 abgegebene Wärme Q_{ab} zu betrachten. Die aufgenommene Wärme Q_{zu} steht aus der Umgebung bei T_b oder aus Abwärme bei T_3 (etwas höher als T_b) „kostenlos" zur Verfügung. Aufzuwenden ist demnach nur die Arbeit des Kreisprozesses W_k.

Leistungszahl der Wärmepumpe. Wir bewerten die Wärmepumpe mittels der *Leistungszahl* ε_{WP}:

$$\varepsilon_{WP} = \frac{|Q_{ab}|}{W_k} = \frac{Q_{ab}}{\sum Q} \qquad \textbf{(Gl 3.89)}$$

Für die reversible Wärmepumpe gilt:

$$\varepsilon_{\mathrm{WP}}^{\mathrm{rev}} = \frac{|Q_{\mathrm{ab}}^{\mathrm{rev}}|}{W_{\mathrm{k}}^{\mathrm{rev}}} = \frac{Q_{\mathrm{ab}}^{\mathrm{rev}}}{\sum Q^{\mathrm{rev}}} \qquad \textbf{(Gl 3.90)}$$

3

Auch der Carnot-Prozess kann als linkslaufender Kreisprozess arbeiten. Das ist möglich, da jede der betreffenden Zustandsänderungen in beiden Richtungen verlaufen kann.

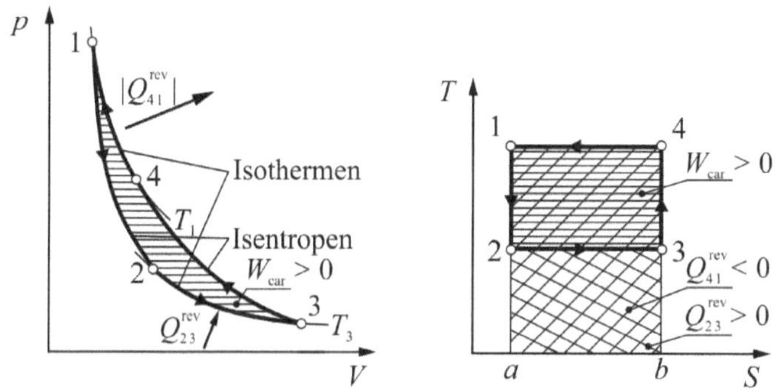

a) p,V-Diagramm b) T,S-Diagramm

B 3.39 Linkslaufender Carnot-Prozess im p,V- und T,S-Diagramm

Für den linkslaufenden Carnot-Prozess **(B 3.39)** setzen wir in Gl 3.90 $Q_{\mathrm{ab}}^{\mathrm{rev}} = Q_{41}^{\mathrm{rev}}$ und $\sum Q^{\mathrm{rev}} = Q_{41}^{\mathrm{rev}} + Q_{23}^{\mathrm{rev}}$

$$\varepsilon_{\mathrm{WP\,car}} = \frac{Q_{41}^{\mathrm{rev}}}{Q_{41}^{\mathrm{rev}} + Q_{23}^{\mathrm{rev}}} = \frac{Q_{41}^{\mathrm{rev}}}{Q_{41}^{\mathrm{rev}} - \frac{T_3}{T_1} Q_{41}^{\mathrm{rev}}} = \frac{1}{1 - \frac{T_3}{T_1}}$$

Hierin wurde Q_{23}^{rev} nach $\frac{Q_{23}^{\mathrm{rev}}}{T_3} + \frac{Q_{41}^{\mathrm{rev}}}{T_1} = 0$ (entspr. Gl 3.86) ersetzt.

Wir führen nach Gl 3.88 η_{c} ein und erhalten für den als Wärmepumpe arbeitenden Carnot-Prozess die Leistungszahl:

$$\varepsilon_{\mathrm{WP\,car}} = \frac{1}{\eta_{\mathrm{c}}} = \frac{T_1}{T_1 - T_3} \qquad \textbf{(Gl 3.91)}$$

Da der Carnot-Faktor kleiner als 1 ist, ist $\varepsilon_{\mathrm{WP}}$ größer als 1. Bei der Wärmepumpe wird mehr Energie als Wärme zu Heizzwecken abgegeben, als die Anlage an mechanischer oder elektrischer Energie aufnimmt. Die Differenz wird aus der kostenlos verfügbaren Energie der Umgebung gedeckt. Die Energiekosten sind daher wesentlich niedriger als bei der direkten elektrischen Heizung. Im Vergleich mit brennstoffbeheizten Systemen zur Gebäudeheizung nimmt das Interesse an Wärmepumpen mit steigenden Brennstoffpreisen trotz höherer Anlagekosten zu. Daneben werden Wärmepumpen oft beim Eindampfen und Destillieren verwendet.

Kältemaschine. Zweck der *Kältemaschine* ist die Kühlung eines Raumes oder Systems, dem Wärme bei niedriger Temperatur entzogen wird. Diese der Kältemaschine bei niedriger Temperatur zugeführte Wärme Q_{zu} ist der Nutzen des Prozesses. Aufzuwenden ist die Arbeit des Kreisprozesses W_k.

Leistungszahl der Kältemaschine. Die Kältemaschine wird durch die *Leistungszahl* ε_{KM} bewertet.

$$\varepsilon_{KM} = \frac{Q_{zu}}{W_k} = \frac{Q_{zu}}{|\sum Q|} \qquad \textbf{(Gl 3.92)}$$

Für die reversible Kältemaschine gilt:

$$\varepsilon_{KM}^{rev} = \frac{Q_{zu}^{rev}}{W_k^{rev}} = \frac{Q_{zu}^{rev}}{|\sum Q^{rev}|} \qquad \textbf{(Gl 3.93)}$$

Für den linkslaufenden Carnot-Prozess (B 3.39) ist $Q_{zu}^{rev} = Q_{23}^{rev}$ und $\sum Q^{rev} = Q_{41}^{rev} + Q_{23}^{rev}$, worin wir Q_{41}^{rev} wie bei der Wärmepumpe ersetzen. Damit ergibt sich für den als Kältemaschine arbeitenden Carnot-Prozess die Leistungszahl:

$$\varepsilon_{KM\,car} = \frac{Q_{23}^{rev}}{|Q_{41}^{rev} + Q_{23}^{rev}|} = \frac{Q_{23}^{rev}}{\left|-\frac{T_1}{T_3} Q_{23}^{rev} + Q_{23}^{rev}\right|} = \frac{1}{\left|-\frac{T_1}{T_3} + 1\right|}$$

$$\varepsilon_{KM\,car} = \frac{T_3}{T_1 - T_3} \qquad \textbf{(Gl 3.94)}$$

Vergleich der Anlagen. Zwischen ε_{WP} und ε_{KM} besteht bei gleichem Prozess der Zusammenhang (Gl 3.89 u. Gl 3.92):

$$\varepsilon_{WP} = \frac{Q_{ab}}{\sum Q} = \frac{\sum Q - Q_{zu}}{\sum Q} = 1 - \frac{Q_{zu}}{\sum Q} = 1 + \frac{Q_{zu}}{|\sum Q|}$$

$$\varepsilon_{WP} = 1 + \varepsilon_{KM} \qquad \textbf{(Gl 3.95)}$$

ε_{WP} wird bei *gleichem* Prozess um 1 größer als ε_{KM}. Der Wert ε_{KM} kann größer oder kleiner als 1 werden.

Kältemaschine und Wärmepumpe werden in der Praxis überwiegend mit Dämpfen und weniger mit Gasen betrieben. Als Vergleichsprozess ist der für das ideale Gas geltende linkslaufende Carnot-Prozess jedoch von Bedeutung.

Eine Gegenüberstellung von Wärmekraftmaschine, Wärmepumpe und Kältemaschine zeigt **B 3.40**.

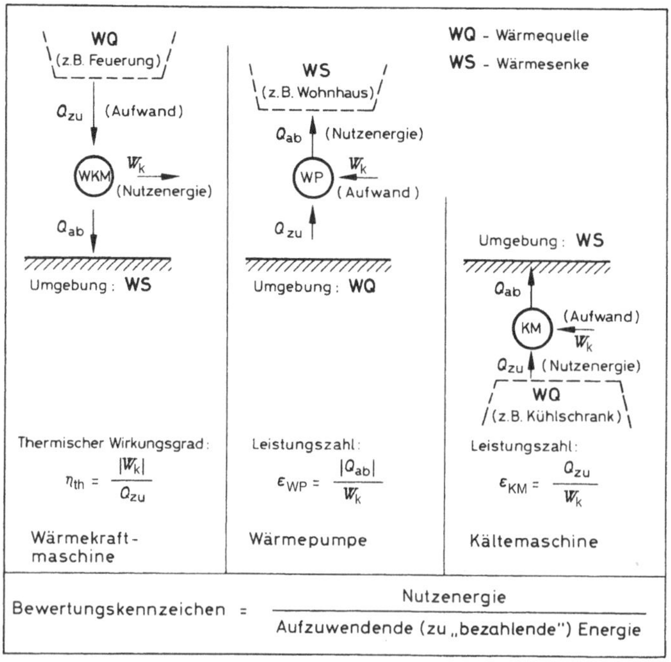

B 3.40 Gegenüberstellung von Wärmekraftmaschine, Wärmepumpe und Kältemaschine

Beispiel 3.14: Der in Bsp. 3.10 behandelte rechtslaufende reversible Kreisprozess soll durch Umkehrung aller Zustandsänderungen als linkslaufender Kreisprozess arbeiten. Vom Anfangspunkt 1 aus wird die Luft zunächst isotherm entspannt, dann polytrop verdichtet und anschließend isobar abgekühlt.

a) Wie verläuft der Prozess im p, V-Diagramm?

b) Wie groß ist die von außen zuzuführende Arbeit?

c) Welche Wärme wird aufgenommen und abgegeben?

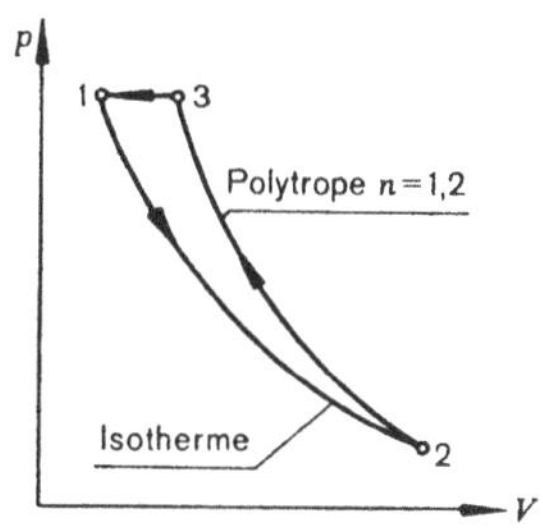

B 3.41 Kreisprozess des Bsp. 3.12

Lösung:

Zu a): **(B 3.41)**

Zu b): (Gl 3.83): $W_k^{rev} = \sum W_t^{rev} = W_{t\,ith\,12}^{rev} + W_{t\,pol\,23}^{rev} + W_{t\,ib\,31}^{rev}$

Die Zahlenwerte für die reversiblen technischen Arbeiten sind die gleichen wie in Bsp. 3.10, die Vorzeichen sind jeweils umgekehrt.

$$W_k^{rev} = -51{,}33\text{ MJ} + 85{,}76\text{ MJ} + 0 = \underline{+34{,}4\text{ MJ}}$$

Zu c): Auch für die übertragenen Wärmen können die Zahlenwerte des Bsp. 3.10 mit jeweils umgekehrten Vorzeichen verwendet werden.

$$Q_{zu}^{rev} = Q_{ith\,12}^{rev} = \underline{51{,}33\text{ MJ}}$$

$$Q_{ab}^{rev} = Q_{pol\,23}^{rev} + Q_{ib\,31}^{rev} = -35{,}7\text{ MJ} - 50\text{ MJ} = \underline{-85{,}7\text{ MJ}}$$

Die abgeführte Wärme (85,7 MJ) wird aus der Summe der zugeführten Wärme (51,3 MJ) und der zugeführten Arbeit (34,4 MJ) gedeckt.

Beispiel 3.15: Mit welcher Leistungszahl arbeitet der Kreisprozess nach Bsp. 3.14, wenn er

a) in einer Wärmepumpe,

b) in einer Kältemaschine

verwirklicht würde? Es soll angenommen werden, dass bei der Ausführung als Wärmepumpe auch die bei der polytropen Verdichtung abgegebene Wärme vollständig zur Raumheizung verwendbar ist.

Lösung:

Zu a): (Gl 3.90): $\varepsilon_{\text{WP}}^{\text{rev}} = \dfrac{|Q_{\text{ab}}^{\text{rev}}|}{W_{\text{k}}^{\text{rev}}} = \dfrac{85{,}7\text{ MJ}}{34{,}4\text{ MJ}} = \underline{2{,}49}$

Zu b): (Gl 3.93): $\varepsilon_{\text{KM}}^{\text{rev}} = \dfrac{Q_{\text{zu}}^{\text{rev}}}{W_{\text{k}}^{\text{rev}}} = \dfrac{51{,}3\text{ MJ}}{34{,}4\text{ MJ}} = \underline{1{,}49}$

oder (Gl 3.95): $\varepsilon_{\text{KM}} = \varepsilon_{\text{WP}} - 1 = 2{,}49 - 1 = \underline{1{,}49}$

Aufgabe 3.16: Ein Gebäude mit einer erforderlichen Heizleistung von 1 MW soll mittels einer Wärmepumpe und mit dem Kühlwasser einer Wärmekraftmaschine, die zum Antrieb der Wärmepumpe dient, beheizt werden. Die Wärmekraftmaschine führt mit Luft einen Carnot-Prozess aus. Die Wärmezufuhr bei diesem Prozess erfolgt bei 680 °C, die Wärmeabfuhr bei 110 °C. Die bei 110 °C abgeführte Wärme wird vollständig zur Raumbeheizung verwendet.

Die von der Wärmekraftmaschine angetriebene Wärmepumpe führt ebenfalls mit Luft einen Carnot-Prozess aus, bei dem die Wärmezufuhr bei 3 °C, die Wärmeabfuhr bei 110 °C erfolgt. Die abgegebene Wärme dient ebenfalls vollständig zur Raumheizung. Die Carnot-Prozesse sollen reversibel, die gesamte Anlage verlustlos arbeiten.

a) Wie groß ist die der Wärmekraftmaschine als Wärmestrom zuzuführende Energie?

b) Wie groß ist das Verhältnis der Heizleistung zum zugeführten Wärmestrom (Heizziffer der Wärmepumpe ξ)?

3.6 Adiabate Drosselung

Zustandsänderung. Reibungsbehaftete Strömung durch ein offenes System, in dem keine Vorrichtung zur Verrichtung von Arbeit vorhanden ist, bewirkt eine Druckminderung. Diesen Vorgang bezeichnet man als *Drosselung*. Querschnittsveränderungen oder Hindernisse verstärken den Effekt. Solche Einbauten werden z. B. zur Druckregelung und bei Kälteanlagen (Abschn. 5.6) eingesetzt.

Einschränkend gehen wir von einer adiabaten Systemgrenze und einem stationären Vorgang aus.

Wenn wir die Drosselung so definieren, ist das Entleeren eines Behälters, das in der Literatur verschiedentlich auch zur Drosselung gerechnet wird und bei dem der Druck des ausströmenden Stoffes ebenfalls sinkt, ohne dass Arbeit abgegeben wird, keine Drosselung. Der Vorgang verläuft nicht stationär.

Bei der Drosselung erleidet das Gas durch Reibung und Verwirbelung Drucksenkungen, die örtlich unterschiedlich sein können. Die Zustände des Stoffes müssen daher genügend weit vor und hinter der Drosselstelle betrachtet werden **(B 3.42)**.

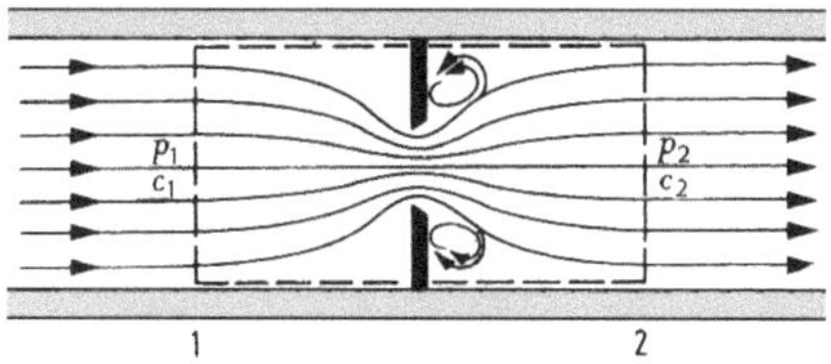

B 3.42 Drosselung eines Gases im offenen System mit adiabaten Systemgrenzen

Wir wenden die Energiebilanz (Gl 2.17)

$$Q_{12} + W^*_{t12} = H_2 - H_1 + \frac{m}{2}\left(c_2^2 - c_1^2\right) + m g\left(z_2 - z_1\right)$$

auf diesen stationären Strömungsvorgang für das Durchströmen der Masse m mit den Voraussetzungen $Q_{12} = 0$, keiner Abnahme von Arbeit durch eine Maschine ($W^*_{t12} = 0$) und unveränderter potenzieller Energie ($z_2 = z_1$) an und erhalten:

$$H_2 + \frac{m}{2}\, c_2^2 = H_1 + \frac{m}{2}\, c_1^2 \qquad \textbf{(Gl 3.96)}$$

oder mit der Totalenthalpie $H^* = H + \frac{m}{2}\, c^2$ (Gl 2.15)

$$H_2^* = H_1^* \qquad \textbf{(Gl 3.97)}$$

Wenn durch Querschnittserweiterung die Geschwindigkeiten vor und nach der Drosselstelle gleich groß sind ($c_2 = c_1$), dann wird aus der Gleichung 3.96:

$$H_2 = H_1 = \text{const}; \qquad \mathrm{d}H = 0 \qquad (\text{bei } c_2 = c_1) \qquad \textit{adiabate Drosselung} \qquad \textbf{(Gl 3.98)}$$

Auf die Masse m bezogen ist $\mathrm{d}h = 0$.

Bei unveränderter Strömungsgeschwindigkeit ist die Zustandsänderung eine *Isenthalpe*. Voraussetzungen: Stationäre Strömung, keine Arbeitsabgabe an der Drosselstelle, adiabate Systemgrenze, keine Änderung der kinetischen und der potenziellen Energie.

Ein Diagramm mit den Koordinaten h und s eignet sich für alle Stoffe zur einfachen Darstellung der Drosselung **(B 3.43)**. Die Drosselungen werden hier immer durch waagerechte Linien dargestellt.

Beim realen Gas fällt beim Drosseln häufig die Temperatur (*Joule-Thomson-Effekt*) (B 3.43). Daher kann man ein Gas durch Drosseln abkühlen. Bei sehr hohen Drücken und bei hohen Temperaturen wird aber auch eine Temperaturerhöhung beim Drosseln des realen Gases beobachtet.

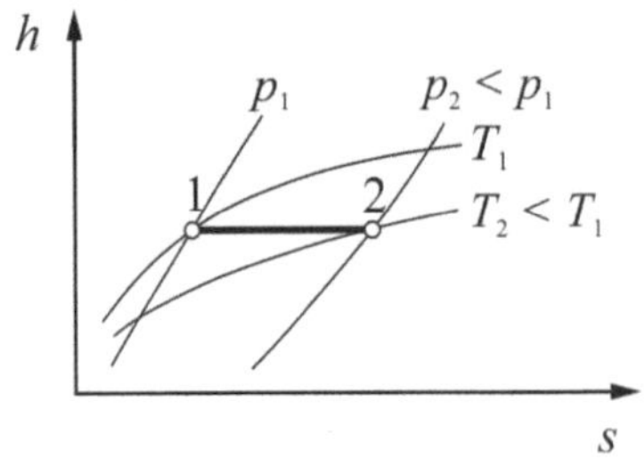

B 3.43 Drosselung eines realen Gases im *h,s*-Diagramm bei $c_2 = c_1$ (horizontale Strömung)

Adiabate Drosselung des idealen Gases. Aus $\mathrm{d}H = m\,c_p\,\mathrm{d}T$ (Gl 2.41) folgt für $\mathrm{d}H = 0$ auch $\mathrm{d}T = 0$. Aus $\mathrm{d}U = m\,c_v\,\mathrm{d}T$ (Gl 2.40) folgt für $\mathrm{d}T = 0$ auch $\mathrm{d}U = 0$.

Bei der Drosselung des idealen Gases ist nicht nur $\mathrm{d}H = 0$, sondern auch $\mathrm{d}U = 0$ und $\mathrm{d}T = 0$; die Drosselung verläuft also bei konstanter Enthalpie, konstanter innerer Energie und konstanter Temperatur; die Änderung potenzieller Energie und Geschwindigkeitsänderungen wurden jeweils ausgeschlossen.

Die Entropieänderung bei der Drosselung des idealen Gases errechnet sich bei $c_2 = c_1$ und horizontaler Strömung nach der für $T = \mathrm{const}$ abgeleiteten Gl 3.41:

$$S_2 - S_1 = m\,R_\mathrm{i}\,\ln\frac{p_1}{p_2}$$

Da bei der Drosselung der Druck immer fällt, ist $p_1 > p_2$, infolgedessen steigt die Entropie bei jeder Drosselung. Zur Darstellung der Drosselung des idealen Gases eignet sich das *T,S*-Diagramm, denn beim idealen Gas fallen die Linien $h = \mathrm{const}$ mit den Isothermen zusammen **(B 3.44)**.

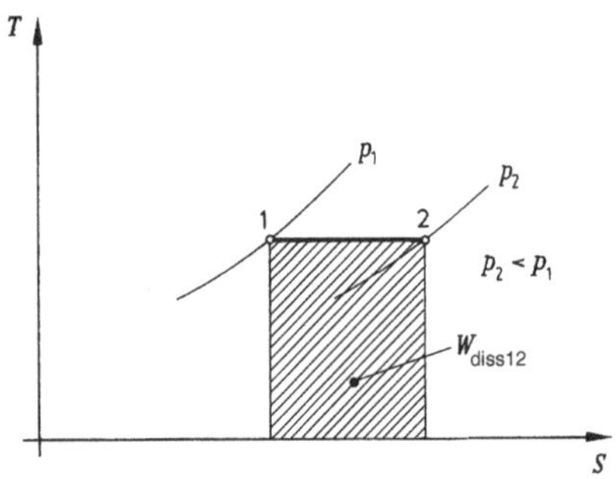

B 3.44 Drosselung eines idealen Gases im *T,S*-Diagramm bei $c_2 = c_1$ (horizontale Strömung)

Dissipationsenergie. Die an der adiabaten Drosselstelle auftretende Dissipationsenergie lässt sich durch Gleichsetzen der erzeugten Entropie $\mathrm{d}S_\mathrm{diss} = \dfrac{\mathrm{d}W_\mathrm{diss}}{T}$ (Gl 3.6 b) und der Entropieänderung des Fluids $\mathrm{d}S = -\dfrac{V\,\mathrm{d}p}{T}$ (Gl 3.4 mit dem hier bei $c_2 = c_1$ konstanten H) berechnen:

$$W_{\text{diss}\,1\,2} = -\int_1^2 V\,\mathrm{d}p \qquad \textit{gilt für beliebige Stoffe}$$

Die Dissipationsenergie ist also gleich dem Betrag der Arbeit $W_{\text{t}\,1\,2}^{\text{rev}}$ (Gl 2.21), die verrichtet werden könnte, wenn das Fluid in einer Maschine von 1 auf 2 reversibel expandieren würde. Bei der Drosselung wird diese Arbeit aber nicht abgegeben. Die Möglichkeit, nutzbare Arbeit zu verrichten, wird also versäumt.

3

Für das ideale Gas führen wir die thermische Zustandsgleichung (Gl 1.16) ein:

$$W_{\text{diss}\,1\,2} = -\int_1^2 \frac{m\,R_\text{i}\,T}{p}\,\mathrm{d}p$$

$$W_{\text{diss}\,1\,2} = m\,R_\text{i}\,T\ln\frac{p_1}{p_2} \qquad \textit{für ideales Gas} \qquad \textbf{(Gl 3.99)}$$

Mit Gl 3.41 gilt:

$$W_{\text{diss}\,1\,2} = T\,(S_2 - S_1) \qquad \textit{für ideales Gas} \qquad \textbf{(Gl 3.100)}$$

$W_{\text{diss}\,1\,2}$ ist bei idealem Gas als Fläche im T,S-Diagramm darstellbar (B 3.44).

Veranschaulichung der Drosselung. Zum besseren Verständnis der Drosselung denken wir uns die Drosselstelle durch eine Maschine ersetzt **(B 3.45)**. Dann könnte der gleiche Zustand wie nach der Drosselung erreicht werden, wenn die in der Maschine abgegebene Arbeit verlustlos in elektrische Energie umgewandelt und über einen elektrischen Widerstand dem Fluid zugeführt werden würde. Auch jetzt bleiben die Enthalpien an den Stellen 1 und 2 gleich groß, denn es wird keine Energie nach außen abgeführt. Für die zugeführte (d. h. positive) elektrische Energie gilt:

$$W_{\text{el}\,1\,2} = -\int_1^2 V\,\mathrm{d}p$$

Die Dissipationsenergie ist gleich der auf diese Weise zugeführten elektrischen Energie, die auch durch eine Wärmezufuhr von außen ersetzt werden könnte. Aus der Betrachtung ist zu erkennen, dass Dissipationsenergie wie eine Wärmezufuhr wirkt. Hieraus

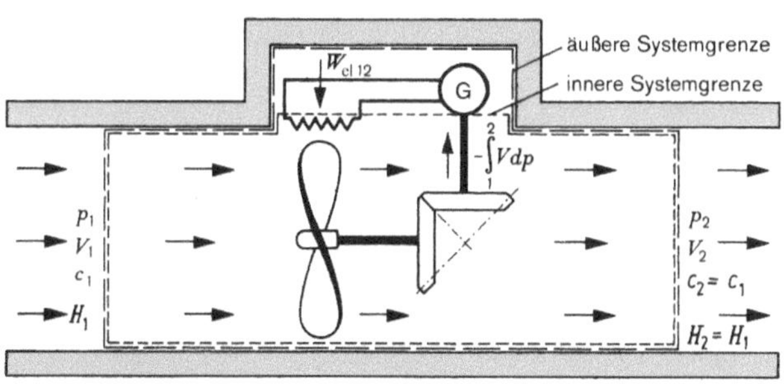

B 3.45 Ersatz der Drosselstelle durch eine Maschine

resultiert die früher häufig benutzte Aussage, dass „Energie durch Reibung in Wärme umgewandelt worden sei“.

Beispiel 3.16: Durch ein Druckminderventil wird Luft von 600 kPa auf 200 kPa bei 20 °C adiabat gedrosselt. Die Strömungsgeschwindigkeit soll konstant bleiben, die Luft als ideales Gas behandelt werden.

a) Wie ändert sich die spezifische Entropie?

b) Wie groß ist die spezifische Dissipationsenergie?

Lösung:

Zu a): Änderung der spezifischen Entropie (Gl 3.41):

$$s_2 - s_1 = R_i \ln \frac{p_1}{p_2}$$

$$s_2 - s_1 = 0{,}2871 \, \frac{\mathrm{kJ}}{\mathrm{kg\,K}} \ln \frac{600\,\mathrm{kPa}}{200\,\mathrm{kPa}} = \underline{0{,}3154 \, \frac{\mathrm{kJ}}{\mathrm{kg\,K}}}$$

Zu b): Spezifische Dissipationsenergie (Gl 3.99):

$$w_{\mathrm{diss}\,1\,2} = R_i \, T \ln \frac{p_1}{p_2}$$

$$w_{\mathrm{diss}\,1\,2} = 0{,}2871 \, \frac{\mathrm{kJ}}{\mathrm{kg\,K}} \, 293\,\mathrm{K} \ln \frac{600\,\mathrm{kPa}}{200\,\mathrm{kPa}} = \underline{92{,}5 \, \frac{\mathrm{kJ}}{\mathrm{kg}}}$$

Bei reversibler isothermer Expansion würde diese Energie als spezifische reversible technische Arbeit abgegeben.

Aufgabe 3.17: 3 kmol Stickstoff von 500 kPa, −100 °C werden auf 100 kPa adiabat gedrosselt. Die Strömungsgeschwindigkeit soll sich dabei nicht ändern, der Stickstoff soll als ideales Gas betrachtet werden.

a) Wie ändert sich die Entropie?

b) Wie groß ist die dissipierte Energie?

3.7 Instationäre Prozesse

3.7.1 Füllen eines Behälters

Zu den irreversiblen Vorgängen gehört das Einströmen eines Gases in einen Behälter. Auch hier strömt der Stoff ohne Arbeitsabgabe unter Druckminderung durch eine Verengung, aber im Gegensatz zum Drosseln ändert sich durch die Veränderung des Behälterdrucks die Druckdifferenz vor und nach der Verengung beim Füllen. Es handelt sich also um einen *instationären Vorgang*.

Wir betrachten den Behälter einschließlich des einzufüllenden Gases als adiabates geschlossenes System **(B 3.46)**. In den Behälter soll ein Gas vom Druck p_a und gleicher Temperatur T_1 wie das Gas im Behälter einströmen. Die Wirkung des mit konstantem Druck nachströmenden Gases denken wir uns durch einen Kolben ersetzt. Der Kolben wird so geführt, dass zu jeder Zeit vor der Verengung der Druck p_a erhalten bleibt.

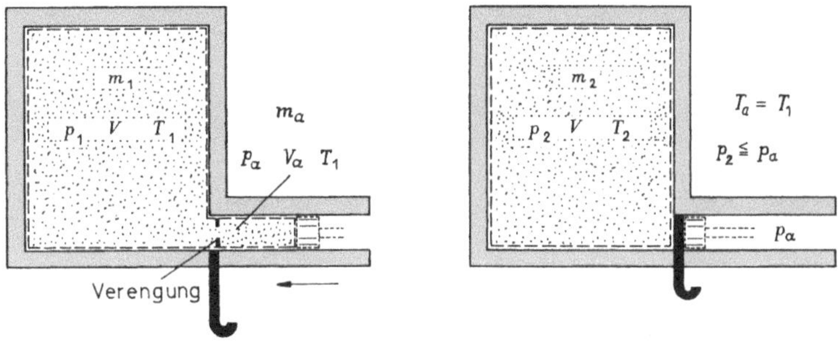

B 3.46 Füllen eines Behälters

Der Kolben führt dem System die Einschubarbeit $p_a\, V_a$ zu (Definition s. Abschn. 2.5), wodurch sich die innere Energie erhöht (Gl 2.9 mit $Q_{12} = 0$ u. $W_{g12} = p_a\, V_a$):

$$W_{g12} = U_2 - U_1 = p_a\, V_a$$

Nach dem Auffüllen hat sich der Druck im Behälter auf $p_2 \leq p_a$ erhöht; das Gas im Behälter wird durch das einströmende Gas verdichtet, wodurch seine Temperatur steigt. Die Masse im Behälter hat sich um die Masse des einströmenden Gases vergrößert: $m_2 = m_1 + m_a$. Für das ideale Gas erhält man die Temperatur T_2 nach dem Auffüllen (Gl 1.16 u. 2.44):

$$m_2\, c_{vm}\,(T_2 - T_1) = p_a\, V_a = m_a\, R_i\, T_1 = (m_2 - m_1)\, R_i\, T_1$$

$$\frac{p_2\, V}{R_i\, T_2}\, c_{vm}\,(T_2 - T_1) = \left(\frac{p_2\, V}{R_i\, T_2} - \frac{p_1\, V}{R_i\, T_1}\right) R_i\, T_1$$

Mit $R_i = c_{vm}\,(\varkappa - 1)$ (Gl 2.46 u. 2.47)

$$p_2 - p_2\,\frac{T_1}{T_2} = p_2\,\frac{T_1}{T_2}\,(\varkappa - 1) - p_1\,(\varkappa - 1)$$

$$p_2\,\frac{T_1}{T_2}\,(\varkappa - 1 + 1) = p_2 + p_1\,(\varkappa - 1)$$

$$\frac{T_1}{T_2}\,\varkappa = 1 + \frac{p_1}{p_2}\,(\varkappa - 1)$$

$$T_2 = T_1\,\frac{\varkappa}{1 + \dfrac{p_1}{p_2}\,(\varkappa - 1)} \qquad \textit{für ideales Gas und } T_a = T_1 \qquad \textbf{(Gl 3.101)}$$

Die Temperatur nach dem Füllen ist nur vom Druckverhältnis im Behälter abhängig. Der Einströmdruck beeinflusst die Temperatur nicht. Sind die Temperaturen des eingeschlossenen und einströmenden Gases vor dem Füllen nicht gleich, so muss dies bei der Berechnung von T_2 berücksichtigt werden.

Beispiel 3.17: Ein adiabater Versuchsraum ist teilweise evakuiert. Die verbliebene Luft hat einen Druck von 20 kPa bei 20 °C. Es strömt Außenluft mit 20 °C in den Raum ein. Luft soll als ideales Gas angenommen werden. Es ist mit $\varkappa = 1{,}4$ zu rechnen.

Die Raumtemperatur ist zu berechnen, wenn der Druck nach dem Auffüllen 80 kPa beträgt.

Lösung:

$$T_2 = T_1 \frac{\varkappa}{1 + \frac{p_1}{p_2}(\varkappa - 1)} \qquad \text{(Gl 3.101)}$$

$$T_2 = 293{,}15\,\text{K} \frac{1{,}4}{1 + \frac{20\,\text{kPa}}{80\,\text{kPa}}(1{,}4 - 1)} = \underline{373\,\text{K}}$$

$$t_2 = \underline{100\,^\circ\text{C}}$$

Aufgabe 3.18: Ein adiabater Methanbehälter wird mit Methan von 25 °C aufgefüllt. Das Methan soll als ideales Gas betrachtet werden. $\varkappa$ soll mit dem Wert bei 0 °C eingesetzt werden. Zustand des Methans im Behälter vor dem Auffüllen: 100 kPa, 25 °C.

Wie groß ist der Druck, wenn nach dem Auffüllen eine Temperatur von 90 °C gemessen wird?

3.7.2 Temperaturausgleich

Ausgleichsvorgänge gehören ebenfalls zu den irreversiblen Prozessen (Abschn. 1.7.3). Werden zwei Systeme mit unterschiedlicher Temperatur über eine nichtadiabate Systemgrenze verbunden oder zwei Stoffe mit unterschiedlicher Temperatur gemischt,[1)] so geht Wärme von dem System höherer Temperatur (a) an das System niederer Temperatur (b) über. Bei Temperaturausgleich zwischen beiden Systemen stellt sich eine einheitliche Endtemperatur ein, wir nennen sie *Ausgleichs- oder Mischtemperatur.* Die Mischtemperatur kann aus der Energiebilanz errechnet werden:

$$Q_{\text{a, Mi}} + Q_{\text{b, Mi}} = 0 \qquad \textit{Gesamtsystem adiabat} \qquad \textbf{(Gl 3.102 a)}$$

Treten keine Phasenänderungen (Aggregatzustandsänderungen) auf, so gilt mit Gl 2.36 bei $W_{\text{diss}\,12} = 0$:

$$m_\text{a}\, c_\text{ma}\Big|_{t_\text{Mi}}^{t_\text{a}} (t_\text{Mi} - t_\text{a}) + m_\text{b}\, c_\text{mb}\Big|_{t_\text{b}}^{t_\text{Mi}} (t_\text{Mi} - t_\text{b}) = 0$$

$$t_\text{Mi} = \frac{m_\text{a}\, c_\text{ma}\Big|_{t_\text{Mi}}^{t_\text{a}} t_\text{a} + m_\text{b}\, c_\text{mb}\Big|_{t_\text{b}}^{t_\text{Mi}} t_\text{b}}{m_\text{a}\, c_\text{ma}\Big|_{t_\text{Mi}}^{t_\text{a}} + m_\text{b}\, c_\text{mb}\Big|_{t_\text{b}}^{t_\text{Mi}}} \qquad \textit{ohne Phasenänderung} \qquad \textbf{(Gl 3.103 a)}$$

Bei isochorem Temperaturausgleich ist c_v, bei isobarem Ausgleich ist c_p einzusetzen.

Bei Systemen mit gleicher spezifischer Wärmekapazität vereinfacht sich die Berechnung der Mischtemperatur, da c aus Gl 3.103 a herausfällt:

$$t_\text{Mi} = \frac{m_\text{a}\, t_\text{a} + m_\text{b}\, t_\text{b}}{m_\text{a} + m_\text{b}} \qquad \textit{bei } c_\text{ma}\Big|_{t_\text{Mi}}^{t_\text{a}} = c_\text{mb}\Big|_{t_\text{b}}^{t_\text{Mi}} \qquad \textit{ohne Phasenänderung} \qquad \textbf{(Gl 3.103 b)}$$

Gl 3.103 a und Gl 3.103 b können auch mit T statt t gebildet werden.

Es wurde vorausgesetzt, dass das Gesamtsystem gegenüber seiner Umgebung adiabat ist. Tritt gleichzeitig Wärmeübertragung mit der Umgebung (Q_U) auf, so gilt in Ergänzung der Gl 3.102 a:

$$Q_{\text{a, Mi}} + Q_{\text{b, Mi}} = Q_\text{U} \qquad \textbf{(Gl 3.102 b)}$$

[1)] Es werden ideale Gemische vorausgesetzt, auf die wir später eingehen (s. Abschn. 6.2).

Bei Wärmeverlust wird Q_U vom Gesamtsystem an die Umgebung abgegeben und ist somit negativ.

Die *Entropieerzeugung* ist gleich der Summe der Entropieänderungen der Teilsysteme a und b (Gl 3.25 u. Gl 3.33):

$$S_{\text{diss}\,12,\,T} = \Delta S_{\text{Mi},\,T} = m_a\, c_{\text{ma}}\big|_{t_a}^{t_{\text{Mi}}} \ln \frac{T_{\text{Mi}}}{T_a} + m_b\, c_{\text{mb}}\big|_{t_b}^{t_{\text{Mi}}} \ln \frac{T_{\text{Mi}}}{T_b}$$

für beliebige Stoffe bei gleichbleibender Phase **(Gl 3.104)**

Bei *isochorem* Temperaturausgleich ist die spezifische Wärmekapazität bei konstantem Volumen c_{vm}, bei *isobarem* Ausgleich ist c_{pm} einzusetzen. [1)]

$\Delta S_{\text{Mi},\,T}$ ist immer positiv. Neben der Entropieerzeugung durch Temperaturausgleich $\Delta S_{\text{Mi},\,T}$ tritt bei der Mischung *unterschiedlicher* Stoffe eine weitere Entropieerzeugung ein, die als Mischungsentropie ΔS_{Mi} bezeichnet wird (Abschn. 6.2.4 und 6.3.3).

Beispiel 3.18: Es werden 3 Luftströme **(B 3.47)** bei konst. Druck $p = 120$ kPa gemischt.

$$\dot{m}_a = 400\ \frac{\text{kg}}{\text{h}}, \qquad t_a = 20\ {}^\circ\text{C},$$

$$\dot{m}_b = 1\,000\ \frac{\text{kg}}{\text{h}}, \qquad t_b = 80\ {}^\circ\text{C},$$

$$\dot{m}_c = 600\ \frac{\text{kg}}{\text{h}}, \qquad t_c = 50\ {}^\circ\text{C}.$$

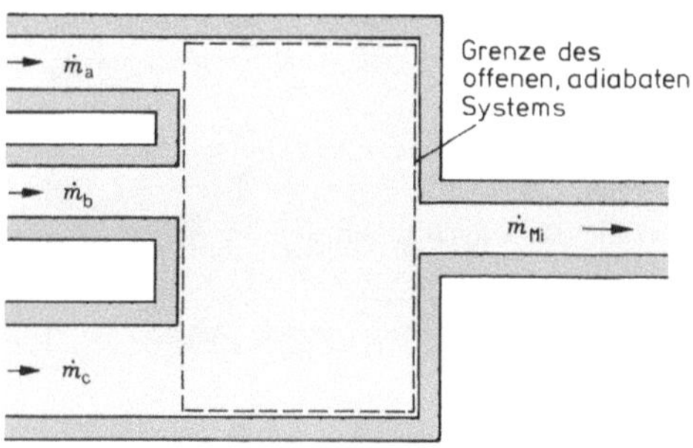

B 3.47 Mischung dreier Gasströme

Zu bestimmen sind:

a) die Mischtemperatur,

b) die Entropiezunahme (Entropieerzeugungsrate) durch den Temperaturausgleich bei der Mischung.

Es ist mit konstanter mittlerer spezifischer Wärmekapazität $c_{pm} = 1{,}006$ kJ/(kg K) zu rechnen.

Lösung:

Zu a): Bestimmung der Mischtemperatur (Gl 3.103 a/b):

$$t_{\text{Mi}} = \frac{\dot{m}_a\, c_{p\text{ma}}\, t_a + \dot{m}_b\, c_{p\text{mb}}\, t_b + \dot{m}_c\, c_{p\text{mc}}\, t_c}{\dot{m}_a\, c_{p\text{ma}} + \dot{m}_b\, c_{p\text{mb}} + \dot{m}_c\, c_{p\text{mc}}} \quad \text{mit} \quad c_{p\text{ma}} = c_{p\text{mb}} = c_{p\text{mc}}$$

[1)] Zum Mittelwert von c_m gilt die Vernachlässigung gemäß Fußnote zu Gl 3.25.

$$t_{\text{Mi}} = \frac{400\,\dfrac{\text{kg}}{\text{h}}\,20\,^\circ\text{C} + 1\,000\,\dfrac{\text{kg}}{\text{h}}\,80\,^\circ\text{C} + 600\,\dfrac{\text{kg}}{\text{h}}\,50\,^\circ\text{C}}{2\,000\,\dfrac{\text{kg}}{\text{h}}}$$

$$t_{\text{Mi}} = \underline{59\,^\circ\text{C}}$$

Zu b): Die Entropieerzeugungsrate $\dot{S}_{\text{diss}\,1\,2\,T}$ ist gleich der Gesamtänderung der Entropieströme durch den Temperaturausgleich (Gl 3.106):

$$\Delta\dot{S}_{\text{Mi},\,T} = \dot{m}_\text{a}\, c_{pm} \ln\frac{T_{\text{Mi}}}{T_\text{a}} + \dot{m}_\text{b}\, c_{pm} \ln\frac{T_{\text{Mi}}}{T_\text{b}} + \dot{m}_\text{c}\, c_{pm} \ln\frac{T_{\text{Mi}}}{T_\text{c}}$$

$$\Delta\dot{S}_{\text{Mi},\,T} = 1{,}006\,\frac{\text{kJ}}{\text{kg K}}\left(400\,\frac{\text{kg}}{\text{h}} \ln\frac{332{,}15\text{ K}}{293{,}15\text{ K}} + 1\,000\,\frac{\text{kg}}{\text{h}} \ln\frac{332{,}15\text{ K}}{353{,}15\text{ K}} + 600\,\frac{\text{kg}}{\text{h}} \ln\frac{332{,}15\text{ K}}{323{,}15\text{ K}}\right)$$

$$\Delta\dot{S}_{\text{Mi},\,T} = 5{,}167\,5\,\frac{\text{kJ}\;1000\text{ J}\;\text{h}}{\text{K h kJ}\;3600\text{ s}}\,\frac{\text{W s}}{\text{J}} = 1{,}435\,\frac{\text{W}}{\text{K}}$$

$$\dot{S}_{\text{diss}\,1\,2,\,T} = \Delta\dot{S}_{\text{Mi},\,T} = \underline{1{,}435\,\frac{\text{W}}{\text{K}}}$$

Da *gleiche* Stoffe gemischt werden, tritt keine weitere Entropieänderung ein: $\Delta S_{\text{Mi}} = 0$ (Abschn. 6.3.3).

Beispiel 3.19: Ein Stahlgussstück von 120 kg, mittlere spezifische Wärmekapazität $c_{\text{ma}}\big|_{t_{\text{Mi}}}^{t_\text{a}} = 0{,}58$ kJ/(kg K) wird zum Härten in ein Ölbad von 550 kg gebracht, dessen Temperatur von 22 °C auf 65 °C ansteigt. Mittlere spezifische Wärmekapazität des Härteöls $c_{\text{mb}}\big|_{t_\text{b}}^{t_{\text{Mi}}} = 1{,}7$ kJ/(kg K). Das System soll näherungsweise adiabat angenommen werden.

a) Mit welcher Temperatur wurde der Stahl eingetaucht?

b) Wie groß ist die erzeugte Entropie infolge des Temperaturausgleichs?

Lösung:

Zu a): Die Ausgleichstemperatur ist $t_{\text{Mi}} = 65$ °C. Wir lösen Gl 3.103 a nach t_a auf:

$$t_\text{a} = \frac{t_{\text{Mi}}\left(m_\text{a}\, c_{\text{ma}}\big|_{t_{\text{Mi}}}^{t_\text{a}} + m_\text{b}\, c_{\text{mb}}\big|_{t_\text{b}}^{t_{\text{Mi}}}\right) - m_\text{b}\, c_{\text{mb}}\big|_{t_\text{b}}^{t_{\text{Mi}}}\, t_\text{b}}{m_\text{a}\, c_{\text{ma}}\big|_{t_{\text{Mi}}}^{t_\text{a}}}$$

$$t_\text{a} = \frac{65\,^\circ\text{C}\left(120\text{ kg}\;0{,}58\,\dfrac{\text{kJ}}{\text{kg K}} + 550\text{ kg}\;1{,}7\,\dfrac{\text{kJ}}{\text{kg K}}\right) - 550\text{ kg}\;1{,}7\,\dfrac{\text{kJ}}{\text{kg K}}\,22\,^\circ\text{C}}{120\text{ kg}\;0{,}58\,\dfrac{\text{kJ}}{\text{kg K}}}$$

$$t_\text{a} = \underline{642{,}66\,^\circ\text{C}}$$

Zu b): Die Entropieerzeugung $S_{\text{diss}\,1\,2\,T}$ ist gleich der Gesamtänderung der Entropie (Gl 3.104):

$$\Delta S_{\text{Mi},\,T} = m_\text{a}\, c_{\text{ma}}\big|_{t_{\text{Mi}}}^{t_\text{a}} \ln\frac{T_{\text{Mi}}}{T_\text{a}} + m_\text{b}\, c_{\text{mb}}\big|_{t_\text{b}}^{t_{\text{Mi}}} \ln\frac{T_{\text{Mi}}}{T_\text{b}}$$

$$\Delta S_{\text{Mi},\,T} = 120\text{ kg}\;0{,}58\,\frac{\text{kJ}}{\text{kg K}} \ln\frac{338{,}15\text{ K}}{915{,}81\text{ K}} + 550\text{ kg}\;1{,}7\,\frac{\text{kJ}}{\text{kg K}} \ln\frac{338{,}15\text{ K}}{295{,}15\text{ K}} = 57{,}8\,\frac{\text{kJ}}{\text{K}}$$

$$S_{\text{diss}\,1\,2,\,T} = \Delta S_{\text{Mi},\,T} = \underline{57{,}8\,\frac{\text{kJ}}{\text{K}}}$$

Beispiel 3.20: Die mittlere spezifische Wärmekapazität einer Metalllegierung soll zwischen 20 °C und 300 °C durch Messung in einem Kalorimeter bestimmt werden.

Das Kalorimeter wird mit 3,2 kg Wasser von 15 °C gefüllt. Das Kalorimeter selbst nimmt ohne Wasserfüllung je 1 K Temperaturerhöhung die Wärme 4,1 kJ auf. Diese Energie dient zur Erwärmung der verschiedenen Materialien des Kalorimeters mit deren unterschiedlichen spezifischen Wärmekapazitäten, $\sum (m_{\text{kal}}\, c_{\text{kal}}) = 4{,}1$ kJ/K. $\sum (m_{\text{kal}}\, c_{\text{kal}})$ wird auch als Wärmekapazität (früher „Wasserwert") des Kalorimeters bezeichnet. Man denkt sich hierbei das Gefäß durch die Wassermenge m_{w} ersetzt, der je K Temperatursteigerung eine gleich große Energie $m_{\text{w}}\, c_{\text{w}}$ zugeführt werden muss: $m_{\text{w}}\, c_{\text{w}} = \sum (m_{\text{kal}}\, c_{\text{kal}})$. Es werden 500 g Metall von 300 °C in das Kalorimeter gegeben, das sich dadurch auf 20 °C erwärmt.

3

Lösung:

(Gl 3.102 a) $Q_{\text{a, Mi}} + Q_{\text{b, Mi}} = 0$ Indices: a = Metall, b = Wasser

$$m_{\text{a}}\, c_{\text{ma}}\big|_{t_{\text{a}}}^{t_{\text{Mi}}}\, (t_{\text{Mi}} - t_{\text{a}}) + m_{\text{b}}\, c_{\text{mb}}\big|_{t_{\text{Mi}}}^{t_{\text{b}}}\, (t_{\text{Mi}} - t_{\text{b}}) + \sum \left(m_{\text{kal}}\, c_{\text{kal}}\big|_{t_{\text{Mi}}}^{t_{\text{b}}}\right) (t_{\text{Mi}} - t_{\text{b}}) = 0$$

$$c_{\text{ma}}\big|_{t_{\text{a}}}^{t_{\text{Mi}}} = \frac{\left[m_{\text{b}}\, c_{\text{mb}}\big|_{t_{\text{Mi}}}^{t_{\text{b}}} + \sum \left(m_{\text{kal}}\, c_{\text{kal}}\big|_{t_{\text{Mi}}}^{t_{\text{b}}}\right)\right] (t_{\text{Mi}} - t_{\text{b}})}{m_{\text{a}}\, (t_{\text{a}} - t_{\text{Mi}})}$$

$$c_{\text{ma}}\big|_{20\,°\text{C}}^{300\,°\text{C}} = \frac{\left(3{,}2\ \text{kg}\ 4{,}175\ \dfrac{\text{kJ}}{\text{kg K}} + 4{,}1\ \dfrac{\text{kJ}}{\text{K}}\right) (20 - 15)\ \text{K}}{0{,}5\ \text{kg}\ (300 - 20)\ \text{K}}$$

$$c_{\text{ma}}\big|_{20\,°\text{C}}^{300\,°\text{C}} = 0{,}624\ \frac{\text{kJ}}{\text{kg K}}$$

Aufgabe 3.19: Heißem Abgas, von dem stündlich 80 kg mit 700 °C aus einem Industrieofen austreten, wird zur Absenkung der Temperatur stündlich 110 kg Luft von 20 °C bei konstant bleibendem Druck beigemischt. Während des Mischungsvorganges werden stündlich 20 000 kJ als Wärme an die Umgebung abgegeben. Der Mittelwert der spezifischen isobaren Wärmekapazität zwischen der jeweiligen Eintrittstemperatur und der Mischtemperatur beträgt beim Abgas 1,13 kJ/(kg K), bei der Luft 1,01 kJ/(kg K).

a) Wie hoch ist die Temperatur nach der Mischung?

b) Um welchen Wert ändern sich stündlich die Enthalpien des Abgases und der Luft?

Aufgabe 3.20: 2 kg Stahl mit 1 % Kohlenstoff werden mit 300 °C in ein Wasserbad von 20 °C getaucht, das sich, ohne zu verdampfen, auf 100 °C erwärmt. Das System ist adiabat anzunehmen.

a) Wie viel Wasser befindet sich in dem System, wenn die Energieaufnahme des Behälters (Kalorimeter) selbst vernachlässigt wird?

b) Wie viel Wasser befindet sich in dem System, wenn es aus einem Kalorimeter mit der Wärmekapazität 545 J/K besteht?

3.8 Wärmetransport

3.8.1 Entropieerzeugung beim Wärmetransport

Beim Wärmetransport wird Wärme von einem System höherer Temperatur (a) zu einem System geringerer Temperatur (b) übertragen. System a gibt den Wärmestrom $|\text{d}\dot{Q}_{\text{a}}|$ ab, System b nimmt den gleich großen Wärmestrom $\text{d}\dot{Q}_{\text{b}}$ auf ($\text{d}\dot{Q}_{\text{b}} = -\text{d}\dot{Q}_{\text{a}} = \text{d}\dot{Q}$).

Mit der Wärme strömt Entropie. System a gibt den Entropiestrom $\mathrm{d}\dot{S}_{\mathrm{q,a}}$ ab:

$$\mathrm{d}\dot{S}_{\mathrm{q,a}} = \frac{\mathrm{d}\dot{Q}_{\mathrm{a}}}{T_{\mathrm{a}}} = -\frac{\mathrm{d}\dot{Q}}{T_{\mathrm{a}}}$$

System b nimmt den Entropiestrom $\mathrm{d}\dot{S}_{\mathrm{q,b}}$ auf:

$$\mathrm{d}\dot{S}_{\mathrm{q,b}} = \frac{\mathrm{d}\dot{Q}_{\mathrm{b}}}{T_{\mathrm{b}}} = \frac{\mathrm{d}\dot{Q}}{T_{\mathrm{b}}}$$

Da Wärme nur bei $T_{\mathrm{a}} > T_{\mathrm{b}}$ übertragen wird, ist $|\mathrm{d}\dot{S}_{\mathrm{q,a}}| < \mathrm{d}\dot{S}_{\mathrm{q,b}}$. Somit ergibt sich für den auf dem Transportweg erzeugten Entropiestrom (Entropieerzeugungsrate):

$$\mathrm{d}\dot{S}_{\mathrm{diss}} = \mathrm{d}\dot{S}_{\mathrm{q,a}} + \mathrm{d}\dot{S}_{\mathrm{q,b}} = -\frac{\mathrm{d}\dot{Q}}{T_{\mathrm{a}}} + \frac{\mathrm{d}\dot{Q}}{T_{\mathrm{b}}} = \left(\frac{1}{T_{\mathrm{b}}} - \frac{1}{T_{\mathrm{a}}}\right)\mathrm{d}\dot{Q} = \frac{T_{\mathrm{a}} - T_{\mathrm{b}}}{T_{\mathrm{a}}T_{\mathrm{b}}}\,\mathrm{d}\dot{Q} \qquad \textbf{(Gl 3.105 a)}$$

Eine vom Wärmestrom unabhängige Gleichung erhält man, wenn man $\mathrm{d}\dot{Q}$ durch die kennzeichnenden Daten eines Wärmeübertragers (Wärmeübertragungsfläche A, Wärmedurchgangskoeffizient k) ersetzt. Den Zusammenhang geben wir hier nur an, wir werden ihn später (Abschn. 8.6.1) erläutern. Danach gilt für eine kleine Teilwärmeübertragungsfläche $\mathrm{d}A$:

$$\mathrm{d}\dot{Q} = k(T_{\mathrm{a}} - T_{\mathrm{b}})\,\mathrm{d}A$$

Damit erhält man:

$$\mathrm{d}\dot{S}_{\mathrm{diss}} = k\,\frac{(T_{\mathrm{a}} - T_{\mathrm{b}})^2}{T_{\mathrm{a}}T_{\mathrm{b}}}\,\mathrm{d}A \qquad \textbf{(Gl 3.105 b)}$$

In den Gleichungen 3.105 a/b sind die jeweiligen Temperaturen am Ort des Wärmedurchgangs einzusetzen. Da sich beim Wärmetransport T_{a} und T_{b} i. Allg. örtlich ändern, muss die Berechnung durch Integration für alle Flächenelemente $\mathrm{d}A$ oder mit den thermodynamischen Temperaturmittelwerten T_{ma} bzw. T_{mb} (Abschn. 3.8.2) erfolgen. Bei sich ändernden Temperaturen T_{a} und T_{b} ist es daher einfacher, die Entropieerzeugung durch Addition der Entropieänderungen der Systeme a und b zu ermitteln.

Bleiben die Temperaturen über der ganzen Wärmeübertragerfläche A konstant, wie z. B. bei der Wärmeabgabe eines Gebäudes a an die Umgebung b, vereinfachen sich die obigen Gleichungen:

$$\dot{S}_{\mathrm{diss\,12}} = \frac{T_{\mathrm{a}} - T_{\mathrm{b}}}{T_{\mathrm{a}}T_{\mathrm{b}}}\,\dot{Q}_{12} \qquad T_{\mathrm{a}} \textit{ und } T_{\mathrm{b}} \textit{ jeweils konstant über } A \qquad \textbf{(Gl 3.106 a)}$$

$$\dot{S}_{\mathrm{diss\,12}} = kA\,\frac{(T_{\mathrm{a}} - T_{\mathrm{b}})^2}{T_{\mathrm{a}}T_{\mathrm{b}}} \qquad T_{\mathrm{a}} \textit{ und } T_{\mathrm{b}} \textit{ jeweils konstant über } A \qquad \textbf{(Gl 3.106 b)}$$

Aus den Gleichungen 3.105 und 3.106 erkennt man, dass die Entropieerzeugung mit steigender Temperaturdifferenz $(T_{\mathrm{a}} - T_{\mathrm{b}})$ zunimmt und mit höheren Temperaturen $(T_{\mathrm{a}}, T_{\mathrm{b}})$ abnimmt.

3.8.2 Thermodynamische Mitteltemperatur

Zur Ermittlung der Entropie der zu- oder abgeführten Wärme nach der Bilanzgleichung (Gl 3.10 b/Gl 3.11 b) muss man den Zusammenhang zwischen dQ und T kennen. Zur Vereinfachung führt man die thermodynamische Mitteltemperatur T_m ein.

Dazu ersetzen wir den in Gl 3.10 b/Gl 3.11 b auftretenden Term $\int_1^2 \frac{dQ}{T}$ entsprechend Gl 3.6 a $\left(\int_1^2 \frac{dQ}{T} = S_{q\,12}\right)$ und berechnen den Entropietransport $S_{q\,12}$ so, als ob er durch die bei konstanter mittlerer Temperatur T_m zu- oder abgeführte Wärme Q_{12} verursacht würde:

$$S_{q\,12} = \int_1^2 \frac{dQ}{T} = \frac{Q_{12}}{T_m}$$

Dann ergibt sich als *thermodynamische Mitteltemperatur*

$$T_m = \frac{Q_{12}}{\int_1^2 \frac{dQ}{T}} = \frac{Q_{12}}{S_{q\,12}} \quad \textit{gilt allgemein} \qquad \textbf{(Gl 3.107 a)}$$

Für ideales Gas kann T_m bei *reversiblen* Prozessen aus der Anfangs- und Endtemperatur berechnet werden. Wir führen in Gl 3.107 a $S_{q\,12} = S_2 - S_1$ (Gl 3.7 a) sowie

$$Q_{12} = m\, c_{vm}|_{T_1}^{T_2} \frac{n-\varkappa}{n-1} (T_2 - T_1) \qquad \text{(Gl 3.73) und}$$

$$S_2 - S_1 = m\, c_{vm}|_{T_1}^{T_2} \frac{n-\varkappa}{n-1} \ln \frac{T_2}{T_1} \qquad \text{(Gl 3.76) ein und erhalten:}$$ [1)]

$$T_m = \frac{T_2 - T_1}{\ln \frac{T_2}{T_1}} \quad \textit{ideales Gas, reversibler Prozess} \qquad \textbf{(Gl 3.107 b)}$$

Für *irreversible* Prozesse gilt Gl 3.107 b nur angenähert, da in $S_2 - S_1$ nach Gl 3.76 neben $S_{q\,12}$ auch $S_{diss\,12}$ enthalten ist.

Beispiel 3.21: Ein Gebäude mit einem Wärmebedarf von 100 kW wird bei −10 °C Umgebungstemperatur auf 20 °C Raumtemperatur beheizt.

Wie groß ist der durch den Wärmeverlust des Gebäudes erzeugte Entropiestrom (Entropieerzeugungsrate)?

Lösung:

Entropieerzeugungsrate (Gl 3.106 a)

$$\dot{S}_{diss\,12} = \frac{T_R - T_{amb}}{T_R T_{amb}} \dot{Q}_{12} = \frac{(293{,}15 - 263{,}15)\,\text{K}}{293{,}15\,\text{K} \cdot 263{,}15\,\text{K}}\, 100\,\text{kW} = \underline{38{,}9\,\frac{\text{W}}{\text{K}}}$$

[1)] Mit der Vernachlässigung bei c_{vm} gemäß Fußnote zu Gl 3.25.

Beispiel 3.22: In einem Wärmeübertrager werden 10 000 kg/h Luft von 200 °C auf 600 °C im Gegenstrom durch Abgas von 1400 °C erwärmt, das sich dabei auf 400 °C abkühlt. Als mittlere spezifische Wärmekapazität der Luft soll 1,07 kJ/(kg K) angesetzt werden. Druckverluste durch Reibung sind zu vernachlässigen.

Wie groß ist der bei der Wärmeübertragung erzeugte Entropiestrom?

Lösung:
Wärmestrom (Gl 2.36 mit $W_{\text{diss}\,12} = 0$)

$$\dot{Q}_{12} = \dot{m}_L c_{mL}(t_{L2} - t_{L1}) = 10\,000\,\frac{\text{kg}}{\text{h}}\,1{,}07\,\frac{\text{kJ}}{\text{kg K}}\,(600 - 200)\,\text{K}\,\frac{\text{h}}{3600\,\text{s}}\,\frac{\text{s kW}}{\text{kJ}} = 1\,188{,}9\,\text{kW}$$

Thermodynamische Mitteltemperatur des Abgases und der Luft (Gl 3.107 b)

$$T_{mA} = \frac{T_{A2} - T_{A1}}{\ln \dfrac{T_{A2}}{T_{A1}}} = \frac{(673{,}15 - 1\,673{,}15)\,\text{K}}{\ln \dfrac{673{,}15\,\text{K}}{1\,673{,}15\,\text{K}}} = 1\,098{,}3\,\text{K}$$

$$T_{mL} = \frac{T_{L2} - T_{L1}}{\ln \dfrac{T_{L2}}{T_{L1}}} = \frac{(873{,}15 - 473{,}15)\,\text{K}}{\ln \dfrac{873{,}15\,\text{K}}{473{,}15\,\text{K}}} = 652{,}9\,\text{K}$$

Erzeugter Entropiestrom (Gl 3.106 a)

$$\dot{S}_{\text{diss}\,12} = \frac{T_{mA} - T_{mL}}{T_{mA}\,T_{mL}}\,\dot{Q}_{12} = \frac{(1\,098{,}3 - 652{,}9)\,\text{K}}{1\,098{,}3\,\text{K} \cdot 652{,}9\,\text{K}}\,1\,188{,}9\,\text{kW} = \underline{0{,}739\,\frac{\text{kW}}{\text{K}}}$$

Aufgabe 3.21: Eine auf 18 °C beheizte kugelförmige Tauchglocke mit 6 m mittlerem Durchmesser befindet sich in Wasser mit 4 °C. Der mittlere Wärmedurchgangskoeffizient beträgt 0,9 W/(m^2 K).

Wie groß ist der durch den Wärmeverlust der Tauchglocke erzeugte Entropiestrom (Entropieerzeugungsrate)?

3.9 Exergie und Anergie

3.9.1 Begrenzte Umwandelbarkeit der inneren Energie und der Wärme

Einführung. Der 1. Hauptsatz sagt aus, dass Energie nicht gewonnen und nicht verloren gehen kann. Der 2. Hauptsatz und der Zustand der Umgebung – z. B. der Erde – schränken die Umwandlung von einer Energieform in eine andere teilweise ein.

So kann z. B. elektrische Energie bei einem reversiblen Vorgang vollständig in Arbeit umgewandelt werden – und umgekehrt. Dagegen können die Energieformen innere Energie (bzw. Enthalpie) und Wärme auch bei reversiblen Vorgängen nicht vollständig in Arbeit umgewandelt werden. Das sollen die folgenden Beispiele verdeutlichen:

Bei Drosselung eines idealen Gases von 1 nach 3 **(B 3.48)** bleiben die Enthalpie und die innere Energie konstant. Soll das Gas in einer adiabaten Maschine auf einen vorgegebenen Gegendruck p_2 (z. B. den Umgebungsdruck) entspannt werden, dann wird bei dieser isentropen Entspannung des nicht gedrosselten Gases vom Zustand 1 nach 2 mehr Arbeit verrichtet als bei der isentropen Entspannung des gedrosselten Gases vom Zustand 3 nach 4. Obgleich die Enthalpien vor der Entspannung jeweils gleich groß waren, so hat sich doch

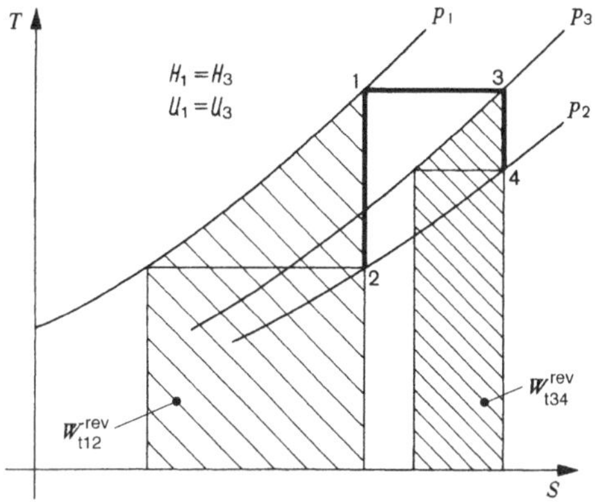

B 3.48 Isentrope Entspannung des idealen Gases im *T,S*-Diagramm

die Fähigkeit, Arbeit abzugeben, durch die irreversible Drosselung verschlechtert. Die Enthalpie und damit auch die innere Energie ließen diese Verschlechterung nicht erkennen.

Eine andere Überlegung zeigt das gleiche Ergebnis:

In einem Druckluftbehälter, in dem sich Luft bei hohem Druck, aber bei Umgebungstemperatur befindet, ist nach $\mathrm{d}u = c_v\,\mathrm{d}T$ die spezifische innere Energie der Luft im Behälter gleich der der Umgebungsluft. Andererseits kann die im Behälter befindliche Luft trotz gleicher spezifischer innerer Energie beim Ausströmen und z. B. isothermer Entspannung auf den Umgebungsdruck Arbeit verrichten. Zwar wird bei dieser isothermen Entspannung eine der Arbeit entsprechende Energie aus der Umgebung als Wärme zugeführt, aber die Luft im Behälter ist erst durch ihren höheren Druck in der Lage, diese Arbeit zu verrichten. Durch die Betrachtung der inneren Energie allein ist diese Fähigkeit nicht erkennbar.

Auch Wärme ist nicht vollständig in Arbeit umwandelbar, wie wir selbst bei dem günstigsten aller Kreisprozesse, dem Carnot-Prozess, erkannt haben. Zur Schließung dieses Kreisprozesses muss Wärme an die Umgebung abgeführt werden, im günstigsten Fall bei Umgebungstemperatur t_b. Die Angabe der Größe der zugeführten Wärme allein sagt also noch nichts darüber aus, wie viel von ihr in Arbeit umgewandelt werden kann.

Diese Beispiele zeigen:

1. *Nicht alle Energieformen lassen sich vollständig in beliebige andere Energieformen umwandeln.*
2. *Die Eigenschaften der Umgebung beeinflussen die Energieumwandlung.*

Definition. Für den beliebig umwandelbaren Teil der Energie führen wir als neuen Begriff die *Exergie E*, für den restlichen Teil den Begriff *Anergie B* ein. [1] Dann gilt:

$$\textit{Energie} = \textit{Exergie} + \textit{Anergie}$$

$$\textit{Energie} = \quad E \quad + \quad B$$

[1] ex ergon = Arbeit. *Z. Rant* (1904–1972), Prof. für Verfahrenstechnik in Ljubljana und Braunschweig, hat die Begriffe Exergie (1953) und Anergie (1962) geprägt.

Für die beiden Teile der Energie definieren wir:

Exergie ist der Teil der Energie, der sich in einer vorgegebenen Umgebung in jede beliebige Energieform umwandeln lässt.
Anergie ist der Teil der Energie, der nicht in Exergie umgewandelt werden kann.

Auf die Masse m eines Systems bezogen ergeben sich die spezifische Exergie $e = \frac{E}{m}$ und die spezifische Anergie $b = \frac{B}{m}$.

Um die Exergie eines Systems zu nutzen, muss das System verlustlos mit der Umgebung ins Gleichgewicht gebracht werden. Dagegen verlaufen wirkliche Prozesse immer irreversibel. Wir können daher den 2. Hauptsatz auch wie folgt formulieren:

Bei allen natürlichen Prozessen wird Exergie in Anergie umgewandelt.

Es gibt Energieformen, die nur aus Exergie bestehen, wie z. B. elektrische, kinetische oder potenzielle Energie, und auch solche, die nur aus Anergie bestehen, wie z. B. die innere Energie der Umgebung oder Wärme bei Umgebungstemperatur.

Auch die bei chemischen Umwandlungen beim Ausgleich mit den in der Umgebung vorkommenden Stoffen verlustlos frei werdende Energie ist Exergie, z. B. bei Brennstoffen (s. Abschn. 9.8.2).

3.9.2 Exergie und Anergie eines strömenden Fluids

Die Exergie eines stationär strömenden Fluids E_1^* ist der Betrag der reversiblen technischen Arbeit, die das Fluid höchstens verrichten kann, wenn es aus seinem Anfangszustand 1 mit der Umgebung reversibel ins Gleichgewicht gebracht wird. Endzustand ist also der Umgebungszustand b.

$$E_1^* = -W_{\mathrm{t\,1b}}^{\mathrm{rev}*}$$

Die Exergie eines strömenden Fluids wird im Schrifttum auch als Arbeitsfähigkeit bezeichnet.

Wir führen den 1. Hauptsatz für reversible Prozesse in offenen Systemen ein (Gl 2.17 mit $W_{\mathrm{diss\,1\,2}} = 0$):

$$Q_{1\mathrm{b}}^{\mathrm{rev}} + W_{\mathrm{t\,1b}}^* = H_\mathrm{b} - H_1 + \frac{m}{2}\left(c_\mathrm{b}^2 - c_1^2\right) + m\,g\,(z_\mathrm{b} - z_1)$$

Da die Exergie des zu *betrachtenden* Fluids ermittelt wird, darf Wärmezu- oder -abfuhr nur mit der Umgebung zugelassen werden. Deren Temperatur T_b ändert sich wegen der sehr großen Umgebung nicht. Da die Wärme reversibel, d. h. ohne Temperaturdifferenz übertragen werden muss, muss bei der Wärmeübertragung die Fluidtemperatur T_f gleich der Umgebungstemperatur T_b sein und konstant bleiben. Somit gilt (Gl 3.40 mit $W_{\text{diss}\,12} = 0$):

$$Q_{1b}^{\text{rev}} = T_b\,(S_b - S_1)$$

Oben eingeführt, sowie $c_b = 0$ und $z_b = 0$ gesetzt, ergibt sich für die *Exergie eines stationär strömenden Fluids:*[1)]

$$E_1^* = H_1 - H_b + T_b\,(S_b - S_1) + \frac{m}{2}\,c_1^2 + m\,g\,z_1 \qquad \textbf{(Gl 3.108)}$$

Die *Anergie eines stationär strömenden Fluids* B_1^* ist die Differenz zwischen dessen Energie $\left(H_1 + m\,\frac{c_1^2}{2} + m\,g\,z_1\right)$ und seiner Exergie E_1^*:

$$B_1^* = H_1 + m\,\frac{c_1^2}{2} + m\,g\,z_1 - E_1^*$$

$$B_1^* = H_b + T_b\,(S_1 - S_b) \qquad \textbf{(Gl 3.109)}$$

Oft werden die kinetische und potenzielle Energie vernachlässigt. Dann ist die Exergie des Fluids E_1^* gleich der *Exergie* E_1 *der Enthalpie*:

$$E_1 = H_1 - H_b + T_b\,(S_b - S_1) \qquad \textbf{(Gl 3.110)}$$

Die *Anergie* B_1 *der Enthalpie* ist wieder die Differenz zwischen der Energie – hier H_1 – und der Exergie, sodass sich der gleiche Wert wie für die Anergie eines Fluids ergibt:

$$B_1 = H_b + T_b\,(S_1 - S_b)\,; \qquad B_1 = B_1^* \qquad \textbf{(Gl 3.111)}$$

In der Exergie E und der Anergie B tritt der Umgebungszustand auf. Dieser muss festgelegt werden, dann können E und B als Zustandsgrößen behandelt werden.

Die Ableitung gilt für beliebige Fluide, also nicht nur für das ideale Gas.

Für das *ideale Gas* stellen wir die Exergie E_1 der Enthalpie im p,V- und T,S-Diagramm dar, wobei die Enthalpiedifferenz $H_1 - H_b$ durch die Isentrope und der Term $T_b\,(S_b - S_1)$ durch die Isotherme als Fläche gekennzeichnet werden **(B 3.49)**.

Für das *reale Gas* ist zu beachten, dass die Linien $H = \text{const}$ im T,S-Diagramm nicht waagerecht verlaufen **(B 3.50)**.

Zwischen zwei Zuständen 1 und 2 mit den Enthalpien H_1 und H_2 beträgt die *Exergiedifferenz* der Enthalpie

$$E_2 - E_1 = H_2 - H_b + T_b\,(S_b - S_2) - [H_1 - H_b + T_b\,(S_b - S_1)]$$

$$E_2 - E_1 = H_2 - H_1 + T_b\,(S_1 - S_2) \qquad \textbf{(Gl 3.112)}$$

---

1) Auftrieb vernachlässigt; s. Abschn. 7.2.

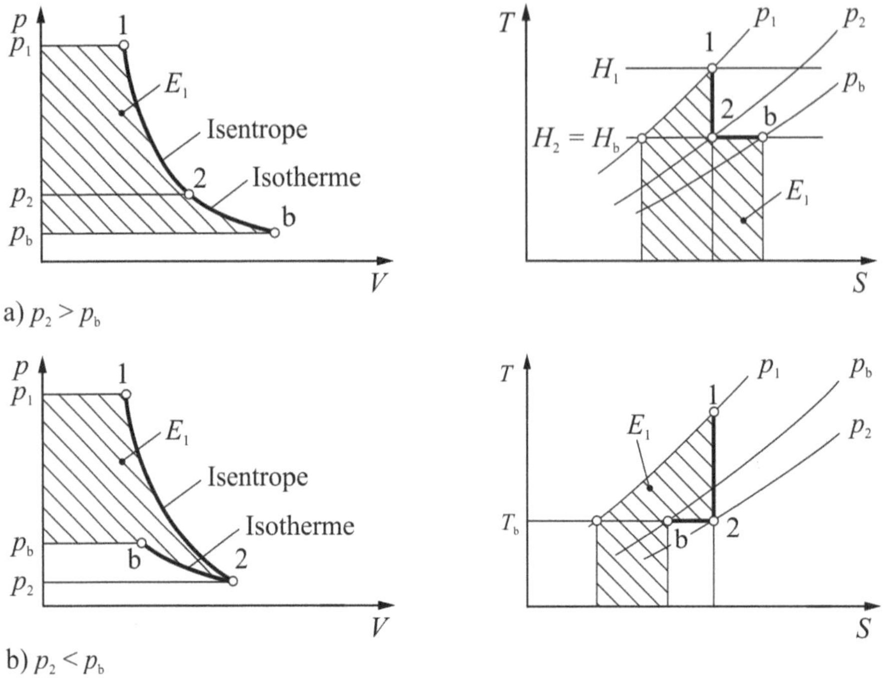

B 3.49 Exergie idealer Gase im p,V-Diagramm und im T,S-Diagramm

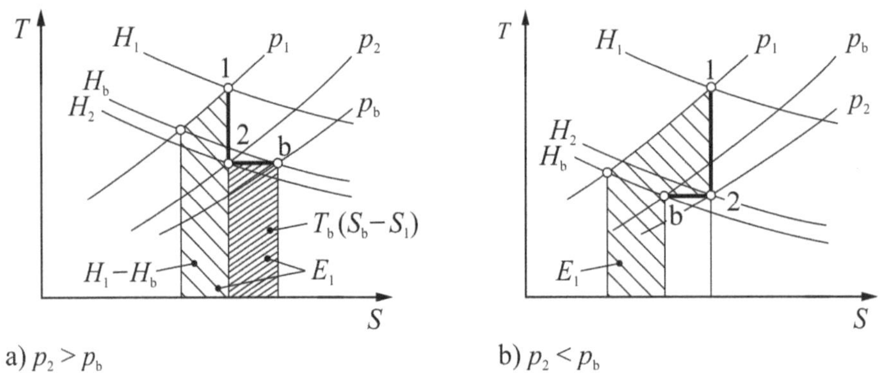

B 3.50 Exergie realer Gase bei gleich bleibender Phase im T,S-Diagramm

Für die isentrope Zustandsänderung ist $S_2 = S_1$ und daher für beliebige Stoffe

$$E_2 - E_1 = H_2 - H_1 \qquad \textit{isentrop, beliebiger Stoff} \tag{Gl 3.113}$$

Bei der isothermen Zustandsänderung des idealen Gases ist $H_2 = H_1$ (wegen $\mathrm{d}h = c_p\,\mathrm{d}T$) und daher

$$E_2 - E_1 = T_\mathrm{b}\,(S_1 - S_2) \qquad \textit{isotherm, ideales Gas} \tag{Gl 3.114}$$

Beispiel 3.23: Für das nach Bsp. 3.4 erwärmte Helium sind für den Umgebungszustand 100 kPa, 20 °C zu ermitteln ($c_1 = 0$, $z_1 = 0$):

a) die Exergie des Heliumstromes vor der Wärmezufuhr,

b) die Exergieänderung des Heliumstromes infolge der Erwärmung.

Lösung:

Zu a): Exergie des Heliumstromes nach Gl 3.110:

$$\dot{E}_1 = \dot{H}_1 - \dot{H}_b + T_b\,(\dot{S}_b - \dot{S}_1)$$

Darin sind die Entropiedifferenz nach Gl 3.77:

$$\dot{S}_b - \dot{S}_1 = \dot{m}\,c_p \ln\frac{T_b}{T_1} - \dot{m}\,R_i \ln\frac{p_b}{p_1}$$

$$\dot{S}_b - \dot{S}_1 = 1{,}9\,\frac{\text{kg}}{\text{s}}\,5{,}193\,2\,\frac{\text{kJ}}{\text{kg K}}\ln\frac{293{,}15\text{ K}}{283{,}15\text{ K}} - 1{,}9\,\frac{\text{kg}}{\text{s}}\,2{,}077\,3\,\frac{\text{kJ}}{\text{kg K}}\ln\frac{100\text{ kPa}}{1\,500\text{ kPa}} = 11{,}03\,\frac{\text{kW}}{\text{K}}$$

und die Enthalpiedifferenz nach Gl 2.45:

$$\dot{H}_1 - \dot{H}_b = \dot{m}\,c_p\,(T_1 - T_b)$$

$$\dot{H}_1 - \dot{H}_b = 1{,}9\,\frac{\text{kg}}{\text{s}}\,5{,}193\,2\,\frac{\text{kJ}}{\text{kg K}}\,(283{,}15 - 293{,}15)\text{ K} = -98{,}7\text{ kW}$$

Oben eingesetzt:

$$\dot{E}_1 = -98{,}7\text{ kW} + 293{,}15\text{ K}\,11{,}03\,\frac{\text{kW}}{\text{K}} = \underline{3\,135\text{ kW}}$$

Zu b): Exergieänderung des Heliumstromes nach Gl 3.112 (mit $T_2 = 384{,}50$ K aus Bsp. 3.4):

$$\dot{E}_2 - \dot{E}_1 = \dot{H}_2 - \dot{H}_1 + T_b\,(\dot{S}_1 - \dot{S}_2)$$

$$\dot{E}_2 - \dot{E}_1 = \dot{m}\,c_p\,(T_2 - T_1) + T_b\dot{m}\,c_p \ln\frac{T_1}{T_2}$$

$$\dot{E}_2 - \dot{E}_1 = 1{,}9\,\frac{\text{kg}}{\text{s}}\,5{,}193\,2\,\frac{\text{kJ}}{\text{kg K}}\,(384{,}50 - 283{,}15)\text{ K} + 293{,}15\text{ K}\,1{,}9\,\frac{\text{kg}}{\text{s}}\,5{,}1932\,\frac{\text{kJ}}{\text{kg K}}\ln\frac{283{,}15\text{ K}}{384{,}50\text{ K}}$$

$$\dot{E}_2 - \dot{E}_1 = 1\,000\text{ kW} - 885\text{ kW} = \underline{115\text{ kW}}$$

Aufgabe 3.22: Stickstoff wird in einem Wärmeübertrager isobar bei 600 kPa von 100 °C auf 300 °C erwärmt. Umgebungszustand 100 kPa, 15 °C. Stickstoff soll näherungsweise als ideales Gas angenommen werden. Die Temperaturabhängigkeit der spez. Wärmekapazität ist zu berücksichtigen. Die Änderung der kinetischen und potenziellen Energie ist zu vernachlässigen.

Wie groß ist die Änderung der spezifischen Exergie?

Aufgabe 3.23: Luft expandiert reversibel in einer Turbine von 600 kPa auf 100 kPa. Anfangstemperatur 182 °C, Umgebungszustand 100 kPa, 20 °C. Luft soll näherungsweise als ideales Gas angenommen werden. Die Temperaturabhängigkeit der spez. Wärmekapazität ist zu vernachlässigen, es ist mit dem Wert bei 0 °C zu rechnen. Die Änderung der kinetischen und potenziellen Energie ist zu vernachlässigen.

Zu bestimmen sind die Änderungen der spezifischen Exergie, wenn die Expansion

a) in einer adiabaten Turbine,

b) isotherm verläuft.

3.9.3 Exergie und Anergie eines geschlossenen Systems

Den Betrag der Nutzarbeit an der Kolbenstange (Gl 2.5 u. Gl 2.6), die ein geschlossenes System bei Ausgleich mit dem Umgebungszustand maximal abgeben kann, nennen wir *Exergie des geschlossenen Systems* oder *Exergie der inneren Energie*

$$E_{g1} = -W_{n1b} = -W_{v1b} - p_b\,(V_b - V_1)$$

V_b ist das Volumen des Systems im Umgebungszustand (p_b, T_b). Wir führen den 1. Hauptsatz für reversible Vorgänge ($W_{v1b} + Q_{1b}^{rev} = U_b - U_1$; Gl 2.9) mit der zwischen System und der Umgebung bei T_b übertragbaren Wärme (reine Anergie) $Q_{1b}^{rev} = T_b\,(S_b - S_1)$ (Gl 3.40 mit $W_{diss\,12} = 0$) ein

$$W_{v1b} = U_b - U_1 - Q_{1b}^{rev} = U_b - U_1 - T_b\,(S_b - S_1)$$

und erhalten für die *Exergie eines geschlossenen Systems* (*Exergie der inneren Energie*)

$$E_{g1} = U_1 - U_b + T_b\,(S_b - S_1) - p_b\,(V_b - V_1) \qquad \textbf{(Gl 3.115)}$$

Für das ideale Gas stellen wir die Exergie des geschlossenen Systems im p,V-Diagramm dar, wobei die Differenz der inneren Energie ($U_1 - U_b$) durch die Isentrope von 1 nach 2, der Term $T_b\,(S_b - S_1)$ durch die Isotherme von 2 nach b und der Term $p_b\,(V_b - V_1)$ als Rechteckfläche unter p_b darstellbar sind **(B 3.51)**.

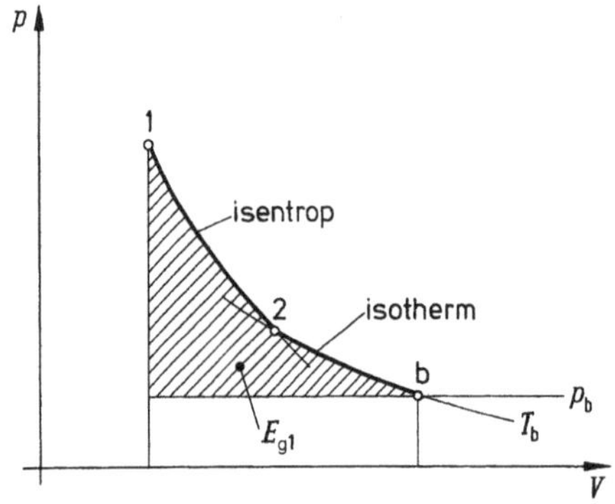

B 3.51 Exergie der inneren Energie idealer Gase im p,V-Diagramm

Als Differenz zwischen der inneren Energie und der Exergie der inneren Energie erhalten wir die *Anergie eines geschlossenen Systems* (*Anergie der inneren Energie*)

$$B_{g1} = U_1 - E_{g1}$$

$$B_{g1} = U_b - T_b\,(S_b - S_1) + p_b\,(V_b - V_1) \qquad \textbf{(Gl 3.116)}$$

Zwischen zwei Zuständen 1 und 2 eines geschlossenen Systems mit den inneren Energien U_1 und U_2 besteht die Exergiedifferenz

$$E_{g2} - E_{g1} = U_2 - U_1 + T_b\,(S_1 - S_2) - p_b\,(V_1 - V_2) \qquad \textbf{(Gl 3.117)}$$

3.9.4 Exergie und Anergie der Wärme

Definition. Wir bezeichnen den Teil der Wärme, der im günstigsten Fall in Arbeit umwandelbar ist, als *Exergie der Wärme* E_{q12}. Der günstigste Fall ist ein reversibler Kreisprozess, bei dem Wärme bei der Temperatur T zugeführt wird, während die unumgängliche Wärmeabfuhr bei tiefstmöglicher Temperatur – das ist die Umgebungstemperatur T_b – erfolgt. Dann ist die abgegebene Wärme nur noch *Anergie* B_{q12} **(B 3.52)**.

Zur Herleitung der Exergie der Wärme zerlegen wir einen reversiblen Kreisprozess $1\,2\,a\,b$ **(B 3.53)**, dem Wärme bei veränderlicher Temperatur ($T \neq$ const) zugeführt und bei dem Abwärme bei konstanter Umgebungstemperatur T_b abgeführt wird, in unendlich viele beliebig kleine reversible Kreisprozesse (z. B. $c\,d\,e\,f$).

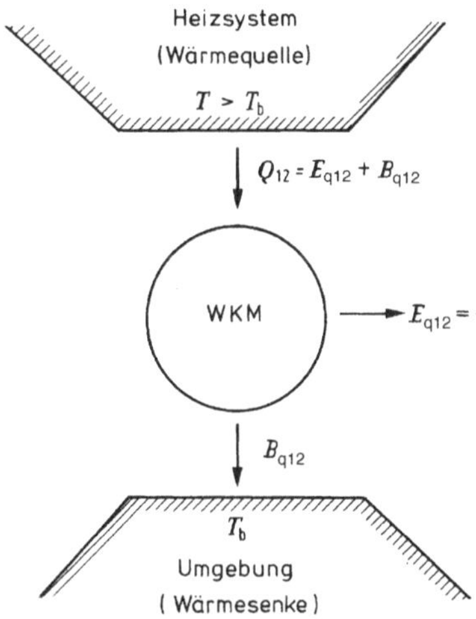

B 3.52 Umwandlung von Wärme in Arbeit; Exergie E_{q12} und Anergie B_{q12} der Wärme

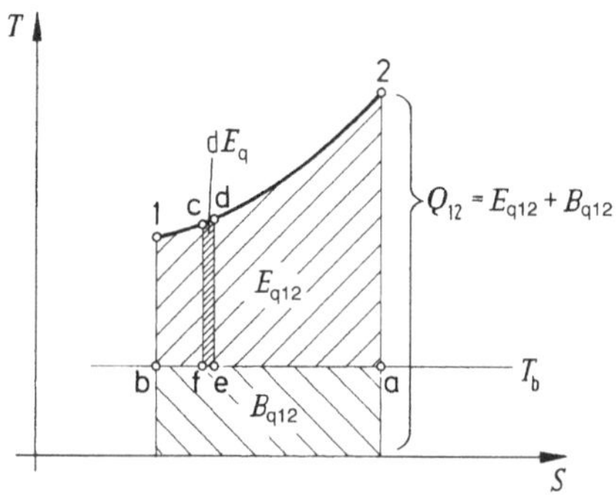

B 3.53 Exergie und Anergie der Wärme

Diese stellen sich als kleinste Teil-Carnot-Prozesse dar, in denen jeweils die Arbeit $\mathrm{d}W_{car}$ mit dem für die Temperatur T bestmöglichen Wirkungsgrad $\eta_c = 1 - \dfrac{T_b}{T}$ (Gl 3.88) verrichtet wird. Die in dem jeweiligen Teil-Carnot-Prozess in Arbeit ($\mathrm{d}W_{car}$) umwandelbare Wärme ($\mathrm{d}Q$) ist (Gl 3.88):[1)]

$$\mathrm{d}E_q = -\mathrm{d}W_{car} = \eta_c\,\mathrm{d}Q = \left(1 - \frac{T_b}{T}\right)\mathrm{d}Q$$

Integriert:

$$E_{q12} = \int_1^2 \left(1 - \frac{T_b}{T}\right)\mathrm{d}Q = Q_{12} - T_b \int_1^2 \frac{\mathrm{d}Q}{T} \qquad \textbf{(Gl 3.118)}$$

[1)] Wir bewerten hier die Wärme mithilfe kleiner Teil-Carnot-Prozesse. Die Bewertung soll aber nicht darauf beschränkt sein, dass die Wärme nur im Zusammenhang mit reversiblen Prozessen übertragen wird. Daher muss der anfangs zur Erläuterung reversibler und irreversibler Prozesse bei der Wärme eingeführte Index „rev", der formal ohnehin überflüssig ist (vgl. Fußnote zu Gl 3.24), entfallen.

oder mit der integrierten Gl 3.6 a $\left(\int\limits_1^2 \frac{\mathrm{d}Q}{T} = S_{\mathrm{q}\,12}\right)$

$$E_{\mathrm{q}\,12} = Q_{1\,2} - T_{\mathrm{b}} \int\limits_1^2 \frac{\mathrm{d}Q}{T} = Q_{1\,2} - T_{\mathrm{b}}\, S_{\mathrm{q}\,12} \qquad \textbf{(Gl 3.119)}$$

Auf die Masse bezogen erhalten wir die spezifische Exergie der Wärme

$$e_{\mathrm{q}\,12} = \frac{E_{\mathrm{q}\,12}}{m}$$

Der nicht in Exergie umwandelbare Anteil der Wärme ist die *Anergie der Wärme* $B_{\mathrm{q}\,12}$:

$$B_{\mathrm{q}\,12} = Q_{1\,2} - E_{\mathrm{q}\,12}$$

Mit Gl 3.119 und Gl 3.6 a ergibt sich:

$$B_{\mathrm{q}\,12} = T_{\mathrm{b}} \int\limits_1^2 \frac{\mathrm{d}Q}{T} = T_{\mathrm{b}}\, S_{\mathrm{q}\,12} \qquad \textbf{(Gl 3.120)}$$

Auf die Masse bezogen, erhalten wir die spezifische Anergie der Wärme

$$b_{\mathrm{q}\,12} = \frac{B_{\mathrm{q}\,12}}{m}$$

Verknüpfung mit der Entropieänderung. Wir verknüpfen $E_{\mathrm{q}\,12}$ und $B_{\mathrm{q}\,12}$ mit der Entropieänderung des Systems $S_2 - S_1$, dem Wärme zu- oder abgeführt wird, indem wir in Gl 3.119 und Gl 3.120 dQ nach Gl 3.5 ($\mathrm{d}Q = T\,\mathrm{d}S - \mathrm{d}W_{\mathrm{diss}}$) ersetzen. Für die Exergie $E_{\mathrm{q}\,12}$ ergibt sich:

$$E_{\mathrm{q}\,12} = Q_{1\,2} - T_{\mathrm{b}}\,(S_2 - S_1) + T_{\mathrm{b}} \int\limits_1^2 \frac{\mathrm{d}W_{\mathrm{diss}}}{T} \qquad \textbf{(Gl 3.121)}$$

Mit der integrierten Gl 3.6 b $\left(\int\limits_1^2 \frac{\mathrm{d}W_{\mathrm{diss}}}{T} = S_{\mathrm{diss}\,12}\right)$ erhält man für $E_{\mathrm{q}\,12}$:

$$E_{\mathrm{q}\,12} = Q_{1\,2} - T_{\mathrm{b}}\left[(S_2 - S_1) - S_{\mathrm{diss}\,12}\right] \qquad \textbf{(Gl 3.122)}$$

Für die Anergie gilt ($B_{\mathrm{q}\,12} = Q_{1\,2} - E_{\mathrm{q}\,12}$):

$$B_{\mathrm{q}\,12} = T_{\mathrm{b}}\,(S_2 - S_1) - T_{\mathrm{b}} \int\limits_1^2 \frac{\mathrm{d}W_{\mathrm{diss}}}{T} \qquad \textbf{(Gl 3.123)}$$

oder, mit Gl 3.6 b

$$B_{q\,1\,2} = T_b\,(S_2 - S_1 - S_{diss\,1\,2}) \qquad \textbf{(Gl 3.124)}$$

Die Gleichungen 3.118 bis 3.124 gelten allgemein. Für reversible Vorgänge werden in Gl 3.121 und Gl 3.123 dW_{diss} sowie in Gl 3.122 und Gl 3.124 $S_{diss\,1\,2}$ zu null.

Die Exergie der zu- oder abgeführten Wärme ändert sich mit Auftreten von Dissipation nicht, wie aus Gl 3.118 direkt erkennbar ist. Bei Interpretation der Gl 3.121 ist zu berücksichtigen, dass die Entropieänderung $S_2 - S_1$ nur mit dem Anteil $S_{q\,1\,2}$ auf $Q_{1\,2}$, mit dem Anteil $S_{diss\,1\,2}$ aber auf $W_{diss\,1\,2}$ zurückzuführen ist. Das ist in **B 3.54** am Beispiel einer isothermen Expansion veranschaulicht.

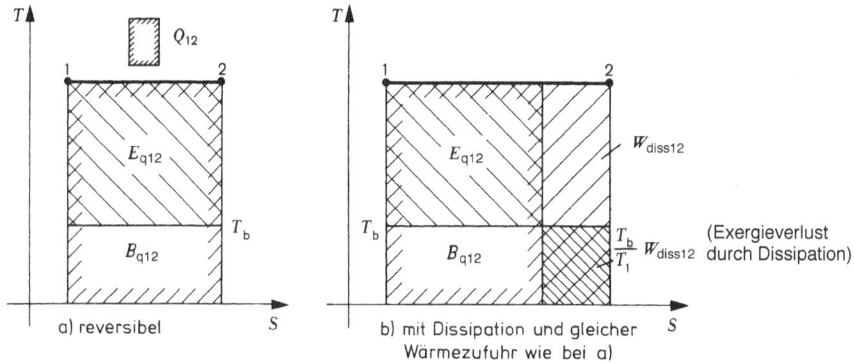

B 3.54 Exergie und Anergie zugeführter Wärme bei reversibler und irreversibler isothermer Expansion

Verknüpfung mit der thermodynamischen Mitteltemperatur. Gl 3.118 kann vereinfacht werden, wenn man die thermodynamische Mitteltemperatur T_m nach Gl 3.107 a einführt:

$$E_{q\,1\,2} = \left(1 - \frac{T_b}{T_m}\right) Q_{1\,2} = \eta_c\, Q_{1\,2} \qquad \textbf{(Gl 3.126)}$$

Gl 3.126 gilt allgemein, wenn der Carnot-Faktor η_c mit der thermodynamischen Mitteltemperatur T_m gebildet wird.

Vorzeichen der Exergie. Die Exergie von Systemen mit Temperaturen unterhalb der Umgebungstemperatur ($T < T_b$) *ist positiv*, wie folgende Überlegung zeigt:

Die von einem System bei $T < T_b$ abgegebene Wärme (neg.) hat einen geringeren Betrag als der (neg.) Term $T_b\,(S_2 - S_1)$ **(B 3.55)**. Somit wird die nach Gl 3.121 (mit $dW_{diss} = 0$) errechnete Exergie der abgegebenen (negativen) Wärme positiv! Die Exergie des gekühlten Systems steigt bei $T < T_b$ durch die Wärmeabgabe (Bsp. 3.25).

Wird Wärme bei $T > T_b$ abgeführt, so ist allerdings deren Exergie negativ und die Exergie des gekühlten Systems verringert sich durch Wärmeabgabe.

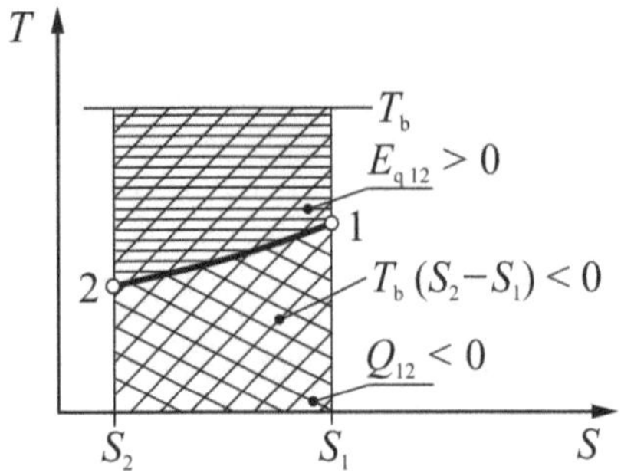

B 3.55 Exergiezunahme durch Kühlung bei $T < T_b$

Beispiel 3.24: Für den in den Bsp. 3.4/3.23 erwärmten Heliumstrom sind zu bestimmen:

a) die Exergie des zugeführten Wärmestromes; das Ergebnis ist mit der Exergieänderung des erwärmten Heliumstromes nach Bsp. 3.23 zu vergleichen,

b) die Anergie des zugeführten Wärmestromes,

c) die thermodynamische Mitteltemperatur,

d) die Exergie des zugeführten Wärmestromes mithilfe der thermodynamischen Mitteltemperatur; das Ergebnis ist mit der Lösung nach a) zu vergleichen.

Lösung:

Zu a): Exergie des zugeführten Wärmestromes nach Gl 3.121 mit $\mathrm{d}W_{\text{diss}} = 0$:

$$\dot{E}_{\mathrm{q}12} = \dot{Q}_{12} - T_{\mathrm{b}}\,(\dot{S}_2 - \dot{S}_1)$$

Hierin: $\dot{Q}_{12} = 1\,000$ kW (Bsp. 3.4) und $T_{\mathrm{b}}\,(\dot{S}_2 - \dot{S}_1) = 885$ kW (Bsp. 3.23)

$$\dot{E}_{\mathrm{q}12} = 1\,000\ \mathrm{kW} - 885\ \mathrm{kW} = \underline{115\ \mathrm{kW}}$$

Das Ergebnis stimmt, wie erwartet, mit der Exergieänderung des Heliumstromes überein (Bsp. 3.23 b).

Zu b): Anergie des zugeführten Wärmestromes (Gl 3.124):

$$\dot{B}_{\mathrm{q}12} = T_{\mathrm{b}}\,(\dot{S}_2 - \dot{S}_1) = \underline{885\ \mathrm{kW}} \qquad \text{(Bsp. 3.23)}$$

Zu c): Thermodynamische Mitteltemperatur (Gl 3.107 a),

mit $\dot{Q}_{12} = 1\,000$ kW und $\dot{S}_{\mathrm{q}12} = \dot{S}_2 - \dot{S}_1 = 3{,}019\ \dfrac{\mathrm{kW}}{\mathrm{K}}$ (Bsp. 3.4):

$$T_{\mathrm{m}} = \frac{\dot{Q}_{12}}{\dot{S}_{\mathrm{q}12}} = \frac{1\,000\ \mathrm{kW\,K}}{3{,}019\ \mathrm{kW}} = \underline{331{,}2\ \mathrm{K}}$$

oder nach Gl 3.107 b, mit $t_1 = 10\ ^\circ\mathrm{C}$, $t_2 = 111{,}35\ ^\circ\mathrm{C}$ (Bsp. 3.4):

$$T_{\mathrm{m}} = \frac{T_2 - T_1}{\ln \dfrac{T_2}{T_1}} = \frac{(384{,}50 - 283{,}15)\ \mathrm{K}}{\ln \dfrac{384{,}50\ \mathrm{K}}{283{,}15\ \mathrm{K}}} = \underline{331{,}2\ \mathrm{K}}$$

Zu d): Exergie des zugeführten Wärmestromes (Gl 3.126) mit $t_{\mathrm{b}} = 20\ ^\circ\mathrm{C}$ (Bsp. 3.23):

$$\dot{E}_{\mathrm{q}12} = \left(1 - \frac{T_{\mathrm{b}}}{T_{\mathrm{m}}}\right)\dot{Q}_{12} = \left(1 - \frac{293{,}15\ \mathrm{K}}{331{,}2\ \mathrm{K}}\right) 1\,000\ \mathrm{kW} = \underline{115\ \mathrm{kW}}$$

Das Ergebnis stimmt mit dem nach a) überein.

Beispiel 3.25: 1 000 kg/h Methan sollen in einem Vorkühler zur Verflüssigung von $-20\,^\circ$C auf $-80\,^\circ$C bei konstantem Druck gekühlt werden. Methan soll als ideales Gas betrachtet, die spezifische Wärmekapazität bei $0\,^\circ$C eingesetzt werden. Umgebungstemperatur $20\,^\circ$C. Die Änderung der kinetischen und der potenziellen Energie ist zu vernachlässigen.

Wie ändert sich die Exergie des Methanstromes infolge der Kühlung?

Lösung:

Die Exergie des Methanstromes ändert sich um die Exergie des abgeführten Wärmestromes (vgl. Bsp. 3.24) nach Gl 3.121 (mit $\mathrm{d}W_{\text{diss}} = 0$):

$$\dot{E}_{\text{q}\,12} = \dot{Q}_{12} - T_{\text{b}}\,(\dot{S}_2 - \dot{S}_1)$$

Hierin ist der abgeführte Wärmestrom (Gl 2.34 mit $W_{\text{diss}\,12} = 0$):

$$\dot{Q}_{12} = \dot{m}\,c_p\,(T_2 - T_1) = \frac{1\,000\ \text{kg}}{3\,600\ \text{s}}\ 2{,}156\,2\ \frac{\text{kJ}}{\text{kg K}}\ (193{,}15 - 253{,}15)\ \text{K} = -35{,}94\ \text{kW}$$

Änderung des Entropiestromes nach Gl 3.33:

$$\dot{S}_2 - \dot{S}_1 = \dot{m}\,c_p \ln\frac{T_2}{T_1} = \frac{1\,000\ \text{kg}}{3\,600\ \text{s}}\ 2{,}156\,2\ \frac{\text{kJ}}{\text{kg K}}\ \ln\frac{193{,}15\ \text{K}}{253{,}15\ \text{K}} = -0{,}162\,02\ \frac{\text{kW}}{\text{K}}$$

Oben eingesetzt:

$$\dot{E}_{\text{q}\,12} = -35{,}94\ \text{kW} - 293{,}15\ \text{K}\left(-0{,}162\,02\ \frac{\text{kW}}{\text{K}}\right)$$

$$\dot{E}_{\text{q}\,12} = \underline{+11{,}56\ \text{kW}}$$

Trotz des *abgeführten* Wärmestromes ($\dot{Q}_{12} = -35{,}94$ kW) *steigt* die Exergie des Methanstromes!

3.9.5 Exergieverlust

Wir hatten am Beispiel der Drosselung erkannt, dass ein Fluid nach diesem irreversiblen Vorgang weniger Arbeit verrichten kann als vorher (B 3.48), seine Exergie hat somit abgenommen. Wir folgern:

Für die Exergie gibt es keinen Erhaltungssatz. Bei allen irreversiblen Vorgängen tritt ein Exergieverlust $E_{\text{v}\,12}$ auf.

Exergie wandelt sich dabei in Anergie um, der Exergieverlust ist gleich der Anergievermehrung. Auf die Zeit bezogen spricht man von *Exergieverluststrom* oder *Exergieverlustleistung* $\dot{E}_{\text{v}\,12}$. Bei reversiblen Vorgängen ist der Exergieverlust null.

Wir leiten den Exergieverlust für offene und geschlossene Systeme ab und stellen fest, dass wir zum gleichen Ergebnis kommen:

Offene Systeme. Der durch Dissipation entstehende Exergieverlust ist gleich der Differenz zwischen den zu- und abgeführten Exergien (**B 3.56**):

$$E_{v\,12} = E_1^* - E_2^* + E_{q\,12} + W_{t\,12}^* \qquad \textbf{(Gl 3.128)}$$

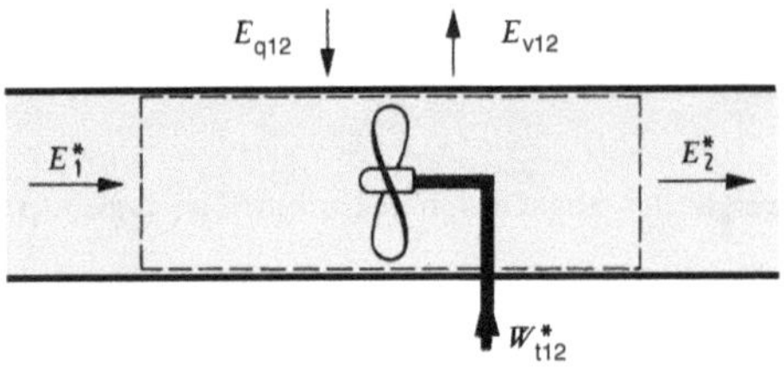

B 3.56 Exergiebilanz eines strömenden Fluids

Wir ersetzen E_1^* und E_2^* entsprechend Gl 3.108, $E_{q\,12}$ nach Gl 3.121 und $W_{t\,12}^*$ nach Gl 2.17:

$$E_{v\,12} = H_1 - H_2 + T_b\,(S_2 - S_1) + \frac{m}{2}\,(c_1^2 - c_2^2) + m\,g\,(z_1 - z_2)$$

$$+\,Q_{1\,2} - T_b\,(S_2 - S_1) + T_b \int_1^2 \frac{dW_{diss}}{T}$$

$$+\,H_2 - H_1 + \frac{m}{2}\,(c_2^2 - c_1^2) + m\,g\,(z_2 - z_1) - Q_{1\,2}$$

Wir lösen auf und führen die integrierte Gl 3.6 b ein:

$$E_{v\,12} = T_b \int_1^2 \frac{dW_{diss}}{T} = T_b\,S_{diss\,1\,2} \quad \textit{gilt allgemein} \qquad \textbf{(Gl 3.129)}$$

Geschlossene Systeme. Der durch Dissipation entstehende Exergieverlust ist gleich der Differenz zwischen der Exergie $E_{g\,1}$ vor und $E_{g\,2}$ nach dem Prozess, zuzüglich der mit der Wärme ($E_{q\,1\,2}$) und der Arbeit zu- oder abgeführten Exergie. Die Exergie der Arbeit am geschlossenen System ($W_{g\,1\,2} - W_{u\,1\,2}$) ist gleich der Arbeit $W_{g\,1\,2}$ abzüglich der Verschiebearbeit gegenüber der Umgebung $W_{u\,1\,2}$.

$$E_{v\,1\,2} = E_{g\,1} - E_{g\,2} + E_{q\,1\,2} + W_{g\,1\,2} - W_{u\,1\,2}$$

Wir ersetzen E_g nach Gl 3.115, $E_{q\,1\,2}$ nach Gl 3.121, $W_{g\,1\,2}$ nach Gl 2.9, $W_{u\,1\,2}$ nach Gl 2.4 und erhalten – wie bei der Ableitung der Gl 3.129 – das Ergebnis:

$$E_{v\,1\,2} = T_b \int_1^2 \frac{dW_{diss}}{T} = T_b\,S_{diss\,1\,2} \quad \textit{gilt allgemein} \qquad \text{(Gl 3.129)}$$

Allgemein. Für *alle* irreversiblen Vorgänge gilt:

Der Exergieverlust ist das Produkt aus der Umgebungstemperatur T_b und der durch irreversible Vorgänge erzeugten Entropie $S_{diss\,12}$.

3

Das gilt für die hier behandelte Reibung, aber auch z. B. für den Temperaturausgleich (Abschn. 3.7.2), die Gemischbildung (Abschn. 6.3.3), die Wärmeübertragung (Abschn. 8.6.4) oder die Verbrennung (Abschn. 9.8.3).

Adiabate Vorgänge. Auch hier gilt Gl 3.129. Da $S_{q\,12} = 0$ ist, ist die Entropieerzeugung $S_{diss\,12}$ gleich der Entropieänderung des Systems $S_2 - S_1$ (Gl 3.7 a):

$$E_{v\,12} = T_b\, S_{diss\,12} = T_b\,(S_2 - S_1) \quad \textit{adiabates System} \qquad \textbf{(Gl 3.130)}$$

$S_2 - S_1$ kann für ideales Gas nach Gl 3.76, Gl 3.77 oder Gl 3.78 berechnet werden. $E_{v\,12}$ ist bei gleicher Dissipationsenergie umso größer, je niedriger die Temperatur ist, bei der Dissipation auftritt **(B 3.57)**.

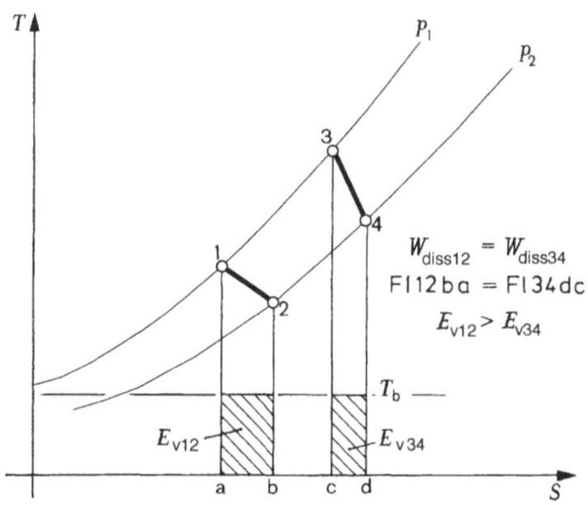

B 3.57 Exergieverluste in adiabaten Systemen bei gleicher Dissipationsarbeit, aber verschiedenen Anfangstemperaturen

B 3.58 zeigt den Exergieverlust bei adiabater Kompression oder Expansion im *T,S*-Diagramm.

Beispiel 3.26: Zu bestimmen ist der spezifische Exergieverlust durch die im Bsp. 3.16 berechnete adiabate Drosselung. Zustand der Umgebung 20 °C und 1 bar.

Lösung:

Für adiabate Vorgänge gilt Gl 3.130:

$$e_{v\,12} = T_b\,(s_2 - s_1) = 293{,}15\ \text{K}\ 0{,}3154\ \frac{\text{kJ}}{\text{kg K}} = \underline{92{,}5\ \frac{\text{kJ}}{\text{kg}}}$$

Beispiel 3.27: Welcher Exergieverluststrom tritt bei 20 °C Umgebungstemperatur bei der irreversiblen adiabaten Kompression nach Bsp. 3.9 ein?

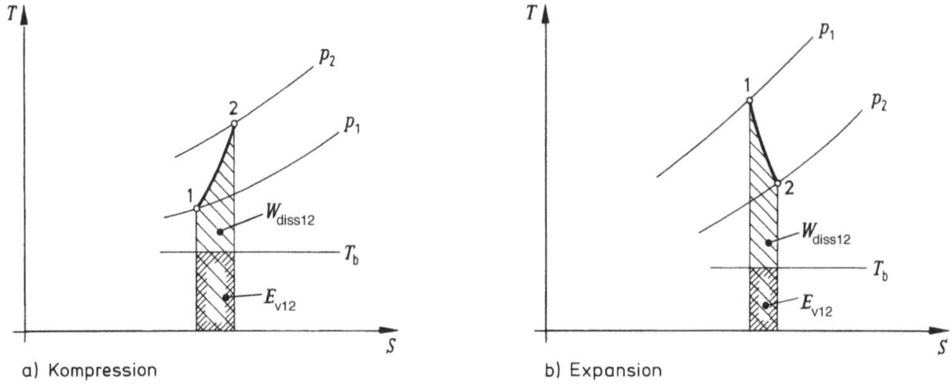

B 3.58 Exergieverlust bei adiabaten Prozessen im *T*,*S*-Diagramm

Lösung:
Exergieverluststrom für adiabate Systeme nach Gl 3.130:

$$\dot{E}_{v12} = T_b\,(\dot{S}_2 - \dot{S}_1) \quad \text{Hierin:} \quad \dot{S}_2 - \dot{S}_1 = 2{,}656\ \frac{\text{kW}}{\text{K}}\ (\text{Bsp. 3.9 c})$$

$$\dot{E}_{v12} = 293{,}15\ \text{K}\ 2{,}656\ \frac{\text{kW}}{\text{K}} = \underline{779\ \text{kW}}$$

Aufgabe 3.24: Luft von 100 kPa Überdruck und 30 °C wird um 20 kPa adiabat gedrosselt. Die Strömungsgeschwindigkeit soll konstant bleiben, Luft als ideales Gas angenommen werden. Umgebungszustand 100 kPa Absolutdruck und 20 °C.

Es sind zu bestimmen:

a) der spezifische Exergieverlust,

b) die spezifische Dissipationsenergie.

Aufgabe 3.25: Welcher Exergieverluststrom tritt bei 20 °C Umgebungstemperatur bei der irreversiblen adiabaten Expansion nach Aufgabe 3.13 ein?

3.9.6 Exergetischer Wirkungsgrad

Das Verhältnis der in einem Prozess genutzten Exergie zur aufgewandten Exergie wird als *exergetischer Wirkungsgrad* bezeichnet.

$$\zeta = \frac{E_{\text{Nutz}}}{E_{\text{Aufwand}}} \qquad \textbf{(Gl 3.131)}$$

Führt man $E_{\text{Nutz}} = E_{\text{Aufwand}} - E_{\text{Verlust}}$ ein, so ergibt sich:

$$\zeta = 1 - \frac{E_{\text{Verlust}}}{E_{\text{Aufwand}}} \qquad \textbf{(Gl 3.132)}$$

Für den jeweils zu beurteilenden Prozess müssen die aufzuwendende und die genutzte Exergie definiert werden. In reversiblen Prozessen wird die Exergie bei gleichem Auf-

3

wand am besten genutzt. So gilt z. B. für Wärmekraftmaschinen (Abschn. 3.5.3) bei irreversiblem Prozess

$$\zeta = \frac{|W_k|}{E_{q\,zu}}$$

und bei reversiblem Prozess

$$\zeta^{rev} = \frac{|W_k^{rev}|}{E_{q\,zu}}$$

Wir gehen in Abschn. 4.1.2 (Gl 4.1/Gl 4.2), in den Abschn. 4.2 bis 4.4 sowie in Abschn. 5.3.2 und 5.6 näher hierauf ein.

3.9.7 Energie- und Exergie-Flussbild

Zur Untersuchung der Arbeitsweise einer Maschine oder einer Anlage verwendet man neben dem Energie-Flussbild (Sankey[1])-Diagramm) auch das Exergie-Flussbild. Die Güte einer Energieumwandlung kann mit einer solchen Exergiebetrachtung besser beurteilt werden als mit einer reinen Energiebetrachtung.

Beispiel 3.28: Für den reversiblen und den mit Reibung behafteten Carnot-Prozess (Beispiele 3.11 und 3.12) sind die Energie- und Exergie-Flussbilder maßstäblich zu zeichnen. Umgebungstemperatur 20 °C.

Lösung:

1. Reversibler Carnot-Prozess nach Bsp. 3.11.

Folgende Werte wurden im Beispiel berechnet:

$$Q_{12}^{rev} = 1\,990\ \text{kJ} \quad \text{bei} \quad T_1 = 1\,000\ \text{K}$$

$$|Q_{34}^{rev}| = 1\,256\ \text{kJ} \quad \text{bei} \quad T_3 = 631{,}39\ \text{K}; \qquad |W_{car}| = 734\ \text{kJ}$$

Die Exergie der zugeführten Wärme ist, da $T_1 = \text{const}$

$$E_{q\,12} = \eta_c\, Q_{12}^{rev} = \left(1 - \frac{T_b}{T_1}\right) Q_{12}^{rev} = \left(1 - \frac{293{,}15\ \text{K}}{1\,000\ \text{K}}\right) 1\,990\ \text{kJ} = 1\,407\ \text{kJ}$$

Die Exergie der abgeführten Wärme ist

$$|E_{q\,34}| = \eta_c\, |Q_{34}^{rev}| = \left(1 - \frac{T_b}{T_3}\right) |Q_{34}^{rev}| = \left(1 - \frac{293{,}15\ \text{K}}{631{,}39\ \text{K}}\right) 1\,256\ \text{kJ} = 673\ \text{kJ}$$

Die Exergiebilanz ergibt **(B 3.59)**: $E_{q\,12} = |W_{car}| + |E_{q\,34}|$

2. Mit Reibung behafteter Carnot-Prozess nach Bsp. 3.12.

---

[1]) *Henry Riall Sankey* (sprich s'ænki) (1853–1921), irischer Ingenieur, veröffentlichte 1898 erstmalig ein Energie-Flussbild.

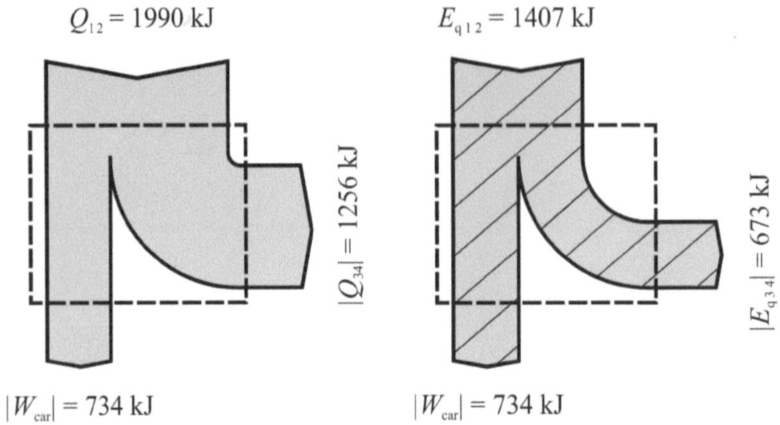

B 3.59 Energie- und Exergieflussbild des reversiblen Carnot-Prozesses

Folgende Werte wurden im Beispiel berechnet:

$Q_{12} = 1\,791$ kJ bei $T_1 = 1\,000$ K; $W_{\text{diss}\,12} = 199$ kJ

$|Q_{34}| = 1\,382$ kJ bei $T_3 = 631{,}39$ K; $W_{\text{diss}\,34} = 125{,}6$ kJ; $|W_k| = 409$ kJ

Exergie der zugeführten Wärme:

$$E_{q\,12} = \eta_c\, Q_{12} = \left(1 - \frac{T_b}{T_1}\right) Q_{12} = \left(1 - \frac{293{,}15\ \text{K}}{1\,000\ \text{K}}\right) 1\,791\ \text{kJ} = 1\,266\ \text{kJ}$$

Exergie der abgeführten Wärme:

$$|E_{q\,34}| = \eta_c\, |Q_{34}| = \left(1 - \frac{T_b}{T_3}\right) |Q_{34}| = \left(1 - \frac{293{,}15\ \text{K}}{631{,}39\ \text{K}}\right) 1\,382\ \text{kJ} = 740\ \text{kJ}$$

Der Exergieverlust durch die Reibung tritt in diesem Fall bei den jeweils konstanten Temperaturen T_1 und T_3 auf und kann daher entsprechend Gl 3.129 berechnet werden nach

$$E_{v\,12} = \left(\frac{T_b}{T_1}\right) W_{\text{diss}\,12} = \left(\frac{293{,}15\ \text{K}}{1\,000\ \text{K}}\right) 199\ \text{kJ} = 58{,}3\ \text{kJ}$$

$$E_{v\,34} = \left(\frac{T_b}{T_3}\right) W_{\text{diss}34} = \left(\frac{293{,}15\ \text{K}}{631{,}39\ \text{K}}\right) 126\ \text{kJ} = 58{,}3\ \text{kJ}$$

Gesamter Exergieverlust des Prozesses: $E_{vk} = E_{v\,12} + E_{v\,34} = 116{,}7$ kJ, abgerundet 117 kJ.

Exergiebilanz **(B 3.60)**: $E_{q\,12} = |W_k| + |E_{q\,34}| + E_{v\,12} + E_{v\,34} = |W_k| + |E_{q\,34}| + E_{vk}$

Aufgabe 3.26: Für den (reversiblen) Carnot-Prozess nach Bsp. 3.11 und 3.28 sind zu ermitteln:

a) der thermische Wirkungsgrad,

b) der exergetische Wirkungsgrad.

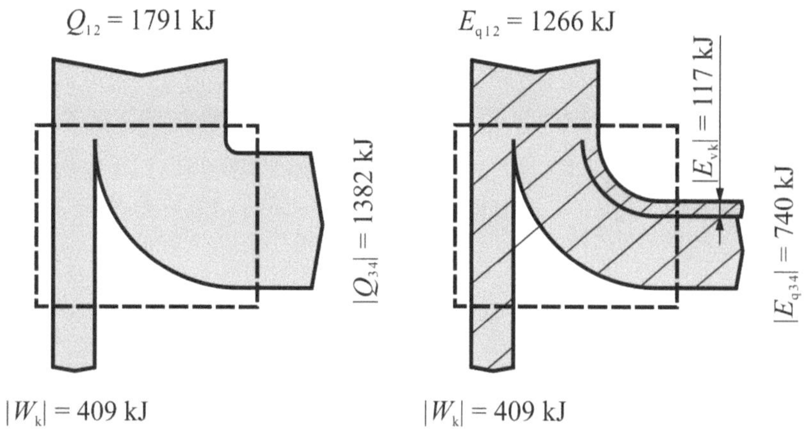

B 3.60 Energie- und Exergieflussbild des mit Reibung behafteten Carnot-Prozesses

Kontrollfragen (Antworten Abschn. 11.3)

3.1

1. Durch welche Merkmale sind irreversible Vorgänge gekennzeichnet?
2. Wie heißt die erste (älteste) Formulierung des 2. Hauptsatzes der Thermodynamik?
3. Wie heißt die allgemeinste Form des 2. Hauptsatzes?

3.2

4. Nach welcher Gleichung kann die Entropie für reversible und irreversible Vorgänge berechnet werden?

3.3

5. Wie ändert sich die Summe der Entropien aller an irreversiblen Vorgängen beteiligten Systeme?
6. Was stellt die Fläche unter einer Zustandsänderung im T,S-Diagramm dar?
7. In welchem Diagramm kann die bei einem reversiblen Vorgang zu- oder abgeführte Wärme direkt als Fläche dargestellt werden?

3.4

8. a) Wie hängen p und T bei einer isochoren Zustandsänderung zusammen?
   b) Für ein offenes System sind im p,V-Diagramm eine isochore Drucksteigerung sowie die zugeführte reversible Arbeit darzustellen.
9. a) Welche Zustandsänderung verläuft im p,V-Diagramm als gleichseitige Hyperbel?
   b) Was stellt die Fläche unter der Zustandsänderung bis zur V-Achse dar?
   c) Wie muss die Systemgrenze beschaffen sein?
   d) Wie ändern sich innere Energie und Enthalpie?
10. Die isotherme Verdichtung von 1 kmol Stickstoff und 1 kmol Helium unter gleichen physikalischen Bedingungen ist zu vergleichen. Welchen Einfluss hat die Gasart auf die Volumenänderungsarbeit, die übertragene Wärme und die Zustandsgrößen nach der Verdichtung?
11. a) Unter welcher Bedingung verläuft eine Zustandsänderung isentrop?
    b) Was stellt die Fläche unter der Zustandsänderung bis zur V-Achse dar?
    c) Wie hängen p und V bei der isentropen Zustandsänderung zusammen?
12. Ist die isotherme oder die isentrope die erwünschte Zustandsänderung? p,V-Diagramm!
13. a) Wie hängen p und V bei der Polytropen zusammen?
    b) Bei welchen Werten des Polytropenexponenten n geht die polytrope in eine andere einfache Zustandsänderung über? p,V-Diagramm hierzu!

c) Bei welchen Werten für n findet eine annähernd reversible Expansion in der Praxis statt?

d) Wie verläuft die Polytrope $n = -1$ (Begründung)?

14. a) Für ein geschlossenes System sind im p,V-Diagramm jeweils eine isotherme, eine isentrope und eine polytrope Kompression mit $1 < n < \varkappa$ sowie die zugeführten reversiblen Arbeiten darzustellen.

b) In welche Energie wandelt sich die zugeführte Arbeit jeweils um?

15. Wie hängen reversible technische Arbeit (bei konstant bleibender kinetischer und potenzieller Energie) und Volumenänderungsarbeit zusammen, wenn die Zustandsänderung

a) isotherm,

b) isentrop,

c) polytrop verläuft?

16. Einem System nach a) B 2.4 a und b) B 2.7 (bei konstant bleibender kinetischer und potenzieller Energie) wird reversibel Arbeit zugeführt. Wie wird die Arbeit genannt und berechnet, welches Vorzeichen ergibt sich, in welche Energieform wird sie umgewandelt, wie heißt die Zustandsänderung?
Die Arbeit ist im p,V-Diagramm darzustellen.

17. a) Wird bei reversibler isothermer, bei reversibler isentroper oder bei reversibler polytroper Expansion ($1 < n < \varkappa$) die größere Arbeit abgegeben, wenn es sich einmal um geschlossene, im anderen Fall um offene Systeme (bei konstant bleibender kinetischer und potenzieller Energie) handelt? Die Arbeiten sind zu benennen. Vorzeichen?

b) Stellen Sie die Arbeiten im p,V-Diagramm dar.

c) Aus welcher Energieform wird die Arbeit jeweils gedeckt?

18. Die Frage unter 17. a) ist für den Fall der zugeführten Arbeit bei Kompression zu beantworten.

19. Die zu einer reversiblen polytropen Zustandsänderung des idealen Gases mit $\varkappa > n > 1$ gehörenden Energien

a) die Änderungen der Enthalpie und inneren Energie,

b) die reversible technische Arbeit und die Volumenänderungsarbeit,

c) die zugeführte Wärme

sind als Flächen im T,S-Diagramm darzustellen.

3.5

20. Was ist ein Kreisprozess?

21. Wie kann die Arbeit eines reversiblen Kreisprozesses ermittelt werden?

22. a) Der Carnot-Prozess ist im T,S-Diagramm darzustellen.

b) Mithilfe dieser Zeichnung ist η_{th}^{rev} dieses Prozesses abzuleiten.

23. Die Arbeit eines a) rechtslaufenden, b) linkslaufenden reversiblen Kreisprozesses ist im p,V-Diagramm darzustellen. Vorzeichen?

24. Welche Maschine liegt bei a) rechts-, b) linkslaufenden Kreisprozessen vor, was geschieht in ihr, welche Aufgabe hat sie? Welches ist die Nutzenergie?

25. Was versteht man unter

a) thermischem Wirkungsgrad,

b) Leistungszahl der Wärmepumpe,

c) Leistungszahl der Kältemaschine? Sind die Werte 1 erreichbar?

d) Wie hängen die beiden Leistungszahlen bei gleichem Prozessverlauf zusammen?

26. a) Aus welchen Zustandsänderungen besteht der Carnot-Prozess?

b) Erläutern Sie anhand des Carnot-Faktors, welche Prozessführung anzustreben ist und warum $\eta_c = 1$ nicht erreicht wird.

27. In dem System nach B 4.4 c läuft ein reversibler Kreisprozess ab, wobei der Verdichter und die Turbine adiabat sind.
    a) Stellen Sie den Prozessverlauf und die Arbeit des Kreisprozesses im p,V-Diagramm dar. Vorzeichen?
    b) Um welche Art von Kreisprozess mit welcher Aufgabenstellung handelt es sich?
28. Wie kann mittels eines Gedankenversuchs die thermodynamische Temperatur definiert werden?

3

3.6 29. a) Was ist eine Drosselung?
    b) Unter welchen Voraussetzungen gelten die dafür allgemein abgeleiteten Gleichungen?
    c) Welche zusätzliche Bedingung ist zu erfüllen, damit die Drosselung bei konstanter Enthalpie verläuft?

3.9 30. a) Warum wurde der Begriff „Exergie" eingeführt?
    b) Wie lautet der Zusammenhang zwischen Energie, Exergie und Anergie?
31. Wie sind Exergie und Anergie definiert?
32. a) Wie heißt die Gleichung für die Exergie eines strömenden Fluids?
    b) Die Exergie eines strömenden idealen Gases ist im T,S-Diagramm darzustellen.
33. Wie ist die Exergie der Wärme definiert?
34. Warum ist $\eta_c = 1$ nicht erreichbar?
35. Bei welchen Vorgängen treten Exergieverluste auf?
36. Im T,S-Diagramm sind für eine irreversible isotherme Expansion folgende Größen als Fläche darzustellen:
    a) die zugeführte Wärme und die Dissipationsenergie,
    b) Exergie und Anergie der Wärme,
    c) Exergieverlust.
37. Welchen Vorteil hat das Exergie- gegenüber dem Energieflussbild?

4 Das ideale Gas in Maschinen und Anlagen

Die für unser tägliches Leben und für industrielle Prozesse benötigte mechanische (bzw. elektrische) Energie wird durch Umwandlung von Primärenergie bereitgestellt. In Anlagen der Energietechnik werden als Primärenergie Brennstoff-, Nuklear-, Solarenergie und geothermische Energie eingesetzt. Die Umwandlung der Primärenergie erfolgt überwiegend – über die Zwischenstufe thermische Energie – in Kreisprozessen.

Die direkte Umwandlung von Brennstoff- und Solarenergie in elektrische Energie ist in Brennstoff- bzw. Solarzellen möglich. In Brennstoffzellen verläuft eine elektrochemische Reaktion, wir behandeln sie in Abschnitt 9.9. Solarzellen basieren auf dem fotovoltaischen Effekt. Der Anteil beider Verfahren am Gesamtenergieaufkommen ist wegen der zurzeit noch nicht erreichten Wirtschaftlichkeit gering.

Wir gehen nachfolgend auf die für die technische Praxis wichtigen *Kreisprozesse* in Wärme- und Verbrennungskraftanlagen näher ein.

4.1 Kreisprozesse für Wärme- und Verbrennungskraftanlagen

4.1.1 Vergleichsprozesse

In *Wärmekraftanlagen* (*Wärmekraftmaschinen*) wird Wärme in Arbeit umgewandelt (Abschn. 3.5). Die Wärme wird dem Fluid, das in der Anlage einen Kreisprozess durchläuft, bei möglichst hoher Temperatur zugeführt. In *Verbrennungskraftanlagen* (*Verbrennungskraftmaschinen*) wird chemisch gebundene Brennstoffenergie durch Reaktion mit Luftsauerstoff innerhalb der Maschine freigesetzt, der Prozess wird dann mit dem Verbrennungsgas fortgesetzt.
Die Wärmekraftanlage ist somit insgesamt ein *geschlossenes System*, in dem das Fluid nach mehreren Einzelvorgängen wieder zu seinem Ausgangspunkt zurückgeführt wird. Die Verbrennungskraftanlage ist dagegen ein *offenes System*, dem Brennstoff und Luft zugeführt und von dem Abgas abgegeben wird.

Wir können aber beide Anlagentypen einheitlich anhand von Kreisprozessen behandeln und bewerten. Hierzu legen wir für die wirklichen, irreversiblen Prozesse in Wärme- und Verbrennungskraftanlagen vereinfachte *reversible Vergleichsprozesse* mit einfachen Zustandsänderungen (Abschn. 3.4) fest, die das thermodynamische Arbeitsprinzip dieser Anlagen möglichst gut wiedergeben. Die Vergleichsprozesse stellen somit einen der Arbeitsweise der Anlagen nahe kommenden Idealfall dar.

Wir behandeln in Abschn. 4 nur gasförmige Fluide und betrachten diese als ideale Gase, was in den zur Anwendung kommenden Zustandsbereichen zulässig ist (Dampfkraftanlagen s. Abschn. 5.3 und 5.4).

Die Änderung der kinetischen und potenziellen Energie innerhalb von Einzelmaschinen (Verdichter, Turbine, Motor) wollen wir vernachlässigen.[1)]

4.1.2 Bewertungszahlen für die Kreisprozesse

Geeignete Bewertungszahlen ermöglichen einen Vergleich der verschiedenen Kreisprozesse und eine Gegenüberstellung der verschiedenen Ausführungen innerhalb einer Anlagengattung.

Wir definieren zunächst Bewertungszahlen zur grundsätzlichen thermodynamischen Bewertung der Kreisprozesse, dann zur näheren Bewertung der Irreversibilität der Prozesse und schließlich zur Bewertung der Maschinen.

Thermodynamische Bewertung der Kreisprozesse

Der thermische Wirkungsgrad η_{th}. Der thermische Wirkungsgrad ist das Verhältnis der Nutzarbeit des Kreisprozesses zur zugeführten Wärme. η_{th} wurde bereits definiert (Abschn. 3.5.3).

$$\eta_{th} = \frac{|W_k|}{Q_{zu}} \qquad \text{(Gl 3.84)}$$

Für den reversiblen Kreisprozess – den Vergleichsprozess – gilt

$$\eta_{th}^{rev} = \frac{|W_k^{rev}|}{Q_{zu}^{rev}} \qquad \text{(Gl 3.85)}$$

Durch die Darstellung eines Vergleichsprozesses im *T,S*-Diagramm kann η_{th}^{rev} veranschaulicht werden **(B 4.1)**. Der bestmögliche Wert für η_{th}^{rev} ergibt sich bei einem Vergleichsprozess mit jeweils konstanter Temperatur bei der Wärmezu- und Wärmeabfuhr, wie z. B. beim Carnot-Prozess (Abschn. 3.5.4).

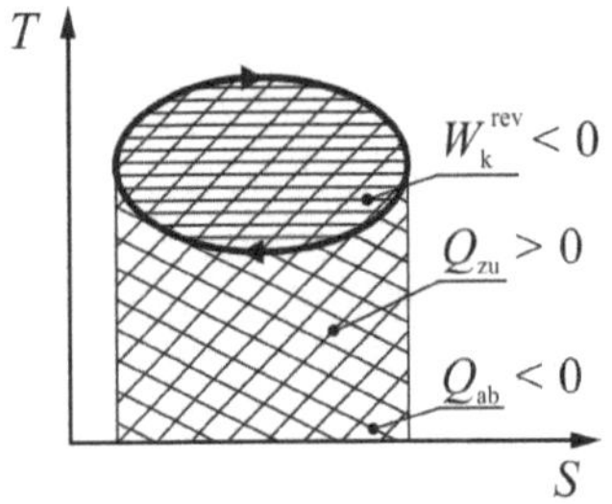

B 4.1 Beliebiger reversibler Kreisprozess im *T,S*-Diagramm

[1)] Das betrifft nur Gleichungen, in denen die technische Arbeit auftritt bzw. durch Zustandsgrößen ersetzt wird. Änderungen der kinetischen und potenziellen Energie werden in Abschn. 7.2 berücksichtigt.

Der exergetische Wirkungsgrad ζ. Neben dem thermischen Wirkungsgrad hatten wir in Abschn. 3.9.6 als exergetischen Wirkungsgrad das Verhältnis der Nutzarbeit des Kreisprozesses (genutzte Exergie) zur Exergie der zugeführten Wärme (aufgewandte Exergie) definiert

$$\zeta = \frac{|W_\mathrm{k}|}{E_{\mathrm{q\,zu}}} \qquad \textbf{(Gl 4.1 a)}$$

Für den reversiblen Kreisprozess – den Vergleichsprozess – gilt:

$$\zeta^\mathrm{rev} = \frac{|W_\mathrm{k}^\mathrm{rev}|}{E_{\mathrm{q\,zu}}} \qquad \textbf{(Gl 4.1 b)}$$

Exergetischer und thermischer Wirkungsgrad eines Vergleichsprozesses sind miteinander verknüpft. Wir ersetzen in Gl 3.85 $|W_\mathrm{k}^\mathrm{rev}|$ nach Gl 4.1 b und führen $E_{\mathrm{q\,zu}} = \eta_\mathrm{c}\, Q_\mathrm{zu}$ (Gl 3.126) ein:[1]

$$\eta_\mathrm{th}^\mathrm{rev} = \frac{|W_\mathrm{k}^\mathrm{rev}|}{Q_\mathrm{zu}} = \frac{\zeta^\mathrm{rev}\, E_{\mathrm{q\,zu}}}{Q_\mathrm{zu}} = \frac{\zeta^\mathrm{rev}\, \eta_\mathrm{c}\, Q_\mathrm{zu}}{Q_\mathrm{zu}}$$

$$\eta_\mathrm{th}^\mathrm{rev} = \zeta^\mathrm{rev}\, \eta_\mathrm{c} \qquad \text{mit} \quad \eta_\mathrm{c} = 1 - \frac{T_\mathrm{b}}{T_\mathrm{m}} \qquad \textbf{(Gl 4.2)}$$

η_c ist mit der thermodynamischen Mitteltemperatur T_m (Gl 3.107 a/Gl 3.107 b) bei der Wärmezufuhr zu bilden. Bei isotherm zugeführter Wärme, z. B. beim Carnot-Prozess, ist $T_\mathrm{m} = T_\mathrm{zu}$.

Das Arbeitsverhältnis des Vergleichsprozesses *r*. Die Betrachtung des Carnot-Prozesses zeigte, dass ein Prozess mit einem besseren thermischen Wirkungsgrad nicht möglich ist. Auf der anderen Seite wurde der Carnot-Prozess in keiner Maschine verwirklicht. Die Erklärung hierfür finden wir nicht beim reversiblen Kreisprozess mit dem hervorragenden thermischen Wirkungsgrad, sondern beim irreversiblen Prozess.

Wird der in Bild 3.35 a dargestellte reversible Kreisprozess in einem geschlossenen System durchlaufen, wird bei der Volumenzunahme von 1 nach 3 die Arbeit $W_\mathrm{v}^{(-)} = W_\mathrm{v12} + W_\mathrm{v23}$ abgegeben. Bei der Volumenabnahme von 3 nach 1 muss hingegen die Arbeit $W_\mathrm{v}^{(+)} = W_\mathrm{v34} + W_\mathrm{v41}$ zugeführt werden. Verläuft der Prozess nun irreversibel, wird infolge von Verlusten der Betrag der abgegebenen Arbeit $\left|W_\mathrm{g}^{(-)}\right| = \left|W_\mathrm{g12} + W_\mathrm{g23}\right|$ kleiner als der Betrag der beim reversiblen Prozess abgegebenen Arbeit $\left|W_\mathrm{v}^{(-)}\right|$ und die bei der Kompression zuzuführende Arbeit $W_\mathrm{g}^{(+)} = W_\mathrm{g34} + W_\mathrm{g41}$ größer als die beim reversiblen Prozess zuzuführende Arbeit $W_\mathrm{v}^{(+)}$. Allgemein kann daraus für jeden Vergleichsprozess gefolgert werden, dass der Betrag der abgegebenen Arbeit $\left|W_\mathrm{v}^{(-)}\right|$ im Verhältnis zu der zugeführten Arbeit $W_\mathrm{v}^{(+)}$ genügend groß sein muss, damit bei der Übertragung des Prozesses auf eine reale verlustbehaftete Maschine eine ausreichende Nutzarbeit $|W_\mathrm{k}|$ übrig bleibt.

[1] Bei der zu- oder abgeführten Wärme verzichten wir nachfolgend auf den anfangs eingeführten Index „rev" (vgl. Fußnote zu Gl 3.24).

Der Einfluss von Dissipation beim irreversiblen Prozess wird umso größer, je kleiner $|W_k^{rev}|$ im Verhältnis zu $|W_v^{(-)}|$ ist. Dieses Arbeitsverhältnis r_v wird in Anlehnung an Baehr[1] als Bewertungszahl eingeführt.[2]

$$r_v = \frac{W_k^{rev}}{W_v^{(-)}} \qquad \textbf{(Gl 4.3 a)}$$

Läuft der Kreisprozess in hintereinander geschalteten offenen Systemen ab, wird bei der Druckabnahme von 1 nach 3 die Arbeit $W_t^{rev(-)} = W_{t12}^{rev} + W_{t23}^{rev}$ abgegeben, dagegen muss bei der Druckzunahme von 3 nach 1 die Arbeit $W_t^{rev(+)} = W_{t34}^{rev} + W_{t41}^{rev}$ zugeführt werden. Entsprechend lässt sich hier als Bewertungszahl das Arbeitsverhältnis r_t einführen:

$$r_t = \frac{W_k^{rev}}{W_t^{rev(-)}} \qquad \textbf{(Gl 4.3 b)}$$

Für einen günstig auf eine reale Maschine zu übertragenden Vergleichsprozess ist neben einem hohen thermischen Wirkungsgrad auch ein gutes Arbeitsverhältnis, möglichst nahe 1, zu fordern. Beim Carnot-Prozess (Bild 3.35 a) ist der Betrag der vom Kreisprozess abgegebene Arbeit $|W_k^{rev}|$ im Verhältnis zu den Beträgen der Arbeiten $|W_v^{(-)}|$ bzw. $|W_t^{rev(-)}|$ klein, daher ist der Carnot-Prozess in keiner Maschine verwirklicht worden.[3]

Zur Kennzeichnung der oben geschilderten Eigenart der Kreisprozesse wird auch oft der „mittlere Druck" p_m benutzt.

$$p_m = \frac{\text{Fläche des Kreisprozesses im } p,V\text{-Diagramm}}{\Delta V\text{-Linie im } p,V\text{-Diagramm}}$$

Wir werden nur das Arbeitsverhältnis zur Beurteilung der Kreisprozesse heranziehen.

Bewertung der Irreversibilität von Kreisprozessen

Mit den drei abgeleiteten Bewertungszahlen kann ein Kreisprozess thermodynamisch beurteilt werden. Die folgenden Bewertungszahlen dienen der näheren Beurteilung der Irreversibilität in Wärme- und Verbrennungskraftanlagen. Bei der Aufstellung der Bewertungszahlen muss darauf hingewiesen werden, dass weder in der Literatur noch in der Normung Einheitlichkeit besteht. Wir wählen einfache, häufig übliche Bezeichnungen, die sich für alle Prozesse in gleicher Weise verwenden und sich sinngemäß auch auf Arbeitsmaschinen übertragen lassen.

Der innere Wirkungsgrad η_i. Die vom Arbeitsfluid bei einem wirklichen, irreversiblen Prozess in den Maschinen insgesamt verrichtete Arbeit, die Nutzarbeit des Kreisprozesses W_k,

---

1) Baehr, H. D.: Thermodynamik. Berlin, Göttingen, Heidelberg: Springer-Verlag 1962. S. 237, S 243.

2) Das Arbeitsverhältnis r definieren wir *nur für den Vergleichsprozess*. Damit ist eine Kennzeichnung gegenüber dem wirklichen Prozess nicht erforderlich, sodass der Index „rev" sich erübrigt. Bei der technischen Arbeit vernachlässigen wir Änderungen der kinetischen und potenziellen Energie und setzen $W_t^{rev(-)}$ (*nicht* $W_t^{rev(-)*}$) ein.

3) Ein weiterer Grund liegt in dem für einen guten Wirkungsgrad beim Carnot-Prozess notwendigen hohen Druck nach der isentropen Kompression.

kann als Summe aller am Prozess beteiligten irreversiblen Arbeiten ermittelt werden (entspr. Gl 3.80 und Gl 3.81)

$$W_k = \sum W_g = \sum W_t \qquad \textbf{(Gl 4.4)}$$

oder aus einer Bilanz der Energie, die die Systemgrenze überschreitet.

Ist auch der wirkliche Prozess ein Kreisprozess (geschlossenes Gesamtsystem, B 4.11 b), dann gilt

$$|W_k| = -W_k = Q_{zu} + Q_{ab} \qquad \textbf{(Gl 4.5 a)}$$

4

Läuft der wirkliche Prozess dagegen in einem offenen System ab (B 4.11 a), dann muss auch die Enthalpie des ein- und austretenden Arbeitsfluids berücksichtigt werden. Bei vernachlässigter Änderung der kinetischen und potenziellen Energie gilt dann

$$|W_k| = -W_k = Q_{zu} + Q_{ab} + H_{ein} - H_{aus} \qquad \textbf{(Gl 4.5 b)}$$

Darin sind: Q_{zu} und Q_{ab} die dem wirklichen Prozess insgesamt zugeführte bzw. abgeführte Wärme, H_{ein} und H_{aus} die Enthalpien des ein- und austretenden Arbeitsfluids.

Die Arbeit ist als abgegebene Arbeit bei den hier behandelten rechtslaufenden Kreisprozessen immer negativ. Wir hatten sie Nutzarbeit des Kreisprozesses genannt (Abschn. 3.5.2). Sie wird auch als *innere Arbeit* bezeichnet. In vielen Fällen interessiert aber nur der Betrag dieser Arbeit $|W_k|$.

Die innere Arbeit (Nutzarbeit) W_k ist infolge der inneren Verluste und anderer Abweichungen des wirklichen vom idealisierten Prozess kleiner als die Arbeit des Vergleichsprozesses W_k^{rev}. Die inneren Verluste sind u. a. Reibungsarbeiten bei der Kompression oder der Expansion, wie z. B. die Strömungsverluste an den Schaufeln, die die Entropie des Arbeitsmittels erhöhen.

Für einen direkten Vergleich zwischen dem wirklichen Prozess und dem Vergleichsprozess verabreden wir, dass beim wirklichen Kreisprozess und dem zugehörenden Vergleichsprozess neben sinnvoller Anpassung der Einzelvorgänge die *zugeführte Wärme gleich sein soll*:

$$Q_{zu} = Q_{zu}^{rev} \qquad \textbf{(Gl 4.6)}$$

Vorteile dieser Vereinbarung: Ein einfacher Vergleich der beiden Prozesse ist möglich.

Die Vereinbarung gestattet die Definition des *inneren Wirkungsgrades des irreversiblen Kreisprozesses* η_i, das Verhältnis der Arbeit des irreversiblen Prozesses zu der des Vergleichsprozesses:

$$\eta_i = \frac{W_k}{W_k^{rev}} \qquad \textbf{(Gl 4.7 a)}$$

Zusammenhang mit dem thermischen Wirkungsgrad (Gl 3.84 und Gl 3.85):

$$\eta_{th} = \eta_{th}^{rev}\,\eta_i = \frac{|W_k|}{Q_{zu}} \qquad \textbf{(Gl 4.8 a)}$$

Entsprechend sind die Wirkungsgrade bei den Dampfkraftanlagen definiert, wodurch ein Vergleich zwischen den verschiedenen Wärme- und Verbrennungskraftanlagen möglich wird. Ferner lässt sich so der Gesamtwirkungsgrad als Produkt der Einzelwirkungsgrade errechnen.

Nachteile der Vereinbarung: Durch die irreversible Kompression in adiabaten Systemen beginnt die Wärmezufuhr bei höherer Temperatur als nach der reversiblen Kompression. Soll nun die Endtemperatur des Vergleichsprozesses erreicht werden, so muss bei gleichem Betrag der zugeführten Wärme die Masse des Arbeitsmittels beim wirklichen Prozess (m) größer als beim Vergleichsprozess (m') sein ($m > m'$). Beide Prozesse lassen sich nicht mehr unmittelbar in einem Diagramm darstellen und der innere Wirkungsgrad kann nicht mehr mit den spezifischen Arbeiten errechnet werden.

Ferner wird die Wärme, außer bei isothermen Zustandsänderungen in den Maschinen, beim Vergleichsprozess bzw. wirklichen Prozess bei unterschiedlichen Temperaturen zu- und abgeführt. Daher sind die Exergien der zu- und auch der abgeführten Wärme nicht gleich ($E_{\text{q zu}} > E_{\text{q zu}}^{\text{rev}}$).

Bei der getroffenen Vereinbarung muss beim wirklichen Kreisprozess mehr Wärme als beim Vergleichsprozess an das Kühlsystem abgeführt werden, damit nach einem Arbeitsspiel der Ausgangszustand wieder erreicht wird ($|Q_{\text{ab}}| > |Q_{\text{ab}}^{\text{rev}}|$).

Wegen dieser Nachteile wird teilweise in der Literatur auf die Definition von η_{i} und damit auf den wichtigen direkten Vergleich des wirklichen Prozesses mit dem Vergleichsprozess verzichtet.

An einem einfachen, irreversiblen Kreisprozess **(B 4.2)** sollen die Verhältnisse näher erläutert werden. Zwei Verdichter und zwei Gasturbinen bilden die Anlage. Der erste Verdichter arbeitet reversibel mit einer solchen Wärmeabfuhr, dass die Kompression 1 → 2 isotherm verläuft; der zweite Verdichter arbeitet adiabat, aber irreversibel, sodass sich eine polytrope Kompression 2 → 3 ergibt. Die erste Gasturbine arbeitet reversibel mit einer solchen Wärmezufuhr, dass das Gas isotherm (3 → 4) expandiert; die zweite Gasturbine arbeitet adiabat, aber irreversibel, sodass die Expansion 4 → 1 polytrop verläuft. Dieser wirkliche Kreisprozess soll zur Untersuchung seiner thermodynamischen Gesetzmäßigkeit durch einen möglichst gut angepassten, einfachen Vergleichsprozess bei gleicher Wärmezufuhr ersetzt werden. Hierfür eignet sich der reversible Carnot-Prozess 1′ 2′ 3 4 (B 4.2 b).

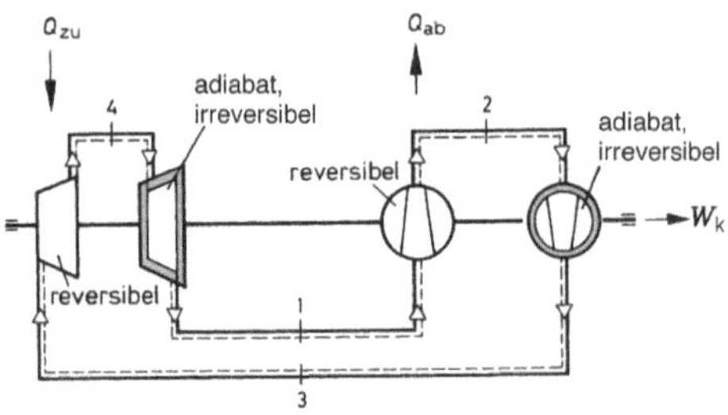

a) Maschinenanordnung

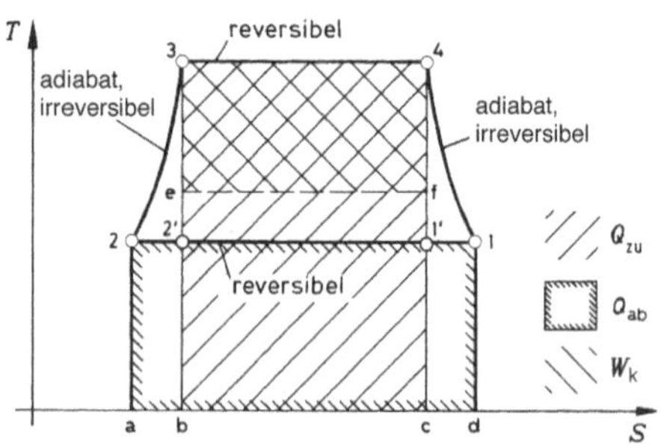

b) Vergleich des reibungsbehafteten mit dem reversiblen Carnot-Prozess im *T*,*S*-Diagramm

B 4.2 Irreversibler Kreisprozess, vergleichbar mit dem Carnot-Prozess

Die Arbeit des zu bewertenden Kreisprozesses ist (Gl 4.5 a):

$$|W_k| = Q_{zu} + Q_{ab}$$

Sie ist kleiner als die von den Zustandsänderungen im *T,S*-Diagramm eingeschlossene Fläche, wie die nachfolgende Betrachtung zeigt:

Bei dem zu bewertenden Kreisprozess entspricht die abgegebene Wärme der Fläche 12ad, sie wird ersetzt durch die gleich große Fläche efcb. Da die Arbeit W_k gleich der Differenz der Flächen 34cb und 12ad (entspr. efcb) ist, entspricht die Arbeit der Fläche 34fe. Wir erkennen, dass im Gegensatz zu den reversiblen Kreisprozessen (den Vergleichsprozessen) bei den wirklichen, irreversiblen Kreisprozessen der Betrag der Arbeit bei rechtslaufenden Kreisprozessen kleiner (bei linkslaufenden größer) als die von den Zustandsänderungen eingeschlossene Fläche ist.

Die Wirkungsgrade können bei diesem einfachen Kreisprozess durch folgende Flächenverhältnisse veranschaulicht werden:

$$\eta_{th}^{rev} = \frac{\text{Fläche } 3\,4\,1'\,2'}{\text{Fläche } 3\,4\,c\,b}; \qquad \eta_i = \frac{\text{Fläche } 3\,4\,f\,e}{\text{Fläche } 3\,4\,1'\,2'}; \qquad \eta_{th} = (\eta_{th}^{rev}\,\eta_i) = \frac{\text{Fläche } 3\,4\,f\,e}{\text{Fläche } 3\,4\,c\,b}$$

Der indizierte Wirkungsgrad η_{ind}. Bei den Kolbenmaschinen wird häufig die Arbeit mithilfe des Indikators ermittelt, der den wirklichen Zustandsverlauf im *p,V*-Diagramm aufzeichnet. Aus diesem kann *die indizierte Arbeit* W_{ind} bestimmt und mit ihr der *indizierte Wirkungsgrad* η_{ind}, das Verhältnis der indizierten Arbeit zur Arbeit des Vergleichsprozesses, der den wirklichen Prozess durch einfache Zustandsänderungen möglichst gut umschließt, gebildet werden.

$$\eta_{ind} = \frac{W_{ind}}{W_k^{rev}} \qquad \textbf{(Gl 4.7 b)}$$

Dieser Wirkungsgrad wird zur Beurteilung der Kolbenmaschinen herangezogen und in der Literatur häufig dem inneren Wirkungsgrad η_i gleichgesetzt. Dies ist nicht richtig, da die indizierte Arbeit $|W_{ind}|$ bei Wärmekraftmaschinen größer als die Arbeit des Kreisprozesses $|W_k|$ ist **(B 4.3)**. Allerdings ist bei Kolbenmaschinen der dadurch gemachte Fehler

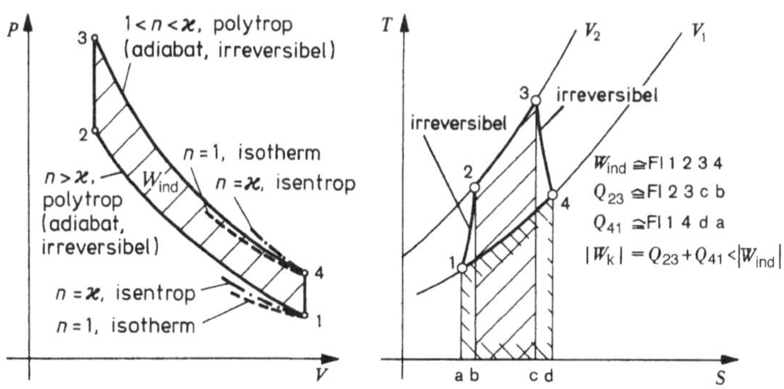

a) *p,V*-Diagramm b) *T,S*-Diagramm

B 4.3 Indizierte Arbeit und Arbeit des Kreisprozesses einer Kolbenkraftmaschine klein, denn die inneren Verluste sind wegen der kleinen Strömungsgeschwindigkeit des Arbeitsmittels gering.

In DIN 1940[1] z. B. wird der reversible thermische Wirkungsgrad als Wirkungsgrad des vollkommenen Motors η_v und der indizierte Wirkungsgrad als Gütegrad η_g bezeichnet. Das Verhältnis der inneren bzw. der indizierten Arbeit zur zugeführten Wärme

$$\eta_{\text{th ind}} = \eta_{\text{th}}^{\text{rev}}\,\eta_{\text{ind}} = \frac{|W_{\text{ind}}|}{Q_{\text{zu}}} \qquad \textbf{(Gl 4.8 b)}$$

wird dort Innenwirkungsgrad oder indizierter Wirkungsgrad genannt.

Bewertung der Anlage

Der mechanische Wirkungsgrad η_m. Die Arbeit, die an der Kupplung der Wärme- oder Verbrennungskraftanlage auf die angetriebene Maschine, z. B. den Generator, übertragen wird, nennen wir die *Kupplungsarbeit* W_{ek}. Sie ist um die äußeren Reibungsverluste, z. B. Kolben-, Lager-, Stopfbuchsenreibung u. a. m., kleiner als die innere Arbeit (Nutzarbeit) W_k des Kreisprozesses. Die äußeren Verluste sind die Reibungsarbeiten, durch die die Temperatur der äußeren Teile, das sind die Teile, die nicht in Wärmeübertragung mit dem Arbeitsfluid stehen, erhöht wird. Diese Energie wird als Wärme an die Umgebung abgeführt.

Zur Kennzeichnung der äußeren Verluste wird der *mechanische Wirkungsgrad* des Kreisprozesses η_m als Verhältnis der Kupplungsarbeit W_{ek} zur Arbeit des Kreisprozesses W_k eingeführt.

$$\eta_m = \frac{W_{ek}}{W_k} \qquad \textbf{(Gl 4.9 a)}$$

Wird η_{ind} der Beurteilung einer Kolbenmaschine zugrunde gelegt, dann muss auch der mechanische Wirkungsgrad mit der indizierten Arbeit gebildet werden.

$$\eta_{\text{m ind}} = \frac{W_{ek}}{W_{\text{ind}}} \qquad \textbf{(Gl 4.9 b)}$$

Bei diesem Ansatz für $\eta_{\text{m ind}}$ werden die äußeren mit den inneren Verlusten zusammen erfasst. Dadurch wird $\eta_{\text{m ind}}$ etwas kleiner als η_m.

Der Nutzwirkungsgrad η_e. Der Nutzwirkungsgrad ist das Verhältnis der Kupplungsarbeit zur zugeführten Wärme; er kann folglich auch als Gesamtwirkungsgrad der Wärme- oder Verbrennungskraftanlage bezeichnet werden.

$$\eta_e = \frac{|W_{ek}|}{Q_{\text{zu}}} = \eta_{\text{th}}^{\text{rev}}\,\eta_i\,\eta_m = \eta_{\text{th}}\,\eta_m \qquad \textbf{(Gl 4.10 a)}$$

oder

$$\eta_e = \frac{|W_{ek}|}{Q_{\text{zu}}} = \eta_{\text{th}}^{\text{rev}}\,\eta_{\text{ind}}\,\eta_{\text{m ind}} = \eta_{\text{th ind}}\,\eta_{\text{m ind}} \qquad \textbf{(Gl 4.10 b)}$$

[1] DIN 1940:1976-12: Verbrennungsmotoren. Hubkolbenmotoren. Begriffe, Formelzeichen, Einheiten.

Auf die Bestimmung des Nutzwirkungsgrades hat die Unterscheidung zwischen indizierter Arbeit und innerer Arbeit keinen Einfluss.

4.2 Kreisprozesse der Gasturbinenanlagen

4.2.1 Arbeitsprinzip der Gasturbinenanlagen

Es wurde bereits gezeigt (Abschn. 3.5.2), dass ein Kreisprozess auch durch ein Hintereinanderschalten von offenen Systemen erreicht werden kann.

Soll in einer Gasturbinenanlage im Kreislauf Arbeit durch Gasentspannung gewonnen werden, so muss diese Anlage einen Verdichter und eine Turbine enthalten. Schaltet man einen Turboverdichter und eine Gasturbine hintereinander **(B 4.4 a)**, so würde bei reversiblem Prozess und adiabatem Abschluss der Anlage die von der Gasturbine abgegebene Arbeit gerade ausreichen, um den Verdichter anzutreiben. – Da die Anlage aber Arbeit nach außen abgeben soll, muss auf dem Wege vom Verdichter zur Turbine Wärme zugeführt werden (B 4.4 b). Dieser Prozess ergibt aber keinen Kreisprozess, da sich die Entropie und die Temperatur des Arbeitsmittels fortlaufend erhöhen. Zur Verwirklichung eines Kreisprozesses muss zusätzlich auf dem Wege von der Turbine zum Verdichter Wärme abgeführt werden, damit vor der Verdichtung der Ausgangszustand wieder erreicht wird (B 4.4 c). Die Wärmezu- und -abfuhr zwischen den Maschinen verlaufen in der Praxis etwa isobar; die Kompression und die Expansion können sich der Isentropen oder der Isothermen nähern. Statt der Turbomaschinen sind auch Kolbenmaschinen möglich, jedoch hat diese Ausführungsart kaum praktische Bedeutung. Wir untersuchen die Vergleichsprozesse der beiden wichtigsten Gasturbinenverfahren unter den vorn beschriebenen Voraussetzungen (Abschn. 4.1.1).

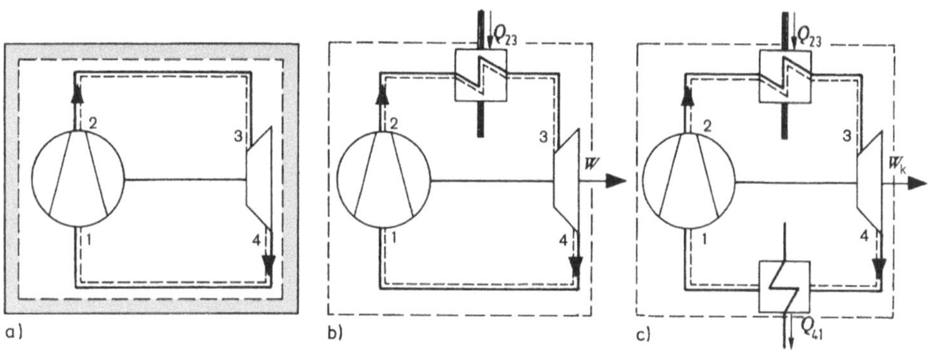

B 4.4 Schematische Darstellung einer Gasturbinenanlage

4.2.2 Joule-Prozess als Vergleichsprozess der Gasturbinenanlage

Ein Prozess mit isentroper Kompression und Expansion in adiabaten Maschinen und isobarer Wärmezu- und -abfuhr zwischen den Maschinen heißt Joule-Prozess.

Prozessverlauf (**B 4.5**):

1 → 2 Isentrope Kompression der Luft (oder eines anderen Arbeitsfluids) im Verdichter.

2 → 3 Isobare Wärmezufuhr, entweder über Heizflächen oder durch Verbrennung, auch innere Wärmezufuhr genannt. Die Veränderung der chemischen Zusammensetzung des Arbeitsfluids bei der Verbrennung wird nicht berücksichtigt.

3 → 4 Isentrope Expansion der Luft in der Turbine; im offenen Kreislauf mit innerer Wärmezufuhr ersetzt diese Zustandsänderung die isentrope Expansion der Verbrennungsgase.

4 → 1 Isobare Wärmeabfuhr, die entweder die Wärmeabfuhr über Kühlflächen darstellt oder das Ausstoßen der heißen Abgase in die Umgebung und das Ansaugen der Außenluft ersetzt.

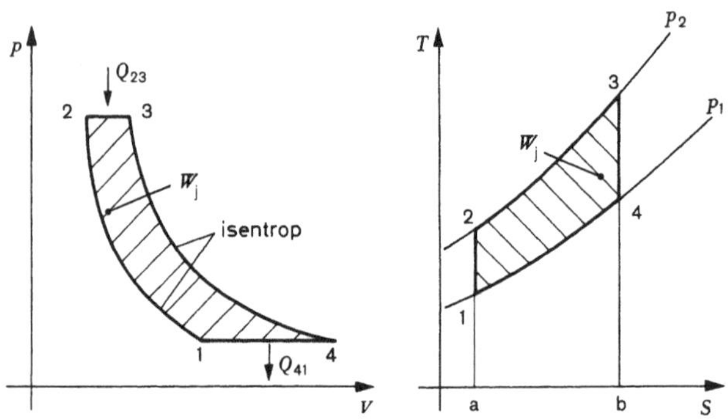

B 4.5 Joule-Prozess im *p*,*V*- und im *T*,*S*-Diagramm

Die *Nutzarbeit des Joule-Prozesses* kann als Summe der zu- und abgeführten Wärme berechnet werden nach Gl 3.83. [1])

$$|W_j| = -W_j = Q_{23} + Q_{41}$$

$$|W_j| = -W_j = m\, c_{pm}\big|_{t_2}^{t_3} (T_3 - T_2) + m\, c_{pm}\big|_{t_1}^{t_4} (T_1 - T_4)$$

Für die genaue Zahlenrechnung ist bei der Nutzarbeit und den Bewertungszahlen die mit der Temperatur veränderliche spezifische Wärmekapazität einzusetzen. Zur Ableitung der vereinfachten Gesetzmäßigkeiten wird jedoch mit einer während des ganzen Vergleichsprozesses konstanten spezifischen Wärmekapazität gerechnet. Mit $c_{pm} = \text{const}$ wird aus obiger Gleichung

$$|W_j| = -W_j = m\, c_{pm} (T_1 - T_2 + T_3 - T_4) \qquad \textbf{(Gl 4.11)}$$

Der *thermische Wirkungsgrad des Joule-Prozesses* ist mit temperaturveränderlicher spezifischer Wärmekapazität (Gl 3.85):

[1]) Vergleichsprozesse, hier der Joule-Prozess, werden grundsätzlich als reversible Prozesse angenommen. Daher ist bei Formelzeichen (z. B. W_j) der Index „rev“ entbehrlich (vgl. Fußnote zu Gl 3.87).

$$\eta_{\text{th}}^{\text{rev}} = \frac{|W_{\text{j}}|}{Q_{2\,3}} = 1 + \frac{Q_{4\,1}}{Q_{2\,3}} = 1 + \frac{m\,c_{p\text{m}}|_{t_1}^{t_4}\,(T_1 - T_4)}{m\,c_{p\text{m}}|_{t_2}^{t_3}\,(T_3 - T_2)}$$

Mit $c_{p\text{m}} = \text{const}$ wird daraus:

$$\eta_{\text{th}}^{\text{rev}} = 1 - \frac{T_4 - T_1}{T_3 - T_2}$$

Die Punkte 1 und 2 sowie 3 und 4 sind durch Isentropen zwischen den gleichen Drücken verbunden, daher ist (Gl 3.49)

$$\frac{T_1}{T_2} = \left(\frac{p_1}{p_2}\right)^{\frac{\varkappa-1}{\varkappa}} = \frac{T_4}{T_3}, \quad \text{also} \quad T_4 = T_3\,\frac{T_1}{T_2}$$

$$\eta_{\text{th}}^{\text{rev}} = 1 - \frac{T_3\,\frac{T_1}{T_2} - \frac{T_1}{T_2}\,T_2}{T_3 - T_2}$$

$$\eta_{\text{th}}^{\text{rev}} = 1 - \frac{T_1}{T_2} = 1 - \left(\frac{p_1}{p_2}\right)^{\frac{\varkappa-1}{\varkappa}} \qquad \textbf{(Gl 4.12)}$$

Der thermische Wirkungsgrad des Joule-Prozesses $\eta_{\text{th}}^{\text{rev}}$ (Gl 4.12) hängt für ein bestimmtes Gas nur vom Temperatur- bzw. Druckverhältnis bei der isentropen Kompression oder Expansion ab. Die Wärmezufuhr beeinflusst den thermischen Wirkungsgrad nicht. Zur Steigerung von $\eta_{\text{th}}^{\text{rev}}$ muss also das Druckverhältnis p_2/p_1 vergrößert werden **(B 4.6)**. Außerdem steigt $\eta_{\text{th}}^{\text{rev}}$ mit höherem $\varkappa$, z. B. bei Verwendung einatomiger Gase wie Helium.

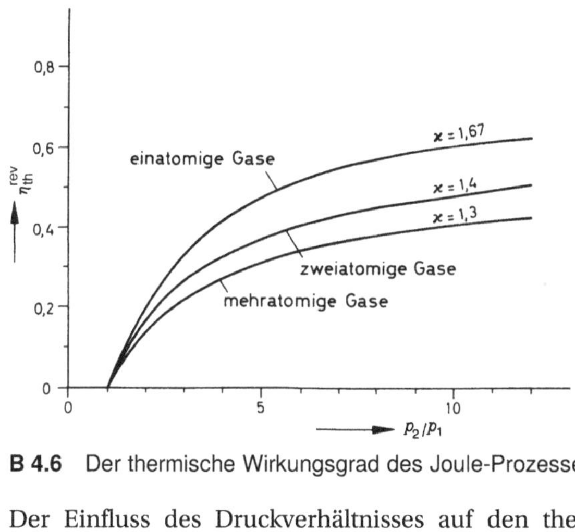

B 4.6 Der thermische Wirkungsgrad des Joule-Prozesses

Der Einfluss des Druckverhältnisses auf den thermischen Wirkungsgrad ist aus dem T,S-Diagramm zu erkennen (B 4.5). Da die Isentropen zwischen zwei Isobaren liegen, ist, solange $c_{p\text{m}} = \text{const}$ angenommen werden kann, das Verhältnis der Strecken 1 a : 2 a immer gleich dem der Strecken 4 b : 3 b. Der thermische Wirkungsgrad ist also von der Lage der Isentropen durch die Punkte 3 und 4 und damit von dem Betrag der zugeführten Wärme $Q_{2\,3}$ unabhängig.

Neben dem thermischen Wirkungsgrad ist der *exergetische Wirkungsgrad des Joule-Prozesses* von Bedeutung (Gl 4.1 b):

$$\zeta^{\text{rev}} = \frac{|W_{\text{j}}|}{E_{\text{q}\,2\,3}}$$

$E_{\text{q}\,2\,3}$ ist die Exergie der isobar zugeführten Wärme (Gl 3.121), mit $\text{d}W_{\text{diss}} = 0$ ist

$$E_{\text{q}\,2\,3} = Q_{2\,3} - T_{\text{b}}\,(S_3 - S_2)$$

Wir ersetzen $Q_{2\,3}$ nach Gl 3.32 und $S_3 - S_2$ nach Gl 3.33:

$$E_{\text{q}\,2\,3} = m\,c_{p\text{m}}|_{t_2}^{t_3}\,(T_3 - T_2) - T_{\text{b}}\,m\,c_{p\text{m}}|_{t_2}^{t_3}\,\ln\frac{T_3}{T_2}$$

Mit $c_{p\text{m}} = \text{const}$ ist

$$\zeta^{\text{rev}} = \frac{m\,c_{p\text{m}}\,(T_1 - T_2 + T_3 - T_4)}{m\,c_{p\text{m}}\left[T_3 - T_2 - T_{\text{b}}\ln\left(\dfrac{T_3}{T_2}\right)\right]}$$

$$\zeta^{\text{rev}} = \frac{T_1 - T_2 + T_3 - T_4}{T_3 - T_2 - T_{\text{b}}\ln\left(\dfrac{T_3}{T_2}\right)} \qquad \textbf{(Gl 4.13 a)}$$

Durch die gleiche Umformung wie bei der Ableitung des thermischen Wirkungsgrades erhält man aus Gl 4.13 a die Formen

$$\zeta^{\text{rev}} = \frac{1 - \dfrac{T_1}{T_2}}{1 - \dfrac{T_{\text{b}}}{T_3 - T_2}\ln\dfrac{T_3}{T_2}} = \frac{\eta_{\text{th}}^{\text{rev}}}{1 - \dfrac{T_{\text{b}}}{T_3 - T_2}\ln\dfrac{T_3}{T_2}} \qquad \textbf{(Gl 4.13 b)}$$

Der exergetische Wirkungsgrad ist also nicht nur, wie der thermische Wirkungsgrad, von T_1/T_2 abhängig, sondern auch neben der nicht beeinflussbaren Umgebungstemperatur T_{b} von der Temperatursteigerung T_2 nach T_3 **(B 4.7)**. $\eta_{\text{th}}^{\text{rev}}$ wird gleich ζ^{rev} für $T_{\text{b}} = 0\,\text{K}$ oder für $T_3 \to \infty$, aber nicht, wenn $T_3 = T_2$ ist, wie durch eine Grenzwertbestimmung nachweisbar ist. Diese beiden Werte können praktisch nicht erreicht werden. Es muss daher immer mit $\eta_{\text{th}}^{\text{rev}} < \zeta^{\text{rev}}$ gerechnet werden.

Eine weitere Bewertungszahl ist das *Arbeitsverhältnis des Joule-Prozesses* r_{t} (Gl 4.3 b):

$$r_{\text{t}} = \frac{W_{\text{j}}}{W_{\text{t}\,3\,4}^{\text{rev}}}$$

mit $W_{\text{t}\,3\,4}^{\text{rev}} = m\,c_{p\text{m}}|_{t_3}^{t_4}\,(T_4 - T_3)$

Bei $c_{p\text{m}} = \text{const}$ ist

$$r_{\text{t}} = \frac{-(T_1 - T_2 + T_3 - T_4)}{T_4 - T_3} = 1 - \frac{T_2 - T_1}{T_3 - T_4}$$

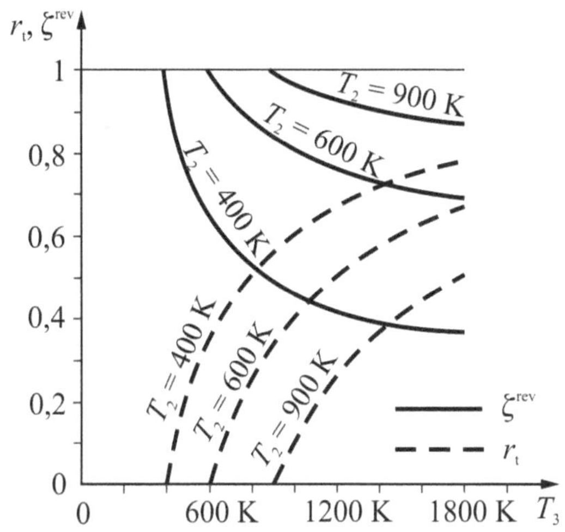

B 4.7 Exergetischer Wirkungsgrad ζ^{rev} und Arbeitsverhältnis r_t des Joule-Prozesses für $T_1 = 300$ K und $T_b = 300$ K

mit $T_4 = T_3 \dfrac{T_1}{T_2}$

$$r_t = 1 - \frac{T_2 - T_1}{T_3 - T_3 \dfrac{T_1}{T_2}} = 1 - \frac{T_2 \left(1 - \dfrac{T_1}{T_2}\right)}{T_3 \left(1 - \dfrac{T_1}{T_2}\right)}$$

$$r_t = 1 - \frac{T_2}{T_3} \qquad \textbf{(Gl 4.14)}$$

oder $r_t = 1 - \dfrac{T_1}{T_3}\dfrac{T_2}{T_1}$

Das Arbeitsverhältnis des Joule-Prozesses r_t wächst mit kleiner werdendem Verhältnis T_2/T_3, d. h. mit größer werdender Temperatur T_3 (Gl 4.14 und B 4.7).

Die niedrigste Temperatur des Kreisprozesses T_1 liegt im günstigsten Fall nur wenig über der Umgebungstemperatur; die maximale Temperatur T_3 wird nach oben durch die Werkstoffeigenschaften begrenzt. Damit kann das Temperaturverhältnis T_1/T_3 einen bestimmten Wert nicht unterschreiten. Nehmen wir dieses Verhältnis als gegeben an **(B 4.8)** und wird in Gl 4.14 das Temperaturverhältnis der Kompression T_2/T_1 eingeführt, dann erkennt man, dass das Arbeitsverhältnis mit wachsendem Temperaturverhältnis T_2/T_1 und damit auch steigendem Druckverhältnis p_2/p_1 und steigendem thermischem Wirkungsgrad η_{th}^{rev} kleiner wird. Hierin zeigt sich ein Nachteil des Joule-Prozesses. Wollen wir einen guten thermischen Wirkungsgrad verwirklichen, so hat der Prozess ein kleines Arbeitsverhältnis und wird damit bei der praktischen Ausführung gegen die inneren Verluste empfindlich. Da sich mithilfe des *T,S*-Diagrammes thermodynamische Zusammenhänge besonders anschaulich erklären lassen, werden auch die drei extremen Möglichkeiten des Joule-Prozesses anhand der Darstellung in diesem Diagramm untersucht (B 4.8). Gegeben sind der Anfangszustand mit p_1 und T_1 sowie die maximale Temperatur T_3.

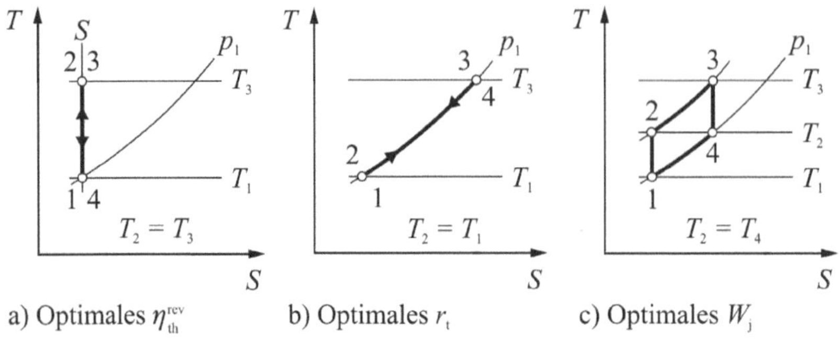

B 4.8 Drei Möglichkeiten des Joule-Prozesses

Den besten thermischen Wirkungsgrad (Gl 4.12) und den besten exergetischen Wirkungsgrad (Gl 4.13) erhält man, wenn $T_2 = T_3$ wird (B 4.8 a). Der Joule-Prozess verläuft dann auf der Isentropen $1 \rightarrow 2$ hin und zurück, da von 2 nach 3 keine Wärme mehr zugeführt werden kann, denn T_2 ist ja bereits gleich der höchsten Temperatur T_3. Die Punkte 2 und 3 fallen zusammen.

Das beste Arbeitsverhältnis (Gl 4.14) wird erreicht, wenn $T_2 = T_1$ wird. Die Drücke p_1 und p_2 sind dann gleich, der Joule-Prozess verläuft auf der Isobaren p_1 (B 4.8 b). In beiden Fällen verlaufen die Zustandsänderungen im Diagramm hin und zurück auf derselben Linie, wodurch keine Fläche entsteht und die Arbeit des Vergleichsprozesses gleich null ist. Diese beiden extremen Fälle haben demnach keine praktische Bedeutung. Bei den gegebenen Bedingungen ist es nicht sinnvoll, den besten thermischen Wirkungsgrad oder das beste Arbeitsverhältnis anzustreben. Wir müssen einen günstigen Kompromiss suchen.

Eine Auslegungsmöglichkeit bietet sich mit der Temperatur T_2 an, für die bei den gegebenen Bedingungen die Arbeit des Vergleichsprozesses ein Maximum wird. Das Diagramm zeigt, dass eine solche Temperatur zwischen T_1 und T_3 liegen muss (B 4.8 c).

$$|W_\mathrm{j}| = m\, c_{pm}\,(T_1 - T_2 + T_3 - T_4)\,; \qquad T_4 = \frac{T_3\,T_1}{T_2}$$

$$|W_\mathrm{j}| = m\, c_{pm}\left(T_1 - T_2 + T_3 - \frac{T_3\,T_1}{T_2}\right)$$

$$\frac{\mathrm{d}\,|W_\mathrm{j}|}{\mathrm{d}T_2} = m\, c_{pm}\left(-1 + \frac{T_3\,T_1}{T_2^2}\right); \quad \text{für} \quad \frac{\mathrm{d}\,|W_\mathrm{j}|}{\mathrm{d}T_2} = 0 \quad \text{ergibt sich}$$

$$T_2^2 = T_1\,T_3$$

$$T_2 = \sqrt{T_1\,T_3} \qquad \textbf{(Gl 4.15)}$$

Für diese Temperatur T_2 wird die größtmögliche Nutzarbeit des Joule-Prozesses erreicht; T_4 wird gleich T_2 ($T_4 = T_2$). Die Werte für $\eta_\mathrm{th}^\mathrm{rev}$ und r_t werden gleich groß (vgl. Aufg. 4.1).

Wie schon erwähnt, ist T_3 durch die Werkstoffeigenschaften begrenzt. Bei neuesten Entwicklungen werden bis zu $t_3 = 1\,400\ ^\circ\mathrm{C}$ erreicht, wozu das Turbineneintrittsgehäuse mit metallenen Hitzeschild-Platten ausgekleidet wurde. Bei den Turbinenschaufeln werden Keramikbeschichtungen erprobt. Für vollkeramische Leit- oder sogar Laufschaufeln wurden noch keine befriedigenden Ergebnisse erzielt. Hohe Eintrittstemperaturen haben hohe Abgastemperaturen zur Folge. Diese sind bei GUD-Prozessen von besonderem Interesse, in denen das Abgas in einer nachgeschalteten Dampfkraftanlage genutzt wird (Abschn. 5.4).

Beispiel 4.1: Eine Gasturbinenanlage arbeitet mit Luft nach dem Joule-Prozess[1)] zwischen den Drücken 1 bar und 6 bar. Anfangstemperatur $t_1 = 30\ ^\circ\mathrm{C}$, höchste Temperatur des Prozesses $t_3 = 650\ ^\circ\mathrm{C}$, Umgebungstemperatur $t_b = 15\ ^\circ\mathrm{C}$.

Für den Vergleichsprozess sind unter Annahme idealen Gasverhaltens sowie konstanter spezifischer Wärmekapazität und mit $\varkappa = 1{,}4$ zu bestimmen:

a) der thermische Wirkungsgrad $\eta_{\mathrm{th}}^{\mathrm{rev}}$,

b) der exergetische Wirkungsgrad ζ^{rev},

c) das Arbeitsverhältnis r_t,

d) die Temperatur am Ende der isentropen Expansion T_4.

Lösung:

Zu a): Bestimmung des thermischen Wirkungsgrades (Gl 4.12):

$$\eta_{\mathrm{th}}^{\mathrm{rev}} = 1 - \left(\frac{p_1}{p_2}\right)^{\frac{\varkappa-1}{\varkappa}} = 1 - \left(\frac{1\ \mathrm{bar}}{6\ \mathrm{bar}}\right)^{\frac{1{,}4-1}{1{,}4}} = \underline{0{,}400\,7}$$

Zu b): Bestimmung des exergetischen Wirkungsgrades (Gl 4.13)

Bestimmung der nicht gegebenen Temperaturen (Gl 3.49):

$$T_1 = 303{,}15\ \mathrm{K}; \qquad T_3 = 923{,}15\ \mathrm{K}; \qquad T_b = 288{,}15\ \mathrm{K}$$

$$\left(\frac{p_2}{p_1}\right)^{\frac{\varkappa-1}{\varkappa}} = \frac{T_2}{T_1}; \qquad 6^{\frac{1{,}4-1}{1{,}4}} = 1{,}669; \qquad T_2 = 1{,}669\ T_1 = 505{,}8\ \mathrm{K}$$

$$\zeta^{\mathrm{rev}} = \frac{\eta_{\mathrm{th}}^{\mathrm{rev}}}{1 - \dfrac{T_b}{T_3 - T_2}\ln\dfrac{T_3}{T_2}} = \frac{0{,}400\,7}{1 - \dfrac{288{,}15\ \mathrm{K}}{923{,}15\ \mathrm{K} - 505{,}8\ \mathrm{K}}\ln\dfrac{923{,}15\ \mathrm{K}}{505{,}8\ \mathrm{K}}} = \underline{0{,}685}$$

Zu c): Bestimmung des Arbeitsverhältnisses (Gl 4.14):

$$r_t = 1 - \frac{T_2}{T_3} = 1 - \frac{505{,}8\ \mathrm{K}}{923{,}15\ \mathrm{K}} = \underline{0{,}452}$$

Zu d): Bestimmung der Temperatur T_4 (Gl 3.49):

$$\left(\frac{p_2}{p_1}\right)^{\frac{\varkappa-1}{\varkappa}} = \frac{T_3}{T_4}; \qquad T_4 = \frac{T_3}{1{,}669} = \underline{553\ \mathrm{K}}$$

Die Rechnung ergibt, dass 40 % der zugeführten Wärme im Vergleichsprozess in Arbeit umgewandelt und dass von der Exergie der zugeführten Wärme 68,5 % ausgenutzt werden. Die letztere Zahl zeigt uns weit

1) Wirkliche Prozesse werden nach den jeweils geeigneten Vergleichsprozessen benannt.

besser als der thermische Wirkungsgrad, was durch eine thermische Verbesserung des Verfahrens noch erreicht werden kann. Das Arbeitsverhältnis werden wir mit dem anderer Vergleichsprozesse vergleichen.

Beispiel 4.2: Die im Bsp. 4.1 berechnete Gasturbinenanlage ist bei gleichem Druckverhältnis und gleichen gegebenen Temperaturen T_b, T_1 und T_3, jedoch mit temperaturabhängigem Exponenten $\varkappa$, zu untersuchen. Näherungsweise sollen Zwischenwerte aus T 2.5 linear interpoliert werden. Zu bestimmen sind:

a) $\varkappa_m$ für Kompression und Expansion (dabei ist mit den im Bsp. 4.1 bestimmten Temperaturen zu rechnen. Eine Nachkontrolle von $\varkappa_m$ mit den nun berechneten genauen Temperaturen soll nicht durchgeführt werden),

b) die Temperaturen T_2 und T_4,

c) die mittleren spezifischen Wärmekapazitäten für die isobare Erwärmung und Abkühlung,

d) der thermische Wirkungsgrad η_{th}^{rev}, der exergetische Wirkungsgrad ζ^{rev}, das Arbeitsverhältnis r_t,

e) ein Vergleich mit den Werten des Bsp. 4.1.

Lösung:

Zu a): Bestimmung von $\varkappa_m$ nach Gl 2.46 und Gl 2.47: $\varkappa_m = \dfrac{c_{pm}}{c_{pm} - R_l}$

Kompression: $t_1 = 30\ ^\circ\text{C}$ und $t_2 = 233\ ^\circ\text{C}$ (Bsp. 4.1 nach Gl 2.38)

$$c_{pm}\Big|_{t_1}^{t_2} = \frac{c_{pm}\big|_{0\,^\circ\text{C}}^{t_2} t_2 - c_{pm}\big|_{0\,^\circ\text{C}}^{t_1} t_1}{t_2 - t_1} = \frac{1{,}0143\ \dfrac{\text{kJ}}{\text{kg K}}\ 233\ ^\circ\text{C} - 1{,}0046\ \dfrac{\text{kJ}}{\text{kg K}}\ 30\ ^\circ\text{C}}{233\ ^\circ\text{C} - 30\ ^\circ\text{C}}$$

$$c_{pm}\Big|_{t_1}^{t_2} = 1{,}016\ \frac{\text{kJ}}{\text{kg K}}; \qquad R_l = 0{,}2871\ \frac{\text{kJ}}{\text{kg K}}$$

$$\varkappa_m\Big|_{t_1}^{t_2} = \frac{1{,}016}{1{,}016 - 0{,}2871} = \underline{1{,}394}$$

Expansion: $t_3 = 650\ ^\circ\text{C}$; $t_4 = 280\ ^\circ\text{C}$ (Bsp. 4.1)

$$c_{pm}\Big|_{t_3}^{t_4} = \frac{c_{pm}\big|_{0\,^\circ\text{C}}^{t_3} t_3 - c_{pm}\big|_{0\,^\circ\text{C}}^{t_4} t_4}{t_3 - t_4} = \frac{1{,}0553\ \dfrac{\text{kJ}}{\text{kg K}}\ 650\ ^\circ\text{C} - 1{,}0176\ \dfrac{\text{kJ}}{\text{kg K}}\ 280\ ^\circ\text{C}}{650\ ^\circ\text{C} - 280\ ^\circ\text{C}}$$

$$c_{pm}\Big|_{t_3}^{t_4} = 1{,}0838\ \frac{\text{kJ}}{\text{kg K}}$$

$$\varkappa_m\Big|_{t_3}^{t_4} = \frac{1{,}0838}{1{,}0838 - 0{,}2871} = \underline{1{,}3604}$$

Zu b): $$\left(\frac{p_2}{p_1}\right)^{\frac{\varkappa-1}{\varkappa}} = 6^{\frac{\varkappa-1}{\varkappa}}$$

Eingesetzt wird nun für $\varkappa$ stets das zu der Zustandsänderung gehörende $\varkappa_m$.

Kompression:

$$\frac{\varkappa_m - 1}{\varkappa_m} = \frac{1{,}394 - 1}{1{,}394} = 0{,}283; \qquad 6^{0{,}283} = 1{,}66$$

$$T_2 = 1{,}661\ T_1 = 1{,}66 \cdot 303{,}15\ \text{K} = \underline{503\ \text{K}}$$

Die Abweichung gegenüber Bsp. 4.1 ist vernachlässigbar klein.

Expansion:

$$\frac{\varkappa_m - 1}{\varkappa_m} = \frac{1{,}3604 - 1}{1{,}3604} = 0{,}2649\,; \qquad 6^{0{,}2649} = 1{,}607$$

$$T_4 = \frac{T_3}{1{,}607} = \frac{923{,}15\ \text{K}}{1{,}607} = \underline{574\ \text{K}}$$

Die Abweichung ist merklich, trotzdem erfolgt keine Nachrechnung (s. Aufgabenstellung).

Zu c): Isobare Erwärmung: Diese spezifischen Wärmekapazitäten werden mit neuen Temperaturen berechnet.

$$c_{pm}\Big|_{t_2}^{t_3} = \frac{c_{pm}\big|_{0\,°\text{C}}^{t_3} t_3 - c_{pm}\big|_{0\,°\text{C}}^{t_2} t_2}{t_3 - t_2} = \frac{1{,}0553\ \frac{\text{kJ}}{\text{kg K}}\ 650\ °\text{C} - 1{,}0143\ \frac{\text{kJ}}{\text{kg K}}\ 230\ °\text{C}}{650\ °\text{C} - 230\ °\text{C}} = \underline{1{,}078\ \frac{\text{kJ}}{\text{kg K}}}$$

Isobare Abkühlung:

$$c_{pm}\Big|_{t_1}^{t_4} = \frac{c_{pm}\big|_{0\,°\text{C}}^{t_4} t_4 - c_{pm}\big|_{0\,°\text{C}}^{t_1} t_1}{t_4 - t_1} = \frac{1{,}0189\ \frac{\text{kJ}}{\text{kg K}}\ 301\ °\text{C} - 1{,}0046\ \frac{\text{kJ}}{\text{kg K}}\ 30\ °\text{C}}{301\ °\text{C} - 30\ °\text{C}} = \underline{1{,}020\ \frac{\text{kJ}}{\text{kg K}}}$$

Zu d):

$$\eta_{\text{th}}^{\text{rev}} = 1 + \frac{c_{pm}\big|_{t_1}^{t_4} (T_1 - T_4)}{c_{pm}\big|_{t_2}^{t_3} (T_3 - T_2)} = 1 + \frac{1{,}020\ \frac{\text{kJ}}{\text{kg K}}\ (-271\ \text{K})}{1{,}078\ \frac{\text{kJ}}{\text{kg K}}\ 420\ \text{K}} = \underline{0{,}389}$$

Entsprechend $\zeta^{\text{rev}} = 0{,}608$; $r_t = 0{,}455$

Zu e): Das temperaturabhängige $\varkappa_m$ ergibt eine höhere Temperatur T_4, während T_2 fast den gleichen Wert behält. Durch Einsetzen der so bestimmten Temperatur T_4 und der temperaturabhängigen spezifischen Wärmekapazität erhalten wir einen etwas kleineren thermischen und exergetischen Wirkungsgrad, während das Arbeitsverhältnis etwas größer wird. Der Aufwand für die Berechnung wird gegenüber Bsp. 4.1 erheblich größer, wobei noch zu berücksichtigen ist, dass im Bsp. 4.2 der errechnete Wert für die spezifische Wärmekapazität $c_{pm}\big|_{t_3}^{t_4}$ nicht mit der neu bestimmten Temperatur T_4 nachgeprüft wurde.

Im Allgemeinen werden, da die Abweichungen nur klein sind, der Einfachheit halber die Vergleichsprozesse mit konstanter spezifischer Wärmekapazität berechnet. Die größere Genauigkeit ist auch nicht erforderlich, solange die Dissoziation bei hohen Temperaturen und die Veränderung der chemischen Zusammensetzung bei der Verbrennung nicht berücksichtigt werden. Beim Vergleich des wirklichen Vorganges in der Maschine mit dem Vergleichsprozess treten Unterschiede auf, die nicht nur auf der Unvollkommenheit der Maschine, sondern auch auf den Abweichungen der Eigenschaften des Arbeitsfluids von den angenommenen beruhen.

Aufgabe 4.1: Eine geschlossene Gasturbinenanlage arbeitet mit Luft nach dem Joule-Prozess, Anfangszustand $p_1 = 1$ bar; $t_1 = 40$ °C; Temperatur nach der isobaren Erwärmung $t_3 = 810$ °C. Umgebungstemperatur 20 °C.

Für den Vergleichsprozess ist das Druckverhältnis p_2/p_1 so festzulegen, dass sich bei den angegebenen Temperaturen die maximale Arbeit des Joule-Prozesses ergibt.

Unter Annahme idealen Gasverhaltens sowie konstanter spezifischer Wärmekapazität und mit $\varkappa_m = 1{,}4$ sind für den Vergleichsprozess zu bestimmen:

a) das Druckverhältnis p_2/p_1,

b) der thermische und exergetische Wirkungsgrad,

c) die spezifische Nutzarbeit,

d) das Arbeitsverhältnis,

e) die spezifische Entropiedifferenz bei der isobaren Erwärmung.

4.2.3 Ericsson[1)]-Prozess als Vergleichsprozess der Gasturbinenanlage[2)]

Ein Prozess mit isothermer Kompression und Expansion und isobarer Wärmeübertragung in einem Wärmeübertrager zwischen den Maschinen, aber *innerhalb* des Gesamtprozesses, heißt Ericsson-Prozess. Bei ihm sind die Beträge der in dem Wärmeübertrager zwischen den Maschinen zu- bzw. abzuführenden Wärme gleich groß und die Wärmeübertragung erfolgt bei den gleichen Temperaturen. Diese Wärme wird **(B 4.9)** in einem in den Kreislauf eingebauten Wärmeübertrager übertragen, also nicht von außen zu- oder nach außen abgeführt ($|Q_{41}| = Q_{23}$).

Von *außen zugeführt* wird die Wärme Q_{34} bei der isothermen Expansion in der Turbine, nach *außen abgeführt* wird die Wärme Q_{12} bei der isothermen Kompression im Verdichter.

Wir verfolgen den Prozess im p,V-Diagramm und im T,S-Diagramm **(B 4.10)**.

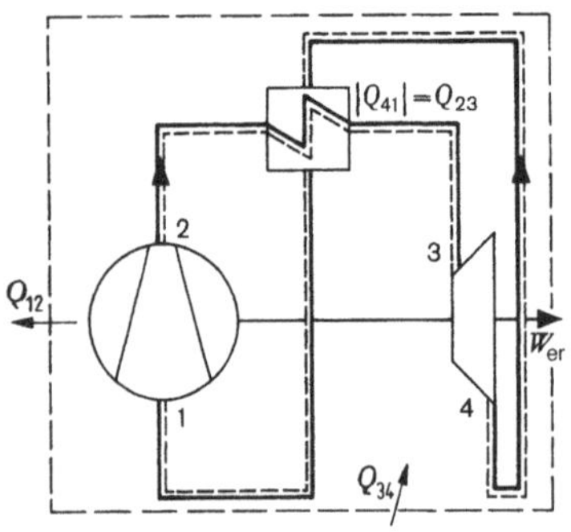

B 4.9 Schematische Darstellung einer Gasturbinenanlage mit isothermer Kompression und Expansion

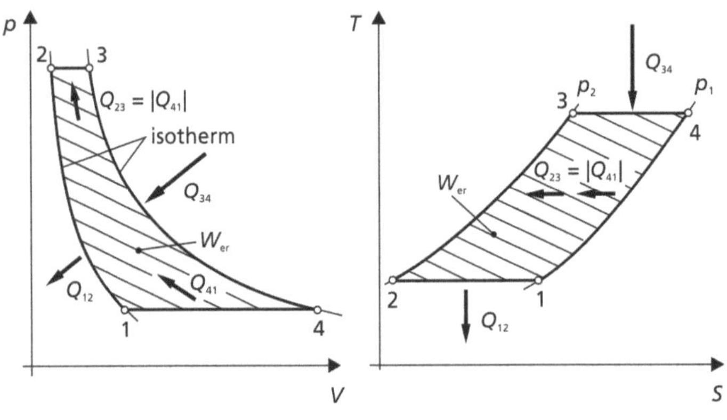

B 4.10 Ericsson-Prozess im p,V- und im T,S-Diagramm

[1)] *John Ericsson* (1803–1899), schwedisch-amerikanischer Ingenieur, der 1833 eine Heißluftmaschine erfand.

[2)] Auch Ackeret-Keller-Prozess genannt. *Jacob Ackeret* (1898–1981), schweizer Ingenieur, war Professor in Zürich; *Curt Keller* (1904–1984), schweizer Ingenieur, war ebenfalls Professor in Zürich. Beide entwickelten von 1935 bis 1945 die geschlossene Gasturbinenanlage in Zürich und verwendeten diesen Prozess als Vergleichsprozess.

Die *Nutzarbeit des Ericsson-Prozesses* wird als Summe der von außen zu- und nach außen abgeführten Wärme berechnet (Gl 3.83).

$$|W_{er}| = -W_{er} = Q_{3\,4} + Q_{1\,2}$$

$$|W_{er}| = m\,R_i\,T_3 \ln \frac{p_2}{p_1} + m\,R_i\,T_1 \ln \frac{p_1}{p_2}$$

$$|W_{er}| = -W_{er} = m\,R_i\,(T_3 - T_1) \ln \frac{p_2}{p_1} \qquad \textbf{(Gl 4.16)}$$

Der *thermische Wirkungsgrad des Ericsson-Prozesses* ist (Gl 3.85)

$$\eta_{th}^{rev} = \frac{|W_{er}|}{Q_{3\,4}} = \frac{m\,R_i\,(T_3 - T_1)\ln\left(\frac{p_2}{p_1}\right)}{m\,R_i\,T_3 \ln\left(\frac{p_2}{p_1}\right)}$$

$$\eta_{th}^{rev} = 1 - \frac{T_1}{T_3} \qquad \textbf{(Gl 4.17)}$$

Diese Gleichung zeigt, dass der thermische Wirkungsgrad des Ericsson-Prozesses gleich dem des Carnot-Prozesses, also gleich dem bestmöglichen thermischen Wirkungsgrad ist (Abschn. 3.5.4/Gl 3.88). Er hängt nur von dem Verhältnis der Temperaturen bei der isothermen Kompression und der isothermen Expansion ab.

Der *exergetische Wirkungsgrad des Ericsson-Prozesses* ist (Gl 4.1 b)

$$\zeta^{rev} = \frac{|W_{er}|}{E_{q\,3\,4}}$$

Hierin führen wir die Exergie der zugeführten Wärme bei konstant bleibender Temperatur $T_m = T_3$ ein (Gl 3.126):

$$E_{q\,3\,4} = \eta_c\,Q_{3\,4} = \left(1 - \frac{T_b}{T_3}\right) Q_{3\,4}$$

und setzen $\frac{|W_{er}|}{Q_{3\,4}} = \eta_{th}^{rev}$ ein:

$$\zeta^{rev} = \frac{\eta_{th}^{rev}}{\eta_c} = \frac{\eta_{th}^{rev}}{\left(1 - \frac{T_b}{T_3}\right)}$$

$$\zeta^{rev} = \frac{T_3 - T_1}{T_3 - T_b} \qquad \textbf{(Gl 4.18)}$$

Der exergetische Wirkungsgrad ist neben dem Verhältnis T_1/T_3 auch von dem Verhältnis T_b/T_3 abhängig; bei $T_1 = T_b$ wird $\zeta^{rev} = 1$. Der exergetische Wirkungsgrad des Ericsson-Prozesses ist gleich dem des Carnot-Prozesses.

Das *Arbeitsverhältnis des Ericsson-Prozesses* ist (Gl 4.3)

$$r_t = \frac{W_{er}}{W_{t34}^{rev}} = \frac{|W_{er}|}{Q_{34}} = \eta_{th}^{rev} = 1 - \frac{T_1}{T_3}$$

$$r_t = 1 - \frac{T_1}{T_3} = \eta_{th}^{rev} \quad \textbf{(Gl 4.19)}$$

Beim Ericsson-Prozess hat das Arbeitsverhältnis den gleichen Wert wie der thermische Wirkungsgrad und erhöht sich mit ihm. Das ist ein großer Vorteil des Ericsson-Prozesses.

Beispiel 4.3: Eine Gasturbinenanlage arbeitet mit Luft nach dem Ericsson-Prozess[1)] zwischen den Drücken 1 bar und 6 bar. Anfangstemperatur $t_1 = 30\ °C$, höchste Temperatur des Prozesses $t_3 = 650\ °C$, Umgebungstemperatur $t_b = 15\ °C$. Für den Vergleichsprozess sind unter Annahme idealen Gasverhaltens sowie konstanter spezifischer Wärmekapazität und $\varkappa = 1{,}4$ zu bestimmen:

a) der thermische Wirkungsgrad η_{th}^{rev},

b) der exergetische Wirkungsgrad ζ^{rev},

c) das Arbeitsverhältnis r_t.

d) Die Ergebnisse sind mit denen für den Joule-Prozess nach Bsp. 4.1 zu vergleichen.

Lösung:

Die Kelvin-Temperaturen sind: $T_1 = 303{,}15$ K; $T_3 = 923{,}15$ K; $T_b = 288{,}15$ K.

Zu a): Der thermische Wirkungsgrad ist (Gl 4.17)

$$\eta_{th}^{rev} = 1 - \frac{T_1}{T_3} = 1 - \frac{303{,}15\ \text{K}}{923{,}15\ \text{K}} = \underline{0{,}672}$$

Zu b): Der exergetische Wirkungsgrad ist (Gl 4.18)

$$\zeta^{rev} = \frac{T_3 - T_1}{T_3 - T_b} = \frac{923{,}15\ \text{K} - 303{,}15\ \text{K}}{923{,}15\ \text{K} - 288{,}15\ \text{K}} = \underline{0{,}976}$$

Zu c): Das Arbeitsverhältnis ist gleich dem thermischen Wirkungsgrad (Gl 4.19):

$$r_t = \underline{0{,}672}$$

Zu d): Das Bsp. 4.1 behandelte eine Gasturbinenanlage, die bei gleichen Drücken und bei gleicher höchster und niedrigster Temperatur nach dem Joule-Prozess arbeitet. Thermischer Wirkungsgrad, exergetischer Wirkungsgrad und auch das Arbeitsverhältnis des Ericsson-Prozesses sind trotz der sonst gleichen Verhältnisse wesentlich besser als die des Joule-Prozesses.

Es ist also nahe liegend, den Ericsson-Prozess anzustreben. Nun sind in einem Kompressor und auch in einer normalen Gasturbine isotherme Zustandsänderungen nicht zu verwirklichen. Eine Annäherung an die Isotherme wird durch stufenweise Verdichtung mit Zwischenkühlung und durch stufenweise Entspannung mit Zwischenerwärmung erreicht. Eine so arbeitende Turbinenanlage wurde durch Leist[2)] entwickelt und der Prozess Isex-Prozess genannt.[3)] Bei diesem Verfahren erfolgt die Zwischenerhitzung im Innern der Turbine – ohne Zwischenschaltung von Brennkammern – durch Verbrennung in den Räumen zwischen den Schaufelkränzen, sodass die axiale Durchströmung der Turbine nicht unterbrochen wird.

---

1) Zur Benennung wirklicher Prozesse s. Fußnote zu Bsp. 4.1.

2) *Karl Leist* (1901–1960), Professor in Braunschweig und Aachen, entwickelte das Isex-Gasturbinenverfahren.

3) Leist, K: Der wirtschaftliche Wirkungsgrad von Gasturbinen mit stufenweiser Zwischenverbrennung innerhalb der Turbine, 12 (1960) Nr. 12, S. 521–530.

Aufgabe 4.2: Die in den Bsp. 4.1 und 4.3 berechneten Prozesse sind maßstäblich im *T,s*-Diagramm darzustellen. Es soll $s_1 = 0$ angenommen und mit $c_{pm} = 1{,}005\ \text{kJ}/(\text{kg K})$ gerechnet werden.

Aufgabe 4.3: Eine geschlossene Gasturbinenanlage, in der alle Vorgänge reversibel angenommen werden sollen, arbeitet mit Stickstoff. Das Gas wird bei 35 °C isotherm von 2 bar auf 12 bar verdichtet, bei 12 bar isobar von 35 °C auf 700 °C erwärmt, adiabat auf 2 bar entspannt und isobar auf den Ausgangszustand abgekühlt. Unter Annahme idealen Gasverhaltens sowie konstanter spezifischer Wärmekapazität $c_{pm} = 1{,}0388\ \text{kJ}/(\text{kg K})$ und mit $\varkappa = 1{,}4$ sind zu bestimmen:

a) der schematische Verlauf im *T,s*-Diagramm,

b) die Temperatur nach der isentropen Expansion,

c) die spezifische Nutzarbeit des Kreisprozesses,

d) der thermische Wirkungsgrad.

4.2.4 Der wirkliche Prozess in der Gasturbinenanlage

Prozessverlauf und Anlagenarten. Der wirkliche Prozess in der Gasturbinenanlage hat gegenüber dem Vergleichsprozess folgende Abweichungen:

a) wegen der reibungsbehafteten Strömung fällt der Druck in den Rohrleitungen und Wärmeübertragern,

b) beim Joule-Prozess verlaufen auch bei reibungsfreien Vorgängen die Kompression im ungekühlten Verdichter und die Expansion in der isolierten Turbine wegen des nicht vollständig adiabaten Abschlusses nicht isentrop, sondern auf etwas davon abweichenden Polytropen, wobei sich – streng genommen – der Polytropenexponent während des Vorgangs ändert,

c) durch Dissipation in den Maschinen treten beim Joule-Prozess größere Abweichungen von den Isentropen auf: Die Entropie steigt bei der Kompression und Expansion,

d) beim Ericsson-Prozess nähern sich Kompression und Expansion wegen der stufenweisen Zwischenkühlung bzw. Zwischenerwärmung (Isex-Prozess) nur stufenweise der Isothermen,

e) bei der Gasturbinenanlage mit offenem Kreislauf sind die Zu- und Abströmgeschwindigkeit ungleich, damit ändert sich die kinetische Energie.

Prinzipiell lässt sich eine Gasturbinenanlage in zwei Anlagenarten ausführen: als Verbrennungskraftanlage mit offenem Kreislauf und innerer Wärmezufuhr **(B 4.11 a)** und als Wärmekraftanlage mit geschlossenem Kreislauf und äußerer Wärmezufuhr (B 4.11 b). Bei der inneren Wärmezufuhr erfolgt die Erwärmung des Arbeitsfluids durch Verbrennen von Brennstoffen in dem offenen Kreislauf, wodurch sich die chemische Zusammensetzung des Arbeitsfluids ändert. Bei der äußeren Wärmezufuhr wird die Wärme über Heizflächen dem Arbeitsfluid zugeführt. Bei dem offenen Kreislauf saugt der Verdichter Luft aus dem Freien an, die Turbine lässt die Abgase nach der Arbeitsabgabe mit höherer Temperatur wieder ins Freie treten. Bei dem geschlossenen Kreislauf läuft immer dasselbe Arbeitsfluid um.

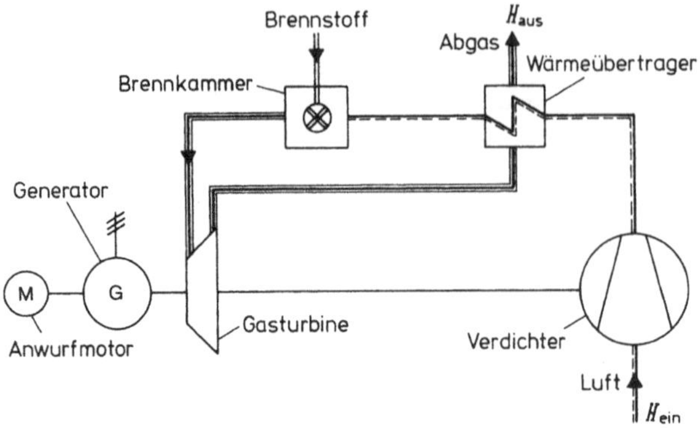

B 4.11 a Gasturbinenanlage mit offenem Kreislauf und innerer Wärmezufuhr

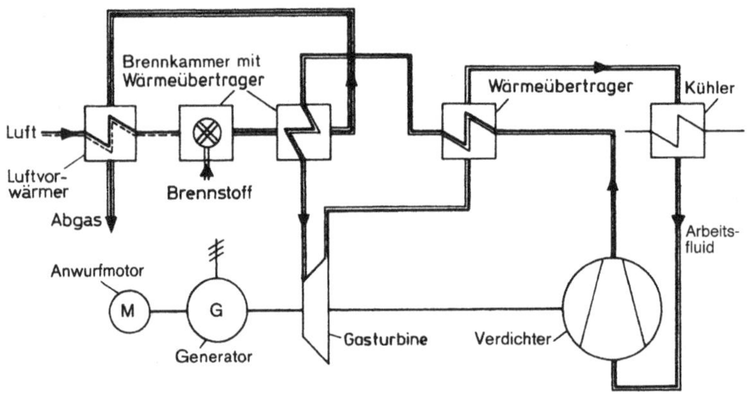

B 4.11 b Gasturbinenanlage mit geschlossenem Kreislauf und äußerer Wärmezufuhr

Die neben der Brennkammer und dem Kühler angeordneten Wärmeübertrager haben die Aufgabe, den Wirkungsgrad der Anlagen zu verbessern.

Die offene Anlage ist die einzige Möglichkeit für mobile Gasturbinen, sie hat sich auch für stationäre Anlagen durchgesetzt. Gegenüber der geschlossenen Anlage hat sie folgende Vorteile: kleinere Heizflächen, geringeres Gewicht, schnelleres Anfahren, geringere Investitionskosten. Bei offenen Anlagen können jedoch nur Brennstoffe verwendet werden, die rückstandsfrei, d. h. ohne Aschepartikel, verbrennen, da diese die Turbinenschaufeln zerstören würden.

Die Vorteile der geschlossenen Anlage, wie die Verwendbarkeit billigerer Brennstoffe, besserer Teillastwirkungsgrad durch Veränderung des Druckniveaus, Betrieb mit beliebigen Gasen (z. B. Helium oder in ORC-Anlagen organische Arbeitsmittel, s. Kap. 5.5) gleichen die wirtschaftliche Überlegenheit der offenen Anlage nicht aus. Geschlossene Gasturbinenanlagen werden daher zurzeit nicht gebaut.

Das Schnittbild einer Gasturbinenanlage mit offenem Kreislauf ohne Abwärmenutzung zeigt **B 4.12**.

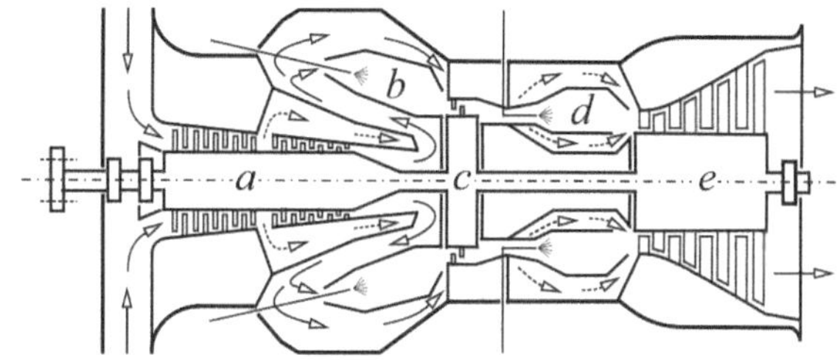

a Verdichter
b HD-Ringbrennkammer
c HD-Gasturbine
d ND-Ringbrennkammer
e ND-Gasturbine

B 4.12 Gasturbinenanlage mit offenem Kreislauf ohne Abwärmenutzung

4

Berechnung des wirklichen Prozesses. Für jeden wirklichen Prozess ist der Verlauf des Vergleichsprozesses festzulegen. Es ist sinnvoll, für den wirklichen Prozess und den Vergleichsprozess als gemeinsame Eckwerte die Zustandspunkte 1 und 3 zu wählen, denn in der Praxis sind der Zustandspunkt 1 durch die Umgebung, der Zustandspunkt 3 mit höchster Temperatur und höchstem Druck durch die Materialbelastung bestimmt (Bilder 4.5 und 4.10). Das Arbeitsfluid hat dann jeweils am Eintritt in Verdichter und Turbine bei dem wirklichen und dem zugehörigen Vergleichsprozess den gleichen Zustand.

Die *Nutzarbeit des wirklichen Gasturbinenprozesses* W_k kann nach dem in Abschn. 4.1.2 beschriebenen Verfahren aus den technischen Arbeiten der Turbine W_{tT} und des Verdichters W_{tV} ermittelt werden (Gl 4.4):

$$W_k = W_{tT} + W_{tV} \qquad \textbf{(Gl 4.20)}$$

Die technische Arbeit der Turbine W_{tT} und des Verdichters W_{tV} sind über die isentropen Maschinenwirkungsgrade ($\eta_{\text{isen T}}$ und $\eta_{\text{isen V}}$) mit der vergleichbaren reversiblen technischen Arbeit der Turbine W_{tT}^{rev} und des Verdichters W_{tV}^{rev} verknüpft. Bei den isentropen Maschinenwirkungsgraden werden Änderungen der kinetischen und potenziellen Energie zwischen Zu- und Abströmzustand vernachlässigt. Technische Arbeit und reversible technische Arbeit sind mit den gleichen Massen (bei Leistungen: Massenströmen) zu berechnen.

Die Differenz zwischen der technischen Arbeit der Turbine W_{tT} bzw. des Verdichters W_{tV} und der jeweiligen reversiblen technischen Vergleichsarbeit W_{tT}^{rev} bzw. W_{tV}^{rev} wird als *Arbeitsverlust* W_{verl} bezeichnet. Beim Verdichter handelt es sich um einen *Arbeitsmehraufwand*. Wir wählen für beide das gleiche Formelzeichen W_{verl}:[1)]

$$W_{T\,verl} = W_{tT} - W_{tT}^{rev} \qquad \textit{Arbeitsverlust bei der Turbine} \qquad \textbf{(Gl 4.21 a)}$$

$$W_{V\,verl} = W_{tV} - W_{tV}^{rev} \qquad \textit{Arbeitsmehraufwand beim Verdichter} \qquad \textbf{(Gl 4.21 b)}$$

Der Zustandsverlauf für die vergleichbaren reversiblen technischen Arbeiten wird anhand der Vergleichsprozesse ermittelt:

Beim *Joule-Prozess* liegt mit den Zustandspunkten 1 und 3 und den Zustandsänderungen (2 Isentropen, 2 Isobaren) der Vergleichsprozess mit den Punkten 1 2′ 3 4′ fest **(B 4.13)**.

[1)] Das Ergebnis für W_{verl} nach Gl 4.21 a/b ergibt sich jeweils als positiver Wert.

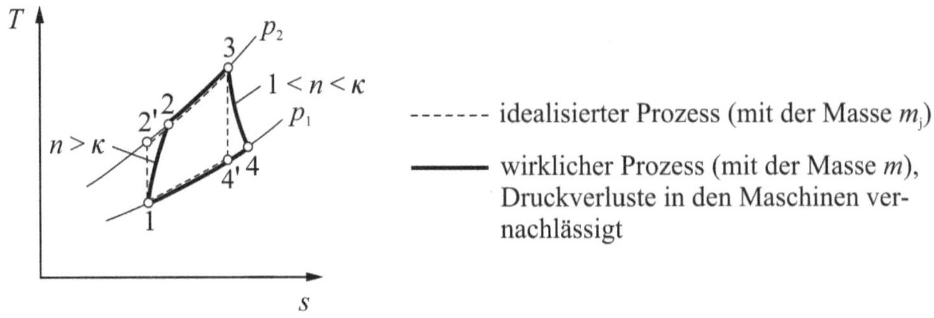

B 4.13 Der wirkliche Joule-Prozess im *T*,*S*-Diagramm

Als Vergleichsarbeiten werden die bei den *isentropen* Zustandsänderungen verrichteten reversiblen technischen Arbeiten zugrunde gelegt. Somit gilt

für den *isentropen Verdichterwirkungsgrad*

$$\eta_{\text{isen V}} = \frac{W_{\text{tV}\,12'}^{\text{rev}}}{W_{\text{tV}\,12}} \tag{Gl 4.22 a}$$

für den *isentropen Turbinenwirkungsgrad*

$$\eta_{\text{isen T}} = \frac{W_{\text{tT}\,34}}{W_{\text{tT}\,34'}^{\text{rev}}} \tag{Gl 4.22 b}$$

in Gl 4.20 eingesetzt:

$$W_{\text{k}} = \eta_{\text{isen T}}\, W_{\text{tT}\,34'}^{\text{rev}} + \frac{W_{\text{tV}\,12'}^{\text{rev}}}{\eta_{\text{isen V}}} \tag{Gl 4.23}$$

Bei mehreren Turbinen und Verdichtern in der Gesamtanlage sind die Terme $\sum \eta_{\text{isen T}}\, W_{\text{tT}}^{\text{rev}}$ und $\sum \frac{W_{\text{tV}}^{\text{rev}}}{\eta_{\text{isen V}}}$ einzusetzen.

Für den *Joule-Prozess* können bei vernachlässigter Änderung der kinetischen und potenziellen Energie und der Annahme adiabater Maschinen die Arbeiten aus der Enthalpie- oder Temperaturdifferenz des Fluids ermittelt werden (Gl 2.13 und Gl 2.45):

$W_{\text{tV}\,12} = H_2 - H_1 = m\, c_{pm}|_{t_1}^{t_2}\, (T_2 - T_1)$ technische Verdichterarbeit

$W_{\text{tV}\,12'}^{\text{rev}} = H_{2'} - H_1 = m\, c_{pm}|_{t_1}^{t_{2'}}\, (T_{2'} - T_1)$ isentrope reversible technische Vergleichsarbeit des Verdichters

$W_{\text{tT}\,34} = H_4 - H_3 = m\, c_{pm}|_{t_3}^{t_4}\, (T_4 - T_3)$ technische Turbinenarbeit

$W_{\text{tT}\,34'}^{\text{rev}} = H_{4'} - H_3 = m\, c_{pm}|_{t_3}^{t_{4'}}\, (T_{4'} - T_3)$ isentrope reversible technische Vergleichsarbeit der Turbine

Die isentropen Wirkungsgrade $\eta_{\text{isen V}}$ und $\eta_{\text{isen T}}$ berücksichtigen sämtliche „inneren“ Verluste, wie z. B. Radreibungsverluste zwischen Laufrad und Fluid, Spaltverluste infolge Rückströmung eines Teilstromes des geförderten Fluids, hydraulische Verluste außerhalb der Laufschaufeln durch Reibung, Strömungsablösung, Stoß.

Bei der Definition der isentropen Wirkungsgrade weichen demnach die Zustandsänderungen für die wirkliche technische Arbeit und die Vergleichsarbeit voneinander ab: Für die Vergleichsarbeiten verlaufen sie isentrop, für die wirklichen technischen Arbeiten infolge der Dissipationsverluste polytrop (B 4.13).

Es werden aber – neben den hier definierten isentropen Wirkungsgraden – auch Wirkungsgrade definiert, die für die reversible technische Arbeit den gleichen Zustandsverlauf wie für die wirkliche technische Arbeit voraussetzen. Diese Wirkungsgrade werden polytrope oder hydraulische Wirkungsgrade genannt. Wir verwenden sie hier nicht.

Der Arbeitsverlust bzw. Arbeitsmehraufwand der adiabaten Maschinen des Joule-Prozesses nach B 4.13 beträgt:

$W_{\text{T verl 34}} = H_4 - H_{4'}$ *Arbeitsverlust einer adiabaten Turbine* **(Gl 4.21 c)**

$W_{\text{V verl 12}} = H_2 - H_{2'}$ *Arbeitsmehraufwand eines adiabaten Verdichters* **(Gl 4.21 d)**

Der Arbeitsverlust bzw. Arbeitsmehraufwand W_{verl} ist - neben der Dissipationsenergie W_{diss} und dem Exergieverlust E_{v} - für den Joule-Prozess im T,S-Diagramm **(B 4.14)** dargestellt.

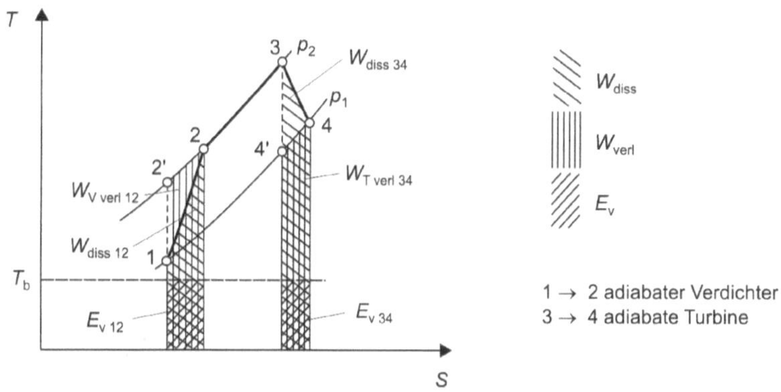

B 4.14 Arbeitsverlust bzw. Arbeitsmehraufwand W_{verl}, Dissipationsenergie W_{diss} und Exergieverlust E_{v} beim Joule-Prozess im T,S-Diagramm

Beim *Ericsson-Prozess* liegen ebenfalls die Zustandspunkte 1 und 3 und die Zustandsänderungen fest. Als Vergleichsarbeiten sind hier die für die reversible isotherme Kompression und Expansion verrichteten technischen Arbeiten anzusetzen.

W_{k} kann – statt aus den Einzelarbeiten – auch aus der zu- und abgeführten Wärme ermittelt werden (Gl 4.5 a oder Gl 4.5 b). Dann ist die dem wirklichen Prozess zugeführte Wärme gleich der dem Vergleichsprozess zugeführten Wärme ($Q_{\text{zu}} = Q_{\text{zu}}^{\text{rev}}$) zu setzen, dagegen wird die abgeführte Wärme des wirklichen Prozesses größer als die des Vergleichsprozesses ($Q_{\text{ab}} > Q_{\text{ab}}^{\text{rev}}$). Wirklicher Prozess und Vergleichsprozess sind dann mit unterschiedlichen Massen zu berechnen (Abschn. 4.1.2 und Bsp. 4.4).

Die *Kupplungsarbeit der Gasturbinenanlage* wird aus der Kupplungsarbeit der Turbine W_{eT} und des Verdichters W_{eV} ermittelt

$$W_{ek} = W_{eT} + W_{eV} \qquad \textbf{(Gl 4.24 a)}$$

$$W_{ek} = \eta_{mT}\, W_{tT} + \frac{W_{tV}}{\eta_{mV}} \qquad \textbf{(Gl 4.24 b)}$$

Darin sind

$$\eta_{mV} = \frac{W_{tV}}{W_{eV}} \quad \textit{mechanischer Verdichterwirkungsgrad} \qquad \textbf{(Gl 4.25 a)}$$

$$\eta_{mT} = \frac{W_{eT}}{W_{tT}} \quad \textit{mechanischer Turbinenwirkungsgrad} \qquad \textbf{(Gl 4.25 b)}$$

Neben den mechanischen Wirkungsgraden der Maschinen kann man auch den mechanischen Wirkungsgrad der Gasturbinenanlage definieren:

$$\eta_{m} = \frac{W_{ek}}{W_{k}} \quad \textit{mechanischer Anlagenwirkungsgrad} \qquad \text{(Gl 4.9 a)}$$

Falls die Gasturbinenanlage in einem Kraftwerk zur Stromerzeugung eingesetzt wird, ergibt sich nach Abzug des Generatorverlustes und des Kraftwerkseigenbedarfs von der Kupplungsleistung die *Kraftwerksnettoleistung* (*Klemmenleistung*) P_{kl}. Setzt man diese zur zugeführten Brennstoffleistung ins Verhältnis, so erhält man den Gesamtwirkungsgrad des Kraftwerks η_{ges} (vgl. Abschn. 5.3.5). Beim Joule-Prozess werden Gesamtwirkungsgrade von $\eta_{ges} = 30\ldots35\,\%$, bei einer Eintrittstemperatur von 1 400 °C auch $\eta_{ges} = 38\,\%$ erreicht.

Beispiel 4.4: In einer offenen Gasturbinenanlage wird ein irreversibler Prozess mit einem Luftmassenstrom von 20 kg/s durchgeführt. Als Vergleichsprozess eignet sich am besten der Joule-Prozess. Umgebungszustand: 1 bar und 20 °C. Es soll vereinfachend mit den Stoffwerten von Luft bei 0 °C und idealem Gasverhalten gerechnet werden. Druckverluste in Rohrleitungen und Wärmeübertragern sowie Änderungen der kinetischen und potenziellen Energien sollen vernachlässigt werden. Prozessverlauf:

1 → 2 Kompression von 1,0 bar und 20 °C auf 8,0 bar in einem adiabaten Verdichter mit einem isentropen Verdichterwirkungsgrad von 80 %,

2 → 3 isobare Erwärmung auf 1 000 °C,

3 → 4 Expansion auf 1,0 bar in einer adiabaten Turbine mit einem isentropen Turbinenwirkungsgrad von 90 %,

4 → 1 isobare Wärmeabfuhr.

Zu skizzieren und zu bestimmen sind:

a) die schematische Darstellung der Prozesse im T,S-Diagramm,

b) die Temperaturen nach der Kompression und der Expansion,

c) die dem Verdichter zugeführte Leistung,

d) die in der Turbine verrichtete Leistung,

e) die Nutzleistung des irreversiblen Prozesses,

f) der zugeführte Wärmestrom,

g) die Nutzleistung des Vergleichsprozesses,

h) der thermische und exergetische Wirkungsgrad des Vergleichsprozesses,

i) der innere Wirkungsgrad des irreversiblen Prozesses,

k) der thermische Wirkungsgrad des irreversiblen Prozesses,

l) der Leistungsverlust der Turbine und der Leistungsmehraufwand des Verdichters sowie deren Darstellung im $T,\dot{S}$-Diagramm.

Lösung:

Zu a): Schematische Darstellung beider Prozesse B 4.13.

Zu b): Temperaturen nach der isentropen Kompression und Expansion (Gl 3.49):

$$T_{2'} = T_1 \left(\frac{p_2}{p_1}\right)^{\frac{\varkappa-1}{\varkappa}} = 293{,}15\,\text{K} \left(\frac{8\,\text{bar}}{1\,\text{bar}}\right)^{\frac{0{,}400}{1{,}400}} = \underline{531{,}026\,\text{K}}$$

$$T_{4'} = T_3 \left(\frac{p_1}{p_2}\right)^{\frac{\varkappa-1}{\varkappa}} = 1\,273{,}15\,\text{K} \left(\frac{1\,\text{bar}}{8\,\text{bar}}\right)^{\frac{0{,}400}{1{,}400}} = \underline{702{,}836\,\text{K}}$$

Die Temperaturen nach den Polytropen werden mithilfe der Wirkungsgrade bestimmt (Gl 4.22 a und Gl 4.22 b):

$$\eta_{\text{isen V}} = \frac{P_{\text{tV}\,12'}^{\text{rev}}}{P_{\text{tV}\,12}} = \frac{\dot{H}_{2'} - \dot{H}_1}{\dot{H}_2 - \dot{H}_1} = \frac{\dot{m}\,c_p\,(T_{2'} - T_1)}{\dot{m}\,c_p\,(T_2 - T_1)}$$

$$T_2 = \frac{T_{2'} - T_1}{\eta_{\text{isen V}}} + T_1 = \frac{531{,}026\,\text{K} - 293{,}15\,\text{K}}{0{,}8} + 293{,}15\,\text{K} = \underline{590{,}495\,\text{K}}$$

$$\eta_{\text{isen T}} = \frac{P_{\text{tT}\,34}}{P_{\text{tT}\,34'}^{\text{rev}}} = \frac{T_4 - T_3}{T_{4'} - T_3}\,; \qquad T_4 = T_3 - (T_3 - T_{4'})\,\eta_{\text{isen T}}$$

$$T_4 = 1\,273{,}15\,\text{K} - (1\,273{,}15\,\text{K} - 702{,}836\,\text{K})\,0{,}90 = \underline{759{,}867\,\text{K}}$$

Dann sind die Celsius-Temperaturen:

$$t_{2'} = 258\,°\text{C}; \qquad t_{4'} = 430\,°\text{C} \quad \text{und} \quad t_2 = 317\,°\text{C}; \qquad t_4 = 487\,°\text{C}.$$

Zu c): Die technische Leistung ist bei adiabaten Maschinen bei vernachlässigter Änderung der kinetischen und potenziellen Energie gleich der Differenz der Enthalpieströme (Gl 2.13 und Gl 2.45)

$$P_{\text{tV}} = P_{\text{tV}\,12} = \dot{H}_2 - \dot{H}_1 = \dot{m}\,c_p\,(T_2 - T_1) = 20\,\frac{\text{kg}}{\text{s}}\,1{,}0043\,\frac{\text{kJ}}{\text{kg K}}\,(590{,}495 - 293{,}15)\,\text{K}$$

$P_{\text{tV}} = \underline{5\,972{,}5\,\text{kW}}$ (im Verdichter zugeführt)

Zu d):

$$P_{\text{tT}} = P_{\text{tT}\,34} = \dot{H}_4 - \dot{H}_3 = \dot{m}\,c_p\,(T_4 - T_3) = 20\,\frac{\text{kg}}{\text{s}}\,1{,}0043\,\frac{\text{kJ}}{\text{kg K}}\,(759{,}867 - 1\,273{,}15)\,\text{K}$$

$P_{\text{tT}} = \underline{-10\,309{,}8\,\text{kW}}$ (in der Turbine abgegeben)

Zu e): Die Nutzleistung des irreversiblen Kreisprozesses ist gleich der Summe der technischen Leistungen der Maschinen (Gl 4.20):

$$P_{\text{k}} = P_{\text{tV}} + P_{\text{tT}} = (5\,972{,}5 - 10\,309{,}8)\,\text{kW} = \underline{-4\,337{,}3\,\text{kW}}$$

Zu f): Dem irreversiblen Kreisprozess wird ein Wärmestrom längs 2…3 zugeführt.

$$\dot{Q}_{\text{zu}} = \dot{Q}_{23} = \dot{m}\, c_p\, (T_3 - T_2) = 20\ \frac{\text{kg}}{\text{s}}\ 1{,}0043\ \frac{\text{kJ}}{\text{kg K}}\ (1\,273{,}15 - 590{,}495)\ \text{K}$$

$$\dot{Q}_{23} = \underline{13\,711{,}8\ \text{kW}}$$

Zu g): Die Bedingung, durch die der irreversible Prozess mit dem Vergleichsprozess (Joule-Prozess) vergleichbar wird, lautet $\dot{Q}_{\text{zu}} = \dot{Q}_{\text{zu}}^{\text{rev}}$. Also ist

$$\dot{Q}_{23} = \dot{Q}_{2'3} = 13\,711{,}8\ \text{kW}$$

Hieraus kann der Massenstrom für den Vergleichsprozess (Joule-Prozess) berechnet werden. Er ist kleiner als der Massenstrom in dem irreversiblen Kreisprozess.

$$\dot{m}_{\text{j}} = \frac{\dot{Q}_{2'3}}{c_p\,(T_3 - T_{2'})} = \frac{13\,711{,}8\ \text{kW}}{1{,}0043\ \dfrac{\text{kJ}}{\text{kg K}}\ (1\,273{,}15 - 531{,}026)\ \text{K}}$$

$$\dot{m}_{\text{j}} = 18{,}397\ \text{kg/s}$$

Nutzleistung des Vergleichsprozesses (Joule-Prozess; Gl 4.11):

$$P_{\text{j}} = -\dot{m}_{\text{j}}\, c_p\, (T_1 - T_{2'} + T_3 - T_{4'})$$

$$P_{\text{j}} = -18{,}397\ \frac{\text{kg}}{\text{s}}\ 1{,}0043\ \frac{\text{kJ}}{\text{kg K}}\ (293{,}15 - 531{,}026 + 1\,273{,}15 - 702{,}836)\ \text{K} = \underline{-6\,142\ \text{kW}}$$

Zu h): Thermischer Wirkungsgrad des Vergleichsprozesses (Gl 3.85):

$$\eta_{\text{th}}^{\text{rev}} = \frac{|P_{\text{k}}^{\text{rev}}|}{\dot{Q}_{\text{zu}}^{\text{rev}}} = \frac{|P_{\text{j}}|}{\dot{Q}_{23}} = \frac{6\,142\ \text{kW}}{13\,711{,}8\ \text{kW}} = \underline{0{,}448}$$

Exergetischer Wirkungsgrad des Vergleichsprozesses (Gl 4.13 a):

$$\zeta^{\text{rev}} = \frac{T_1 - T_{2'} + T_3 - T_{4'}}{T_3 - T_{2'} - T_{\text{b}} \ln \dfrac{T_3}{T_{2'}}} = \frac{293{,}15 - 531{,}026 + 1\,273{,}15 - 702{,}836}{1\,273{,}15 - 531{,}026 - 293{,}15 \ln \dfrac{1\,273{,}15}{531{,}026}} = \underline{0{,}685}$$

Zu i): Innerer Wirkungsgrad des irreversiblen Prozesses (Gl 4.7 a):

$$\eta_{\text{i}} = \frac{P_{\text{k}}}{P_{\text{k}}^{\text{rev}}} = \frac{P_{\text{k}}}{P_{\text{j}}} = \frac{-4\,337{,}3\ \text{kW}}{-6\,142\ \text{kW}} = \underline{0{,}706}$$

Zu k): Thermischer Wirkungsgrad des irreversiblen Prozesses (Gl 3.84):

$$\eta_{\text{th}} = \frac{|P_{\text{k}}|}{Q_{23}} = \frac{4\,337{,}3\ \text{kJ}}{13\,711{,}8\ \text{kJ}} = \underline{0{,}316}$$

Zu l): Leistungsverlust der Turbine (Gl 4.21 c):

$$P_{\text{T verl}} = \dot{W}_{\text{T verl}\,34} = \dot{H}_4 - \dot{H}_{4'} = \dot{m}\, c_p (T_4 - T_{4'})$$

$$P_{\text{T verl}} = 20\ \frac{\text{kg}}{\text{s}}\ 1{,}0043\ \frac{\text{kJ}}{\text{kg K}}\ (759{,}867 - 702{,}836)\ \text{K} = \underline{1\,146\ \text{kW}}$$

Leistungsmehraufwand des Verdichters (Gl 4.21 d):

$$P_{\mathrm{V\,verl}} = \dot{W}_{\mathrm{V\,verl\,1\,2}} = \dot{H}_2 - \dot{H}_{2'} = \dot{m}\, c_p (T_2 - T_{2'})$$

$$P_{\mathrm{V\,verl}} = 20\,\frac{\mathrm{kg}}{\mathrm{s}}\;1{,}0043\,\frac{\mathrm{kJ}}{\mathrm{kg\,K}}\;(590{,}495 - 531{,}026)\,\mathrm{K} = \underline{1\,194\,\mathrm{kW}}$$

$P_{\mathrm{T\,verl}}$ und $P_{\mathrm{V\,verl}}$ im *T,Ṡ-Diagramm*: Wie B 4.14, jedoch mit $\dot{S}$ (statt S), $P_{\mathrm{T\,verl}}$ (statt $W_{\mathrm{T\,verl\,3\,4}}$) und $P_{\mathrm{V\,verl}}$ (statt $W_{\mathrm{V\,verl\,1\,2}}$).

Aufgabe 4.4: In einer offenen Gasturbinenanlage wird ein Luftmassenstrom von 300 000 kg/h mit 1 bar, 20 °C angesaugt, der in einem adiabaten Verdichter irreversibel auf 7 bar verdichtet wird; Verdichtungsendtemperatur 260 °C. Danach wird die Luft in der Brennkammer isobar auf 900 °C erwärmt. In der nachfolgenden adiabaten Turbine wird die Luft irreversibel auf 1 bar, 450 °C entspannt. Druckverluste in den Rohrleitungen sowie Änderungen der kinetischen und der potenziellen Energien sollen vernachlässigt werden. Als Vergleichsprozess eignet sich am besten der Joule-Prozess. Der Prozess soll vereinfachend mit den Stoffwerten von Luft bei 0 °C und idealem Gasverhalten berechnet werden. 4

Es sind zu ermitteln:

a) die Nutzleistung der Gasturbinenanlage,

b) der innere Wirkungsgrad des irreversiblen Prozesses.

Aufgabe 4.5: In einer offenen Gasturbinenanlage werden 50 kg/s Luft von 1 bar, 20 °C angesaugt und in einem gekühlten Verdichter mit einem isothermen Wirkungsgrad von 0,87 auf 10 bar verdichtet, Verdichtungstemperatur 100 °C.

Anschließend wird die Luft in einem Wärmeübertrager durch das Turbinenabgas auf 300 °C vorgewärmt, danach in der Brennkammer auf 1 000 °C erhitzt und dann in der adiabaten Turbine mit einem isentropen Turbinenwirkungsgrad von 0,90 auf 1 bar entspannt.

Der mechanische Wirkungsgrad der Anlage beträgt 0,98, der Generatorwirkungsgrad 0,99. Der Prozess ist bei Annahme idealen Gasverhaltens mit Luft (c_p, c_v bei 0 °C) zu rechnen, Massen- und Stoffänderungen in der Brennkammer sollen vernachlässigt werden, ebenso Druckverluste in den Rohrleitungen und Wärmeübertragern sowie Änderungen der kinetischen und potenziellen Energie.

Es sind zu ermitteln:

a) die technische Verdichterleistung,

b) die technische Turbinenleistung,

c) die Generatorleistung,

d) der Gesamtwirkungsgrad (Eigenbedarf vernachlässigt).

4.3 Kreisprozess des Heißgasmotors

4.3.1 Arbeitsprinzip des Heißgasmotors

Im Heißgasmotor durchläuft ein Gas innerhalb eines Zylinders einen Kreisprozess, indem es durch einen Verdrängerkolben hin- und herbewegt wird. Dabei wird im Wechsel Wärme bei hoher Temperatur zu- und bei niedriger Temperatur abgeführt sowie Arbeit an einen

Arbeitskolben abgegeben. Es handelt sich somit um einen Wärmekraftmaschinenprozess in einem geschlossenen System.

Der Motor wurde von Stirling[1)] schon vor der Erfindung des Otto- oder Diesel-Motors vorgeschlagen.

4.3.2 Stirling-Prozess als Vergleichsprozess des Heißgasmotors

Ein Prozess mit isothermer Kompression und Expansion und isochorer Wärmeübertragung im Inneren heißt Stirling-Prozess (**B 4.15** und **B 4.16**).

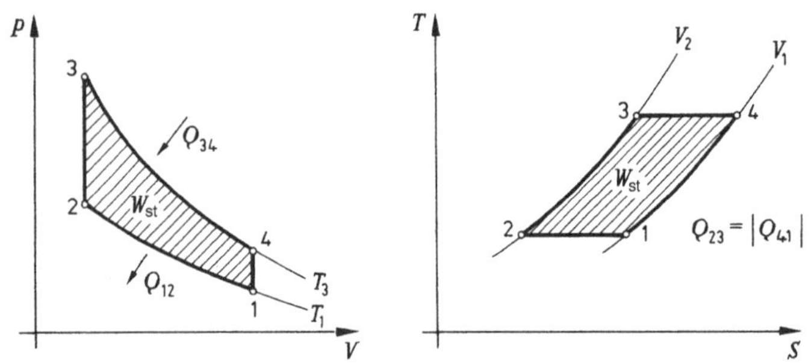

B 4.15 Stirling-Prozess im p,V- und T,S-Diagramm

Prozessverlauf:

1 → 2 Isotherme Kompression; Wärmeabfuhr nach außen, Arbeitszufuhr vom Arbeitskolben.

2 → 3 Isochore innere Wärmezufuhr von einem Regenerator (Verdrängerkolben), der vorher erwärmt wurde.[2)]

3 → 4 Isotherme Expansion; Wärmezufuhr von außen, Arbeitsabfuhr an den Arbeitskolben.

4 → 1 Isochore innere Wärmeabfuhr an den Regenerator (Verdrängerkolben), der sich dabei erwärmt.

Die Arbeit wird als Summe der von außen zu- und abgeführten Wärme ermittelt (Gl 3.82):

$$|W_{st}| = -W_{st} = Q_{34} + Q_{12} = m\,R_i\,T_3 \ln \frac{V_4}{V_3} + m\,R_i\,T_1 \ln \frac{V_2}{V_1}$$

[1)] *Robert Stirling*, (1790–1878), Geistlicher und Minister in Schottland, meldete 1816 ein Patent für einen Heißluftmotor an.

[2)] Erläuterung des Begriffes *Regenerator* in Abschn. 8.6.

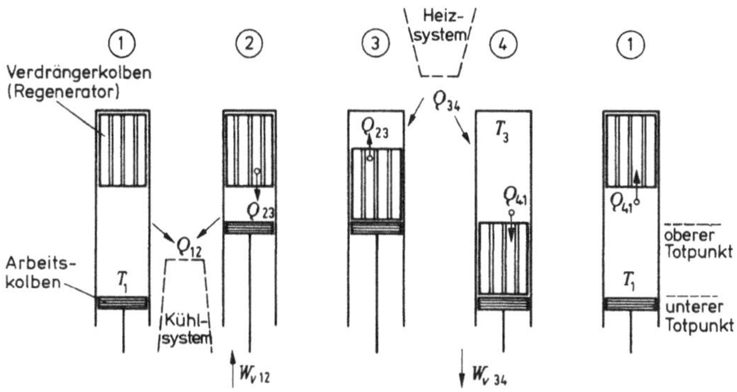

Vorgang	Zustandsänderung	Arbeitskolben	Verdrängerkolben
1 → 2	$T_1 = \text{const}$	bewegt sich aufwärts	bleibt stehen
2 → 3	$V_2 = \text{const}$	bleibt stehen	bewegt sich abwärts
3 → 4	$T_3 = \text{const}$	bewegt sich abwärts	abwärts mit Arbeitskolben
4 → 1	$V_1 = \text{const}$	bleibt stehen	bewegt sich aufwärts

B 4.16 Vorgänge im Philips-Stirling-Motor

Mit $V_4 = V_1$ und $V_3 = V_2$ sowie dem bei Kolbenmaschinen gebräuchlichen *Verdichtungsverhältnis*

$$\varepsilon = \frac{V_1}{V_2} \qquad \textbf{(Gl 4.26)}$$

erhält man als *Nutzarbeit des Stirling-Prozesses*

$$|W_{st}| = -W_{st} = m\,R_i\,(T_3 - T_1)\ln\varepsilon \qquad \textbf{(Gl 4.27)}$$

Die Arbeit errechnet sich wie beim Ericsson-Prozess (Gl 4.16). Entsprechend gilt auch für den *thermischen Wirkungsgrad des Stirling-Prozesses*:

$$\eta_{th}^{rev} = 1 - \frac{T_1}{T_3} \qquad \text{(Gl 4.17)}$$

und den *exergetischen Wirkungsgrad des Stirling-Prozesses*:

$$\zeta^{rev} = \frac{T_3 - T_1}{T_3 - T_b} \qquad \text{(Gl 4.18)}$$

Beim Stirling-Prozess werden, wie beim Ericsson-Prozess, für η_{th}^{rev} und ζ^{rev} die gleichen Werte wie beim Carnot-Prozess, also die bestmöglichen, erreicht.

Das *Arbeitsverhältnis des Stirling-Prozesses* ist (Gl 4.3 a):

$$r_v = \frac{W_{st}}{W_{v\,3\,4}}$$

Mit $W_{v\,34} = -Q_{34}$ (Gl 3.44) und $\eta_{th}^{rev} = \dfrac{W_{st}}{-Q_{34}}$ (Gl 3.85)

ergibt sich:

$$r_v = \eta_{th}^{rev} = 1 - \frac{T_1}{T_3} \qquad \textbf{(Gl 4.28)}$$

Beim Stirling-Prozess hat das Arbeitsverhältnis r_v wie beim Ericsson-Prozess den gleichen Wert wie der thermische Wirkungsgrad und erhöht sich mit ihm.

4.3.3 Der wirkliche Prozess im Heißgasmotor

Die dem Stirling-Prozess entsprechenden Zustandsänderungen werden näherungsweise in einem von Philips entwickelten Motor verwirklicht (B 4.16).

Die innere Wärmeübertragung erfolgt regenerativ, indem das Gas die Wärme Q_{41} an den Verdrängerkolben bei dessen Aufwärtsbewegung ($4 \rightarrow 1$) abgibt, der später bei seiner Abwärtsbewegung ($2 \rightarrow 3$) diese gespeicherte Energie dem Gas als Wärme Q_{23} ($= |Q_{41}|$) wieder zuführt.

Der Zylinder wird im oberen Teil beheizt, wobei die Wärme Q_{34} von außen zugeführt wird, sodass die Expansion $3 \rightarrow 4$ (Abwärtsbewegung des Arbeitskolbens) näherungsweise bei konstanter Temperatur T_3 erfolgt. Der Zylinder wird im unteren Teil gekühlt, wobei die Wärme Q_{12} an die Umgebung abgeführt wird, sodass die Kompression $1 \rightarrow 2$ (Aufwärtsbewegung des Arbeitskolbens) näherungsweise bei konstanter Temperatur T_1 erfolgt.

Infolge der Wärmezufuhr von außen sind beliebige Energiequellen denkbar. Auch bei Verwendung von Brennstoff ist durch günstige Brennraumgestaltung eine erhebliche Minderung der Schadstoffmengen gegenüber den gebräuchlichen Verbrennungsmotoren möglich, sodass der Heißgasmotor die Umweltbelastung verringern könnte.

Der Motor kann mit beliebigen Gasen betrieben werden, verwendet wird neben Luft auch Wasserstoff oder Helium. Der Stirling-Motor konnte sich jedoch wegen technischer Schwierigkeiten und hoher Herstellungskosten bislang nicht durchsetzen.

Beispiel 4.5: In einem Stirling-Motor, Drehzahl 3 000 $\frac{1}{\text{min}}$, befinden sich im kalten Zylinderteil 2 *l* Luft bei 1 bar, 50 °C. Die Luft wird durch den Arbeitskolben auf 0,3 *l* verdichtet und anschließend durch den Verdrängerkolben regenerativ auf 700 °C erwärmt.

Die Luft soll als ideales Gas, ihre spezifische Wärmekapazität bei 0 °C als konstanter Wert angesetzt werden. Umgebungstemperatur 20 °C.

Für den Vergleichsprozess sind zu ermitteln:

a) die Nutzleistung des Stirling-Prozesses,

b) der thermische Wirkungsgrad,

c) der exergetische Wirkungsgrad,

d) das Arbeitsverhältnis.

Lösung:

Zu a): Bewegte Masse im Zylinder (Gl 1.16):

$$\dot{m} = \frac{p_1\,\dot{V}_1}{R_l\,T_1} = \frac{10^5\,\text{N}\,2\cdot 10^{-3}\,\text{m}^3\,3\,000\,\text{min kg K}}{\text{m}^2\,\text{min}\,60\,\text{s}\,287{,}1\,\text{J}\,323{,}15\,\text{K}} = 0{,}108\,\frac{\text{kg}}{\text{s}}$$

Verdichtungsverhältnis (Gl 4.26):

$$\varepsilon = \frac{V_1}{V_2} = \frac{2\,l}{0{,}3\,l} = 6{,}67$$

Nutzleistung des Stirling-Prozesses (Gl 4.27):

$$P_{st} = -\dot{m}\,R_l\,(T_3 - T_1)\ln\varepsilon = -0{,}108\,\frac{\text{kg}}{\text{s}}\,0{,}2871\,\frac{\text{kJ}}{\text{kg K}}\,(973{,}15 - 323{,}15)\,\text{K}\ln 6{,}67$$

$$P_{st} = \underline{-38{,}2\,\text{kW}}$$

Zu b): Thermischer Wirkungsgrad (Gl 4.17):

$$\eta_{th}^{rev} = 1 - \frac{T_1}{T_3} = 1 - \frac{323{,}15\,\text{K}}{973{,}15\,\text{K}} = \underline{0{,}668}$$

Zu c): Exergetischer Wirkungsgrad (Gl 4.18):

$$\zeta^{rev} = \frac{T_3 - T_1}{T_3 - T_b} = \frac{(973{,}15 - 323{,}15)\,\text{K}}{(973{,}15 - 293{,}15)\,\text{K}} = \underline{0{,}956}$$

Zu d): Arbeitsverhältnis (Gl 4.28):

$$r_v = \eta_{th}^{rev} = \underline{0{,}668}$$

Aufgabe 4.6: Für den Vergleichsprozess des Stirling-Motors nach Bsp. 4.5 sind zu ermitteln:

a) der von außen zuzuführende Wärmestrom,

b) der nach außen abzuführende Wärmestrom,

c) der vom Verdrängerkolben regenerativ übertragene Wärmestrom.

4.4 Kreisprozesse der Verbrennungsmotoren

4.4.1 Übertragung des Arbeitsprinzips der Motoren in einen Kreisprozess

Sehr bedeutungsvolle Verbrennungskraftanlagen sind die Verbrennungsmotoren, in denen die chemische Energie eines Brennstoffes durch Verbrennung in einer Kolbenmaschine in mechanische Arbeit umgewandelt wird. Die Verbrennungsmotoren stellen somit offene Systeme mit innerer Wärmezufuhr dar.

Um ihre Arbeitsweise als Kreisprozess darstellen zu können, müssen wir, wie vorn gezeigt, die innere Wärmezufuhr durch eine solche von außen und außerdem das Ausstoßen der heißen Abgase und das Ansaugen der frischen Gase durch eine Wärmeabfuhr ersetzen. Dabei wird mit Luft als Arbeitsfluid gerechnet und damit die Veränderung der Gaszusammensetzung vernachlässigt.

Durch unterschiedlichen Ladungswechsel sind das Zweitakt- und das Viertaktverfahren möglich. Beim ersteren Verfahren kommt auf jede Kurbelumdrehung ein Arbeitshub, beim letzteren dagegen auf jede zweite. Auf die Besonderheiten des Ladungswechsels wird hier nicht näher eingegangen.

Durch unterschiedliche Art der Verbrennung und damit der Wärmezufuhr sind verschiedene Motorarten möglich, der Otto-, der Diesel- und der Seiliger-Motor. Bei der Untersuchung dieser Prozesse gehen wir besonders auf den Otto-Prozess ein, um den Unterschied zu den Gasturbinen zu zeigen. Bei der Untersuchung der beiden anderen Prozesse machen wir nur auf ihre Besonderheiten aufmerksam und bestimmen den thermischen Wirkungsgrad.

4.4.2 Otto-Prozess[1] als Vergleichsprozess des Verbrennungsmotors (Gleichraumprozess)

Ein Prozess mit zwei Isentropen und zwei Isochoren heißt Gleichraumprozess, der im Otto-Motor näherungsweise verwirklicht wird.

Prozessverlauf (**B 4.17**):

1 → 2 Isentrope Kompression der Luft, die die Kompression des Gemisches ersetzt.

2 → 3 Isochore Drucksteigerung durch Wärmezufuhr. Sie ersetzt die nach der Fremdzündung des brennbaren Gemisches sehr schnell erfolgende Verbrennung.

3 → 4 Isentrope Expansion der Luft. Sie ersetzt die Expansion der Verbrennungsgase.

4 → 1 Isochore Druckminderung durch Wärmeabfuhr. Sie ersetzt das Ausstoßen der heißen Abgase und das Ansaugen des frischen Gemisches.

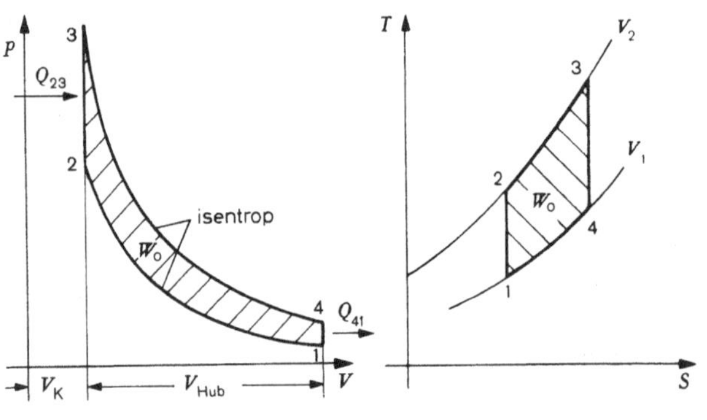

B 4.17 Otto-Prozess im p,V- und im T,S-Diagramm

[1] *Nikolaus Otto* (1832–1891), deutscher Ingenieur, verwirklichte 1876 in Köln das Viertaktverfahren in einem Gasmotor.

Die *Nutzarbeit des Otto-Prozesses* wird als Summe der zu- und abgeführten Wärme berechnet (Gl 3.82):

$$|W_o| = -W_o = Q_{23} + Q_{41}$$

$$|W_o| = -W_o = m\, c_{vm}|_{t_2}^{t_3}\, (T_3 - T_2) + m\, c_{vm}|_{t_1}^{t_4}\, (T_1 - T_4)$$

Mit $c_{vm} = \text{const}$ (vereinfachend, vgl. Erläuterung vor Gl 4.11):

$$|W_o| = -W_o = m\, c_{vm}\, (T_1 - T_2 + T_3 - T_4) \qquad \textbf{(Gl 4.29)}$$

4

Wir hatten als Verdichtungsverhältnis

$$\varepsilon = \frac{V_1}{V_2} = \frac{\text{Volumen vor Kompression}}{\text{Volumen nach Kompression}} \qquad \text{(Gl 4.26)}$$

bezeichnet (Abschn. 4.3.2). Mit V_{Hub} = Hubvolumen, V_K = Kompressionsvolumen erhält man:

$$\varepsilon = \frac{V_1}{V_2} = \frac{V_{\text{Hub}} + V_K}{V_K}$$

Der *thermische Wirkungsgrad des Otto-Prozesses* (Gl 3.85) kann in Abhängigkeit von diesem Verdichtungsverhältnis angegeben werden:[1)]

$$\eta_{\text{th}}^{\text{rev}} = \frac{|W_o|}{Q_{23}} = 1 + \frac{Q_{41}}{Q_{23}} = 1 + \frac{m\, c_{vm}|_{t_1}^{t_4}\, (T_1 - T_4)}{m\, c_{vm}|_{t_2}^{t_3}\, (T_3 - T_2)}$$

Mit $c_{vm} = \text{const}$ folgt daraus

$$\eta_{\text{th}}^{\text{rev}} = 1 - \frac{T_4 - T_1}{T_3 - T_2}$$

Die Punkte 1 und 2 sowie 3 und 4 sind durch Isentropen zwischen den gleichen Volumen verbunden, daher ist, mit Gl 3.49 und Gl 4.26

$$\left(\frac{V_1}{V_2}\right)^{\varkappa-1} = \varepsilon^{\varkappa-1} = \frac{T_3}{T_4} = \frac{T_2}{T_1}\,; \qquad T_4 = T_3\, \frac{T_1}{T_2}$$

$$\eta_{\text{th}}^{\text{rev}} = 1 - \frac{T_1}{T_2} = 1 - \frac{1}{\varepsilon^{\varkappa-1}} \qquad \textbf{(Gl 4.30)}$$

Der thermische Wirkungsgrad des Otto-Prozesses $\eta_{\text{th}}^{\text{rev}}$ (Gl 4.30) hängt bei konstantem $\varkappa$ nur vom Temperaturverhältnis bei der isentropen Kompression oder Expansion ab. Dieses Verhältnis kann auch durch das Druck- bzw. das Verdichtungsverhältnis ε ausgedrückt werden. Je höher verdichtet wird, umso größer wird der thermische Wirkungsgrad. Bei konstantem $\varkappa$ ist $\eta_{\text{th}}^{\text{rev}}$ eine eindeutige Funktion von ε (**B 4.18**). Das größtmögliche Verdichtungsverhältnis ist durch die Gefahr der Selbstentzündung des angesaugten brennbaren Gemisches, auch Klopfen genannt, begrenzt.

[1)] Zur Bezeichnung der Wirkungsgrade bei Verbrennungsmotoren (DIN 1940) s. Ausführungen vor Gl 4.8b.

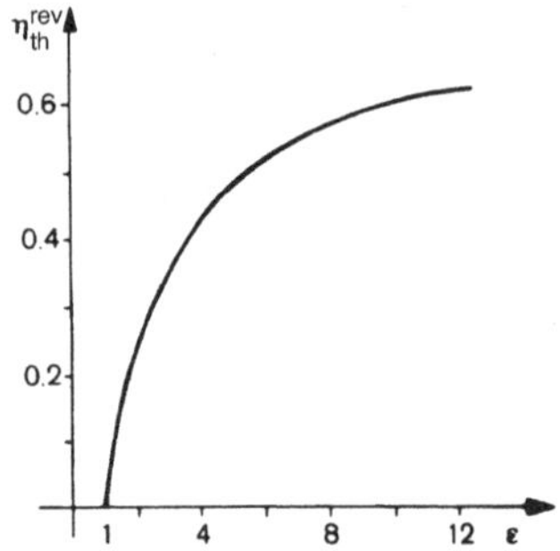

B 4.18 Der thermische Wirkungsgrad des Otto-Prozesses für $\varkappa = 1{,}4$

Der *exergetische Wirkungsgrad des Otto-Prozesses* wird aus (Gl 4.1 b) abgeleitet. Die Ableitung ergibt einen ähnlichen Zusammenhang wie beim Joule-Prozess (Abschn. 4.2.2), lediglich erscheint statt der isobaren spezifischen Wärmekapazität c_{pm} die isochore c_{vm}. Bei konstanter spezifischer Wärmekapazität fällt diese aus den Gleichungen heraus und wir erhalten auch für den Otto-Prozess die schon für den Joule-Prozess abgeleitete Gl:

$$\zeta^{rev} = \frac{T_1 - T_2 + T_3 - T_4}{T_3 - T_2 - T_b \ln \dfrac{T_3}{T_2}} = \frac{\eta_{th}^{rev}}{1 - \dfrac{T_b}{T_3 - T_2} \ln \dfrac{T_3}{T_2}} \qquad \text{(Gl 4.13 a/b)}$$

Die aus dieser Gleichung zu ziehenden Folgerungen wurden bereits besprochen (Abschnitt 4.2.2).

Das *Arbeitsverhältnis des Otto-Prozesses* (Gl 4.3 a) ist

$$r_v = \frac{W_o}{W_{v\,34}}$$

Darin ist:

$$W_{v\,34} = \frac{m\,R_i}{\varkappa - 1}\,(T_4 - T_3) \qquad \text{(Gl 3.53)}$$

Mit $c_v\,(\varkappa - 1) = R_i$ wird daraus $W_{v\,34} = m\,c_{vm}|_{t_3}^{t_4}\,(T_4 - T_3)$. Für $c_{vm} = \text{const}$ ist

$$r_v = \frac{-(T_1 - T_2 + T_3 - T_4)}{T_4 - T_3}$$

$$r_v = 1 - \frac{T_2 - T_1}{T_3 - T_4} \qquad \textbf{(Gl 4.31 a)}$$

Wir stellen Gl 4.31 a um:

$$r_v = 1 - \frac{T_1\left(\dfrac{T_2}{T_1} - 1\right)}{T_4\left(\dfrac{T_3}{T_4} - 1\right)} = 1 - \frac{T_1}{T_4}$$

Die Punkte 1 und 2 sowie 3 und 4 sind durch Isentropen zwischen den gleichen Volumen verbunden, daher ist mit Gl 3.49 und Gl 4.26

$$\frac{T_3}{T_4} = \frac{T_2}{T_1}$$

$$r_v = 1 - \frac{T_2}{T_3} \qquad \textbf{(Gl 4.31 b)}$$

Das Arbeitsverhältnis des Otto-Prozesses berechnet sich nach der gleichen Formel wie das Arbeitsverhältnis des Joule-Prozesses (Gl 4.14). Wie dort erläutert wird das Arbeitsverhältnis mit wachsendem Temperaturverhältnis T_2/T_1 und damit auch steigendem Druck p_2/p_1 und steigendem Wirkungsgrad η_{th}^{rev} kleiner.

Beispiel 4.6: Der Vergleichsprozess eines Otto-Motors mit dem Verdichtungsverhältnis $\varepsilon = 10$, einem Anfangszustand $T_1 = 343$ K, $p_1 = 1$ bar, einer höchsten Temperatur $T_3 = 1\,973$ K, ist mit Luft unter Annahme idealen Gasverhaltens bei konstanter spezifischer Wärmekapazität und $\varkappa = 1{,}4$ zu berechnen.

Zu bestimmen sind:

a) Druck und Temperatur für die vier Endpunkte der Zustandsänderungen,

b) der thermische Wirkungsgrad η_{th}^{rev},

c) der exergetische Wirkungsgrad ζ^{rev} bei einer Umgebungstemperatur $t_b = 20$ °C,

d) das Arbeitsverhältnis r_v.

Lösung:

Zu a): Für die isentrope Zustandsänderung 1 → 2 gilt (Gl 3.47 und Gl 3.49):

$$\frac{p_2}{p_1} = \varepsilon^{\varkappa} = 10^{\varkappa} = 25{,}12; \qquad p_2 = 25{,}12\,p_1 = \underline{25{,}12 \text{ bar}}$$

$$\frac{T_2}{T_1} = \varepsilon^{\varkappa-1} = 10^{\varkappa-1} = 2{,}512; \qquad T_2 = 2{,}512 \cdot T_1 = 2{,}512 \cdot 343 \text{ K} = \underline{862 \text{ K}}$$

Für die isochore Zustandsänderung 2 → 3 gilt (Gl 3.20):

$$\frac{p_3}{p_2} = \frac{T_3}{T_2} = \frac{1\,973 \text{ K}}{862 \text{ K}} = 2{,}29; \qquad p_3 = 2{,}29 \cdot p_2 = 2{,}29 \cdot 25{,}12 \text{ bar} = \underline{57{,}52 \text{ bar}}$$

Für die isentrope Zustandsänderung 3 → 4 gilt (Gl 3.47 und Gl 3.49):

$$\frac{p_3}{p_4} = \varepsilon^{\varkappa} = 25{,}12; \qquad p_4 = \frac{p_3}{25{,}12} = \frac{57{,}52 \text{ bar}}{25{,}12} = \underline{2{,}29 \text{ bar}}$$

$$\frac{T_3}{T_4} = \varepsilon^{\varkappa-1} = 2{,}512; \qquad T_4 = \frac{T_3}{2{,}512} = \frac{1\,973 \text{ K}}{2{,}512} = \underline{785 \text{ K}}$$

Zu b): Der thermische Wirkungsgrad ist (Gl 4.30):

$$\eta_{th}^{rev} = 1 - \frac{T_1}{T_2} = 1 - \frac{343 \text{ K}}{862 \text{ K}} = 1 - 0{,}398 = \underline{0{,}602}$$

Zu c): Der exergetische Wirkungsgrad ist (Gl 4.13 a)

$$\zeta^{rev} = \frac{T_1 - T_2 + T_3 - T_4}{T_3 - T_2 - T_b \ln\left(\frac{T_3}{T_2}\right)} = \frac{343 \text{ K} - 862 \text{ K} + 1\,973 \text{ K} - 785 \text{ K}}{1\,973 \text{ K} - 862 \text{ K} - 293 \text{ K} \ln\left(\frac{1\,973}{862}\right)} = \underline{0{,}770}$$

Zu d): Das Arbeitsverhältnis ist (Gl 4.31 a)

$$r_v = 1 - \frac{T_2 - T_1}{T_3 - T_4}$$

$$r_v = 1 - \frac{862\,\text{K} - 343\,\text{K}}{1\,973\,\text{K} - 785\,\text{K}} = \underline{0{,}563}$$

Im Vergleich zum Joule-Prozess (Bsp. 4.1) erkennt man, dass die Bewertungszahlen beim Otto-Prozess größer sind als beim Joule-Prozess, der allerdings eine kleinere Höchsttemperatur hat. Beim Ericsson-Prozess (Bsp. 4.3) liegen die Bewertungszahlen trotz der kleineren Höchsttemperatur höher als beim Otto-Prozess.

Aufgabe 4.7: In einem Otto-Motor befindet sich nach dem Ansaugen Luft von 30 °C. Für den Vergleichsprozess ist nach der Kompression eine Temperatur von 490 °C zulässig. Wie groß ist das Verdichtungsverhältnis ε, bei dem diese Temperatur erreicht wird? Als Arbeitsfluid soll Luft unter Annahme idealen Gasverhaltens bei konstanter spezifischer Wärmekapazität und $\varkappa = 1{,}4$ zugrunde gelegt werden.

4.4.3 Diesel-Prozess[1] als Vergleichsprozess des Verbrennungsmotors (Gleichdruckprozess)

Ein Prozess mit zwei Isentropen, einer isobaren Expansion und einer isochoren Druckminderung heißt Gleichdruckprozess, der seinen Namen von der bei konstantem Druck erfolgenden Wärmezufuhr[2] erhalten hat und der im Diesel-Motor näherungsweise verwirklicht wird **(B 4.19)**. Im Gegensatz zum Otto-Motor wird Luft verdichtet und dann Brennstoff eingespritzt[3], der sich selbst entzündet.

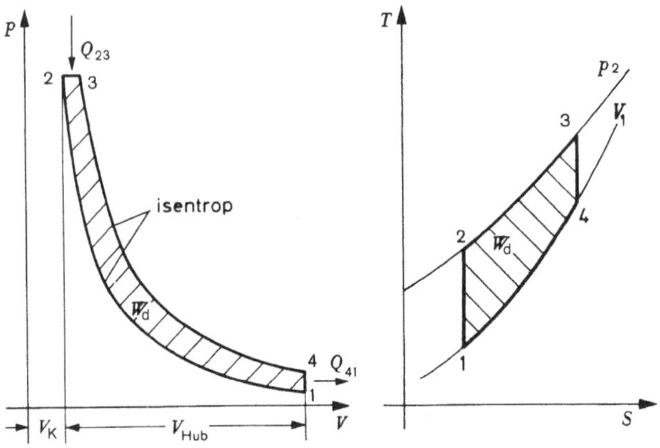

B 4.19 Diesel-Prozess im p,V- und im T,S-Diagramm

[1] *Rudolf Diesel* (1858–1913), deutscher Ingenieur. Er entwickelte in Augsburg einen Schwerölmotor (Diesel-Motor).

[2] Da sich der Kolben während der relativ langsam ablaufenden Verbrennung (Wärmezufuhr) weiterbewegt, wird der Druckanstieg infolge Wärmezufuhr kompensiert durch die Druckabnahme infolge Expansion.

[3] Bei modernen Dieselmotoren wird der Kraftstoff nach dem Schließen des Einlassventils in mehreren Einspritzungen (Vor-, Haupt-, Nacheinspritzung) in den Zylinder eingebracht. Ein oder zwei Voreinspritzungen in der Kompressionsphase sorgen für eine Vorkonditionierung des Brennraums, eine Verkürzung des Zündverzugs und für einen langsameren Druckanstieg bei der Haupteinspritzung. Dies führt zu einer deutlichen Reduzierung des Verbrennungsgeräusches. Eine Nacheinspritzung in der späten oder nach der Verbrennungsphase kann eine Rußnachoxidation bewirken.

Die *Nutzarbeit des Diesel-Prozesses* wird als Summe der zu- und abgeführten Wärme berechnet (Gl 3.82)

$$|W_\mathrm{d}| = -W_\mathrm{d} = Q_{23} + Q_{41} = m\,\varkappa\,c_{v\mathrm{m}}|_{t_2}^{t_3}\,(T_3 - T_2) + m\,c_{v\mathrm{m}}|_{t_1}^{t_4}\,(T_1 - T_4)$$

Für $c_{v\mathrm{m}} = \mathrm{const}$ (vereinfachend, vgl. Erläuterung vor Gl 4.11):

$$|W_\mathrm{d}| = -W_\mathrm{d} = m\,c_{v\mathrm{m}}\,(T_1 - \varkappa\,T_2 + \varkappa\,T_3 - T_4) \qquad \textbf{(Gl 4.32)}$$

Für $c_{v\mathrm{m}}$ kann auch $\dfrac{R_\mathrm{i}}{(\varkappa - 1)}$ eingesetzt werden.

4

Da durch das schon beim Stirling-Prozess definierte Verdichtungsverhältnis $\varepsilon = V_1/V_2$ der Prozess noch nicht eindeutig festgelegt ist, wird eine weitere Größe, das *Einspritzverhältnis* φ, eingeführt.

$$\varphi = \frac{V_3}{V_2} = \frac{T_3}{T_2} \qquad \textbf{(Gl 4.33)}$$

Thermischer Wirkungsgrad des Diesel-Prozesses (Gl 3.85):

$$\eta_\mathrm{th}^\mathrm{rev} = \frac{|W_\mathrm{d}|}{Q_{23}} = 1 + \frac{Q_{41}}{Q_{23}}$$

$$\eta_\mathrm{th}^\mathrm{rev} = 1 + \frac{m\,c_{v\mathrm{m}}|_{t_1}^{t_4}\,(T_1 - T_4)}{m\,\varkappa\,c_{v\mathrm{m}}|_{t_2}^{t_3}\,(T_3 - T_2)}\,; \quad \text{mit} \quad c_{v\mathrm{m}} = \text{const folgt daraus:}$$

$$\eta_\mathrm{th}^\mathrm{rev} = 1 - \frac{T_4 - T_1}{\varkappa\,(T_3 - T_2)}$$

Für die isobare Zustandsänderung 2 → 3 ist $\varphi = \dfrac{V_3}{V_2} = \dfrac{T_3}{T_2}$; $T_3 = \varphi\,T_2$

Für die isentrope Zustandsänderung 3 → 4 ist (Gl 3.49)

$$\frac{T_4}{T_3} = \left(\frac{V_3}{V_4}\right)^{\varkappa-1} = \left(\frac{V_3}{V_2}\,\frac{V_2}{V_4}\right)^{\varkappa-1} = \varphi^{\varkappa-1}\,\frac{T_1}{T_2}\,; \quad T_4 = \varphi\,T_2\,\varphi^{\varkappa-1}\,\frac{T_1}{T_2}\,; \quad T_4 = \varphi^{\varkappa}\,T_1$$

Die Temperaturen T_3 und T_4 werden in die Gleichung für $\eta_\mathrm{th}^\mathrm{rev}$ eingesetzt.

$$\eta_\mathrm{th}^\mathrm{rev} = 1 - \frac{\varphi^{\varkappa}\,T_1 - T_1}{\varkappa\,(\varphi\,T_2 - T_2)}$$

$$\eta_\mathrm{th}^\mathrm{rev} = 1 - \frac{T_1}{T_2}\,\frac{\varphi^{\varkappa} - 1}{\varkappa\,(\varphi - 1)} = 1 - \frac{1}{\varepsilon^{\varkappa-1}}\,\frac{\varphi^{\varkappa} - 1}{\varkappa\,(\varphi - 1)} \qquad \textbf{(Gl 4.34)}$$

Für den *exergetischen Wirkungsgrad des Diesel-Prozesses* lässt sich ableiten

$$\zeta^\mathrm{rev} = \frac{\eta_\mathrm{th}^\mathrm{rev}}{1 - \dfrac{T_\mathrm{b}}{T_1}\,\dfrac{\ln\varphi}{\varepsilon^{\varkappa-1}\,(\varphi - 1)}} \qquad \textbf{(Gl 4.35)}$$

und für das *Arbeitsverhältnis des Diesel-Prozesses*

$$r_v = 1 - \frac{\varepsilon^{\varkappa-1} - 1}{\varepsilon^{\varkappa-1}[\varkappa \cdot (\varphi - 1) + 1] - \varphi^{\varkappa}} \qquad \textbf{(Gl 4.36)}$$

Der thermische Wirkungsgrad des Diesel-Prozesses η_{th}^{rev} ist nicht nur vom Verdichtungsverhältnis ε, sondern auch vom Einspritzverhältnis φ abhängig. Der thermische Wirkungsgrad steigt mit wachsendem Verdichtungsverhältnis, aber mit fallendem Einspritzverhältnis, ist also bei kleiner Wärmezufuhr größer.

Rudolf Diesel erfand diesen Motor. Diese Erfindung ist eine der bedeutendsten Ingenieurleistungen, denn der Motor wurde in seinen thermodynamischen Voraussetzungen berechnet und aus den theoretischen Überlegungen in die Praxis umgesetzt.

Beispiel 4.7: Der Vergleichsprozess eines Diesel-Motors mit dem Anfangszustand $T_1 = 343$ K, $p_1 = 1$ bar und gleicher thermischer Höchstbelastung wie der Otto-Motor nach Bsp. 4.6 ($T_3 = 1\,973$ K, $p_3 = 57{,}5$ bar) ist mit Luft unter Annahme idealen Gasverhaltens mit konstanter spezifischer Wärmekapazität und $\varkappa = 1{,}4$ zu berechnen.

Zu bestimmen sind:

a) Verdichtungsverhältnis,

b) Druck und Temperatur für die vier Endpunkte der Zustandsänderungen, wobei zu beachten ist, dass einige Punkte mit denen des Bsp. 4.6 übereinstimmen,

c) das Einspritzverhältnis,

d) der thermische Wirkungsgrad.

Lösung:

Zu a): Verdichtungsverhältnis (Gl 4.26 mit Gl 3.47), $p_2 = p_3$:

$$\varepsilon = \frac{V_1}{V_2} = \left(\frac{p_3}{p_1}\right)^{\frac{1}{\varkappa}} = \left(\frac{57{,}5\text{ bar}}{1\text{ bar}}\right)^{\frac{1}{1{,}4}} = 18{,}07 \approx \underline{18}$$

Zu b): Punkt 1: $p_1 = \underline{1\text{ bar}}$; $T_1 = \underline{343\text{ K}}$ (lt. Aufg.)

Punkt 2: $p_2 = \underline{57{,}52\text{ bar}}$; T_2 aus isentroper Zustandsänderung $1 \rightarrow 2$ (Gl 3.49):

$$T_2 = T_1 \left(\frac{p_2}{p_1}\right)^{\frac{\varkappa-1}{\varkappa}} = 343\text{ K} \left(\frac{57{,}52\text{ bar}}{1\text{ bar}}\right)^{\frac{1{,}4-1}{1{,}4}} = \underline{1\,092\text{ K}}$$

Punkt 3: $p_3 = \underline{57{,}52\text{ bar}}$; $T_3 = \underline{1\,973\text{ K}}$ (lt. Aufg.)

Punkt 4: $p_4 = \underline{2{,}29\text{ bar}}$; $T_4 = \underline{785\text{ K}}$

(aus Bsp. 4.6, da die jeweiligen Zustandsänderungen $3 \rightarrow 4$ identisch sind)

Zu c): Das Einspritzverhältnis ist (Gl 4.33):

$$\varphi = \frac{V_3}{V_2} = \frac{T_3}{T_2} = \frac{1\,973\text{ K}}{1\,092\text{ K}} = \underline{1{,}81}$$

Zu d): Der thermische Wirkungsgrad ist (Gl 4.34):

$$\eta_{th}^{rev} = 1 - \frac{T_1}{T_2}\frac{\varphi^{\varkappa} - 1}{\varkappa\,(\varphi - 1)} = 1 - \frac{343\text{ K}}{1\,092\text{ K}}\frac{1{,}81^{1{,}4} - 1}{1{,}4 \cdot 0{,}81} = \underline{0{,}64}$$

Der Vergleich mit Bsp. 4.6 zeigt, dass der thermische Wirkungsgrad des Diesel-Prozesses trotz gleicher Höchstbeanspruchung (Druck und Temperatur) merklich besser ist als der des Otto-Prozesses.

Aufgabe 4.8: Für den im Bsp. 4.7 berechneten Diesel-Prozess sind der exergetische Wirkungsgrad für $t_b = 20\ °C$ und das Arbeitsverhältnis zu berechnen. Die gefundenen Werte sind mit denen des Otto-Prozesses nach Bsp. 4.5 zu vergleichen.

Aufgabe 4.9: Die in den Bsp. 4.6 und 4.7 berechneten Prozesse sind maßstäblich in einem *T,s*-Diagramm darzustellen. Es soll $s_1 = 0$ angenommen und mit $c_{pm} = 1{,}004\ \text{kJ}/(\text{kg K})$ gerechnet werden.

4.4.4 Seiliger-Prozess[1] als Vergleichsprozess des Verbrennungsmotors (Gemischter Vergleichsprozess)

Im Seiliger-Prozess sind der Otto- und der Diesel-Prozess als Grenzfälle enthalten. Der Seiliger-Prozess besteht aus zwei Isentropen, zwei Isochoren und einer Isobaren **(B 4.20)**. Durch die zunächst isochore und anschließend isobare Wärmezufuhr lassen sich die tatsächlichen Verbrennungsvorgänge näherungsweise gut ersetzen.

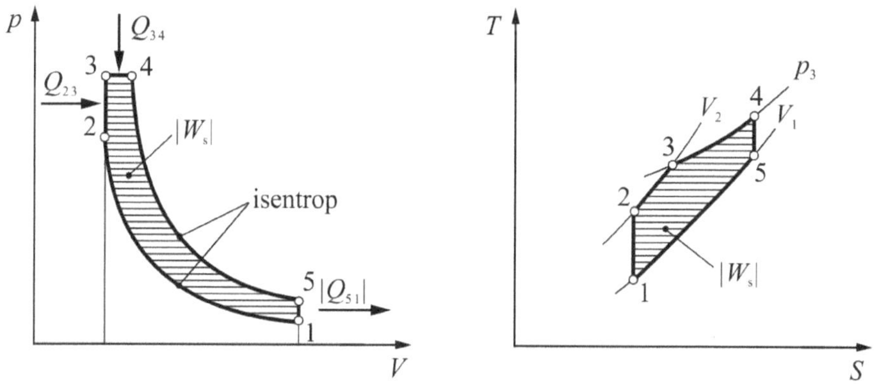

B 4.20 Seiliger-Prozess im *p,V*- und *T,S*-Diagramm

Die *Nutzarbeit des Seiliger-Prozesses* wird als Summe der zu- und abgeführten Wärme berechnet (Gl 3.82).

$$|W_s| = -W_s = Q_{23} + Q_{34} + Q_{51}$$

$$|W_s| = m\, c_{vm}|_{t_2}^{t_3}\,(T_3 - T_2) + m\,\varkappa\, c_{vm}|_{t_3}^{t_4}\,(T_4 - T_3) + m\, c_{vm}|_{t_1}^{t_5}\,(T_1 - T_5)$$

Für $c_{vm} = \text{const}$ (vereinfachend, vgl. Erläuterung vor Gl 4.11):

$$|W_s| = -W_s = m\, c_{vm}\,[T_1 - T_2 - (\varkappa - 1)\,T_3 + \varkappa\, T_4 - T_5] \qquad \textbf{(Gl 4.37)}$$

Neben den schon definierten Verhältniszahlen

Verdichtungsverhältnis

$$\varepsilon = \frac{V_1}{V_2}\,; \qquad \varepsilon^{\varkappa-1} = \left(\frac{V_1}{V_2}\right)^{\varkappa-1} = \frac{T_2}{T_1}$$

[1] *Moritz Seiliger*, Ingenieur, untersuchte 1911 den gemischten Vergleichsprozess.

Einspritzverhältnis

$$\varphi = \frac{V_4}{V_3} = \frac{T_4}{T_3}$$

wird als weitere Kennzahl das *Druckverhältnis* ψ bei der isochoren Wärmezufuhr festgelegt.

$$\psi = \frac{p_3}{p_2} = \frac{T_3}{T_2} \qquad \textbf{(Gl 4.38)}$$

Thermischer Wirkungsgrad des Seiliger-Prozesses:

$$\eta_{\text{th}}^{\text{rev}} = \frac{|W_s|}{Q_{23} + Q_{34}} = 1 + \frac{Q_{51}}{Q_{23} + Q_{34}}; \quad \text{für } c_{vm} = \text{const folgt daraus:}$$

$$\eta_{\text{th}}^{\text{rev}} = 1 - \frac{T_5 - T_1}{T_3 - T_2 + \varkappa\,(T_4 - T_3)}$$

$$\eta_{\text{th}}^{\text{rev}} = 1 - \frac{\frac{T_1}{T_2}\frac{T_5}{T_1} - \frac{T_1}{T_2}}{\frac{T_3}{T_2} - 1 + \varkappa\left(\frac{T_4}{T_3}\frac{T_3}{T_2} - \frac{T_3}{T_2}\right)} = 1 - \frac{1}{\varepsilon^{\varkappa-1}}\,\frac{\frac{T_5}{T_1} - 1}{\psi - 1 + \varkappa\,(\psi\,\varphi - \psi)}$$

Durch eine Umstellung erhält man für $\frac{T_5}{T_1} = \varphi^{\varkappa}\,\psi$

$$\eta_{\text{th}}^{\text{rev}} = 1 - \frac{1}{\varepsilon^{\varkappa-1}}\,\frac{\psi\,\varphi^{\varkappa} - 1}{\psi - 1 + \varkappa\psi\,(\varphi - 1)} \qquad \textbf{(Gl 4.39)}$$

Der thermische Wirkungsgrad des Seiliger-Prozesses $\eta_{\text{th}}^{\text{rev}}$ wächst mit steigendem Verdichtungsverhältnis ε und mit sinkendem Einspritzverhältnis φ. Das steigende Druckverhältnis ψ ergibt einen allerdings sehr geringen Anstieg von $\eta_{\text{th}}^{\text{rev}}$.

4.4.5 Der wirkliche Prozess in den Verbrennungsmotoren

Auch bei den Verbrennungsmotoren werden die realen Prozesse in den Maschinen durch Vergleichsprozesse dargestellt, jedoch sind die Abweichungen besonders wegen des Ladungswechsels größer als bei den Gasturbinenanlagen.

Das Gemisch verbrennt im Otto-Motor nach der Fremdzündung zwar sehr schnell, es ist jedoch ein kleiner Zeitraum für die Verbrennung erforderlich, sodass der Druckanstieg nicht isochor verläuft. Beim Diesel-Motor erfolgt nach dem Einspritzen des Brennstoffes zunächst durch die Verbrennung ein Druckanstieg und dann durch die Expansion eine Drucksenkung. Die Isobare wird nicht genau verwirklicht. Bei beiden Motoren ergibt die Wärmezufuhr im p,V-Diagramm dadurch keine Gerade, sondern einen abgerundeten Verlauf der Zustandsänderungen. Eine weitere Abrundung bewirkt der Ladungswechsel, der durch einen isochoren Wärmeentzug vereinfachend ersetzt wurde. Beim Viertaktmotor **(B 4.21)** entsteht durch den Ladungswechsel sogar eine Verlustfläche **(B 4.22)**.

Kompression und Expansion verlaufen wegen Reibung und Wärmeübertragung längs einer Polytropen, die allerdings wegen der schnell ablaufenden und daher fast adiabaten Vorgänge in der Nähe der Isentropen liegt.

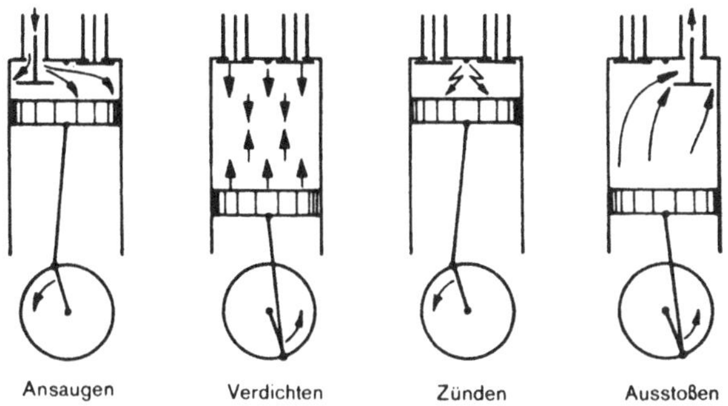

B 4.21 Schematische Darstellung eines Viertakt-Otto-Motors

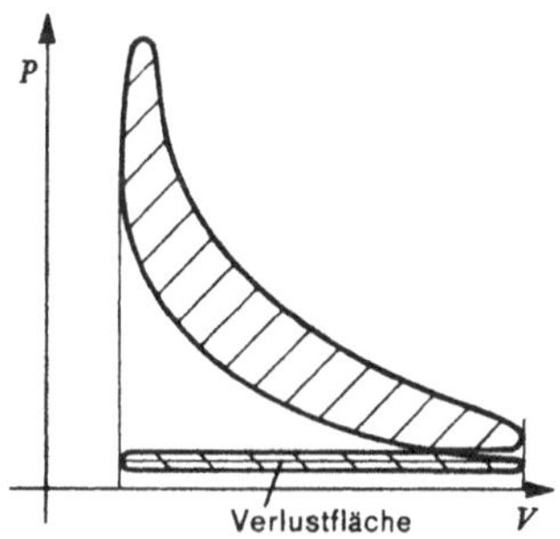

B 4.22 Indikatordiagramm eines Viertakt-Otto-Motors

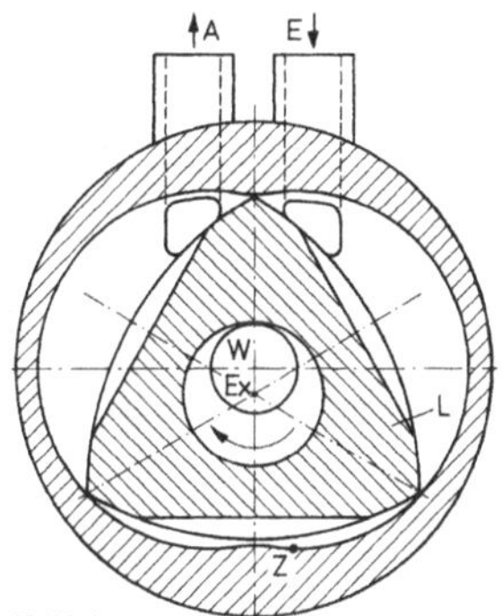

B 4.23 Kreiskolben-Viertaktmotor, Otto-Verfahren

Die Kreisprozesse der Verbrennungsmotoren können außer in Hubkolbenmaschinen (B 4.21) auch in Rotationskolbenmaschinen verwirklicht werden. Die von Wankel[1] entwickelte Kreiskolbenmaschine **(B 4.23)**, bekannt unter dem Namen Wankel-Motor, hat einen feststehenden umschließenden Körper, während der umschlossene Körper eine planetenartig kreisende Bewegung ausführt. Bei der Kreiskolbenmaschine übernimmt die Exzenterwelle W, mit der der Exzenter Ex fest verbunden ist, die Leistungsabgabe. Auf dem Exzenter ist der Läufer L gelagert. Durch ein Getriebe zwischen Läufer und Welle wird ein Drehzahlverhältnis von 1:3 erreicht. Für das untere Volumen ist der Läufer im oberen Totpunkt, in dem das Gemisch gezündet wird, dargestellt. Der umschließende Körper enthält Einlass, Auslass und Zündvorrichtung.

4.5 Kolbenverdichter

Bisher wurden Maschinen behandelt, deren Arbeitsprinzipien näherungsweise durch Kreisprozesse beschrieben wurden. Daneben gibt es Maschinen, die sinnvoll nur als offe-

[1] *Felix Wankel* (1902–1988), deutscher Ingenieur, entwickelte in Lindau 1954–1960 den nach ihm benannten Kreiskolbenmotor.

ne Systeme betrachtet werden können. Dies sind u. a. Maschinen, die den Druck eines Gases erhöhen und dieses Gas fördern sollen, so der als Beispiel für die offenen Systeme hier behandelte Kolbenverdichter. [1)]

4.5.1 Der verlustlose Kolbenverdichter ohne Schadraum [2)]

Einstufiger Kolbenverdichter. Da es sich um ein offenes System handelt, ist die bei reversibler Verdichtung und vernachlässigter Änderung der kinetischen und potenziellen Energie von der Maschine an das Arbeitsfluid zu übertragende reversible technische Arbeit (Gl 2.16 mit $W_{\mathrm{diss}\,1\,2} = 0$):

$$W_{\mathrm{t}\,1\,2}^{\mathrm{rev}} = H_2 - H_1 - Q_{1\,2}$$

Wir betrachten dabei den Vorgang im Kolbenverdichter als stationären Prozess, indem wir die Ein- und Austrittszustände genügend weit in die Ansaug- und Ausblaskanäle hinein an solche Stellen verlegen, an denen die periodischen Druckschwankungen bereits abgeklungen sind.

Die reversible technische Arbeit $W_{\mathrm{t}\,1\,2}^{\mathrm{rev}}$ wurde als die an einem offenen System bei reversiblen stationären Vorgängen verrichtete Arbeit definiert (Abschn. 2.5) und bei vernachlässigter Änderung der kinetischen und potenziellen Energie nach $W_{\mathrm{t}\,1\,2}^{\mathrm{rev}} = \int_1^2 V\,\mathrm{d}p$ (Gl 2.21) berechnet, wodurch sie als Fläche im p,V-Diagramm dargestellt werden konnte.

Um die Gleichwertigkeit der Betrachtungsweisen am offenen System (ruhender Beobachter) oder am geschlossenen System (abgegrenzte Stoffmenge, mitbewegter Beobachter) zu erläutern, wird am Beispiel des Kolbenverdichters die Arbeit, die dem zu verdichtenden Fluid im Dauerbetrieb zuzuführen ist, aus der Sicht des mitbewegten Beobachters für eine abgegrenzte Stoffmenge (geschlossenes System) abgeleitet.

Der verlustlose Kolbenverdichter saugt Gas aus der Ansaugleitung an, verdichtet es und drückt es restlos wieder aus dem Zylinder in die Druckleitung hinein **(B 4.24)**. Die von dem Kolben während eines Arbeitsspieles an dieser abgegrenzten Stoffmenge aufzubringende Arbeit kann als Summe der Einzelarbeiten berechnet werden.

$W_{\mathrm{v}\,1\,2} = -\int_1^2 p\,\mathrm{d}V \mathrel{\hat{=}} \mathrm{Fl}\;1\,2\,\mathrm{b}\,\mathrm{c}$ die dem eingeschlossenen Gas zugeführte Verdichtungsarbeit (positiv),

$W_{2\,3} = p_2\,V_2 \mathrel{\hat{=}} \mathrm{Fl}\;2\,3\,\mathrm{a}\,\mathrm{b}$ die dem Gas vom Kolben zugeführte Ausschubarbeit (positiv),

$W_{3\,4} = 0$ der arbeitslose Druckwechsel,

$W_{4\,1} = -p_1\,V_1 \mathrel{\hat{=}} \mathrm{Fl}\;4\,1\,\mathrm{c}\,\mathrm{a}$ die vom Gas an den Kolben abgegebene Einschubarbeit (negativ).

$$W_{\mathrm{t}\,1\,2}^{\mathrm{rev}} = W_{\mathrm{v}\,1\,2} + W_{2\,3} + W_{4\,1} + W_{3\,4} = \int_1^2 V\,\mathrm{d}p \mathrel{\hat{=}} \mathrm{Fl}\;1\,2\,3\,4$$

Diese Arbeit ist die schon vorn abgeleitete reversible technische Arbeit, die im Dauerbetrieb ständig von der Maschine aufzubringen ist (Gl 2.21). Sie wird dem Gas zugeführt und ist somit positiv.

---

1) Zu weiteren Verdichterbauarten, wie Turbo-, Schrauben-, Rotationsverdichter u. a., sei auf die spezielle Fachliteratur verwiesen.

2) Begriffserläuterung Abschn. 4.5.2.

Die isotherme Verdichtung erfordert die kleinste Arbeit (Abschn. 3.4.4), daher wird sie häufig als Vergleichsarbeit der Betrachtung des Kolbenverdichters zugrunde gelegt. Falls der Verdichter ungekühlt ist, vergleicht man seinen Arbeitsaufwand auch mit der isentropen Verdichtungsarbeit **(B 4.25)**. Für die Vergleichsarbeit wird ein reversibler Vorgang vorausgesetzt und die Änderung der kinetischen und potenziellen Energie vernachlässigt. Die *Vergleichsarbeit* $W_{\mathrm{KV}}^{\mathrm{rev}}$ ist bei *einstufiger* Verdichtung

$$W_{\mathrm{KV\,ith}}^{\mathrm{rev}} = W_{\mathrm{t\,ith\,1\,2}}^{\mathrm{rev}} = -Q_{1\,2} \qquad \textit{isotherme Vergleichsarbeit}$$

$$W_{\mathrm{KV\,isen}}^{\mathrm{rev}} = W_{\mathrm{t\,isen\,1\,2}}^{\mathrm{rev}} = H_2 - H_1 \qquad \textit{isentrope Vergleichsarbeit}$$

Da verschiedene Vergleichsarbeiten zugrunde gelegt werden, erhalten wir auch verschiedene Wirkungsgrade und müssen stets angeben, auf welche Vergleichsarbeit sie bezogen sind. Die Verdichter arbeiten heute im Allgemeinen mit sehr hohen Drehzahlen, daher verläuft die Kompression selbst bei gekühlten Maschinen bei vernachlässigter Dissipation in der Nähe der Isentropen.

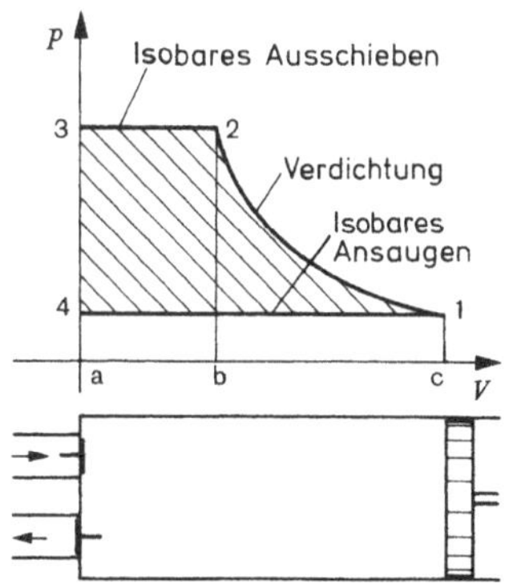

B 4.24 Arbeit eines Kolbenverdichters ohne Schadraum

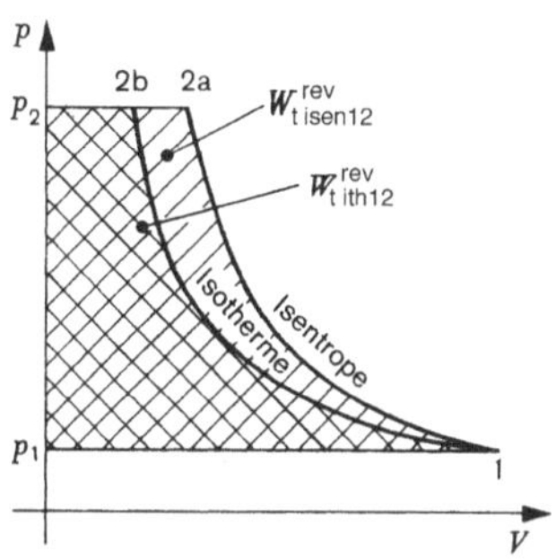

B 4.25 Isotherme und isentrope Verdichtung im p,V-Diagramm

Mehrstufiger Kolbenverdichter. Bei großem Druckverhältnis werden die Endtemperatur und damit die Belastung des Materials und des Schmieröls hoch. Außerdem wächst der ungünstige Einfluss des Schadraumes auf das Ansaugvolumen (Abschn. 4.5.2). Daher ist eine mehrstufige Verdichtung mit Kühlung zwischen den Stufen u. U. unvermeidlich.

Mehrstufige Verdichtung mit Zwischenkühlung führt zur Arbeitsersparnis, wie nachfolgend gezeigt wird. Als Vergleichsarbeit des mehrstufigen Verdichters legen wir die reversible technische Arbeit für stufenweise isentrope Verdichtung und isobare Abkühlung zwischen den Stufen zugrunde **(B 4.26)**.

Gegenüber der einstufigen isentropen Verdichtung wird bei dieser *zweistufigen* die der Fläche 234e entsprechende Arbeit gespart. Den günstigsten Zwischendruck hat man dann gewählt, wenn diese Arbeitsersparnis am größten bzw. wenn die aufzuwendende

Arbeit am kleinsten wird. Gegeben ist der Anfangszustand 1 und der erforderliche Druck p_4, dann ist die gesamte Arbeit

$$W_{\text{KV isen}}^{\text{rev}} = W_{\text{t}12}^{\text{rev}} + W_{\text{t}34}^{\text{rev}} \quad \text{mit Gl 3.52 und Gl 3.57:}$$

$$W_{\text{KV isen}}^{\text{rev}} = \frac{\varkappa}{\varkappa - 1}\, m R_{\text{i}}\, T_1 \left[\left(\frac{p_x}{p_1}\right)^{\frac{\varkappa-1}{\varkappa}} - 1\right] + \frac{\varkappa}{\varkappa - 1}\, m R_{\text{i}}\, T_1 \left[\left(\frac{p_4}{p_x}\right)^{\frac{\varkappa-1}{\varkappa}} - 1\right]$$

$$W_{\text{KV isen}}^{\text{rev}} = \frac{\varkappa}{\varkappa - 1}\, m R_{\text{i}}\, T_1 \left[\left(\frac{p_x}{p_1}\right)^{\frac{\varkappa-1}{\varkappa}} + \left(\frac{p_4}{p_x}\right)^{\frac{\varkappa-1}{\varkappa}} - 2\right]$$

Zur Bestimmung der minimalen Arbeit wird $W_{\text{KV isen}}^{\text{rev}}$ nach p_{x} abgeleitet und die Ableitung gleich null gesetzt.

$$\frac{\mathrm{d}W_{\text{KV isen}}^{\text{rev}}}{\mathrm{d}p_x} = \frac{\varkappa}{\varkappa - 1}\, m R_{\text{i}}\, T_1 \left[\frac{\varkappa - 1}{\varkappa}\, \frac{p_x^{-\frac{1}{\varkappa}}}{p_1^{\frac{\varkappa-1}{\varkappa}}} - \frac{\varkappa - 1}{\varkappa}\, \frac{p_4^{\frac{\varkappa-1}{\varkappa}}}{p_x^{\frac{2\varkappa-1}{\varkappa}}}\right] = 0$$

$$\frac{p_x^{-\frac{1}{\varkappa}}}{p_1^{\frac{\varkappa-1}{\varkappa}}} = \frac{p_4^{\frac{\varkappa-1}{\varkappa}}}{p_x^{\frac{2\varkappa-1}{\varkappa}}} \quad \rightarrow \quad p_x^{\frac{2(\varkappa-1)}{\varkappa}} = p_1^{\frac{\varkappa-1}{\varkappa}}\, p_4^{\frac{\varkappa-1}{\varkappa}}$$

$$\frac{p_x}{p_1} = \frac{p_4}{p_x} \tag{Gl 4.40 a}$$

Der Arbeitsaufwand für eine bestimmte Drucksteigerung ist am kleinsten, wenn die Druckverhältnisse der beiden Stufen gleich groß sind. Hierdurch werden die Arbeiten für beide Stufen und, bei Zwischenkühlung auf die Anfangstemperatur, die Temperaturen am Ende der Stufen gleich. Auch bei mehrstufigen Verdichtern erhält man den kleinsten Arbeitsaufwand für gleiche Druckverhältnisse in jeder Stufe. Sind n die Stufenzahl und p_{z} der geforderte Enddruck, dann ist das Druckverhältnis je Stufe

$$\frac{p_2}{p_1} = \sqrt[n]{\frac{p_z}{p_1}} = \frac{p_3}{p_2} = \frac{p_4}{p_3} \tag{Gl 4.40 b}$$

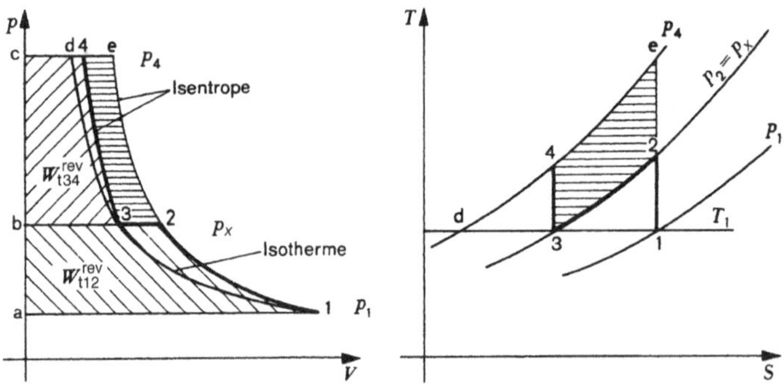

Fläche 2 3 4 e: Arbeitsersparnis durch Zwischenkühlung

B 4.26 Zweistufige isentrope Verdichtung mit isobarer Zwischenkühlung

Druckverluste in den Zwischenkühlern wurden vernachlässigt. Gl 4.40 a und Gl 4.40 b gelten nur für das ideale Gas, da in der Ableitung die Gesetze des idealen Gases (Gl 3.52 und Gl 3.57) enthalten sind. Die Gleichungen können auch auf den Turboverdichter angewandt werden.

Beispiel 4.8: In einem Kolbenverdichter ohne Schadraum wird trockene Luft von 1 bar, 20 °C reversibel auf 7 bar verdichtet. Luft soll näherungsweise als ideales Gas angenommen werden. Es ist mit $\varkappa = 1{,}4$ zu rechnen.

Zu bestimmen sind:

a) die spezifische isotherme Vergleichsarbeit,

b) die spezifische isentrope Vergleichsarbeit.

4

Lösung:

Zu a): $w_{\text{KV ith}}^{\text{rev}} = w_{\text{t ith 12}}^{\text{rev}} = R_l\, T_1 \ln \frac{p_2}{p_1}$ (Gl 3.36 und Gl 3.37)

$$w_{\text{KV ith}}^{\text{rev}} = w_{\text{t ith 12}}^{\text{rev}} = 0{,}2871\ \frac{\text{kJ}}{\text{kg K}}\ 293{,}15\ \text{K} \ln \frac{7\ \text{bar}}{1\ \text{bar}} = \underline{163{,}8\ \frac{\text{kJ}}{\text{kg}}}$$

Zu b): $w_{\text{KV isen}}^{\text{rev}} = w_{\text{t isen 12}}^{\text{rev}} = \frac{\varkappa\, R_l\, T_1}{\varkappa - 1}\left[\left(\frac{p_2}{p_1}\right)^{\frac{\varkappa-1}{\varkappa}} - 1\right]$ (Gl 3.52 und Gl 3.57)

$$w_{\text{KV isen}}^{\text{rev}} = w_{\text{t isen 12}}^{\text{rev}} = \frac{1{,}4}{0{,}4}\ 0{,}2871\ \frac{\text{kJ}}{\text{kg K}}\ 293{,}15\ \text{K}\left(7^{\frac{1{,}4-1}{1{,}4}} - 1\right) = \underline{219{,}1\ \frac{\text{kJ}}{\text{kg}}}$$

Das Ergebnis zeigt, dass die isentrope Vergleichsarbeit wesentlich größer als die isotherme ist.

Beispiel 4.9: Ein dreistufiger verlustloser Kolbenverdichter ohne Schadraum saugt Luft von 1 bar, 20 °C an und verdichtet sie isentrop auf 27 bar. Nach jeder Zwischenstufe wird die Luft isobar auf 20 °C gekühlt. Druckverluste in den Zwischenkühlern sind zu vernachlässigen. Luft soll näherungsweise als ideales Gas angenommen werden. Die Berechnung ist mit $\varkappa = 1{,}4$ und $c_{pm} = 1{,}004$ kJ/(kg K) durchzuführen.

Zu bestimmen sind:

a) schematische Darstellung des Vorgangs im p, V-Diagramm,

b) die Zwischendrücke, bei denen der Arbeitsaufwand je Stufe gleich groß ist,

c) die Temperaturen am Ende jeder Stufe nach der Verdichtung,

d) die Änderung der spezifischen Entropie bei der isobaren Kühlung.

Lösung:

Zu a): Schematische Darstellung im p, V-Diagramm **(B 4.27)**

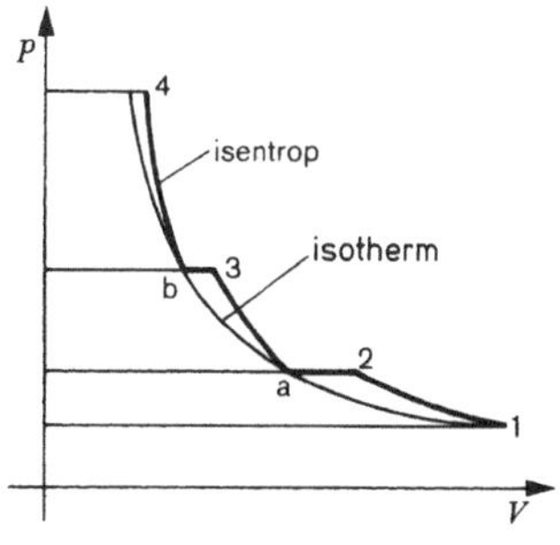

B 4.27 Dreistufige Verdichtung mit Zwischenkühlung

Zu b): Bestimmung der Drücke (Gl 4.40 b):

$$\frac{p_2}{p_1} = \sqrt[n]{\frac{p_z}{p_1}} = \sqrt[3]{\frac{27\ \text{bar}}{1\ \text{bar}}} = 3$$

$p_1 = 1\ \text{bar}$; $\quad p_2 = \underline{3\ \text{bar}}$; $\quad p_3 = \underline{9\ \text{bar}}$; $\quad p_4 = 27\ \text{bar}$

Zu c): Die Temperaturen nach den isentropen Verdichtungen sind gleich (Gl 3.49).

$$\frac{T_2}{T_1} = \left(\frac{p_2}{p_1}\right)^{\frac{\varkappa-1}{\varkappa}} = \left(\frac{3\ \text{bar}}{1\ \text{bar}}\right)^{\frac{1,4-1}{1,4}} = 1{,}3687$$

$T_2 = 1{,}369\ T_1 = 1{,}369 \cdot 293\ \text{K} = \underline{401{,}2\ \text{K}}$; $\quad t_2 = 128{,}1\ °\text{C} = t_3 = t_4$

Zu d): Die Änderungen der spezifischen Entropien bei der isobaren Kühlung nach der 1. und 2. Stufe sind gleich (Gl 3.33):

$$s_a - s_2 = c_{pm} \ln \frac{T_a}{T_2} = 1{,}004\ \frac{\text{kJ}}{\text{kg K}} \ln \frac{293{,}15\ \text{K}}{401{,}2\ \text{K}} = \underline{-0{,}315\ \frac{\text{kJ}}{\text{kg K}}} = s_b - s_3$$

Aufgabe 4.10: Die im Bsp. 4.9 berechnete dreistufige Verdichtung ist für 1 kg Luft maßstäblich im p,V-Diagramm und im T,S-Diagramm darzustellen.

a) Für die Darstellung im p,V-Diagramm sind die Volumen für die Endpunkte jeder Zustandsänderung zu bestimmen.

b) Die Darstellung im p,V-Diagramm soll mithilfe der Endpunkte und der Subtangenten erfolgen.

c) Die Zustandsänderungen im T,S-Diagramm sind mithilfe der Endpunkte jeder Zustandsänderung und eines Zwischenpunktes für die Isobaren bei der halben Temperaturdifferenz darzustellen.

Aufgabe 4.11: Ein vierstufiger verlustloser Kolbenverdichter ohne Schadraum saugt Sauerstoff von 1,5 bar, 20 °C an und verdichtet ihn in jeder Stufe isentrop, sodass nach 4 Stufen der Enddruck 40 bar erreicht wird. Sauerstoff soll näherungsweise als ideales Gas angenommen werden. Die Berechnung ist mit $\varkappa = 1{,}4$ durchzuführen.

Zu bestimmen sind:

a) die Zwischendrücke für den kleinsten Arbeitsaufwand, wenn nach jeder Stufe der Sauerstoff isobar auf 20 °C gekühlt wird,

b) die Temperaturen am Ende jeder Stufe,

c) die Temperatur nach einstufiger isentroper Verdichtung von 1,5 bar auf 40 bar.

4.5.2 Bewertungszahlen für den Kolbenverdichter[1)]

Bewertung des Kolbenverdichters mit Schadraum (Schadraum und Füllungsgrad). Da bei restloser Entleerung des Zylinders der Kolben an den Zylinderdeckel anstoßen würde und wegen des für die Ventile erforderlichen Volumens ist es nicht möglich, das Gas, wie vorn zunächst angenommen wurde (B 4.24), restlos aus dem Zylinder zu schieben. Es bleibt noch ein verdichteter Rest im Zylinder zurück. Den vom Kolben nicht entleerten Raum in Zylinder nennt man den *Schadraum* V_3 **(B 4.28)**. Das in ihm befindliche verdichtete Gas dehnt sich beim Rückgang des Kolbens zunächst aus, wodurch nur ein Teil des Hubvolumens zum Ansaugen des nicht verdichteten Gases ausgenutzt werden kann. Hieraus ist der Name „Schadraum" für V_3 zu erklären.

1) DIN 1945-1:1980-11: Verdrängerkompressoren. Thermodynamische Abnahme- und Leistungsversuche.

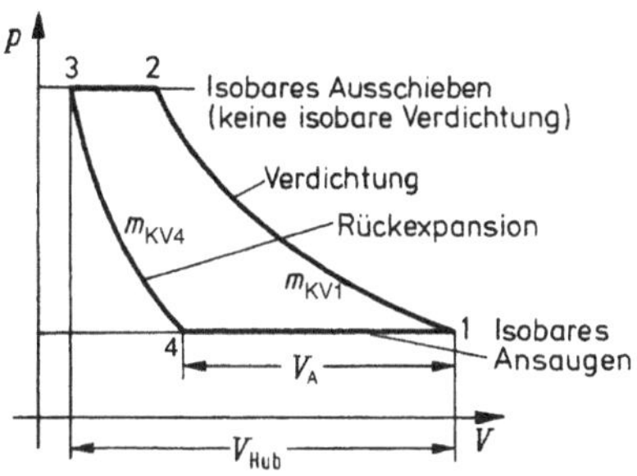

B 4.28 Arbeitsweise eines Kolbenverdichters mit Schadraum im *p*, *V*-Diagramm

Im Diagramm bedeuten:

1 → 2 Verdichten der im Zylinder eingeschlossenen Gasmasse $m_{KV\,1}$,

2 → 3 isobares Ausschieben des größten Teils des Druckgases. Bei diesem Ausschieben ändert sich die im Zylinder enthaltene Gasmenge. Dies darf nicht mit einer isobaren Verdichtung (z. B. B 4.5) verwechselt werden,

3 → 4 Rückexpansion der im Schadraum verbliebenen Druckgasmasse $m_{KV\,4}$,

4 → 1 Ansaugen neuen Gases.

Der Arbeitsprozess des Kolbenverdichters ist *kein* Kreisprozess, wenn auch die Darstellung im *p*, *V*-Diagramm das gleiche Aussehen hat. Bei einem Kreisprozess arbeitet während des ganzen Vorganges immer die gleiche Stoffmenge, beim Kolbenverdichter wird dagegen längs 4 → 1 Gas angesaugt und längs 2 → 3 Gas ausgestoßen. Die Stoffmenge ändert sich also während eines Arbeitsspieles.

Als *relativen Schadraum* ε_0 bezeichnet man das Verhältnis des Schadraumes V_3 zum Hubvolumen V_{Hub}:

$$\varepsilon_0 = \frac{V_3}{V_{Hub}} \quad \textit{relativer Schadraum} \qquad \textbf{(Gl 4.41)}$$

Bei guten Ventil-Verdichtern umfasst der Schadraum etwa 1 ... 2 % des Hubvolumens.

Da sich der Schadraum bei unterschiedlichen Druckverhältnissen verschieden stark auf das angesaugte Volumen auswirkt, wurde als Maß für diesen Einfluss der *Füllungsgrad* μ (auch volumetrischer Wirkungsgrad genannt) eingeführt. Dieser ist gleich dem Verhältnis des nutzbaren Ansaugvolumens $V_A = (V_1 - V_4)$ zum Hubvolumen V_{Hub}.

$$\mu = \frac{V_A}{V_{Hub}} = \frac{V_1 - V_4}{V_{Hub}} \quad \textit{Füllungsgrad}^{1)} \qquad \textbf{(Gl 4.42)}$$

[1] Beim *wirklichen* Kolbenverdichter wird als nutzbares Ansaugvolumen V_A der Abschnitt auf der Linie des Ansaugdruckes p_A eingesetzt (B 4.29).

Erfolgt die Rückexpansion nach einer Polytropen mit dem Exponenten n_R, dann kann bei Annahme idealen Gasverhaltens der Füllungsgrad als Funktion des Druckverhältnisses ausgedrückt werden. Dazu führen wir in Gl 4.42 folgende Beziehungen ein:

$$V_1 = V_{\text{Hub}} + V_3 \quad (\text{B } 4.28); \qquad \frac{V_4}{V_3} = \left(\frac{p_2}{p_1}\right)^{\frac{1}{n_R}} \quad (\text{Gl } 3.59);$$

$$V_3 = \varepsilon_0 \, V_{\text{Hub}} \quad (\text{Gl } 4.41)$$

und erhalten

$$\mu = \frac{V_{\text{Hub}} + V_3 - V_3 \left(\frac{p_2}{p_1}\right)^{\frac{1}{n_R}}}{V_{\text{Hub}}} = \frac{V_{\text{Hub}} + \varepsilon_0 \, V_{\text{Hub}} - \varepsilon_0 \, V_{\text{Hub}} \left(\frac{p_2}{p_1}\right)^{\frac{1}{n_R}}}{V_{\text{Hub}}}$$

$$\mu = 1 - \varepsilon_0 \left[\left(\frac{p_2}{p_1}\right)^{\frac{1}{n_R}} - 1\right] \qquad \textbf{(Gl 4.43)}$$

Der Füllungsgrad nimmt (Gl 4.43) mit wachsendem Druckverhältnis und wachsendem Schadraum ab und kann sogar den Wert null annehmen.[1)] Bei mehrstufigen Verdichtern ist das Druckverhältnis der 1. Stufe maßgeblich.

Die für den *verlustlosen Verdichter erforderliche Arbeit* W_{KV}^{rev} ist gleich der Summe der reversiblen technischen Arbeiten der Kompression und der Rückexpansion.

$$W_{KV}^{rev} = m_{KV1} \, w_{t12}^{rev} + m_{KV4} \, w_{t34}^{rev}$$

Dabei sind m_{KV1} die Masse des Gases, die in der Kolbenstellung 1 im Zylinder enthalten ist, und m_{KV4} die im Schadraum verbleibende Masse des verlustlosen Kolbenverdichters mit Schadraum. Falls die Verdichtung und die Rückexpansion polytrope Zustandsänderungen mit dem gleichen Exponenten n sind ($n_V = n_R$), dann gilt

$$w_{t12}^{rev} = -w_{t34}^{rev}, \quad \text{also}$$

$$W_{KV}^{rev} = w_{t12}^{rev} \, (m_{KV1} - m_{KV4}) \quad \textit{für} \quad n_R = n_V \qquad \textbf{(Gl 4.44)}$$

Die Arbeit W_{KV}^{rev} ist somit bei $n_R = n_V$ gleich der reversiblen technischen Verdichtungsarbeit für die geförderte Gasmasse ($m_{KV1} - m_{KV4}$). Die für die Masse m_{KV4} bei der Verdichtung erforderliche Arbeit kann daher bei der Berechnung der gesamten Arbeit des Kolbenverdichters unberücksichtigt bleiben, denn bei der Rückexpansion von m_{KV4} wird die gleiche Arbeit wieder an die Maschine zurückgegeben. Daraus folgt für 1 kg geförderter Gasmasse bei gleichem Exponenten für die polytrope Verdichtung und Rückexpansion

$$w_{KV}^{rev} = w_{t12}^{rev} \quad \textit{für}_R = n_V \qquad \textbf{(Gl 4.45)}$$

---

1) Drosselverluste und Temperaturerhöhung des Gases beim Ansaugen wurden hier nicht berücksichtigt. Das erfolgt später im Liefergrad (Gl 4.46). Bei Berücksichtigung der Drosselverluste würde sich in Gl 4.43 anstelle des Summanden 1 näherungsweise der Wert 0,95 ergeben [43; Kap. 3.4.1.4, S. 121].

Streng genommen ändert sich der Polytropenexponent n während des Verdichtungsverlaufs: Beim Verdichtungsbeginn wird das Gas durch die warme Zylinderwand erwärmt, am Verdichtungsende gibt das durch Kompression erwärmte Gas Wärme an die Zylinderwand ab. Für die Rückexpansion gilt Entsprechendes. Man rechnet aber mit konstantem Polytropenexponenten.

Beispiel 4.10: Luft wird in einem adiabaten Kolbenverdichter reversibel (also isentrop) von 1 bar, 20 °C auf 2, 8, 16, 32, 64 bar verdichtet. Luft soll näherungsweise als ideales Gas angenommen werden. Für die Verdichtung soll $\varkappa = 1{,}4$ zugrunde gelegt werden.

Bei welchem relativen Schadraum wird der Füllungsgrad zu null, wenn auch die Rückexpansion mit $\varkappa = 1{,}4$ erfolgt?

Lösung:

Vor der tabellarisch durchzuführenden Rechnung muss die dieser zugrunde liegende Gleichung entwickelt werden.

(Gl 4.43) $\mu = 1 - \varepsilon_0 \left[\left(\frac{p_2}{p_1}\right)^{\frac{1}{\varkappa}} - 1\right]$ mit $\mu = 0$ folgt daraus $\varepsilon_0 = \frac{1}{\left(\frac{p_2}{p_1}\right)^{\frac{1}{\varkappa}} - 1}$

p_x bar	$\frac{p_x}{p_1}$	$\left(\frac{p_x}{p_1}\right)^{\frac{1}{\varkappa}}$	$\left(\frac{p_x}{p_1}\right)^{\frac{1}{\varkappa}} - 1$	Relativer Schadraum ε_0
2	2	1,641	0,641	1,561
8	8	4,416	3,416	0,2927
16	16	7,246	6,246	0,1601
32	32	11,89	10,89	0,0918
64	64	19,50	18,50	0,0540

Bei einem Druckverhältnis $p_x/p_1 = 64$ wird der Füllungsgrad μ bereits bei einem relativen Schadraum gleich null, der dem relativen Schadraum schlechter Schieber-Kolbenverdichter entspricht. Wegen des immer kleiner werdenden Füllungsgrades muss bei größerem Druckverhältnis mehrstufig verdichtet werden.

Aufgabe 4.12: In einem Kolbenverdichter wird Luft polytrop ($n_V = 1{,}3$) von 1 bar auf 6 bar reversibel verdichtet. Die Rückexpansion soll ebenfalls mit $n_R = 1{,}3$ erfolgen. Relativer Schadraum $\varepsilon_0 = 0{,}02$. Luft soll näherungsweise als ideales Gas angenommen werden.

Wie groß ist der Füllungsgrad μ?

Bewertung der volumetrischen Verluste des Kolbenverdichters (Liefergrad). Der *Liefergrad* λ berücksichtigt alle volumetrischen Verluste durch Drosselung und Aufheizen beim Ansaugen sowie auch innere Undichtheiten. Er ist definiert als das Verhältnis der geförderten Gasmasse m_{gef} zu der Gasmasse, die den Hubraum im Ansaugezustand füllen würde **(B 4.29)**.

4

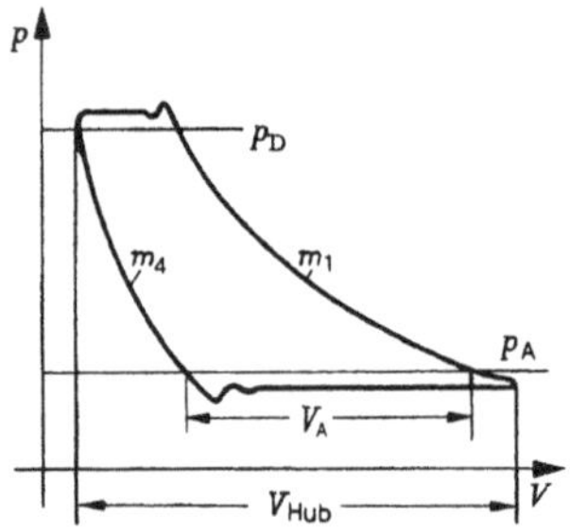

B 4.29 Indikatordiagramm eines Kolbenverdichters

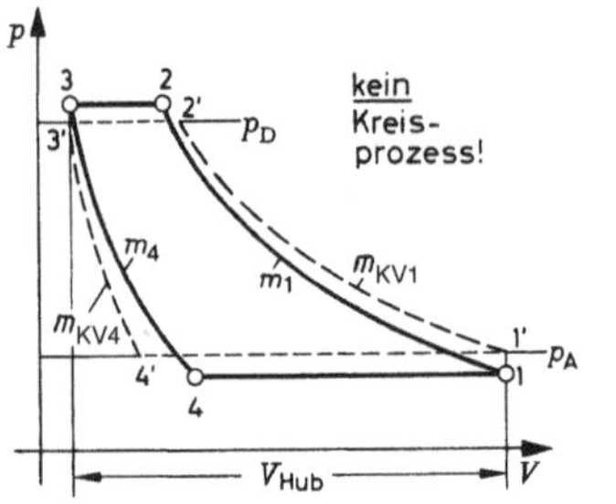

B 4.30 p,V-Diagramm eines Kolbenverdichters, verglichen mit dem Vorgang in einem reversiblen Kolbenverdichter mit Schadraum

$$\lambda = \frac{m_{gef}}{V_{Hub}\,\varrho_A} \quad \textit{Liefergrad} \qquad \textbf{(Gl 4.46)}$$

Bei Vernachlässigung innerer Undichtheiten ist $m_{gef} = m_1 - m_4$. m_1 und m_4 sind dann die tatsächlichen Gasmassen. Sie weichen von den Gasmassen in dem verlustlosen Kolbenverdichter mit Schadraum $m_{KV\,1}$ und $m_{KV\,4}$ ab **(B 4.30)**.

Bei Abnahmeversuchen wird die geförderte Gasmenge in der Druckleitung gemessen, um Fehler durch undichte Kolben zu vermeiden.

Beispiel 4.11: Ein ideales Gas mit einem Druck p_A und einer Temperatur T_A soll in einem Kolbenverdichter komprimiert werden. Der allgemeine Zusammenhang zwischen dem Liefergrad λ und dem Füllungsgrad μ ist zu bestimmen, wenn

- die Verdichtung und die Rückexpansion mit dem gleichen Exponenten erfolgen,
- beim Ansaugen eine Druckminderung von p_A auf p_1 und eine Temperatursteigerung von T_A auf T_1 stattfinden,
- beim Ausschieben die Temperatur T_2 konstant bleibt,
- innere Undichtheiten vernachlässigt werden.

Lösung:

Liefergrad, bei Vernachlässigung innerer Undichtheiten (Gl 4.46 mit $m_{gef} = m_1 - m_4$):

$$\lambda = \frac{m_1 - m_4}{V_{Hub}\,\varrho_A}$$

m und ϱ werden durch die Zustandsgleichung des idealen Gases ausgedrückt (Gl 1.2 und Gl 1.16). Da in dem angenommenen Fall die Temperatur des angesaugten Gases von T_A auf T_1 steigt und Kompression und Rückexpansion mit gleichem Exponenten erfolgen, ist $T_4 = T_1 > T_A$; außerdem ist $p_4 = p_1 < p_A$.

$$\lambda = \frac{\dfrac{p_1 V_1}{R_i T_1} - \dfrac{p_4 V_4}{R_i T_4}}{\dfrac{V_{Hub}\, p_A}{R_i T_A}} = \frac{\dfrac{p_1}{T_1}(V_1 - V_4)}{\dfrac{p_A}{T_A} V_{Hub}} = \frac{p_1}{p_A}\,\frac{T_A}{T_1}\,\frac{V_1 - V_4}{V_{Hub}}$$

Mit dem Füllungsgrad μ nach Gl 4.42 ergibt sich der Liefergrad λ in Abhängigkeit von μ, wobei μ mit den Drücken p_1 und p_2 zu bestimmen ist.

$$\lambda = \frac{p_1}{p_A}\,\frac{T_A}{T_1} = \lambda_P\,\lambda_A\,\mu$$

p_1/p_A wird als *Drosselgrad* λ_P, T_A/T_1 wird als *Aufheizgrad* λ_A bezeichnet.

Aufgabe 4.13: Ein Kolbenverdichter mit dem relativen Schadraum $\varepsilon_0 = 0{,}05$ komprimiert Luft isentrop von 1 bar, 20 °C auf 7 bar. Vor dem Verdichter hatte die Luft bei einem Druck $p_A = 1{,}02$ bar die Temperatur $t_A = 10$ °C. Luft soll näherungsweise als ideales Gas angenommen werden. Für die Verdichtung soll $\varkappa = 1{,}4$ zugrunde gelegt werden.

Zu bestimmen sind:

a) der Füllungsgrad, wenn auch die Rückexpansion mit $\varkappa = 1{,}4$ erfolgt,

b) der Liefergrad, wenn die im Bsp. 4.11 angegebenen Voraussetzungen erfüllt sind.

Bewertung der Irreversibilität des Kolbenverdichters. In einem Kolbenverdichter führt der Kolben dem Fluid die Arbeit W_{KV} **(B 4.31 b)** zu. Infolge dissipativer Vorgänge ist W_{KV} größer als die Vergleichsarbeit W_{KV}^{rev} (B 4.31 c/d). Beide Arbeiten sind mit der gleichen geförderten Masse m_{gef} zu berechnen. Für den Turboverdichter hatten wir diese Fragen schon erörtert (Abschn. 4.2.4) und einen entsprechenden Verdichterwirkungsgrad definiert (Gl 4.22 a).

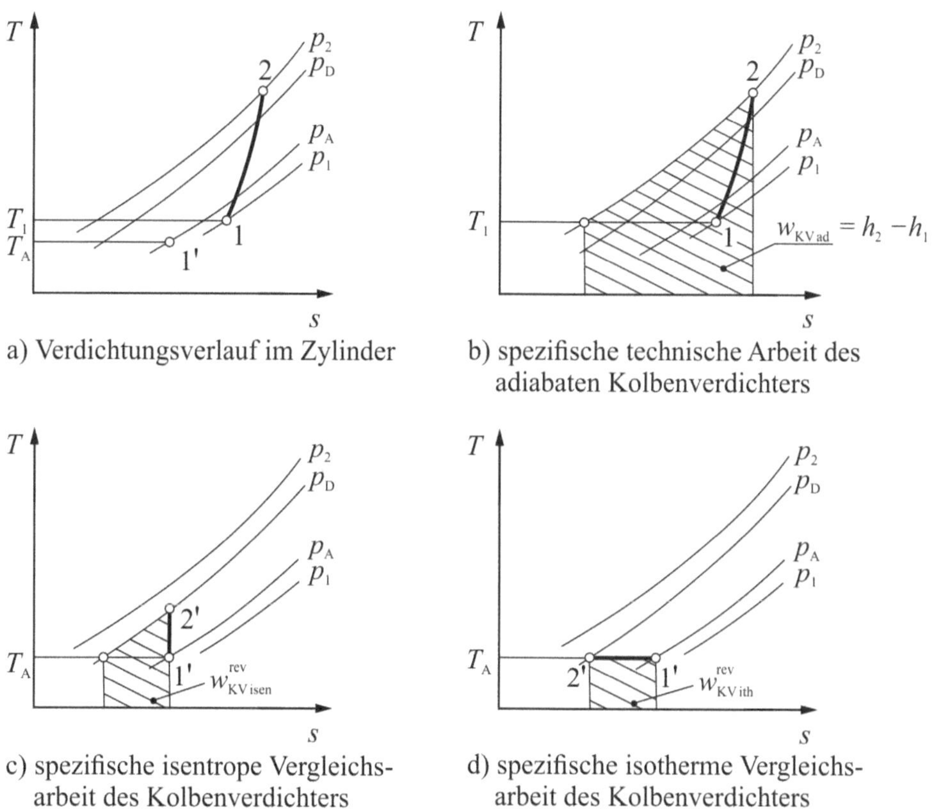

B 4.31 Verdichtung von idealem Gas in einem Kolbenverdichter im *T,s*-Diagramm

Beim ungekühlten Kolbenverdichter wird als Vergleichsarbeit die reversible technische Arbeit für die isentrope Kompression $W^{\text{rev}}_{\text{KV isen}}$ vom Umgebungszustand (p_A, T_A) auf den erforderlichen Enddruck p_D zugrunde gelegt (B 4.31 c).

Damit ergibt sich der schon mit Gl 4.22 a definierte isentrope Verdichterwirkungsgrad

$$\eta_{\text{isen V}} = \frac{W^{\text{rev}}_{\text{KV isen}}}{W_{\text{KV}}} \quad \textit{isentroper Verdichterwirkungsgrad} \quad \textbf{(Gl 4.47)}$$

Beim gekühlten Verdichter wird als Vergleichsarbeit die reversible technische Arbeit für die isotherme Kompression $W^{\text{rev}}_{\text{KV ith}}$ vom Umgebungszustand (p_A, T_A) auf den erforderlichen Enddruck p_D zugrunde gelegt (B 4.31 d). Damit ergibt sich der isotherme Verdichterwirkungsgrad

$$\eta_{\text{ith V}} = \frac{W^{\text{rev}}_{\text{KV ith}}}{W_{\text{KV}}} \quad \textit{isothermer Verdichterwirkungsgrad} \quad \textbf{(Gl 4.48)}$$

Beim Kolbenverdichter wird anstelle der technischen Arbeit W_{KV} auch die aus dem Indikatordiagramm (B 4.29) ermittelte *indizierte Arbeit des Kolbenverdichters* $W_{\text{KV ind}}$ verwendet, die etwas kleiner als die technische Arbeit W_{KV} ist. In diesem Fall ergeben sich folgende indizierten Wirkungsgrade:

$$\eta_{\text{isen ind}} = \frac{W^{\text{rev}}_{\text{KV isen}}}{W_{\text{KV ind}}} \quad \textit{isentroper indizierter Verdichterwirkungsgrad} \quad \textbf{(Gl 4.49)}$$

$$\eta_{\text{ith ind}} = \frac{W^{\text{rev}}_{\text{KV ith}}}{W_{\text{KV ind}}} \quad \textit{isothermer indizierter Verdichterwirkungsgrad} \quad \textbf{(Gl 4.50)}$$

Da $W_{\text{KV ind}} < W_{\text{KV}}$ ist, ergeben sich für η_{ind} höhere Werte als für η_V ($\eta_{\text{ind}} > \eta_V$).[1)] Der isentrope oder isotherme Verdichterwirkungsgrad bzw. der jeweilige indizierte Verdichterwirkungsgrad erfassen die inneren Verluste des Kolbenverdichters.

Bewertung der Maschine. Die äußeren Verluste werden durch den *mechanischen Verdichterwirkungsgrad* berücksichtigt:

$$\eta_{\text{m V}} = \frac{W_{\text{KV}}}{W_{\text{e KV}}} \quad \textit{mechanischer Verdichterwirkungsgrad} \quad \textbf{(Gl 4.51)}$$

oder, falls die indizierten Arbeiten zugrunde gelegt werden

$$\eta_{\text{m ind}} = \frac{W_{\text{KV ind}}}{W_{\text{e KV}}} \quad \textbf{(Gl 4.52)}$$

mit der *Kupplungsarbeit* $W_{\text{e KV}}$. Der *Kupplungswirkungsgrad* (Gesamtwirkungsgrad) η_e ist

$$\eta_e = \frac{W^{\text{rev}}_{\text{KV}}}{W_{\text{e KV}}} \quad \textit{Kupplungswirkungsgrad} \quad \textbf{(Gl 4.53)}$$

1) Bei Wärmekraftmaschinen ist es umgekehrt, vgl. Bemerkung zu Gl 4.7 b.

4

T 4.1 Verdichterwirkungsgrade

	Die Arbeit W_{KV} ist bestimmbar *) (Turboverdichter, Kolbenverdichter)		Die indizierte Arbeit $W_{KV\,ind}$ ist bestimmbar (Kolbenverdichter)	
	Vergleichsarbeit		Vergleichsarbeit	
	isentrope	isotherme	isentrope	isotherme
Erfassung der Abweichung des wirklichen Prozesses vom Vergleichsprozess	$\eta_{isen\,V} = \frac{W_{KV\,isen}^{rev}}{W_{KV}}$ (Gl 4.47)	$\eta_{ith\,V} = \frac{W_{KV\,ith}^{rev}}{W_{KV}}$ (Gl 4.48)	$\eta_{isen\,ind} = \frac{W_{KV\,isen}^{rev}}{W_{KV\,ind}}$ (Gl 4.49)	$\eta_{ith\,ind} = \frac{W_{KV\,ith}^{rev}}{W_{KV\,ind}}$ (Gl 4.50)
Erfassung der mechanischen Verluste	$\eta_{m\,V} = \frac{W_{KV}}{W_{e\,KV}}$ (Gl 4.51)		$\eta_{m\,ind} = \frac{W_{KV\,ind}}{W_{e\,KV}}$ (Gl 4.52)	
Kupplungswirkungsgrad (Gesamtwirkungsgrad)	$\eta_{e\,isen} = \frac{W_{KV\,isen}^{rev}}{W_{e\,KV}}$ (Gl 4.53 a)	$\eta_{e\,ith} = \frac{W_{KV\,ith}^{rev}}{W_{e\,KV}}$ (Gl 4.53 b)	$\eta_{e\,isen} = \frac{W_{KV\,isen}^{rev}}{W_{e\,KV}}$ (Gl 4.53 a)	$\eta_{e\,ith} = \frac{W_{KV\,ith}^{rev}}{W_{e\,KV}}$ (Gl 4.53 b)

*) Anstelle der Arbeit W_{KV} kann auch die technische Arbeit $W_{tV\,1\,2}$ (entsprechend Gl. 4.22 a) verwendet werden.

Für die reversible Vergleichsarbeit W_{KV}^{rev} kann isentrope oder isotherme Kompression angesetzt werden, wodurch sich unterschiedliche Werte für η_e ergeben. Die Unterscheidung zwischen technischer Arbeit W_{KV} und indizierter Arbeit $W_{KV\,ind}$ hat jedoch auf den Kupplungswirkungsgrad η_e keinen Einfluss:

$$\eta_e = \eta_V\,\eta_{m\,V} = \eta_{KV\,ind}\,\eta_{m\,ind} \qquad \textbf{(Gl 4.54)}$$

Zur besseren Übersicht sind die verschiedenen Verdichterwirkungsgrade in **T 4.1** zusammengestellt.

Aufgabe 4.14: In einem einfachwirkenden, einstufigen Kolbenverdichter werden 180 m^3/h trockene Luft (gemessen beim Ansaugzustand 1 bar und 20 °C) von 0,97 bar, 25 °C auf 6,53 bar verdichtet. Der Druck in der Druckleitung beträgt 6,5 bar. Durch Indizieren wurde die spezifische indizierte Arbeit 201,1 kJ/kg ermittelt. Luft soll näherungsweise als ideales Gas angenommen werden.

Zu bestimmen sind:

a) der isotherme indizierte Wirkungsgrad,

b) die Kupplungsleistung in kW bei einem mechanischen Verdichterwirkungsgrad von 0,94.

Kontrollfragen (Antworten Abschnitt 11.4)

4.1 1. Welche Eigenschaften sollen die Vergleichsprozesse der Wärmekraftmaschinen haben?

2. Welches Ziel wurde mit der Einführung der Vergleichsprozesse verfolgt?

3. Wie sind die folgenden Bewertungszahlen definiert:

   a) der thermische Wirkungsgrad,

   b) der exergetische Wirkungsgrad,

   c) das Arbeitsverhältnis?

4. Welche Aussage macht das Arbeitsverhältnis über den Vergleichsprozess?

4.2 5. Welchen Nachteil hat der Joule-Prozess?

6. Wie ändert sich der thermische Wirkungsgrad des Joule-Prozesses mit steigender Wärmezufuhr?

7. Welche Zustandsänderungen ergeben den Ericsson-Prozess?

8. Welche Vor- und Nachteile hat der Ericsson-Prozess gegenüber dem Joule-Prozess?

9. Welche Vorteile haben die verschiedenen Gasturbinenanlagen:

   a) die geschlossene Anlage mit äußerer Wärmezufuhr,

   b) die offene Anlage mit innerer Wärmezufuhr?

4.4 10. Welche drei Vergleichsprozesse werden nach der Art der Wärmezufuhr bei den Verbrennungsmotoren unterschieden?

11. In einem p,V- und einem T,S-Diagramm sind Otto- und Diesel-Prozess mit gleichen Zuständen 1 und 3 zeichnerisch darzustellen.

12. Warum kann das Verdichtungsverhältnis des Otto-Motors nicht beliebig gesteigert werden?

13. Wie heißt der als Rotationskolbenmaschine arbeitende Verbrennungsmotor?

4.5 14. Bei welchem Druckverhältnis ist der Arbeitsaufwand bei einer zweistufigen Verdichtung mit Zwischenkühlung am kleinsten?

15. Warum ist das Restvolumen beim Kolbenverdichter ein „Schadraum"?

16. Wie sind die Bewertungszahlen des Kolbenverdichters definiert:

   a) der Füllungsgrad,

   b) der Liefergrad?

17. Warum ist der Liefergrad eines Kolbenverdichters kleiner als der Füllungsgrad?

5 Der Dampf und seine Anwendung in Maschinen und Anlagen

5.1 Das reale Verhalten der Stoffe

Bisher wurden neben den Energiebetrachtungen hauptsächlich die Zustandsänderungen des idealen Gases und seine Anwendung in Maschinen behandelt. In der Praxis werden die Stoffe aber häufig in Zustandsbereichen angewandt, in denen sie sich nicht wie das ideale Gas verhalten. Dieses Verhalten wird nachfolgend untersucht.

5.1.1 Aggregatzustandsänderungen, Phasenwechsel

Bei einer Aggregatzustandsänderung treten unterschiedliche Phasen in einem System auf. Ein System mit einheitlichen Eigenschaften hatten wir als homogen bezeichnet, es besteht aus einer Phase (Abschn. 1.7.1). Wenn sich der Aggregatzustand ändert, z. B. beim Verdampfen einer Flüssigkeit, tritt neben der flüssigen Phase auch die gasförmige Phase auf, es handelt sich dann um ein heterogenes System mit zwei Phasen.

Verdampfen. In vielen Maschinen und Anlagen treten die Stoffe sowohl in flüssiger als auch in gasförmiger Phase auf. Den Übergang von der Flüssigkeit zum Gas bezeichnet man als *Verdampfen,* das in den technisch wichtigen offenen Systemen, z. B. im Dampferzeuger, sofern Druckverluste vernachlässigt werden, bei konstantem Druck durchgeführt wird.

Wir verfolgen daher das Verhalten einer Flüssigkeit bei isobarer Wärmezufuhr **(B 5.1)**. In einem durch einen Kolben abgeschlossenen Zylinder ist eine abgegrenzte Flüssigkeitsmas-

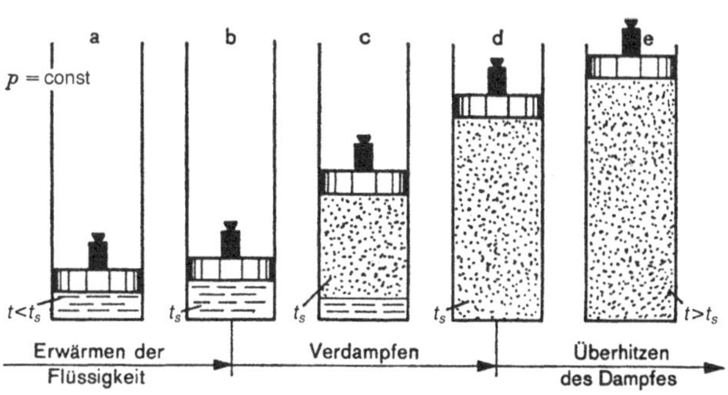

B 5.1 Verdampfungsvorgang bei konstantem Druck

se m eingeschlossen (a). Es handelt sich um ein homogenes System in flüssiger Phase. Ein Gewicht auf dem Kolben sorgt für konstanten Druck in der Flüssigkeit, der Wärme zugeführt wird. Dabei steigt die Temperatur der Flüssigkeit, bis die *Siedetemperatur* t_s (b) erreicht wird. Infolge der Erwärmung ist das Volumen der Flüssigkeit größer geworden. Bei weiterer Wärmezufuhr beginnt die Verdampfung, bei der die Temperatur konstant bleibt (c). Ist nur ein Teil der Flüssigkeit verdampft, so nennt man das Gemisch aus siedender Flüssigkeit und Sattdampf *Nassdampf*. Es handelt sich um ein heterogenes System mit zwei Phasen. Wenn die Flüssigkeit gerade vollständig verdampft ist, nennt man den Stoff, der sich nun restlos in gasförmiger Phase befindet, *Sattdampf* oder *trockengesättigten Dampf* (d). Das jetzt gasförmige System ist wieder homogen und besteht aus einer Phase. Beim Verdampfen wächst das Volumen meist beträchtlich. Wird dem Sattdampf weiter Wärme zugeführt, so steigt die Temperatur, der Dampf wird bei Vergrößerung des Volumens überhitzt (e). Man nennt diesen Dampf *Heißdampf* oder *überhitzten Dampf*.

Wird der beschriebene Versuch bei anderen Drücken durchgeführt, so bleiben die Erscheinungen im üblichen Bereich die gleichen, nur die Siedetemperatur hat einen jeweils anderen Wert. Der Zusammenhang zwischen Siededruck p_s und Siedetemperatur t_s ist eindeu-

T 5.1 Spezifische Verdampfungsenthalpie r und Siedetemperatur t_s bei 1,013**25** bar sowie kritischer Punkt verschiedener Stoffe

Stoff		Spez. Verdampfungsenthalpie bei 1,01325 bar r $\frac{kJ}{kg}$	Siedetemperatur bei 1,01325 bar t_s °C	kritische Daten [1] p_k bar	t_k °C
Ammoniak	NH_3	1369,4 [2]	−33,3 [3]	113,5	132,35
Ethanol	C_2H_5OH	846	78,32 [5]	61,37	240,75
Kohlenstoffdioxid	CO_2	(574 [a])	(−78,5 [b]) [4]	73,84	31,05
Quecksilber	Hg	285	356,58 [4]	1490	1491,85
Schwefeldioxid	SO_2	402	−10,0 [3]	78,84	157,55
Wasser	H_2O	2256,4 [2]	100 [c) 3)]	220,64	373,95

a) Sublimationsenthalpie.

b) Sublimationstemperatur – sublimiert bei 1,013**25** bar.

c) Wissenschaftlich genauer Wert: 99,975 °C [1; S. 31].

1) p_k und t_k nach Stephan/Schaber/Stephan/Mayinger [6a; Tabelle 13.1]

2) [1; Tabelle 9.3]

3) [10; Kap. D3.1, Tab. 1]

4) [19a; Kap. 1.2.1.1.2]

5) [19b; S. 2-32 und S. 2-953]

tig. Beim Verdampfen steigt die Enthalpie. Die auf die Masse bezogene isobare Enthalpieerhöhung bezeichnet man als *spezifische Verdampfungsenthalpie* (auch als *spezifische Verdampfungswärme*) Δh_v oder r. Sie ist stoff- und druckabhängig. Beim *Kondensieren* (Übergang Gas–Flüssigkeit) muss die gleiche Energie dem Dampf entzogen werden. Mit steigendem Druck wird die spezifische Verdampfungsenthalpie kleiner und bei einem bestimmten Druck, kritischer Druck genannt, zu null. Der Übergang von der Flüssigkeit zum Dampf erfolgt bei diesem Druck stetig, ohne dass sich der Stoff wie im Nassdampfgebiet in Flüssigkeit und Dampf trennt. Dem kritischen Druck p_k ist eine bestimmte kritische Temperatur T_k zugeordnet. Man nennt diesen Zustandspunkt auch *kritischen Punkt K*.

Beispiel 5.1: In einem Einspritzkondensator werden 1 500 kg Dampf von 100 °C und 1,013 25 bar kondensiert. Zur Kondensation müssen 14 300 kg Wasser in den Dampf eingespritzt werden, damit das Gemisch den Kondensator mit 75 °C verlässt. Wärmeverluste des Kondensators sind zu vernachlässigen. Näherungsweise soll für c_w der Wert bei 20 °C eingesetzt werden (T 2.3).

Mit welcher Temperatur wird das Wasser dem Kondensator zugeführt?

5

Lösung:

Die Energiebilanz ergibt (Gl 3.102):

$$Q_{a,\,\mathrm{Mi}} + Q_{b,\,\mathrm{Mi}} = 0$$

Die zu- und abzuführende Wärme werden unter Berücksichtigung der spezifischen Verdampfungsenthalpie eingesetzt (bei Kondensation negativer Wert, da Energie abzuführen ist). Indizes a = Dampf, b = Wasser.

$$m_a \left[r + c_w \left(t_{\mathrm{Mi}} - t_a\right)\right] + m_b\, c_w \left(t_{\mathrm{Mi}} - t_b\right) = 0$$

$$1\,500\ \mathrm{kg} \left[-2\,256{,}5\ \frac{\mathrm{kJ}}{\mathrm{kg}} + 4{,}184\,3\ \frac{\mathrm{kJ}}{\mathrm{kg\,K}}\ (75\ ^\circ\mathrm{C} - 100\ ^\circ\mathrm{C})\right] + 14\,300\ \mathrm{kg}\ 4{,}184\,3\ \frac{\mathrm{kJ}}{\mathrm{kg\,K}}\ (75\ ^\circ\mathrm{C} - t_b) = 0$$

$$t_b = 75\ ^\circ\mathrm{C} - \frac{1\,500\ \mathrm{kg}\ 2\,361\ \dfrac{\mathrm{kJ}}{\mathrm{kg}}}{14\,300\ \mathrm{kg}\ 4{,}184\,3\ \dfrac{\mathrm{kJ}}{\mathrm{kg\,K}}} = \underline{15{,}8\ ^\circ\mathrm{C}}$$

Aufgabe 5.1: 15 kg Wasser mit einer Temperatur von 20 °C sind bei einem Druck von 1,013 25 bar auf Siedetemperatur zu erwärmen und dann zu verdampfen.

Welche Wärme muss dem Wasser zugeführt werden?

Schmelzen. Für die Anwendung in Maschinen und Anlagen ist die feste Phase praktisch ohne Bedeutung, aber zur Beurteilung des thermischen Verhaltens der Stoffe muss auch dieser Aggregatzustand betrachtet werden. Den Übergang von der festen zur flüssigen Phase bezeichnet man als *Schmelzen*. Beim Schmelzen steigt die Enthalpie. Die auf die Masse bezogene isobare Enthalpieerhöhung bezeichnet man als *spezifische Schmelzenthalpie* (auch als *spezifische Schmelzwärme*) Δh_{sch} oder σ. Beim Schmelzen treten der feste Stoff und die Flüssigkeit nebeneinander auf. Man nennt dieses Zustandsgebiet *Schmelzgebiet*. Es handelt sich um ein heterogenes System mit zwei Phasen. Den Übergang von der flüssigen zur festen Phase nennt man *Erstarren*.

In weiten Zustandsbereichen ist die Schmelztemperatur vom Schmelzdruck unabhängig. Das spezifische Volumen der meisten Stoffe nimmt beim Schmelzen zu, wodurch bei hohen Drücken die Schmelztemperatur höher ist. Das spezifische Volumen des H_2O sinkt beim Schmelzen, daher schmilzt Eis mit höheren Drücken bei niedrigeren Temperaturen.

T 5.2 Spezifische Schmelzenthalpie und Schmelztemperatur einiger Stoffe bei 1,013 25 bar[1)]

Stoff		Spez. Schmelzenthalpie σ kJ/kg	Schmelztemperatur t_{sch} °C
Ammoniak	NH_3	332,2	−77,8
Ethanol	C_2H_5OH	107,0	−114,1
Kohlenstoffdioxid[2)]	CO_2	204,95	−56,6
Quecksilber[3)]	Hg	11,7	−38,9
Schwefeldioxid	SO_2	115,5	−73,2
Wasser (Eis)	H_2O	333,1	0
Aluminium[3)]	Al	355,9	660
Blei[3)]	Pb	23,9	327,3
Eisen, rein[3)]	Fe	272,1	1 530
Stahl mit ca. 0,2% C		≈209	≈1 500
Grauguss		≈ 96	≈1 200
Kupfer[3)]	Cu	209,3	1 083

[1)] Werte aus VDI-Wärmeatlas [10; D3.1, Tab.1].

[2)] Werte aus Hütte [15; Tabelle 8.8] . σ und t_{sch} gelten für den Tripelpunkt, da CO_2 erst bei Drücken ab 5,18 bar schmilzt.

[3)] Werte aus Dubbel [14; D50, Anh. D6, Tab. 11]

Wird das Schmelzen bei immer tieferen Drücken durchgeführt, so erreicht man schließlich einen Druck, unterhalb dessen kein Schmelzen mehr möglich ist. Mit der zugehörenden Schmelztemperatur erhält man einen Zustandspunkt, der *Tripelpunkt T* genannt wird, da in ihm alle drei Phasen möglich sind.

Sublimieren. Bei Drücken, die niedriger sind als der des Tripelpunktes, erfolgt nach Erreichen der Sublimationstemperatur durch Wärmezufuhr ein direkter Übergang von der festen in die gasförmige Phase, *Sublimieren* genannt. Die auf die Masse bezogene isobare Enthalpieerhöhung bezeichnet man als *spezifische Sublimationsenthalpie* Δh_{sub}. Der umgekehrte Vorgang heißt *Desublimieren.* Das p,t-Diagramm **(B 5.2)** zeigt drei Kurven, von denen jeder Punkt ein zusammengehöriges Wertpaar p und t bestimmt, bei dem zwei Phasen nebeneinander beständig sind.

Die Dampfdruckkurve endet im kritischen Punkt. Schmelz-, Dampf- und Sublimationsdruckkurve treffen sich im Tripelpunkt. Ein Ende der Schmelzdruckkurve wurde bisher nicht gefunden.

T 5.3 Tripelpunkte des Kohlenstoffdioxids und des Wassers*)

Stoff	Tripelpunkt	
	Druck p_{tr} bar	Temperatur t_{tr} °C
Kohlenstoffdioxid CO_2	5,18	−56,6
Wasser H_2O	0,006117	0,01

*) Werte für CO_2 aus Bosnjaković/Knoche: Technische Thermodynamik [2; Bild 10.18], für H_2O aus Wagner/Kruse [18]. Genauerer Wert für den Druck bei H_2O: $p_{tr} = 6{,}116\,57\ \mathrm{mbar}$ [18].

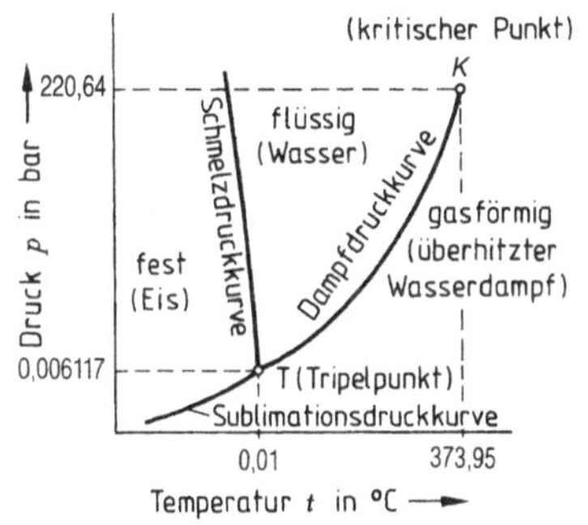

B 5.2 p,t-Diagramm für H_2O

Es ist zu beachten, dass sich die Stoffwerte, u. a. die spezifische Wärmekapazität, für die verschiedenen Phasen erheblich unterscheiden. So hat z. B. Eis in der Nähe von 0 °C die spezifische Wärmekapazität $c_{eis} = 2{,}04\ \mathrm{kJ/(kg\,K)}$ (T 2.3). Bei 20 °C können für Wasser die gerundeten Werte $c_{pw} = 4{,}184\ \mathrm{kJ/(kg\,K)}$ (T 2.3) und für Wasserdampf $c_{pd} = 1{,}86\ \mathrm{kJ/(kg\,K)}$ (T 2.5) eingesetzt werden.[1)]

Beispiel 5.2: Wie viel Wärme ist erforderlich, um 15 kg Blei mit einer Anfangstemperatur von 5 °C zu schmelzen?

Lösung:

$$Q_{12} = m\left[c_m\,(t_{sch} - t_1) + \sigma\right]$$

Für c_m wird näherungsweise die spezifische Wärmekapazität von 0 °C–300 °C nach T 2.4 eingesetzt.

$$Q_{12} = 15\ \mathrm{kg}\left[0{,}136\ \frac{\mathrm{kJ}}{\mathrm{kg\,K}}\ (327\ ^\circ\mathrm{C} - 5\ ^\circ\mathrm{C}) + 23{,}9\ \frac{\mathrm{kJ}}{\mathrm{kg}}\right] = \underline{1\,015{,}4\ \mathrm{kJ}}$$

Beispiel 5.3: Welche Mischtemperatur erhält man durch Mischung von 3 kg Wasser von 85 °C mit 1 kg Eis von −10 °C? Es ist mit konstanter spezifischer Wärmekapazität des Wassers und des Eises zu rechnen. Eine Überschlagsrechnung zeigt, dass nach der Mischung alles Eis geschmolzen ist. Es ist auch möglich, dass sich als Mischungszustand Eis oder eine Mischung aus Wasser und Eis ergibt. Wärmeverluste sind zu vernachlässigen.

1) Genaue temperatur- und druckabhängige Werte der realen Stoffe findet man in [18] und [32], temperaturabhängige Werte für Wasserdampf im idealen Gaszustand in T 2.2 und T 2.5.

Lösung:

(Gl 3.102) $Q_{a,\,Mi} + Q_{b,\,Mi} = 0$

Der Index a bezeichnet das Wasser, b das Eis.

$$m_a\, c_w\, (t_{Mi} - t_a) + m_b\, [c_{eis}\, (t_{sch} - t_b) + \sigma + c_w\, (t_{Mi} - t_{sch})] = 0$$

$$t_{Mi} = \frac{m_a\, c_w\, t_a - m_b\, [c_{eis}\, (t_{sch} - t_b) + \sigma - c_w\, t_{sch}]}{c_w\, (m_a + m_b)}$$

$$t_{Mi} = \frac{3\,\text{kg}\; 4{,}184\,\frac{\text{kJ}}{\text{kg K}}\; 85\,^\circ\text{C} - 1\,\text{kg}\left[2{,}04\,\frac{\text{kJ}}{\text{kg K}}\,(0\,^\circ\text{C} - [-10\,^\circ\text{C}]) + 333{,}1\,\frac{\text{kJ}}{\text{kg}} - 4{,}184\,\frac{\text{kJ}}{\text{kg K}}\; 0\,^\circ\text{C}\right]}{4{,}184\,\frac{\text{kJ}}{\text{kg K}}\,(3\,\text{kg} + 1\,\text{kg})}$$

$t_{Mi} = \underline{42{,}6\,^\circ\text{C}}$

Aufgabe 5.2: Wie viel Wärme ist erforderlich, um 21 kg Kupfer bei 1 083 °C zu schmelzen?

Aufgabe 5.3: 2 kg Wasser von 95 °C werden bei 1 bar mit 3 kg Eis von −8 °C gemischt. Dabei entsteht ein Gemisch aus Wasser und Eis. Wie viel kg Eis enthält das Gemisch? Es ist mit konstanter spezifischer Wärmekapazität des Wassers und des Eises zu rechnen. Wärmeverluste sind zu vernachlässigen.

5.1.2 Thermische Zustandsgleichungen realer Fluide

Für das ideale Gas wurde die thermische Zustandsgleichung $p\,v = R_i\,T$ (Gl 1.15) angegeben und festgestellt, dass diese Gleichung auf viele Gase dann anwendbar ist, wenn sie unter einem nicht zu hohen Druck stehen (Abschn. 1.4.2). Bei kleineren spezifischen Volumen und bei höheren Drücken treten im Verhalten der Stoffe Abweichungen von der durch die thermische Zustandsgleichung des idealen Gases gegebenen Gesetzmäßigkeiten auf, die nicht mehr vernachlässigt werden können. Im Verlauf der Geschichte der Thermodynamik hat es nicht an Versuchen gefehlt, diese Abweichungen durch empirische Gleichungen zu erfassen.

Eine Möglichkeit zur Berücksichtigung der Abweichungen besteht darin, die thermische Zustandsgleichung des idealen Gases durch den *Realgasfaktor* Z zu korrigieren. Man erhält dann die *thermische Zustandsgleichung eines realen Gases.*

$$p\,v = Z\,R_i\,T \qquad \textbf{(Gl 5.1)}$$

Für das ideale Gas ist $Z = 1$, für reale Gase werden sog. *Virialkoeffizienten*[1] angehängt, die empirisch, in bestimmten Fällen auch rechnerisch, zu ermitteln sind.

$$Z = \frac{p\,v}{R_i\,T} = 1 + \frac{B\,(T)}{v} + \frac{C\,(T)}{v^2} + \frac{D\,(T)}{v^3} + \cdots \qquad \textbf{(Gl 5.2)}$$

Z ist vom physikalischen Zustand abhängig. $B\,(T)$ ist der zweite, $C\,(T)$ der dritte Virialkoeffizient usw. Die Abhängigkeit des Realgasfaktors Z für trockene Luft von p und T zeigt **B 5.3**.

[1] vires (lat.), Kräfte — zwischen den Molekülen.

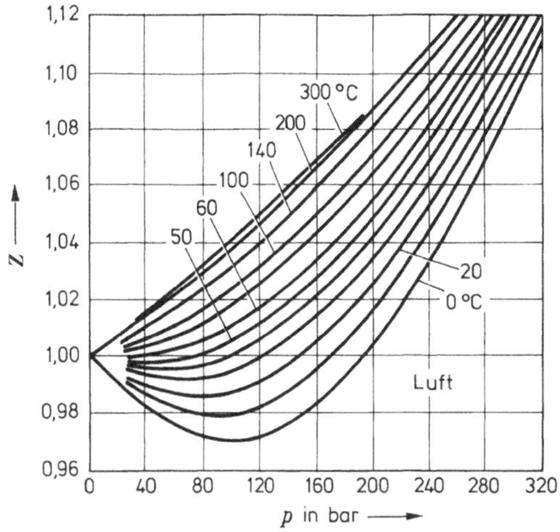

B 5.3 Realgasfaktor *Z* für trockene Luft

Eine historisch interessante, *für reale Fluide* allgemein geltende Gleichung stellte *van der Waals*[1] auf, der die Kräfte zwischen den Molekülen, die die Abweichungen bewirken, durch anschauliche, aber nicht sehr genaue Korrekturglieder zur thermischen Zustandsgleichung des idealen Gases berücksichtigte.

$$\left(p + \frac{a}{v^2}\right)(v - b) = R_i\, T \qquad \textbf{(Gl 5.3 a)}$$

Außer den bereits bekannten Größen treten in der Gleichung die Größen a und b auf, zwei für die betrachtete Stoffart charakteristische Konstante.

Die physikalische Bedeutung der Zusatzglieder kann mithilfe der Molekulartheorie erklärt werden. Bei dieser geht man von der Vorstellung aus, dass die Gase aus Molekülen bestehen, die sich frei im Raum bewegen. Der Druck des Gases auf die Wand ist dann die Wirkung einer großen Zahl von Molekülstößen. Durch die bei kleinerem spezifischem Volumen wirksam werdenden Anziehungskräfte zwischen den Molekülen wird der Druck auf die Wände verkleinert. Da die Zustandsgleichung die mathematische Verknüpfung der Zustandsgrößen eines Stoffes angibt, muss in die Gleichung statt des gemessenen Druckes p der größere Wert $\left(p + \frac{a}{v^2}\right)$ eingesetzt werden. Den Quotienten $\frac{a}{v^2}$ bezeichnet man als Kohäsionsdruck.

Bei sehr kleinem spezifischen Volumen macht sich das Eigenvolumen der Moleküle der Gase bemerkbar. Schließlich reichen selbst die höchsten Drücke nicht mehr aus, um den Gasraum weiter zu verkleinern. Aber auch schon bei etwas größeren spezifischen Volumen kann in die Zustandsgleichung nur der für die freie Bewegung der Moleküle verfügbare Raum $(v - b)$ eingesetzt werden. Der Ausdruck b wird als Kovolumen bezeichnet und ist etwa gleich dem Volumen der Flüssigkeit.

Die Gleichung von van der Waals gilt nicht nur für die gasförmige Phase, sondern auch für das Nassdampfgebiet und die Flüssigkeit.

Ordnet man die Gleichung nach Potenzen von v, so erkennt man die Gleichung dritten Grades.

$$v^3 - v^2\left(\frac{R_i\, T}{p} + b\right) + v\,\frac{a}{p} - \frac{a\,b}{p} = 0 \qquad \textbf{(Gl 5.3 b)}$$

[1] *Johannes D. van der Waals* (1837–1923), holländischer Physiker, veröffentlichte 1873 eine Zustandsgleichung der Gase, Dämpfe und Flüssigkeiten.

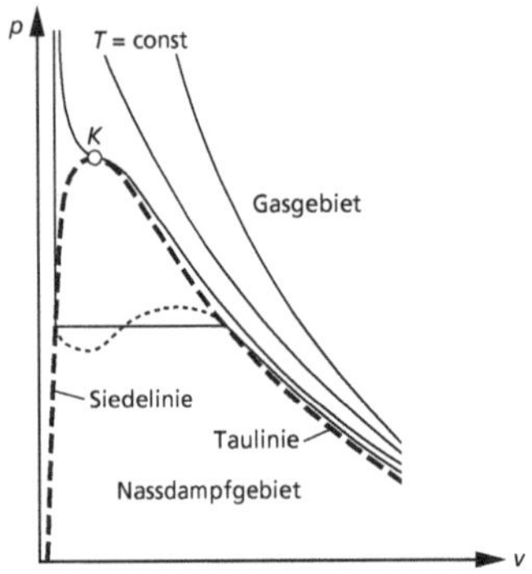

B 5.4 Isothermen nach van der Waals im p,v-Diagramm

Bei einer Gleichung dritten Grades sind drei reelle Lösungen möglich. Für große Werte von v entfallen die Zusatzglieder (Gl 5.3) und wir erhalten die Zustandsgleichung des idealen Gases. Im p,V-Diagramm sind die Isothermen dann gleichseitige Hyperbeln. In diesem Zustandsbereich hat die Gleichung 5.3 nur eine reelle Lösung für v. Für nicht zu hohe Werte von p und T hat die Gleichung drei reelle Lösungen für v, die Isothermen im p,V-Diagramm müssen in diesem Zustandsbereich einen Wendepunkt haben. In einem Punkt fallen die drei reellen Lösungen zusammen, und die Wendetangente verläuft waagerecht **(B 5.4)**. Dies ist der kritische Punkt K. Sind Druck, Temperatur und spezifisches Volumen sowie der Verlauf der Isothermen für diesen Punkt bekannt, so können die Zusatzglieder (Gl 5.3) berechnet werden. Mit diesen liegen dann alle Zustandspunkte nach der Gleichung von van der Waals fest. Jedoch zeigt ein Vergleich dieser errechneten Werte starke Abweichungen von den empirisch aufgenommenen Werten. Die Gleichung von van der Waals ist daher für Berechnungen unbrauchbar.

In das p,v-Diagramm (B 5.4) sind auch die Siede- und Taulinie eingezeichnet, die das Nassdampfgebiet vom Flüssigkeits- und Gasgebiet trennen. Nach den Erkenntnissen beim Verdampfen (Abschn. 5.1.1) erwarten wir waagerechte Isothermen im Nassdampfgebiet, da sich beim isobaren Verdampfen die Temperatur nicht ändert. Die Isothermen nach van der Waals weichen von der Waagerechten ab. Die Abweichungen lassen sich durch überhitzte Flüssigkeit im Bereich zwischen der Siedelinie und dem Minimum (*Siedeverzug*, $t > t_s$) und durch unterkühlten Dampf zwischen dem Maximum und der Taulinie ($t < t_s$) verwirklichen. Diese Zustände können bestehen, wenn keine Störung auftritt. Der mittlere Bereich ist dagegen nicht verwirklichbar.

5.1.3 *p,v,T*-Diagramm

In ein p,v-Diagramm tragen wir für einen Stoff, der dadurch gekennzeichnet ist, dass, wie bei den meisten Stoffen, das spezifische Volumen beim Schmelzen größer wird, die Isothermen und die Grenzkurven zwischen den einzelnen Phasengebieten ein **(B 5.5)**. [1)]

Im Nassdampfgebiet verlaufen die Isothermen im Gegensatz zur mathematischen Bedingung der Gleichung von van der Waals waagerecht. Bei großen spezifischen Volumen sind die Isothermen des Gases gleichseitige Hyperbeln.

[1)] Bei H_2O hat das Diagramm ein komplizierteres Aussehen, da $v_{eis} > v_{flüssig}$ bei gleicher Temperatur.

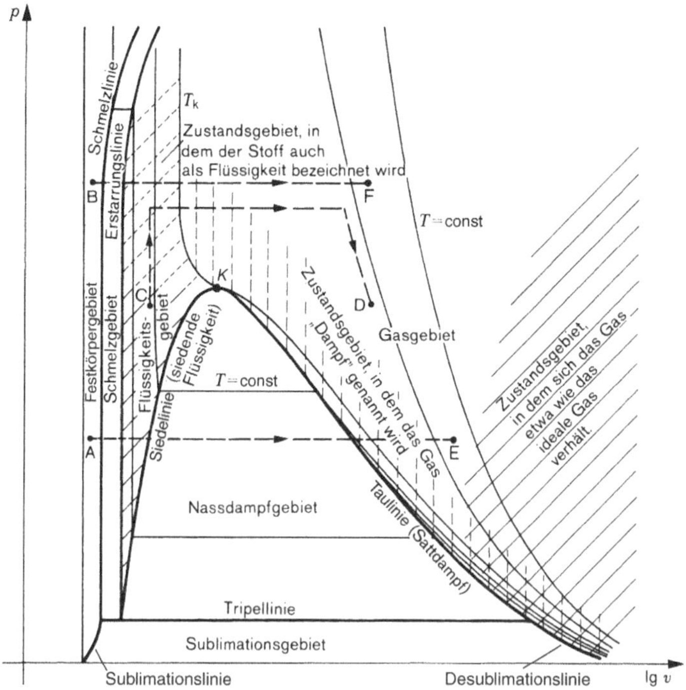

B 5.5 p,v-Diagramm eines Stoffes mit Siede- und Taulinie sowie Isothermen

Wird der Stoff isobar vom Zustandspunkt A bis zum Zustandpunkt E erwärmt, so lassen sich die Phasenänderungen übersichtlich verfolgen: Bei der isobaren Erwärmung des Festkörpers steigen spezifisches Volumen und Temperatur, bis bei einer bestimmten Temperatur das Schmelzen beginnt. Im Schmelzgebiet sind Festkörper und Flüssigkeit nebeneinander im Gleichgewicht. Während des Schmelzens ändert sich die Temperatur nicht. Ist der ganze Stoff geschmolzen, so steigen bei weiterer Wärmezufuhr die Temperatur und das spezifische Volumen, bis bei einer bestimmten Temperatur das Sieden beginnt. Nun geht bei konstanter Temperatur der Stoff in die gasförmige Phase über. Während des Siedens sind Flüssigkeit und Dampf nebeneinander im Gleichgewicht, wobei die Trennung längs einer deutlich sichtbaren Grenzlinie erfolgt. Den Stoff nennt man in diesem Übergangsgebiet Nassdampf. Ist der Stoff vollständig verdampft, so ist das Gebiet der gasförmigen Phase erreicht. Etwas oberhalb der Taulinie nennt man das Gas häufig Dampf. Wird bei konstantem Druck weiter erwärmt, so wird das Zustandsgebiet erreicht, indem sich der Stoff wie das ideale Gas verhält.

Erwärmt man den Stoff dagegen beginnend von B isobar bis F bei einem Druck $p > p_k$, so wird im Gegensatz zur ersten Erwärmung keine Grenzkurve zwischen Flüssigkeit und Gas überschritten. Die beiden Phasengebiete gehen in diesem Zustandsbereich kontinuierlich ineinander über.

Die Zustandsänderung von C nach D soll diese Verhältnisse noch deutlicher zeigen. Der Punkt C liegt im Flüssigkeitsbereich. Von diesem ausgehend wird zunächst isotherm der Druck gesteigert, dann isobar erwärmt und danach der Druck wieder isotherm vermindert. Der so erreichte Punkt D liegt im gasförmigen Zustandsbereich, der ohne Überschreiten einer Grenze erreicht wurde. Das Diagramm und die letzten Überlegungen zeigen, dass oberhalb des kritischen Punktes keine Grenze zwischen Flüssigkeit und Gas vorhanden ist. In diesem Zustandsbereich verliert die Unterscheidung Gas - Flüssigkeit physikalisch ihren Sinn. Unterhalb von T_k wird der Stoff als Flüssigkeit bezeichnet.

Aus dem Diagramm ist zu erkennen, dass sich der Zustandsbereich, in dem das Gas „Dampf“ genannt wird, und der andere, ebenfalls schraffiert dargestellte Zustandsbereich, in dem sich der Stoff mit guter Näherung wie das ideale Gas verhält, überschneiden. Bei niedrigen Drücken wird der Stoff in der Nähe der Taulinie zwar als Dampf bezeichnet, folgt aber annähernd der Zustandsgleichung des idealen Gases.

5.2 Wasserdampf

Für technische Anwendungen ist der Wasserdampf besonders wichtig. Er wird anschließend näher behandelt als charakteristisches Beispiel für die Stoffe, die sich in einem Teil des gasförmigen Aggregatzustandes nicht wie das ideale Gas verhalten. Die abgeleiteten Gleichungen können, sofern sie noch keine speziellen Zahlenwerte enthalten, auch für die anderen Stoffe in den entsprechenden Zustandsbereichen angewandt werden.

Im Gegensatz zu vielen anderen Stoffen hat das Wasser (H_2O) in jedem Aggregatzustand einen besonderen Namen: als Festkörper heißt es Eis, als Flüssigkeit Wasser und im ganzen gasförmigen Aggregatzustand, also nicht nur in der Nähe der Taulinie, Wasserdampf.

5.2.1 Zustandsgleichungen des Wasserdampfes

Wegen der großen Bedeutung des Wasserdampfes als Energieträger wird bei seiner Zustandsgleichung eine große Genauigkeit gefordert. Eine Stufe in dieser Entwicklung ist die von Clausius in enger Anlehnung an die Gleichung von van der Waals aufgestellte Beziehung zwischen den thermischen Zustandsgrößen

$$\left(p + \frac{\varphi(T)}{(v+c)^2}\right)(v-b) = R_d\, T \qquad \textbf{(Gl 5.3 c)}$$

Statt der Konstanten a wurde die Funktion $\varphi(T)$ eingeführt und eine zusätzliche Konstante c in die Gleichung aufgenommen, $R_d = 461{,}5\ \frac{\text{J}}{\text{kg K}}$. Gl 5.3 c ist zwar exakter als Gl 5.3 a, genügt aber nicht heutigen Genauigkeitsansprüchen.

Die zurzeit genaueste Berechnung der Zustandsgrößen von H_2O ist nach einer Standard-Zustandsgleichung möglich, die 1995 unter der Bezeichnung *„IAPWS* (International Association for the Properties of Water and Steam) *Formulation 1995 for the Thermodynamic Properties of Ordinary Water Substance for General and Scientific Use“* (*IAPWS-95 Formulation*) international angenommen wurde [32]. Daneben wird für den industriellen Gebrauch international ab 1999 die daran angepasste *„IAPWS Industrial Formulation 1997 for the Thermodynamic Properties of Water and Steam"* *(IAPWS IF 97)* verwendet [18]. Den Lösungen der Beispiele und Aufgaben dieses Buches liegt die IAPWS IF 97 zugrunde (T 5.4, T 5.5 und T 6.1).

Auf die Wiedergabe der umfangreichen Gleichungen wird hier verzichtet. Üblicherweise werden die Gleichungen in EDV-Anlagen programmiert, sodass die für thermodynamische Berechnungen notwendigen Größen direkt ermittelt werden können.

5.2.2 Spezifische Zustandsgrößen

Dampfgehalt. Als *Dampfgehalt* x des Nassdampfes bezeichnet man das Verhältnis der Masse des *(gesättigten)* Dampfes im Nassdampf zur *gesamten* Masse des Nassdampfes.

5

$$x = \frac{\text{Masse des gesättigten Dampfes im Nassdampf}}{\text{gesamte Nassdampfmasse}}$$

$$x = \frac{m''}{m' + m''} \quad \textit{Dampfgehalt des Nassdampfes} \qquad \textbf{(Gl 5.4)}$$

mit m' Masse der siedenden Flüssigkeit im Nassdampf

m'' Masse des gesättigten Dampfes im Nassdampf

$m = m' + m''$ gesamte Nassdampfmasse

$(1 - x)$ wird als *Dampfnässe* des Nassdampfes bezeichnet. Dieses x darf nicht mit dem ebenfalls mit x bezeichneten Feuchtegehalt von Gasen verwechselt werden (Abschn. 6.4.3).

Spezifisches Volumen des Nassdampfes. Im Nassdampfgebiet kann das spezifische Volumen des Nassdampfes v_x aus dem spezifischen Volumen des Sattdampfes v'' und dem spezifischen Volumen der siedenden Flüssigkeit v' bzw. aus den Dichten ϱ'' und ϱ' berechnet werden.

$$v_x = (1 - x)\, v' + x\, v'' \qquad \text{oder}$$

$$v_x = v' + x\,(v'' - v') \quad \textit{spezifisches Volumen des Nassdampfes} \qquad \textbf{(Gl 5.5)}$$

Da bei kleinen Drücken v'' sehr viel größer als v' ist, gilt in diesem Bereich bei nicht zu kleinem x in guter Annäherung

$$v_x \approx x\, v'' \qquad \textbf{(Gl 5.6)}$$

Die spezifische Enthalpie. Wie bei dem spezifischen Volumen werden bei den kalorischen Zustandsgrößen mit h', u', s' die siedende Flüssigkeit und mit h'', u'', s'' der Sattdampf bezeichnet.

---

[1] Streng genommen wurde die spezifische freie Energie (Gl 3.16 a) $f'_{tr} = u'_{tr} - T_{tr} s'_{tr}$ gleich null gesetzt. Mit $f'_{tr} = 0$ und $s'_{tr} = 0$ ist dann auch $u'_{tr} = 0$.

Um die kalorischen Zustandsgrößen für einen konkreten Zustand durch Zahlenwerte auszudrücken, muss ein Nullpunkt vereinbart werden (Abschn. 2.3). Dieser *Bezugspunkt* soll durch physikalische Eigenschaften hervorgehoben sein und ferner bei der Berechnung der Zahlenwerte möglichst keine negativen Werte ergeben. Man wählte hierfür *siedendes Wasser im Tripelpunkt* mit $t_{tr} = 0{,}01\ ^\circ\mathrm{C}$ und $p_{tr} = 0{,}006\,117$ bar. Hierfür setzte man $u'_{tr} = 0$ und $s'_{tr} = 0$.[1)]

Damit ergibt sich nach Gl 2.12:

$$h'_{tr} = u'_{tr} + p_{tr}\, v'_{tr} = 0 + 0{,}006\,117 \cdot 10^5\ \frac{\mathrm{N}}{\mathrm{m}^2}\ 0{,}001\ \frac{\mathrm{m}^3}{\mathrm{kg}}\ \frac{\mathrm{kJ}}{10^3\ \mathrm{N\,m}} = 0{,}000\,611\,7\ \frac{\mathrm{kJ}}{\mathrm{kg}}$$

Die spezifische Enthalpie im Tripelpunkt h'_{tr} hat somit einen geringen positiven Wert, der aber in den Wasserdampftafeln (T 5.4) als null erscheint.

Ziel der nachfolgenden Ausführungen ist eine anschauliche Berechnung der spezifischen Enthalpie für überhitzten Wasserdampf mit dem Druck p und der Temperatur T. Die gesuchte Enthalpie wird als Differenz zu der Enthalpie des Bezugspunktes h'_{tr} bestimmt.

Der *Weg*, längs dessen wir die Enthalpiedifferenz berechnen, ist beliebig, da die Enthalpie eine Zustandsgröße ist und die Differenz von dem Verlauf der Zustandsänderungen unabhängig ist. Der Weg soll aber einfach und praxisnahe sein. Wir wählen die Isobare, denn die Erwärmung des Wassers, die Verdampfung und die Überhitzung des Dampfes erfolgen meist annähernd isobar. Ferner ist bei der Isobaren $\mathrm{d}h = \mathrm{d}q$, die Enthalpiedifferenz kann also leicht bestimmt werden.

Vom Bezugspunkt – dem Tripelpunkt – ausgehend, muss der Enddruck aber erst erreicht werden. Hierfür wählen wir die Isotherme. Damit liegt der Weg, längs dessen hier die Enthalpiedifferenz berechnet werden soll, fest.

1. Isotherme Drucksteigerung des Wassers bei $t_{tr} = 0{,}01\ ^\circ\mathrm{C}$ ($\approx 0\ ^\circ\mathrm{C}$) von p_{tr} auf p

Bei der isothermen Drucksteigerung des kalten Wassers bis zu Drücken von etwa 100 bar ist das Wasser fast inkompressibel, also $\mathrm{d}v \approx 0$ und folglich (Gl 2.27) auch $\mathrm{d}u \approx 0$.

Aus der Definitionsgleichung für die Enthalpie (Gl 2.12) folgt durch vollständige Differenziation

$$\mathrm{d}h = \mathrm{d}u + v\,\mathrm{d}p + p\,\mathrm{d}v$$

Es folgt für $\mathrm{d}u = 0$ und $\mathrm{d}v = 0$

$$\mathrm{d}h = v\,\mathrm{d}p$$

Das bestimmte Integral von p_{tr} bis p mit $v_0 = \text{const}$ ergibt

$$h_0 - h'_{tr} = v_0\,(p - p_{tr})$$

Mit $h'_{tr} = u'_{tr} + p_{tr}\, v'_{tr}$ (Gl 2.12), $u'_{tr} = 0$ und $v'_{tr} = v_0$ erhält man

$$h_0 = v_0\, p \qquad \textbf{(Gl 5.7)}$$

Der Index „0“ bezeichnet die Größen bei $t_{tr} = 0{,}01\ °C$ ($\approx 0\ °C$) und dem geforderten Druck p. Es ist zu erkennen (Gl 5.7), dass die Enthalpie bei der isothermen Drucksteigerung im genannten Bereich, d. h. bis etwa 100 bar, proportional mit dem Druck wächst. Der aus der Gleichung gewonnene Wert zeigt aber nicht mehr, dass h_0 aus einer Enthalpiedifferenz entstanden ist.

2. Isobare Erwärmung des Wassers von $t_{tr} = 0{,}01\ °C$ ($\approx 0\ °C$) auf t_s

Längs der Isobaren ist $dh = dq$, folglich

$$h' - h_0 = q_f,$$

wenn q_f die zur Erwärmung von 1 kg Wasser von t_{tr} auf t_s erforderliche Energie ist. q_f wird *spezifische Flüssigkeitsenthalpie* (auch *spezifische Flüssigkeitswärme*) genannt und kann, da $dq = dh$ ist, nach folgender Gleichung bestimmt werden:

$$q_f = \int_{t_{tr}}^{t_s} c_{pw}\, dt = c_{pmw}\Big|_{t_{tr}}^{t_s} (t_s - t_{tr})$$

Mit $t_{tr} = 0{,}01\ °C \approx 0\ °C$ erhält man

$$q_f = c_{pmw}\Big|_{0\ °C}^{t_s} t_s \qquad \textbf{(Gl 5.8)}$$

Bei nicht zu hohen Temperaturen[1] ist für Wasser $c_{pmw}\Big|_{0\ °C}^{t_s} \approx 4{,}184\ \dfrac{kJ}{kg\ K}$ (T 2.3)

$$h' = h_0 + q_f = h_0 + c_{pmw}\Big|_{0\ °C}^{t_s} t_s$$

spezifische Enthalpie der siedenden Flüssigkeit **(Gl 5.9 a)**

Beliebige Zwischenwerte:

$$h_w = h_0 + c_{pmw}\Big|_{0\ °C}^{t_w} t_w \qquad \textbf{(Gl 5.9 b)}$$

3. Isobare Verdampfung des Wassers

Auch hier gilt $dq = dh$, also ist

$h'' - h' = \Delta h_v = r$ *spezifische Verdampfungsenthalpie*

$h'' = h' + r$ *spezifische Enthalpie des Sattdampfes* **(Gl 5.10)**

Mit $h = u + p\,v$ (Gl 2.12) ist $r = u'' - u' + p\,(v'' - v')$

Die *spezifische Verdampfungsenthalpie* oder *spezifische Verdampfungswärme* r (beim Kondensieren auch *spezifische Kondensationsenthalpie* – negativ – genannt) setzt sich aus zwei Anteilen zusammen, die oft gesondert dargestellt werden.

$$\varrho = u'' - u' \qquad \textbf{(Gl 5.11)}$$

$$\psi = p\,(v'' - v') \qquad \textbf{(Gl 5.12)}$$

Dabei sind ϱ die *innere* und ψ die *äußere spezifische Verdampfungsenthalpie*

[1] Bis ca. 80 °C. Genauere Werte s. B 2.10 und T 8.2.

$$r = \varrho + \psi \qquad \textbf{(Gl 5.13)}$$

Die innere spezifische Verdampfungsenthalpie dient zur Aufhebung der Anziehungskräfte zwischen den Molekülen beim Übergang von der Flüssigkeits- in die Dampfphase, während die äußere spezifische Verdampfungsenthalpie die bei der Verdampfung abzugebende Volumenänderungsarbeit deckt.

p bar	v_0 m^3/kg	h_0 kJ/kg	r kJ/kg	ψ kJ/kg	ϱ kJ/kg
1	0,001	0,1	2257,5	169,3	2088,2
100	0,001	10	1317,6	165,5	1152,1

Die vorstehende Tabelle zeigt den Anstieg von h_0 und den starken Abfall von r und ϱ mit steigendem Druck.

Häufig ist es notwendig, die spezifische Enthalpie des Nassdampfes zu bestimmen. Im Nassdampfgebiet wird nur der Dampfgehalt x (kg Dampf/kg H_2O) verdampft, folglich ist

$$h_x - h' = x\,r$$

die Steigerung der spezifischen Enthalpie bei der Verdampfung von x.

$$h_x = h' + x\,r = h' + x\,(h'' - h') \qquad \textit{spezifische Enthalpie des Nassdampfes} \qquad \textbf{(Gl 5.14)}$$

Entsprechend erhalten wir für die spezifische innere Energie im Nassdampfgebiet

$$u_x = u' + x\,\varrho = u' + x\,(u'' - u') \qquad \textbf{(Gl 5.15)}$$

4. Isobare Überhitzung des Dampfes von t_s auf t

Ist das gesamte Wasser verdampft, so führt eine weitere Wärmezufuhr wieder zu einer Temperatursteigerung. Mit $\mathrm{d}q = c_p\,\mathrm{d}t$ wird

$$h - h'' = \int_{t_s}^{t} c_{pd}\,\mathrm{d}t = c_{pmd}\big|_{t_s}^{t}\,(t - t_s) \quad \text{also}$$

$$h = h'' + c_{pmd}\big|_{t_s}^{t}\,(t - t_s) \qquad (\textit{nur selten verwendbar}) \qquad \textbf{(Gl 5.16)}$$

Da die spezifische Wärmekapazität des Wasserdampfes neben der Temperatur auch stark vom Druck abhängig ist, werden Gl 5.16 und Gl 5.20 *nur in Ausnahmefällen* zur Bestimmung von h und s benutzt, wie beispielsweise beim Wasserdampf in feuchter Luft (Abschn. 6.4.5). Im Allgemeinen arbeitet man im überhitzten Gebiet mit Tabellen (T 5.4) und (T 5.5) oder Diagrammen (B 5.5) und (B 5.6), sofern nicht EDV-Anlagen eingesetzt werden.

Die spezifische Entropie. Der Berechnung der spezifischen Entropie von überhitztem Wasserdampf liegen die gleichen Überlegungen zugrunde wie der der spezifischen Enthalpie.

Bezugspunkt: $s'_{tr} = 0$ für Wasser im Tripelpunkt (0,01 °C, 0,006 117 bar).

Ziel: Es soll die spezifische Entropie von überhitztem Wasserdampf mit dem Druck p und der Temperatur t bestimmt werden.

Weg: Auch hier ist die Entropiedifferenz zwischen dem willkürlich gewählten Nullpunkt und dem Endzustand unabhängig vom Weg, längs dessen sie berechnet wird, da die

Entropie eine Zustandsgröße ist. Es wird der gleiche Weg wie bei der Berechnung der spezifischen Enthalpie gewählt.

1. *Isotherme Drucksteigerung von* p_{tr} auf p bei $t_{tr} = 0{,}01\ °C\ (\approx 0\ °C)$

Im inkompressiblen Bereich sind $\mathrm{d}v = 0$ und $\mathrm{d}u = 0$ (siehe spezifische Enthalpie), daher ist (Gl 3.3):

$$ds = 0; \qquad s_0 = s'_{tr} = 0$$

2. *Isobare Erwärmung der Flüssigkeit* auf t_s (Gl 3.33):[1]

$$s' - s_0 = \int_{T_{tr}}^{T_s} c_{pw} \frac{\mathrm{d}T}{T} = c_{pmw}\Big|_{t_{tr}}^{t_s} \ln \frac{T_s}{T_{tr}}; \qquad T_{tr} = 273{,}16\ \mathrm{K}\ (\approx 0\ °C)$$

$$s' = s_0 + c_{pmw}\Big|_{0\,°C}^{t_s} \ln \frac{T_s}{T_{tr}} = c_{pmw}\Big|_{0\,°C}^{t_s} \ln \frac{T_s}{T_{tr}}$$

spezifische Entropie der siedenden Flüssigkeit **(Gl 5.17 a)**

Beliebige Zwischenwerte:

$$s_w = s_0 + c_{pmw}\Big|_{0\,°C}^{t_w} \ln \frac{T_w}{T_{tr}} = c_{pmw}\Big|_{0\,°C}^{t_w} \ln \frac{T_w}{T_{tr}}$$ **(Gl 5.17 b)**

3. *Isobare Verdampfung des Wassers* (Gl 3.40, mit $w_{diss\,1\,2} = 0$)

$$s'' - s' = \Delta s_v = \frac{r}{T_s}$$ *spezifische Verdampfungsentropie*

$$s'' = s' + \frac{r}{T_s}$$ *spezifische Entropie des Sattdampfes* **(Gl 5.18)**

Im Nassdampfgebiet mit x kg Dampf/kg H_2O gilt

$$s_x - s' = \frac{x\,r}{T_s}$$

$$s_x = s' + \frac{x\,r}{T_s} = s' + x\,(s'' - s')$$ *spezifische Entropie des Nassdampfes* **(Gl 5.19)**

4. *Isobare Überhitzung des Dampfes von* t_s auf t (Gl 3.33)[1]

$$s - s'' = \int_{T_s}^{T} c_{pmd} \frac{\mathrm{d}T}{T} = c_{pmd}\Big|_{t_s}^{t} \ln \frac{T}{T_s}$$

$$s = s'' + c_{pmd}\Big|_{t_s}^{t} \ln \frac{T}{T_s}$$ (*nur selten verwendbar*) **(Gl 5.20)**

Auch Gl 5.20 kann zur Berechnung in der Regel *nicht* verwendet werden, vergl. Gl 5.16.

[1] Vgl. Fußnote 1 zu Gl 3.25.

T 5.4 Wasserdampftafel, Sättigungszustand (Drucktafel)[1)]

p bar	t °C	v' m³/kg	v'' m³/kg	h' kJ/kg	h'' kJ/kg	r kJ/kg	s' kJ/(kg K)	s'' kJ/(kg K)
0,0061[2)]	0	0,0010002	206,14	−0,04	2500,9	2500,9	−0,0002	9,1558
0,0061	0,01	0,0010002	206,00	0,00	2500,9	2500,9	0	9,1555
0,01	6,97	0,0010001	129,18	29,30	2513,7	2484,4	0,1059	8,9749
0,02	17,50	0,0010014	66,99	73,43*	2532,9	2459,5	0,2606	8,7227
0,03	24,08	0,0010028	45,66	100,99	2544,9	2443,9	0,3543	8,5766
0,04	28,96	0,0010041	34,79	121,40	2553,7	2432,3	0,4224	8,4735
0,05	32,88	0,0010053	28,19	137,77	2560,8	2423,0	0,4763	8,3939
0,06	36,16	0,0010064	23,73	151,49	2566,7	2415,2	0,5209	8,3291
0,07	39,00	0,0010075	20,53	163,37	2571,8	2408,4	0,5591	8,2746
0,08	41,51	0,0010085	18,10	173,85	2576,2	2402,4	0,5925	8,2274
0,09	43,76	0,0010094	16,20	183,26	2580,3	2397,0	0,6223	8,1859
0,1	45,81	0,0010103	14,671	191,81	2583,9	2392,1	0,6492	8,1489
0,2	60,06	0,0010171	7,648	251,40	2608,9*	2357,5*	0,8320	7,9072
0,3	69,10	0,0010222	5,229	289,23	2624,6	2335,3	0,9439	7,7675
0,4	75,86	0,0010264	3,993	317,57	2636,1	2318,5	1,0259	7,6690
0,5	81,32	0,0010299	3,240	340,48	2645,2	2304,7	1,0910	7,5930
0,6	85,93	0,0010331	2,732	359,84	2652,9	2293,0	1,1452	7,5311
0,7	89,93	0,0010359	2,365	376,68	2659,4	2282,7	1,1919	7,4790
0,8	93,49	0,0010385	2,087	391,64	2665,2	2273,5	1,2328	7,4339
0,9	96,69	0,0010409	1,870	405,13	2670,3	2265,2	1,2694	7,3942
1,0	99,61	0,0010431	1,694	417,44	2675,0	2257,5	1,3026	7,3588
1,1	102,29	0,0010453	1,550	428,77*	2679,2	2250,4	1,3328	7,3268
1,2	104,78	0,0010473	1,428	439,30	2683,1	2243,8	1,3608	7,2976
1,3	107,11	0,0010492	1,325	449,13	2686,7	2237,5	1,3867	7,2708
1,4	109,29	0,0010510	1,237	458,37	2690,0	2231,6	1,4109	7,2460
1,5	111,35	0,0010527	1,159	467,08	2693,1	2226,0	1,4335	7,2229

[1)] Auszug aus den Wasserdampftafeln [18; Table 2]. Werte für v', die mit sieben Stellen nach dem Komma angegeben sind und mit * gekennzeichnete Werte sind mit Polynom berechnet.

[2)] [18; Table 1]
Bei Berechnung von h'' nach Gl 5.10 ($h'' = h' + r$) treten gegenüber den Tabellenwerten z. T. rundungsbedingte Abweichungen auf. Temperaturtafel s. T 6.1.

T 5.4 (Fortsetzung)

p bar	t °C	v' m³/kg	v'' m³/kg	h' kJ/kg	h'' kJ/kg	r kJ/kg	s' kJ/(kg K)	s'' kJ/(kg K)
2,0	120,21	0,001 0605	0,8857	504,68	2706,2	2201,6	1,5301	7,1269
3,0	133,53	0,001 0732	0,6058	561,46	2724,9	2163,4	1,6718	6,9916
4,0	143,61	0,001 0836	0,4624	604,72	2738,1	2133,3	1,7766	6,8954
6,0	158,83	0,001 1006	0,3156	670,50	2756,1	2085,6	1,9311	6,7592
8,0	170,41	0,001 1148	0,2403	721,02	2768,3	2047,3	2,0460	6,6615
10	179,89	0,001 1272	0,1943	762,7	2777,1	2014,4	2,1384	6,5850
15	198,30	0,001 1539	0,1317	844,7	2791,0	1946,3	2,3147	6,4431
20	212,38	0,001 1768	0,0996	908,6	2798,4	1889,8	2,4470	6,3392
30	233,86	0,001 2167	0,0667	1008,4	2803,3	1794,9	2,6456	6,1858
40	250,36	0,001 2526	0,0498	1087,4	2800,9	1713,5	2,7967	6,0697
50	263,94	0,001 2864	0,0394	1154,5	2794,2	1639,7	2,9207	5,9737
60	275,59	0,001 3193	0,0324	1213,7	2784,6	1570,8	3,0274	5,8901
70	285,83	0,001 3519	0,0274	1267,4	2772,6	1505,1	3,1220	5,8146
80	295,01	0,001 3847	0,0235	1317,1	2758,6	1441,5	3,2077	5,7448
90	303,35	0,001 4181	0,0205	1363,7	2742,9	1379,2	3,2866	5,6790
100	311,00	0,001 453	0,0180	1407,9	2725,5	1317,6	3,3603	5,6159
110	318,08	0,001 489	0,0160	1450,3	2706,4	1256,2*	3,4300	5,5545
120	324,68	0,001 526	0,0143	1491,3	2685,6	1194,3	3,4965	5,4941
130	330,86	0,001 566	0,0128	1531,4	2662,9	1131,5	3,5606	5,4339
140	336,67	0,001 610	0,0115	1570,9	2638,1	1067,2	3,6230	5,3730
150	342,16	0,001 657	0,0103	1610,2	2610,9	1000,7	3,6844	5,3108
160	347,36	0,001 710	0,0093	1649,7	2580,8	931,1	3,7457	5,2463
180	356,99*	0,001 839	0,0075	1732,0	2509,6	777,6	3,8717	5,1056
200	365,75*	0,002 039	0,0059	1827,1*	2411,5	584,4	4,0155	4,9301
210	369,83	0,002 212	0,0050	1889,4	2337,7	448,3	4,1093	4,8065
220	373,71	0,002 750	0,0036	2021,9	2169,3	147,3	4,3109	4,5386
220,64	373,95	0,003 106		2087,55		0	4,4120	

T 5.5 Wasserdampftafel, überhitzter Dampf[1)]

p bar	t °C	v m³/kg	h kJ/kg	s kJ/(kg K)	t °C	v m³/kg	h kJ/kg	s kJ/(kg K)
0,2	100	8,586	2686,2	8,1262	350	14,375	3177,4	9,1311
	150	9,749	2782,3	8,3680	400	15,530	3279,8	9,2892
	200	10,907	2879,1	8,5842	450	16,684	3383,8	9,4383
	250	12,064	2977,1	8,7811	500	17,839	3489,6	9,5797
	300	13,220	3076,5	8,9624	600	20,147	3706,2	9,8431
0,4	100	4,280	2683,7	7,8009	350	7,185	3177,0	8,8108
	150	4,866	2780,9	8,0455	400	7,763	3279,5	8,9690
	200	5,448	2878,2	8,2629	450	8,341	3383,6	9,1182
	250	6,028	2976,5	8,4602	500	8,918	3489,4	9,2596
	300	6,607	3076,0	8,6419	600	10,073	3706,0	9,5231
0,6	100	2,845	2681,1	7,6083	350	4,788	3176,6	8,6232
	150	3,239	2779,5	7,8557	400	5,174	3279,2	8,7815
	200	3,628	2877,3	8,0743	450	5,559	3383,3	8,9308
	250	4,016	2975,8	8,2722	500	5,944	3489,1	9,0722
	300	4,402	3075,5	8,4541	600	6,714	3705,9	9,3358
1,0	100	1,696	2675,8	7,3610	350	2,871	3175,8	8,3865
	150	1,937	2776,6	7,6147	400	3,103	3278,5	8,5451
	200	2,172*	2875,5	7,8356	450	3,334	3382,8	8,6945
	250	2,406	2974,5	8,0346	500	3,566	3488,7	8,8361
	300	2,639	3074,5	8,2171	600	4,028	3705,6	9,0998
1,2	150	1,611	2775,1	7,5278	400	2,585	3278,2	8,4606
	200	1,809	2874,6	7,7499	450	2,778	3382,6	8,6101
	250	2,004	2973,9	7,9495	500	2,971	3488,5	8,7517
	300	2,198	3074,1	8,1323	550	3,164	3596,1	8,8866
	350	2,392	3175,4	8,3019	600	3,356	3705,4	9,0155

[1)] Auszug aus den Wasserdampftafeln [18; Table 4].
Werte für v', die mit fünf Stellen nach dem Komma angegeben sind, mit * gekennzeichnete Werte und Werte, die in Table 4 nicht angegeben sind, sind mit Polynom berechnet.

T 5.5 (Fortsetzung)

p bar	*t* °C	*v* m³/kg	*h* kJ/kg	*s* kJ/(kg K)	*t* °C	*v* m³/kg	*h* kJ/kg	*s* kJ/(kg K)
1,5	150	1,286	2772,9	7,4207	400	2,067	3277,8	8,3571
	200	1,445	2873,1	7,6447	450	2,222	3382,2	8,5067
	250	1,601	2972,9	7,8451	500	2,376	3488,2	8,6484
	300	1,757	3073,3	8,0284	550	2,530*	3595,8	8,7833
	350	1,912	3174,9	8,1983	600	2,685	3705,2	8,9123
2,0	150	0,9599	2769,1	7,2809	400	1,5493	3277,0	8,2235
	200	1,0805	2870,8	7,5081	450	1,6655	3381,5	8,3733
	250	1,1989	2971,3	7,7100	500	1,7814	3487,6	8,5151
	300	1,3162	3072,1	7,8940	550	1,8973	3595,4	8,6501
	350	1,4330	3173,9	8,0643	600	2,0130	3704,8	8,7792
4,0	150	0,4709	2752,8	6,9305	400	0,7726	3273,9	7,9001
	200	0,5343	2861,0	7,1724	450	0,8311	3379,0	8,0507
	250	0,5952	2964,6	7,3805	500	0,8894	3485,5	8,1931
	300	0,6549	3067,1	7,5677	550	0,9475	3593,6	8,3286
	350	0,7139	3170,0	7,7398	600	1,0056	3703,2	8,4579
6,0	200	0,3521	2850,7	6,9684	450	0,5530	3376,4	7,8609
	250	0,3939	2957,7	7,1834	500	0,5920	3483,3	8,0039
	300	0,4344	3062,1	7,3740	550	0,6309	3591,7	8,1398
	350	0,4743	3166,1	7,5480	600	0,6698	3701,7	8,2694
	400	0,5137	3270,7	7,7095	650	0,7085	3813,2	8,3937
8,0	200	0,2609	2839,8	6,8176	450	0,4139	3373,8	7,7255
	250	0,2932	2950,5	7,0403	500	0,4433	3481,2	7,8690
	300	0,3242	3056,9	7,2345	550	0,4726	3589,9	8,0053
	350	0,3544	3162,2	7,4106	600	0,5019	3700,1	8,1353
	400	0,3843	3267,6	7,5733	650	0,5310	3811,9	8,2598

T 5.5 (Fortsetzung)

p bar	*t* °C	*υ* m³/kg	*h* kJ/kg	*s* kJ/(kg K)	*t* °C	*υ* m³/kg	*h* kJ/kg	*s* kJ/(kg K)
10	200	0,2060	2828,3	6,6955	450	0,3304	3371,2	7,6198
	250	0,2327	2943,2	6,9266	500	0,3541	3479,0	7,7640
	300	0,2580	3051,7	7,1247	550	0,3777	3588,1	7,9007
	350	0,2825	3158,2	7,3028	600	0,4011	3698,6	8,0309
	400	0,3066	3264,4	7,4668	650	0,4245	3810,5*	8,1557
15	200	0,1324	2796,0	6,4537	450	0,2192	3364,7	7,4259
	250	0,1520	2924,0	6,7111	500	0,2352	3473,6	7,5716
	300	0,1697	3038,3	6,9199	550	0,2510	3583,5	7,7093
	350	0,1866	3148,0	7,1035	600	0,2668	3694,6	7,8404
	400	0,2030	3256,4	7,2708	650	0,2825	3807,2	7,9657
20	250	0,1115	2903,2	6,5474	500	0,1757	3468,1	7,4335
	300	0,1255	3024,3	6,7685	550	0,1877	3578,9	7,5723
	350	0,1386	3137,6	6,9582	600	0,1996	3690,7	7,7042
	400	0,1512	3248,2	7,1290	650	0,2115	3803,8	7,8301
	450	0,1635	3358,1	7,2863	700	0,2233	3918,2	7,9509
30	250	0,07062	2856,5*	6,2893	500	0,11619	3457,0	7,2356
	300	0,08118	2994,3*	6,5412	550	0,12437	3569,6	7,3767
	350	0,09056	3116,1	6,7449	600	0,13245	3682,8	7,5102
	400	0,09938	3231,6	6,9233	650	0,14045	3797,0	7,6373
	450	0,10788	3344,7	7,0853	700	0,14840	3912,3	7,7590
40	300	0,05887	2961,7	6,3638	550	0,09270	3560,2	7,2353
	350	0,06647	3093,3	6,5843	600	0,09886	3674,8*	7,3704
	400	0,07343	3214,4	6,7712	650	0,10494	3790,2	7,4989
	450	0,08004	3331,0	6,9383	700	0,11097	3906,4	7,6125
	500	0,08644	3445,8	7,0919	750	0,11696	4023,8	7,7391

T 5.5 (Fortsetzung)

p bar	*t* °C	*v* m³/kg	*h* kJ/kg	*s* kJ/(kg K)	*t* °C	*v* m³/kg	*h* kJ/kg	*s* kJ/(kg K)
60	300	0,036 19	2 885,5	6,070 2	550	0,061 02	3 541,2	7,030 6
	350	0,042 25	3 043,9	6,335 6	600	0,065 26	3 658,8	7,169 2
	400	0,047 42	3 178,2	6,543 1	650	0,069 43	3 776,4	7,300 2
	450	0,052 17	3 302,8	6,721 6	700	0,073 54	3 894,5	7,424 8
	500	0,056 67	3 422,9*	6,882 4	750	0,077 61	4 013,4	7,543 9
80	300	0,024 28	2 786,4	5,793 5	550	0,045 17	3 521,8	6,879 8
	350	0,029 98	2 988,1	6,131 9	600	0,048 46	3 642,4	7,022 1
	400	0,034 35	3 139,3	6,365 7	650	0,051 67	3 762,4	7,155 7
	450	0,038 20	3 273,2	6,557 7	700	0,054 83	3 882,4	7,282 3
	500	0,041 77	3 399,4	6,726 4	750	0,057 93	4 002,9	7,493 0
100	350	0,022 44	2 924,0	5,945 8	600	0,038 38	3 625,8	6,904 5
	400	0,026 44	3 097,4	6,213 9	650	0,041 02	3 748,3	7,040 9
	450	0,029 79	3 242,3	6,421 7	700	0,043 59	3 870,3	7,169 6
	500	0,032 81	3 375,1	6,599 3	750	0,046 13	3 992,3	7,291 8
	550	0,035 66	3 501,9	6,758 4	800	0,048 62	4 114,7	7,408 7
150	350	0,011 48	2 693,0	5,443 5	600	0,024 92	3 583,3	6,679 7
	400	0,015 67	2 975,5*	5,881 7	650	0,026 80	3 712,4	6,823 5
	450	0,018 48	3 157,8	6,143 3	700	0,028 62	3 839,5	6,957 6
	500	0,020 83	3 310,8	6,347 9	750	0,030 39	3 965,6	7,083 9
	550	0,022 95	3 450,5	6,523 0	800	0,032 12	4 091,3	7,203 9
200	400	0,009 95	2 816,8	5,552 5	650	0,019 69	3 675,6	6,659 6
	450	0,012 72	3 061,5	5,904 1	700	0,021 13	3 808,2	6,799 4
	500	0,014 79	3 241,2	6,144 5	750	0,022 52	3 938,5	6,930 1
	550	0,016 57	3 396,2	6,339 0	800	0,023 87	4 067,7	7,053 4
	600	0,018 18	3 539,2	6,507 7				

Wasserdampftafeln und Diagramme. Die *Wasserdampftafel* für den Sättigungszustand **(T 5.4)** enthält neben dem Druck p und der dazugehörigen Temperatur t die spezifischen Volumen v' und v'', die spezifischen Enthalpien und Entropien für die siedende Flüssigkeit (h' und s') und den Sattdampf (h'' und s'') sowie die spezifische Verdampfungsenthalpie r. Die Tabelle beginnt bei niedrigen Drücken und endet beim kritischen Druck, bei welchem die spezifische Verdampfungsenthalpie r zu null geworden ist. Die Wasserdampftafel für den überhitzten Dampf **(T 5.5)** enthält für eine Reihe von Drücken für verschiedene Temperaturen die spezifischen Volumen, Enthalpien und Entropien.

Beide Entropie-Diagramme, das T,s-Diagramm **(B 5.6)** und das h,s-Diagramm **(B 5.7)**, zeigen neben der Siedelinie und der Taulinie einige Isobaren und im Nassdampfgebiet einige Linien gleichen Dampfgehaltes. In das T,s-Diagramm wurden außerdem einige Linien gleichen spezifischen Volumens, gleicher spezifischer Enthalpie und in das h,s-Diagramm einige Isothermen eingetragen.

Im *T,s-Diagramm* (B 5.6) verlaufen die Isobaren im Nassdampfgebiet waagerecht, sie durchsetzen die Taulinie mit einem Knick und sind im weit überhitzten Gebiet logarithmische Linien. Die Flüssigkeitsisobaren liegen dicht über der Siedelinie. Da das Wasser bei niedrigen Temperaturen fast inkompressibel ist, folgt für eine isotherme Drucksteigerung $ds = 0$ (Gl 3.3) wegen $dv = 0$ und $du = 0$ (vgl. spezifische Enthalpie und spezifische Entropie Abschn. 5.2.2). Die Entropieänderung ist bei der isothermen Drucksteigerung der inkompressiblen Flüssigkeit gleich null. Die Isobaren münden folglich im Nullpunkt $t_{tr} = 0{,}01$ °C (≈ 0 °C); $s = 0$. Die sehr geringen Abweichungen, die durch die kaum feststellbare Kompressibilität, die oben ganz vernachlässigt wurde, auftreten, sollen hier nicht behandelt werden.

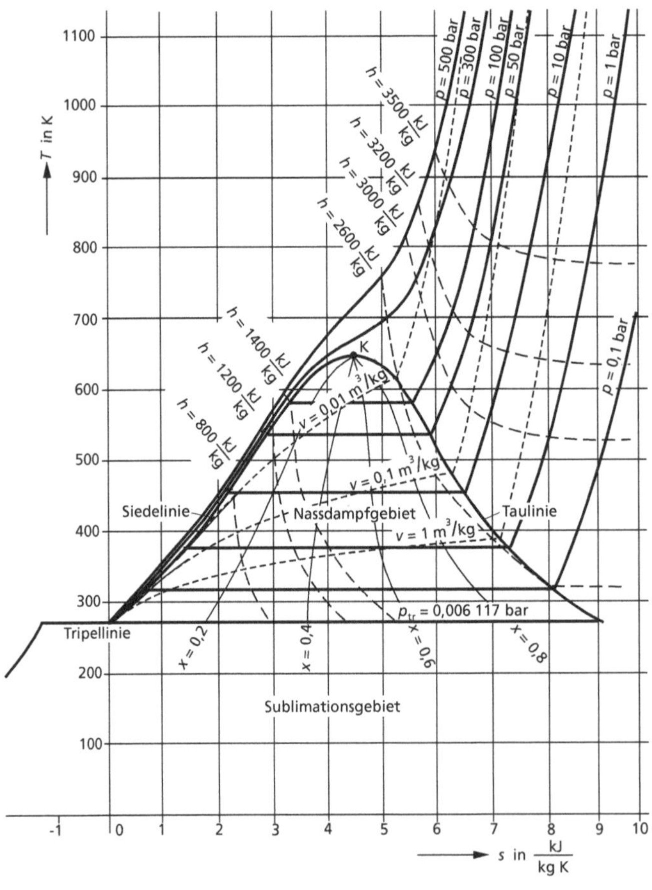

B 5.6 *T,s*-Diagramm für Wasserdampf

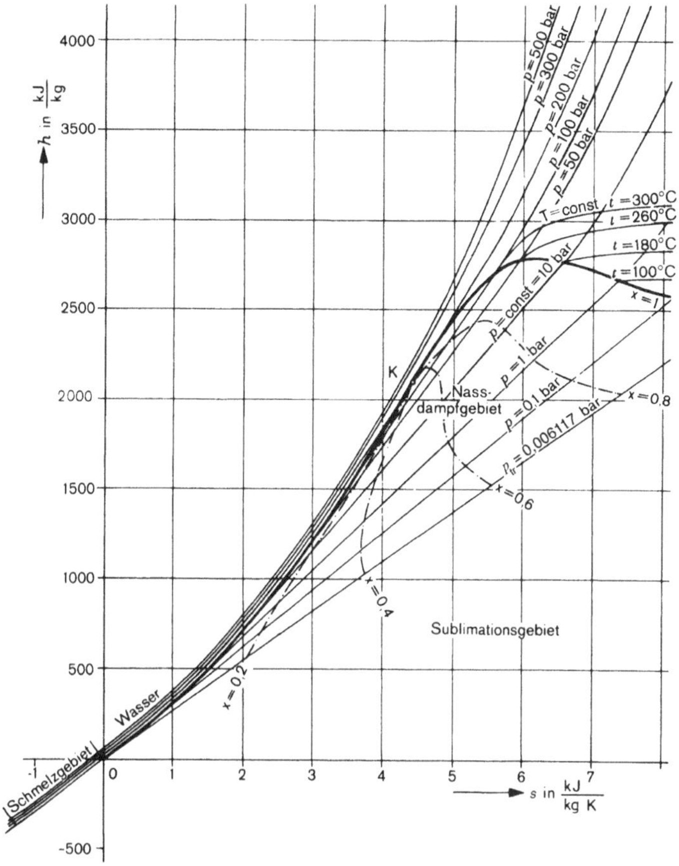

B 5.7 *h,s*-Diagramm für Wasserdampf

Die Tripellinie wurde in das Eisgebiet verlängert, sie führt so in das Gebiet negativer spezifischer Entropie („negativ" infolge der willkürlichen Festlegung des Bezugspunktes $s'_{tr} = 0$). Durch die Tripellinie kann das Sublimationsgebiet sichtbar gemacht werden.

Die Linien gleicher spezifischer Enthalpie verlaufen im stark überhitzten Gebiet waagerecht, sie decken sich dort mit den Isothermen. In diesem Bereich verhält sich der Wasserdampf wie das ideale Gas. Im Flüssigkeitsgebiet stellen wir z. T. ein Steigen und im unteren Bereich ein Fallen der Linien gleicher spezifischer Enthalpie fest und können folgern, dass beim Drosseln der Flüssigkeit die Temperatur sowohl steigen als auch fallen kann (Abschn. 3.6).

Das *h,s-Diagramm* (B 5.7) eignet sich bei adiabaten offenen Systemen besonders gut zur Ermittlung der über die Systemgrenze gegebenen technischen Arbeit (Gl 2.16), da die spezifische Enthalpiedifferenz direkt abgegriffen werden kann.

Im Nassdampfgebiet ist für die Isothermen und Isobaren $\mathrm{d}h = \mathrm{d}q = T\,\mathrm{d}s$ und daraus $\frac{\mathrm{d}h}{\mathrm{d}s} = T = \text{const}$.

Die Isothermen und die mit diesen zusammenfallenden Isobaren sind daher in diesem Gebiet Geraden mit der Steigung $\frac{\mathrm{d}h}{\mathrm{d}s} = T$. Die Isobaren überschreiten die Taulinie ($x = 1$) ohne Knick und sind im stark überhitzten Gebiet logarithmische Kurven. Die Isothermen sind in dem Gebiet, in dem sich der Wasserdampf wie das ideale Gas verhält, waagerechte Linien, die sich bei Annäherung an die Taulinie je nach der Höhe der Temperatur mehr oder weniger krümmen und mit einem Knick die Taulinie überschreiten. Die Siedelinie wurde in das Schmelzgebiet verlängert.

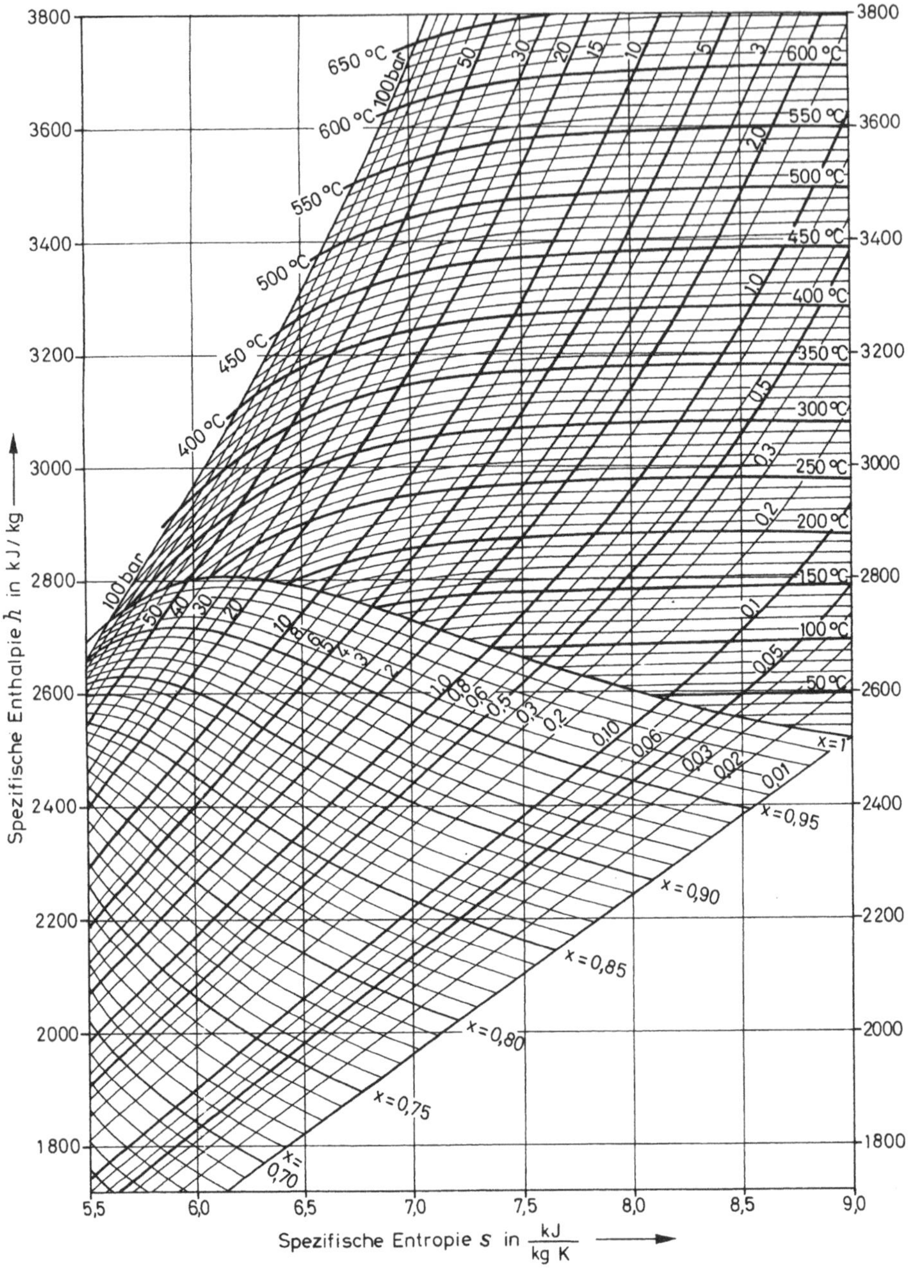

B 5.8 Mollier *h*,*s*-Diagramm für Wasserdampf (Ausschnitt)

In den folgenden Abschnitten werden von diesen Entropiediagrammen nur die zum Verständnis erforderlichen Ausschnitte gezeichnet, wobei häufig der Nullpunkt unterdrückt und auch das negative Gebiet weggelassen werden. Die Diagramme (B 5.6 und B 5.7) dienen der Anschauung. **B 5.8** ist zur näherungsweisen Ermittlung von Zahlenwerten geeignet. Wegen seiner Größe können die Werte aber nicht sehr genau entnommen werden, es empfiehlt sich daher, bei größeren Genauigkeitsansprüchen ein „Mollier [1]-Diagramm zu den Wasserdampftafeln“ [2] zu benutzen.

Beispiel 5.4: 80 m^3 Nassdampf, $x = 0{,}6$, stehen unter einem Druck von 50 bar.

Zu bestimmen sind:

a) das spezifische Volumen des Nassdampfes,

b) die Masse des Nassdampfes und die Masse des siedenden Wassers im Nassdampf,

c) die spezifische Enthalpie.

Lösung:

Zu a): (Gl 5.5) $v_x = v' + x\,(v'' - v')$

$$v_x = 0{,}001\,29\,\frac{m^3}{kg} + 0{,}6\left(0{,}039\,4\,\frac{m^3}{kg} - 0{,}001\,29\,\frac{m^3}{kg}\right) = \underline{0{,}024\,\frac{m^3}{kg}}$$

Zu b): (Gl 1.1) $m = \frac{V}{v_x} = \frac{80\ m^3\ kg}{0{,}024\ m^3} = 3\,330\ kg$

$$m' = (1 - x)\,m = 0{,}4 \cdot 3\,330\ kg = \underline{1\,332\ kg}$$

Zu c): (Gl 5.14) $h_x = h' + x\,r = 1\,154{,}5\,\frac{kJ}{kg} + 0{,}6 \cdot 1\,639{,}7\,\frac{kJ}{kg} = \underline{2\,138{,}3\,\frac{kJ}{kg}}$

Aufgabe 5.4: Die Differenzen der spezifischen Enthalpien und der spezifischen Volumen zwischen dem Zustand 1: 20 bar und 500 °C, und dem Zustand 2: 1,0 bar (Nassdampf), $x = 0{,}8$, sind rechnerisch mithilfe der Tabellen zu ermitteln und die spezifischen Enthalpien sind mithilfe des h,s-Diagrammes zu kontrollieren.

5.2.3 Gleichung von Clausius und Clapeyron

Die Gleichung von *Clausius* und *Clapeyron* [3] verknüpft die spezifische Verdampfungsenthalpie r und die spezifische Verdampfungsentropie $s'' - s'$ mit den thermischen Zustandsgrößen T und v. Wir leiten die Gl mithilfe eines reversiblen Kreisprozesses im Nassdampfgebiet ab, der zwischen den Drücken p und $(p + dp)$ sowie der Siede- und Taulinie ablaufen soll. Die spezifische Arbeit dieses reversiblen Kreisprozesses ist

$$|dw_k^{rev}| = dp\,(v'' - v') \qquad \text{(aus B 5.5 herauslesbar)}$$

$$|dw_k^{rev}| = dT\,(s'' - s') \qquad \text{(aus B 5.6 herauslesbar)}$$

Durch Gleichsetzen ergibt sich mit $s'' - s' = \frac{r}{T_s}$ (Gl 5.18):

$$\frac{dp}{dT} = \frac{s'' - s'}{v'' - v'} = \frac{r}{T_s\,(v'' - v')} \qquad \textit{Gleichung von Clausius-Clapeyron} \qquad \textbf{(Gl 5.21)}$$

[1] *Richard Mollier* (1863–1935), deutscher Thermodynamiker, lehrte in Dresden und entwickelte das h,s-Diagramm für Wasserdampf und das h,x-Diagramm für feuchte Luft.

[2] Mollier-Diagramm zu den Properties of Water and Steam [18].

[3] *Benoit Pierre Emile Clapeyron* (1799–1864), franz. Professor für Mechanik, lehrte in Paris, befasste sich mit den Untersuchungen von Carnot.

5

Gl 5.21 gestattet die Berechnung der Dampfdruckkurve oder z. B. auch die Berechnung der spezifischen Verdampfungsenthalpie bei bekannter Dampfdruckkurve.

Eine entsprechende Gl gilt auch für das Schmelzen und Erstarren

$$\frac{dp}{dT} = \frac{\sigma}{T_{sch}\left(v_{flüssig} - v_{fest}\right)} \qquad \textbf{(Gl 5.22)}$$

sowie für das Sublimieren.

5.2.4 Zustandsänderungen des Wasserdampfes

Die Zustandsänderungen des Wasserdampfes verfolgt man anschaulich mithilfe der Entropie-Diagramme. Für das Nassdampfgebiet reichen die Diagramme häufig nicht aus, sodass man dann die Werte mithilfe von Tabellen, die Zustandsgrößen für den Sättigungszustand enthalten (T 5.4), berechnet.

Einfache Zustandsänderungen wurden bereits am Beispiel des idealen Gases besprochen (Abschn. 3.4), sodass es in diesem Zusammenhang nur erforderlich ist, auf die Abweichungen und Besonderheiten des Wasserdampfes einzugehen.

Die Isobare. Im Nassdampfgebiet ist die Isobare zugleich Isotherme. Durch Druck und Temperatur ist daher der Zustand nicht eindeutig festgelegt. Es muss noch eine weitere Größe bekannt sein. Am anschaulichsten ist es, zusätzlich den Dampfgehalt x anzugeben.

Die Isochore. Die Isochoren sind im p,V-Diagramm senkrechte Geraden **(B 5.9)**. Führt man nassem Dampf Wärme zu, so steigt sein Druck und er wird im Allgemeinen trockener (a). Ist aber sein spezifisches Volumen kleiner als das zum kritischen Punkt gehörende spezifische Volumen ($v < v_k$), dann wird der Dampf immer nasser und erreicht schließlich die Siedelinie, wird also wieder Flüssigkeit (b).

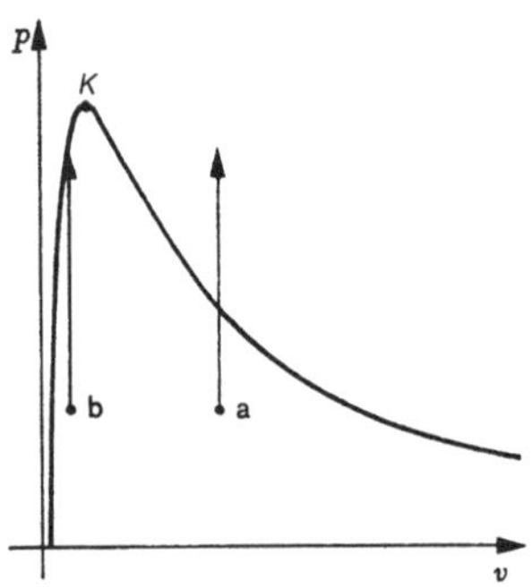

B 5.9 Isochore Druckerhöhung im p,v-Diagramm für Wasserdampf

Die Isentrope. Die Isentropen sind im T,s- und h,s-Diagramm senkrechte Geraden. Entspannt man überhitzten Dampf mit $s > s_k$ isentrop, so wird er kälter, erreicht schließlich die Taulinie und wird bei weiterem Sinken der Temperatur immer nasser (a). Das Flüssigkeitsgebiet kann durch diese isentrope Entspannung nicht erreicht werden **(B 5.10)**. Wird siedendes Wasser entspannt, so verdampft es teilweise (b).

Die Drosselung. Adiabate Drosselung verläuft bei gleich bleibender Geschwindigkeit in einem horizontalen System mit konstanter Enthalpie:

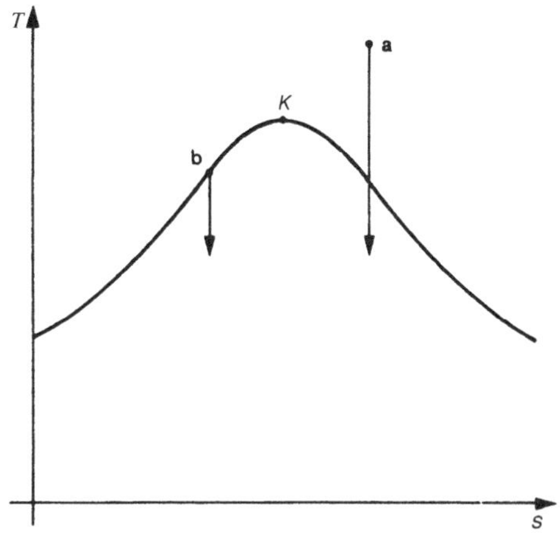

B 5.10 Isentrope Expansion im T,s-Diagramm für Wasserdampf

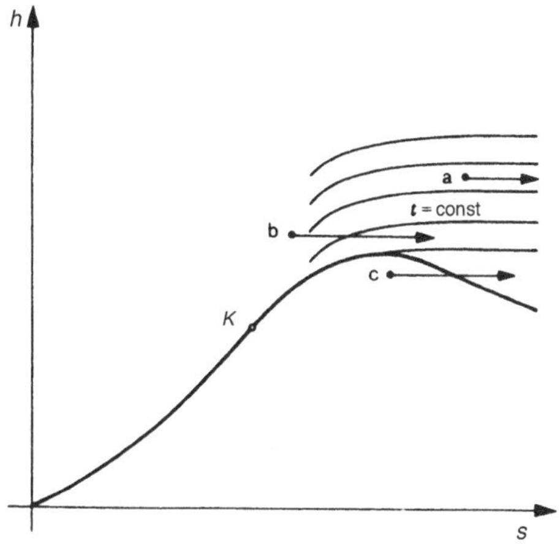

B 5.11 Adiabate Drosselung im h,s-Diagramm für Wasserdampf (Änderung der kinetischen und potenziellen Energie vernachlässigt)

5

$$H_2 = H_1 \qquad \text{(Gl 3.98)}$$

Diese Zustandsänderungen lassen sich im h,s-Diagramm als waagerechte Geraden gut verfolgen **(B 5.11)**.

In dem Zustandsbereich, in dem sich der Wasserdampf wie das ideale Gas verhält, verlaufen die Linien h = const, also die Drossellinien, längs der Isothermen (a). In der Nähe der Taulinie kann, je nach der Lage des Anfangspunktes, die Drosselung eine starke oder geringe Abkühlung ergeben (*Joule-Thomson-Effekt*). Im dargestellten Bereich ist bei hohen Drücken die Abkühlung beträchtlich (b).

Ermittlung des Dampfgehaltes x im Nassdampf. Der Zustand des nassen Dampfes kann durch Messung von Druck und Temperatur nicht festgelegt werden, da in diesem Gebiet die Isobaren und die Isothermen zusammenfallen. Die anderen Zustandsgrößen lassen sich aber hier nicht durch eine einfache Messung bestimmen. Man ermittelt darum den Dampfgehalt des nassen Dampfes durch eine Drosselung. Zu diesem Zweck lässt man den nassen Dampf durch eine gut wärmeisolierte Drosselstelle strömen, in der der Druck so weit gesenkt werden muss, dass der Dampf beim Austritt aus der Drosselstelle überhitzt ist (c). Im überhitzten Gebiet liegt der Zustand durch Druck und Temperatur eindeutig fest. Verfolgt man nun im h,s-Diagramm die Drosselung von diesem Punkt an rückwärts, so können durch den Schnittpunkt der Linie h = const mit der Anfangsisobaren der Zustand im Nassdampfgebiet und damit auch der Dampfgehalt x bestimmt werden. x kann auch rechnerisch ermittelt werden.

Beispiel 5.5: Überhitzter Dampf wird von 50 bar und 500 °C isentrop auf 0,1 bar entspannt. Mithilfe des h,s-Diagrammes sind zu bestimmen:

a) die spezifische Enthalpie im Zustand 1,

b) die spezifische Enthalpie, die Temperatur, der Dampfgehalt im Zustand 2,

c) die Differenz der spezifischen Enthalpien bei isentroper Entspannung.

Lösung:

Zu a): $h_1 = \underline{3\,434\ \text{kJ/kg}}$

Zu b): $h_2 = \underline{2\,210\ \text{kJ/kg}}$; $t_2 = \underline{46\ °\text{C}}$; $x_2 = \underline{0{,}844}$

Zu c): $h_2 - h_1 = \underline{-1\,224\ \text{kJ/kg}}$

Beispiel 5.6: In einer horizontalen Nassdampfleitung wird ein Druck von 10 bar gemessen. Zur Bestimmung des Dampfgehaltes wird der Dampf auf 0,1 bar gedrosselt und nach der Drosselung eine Temperatur von 100 °C gemessen. Die Dampfgeschwindigkeit vor und hinter der Drosselstelle soll gleich sein. Der Dampfgehalt vor der Drosselung ist mithilfe des *h,s*-Diagrammes zu bestimmen.

Lösung:

$$h_2 = h_1 = 2\,685\ \frac{\text{kJ}}{\text{kg}}$$

Wird die Linie $h = \text{const}$ bis 10 bar zurückverfolgt, so findet man den Dampfgehalt des Anfangszustandes.

$$x_1 = \underline{0{,}955}$$

Aufgabe 5.5: Nassdampf von 1 bar und $x = 0{,}9$ wird isobar auf 400 °C erwärmt. Es sind zu berechnen und mithilfe des *h,s*-Diagrammes zu kontrollieren:

a) die spezifische Enthalpie vor der Erwärmung,

b) die spezifische Enthalpie nach der Erwärmung,

c) die bei der isobaren Zustandsänderung je kg zuzuführende Wärme.

Aufgabe 5.6: Überhitzter Dampf von 200 bar und 400 °C wird bei $h = \text{const}$ auf 10 bar gedrosselt ($c_2 = c_1$ und $z_2 = z_1$). Es sind zu bestimmen:

a) die spezifische Enthalpie bei der Drosselung,

b) die Temperatur nach der Drosselung mithilfe des *h,s*-Diagramms.

Beispiel 5.7: Ein Dampfkessel mit einem Wasser-Dampf-Raum von 10 m³ ist zur Hälfte mit siedendem Wasser und zur anderen Hälfte mit Sattdampf von 15 bar gefüllt. Durch Versagen der Steuerung wird bei geschlossenem Absperrventil dem Kessel durch die Feuerung weiter Wärme zugeführt. Bis zum Abblasen des Sicherheitsventils ist der Druck im Kessel auf 20 bar gestiegen. Mithilfe der Tabellen sind zu bestimmen:

a) die bei dieser Wärmezufuhr verdampfte Wassermenge,

b) die durch die Feuerung zugeführte Wärme.

Lösung:

Zu a): Da der Kessel bis zum Abblasen geschlossen bleibt, handelt es sich bei diesem Vorgang um eine isochore Zustandsänderung.

Die gesamte Masse im Kessel ist

$$m = m_1'' + m_1' = \frac{V_1''}{v_1''} + \frac{V_1'}{v_1'} = \frac{5\ \text{m}^3}{0{,}131\,7\ \frac{\text{m}^3}{\text{kg}}} + \frac{5\ \text{m}^3}{0{,}001\,154\ \frac{\text{m}^3}{\text{kg}}}$$

$$m = 38\ \text{kg} + 4\,333\ \text{kg} = 4\,371\ \text{kg}$$

Der gesamte Kesselinhalt, Sattdampf und Wasser, kann als Nassdampf angesehen werden, dessen Dampfgehalt

$$x_1 = \frac{m_1''}{m} = \frac{38\ \text{kg}}{4\,371\ \text{kg}} = 0{,}008\,7\ \text{ist.}$$

Bei der isochoren Zustandsänderung bleibt das spezifische Volumen konstant:

$$v_{1\text{x}} = v_{2\text{x}}$$

(Gl 1.1): $$v_{1\text{x}} = \frac{V}{m} = \frac{10\ \text{m}^3}{4\,371\ \text{kg}} = 0{,}002\,288\ \frac{\text{m}^3}{\text{kg}}$$

(Gl 5.5): $v_{2x} = v'_2 + x_2\,(v''_2 - v'_2)$

$$x_2 = \frac{v_{2x} - v'_2}{v''_2 - v'_2} = \frac{0{,}002\,288\ \frac{\text{m}^3}{\text{kg}} - 0{,}001\,177\ \frac{\text{m}^3}{\text{kg}}}{0{,}099\,5\ \frac{\text{m}^3}{\text{kg}} - 0{,}001\,177\ \frac{\text{m}^3}{\text{kg}}} = 0{,}0113$$

$$m''_2 = x_2\,m = 0{,}0113 \cdot 4\,371\ \text{kg} = 49{,}4\ \text{kg}$$

$$\Delta m'' = m''_2 - m''_1 = 49{,}4\ \text{kg} - 38{,}0\ \text{kg} = \underline{11{,}4\ \text{kg}}$$

werden bei der Wärmezufuhr verdampft.

Zu b): Da es sich um eine isochore Zustandsänderung handelt, ist (Gl 2.9 mit $W_{g\,12} = 0$)

$$Q_{1\,2} = U_2 - U_1$$

Hierin werden U_1 und U_2 ersetzt nach Gl 2.12 mit h_x nach Gl 5.14:

$$U_{1x} = H_{1x} - p_1\,V$$

$$U_{1x} = m\,(h'_1 + x_1\,r_1) - p_1\,V$$

$$U_{1x} = 4\,371\ \text{kg}\left(844{,}7\ \frac{\text{kJ}}{\text{kg}} + 0{,}008\,7 \cdot 1\,946{,}3\ \frac{\text{kJ}}{\text{kg}}\right) - 15\ \text{bar}\ 10\ \text{m}^3 = 3{,}766 \cdot 10^6\ \text{kJ}$$

$$U_{2x} = m\,(h'_2 + x_2\,r_2) - p_2\,V$$

$$U_{2x} = 4\,371\ \text{kg}\left(908{,}6\ \frac{\text{kJ}}{\text{kg}} + 0{,}011\,30 \cdot 1\,889{,}8\ \frac{\text{kJ}}{\text{kg}}\right) - 20\ \text{bar}\ 10\ \text{m}^3 = 4{,}065 \cdot 10^6\ \text{kJ}$$

$$Q_{1\,2} = U_{2x} - U_{1x} = 4{,}065 \cdot 10^6\ \text{kJ} - 3{,}766 \cdot 10^6\ \text{kJ} = \underline{0{,}299 \cdot 10^6\ \text{kJ}}$$

Aufgabe 5.7: 25 000 kg/h Dampf werden in einem Zwischenerhitzer zwischen Hochdruck- und Niederdruckteil einer Turbine bei einem Druck von 4 bar von 150 °C auf 450 °C erwärmt. Druckverluste sollen vernachlässigt werden. Welche Wärme ist dem Dampf im Zwischenüberhitzer stündlich und in MW zuzuführen? Es ist mit den Tabellen zu rechnen.

Aufgabe 5.8: Einem Kondensator strömen stündlich 3 800 kg Nassdampf mit 0,06 bar und einem Dampfgehalt $x = 0{,}96$ zu und sollen in ihm isobar verflüssigt werden. Welche Wärme ist dem Dampf stündlich und in MW zur Verflüssigung zu entziehen? Es ist mit den Tabellen zu rechnen.

Aufgabe 5.9: Siedendes Wasser von 1,2 bar wird bei konstanter Enthalpie auf 0,5 bar gedrosselt ($c_2 = c_1$ und $z_2 = z_1$). Wie viel Dampf bildet sich je kg Wasser bei der Drosselung?

5.3 Dampfkraftanlagen

Unter den Anlagen zur Umwandlung von Primärenergie in elektrische Energie (vgl. Abschn. 4) nehmen die Wärmekraftanlagen mit H_2O als Arbeitsfluid (*Dampfkraftanlagen, Dampfkraftwerke*) eine herausragende Stellung ein. Wir werden sie daher in diesem und in Kap. 5.4 eingehend behandeln.

5.3.1 Arbeitsprinzip der Dampfkraftanlagen

Soll in einer Dampfkraftanlage im Kreislauf Wärme in Arbeit umgewandelt werden, so muss, wie bei der Gasturbinenanlage (Abschn. 4.2.1), die Anlage neben der *Expansionsmaschine* und der *Pumpe* auch *Wärmeübertrager* zur Zu- und Abfuhr der Wärme enthalten. Die Expansionsmaschine ist in den meisten Fällen eine *Dampfturbine*, während die

Dampfkolbenmaschine heute nur noch in Sonderfällen Anwendung findet. Die Wärmeübertrager haben entsprechend ihrer Aufgabe besondere Namen: *Verdampfer* und *Überhitzer*, zusammengefasst zum *Dampferzeuger* (*Dampfkessel*), werden die Wärmeübertrager für die Wärmezufuhr genannt, *Kondensator* der Wärmeübertrager für die Wärmeabfuhr. Die genannten Maschinen und Anlagen bilden eine einfache Dampfkraftanlage (**B 5.12**).

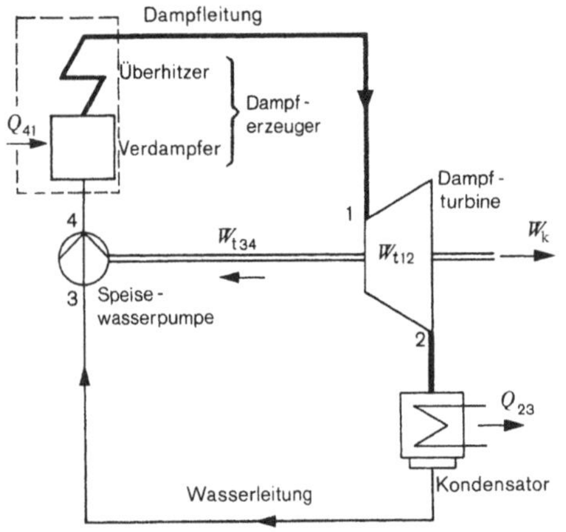

B 5.12 Schaltbild einer einfachen Dampfkraftanlage

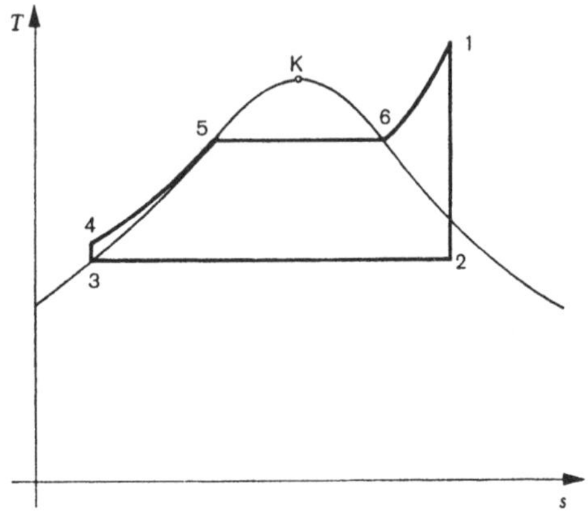

B 5.13 Clausius-Rankine-Prozess im *T*,*s*-Diagramm

Im Verdampfer wird das eingesetzte Wasser isobar bis zur Siedetemperatur erwärmt und dann isobar verdampft. Durch weitere Wärmezufuhr steigt die Temperatur des Dampfes im Überhitzer über die Sättigungstemperatur. In der Turbine expandiert der Dampf unter Arbeitsabgabe, wobei der Druck meist so weit gesenkt wird, dass der Dampf am Austritt Wasser enthält, also nass geworden ist. Im Kondensator wird dieser Dampf dann durch Entzug seiner restlichen Kondensationsenthalpie isobar verflüssigt. Die Pumpe erhöht den Druck auf den Druck im Wärmeerzeuger und fördert das Wasser wieder in den Verdampfer. Bei der Strömung des Fluids auftretende Druckverluste sollen vernachlässigt werden.

Da die Dampfkraftanlagen zu den Wärmekraftanlagen gehören, werden die Bewertungszahlen und die Vergleichsprozesse in der gleichen Weise wie bei den Wärmekraftanlagen des idealen Gases (Abschn. 4.1) aufgestellt. Gegenüber diesen haben Dampfkraftanlagen die Vorteile: Durch die Verdichtung von Wasser ist die Verdichtungsarbeit sehr klein, die Wärmezufuhr und -abfuhr ist fast isotherm. Wir wollen auch bei den Dampfkraftanlagen Änderungen der kinetischen und potenziellen Energie vernachlässigen (vgl. Abschn. 4.1.1).

5.3.2 Clausius-Rankine-Prozess als Vergleichsprozess der Dampfkraftanlage

Ein Dampfprozess mit isentroper Kompression und Expansion und isobarer Wärmeübertragung zwischen den Maschinen heißt *Clausius-Rankine-Prozess*. Er unterscheidet sich vom Joule-Prozess, der von den gleichen Zustandsänderungen gebildet wird, durch den Zustandsbereich, in dem das Arbeitsfluid verwendet wird. Der Joule-Prozess arbeitet in einem Bereich, in dem sich das Arbeitsfluid näherungsweise wie das ideale Gas verhält, während der Clausius-Rankine-Prozess die Phasenänderung flüssig-gasförmig einbezieht.

Prozessverlauf (**B 5.13**):

1 → 2 Isentrope Expansion des Dampfes in der Turbine oder Kolbenmaschine,

2 → 3 isobare Wärmeabfuhr im Kondensator zur Kondensation des Dampfes,

3 → 4 isentrope Druckerhöhung der siedenden Flüssigkeit in der Pumpe,

4 → 5 → 1 isobare Wärmezufuhr im Dampferzeuger zur Erwärmung und Verdampfung des Wassers und zur Überhitzung des Dampfes.

Die Linie 3 → 4 und der Abstand der Isobaren im Flüssigkeitsgebiet von der Siedelinie wurden zur besseren Anschauung stark übertrieben gezeichnet.

Die *Nutzarbeit des Clausius-Rankine-Prozesses* kann mittels der Summe der zu- und abgeführten Wärme oder als Summe der reversiblen technischen Arbeiten der Turbine und der Pumpe berechnet werden (Gl 3.83).

5

$$|W_{c/r}| = -W_{c/r} = Q_{41} + Q_{23} \quad \text{oder} \quad W_{c/r} = W_{t12}^{rev} + W_{t34}^{rev}$$

Da wir Änderungen der kinetischen und potenziellen Energie vernachlässigen wollen (vgl. Abschn. 5.3.1), können wir Enthalpiedifferenzen einführen (Gl 2.16):

$$|W_{c/r}| = -W_{c/r} = H_1 - H_2 + H_3 - H_4 \qquad \textbf{(Gl 5.23 a)}$$

Es ist zweckmäßig, die Nutzarbeit mithilfe der Enthalpien zu berechnen, da sie Tabellen oder Diagrammen entnommen werden können. Mittels der Enthalpie werden auch die zur Verdampfung erforderliche und die bei der Kondensation frei werdende Energie ermittelt.

Der *thermische Wirkungsgrad des Clausius-Rankine-Prozesses* ist (Gl 3.85):

$$\eta_{th}^{rev} = \frac{|W_{c/r}|}{Q_{zu}} = \frac{Q_{41} + Q_{23}}{Q_{41}} = \frac{H_1 - H_4 + H_3 - H_2}{H_1 - H_4}$$

$$\eta_{th}^{rev} = 1 - \frac{H_2 - H_3}{H_1 - H_4} \qquad \textbf{(Gl 5.24 a)}$$

Die Möglichkeiten zur Beeinflussung des thermischen Wirkungsgrades sind aus dieser Gleichung nicht klar zu erkennen, sodass später Untersuchungen hierüber angeschlossen werden sollen.

Der *exergetische Wirkungsgrad des Clausius-Rankine-Prozesses* ist (Gl 4.1 b):

$$\zeta^{rev} = \frac{|W_{c/r}|}{E_{q41}}$$

E_{q41} ist die Exergie der isobar zugeführten Wärme. Diese ist bei Reibungsfreiheit (Gl 3.121 mit $dW_{diss} = 0$):

$$E_{q41} = Q_{41} - T_b\,(S_1 - S_4) = H_1 - H_4 - T_b\,(S_1 - S_4)$$

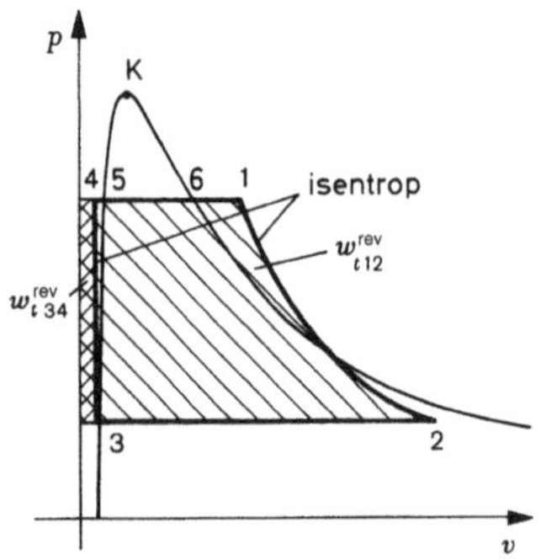

B 5.14 Clausius-Rankine-Prozess im p,v-Diagramm

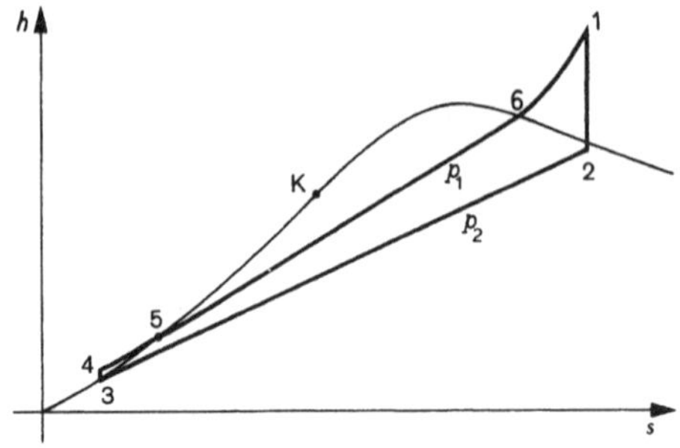

B 5.15 Clausius-Rankine-Prozess im h,s-Diagramm

$$\zeta^{\text{rev}} = \frac{H_1 - H_2 + H_3 - H_4}{H_1 - H_4 - T_b\,(S_1 - S_4)} = \frac{\eta_{\text{th}}^{\text{rev}}}{1 - \dfrac{T_b\,(S_1 - S_4)}{H_1 - H_4}} \qquad \textbf{(Gl 5.25)}$$

Der exergetische Wirkungsgrad wächst mit steigendem thermischen Wirkungsgrad. ζ^{rev} nähert sich dem Wert eins, je kleiner der Unterschied zwischen T_2 und T_b wird.

Das Arbeitsverhältnis ist am besten mithilfe des p,v-Diagrammes zu erkennen **(B 5.14)**. Das *Arbeitsverhältnis des Clausius-Rankine-Prozesses* ist (Gl 4.3 b):

$$r_t = \frac{W_{c/r}}{W_{t12}^{\text{rev}}} = \frac{W_{t12}^{\text{rev}} + W_{t34}^{\text{rev}}}{W_{t12}^{\text{rev}}} = 1 + \frac{W_{t34}^{\text{rev}}}{W_{t12}^{\text{rev}}} = 1 - \frac{W_{t34}^{\text{rev}}}{|W_{t12}^{\text{rev}}|}$$

$$r_t = 1 - \frac{H_4 - H_3}{H_1 - H_2} \qquad \textbf{(Gl 5.26)}$$

Da $W_{t34}^{\text{rev}} = V_3\,(p_1 - p_2)$ sehr klein ist, nähert sich r_t dem Wert 1. Dies ist ein großer Vorteil des Clausius-Rankine-Prozesses.

Es ist vorteilhaft, den Prozess im h,s-Diagramm darzustellen **(B 5.15)**, da die Nutzarbeit des Prozesses und die Bewertungszahlen mithilfe der Enthalpien bestimmt werden.

Beispiel 5.8: In einer Dampfkraftanlage nach dem Clausius-Rankine-Prozess verlässt der Dampf den Dampferzeuger mit 60 bar und 500 °C. Im Kondensator herrscht ein Gegendruck von 0,1 bar. Die spezifische Nutzarbeit, der thermische Wirkungsgrad, der exergetische Wirkungsgrad und das Arbeitsverhältnis des Vergleichsprozesses sind zu bestimmen. $t_b = 20$ °C.

Lösung:

Zur Lösung werden zunächst die erforderlichen Zustandsgrößen ermittelt.

$h_1 = 3\,423{,}0\ \frac{\text{kJ}}{\text{kg}}$ aus T 5.5;

$h_2 = 2\,179\ \frac{\text{kJ}}{\text{kg}}$ aus dem h,s-Diagramm (B 5.8);

$s_1 = 6{,}882\,4\ \frac{\text{kJ}}{\text{kg K}}$ aus T 5.5

$h_3 = 191{,}81\ \frac{\text{kJ}}{\text{kg}}$, $s_4 = s_3 = 0{,}649\,2\ \frac{\text{kJ}}{\text{kg K}}$ } aus T 5.4

$$w_{t34}^{rev} = h_4 - h_3 = v_3\,(p_4 - p_3)$$

$$h_4 = h_3 + v_3\,(p_4 - p_3) = 191{,}81\,\frac{kJ}{kg} + 0{,}001\,010\,3\,\frac{m^3}{kg}\,(60 - 0{,}1)\text{ bar}\,\frac{10^5\text{ N}}{m^2\text{ bar}}\,\frac{kJ}{10^3\text{ N m}}$$

$$h_4 = 191{,}81\,\frac{kJ}{kg} + 6{,}05\,\frac{kJ}{kg} = 197{,}9\,\frac{kJ}{kg}$$

Die spezifische Nutzarbeit dieses Clausius-Rankine-Prozesses ist (Gl 5.23 a)

$$-w_{c/r} = h_1 - h_2 + h_3 - h_4 = 3\,423{,}0\,\frac{kJ}{kg} - 2\,179\,\frac{kJ}{kg} + 191{,}81\,\frac{kJ}{kg} - 197{,}9\,\frac{kJ}{kg}$$

$$-w_{c/r} = 1\,244{,}0\,\frac{kJ}{kg} - 6{,}1\,\frac{kJ}{kg} = 1\,237{,}9\,\frac{kJ}{kg}$$

$$\underline{w_{c/r} \approx -1\,238\,\frac{kJ}{kg}}$$

Der thermische Wirkungsgrad dieses Prozesses ist (Gl 5.24 a)

$$\eta_{th}^{rev} = \frac{h_1 - h_2 + h_3 - h_4}{h_1 - h_4} = \frac{1\,238\,\frac{kJ}{kg}}{3\,423\,\frac{kJ}{kg} - 197{,}9\,\frac{kJ}{kg}} = \underline{0{,}384}$$

Der exergetische Wirkungsgrad dieses Prozesses ist (Gl 5.25)

$$\zeta^{rev} = \frac{\eta_{th}^{rev}}{1 - \frac{T_b\,(s_1 - s_4)}{h_1 - h_4}} = \frac{0{,}384}{1 - \frac{293{,}15\text{ K}\left(6{,}882\,4\,\frac{kJ}{kg\,K} - 0{,}649\,2\,\frac{kJ}{kg\,K}\right)}{3\,423{,}0\,\frac{kJ}{kg} - 197{,}9\,\frac{kJ}{kg}}} = \underline{0{,}886}$$

Das Arbeitsverhältnis dieses Prozesses ist (Gl 5.26)

$$r_t = 1 - \frac{h_4 - h_3}{h_1 - h_2} = 1 - \frac{6{,}1\,\frac{kJ}{kg}}{1\,244{,}0\,\frac{kJ}{kg}} = \underline{0{,}995}$$

Dieses Zahlenbeispiel zeigt das ausgezeichnete Arbeitsverhältnis des Clausius-Rankine-Prozesses, der sich daher sehr gut in die Praxis umsetzen lässt.

Aufgabe 5.10: In einem Clausius-Rankine-Prozess wird am Austritt einer Gegendruckturbine ein Druck von 1 bar und ein Dampfgehalt im Nassdampf von 0,96 gefordert. Für den Vergleichsprozess sind zu bestimmen:

a) der Dampfeintrittsdruck in die Turbine, wenn die Dampfeintrittstemperatur wegen der zu verwendenden Werkstoffe 600 °C betragen soll,

b) die spezifische Nutzarbeit und der thermische Wirkungsgrad.

Die Zahlenbeispiele zeigen, dass die technische Arbeit der Speisepumpe im Verhältnis zur technischen Turbinenarbeit sehr klein ist. Bei überschläglichen Berechnungen wird deshalb die technische Arbeit der Speisepumpe nicht bei der Nutzarbeit des Clausius-Rankine-Prozesses, sondern beim Eigenbedarf berücksichtigt (Abschn. 5.3.5). Dann ist die Nutzarbeit des Clausius-Rankine-Prozesses gleich der reversiblen technischen Arbeit der Turbine: $W_{c/r}^{*} = W_{t12}^{rev}$.

5

Da wir Änderungen der kinetischen und potenziellen Energie vernachlässigen wollen, kann W_{t12}^{rev} bei adiabater Turbine aus Enthalpiedifferenzen berechnet werden (Gl 2.16):

$$|W_{c/r}^{*}| = -W_{c/r}^{*} = -W_{t12}^{rev} = H_1 - H_2 \qquad \textbf{(Gl 5.23 b)}$$

In diesem Fall ergibt sich für den thermischen Wirkungsgrad:

$$\eta_{th}^{rev*} = \frac{|W_{t12}^{rev}|}{Q_{41}} = \frac{H_1 - H_2}{H_1 - H_4} = \frac{H_1 - H_2}{H_1 - H_3} \qquad \textbf{(Gl 5.24 b)}$$

Diese Vereinfachung ergibt eine leichtere Übersicht über das Verhalten der Anlagen. Auch ist durch deren technische Konzeption eine Vernachlässigung der Speisepumpenarbeit bei der Bestimmung der Nutzarbeit und des thermischen Wirkungsgrades sinnvoll, denn die Speisewasserpumpen werden nur in Ausnahmefällen direkt von der Dampfturbine angetrieben. Im Allgemeinen haben die Pumpen einen elektrischen Einzelantrieb. Es ist daher naheliegend, sie mit den anderen Antrieben und Nebenverbrauchern einer Anlage im Eigenbedarf zusammenzufassen. In den vereinfachten Gleichungen (Gl 5.23 b u. Gl 5.24 b) ist nur die technische Arbeit der Turbine berücksichtigt.

Beispiel 5.9: Für einen Clausius-Rankine-Prozess ist der Einfluss des Dampfeintrittszustandes und des Gegendruckes auf den thermischen Wirkungsgrad zu untersuchen und grafisch darzustellen. Zur besonderen Vereinfachung ist nicht nur mit Gl 5.23 b und Gl 5.24 b zu rechnen, sondern es ist auch die Enthalpie des Speisewassers in dieser Berechnung $H_4 = 0$ zu setzen.

Tabellarisch sind die spezifische Nutzarbeit des Vergleichsprozesses, der thermische Wirkungsgrad und der Dampfgehalt am Turbinenaustritt zu ermitteln.

a) Bei konstantem Eintritts- und Gegendruck des Dampfes $p_1 = 20$ bar und $p_2 = 1$ bar ist der Einfluss der Eintrittstemperatur zu untersuchen, indem die geforderten Werte für $t_1 = 300$ °C, 400 °C, 500 °C und 600 °C bestimmt werden.

b) Bei konstanter Eintrittstemperatur und konstantem Gegendruck $t_1 = 500$ °C und $p_2 = 1$ bar ist der Einfluss des Eintrittsdruckes zu untersuchen, indem die geforderten Werte für $p_1 = 20$ bar, 50 bar, 100 bar, 200 bar bestimmt werden.

c) Bei konstantem Eintrittszustand des Dampfes $p_1 = 20$ bar und $t_1 = 500$ °C ist der Einfluss des Gegendruckes zu untersuchen, indem die geforderten Werte für $p_2 = 1$ bar, 0,5 bar, 0,1 bar und 0,05 bar bestimmt werden.

Lösung:

Zu a): $p_1 = 20$ bar; $p_2 = 1$ bar

t_1 °C	h_1 kJ/kg	h_2 kJ/kg	$w_{c/r}^{*}$ kJ/kg	η_{th}^{rev*} –	x_2 –
300	3024	2454	–570	0,188	0,903
400	3248	2586	–662	0,204	0,963
500	3468	2701	–767	0,221	–
600	3691	2817	–874	0,237	–

Zu b): $t_1 = 500\ °C$; $p_2 = 1$ bar

p_1 bar	h_1 kJ/kg	h_2 kJ/kg	$w^*_{c/r}$ kJ/kg	η^{rev*}_{th} –	x_2 –
20	3468	2701	−767	0,221	–
50	3434	2533	−901	0,262	0,937
100	3375	2393	−982	0,291	0,877
200	3241	2225	−1016	0,313	0,802

Zu c): $p_1 = 20$ bar; $t_1 = 500\ °C$

p_1 bar	h_1 kJ/kg	h_2 kJ/kg	$w^*_{c/r}$ kJ/kg	η^{rev*}_{th} –	x_2 –
1	3468	2701	−767	0,221	–
0,5	3468	2588	−880	0,254	0,975
0,1	3468	2355	−1113	0,321	0,903
0,05	3468	2265	−1203	0,347	0,878

5

Die Rechnung und die grafische Darstellung **(B 5.16)** zeigen, dass der thermische Wirkungsgrad mit steigender Eintrittstemperatur, mit steigendem Eintrittsdruck und mit sinkendem Gegendruck wächst. Der Anstieg des thermischen Wirkungsgrades mit dem Eintrittsdruck ist bei niedrigen Drücken stärker als bei höheren Drücken. Der Anstieg mit sinkendem Gegendruck ist sehr stark, sodass man sich bemühen wird, den Gegendruck so weit wie möglich zu senken. Im Vergleich zu den anderen Wärmekraftmaschinen ist wegen des niedrigen Temperaturniveaus bei der Wärmezufuhr der thermische Wirkungsgrad klein.

Die Untersuchungen zeigen weiter, dass bei einer sehr weit in das Nassdampfgebiet hineingehenden Expansion der Wassergehalt im Dampf u. U. zu hoch wird (vgl. Abschn. 5.3.4). Es können Erosionsschäden in den Maschinen auftreten.

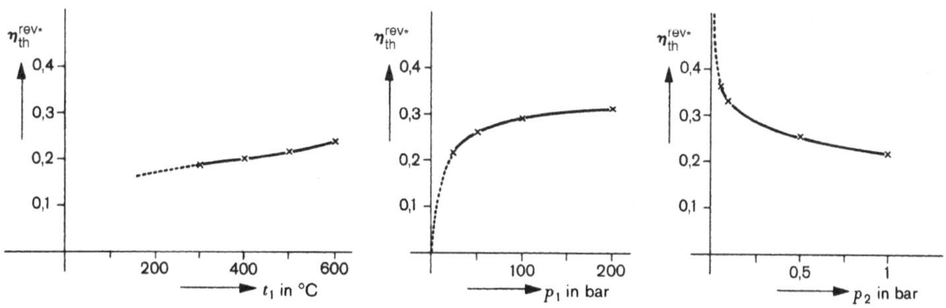

B 5.16 Abhängigkeit des thermischen Wirkungsgrades des Clausius-Rankine-Prozesses von p_1, t_1 und p_2

5.3.3 Verfahren zur Erhöhung des thermischen Wirkungsgrades

Da der Clausius-Rankine-Prozess im Verhältnis zu den anderen Wärmekraftanlagen einen niedrigen thermischen Wirkungsgrad hat, ist es besonders wegen der großen Bedeutung des Prozesses notwendig, Verfahren zur Verbesserung dieses Wirkungsgrades zu untersuchen. Der Einfluss der verschiedenen Teile eines Kreisprozesses auf den thermischen Wirkungsgrad kann anschaulich mithilfe des *T,s*-Diagrammes dargestellt werden (B 3.34), indem der Prozess in verschiedene Teilprozesse zerlegt wird **(B 5.17)**.

Kondensations-Turbinen. Aus dem Diagramm ist zu erkennen, dass es anzustreben ist, den Kondensationsdruck so weit wie möglich zu senken (B 5.17 a). Bei reinem Kraftwerksbetrieb wird der Dampf nach der Turbine in einem Kondensator verflüssigt, dessen Druck eindeutig von der Temperatur abhängt, die im Kondensator gehalten werden kann. Diese Temperatur wiederum ist von der Eintrittstemperatur des Kühlmittels, meist Wasser, abhängig.

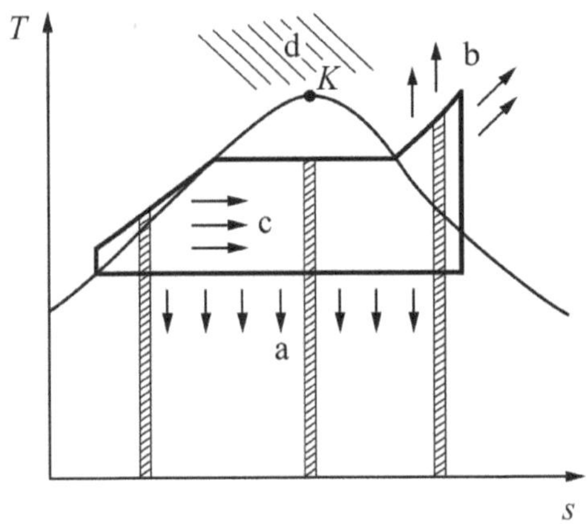

a Gegendruck senken

b Turbinen-Eintrittsdruck und Eintrittstemperatur steigern

c Wegfall von Flächen mit schlechtem η_{th} durch Speisewasservorwärmung

d Neue Flächen durch Zweistoffverfahren

B 5.17 Maßnahmen zur Erhöhung von η_{th} des Clausius-Rankine-Prozesses

So ist es z. B. möglich, bei einer Kühlwasser-Eintrittstemperatur von 20 °C und einer Kühlwasser-Austrittstemperatur von 28 °C eine Temperatur im Kondensator von 35 °C zu halten. Dieser Temperatur entspricht ein Sättigungs-Dampfdruck von 0,056 bar. Das wäre, bei Vernachlässigung der Strömungsverluste in der Abdampfleitung, der Gegendruck der Turbine. Begrenzt ist die Druckabsenkung durch die Kühlmitteltemperatur, die sich im günstigsten Fall der Umgebungstemperatur nähern kann.

Kraft-Wärme-Kopplung. Wird der Dampf nach der Expansion in der Turbine noch für Heizzwecke benötigt (*Kraft-Wärme-Kopplung*; KWK), so sind der Drucksenkung durch die Temperatur des Heizmittels Grenzen gesetzt. Obwohl die Turbinenleistung dadurch gemindert wird, sind solche *Heizkraftwerke* (HKW) anzustreben, da sich die Gesamtnutzung der eingesetzten Primärenergie erheblich verbessert. Die damit verbundene *Fernwärmeversorgung* ist bei ausreichender Wärmeversorgungsdichte wirtschaftlich durchführbar. Zur örtlichen Versorgung werden kleinere Anlagen (*Blockheizkraftwerke*; BHKW) eingesetzt.

Verwendung des Dampfes oberhalb des kritischen Druckes. Der thermische Wirkungsgrad des Clausius-Rankine-Prozesses steigt, wenn das durchschnittliche Flächenverhältnis im

T,s-Diagramm besser wird. Hat man den Gegendruck so weit wie möglich gesenkt, dann besteht eine andere Verbesserungsmöglichkeit darin, die Eintrittstemperatur oder den Eintrittsdruck des Dampfes in die Turbine zu erhöhen. Hierdurch werden dem Prozess im *T,s*-Diagramm Flächen hinzugefügt, deren Flächenverhältnis besser ist als das durchschnittliche des Prozesses, bzw. die Flächenverhältnisse aller Teilprozesse werden verbessert (B 5.17 b).

Diese Maßnahmen bringen wohl eine Steigerung des thermischen Wirkungsgrades, erhöhen aber auf der anderen Seite sehr stark die Beanspruchung des Materials und erfordern daher hochwertige Werkstoffe. Da die zusätzlichen günstigen Flächen (B 5.17 b) klein sind, ist die Steigerung des thermischen Wirkungsgrades im Verhältnis zum erforderlichen Mehraufwand für Werkstoffe und Verarbeitung im Gebiet hoher Temperaturen und Drücke gering. Um dennoch einen wirtschaftlichen Nutzen zu erzielen, mussten bei der Konstruktion des Dampferzeugers neue Wege gefunden werden.

5

Unterhalb des kritischen Druckes erfolgt der Übergang von der Flüssigkeit zum Dampf über das Nassdampfgebiet. Der Dampf wurde in den herkömmlichen Dampferzeugern in einer großen Kesseltrommel vom Wasser getrennt. Die Wasseroberfläche wurde dabei möglichst groß gehalten, um ein Mitreißen von Wassertropfen zu verhindern. Die steigenden Drücke erforderten sehr dickwandige Kesseltrommeln, wodurch die erforderlichen Materialkosten stark anwuchsen. Hierdurch sank trotz steigendem thermischem Wirkungsgrad der wirtschaftliche Nutzen.

Wird der Druck im Dampferzeuger aber über den kritischen Druck gesteigert, dann erfolgt der Übergang vom Wasser zum Dampfzustand stetig. Die Verdampfung kann bei diesen Drücken im Durchfluss in einem Rohr erfolgen. Bei den nach diesem Prinzip arbeitenden Dampferzeugern entfällt die Kesseltrommel, die den größten Materialaufwand erforderte. So erhält man bei einer Steigerung des Druckes in diesen Bereich hinein mit dem wachsenden thermischen Wirkungsgrad trotz der hochwertigeren Materialien noch einen wirtschaftlichen Nutzen. Dampferzeuger dieser Art arbeiten heute auch unterhalb des kritischen Druckes.

Anzapfvorwärmung. Der thermische Wirkungsgrad des gesamten Prozesses bleibt trotz Steigerung des Eintrittsdruckes und der Eintrittstemperatur niedrig, weil die Arbeitsflächen unter der isobaren Flüssigkeitserwärmung im *T,s*-Diagramm sehr klein sind und damit dieser Teilbereich des Prozesses den gesamten thermischen Wirkungsgrad entscheidend verschlechtert. Es ist somit anzustreben, den Dampfkraftprozess so zu führen, dass die Erwärmung des Speisewassers im Dampferzeuger und damit diese Flächen wegfallen (B 5.17 c).

Dies wäre z. B. der Fall, wenn die Kondensation vorzeitig unterbrochen und der Nassdampf isentrop auf den Siedezustand verdichtet werden könnte. Ein solcher Prozess ist bisher noch nicht ausgeführt worden, da die Verdichtung eines Wasser-Dampf-Gemisches, bei der der Dampfanteil kondensiert, kaum durchzuführen ist, ohne die Kompressionsmaschine durch Wasserschläge zu gefährden.

Eine realisierbare Möglichkeit, die Flächen mit kleinem thermischem Wirkungsgrad entfallen zu lassen, ist die *Anzapfvorwärmung* (**B 5.18** und **B 5.19**). Die dargestellte zweistufige Vorwärmung des Speisewassers erfolgt durch Anzapfdampf. Ein Teil der zur Erwärmung der Flüssigkeit erforderlichen Energie wird dem Speisewasser nicht mehr durch die Abgase im Kessel, sondern stufenweise durch Anzapfdampf zugeführt, der vorher in der Turbine durch Expansion einen Teil seiner Enthalpie abgegeben hat und der der Turbine bei unterschiedlichen Drücken entnommen wird.

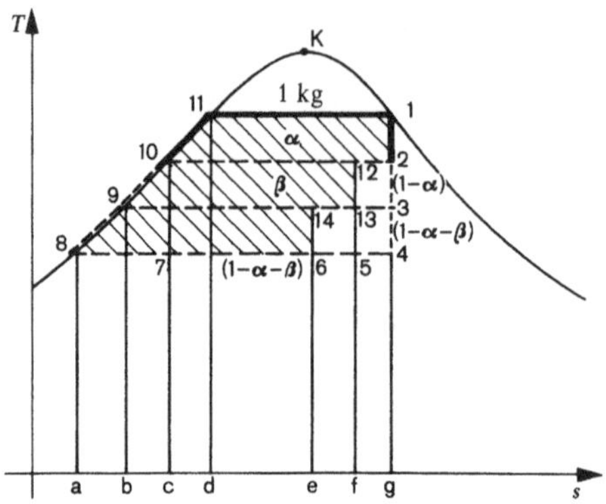

B 5.18 Clausius-Rankine-Prozess mit Anzapfvorwärmung

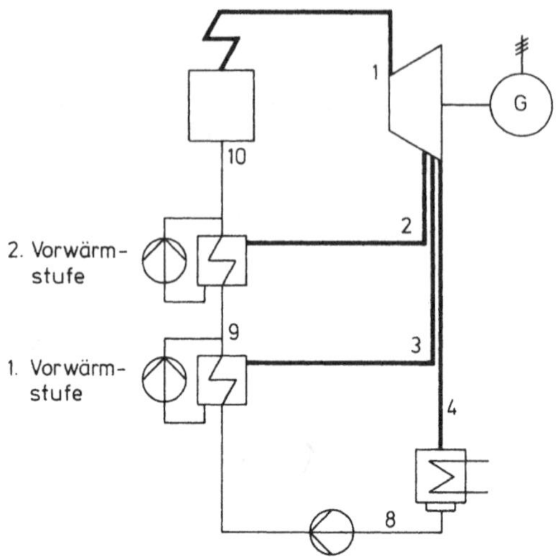

B 5.19 Schema einer Dampfturbinenanlage mit Anzapfvorwärmung

Die Expansion des Dampfes erfolgt vom Zustand 1 über 2 und 3 nach 4 (B 5.18). Der Endpunkt der Expansion ist also 4. Bei der Darstellung ist zu beachten, dass von 2 bis 4 nicht mehr die Dampfmenge 1 kg, für die sonst das Diagramm gilt, expandiert, sondern dass die expandierende Dampfmenge durch den Anzapfdampf kleiner geworden ist. Die Zustandsänderungen im Diagramm, die nicht mehr für 1 kg gelten, und die Kondensation des Anzapfdampfes wurden gestrichelt gezeichnet.

Bei dem dargestellten Anzapfprozess (B 5.18) werden der Turbine bei p_2 je 1 kg Arbeitsdampf α kg Anzapfdampf entnommen. Dieser kondensiert und gibt die Wärme entspr. Fläche 2 12 f g ab, die gleich der zur Erwärmung von $(1 - \alpha)$ kg Speisewasser von 9 nach 10 erforderlichen Wärme ist.

Entsprechend wird der Turbine bei p_3 Anzapfdampf entnommen. Die bei dessen Kondensation abgegebene Wärme entspr. Fläche 14 13 f e deckt die zur Erwärmung von $(1 - \alpha - \beta)$ kg Speisewasser von 8 nach 9 erforderliche Wärme. Im Dampferzeuger ist dann nur noch die Wärme entspr. Fläche 10 11 1 g c zuzuführen.

Da die Zustandsänderungen zum Teil nicht mehr für 1 kg gelten, stellen die Flächen unter diesen Zustandsänderungen auch nicht mehr die bei diesen zu- oder abzuführende Wärme dar. Sie können für diese nur noch näherungsweise eingesetzt werden, ergeben dann aber ein anschauliches Bild über die Wirkung des Prozesses. Die bei Kondensation des Anzapfdampfes abgegebene Wärme kann durch Flächen dargestellt werden, wodurch ein treppenförmiges Diagramm entsteht. Die schraffierte Fläche ist etwa gleich der Nutzarbeit des Prozesses mit Anzapfvorwärmung. Die dem Abdampf nach der Maschine im Kondensator zu entziehende Wärme entspricht etwa der Fläche 8 6 e a oder der Fläche 7 4 g c. Durch die Differenz der zu- und abgeführten Wärme kann der Nutzen näherungsweise durch die Fläche 10 11 1 4 7 dargestellt werden. Hierdurch ist zu erkennen, dass die Arbeit dieses Prozesses gleich der eines anderen Prozesses ist, bei dem die Arbeitsflächen unter der isobaren Speisewasservorwärmung fortgefallen sind. Dies ist das Ziel der Anzapfvorwärmung.

Die Vorwärmung des Speisewassers erfolgt in der Regel in Rohrbündel-Wärmeübertragern (B 5.19), in denen der Anzapfdampf kondensiert und die dabei abgegebene Wärme an das Speisewasser übertragen wird.

Falls Dampfkraftanlagen mit Anzapfvorwärmungen ausgerüstet sind, betrachten wir als Vergleichsprozess den Clausius-Rankine-Prozess mit Anzapfvorwärmungen. Die spezifische Nutzarbeit des Clausius-Rankine-Prozesses mit zweistufiger Anzapfvorwärmung (B 5.18/5.19) ist bei Vernachlässigung der Pumpenarbeit:

$$|w^*_{\mathrm{c/r\,A}}| = -w^*_{\mathrm{c/r\,A}} = h_1 - h_2 + (1-\alpha)\,(h_2 - h_3) + (1-\alpha-\beta)\,(h_3 - h_4) \qquad \textbf{(Gl 5.23 c)}$$

Thermischer Wirkungsgrad bei zweistufiger Anzapfvorwärmung:

$$\eta^{\mathrm{rev}\,*}_{\mathrm{th\,A}} = \frac{|w^*_{\mathrm{c/r\,A}}|}{q_{101}} = \frac{h_1 - h_2 + (1-\alpha)\,(h_2 - h_3) + (1-\alpha-\beta)\,(h_3 - h_4)}{h_1 - h_{10}} \qquad \textbf{(Gl 5.24 c)}$$

5

Die Anzapfmengen werden durch Energiebilanz der Vorwärmer ermittelt:

2. Vorwärmstufe $\alpha\, h_2 + (1-\alpha)\, h_9 = h_{10}$

umgestellt $$\alpha = \frac{h_{10} - h_9}{h_2 - h_9} \qquad \textbf{(Gl 5.27)}$$

1. Vorwärmstufe $\beta\, h_3 + (1-\alpha-\beta)\, h_8 = (1-\alpha)\, h_9$

umgestellt $$\beta = \frac{(1-\alpha)\,(h_9 - h_8)}{h_3 - h_8} \qquad \textbf{(Gl 5.28)}$$

Die Gln 5.25 bis 5.28 gelten bei zweistufiger Vorwärmung für die Schaltung nach B 5.18/5.19. In der Regel wird statt der in B 5.19 dargestellten Schaltung (Einzelpumpen je Vorwärmer) das Kondensat der höheren Stufe zur weiteren Energienutzung über eine Drossel dem Vorwärmer der jeweils niedrigeren Stufe zugeführt. Die Gleichungen sind dann entsprechend zu verändern. Wegen der Vielfalt der Schaltungen empfiehlt es sich, keine abgeleiteten Gln zu verwenden, sondern die erforderlichen Gleichungen für jeden Fall neu anzusetzen.

In Großkraftwerken findet man acht bis zehn Vorwärmstufen.

Beispiel 5.10: Ein Clausius-Rankine-Prozess arbeitet mit Dampf von 100 bar und 600 °C bei einem Gegendruck von 0,1 bar.

Zur Verbesserung des thermischen Wirkungsgrades wird der Turbine bei 10 bar und bei 2 bar Anzapfdampf entnommen und dieser zum Vorwärmen des Speisewassers benutzt. Die Anzapfdampfmenge soll jeweils so groß sein, dass das Speisewasser bis auf die zum Anzapfdruck gehörende Sättigungstemperatur erwärmt wird.

Die Enthalpieerhöhung in den Pumpen soll vernachlässigt werden, sodass für die Rechnung immer die zu den entsprechenden Drücken gehörenden Werte für das siedende Wasser einzusetzen sind.

Es sind zu ermitteln:

a) der thermische Wirkungsgrad des Vergleichsprozesses ohne Anzapfvorwärmung,

b) der thermische Wirkungsgrad des Vergleichsprozesses mit Anzapfvorwärmung.

Lösung:

Bezeichnungen s. B 5.18. Die Enthalpien werden mit den Wasserdampftafeln (T 5.4 und T 5.5) bestimmt.

$$h_1 = 3\,625{,}8\ \frac{\text{kJ}}{\text{kg}}, \qquad h_2 = 2\,932{,}21\ \frac{\text{kJ}}{\text{kg}}, \qquad h_3 = 2\,618{,}72\ \frac{\text{kJ}}{\text{kg}}, \qquad h_4 = 2\,186{,}99\ \frac{\text{kJ}}{\text{kg}},$$

$$h_8 = 191{,}81\ \frac{\text{kJ}}{\text{kg}}, \qquad h_9 = 504{,}68\ \frac{\text{kJ}}{\text{kg}}, \qquad h_{10} = 762{,}7\ \frac{\text{kJ}}{\text{kg}}$$

Zu a): Thermischer Wirkungsgrad ohne Anzapfung (entspr. Gl 5.24 b)

$$\eta_{\text{th}}^{\text{rev}*} = \frac{h_1 - h_4}{h_1 - h_8} = \frac{3\,625{,}8\ \frac{\text{kJ}}{\text{kg}} - 2\,186{,}99\ \frac{\text{kJ}}{\text{kg}}}{3\,625{,}8\ \frac{\text{kJ}}{\text{kg}} - 191{,}81\ \frac{\text{kJ}}{\text{kg}}} = \underline{0{,}419}$$

Zu b): Ermittlung der Anzapfmengen (Gl 5.27 und Gl 5.28)

$$\alpha\,(h_2 - h_{10}) = (1-\alpha)\,(h_{10} - h_9)$$

$$\alpha = \frac{h_{10} - h_9}{h_2 - h_9} = \frac{762{,}7\ \frac{\text{kJ}}{\text{kg}} - 504{,}68\ \frac{\text{kJ}}{\text{kg}}}{2\,932{,}21\ \frac{\text{kJ}}{\text{kg}} - 504{,}68\ \frac{\text{kJ}}{\text{kg}}} = 0{,}1063$$

$$\beta\,(h_3 - h_9) = (1-\alpha-\beta)\,(h_9 - h_8)$$

$$\beta = \frac{(1-\alpha)\,(h_9 - h_8)}{h_3 - h_8} = \frac{(1-0{,}1063)\left(504{,}68\ \frac{\text{kJ}}{\text{kg}} - 191{,}81\ \frac{\text{kJ}}{\text{kg}}\right)}{2\,618{,}72\ \frac{\text{kJ}}{\text{kg}} - 191{,}81\ \frac{\text{kJ}}{\text{kg}}} = 0{,}1152$$

Thermischer Wirkungsgrad mit Anzapfung (Gl 5.24 c)

$$\eta_{\text{th A}}^{\text{rev}*} = \frac{h_1 - h_2 + (1-\alpha)\,(h_2 - h_3) + (1-\alpha-\beta)\,(h_3 - h_4)}{h_1 - h_{10}}$$

$$\eta_{\text{th A}}^{\text{rev}*} = \frac{\big(3\,625{,}8 - 2\,932{,}21 + (1-0{,}1063)\,(2\,932{,}21 - 2\,618{,}72) + (1-0{,}1063-0{,}1152)\,(2\,618{,}72 - 2\,186{,}99)\big)\ \frac{\text{kJ}}{\text{kg}}}{(3\,625{,}8 - 762{,}7)\ \frac{\text{kJ}}{\text{kg}}}$$

$$\eta_{\text{th A}}^{\text{rev}*} = \underline{0{,}457}$$

Gegenüber dem einfachen Clausius-Rankine-Prozess ist der thermische Wirkungsgrad des Clausius-Rankine-Prozesses mit Anzapfvorwärmung merklich besser geworden.

Aufgabe 5.11: Ein Clausius-Rankine-Prozess arbeitet mit Dampf von 70 bar und 500 °C bei einem Gegendruck von 0,2 bar. 10 % des Dampfes werden der Turbine bei 4 bar entnommen und durch direktes Einspritzen zur Speisewasser-Vorwärmung benutzt.

Der Druck des Speisewassers wird zunächst auf 4 bar erhöht, dann erfolgt die Vorwärmung durch den Anzapfdampf. Da die Anzapfdampfmenge gegeben ist, wird bei der Vorwärmung nicht die zum Anzapfdampfdruck gehörende Sättigungstemperatur erreicht.

a) Die Anlage ist schematisch darzustellen.

b) Die Temperatur des Speisewassers nach der Vorwärmung und der thermische Wirkungsgrad des Vergleichsprozesses mit Anzapfvorwärmung sind unter Vernachlässigung der Enthalpieerhöhung in den Pumpen zu bestimmen.

Zweistoff-Prozesse. Der thermische Wirkungsgrad von Wärmekraftmaschinen steigt mit der Temperatur, bei der die Wärme zugeführt wird (Abschn. 3.5.4). Es ist daher anzustreben, auch den Temperaturbereich oberhalb der kritischen Temperatur des H_2O (B 5.17 d) zu nutzen. Das ist nur mit einem Arbeitsfluid möglich, dessen kritische Temperatur höher als die des H_2O ist. Dieses Fluid durchläuft in einer vorgeschalteten Anlage einen Wärmekraftmaschinenprozess. Die daraus abgeführte Wärme wird dem Wasserdampfprozess zugeführt.

Unterschiedliche Stoffgruppen führen zu den folgenden Verfahren:

GUD-Prozess. In der vorgeschalteten Wärmekraftmaschine wird gasförmiges Arbeitsfluid eingesetzt. Auf dieses in der technischen Praxis bewährte Verfahren gehen wir in Abschn. 5.4 eingehend ein.

5

BRC-(Binary Rankine-Cycle-)Anlage. In einem vorgeschalteten Clausius-Rankine-Prozess wird ein Arbeitsfluid eingesetzt, dessen kritische Temperatur höher als die des H_2O ist. Die Sättigungsdrücke dieses Fluids sollen bei hoher Temperatur geringer als beim H_2O sein, um die Materialbelastung niedrig zu halten. Geeignete Fluide lassen sich aber nicht bis auf ihren Sättigungsdruck bei Umgebungstemperatur entspannen, da dann das Volumen zu groß wird. Daher unterbricht man die Expansion in der BRC-Anlage bei höherem Druck und zugehörender höherer Temperatur und führt die frei werdende Kondensationsenthalpie dem nachgeschalteten Wasserdampfprozess zu. Als Arbeitsfluid wurde in einer zwischenzeitlich stillgelegten Anlage in den USA Quecksilber erprobt. Für Kalium ist eine deutsche Studie bekannt [39]. Daneben sind Diphenyloxid $(C_6H_5)_2O$ und einige Bromide denkbar. Wegen technologischer Schwierigkeiten haben sich BRC-Anlagen bisher nicht durchgesetzt.

Ein Zweistoff-Prozess läge auch bei Hintereinanderschaltung einer H_2O- und einer ORC-Anlage (Abschn. 5.5) vor. Durch diese Kombination können die großen Querschnitte am Turbinenende, die bei weiterer Steigerung der Kraftwerkseinheiten von zurzeit 1 000 MW auf vielleicht 2 000 MW nicht mehr baubar sind, vermieden werden, indem das H_2O bei z. B. 20 bar kondensiert wird. Die dabei frei werdende Energie wird der nachgeschalteten ORC-Anlage zugeführt. Der Wirkungsgrad wird durch diese Schaltung nicht verbessert.

5.3.4 Zwischenüberhitzen. Verfahren zur Verringerung des Wassergehaltes im Abdampf

Bei einer Expansion auf sehr niedrige Drücke wird häufig im Nassdampfgebiet ein Zustandsbereich mit zu hohem Wassergehalt im Dampf erreicht (Bsp. 5.8). Dieser Zustandsbereich kann vermieden werden, wenn die Expansion in der Turbine oberhalb der Taulinie unterbrochen und der Dampf von der Maschine in einen Überhitzer geführt wird; das ist ein meist von den Verbrennungsanlagen beheizter Wärmeübertrager. In diesem wird der Dampf etwa isobar auf eine so hohe Temperatur erwärmt, dass er bei der nachfolgenden Expansion in der Turbine den Zustandsbereich mit hohem Wassergehalt im Nassdampf nicht erreicht **(B 5.20)**.

Da die Erwärmung zwischen der Expansion im ersten und zweiten Teil der Turbine erfolgt, spricht man von einer *Zwischenüberhitzung*. Manchmal wird der Dampf auch im

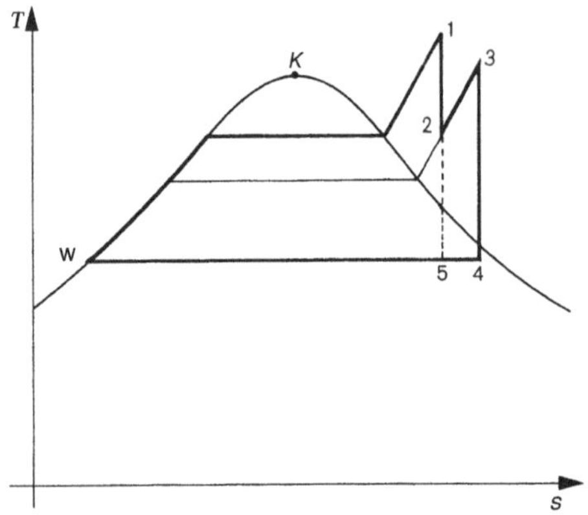

B 5.20 Zwischenüberhitzung im T,s-Diagramm

Verlauf der Expansion in einer Anlage zweimal zwischenüberhitzt. Bei weniger hohen Zwischenüberhitzungstemperaturen fällt der thermische Wirkungsgrad, er steigt dagegen bei hohen Temperaturen. Häufig wird daher als Zwischenüberhitzungstemperatur auch die Frischdampftemperatur gewählt. Im T,s-Diagramm erkennt man an den unterschiedlichen Flächen unter den Zwischenüberhitzungsisobaren den Einfluss der Zwischenüberhitzung auf den thermischen Wirkungsgrad.

Beispiel 5.11: Überhitzter Wasserdampf strömt in eine Turbine mit 100 bar und 550 °C. Der Dampf expandiert in der Turbine auf 0,08 bar, das Speisewasser wird mit $h_w = 175$ kJ/kg in den Dampferzeuger gedrückt.

a) Für den beschriebenen Clausius-Rankine-Prozess sind die Nutzarbeit, der thermische Wirkungsgrad und der Dampfgehalt am Austritt aus der Turbine zu bestimmen.

b) Der Dampf wird bei 10 bar der Dampfturbine entnommen und isobar auf 500 °C zwischenüberhitzt. Für den abgewandelten Clausius-Rankine-Prozess sind die Nutzarbeit, der thermische Wirkungsgrad und der Dampfgehalt am Austritt aus der Turbine zu bestimmen.

Lösung:

Die Enthalpien und die Dampfgehalte werden dem Diagramm entnommen. Bezeichnungen dieses Beispiels nach B 5.20.

$$h_1 = 3\,502\ \text{kJ/kg}, \qquad h_2 = 2\,860\ \text{kJ/kg}, \qquad h_3 = 3\,479\ \text{kJ/kg}$$

$$h_4 = 2\,429\ \text{kJ/kg}, \qquad h_5 = 2\,115\ \text{kJ/kg}, \qquad x_4 = 0{,}938, \qquad x_5 = 0{,}806$$

$$\text{Zu a):}\quad w^*_{c/r} = -(h_1 - h_5) = -\left(3\,502\,\frac{\text{kJ}}{\text{kg}} - 2\,115\,\frac{\text{kJ}}{\text{kg}}\right) = \underline{-1\,387\,\frac{\text{kJ}}{\text{kg}}}$$

$$\eta_{\text{th}}^{\text{rev}*} = \frac{h_1 - h_5}{h_1 - h_w} = \frac{3\,502\,\frac{\text{kJ}}{\text{kg}} - 2\,115\,\frac{\text{kJ}}{\text{kg}}}{3\,502\,\frac{\text{kJ}}{\text{kg}} - 175\,\frac{\text{kJ}}{\text{kg}}} = \underline{0{,}417}$$

$$x_5 = \underline{0{,}806}$$

$$\text{Zu b):}\quad w^*_{c/rZ} = -(h_1 - h_2 + h_3 - h_4) = -(3\,502 - 2\,860 + 3\,479 - 2\,429)\frac{\text{kJ}}{\text{kg}} = \underline{-1\,692\,\frac{\text{kJ}}{\text{kg}}}$$

$$\eta_{\text{th Z}}^{\text{rev*}} = \frac{h_1 - h_2 + h_3 - h_4}{h_1 - h_w + h_3 - h_2} = \frac{(3\,502 - 2\,860 + 3\,479 - 2\,429)\ \dfrac{\text{kJ}}{\text{kg}}}{(3\,502 - 175 + 3\,479 - 2\,860)\ \dfrac{\text{kJ}}{\text{kg}}} = \underline{0{,}429}$$

In der obigen Gleichung ist $h_3 - h_2$ der Aufwand bei Zwischenüberhitzungen von 2 nach 3.

$$x_4 = \underline{0{,}938}$$

Bei diesem Clausius-Rankine-Prozess mit Zwischenüberhitzung ist die Nutzarbeit des Kreisprozesses merklich größer als beim einfachen Clausius-Rankine-Prozess, jedoch ist der thermische Wirkungsgrad mit der Zwischenüberhitzung nur unwesentlich gestiegen, da mit dem größeren Nutzen auch der Aufwand gewachsen ist. Entscheidend größer wurde durch die Zwischenüberhitzung der Dampfgehalt im Nassdampf am Austritt der Turbine. Der Dampfgehalt x_4 ist ohne Bedenken zuzulassen. Sein Wert ist in der realen Anlage höher, da durch die Reibungsverluste in der wirklichen Maschine bei vorgegebenem Austrittsdruck die Austrittsenthalpie und damit auch der Dampfgehalt zunehmen.

5

Aufgabe 5.12: In einem Clausius-Rankine-Prozess mit Zwischenüberhitzung strömt überhitzter Wasserdampf mit 80 bar und 580 °C in eine Turbine. Auf welche Temperatur ist der Dampf bei 5 bar mindestens isobar zwischen Hoch- und Niederdruckteil zu erwärmen, damit am Austritt aus der Turbine der Dampfgehalt bei 0,1 bar den Wert 0,95 $\dfrac{\text{kg Dampf}}{\text{kg Nassdampf}}$ nicht unterschreitet?

5.3.5 Der wirkliche Prozess in Dampfkraftanlagen

Gegenüber dem (reversiblen) Clausius-Rankine-Prozess treten in den realen Anlagen eine Reihe von Abweichungen auf, die bei der Berechnung des Prozesses berücksichtigt werden müssen. Die wichtigsten Abweichungen sind: die Reibungsverluste und Wärmeverluste in den Rohrleitungen, bei den Turbinen die Strömungsverluste und bei den Kolbenmaschinen die Drosselverluste, die Wandverluste sowie die Verluste durch unvollständige Expansion. Wir rechnen jedoch auch beim realen Dampfkraftprozess mit adiabaten Maschinen und vernachlässigen Änderungen der kinetischen und potenziellen Energie.

Die Verluste lassen sich mit Ausnahme der Drosselverluste durch Wirkungsgrade ausdrücken, die Drosselverluste können durch die mit der Drosselung verbundene Drucksenkung sichtbar gemacht werden **(B 5.21)**. In der Zusammenstellung **(B 5.22)** sind alle Wirkungsgrade einer Dampfkraftanlage erfasst und nicht nur die Wirkungsgrade des mit Verlusten behafteten Clausius-Rankine-Prozesses.

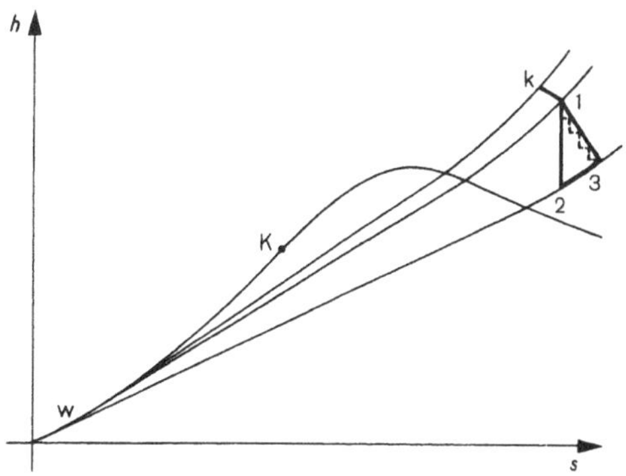

B 5.21 Mit Verlusten behafteter Clausius-Rankine-Prozess im h,s-Diagramm

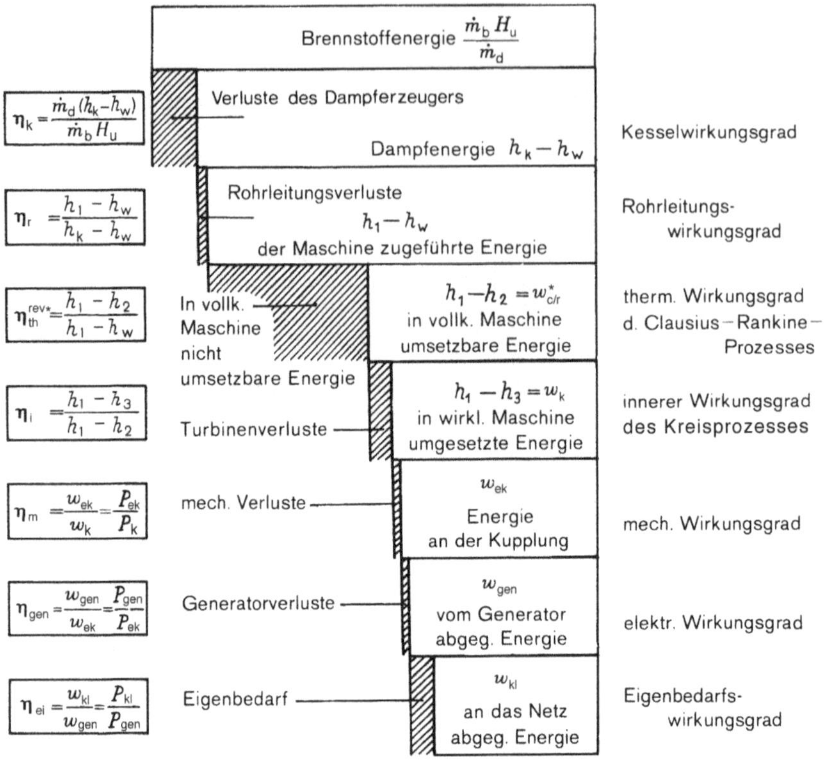

$$\eta_{ges} = \eta_k \, \eta_r \, \eta_{th}^{rev*} \, \eta_i \, \eta_m \, \eta_{gen} \, \eta_{ei} = \frac{|P_{kl}|}{\dot m_b H_u} = \frac{|P_{kl}|}{\dot Q_b} \quad \textit{Kraftwerksnettowirkungsgrad}$$

B 5.22 Energieflussbild und Wirkungsgrade bei Dampfkraftanlagen

Anmerkungen:

1. Die Gleichungen gelten bei reinem Kraftwerksbetrieb ohne Zwischenüberhitzung oder Anzapfung. Bei Kraft-Wärme-Kopplung sind weitere Korrekturen erforderlich.

2. Die Arbeit der Speisewasserpumpe ist im Eigenbedarf enthalten und daher bei der Bestimmung der Einzelwirkungsgrade nicht berücksichtigt. Diese Berechnungsmethode wurde wegen der besseren Übersicht eingeführt.

3. Die im Energieflussbild aufgeführten Energien sind auf den Dampfmassenstrom bezogen, z. T. also spezifische, z. T. bezogene Größen.

Bedeutung der Formelzeichen:

$\dot m_b$ = Brennstoffmassenstrom
$\dot m_d$ = Dampfmassenstrom
h_w = spezifische Enthalpie des Wassers am Dampferzeugereintritt
h_k = spezifische Enthalpie des Dampfes am Dampferzeugeraustritt
h_1 = spezifische Enthalpie des Dampfes am Turbineneingang
h_2 = spezifische Enthalpie des Dampfes nach der Turbine bei isentroper Expansion
h_3 = spezifische Enthalpie des Dampfes nach der Turbine bei wirkl. Expansion
P_k = Nutzleistung (innere Leistung) des Kreisprozesses
P_{ek} = Kupplungsleistung
P_{gen} = Generatorleistung
P_{kl} = Klemmenleistung am Netz; Kraftwerksnettoleistung
H_u = Heizwert (Definition Abschn. 9.1.1)
$\dot Q_b$ = Brennstoffleistung

Zusammenstellung der Wirkungsgrade des einfachen Dampfkraftprozesses

Der *Kesselwirkungsgrad* ist das Verhältnis der vom Dampf im Dampferzeuger (Dampfkessel) einschließlich Überhitzer aufgenommenen Wärmeleistung $\dot{Q}_d = \dot{m}_d\,(h_k - h_w)$ zu der zugeführten Brennstoffleistung (Feuerungswärmeleistung) $\dot{Q}_b = \dot{m}_b\,H_u$.

$$\eta_k = \frac{\dot{Q}_d}{\dot{Q}_b} = \frac{\dot{m}_d\,(h_k - h_w)}{\dot{m}_b\,H_u} \qquad \textbf{(Gl 5.29)}$$

Darin sind: $\dot{m}_d$ = der Dampfmassenstrom, $\dot{m}_b$ = der Brennstoffmassenstrom

Der *Rohrleitungswirkungsgrad* ist das Verhältnis der vom Dampf in der Maschine bereitgestellten Energie zu der im Kessel vom Dampf aufgenommenen Energie. Bei dieser Rechnung wird die vom Dampf in der Maschine bereitgestellte Energie ebenfalls auf die Speisewasserenthalpie bezogen.

5

$$\eta_r = \frac{h_1 - h_w}{h_k - h_w} \qquad \textbf{(Gl 5.30)}$$

Dieser Wirkungsgrad erfasst nur die Wärmeverluste in der Rohrleitung, durch die die Enthalpie in der Rohrleitung sinkt; nicht dagegen erfasst er die Drosselverluste in der Rohrleitung, denn bei der Drosselung bleibt die Enthalpie konstant.

Bei der hier zusammengestellten Berechnung soll der vereinfachte thermische Wirkungsgrad benutzt werden, bei dem der Aufwand für die Speisewasserpumpe im Eigenbedarf berücksichtigt wird (vgl. Erläuterungen zu Gl 5.23 b und Gl 5.24 b). Dann ist der *thermische Wirkungsgrad für den Vergleichsprozess* (Clausius-Rankine-Prozess):

$$\eta_{th}^{rev*} = \frac{h_1 - h_2}{h_1 - h_w} \qquad \text{(Gl 5.24 b)}$$

Der *thermische Wirkungsgrad für den irreversiblen Dampfkraftprozess* ist:

$$\eta_{th}^{*} = \frac{h_1 - h_3}{h_1 - h_w} \qquad \text{(Gl 4.8 a)}$$

Da der Aufwand für die Speisewasserpumpe im Eigenbedarf berücksichtigt wird, ist bei Annahme einer adiabaten Turbine der *innere Wirkungsgrad des Kreisprozesses* $\eta_i = P_k/P_{c/r}$ (Gl 4.7 a) [1] gleich dem isentropen Turbinenwirkungsgrad $\eta_{isen\,T} = P_{t\,T\,13}/P_{t\,T\,12}^{rev}$ (Gl 4.22 b).

$$\eta_i = \frac{h_1 - h_3}{h_1 - h_2} \qquad \textbf{(Gl 5.31)}$$

[1] Den Index $*$ wollen wir auf $w_{c/r}^{*}$ und h_{th}^{*} beschränken. Bei den anderen Wirkungsgraden, Arbeiten und Leistungen verzichten wir auf den Index.

Die thermischen Wirkungsgrade des irreversiblen Dampfkraft-Prozesses η_{th}^{*} und des Vergleichsprozesses η_{th}^{rev*} sind durch den inneren Wirkungsgrad η_i verknüpft:

$$\eta_{th}^{*} = \eta_{th}^{rev*}\,\eta_i \qquad \text{(Gl 4.8 a)}$$

Der *mechanische Wirkungsgrad* ist das Verhältnis der an der Kupplung übertragenen Leistung zu der vom Fluid an die Maschine abgegebenen Leistung.

$$\eta_m = \frac{P_{ek}}{P_k} \qquad \textbf{(Gl 5.32)}$$

Darin sind:

P_k = Nutzleistung (innere Leistung) des Dampfkraft-Prozesses, die wegen des im Eigenbedarf berücksichtigten Leistungsaufwandes für die Speisewasserpumpe gleich der vom Dampf an die Turbinen abgegebenen Leistung ist

$|P_k| = \dot{m}_d\,(h_1 - h_3)$

P_{ek} = Kupplungsleistung

Der *Generatorwirkungsgrad* ist das Verhältnis der vom Generator abgegebenen elektrischen Leistung P_{gen} zu der an der Kupplung dem Generator zugeführten Leistung.

$$\eta_{gen} = \frac{P_{gen}}{P_{ek}} \qquad \textbf{(Gl 5.33)}$$

Der *Eigenbedarfswirkungsgrad* η_{ei} ist das Verhältnis der Klemmenleistung (Kraftwerksnettoleistung) zur Generatorleistung. Durch η_{ei} wird der Eigenbedarf, die Differenz zwischen Generator- und Klemmenleistung, berücksichtigt.

$$\eta_{ei} = \frac{P_{kl}}{P_{gen}} \qquad \textbf{(Gl 5.34)}$$

Dann ist der *gesamte Wirkungsgrad der Dampfkraftanlage* (*Kraftwerksnettowirkungsgrad*)

$$\eta_{ges} = \eta_k\,\eta_r\,\eta_{th}^{rev*}\,\eta_i\,\eta_m\,\eta_{gen}\,\eta_{ei} \qquad \textbf{(Gl 5.35 a)}$$

$$\eta_{ges} = \frac{|P_{kl}|}{\dot{Q}_b} = \frac{|P_{kl}|}{\dot{m}_b\,H_u} \qquad \textbf{(Gl 5.35 b)}$$

Je nach Schaltung, Brennstoff, Kühlkonzept, Aufwand für eine Rauchgasentschwefelungsanlage (REA; Abschn. 9.7.2) oder eine Stickstoffoxidreduzierungsanlage (DeNOx; Abschn. 9.7.3) werden Kraftwerksnettowirkungsgrade von $\eta_{ges} = 34\ldots45\,\%$ erreicht.

Wird der Dampferzeuger nicht mit Brennstoff beheizt, z. B. bei Abhitzekesseln, Kern- und Solarkraftwerken, so wird P_{kl} auf die dem Dampf zugeführte Wärmeleistung $\dot{Q}_d$

bezogen und der *wärmetechnische* gesamte Wirkungsgrad der Dampfkraftanlage (*wärmetechnischer Kraftwerksnettowirkungsgrad*) angegeben:

$$\eta_D = \frac{|P_{kl}|}{\dot{Q}_d} = \frac{|P_{kl}|}{\dot{m}_d\,(h_k - h_w)} \qquad \textbf{(Gl 5.35 c)}$$

η_D ist mit η_{ges} durch den Kesselwirkungsgrad (Gl 5.29) verknüpft:

$$\eta_{ges} = \eta_k\,\eta_D \qquad \textbf{(Gl 5.35 d)}$$

Für den durch Zwischenüberhitzung oder Anzapfvorwärmung verbesserten Clausius-Rankine-Prozess sind die Wirkungsgrade η_k, η_r, η_{th}^{rev*}, η_i sinngemäß einzusetzen.

5

In diesem Fall ist es zweckmäßig, das Produkt $\eta_{th}^{*} = \eta_{th}^{rev*}\,\eta_i$ (Gl 4.8 a), d. h. den thermischen Wirkungsgrad des irreversiblen Prozesses, statt der Einzelwirkungsgrade η_{th}^{rev*} und η_i anzugeben. Für dieses Produkt ergibt sich z. B. bei einer Dampfkraftanlage mit einfacher Vorwärmung und einstufiger Zwischenüberhitzung **(B 5.23)**:

$$\eta_{th}^{*} = \eta_{th}^{rev*}\,\eta_i = \frac{|w_k|}{q_{zu}} = \frac{h_1 - h_3 + (1-\alpha)\,(h_4 - h_6)}{h_1 - h_8 + (1-\alpha)\,(h_4 - h_3)} \qquad \textbf{(Gl 5.36)}$$

Die Zustände 3 und 6 ergeben sich aus den isentropen Turbinenwirkungsgraden der jeweiligen Turbinenstufe (Gl 4.22 b):

$$\eta_{isen\,T\,(St\,1)} = \frac{h_1 - h_3}{h_1 - h_2}, \qquad \eta_{isen\,T\,(St\,2)} = \frac{h_4 - h_6}{h_4 - h_5}$$

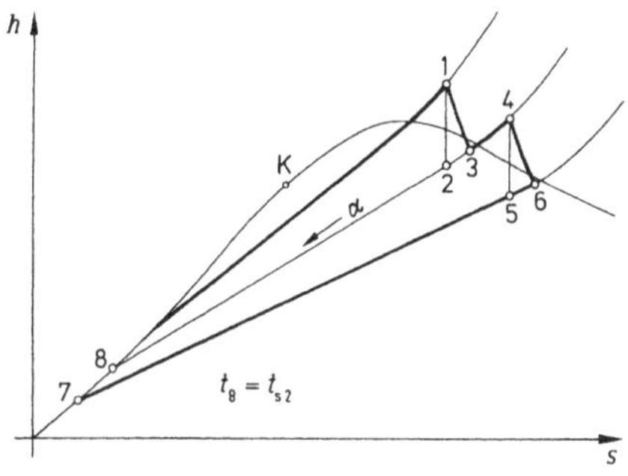

B 5.23 Irreversibler Clausius-Rankine-Prozess mit einstufiger Vorwärmung und einfacher Zwischenüberhitzung im *h,s*-Diagramm

Beispiel 5.12: Eine nach dem Clausius-Rankine-Prozess arbeitende verlustbehaftete Dampfkraftanlage (B 5.21) ist zu berechnen. Der Dampf verlässt den Dampferzeuger nach dem Überhitzer mit 100 bar und 540 °C. Wegen der Wärmeverluste und der Reibung in der Rohrleitung tritt der Dampf mit 90 bar und 530 °C in die Turbine ein, die er mit 0,05 bar verlässt. Wirkungsgrade: $\eta_k = 0{,}92$; $\eta_i = 0{,}86$; $\eta_m = 0{,}98$; $\eta_{gen} = 0{,}99$; $\eta_{ei} = 0{,}93$. Bezugstemperatur $t_b = 20$ °C. Das Kondensat tritt im Siedezustand aus dem Kondensator aus. Die Leistung der Speisepumpe ist im Eigenbedarf berücksichtigt. Es sind zu bestimmen:

a) der thermische Wirkungsgrad des Vergleichsprozesses und des irreversiblen Dampfkraftprozesses,

b) die spezifische Nutzarbeit des Vergleichsprozesses und des irreversiblen Dampfkraftprozesses,

c) der Rohrleitungswirkungsgrad,

d) der für eine Klemmenleistung von 10 000 kW bei adiabater Isolierung der Turbine erforderliche Dampfmassenstrom,
e) der für diese Leistung bei einem Heizwert $H_u = 31{,}4$ MJ/kg erforderliche Brennstoffmassenstrom,
f) die Änderung der spezifischen Enthalpie und der spezifischen Exergie in der Rohrleitung,
g) der spezifische Arbeitsverlust des verlustbehafteten Dampfkraftprozesses (der verlustbehafteten Turbine) gegenüber dem Vergleichsprozess,
h) der spezifische Exergieverlust in der Turbine,
i) der Gesamtwirkungsgrad (Kraftwerksnettowirkungsgrad).

Lösung:

Bezeichnungen nach B 5.21.

Enthalpien und die Entropien werden dem *h,s*-Diagramm (B 5.8) bzw. der Wasserdampftafel (T 5.4) entnommen.

$$h_k = 3\,476{,}5\,\frac{\text{kJ}}{\text{kg}},\qquad h_1 = 3\,462{,}01\,\frac{\text{kJ}}{\text{kg}},\qquad h_2 = 2\,059{,}736\,\frac{\text{kJ}}{\text{kg}},\qquad h_w = 137{,}77\,\frac{\text{kJ}}{\text{kg}}$$

$$s_k = 6{,}727\,\frac{\text{kJ}}{\text{kg K}},\qquad s_1 = s_2 = 6{,}757\,\frac{\text{kJ}}{\text{kg K}}$$

$$h_1 - h_3 = \eta_i\,(h_1 - h_2) = 0{,}86\left(3\,462{,}01\,\frac{\text{kJ}}{\text{kg}} - 2\,059{,}736\,\frac{\text{kJ}}{\text{kg}}\right) = 1\,205{,}96\,\frac{\text{kJ}}{\text{kg}}$$

$$h_3 = h_1 - (h_1 - h_3) = 3\,462{,}01\,\frac{\text{kJ}}{\text{kg}} - 1\,205{,}96\,\frac{\text{kJ}}{\text{kg}} = 2\,256{,}05\,\frac{\text{kJ}}{\text{kg}},\qquad s_3 = 7{,}398\,\frac{\text{kJ}}{\text{kg K}}$$

Zu a): Thermischer Wirkungsgrad des Vergleichsprozesses (Gl 5.24b):

$$\eta_{th}^{rev*} = \frac{h_1 - h_2}{h_1 - h_w} = \frac{3\,462{,}01\,\frac{\text{kJ}}{\text{kg}} - 2\,059{,}736\,\frac{\text{kJ}}{\text{kg}}}{3\,462{,}01\,\frac{\text{kJ}}{\text{kg}} - 137{,}77\,\frac{\text{kJ}}{\text{kg}}} = \underline{0{,}422}$$

Thermischer Wirkungsgrad des irreversiblen Dampfkraftprozesses (Gl 5.36):

$$\eta_{th}^{*} = \eta_{th}^{rev*}\,\eta_i = 0{,}422 \cdot 0{,}86 = \underline{0{,}363}$$

Zu b): Spezifische Nutzarbeit des Vergleichsprozesses (Gl 5.23b):

$$w_{c/r}^{*} = -(h_1 - h_2) = -\left(3\,462{,}01\,\frac{\text{kJ}}{\text{kg}} - 2\,059{,}736\,\frac{\text{kJ}}{\text{kg}}\right) = -1\,402\,\frac{\text{kJ}}{\text{kg}}$$

Spezifische Nutzarbeit des irreversiblen Dampfkraftprozesses:

$$w_k^{*} = -(h_1 - h_3) = -(3\,462{,}01 - 2\,256{,}05)\,\frac{\text{kJ}}{\text{kg}} = \underline{-1\,206\,\frac{\text{kJ}}{\text{kg}}}$$

Zu c): Rohrleitungswirkungsgrad (Gl 5.30):

$$\eta_r = \frac{h_1 - h_w}{h_k - h_w} = \frac{3\,462{,}01\,\frac{\text{kJ}}{\text{kg}} - 137{,}77\,\frac{\text{kJ}}{\text{kg}}}{3\,476{,}5\,\frac{\text{kJ}}{\text{kg}} - 137{,}77\,\frac{\text{kJ}}{\text{kg}}} = \underline{0{,}996}$$

Zu d): Die Nutzarbeit (innere Arbeit) des irreversiblen Dampfkraftprozesses ist bei adiabater Isolierung der Turbine $W_k = -(H_1 - H_3)$. Also ist die Nutzleistung $P_k = -\dot{m}_d\,(h_1 - h_3)$.

Die Klemmenleistung ist $P_{\mathrm{kl}} = P_{\mathrm{k}}\, \eta_{\mathrm{m}}\, \eta_{\mathrm{gen}}\, \eta_{\mathrm{ei}} = -\dot{m}_{\mathrm{d}}\, (h_1 - h_3)\, \eta_{\mathrm{m}}\, \eta_{\mathrm{gen}}\, \eta_{\mathrm{ei}}$.

Daraus wird der Dampfmassenstrom berechnet:

$$\dot{m}_{\mathrm{d}} = \frac{-P_{\mathrm{kl}}}{(h_1 - h_3)\, \eta_{\mathrm{m}}\, \eta_{\mathrm{gen}}\, \eta_{\mathrm{ei}}} = \frac{-(-10\,000\ \mathrm{kW})\ 3{,}6 \cdot 10^3\ \dfrac{\mathrm{kJ}}{\mathrm{kW\,h}}}{1\,205{,}96\ \dfrac{\mathrm{kJ}}{\mathrm{kg}}\ 0{,}98 \cdot 0{,}99 \cdot 0{,}93} = \underline{33\,085\ \frac{\mathrm{kg}}{\mathrm{h}}}$$

Zu e): Der Brennstoffmassenstrom ist (Gl 5.29):

$$\dot{m}_{\mathrm{b}} = \frac{\dot{m}_{\mathrm{d}}\, (h_{\mathrm{k}} - h_{\mathrm{w}})}{\eta_{\mathrm{k}}\, H_{\mathrm{u}}} = \frac{33\,085\ \dfrac{\mathrm{kg}}{\mathrm{h}} \left(3\,476{,}5\ \dfrac{\mathrm{kJ}}{\mathrm{kg}} - 137{,}77\ \dfrac{\mathrm{kJ}}{\mathrm{kg}}\right)}{0{,}92 \cdot 31\,400\ \dfrac{\mathrm{kJ}}{\mathrm{kg}}} = \underline{3\,824\ \frac{\mathrm{kg}}{\mathrm{h}}}$$

Zu f): Die Änderung der spezifischen Enthalpie in der Rohrleitung ist:

$$h_{\mathrm{k}} - h_1 = 3\,476{,}5\ \frac{\mathrm{kJ}}{\mathrm{kg}} - 3\,462{,}01\ \frac{\mathrm{kJ}}{\mathrm{kg}} = \underline{14{,}5\ \frac{\mathrm{kJ}}{\mathrm{kg}}}$$

Die Differenz der spezifischen Exergien in der Rohrleitung ist (Gl 3.112, Änderung der kinetischen und potenziellen Energie vernachlässigt):

$$e_{\mathrm{k}} - e_1 = h_{\mathrm{k}} - h_1 + T_{\mathrm{b}}\, (s_1 - s_{\mathrm{k}}) = 14{,}5\ \frac{\mathrm{kJ}}{\mathrm{kg}} + 293{,}15,\ \mathrm{K}\ (6{,}757 - 6{,}727)\ \frac{\mathrm{kJ}}{\mathrm{kg\,K}} = \underline{23{,}3\ \frac{\mathrm{kJ}}{\mathrm{kg}}}$$

Dies ist auch gleich der Summe aus dem Exergieverlust durch die Reibung und dem Betrag der Exergie der abgeführten Wärme in der Rohrleitung, denn für $w_{\mathrm{t\,k\,1}} = 0$ wird (Gl 3.128, Änderung der kinetischen und potenziellen Energie vernachlässigt):

$$e_{\mathrm{v\,k\,1}} + |e_{\mathrm{q\,k\,1}}| = e_{\mathrm{k}} - e_1$$

Zu g): Der spezifische Arbeitsverlust in der Turbine ist:

$$(h_1 - h_2) - (h_1 - h_3) = h_3 - h_2 = (2\,256{,}05 - 2\,059{,}73)\ \frac{\mathrm{kJ}}{\mathrm{kg}} = \underline{196\ \frac{\mathrm{kJ}}{\mathrm{kg}}}$$

Zu h): Der spezifische Exergieverlust in der adiabaten Turbine ist (Gl 3.130):

$$e_{\mathrm{v\,1\,3}} = T_{\mathrm{b}}\, (s_3 - s_1) = 293{,}15\ \mathrm{K}\ (7{,}398 - 6{,}757)\ \frac{\mathrm{kJ}}{\mathrm{kg\,K}} = \underline{188\ \frac{\mathrm{kJ}}{\mathrm{kg}}}$$

Zu i): Gesamtwirkungsgrad (Gl 5.35 a):

$$\eta_{\mathrm{ges}} = \eta_{\mathrm{k}}\, \eta_{\mathrm{r}}\, \eta_{\mathrm{th}}^{\mathrm{rev}*}\, \eta_{\mathrm{i}}\, \eta_{\mathrm{m}}\, \eta_{\mathrm{gen}}\, \eta_{\mathrm{ei}} = 0{,}92 \cdot 0{,}996 \cdot 0{,}363 \cdot 0{,}98 \cdot 0{,}99 \cdot 0{,}93 = \underline{0{,}300}$$

Dieses Zahlenbeispiel zeigt, dass der Exergieverlust kleiner ist als der spezifische Arbeitsverlust. Durch die den Arbeitsverlust verursachende Dissipation ist die Temperatur des Dampfes am Austritt aus der Turbine höher als bei isentroper Entspannung, wodurch der Dampf eine höhere Exergie am Austritt und damit einen kleineren Exergieverlust hat.

Aufgabe 5.13: Dampf verlässt den Dampferzeuger mit 40 bar und 350 °C. Bei einem Rohrleitungswirkungsgrad von $\eta_{\mathrm{r}} = 0{,}99$ kommt der Dampf mit 35 bar zur Turbine. Für den Dampfeintrittszustand sind die Temperatur, die spezifische Enthalpie und die spezifische Entropie zu bestimmen. Enthalpie des Speisewassers 200 kJ/kg.

Aufgabe 5.14: In eine adiabate Turbine strömt Dampf mit 80 bar und 520 °C. Er verlässt die Turbine als Nassdampf mit 0,14 bar und $x = 0{,}88$. Die Wirkungsgrade $\eta_{\mathrm{k}} = 0{,}87$; $\eta_{\mathrm{r}} = 0{,}97$; $\eta_{\mathrm{m}} = 0{,}95$; $\eta_{\mathrm{gen}} = 0{,}95$; $\eta_{\mathrm{ei}} = 0{,}92$ sind bekannt. Zu bestimmen sind:

a) der thermische Wirkungsgrad des Vergleichsprozesses für $h_{\mathrm{w}} = 220$ kJ/kg,

b) der thermische Wirkungsgrad des irreversiblen Dampfkraftprozesses,

c) die Klemmenleistung bei einem Brennstoffverbrauch von 15 760 kg/h und einem Heizwert von 14,23 MJ/kg.

Aufgabe 5.15: In einer Dampfkraftanlage mit einstufiger Vorwärmung und einfacher Zwischenüberhitzung (ähnlich B 5.23) wird Wasserdampf mit 200 bar, 600 °C einer adiabaten Turbine zugeleitet und in der 1. Turbinenstufe irreversibel auf 4 bar, Sattdampfzustand entspannt. In diesem Zustand werden 5 % Dampf zur Anzapfvorwärmung des Speisewassers entnommen und – nach Kondensation – hinter dem Vorwärmer in den Speisewasserkreislauf eingepumpt. Das Kondensat verlässt den Vorwärmer im Siedezustand.

Der übrige Dampf wird auf 400 °C zwischenüberhitzt und anschließend in der 2. Stufe der Turbine irreversibel auf 0,04 bar, 2 % Dampfnässe entspannt.

Es ist der thermische Wirkungsgrad des irreversiblen Prozesses zu ermitteln.

Aufgabe 5.16: In einem Dampferzeuger werden 1 000 t/h Wasserdampf von 160 bar, 550 °C (Dampferzeugeraustritt) erzeugt. Infolge von Druck- und Wärmeverlusten in der Rohrleitung steht der Dampf am Turbineneintritt (Zustand 1) mit 140 bar, 520 °C zur Verfügung. In einer adiabaten Gegendruckturbine expandiert der Dampf auf 4 bar (Zustand 4); bei 40 bar (Zustand 2) wird $\{\alpha\}$ kg Anzapfdampf/kg Arbeitsdampf und bei 10 bar (Zustand 3) wird {ß} kg Anzapfdampf/kg Arbeitsdampf zur Anzapfvorwärmung entnommen. Der isentrope Wirkungsgrad je Turbinenstufe beträgt 85 %.

Weitere Wirkungsgrade sind: $\eta_m = 96\,\%$, $\eta_{gen} = 99\,\%$, $\eta_{ei} = 95\,\%$.

In den Vorwärmern wird das Kesselspeisewasser jeweils auf die Sättigungstemperatur des Anzapfdampfes vorgewärmt; das jeweils austretende Kondensat wird mit Sättigungstemperatur dem Speisewasser nach der Vorwärmung mittels Pumpen wieder zugeführt.

Wie groß ist die Klemmenleistung in MW?

5.4 Kombiniertes Gas-Dampf-Kraftwerk (GUD-Prozess)

5.4.1 Zweck der Kombination

Im kombinierten Gas-Dampf-Kraftwerk wird die hohe Temperatur, die nach der Verbrennung von Brennstoffen zur Verfügung steht, zunächst in einer nach dem Joule-Prozess arbeitenden offenen Gasturbinenanlage (*GTA*) genutzt.

Anschließend wird das heiße Turbinenabgas, das bei Verwendung von Heizöl oder Erdgas noch einen Sauerstoffgehalt von ca. 16 % besitzt, einer Dampfkraftanlage (*DKA*) zugeführt.

B 5.24 zeigt die schematische Darstellung eines kombinierten Gas-Dampf-Kraftwerks. Für diese Schaltung wird auch die Bezeichnung *GUD*[1)]*-Prozess* verwendet. Ohne Brennstoffzufuhr zur Dampfkraftanlage handelt es sich um eine Anlage mit Abhitzedampferzeuger, in dem nur die noch verfügbare Turbinenabgasenthalpie (Abgastemperatur ca. 600 °C) genutzt wird. Durch Brennstoffzufuhr in der Dampfkraftanlage kann die Verbrennungsgastemperatur erhöht werden (z. B. auf 800 °C), wobei das Turbinenabgas den zur Verbrennung erforderlichen Sauerstoff liefert. Soll in dem Dampfkraftprozess ein möglichst hoher Energieumsatz stattfinden, so muss dem Dampferzeuger bei erhöhter Brennstoffzufuhr auch zusätzlich Verbrennungsluft zugeführt werden.

[1)] Die Kurzbezeichnung GUD war bis 2009 beim Deutschen Patent- und Markenamt als Marke für Gas-Dampf-Kraftwerke der Fa. Siemens geschützt.

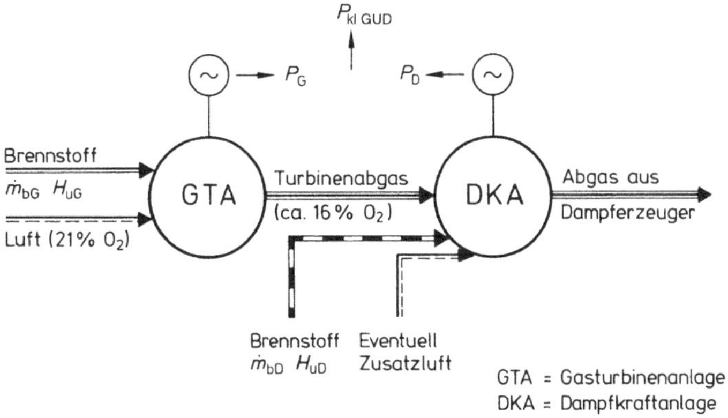

B 5.24 Schema eines kombinierten Gas-Dampf-Kraftwerkes mit Zusatzfeuerung (GUD-Prozess)

5.4.2 Grundschaltung des Gas-Dampf-Kraftwerkes

Es sind unterschiedliche Kombinationen der Gas-Dampf-Kraftwerke möglich. Bei der einfachsten Schaltung wird das Turbinenabgas in einem Dampferzeuger auf niedrige Temperatur gekühlt und die dabei abgegebene Wärme zur Dampferzeugung verwendet, u. U. wird Zusatzbrennstoff zugeführt **(B 5.25)**. Es handelt sich um die Hintereinanderschaltung eines Joule- und eines Clausius-Rankine-Prozesses mit folgender Arbeitsweise:

Die mit Umgebungstemperatur angesaugte Luft (1) wird adiabat verdichtet (2) und anschließend durch gasförmigen oder flüssigen Brennstoff in der Brennkammer isobar, z. B. auf 1 450 °C, erwärmt (3), wobei wir die zugeführte *Brennstoffleistung* ($\dot{Q}_{bG} = \dot{m}_{bG}\,H_{uG} = \dot{Q}_{23}$) als zugeführte Wärmeleistung betrachten wollen (vgl. Abschn. 4.2.2). Druckverluste in Rohrleitungen und Wärmeübertragern sollen vernachlässigt werden. Das Abgas wird in der adiabaten Gasturbine irreversibel auf Umgebungsdruck entspannt (4) und gibt dabei die technische Leistung P_{tT34} an die Turbinenwelle ab. P_{tT34} ist teils zum Antrieb des Verdichters (P_{tV12}) erforderlich, der übrige Betrag wird als technische Nutzleistung der Gasturbinenanlage (P_{kG}) abge-

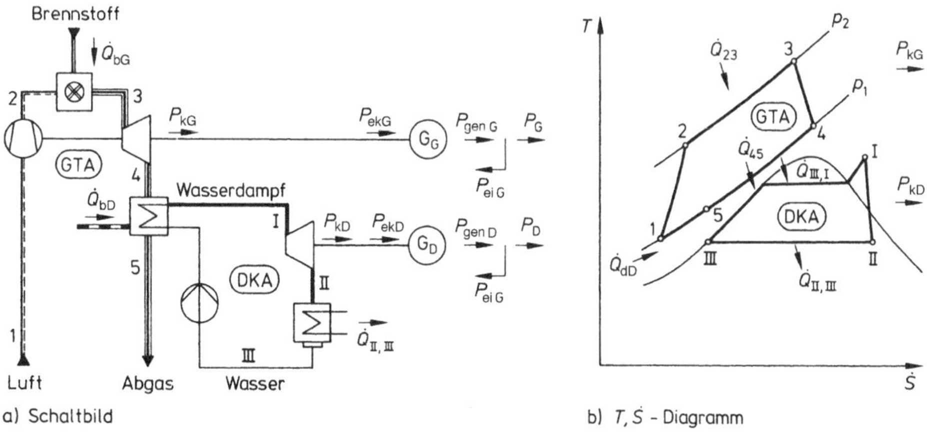

B 5.25 Schaltbild und $T,\dot{S}$-Diagramm eines GUD-Prozesses geben (Gl 4.20). Nach Abzug der mechanischen Verluste, des Generatorverlustes und des Eigenbedarfs verbleibt die Nettoleistung der Gasturbinenanlage P_G.

Das Abgas der Gasturbine – mit z. B. 600 °C – wird isobar in einem Dampferzeuger gekühlt (5). Dabei gibt es die Wärmeleistung $|\dot{Q}_{45}|$ ab. Bei vernachlässigten Verlusten wird $\dot{Q}_{45}$ an den Wasser-Dampf-Kreislauf übertragen. Bei Zusatzfeuerung kommt die aus der Verbrennung herrührende Nutzwärmeleistung $\dot{Q}_\mathrm{dD}$ hinzu. Beide Wärmeleistungen summieren sich zu der im Dampferzeuger gesamt genutzten Wärmeleistung:

$$\dot{Q}_\mathrm{III,\,I} = |\dot{Q}_{45}| + \dot{Q}_\mathrm{dD}$$

Das Abgas wird im Zustand 5 in die Umgebung geleitet. Bei Kühlung des Turbinenabgases bis auf Umgebungstemperatur könnte im Grenzfall $|\dot{Q}_{41}|$ genutzt werden. Der Aufwand für eine eventuelle Zusatzfeuerung ist die Brennstoffleistung $\dot{Q}_\mathrm{bD}$. Beides zusammen wird als aufgewandte Wärmeleistung betrachtet und damit der *Ausnutzungsgrad* η_a definiert:

$$\eta_\mathrm{a} = \frac{\dot{Q}_\mathrm{III,\,I}}{|\dot{Q}_{41}| + \dot{Q}_\mathrm{bD}} = \frac{|\dot{Q}_{45}| + \dot{Q}_\mathrm{dD}}{|\dot{Q}_{41}| + \dot{Q}_\mathrm{bD}} \qquad \textbf{(Gl 5.37)}$$

Je niedriger t_5 ist, umso besser wird η_a. Zusatzfeuerung verbessert η_a in Richtung auf den in der Regel höheren Kesselwirkungsgrad η_k (Gl 5.29).[1)] Praktisch erreichbar ist $\eta_\mathrm{a} = 0{,}7 \ldots 0{,}8$.

Bei Zusatzfeuerung im Dampferzeuger wird das *Verhältnis der Brennstoffleistungen* in der Gasturbinen- und Dampfkraftanlage definiert als

$$\beta = \frac{\dot{Q}_\mathrm{bD}}{\dot{Q}_\mathrm{bG}} = \frac{\dot{m}_\mathrm{bD}\, H_\mathrm{uD}}{\dot{m}_\mathrm{bG}\, H_\mathrm{uG}} \qquad \textbf{(Gl 5.38)}$$

Geringe Zusatzfeuerung wird vorgesehen, wenn die Abgastemperatur der Gasturbine zu niedrig ist, um die in der Dampfkraftanlage gewünschte Frischdampftemperatur zu erreichen; z. B. kann mit $\beta = 0{,}3$ die Abgastemperatur um ca. 200 … 300 K angehoben werden. Die maximalen Werte für die Zusatzfeuerung liegen bei $\beta = 2 \ldots 3$. Bei größerer Zusatzfeuerung reicht der im Turbinenabgas enthaltene Sauerstoff nicht aus, sodass dann im Dampferzeuger zusätzlich Verbrennungsluft zugeführt werden muss.

Als Dampfkraftprozess wird hier ein einfacher Clausius-Rankine-Prozess ohne Vorwärmung und ohne Zwischenüberhitzung betrachtet, wobei wir die Antriebsleistung der Speisewasserpumpe – wie üblich – im Eigenbedarf berücksichtigen wollen. Wir verzichten aber zur Vereinfachung der Gln auf den hochgestellten Index * (Gln 5.23 b und 5.24 b). Die Dampfkraftanlage gibt als Nutzleistung P_kD die technische Leistung der Dampfturbine $P_\mathrm{t\,T\,I,\,II}$ an die Turbinenwelle ab ($P_\mathrm{kD} = P_\mathrm{t\,T\,I,\,II}$). Nach Abzug der mechanischen Verluste, des Generatorverlustes und des Eigenbedarfs verbleibt die Nettoleistung der Dampfkraftanlage P_D.

Die gesamte an das Netz abgegebene *Kraftwerksnettoleistung* (*Klemmenleistung*) *des GUD-Prozesses* ist

$$P_\mathrm{kl\,GUD} = P_\mathrm{G} + P_\mathrm{D} \qquad \textbf{(Gl 5.39 a)}$$

[1)] Beim Vergleich von η_a nach Gl 5.37 und η_k nach Gl 5.29 ist zu beachten, dass die Massenströme $\dot{m}_\mathrm{d}$ und $\dot{m}_\mathrm{b}$ in beiden Fällen unterschiedlich sind.

Entsprechend gilt für die gesamte *Nutzleistung* des irreversiblen GUD-Prozesses

$$P_{\mathrm{k\,GUD}} = P_{\mathrm{kG}} + P_{\mathrm{kD}} \qquad \textbf{(Gl 5.39 b)}$$

und für die Leistung des GUD-Vergleichsprozesses, bei dem alle Vorgänge reversibel verlaufen

$$P_{\mathrm{k\,GUD}}^{\mathrm{rev}} = P_{\mathrm{j}} + P_{\mathrm{c/r}} \qquad \textbf{(Gl 5.39 c)}$$

5.4.3 Wirkungsgrade beim Gas-Dampf-Kraftwerk

Der *Gesamtwirkungsgrad eines GUD-Kraftwerks* ist

$$\eta_{\mathrm{GUD}} = \frac{|P_{\mathrm{kl\,GUD}}|}{\dot{Q}_{\mathrm{bG}} + \dot{Q}_{\mathrm{bD}}} = \frac{|P_{\mathrm{G}}| + |P_{\mathrm{D}}|}{\dot{m}_{\mathrm{bG}}\, H_{\mathrm{uG}} + \dot{m}_{\mathrm{bD}}\, H_{\mathrm{uD}}} \qquad \textbf{(Gl 5.40)}$$

In Gl 5.40 sind alle Verluste berücksichtigt.

Aus der Verknüpfung des Wirkungsgrades des GUD-Prozesses mit denen eines bezüglich der Schaltung, der Temperaturen und somit der Einzelwirkungsgrade vergleichbaren, aber jeweils für sich betriebenen Gasturbinen- und Dampfkraft-Prozesses lassen sich die Verbesserungen durch die Prozesskopplung erkennen. Wir führen in Gl 5.40 den Gesamtwirkungsgrad des Gasturbinenprozesses ein:

$$\eta_{\mathrm{G}} = \frac{|P_{\mathrm{G}}|}{\dot{Q}_{\mathrm{bG}}} = \frac{|P_{\mathrm{G}}|}{\dot{m}_{\mathrm{bG}}\, H_{\mathrm{uG}}} \qquad \textbf{(Gl 5.41)}$$

Den Dampfkraftprozess wollen wir hier durch den wärmetechnischen Kraftwerksnettowirkungsgrad η_{D} bewerten (Gl 5.35 c):

$$\eta_{\mathrm{D}} = \frac{|P_{\mathrm{D}}|}{\dot{Q}_{\mathrm{III,I}}} \qquad \textbf{(Gl 5.42)}$$

Es ist zu beachten, dass η_{D} auf die dem Dampf zugeführte Wärmeleistung bezogen ist, nicht auf die zugeführte Brennstoffleistung. Der im Dampferzeuger auftretende Verlust wird im Ausnutzungsgrad η_{a} berücksichtigt. Zusammenhang mit dem Gesamtwirkungsgrad des vergleichbaren Dampfkraftprozesses $\eta_{\mathrm{ges\,D}}$ (entspr. Gl 5.35 d):

$$\eta_{\mathrm{ges\,D}} = \eta_{\mathrm{a}}\, \eta_{\mathrm{D}} \qquad \textbf{(Gl 5.43)}$$

Wir gehen von Gl 5.40 aus:

$$\eta_{\mathrm{GUD}} = \frac{|P_{\mathrm{G}}| + |P_{\mathrm{D}}|}{\dot{Q}_{\mathrm{bG}} + \dot{Q}_{\mathrm{bD}}} = \frac{|P_{\mathrm{G}}| + |P_{\mathrm{D}}|}{\dot{Q}_{\mathrm{bG}}\,(1+\beta)} = \frac{1}{1+\beta}\left(\frac{|P_{\mathrm{G}}|}{\dot{Q}_{\mathrm{bG}}} + \frac{|P_{\mathrm{D}}|}{\dot{Q}_{\mathrm{bG}}}\right)$$

Wir ersetzen (Gln 5.42 und 5.37):

$$|P_{\mathrm{D}}| = \eta_{\mathrm{D}}\, \dot{Q}_{\mathrm{III,I}} = \eta_{\mathrm{D}}\, \eta_{\mathrm{a}}\, (|\dot{Q}_{41}| + \dot{Q}_{\mathrm{bD}})$$

und erhalten mit $|\dot{Q}_{41}| = \dot{Q}_{\mathrm{bG}} - |P_{\mathrm{kG}}|$ für $\frac{|P_{\mathrm{D}}|}{\dot{Q}_{\mathrm{b\,G}}}$:

$$\frac{|P_{\rm D}|}{\dot{Q}_{\rm b\,G}} = \frac{\eta_{\rm D}\,\eta_{\rm a}\,\dot{Q}_{\rm bG} - \eta_{\rm D}\,\eta_{\rm a}\,|P_{\rm kG}| + \eta_{\rm D}\,\eta_{\rm a}\,\dot{Q}_{\rm bD}}{\dot{Q}_{\rm b\,G}}$$

Für $P_{\rm kG}/\dot{Q}_{\rm bG}$ führen wir nach Gl 4.8 a $\eta_{\rm th\,G}$ ein, das wir durch $\eta_{\rm G} = \eta_{\rm th\,G}\,\eta_{\rm m\,G}\,\eta_{\rm gen\,G}\,\eta_{\rm ei\,G}$ (nach Gl 5.35 a mit $\eta_{\rm k} = 1$, d. h. verlustfreie Turbinenbrennkammer) ersetzen:

$$\frac{|P_{\rm D}|}{\dot{Q}_{\rm bG}} = \eta_{\rm a}\,\eta_{\rm D} - \frac{\eta_{\rm a}\,\eta_{\rm D}\,\eta_{\rm G}}{\eta_{\rm m\,G}\,\eta_{\rm gen\,G}\,\eta_{\rm ei\,G}} + \eta_{\rm a}\,\eta_{\rm D}\,\beta$$

$$\frac{P_{\rm D}}{\dot{Q}_{\rm bG}} = \eta_{\rm a}\,\eta_{\rm D}\left(1 + \beta - \frac{\eta_{\rm G}}{\eta_{\rm m\,G}\,\eta_{\rm gen\,G}\,\eta_{\rm ei\,G}}\right) \qquad \textbf{(Gl 5.44)}$$

Oben eingesetzt ergibt sich für die *Verknüpfung des Gesamtwirkungsgrades des GUD-Prozesses mit denen der Gasturbinen- und Dampfkraftanlage* bei der Schaltung nach B 5.25:

$$\eta_{\rm GUD} = \frac{1}{1+\beta}\left[\eta_{\rm G} + \eta_{\rm a}\,\eta_{\rm D}\,(1+\beta) - \frac{\eta_{\rm a}\,\eta_{\rm D}\,\eta_{\rm G}}{\eta_{\rm m\,G}\,\eta_{\rm gen\,G}\,\eta_{\rm ei\,G}}\right]$$

$$\eta_{\rm GUD} = \eta_{\rm a}\,\eta_{\rm D} + \frac{\eta_{\rm G}}{1+\beta}\left(1 - \frac{\eta_{\rm a}\,\eta_{\rm D}}{\eta_{\rm m\,G}\,\eta_{\rm gen\,G}\,\eta_{\rm ei\,G}}\right) \qquad \textbf{(Gl 5.45)}$$

Hierin ist $\eta_{\rm G}$ der Gesamtwirkungsgrad der Gasturbinenanlage (Gl 5.41), $\eta_{\rm D}$ der auf die Wärmeleistung des Dampferzeugers bezogene Wirkungsgrad der vergleichbaren Dampfkraftanlage, d. h. der *wärmetechnische* Kraftwerksnettowirkungsgrad (Gl 5.42 und Gl 5.43).

Ohne Zusatzfeuerung ist $\beta = 0$. Bei reinem Dampfbetrieb ($\beta = \infty$) ergibt sich $\eta_{\rm GUD} = \eta_{\rm a}\,\eta_{\rm D}$; $\eta_{\rm a}$ wird zum Kesselwirkungsgrad $\eta_{\rm k}$. Die erreichbaren Werte für $\eta_{\rm k}$ sind wegen der hohen Verbrennungstemperaturen jedoch höher als die für $\eta_{\rm a}$.
Bei gas- oder ölbefeuerten GUD-Kraftwerken ohne Zusatzfeuerung werden Gesamtwirkungsgrade bis ca. $\eta_{\rm GUD} \geq 61\,\%$ [20; S. 24] erreicht, bei Zusatzfeuerung mit Erdgas oder Heizöl sind ca. $\eta_{\rm GUD} = 49\,\%$ erreichbar. Bei GUD-Kraftwerken mit integrierter Kohlevergasung rechnet man mit Wirkungsgraden von ca. $\eta_{\rm GUD} = 40\ldots43\,\%$ [20; S. 13].
Das *Verhältnis der Leistungen* der Gasturbinen- zur Dampfkraftanlage $P_{\rm G}/P_{\rm D}$ hängt vom Ausnutzungsgrad $\eta_{\rm a}$, von den Wirkungsgraden $\eta_{\rm G}$ und $\eta_{\rm D}$, sowie sehr stark auch von β, also von der Größe der Zusatzfeuerung, ab. Mit den Gln 5.41 und 5.44 gilt für die Schaltung nach B 5.25:

$$\frac{P_{\rm G}}{P_{\rm D}} = \frac{\eta_{\rm G}}{\eta_{\rm a}\,\eta_{\rm D}\left(1 + \beta - \dfrac{\eta_{\rm G}}{\eta_{\rm m\,G}\,\eta_{\rm gen\,G}\,\eta_{\rm ei\,G}}\right)} \qquad \textbf{(Gl 5.46)}$$

Übliche Leistungsverhältnisse betragen bei der Schaltung nach B 5.25 für Anlagen ohne Zusatzfeuerung $P_{\rm G}/P_{\rm D} \approx 2$.

5.4.4 Schaltungsbeispiele

Neben der in Abschn. 5.4.2 näher behandelten Grundschaltung ist eine Vielzahl von Schaltungen ausgeführt oder entworfen worden, von denen nachfolgend einige erläutert werden. Für die verschiedenen Schaltungen wurden z. T. besondere Bezeichnungen vorgeschlagen (B 5.26).

Unter der als „*GUD-Technik*" bezeichneten Schaltung **(B 5.26 a)** wird hier die Verwendung des Turbinenabgases in einem Abhitzedampferzeuger verstanden. Durch die Weiterentwicklung der Gasturbinen (Eintrittstemperatur bis zu ≥ 1 500 °C) tritt das Turbinenabgas mit so hoher Temperatur (ca. 625 °C) in den Dampferzeuger ein, dass zur Erzeugung von Heißdampf ausreichender Temperatur eine Zusatzfeuerung nicht erforderlich ist. Als Brennstoff ist nur Gas oder Heizöl möglich. Bei Neuanlagen wird diese Schaltung bevorzugt; die Investitionskosten sind günstig. Bei dieser Schaltung ist der höchstmögliche Gesamtwirkungsgrad möglich, erreicht wurden über 61 % (Stand 2017).

5

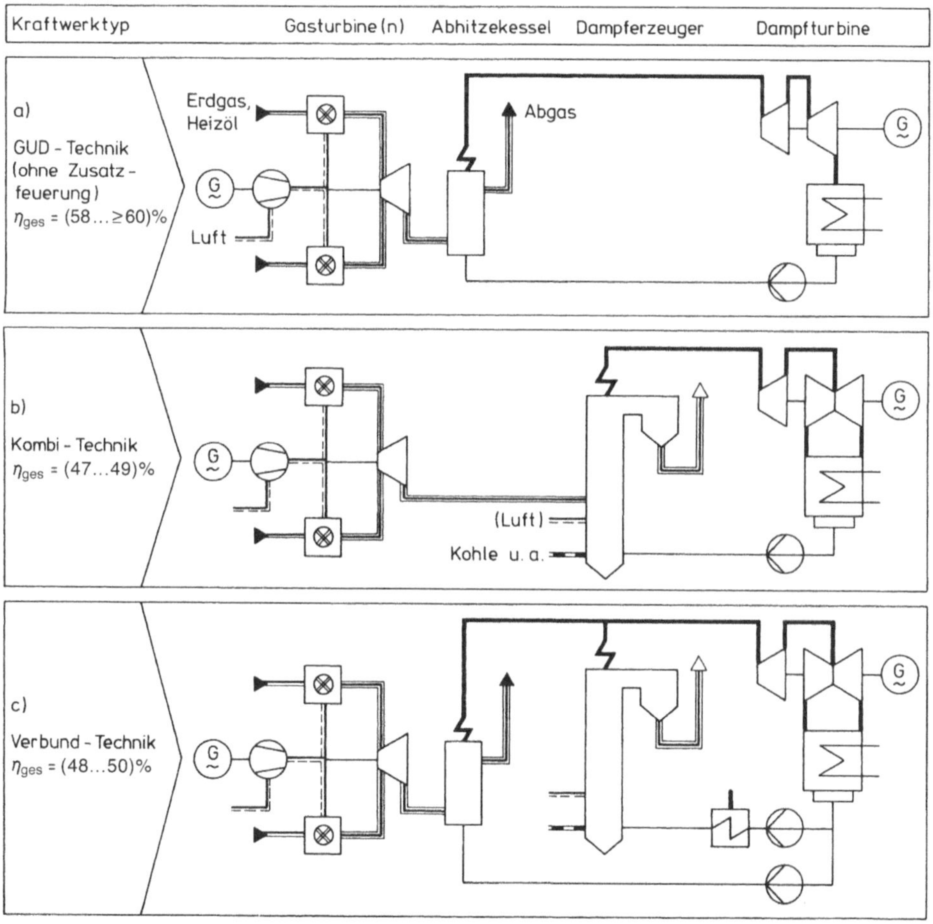

B 5.26 Schaltungsbeispiele von Gas-Dampf-Kraftwerken [23]

Mit *„Kombi-Technik“* (B 5.26 b) wird hier die Schaltung bezeichnet, bei der das Turbinenabgas in einem Dampferzeuger als Sauerstoffträger verwendet wird; oft wird Zusatzluft zugeführt. Der Dampferzeuger kann mit beliebigem Brennstoff – auch Kohle – befeuert werden. Diese Schaltung wurde anfänglich (um 1970) in Deutschland bevorzugt. Mit ihr werden auch Dampfkraftwerke durch Vorschalten einer Gasturbinenanlage nachgerüstet (*„Topping“*-Verfahren). Bei einem Leistungsanteil der Gasturbine von ca. 30 % beträgt der erreichbare Gesamtwirkungsgrad ca. 47 ... 49 %.

Mit *„Verbund-Technik“* (B 5.26 e) wird hier die Parallelschaltung eines Abhitzedampferzeugers, der mit dem Turbinenabgas beschickt wird, und eines mit beliebigem Brennstoff befeuerbaren weiteren Dampferzeugers verstanden. Der erreichbare Gesamtwirkungsgrad liegt bei vergleichbarem Leistungsanteil der Gasturbine etwas über dem der Kombi-Technik, d. h. bei ca. 48 ... 50 %.

Da bei der Schaltung nach B 5.26 a nur gasförmiger oder flüssiger Brennstoff eingesetzt werden kann, wird auch an der Weiterentwicklung der *Kohlevergasung* – z. B. bei höherem Druck – im Zusammenhang mit GUD-Prozessen gearbeitet. Ausgeführte Anlagen erreichen einen Gesamtwirkungsgrad von ca. 45 %. Mit der weiteren Entwicklung werden Wirkungsgrade von über 50 % erwartet.

Einen Vergleich der erreichbaren Nettowirkungsgrade verschiedener Schaltungen mit den Nettowirkungsgraden von herkömmlichen fossil befeuerten Dampfkraftwerken oder Gasturbinenanlagen sowie den Einfluss der Turbineneintrittstemperatur zeigt **B 5.27**.

Auch *geschlossene Gasturbinen*-Prozesse, in denen beliebige – auch feste – Brennstoffe verwendet werden können, wurden im Zusammenhang mit kombinierten Gas- und Dampf-Kraftanlagen thermodynamisch untersucht. Der Erhitzer im Gasturbinen-Prozess ist jedoch für die angestrebten hohen Temperaturen technisch noch nicht ausgereift. Der erreichbare Wirkungsgrad würde etwa bei Werten wie im GUD-Prozess liegen.

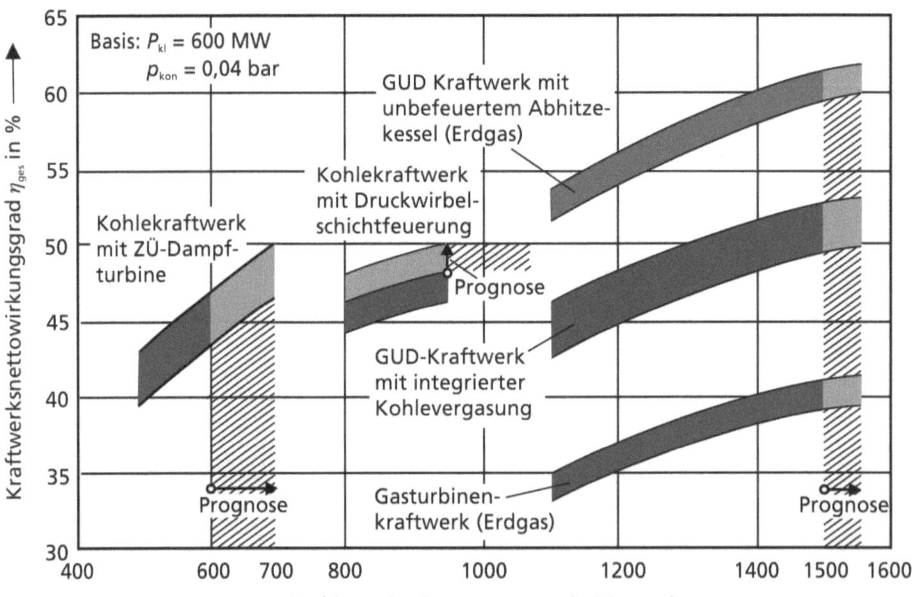

B 5.27 Entwicklung des Nettowirkungsgrades fossilbefeuerter Kraftwerke; Stand 2020 [23]

Weitere Schaltungsvarianten werden nur erwähnt, wie z. B.

- Verwendung des Turbinenabgases zur Speisewasservorwärmung,
- Verwendung des Turbinenabgases zur Verbrennungsluftvorwärmung für den Dampferzeuger,
- Zwei- oder Dreidruck-GUD-Prozess, bei dem der Dampf bei unterschiedlichen Drücken für den Hoch- und Niederdruckteil der Dampfturbine in unterschiedlichen Wärmeübertragern des Dampferzeugers erzeugt wird, wodurch sich der Wirkungsgrad erhöht,
- Kombinierte Gas-Dampf-Prozesse mit Fernwärmeauskopplung (GUD-Heizkraftwerke), wodurch sich die gesamte Primärenergienutzung auf mehr als 90 % erhöhen lässt,
- Zusammenführen des Frischdampfes zweier Gasturbinen mit je einem Abhitzedampferzeuger auf eine Dampfturbinenanlage. So lassen sich bei GUD-Kraftwerken große Leistungen realisieren. Jede Turbine hat ihren eigenen Generator. Eine solche Mehrwellen-Anlage ist kostengünstiger als zwei Einwellen-Anlagen,
- Ausstattung der Gasturbine der GUD-Anlage mit einem zweiten Schornstein vor dem Abhitzedampferzeuger. Da der Abhitzedampferzeuger mit seinen dickwandigen Bauteilen langsam vorgewärmt werden muss, lässt sich dadurch die Gasturbine schneller starten. Es entstehen jedoch zusätzliche Investitionskosten.

5

Beispiel 5.13: Eine offene Gasturbinenanlage nach dem Joule-Prozess mit einer Nettoleistung von 100 MW hat einen Erdgasverbrauch (Normvolumen) von 30 000 m³/h, Heizwert (Normzustand) 37,35 MJ/m³.

Wirkungsgrade: $\eta_{\text{m G}} = 98\,\%$, $\eta_{\text{gen G}} = 99\,\%$, $\eta_{\text{ei G}} = 97\,\%$.

Das Abgas soll in einer nachgeschalteten Dampfkraftanlage verwendet werden, die ohne die Kopplung eine Nettoleistung von 50 MW abgeben würde, wobei der Steinkohlenverbrauch 14,5 t/h betragen würde. Heizwert der Kohle 31 MJ/kg, Kesselwirkungsgrad 92%, Ausnutzungsgrad 70%. Nach der Kopplung sollen 5 t/h Steinkohle als Zusatzfeuerung im Dampferzeuger eingesetzt werden.

a) Welcher Gesamtwirkungsgrad ist zu erwarten?

b) Welches Leistungsverhältnis zwischen Gasturbinen- und Dampfkraftanlage stellt sich ein?

Lösung:

Zu a): Zunächst werden die Wirkungsgrade der Einzelanlagen η_{G} und η_{D} sowie das Verhältnis der Brennstoffleistungen β ermittelt.

Gesamtwirkungsgrad η_{G} des Gasturbinenprozesses (Gl 5.41):

$$\eta_{\text{G}} = \frac{|P_{\text{G}}|}{\dot{Q}_{\text{bG}}} = \frac{|P_{\text{G}}|}{\dot{V}_{\text{nG}}\, H_{\text{unG}}} = \frac{100\text{ MW h m}^3\ 3\,600\text{ s}}{30\,000\text{ m}^3\ 37{,}35\text{ MJ h}} = 0{,}321\,3$$

Wärmetechnischer Gesamtwirkungsgrad η_{D} des Dampfkraftprozesses (Gl 5.42), bezogen auf die vom Dampferzeuger *ohne* Prozesskopplung abgegebene Wärmeleistung $\dot{Q}_{\text{d}}^{*} = \eta_{\text{k}}\, \dot{Q}_{\text{bD}}^{*} = \eta_{\text{k}}\, \dot{m}_{\text{bD}}^{*}\, H_{\text{uD}}$ (Gl 5.29):

$$\eta_{\text{D}} = \frac{|P_{\text{D}}|}{\dot{Q}_{\text{d}}^{*}} = \frac{P_{\text{D}}}{\eta_{\text{k}}\, \dot{m}_{\text{bD}}^{*}\, H_{\text{uD}}}$$

$$\eta_{\text{D}} = \frac{50\text{ MW h }3\,600\text{ s kg}}{0{,}92 \cdot 14\,500\text{ kg h }31\text{ MJ}} = 0{,}435$$

Mit der Brennstoffleistung der Gasturbinenanlage

$$\dot{Q}_{bG} = \dot{V}_{nG}\, H_{unG} = \frac{30\,000\ \text{m}^3\ \text{h}\ 37{,}35\ \text{MJ}}{\text{h}\ 3\,600\ \text{s}\ \text{m}^3} = 311{,}25\ \text{MW}$$

und der Brennstoffleistung der Dampfkraftanlage *nach* der Prozesskopplung

$$\dot{Q}_{bD} = \dot{m}_{bD}\, H_{u\,D} = \frac{5\,000\ \text{kg}\ \text{h}\ 31\ \text{MJ}}{\text{h}\ 3\,600\ \text{s}\ \text{kg}} = 43{,}06\ \text{MW}$$

ergibt sich das Brennstoffleistungsverhältnis (Gl 5.38):

$$\beta = \frac{\dot{Q}_{bD}}{\dot{Q}_{bG}} = \frac{43{,}06\ \text{MW}}{311{,}25\ \text{MW}} = 0{,}138\,3$$

Damit wird der Gesamtwirkungsgrad des GUD-Prozesses (Gl 5.45):

$$\eta_{GUD} = \eta_a\, \eta_D + \frac{\eta_G}{1+\beta}\left(1 - \frac{\eta_a\, \eta_D}{\eta_{mG}\, \eta_{gen\,G}\, \eta_{ei\,G}}\right)$$

$$\eta_{GUD} = 0{,}7 \cdot 0{,}435 + \frac{0{,}321\,3}{1 + 0{,}138\,3}\left(1 - \frac{0{,}7 \cdot 0{,}435}{0{,}98 \cdot 0{,}99 \cdot 0{,}97}\right) = \underline{0{,}496}$$

Zu b): Verhältnis der Leistungen (Gl 5.46):

$$\frac{P_G}{P_D} = \frac{\eta_G}{\eta_a\, \eta_D\left(1 + \beta - \dfrac{\eta_G}{\eta_{m\,G}\, \eta_{gen\,G}\, \eta_{ei\,G}}\right)}$$

$$\frac{P_G}{P_D} = \frac{0{,}321\,3}{0{,}7 \cdot 0{,}435\left(1 + 0{,}138\,3 - \dfrac{0{,}321\,3}{0{,}98 \cdot 0{,}99 \cdot 0{,}97}\right)} = \underline{1{,}32}$$

Beispiel 5.14: In einem kombinierten Gas-Dampf-Kraftwerk (GUD-Prozess) beträgt die Nutzleistung der Gasturbinenanlage 100 MW.

Der offene Gasturbinenprozess arbeitet als Joule-Prozess. Ansaugzustand der Luft 1 bar, 20 °C, Zustand am Verdichteraustritt 8 bar, 300 °C, Temperatur vor der Turbine 900 °C, Temperatur am Turbinenaustritt 450 °C. Das Abgas der Gasturbine wird in einem Abhitzedampferzeuger auf 200 °C abgekühlt; die übertragene Wärme wird dem Dampfkraftprozess zugeführt.

Die Dampfkraftanlage arbeitet ohne Vorwärmung und ohne Zwischenüberhitzung. Dampfzustand vor der Dampfturbine 40 bar, 350 °C; hinter der Dampfturbine 0,1 bar, $x = 0{,}90$.

Weitere Angaben: Mechanische Verluste 2 %, Generatorverlust 1 %, Eigenbedarf 8 % für jeden der Teilprozesse. Änderungen der kinetischen und potenziellen Energie sowie Wärme- und Druckverluste in Rohrleitungen und Wärmeübertragern vernachlässigt, Speisepumpenleistung im Eigenbedarf. Gasturbinenprozess mit Luft (als ideales Gas angenommen), spezifische Wärmekapazität bei 0 °C.

Hinweis: Die Erwärmung des Turbinenabgases auf 900 °C durch den Brennstoffenergieumsatz $\dot{m}_{bG}\, H_{u\,G}$ soll verlustfrei erfolgen.

Es sind zu ermitteln:

a) der Gesamtwirkungsgrad der kombinierten Anlage,

b) die Klemmenleistung der kombinierten Anlage (Kraftwerksnettoleistung),

c) das Verhältnis der Leistungen der Gasturbinen- zur Dampfkraftanlage.

Lösung:

Bezeichnungen nach B 5.25.

Zu a): Aus den Aufgabendaten lassen sich die thermischen Wirkungsgrade der irreversiblen Einzelprozesse η_{th} ermitteln (Gl 4.8 a).

$$\eta_{th\,G} = \frac{|P_{kG}|}{\dot{Q}_{zu}} = \frac{Q_{2\,3} + Q_{4\,1}}{Q_{2\,3}}$$

$$\eta_{th\,G} = \frac{\dot{m}_l\, c_{pl}\,(T_3 - T_2 + T_1 - T_4)}{\dot{m}_l\, c_{pl}\,(T_3 - T_2)}$$

Da nur Temperaturdifferenzen auftreten, können auch Celsius- statt Kelvin-Temperaturen eingesetzt werden:

$$\eta_{th\,G} = \frac{(900 - 300 + 20 - 450)\ \text{K}}{(900 - 300)\ \text{K}} = 0{,}2833$$

Für den Dampfkraftprozess:

$$\eta_{th\,D} = \frac{|P_{kD}|}{\dot{Q}_{III,\,I}} = \frac{h_I - h_{II}}{h_I - h_{III}}$$

Hierzu, mit Werten nach T 5.4 und T 5.5:

$$h_I = 3\,093{,}3\ \frac{\text{kJ}}{\text{kg}}$$

$$h_{II} = h'_{II} + x\,r = (191{,}81 + 0{,}9 \cdot 2\,392{,}1)\ \frac{\text{kJ}}{\text{kg}} = 2\,344{,}7\ \frac{\text{kJ}}{\text{kg}}$$

$$h_{III} = 191{,}81\ \frac{\text{kJ}}{\text{kg}}$$

$$\eta_{th\,D} = \frac{(3\,093{,}3 - 2\,344{,}7)\ \text{kJ/kg}}{(3\,093{,}3 - 191{,}81)\ \text{kJ/kg}} = 0{,}2580$$

Gesamtwirkungsgrad der Gasturbinenanlage (entspr. Gl 5.35 a):

$$\eta_G = \eta_{th\,G}\,\eta_m\,\eta_{gen}\,\eta_{ei} = 0{,}2833 \cdot 0{,}98 \cdot 0{,}99 \cdot 0{,}92 = 0{,}2529$$

Auf die Wärmeleistung des Dampferzeugers bezogener wärmetechnischer Gesamtwirkungsgrad der Dampfkraftanlage (Gl 5.35 d und Gl 5.35 a mit $\eta_r = 1$):

$$\eta_D = \eta_{th\,D}\,\eta_m\,\eta_{gen}\,\eta_{ei} = 0{,}2580 \cdot 0{,}98 \cdot 0{,}99 \cdot 0{,}92 = 0{,}2303$$

Ausnutzungsgrad des Abhitzedampferzeugers (Gl 5.37)

$$\eta_a = \frac{\dot{Q}_{4\,5}}{\dot{Q}_{4\,1}} = \frac{\dot{m}_l\, c_{pl}\,(T_5 - T_4)}{\dot{m}_l\, c_{pl}\,(T_1 - T_4)} = \frac{(200 - 450)\ \text{K}}{(20 - 450)\ \text{K}} = 0{,}5814$$

Gesamtwirkungsgrad des GUD-Prozesses (Gl 5.45 mit $\beta = 0$):

$$\eta_{GUD} = \eta_a\,\eta_D + \eta_G\left(1 - \frac{\eta_a\,\eta_D}{\eta_{m\,G}\,\eta_{gen\,G}\,\eta_{ei\,G}}\right)$$

$$\eta_{GUD} = 0{,}5814 \cdot 0{,}2303 + 0{,}2529\left(1 - \frac{0{,}5814 \cdot 0{,}2303}{0{,}98 \cdot 0{,}99 \cdot 0{,}92}\right) = \underline{0{,}349}$$

Zu b): Dem Gasturbinen-Prozess zugeführte Brennstoffleistung (entspr. Gl 5.41):

$$\dot{Q}_{b\,G} = \frac{|P_{kG}|}{\eta_{th\,G}} = \frac{100\ \text{MW}}{0{,}2833} = 353{,}0\ \text{MW}$$

Kraftwerksnettoleistung des GUD-Prozesses (Gl 5.40 mit $\dot{Q}_{\mathrm{bD}} = 0$):

$$|P_{\mathrm{kl\,GUD}}| = \eta_{\mathrm{GUD}}\,\dot{Q}_{\mathrm{b\,G}} = 0{,}349 \cdot 353{,}0\ \mathrm{MW} = \underline{123{,}2\ \mathrm{MW}}$$

Zu c): (Gl 5.46 mit $\beta = 0$):

$$\frac{P_{\mathrm{G}}}{P_{\mathrm{D}}} = \frac{\eta_{\mathrm{G}}}{\eta_{\mathrm{a}}\,\eta_{\mathrm{D}}\left(1 - \dfrac{\eta_{\mathrm{G}}}{\eta_{\mathrm{m\,G}}\,\eta_{\mathrm{gen\,G}}\,\eta_{\mathrm{ei\,G}}}\right)}\ \frac{\eta_{\mathrm{G}}}{\eta_{\mathrm{a}}\,\eta_{\mathrm{D}}\,(1 - \eta_{\mathrm{th\,G}})}$$

$$\frac{P_{\mathrm{G}}}{P_{\mathrm{D}}} = \frac{0{,}2529}{0{,}5814 \cdot 0{,}2303\,(1 - 0{,}2833)} = \underline{2{,}63}$$

Kontrolle nach Gl 5.39 a mit (entspr. Gl 5.35 a):

$$|P_{\mathrm{G}}| = |P_{\mathrm{kG}}|\eta_{\mathrm{m}}\,\eta_{\mathrm{gen}}\,\eta_{\mathrm{ei}} = 100\ \mathrm{MW}\ 0{,}98 \cdot 0{,}99 \cdot 0{,}92 = 89{,}3\ \mathrm{MW}$$

$$|P_{\mathrm{D}}| = |P_{\mathrm{kl\,GUD}}| - |P_{\mathrm{G}}| = (123{,}2 - 89{,}3)\ \mathrm{MW} = 33{,}9\ \mathrm{MW}$$

$$\frac{P_{\mathrm{G}}}{P_{\mathrm{D}}} = \frac{89{,}3\ \mathrm{MW}}{33{,}9\ \mathrm{MW}} = \underline{2{,}63}$$

Aufgabe 5.17: Der Dampfkraftanlage nach Bsp. 5.12 wird eine nach dem Joule-Prozess arbeitende offene Gasturbinenanlage mit einem Gesamtwirkungsgrad von 33 % vorgeschaltet, wobei das Turbinenabgas einem Abhitzewärmeerzeuger mit 75 % Ausnutzungsgrad zugeführt wird. Für die Wirkungsgrade η_{m}, η_{gen} und η_{ei} der Gasturbinenanlage sollen die gleichen Werte wie bei der Dampfkraftanlage angesetzt werden.

Wie hoch sind der Gesamtwirkungsgrad des GUD-Prozesses und das Leistungsverhältnis der Gasturbinen- zur Dampfkraftanlage

a) ohne Zusatzfeuerung,

b) mit Zusatzfeuerung im Dampferzeuger ($\beta = 0{,}3$)?

Aufgabe 5.18: In einem kombinierten Gas-Dampf-Kraftwerk werden 20 000 kg/h Luft mit 1 bar, 10 °C von dem adiabaten Verdichter der Gasturbinenanlage auf 10 bar verdichtet, isentroper Verdichterwirkungsgrad 85 %. Die Luft wird einer Brennkammer zugeführt, in der sie isobar mit Erdgas zu Verbrennungsgas reagiert. Das Verbrennungsgas verlässt die Brennkammer mit 900 °C und wird in einer nachfolgenden adiabaten Turbine auf 1 bar entspannt, isentroper Gasturbinenwirkungsgrad 90 %.

Das Turbinenabgas wird für den nachgeschalteten Dampfkraft-Prozess als Sauerstoffträger einem Dampferzeuger zugeführt, in dem ein Normvolumenstrom von 1 000 m^3/h Erdgas ($H_{\mathrm{un}} = 37\,350\ \mathrm{kJ/m^3}$) verfeuert wird. Ausnutzungsgrad 80 %.

Der Dampf tritt am Dampferzeuger mit 100 bar, 500 °C aus (= Dampfturbineneintrittszustand, $\eta_{\mathrm{r}} = 100\,\%$) und wird ohne Zwischenüberhitzung und ohne Anzapfung in einer adiabaten Dampfturbine auf 0,05 bar, Dampfnässe 7 % entspannt.

Weitere Wirkungsgrade: $\eta_{\mathrm{m}} = 98\,\%$, $\eta_{\mathrm{gen}} = 99\,\%$, $\eta_{\mathrm{ei}} = 95\,\%$ (für beide Prozesse gleich).

Bemerkungen: Massen- und Stoffänderungen, Änderung der kinetischen und potenziellen Energie, Druck- und Wärmeverluste in den Rohrleitungen und Wärmeübertragern sind zu vernachlässigen, c_p und κ für Luft (als ideales Gas angenommen) bei 0 °C, Pumpenarbeit im Eigenbedarf, keine Kondensatunterkühlung.

Ermitteln Sie:

a) die Nettoleistung des Gasturbinen-Prozesses,

b) die Nettoleistung des Dampfturbinen-Prozesses,

c) die Kraftwerksnettoleistung des GUD-Prozesses,

d) den Gesamtwirkungsgrad (Kraftwerksnettowirkungsgrad) des GUD-Prozesses.

5.5 Organische Rankine-Prozesse (ORC)

Zur Umwandlung von Wärme mit niedriger Temperatur in mechanische Arbeit eignen sich Wärmekraftanlagen mit organischem Arbeitsfluid. Diese Anlagen werden als *ORC-(Organischer Rankine-Cyclus-)Anlagen* bezeichnet. Mögliche Wärmequellen sind geothermische Energie, Abwärme, Abgas, Abdampf, Solarenergie.

5.5.1 Prozessverlauf

Den Kreisprozess einer ORC-Anlage zeigt **B 5.28**. Die Einzelvorgänge sind:

1 → 2 Irreversible Expansion des Dampfes in einer adiabaten Expansionsmaschine (Turbine oder Schraubenexpansionsmaschine).

2 → 3 Isobare Kühlung des Dampfes bis annähernd zur Sättigungstemperatur. Die abgegebene Wärme dient zur Vorwärmung der Flüssigkeit.

3 → 4 Restkühlung und Kondensation des Dampfes.

4 → 5 Druckerhöhung in der Pumpe.

5 → 6 Isobare Vorwärmung der Flüssigkeit durch den Dampf.

6 → 1 Erwärmen der Flüssigkeit, Verdampfung und Überhitzung des Dampfes durch Wärmezufuhr von außen.

5

Der Verlauf ist bis auf die innere Wärmeübertragung (2 → 3 bzw. 5 → 6) der gleiche wie beim Clausius-Rankine-Prozess mit H_2O. Die innere Wärmeübertragung ist zur Wirkungsgradverbesserung notwendig, weil durch die bei vielen Kältemitteln überhängende Taulinie im Entropiediagramm (B 5.28 b) die Temperatur nach der Expansion (Zustand 2) hoch ist. Trotzdem bleiben die erreichbaren Wirkungsgrade wegen des niedrigen Temperaturniveaus gering (Bsp. 5.15). So wird z. B. bei geothermischen Anlagen mit Thermalwassertemperaturen von 100 °C ein Gesamtwirkungsgrad von ca. 8 % erreicht. Da je nach geologischen Verhältnissen die Thermalwasserpumpe bis zu 50 % der von der ORC-Anlage abgegebenen elektrischen Energie benötigt, beträgt der Kraftwerksnettowirkungsgrad nur ca. 4 ... 6 % [38].

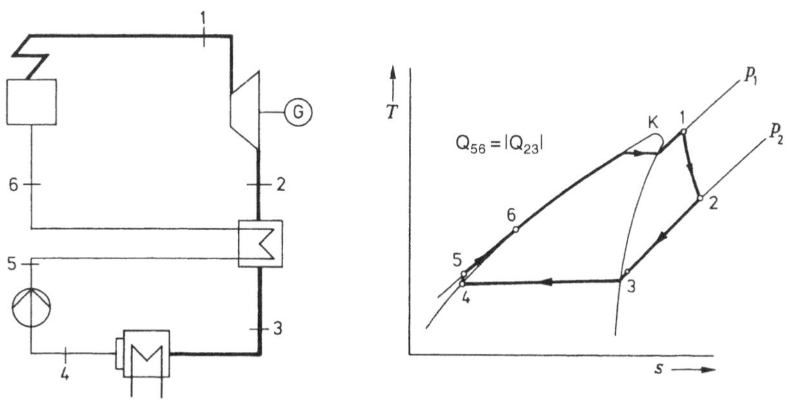

a) Schaltbild b) *T,s*-Diagramm

B 5.28 ORC-Anlage

5.5.2 Organische Arbeitsfluide

Die maximalen Arbeitstemperaturen in ORC-Prozessen liegen je nach Energiequelle im Bereich von etwa 90 °C (Abwärme) bis 300 °C (Abgas), mit dem Hauptanwendungsbereich bis 200 °C. Für diese Temperaturen eignen sich als Arbeitsfluide organische *Kältemittel*, einige brennbare Stoffe und – als anorganischer Stoff – Ammoniak.

Überwiegend werden in ORC-Anlagen Gemische aus verschiedenen *Fluorkohlenwasserstoffen* verwendet, die für die Ozonschicht der Erde unschädlich sind (ODP = 0). Bei den früher als Kältemittel eingesetzten Fluor*chlor*kohlenwasserstoffen (*FCKW*) treten dagegen *zwei umweltschädigende Effekte* ein **(T 5.6)**:

T 5.6 Umweltgefährdungspotenzial einiger Kältemittel [1)]

Kältemittel	Chemische Formel	Ozonabbaupotenzial (bez. auf R 11) *ODP*	Treibhauspotenzial (bez. auf CO_2)[*)] *GWP*	Treibhauspotenzial[2)] (bez. auf R 11)[**)] *HGWP*
R 11	CCl_3F	1,000	4 000	1,00
R 12	CCl_2F_2	0,900	8 500	3,0
R 22	$HCClF_2$	0,050	1 700	0,33
R 114	$C_2Cl_2F_4$	0,850	9 200	7,1
R 134a	CH_2FCF_3	0	1 300	0,3
R 407C	$CH_2F_2–CHF_2CF_3–CH_2FCF_3$	0	1 530	0,36

*) Bezogen auf die gleiche Masse emittiertes CO_2, integriert für einen Zeitraum von 100 Jahren.
**) Die Tabellenwerte gelten für einen Zeitraum von 500 Jahren.
1) Werte aus Solkane Taschenbuch [33; S. 54, Tabelle 2]
2) Werte aus Solkane Taschenbuch [33; S. 107, Tabelle 6]

Ozonabbau. Aus technischen Anlagen emittierter FCKW zerfällt und setzt Chlor – bei bromhaltigem FCKW auch Brom – frei, das O_3 (Ozon) zu O_2 umwandelt. Dadurch wird die Ozonschicht in der Stratosphäre, die die Erde gegen P8CA2-Strahlung schützt, abgebaut. Unter den FCKW baut R 11 das Ozon am stärksten ab. Bei Austritt der gleichen Masse eines anderen Kältemittels wird in Relation zu R 11 weniger Ozon abgebaut. Diese Relation wird als *ODP* (*ozone depletion potential* = *Ozonabbaupotenzial*) definiert.

Treibhauseffekt. Durch mehratomige Gase in der Atmosphäre, vor allem durch H_2O und CO_2, wird die von der Erdoberfläche abgegebene Strahlung absorbiert und zurück zur Erde reflektiert (*Treibhauseffekt*). Dadurch stellt sich eine mittlere Erdtemperatur ein. Der Effekt wird verstärkt durch klimawirksame Gase, die vom Menschen verursacht werden. Dazu zählt z. B. CO_2 (Abschn. 9.7.1/9.7.4), aber auch FCKW. Als Folge steigt die Erdtemperatur an (*anthropogener - d. h. vom Menschen verursachter - Treibhauseffekt*). Diese Klimawirksamkeit wird als *Treibhauspotenzial GWP* (*global warming potential*), bezogen auf CO_2, angegeben. Der Beitrag des R 11 zum Treibhauseffekt beträgt bei gleicher emittierter Masse gegenüber CO_2 das 4000fache (T 5.6).[1] Untereinander werden die Kältemittel durch Bezug auf R 11 verglichen. Diese Relation bezeichnen wir als *HGWP-Wert* (*Halogen-GWP*). Daneben wurde der *TEWI-Wert* (*total equivalent warming impact*) vorgeschlagen, der u. a. auch den indirekten Effekt des CO_2-Ausstoßes beim Energieverbrauch des betreffenden Gerätes während seiner Lebensdauer berücksichtigt.

Seit dem Montreal-Abkommen (1993) konnte die Verwendung von FCKW erheblich verringert werden. In Deutschland werden durch die FCKW-Halon-Verbots-Verordnung vom 6. 5. 1991 nur noch chlor- und bromfreie Kältemittel eingesetzt.

Als Ersatz für FCKW wurden Substitutionsprodukte entwickelt, z. B. R 134a als Ersatz für R 12. R 407C ist für bestimmte Anwendungen als Ersatz für R 22 geeignet. Die Dampfdruckkurven der FCKW und ihrer Substitute sind vergleichbar (**B 5.29**). Bei dem Dreistoffgemisch R 407C steigt jedoch beim isobaren Verdampfen die Temperatur um ca. 7 K: „Temperatur-Gleit" (B 5.31).

5

In Klimaanlagen von Fahrzeugen wurde bisher überwiegend R 134a eingesetzt. Eine EU-Richtlinie[2] verbietet ab dem 01. 01. 2011 in *neuen Typen* von Pkw (und Pkw-ähnlichen Nutzfahrzeugen) den Einsatz von Kältemitteln mit einem $GWP > 150$. Dazu gehört auch R 134a. Ab 01. 01. 2017 gilt das Verbot für die Klimaanlagen *aller neuen* Fahrzeuge dieser Klassen. Mögliche Alternativen sind z. B. Kohlenstoffdioxid CO_2 (R 744) oder 2,3,3,3-Tetrafluorpropen (R 1234yf).

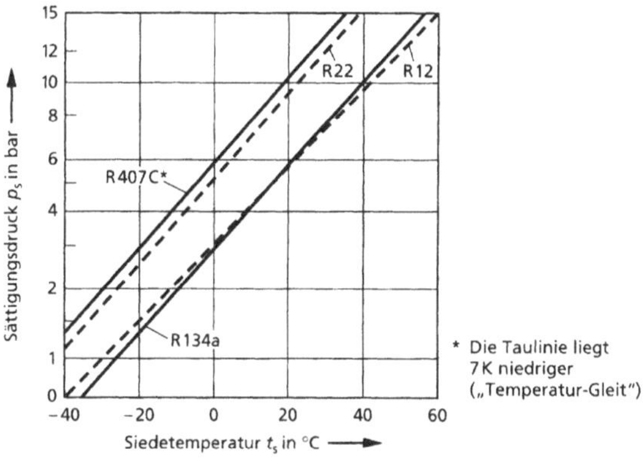

B 5.29 Vergleich der Siedelinien der Kältemittel R 12 mit R 134a und R 22 mit R 407C

Wie beim H_2O sind auch für die organischen Arbeitsmittel Zustandsgleichungen aufgestellt worden. Die daraus gewonnenen Stoffwerte sind in Tabellen und Diagrammen darstellbar. Als Beispiele sind für R 134a und für R 407C die $\lg p, h$-Diagramme (**B 5.30** und **B 5.31**) wiedergegeben. Bei Verwendung unterschiedlicher Tabellenwerke ist der jeweils festgelegte Nullpunkt zu beachten!

Beispiel 5.15: In einer ORC-Anlage werden 10000 kg/h Kältemitteldampf R 407C mit 30 bar, 110 °C einer adiabaten Expansionsmaschine zugeführt und irreversibel auf 10 bar, 60 °C entspannt. Anschließend wird der Kältemitteldampf isobar auf Sättigungstemperatur gekühlt, wobei mit der abgegebenen Wärme das flüssige Kältemittel vorgewärmt wird (Wärmeverluste vernachlässigt).

[1] Der Wert gilt für einen integrierten Zeitraum von 100 Jahren. Für 500 Jahre gilt $GWP_{R\,11} = 1500$, da die Stoffe sich zeitlich unterschiedlich abbauen.

[2] Richtlinie 2006/40/EG über Emissionen aus Klimaanlagen in Kraftfahrzeugen vom 17. 05. 2006.

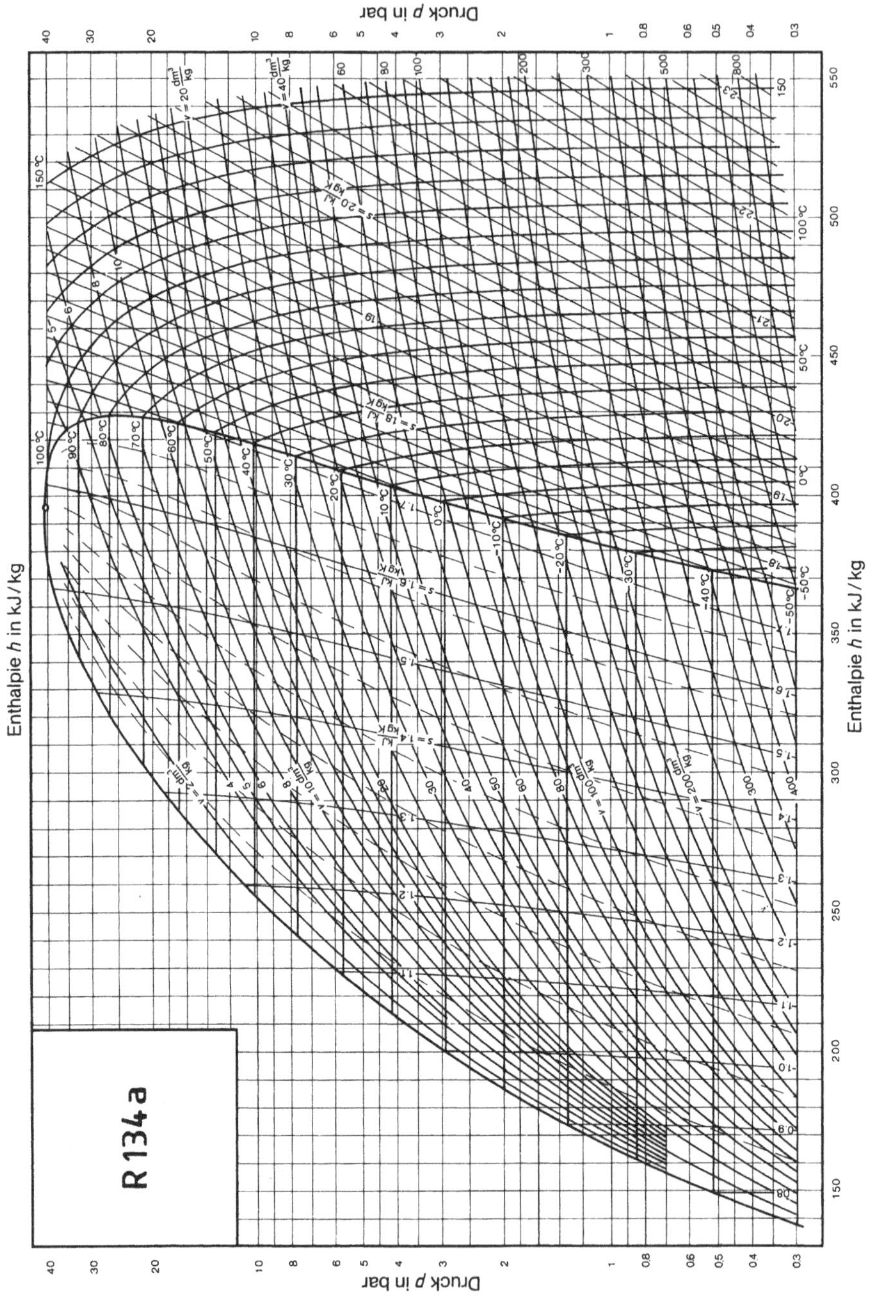

B 5.30 lg p, h-Diagramm für das Kältemittel R 134 a (CF_3—CH_2F). Erstellt nach der Zustandsgleichung von *Rombusch*, $h' = 200$ kJ/kg und $s' = 1$ kJ/(kg K) bei $t = 0$ °C. [42]

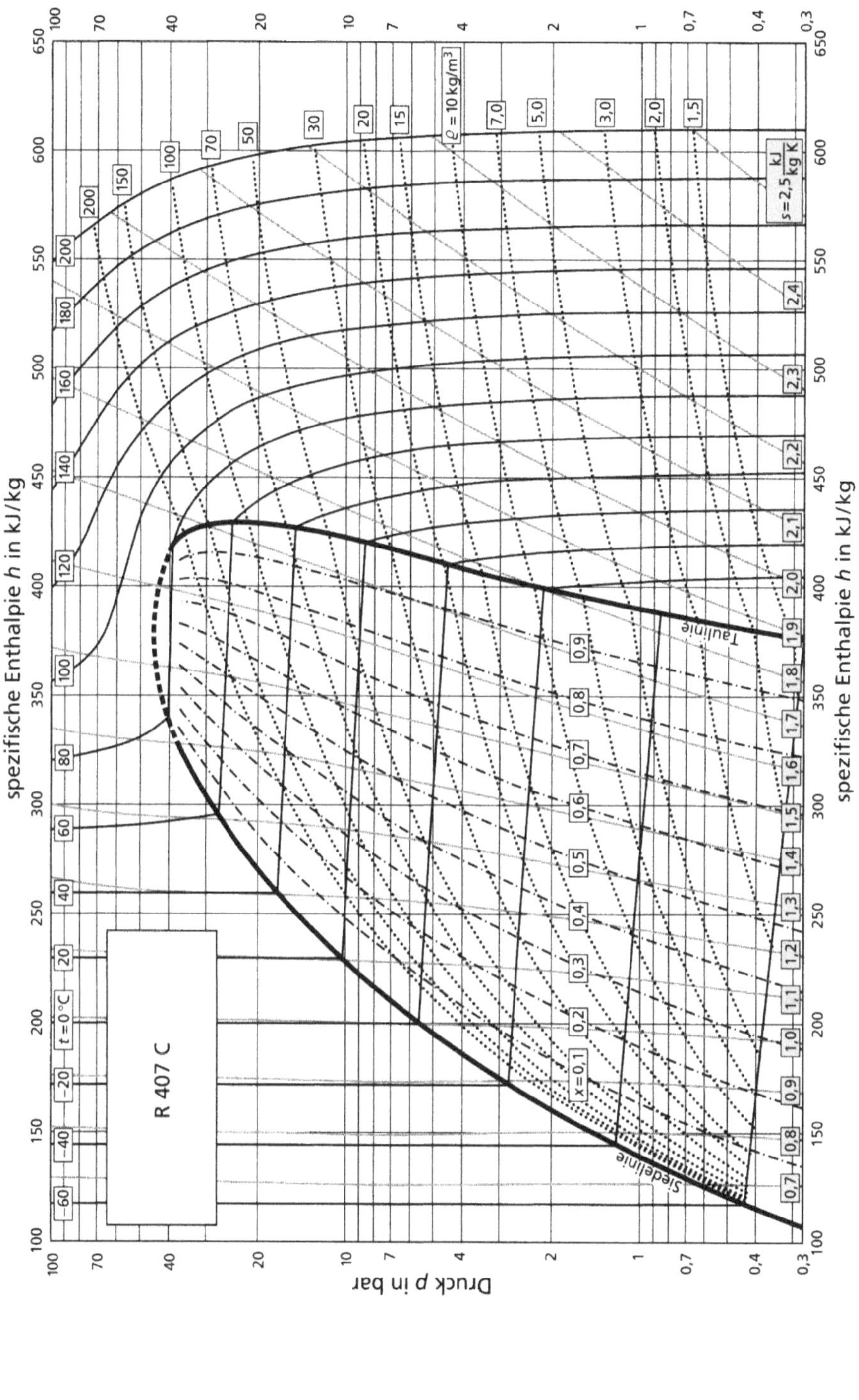

B 5.31 lg p, h-Diagramm für das Kältemittel R 407 C (CH_2F_2—CHF_2CF_3—CH_2FCF_3). Erstellt nach der Zustandsgleichung von *Chen* und *Kruse*, $h' = 200$ kJ/kg und $s' = 1$ kJ/(kg K) bei $t = 0$ °C. [33]

Nach der isobaren Kondensation wird der Druck des flüssigen Kältemittels in einer Pumpe erhöht, die Pumpenarbeit soll vernachlässigt werden. Dann erfolgt die Vorwärmung des flüssigen Kältemittels durch den Kältemitteldampf und anschließend die Wärmezufuhr aus Abwärme. Änderungen der kinetischen und potenziellen Energie sowie Druckverluste in den Rohrleitungen und Wärmeübertragern sollen vernachlässigt werden.

Für den irreversiblen ORC-Prozess sind mithilfe von Diagrammwerten zu ermitteln:

a) die spezifische Nutzarbeit,

b) die aus Abwärme zuzuführende Wärme je kg Kältemittel,

c) der thermische Wirkungsgrad η_{th}^*,

d) die Nutzleistung.

Lösung:

Zu a): Aus B 5.31:

$$h_1 = 487\ \mathrm{kJ/kg},\ h_2 = 457\ \mathrm{kJ/kg},\ h_3 = 422\ \mathrm{kJ/kg},\ h_4 = 227\ \mathrm{kJ/kg}$$

Energiebilanz des Vorwärmers:

$$h_6 - h_5 = h_2 - h_3$$

$$h_6 = h_2 - h_3 + h_5 = (457 - 422 + 227)\ \mathrm{kJ/kg} = 262\ \mathrm{kJ/kg}$$

Spezifische Nutzarbeit:

$$|w_{ORC}| = h_1 - h_2 = (487 - 457)\ \mathrm{kJ/kg} = \underline{30\ \mathrm{kJ/kg}}$$

Zu b): Zuzuführende Wärme

$$q_{61} = h_1 - h_6 = (487 - 262)\ \mathrm{kJ/kg} = \underline{225\ \mathrm{kJ/kg}}$$

Zu c): Thermischer Wirkungsgrad (Gl 4.8 a)

$$\eta_{th}^* = \eta_{th}^{rev*}\,\eta_i = \frac{|w_{ORC}|}{q_{61}} = \frac{30\ \mathrm{kJ/kg}}{225\ \mathrm{kJ/kg}} = \underline{0{,}133} \mathrel{\hat=} \underline{13{,}3\,\%}$$

Zu d): Nutzleistung

$$|P_{ORC}| = \dot{m}\,|w_{ORC}| = \frac{10\,000\ \mathrm{kg\,h}}{\mathrm{h}\ 3\,600\ \mathrm{s}}\ 30\ \frac{\mathrm{kJ}}{\mathrm{kg}} = \underline{83{,}3\ \mathrm{kW}}$$

Aufgabe 5.19: Eine ORC-Anlage wird mit dem Kältemittel R 134 a betrieben. Die Entspannung in der Expansionsmaschine erfolgt adiabat irreversibel von 40 bar, 120 °C auf 10 bar, 59 °C. Im Übrigen arbeitet die Anlage wie in Bsp. 5.15 beschrieben.

Es sind mithilfe von Diagrammwerten die in Bsp. 5.15 unter a) bis d) genannten Werte zu ermitteln.

5.6 Linkslaufende Kreisprozesse mit Dämpfen

Vergleichsprozess. Der Clausius-Rankine-Prozess kann grundsätzlich auch als linkslaufender Kreisprozess betrieben werden. In der Praxis weicht er aber bei einem Teilvorgang vom reversiblen Verlauf ab: Der hohe Druck des flüssigen Arbeitsfluids wird wegen technischer Probleme bei der Expansion ins Nassdampfgebiet nicht in einer Expansionsmaschine, sondern in einem adiabaten Drosselventil reduziert **(B 5.32)**. Dieser *abgewandelte Clausius-Rankine-Prozess* wird als Vergleichsprozess verwendet. Er ist in dem Teilbereich der Drosselung irreversibel.

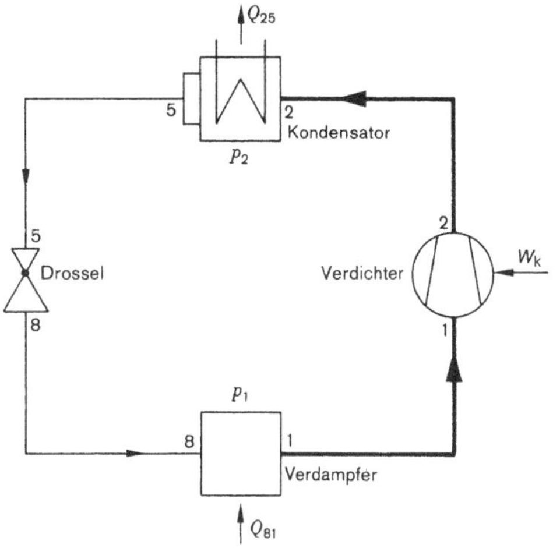

B 5.32 Schematische Darstellung einer Kaltdampfmaschine

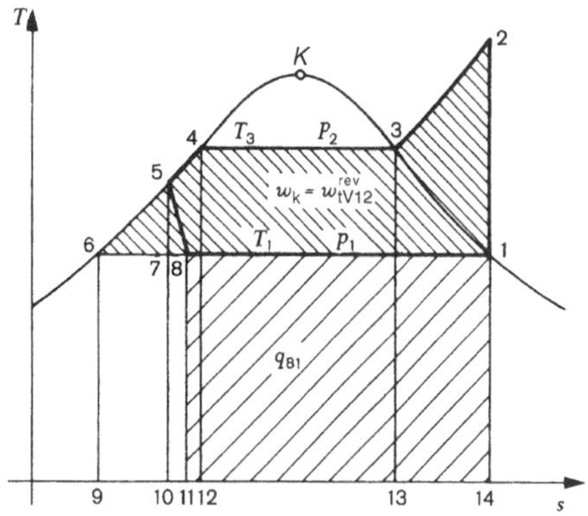

B 5.33 Linkslaufender abgewandelter Clausius-Rankine-Prozess im *T,s*-Diagramm

5

Die Anlage kann je nach Verwendungszweck als Wärmepumpe oder Kältemaschine eingesetzt werden (Abschn. 3.5.6). Der Kreisprozess verläuft zum größten Teil im Nassdampfgebiet bei niedrigen Temperaturen, daher nennt man die Anlagen *Kaltdampfmaschinen*. Als Arbeitsfluide werden organische Kältemittel (Abschn. 5.5.2), Ammoniak (NH_3), in Fahrzeug-Klimaanlagen auch Kohlenstoffdioxid (CO_2), in kleineren Anlagen auch Propan (C_3H_8) und Butan (C_4H_{10}) eingesetzt. Kaltdampfmaschinen sind in der Praxis weit verbreitet. Dagegen sind Gaskältemaschinen (Abschn. 3.5.6) nur für Sonderaufgaben, z. B. zur Erzeugung extrem niedriger Temperaturen, üblich.

Prozessverlauf **(B 5.33)**:

$8 \rightarrow 1$ Isobare Verdampfung des Kältemittels bei niedrigen Werten für den Druck und die Temperatur (p_1, T_1). Es ist die Wärme q_{81} zuzuführen.

$1 \rightarrow 2$ Reversible Verdichtung des Kältemitteldampfes in einem adiabaten Verdichter auf den Druck p_2, dabei steigt die Temperatur auf T_2. Es ist die reversible Verdichtungsarbeit w_{tV12}^{rev} zuzuführen, die bei diesem Prozess gleich der Arbeit des Vergleichsprozesses w_k ist ($w_k = w_{tV12}^{rev}$).[1)]

$2 \rightarrow 3 \rightarrow 4 \rightarrow 5$

Bei hohem Druck p_2: Zunächst isobare Kühlung des Kältemaschinendampfes ($2 \rightarrow 3$), anschließend Kondensation des Kältemittels ($3 \rightarrow 4$), danach isobare Kühlung des Kältemittelkondensats ($4 \rightarrow 5$). Insgesamt ist die Wärme q_{25} abzuführen.

$5 \rightarrow 8$ Adiabate Drosselung des Kältemittelkondensats vom hohen Druck p_2 auf den niedrigen Druck p_1. Dabei verdampft ein Teil des Kondensats und die Temperatur verringert sich von T_5 auf Verdampfungstemperatur T_1 (Joule-Thomson-Effekt).

[1)] Bei irreversibler Verdichtung wird die Verdichtungsarbeit größer, Entropie und Temperatur liegen nach der Verdichtung bei höheren Werten als in B 5.33 dargestellt. Wir beschränken uns in der bildlichen Darstellung auf den reversiblen Verdichtungsvorgang. Die nachfolgend abgeleiteten Gleichungen gelten aber auch für irreversible Verdichter.

Wir vernachlässigen Änderungen der kinetischen und potenziellen Energie.[1] Dann können die Energien und Kennzahlen mittels Enthalpien berechnet und im T,s-Diagramm veranschaulicht werden (B 5.33). In dem beschriebenen Prozess kann einem System bei niedriger Temperatur Wärme (Fläche 11 8 1 14) entzogen, durch einen Verdichter dem Arbeitsfluid die Verdichtungsarbeit (Fläche 1 2 3 4 6 1) zugeführt und an ein anderes System die gesamte vom Arbeitsfluid aufgenommene Energie als Wärme (Fläche 14 2 3 4 5 10) abgegeben werden.

Wärmepumpe. Arbeitet die Kaltdampfmaschine als *Wärmepumpe*, dann nimmt das Arbeitsfluid im Verdampfer Wärme aus der Umgebung – Luft, Wasser, Abwasser oder Erdboden – auf. Der Kondensator dient als Wärmeübertrager zum Erwärmen eines Heizmittels. Die Temperatur T_1 liegt etwas unter der Umgebungstemperatur, die Temperatur T_3 merklich darüber **(B 5.34)**. Je höher die geforderte Temperaturdifferenz ist, umso mehr Arbeit muss der Verdichter aufbringen. Man ist daher bestrebt, die Temperaturerhöhung so klein wie möglich zu halten.

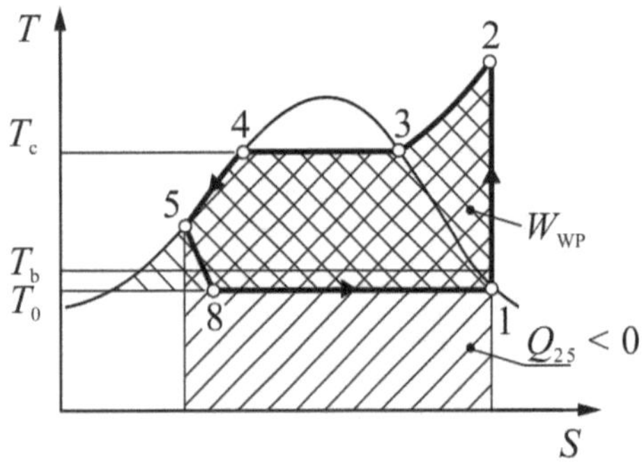

a) Kreisprozess des Kältemittels in der Wärmepumpe

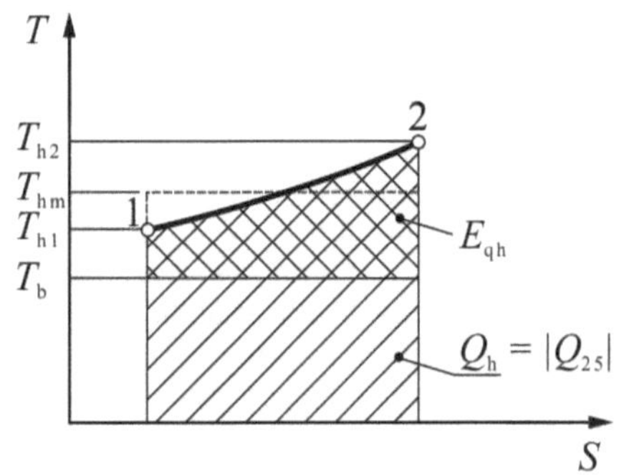

b) Isobare Wärmezufuhr Q_h an das zu beheizende System (Wärmesenke)

B 5.34 *T,S*-Diagramme für Vorgänge bei der Wärmepumpe

Die *Leistungszahl der Wärmepumpe* ist nach Gl 3.89 (B 5.34)

$$\varepsilon_{WP} = \frac{Q_h}{W_{WP}} = \frac{h_2 - h_5}{h_2 - h_1} \qquad \textbf{(Gl 5.47)}$$

Mit h_2 wollen wir die spezifische Enthalpie nach der Verdichtung bezeichnen, auch wenn diese irreversibel verläuft. Damit gelten Gl 5.47 und die nachfolgenden Gleichungen auch bei irreversibler Verdichtung.

Die einem zu beheizenden System, dessen Temperatur T_h beträgt, zuzuführende Wärme Q_h enthält die Exergie E_{qh} (genutzte Exergie). Bezogen auf die tatsächlich zuzuführende Arbeit (aufgewandte Exergie) ergibt sich nach Gl 3.131 der *exergetische Wirkungsgrad der Wärmepumpe* (B 5.34):

[1] Wie bei den in den Abschnitten 4 und 5 behandelten rechtslaufenden Kreisprozessen.

$$\zeta_{\mathrm{WP}} = \frac{E_{\mathrm{qh}}}{W_{\mathrm{WP}}} \qquad \textbf{(Gl 5.48)}$$

Praktisch erreicht wird $\zeta_{\mathrm{WP}} \approx 0{,}45$.

Mit $E_{\mathrm{qh}} = \dfrac{T_{\mathrm{hm}} - T_{\mathrm{b}}}{T_{\mathrm{hm}}} Q_{\mathrm{h}}$ (Bild 5.34 b) und $Q_{\mathrm{h}} = \varepsilon_{\mathrm{WP}} W_{\mathrm{WP}}$ (Gl 5.47) ergibt sich der Zusammenhang:

$$\zeta_{\mathrm{WP}} = \frac{T_{\mathrm{hm}} - T_{\mathrm{b}}}{T_{\mathrm{hm}}} \varepsilon_{\mathrm{WP}} \qquad \textbf{(Gl 5.49)}$$

Bei Warmwasserheizungen gilt mit guter Näherung $T_{\mathrm{hm}} = \dfrac{T_{\mathrm{Vorlauf}} + T_{\mathrm{Rücklauf}}}{2}$. T_{b} ist die Temperatur der Umgebungsluft.

Das Verhältnis der – jeweils gleiche Wärme Q_{h} vorausgesetzt – in einem Carnot-Prozess zwischen den Temperaturen im Verdampfer T_0 und im Kondensator T_{c} aufzuwendenden Arbeit zu der tatsächlich aufzuwendenden Arbeit wird als *Gütegrad der Wärmepumpe* bezeichnet. Er ist, mit $W_{\mathrm{car}} = \dfrac{Q_{\mathrm{h}}}{\varepsilon_{\mathrm{WP\,car}}}$ und $W_{\mathrm{WP}} = \dfrac{Q_{\mathrm{h}}}{\varepsilon_{\mathrm{WP}}}$ (Gl 5.47):

$$\eta_{\mathrm{WP}} = \frac{W_{\mathrm{car}}}{W_{\mathrm{WP}}} = \frac{\varepsilon_{\mathrm{WP}}}{\varepsilon_{\mathrm{WP\,car}}} = \frac{\zeta_{\mathrm{WP}}}{\zeta_{\mathrm{WP\,car}}} \qquad \textbf{(Gl 5.50)}$$

Erreicht wird $\eta_{\mathrm{WP}} = 0{,}5 \ldots 0{,}6$. W_{car} sowie $\zeta_{\mathrm{WP\,car}}$ wollen wir mit den Temperaturen des Arbeitsfluids T_0 und T_{c} für den Carnot-Prozess bilden. Damit bewerten wir, wie es auch bei Wärmekraftmaschinen üblich ist, das hier betrachtete Aggregat, die Wärmepumpe. Man findet abweichend davon im Schrifttum aber auch die Bewertung des Gesamtsystems (Aggregat einschließlich Wärmeübertrager), indem der Carnot-Prozess zwischen den Temperaturen des wärmeabgebenden Systems T_{k} (k = kühlen) und des wärmeaufnehmenden Systems T_{h} (h = heizen) angesetzt wird.

Bei *Wärmepumpen mit Verbrennungsmotorantrieb* werden auch die Abwärme des Motors und des Abgases der Heizung zugeführt. Die gesamte Heizenergie ist dann

$$Q_{\mathrm{Heiz}} = Q_{2\,5} + Q_{\mathrm{Motor}} + Q_{\mathrm{Abgas}} \qquad \textbf{(Gl 5.51)}$$

Bezieht man Q_{Heiz} auf die eingesetzte Primärenergie $m_{\mathrm{b}} H_{\mathrm{u}}$ mit der Brennstoffmenge m_{b} und dem Heizwert H_{u} (Abschn. 9.1), so erhält man die *Heizzahl*:

$$\xi = \frac{Q_{\mathrm{Heiz}}}{m_{\mathrm{b}} H_{\mathrm{u}}} \qquad \textbf{(Gl 5.52 a)}$$

Da für Nebenantriebe elektrische Energie W_{el} erforderlich ist, z. B. für Ventilatoren bei Verdampfern, muss korrekterweise auch diese Energie mit ihrem Erzeugerwirkungsgrad η_{ges} (Gl 5.35) berücksichtigt werden. Dann ergibt sich die *korrigierte Heizzahl*

$$\xi^* = \frac{Q_{\mathrm{Heiz}}}{m_{\mathrm{b}} H_{\mathrm{u}} + \dfrac{W_{\mathrm{el}}}{\eta_{\mathrm{ges}}}} \qquad \textbf{(Gl 5.52 b)}$$

5

Absorptionswärmepumpen, auf die wir hier nicht eingehen, werden ebenfalls entsprechend Gl 5.52 bewertet.

Kältemaschine. Arbeitet die Kaltdampfmaschine als *Kältemaschine* dann nimmt das Arbeitsfluid im Verdampfer Wärme aus dem zu kühlenden Raum auf und gibt durch den Kondensator Wärme an die Umgebung ab. Die Temperatur T_3 muss etwas über der Umgebungstemperatur liegen **(B 5.35)**. Die *Leistungszahl der Kältemaschine* ist (Gl 3.92)

$$\varepsilon_{\mathrm{KM}} = \frac{Q_0}{W_{\mathrm{KM}}} = \frac{h_1 - h_8}{h_2 - h_1} \qquad \textbf{(Gl 5.53)}$$

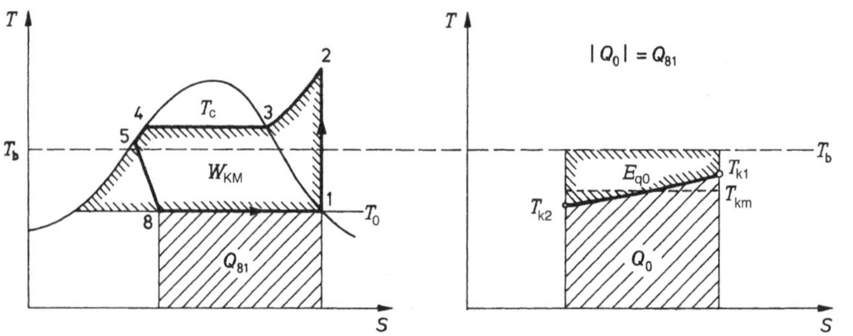

a) Kreisprozess des Kältemittels in der Kältemaschine, Q_{81} = zugeführte Wärme

b) Isobare Wärmeabfuhr Q_0 aus dem zu kühlenden System (Wärmequelle)

B 5.35 Schaltbild und *T,S*-Diagramme für Vorgänge bei der Kältemaschine

Der *exergetische Wirkungsgrad der Kältemaschine* ist nach Gl 3.131 (B 5.35)

$$\zeta_{\mathrm{KM}} = \frac{E_{\mathrm{q}\,0}}{W_{\mathrm{KM}}} \qquad \textbf{(Gl 5.54)}$$

mit der Exergie $E_{\mathrm{q}\,0}$ der dem zu kühlenden System entzogenen Wärme (Q_0), dessen Temperatur T_{k} beträgt (Bild 5.35 b).

Zusammenhang mit $\varepsilon_{\mathrm{KM}}$:

$$\zeta_{\mathrm{KM}} = \frac{T_{\mathrm{b}} - T_{\mathrm{km}}}{T_{\mathrm{km}}} \varepsilon_{\mathrm{KM}} \qquad \textbf{(Gl 5.55)}$$

Der *Gütegrad der Kältemaschine* lässt sich entsprechend Gl 5.50 definieren:

$$\eta_{\mathrm{KM}} = \frac{W_{\mathrm{car}}}{W_{\mathrm{KM}}} = \frac{\varepsilon_{\mathrm{KM}}}{\varepsilon_{\mathrm{KM\,car}}} = \frac{\zeta_{\mathrm{KM}}}{\zeta_{\mathrm{KM\,car}}} \qquad \textbf{(Gl 5.56)}$$

W_{car} sowie $\varepsilon_{\mathrm{KM\,car}}$ und $\zeta_{\mathrm{KM\,car}}$ wollen wir mit den Temperaturen des Arbeitsfluids T_0 und T_{c} für den Carnot-Prozess bilden. Damit bewerten wir das hier betrachtete Aggregat, die Kältemaschine. [1]

[1] Vgl. Erläuterungen zu Gl 5.50.

Auch bei den Kaltdampfmaschinen besteht, wie bei den Gaskältemaschinen (Abschn. 3.5.6), bei gleichen Prozessverläufen und Temperaturen für Wärmepumpe und Kältemaschine bei den Leistungszahlen der Zusammenhang:

$$\varepsilon_{WP} = 1 + \varepsilon_{KM} \qquad \text{(Gl 3.95)}$$

Beispiel 5.16: In einer mit dem Kältemittel R 134 a betriebenen Kompressionskältemaschine mit adiabatem, reversibel arbeitendem Verdichter, deren Kälteleistung 10 kW beträgt, wird das Kältemittel bei −30 °C isobar bis zum Sättigungszustand verdampft und bei +27 °C kondensiert. Das Kondensat wird nicht unterkühlt.

Die Temperatur des durch die Kältemaschine zu kühlenden Raumes beträgt −25 °C, die Bezugstemperatur der Umgebung +20 °C.

Änderungen der kinetischen und potenziellen Energie sowie Druck- und Wärmeverluste in den Rohrleitungen und Wärmeübertragern sollen vernachlässigt werden.

5

Es sind zu ermitteln:

a) die erforderliche Verdichterleistung,

b) die an die Umgebung abgegebene Wärmeleistung,

c) die Leistungszahl der Kompressionskältemaschine,

d) der exergetische Wirkungsgrad der Kompressionskältemaschine,

e) der Gütegrad der Kompressionskältemaschine.

Lösung:

Zu a): Prozessverlauf entspr. B 5.33, aber ohne Kühlung 4 → 5. Stoffwerte aus B 5.30

$$h_1 = 379\ \text{kJ/kg}, \qquad h_2 = 424\ \text{kJ/kg}, \qquad h_8 = h_4 = 237\ \text{kJ/kg (Drosselung } 4 \rightarrow 8)$$

Massenstromermittlung:

$$\dot{Q}_0 = \dot{Q}_{81} = \dot{m}\,(h_1 - h_8) = \dot{m}\,(h_1 - h_4)$$

$$\dot{m} = \frac{\dot{Q}_0}{h_1 - h_4} = \frac{10\ \text{kW kg}}{(379 - 237)\ \text{kJ}} = 0{,}0704\ \frac{\text{kg}}{\text{s}}$$

Verdichterleistung:

$$P_{tV\,12} = \dot{m}\,(h_2 - h_1) = 0{,}0704\ \frac{\text{kg}}{\text{s}}\ (424 - 379)\ \frac{\text{kJ}}{\text{kg}} = \underline{3{,}17\ \text{kW}}$$

Die Verdichterleistung ist definitionsgemäß die dem Prozess zuzuführende Leistung:

$$P_{WP} = P_{tV\,12}$$

Zu b): An die Umgebung abgegebene Wärmeleistung:

$$\dot{Q}_h = \dot{Q}_{24} = \dot{m}\,(h_4 - h_2) = 0{,}0704\ \frac{\text{kg}}{\text{s}}\ (237 - 424)\ \frac{\text{kJ}}{\text{kg}} = \underline{-13{,}17\ \text{kW}}$$

oder (Gl 3.81), mit $P_k = P_{KM} = P_{tV\,12}$

$$\dot{Q}_h = -(P_{KM} + \dot{Q}_0) = -(3{,}17 + 10)\ \text{kW} = \underline{-13{,}17\ \text{kW}}$$

Zu c): Leistungszahl der Kompressionskältemaschine (Gl 5.53):

$$\varepsilon_{\mathrm{KM}} = \frac{h_1 - h_8}{h_2 - h_1} = \frac{(379 - 237)\,\dfrac{\mathrm{kJ}}{\mathrm{kg}}}{(424 - 379)\,\dfrac{\mathrm{kJ}}{\mathrm{kg}}} = \underline{3{,}16}$$

oder (Gl 5.53)

$$\varepsilon_{\mathrm{KM}} = \frac{\dot{Q}_0}{P_{\mathrm{KM}}} = \frac{10\ \mathrm{kW}}{3{,}17\ \mathrm{kW}} = \underline{3{,}16}$$

Zu d): Exergetischer Wirkungsgrad der Kompressionskältemaschine (Gl 5.54/5.55):

$$\zeta_{\mathrm{KM}} = \frac{\dot{E}_{\mathrm{q0}}}{P_{\mathrm{KM}}} = \frac{T_{\mathrm{b}} - T_{\mathrm{km}}}{T_{\mathrm{km}}}\,\varepsilon_{\mathrm{KM}} = \frac{(293 - 248)\ \mathrm{K}}{248\ \mathrm{K}}\,3{,}16 = \underline{0{,}57}$$

Zu e): Leistung eines Carnot-Prozesses zwischen den Temperaturen im Verdampfer T_0 und im Kondensator T_c (Gl 3.92/Gl 3.94):

$$P_{\mathrm{car}} = \frac{T_{\mathrm{c}} - T_0}{T_0}\,\dot{Q}_0 = \frac{(300 - 243)\ \mathrm{K}}{243\ \mathrm{K}}\,10\ \mathrm{kW} = 2{,}35\ \mathrm{kW}$$

Gütegrad der Kompressionskältemaschine (Gl 5.56):

$$\eta_{\mathrm{KM}} = \frac{P_{\mathrm{car}}}{P_{\mathrm{KM}}} = \frac{2{,}35\ \mathrm{kW}}{3{,}17\ \mathrm{kW}} = \underline{0{,}74}$$

oder (Gl 5.56):

$$\eta_{\mathrm{KM}} = \frac{\varepsilon_{\mathrm{KM}}}{\varepsilon_{\mathrm{KM\,car}}} = \frac{3{,}16}{4{,}27} = \underline{0{,}74}$$

mit Gl 3.94:

$$\varepsilon_{\mathrm{KM\,car}} = \frac{T_0}{T_{\mathrm{c}} - T_0} = \frac{243\ \mathrm{K}}{(300 - 243)\ \mathrm{K}} = 4{,}27$$

Kontrollfragen (Antworten Abschnitt 11.5)

5.1

1. Welche Zustandsgröße bleibt beim isobaren Verdampfen außer dem Druck konstant?
2. Was versteht man unter dem kritischen Punkt?
3. Wie sind definiert:
   a) spezifische Verdampfungsenthalpie,
   b) spezifische Schmelzenthalpie?
4. Was versteht man unter dem Tripelpunkt?
5. a) Was beschreibt die Gleichung von van der Waals?
   b) Welchen Vorteil hat sie?
6. Gibt es eine physikalische Grenze zwischen Flüssigkeit und Dampf oberhalb des kritischen Punktes?

5.2

7. Auf welchen Nullpunkt werden Enthalpie und Entropie des Wasserdampfes bei den Berechnungen und Tabellen bezogen?
8. Wie ändern sich beim Verdampfen
   a) spezifische Enthalpie,

b) spezifische Entropie?

9. Ein T,s-Diagramm für Wasserdampf ist zu skizzieren. (Siedelinie, Taulinie, Isobaren, Linien konstanten Wasserdampfgehaltes im Nassdampfgebiet, Linien konstanter spezifischer Enthalpie).
10. Woran ist im h,s-Diagramm zu erkennen, ob sich der Wasserdampf im betrachteten Zustandsbereich wie das ideale Gas verhält?
11. Eine Drosselung für Wasserdampf (Änderung der kinetischen und potenziellen Energie vernachlässigt) ist im h,s-Diagramm zu skizzieren.
12. Kann durch isochoren Wärmeentzug überhitzter Dampf mit $v > v_k$ vollständig verflüssigt werden?

5.3 13. Welche Gemeinsamkeiten und welche Unterschiede haben Joule-Prozess und Clausius-Rankine-Prozess?

14. Warum hat der Clausius-Rankine-Prozess ein hohes Arbeitsverhältnis?
15. Das Schaltschema einer Kondensations-Dampfkraftanlage mit einfacher Anzapfvorwärmung mittels Einspritzung ist zu zeichnen.
16. a) Welche Maßnahmen zur Erhöhung des thermischen Wirkungsgrades des Clausius-Rankine-Prozesses gibt es?
    b) Die Wirkung dieser Maßnahmen ist anhand des T,s-Diagrammes zu erläutern.
17. Welche Aufgabe hat das Zwischenüberhitzen?
18. Unter welchen Bedingungen kann die Arbeit der irreversiblen Dampfturbine direkt dem h,s-Diagramm entnommen werden?

5.4 19. Welchen Vorteil hat die Kombination einer Gasturbinen- mit einer Dampfkraftanlage?

5.5 20. Welche Eigenschaften erwartet man von Arbeitsmedien in ORC-Anlagen?

21. Welche Umweltgefährdung geht von FCKW als früher üblichem Kältemittel aus? Welche Substitutionsprodukte gibt es?
22. Unter welchen Bedingungen ist der Einsatz von ORC-Anlagen denkbar?

5.6 23. Wodurch unterscheidet sich der Vergleichsprozess der Kaltdampfmaschine vom linkslaufenden Clausius-Rankine-Prozess, dessen Name trotzdem für den Kaltdampfprozess übernommen wurde?

6 Gemische

Gemische bestehen aus mehreren einheitlichen Stoffen, den *Komponenten.* Ein *ideales Gemisch* liegt vor, wenn sich bei einer isotherm und isobar geführten Gemischbildung das Volumen, die innere Energie, die Enthalpie und die Wärmekapazität als Summe der jeweiligen Einzelgrößen ergeben. Viele Fluide (Gase und Flüssigkeiten) lassen sich so behandeln.

Dagegen stellen sich bei *realen Gemischen* Mischungseffekte ein, d. h., das Volumen, die innere Energie, die Enthalpie und die Wärmekapazität ändern sich bei der Gemischbildung, wodurch z. B. das Volumen des Gemisches kleiner als die Summe der Einzelvolumen wird („Volumenkontraktion“).

Hat ein Gemisch überall die gleichen Eigenschaften, so ist es *homogen;* es bildet eine *Phase.* Ist die Mischbarkeit begrenzt, so bilden sich mehrere Phasen, wie z. B. bei einem Gemisch aus Wasser und Öl oder Luft und Wasserdampf (Abschn. 1.7.1 und 6.4). Ein flüssiges Gemisch nennt man auch *Lösung* und spricht dann von der *Löslichkeit.* Z. B. ist, abhängig von Druck und Temperatur, in Wasser nur wenig Öl und in Öl nur wenig Wasser löslich.

Abgesehen von den Abschnitten 6.4 und 6.5 behandeln wir hier nur *homogene Gemische.* Chemische Reaktionen sollen bei der Gemischbildung nicht auftreten.

6.1 Zusammensetzung von Gemischen

Ein Gemisch wird durch die Materiemenge (Masse m, Stoffmenge n oder Normvolumen V_n) jeder Komponente beschrieben. Im Allgemeinen interessiert man sich nur für den intensiven – d. h. von der Größe des Systems unabhängigen – Zustand. Die Einzelmengen werden daher auf eine extensive Zustandsgröße – d. h. eine zur Materiemenge proportionale Größe, wie die Masse, die Stoffmenge, das Normvolumen, u. U. das Gemischvolumen – bezogen. Die Einzelmengen kennzeichnen die Zusammensetzung des Gemisches. Daneben benötigt man – wie allgemein bei homogenen Stoffen – zwei voneinander unabhängige intensive Zustandsgrößen, z. B. p und T.

6.1.1 Massenanteil

Ein System enthalte die drei Komponenten a, b und c mit den entsprechenden Massen m_a, m_b und m_c. Die Masse des Gemisches ist dann

$$m_{Mi} = m_a + m_b + m_c \qquad \textbf{(Gl 6.1)}$$

Als *Massenanteile* der Komponenten definiert man

$$\mu_a = \frac{m_a}{m_{Mi}}; \qquad \mu_b = \frac{m_b}{m_{Mi}}; \qquad \mu_c = \frac{m_c}{m_{Mi}} \qquad \textit{Massenanteile} \qquad \textbf{(Gl 6.2)}$$

wobei nach Gl 6.1 die Summe der Massenanteile

$$\mu_a + \mu_b + \mu_c = 1 \qquad \textbf{(Gl 6.3)}$$

ist. Danach ist der intensive Zustand eines Gemisches aus drei Komponenten, außer von Druck und Temperatur, durch die Angabe von zwei Massenanteilen festgelegt. Der Massenanteil der dritten Komponente berechnet sich aus Gl 6.3.

6.1.2 Stoffmengenanteil (Molanteil)

Die Masse einer Komponente lässt sich durch deren Stoffmenge ersetzen; beispielsweise ist nach Gl 1.19 ($m = n\,M$) die Stoffmenge der Komponente a

$$n_a = \frac{m_a}{M_a} \qquad \textbf{(Gl 6.4)}$$

Hierin ist M_a die molare Masse der Komponente a.

Die *Stoffmenge des Gemisches* ist, wenn chemische Reaktionen und dadurch verursachte Stoffmengenänderungen ausgeschlossen werden,

$$n_{Mi} = n_a + n_b + n_c \qquad \textbf{(Gl 6.5)}$$

Die *Stoffmengenanteile (Molanteile)* der Komponenten sind definiert durch

$$y_a = \frac{n_a}{n_{Mi}}; \qquad y_b = \frac{n_b}{n_{Mi}}; \qquad y_c = \frac{n_c}{n_{Mi}} \qquad \textit{Stoffmengenanteile} \qquad \textbf{(Gl 6.6)}$$

wobei für die Summe der Stoffmengenanteile gilt:

$$y_a + y_b + y_c = 1 \qquad \textbf{(Gl 6.7)}$$

6.1.3 Molare Masse des Gemisches

Man definiert als *molare Masse des Gemisches*, ausgehend von Gl 1.19 ($m = n\,M$):

$$M_{Mi} = \frac{m_{Mi}}{n_{Mi}} \qquad \textbf{(Gl 6.8)}$$

Wir dividieren M_{Mi} durch die molare Masse der Komponente, führen Gl 6.2 und Gl 6.6 ein und erhalten zur *Umrechnung zwischen Massen- und Stoffmengenanteil*:

$$\frac{M_{Mi}}{M_a} = \frac{m_{Mi}}{m_a}\frac{n_a}{n_{Mi}}$$

$$\frac{M_{Mi}}{M_a} = \frac{y_a}{\mu_a} \qquad \frac{M_{Mi}}{M_b} = \frac{y_b}{\mu_b} \qquad \frac{M_{Mi}}{M_c} = \frac{y_c}{\mu_c} \qquad \textbf{(Gl 6.9)}$$

Die molare Masse des Gemisches lässt sich aus den Massen- oder aus den Stoffmengenanteilen berechnen. Für die molare Masse des Gemisches gilt mit Gl 6.1 und Gl 1.19:

$$M_{Mi} = \frac{m_{Mi}}{n_{Mi}} = \frac{1}{n_{Mi}}\,(m_a + m_b + m_c) = \frac{1}{n_{Mi}}\,(M_a\,n_a + M_b\,n_b + M_c\,n_c)$$

$$M_{Mi} = M_a\,y_a + M_b\,y_b + M_c\,y_c \qquad \textbf{(Gl 6.10)}$$

Aus dem Kehrwert der molaren Masse des Gemisches folgt mit Gl 6.8 und Gl 6.5:

$$\frac{1}{M_{Mi}} = \frac{n_{Mi}}{m_{Mi}} = \frac{1}{m_{Mi}}\,(n_a + n_b + n_c) = \frac{1}{m_{Mi}}\left(\frac{m_a}{M_a} + \frac{m_b}{M_b} + \frac{m_c}{M_c}\right)$$

Mit Gl 6.2 ergibt sich:

$$\frac{1}{M_{Mi}} = \frac{\mu_a}{M_a} + \frac{\mu_b}{M_b} + \frac{\mu_c}{M_c} \qquad \textbf{(Gl 6.11)}$$

Beispiel 6.1: Eine Flasche enthält ein flüssiges Gemisch mit 20 Massen-% Ethanol (a) und 80 Massen-% Wasser (b). Die molare Masse von Ethanol ist 46,069 kg/kmol, die von Wasser 18,015 kg/kmol. Für das Gemisch sind zu bestimmen:

a) die molare Masse M_{Mi},

b) die Stoffmengenanteile y_a und y_b.

6

Lösung:

Zu a): Mit Gl 6.11 und 6.3 folgt

$$\frac{1}{M_{Mi}} = \frac{\mu_a}{M_a} + \frac{\mu_b}{M_b} = \frac{\mu_a}{M_a} + \frac{1-\mu_a}{M_b}$$

$$\frac{1}{M_{Mi}} = \frac{0{,}2}{46{,}069\,\frac{\text{kg}}{\text{kmol}}} + \frac{0{,}8}{18{,}015\,\frac{\text{kg}}{\text{kmol}}} \qquad \rightarrow M_{Mi} = \underline{20{,}513\,\frac{\text{kg}}{\text{kmol}}}$$

Zu b): Mit Gl 6.9 und Gl 6.7 ergibt sich

$$y_a = \mu_a\,\frac{M_{Mi}}{M_a} = 0{,}2\,\frac{20{,}513\ \text{kg/kmol}}{46{,}069\ \text{kg/kmol}} = 0{,}0891 \mathrel{\hat{=}} \underline{8{,}91\ \text{Mol-\%}}$$

$$y_b = 1 - y_a = 1 - 0{,}0891 = 0{,}9109 \mathrel{\hat{=}} \underline{91{,}09\ \text{Mol-\%}}$$

Aufgabe 6.1: Nach einer Stoffanalyse ist Erdgas L ein Gemisch aus CH_4, C_2H_6, C_3H_8, C_4H_{10}, CO_2 und N_2 mit folgenden Stoffmengenanteilen und molaren Massen:

Komponente i	Chemische Formel	Stoffmengenanteil y_i	Molare Masse* M_i in kg/kmol
Methan	CH_4	0,818	16,0425
Ethan	C_2H_6	0,028	30,0690
Propan	C_3H_8	0,004	44,096
n-Butan	n-C_4H_{10}	0,002	58,122
Kohlenstoffdioxid	CO_2	0,008	44,0095
Stickstoff	N_2	0,140	28,0134

* *M* nach [40; Tabelle 1]

Man bestimme für Erdgas L

a) die molare Masse,

b) die Massenanteile der Komponenten.

Aufgabe 6.2: Ein Generatorgas besteht aus 50 Mol-% Kohlenstoffmonoxid (a) und 50 Mol-% Stickstoff (b). Es sind die Massenanteile zu bestimmen.

6.1.4 Beladung

Bei vielen technischen Prozessen, die in der Gasphase ablaufen, bleibt die Materiemenge einer Komponente oder Komponentengruppe unverändert, während sich die Menge weiterer Komponenten – beispielsweise durch Kondensation oder Verdunstung – ändert. In diesen Fällen ist es zweckmäßig, die Menge der unverändert bleibenden Komponente b als Bezugsmenge einzuführen. Wir beschränken uns auf ein Gemisch mit zwei Komponenten, das *binäre Gemisch*. Mit der Masse als Mengenmaß bezeichnet man

$$x = \frac{m_a}{m_b} \quad \textit{Beladung} \qquad \textbf{(Gl 6.12 a)}$$

als *Beladung*. Dieses x darf nicht mit dem Dampfgehalt des Nassdampfes verwechselt werden (Gl. 5.4). In manchen Fällen wird die Beladung auch mit den Stoffmengen definiert:

$$x_m = \frac{n_a}{n_b} \qquad \textbf{(Gl 6.12 b)}$$

Mit Gl 6.2 und Gl 6.3 erhält man den *Zusammenhang zwischen Beladung x und Massenanteil* μ_a:

$$\mu_a = \frac{m_a}{m_a + m_b} = \frac{x}{x+1}$$

Wir lösen nach der Beladung auf und erhalten

$$x = \frac{\mu_a}{1-\mu_a} \qquad \textbf{(Gl 6.13 a)}$$

Eine analoge Ableitung für die mit den Stoffmengen definierte Beladung x_m ergibt (mit Gl 6.6 und Gl 6.7):

$$x_m = \frac{y_a}{1-y_a} \qquad \textbf{(Gl 6.13 b)}$$

Mit Gl 6.4 ist der *Zusammenhang zwischen Beladung x und Stoffmengenanteil* y_a:

$$x = \frac{m_a}{m_b} = \frac{n_a M_a}{n_b M_b} = \frac{M_a}{M_b} x_m$$

$$x = \frac{M_a}{M_b} \frac{y_a}{1-y_a} \qquad \textbf{(Gl 6.14)}$$

Beispiel 6.2: Feuchte Luft lässt sich als binäres Gemisch der beiden Komponenten Wasserdampf (a) und trockene Luft (b) auffassen. Durch Kondensation oder Verdunstung kann sich nur die Menge des Wasserdampfes in der Gasphase ändern. Die molaren Massen sind für Wasser 18,015 kg/kmol und für trockene Luft 28,9655 kg/kmol (T 2.5). Der Molanteil des Wasserdampfes sei 1,4 Mol-%. Man bestimme die *Wasserdampfbeladung x.*

Lösung:

Mit Gl 6.14 erhält man:

$$x = \frac{M_a}{M_b}\,\frac{y_a}{1-y_a} = \frac{18{,}015\,\dfrac{\text{kg H}_2\text{O}}{\text{kmol}}}{28{,}9655\,\dfrac{\text{kg t L}}{\text{kmol}}}\,\frac{0{,}014}{1-0{,}014} = 0{,}008\,83\,\frac{\text{kg H}_2\text{O}}{\text{kg t L}}$$

$$\underline{x = 8{,}83\,\frac{\text{g Wasserdampf}}{\text{kg t Luft}}}$$

6.2 Ideale Gemische

6.2.1 Gesetz von Amagat

Das *Gesetz von Amagat*[1] gilt für isotherme und isobare Gemischbildungen, wobei wir vollständige Mischbarkeit voraussetzen wollen. Die Gemischbildung lässt sich in folgender Weise durchführen. Drei Zylindergefäße **(B 6.1)**, verschlossen mit reibungsfreien Kolben derselben Fläche und Masse, sind mit den Komponenten a, b und c jeweils bei gleicher Temperatur gefüllt. Durch die Kolben bleiben die Drücke der Komponenten konstant. Durch eine Thermostatierung der Gefäße bleiben auch die Temperaturen konstant. Nach Ziehen der Schieber diffundieren die Komponenten in die benachbarten Gefäße. Durch die Prozessführung vermischen sich die Komponenten *isotherm und isobar.*

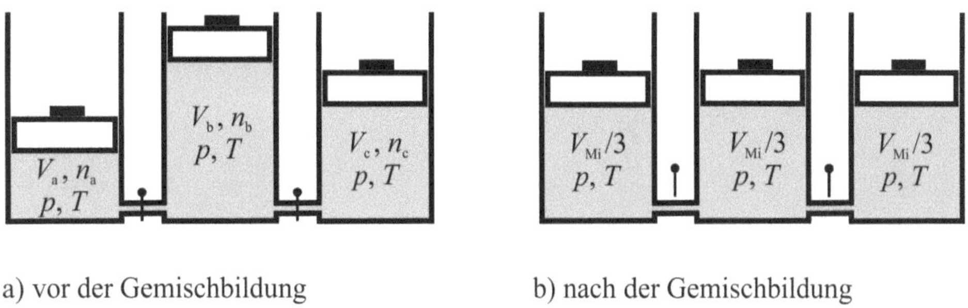

B 6.1 Isotherme und isobare Gemischbildung der Komponenten a, b und c

Ein *ideales Gemisch* liegt vor, wenn für $T = \text{const}$ und $p = \text{const}$ die Bedingung

$$V_{Mi} = V_a + V_b + V_c \quad \textit{ideales Gemisch} \qquad \textbf{(Gl 6.15)}$$

[1] *Emile Hilaire Amagat* (1841–1915), französischer Physiker, lehrte an der Universität von Lyon, zahlreiche Veröffentlichungen auf dem Gebiet der Physik und Chemie.

eingehalten wird, d. h., die Teilvolumen der reinen Komponenten addieren sich zum Gemischvolumen (*Gesetz von Amagat*). Mithilfe der Gemisch-Thermodynamik lässt sich nachweisen, dass bei einem idealen Gemisch während der Gemischbildung keine Wärme zwischen Gemisch und Umgebung übertragen wird, d. h., es tritt keine Enthalpieänderung („*Wärmetönung*") auf. Bei realen Gemischen treten Abweichungen von Gl 6.15 auf. Diese werden üblicherweise durch ein *Zusatzvolumen* (Exzessvolumen) berücksichtigt. Das Zusatzvolumen wird auf die Teilvolumen der Komponenten derart verteilt, dass sie sich formal wieder zum Gemischvolumen addieren. Das führt zur Definition der partiell molaren Volumen, auf die wir hier nicht eingehen. [1)]

Bei Gasen ist das Gesetz von Amagat meistens gut erfüllt. Bei Flüssigkeiten eignet es sich für überschlägige Berechnungen der Gemischdichte, auf die wir im folgenden Abschnitt eingehen.

6.2.2 Partialdichte (Massenkonzentration) und Gemischdichte

Häufig benutzt man für ideale Gemische als extensive Bezugsgröße das Gemischvolumen V_{Mi}.

Dies führt zur Definition der *Teil- oder Partialdichte* (*Massenkonzentration*): [2)]

$$\varrho_a^* = \frac{m_a}{V_{\text{Mi}}}; \qquad \varrho_b^* = \frac{m_b}{V_{\text{Mi}}}; \qquad \varrho_c^* = \frac{m_c}{V_{\text{Mi}}} \qquad \textit{Partialdichte} \qquad \textbf{(Gl 6.16)}$$

Die Partialdichte ist somit die Masse einer Komponente bezogen auf das *Gemischvolumen*. Bei Kenntnis der *Gemischdichte*

$$\varrho_{\text{Mi}} = \frac{m_{\text{Mi}}}{V_{\text{Mi}}} \qquad \textit{Gemischdichte} \qquad \textbf{(Gl 6.17)}$$

folgt für den *Zusammenhang zwischen Partialdichte und Massenanteil*

$$\varrho_a^* = \frac{m_a}{V_{\text{Mi}}} = \frac{m_a}{m_{\text{Mi}}}\,\varrho_{\text{Mi}}$$

$$\varrho_a^* = \mu_a\,\varrho_{\text{Mi}}; \qquad \varrho_b^* = \mu_b\,\varrho_{\text{Mi}}; \qquad \varrho_c^* = \mu_c\,\varrho_{\text{Mi}} \qquad \textbf{(Gl 6.18)}$$

Die Summe der Partialdichten ist die Gemischdichte

$$\varrho_{\text{Mi}} = \varrho_a^* + \varrho_b^* + \varrho_c^* \qquad \textbf{(Gl 6.19)}$$

Mit Gl 6.9 lässt sich die Partialdichte auch als Funktion des Stoffmengenanteils ausdrücken, wobei die molare Masse des Gemisches mit Gl 6.10 bestimmt wird:

[1)] Dieselbe Betrachtung gilt auch für andere extensive Zustandsgrößen, z. B. die partiell molare Enthalpie [6b; Kap. 5.5].

[2)] Wir kennzeichnen die auf das *Gemisch*volumen V_{Mi} bezogene *Teil*dichte mit dem hochgestellten Index *, z. B. $\varrho_a^* = m_a/V_{\text{Mi}}$. Die Teil- oder Partialdichte ist von der Dichte der ungemischten Komponenten, z. B. $\varrho_a = m_a/V_a$, zu unterscheiden (vgl. Abschn. 6.2.3).

$$\varrho_a^* = y_a \frac{M_a}{M_{Mi}} \varrho_{Mi}; \qquad \varrho_b^* = y_b \frac{M_b}{M_{Mi}} \varrho_{Mi}; \qquad \varrho_c^* = y_c \frac{M_c}{M_{Mi}} \varrho_{Mi} \qquad \textbf{(Gl 6.20)}$$

Beispiel 6.3: Für die Zusammensetzung der feuchten Luft nach Bsp. 6.2 beträgt die Partialdichte des Wasserdampfes (a) 0,010 66 kg/m³. Man bestimme die Gemischdichte der feuchten Luft.

Lösung:

Die molare Masse des Gemisches ist mit Gl 6.10:

$$M_{Mi} = y_a M_a + (1 - y_a) M_b$$

$$M_{Mi} = 0{,}014 \cdot 18{,}015 \frac{\text{kg}}{\text{kmol}} + 0{,}986 \cdot 28{,}963 \frac{\text{kg}}{\text{kmol}} = 28{,}810 \frac{\text{kg}}{\text{kmol}}$$

Die Gemischdichte folgt aus Gl 6.20:

$$\varrho_{Mi} = \frac{\varrho_a^*}{y_a} \frac{M_{Mi}}{M_a} = \frac{0{,}010\,66 \frac{\text{kg}}{\text{m}^3}}{0{,}014} \; \frac{28{,}810 \frac{\text{kg}}{\text{kmol}}}{18{,}015 \frac{\text{kg}}{\text{kmol}}} = \underline{1{,}218 \frac{\text{kg}}{\text{m}^3}}$$

6.2.3 Raumanteil

Wir definieren als Maß für die Zusammensetzung auch die *Raumanteile*

$$r_a = \frac{V_a}{V_{Mi}}; \qquad r_b = \frac{V_b}{V_{Mi}}; \qquad r_c = \frac{V_c}{V_{Mi}} \qquad \textit{Raumanteile} \qquad \textbf{(Gl 6.21)}$$

Das Gemischvolumen ersetzen wir durch Gl 6.15, in der wir zuvor spezifische Volumen bei jeweils gleichen Werten für p und T einführen (Gl 1.1: $V_a = m_a v_a$):

$$V_{Mi} = m_{Mi} v_{Mi} = m_a v_a + m_b v_b + m_c v_c$$

Wir erhalten mit Gl 6.2 ($\mu_a = m_a/m_{Mi}$) das *spezifische Volumen des Gemisches*

$$v_{Mi} = \mu_a v_a + \mu_b v_b + \mu_c v_c \qquad \textbf{(Gl 6.22 a)}$$

bzw. mit $\varrho = 1/v$ (Gl 1.2) die Gemischdichte ϱ_{Mi}:

$$\frac{1}{\varrho_{Mi}} = \frac{\mu_a}{\varrho_a} + \frac{\mu_b}{\varrho_b} + \frac{\mu_c}{\varrho_c} \qquad \textbf{(Gl 6.22 b)}$$

Hierin ist z. B. ϱ_a die *Dichte* der ungemischten Komponente a, d. h. die Masse der Komponente m_a bezogen auf das Einzelvolumen V_a. Davon ist die *Partialdichte* ϱ_a^* zu unterscheiden, bei der die Masse m_a auf das *Gemisch*volumen V_{Mi} bezogen ist (Gl 6.16).

Sind anstelle der Massenanteile die Raumanteile bekannt, lässt sich die Gemischdichte mit Gl 6.1 ($m_{Mi} = m_a + m_b + m_c$) und Gl 1.2 ($m_a = \varrho_a V_a$) berechnen:

$$\varrho_{Mi} = \frac{m_{Mi}}{V_{Mi}} = \frac{1}{V_{Mi}} (m_a + m_b + m_c) = \frac{1}{V_{Mi}} (\varrho_a V_a + \varrho_b V_b + \varrho_c V_c)$$

Mit Gl 6.21 ergibt sich für die Gemischdichte:

$$\varrho_{Mi} = r_a \varrho_a + r_b \varrho_b + r_c \varrho_c \qquad \textbf{(Gl 6.23 a)}$$

Mit dem Zusammenhang zwischen der Partialdichte ϱ_a^* und der Dichte der ungemischten Komponente ϱ_a:

$$\varrho_a^* = \frac{m_a}{V_{Mi}} = \frac{V_a}{V_{Mi}} \varrho_a = r_a \varrho_a \qquad \text{(Gl 6.23 b)}$$

kann Gl 6.23 a in Gl 6.19 zurückgeführt werden.

Die Gln 6.22 und 6.23 basieren auf der Gültigkeit von Gl 6.15, d. h., sie gelten für ideale Gemische exakt, für reale Gemische näherungsweise.

Die *Umrechnung zwischen Raumanteil* r_a *und Massenanteil* μ_a erfolgt mit

$$\frac{\varrho_{Mi}}{\varrho_a} = \frac{m_{Mi}}{m_a} \frac{V_a}{V_{Mi}}$$

$$\frac{\varrho_{Mi}}{\varrho_a} = \frac{r_a}{\mu_a}; \quad \frac{\varrho_{Mi}}{\varrho_b} = \frac{r_b}{\mu_b}; \quad \frac{\varrho_{Mi}}{\varrho_c} = \frac{r_c}{\mu_c} \qquad \text{(Gl 6.24)}$$

Durch Substitution des Massenanteils mit Gl 6.9 ($\mu_a = y_a\, M_a / M_{Mi}$) folgt für die *Umrechnung zwischen Raumanteil* r_a *und Stoffmengenanteil* y_a:

$$\frac{\varrho_{Mi}}{\varrho_a} = \frac{r_a}{y_a} \frac{M_{Mi}}{M_a}; \quad \frac{\varrho_{Mi}}{\varrho_b} = \frac{r_b}{y_b} \frac{M_{Mi}}{M_b}; \quad \frac{\varrho_{Mi}}{\varrho_c} = \frac{r_c}{y_c} \frac{M_{Mi}}{M_c} \qquad \text{(Gl 6.25)}$$

Die molare Masse des Gemisches M_{Mi} (Abschn. 6.1.3) lässt sich auch aus den Raumanteilen ermitteln. Wir ersetzen n_{Mi} in Gl 6.8 ($M_{Mi} = m_{Mi}/n_{Mi}$) durch Gl 6.5 ($n_{Mi} = n_a + n_b + n_c$) sowie m_{Mi} durch Gl 1.2 ($m_{Mi} = \varrho_{Mi}\, V_{Mi}$) und führen für die Stoffmengen Gl 6.4 ($n_a = m_a/M_a$) ein:

$$\frac{1}{M_{Mi}} = \frac{n_{Mi}}{m_{Mi}} = \frac{1}{\varrho_{Mi}\, V_{Mi}} (n_a + n_b + n_c) = \frac{1}{\varrho_{Mi}\, V_{Mi}} \left(\frac{m_a}{M_a} + \frac{m_b}{M_b} + \frac{m_c}{M_c} \right)$$

Die Masse der Komponenten ersetzen wir nach Gl 1.2 ($m_a = \varrho_a\, V_a$):

$$\frac{1}{M_{Mi}} = \frac{1}{\varrho_{Mi}\, V_{Mi}} \left(\frac{\varrho_a\, V_a}{M_a} + \frac{\varrho_b\, V_b}{M_b} + \frac{\varrho_c\, V_c}{M_c} \right)$$

Mit den Raumanteilen nach Gl 6.21 ($r_a = V_a/V_{Mi}$) ergibt sich die molare Masse des Gemisches als Funktion der Raumanteile:

$$\frac{1}{M_{Mi}} = \frac{1}{\varrho_{Mi}} \left(r_a \frac{\varrho_a}{M_a} + r_b \frac{\varrho_b}{M_b} + r_c \frac{\varrho_c}{M_c} \right) \qquad \text{(Gl 6.26)}$$

Die Gln 6.24 bis 6.26 gelten mit Gln 6.23 für ideale Gemische exakt, für reale Gemische näherungsweise.

Beispiel 6.4: Die gemessene Dichte des binären Flüssigkeitsgemisches aus Propan (a) und n-Butan (b) bei 150 K und 1 bar beträgt 691,39 kg/m^3. Die Dichten und molaren Massen betragen für Propan 667,71 kg/m^3 und 44,097 kg/kmol sowie für n-Butan 721,33 kg/m^3 und 58,124 kg/kmol. Mit dem Gesetz von Amagat (ideales Gemisch) bestimme man für das Gemisch

a) die Raumanteile,

b) die Stoffmengenanteile.

Lösung:

Zu a): Mit Gl 6.23 a und Gl 6.21 ist die Gemischdichte

$$\varrho_{Mi} = r_a\,\varrho_a + r_b\,\varrho_b = r_a\,\varrho_a + (1 - r_a)\,\varrho_b$$

Durch Auflösung nach r_a folgt:

$$r_a = \frac{\varrho_{Mi} - \varrho_b}{\varrho_a - \varrho_b} = \frac{(691{,}39 - 721{,}33)\,\frac{kg}{m^3}}{(667{,}71 - 721{,}33)\,\frac{kg}{m^3}} = 0{,}5584 \mathrel{\widehat{=}} \underline{55{,}84\ \text{Vol.-\%}}$$

$$r_b = 1 - r_a = 1 - 0{,}5584 = 0{,}4416 \mathrel{\widehat{=}} \underline{44{,}16\ \text{Vol.-\%}}$$

Zu b): Zur Berechnung der Stoffmengenanteile mit Gl 6.25 benötigt man die molare Masse nach Gl 6.26:

$$\frac{1}{M_{Mi}} = \frac{1}{\varrho_{Mi}}\left(r_a\,\frac{\varrho_a}{M_a} + r_b\,\frac{\varrho_b}{M_b}\right)$$

$$\frac{1}{M_{Mi}} = \frac{1}{691{,}39\,\frac{kg}{m^3}}\left(0{,}5584\,\frac{667{,}71\,\frac{kg}{m^3}}{44{,}097\,\frac{kg}{kmol}} + 0{,}4416\,\frac{721{,}33\,\frac{kg}{m^3}}{58{,}124\,\frac{kg}{kmol}}\right)$$

$$M_{Mi} = 49{,}614\ \text{kg/kmol}$$

Mit der molaren Masse folgen die Stoffmengenanteile:

$$y_a = r_a\,\frac{\varrho_a}{\varrho_{Mi}}\,\frac{M_{Mi}}{M_a} = 0{,}5584\,\frac{667{,}71\,\frac{kg}{m^3}\;49{,}614\,\frac{kg}{kmol}}{691{,}39\,\frac{kg}{m^3}\;44{,}097\,\frac{kg}{kmol}}$$

$$y_a = 0{,}6067 \mathrel{\widehat{=}} \underline{60{,}67\ \text{Mol-\%}}$$

$$y_b = 1 - y_a = 0{,}3933 \mathrel{\widehat{=}} \underline{39{,}33\ \text{Mol-\%}}$$

Der Messwert für den Stoffmengenanteil des Propans (a) beträgt 60,65 Mol-%. Dieses Flüssigkeitsgemisch verhält sich nahezu ideal.

Aufgabe 6.3: Ein binäres Flüssigkeitsgemisch aus Ethanol (a) und Wasser (b) enthält 60 Massen-% Ethanol. Bei 10 °C beträgt die Gemischdichte 899,3 kg/m^3. Die Dichten sind für Ethanol 797,7 kg/m^3 und für Wasser 999,7 kg/m^3.

a) Man bestimme die Gemischdichte als Näherung (Annahme: ideales Gemisch).

b) Worauf ist die Dichteabweichung zurückzuführen?

6.2.4 Die extensiven Zustandsgrößen des idealen Gemisches

Allgemeine Regeln. Alle *extensiven Gemischgrößen* Z_{Mi} eines idealen Gemisches bei isothermer ($T = T_a = T_b = T_c$) und isobarer ($p = p_a = p_b = p_c$) Gemischbildung gehorchen mit *Ausnahme der Entropie und von ihr abhängender Zustandsgrößen* (z. B. der Exergie) der Gleichung

$$Z_{Mi} = Z_a + Z_b + Z_c \qquad \textbf{(Gl 6.27)}$$

Unter Einführung der Materiemaße Masse, Stoffmenge und Normvolumen gelten folgende Aussagen:

$$Z_{Mi} = m_{Mi}\, z_{Mi} = m_a\, z_a + m_b\, z_b + m_c\, z_c \qquad \textbf{(Gl 6.28 a)}$$

$$z_{Mi} = \mu_a\, z_a + \mu_b\, z_b + \mu_c\, z_c \qquad \textbf{(Gl 6.28 b)}$$

$$Z_{Mi} = n_{Mi}\, Z_{m\,Mi} = n_a\, Z_{ma} + n_b\, Z_{mb} + n_c\, Z_{mc} \qquad \textbf{(Gl 6.29 a)}$$

$$Z_{m\,Mi} = y_a\, Z_{ma} + y_b\, Z_{mb} + y_c\, Z_{mc} \qquad \textbf{(Gl 6.29 b)}$$

$$Z_{Mi} = V_{n\,Mi}\, Z_{n\,Mi} = V_{na}\, Z_{na} + V_{nb}\, Z_{nb} + V_{nc}\, Z_{nc} \qquad \textbf{(Gl 6.30 a)}$$

$$Z_{n\,Mi} = r_a\, Z_{na} + r_b\, Z_{nb} + r_c\, Z_{nc} \qquad \textbf{(Gl 6.30 b)}$$

Danach ist beispielsweise die *spezifische isobare Wärmekapazität* des Gemisches nach Gl 6.28 b:

$$c_{p\,Mi} = \mu_a\, c_{pa} + \mu_b\, c_{pb} + \mu_c\, c_{pc} \qquad \textbf{(Gl 6.31)}$$

Beispiel 6.5: Ein Gasgemisch besteht aus trockener Luft und Brenngas mit folgender Zusammensetzung in Vol.-%: 60 % Luft (a), 20 % CO (b) und 20 % H_2 (c).

Für dieses ideale Gasgemisch sind zu bestimmen:

a) die Dichte im Normzustand (Es können die Werte aus T 1.5 verwendet werden),

b) die molare Masse,

c) die Massenanteile,

d) die spezifische Wärmekapazität im Normzustand.

Lösung:

Zu a): Die Dichten der Komponenten im Normzustand enthält T 1.5. Mit Gl 6.23 a folgt:

$$\varrho_{n\,Mi} = r_a\, \varrho_{na} + r_b\, \varrho_{nb} + r_c\, \varrho_{nc}$$

$$\varrho_{n\,Mi} = 0{,}6 \cdot 1{,}2929\,\frac{\text{kg}}{\text{m}^3} + 0{,}2 \cdot 1{,}2506\,\frac{\text{kg}}{\text{m}^3} + 0{,}2 \cdot 0{,}0899\,\frac{\text{kg}}{\text{m}^3} = \underline{1{,}043\,84\,\frac{\text{kg}}{\text{m}^3}}$$

Zu b): Mit Gl 6.26 und den molaren Massen in T 1.5 folgt:

$$\frac{1}{M_{Mi}} = \frac{1}{\varrho_{n\,Mi}}\left(r_a\,\frac{\varrho_{na}}{M_a} + r_b\,\frac{\varrho_{nb}}{M_b} + r_c\,\frac{\varrho_{nc}}{M_c}\right)$$

$$\frac{1}{M_{Mi}} = \frac{1}{1{,}043\,84\,\frac{\text{kg}}{\text{m}^3}}\left(0{,}6\,\frac{1{,}2929\,\frac{\text{kg}}{\text{m}^3}}{28{,}9655\,\frac{\text{kg}}{\text{kmol}}} + 0{,}2\,\frac{1{,}2506\,\frac{\text{kg}}{\text{m}^3}}{28{,}0101\,\frac{\text{kg}}{\text{kmol}}} + 0{,}2\,\frac{0{,}0899\,\frac{\text{kg}}{\text{m}^3}}{2{,}0159\,\frac{\text{kg}}{\text{kmol}}}\right)$$

$$M_{Mi} = 23{,}389\,\frac{\text{kg}}{\text{kmol}}$$

Setzt man näherungsweise die Raumanteile gleich den Stoffmengenanteilen ($y_i = r_i$), so erhält man nach Gl 6.10 (mit guter Näherung):

$$M_{Mi} = M_a\, y_a + M_b\, y_b + M_c\, y_c$$

$$M_{\text{Mi}} = 28{,}9655\ \frac{\text{kg}}{\text{kmol}}\ 0{,}6 + 28{,}0101\ \frac{\text{kg}}{\text{kmol}}\ 0{,}2 + 2{,}0159\ \frac{\text{kg}}{\text{kmol}}\ 0{,}2$$

$$\underline{M_{\text{Mi}} = 23{,}383\ \frac{\text{kg}}{\text{kmol}}}$$

Zu c): Die Massenanteile folgen aus Gl 6.24, beispielsweise für die Komponente a:

$$\mu_{\text{a}} = r_{\text{a}}\ \frac{\varrho_{\text{na}}}{\varrho_{\text{n Mi}}}$$

$$\mu_{\text{a}} = 0{,}6\ \frac{1{,}2929\ \text{kg/m}^3}{1{,}043\,84\ \text{kg/m}^3} = 0{,}7432 \mathrel{\widehat{=}} \underline{74{,}32\ \text{Massen-\%}}$$

$$\mu_{\text{b}} = 0{,}2\ \frac{1{,}2506\ \text{kg/m}^3}{1{,}043\,84\ \text{kg/m}^3} = 0{,}2396 \mathrel{\widehat{=}} \underline{23{,}96\ \text{Massen-\%}}$$

$$\mu_{\text{c}} = 0{,}2\ \frac{0{,}0899\ \text{kg/m}^3}{1{,}043\,84\ \text{kg/m}^3} = 0{,}0172 \mathrel{\widehat{=}} \underline{1{,}72\ \text{Massen-\%}}$$

Zu d): Mit Gl 6.31 und den spezifischen Wärmekapazitäten der Komponenten im Normzustand in T 1.5 folgt:

$$c_{p\,\text{Mi}} = \mu_{\text{a}}\, c_{p\text{a}} + \mu_{\text{b}}\, c_{p\text{b}} + \mu_{\text{c}}\, c_{p\text{c}}$$

$$c_{p\,\text{Mi}} = (0{,}7432 \cdot 1{,}0043 + 0{,}2396 \cdot 1{,}0403 + 0{,}0172 \cdot 14{,}2003)\ \frac{\text{kJ}}{\text{kg K}}$$

$$\underline{c_{p\,\text{Mi}} = 1{,}240\ \frac{\text{kJ}}{\text{kg K}}}$$

Beispiel 6.6: Für feuchte Luft mit 1 Massen-% Wasserdampf bestimme man im idealen Gaszustand die spezifische Enthalpie bei 100 °C. Hierbei sollen die Enthalpienullpunkte

a) für Wasserdampf (a) und Luft (b),

b) für Wasser (a) und Luft (b)

bei $t_{\text{n}} = 0\ ^\circ\text{C}$ festgelegt werden.

Lösung:

Zu a): Zunächst berechnen wir mit Gl 2.45 und c_{pm} nach T 2.5 die Enthalpien der Komponenten:

$$h_{\text{a}} = h_{\text{na}} + c_{p\text{ma}}\,(t - t_{\text{n}})$$

$$h_{\text{a}} = 0 + 1{,}871\ \frac{\text{kJ}}{\text{kg K}}\ (100 - 0)\ \text{K} = 187{,}1\ \frac{\text{kJ}}{\text{kg}}$$

$$h_{\text{b}} = 0 + 1{,}006\ \frac{\text{kJ}}{\text{kg K}}\ (100 - 0)\ \text{K} = 100{,}6\ \frac{\text{kJ}}{\text{kg}}$$

Mit Gl 6.28 b folgt:

$$h_{\text{Mi}} = \mu_{\text{a}}\, h_{\text{a}} + \mu_{\text{b}}\, h_{\text{b}} = (0{,}01 \cdot 187{,}1 + 0{,}99 \cdot 100{,}6)\ \frac{\text{kJ}}{\text{kg}}$$

$$\underline{h_{\text{Mi}} = 101{,}5\ \frac{\text{kJ}}{\text{kg}}}$$

6

Zu b): In der Regel wählt man für Wasserdampf den Enthalpienullpunkt im Zustand „Wasser“ bei $t_n = 0\ °C$. Bei dieser Temperatur beträgt die Verdampfungsenthalpie etwa $r_n \approx 2\,500\ kJ/kg$. Die spezifische Enthalpie des Wasserdampfes bei 100 °C ist (mit h'' nach Gl 5.10):

$$h_a = h''_{na} + c_{pma}\,(t - t_n) = h'_{na} + r_n + c_{pma}\,(t - t_n)$$

$$h_a = 0 + 2\,500\ \frac{kJ}{kg} + 1{,}871\ \frac{kJ}{kg}\ (100 - 0)\ K = 2\,687{,}1\ \frac{kJ}{kg}$$

Mit Gl 6.28 b erhält man jetzt:

$$h_{Mi} = \mu_a\, h_a + \mu_b\, h_b$$

$$h_{Mi} = (0{,}01 \cdot 2\,687{,}1 + 0{,}99 \cdot 100{,}6)\frac{kJ}{kg} = \underline{126{,}5\frac{kJ}{kg}}$$

Aufgabe 6.4: Ein binäres Flüssigkeitsgemisch aus Ethanol (a) und Wasser (b) enthält 60 Massen-% Ethanol. Bei 20 °C und 1 bar betragen die spezifischen Wärmekapazitäten für Ethanol 2,232 kJ/(kg K) und für Wasser 4,182 kJ/(kg K).

a) Man bestimme den Näherungswert für die spezifische Gemischwärmekapazität.

b) Wie groß ist die relative Abweichung vom Messwert 3,224 kJ/(kg K)?

Mischungsentropie. Jeder reale Mischungsprozess ist irreversibel, denn die Wiederherstellung des unvermischten Zustandes erfordert Arbeit. Somit muss sich die Entropie vermehren. Die Entropie des idealen Gemisches für eine *isotherme und isobare Gemischbildung* ist

$$S_{Mi} = S_a + S_b + S_c + \Delta S_{Mi} \tag{Gl 6.32}$$

Die Entropieerzeugung durch Mischung[1)] nennt man *Mischungsentropie des idealen Gemisches* ΔS_{Mi}. Sie berücksichtigt den irreversiblen Mischungsvorgang.

$$S_{diss\,1\,2,\,Mi} = \Delta S_{Mi} = -R_m\,(n_a \ln y_a + n_b \ln y_b + n_c \ln y_c) \tag{Gl 6.33 a}$$

Mit dem Stoffmengenanteil nach Gl 6.6 ($y_a = n_a/n_{Mi}$) folgt die *molare Mischungsentropie* des idealen Gemisches

$$\Delta S_{m\,Mi} = \frac{\Delta S_{Mi}}{n_{Mi}} = -R_m\,(y_a \ln y_a + y_b \ln y_b + y_c \ln y_c) \tag{Gl 6.33 b}$$

In Gl 6.33 a ersetzen wir die Stoffmengenanteile mit Gl 6.9 ($y_a = \mu_a\, M_{Mi}/M_a$), die Stoffmengen mit Gl 1.19 ($M_a = m_a/n_a$), die allgemeine Gaskonstante mit Gl 1.31 ($R_m = R_a\, M_a$), und erhalten

$$\Delta S_{Mi} = -\left[m_a\, R_a \ln\left(\mu_a\,\frac{M_{Mi}}{M_a}\right) + m_b\, R_b \ln\left(\mu_b\,\frac{M_{Mi}}{M_b}\right) + m_c\, R_c \ln\left(\mu_c\,\frac{M_{Mi}}{M_c}\right)\right] \tag{Gl 6.34 a}$$

Mit Gl 6.2 ($m_a = \mu_a\, m_{Mi}$) folgt die *spezifische Mischungsentropie* des idealen Gemisches:

1) Zur Ableitung der Mischungsentropie des idealen Gemisches sei auf die Literatur der Gemisch-Thermodynamik verwiesen [6b]. Die Mischungsentropie wird am Beispiel der Gemische idealer Gase im Abschn. 6.3.3 abgeleitet.

$$\Delta s_{\text{Mi}} = \frac{\Delta S_{\text{Mi}}}{m_{\text{Mi}}} = -\left[\mu_{\text{a}}\, R_{\text{a}} \ln\left(\mu_{\text{a}} \frac{M_{\text{Mi}}}{M_{\text{a}}}\right) + \mu_{\text{b}}\, R_{\text{b}} \ln\left(\mu_{\text{b}} \frac{M_{\text{Mi}}}{M_{\text{b}}}\right) + \mu_{\text{c}}\, R_{\text{c}} \ln\left(\mu_{\text{c}} \frac{M_{\text{Mi}}}{M_{\text{c}}}\right)\right]$$

(Gl 6.34 b)

Beim Mischen von Komponenten mit unterschiedlichen Temperaturen tritt zusätzlich eine Entropieerzeugung durch den Temperaturausgleich $\Delta S_{\text{Mi},T}$ auf (s. Beisp. 6.7).

Beispiel 6.7: In einem Mischer, vergleichbar zum B 3.45, werden die Flüssigkeiten Benzol (a) und Aceton (b) von jeweils 0,1 kg/s adiabat und isobar gemischt. Die Temperatur von Benzol ist 50 °C, die von Aceton 20 °C. Die molaren Massen und die konstant angenommenen spezifischen Wärmekapazitäten sind für Benzol 78,11 kg/kmol und 1,77 kJ/(kg K), für Aceton 58,08 kg/kmol und 2,2 kJ/(kg K). Das gebildete Gemisch sei ideal. Die potenzielle und kinetische Energie der Flüssigkeitsströme sollen sich nicht ändern, und die Flüssigkeitsdichten seien konstant. Man bestimme

a) die Temperatur des Gemisches in °C und K,

b) die molare Masse des Gemisches,

c) den erzeugten Entropiestrom (Entropieerzeugungsrate).

Lösung:

Zu a): Die Gemischtemperatur ist mit Gl 3.103 a

$$t_{\text{Mi}} = \frac{\dot{m}_{\text{a}}\, c_{p\text{a}}\, t_{\text{a}} + \dot{m}_{\text{b}}\, c_{p\text{b}}\, t_{\text{b}}}{\dot{m}_{\text{a}}\, c_{p\text{a}} + \dot{m}_{\text{b}}\, c_{p\text{b}}}$$

$$t_{\text{Mi}} = \frac{0{,}1\,\frac{\text{kg}}{\text{s}}\,1{,}77\,\frac{\text{kJ}}{\text{kg K}}\,50\,{}^\circ\text{C} + 0{,}1\,\frac{\text{kg}}{\text{s}}\,2{,}2\,\frac{\text{kJ}}{\text{kg K}}\,20\,{}^\circ\text{C}}{0{,}1\,\frac{\text{kg}}{\text{s}}\,1{,}77\,\frac{\text{kJ}}{\text{kg K}} + 0{,}1\,\frac{\text{kg}}{\text{s}}\,2{,}2\,\frac{\text{kJ}}{\text{kg K}}} = \underline{33{,}37\,{}^\circ\text{C}}$$

$$T_{\text{Mi}} = (33{,}37 + 273{,}15)\ \text{K} = \underline{306{,}52\ \text{K}}$$

Zu b): Aus Gl 6.2 folgen die Massenanteile

$$\mu_{\text{a}} = \frac{\dot{m}_{\text{a}}}{\dot{m}_{\text{a}} + \dot{m}_{\text{b}}} = \frac{0{,}1\,\frac{\text{kg}}{\text{s}}}{0{,}1\,\frac{\text{kg}}{\text{s}} + 0{,}1\,\frac{\text{kg}}{\text{s}}} = 0{,}5, \qquad \mu_{\text{b}} = 1 - \mu_{\text{a}} = 1 - 0{,}5 = 0{,}5$$

Mit Gl 6.11 ist die molare Masse des Gemisches

$$\frac{1}{M_{\text{Mi}}} = \frac{\mu_{\text{a}}}{M_{\text{a}}} + \frac{\mu_{\text{b}}}{M_{\text{b}}}$$

$$\frac{1}{M_{\text{Mi}}} = \frac{0{,}5}{78{,}11\,\frac{\text{kg}}{\text{kmol}}} + \frac{0{,}5}{58{,}08\,\frac{\text{kg}}{\text{kmol}}}$$

$$M_{\text{Mi}} = \underline{66{,}62\,\frac{\text{kg}}{\text{kmol}}}$$

Zu c): Der Entropiestrom erhöht sich einerseits durch den Temperaturausgleich (Gl 3.104)

$$\Delta\dot{S}_{\text{Mi},T} = \dot{m}_{\text{a}}\, c_{p\text{a}} \ln\frac{T_{\text{Mi}}}{T_{\text{a}}} + \dot{m}_{\text{b}}\, c_{p\text{b}} \ln\frac{T_{\text{Mi}}}{T_{\text{b}}}$$

andererseits durch den Stoffausgleich (Gl 6.34 a)

6

$$\Delta\dot{S}_{Mi} = -\left[\dot{m}_a R_a \ln\left(\mu_a \frac{M_{Mi}}{M_a}\right) + \dot{m}_b R_b \ln\left(\mu_b \frac{M_{Mi}}{M_b}\right)\right]$$

Wir erhalten für den Temperaturausgleich

$$\Delta\dot{S}_{Mi,T} = 0{,}1\,\frac{kg}{s}\,1{,}77\,\frac{kJ}{kg\,K}\ln\frac{306{,}52\,K}{323{,}15\,K} + 0{,}1\,\frac{kg}{s}\,2{,}2\,\frac{kJ}{kg\,K}\ln\frac{306{,}52\,K}{293{,}15\,K} = 0{,}47\,\frac{W}{K}$$

und für den Stoffausgleich mit $R_a = R_m/M_a$

$$\Delta\dot{S}_{Mi} = -8{,}3145\,\frac{kJ}{kmol\,K}\left[\frac{0{,}1\,\frac{kg}{s}}{78{,}11\,\frac{kg}{kmol}}\ln\left(0{,}5\frac{66{,}62\,\frac{kg}{kmol}}{78{,}11\,\frac{kg}{kmol}}\right) + \frac{0{,}1\,\frac{kg}{s}}{58{,}08\,\frac{kg}{kmol}}\ln\left(0{,}5\frac{66{,}62\,\frac{kg}{kmol}}{58{,}08\,\frac{kg}{kmol}}\right)\right]$$

$$\Delta\dot{S}_{Mi} = 17{,}03\,\frac{W}{K}$$

Die gesamte Zunahme des Entropiestroms (Entropieerzeugungsrate) ist

$$\dot{S}_{diss\,12,ges} = \Delta\dot{S}_{Mi\,ges} = \Delta\dot{S}_{Mi,T} + \Delta\dot{S}_{Mi} = (0{,}47 + 17{,}03)\,\frac{W}{K} = \underline{17{,}50\,\frac{W}{K}}$$

Aufgabe 6.5: Für eine Verbrennungsreaktion werden 34,3 kmol/h trockene Luft (a) von 25 °C und 3,6 kmol/h Methan (b) von 12 °C isobar und adiabat gemischt. Luft und Methan sollen als ideales Gas angenommen werden. Für die molare Wärmekapazität soll näherungsweise der Wert bei 0 °C verwendet werden. Man bestimme

a) die Gemischtemperatur,

b) die molare Änderung der Entropie (molare Entropieerzeugung),

c) die Änderung des Entropiestroms (Entropieerzeugungsrate).

6.3 Gemisch idealer Gase

Gemische idealer Gase folgen dem Gesetz von Amagat (Gl 6.15) und gehorchen somit, wie ihre Komponenten, der *thermischen Zustandsgleichung idealer Gase,* wie im Abschn. 6.3.1 nachgewiesen wird. Daraus ergeben sich einfache Zusammenhänge für die Berechnung von Gasgemischen.

6.3.1 Thermische Zustandsgleichung

Wir ersetzen in Gl 6.15 ($V_{Mi} = V_a + V_b + V_c$) die Einzelvolumen durch die thermische Zustandsgleichung idealer Gase nach Gl 1.16, beispielsweise

$$V_a = m_a \frac{R_a T}{p} \tag{Gl 1.16}$$

und erhalten für das isotherm und isobar gebildete Gemischvolumen (B 6.1)

$$V_{Mi} = (m_a R_a + m_b R_b + m_c R_c)\frac{T}{p} = m_{Mi}(\mu_a R_a + \mu_b R_b + \mu_c R_c)\frac{T}{p}$$

Mit Gl 1.31 ($R_a = R_m/M_a$) und $\dfrac{1}{M_{Mi}} = \dfrac{\mu_a}{M_a} + \dfrac{\mu_b}{M_b} + \dfrac{\mu_c}{M_c}$ (Gl 6.11) folgt für das Gemischvolumen

$$V_{Mi} = m_{Mi} R_m \left(\frac{\mu_a}{M_a} + \frac{\mu_b}{M_b} + \frac{\mu_c}{M_c}\right)\frac{T}{p} = m_{Mi}\frac{R_m T}{M_{Mi}\,p}$$

Die thermische Zustandsgleichung des Gemisches idealer Gase lautet somit für die Gemischmasse m_{Mi}

$$p V_{Mi} = m_{Mi} R_{Mi} T \quad \textit{für ideales Gas} \qquad \textbf{(Gl 6.35 a)}$$

bzw. für die Stoffmenge des Gemisches n_{Mi}

$$p V_{Mi} = n_{Mi} R_m T \qquad \textbf{(Gl 6.35 b)}$$

Ideale Gase und das Gemisch idealer Gase werden durch dieselbe thermische Zustandsgleichung beschrieben. Mit der Definition des spezifischen Volumens $v_{Mi} = V_{Mi}/m_{Mi}$ (Gl 1.1) gilt

$$p v_{Mi} = R_{Mi} T \qquad \textbf{(Gl 6.36)}$$

6

In den Gln 6.35 a und 6.36 ist $R_{Mi} = R_m/M_{Mi}$ die spezielle Gaskonstante des Gemisches. Mit Gl 6.11 gilt

$$R_{Mi} = \frac{R_m}{M_{Mi}} = R_m\left(\frac{\mu_a}{M_a} + \frac{\mu_b}{M_b} + \frac{\mu_c}{M_c}\right) \qquad \textbf{(Gl 6.37)}$$

bzw. mit $R_a = R_m/M_a$

$$R_{Mi} = \frac{R_m}{M_{Mi}} = \mu_a R_a + \mu_b R_b + \mu_c R_c \quad \textit{für ideales Gas} \qquad \textbf{(Gl 6.38)}$$

6.3.2 Partialdruck (Gesetz von Dalton)

Wir wollen die *isotherme und isobare* Gemischbildung (B 6.1) am Beispiel idealer Gase genauer betrachten. Vor der Gemischbildung herrscht in allen Gefäßen der gemeinsame Druck p. Nach Ziehen der Schieber bleibt dieser Druck unverändert, für das Gemischvolumen gilt $V_{Mi} = V_a + V_b + V_c$. Der unveränderte Druck wird jetzt jedoch durch die Summe der Stoffmengen n_a, n_b und n_c hervorgerufen. Mit der thermischen Zustandsgleichung für das Gemisch nach Gl 6.35 b

$$p = n_{Mi}\frac{R_m T}{V_{Mi}} = (n_a + n_b + n_c)\frac{R_m T}{V_{Mi}} \qquad \textbf{(Gl 6.39)}$$

lässt sich dieser Druck als Summe der *Partialdrücke des Gasgemisches*

$$p_a^* = n_a\frac{R_m T}{V_{Mi}}; \qquad p_b^* = n_b\frac{R_m T}{V_{Mi}}; \qquad p_c^* = n_c\frac{R_m T}{V_{Mi}} \qquad \textbf{(Gl 6.40)}$$

mit

$$p = p_a^* + p_b^* + p_c^* \quad \textit{für ideales Gas} \qquad \textbf{(Gl 6.41)}$$

auffassen, d. h., jede Komponente im Gemisch verhält sich bezüglich des Drucks so, als ob sie allein mit ihrer Stoffmenge im Gemischvolumen vorhanden wäre (*Gesetz von Dalton*[1]).

Wir dividieren die Partialdrücke (Gl 6.40) durch den Gesamtdruck (Gl 6.39)

$$\frac{p_a^*}{p} = \frac{n_a}{n_a + n_b + n_c} = y_a \qquad \textbf{(Gl 6.42)}$$

und erhalten für die Partialdrücke

$$p_a^* = y_a\, p, \qquad p_b^* = y_b\, p, \qquad p_c^* = y_c\, p \qquad \textbf{(Gl 6.43)}$$

6.3.3 Mischungsentropie und Exergie eines Gemisches idealer Gase[2]

Bei einer *isobaren* Gemischbildung (Abschn. 6.3.2) wird jede zu mischende Gaskomponente vom Ausgangsdruck p durch Diffusion *irreversibel* auf ihren Partialdruck gedrosselt, beispielsweise die Komponente a von p auf $p_a^* = y_a\, p$. Für ideale Gase verläuft bei *adiabater Prozessführung* diese Drosselung *isotherm*; dabei wird die reversibel gewinnbare Arbeit (Gl 3.99) dissipiert:

$$W_{\text{diss a, Mi}} = m_a R_a T \ln \frac{p}{p_a^*} = n_a R_m T \ln \frac{p}{p_a^*} = n_a R_m T \ln \frac{1}{y_a}$$

$$W_{\text{diss a, Mi}} = -n_a R_m T \ln y_a \qquad \textbf{(Gl 6.44)}$$

Dieser dissipierten Energie entspricht nach Gl 3.100 die irreversible Entropiezunahme

$$\Delta S_{\text{a, Mi}} = \frac{W_{\text{diss a, Mi}}}{T} = -n_a R_m \ln y_a \qquad \textbf{(Gl 6.45)}$$

für die *isotherm und isobar* gemischte Komponente a.

Wir berücksichtigen die übrigen Komponenten und erhalten die Entropieerzeugung durch Mischung $S_{\text{diss 12, Mi}}$, die *Mischungsentropie*

$$S_{\text{diss 12, Mi}} = \Delta S_{\text{Mi}} = -R_m \left(n_a \ln y_a + n_b \ln y_b + n_c \ln y_c\right) \qquad \text{(Gl 6.33 a)}$$

für eine isotherme und isobare Gemischbildung idealer Gase.

Mit Gl 3.129 lässt sich auch der *Mischungsexergieverlust*

$$E_{v,\text{Mi}} = T_{\text{amb}}\, \Delta S_{\text{Mi}} \qquad \textbf{(Gl 6.46)}$$

als Maß für die Irreversibilität dieser Gemischbildung einführen. Möchte man ein Gemisch idealer Gase, das zuvor mit der Umgebung ins thermische ($T = T_{\text{amb}}$)[3] und mechanische

---

[1] *John Dalton* (1766–1844), englischer Chemiker, begründete 1808 die chemische Atomtheorie.

[2] Die Ergebnisse dieses Abschn. 6.3.3 lassen sich auf alle idealen Gemische übertragen.

[3] Anstelle des Index b für den Umgebungszustand verwenden wir hier amb, um Verwechslungen mit der Gemischkomponente b zu vermeiden.

$(p = p_{\text{amb}})$ Gleichgewicht gebracht worden ist, in seine Komponenten zerlegen, so ist bei reversibler Prozessführung mindestens dieser Exergieverlust als *Entmischungsarbeit* $W_{\text{t,Mi}}^{\text{rev}}$ aufzuwenden:

$$W_{\text{t,Mi}}^{\text{rev}} = E_{\text{v,Mi}} = T_{\text{amb}}\,\Delta S_{\text{Mi}}$$

Die Entmischungsarbeit dient dazu, die unter ihren Partialdrücken p_{a}^{*}, p_{b}^{*}, p_{c}^{*} vorliegenden Gaskomponenten jeweils isotherm und reversibel auf den Gesamtdruck $p_{\text{amb}} = p_{\text{a}}^{*} + p_{\text{b}}^{*} + p_{\text{c}}^{*}$ zu verdichten.

Die Exergie eines ungemischten Gasstroms, der noch nicht ins thermische und mechanische Gleichgewicht mit der Umgebung überführt worden ist, ist nach Gl 3.110

$$E_{\text{a}} = H_{\text{a}} - H_{\text{a amb}} - T_{\text{amb}}\left(S_{\text{a}} - S_{\text{a amb}}\right)$$

und die Exergie eines ungemischten Gases im geschlossenen System nach Gl 3.115

$$E_{\text{ga}} = U_{\text{a}} - U_{\text{a amb}} - T_{\text{amb}}\left(S_{\text{a}} - S_{\text{a amb}}\right) + p_{\text{amb}}\left(V_{\text{a}} - V_{\text{a amb}}\right).$$

Mit dem Exergieverlust nach Gl 6.46 erhalten wir schließlich die *Exergie des Gemisches idealer Gase* bei offenen Systemen

$$E_{\text{Mi}} = E_{\text{a}} + E_{\text{b}} + E_{\text{c}} - E_{\text{v,Mi}}$$

$$E_{\text{Mi}} = E_{\text{a}} + E_{\text{b}} + E_{\text{c}} - T_{\text{amb}}\,\Delta S_{\text{Mi}} \qquad \textbf{(Gl 6.47 a)}$$

oder analog bei geschlossenen Systemen

$$E_{\text{g Mi}} = E_{\text{ga}} + E_{\text{gb}} + E_{\text{gc}} - T_{\text{amb}}\,\Delta S_{\text{Mi}} \qquad \textbf{(Gl 6.47 b)}$$

Nach Abschn. 6.2.4 trifft die Beziehung für die Mischungsentropie (Gl 6.33 a) auf alle idealen Gemische zu, also auch auf diejenigen Flüssigkeiten, die dem Gesetz von Amagat folgen. Wegen der adiabaten Prozessführung – es treten keine Zusatzgrößen auf – gelten die Gln 6.45, 6.46 und 6.47 unverändert auch für ideale Flüssigkeitsgemische.

Die Gln 6.47 sind nicht exakt, denn die Gaskomponenten sind beim Druck p_{amb} gar nicht in der Umgebung ungemischt vorhanden. Abhängig von der Zusammensetzung der Umgebung (*Umgebungsmodell*) lässt sich jedes ungemischte Gas, z. B. Gas a, reversibel unter Nutzung von technischer Arbeit von p_{amb} auf den Umgebungspartialdruck $(p_{\text{a}}^{*})_{\text{amb}}$ expandieren, d. h., das ungemischte Gas besitzt bei T_{amb} und p_{amb} abweichend zu Gl 3.110 bzw. Gl 3.115 die zusätzliche Exergie

$$\Delta E_{\text{a}} = n_{\text{a}}\,R_{\text{m}}\,T_{\text{amb}} \ln\left(\frac{p_{\text{amb}}}{(p_{\text{a}}^{*})_{\text{amb}}}\right)$$

$$\Delta E_{\text{a}} = -n_{\text{a}}\,R_{\text{m}}\,T_{\text{amb}} \ln\left(y_{\text{a}}\right)_{\text{amb}} \qquad \textbf{(Gl 6.48)}$$

Nach Festlegung des Umgebungsmodells können die Gln 3.110, 3.115 und 6.47 entsprechend korrigiert werden.

6

Beispiel 6.8: Aus trockener Umgebungsluft (Zustand 1) sollen reiner Sauerstoff (a) bei $p_{a2} = 10\,\text{bar}$ und reiner Stickstoff (b) bei $p_{b2} = 2\,\text{bar}$ (Zustand 2) gewonnen werden. Die trockene Luft bestehe aus 21 Mol-% Sauerstoff und 79 Mol-% Stickstoff mit der molaren Masse 28,96 kg/kmol. Der Umgebungszustand liegt bei 20 °C und 1 bar vor. Welche spezifische Mindestarbeit ist zur Trennung erforderlich, wenn sich die kinetische und potenzielle Energie nicht ändern?

Lösung:

Die Mindestarbeit liegt vor, wenn der Trennprozess reversibel verläuft, also kein Exergieverlust auftritt. Die Exergiebilanz (zugeführte Exergieströme = abgeführte Exergieströme) liefert nach Gl 3.128 (mit $E_{v12} = 0$, $W_{diss12} = 0$, $E_{q12} = 0$, $E^* = E$ sowie $E_2 = E_{a2} + E_{b2}$) die Mindestleistung:

$$\dot{W}_{t12}^{rev} + \dot{E}_1 = \dot{E}_{a2} + \dot{E}_{b2}$$

$$\dot{W}_{t12}^{rev} = \dot{E}_{a2} + \dot{E}_{b2} - \dot{E}_1$$

Der Exergiestrom des trockenen Luftgemisches (Zustand 1) beträgt nach Gl 6.47 a mit Gl 3.110 im Umgebungszustand

$$\dot{E}_1 = \dot{E}_{Mi} = -T_{amb}\,\Delta\dot{S}_{Mi} = -T_{amb}\,\dot{n}_{Mi}\,\Delta S_{m\,Mi}$$

da thermisches und mechanisches Gleichgewicht vorliegt.[1] Mit Gl 3.77, $m_a = n_a\,M_a$ und $R_a = R_m/M_a$ sind bei T_{amb} die Exergieströme der entmischten Gase

$$\dot{E}_{a2} = \dot{n}_a\,R_m\,T_{amb}\,\ln\frac{p_{a2}}{p_{amb}} \qquad \dot{E}_{b2} = \dot{n}_b\,R_m\,T_{amb}\,\ln\frac{p_{b2}}{p_{amb}}$$

Wir erhalten für die Mindestleistung

$$\dot{W}_{t12}^{rev} = R_m\,T_{amb}\left(\dot{n}_a\ln\frac{p_{a2}}{p_{amb}} + \dot{n}_b\ln\frac{p_{b2}}{p_{amb}}\right) + \dot{n}_{Mi}\,T_{amb}\,\Delta S_{m\,Mi}$$

Mit Gl 6.33 b, Gl 6.6 ($y_a = n_a/n_{Mi}$) und Gl 6.8 ($m_{Mi} = n_{Mi}\,M_{Mi}$) folgt die spezifische Mindestarbeit

$$w_{t12}^{rev} = \frac{\dot{W}_{t12}^{rev}}{\dot{m}_{Mi}} = \frac{\dot{W}_{t12}^{rev}}{\dot{n}_{Mi}\,M_{Mi}} = \frac{R_m\,T_{amb}}{M_{Mi}}\left[y_a\left(\ln\frac{p_{a2}}{p_{amb}} - \ln y_a\right) + y_b\left(\ln\frac{p_{b2}}{p_{amb}} - \ln y_b\right)\right]$$

$$w_{t12}^{rev} = \frac{8{,}3145\,\frac{\text{kJ}}{\text{kmol K}}\,293{,}15\,\text{K}}{28{,}96\,\frac{\text{kg}}{\text{kmol}}}\left[0{,}21\left(\ln\frac{10\,\text{bar}}{1\,\text{bar}} - \ln 0{,}21\right) + 0{,}79\left(\ln\frac{2\,\text{bar}}{1\,\text{bar}} - \ln 0{,}79\right)\right]$$

$$\underline{w_{t12}^{rev} = 130\,\frac{\text{kJ}}{\text{kg}}}$$

Aufgabe 6.6: Durch Verbrennung von Kohle entsteht Abgas mit 29,5 Massen-% Kohlenstoffdioxid (a) und 70,5 Massen-% Stickstoff (b). Die molaren Massen und die konstant angenommenen spezifischen Wärmekapazitäten betragen für Kohlenstoffdioxid 44,01 kg/kmol und 0,87 kJ/(kg K), für Stickstoff 28,01 kg/kmol und 1,04 kJ/(kg K). In der Umgebung werden 20 °C und 1 bar gemessen. Das Abgas soll reversibel und adiabat getrennt werden, wobei die getrennten Komponenten die Temperatur und den Druck der Umgebung (Zustand 2) haben sollen. Welche spezifische Mindestarbeit ist zur Trennung erforderlich, wenn im Zustand 1 das Abgas bei

a) T_{amb} und p_{amb},

b) 100 °C und p_{amb}

vorliegt?

---

[1] Es liegt auch stoffliches Gleichgewicht vor, sodass strenggenommen $\dot{E}_1 = \dot{E}_{Mi} = 0$ gilt; dann müssen jedoch die Exergien der reinen Gase E_{a2} und E_{b2} (Gl 3.110) konsequent um ΔE_{a2} und ΔE_{b2} (Gl 6.48) korrigiert werden, beispielsweise $\Delta E_{a2} = -n_a\,R_m\,T_{amb}\,\ln(y_a)_{amb}$. Die zuzuführende spezifische Mindestarbeit ändert sich nicht.

6.3.4 Zusammensetzung von Gemischen idealer Gase

Bei Gemischen idealer Gase sind die Zusammenhänge zwischen Raum- und Stoffmengenanteilen, Gemischdichte und Beladung einfach darstellbar.

Raum- und Stoffmengenanteile. Zunächst wollen wir die Übereinstimmung von Raum- und Stoffmengenanteil für ein Gemisch idealer Gase nachweisen, wobei wir auf Gl 6.25 zurückgreifen. Mit Gl 6.17 ($\varrho_{Mi} = m_{Mi}/V_{Mi}$) und Gl 6.35 a ($V_{Mi} = m_{Mi}\,R_{Mi}\,T/p$; ideales Gas) ist die Gemischdichte

$$\varrho_{Mi} = \frac{m_{Mi}}{V_{Mi}} = \frac{p}{R_{Mi}\,T} \quad \textit{für ideales Gas} \qquad \textbf{(Gl 6.49 a)}$$

und analog die Dichte der Komponente a

$$\varrho_a = \frac{m_a}{V_a} = \frac{p}{R_a\,T} \qquad \textbf{(Gl 6.49 b)}$$

Aus Gl 6.25

$$\frac{\varrho_{Mi}}{\varrho_a} = \frac{r_a}{y_a}\,\frac{M_{Mi}}{M_a}$$

folgt mit Gl 1.31 ($R_m = R_a\,M_a = R_{Mi}\,M_{Mi}$)

$$r_a = y_a\,\frac{\varrho_{Mi}}{\varrho_a}\,\frac{M_a}{M_{Mi}} = y_a\,\frac{R_a\,M_a}{R_{Mi}\,M_{Mi}} = y_a\,\frac{R_m}{R_m}$$

$$r_a = y_a \qquad \textbf{(Gl 6.50)}$$

Raum- und Stoffmengenanteile stimmen bei Gemischen idealer Gase überein.

Gemischdichte. Für die Partialdichte (Massenkonzentration) nach Gl 6.20

$$\varrho_a^* = \frac{m_a}{V_{Mi}} = y_a\,\frac{M_a}{M_{Mi}}\,\varrho_{Mi}$$

erhält man mit Gl 6.49 a zunächst

$$\varrho_a^* = y_a\,\frac{M_a}{M_{Mi}}\,\frac{p}{R_{Mi}\,T} = y_a\,\frac{p}{R_a\,T}$$

und mit dem Partialdruck nach Gl 6.43 ($p_a^* = y_a\,p$)

$$\varrho_a^* = \frac{p_a^*}{R_a\,T}; \qquad \varrho_b^* = \frac{p_b^*}{R_b\,T}; \qquad \varrho_c^* = \frac{p_c^*}{R_c\,T} \qquad \textbf{(Gl 6.51)}$$

Nach Gl 6.19 bildet die Summe der Partialdichten die Gemischdichte

$$\varrho_{Mi} = \varrho_a^* + \varrho_b^* + \varrho_c^*$$

also

$$\varrho_{Mi} = \frac{p_a^*}{R_a\,T} + \frac{p_b^*}{R_b\,T} + \frac{p_c^*}{R_c\,T} \quad \textit{für ideales Gas} \qquad \textbf{(Gl 6.52)}$$

6

Beladung. Die Beladung eines binären Gemisches idealer Gase (Gl 6.14)

$$x = \frac{m_a}{m_b} = \frac{M_a}{M_b} \frac{y_a}{1 - y_a}$$

lässt sich nach Erweiterung mit dem Gemischdruck p durch den Partialdruck ($p_a^* = y_a\, p$) ausdrücken:

$$x = \frac{m_a}{m_b} = \frac{M_a}{M_b} \frac{y_a\, p}{p - y_a\, p} = \frac{M_a}{M_b} \frac{p_a^*}{p - p_a^*} \quad \textit{für ideales Gas} \qquad \textbf{(Gl 6.53)}$$

Beispiel 6.9: Ein adiabater Behälter (geschlossenes System) ist in zwei Kammern aufgeteilt. Die eine enthält 6 kg Wasserstoff (a) der molaren Masse 2 kg/kmol bei 25 °C und 1 bar, die andere 28 kg Stickstoff (b) der molaren Masse 28 kg/kmol bei 25 °C und 3 bar (Zustand 1). Der Umgebungszustand sei 25 °C und 1 bar. Nach Entfernung der Trennwand vermischen sich die Gase und bilden ein Gemisch idealer Gase (Zustand 2). Man bestimme:

a) die Zustandsgrößen Temperatur, Druck und Stoffmengenanteile,

b) die irreversible Entropiezunahme,

c) den Exergieverlust,

d) die Partialdichten der Komponenten

nach der Gemischbildung.

Lösung:

Zu a): Die innere Energie U idealer Gase hängt nur von der Temperatur T ab. Da weder Arbeit noch Wärme an den Behälter übertragen werden, ist die Energiebilanz nach Gl 2.9

$$U_2 - U_1 = 0$$

Man erhält mit Gl 6.28 a, angewendet auf die innere Energie,

$$m_a\, c_{v\,a}\, T_2 + m_b\, c_{v\,b}\, T_2 - m_a\, c_{v\,a}\, T_{a\,1} - m_b\, c_{v\,b}\, T_{b\,1} = 0$$

Nach Aufgabenstellung ist im Anfangszustand $T_{a\,1} = T_{b\,1}$, folglich kann keine Temperaturänderung auftreten. Die Zustandsänderung ist isotherm, d. h.

$$T = T_2 = \underline{T_{a\,1} = T_{b\,1}}$$

Den Gemischdruck p_2 bestimmen wir mit der thermischen Zustandsgleichung. Das konstante Behältervolumen ist im Zustand 1

$$V = V_{a\,1} + V_{b\,1} = n_a \frac{R_m\, T}{p_{a\,1}} + n_b \frac{R_m\, T}{p_{b\,1}} = R_m\, T \left(\frac{n_a}{p_{a\,1}} + \frac{n_b}{p_{b\,1}} \right)$$

Eingesetzt in die thermische Zustandsgleichung des Gemisches (Gl 6.35 b) folgt

$$p_2 = (n_a + n_b) \frac{R_m\, T}{V} = \frac{n_a + n_b}{\dfrac{n_a}{p_{a\,1}} + \dfrac{n_b}{p_{b\,1}}}$$

Die Stoffmengen sind (Gl 6.4)

$$n_a = \frac{m_a}{M_a} = \frac{6\,\text{kg}}{2\,\dfrac{\text{kg}}{\text{kmol}}} = 3\,\text{kmol}, \qquad n_b = \frac{m_b}{M_b} = \frac{28\,\text{kg}}{28\,\dfrac{\text{kg}}{\text{kmol}}} = 1\,\text{kmol}$$

Wir erhalten für den Gemischdruck

$$p_2 = \frac{(3+1)\,\text{kmol}}{\dfrac{1\,\text{kmol}}{3\,\text{bar}} + \dfrac{3\,\text{kmol}}{1\,\text{bar}}} = \underline{1{,}2\,\text{bar}}$$

Die Stoffmengenanteile sind (Gl 6.6)

$$y_\text{a} = \frac{n_\text{a}}{n_\text{a} + n_\text{b}} = \frac{3\,\text{kmol}}{(1+3)\,\text{kmol}} = \underline{0{,}75}, \qquad y_\text{b} = 1 - y_\text{a} = 1 - 0{,}75 = \underline{0{,}25}$$

Zu b): Die irreversible Entropiezunahme beruht einerseits auf dem isothermen Druckausgleich[1] (gedankliche Vorstellung: verschiebbare und wärmedurchlässige Trennwand) und andererseits auf der isothermen und isobaren Gemischbildung (Stoffausgleich durch Entfernung der Trennwand). Mit der Entropiebilanz

$$\Delta S_\text{Mi ges} = S_2 - S_1$$

und Gl 6.32 erhalten wir

$$\Delta S_\text{Mi ges} = S_{\text{a}\,2} - S_{\text{a}\,1} + S_{\text{b}\,2} - S_{\text{b}\,1} + \Delta S_\text{Mi}$$

Durch den irreversiblen isothermen Druckausgleich ist die Entropiezunahme der Komponente a mit Gl 3.41

$$S_{\text{a}\,2} - S_{\text{a}\,1} = m_\text{a}\,R_\text{a}\,\ln\left(\frac{p_{\text{a}\,1}}{p_2}\right) = n_\text{a}\,R_\text{m}\,\ln\left(\frac{p_{\text{a}\,1}}{p_2}\right)$$

Wir berücksichtigen die Komponente b und erhalten für die gesamte Entropiezunahme

$$\Delta S_\text{Mi ges} = n_\text{Mi}\,R_\text{m}\left[y_\text{a}\ln\left(\frac{p_{\text{a}\,1}}{p_2}\right) + y_\text{b}\ln\left(\frac{p_{\text{b}\,1}}{p_2}\right)\right] + \Delta S_\text{Mi}$$

bzw. mit Gl 6.33 a

$$\Delta S_\text{Mi ges} = n_\text{Mi}\,R_\text{m}\left(y_\text{a}\left[\ln\left(\frac{p_{\text{a}\,1}}{p_2}\right) - \ln y_\text{a}\right] + y_\text{b}\left[\ln\left(\frac{p_{\text{b}\,1}}{p_2}\right) - \ln y_\text{b}\right]\right)$$

Mit $n_\text{Mi} = n_\text{a} + n_\text{b} = (3+1)\,\text{kmol} = 4\,\text{kmol}$ folgt

$$\Delta S_\text{Mi ges} = 4\,\text{kmol}\;8{,}3145\,\frac{\text{kJ}}{\text{kmol K}}\left(0{,}75\left[\ln\left(\frac{1\,\text{bar}}{1{,}2\,\text{bar}}\right) - \ln 0{,}75\right] + 0{,}25\left[\ln\left(\frac{3\,\text{bar}}{1{,}2\,\text{bar}}\right) - \ln 0{,}25\right]\right)$$

$$\Delta S_\text{Mi ges} = \underline{21{,}77\,\frac{\text{kJ}}{\text{K}}}$$

Zu c): Der Exergieverlust des adiabaten Systems ist mit Gl 3.129

$$E_\text{v, Mi ges} = T_\text{amb}\,\Delta S_\text{Mi ges} = 298{,}15\,\text{K}\;21{,}77\,\frac{\text{kJ}}{\text{K}} = \underline{6\,492\,\text{kJ}}$$

Zu d): Nach Gl 6.51 sind die Partialdichten im Zustand 2

$$\overset{*}{\varrho}_{\text{a}\,2} = \frac{\overset{*}{p}_{\text{a}\,2}}{R_\text{a}\,T} = \frac{y_\text{a}\,p_2}{R_\text{a}\,T} = \frac{y_\text{a}\,p_2}{\dfrac{R_\text{m}}{M_\text{a}}\,T}$$

---

[1] Genauer betrachtet überlagern sich Druck- und Temperaturausgleich. Im denkbaren Grenzfall des reversiblen und adiabaten Druckausgleichs (verschiebbarer Kolben als diatherme Trennwand) wird die Entropieerzeugung nur durch den Temperaturausgleich herbeigeführt.

6

$$\varrho^*_{a2} = M_a \frac{y_a p_2}{R_m T}, \qquad \varrho^*_{b2} = M_b \frac{y_b p_2}{R_m T}$$

$$\varrho^*_{a2} = 2 \frac{\text{kg}}{\text{kmol}} \frac{0{,}75 \cdot 1{,}2 \cdot 10^5 \frac{\text{J}}{\text{m}^3}}{8\,314{,}5 \frac{\text{J}}{\text{kmol K}} 298{,}15\ \text{K}} = \underline{0{,}073 \frac{\text{kg}}{\text{m}^3}}$$

$$\varrho^*_{b2} = 28 \frac{\text{kg}}{\text{kmol}} \frac{0{,}25 \cdot 1{,}2 \cdot 10^5 \frac{\text{J}}{\text{m}^3}}{8\,314{,}5 \frac{\text{J}}{\text{kmol K}} 298{,}15\ \text{K}} = \underline{0{,}339 \frac{\text{kg}}{\text{m}^3}}$$

Aufgabe 6.7: Welche Mindestleistung ist erforderlich, um den unvermischten Ursprungszustand im Bsp. 6.7 wieder herbeizuführen? Die Umgebungstemperatur sei 20 °C.

6.4 Gas-Dampf-Gemisch; Feuchte Luft

Ein Gas-Gemisch, in dem eine Komponente kondensieren[1)] kann, bezeichnet man als *Gas-Dampf-Gemisch.* Die Komponente, die sich im betrachteten Druck- und Temperaturbereich kondensieren lässt, nennt man *Dampf.* Die übrigen Komponenten bleiben in ihrer Menge unverändert und werden als Komponentengruppe *Gas* zusammengefasst.

Bei geringen Drücken können Gas und Dampf als ein Gemisch idealer Gase behandelt werden. Für das Gas-Dampf-Gemisch gelten dann die Gesetzmäßigkeiten der Abschn. 6.1 bis 6.3. Von besonderer Bedeutung ist das Gesetz von Dalton.

6.4.1 Sättigungszustand, Taupunkt

Da sich nicht beliebige Dampfmengen mit dem nichtkondensierenden Gas mischen, sind drei Zustände zu unterscheiden:

Ungesättigter Zustand. Es liegt nur die Gasphase, nämlich das Gas-Dampf-Gemisch, vor. Der Partialdruck des Dampfes p^*_d ist kleiner als der Sättigungsdruck p^*_s. Mit dem Partialdruck des Gases p^*_g ergibt sich der Gesamtdruck $p = p^*_g + p^*_d$.

Gesättigter Zustand. In dem Gas-Dampf-Gemisch beginnt die Kondensatbildung. Der Partialdruck des Dampfes ist gleich dem Sättigungsdruck: $p^*_d = p^*_s$. Der Gesamtdruck ist $p = p^*_g + p^*_s$. Der Sättigungsdruck p^*_s der kondensierbaren Komponente weicht von dem Dampfdruck p_s dieses Stoffes im ungemischten System (Einkomponentensystem) nur geringfügig ab. Bei H_2O ist z. B. bei 1 bar Dampfdruck p^*_s um weniger als 1 ‰ höher als p_s. Wir setzen daher $p^*_s = p_s$ (T 5.4 und **T 6.1**).[2)]

Übersättigter Zustand.[3)] Es liegen Gas- und Kondensatphase vor, wobei die Gasphase (das Gas-Dampf-Gemisch) gesättigt ist. Für die Gasphase gelten die Beziehungen des gesättigten Zustandes.

[1)] Für die Kondensation (gasförmige → flüssige Phase) und die Desublimation (gasförmige → feste Phase) verwenden wir hier einheitlich den Begriff Kondensation.

[2)] Korrekturgleichungen für p^*_s findet man in [1; Kap. 5.3.1].

[3)] Der Begriff „*über*sättigter Zustand" ist i. Allg. nur bei feuchter Luft gebräuchlich (Abschn. 6.4.2 bis 6.4.7).

T 6.1 Partialdruck des Wasserdampfes und absolute Feuchte (Partialdichte) in gesättigter feuchter Luft und anderen gesättigten Gasen*)

t °C	p_s bar	ϱ_s $\frac{kg}{m^3}$	t °C	p_s bar	ϱ_s $\frac{kg}{m^3}$
−20	0,001 033	0,000 884	26	0,033 637	0,024 404
−18	0,001 249	0,001 061	27	0,035 679	0,025 801
−16	0,001 507	0,001 270	28	0,037 828	0,027 266
−14	0,001 812	0,001 515	29	0,040 089	0,028 802
−12	0,002 173	0,001 804	30	0,042 467	0,030 412
−10	0,002 599	0,002 141	32	0,047 592	0,033 864
−8	0,003 100	0,002 534	34	0,053 247	0,037 647
−6	0,003 687	0,002 992	36	0,059 475	0,041 785
−4	0,004 375	0,003 523	38	0,066 324	0,046 306
−2	0,005 177	0,004 139	40	0,073 844	0,051 237
0	0,006 112	0,004 851	42	0,082 090	0,056 608
1	0,006 571	0,005 196	44	0,091 118	0,062 451
2	0,007 060	0,005 563	46	0,100 988	0,068 797
3	0,007 581	0,005 952	48	0,111 764	0,075 682
4	0,008 135	0,006 365	50	0,123 513	0,083 140
5	0,008 726	0,006 802	52	0,136 305	0,091 210
6	0,009 354	0,007 265	54	0,150 215	0,099 931
7	0,010 021	0,007 756	56	0,165 322	0,109 344
8	0,010 730	0,008 276	58	0,181 704	0,119 492
9	0,011 483	0,008 825	60	0,199 458	0,130 418
10	0,012 282	0,009 407	62	0,218 664	0,142 170
11	0,013 129	0,010 021	64	0,239 421	0,154 795
12	0,014 028	0,010 670	66	0,261 827	0,168 344
13	0,014 981	0,011 355	68	0,285 986	0,182 869
14	0,015 989	0,012 078	70	0,312 006	0,198 423
15	0,017 057	0,012 840	72	0,340 001	0,215 063
16	0,018 188	0,013 644	74	0,370 088	0,232 846
17	0,019 383	0,014 491	76	0,402 389	0,251 832
18	0,020 647	0,015 384	78	0,437 031	0,272 083
19	0,021 982	0,016 324	80	0,474 147	0,293 663
20	0,023 392	0,017 313	90	0,701 824	0,423 882
21	0,024 881	0,018 353	100	1,014 180	0,598 136
22	0,026 452	0,019 447			
23	0,028 109	0,020 596			
24	0,029 856	0,021 804			
25	0,031 697	0,023 073			

*) Als Partialdruck wurde der Dampfdruck p_s des H_2O tabelliert. Bei mäßigem Gesamtdruck, wie er z. B. in Anlagen der Trocknungs- und Klimatechnik vorliegt (um 1 bar), stimmen p_s^* und p_s überein. Drücke für $t = -20$ °C bis -2 °C aus Wagner/Saul/Pruß [31; S. 527, Gl. (6)], Partialdichten aus Wagner/Pruß [32]; Werte für $t = 0$ °C bis 100 °C: Wasserdampftafeln [18]. Drucktafel s. T 5.4.

Taupunkt. Bei isobarer Kühlung eines ungesättigten Gas-Dampf-Gemisches bleibt der Partialdruck p_d^* so lange konstant, bis bei einer bestimmten Temperatur, der Taupunkttemperatur t_τ, $p_d^* = p_s$ ist; das Gemisch ist gesättigt und es beginnt die Kondensatbildung. Man nennt diesen Zustand *Taupunkt* des Gemisches **(B 6.2)**. Bei weiterer isobarer Abkühlung fällt zunehmend Kondensat aus, wobei der Sättigungszustand in der Gasphase erhalten bleibt. Der Partialdruck p_d^* des Dampfes folgt dem geringer werdenden Sättigungsdruck p_s entlang der Dampfdruckkurve.

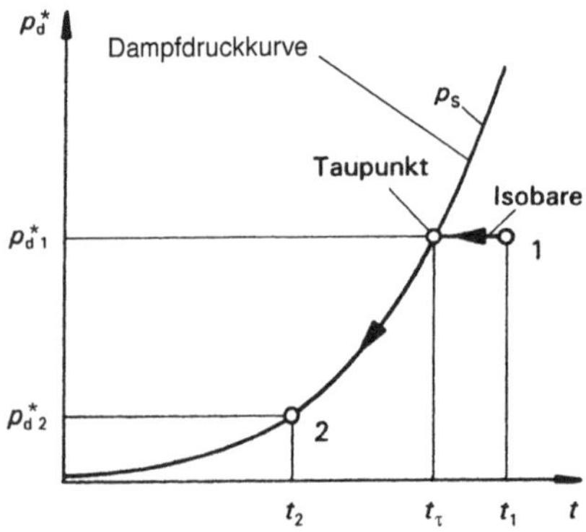

B 6.2 Taupunkt und Taupunkttemperatur t_τ im p_d^*,t-Diagramm

6.4.2 Feuchte Luft als Beispiel eines Gas-Dampf-Gemisches

Beschreibung. *Feuchte Luft* ist ein Gemisch aus trockener Luft und H_2O. *Trockene Luft* setzt sich aus ca. 21 Vol.-% O_2, ca. 78 Vol.-% Stickstoff, ca. 1 Vol.-% Argon, ca. 0,003 Vol.-% CO_2 und weiteren Spurengasen zusammen. H_2O liegt als Wasserdampf, als Wasser oder – unterhalb des Tripelpunktes bei 0,01 °C ≈ 0 °C (T 5.3) – als Eis vor. Wir verwenden folgende Indices: *l* für trockene Luft, d für Dampf, w für Wasser (Nebel), eis für Eis (Eisnebel), kon für Kondensat (Wasser und Eis) und H_2O allgemein für Wasserdampf, Wasser und Eis.

Prozesse mit feuchter Luft finden z. B. in der Meteorologie, in Luftbehandlungsanlagen, in Rückkühlwerken statt. Wie behandeln Luft und Wasserdampf näherungsweise als Gemisch idealer Gase.[1)]

Masse und Volumen. Die *Masse der feuchten Luft* ist (Gl. 6.1):

$$m_{\mathrm{Mi}} = m_l + m_{\mathrm{H_2O}} = m_l + m_{\mathrm{d}} + m_{\mathrm{w}} + m_{\mathrm{eis}} \qquad \textbf{(Gl 6.54 a)}$$

mit

$$m_{\mathrm{H_2O}} = m_{\mathrm{d}} + m_{\mathrm{w}} + m_{\mathrm{eis}} = m_{\mathrm{d}} + m_{\mathrm{kon}}$$

Das Gemischvolumen stellen wir uns als Ergebnis eines Vorgangs nach B 6.1 vor, bei dem die Komponenten vor und das Gemisch nach der Gemischbildung denselben Druck – den Gesamtdruck p – haben (Gl. 6.15):

$$V_{\mathrm{Mi}} = V_l + V_{\mathrm{H_2O}} = V_l + V_{\mathrm{d}} + V_{\mathrm{w}} + V_{\mathrm{eis}}$$

[1)] Auf diesen Hinweis wird in den Beispielen und Aufgaben zur feuchten Luft verzichtet.

Man vernachlässigt das sehr kleine Volumen der kondensierten Bestandteile Wasser und Eis. Damit ergibt sich aus den Teilvolumen der Komponenten Luft und Wasserdampf, die diese beim Gesamtdruck p einnehmen würden, das *Volumen der feuchten Luft:*

$$V_{\text{Mi}} = V_l + V_{\text{d}} \qquad \textit{Gemisch und Komponenten: Druck } p \qquad \textbf{(Gl 6.54 b)}$$

6.4.3 Zusammensetzung feuchter Luft

Die Zusammensetzung feuchter Luft wird vorzugsweise beschrieben durch

die *absolute Feuchte* sowie die *relative Feuchte,* die beide nur das H_2O in der Dampfphase erfassen oder

den *Feuchtegehalt,* der H_2O in allen Phasen (Dampf, Wasser, Eis) berücksichtigt.

Absolute Feuchte. Der Begriff berücksichtigt nur den Wasserdampf. Eventuelles Kondensat (Nebel/Eisnebel) erfasst er nicht. Die absolute Feuchte ist identisch mit der Partialdichte (Gl 6.16) des Wasserdampfes:[1)]

$$\varrho_{\text{d}}^{*} = \frac{m_{\text{d}}}{V_{\text{Mi}}} \qquad \textbf{(Gl 6.55 a)}$$

6

Mit Gl 6.51 erhalten wir den Zusammenhang zwischen absoluter Feuchte und Partialdruck des Wasserdampfes:

$$\varrho_{\text{d}}^{*} = \frac{m_{\text{d}}}{V_{\text{Mi}}} = \frac{p_{\text{d}}^{*}}{R_{\text{H}_2\text{O}}\, T} \qquad \textbf{(Gl 6.55 b)}$$

Für den gesättigten Zustand ($p_{\text{d}}^{*} = p_{\text{s}}$) erhält man die *Sättigungs(partial)dichte*:

$$\varrho_{\text{s}}^{*} = \frac{p_{\text{s}}}{R_{\text{H}_2\text{O}}\, T} \approx \frac{1}{v''_{\text{H}_2\text{O}}} \qquad \textbf{(Gl 6.55 c)}$$

ϱ_{s}^{*} ist nur von der Temperatur abhängig. Die Sättigungsgrößen p_{s} und ϱ_{s}^{*} können der Wasserdampftafel T 5.4 entnommen werden. Sie sind in T 6.1 in kleinen Temperaturschritten tabelliert.

Relative Feuchte. Auch dieser Begriff berücksichtigt nur den Wasserdampf, nicht eventuelles Kondensat. Bei einer gegebenen Temperatur ist das Verhältnis von absoluter Feuchte (Wasserdampfpartialdichte) und Sättigungspartialdichte gleich dem Verhältnis von Wasserdampfpartialdruck und Sättigungsdruck (Gln 6.55 b/c). Man nennt das Verhältnis *relative Feuchte*

$$\varphi = \frac{\varrho_{\text{d}}^{*}}{\varrho_{\text{s}}^{*}} = \frac{p_{\text{d}}^{*}}{p_{\text{s}}} \qquad \textit{relative Feuchte} \qquad \textbf{(Gl 6.56)}$$

[1)] Die Bezeichnung „absolute Feuchte" wird vereinzelt auch für den Feuchtegehalt verwendet.

Luftzustand und Wertebereich φ:

trockene Luft	$\varphi = 0$
ungesättigte feuchte Luft	$\varphi < 1$
gesättigte feuchte Luft	$\varphi = 1,\ m_{\text{kon}} = 0$
übersättigte feuchte Luft	$\varphi = 1,\ m_{\text{kon}} > 0$

Die relative Feuchte lässt sich leicht messen, z. B. mit einem Haarhygrometer. Bei Einsatz kapazitiver Sensoren ist eine Signalverarbeitung möglich.

Wir ersetzen in Gl 6.55 b den Wasserdampfpartialdruck durch $p_{\text{d}}^* = \varphi\, p_{\text{s}}$ und erhalten

$$\varrho_{\text{d}}^* = \frac{m_{\text{d}}}{V_{\text{Mi}}} = \frac{\varphi\, p_{\text{s}}}{R_{\text{H}_2\text{O}}\, T} \qquad \textbf{(Gl 6.57)}$$

In der analogen Beziehung für die Partialdichte der trockenen Luft

$$\varrho_l^* = \frac{m_l}{V_{\text{Mi}}} = \frac{p_l^*}{R_l\, T}$$

ersetzen wir den Partialdruck der trockenen Luft durch $p_l^* = p - p_{\text{d}}^* = p - \varphi\, p_{\text{s}}$ (Gesetz von Dalton):

$$\varrho_l^* = \frac{m_l}{V_{\text{Mi}}} = \frac{p - \varphi\, p_{\text{s}}}{R_l\, T} \qquad \textbf{(Gl 6.58)}$$

Aus den Gln 6.57 und 6.58 können für einen bestimmten Zustand bei gegebener Masse der trockenen Luft oder des Wasserdampfes das Volumen V_{Mi} der feuchten Luft bzw. bei gegebenem Volumen die entsprechenden Massen berechnet werden.

Die Gemischdichte der feuchten Luft kann aus der Masse und dem Volumen bestimmt werden

$$\varrho_{\text{Mi}} = \frac{m_{\text{Mi}}}{V_{\text{Mi}}} = \frac{m_l + m_{\text{H}_2\text{O}}}{V_{\text{Mi}}} \qquad \textbf{(Gl 6.59 a)}$$

Für nebelfreie feuchte Luft ($m_{\text{kon}} = 0$) lässt sich die Gemischdichte (Gl 6.59 a mit $m_{\text{H}_2\text{O}} = m_{\text{d}}$) aus der absoluten und der relativen Feuchte (Gl 6.56 bis Gl 6.58) berechnen:

$$\varrho_{\text{Mi}} = \frac{m_{\text{d}} + m_l}{V_{\text{Mi}}} \qquad \textit{für} \quad m_{\text{kon}} = 0$$

$$\varrho_{\text{Mi}} = \varrho_{\text{d}}^* + \varrho_l^* = \varphi\, \varrho_{\text{s}}^* + \frac{p - \varphi\, p_{\text{s}}}{R_l\, T} \qquad \textit{für} \quad m_{\text{kon}} = 0 \qquad \textbf{(Gl 6.59 b)}$$

Feuchtegehalt (H_2O-Beladung). [1] Der *Feuchtegehalt* ist gemäß Abschn. 6.1.4 als Beladung der trockenen Luft mit H_2O – Wasserdampf und auch Wasser (Nebel) oder Eis (Eisnebel) – definiert (Gl 6.12 a):

[1] Auch Wassergehalt, Wasserdampfgehalt, relativer Wassergehalt, absolute Feuchte oder Feuchtegrad genannt.

$$x = \frac{m_{H_2O}}{m_l} \qquad \textbf{(Gl 6.60)}$$

Für den ungesättigten Zustand mit $p_d^* = y_d\, p$ (Gl 6.43) gilt nach Gl 6.53

$$x = \frac{m_d}{m_l} = \frac{M_{H_2O}}{M_l}\,\frac{p_d^*}{p - p_d^*} \quad \textit{ungesättigte feuchte Luft} \qquad \textbf{(Gl 6.61 a)}$$

und für den gesättigten Zustand mit $p_d^* = p_s$

$$x_s = \frac{M_{H_2O}}{M_l}\,\frac{p_s}{p - p_s} \quad \textit{gesättigte feuchte Luft} \qquad \textbf{(Gl 6.62 a)}$$

Der Vorteil für die Definition[1] von x liegt in der bei den üblichen technischen Vorgängen der Klima- und Trocknungstechnik konstanten Bezugsgröße m_l.

Wir ersetzen den Wasserdampfpartialdruck in Gl 6.61 a durch Gl 6.56 und führen die jeweiligen molaren Massen nach T 2.5 ein:

$$x = \frac{m_d}{m_l} = \frac{M_{H_2O}}{M_l}\,\frac{\varphi\, p_s}{p - \varphi\, p_s} = 0{,}622\,\frac{\varphi\, p_s}{p - \varphi\, p_s} \quad \textit{ungesättigte feuchte Luft} \qquad \textbf{(Gl 6.61 b)}$$

6

Für den gesättigten Zustand ($\varphi = 1$, $m_{kon} = 0$) gilt:

$$x_s = 0{,}622\,\frac{p_s}{p - p_s} \quad \textit{gesättigte feuchte Luft} \qquad \textbf{(Gl 6.62 b)}$$

x bzw. x_s ist das Verhältnis der Massen zweier Stoffe und daher eine reine Verhältniszahl. Als Gedankenstütze für die Definition dieser Größe ist es oft vorteilhaft, die Einheiten der Massen mit einzusetzen und durch eine Beifügung anzugeben, um welchen Stoff es sich handelt, z. B. kg t L (trockene Luft) oder kg H_2O, beispielsweise

$$x = \frac{5\ \text{kg H}_2\text{O}}{1\,000\ \text{kg t L}} = 0{,}005\ \frac{\text{kg H}_2\text{O}}{\text{kg t L}} = 0{,}005$$

Da sich p_s eindeutig mit der Temperatur verändert, kann x aus den messbaren Größen Temperatur, relative Feuchte und Gesamtdruck berechnet werden (Gln 6.61). Die je Masse trockener Luft maximal aufnehmbare Wasserdampfmasse $m_d = m_s$ (gesättigter Zustand), wird bei konstanter Temperatur mit steigendem Gesamtdruck kleiner (Gln 6.62).

Stoffmengenanteil und Partialdruck des Wasserdampfes. Auch diese Größen erfassen, wie die absolute und die relative Feuchte, nur den dampfförmigen Anteil des H_2O. Für den Wasserdampfmengenanteil in feuchter Luft gilt (Gl 6.6):

$$y_d = \frac{n_d}{n_d + n_l} \quad \textit{Wasserdampfmengenanteil}$$

[1] Dieses x darf nicht mit dem Dampfgehalt im Nassdampf verwechselt werden, der ebenfalls mit x bezeichnet wird (Abschn. 5.2).

Stoffmengenanteil und Partialdruck des Wasserdampfes sind verknüpft nach Gl 6.43

$$p_d^* = y_d\, p \quad \textit{Wasserdampfpartialdruck}$$

Beispiel 6.10: 5 000 m^3/h feuchte Luft strömen mit 15 °C, einer relativen Feuchte von 60 % und einem Gesamtdruck von 1,013 25 bar durch eine Rohrleitung. Zu bestimmen sind

a) der Partialdruck des Wasserdampfes,

b) der Massenstrom des Wasserdampfes in der feuchten Luft ($R_{H_2O} = 461{,}5\ \mathrm{J/(kg\,K)}$).

Lösung:

Zu a): Der Sättigungsdruck ist bei 15 °C (T 6.1) $p_s = 0{,}017\,057$ bar. Mit Gl 6.56 erhalten wir den Partialdruck des Wasserdampfes

$$p_d^* = \varphi\, p_s = 0{,}6 \cdot 0{,}017\,057\ \mathrm{bar} = \underline{0{,}010\,234\ \mathrm{bar}}$$

Zu b): Mit der Partialdichte ϱ_d^* (Gl 6.55 b) folgt

$$\dot m_d = \varrho_d^*\, \dot V_{Mi} = \frac{p_d^*}{R_{H_2O}\, T}\, \dot V_{Mi}$$

$$\dot m_d = \frac{0{,}010\,234 \cdot 10^5\ \dfrac{\mathrm{J}}{\mathrm{m^3}}}{461{,}5\ \dfrac{\mathrm{J}}{\mathrm{kg\,K}}\ 288{,}15\ \mathrm{K}}\, 5\,000\ \frac{\mathrm{m^3}}{\mathrm{h}} = \underline{38{,}5\ \frac{\mathrm{kg}}{\mathrm{h}}}$$

Beispiel 6.11: In einem Trockner werden 10 t/h Getreide getrocknet, wobei ein verdunstender Wasserdampfstrom von 500 kg/h durch Luft abzuführen ist. Die Luft wird mit 15 °C, 70 % relativer Feuchte und 1,013 25 bar angesaugt, im Lufterhitzer auf 80 °C erwärmt (Zustand 1) und verlässt den Trockner mit 29 °C und 90 % relativer Feuchte bei gleichem Druck (Zustand 2). Man bestimme den (feuchten) anzusaugenden Luftvolumenstrom.

Lösung:

Mit der Definition des Feuchtegehaltes (Gl 6.60) stellen wir die Massenbilanz auf:

$$\Delta \dot m_d = \dot m_l\,(x_2 - x_1)$$

Der erforderliche trockene Luftmassenstrom ist

$$\dot m_l = \frac{\Delta \dot m_d}{x_2 - x_1}$$

Für die Zustände 1 und 2 ermitteln wir die Feuchtegehalte (Gl 6.61 b):

$$x_1 = 0{,}622 \frac{\varphi_1\, p_{s\,1}}{p - \varphi_1\, p_{s\,1}} = 0{,}622\ \frac{0{,}7 \cdot 0{,}017\,057\ \mathrm{bar}}{1{,}013\,25\ \mathrm{bar} - 0{,}7 \cdot 0{,}017\,057\ \mathrm{bar}} = 0{,}007\,42$$

$$x_2 = 0{,}622\ \frac{\varphi_2\, p_{s\,2}}{p - \varphi_2\, p_{s\,2}} = 0{,}622\ \frac{0{,}9 \cdot 0{,}040\,09\ \mathrm{bar}}{1{,}013\,25\ \mathrm{bar} - 0{,}9 \cdot 0{,}040\,09\ \mathrm{bar}} = 0{,}022\,97$$

Damit ergibt sich

$$\dot m_l = \frac{500\ \dfrac{\mathrm{kg\ H_2O}}{\mathrm{h}}}{(0{,}022\,97 - 0{,}007\,42)\ \dfrac{\mathrm{kg\ H_2O}}{\mathrm{kg\ t\ L}}} = 32\,155\ \frac{\mathrm{kg\ t\ L}}{\mathrm{h}}$$

Der feuchte Luftvolumenstrom im Zustand 1 folgt aus Gl 6.58:

$$\dot{V}_{\text{Mi}\,1} = \frac{\dot{m}_l\, R_l\, T_1}{p - \varphi_1\, p_{\text{s}\,1}} = \frac{32\,155\,\dfrac{\text{kg}}{\text{h}}\; 287{,}1\,\dfrac{\text{J}}{\text{kg K}}\; 288{,}15\,\text{K}}{(1{,}013\,25\,\text{bar} - 0{,}7\cdot 0{,}017\,057\,\text{bar})\; 10^5\,\dfrac{\text{N}}{\text{m}^2\,\text{bar}}} = \underline{26\,576\,\frac{\text{m}^3}{\text{h}}}$$

Beispiel 6.12: Ein feuchter Luftstrom mit 500 m³/h wird von 26 °C, 80 % relativer Feuchte und 1 bar (Zustand 1) auf 5 bar verdichtet und anschließend in einem Oberflächenkondensator auf 46 °C isobar gekühlt (Zustand 2). Dabei kondensiert Wasserdampf. Die Luft verlässt den Kühler gesättigt. Man bestimme den Kondensatstrom.

Lösung:

Die H_2O-Bilanz liefert für den Kondensatstrom (Index w)

$$\Delta\dot{m}_{\text{w}} = \dot{m}_l\,(x_2 - x_1) = \dot{m}_l\,(x_{\text{s}} - x_1)$$

Mit Gl 6.58 erhalten wir den Massenstrom der trockenen Luft:

$$\dot{m}_l = \varrho_{l\,1}^{*}\; \dot{V}_{\text{Mi}\,1} = \frac{p_1 - \varphi_1\, p_{\text{s}\,1}}{R_l\, T_1}\; \dot{V}_{\text{Mi}\,1}$$

$$\dot{m}_l = \frac{(1\,\text{bar} - 0{,}8\cdot 0{,}033\,637\,\text{bar})\; 10^5\,\dfrac{\text{N}}{\text{m}^2\,\text{bar}}}{287{,}1\,\dfrac{\text{J}}{\text{kg K}}\; 299{,}15\,\text{K}}\; 500\,\frac{\text{m}^3}{\text{h}} = 566{,}5\,\frac{\text{kg t L}}{\text{h}}$$

Die Feuchtegehalte folgen aus Gl 6.61 b:

$$x_1 = 0{,}622\,\frac{\varphi_1\, p_{\text{s}\,1}}{p_1 - \varphi_1\, p_{\text{s}\,1}} = 0{,}622\,\frac{0{,}8\cdot 0{,}033\,637\,\text{bar}}{1\,\text{bar} - 0{,}8\cdot 0{,}033\,637\,\text{bar}} = 0{,}017\,20$$

$$x_{\text{s}} = x_2 = 0{,}622\,\frac{p_{\text{s}\,2}}{p_2 - p_{\text{s}\,2}} = 0{,}622\,\frac{0{,}100\,988\,\text{bar}}{5\,\text{bar} - 0{,}100\,988\,\text{bar}} = 0{,}012\,82$$

Mit der Wasserbilanz erhalten wir den ausfallenden Kondensatstrom

$$\Delta\dot{m}_{\text{w}} = 566{,}5\,\frac{\text{kg t L}}{\text{h}}\,(0{,}012\,82 - 0{,}017\,20)\,\frac{\text{kg H}_2\text{O}}{\text{kg t L}} = \underline{-2{,}48\,\frac{\text{kg H}_2\text{O}}{\text{h}}}$$

Aufgabe 6.8: Zur Klimatisierung eines Raumes wird feuchte Luft mit 12 000 kg trockener Luft stündlich benötigt. Wie groß ist der erforderliche Zuluftvolumenstrom, wenn die Luft mit 18 °C, einer relativen Feuchte von 55 % und einem Druck von 1 bar in den Raum strömen soll?

Aufgabe 6.9: Feuchte Luft mit 80 °C, 20 % relativer Feuchte und 0,8 bar soll bei konstantem Druck in einem Oberflächenkühler auf 30 °C gekühlt werden. Die Luft verlässt den Kühler gesättigt. Wie groß ist die je kg trockene Luft im Kühler ausgeschiedene Wassermasse?

Aufgabe 6.10: Die Verdichtung der feuchten Luft (Bsp. 6.12) erfolgt nur auf 3 bar. Die Kühlung der Luft in dem nachgeschalteten Oberflächenkühler erfolgt bei konstantem Feuchtegehalt. Die relative Feuchte der ungesättigten Luft am Kühleraustritt ist zu bestimmen.

6.4.4 Spezifisches Volumen feuchter Luft

Wegen der Einführung des Feuchtegehaltes (H_2O-Beladung) empfiehlt es sich, anstelle der üblichen Definition für das spezifische Volumen (entspr. Gl 6.59 a)

6

$$v_{\mathrm{Mi}} = \frac{V_{\mathrm{Mi}}}{m_l + m_{\mathrm{H_2O}}} = \frac{\text{Volumen der feuchten Luft}}{\text{Masse der feuchten Luft}}$$

die Definition[1)]

$$v_{1+x} = \frac{V_{\mathrm{Mi}}}{m_l} = \frac{\text{Volumen der feuchten Luft}}{\text{Masse der trockenen Luft}}$$

für das *spezifische Volumen der mit H_2O beladenen Luft* einzuführen.

Aus dem Volumen der beladenen (feuchten) Luft

$$V_{\mathrm{Mi}} = m_l\, v_{1+x} = (m_l + m_{\mathrm{H_2O}})\, v_{\mathrm{Mi}}$$

folgt mit $x = m_{\mathrm{H_2O}}/m_l$ (Gl 6.60) unmittelbar der Zusammenhang zwischen beiden Definitionen:

$$v_{1+x} = \frac{m_l + m_{\mathrm{H_2O}}}{m_l}\, v_{\mathrm{Mi}}$$

$$v_{1+x} = (1 + x)\, v_{\mathrm{Mi}} \qquad \textbf{(Gl 6.63)}$$

Für ungesättigte und gesättigte Luft ($x \leq x_s$ bzw. $\varphi \leq 1$ und $m_{\mathrm{H_2O}} = m_{\mathrm{d}}$) erhalten wir mit Gl 6.22 a

$$v_{\mathrm{Mi}} = \mu_l\, v_l + \mu_{\mathrm{d}}\, v_{\mathrm{d}} = \frac{m_l}{m_l + m_{\mathrm{d}}}\, v_l + \frac{m_{\mathrm{d}}}{m_l + m_{\mathrm{d}}}\, v_{\mathrm{d}}$$

die Beziehung

$$v_{1+x} = (1 + x)\, v_{\mathrm{Mi}} = \frac{m_l + m_{\mathrm{d}}}{m_l} \left(\frac{m_l}{m_l + m_{\mathrm{d}}}\, v_l + \frac{m_{\mathrm{d}}}{m_l + m_{\mathrm{d}}}\, v_{\mathrm{d}} \right)$$

$$v_{1+x} = v_l + x\, v_{\mathrm{d}} \qquad \textit{für} \quad x \leq x_s \qquad \textbf{(Gl 6.64)}$$

Hierin sind v_l und v_{d} die spezifischen Volumen der trockenen Luft bzw. des Dampfes beim Gesamtdruck p. Mit der thermischen Zustandsgleichung für das spezifische Volumen der ungemischten Stoffe ($v_{\mathrm{i}} = R_{\mathrm{i}}\, T/p$) und der speziellen Gaskonstanten $R_{\mathrm{i}} = R_{\mathrm{m}}/M_{\mathrm{i}}$ folgt schließlich für $x \leq x_s$:

$$v_{1+x} = \frac{R_l\, T}{p} + x \frac{R_{\mathrm{H_2O}}\, T}{p} = \frac{R_l\, T}{p} \left(1 + x \frac{R_{\mathrm{H_2O}}}{R_l} \right)$$

$$v_{1+x} = \frac{R_l\, T}{p} \left(1 + x \frac{M_l}{M_{\mathrm{H_2O}}} \right) = \frac{R_l\, T}{p} \left(1 + \frac{x}{0{,}622} \right) \qquad \textit{für} \quad x \leq x_s \qquad \textbf{(Gl 6.65)}$$

Beispiel 6.13: Für den Trockner nach Bsp. 6.11 ist das erforderliche anzusaugende Luftvolumen mithilfe des spezifischen Volumens v_{1+x} zu bestimmen.

[1)] Der Index $1 + x$ weist darauf hin, dass die Größe (hier V) der feuchten Luft auf die Masse der darin enthaltenen *trockenen* Luft m_l bezogen ist.

Lösung:

Die Definition für das spezifische Volumen liefert

$$\dot{V}_{\mathrm{Mi}\,1} = \dot{m}_l \, (v_{1+x})_1$$

Mit Gl 6.65 folgt:

$$\dot{V}_{\mathrm{Mi}\,1} = \dot{m}_l \frac{R_l \, T_1}{p} \left(1 + \frac{x_1}{0{,}622}\right)$$

Mit den Zwischenergebnissen von Bsp. 6.11:

$$\dot{V}_{\mathrm{Mi}\,1} = 32\,155 \, \frac{\mathrm{kg}}{\mathrm{h}} \, \frac{287{,}1 \, \dfrac{\mathrm{J}}{\mathrm{kg\,K}} \, 288{,}15\,\mathrm{K}}{1{,}013\,25\,\mathrm{bar}\, 10^5 \, \dfrac{\mathrm{N}}{\mathrm{m^2\,bar}}} \left(1 + \frac{0{,}007\,42}{0{,}622}\right) = \underline{26\,576 \, \frac{\mathrm{m^3}}{\mathrm{h}}}$$

6.4.5 Spezifische Enthalpie feuchter Luft

Wie beim spezifischen Volumen (Abschn. 6.4.4) bezieht man die Enthalpie der mit H_2O beladenen Luft auf die Masse der *trockenen* Luft

$$h_{1+x} = \frac{H_{\mathrm{Mi}}}{m_l} = \frac{\text{Enthalpie der feuchten Luft}}{\text{Masse der trockenen Luft}}$$

Mit den spezifischen Enthalpien der ungemischten Stoffe

$$h_l = \frac{H_l}{m_l}; \qquad h_{\mathrm{H_2O}} = \frac{H_{\mathrm{H_2O}}}{m_{\mathrm{H_2O}}}$$

erhalten wir analog zu Abschnitt 6.4.4 die spezifische Enthalpie der beladenen Luft

$$h_{1+x} = h_l + x \, h_{\mathrm{H_2O}} \qquad \textbf{(Gl 6.66)}$$

Wie in Bsp. 6.6 vereinbaren wir die Enthalpienullpunkte ($h_{\mathrm{n}} = 0$) bei $t_{\mathrm{n}} = 0\,°\mathrm{C}$ für trockene Luft und flüssiges H_2O. Die spezifische Enthalpie der trockenen Luft ist somit

$$h_l = h_{\mathrm{n}\,l} + c_{pl} \, (t - t_{\mathrm{n}})$$

und die des Wasserdampfes

$$h_{\mathrm{H_2O}} = h_{\mathrm{d}} = h'_{\mathrm{n}} + r_{\mathrm{n}} + c_{p\mathrm{d}} \, (t - t_{\mathrm{n}}) \qquad \textit{für} \quad x \le x_{\mathrm{s}}$$

Wir vernachlässigen die Temperaturabhängigkeit der spezifischen Wärmekapazitäten für die trockene Luft c_{pl} und für den Wasserdampf $c_{p\mathrm{d}}$, was im üblichen Anwendungsbereich zulässig ist. r_{n} ist die spezifische Verdampfungsenthalpie des Wassers und h'_{n} die spezifische Enthalpie des siedenden Wassers jeweils bei der Temperatur t_{n}. Mit $h_{\mathrm{n}\,l} = 0$ und $h'_{\mathrm{n}} = 0$ bei $t_{\mathrm{n}} = 0\,°\mathrm{C}$ folgt aus Gl 6.66

$$h_{1+x} = c_{pl} \, t + x \, (r_{0\,°\mathrm{C}} + c_{p\mathrm{d}} \, t) \qquad \textit{für} \quad x \le x_{\mathrm{s}} \qquad \textbf{(Gl 6.67 a)}$$

6

Ist die feuchte Luft übersättigt ($x > x_s$) und enthält Wasser als Nebel, so besteht das Gemisch aus trockener Luft (Masse m_l), aus gesättigtem Wasserdampf (Masse $m_l x_s$) und aus Wasser mit der Masse $m_l\,(x - x_s)$. Die spezifische Enthalpie der gesättigten Luft ($x = x_s$) nach Gl 6.67 a ist um die auf m_l bezogene Enthalpie des Wassers

$$(x - x_s)\,(h_w - h'_n) = (x - x_s)\,c_w\,(t - t_n)$$

zu ergänzen. Mit den oben festgelegten Nullpunkten erhalten wir

$$h_{1+x} = (h_{1+x})_s + (x - x_s)\,c_w\,t$$

$$h_{1+x} = c_{pl}\,t + x_s\,(r_{0\,°C} + c_{pd}\,t) + (x - x_s)\,c_w\,t \qquad \textit{für} \quad x > x_s\,, \quad t \geq 0\,°C$$

$$\textit{flüssiges Kondensat (Nebel)} \qquad \textbf{(Gl 6.67 b)}$$

c_w ist die spezifische Wärmekapazität des Wassers.

Möglich ist auch ein übersättigter Zustand unterhalb der Temperatur von 0 °C. Die Masse des Kondensats $m_l\,(x - x_s)$ besteht dann aus Eis oder Schnee. In diesem Fall ist die Gl 6.67 a um die auf m_l bezogene Enthalpie des Eises

$$(x - x_s)\,(h_{eis} - h'_n) = (x - x_s)\,[-\sigma_n + c_{eis}\,(t - t_n)]$$

zu ergänzen. Hierin bedeutet c_{eis} die spezifische Wärmekapazität und σ_n die spezifische Schmelzenthalpie von Eis. Mit den festgelegten Nullpunkten folgt

$$h_{1+x} = (h_{1+x})_s + (x - x_s)\,(-\sigma_{0\,°C} + c_{eis}\,t)$$

$$h_{1+x} = c_{pl}\,t + x_s\,(r_{0\,°C} + c_{pd}\,t) + (x - x_s)\,(-\sigma_{0\,°C} + c_{eis}\,t) \qquad \textit{für} \quad x > x_s\,, \quad t \leq 0\,°C$$

$$\textit{festes Kondensat (Eisnebel, Schnee)} \qquad \textbf{(Gl 6.67 c)}$$

Für die Stoffgrößen in den Gln 6.67 werden folgende Werte gewählt:

$$c_{pl} = 1{,}004\,\frac{kJ}{kg\,K} \quad (T\,2.5); \qquad c_{pd} = 1{,}86\,\frac{kJ}{kg\,K} \quad (T\,2.5)$$

$$c_w = 4{,}18\,\frac{kJ}{kg\,K} \quad (T\,2.3); \qquad c_{eis} = 2{,}04\,\frac{kJ}{kg\,K} \quad (T\,2.3)$$

$$r_{0\,°C} = 2\,500{,}9\,\frac{kJ}{kg} \quad (T\,5.4); \qquad \sigma_{0\,°C} = 333{,}1\,\frac{kJ}{kg} \quad (T\,5.2)$$

Beispiel 6.14: Die spezifische Enthalpie feuchter Luft von 25 °C, 35 % relativer Feuchte und 1,013 25 bar Gesamtdruck ist zu berechnen.

Lösung:

(Gl 6.61 b): $x = 0{,}622\,\dfrac{\varphi\,p_s}{p - \varphi\,p_s} = 0{,}622\,\dfrac{0{,}35 \cdot 0{,}031\,697\ \text{bar}}{1{,}013\,25\ \text{bar} - 0{,}35 \cdot 0{,}031\,697\ \text{bar}}$

$$x = 0{,}006\,886\,\frac{kg\,H_2O}{kg\,t\,L}$$

(Gl 6.67 a): $h_{1+x} = c_{pl}\, t + x\,(r_{0\,°C} + c_{pd}\, t)$

$$h_{1+x} = 1{,}004\ \frac{\text{kJ}}{\text{kg t L K}}\ 25\ °\text{C} + 0{,}006\,886\ \frac{\text{kg H}_2\text{O}}{\text{kg t L}} \left(2\,500{,}9\ \frac{\text{kJ}}{\text{kg H}_2\text{O}} + 1{,}86\ \frac{\text{kJ}}{\text{kg H}_2\text{O K}}\ 25\ °\text{C}\right)$$

$$\underline{h_{1+x} = 42{,}64\ \frac{\text{kJ}}{\text{kg t L}}}$$

Aufgabe 6.11: Die Differenz der spezifischen Enthalpien zwischen gesättigter und übersättigter feuchter Luft mit einem Wasserüberschuss (Nebel) von 3 g H_2O/kg t L ist zu berechnen. Luftzustand: 20 °C, 1,013 25 bar Gesamtdruck.

6.4.6 *h*,*x*-Diagramm von Mollier[1)]

Zur Darstellung isobarer Zustandsänderungen von feuchter Luft hat Mollier ein Diagramm mit der Enthalpie h_{1+x} als Ordinate und mit dem Feuchtegehalt (H_2O-Beladung) x als Abszisse vorgeschlagen.

Für gegebenen Druck lässt sich mit Gl 6.61 b für kondensatfreie Luft der Feuchtegehalt x aus den messbaren Größen t und φ bestimmen. Die spezifische Enthalpie h_{1+x} feuchter Luft hängt nach den Gln 6.67 linear von x ab. Daher erscheinen alle Isothermen $t = \text{const}$ im h, x-Diagramm als gerade Linien.

Die Steigung dieser Geraden ist in den verschiedenen Mischungsgebieten unterschiedlich. Differenzieren wir die Gln 6.67 für $t = \text{const}$ nach x, so erhalten wir:

$$\frac{\mathrm{d}h_{1+x}}{\mathrm{d}x} = r_{0\,°C} + c_{pd}\, t \qquad x \le x_s \qquad (\textit{ungesättigt und gesättigt}) \qquad \textbf{(Gl 6.68 a)}$$

$$\frac{\mathrm{d}h_{1+x}}{\mathrm{d}x} = c_w\, t \qquad x > x_s,\ t \ge 0\ °C \qquad (\textit{übersättigt, Wasser}) \qquad \textbf{(Gl 6.68 b)}$$

$$\frac{\mathrm{d}h_{1+x}}{\mathrm{d}x} = -\sigma_{0\,°C} + c_{eis}\, t \qquad x > x_s,\ t \le 0\ °C \qquad (\textit{übersättigt, Eis}) \qquad \textbf{(Gl 6.68 c)}$$

Danach besteht jede Isotherme aus zwei Geradenstücken, die an der Sättigungslinie $\varphi = 1$ mit einem Knick aneinander stoßen. Dieser Punkt lässt sich für beliebige Temperaturen aus Gl 6.62 b berechnen. Das Gebiet der Übersättigung bezeichnet man als Nebelgebiet **(B 6.3)**. Für $t = 0$ °C gibt es zwei Isothermen im Nebelgebiet. Das von ihnen eingeschlossene Gebiet (schraffiert) enthält die übersättigte Luft als Gemisch von trockener Luft und H_2O in drei Aggregatzuständen (gesättigter Wasserdampf, Wassernebel und Eisnebel).

Nach Gl 6.67 a beträgt für die Isotherme $t = 0$ °C im ungesättigten Gebiet die spezifische Enthalpie $h_{1+x} = x\, r_{0\,°C}$ (B 6.3). Die gestrichelte Gerade ist um $c_{pl}\, t$ parallel verschoben. Die Zunahme der Steigung der Isothermen $t > 0$ °C resultiert aus dem Summenglied $c_{pd}\, t$, vgl. Gl 6.68 a. Die spezifische Enthalpie entspricht Gl 6.67 a.

[1)] Bei der Benennung des Diagramms als „h, x-Diagramm" wird bei h, wie in der Klimatechnik üblich, der Index $1 + x$ weggelassen.

6

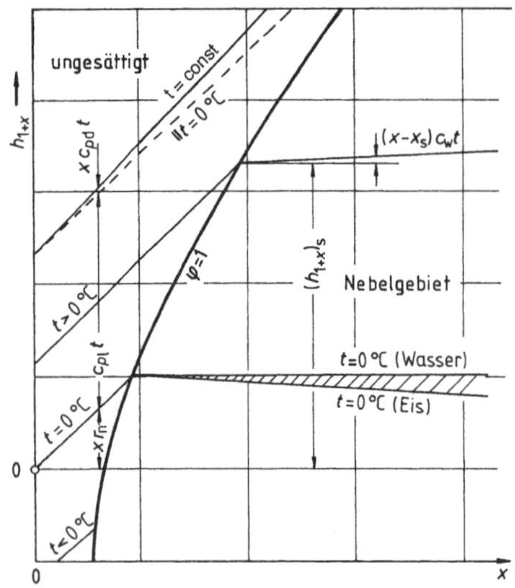

B 6.3 *h*,*x*-Diagramm mit rechtwinkligen Koordinaten

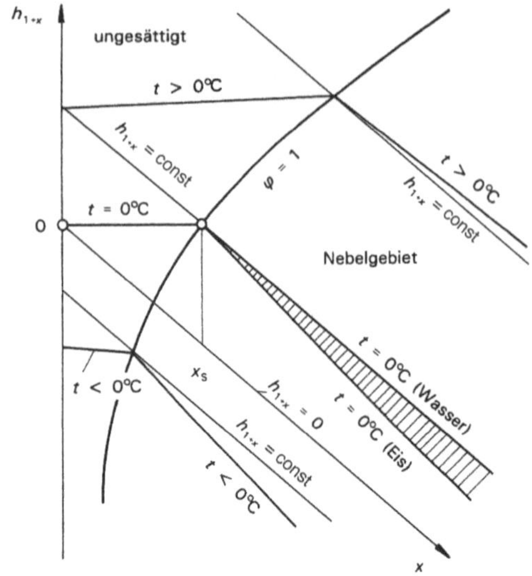

B 6.4 *h*,*x*-Diagramm mit schiefwinkligen Koordinaten

Neben der Sättigungslinie $\varphi = 1$ können mithilfe der Gln 6.61 weitere Kurven konstanter relativer Feuchte φ im ungesättigten Gebiet eingezeichnet werden.

In diesem Diagramm, das immer nur für einen der Konstruktion zugrunde gelegten Gesamtdruck gilt, ist das ungesättigte Gebiet sehr klein, die Werte für die Zustandsgrößen lassen sich im praktisch wichtigen Gebiet nur ungenau ablesen. Mollier hat ein schiefwinkliges Diagramm gewählt. Die x-Achse wird so weit nach unten gedreht, bis die Isotherme $t = 0\ ^\circ\mathrm{C}$ im ungesättigten Gebiet horizontal verläuft **(B 6.4)**. Die Koordinatenlinien $h_{1+x} = \text{const}$ verlaufen nun von links oben nach rechts unten, also nicht mehr horizontal. Die bisherigen Feststellungen bleiben unberührt. Ein maßstäbliches h,x-Diagramm für feuchte Luft beim Gesamtdruck von 1,013 25 bar zeigt **B 6.5**. Der Feuchtegehalt ist in g/kg angegeben.[1)]

Umrechnung auf anderen Gesamtdruck. Ein h,x-Diagramm gilt nur für einen bestimmten Gesamtdruck p_{Diagr}. Da die Enthalpie eines Gemisches idealer Gase vom Druck unabhängig ist, bleiben die Isothermen der ungesättigten Luft von einer Änderung des Gesamtdrucks unbeeinflusst. Es ändern sich jedoch die Linien konstanter relativer Feuchte, insbesondere die Sättigungslinie $\varphi = 1$. Nach Gl 6.43 gilt bei einer Änderung des Gesamtdrucks von p_{Diagr} auf p_{vorh}

$$\frac{p_{\text{vorh}}}{p_{\text{Diagr}}} = \frac{\overset{*}{p}_{\text{d vorh}}}{\overset{*}{p}_{\text{d Diagr}}} = \frac{\varphi_{\text{vorh}}\, p_{\text{s}}}{\varphi_{\text{Diagr}}\, p_{\text{s}}} = \frac{\varphi_{\text{vorh}}}{\varphi_{\text{Diagr}}} \tag{Gl 6.69}$$

1) In den USA wird überwiegend das t,x-Diagramm von *Carrier* („psychometrisches Diagramm") verwendet, auf das hier nicht näher eingegangen wird.

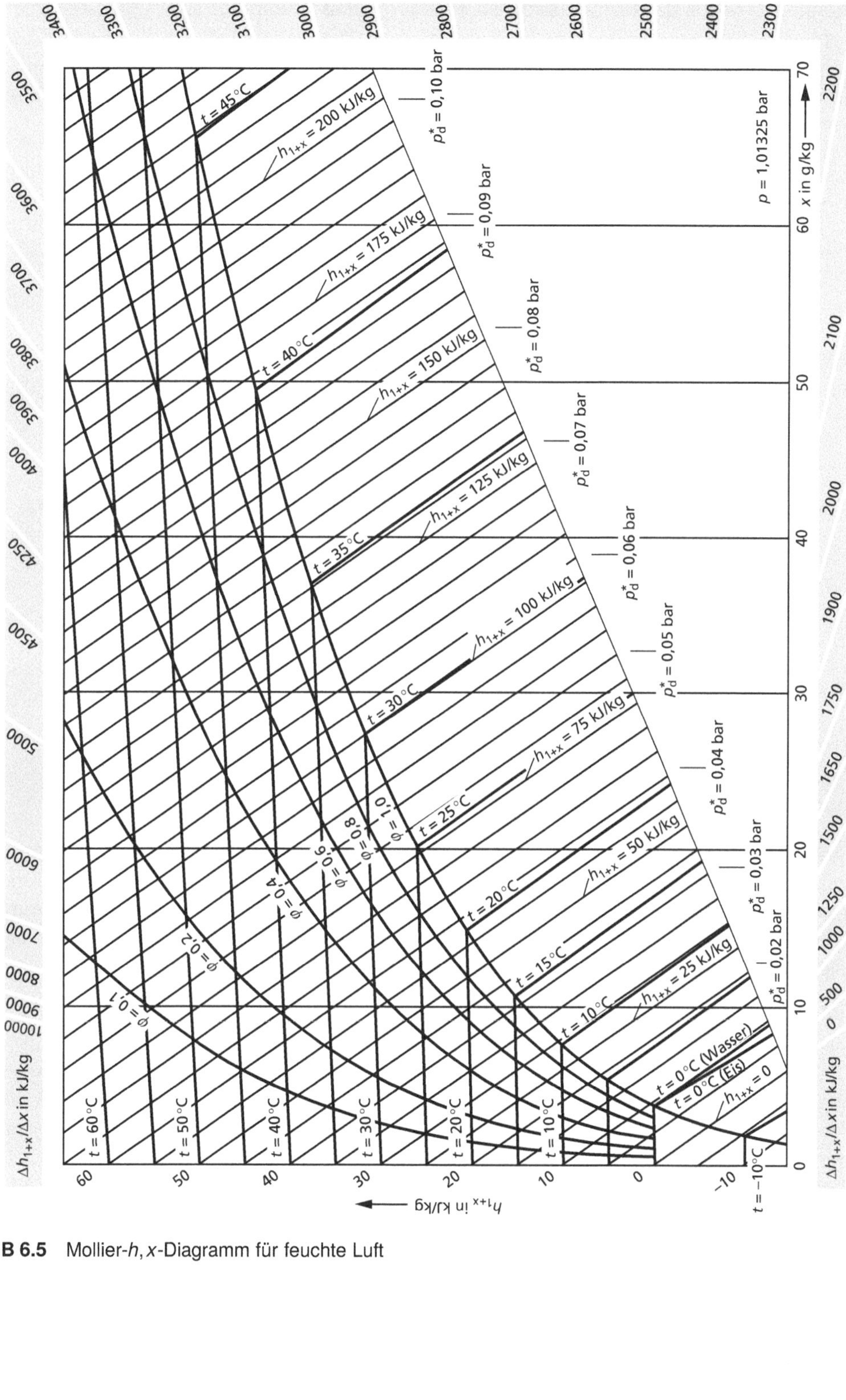

B 6.5 Mollier-h,x-Diagramm für feuchte Luft

Die im Diagramm abgelesene relative Feuchte φ_{Diagr} muss also mit $p_{\text{vorh}}/p_{\text{Diagr}}$ multipliziert werden, um die relative Feuchte φ_{vorh} zu erhalten. Die relative Feuchte steigt somit bei höherem Gesamtdruck. Da sich die Sättigungskurve $\varphi = 1$ bei einer Änderung des Gesamtdruckes verschiebt, die Steigung der Isothermen im Nebelgebiet nach Gl 6.68 b bzw. 6.68 c aber von p unabhängig ist, verschieben sich die Nebelisothermen bei einer Änderung von p parallel zu ihrer ursprünglichen Lage.

Beispiel 6.15: Bei einem Druck von 0,667 bar wird der Zustand feuchter Luft mit 20 °C und 60 % relativer Feuchte gemessen. In dem für 1,013 25 bar berechneten *h,x*-Diagramm ist der Zustandspunkt festzulegen.

a) Bei welchem φ liegt im 1,013 25-bar-Diagramm der bei 0,667 bar gemessene Zustand?

b) x und h sind dem Diagramm zu entnehmen.

Lösung:

Zu a): (Gl 6.69): $\varphi_{\text{Diagr}} = \varphi_{\text{vorh}} \dfrac{p_{\text{Diagr}}}{p_{\text{vorh}}}$

$$\varphi_{\text{Diagr}} = 60\,\% \, \frac{1{,}013\,25\ \text{bar}}{0{,}667\ \text{bar}} = \underline{91{,}1\,\%}$$

Zu b): Für $t = 20$ °C und $\varphi = 91{,}1$ % wird im Diagramm abgelesen:

$$\underline{x = 13{,}5\ \frac{\text{g}}{\text{kg}}}, \qquad \underline{h = 54{,}2\ \frac{\text{kJ}}{\text{kg}}}$$

6.4.7 Einfache isobare Zustandsänderungen feuchter Luft im *h,x*-Diagramm

Der Zustand feuchter Luft ist durch den Feuchtegehalt (H_2O-Beladung) x und durch die Temperatur t bzw. durch die spezifische Enthalpie h_{1+x} als Zustandspunkt im *h,x*-Diagramm für den zugrunde gelegten Gesamtdruck festgelegt.

Erwärmung und Kühlung bei konstantem Feuchtegehalt. Wird feuchte Luft bei konstantem Druck p erwärmt oder abgekühlt, ohne dass H_2O zugegeben oder im Anschluss an eine eventuelle Kondensation abgegeben wird, so bleibt $x = \text{const.}$ Im *h,x*-Diagramm liegen dann Anfangs- und Endzustand senkrecht übereinander **(B 6.6)**. In diesem Fall ist nach dem 1. Hauptsatz der zuzuführende oder abzuführende Wärmestrom

$$\dot{Q}_{12} = \dot{m}_l \left[(h_{1+x})_2 - (h_{1+x})_1\right]$$

Die spezifische Enthalpiedifferenz kann im *h,x*-Diagramm unmittelbar als Strecke abgegriffen werden. Unterschreitet die Luft bei der Abkühlung den Taupunkt ($\varphi = 1$), so kann der kondensierende H_2O-Anteil Δx ebenfalls aus dem *h,x*-Diagramm abgelesen werden **(B 6.7)**. Das Kondensat fällt oberhalb des Tripelpunktes ($\approx$ 0 °C) als Wasser, darunter als Eis/Schnee an.

$$\Delta x = \frac{m_{\text{kon}}}{m_l} = x_1 - x_s \qquad \textbf{(Gl 6.70)}$$

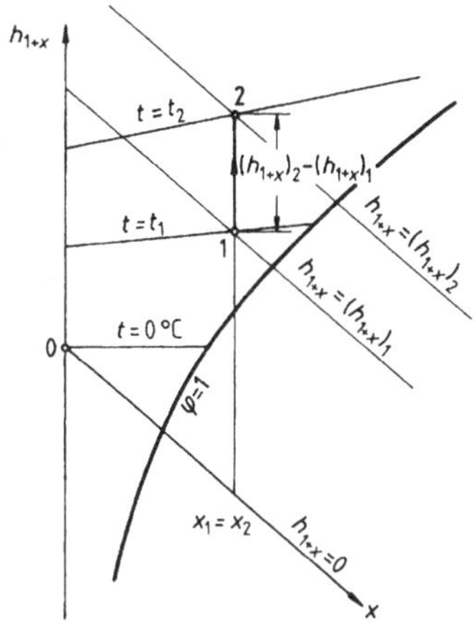

B 6.6 Wärmezufuhr im h,x-Diagramm für $x = \text{const}$

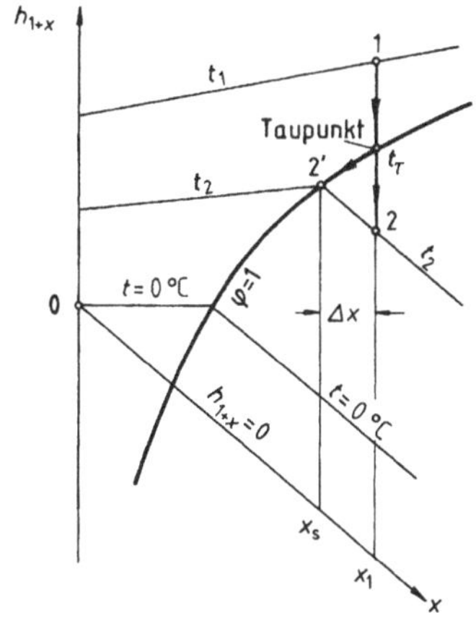

B 6.7 Wärmeabfuhr mit Kondensation im h,x-Diagramm

6

Adiabate Mischprozesse mit feuchter Luft. Wir wollen zwei mit H_2O beladene Luftströme $\dot{m}_{l1}$ und $\dot{m}_{l2}$ isobar und adiabat mischen. Die Zustände der beiden Ströme sind durch die Zustandsgrößen x_1 und $(h_{1+x})_1$ sowie x_2 und $(h_{1+x})_2$ gegeben. Dann liegt der Mischungspunkt 3 im h,x-Diagramm, wie wir ableiten werden, auf der Verbindungsgeraden zwischen den Zustandspunkten 1 und 2 und teilt diese Strecke im umgekehrten Verhältnis der Massenströme (*Mischungsregel*).

Die Massenbilanzen für die trockene Luft und das H_2O sind

$$\dot{m}_{l3} = \dot{m}_{l1} + \dot{m}_{l2}$$

$$x_3\,\dot{m}_{l3} = x_1\,\dot{m}_{l1} + x_2\,\dot{m}_{l2}$$

Beseitigt man in den Massenbilanzen den Massenstrom $\dot{m}_{l3}$ der trockenen Luft, so erhalten wir nach Umformung

$$\frac{\dot{m}_{l1}}{\dot{m}_{l2}} = \frac{x_3 - x_2}{x_1 - x_3} \mathrel{\widehat{=}} \frac{|\overline{32}|}{|\overline{13}|} \qquad \textbf{(Gl 6.71)}$$

d. h. der Feuchtegehalt x_3 liegt umso dichter bei x_1, je größer das Verhältnis der Massenströme $\dot{m}_{l1}/\dot{m}_{l2}$ ist **(B 6.8)**.

Die Energiebilanz für die adiabate Gemischbildung lautet unter Vernachlässigung der kinetischen und potenziellen Energie

$$(\dot{m}_{l1} + \dot{m}_{l2})\,(h_{1+x})_3 = \dot{m}_{l1}\,(h_{1+x})_1 + \dot{m}_{l2}\,(h_{1+x})_2$$

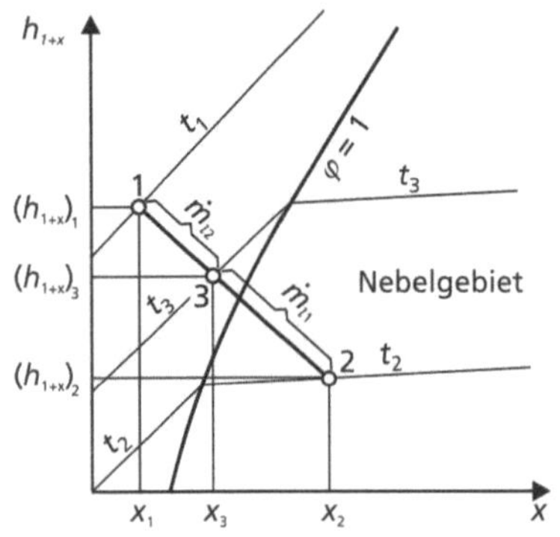

B 6.8 Adiabater Mischungspunkt im rechtwinkligen *h,x*-Diagramm

Durch Umformung erhalten wir

$$\frac{\dot{m}_{l1}}{\dot{m}_{l2}} = \frac{(h_{1+x})_3 - (h_{1+x})_2}{(h_{1+x})_1 - (h_{1+x})_3}$$

und mit Gl 6.71

$$\frac{\dot{m}_{l1}}{\dot{m}_{l2}} = \frac{(h_{1+x})_3 - (h_{1+x})_2}{(h_{1+x})_1 - (h_{1+x})_3} = \frac{x_3 - x_2}{x_1 - x_3} \qquad \textbf{(Gl 6.72)}$$

Dieser Zusammenhang („Strahlensatz") lässt sich leicht im rechtwinkligen *h,x*-Diagramm nachvollziehen (B 6.8). Er gilt ohne Einschränkung auch im schiefwinkligen Mollier-Diagramm.

Mischt man zwei Ströme gesättigter feuchter Luft, so bildet sich immer Nebel, da die Verbindungslinie durch das Nebelgebiet verläuft. Mischt man zwei Ströme feuchter Luft mit gleicher Temperatur ($t_1 = t_2$), so ist die Temperatur t_3 nur dann unverändert, wenn beide Ausgangszustände entweder im ungesättigten Gebiet oder im Nebelgebiet liegen. Mischt man dagegen übersättigte Luft (Nebel) mit ungesättigter Luft gleicher Temperatur, sinkt die Gemischtemperatur t_3, denn die Mischungsgerade liegt unterhalb der Isothermen $t_1 = t_2$. Hierbei verdampft ein Teil des Wassers, was zur Abkühlung des Gemisches führt ($t_3 < t_1 = t_2$).

Adiabater Zusatz von Wasser oder Wasserdampf. Die adiabate Beimischung von Wasser oder Wasserdampf der Temperatur t_{H_2O} kann nicht unmittelbar mit den obigen Beziehungen behandelt werden, da die Zustandspunkte des H_2O ($x \to \infty$) im *h,x*-Diagramm nicht enthalten sind. Wir bezeichnen den Zustandspunkt nach der Gemischbildung mit 2. Wird zum beladenen Massenstrom $\dot{m}_l$ der Luft im Zustand x_1 und $(h_{1+x})_1$ der H_2O-Strom $\Delta\dot{m}_{H_2O} = \dot{m}_l\,(x_2 - x_1)$ zugemischt, so ist die Änderung des Feuchtegehaltes

$$\Delta x = x_2 - x_1 = \frac{\Delta\dot{m}_{H_2O}}{\dot{m}_l} \qquad \textbf{(Gl 6.73)}$$

Die Energiebilanz für den adiabaten Mischprozess

$$\dot{m}_l\,(h_{1+x})_2 = \dot{m}_l\,(h_{1+x})_1 + \Delta\dot{m}_{H_2O}\,h_{H_2O}$$

führt auf die Beziehung

$$\Delta h_{1+x} = (h_{1+x})_2 - (h_{1+x})_1 = \frac{\Delta\dot{m}_{H_2O}}{\dot{m}_l}\,h_{H_2O} \qquad \textbf{(Gl 6.74)}$$

mit h_{H_2O} als spezifischer Enthalpie des H_2O.

Aus den Gln 6.73 und 6.74 folgt die Richtung der Zustandsänderung

$$\frac{\Delta h_{1+x}}{\Delta x} = \frac{(h_{1+x})_2 - (h_{1+x})_1}{x_2 - x_1} = h_{H_2O} \qquad \textbf{(Gl 6.75)}$$

die durch die spezifische Enthalpie des H_2O festgelegt ist. Mit der Wahl des Enthalpienullpunktes nach Abschn. 6.4.5 stimmen die spezifischen Enthalpien je nach Aggregatzustand

dampfförmiges H_2O $\quad h_{H_2O} = h_d = r_{0\,°C} + c_{pd}\,t_{H_2O}$ **(Gl 6.76 a)**

flüssiges H_2O $\quad h_{H_2O} = h_w = c_w\,t_{H_2O}$ **(Gl 6.76 b)**

6

mit den Steigungen der Isothermen im ungesättigten Gebiet bzw. im Nebelgebiet, vgl. die Gln 6.68 a und 6.68 b, überein. Zur Ermittlung des Mischungspunktes 2 zeichnet man parallel zur Isothermen mit der H_2O-Temperatur t_{H_2O} eine Gerade durch den Zustandspunkt 1. Auf dieser Geraden liegt der Mischungspunkt 2. Durch waagerechtes Abtragen von $\Delta x = x_2 - x_1$ (Gl 6.73), ausgehend vom Zustandspunkt 1, erhält man den Zustand 2 **(B 6.9)**.

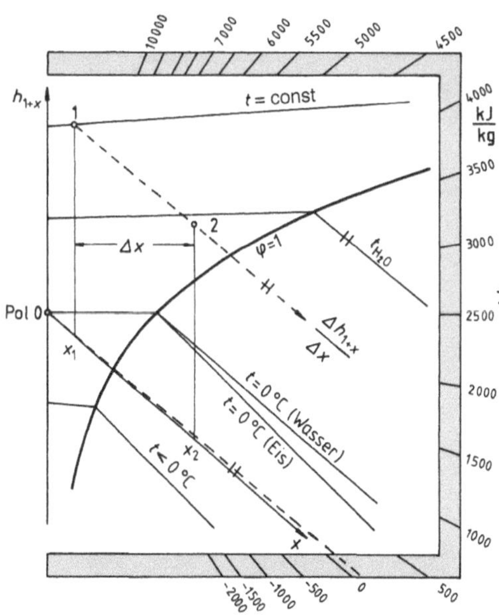

B 6.9 Bestimmung von Zustand 2 beim Zufügen von Wasser oder Wasserdampf

Die Steigung der Isothermen t_{H_2O} und damit die Richtung der Zustandsänderung von 1 nach 2 lässt sich auch mit dem Randmaßstab bestimmen. Der Randmaßstab repräsentiert die Werte für die spezifische Enthalpie des $H_2O\left(h_{H_2O} = \frac{\Delta h_{1+x}}{\Delta x}\right)$.

Ausgehend vom Pol des Randmaßstabes – in der Regel liegt dieser bei $h_{1+x} = 0$ und $x = 0$ – zeichnet man eine Gerade (gestrichelt) durch den Randmaßstabswert h_{H_2O} (B 6.9). Auf der parallelen Geraden durch den Zustandspunkt 1 liegt der Mischungspunkt 2.

Beispiel 6.16: Feuchte Luft, bestehend aus 650 kg t Luft und Wasserdampf, mit 1,013 25 bar, 15 °C und 60 % relativer Feuchte werden 13 000 kJ in Form von Wärme isobar zugeführt.

Mithilfe des *h,x*-Diagrammes ist der Zustand nach der Wärmezufuhr – Temperatur, relative Feuchte, Feuchtegehalt und Enthalpie – zu bestimmen.

Lösung:

Die Zustandsänderung erfolgt bei $x = \text{const}$. Die Energiezufuhr je kg trockene Luft ist

$$(h_{1+x})_2 - (h_{1+x})_1 = \frac{Q_{12}}{m_l} = \frac{13\,000\ \text{kJ}}{650\ \text{kg t L}} = 20\ \frac{\text{kJ}}{\text{kg t L}}$$

Vom Zustand 1 ausgehend wird diese Enthalpiedifferenz senkrecht im *h,x*-Diagramm abgetragen und man erhält den Zustand 2:

$$t_2 = \underline{34{,}7\ °\text{C}}, \qquad x_2 = \underline{6{,}3\ \frac{\text{g}}{\text{kg}}}$$

$$\varphi_2 = \underline{0{,}18}, \qquad h_2 = \underline{51\ \frac{\text{kJ}}{\text{kg}}}$$

Beispiel 6.17: 750 kg/h feuchte Luft mit 1,013 25 bar, 5 °C und 80 % relativer Feuchte werden mit 1 500 kg/h feuchter Luft mit 1,013 25 bar, 35 °C und 40 % relativer Feuchte gemischt. Der Mischzustand ist mithilfe des *h,x*-Diagrammes zu bestimmen.

Lösung:

Zur Ermittlung des Mischungsverhältnisses werden die Mengen trockener Luft bestimmt.

Aus dem Diagramm (B 6.5) wird abgelesen: $x_1 = 4\ \text{g/kg}$, $x_2 = 14\ \text{g/kg}$

$$\dot{m}_{l1} = \frac{\dot{m}_{\text{Mi}\,1}}{1 + x_1} = \frac{750\ \text{kg/h}}{1{,}004} = 747\ \text{kg/h}$$

$$\dot{m}_{l2} = \frac{\dot{m}_{\text{Mi}\,2}}{1 + x_2} = \frac{1\,500\ \text{kg/h}}{1{,}014} = 1\,479\ \text{kg/h}$$

$$\frac{\dot{m}_{l1}}{\dot{m}_{l1} + \dot{m}_{l2}} = \frac{|\overline{32}|}{|\overline{12}|} = \frac{747\ \text{kg/h}}{2\,226\ \text{kg/h}} = 0{,}336$$

Mit $|\overline{12}| = 5{,}30\ \text{cm}$ (aus dem Diagramm, B 6.5) ergibt sich $|\overline{32}| = 0{,}336 \cdot 5{,}30\ \text{cm} = 1{,}78\ \text{cm}$. Damit liegt der Mischungspunkt fest.

Die Zustandswerte für den Mischungspunkt werden dem Diagramm entnommen:

$$t_3 = \underline{25\ °\text{C}}, \qquad h_3 = \underline{53\ \text{kJ/kg}}$$

$$\varphi_3 = \underline{0{,}55}, \qquad x_3 = \underline{11\ \text{g/kg}}$$

Aufgabe 6.12: 1200 kg feuchte Luft von 1,01325 bar, 20 °C, 50 % relative Feuchte werden isobar ohne Zufuhr von Feuchtigkeit auf 30 °C erwärmt.

Mithilfe des *h,x*-Diagrammes ist die zuzuführende Wärme zu bestimmen.

Aufgabe 6.13: 60 kg feuchte Luft von 1,01325 bar, 25 °C und 20 % relativer Feuchte werden 0,32 kg Wasser mit 90 °C zugeführt.

Der neue Zustandspunkt – Temperatur, relative Feuchte, Feuchtegehalt und Enthalpie – ist mithilfe des *h,x*-Diagrammes zu bestimmen.

Adiabate Verdunstungskühlung und Kühlgrenztemperatur. Feuchte Luft mit dem Eintrittszustand x_1 und t_1 wird kontinuierlich über eine Wasserfläche geblasen **(B 6.10)**

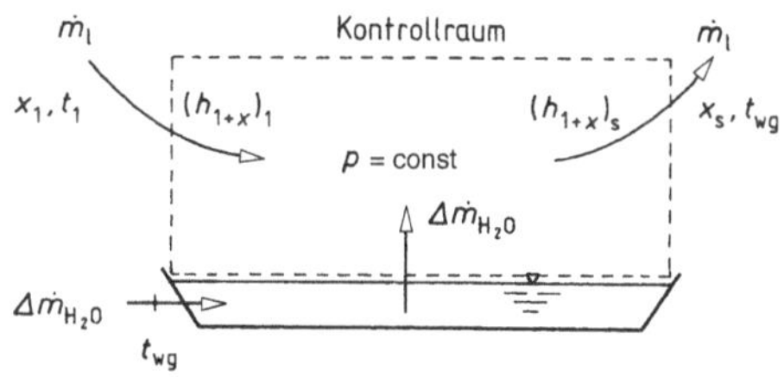

B 6.10 Adiabate und isobare Verdunstungskühlung bei Gleichgewicht zwischen abströmender Luft und Wasseroberfläche

Dabei verdunstet der Wasserstrom $\Delta\dot{m}_{H_2O}$, der stetig durch einen flüssigen Zulauf ausgeglichen wird, in die vorbeiströmende feuchte Luft. Das Wasser habe überall dieselbe Temperatur t_w, Wärme- und Stoffübertragung sollen nur an der Wasseroberfläche mit der feuchten Luft erfolgen. Der Gesamtdruck p ist konstant. Für den Grenzprozess, bei dem sich die abströmende Luft (Zustand 2) im thermischen ($t_2 = t_w$) und stofflichen Gleichgewicht ($p_d^* = p_s$, d. h. $x_2 = x_s$) mit der Wasseroberfläche befindet, muss die Wassertemperatur einen bestimmten Grenzwert, die *Kühlgrenztemperatur* $t_w = t_{wg}$, annehmen. Somit handelt es sich um die adiabate Mischung von Wasser mit t_{wg} und feuchter Luft im Zustand 1. Der Mischungspunkt 2 muss auf der Sättigungslinie $\varphi = 1$ liegen. Massen- und Energiebilanz nach Gl 6.75 liefern mit $(h_{1+x})_2 = (h_{1+x})_s$, $x_2 = x_s$ und $h_{H_2O} = h_w$

$$\frac{(h_{1+x})_s - (h_{1+x})_1}{x_s - x_1} = h_w \qquad \textbf{(Gl 6.77)}$$

also die Richtung der Zustandsänderung. Diejenige Nebelisotherme, die als Gerade über die Sättigungslinie $\varphi = 1$ verlängert durch den Zustandspunkt 1 verläuft, ist die gesuchte Kühlgrenztemperatur t_{wg} **(B 6.11)**.[1)]

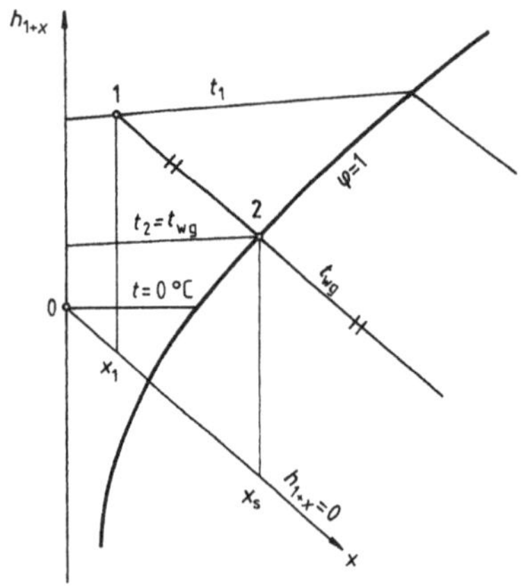

B 6.11 Bestimmung der Kühlgrenztemperatur t_{wg}

Psychrometer. Das Psychrometer dient zur Messung des Feuchtegehaltes der feuchten Luft. Es besteht aus zwei Thermometern, einem trockenen zur Messung der Lufttemperatur (Trockenkugeltemperatur) t und einem feuchten (feuchte Mullpackung) zur Messung der Kühlgrenztemperatur (Feuchtkugeltemperatur) t_{wg}. Der Schnittpunkt zwischen der verlängerten Nebelisothermen t_{wg} und der Lufttemperatur t liefert den Zustand der feuchten Luft. Der zugehörige Feuchtegehalt x lässt sich im h,x-Diagramm an der Abszisse ablesen.

Der Feuchtegehalt x lässt sich auch wie folgt berechnen: In Gl 6.77 setzt man Gl 6.67 a ein und zwar $(h_{1+x})_s$ für gesättigte feuchte Luft bei t_{wg} (*Feuchtkugeltemperatur*) und $(h_{1+x})_1$ für feuchte Luft bei t (*Trockenkugeltemperatur*). Außerdem ersetzt man in Gl 6.77 h_w nach Gl 6.76 b. Nach Umformung erhält man die *Psychrometer-Formel*:

$$x = \frac{0{,}622\, p_s \left[(c_w - c_{pd})\, t_{wg} - r_{0\,°C}\right] + c_{pl}\,(p - p_s)\,(t - t_{wg})}{(p - p_s)\left[c_w t_{wg} - c_{pd} t - r_{0\,°C}\right]} \qquad \textbf{(Gl 6.78)}$$

Darin ist p_s der Sättigungsdruck bei Kühlgrenztemperatur.

Beispiel 6.18: Mit einem Psychrometer werden eine Trockenkugeltemperatur von 30 °C und eine Feuchtkugeltemperatur von 15 °C gemessen. Der Luftdruck beträgt 1,013 25 bar.

Wie groß ist der Feuchtegehalt der Luft?

[1)] Dieser Mischprozess lässt sich auch in zwei Teilprozesse aufspalten [25]:
a) Abkühlung der feuchten Luft von t_1 auf t_{wg} unter Abgabe eines Wärmestroms, der zur Verdunstung von $\Delta\dot{m}_{H_2O}$ dient,
b) adiabate und isotherme Mischung der feuchten Luft und des verdunsteten Wassers bei t_{wg}.

Lösung:

Feuchtegehalt (Gl 6.78)

$$x = \frac{0{,}622\, p_s\,[(c_w - c_{pd})\, t_{wg} - r_{0\,°C}] + c_{pl}\,(p - p_s)\,(t - t_{wg})}{(p - p_s)\,[c_w t_{wg} - c_{pd} t - r_{0\,°C}]}$$

mit $a = 0{,}622\, p_s\,[(c_w - c_{pd})\, t_{wg} - r_{0\,°C}]$

$$a = 0{,}622 \cdot 0{,}017\,057\ \text{bar}\left[(4{,}18 - 1{,}86)\,\frac{\text{kJ}}{\text{kg K}}\,15\ °\text{C} - 2\,500{,}9\,\frac{\text{kJ}}{\text{kg}}\right] = -26{,}164\ \text{bar}\,\frac{\text{kJ}}{\text{kg}}$$

und $b = c_{pl}\,(p - p_s)\,(t - t_{wg})$

$$b = 1{,}004\,\frac{\text{kJ}}{\text{kg K}}\,(1{,}013\,25 - 0{,}017\,057)\ \text{bar}\,(30 - 15)\ \text{K} = 15{,}003\ \text{bar}\,\frac{\text{kJ}}{\text{kg K}}$$

ergibt sich

$$x = \frac{-26{,}164\ \text{bar}\,\dfrac{\text{kJ}}{\text{kg}} + 15{,}003\ \text{bar}\,\dfrac{\text{kJ}}{\text{kg K}}}{(1{,}013\,25 - 0{,}017\,057)\ \text{bar}\left[4{,}18\,\dfrac{\text{kJ}}{\text{kg K}}\,15\ °\text{C} - 1{,}86\,\dfrac{\text{kJ}}{\text{kg K}}\,30\ °\text{C} - 2\,500{,}9\,\dfrac{\text{kJ}}{\text{kg}}\right]}$$

$$x = \underline{0{,}004\,49}$$

Aufgabe 6.14: Bei einem Psychrometer sei die Temperatur des feuchten Thermometers 15,5 °C, die des trockenen 26,6 °C. Der Luftdruck sei 1,013 25 bar. Man bestimme grafisch und rechnerisch den Feuchtegehalt.

6

Rückkühlwerk (Kühlturm). In einem *Rückkühlwerk* **(B 6.12)**, wie z. B. dem *Kühlturm* eines Kraftwerkes, wird Wasser durch Verdunstung gekühlt. Das warme Wasser wird in den Luftstrom gesprüht und rieselt über Einbauten (z. B. Füllkörper) von oben nach unten. Das Wasser steht dabei im intensiven Wärme- und Stoffaustausch (Verdunstung) mit der aufsteigenden feuchten Luft (trockener Massenstrom $\dot{m}_l$). Das Rückkühlwerk kann als adiabates System angesehen werden.

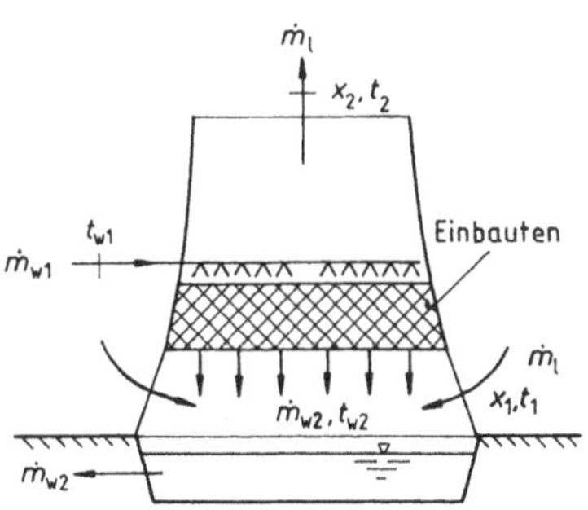

B 6.12 Rückkühlwerk

Für das *ideale Rückkühlwerk* trifft man folgende Annahmen:

– Die eintretende feuchte Luft (mit dem trockenen Luftmassenstrom $\dot{m}_l$) tritt vollständig in Kontakt mit dem austretenden Wassermassenstrom $\dot{m}_{w2}$, sodass sich Gleichgewicht einstellt. Dann ist der Wasserzustand 2 durch die Kühlgrenztemperatur $(t_{w2})_g$ (Nebelisotherme durch $\varphi = 1$ und Luftzustandspunkt 1 im B 6.11) festgelegt.

- Die austretende feuchte Luft (mit dem konstant gebliebenen trockenen Luftmassenstrom $\dot{m}_l$) steht im Gleichgewicht mit dem zuströmenden Wassermassenstrom $\dot{m}_{w1}$. Dann gilt: $t_2 = t_{w1}$, $x_2 = x_s$ und $(h_{1+x})_2 = (h_{1+x})_s$.

Bei *realen Rückkühlwerken* erreicht die tatsächliche Wasseraustrittstemperatur t_{w2} nicht die Kühlgrenztemperatur $(t_{w2})_g$. Die dadurch verringerte Kühlleistung berücksichtigt man durch den *Abkühlgrad*

$$\eta_A = \frac{t_{w1} - t_{w2}}{t_{w1} - (t_{w2})_g} \qquad \textbf{(Gl 6.79)}$$

Die Luft reißt bei realen Rückkühlwerken Wassertröpfchen mit. Sie ist übersättigt ($x_2 > x_s$). Außerdem wird kein thermisches Gleichgewicht mit dem zuströmenden Wasser erreicht ($t_2 < t_{w1}$). Beide Erscheinungen verringern die spezifische Enthalpie der austretenden feuchten Luft ($(h_{1+x})_2 < (h_{1+s})_s$).

Beispiel 6.19: In einem Rückkühlwerk (B 6.12) soll warmes Kühlwasser (Massenstrom $\dot{m}_{w1}$) mit der Temperatur 35 °C durch Luft gekühlt werden, die mit 20 °C und 80 % relativer Feuchte in das Rückkühlwerk eintritt. Der Gesamtdruck sei konstant 1,013 25 bar.

Für ein ideales Rückkühlwerk sind zu ermitteln:

a) die ideale Austrittstemperatur des Kühlwassers,

b) Temperatur, Feuchtegehalt und Enthalpie des austretenden Luftstromes,

c) das Verhältnis des konstant bleibenden Luftmassenstromes $\dot{m}_l$ zum eintretenden Wassermassenstrom $\dot{m}_{w1}$,

d) der durch Frischwasser zu ersetzende Wassermassenstrom.

Für ein reales Rückkühlwerk mit 95 % Abkühlgrad ist zu ermitteln:

e) die tatsächliche Austrittstemperatur des Kühlwassers.

Lösung:

Zu a): Im idealen Rückkühlwerk wird das Wasser bis zur Kühlgrenztemperatur abgekühlt. Diese ist gleich der Nebelisothermen durch den Zustand 1 ($t_1 = 20\,°C, \varphi_1 = 80\,\%$):

$$(t_{w2})_g = \underline{17{,}5\,°C} \qquad (B\ 6.5)$$

Zu b): Für den austretenden Luftstrom gilt:

$$t_2 = t_{w1} = \underline{35\,°C}$$

$$x_2 = x_s = \underline{36{,}6\,\frac{g\,H_2O}{kg\,t\,L}} \qquad (B\ 6.5)$$

$$(h_{1+x})_2 = (h_{1+x})_s = \underline{130\,\frac{kJ}{kg}} \qquad (B\ 6.5)$$

Zu c): Aus B 6.5 entnehmen wir für den eintretenden Luftstrom $(h_{1+x})_1 = 50\ \dfrac{\text{kJ}}{\text{kg}}$ und $x_1 = 11{,}8\ \dfrac{\text{g H}_2\text{O}}{\text{kg t L}}$.

Um das gesuchte Massenstromverhältnis zu berechnen, stellen wir die Energiebilanz auf:

$$\dot{m}_l\,[(h_{1+x})_2 - (h_{1+x})_1] = \dot{m}_{\text{w}\,1}\,h_{\text{w}\,1} - \dot{m}_{\text{w}\,2}\,h_{\text{w}\,2}$$

Die Wasserbilanz ist

$$\dot{m}_{\text{w}\,1} - \dot{m}_{\text{w}\,2} = \Delta\dot{m}_{\text{H}_2\text{O}} = \Delta\dot{m}_\text{w} = \dot{m}_l\,(x_2 - x_1)$$

Eingesetzt in die Energiebilanz folgt mit $h_\text{w} = c_\text{w}\,t_\text{w}$

$$\dot{m}_l\,[(h_{1+x})_2 - (h_{1+x})_1] = \dot{m}_{\text{w}\,1}\,c_\text{w}\,(t_{\text{w}\,1} - t_{\text{w}\,2}) + \dot{m}_l\,(x_2 - x_1)\,c_\text{w}\,t_{\text{w}\,2}$$

Durch Umformung erhält man schließlich das gesuchte Massenstromverhältnis

$$\frac{\dot{m}_l}{\dot{m}_{\text{w}\,1}} = \frac{c_\text{w}\,(t_{\text{w}\,1} - t_{\text{w}\,2})}{(h_{1+x})_2 - (h_{1+x})_1 - (x_2 - x_1)\,c_\text{w}\,t_{\text{w}\,2}} \tag{Gl 6.80}$$

Zur Auswertung dieser Beziehung werden die Werte für die Ein- (1) und Austrittszustände (2) von Luft und Wasser eingesetzt:

$$\frac{\dot{m}_l}{\dot{m}_{\text{w}\,1}} = \frac{4{,}18\ \dfrac{\text{kJ}}{\text{kg K}}\,(35 - 17{,}5)\ \text{K}}{(130 - 50)\ \dfrac{\text{kJ}}{\text{kg}} - (36{,}6 - 11{,}8)\ 10^{-3} \cdot 4{,}18\ \dfrac{\text{kJ}}{\text{kg K}}\ 17{,}5\ \text{K}} = \underline{0{,}936}$$

Zu d): Der in die Luft verdunstete Wasserstrom wird bei geschlossenen Kühlwasserkreisläufen durch Frischwasser ersetzt. Mit der Wasserbilanz

$$\frac{\Delta\dot{m}_\text{w}}{\dot{m}_l} = x_2 - x_1 = x_\text{s} - x_1$$

ergibt sich

$$\frac{\Delta\dot{m}_\text{w}}{\dot{m}_{\text{w}\,1}} = \frac{\Delta\dot{m}_\text{w}}{\dot{m}_l}\,\frac{\dot{m}_l}{\dot{m}_{\text{w}\,1}} = (x_2 - x_1)\,\frac{\dot{m}_l}{\dot{m}_{\text{w}\,1}}$$

$$\frac{\Delta\dot{m}_\text{w}}{\dot{m}_{\text{w}\,1}} = (36{,}6 - 11{,}8)\ 10^{-3} \cdot 0{,}936 = \underline{0{,}0232 \mathrel{\widehat{=}} 2{,}32\,\%}$$

Zu e): Als tatsächliche Austrittstemperatur des Kühlwassers erhält man (Gl 6.79):

$$t_{\text{w}\,2} = t_{\text{w}\,1} - \eta_\text{A}\,[t_{\text{w}\,1} - (t_{\text{w}\,2})_\text{g}]$$

$$t_{\text{w}\,2} = 35\,^\circ\text{C} - 0{,}95\,[35\,^\circ\text{C} - 17{,}5\,^\circ\text{C}] = \underline{18{,}4\,^\circ\text{C}}$$

6

6.5 Reale Gemische

Bei realen Gemischen auftretende Mischungseffekte hatten wir schon bei der Einführung in Abschn. 6 (Gemische) erwähnt. Wir gehen nun für Gemische mit zwei Komponenten (*Zweistoffgemische, binäre Gemische*) auf einige technische Anwendungen ein, z. B. in Absorptionskältemaschinen oder -wärmepumpen. Die Gemische und deren Ausgangsstoffe können in unterschiedlichen Phasen vorliegen. Sie sollen in beliebigem Mischungsverhältnis und im gesamten Zustandsbereich unbegrenzt mischbar sein. Die Mischung soll isobar erfolgen. Chemische Reaktionen sollen bei der Mischung nicht auftreten.

Der Massenanteil der Komponente b (Gl 6.2) ist[1)]

$$\mu_b = \frac{m_b}{m_{Mi}} \qquad \textbf{(Gl 6.81)}$$

und der Komponente a

$$\mu_a = \frac{m_a}{m_{Mi}} = 1 - \mu_b \qquad \textbf{(Gl 6.82)}$$

h,μ*$_b$*-Diagramm. Die spezifischen Enthalpien realer Gemische werden in h,μ_b-Diagrammen angegeben **(B 6.13)**. Für einen bestimmten Druck $p = \text{const}$ werden die spezifischen Enthalpien der Komponenten a und b (h_a bzw. h_b) und des Gemisches (h) über dem Massenanteil der Komponente b (μ_b) aufgetragen. Bei $\mu_b = 0$ liegt der reine Stoff a, bei $\mu_b = 1$ der reine Stoff b vor.

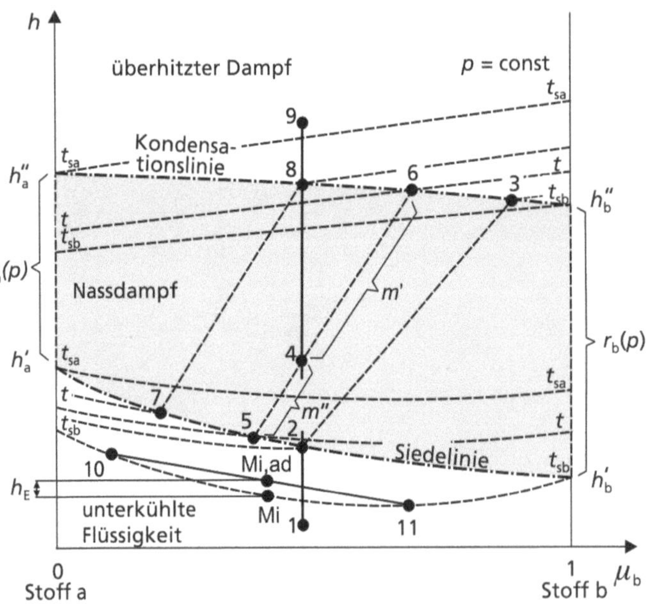

B 6.13 h,μ_b-Diagramm

1) i. Allg. ist b die Komponente mit dem niedrigeren Siedepunkt. Für den Massenanteil der Komponente b wird als Formelzeichen häufig x und in der Kältetechnik manchmal die Bezeichnung Konzentration verwendet.

In dem Diagramm sind die Isothermen und die Grenzkurven zwischen den einzelnen Phasengebieten eingetragen. Unterhalb der Siedelinie liegt unterkühlte Flüssigkeit, oberhalb der Kondensationslinie überhitzter Dampf vor. Zwischen den beiden Phasengrenzkurven liegt das Nassdampfgebiet.

Adiabate Mischprozesse zweier Gemische. Werden zwei Gemische (z. B. Zustände 5 und 6 in B 6.13) adiabat isobar gemischt, liegt der Mischungspunkt (Zustand 4) im h,μ_b-Diagramm auf der Verbindungsgeraden von 5 und 6 und teilt diese Strecke im umgekehrten Verhältnis der Massen (*Mischungsregel*). Das gilt für beliebige Aggregatzustände des Gemisches. Diese Regel lässt sich mithilfe von Massen- und Energiebilanzen entsprechend der Herleitung für Mischprozesse von feuchter Luft (Kap. 6.4.7) herleiten. Die Mischungstemperatur t_{Mi} ist die Temperatur der Isothermen, die durch den Mischungspunkt verläuft.

Isothermen im Gebiet des überhitzten Dampfes. Beim Mischen von Gasen kann in guter Näherung angenommen werden, dass ideale Gemische entstehen. Die zu mischenden Gase können auch jeweils selbst Gemische sein, wie z. B. Luft oder Erdgas. Haben die beiden Gase vor dem Mischen die gleiche Temperatur, hat auch das entstehende Gemisch diese Temperatur. Da alle drei Zustände nach dem Mischungsgesetz auf einer Geraden liegen, sind die Isothermen im Gebiet des überhitzten Dampfes mit guter Näherung Geraden.

6

Isothermen im Flüssigkeits-Gebiet. Mischt man zwei Flüssigkeiten mit gleicher Temperatur (z. B. die Zustände 10 und 11 in B 6.13), weicht bei realen Gemischen bei adiabater Gemischbildung die Temperatur des Gemisches ($t_{Mi,ad}$) von der Temperatur der ungemischten Stoffe ab. Um das Gemisch auf Ausgangstemperatur zu halten (isotherme Gemischbildung), muss Wärme zu- oder abgeführt werden. Bezogen auf die Masse des Gemisches bezeichnet man diese Wärme als *spezifische Mischungsenthalpie* h_E [1]. Sie hängt von der Zusammensetzung und von der Temperatur ab. $h_E < 0$ heißt, dass bei adiabater Mischung die Temperatur steigen würde, dass also Wärme entzogen werden muss, damit die Temperatur unverändert bleibt. Bei isobarer Mischung berechnet sich die spezifische Mischungsenthalpie als Differenz der spezifischen Enthalpien des Gemisches bei isothermer und adiabater Mischung

$$h_E = h_{Mi} - h_{Mi,ad} \qquad \textbf{(Gl 6.83)}$$

h_E kann mittels Kalorimeter gemessen werden.

Den Mischungspunkt bei isothermer Gemischbildung (Mi) erhält man, indem man vorab den Mischungspunkt bei adiabater Gemischbildung (Mi,ad) bestimmt. Dieser liegt nach der Mischungsregel auf der Verbindungsgeraden durch die Zustandspunkte der ungemischten Stoffe (z. B. die Zustände 10 und 11 in B 6.13). Trägt man von Mi,ad die spezifische Mischungsenthalpie h_E nach oben oder unten ab, so ergibt sich der Mischungspunkt bei isothermer Gemischbildung (Mi). Wiederholt man diese Konstruktion für unterschiedliche Massenverhältnisse der ungemischten Stoffe, erhält man als Isotherme t eine gekrümmte Linie. In B 6.13 sind für den Fall, dass die Mischungsenthalpie negativ ist, im Flüssigkeitsgebiet einige Isothermen eingetragen.

---

[1] Die spezifische Mischungsenthalpie h_E wird auch als *Exzess-Enthalpie* bezeichnet.

Isothermen im Nassdampfgebiet. Siedende Flüssigkeit (Zustand 5 in B 6.13) und trocken gesättigter Dampf (Zustand 6) stehen im Gleichgewicht. Mischt man sie adiabat, so ändern sich weder die Temperatur $T_4 = T_5 = T_6$ noch die Zusammensetzung der Flüssigkeit $\mu_{b\,5}$ und des Dampfes $\mu_{b\,6}$, sonst wären die Flüssigkeit und der Dampf vor dem Mischen nicht im Gleichgewicht gewesen. Nach der Mischungsregel liegt der Mischungspunkt 4 auf der Verbindungsgeraden von 5 und 6. Da in 4 dieselbe Temperatur wie in 5 und 6 herrscht, muss die Nassdampfisotherme geradlinig von 5 über 4 nach 6 verlaufen. Die *Nassdampfisothermen* sind Geraden. Sie verlaufen umso steiler, je näher sie bei den Ordinatenachsen $\mu_b = 0$ und $\mu_b = 1$ liegen. Für die reinen Stoffe fallen sie mit diesen Achsen zusammen. Für einen vorgegebenen Druck lässt sich für einen Zustand auf der Siedelinie der im Gleichgewicht befindende Zustand auf der Kondensationslinie und damit die Nassdampfisotherme mit der in B 6.14 eingetragenen Konstruktion ermitteln: Für jeweils gleichen Druck geht man von der Siedelinie (beispielhaft für 120 °C und 2,0 MPa) senkrecht nach oben bis zur Hilfslinie für diesen Druck und von dort horizontal nach rechts bis zur Kondensationslinie.

Isobare Wärmezufuhr von 1 nach 9. Beim isobaren Erwärmen eines flüssigen Gemisches (Zustand 1 in B 6.13) erreicht man den Zustand 2 auf der Siedelinie, bei dem die ersten Dampfblasen mit dem Massenanteil $\mu_{b\,3}$ entstehen. Bei weiterer Wärmezufuhr erhält man Nassdampf (Zustand 4). Er besteht aus m' Flüssigkeit mit dem Massenanteil $\mu_{b\,5}$ und m'' Dampf mit dem Massenanteil $\mu_{b\,6}$. Im Zustand 8 verdampft gerade die letzte Flüssigkeit mit dem Massenanteil $\mu_{b\,7}$. Bei weiterer Wärmezufuhr wird der Dampf überhitzt (Zustand 9).

Ein Diagramm für mehrere Drücke. Man kann ein h, μ_b-Diagramm für verschiedene Drücke verwenden, wenn man die entsprechenden Siede- und Kondensationslinien einzeichnet. Die Enthalpie der Flüssigkeit ist so wenig vom Druck abhängig, dass sich die Flüssigkeitsisothermen im h, μ_b-Diagramm nicht unterscheiden. Die Isothermen im Nassdampfgebiet liegen jedoch für jeden Druck anders und können dann nicht mehr eingetragen werden.

Als Beispiele sind für *Ammoniak-Wasser-Gemische* (NH_3–H_2O-Gemische) **(B 6.14)** und für *Wasser-Lithiumbromid-Lösungen* (H_2O–LiBr-Lösungen) **(B 6.15)** die h, μ_b-Diagramme angegeben. Wird eine Wasser-Lithiumbromid-Lösung zum Sieden gebracht, verdampft nur das Wasser. Die Lösung steht dann im Gleichgewicht mit Wasserdampf. Daher sind in B 6.15 unten das h, μ_{H_2O}-Diagramm für H_2O–LiBr-Lösungen und darüber ein Hilfsdiagramm für die spezifische Enthalpie des dazu im Gleichgewicht stehenden Wasserdampfes angegeben. Für einen bestimmten Siedezustand der Lösung (Siededruck, Massenanteil) kann senkrecht darüber, bei gleichem Druck, die spezifische Enthalpie des im Gleichgewicht stehenden Wasserdampfes abgelesen werden (s. B. 6.15).

Beispiel 6.20: Ein Ammoniak-Sattdampf-Massenstrom (0,043 kg/s) und ein Lösungsmassenstrom (Ammoniak-Wasser-Lösung, NH_3-Massenanteil: 0,20, Temperatur: 70 °C) werden isobar bei 300 kPa gemischt. Der entstehende Massenstrom des Gemisches hat einen NH_3-Massenanteil von 0,40.

Bestimmen Sie mit dem h, μ_{NH_3}-Diagramm für NH_3–H_2O-Gemische

a) den Massenstrom der zugeführten Ammoniak-Wasser Lösung,

b) die Temperatur $t_{Mi,ad}$ des entstehenden Gemisches bei adiabatem Mischungsvorgang.

Alternativ soll bei gleichem Mischungsvorgang nun so viel Wärme abgeführt werden, dass das entstehende Gemisch die Mischkammer als siedende Flüssigkeit verlässt.

c) Welcher Wärmestrom muss abgeführt werden?

d) Welche Temperatur hat der entstehende Lösungs-Massenstrom?

Lösung:

Wir bezeichnen den Ammoniak-Sattdampf-Massenstrom mit Index 1, die Ammoniak-Wasser-Lösung mit Index 2.

Zu a): Zustand 1 ($\mu_{NH_3\,1} = 1$, Kondensationslinie für 0,3 MPa) und Zustand 2 ($\mu_{NH_3\,2} = 0{,}20$, $t_2 = 70\,°C$) in B 6.14 eintragen. Verbindungsgerade einzeichnen. Der Mischungspunkt liegt bei adiabatem Mischungsvorgang auf der Verbindungsgeraden bei dem Massenanteil $\mu_{NH_3\,Mi} = 0{,}40$. Der Massenstrom der Ammoniak-Wasser-Lösung ergibt sich aus dem umgekehrten Verhältnis der Hebelarme (Mischungsgesetz). Wir verwenden stattdessen die senkrecht projizierten Hebelarme und damit die Differenzen der Massenanteile 0,4 – 0,2 = 0,2 und 1 – 0,4 = 0,6

$$\dot{m}_2 = \frac{0{,}6}{0{,}2}\,\dot{m}_1 = \frac{0{,}6}{0{,}2}\,0{,}043\,\frac{kg}{s} = \underline{0{,}129\,\frac{kg}{s}}$$

6

Alternativ lässt sich der Massenstrom der Ammoniak-Wasser-Lösung mit Massenbilanzen bestimmen:

$$\dot{m}_1 + \mu_{NH_3\,2}\dot{m}_2 = \mu_{NH_3\,Mi}(\dot{m}_1 + \dot{m}_2)$$

$$\dot{m}_2 = \frac{1 - \mu_{NH_3\,Mi}}{\mu_{NH_3\,Mi} - \mu_{NH_3\,2}}\,\dot{m}_1 = \frac{1 - 0{,}4}{0{,}4 - 0{,}2}\,0{,}043\,\frac{kg}{s} = \underline{0{,}129\,\frac{kg}{s}}$$

Zu b): Es werden in B 6.14 die Nassdampfisothermen für 60 °C und 70 °C konstruiert (s. Erläuterung „Isothermen im Nassdampfgebiet") und die Temperatur für den adiabaten Mischungspunkt interpoliert:

$$t_{Mi,ad} \approx 68\,°C$$

Zu c): Da sich weder die Massenanteile noch die Massenströme der ungemischten Stoffströme ändern, ändert sich auch der Massenstrom und der Massenanteil ($\mu_{NH_3\,Mi} = \mu_{NH_3\,Mi,ad} = 0{,}4$) des entstehenden Gemisches nicht. Das entstehende Gemisch soll siedende Flüssigkeit sein. Somit liegt sein Zustandspunkt auf der Siedelinie für 0,3 MPa. Aus B 6.14 lassen sich für die jetzt abzuführende siedende Flüssigkeit ($\mu_{NH_3\,Mi} = 0{,}4$, $p = 0{,}3$ MPa) die spezifischen Enthalpie h_{Mi} und für den unter a) ermittelten adiabaten Mischvorgang ($\mu_{NH_3\,Mi,ad} = 0{,}4$, $t_{Mi,ad} = 68\,°C$) die spezifischen Enthalpie $h_{Mi,ad}$ ablesen:

$$h_{Mi} \approx 60\,\frac{kJ}{kg}, \qquad h_{Mi,ad} \approx 560\,\frac{kJ}{kg}$$

Abzuführender Wärmestrom (entsprechend Gl 6.83)

$$\dot{Q} = \dot{m}_{Mi}h_E = \dot{m}_{Mi}(h_{Mi} - h_{Mi,ad}) = 0,172\,\frac{kg}{s}(60 - 560)\,\frac{kJ}{kg} = \underline{-86\,kW}$$

Bei Kenntnis der Enthalpien lässt sich der Wärmestrom auch mit Energie- und Massenbilanzen bestimmen:

$$\dot{m}_1 h_1 + \dot{m}_2 h_2 = (\dot{m}_1 + \dot{m}_2)\,h_{Mi} + |\dot{Q}|$$

Mit $h_1 \approx 1590\,kJ/kg$ (bei $\mu_{NH_3\,1} = 1$, Sattdampf), $h_2 \approx 210\,kJ/kg$ (bei $\mu_{NH_3\,2} = 0{,}2$, $t_2 = 70\,°C$) und $h_{Mi} \approx 60\,kJ/kg$ (jeweils aus B 6.14) erhält man

$$|\dot{Q}| = \dot{m}_1(h_1 - h_{Mi}) + \dot{m}_2(h_2 - h_{Mi})$$

$$|\dot{Q}| = 0{,}043\,\frac{kg}{s}\,(1590 - 60)\,\frac{kJ}{kg} + 0{,}129\,\frac{kg}{s}\,(210 - 60)\,\frac{kJ}{kg} = \underline{85{,}14\,kW}$$

Zu d): Aus B 6.14 liest man ab $t_{Mi} \approx \underline{40\,°C}$

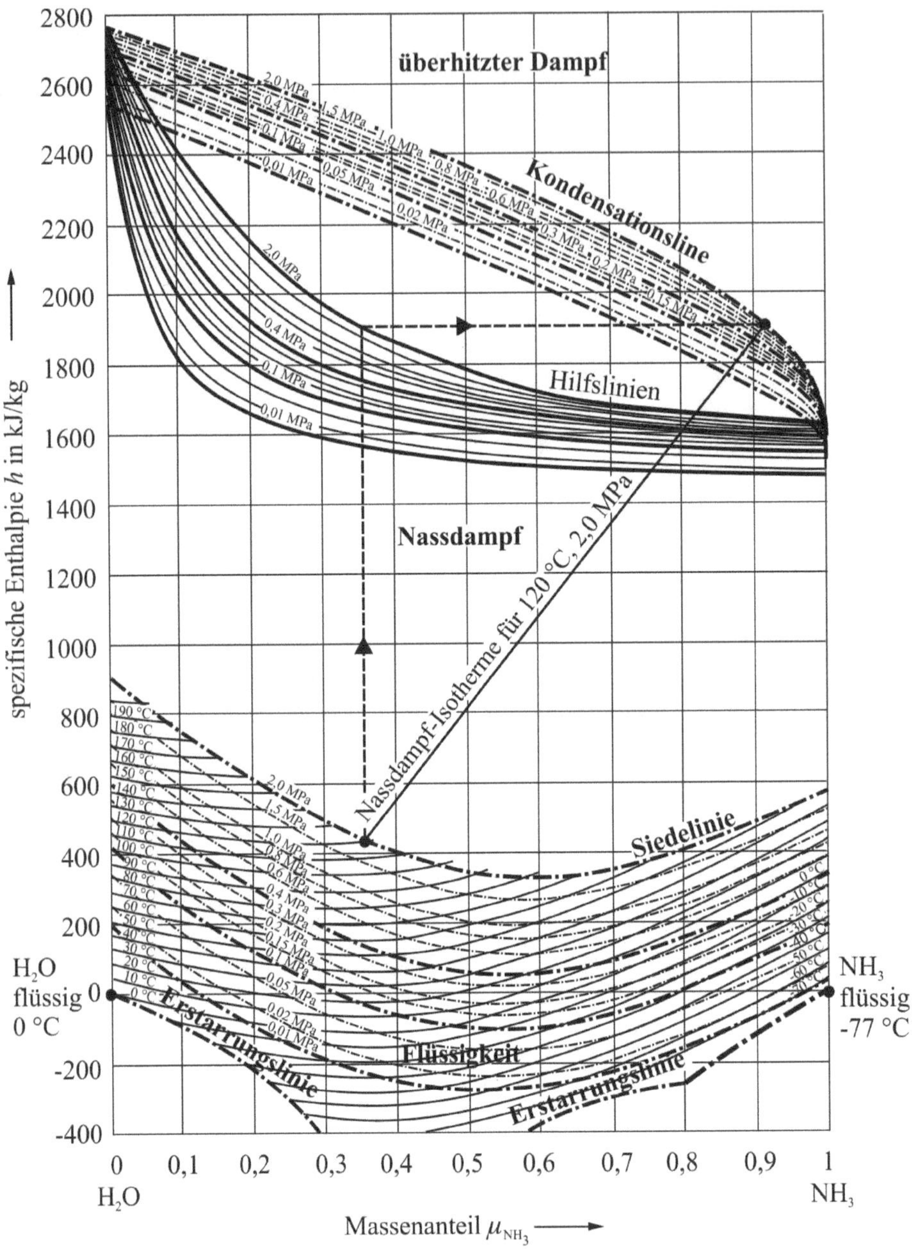

B 6.14 h, μ_{NH_3}-Diagramm für NH_3–H_2O-Gemische [7b; Beilagediagramm 6]

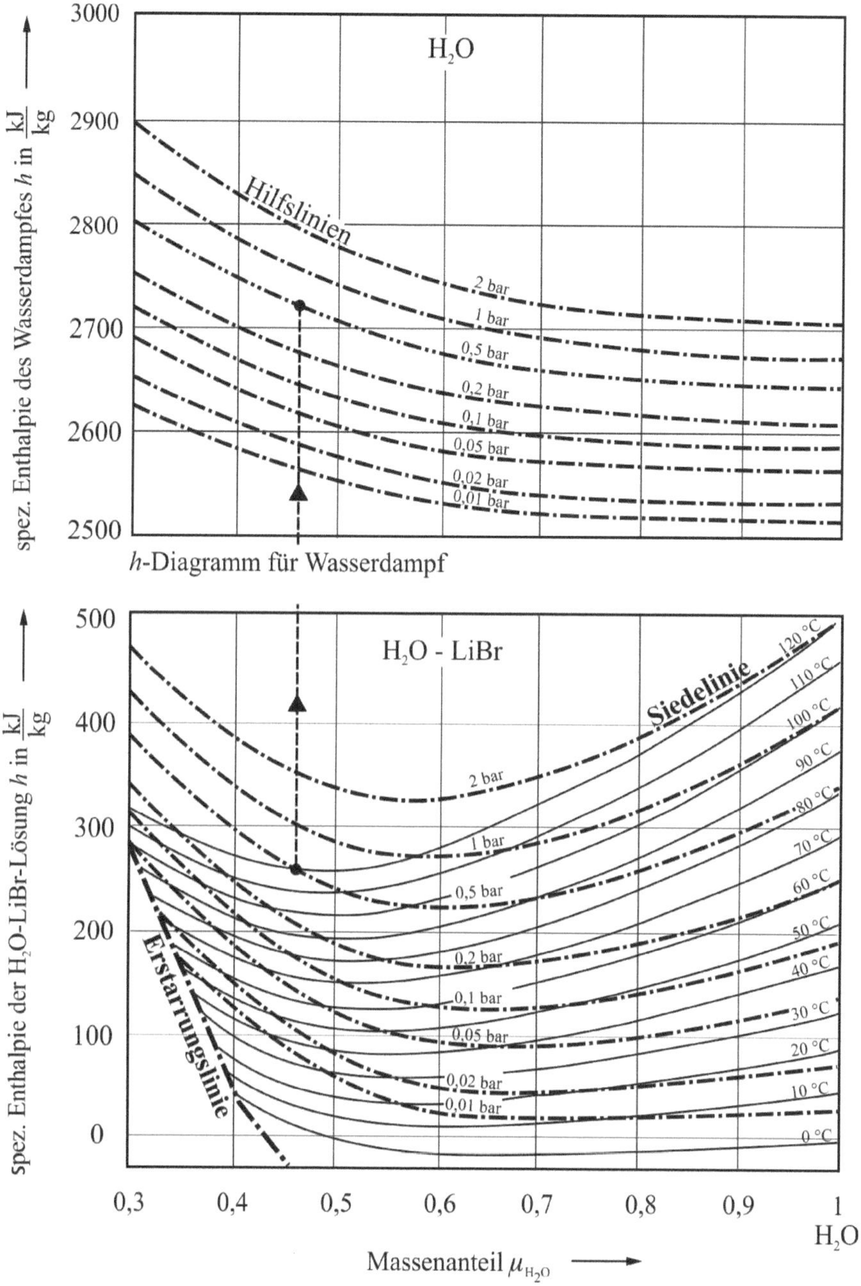

B 6.15 h, μ_{H_2O}-Diagramm für H_2O–LiBr-Lösungen[1)]

[1)] Deutscher Kälte- und Klimatechnischer Verein (Hrsg.): Kältemaschinenregeln - Berechnungsunterlagen und Regeln für Leistungsversuche an Kältemaschinen (Kühlmaschinen und Wärmepumpen). 7. Aufl., Karlsruhe: Verlag C. F. Müller 1981; Diagramm 19.20

Aufgabe 6.15: In einem Zylinder, der von einem Kolben verschlossen ist, befindet sich bei einem Druck von 0,02 bar ein H_2O–LiBr-Gemisch. Es liegt in zwei verschiedenen Phasen vor: einer H_2O–LiBr-Lösung mit einem H_2O-Massenanteil von 50 % (Index f) sowie reinem Wasserdampf (Index g). Es herrscht Gleichgewicht. Die Masse der Lösung beträgt 0,5 kg, die des Dampfes 1,5 kg.

a) Bestimmen Sie mit dem h, μ_{H_2O}-Diagramm für H_2O–LiBr-Lösungen die Temperatur der H_2O–LiBr-Lösung.

Dem Gemisch wird isobar Wärme zugeführt. Dabei erhöht sich die Temperatur auf 60 °C.

b) Welchen H_2O-Massenanteil hat die H_2O–LiBr-Lösung nun?

c) Wie viel Wasser ist verdampft?

d) Welchen Wert hat die Enthalpie des Gemisches im Ausgangszustand und nach der Wärmezufuhr?

e) Wie viel Wärme wurde zugeführt?

Kontrollfragen (Antworten Abschnitt 11.6)

6.1

1. Was verstehen Sie unter einem
   a) homogenen Gemisch,
   b) binären Gemisch?
2. Wie lauten die Definitionen der Größen
   a) Massenanteil,
   b) Stoffmengenanteil,
   c) Beladung (binäres Gemisch)
   für die Zusammensetzung eines Gemisches?
3. Wie wird die molare Masse eines Gemisches berechnet, wenn
   a) die Stoffmengenanteile,
   b) die Massenanteile,
   der Komponenten gegeben sind?
4. Welcher Zusammenhang besteht zwischen Stoffmengen- und Massenanteil?

6.2

5. Erläutern Sie die Begriffe
   a) ideales Gemisch,
   b) Volumenkontraktion.
6. Wodurch unterscheidet sich die Partialdichte von der Dichte der ungemischten Komponente im idealen Gemisch?
7. Wie lautet die Definition für den Raumanteil im idealen Gemisch?
8. Wie berechnet sich die Gemischdichte im idealen Gemisch mit den
   a) Partialdichten,
   b) Dichten der ungemischten Komponenten bei bekannten Raumanteilen,
   c) Dichten der ungemischten Komponenten bei bekannten Massenanteilen?
9. Wie werden für ein ideales Gemisch
   a) die spezifischen Zustandsgrößen,
   b) die molaren Zustandsgrößen
   bei gegebenen Größen Druck und Temperatur gebildet (ausgenommen sind Entropie und Exergie)?

10. Wie wird für ein ideales Gemisch die molare Entropie bei gegebenen Größen Druck und Temperatur berechnet?

6.3 11. Welche Eigenschaften besitzt ein Gemisch idealer Gase? Geben Sie die thermische Zustandsgleichung mit den speziellen Gaskonstanten der Komponenten an.

12. a) Wie sind die Partialdrücke definiert?
    b) Wie lautet das Gesetz von Dalton?

13. a) Was ist eine isobare Gemischbildung?
    b) Durch welche Anordnung lässt sich im geschlossenen System die isobare Gemischbildung verwirklichen?

14. a) Wie erklärt sich die Irreversibilität (Entropiezunahme) bei der isothermen und isobaren Gemischbildung idealer Gase?
    b) Wie groß ist der Exergieverlust dieser Gemischbildung?

15. Welcher Zusammenhang besteht zwischen Raum- und Stoffmengenanteil im Gemisch idealer Gase?

6.4 16. a) Warum ist die Mischbarkeit von Wasserdampf in trockener Luft begrenzt?
    b) Was bedeutet der übersättigte Zustand eines Gas-Dampf-Gemisches?
    c) Wie ist der Taupunkt eines Gas-Dampf-Gemisches definiert?

17. Wie lauten die Definitionen für
    a) die absolute Feuchte,
    b) die relative Feuchte,
    c) den Feuchtegehalt?

18. Wie verändert sich die relative Feuchte in feuchter Luft, wenn bei konstanter Temperatur der Druck gesenkt wird?

19. Wie sind die spezifischen Zustandsgrößen der feuchten Luft
    a) v_{1+x}
    b) h_{1+x}
    definiert?

20. Welche Gültigkeitsbereiche sind bei der Berechnung der spezifischen Enthalpie feuchter Luft zu beachten?

21. Wozu dient der Randmaßstab im h,x-Diagramm?

22. Warum sind negative spezifische Enthalpien feuchter Luft bei der Berechnung möglich?

23. Welche Zustandsgröße bleibt bei der isobaren Erwärmung feuchter Luft konstant? Wie verläuft diese Zustandsänderung im h,x-Diagramm?

24. Wie findet man den isobaren Mischungspunkt von zwei Massen feuchter Luft im h,x-Diagramm?

25. Wie ist die Kühlgrenztemperatur definiert?

7 Strömungsvorgänge

Bei offenen Systemen wurden Strömungs- und Arbeitsprozesse unterschieden (Abschn. 3.4). Bei *Strömungsprozessen* überschreitet keine Arbeit die Systemgrenze ($w_{t12} = 0$); diese Prozesse wurden bisher mit Ausnahme der Drosselung (Abschn. 3.6) nicht näher behandelt. Bei *Arbeitsprozessen*, das sind Prozesse mit zu- oder abgeführter Arbeit ($w_{t12} \neq 0$), wurde die Änderung kinetischer und auch potenzieller Energie in der Regel vernachlässigt.

7.1 Kontinuitätsgleichung

Im Folgenden betrachten wir nur die stationäre Strömung durch Rohrleitungen und durch Apparate; die freie Strömung im Raum und die instationäre Strömung werden nicht behandelt.

Bei einer stationären Rohrströmung fliesst durch jeden Querschnitt des Rohres immer der gleiche Massenstrom $\dot{m}$ **(B 7.1)**. Die Gesetzmäßigkeit drückt die *Kontinuitätsgleichung* aus:

$$\dot{m} = \varrho_1\, c_{m1} A_1 = \varrho_2\, c_{m2} A_2 = \text{const} \qquad \textit{allgemein} \qquad \textbf{(Gl 7.1)}$$

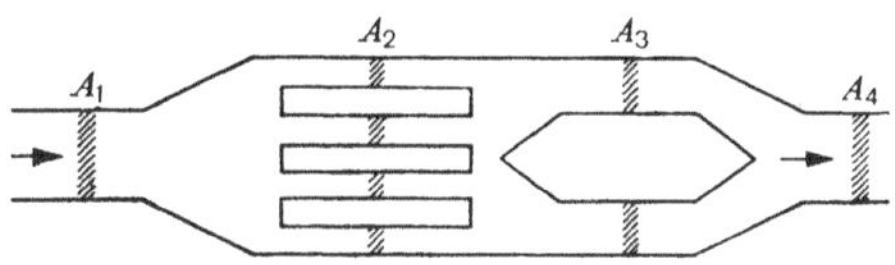

B 7.1 Rohrleitung mit Verzweigungen

Ist die Dichte unveränderlich, z. B. weil das durch die Rohrleitung strömende Fluid inkompressibel ist, dann gilt

$$\dot{V} = c_{m1} A_1 = c_{m2} A_2 = \text{const} \qquad \textit{bei konstanter Dichte} \qquad \textbf{(Gl 7.2)}$$

c_{m1} und c_{m2} sind mittlere Geschwindigkeiten senkrecht zu den Querschnittsflächen A_1 und A_2 **(B 7.2)**.

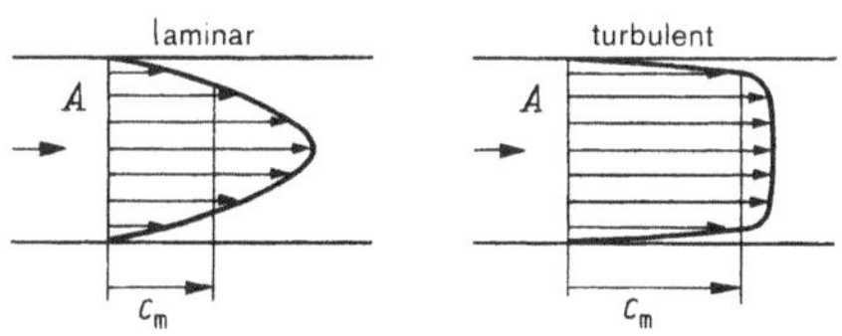

B 7.2 Geschwindigkeitsverteilungen im Kanal

Je nach Größe der Reynolds-Zahl (Gl 8.14b) sind zwei verschiedene Strömungen möglich: die laminare und die turbulente. Bei sehr kleinen *Re*-Zahlen strömt das Fluid in Schichten, d. h. *laminar*. Bei größeren *Re*-Zahlen überlagert sich der Durchströmung eine ungeordnete Querbewegung, die Strömung ist *turbulent*. Bei Rohrströmungen unterhalb von $Re = 2\,300$ bildet sich laminare Strömung aus.[1)] Bei reibungsbehafteter Strömung ist die Geschwindigkeitsverteilung bei laminarer Strömung parabelförmig, während sie mit steigender Turbulenz immer flacher verläuft (B 7.2).

Die Mittelwerte der Geschwindigkeiten c_{m} werden durch Integration mithilfe der wirklichen Geschwindigkeiten an den verschiedenen Stellen im durchströmten Querschnitt bestimmt. Bei konstanter Dichte im Querschnitt gilt:

$$c_{\mathrm{m}}\,A = \int_0^A c\,dA$$

Der einfacheren Schreibweise wegen wird die Fußnote „m" weggelassen. In allen folgenden Gleichungen ist immer die mittlere Geschwindigkeit einzusetzen.

7.2 Der erste Hauptsatz der Thermodynamik für Strömungsvorgänge

7.2.1 Arbeitsprozesse

Bei den bisherigen Betrachtungen hatten wir die Änderung der kinetischen und potenziellen Energie häufig vernachlässigt, bei den folgenden Ausführungen werden wir dagegen alle an einem Vorgang beteiligten Energieformen beachten. So lautet der erste Hauptsatz für offene Systeme bei Berücksichtigung der Änderung der kinetischen und potenziellen Energie (Gl 2.17):

$$q_{12} + w^*_{\mathrm{t}12} = h_2 - h_1 + \frac{1}{2}\,(c_2^2 - c_1^2) + g\,(z_2 - z_1)$$

Nach Umstellung ergibt sich eine Berechnungsgleichung für die spezifische *technische Arbeit*, die bei Kenntnis der Enthalpieänderung anwendbar ist:

$$w^*_{\mathrm{t}12} = h_2 - h_1 + \frac{1}{2}\,(c_2^2 - c_1^2) + g\,(z_2 - z_1) - q_{12} \qquad \textbf{(Gl 7.3)}$$

Hierin ist die spezifische technische Arbeit (Gl 2.11):

$$w^*_{\mathrm{t}12} = w^{\mathrm{rev}\,*}_{\mathrm{t}12} + w_{\mathrm{diss}\,12}$$

Die technische Arbeit $w^*_{\mathrm{t}12}$ setzt sich also aus einem reversiblen Anteil – der reversiblen technischen Arbeit $w^{\mathrm{rev}\,*}_{\mathrm{t}12}$ – und dem bei gleichem Zustandsverlauf dissipierten Anteil – der Dissipationsarbeit $w_{\mathrm{diss}\,12}$ – zusammen.

[1)] Nähere Ausführungen über den Zusammenhang zwischen Strömungsform und Reynolds-Zahl folgen in Abschn. 8.3.2, in dem die *Re*-Zahl gemeinsam mit anderen Kenngrößen behandelt wird.

Die spezifische technische Arbeit kann auch ohne Kenntnis kalorischer Zustandsgrößen berechnet werden (Gl 2.19):

$$w_{t12}^{*} = \int_1^2 v \, dp + \frac{1}{2}\,(c_2^2 - c_1^2) + g\,(z_2 - z_1) + w_{diss\,12} \qquad \textbf{(Gl 7.4)}$$

Für den *reversiblen Anteil*, also für die spezifische *reversible technische Arbeit*, gilt (Gl 2.20):

$$w_{t12}^{rev\,*} = \int_1^2 v \, dp + \frac{1}{2}\,(c_2^2 - c_1^2) + g\,(z_2 - z_1) \qquad \textbf{(Gl 7.5)}$$

Die einem strömenden Fluid zugeführte reversible technische Arbeit kann somit zur Druckerhöhung, zur Erhöhung der kinetischen Energie oder der potenziellen Energie verwendet werden. Umgekehrt kann ein strömendes Fluid technische Arbeit abgeben, wenn sich Druck, kinetische oder potenzielle Energie verringern. Eine Volumenänderung muss nicht stattfinden, z. B. nicht bei strömenden Flüssigkeiten.

Die Gleichungen in diesem Abschnitt werden meistens für die spezifischen Größen angegeben, da im Allgemeinen nicht eine bestimmte Masse, sondern ein Massenstrom betrachtet wird. Anderenfalls müssen alle Größen mit diesem Massenstrom $\dot{m}$ multipliziert werden.

Aus Gl 2.17 ergibt sich dann

$$\dot{m}\,q_{12} + \dot{m}\,w_{t12}^{*} = \dot{m}\,(h_2 - h_1) + \frac{\dot{m}}{2}\,(c_2^2 - c_1^2) + \dot{m}\,g\,(z_2 - z_1)$$

Setzt man

$$\left.\begin{array}{lll} \dot{Q}_{12} = \dot{m}\,q_{12} & \text{den Wärmestrom,} \\ P_{t12}^{*} = \dot{m}\,w_{t12}^{*} & \text{die technische Leistung der Maschine,} \\ \dot{H}_1 = \dot{m}\,h_1 & \text{den Enthalpiestrom,} \end{array}\right\} \qquad \textbf{(Gl 7.6)}$$

so ergibt sich

$$\dot{Q}_{12} + P_{t12}^{*} = \dot{H}_2 - \dot{H}_1 + \frac{\dot{m}}{2}\,(c_2^2 - c_1^2) + \dot{m}\,g\,(z_2 - z_1) \qquad \textbf{(Gl 7.7 a)}$$

Für ein System mit mehreren Maschinen, Wärme- und Fluidströmen (a, b, ...) gilt:

$$\sum \dot{Q}_{12} + \sum P_{t12}^{*} = \left(\sum \dot{H} + \sum \frac{\dot{m}}{2} c^2 + \sum \dot{m}\,g\,z\right)_{AUS} - \left(\sum \dot{H} + \sum \frac{\dot{m}}{2} c^2 + \dot{m}\,g\,z\right)_{EIN} \qquad \textbf{(Gl 7.7 b)}$$

Hierin ist z. B.:

$$\sum \dot{Q}_{12} = \dot{Q}_{a\,12} + \dot{Q}_{b\,12} + \ldots, \qquad \sum \dot{H}_{AUS} = \dot{H}_{a\,AUS} + \dot{H}_{b\,AUS} + \ldots$$

Mit den hier aufgeführten Gleichungen ist eine Energiebilanz von Systemen unter Berücksichtigung aller auftretenden Energieströme möglich.

7

Beispiel 7.1: Aus einer Halle, Luftzustand 20 °C, 1 010 mbar, fördert ein Abluftventilator Luft in einen Abluftkanal. Im Ventilator steigt der Luftdruck um 10 mbar, die Temperatur um 1,2 K. Die mittlere Luftgeschwindigkeit im Abluftkanal beträgt 10 m/s, die dort gemessene Luftmenge 17 000 m^3/h.

Der Ventilator kann als adiabates System angenommen werden, bei der Verdichtung wird Energie dissipiert. Die Luftdichte kann wegen der geringen Druck- und Temperaturerhöhung näherungsweise konstant, die Luft als ideales Gas angenommen werden.

Ermitteln Sie:

a) die dem Ventilator zuzuführende spezifische technische Arbeit,

b) die erforderliche technische Antriebsleistung,

c) die reversible technische Leistung,

d) die im Ventilator dissipierte Leistung,

e) den Anteil der dissipierten Leistung an der technischen Antriebsleistung,

f) den isentropen Verdichterwirkungsgrad.

Lösung:

Zu a): Spezifische technische Arbeit nach Gl 7.3:

$$w_{t12}^{*} = h_2 - h_1 + \frac{1}{2}\left(c_2^2 - c_1^2\right) + g\left(z_2 - z_1\right) - q_{12}$$

Mit $z_2 = z_1$, $q_{12} = 0$ und $c_1 = 0$ sowie $h_2 - h_1 = c_{pm}\left(T_2 - T_1\right)$ (Gl 2.45) gilt:

$$w_{t12}^{*} = h_2 - h_1 + \frac{c_2^2}{2} = c_{pm}\left(T_2 - T_1\right) + \frac{c_2^2}{2}$$

$$w_{t12}^{*} = 1{,}004\ \frac{\text{kJ}}{\text{kg K}}\ 1{,}2\ \text{K} + \frac{10^2\ \text{m}^2}{\text{s}^2\ 2}\ \frac{\text{N s}^2}{\text{kg m}}\ \frac{\text{kJ}}{10^3\ \text{N m}} = \underline{1{,}2548\ \frac{\text{kJ}}{\text{kg}}}$$

Zu b): Massenstrom nach Gl 1.16: $\dot{m} = \dfrac{p_2\ \dot{V}_2}{R_l\ T_2}$

$$\dot{m} = \frac{102\,000\ \text{N}\ 17\,000\ \text{m}^3\ \text{h kg K}}{\text{m}^2\ \text{h}\ 3\,600\ \text{s}\ 287{,}1\ \text{J}\ 294{,}35\ \text{K}} = 5{,}70\ \frac{\text{kg}}{\text{s}}$$

Damit ergibt sich die zuzuführende technische Leistung (Gl 7.6):

$$P_{t12}^{*} = \dot{m}\, w_{t12}^{*} = 5{,}70\ \frac{\text{kg}}{\text{s}}\ 1{,}2548\ \frac{\text{kJ}}{\text{kg}} = \underline{7{,}152\ \text{kW}}$$

Zu c): Reversible technische Leistung nach Gl 7.6, mit $w_{t12}^{\text{rev}\,*}$ nach Gl 7.5:

$$P_{t12}^{\text{rev}*} = \dot{m}\, w_{t12}^{\text{rev}*} = \int_1^2 \dot{V}\,\text{d}p + \dot{m}\,\frac{c_2^2}{2}$$

Bei konstanter Dichte gilt mit $\dot{V} = \text{const}$:

$$P_{t12}^{\text{rev}*} = \dot{V}\left(p_2 - p_1\right) + \dot{m}\,\frac{c_2^2}{2}$$

$$P_{t12}^{\text{rev}*} = \left(\frac{17\,000\ \text{m}^3\ \text{h}}{\text{h}\ 3\,600\ \text{s}}\ 10\ \text{mbar}\ \frac{100\ \text{N}}{\text{m}^2\ \text{mbar}} + 5{,}70\ \frac{\text{kg}}{\text{s}}\ \frac{10^2\ \text{m}^2}{\text{s}^2\ 2}\ \frac{\text{N s}^2}{\text{kg m}}\right)\frac{\text{kW}}{10^3\ \text{W}}$$

$$P_{t\,1\,2}^{\mathrm{rev}*} = (4{,}722 + 0{,}285)\ \mathrm{kW} = \underline{5{,}07\ \mathrm{kW}}$$

Die Vernachlässigung der Dichteänderung ist bei Ventilatoren zulässig. Bei Verdichtern oder Turbinen mit stärkerer Druckveränderung ist $\int_1^2 V\,\mathrm{d}p$ entsprechend dem polytropen Zustandsverlauf zu ermitteln (Bsp. 7.2).

Zu d): Dissipierte Leistung (entspr. Gl 2.11):

$$P_{\mathrm{diss}\,1\,2} = P_{t\,1\,2}^{*} - P_{t\,1\,2}^{\mathrm{rev}*} = (7{,}152 - 5{,}007)\ \mathrm{kW} = \underline{2{,}145\ \mathrm{kW}}$$

Zu e): Anteil der dissipierten Leistung an der technischen Antriebsleistung

$$\frac{P_{\mathrm{diss}\,1\,2}}{P_{t\,1\,2}^{*}} = \frac{2{,}145\ \mathrm{kW}}{7{,}152\ \mathrm{kW}} = 0{,}300 \mathrel{\widehat{=}} \underline{30{,}0\,\%}$$

Zu f): Isentroper Verdichterwirkungsgrad (Gl 4.22 a):

Wegen der eingeführten Vernachlässigung ($\varrho = \mathrm{const}$) kann in Gl 4.22 a näherungsweise die unter c) ermittelte isochore anstelle der isentropen Verdichterleistung $P_{t\,12'}$ eingesetzt werden.

$$\eta_{\mathrm{isen\,V}} = \frac{P_{tV\,12'}^{\mathrm{rev}*}}{P_{tV\,12}^{*}} = \frac{5{,}007\ \mathrm{kW}}{7{,}152\ \mathrm{kW}} = 0{,}700 \mathrel{\widehat{=}} \underline{70{,}0\,\%}$$

Beispiel 7.2: Der Entspannungsturbine eines Hochofens strömt ein Normvolumenstrom von 200 000 m³/h Hochofengas bei 2 bar, 50 °C mit 20 m/s zu. Das Gas expandiert in der Turbine adiabat mit Dissipation auf 1,2 bar und verlässt sie mit 15 °C und 50 m/s.

Hochofengas soll näherungsweise als ideales Gas angenommen werden. Isobare spezifische Wärmekapazität des Hochofengases 1,02 kJ/(kg K), Normdichte 1,36 kg/m³, spezielle Gaskonstante 273 J/(kg K).

Ermitteln Sie:

a) die abgegebene technische Leistung in MW,

b) die in der Turbine dissipierte Leistung in kW.

Lösung:

Zu a): Spezifische technische Arbeit (Gl 7.3 mit $z_2 = z_1$ und $q_{1\,2} = 0$)

$$w_{t\,1\,2}^{*} = h_2 - h_1 + \frac{1}{2}\left(c_2^2 - c_1^2\right)$$

Hierin $h_2 - h_1 = c_{pm}\,(T_2 - T_1)$ nach Gl 2.45:

$$w_{t\,1\,2}^{*} = c_{pm}\,(T_2 - T_1) + \frac{1}{2}\left(c_2^2 - c_1^2\right)$$

$$w_{t\,1\,2}^{*} = 1{,}02\ \frac{\mathrm{kJ}}{\mathrm{kg\,K}}\,(-35\ \mathrm{K}) + \frac{1}{2}\,(50^2 - 20^2)\ \frac{\mathrm{m}^2}{\mathrm{s}^2}\ \frac{\mathrm{N\,s^2\,kJ}}{\mathrm{kg\,m\,10^3\,N\,m}}$$

$$w_{t\,1\,2}^{*} = -35{,}7\ \frac{\mathrm{kJ}}{\mathrm{kg}} + 1{,}05\ \frac{\mathrm{kJ}}{\mathrm{kg}} = -34{,}65\ \frac{\mathrm{kJ}}{\mathrm{kg}}$$

Massenstrom (Gl 1.26):

$$\dot{m} = \dot{V}_{\mathrm{n}}\,\varrho_{\mathrm{n}} = \frac{200\,000\ \mathrm{m^3\,h}}{\mathrm{h}\ 3\,600\ \mathrm{s}}\ 1{,}36\ \frac{\mathrm{kg}}{\mathrm{m^3}} = 75{,}56\ \frac{\mathrm{kg}}{\mathrm{s}}$$

Abgegebene technische Leistung (Gl 7.6):

$$P^*_{t12} = \dot{m}\, w^*_{t12}$$

$$P^*_{t12} = 75{,}56\,\frac{\text{kg}}{\text{s}}\left(-34{,}65\,\frac{\text{kJ}}{\text{kg}}\right)\frac{\text{s MW}}{1\,000\text{ kJ}} = \underline{-2{,}62\text{ MW}}$$

Zu b): Spez. Dissipationsarbeit nach Gl 7.4. Darin ist $\int_1^2 v\,\mathrm{d}p$ für die (quasistatisch angenommene) Zustandsänderung zwischen Zustand 1 und 2 zu ermitteln, mit dem Polytropenexponenten n nach Gl 3.62:

$$n = \frac{\ln\dfrac{p_1}{p_2}}{\ln\dfrac{p_1}{p_2} - \ln\dfrac{T_1}{T_2}} = \frac{\ln\dfrac{2\text{ bar}}{1{,}2\text{ bar}}}{\ln\dfrac{2\text{ bar}}{1{,}2\text{ bar}} - \ln\dfrac{323\text{ K}}{288\text{ K}}} = 1{,}29$$

$\int_1^2 v\,\mathrm{d}p$ entspr. Gl 3.69 und Gl 3.66:

$$\int_1^2 v\,\mathrm{d}p = n\int_1^2 (-p\,\mathrm{d}v) = \frac{n}{n-1}\,R_\mathrm{i}\,(T_2 - T_1)$$

$$\int_1^2 v\,\mathrm{d}p = \frac{1{,}29}{1{,}29-1}\,0{,}273\,\frac{\text{kJ}}{\text{kg K}}\,(-35\text{ K}) = -42{,}56\,\frac{\text{kJ}}{\text{kg}}$$

Spezifische Dissipationsarbeit (Gl 7.4 mit $z_2 - z_1$):

$$w_{\text{diss}\,12} = w^*_{t12} - \int_1^2 v\,\mathrm{d}p - \frac{1}{2}\,(c_2^2 - c_1^2)$$

$$w_{\text{diss}\,12} = -34{,}65\,\frac{\text{kJ}}{\text{kg}} - \left(-42{,}65\,\frac{\text{kJ}}{\text{kg}}\right) - 1{,}05\,\frac{\text{kJ}}{\text{kg}} = +6{,}86\,\frac{\text{kJ}}{\text{kg}}$$

Dissipierte Leistung:

$$P_{\text{diss}\,12} = \dot{m}\,w_{\text{diss}\,12} = 75{,}56\,\frac{\text{kg}}{\text{s}}\,6{,}86\,\frac{\text{kJ}}{\text{kg}} = \underline{518\text{ kW}}$$

Beispiel 7.3: Eine Kreiselpumpe fördert aus einem Brunnen 100 m³/h Wasser von 10 °C in einen Behälter, dessen Wasseroberfläche 20 m über der des Brunnens liegt.

Durchmesser der Ansaugleitung: 150 mm. Druckdifferenz zwischen Pumpenein- und -austritt: 0,1 bar (diese Druckdifferenz deckt die Druckverluste in der Saug- und Druckleitung). Dissipationsverlust in der Pumpe: 20 % der erforderlichen technischen Antriebsleistung.

Welche technische Antriebsleistung ist erforderlich?

Lösung:

Spezifische technische Arbeit (Gl 7.4):

$$w^*_{t12} = \int_1^2 v\,\mathrm{d}p + \frac{1}{2}\,(c_2^2 - c_1^2) + g\,(z_2 - z_1) + w_{\text{diss}\,12}$$

Technische Antriebsleistung (mit $c_1 = 0$ und $w_{\text{diss}\,12} = 0{,}02\,w^*_{t12}$) nach Gl 7.6:

$$P^*_{t12} = \int_1^2 \dot{V}\,\mathrm{d}p + \frac{\dot{m}}{2}\,c_2^2 + \dot{m}\,g\,(z_2 - z_1) + 0{,}02\,P^*_{t12}$$

$$P^*_{t12} = \frac{\dot{V}\,(p_2 - p_1) + \frac{\dot{m}}{2}\,c_2^2 + \dot{m}\,g\,(z_2 - z_1)}{0{,}98}$$

Hierin sind:

$$\dot{V} = 100\,\frac{\mathrm{m}^3}{\mathrm{h}}\,\frac{\mathrm{h}}{3\,600\,\mathrm{s}} = 0{,}027\,8\,\frac{\mathrm{m}^3}{\mathrm{s}}$$

$$\dot{m} = \dot{V}\,\varrho = 0{,}027\,8\,\frac{\mathrm{m}^3}{\mathrm{s}}\,999\,\frac{\mathrm{kg}}{\mathrm{m}^3} = 27{,}75\,\frac{\mathrm{kg}}{\mathrm{s}} \qquad \text{(Gl 1.2)}$$

$$c = \frac{\dot{V}}{A} = \frac{0{,}027\,8\,\mathrm{m}^3\,4}{\mathrm{s}\,\pi\,0{,}15^2\,\mathrm{m}^2} = 1{,}57\,\frac{\mathrm{m}}{\mathrm{s}} \qquad \text{(Gl 7.2)}$$

Oben eingesetzt:

$$P^*_{t12} = \frac{\left(0{,}027\,8\,\frac{\mathrm{m}^3}{\mathrm{s}}\,0{,}1\cdot 10^5\,\frac{\mathrm{N}}{\mathrm{m}^2} + \frac{27{,}75\,\mathrm{kg}}{2\,\mathrm{s}}\,1{,}57^2\,\frac{\mathrm{m}^2}{\mathrm{s}^2} + 27{,}75\,\frac{\mathrm{kg}}{\mathrm{s}}\,9{,}81\,\frac{\mathrm{m}}{\mathrm{s}^2}\,20\,\mathrm{m}\right)\frac{\mathrm{kW}}{1\,000\,\mathrm{W}}}{0{,}80}$$

$$P^*_{t12} = \underline{7{,}2\,\mathrm{kW}}$$

Aufgabe 7.1: Der Zuluftventilator einer raumlufttechnischen Anlage saugt bei 995 mbar Umgebungsdruck, −10 °C einen Luftvolumenstrom von 10 m³/s an, verdichtet ihn auf 1 000 mbar und fördert ihn in einen Luftkanal mit 0,90 m² Querschnitt. Hierbei tritt eine Dissipationsleistung von 3 kW auf. Die Luftdichte und damit auch der Volumenstrom können näherungsweise als konstant, die Luft als ideales Gas angenommen werden.

7

Ermitteln Sie:

a) die technische Antriebsleistung,

b) den Anteil der dissipierten Leistung an der technischen Antriebsleistung,

c) den isentropen Verdichterwirkungsgrad.

Aufgabe 7.2: Einer Entspannungsturbine strömen 10 kg/s Luft von 5 bar, 170 °C mit 40 m/s zu. Die Luft verlässt die Turbine mit 1,1 bar, 40 °C und 120 m/s. Die Expansion in der Turbine erfolgt mit Dissipation, gleichzeitig tritt ein Wärmeverlust von 2,0 kJ/kg an die Umgebung ein. Luft soll näherungsweise als ideales Gas angenommen werden, die spezifische Wärmekapazität kann näherungsweise bei 0 °C eingesetzt werden.

Ermitteln Sie:

a) die von der Turbine abgegebene technische Leistung,

b) die dissipierte Leistung.

7.2.2 Strömungsprozesse

Bei Strömungsprozessen tritt keine Arbeit über die Systemgrenze ($w^*_{t12} = 0$).

Strömungsprozesse mit Wärmezu- oder Wärmeabfuhr. Die Wärme errechnet sich allgemein, also auch bei reibungsbehafteter Strömung, aus Gl 2.17 mit $w^*_{t12} = 0$:

$$q_{12} = h_2 - h_1 + \frac{1}{2}\,(c_2^2 - c_1^2) + g\,(z_2 - z_1) \quad \textit{Strömungsprozess (allgemein)}\,^{1)} \qquad \textbf{(Gl 7.8)}$$

Bei vielen Prozessen, insbesondere mit gasförmigen Fluiden, kann $z_2 = z_1$ gesetzt werden:

$$q_{12} = h_2 - h_1 + \frac{1}{2}\,(c_2^2 - c_1^2) \quad \textit{Strömungsprozess (horizontal)} \qquad \textbf{(Gl 7.9)}$$

Mit der Totalenthalpie $h^* = h + \frac{c^2}{2}$ (Gl 2.15) ergibt sich

$$q_{12} = h_2^* - h_1^* \quad \textit{Strömungsprozess (horizontal)} \qquad \textbf{(Gl 7.10)}$$

Die einem Strömungsprozess bei horizontaler Strömung zu- oder abgeführte Wärme verändert somit die Totalenthalpie des Fluids. Eine Geschwindigkeits*erhöhung* ist aber nur bei Druck*minderung* möglich, wie aus Gl 7.15 erkennbar ist.

Adiabate Strömungsprozesse. Für die Strömung in *adiabaten Systemen* ($q_{12} = 0$) wird aus Gl 7.8:

$$h_2 + \frac{c_2^2}{2} + g\,z_2 = h_1 + \frac{c_1^2}{2} + g\,z_1 \quad \textit{Strömungsprozess (adiabat)} \qquad \textbf{(Gl 7.11)}$$

Oder mit $h = u + p\,v$ (Gl 2.12):

$$u_2 + p_2\,v_2 + \frac{c_2^2}{2} + g\,z_2 = u_1 + p_1\,v_1 + \frac{c_1^2}{2} + g\,z_1 \quad \textit{Strömungsprozess (adiabat)} \qquad \textbf{(Gl 7.12)}$$

Verläuft die Strömung in *adiabaten Systemen horizontal* ($z_2 = z_1$), so gilt (aus Gl 7.11):

$$h_1 - h_2 = \frac{1}{2}\,(c_2^2 - c_1^2) \quad \textit{Strömungsprozess (adiabat, horizontal)} \qquad \textbf{(Gl 7.13)}$$

Das gesamte Enthalpiegefälle dient in einer beschleunigten horizontalen Strömung in einem adiabaten System zur Erhöhung der Geschwindigkeitsenergie.

Gleichungen ohne kalorische Größen für Strömungsprozesse

Eine weitere Verknüpfung der Energien bei Strömungsprozessen, die auch bei nicht-adiabaten Systemen gilt, lässt sich aus Gl 2.19 mit $w_{t\,12}^* = 0$ angeben:

$$0 = \int_1^2 v\,\mathrm{d}p + \frac{1}{2}\,(c_2^2 - c_1^2) + g\,(z_2 - z_1) + w_{\mathrm{diss}\,12} \quad \textit{Strömungsprozess (allgemein)} \qquad \textbf{(Gl 7.14)}$$

Für die horizontale Strömung ($z_2 = z_1$) gilt:

---

1) Mit c_2 ist die Endgeschwindigkeit sowohl bei verlustfreier als auch bei reibungsbehafteter Strömung bezeichnet. Falls unterschieden werden soll, nennen wir c_2 die tatsächliche, $c_{2'}$ die Geschwindigkeit bei verlustfreier Strömung (z. B. Gl 7.31 und Bsp. 7.9).

$$\frac{1}{2}\left(c_2^2 - c_1^2\right) = -\int_1^2 v\,\mathrm{d}p - w_{\mathrm{diss}\,1\,2} \quad \textit{Strömungsprozess (horizontal)} \qquad \textbf{(Gl 7.15)}$$

Um das Fluid zu beschleunigen, muss sich der Druck somit verringern, da die Dissipationsenergie $w_{\mathrm{diss}\,12}$ immer positiv ist. Hierauf hatten wir bei Anwendung der Gln 7.8 und 7.9 schon hingewiesen. Die Gln 7.8 bis 7.15 gelten für die Strömung kompressibler und inkompressibler Fluide mit oder ohne Reibung.

Die an einem Strömungsprozess beteiligten Energien lassen sich im *T,s*-Diagramm darstellen. **B 7.3** zeigt die Zustandsänderung 1 → 2 eines idealen Gases bei horizontaler Strömung. Die Fläche unter dieser Zustandsänderung stellt die Summe aus Wärme und Dissipationsarbeit $(q_{1\,2} + w_{\mathrm{diss}\,1\,2})$, bei reibungsfreier Strömung nur die Wärme q_{12} dar (vgl. B 3.1). Die Enthalpiezunahme $h_2 - h_1$ ist durch die Fläche unter der Isobaren zwischen den Temperaturen T_2 und T_1 gekennzeichnet (vgl. B 3.8). Die restliche Fläche zeigt die Summe aus der Geschwindigkeitsenergieänderung $\frac{1}{2}\,(c_2^2 - c_1^2)$ und der Dissipationsenergie $w_{\mathrm{diss}\,12}$.

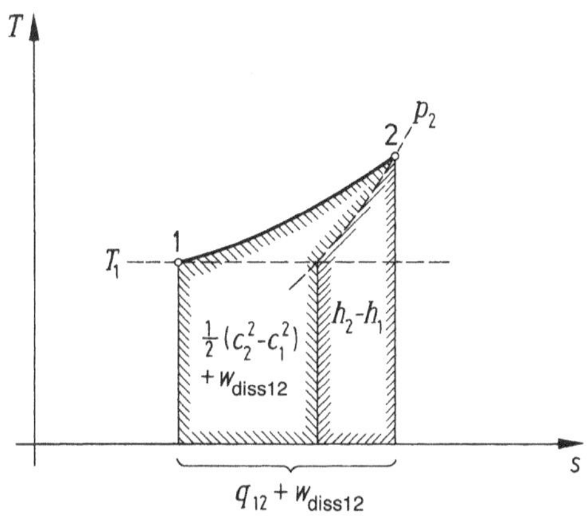

B 7.3 Strömungsprozess eines Gases im *T,s*-Diagramm (horizontale Strömung)

Für *inkompressible* Fluide (Flüssigkeiten) wird aus Gl 7.14 mit $v = \mathrm{const}$ und $\varrho = \dfrac{1}{v}$:

$$\frac{p_2}{\varrho} + \frac{c_2^2}{2} + g\,z_2 = \frac{p_1}{\varrho} + \frac{c_1^2}{2} + g\,z_1 - w_{\mathrm{diss}\,1\,2} \quad \textit{Strömungsprozess (inkompressibel)} \qquad \textbf{(Gl 7.16)}$$

Für *reibungsfreie* Strömung *inkompressibler* Fluide gilt mit $w_{\mathrm{diss}\,1\,2} = 0$:

$$\frac{p_2}{\varrho} + \frac{c_2^2}{2} + g\,z_2 = \frac{p_1}{\varrho} + \frac{c_1^2}{2} + g\,z_1 \quad \textit{Strömungsprozess (reibungsfrei, inkompressibel)} \qquad \textbf{(Gl 7.17)}$$

Gl 7.17 wird *Bernoulli-Gleichung*[1] genannt, sie gilt für reibungsfreie Strömung inkompressibler Fluide. Bei horizontal verlaufenden Strömungen $(z_2 = z_1)$ lautet die Bernoulli-Gleichung:

[1] *Daniel Bernoulli* (1700–1782), Schweizer Physiker, leitete 1738 die Gasgesetze aus der Vorstellung bewegter Gasmoleküle ab. Die Bernoulli-Gleichung wurde hier aus dem Energiesatz entwickelt. Sie lässt sich auch aus dem Impulssatz ableiten.

7

$$p_2 + \frac{\varrho}{2}\, c_2^2 = p_1 + \frac{\varrho}{2}\, c_1^2$$

Strömungsprozess (reibungsfrei, inkompressibel, horizontal) **(Gl 7.18)**

p ist der auf die Wand wirkende Druck, der *statische Druck*. Der Term

$$p_{\text{kin}} = \frac{\varrho}{2}\, c^2 \qquad \textbf{(Gl 7.19)}$$

wird *kinetischer Druck* (auch *Staudruck*) genannt. Die Summe aus statischem und kinetischem Druck wird als *Totaldruck* p_t bezeichnet: [1)]

$$p_t = p + p_{\text{kin}} \qquad \textbf{(Gl 7.20)}$$

Beispiel 7.4: Luft von 2 bar und 60 °C (als ideales Gas angenommen) wird aus dem ruhenden Zustand reibungsfrei in einer adiabaten Verengung ohne Arbeitsabgabe beschleunigt, wobei die Temperatur der Luft auf 20 °C sinkt. [2)] Es ist mit konstanter spezifischer Wärmekapazität $c_{pm} = 1{,}006\ \text{kJ}/(\text{kg K})$ und horizontaler Strömung zu rechnen.

Welche Geschwindigkeit erreicht die Luft?

Lösung:

$$\frac{c_2^2 - c_1^2}{2} = h_1 - h_2 \qquad (\text{Gl 7.13}); \qquad c_1 = 0$$

$$h_1 - h_2 = c_{pm}\,(t_1 - t_2) = 1{,}006\ \frac{\text{kJ}}{\text{kg K}}\ 40\ \text{K} = 40{,}2\ \frac{\text{kJ}}{\text{kg}} \qquad (\text{Gl 2.45})$$

$$c_2 = \sqrt{2\,(h_1 - h_2)} = \sqrt{2 \cdot 40{,}2\ \frac{\text{kJ}}{\text{kg}}\ 10^3\ \frac{\text{N m}}{\text{kJ}}\ \frac{\text{kg m}}{\text{s}^2\ \text{N}}} = \underline{283{,}7\ \frac{\text{m}}{\text{s}}}$$

Beispiel 7.5: Aus einem defekten Gasbehälter, in dem sich Erdgas bei 150 mbar Überdruck, 12 °C befindet, strömt Gas aus. Infolge Reibung an der Austrittsöffnung soll die tatsächlich auftretende Geschwindigkeit 70 % der theoretischen betragen. Atmosphärischer Bezugsdruck 990 mbar. Erdgas soll als ideales Gas angenommen werden, spezielle Gaskonstante 449 J/(kg K), $\varkappa = 1{,}32$.

Ermitteln Sie:

a) die theoretische Ausströmgeschwindigkeit,

b) die wirkliche Ausströmgeschwindigkeit.

Lösung:

Zu a): Der Strömungsprozess kann als adiabat und horizontal verlaufend betrachtet werden (Gl 7.15):

$$\frac{1}{2}\,(c_2^2 - c_1^2) = -\int_1^2 v\,\text{d}p - w_{\text{diss}\,12}$$

---

1) Bezeichnungen nach DIN 1304-5: 1989-09: Formelzeichen für die Strömungsmechanik. Der kinetische Druck wurde früher als dynamischer Druck, der Totaldruck als Gesamtdruck bezeichnet. Gegebenenfalls ist beim Totaldruck auch der Term $\varrho g z$ zu berücksichtigen.

2) Die Temperaturmessung soll reibungsfrei erfolgen, z. B. durch ein mitgeführtes Thermometer.

Die theoretische Ausströmgeschwindigkeit (wir nennen sie $c_{2'}$) stellt sich bei verlustlosem Ausströmen ein: $w_{\text{diss}\,12} = 0$. Wir ermitteln $\int_1^2 v\,\mathrm{d}p$ nach Gl 3.57 und Gl 3.52:

$$\int_1^2 v\,\mathrm{d}p = \frac{\varkappa}{\varkappa - 1}\,R_\mathrm{i}\,T_1 \left[\left(\frac{p_2}{p_1}\right)^{\frac{\varkappa-1}{\varkappa}} - 1\right]$$

$$\int_1^2 v\,\mathrm{d}p = \frac{1{,}32}{1{,}32-1}\,449\,\frac{\mathrm{J}}{\mathrm{kg\,K}}\,285{,}15\,\mathrm{K}\left[\left(\frac{990\,\mathrm{mbar}}{1\,140\,\mathrm{mbar}}\right)^{\frac{1{,}32-1}{1{,}32}} - 1\right] = -17\,757\,\frac{\mathrm{J}}{\mathrm{kg}}$$

In Gl 7.15 eingesetzt, mit $c_1 = 0$ und $w_{\text{diss}\,12} = 0$, ergibt sich die theoretische Ausströmgeschwindigkeit:

$$c_{2'} = \sqrt{-2\int_1^2 v\,\mathrm{d}p} = \sqrt{-2\,(-17\,757)\,\frac{\mathrm{J}}{\mathrm{kg}}\,\frac{\mathrm{N\,m}}{\mathrm{J}}\,\frac{\mathrm{kg\,m}}{\mathrm{N\,s^2}}}$$

$$\underline{c_{2'} = 188{,}45\,\frac{\mathrm{m}}{\mathrm{s}}}$$

Zu b): Die wirkliche Ausströmgeschwindigkeit ist, mit dem „Düsenbeiwert“ $\alpha = 0{,}7$ (Gl 7.31):

$$c_2 = \alpha\,c_{2'} = 0{,}7 \cdot 188{,}45\,\frac{\mathrm{m}}{\mathrm{s}} = \underline{131{,}9\,\frac{\mathrm{m}}{\mathrm{s}}}$$

Aufgabe 7.3: Wasser von 10 °C strömt in einer horizontalen Rohrleitung mit 3 m/s bei 4 bar Überdruck einer Austrittsdüse zu.

Ermitteln Sie:

a) die Austrittsgeschwindigkeit bei reibungsfreiem Vorgang in der Düse,

b) die Austrittsgeschwindigkeit, wenn beim Austritt 100 J/kg durch Reibung dissipiert werden.

7

7.3 Kraftwirkung bei Strömungsvorgängen

7.3.1 Impulssatz

In allgemeiner Form lautet das *dynamische Grundgesetz von Newton*:

$$\vec{F} = \frac{\mathrm{d}(m\,\vec{c})}{\mathrm{d}\tau} \qquad \textbf{(Gl 7.21 a)}$$

Umgestellt:

$$\vec{F}\,\mathrm{d}\tau = \mathrm{d}(m\,\vec{c})$$

Wirkt somit eine Kraft $\vec{F}$ über den Zeitraum $\mathrm{d}\tau$ auf ein System, so ändert sich der Bewegungszustand des Systems. Integriert erhält man:

$$\int_1^2 \vec{F}\,\mathrm{d}\tau = m\,\vec{c}_2 - m\,\vec{c}_1 \quad \textit{Impulssatz} \qquad \textbf{(Gl 7.21 b)}$$

$\vec{F}$ ist die *auf* das System wirkende resultierende Kraft. Das Produkt $m\,\vec{c}$ nannte Newton *Bewegungsgröße*, wir bezeichnen $m\,\vec{c}$, wie heute vielfach üblich, als *Impuls* $\vec{I}$.

$$\vec{I} = m\,\vec{c} \qquad \textbf{(Gl 7.22)}$$

In Gl 7.21 a eingesetzt erhält man:

$$\vec{F} = \frac{\mathrm{d}\vec{I}}{\mathrm{d}\tau} \qquad \textbf{(Gl 7.23)}$$

Nach dem Impulssatz ist *die auf das System wirkende resultierende Kraft gleich der zeitlichen Änderung des Impulses.* Wenn der Impuls $\vec{I}$ unverändert bleibt, tritt keine solche Kraft auf.

Die *der äußeren Kraft entgegengerichtete* Kraft heißt *Impulskraft*:

$$\vec{F}_\mathrm{i} = -\vec{F} = -\frac{\mathrm{d}\vec{I}}{\mathrm{d}\tau} \qquad \textbf{(Gl 7.24 a)}$$

Die Impulskraft wirkt *vom* Fluid auf die Umgebung, z. B. auf einen Rohrkrümmer. Obige Gleichungen sind als Vektorgleichungen geschrieben, da die Kraft $\vec{F}$ und die Geschwindigkeit $\vec{c}$ Vektoren sind.

Wir wenden den Impulssatz auf Strömungsvorgänge von Fluiden an **(B 7.4)**.

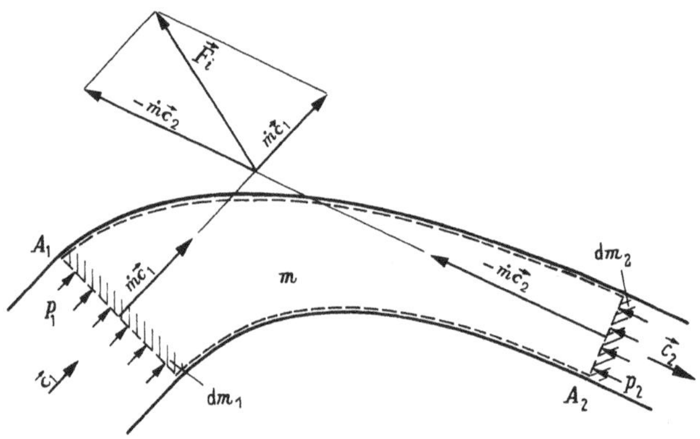

B 7.4 Kräfte und Impulsänderungen (Resultierende Druckkraft nicht dargestellt)

Beim stationären Strömen eines Fluids durch ein offenes System mit festen Systemgrenzen ist die Geschwindigkeit des Fluids an den Zu- und Abströmflächen, die in der Strömungslehre auch Kontrollflächen genannt werden, jeweils konstant.

Während der Zeit $\mathrm{d}\tau$ verschieben sich die Grenzflächen der betrachteten Masse m. Die Teilmasse $\mathrm{d}m_2$ verlässt den bisher von m eingenommenen Raum, während $\mathrm{d}m_1$ in diesen Raum hineinfließt. Aufgrund der Kontinuität ist $\mathrm{d}m_1 = \mathrm{d}m_2 = \mathrm{d}m$ und $\mathrm{d}m = \varrho\,\mathrm{d}V = \varrho\,\dot{V}\,\mathrm{d}\tau = \dot{m}\,\mathrm{d}\tau$. Die Impulsänderung der Masse m in der Zeit $\mathrm{d}\tau$ ist gleich der Differenz zwischen den Impulsen an der Austrittsfläche A_2 und an der Eintrittsfläche A_1.

$$\mathrm{d}\vec{I}_\mathrm{ges} = \mathrm{d}m_2\,\vec{c}_2 - \mathrm{d}m_1\,\vec{c}_1 = \dot{m}\,\mathrm{d}\tau\,(\vec{c}_2 - \vec{c}_1)$$

So kann die durch die Impulsänderung verursachte Kraft $\vec{F}_\text{i}$, die vom Fluid innerhalb der Kontrollflächen auf die Umgebung wirkt, auch durch den Massenstrom ausgedrückt werden (Gl 7.24 a):

$$\vec{F}_\text{i} = -\frac{d\vec{I}_\text{ges}}{d\tau} = \dot{m}\,(\vec{c}_1 - \vec{c}_2) \qquad \textbf{(Gl 7.24 b)}$$

Neben der Impulskraft wirkt der statische Druck auf die strömungsbegrenzenden Wände. Dieser bewirkt

– auf die Kontrollfläche am Eintrittsquerschnitt A_1 die Druckkraft

$$\vec{F}_{\text{p}\,1} = \vec{A}_1\,(p_1 - p_\text{amb}) = \vec{A}_1\,p_{\text{e}\,1} \qquad \textbf{(Gl 7.25 a)}$$

– auf die Kontrollfläche am Austrittsquerschnitt A_2 die Druckkraft

$$\vec{F}_{\text{p}\,2} = \vec{A}_2\,(p_2 - p_\text{amb}) = \vec{A}_2\,p_{\text{e}\,2} \qquad \textbf{(Gl 7.25 b)}$$

Die Flächen A_1 und A_2 sind jeweils senkrecht zu den Geschwindigkeiten c_1 und c_2 anzusetzen; sie sind daher gerichtete Größen und somit als Vektoren gekennzeichnet. Bei Überdruck (p_e pos.) wirkt $\vec{F}_\text{p}$ *in* Strömungsrichtung, bei Unterdruck (p_e neg.) wirkt F_p *entgegen* der Strömungsrichtung.

Die resultierende *Druckkraft* ist

$$\vec{F}_\text{p} = \vec{F}_{\text{p}\,1} + \vec{F}_{\text{p}\,2} \qquad \textbf{(Gl 7.26)}$$

Die *vom* strömenden Fluid auf die Wände des durchflossenen Systems wirkende resultierende *Gesamtkraft* ist

$$\vec{F}_\text{res} = \vec{F}_\text{i} + \vec{F}_\text{p} \qquad \textbf{(Gl 7.27)}$$

$\vec{F}_\text{res}$ wird auch Reaktionskraft genannt.

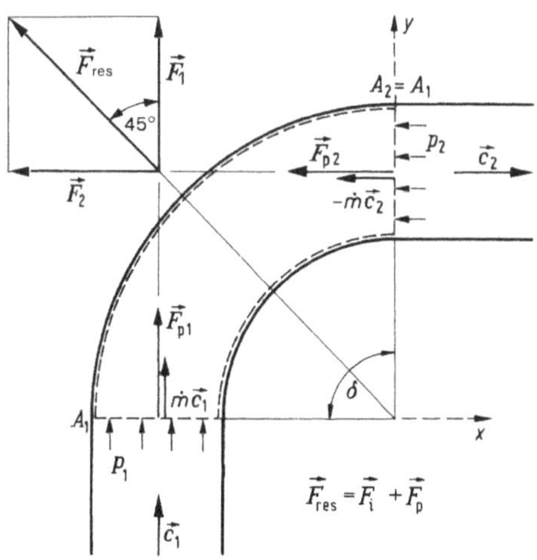

B 7.5 Kräfte am Krümmer

7

Beispiel 7.6: Durch einen 90°-Krümmer mit einem lichten Durchmesser von 100 mm strömt Wasser von 20 °C bei 6 bar Überdruck reibungsfrei mit einer Geschwindigkeit von 5 m/s **(B 7.5)**.

a) Welche Richtung hat die auf die Krümmerwand wirkende resultierende Kraft?

Welchen Betrag haben die vom Fluid auf die Krümmerwand wirkende

b) resultierende Impulskraft,

c) resultierende Druckkraft,

d) resultierende Gesamtkraft des strömenden Wassers?

Lösung:

Zu a): Da die Beträge der Geschwindigkeiten gleich groß ($c_2 = c_1$) und bei reibungsfreier Strömung $p_2 = p_1$ sind, haben die Impuls- und Druckkräfte am Ein- und Austritt jeweils gleiche Beträge.

Die Resultierende liegt somit bei

$$\frac{\delta}{2} = \frac{90^\circ}{2} = 45^\circ$$

zu den beiden Rohren.

Zu b): Massenstrom nach Gl 7.1:

$$\dot{m} = \varrho\, c\, A = 998{,}2\ \frac{\text{kg}}{\text{m}^3}\ 5\ \frac{\text{m}}{\text{s}}\ \frac{\pi\, 0{,}1^2}{4}\ \text{m}^2 = 39{,}20\ \frac{\text{kg}}{\text{s}}$$

Resultierende Impulskraft (Gl 7.24 b):

$$\vec{F}_\text{i} = \dot{m}\,(\vec{c}_1 - \vec{c}_2)$$

$$F_\text{i} = \dot{m}\left(c\cos\frac{\delta}{2} + c\cos\frac{\delta}{2}\right) = \dot{m}\, c\, 2\cos\frac{\delta}{2}$$

$$F_\text{i} = 39{,}20\ \frac{\text{kg}}{\text{s}}\ 5\ \frac{\text{m}}{\text{s}}\ 2\cos 45^\circ = 277\ \frac{\text{kg m}}{\text{s}^2} = \underline{277\ \text{N}}$$

Zu c): Resultierende Druckkraft, mit $A_1 = A_2 = A$ und $p_{\text{e}\,1} = p_{\text{e}\,2} = p_\text{e}$

$$F_\text{p} = A\, p_\text{e} \cos\frac{\delta}{2} + A\, p_\text{e}\cos\frac{\delta}{2} = 2\, A\, p_\text{e}\cos\frac{\delta}{2}$$

$$F_\text{p} = 2\ \frac{\pi\, 0{,}1^2\ \text{m}^2}{4}\ 6\cdot 10^5\ \frac{\text{N}}{\text{m}^2}\ \cos 45^\circ = \underline{6\,664\ \text{N}}$$

Zu d): Resultierende Gesamtkraft des strömenden Wassers auf die Krümmerwand (Gl 7.27):

$$F_\text{res} = F_\text{i} + F_\text{p} = (277 + 6\,664)\ \text{N} = \underline{6\,941\ \text{N}}$$

Dieser Kraft wirkt eine gleich große äußere Kraft entgegen.

Die Druckkräfte sind erheblich höher als die Impulskräfte, die bei Krümmern in der Regel vernachlässigbar sind.

Bei Querschnittsänderungen ($c_2 \neq c_1$) haben die resultierende Impuls- und Druckkraft unterschiedliche Richtungen. Dann ist anstelle obiger Lösung eine Berechnung mithilfe der x- und y-Komponenten der Kräfte vorzuziehen.

Beispiel 7.7: Aus einer Rakete treten 500 000 kg/h Treibgas mit 2 000 m/s aus.

Welche Impulskraft wirkt auf die Rakete?

Lösung:

Gl 7.24 b: $F_i = \dot{m}\,(c_1 - c_2)$ mit $c_1 = 0$

$$F_i = \frac{500\,000\ \text{kg h}}{\text{h}\ 3\,600\ \text{s}}\ (0 - 2\,000)\ \frac{\text{m}}{\text{s}}\ \frac{\text{kN s}^2}{1\,000\ \text{kg m}}$$

$$F_i = \underline{-277{,}8\ \text{kN}}$$

F_i wirkt entgegen der Ausströmrichtung als Vorschubkraft auf die Rakete.

Aufgabe 7.4: Durch den gleichen Krümmer wie in Bsp. 7.6 strömt reibungsfrei Luft (als ideales Gas angenommen) mit 5 m/s, 5 mbar Überdruck und 20 °C. Atmosphärischer Bezugsdruck 995 mbar.

Ermitteln Sie die Resultierende der vom Fluid auf die Krümmerwand wirkenden

a) Impulskraft,

b) Druckkraft,

c) Gesamtkraft.

Aufgabe 7.5: Einer Rohrverengung (horizontaler Kanal) mit 150 mm lichtem Eintritts- und 50 mm lichtem Austrittsdurchmesser strömt reibungsfrei Wasser mit 3 m/s, 10 °C, 4 bar Überdruck zu. Der Kanal ist beidseitig mit Schläuchen verbunden, die keine Kräfte in Strömungsrichtung aufnehmen sollen.

Ermitteln Sie Betrag und Richtung der auf die Kanalhalterung wirkenden

a) resultierenden Impulskraft,

b) resultierenden Druckkraft,

c) resultierenden Gesamtkraft.

7

7.3.2 Hauptgleichung der Strömungsmaschinen

Die Anwendung des Impulssatzes auf die stationäre Strömung eines Fluids durch ein Schaufelgitter führt zur *Hauptgleichung der Strömungsmaschinen*, auch *Euler'sche*[1)] *Hauptgleichung* genannt.

Wir betrachten das kreisförmige Schaufelgitter einer radial wirkenden Kreiselpumpe und legen die Systemgrenze längs der Stromlinien **(B 7.6)**. Für den Impuls sind die *Absolutgeschwindigkeiten* c_1 am Eintritt und c_2 am Austritt maßgebend, in Umfangsrichtung sind es die Komponenten der Absolutgeschwindigkeit $c_{1\,u}$ und $c_{2\,u}$.

In Umfangsrichtung bewirkt die von den Schaufeln auf das Fluid wirkende resultierende Kraft F_u eine Impulsänderung, hier – bei einer Pumpe – eine Impulsvermehrung. F_u steht mit der Impulskraft $-F_i$ im Gleichgewicht. Wir erhalten aus Gl 7.24 a mit Gl 7.24 b

$$F_u = -F_i = \frac{\mathrm{d}I}{\mathrm{d}\tau} = \dot{m}\,c_{2\,u} - \dot{m}\,c_{1\,u}$$

Das von den Schaufeln auf das Fluid verlustlos wirkende Drehmoment ist

1) *Leonhard Euler* (1707–1783), schweizer Mathematiker und Physiker. Er baute analytische Methoden der Mathematik aus.

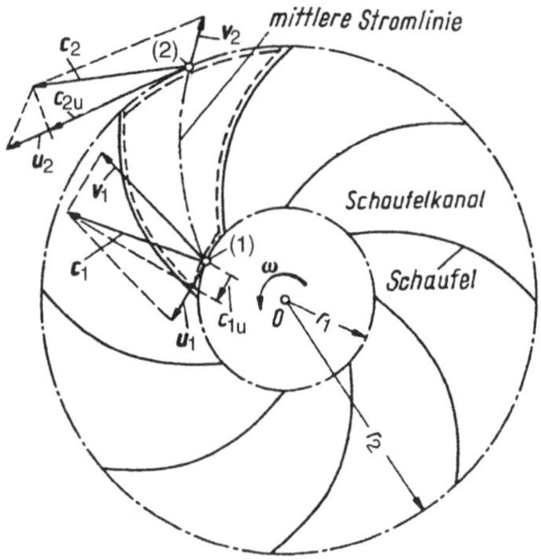

B 7.6 Impulsänderung am Schaufelgitter (Arbeitsmaschine)

$$M_{\mathrm{d}} = \dot{m}\, c_{2\,\mathrm{u}}\, r_2 - \dot{m}\, c_{1\,\mathrm{u}}\, r_1 \qquad \textit{Drehmoment} \qquad \textbf{(Gl 7.28)}$$

Mit der gleichförmigen Winkelgeschwindigkeit ω und der Umfangsgeschwindigkeit $u = r\,\omega$ erhält man die von den Schaufeln dem Fluid zugeführte Schaufelleistung

$$P_{\mathrm{Sch}} = M_{\mathrm{d}}\, \omega = \dot{m}\, \omega\, r_2\, c_{2\,\mathrm{u}} - \dot{m}\, \omega\, r_1\, c_{1\,\mathrm{u}}$$

$$P_{\mathrm{Sch}} = \dot{m}\,(u_2\, c_{2\,\mathrm{u}} - u_1\, c_{1\,\mathrm{u}}) \qquad \textit{Schaufelleistung, allgemein} \qquad \textbf{(Gl 7.29 a)}$$

Für *axial* durchströmte Maschinen ($u_2 = u_1 = u$) vereinfacht sich Gl 7.29 a zu

$$P_{\mathrm{Sch}} = \dot{m}\, u\,(c_{2\,\mathrm{u}} - c_{1\,\mathrm{u}}) \qquad \textit{Schaufelleistung, Axialmaschine} \qquad \textbf{(Gl 7.29 b)}$$

Gl 7.29 ist die *Hauptgleichung der Strömungsmaschinen.* Sie wurde am Beispiel einer Arbeitsmaschine abgeleitet, gilt aber in gleicher Form auch für Kraftmaschinen. B 7.6 gilt dann sinngemäß, jedoch tritt das Fluid außen ein (Zustand 1) und innen aus (Zustand 2). Die Leistung wird bei Pumpen und Verdichtern zugeführt, ist daher positiv ($c_{2\,\mathrm{u}} > c_{1\,\mathrm{u}}$), bei Turbinen wird sie abgeführt, ist daher negativ ($c_{2\,\mathrm{u}} < c_{1\,\mathrm{u}}$).[1)]

Die Darlegungen erfassen die Verhältnisse an den Schaufelkanten. Hinter den Schaufeln auftretende Abweichungen (sog. „Minderleistung") werden hier nicht berücksichtigt.

Beispiel 7.8: In einem adiabaten Radialverdichter mit 200 mm Eintrittsdurchmesser, 350 mm Außendurchmesser, Drehzahl 15 000 1/min, wird 1 kg/s Luft verdichtet. Die Luft tritt mit der Absolutgeschwindigkeit 62 m/s unter einem Winkel von 90° zur Umfangsrichtung („drallfreier Eintritt") in die Laufradschaufeln ein und strömt mit der Absolutgeschwindigkeit 332 m/s unter einem Winkel von 10° ab (ähnlich B 7.6).

Wie groß ist die vom Laufrad auf die Luft übertragene Schaufelleistung?

[1)] In der Literatur über Strömungsmaschinen ist es üblich, die Indizes an den Schaufelkanten so zu setzen, dass die Leistung bei Kraft- *und* bei Arbeitsmaschinen positiv wird.

Lösung:

Schaufelleistung nach Gl 7.29 a: $P_{\text{Sch}} = \dot{m}\,(u_2\,c_{2\,\text{u}} - u_1\,c_{1\,\text{u}})$ mit

$$u_2 = \pi\,d_2\,n = \pi\,0{,}35\,\text{m}\,\frac{15\,000\,\text{min}}{\text{min}\;60\,\text{s}} = 274{,}9\,\frac{\text{m}}{\text{s}}$$

$$c_{2\,\text{u}} = c_2\cos\alpha_2 = 332\,\frac{\text{m}}{\text{s}}\cos 10^\circ = 327{,}0\,\frac{\text{m}}{\text{s}}$$

$$c_{1\,\text{u}} = c_1\cos\alpha_1 = 62\,\frac{\text{m}}{\text{s}}\cos 90^\circ = 0$$

$$P_{\text{Sch}} = 1{,}0\,\frac{\text{kg}}{\text{s}}\,(274{,}9\cdot 327{,}0 - 0)\,\frac{\text{m}^2}{\text{s}^2}\,\frac{\text{N}\,\text{s}^2}{\text{kg}\,\text{m}}\,\frac{\text{s}\,\text{kW}}{10^3\,\text{N}\,\text{m}} = \underline{89{,}9\,\text{kW}}$$

Aufgabe 7.6: Eine radial arbeitende Kreiselpumpe fördert bei einer Drehzahl von 1500 1/min 100 m³/h Wasser von 10 °C, das unter einem Winkel von 90° gegen die Umfangsrichtung in das Laufrad eintritt und es mit der Absolutgeschwindigkeit von 15 m/s unter einem Winkel von 12° verlässt. Das Laufrad hat am Eintritt einen Durchmesser von 140 mm, am Austritt einen Durchmesser von 300 mm.

Wie groß sind

a) das vom Laufrad auf das Wasser wirkende Drehmoment,

b) die vom Laufrad an das Wasser abgegebene Schaufelleistung?

7.4 Düsen- und Diffusorströmung

7.4.1 Energieumwandlung in Düsen und Diffusoren

In einer *Düse* wird ein Fluid durch Druckminderung beschleunigt, in einem *Diffusor* soll der Druck durch Verringerung der Geschwindigkeit erhöht werden. In der Düse handelt es sich also um eine *Expansionsströmung*, im Diffusor um eine *Kompressionsströmung* **(B 7.7)**. In beiden Fällen kann $z_2 = z_1$ gesetzt werden, was nachfolgend immer geschieht. Dann gilt allgemein Gl 7.15

$$\frac{1}{2}\,(c_2^2 - c_1^2) = -\int_1^2 v\,\mathrm{d}p - w_{\text{diss}\,1\,2} \qquad \textit{horizontal}$$

In adiabaten Systemen gilt außerdem Gl 7.13:

$$\frac{1}{2}\,(c_2^2 - c_1^2) = h_1 - h_2 \qquad \textit{horizontal und adiabat}$$

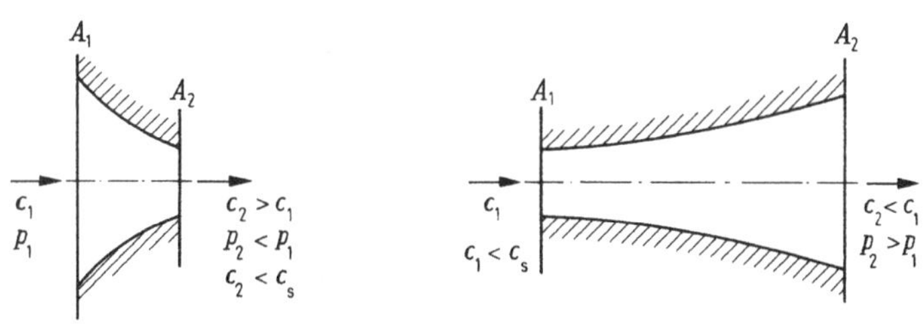

a) Düse: Das Fluid wird beschleunigt b) Diffusor: Der Druck wird erhöht

B 7.7 Düse und Diffusor für Unterschallströmung

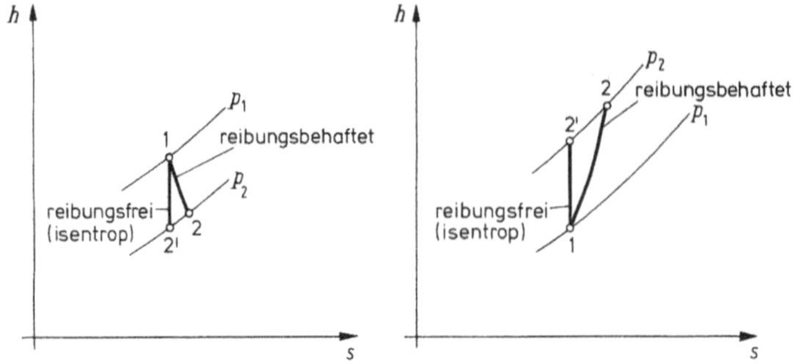

a) Düse b) Diffusor

B 7.8 Adiabate Strömung im h,s-Diagramm

Bei der *reibungsfreien Düsen*strömung in adiabaten Kanälen ist bei vorgegebenem Druckverhältnis die Enthalpieabnahme und damit die Geschwindigkeitserhöhung am größten **(B 7.8 a)**. Entsprechend wird bei der *reibungsfreien Diffusor*strömung der Enddruck mit geringster Enthalpieverminderung – und somit geringster Geschwindigkeitsminderung – erzielt (B 7.8 b). Bei reibungsbehafteter Diffusorströmung tritt eine Druckerhöhung nur ein, wenn die Dissipationsenergie kleiner als die Abnahme der kinetischen Energie ist (Gl 7.15).

Der Einfluss der Reibung kann durch den *isentropen Wirkungsgrad*[1)] bewertet werden (B 7.8):

$$\eta_{\text{isen Dü}} = \frac{h_1 - h_2}{h_1 - h_{2'}} \quad \textit{isentroper Düsenwirkungsgrad} \qquad \textbf{(Gl 7.30 a)}$$

$$\eta_{\text{isen Diff}} = \frac{h_{2'} - h_1}{h_2 - h_1} \quad \textit{isentroper Diffusorwirkungsgrad} \qquad \textbf{(Gl 7.30 b)}$$

Bei Düsen wird neben dem Wirkungsgrad auch der *Düsenbeiwert* α angegeben, mit c_2 als tatsächlich erreichter und $c_{2'}$ als verlustloser Austrittsgeschwindigkeit:

$$\alpha = \frac{c_2}{c_{2'}} \quad \textit{Düsenbeiwert} \qquad \textbf{(Gl 7.31)}$$

Der Diffusor ist die Umkehrung der Düse. Wir betrachten zunächst die Vorgänge in der Düse und übertragen sie dann auf den Diffusor.

7.4.2 Reibungsfreie Düsenströmung

Geschwindigkeit. Für die Geschwindigkeit am Ort x einer Düse gilt bei reibungsfreier Strömung und vernachlässigter Zuströmgeschwindigkeit (Gl 7.15 mit $c_1 = 0$ und $w_{\text{diss}\,12} = 0$):

$$\frac{c_x^2}{2} = -\int_1^x v\,\mathrm{d}p \qquad \textbf{(Gl 7.32)}$$

1) Neben dem isentropen Wirkungsgrad sind auch andere Wirkungsgraddefinitionen gebräuchlich, z. B. beim Diffusor das Verhältnis des wirklich erreichten zum theoretisch möglichen Druckanstieg.

Da der Vorgang schnell verläuft, kann der Kanal adiabat betrachtet werden. Dann verläuft die Zustandsänderung bei reibungsfreier Strömung isentrop, und beim idealen Gas gilt für $\int_1^x v\,\mathrm{d}p$ (Gl 3.57 und Gl 3.52):

$$\int_1^x v\,\mathrm{d}p = \frac{\varkappa}{\varkappa - 1}\, p_1\, v_1 \left[\left(\frac{p_x}{p_1}\right)^{\frac{\varkappa-1}{\varkappa}} - 1\right] \qquad \textit{ideales Gas, isentrop}$$

In Gl 7.32 eingesetzt ergibt sich für die Geschwindigkeit des idealen Gases am Ort x eines Kanals bei reibungsfreier adiabater Strömung:

$$\frac{c_x^2}{2} = \frac{\varkappa}{\varkappa - 1}\, p_1\, v_1 \left[1 - \left(\frac{p_x}{p_1}\right)^{\frac{\varkappa-1}{\varkappa}}\right]$$

$$c_x = \sqrt{\frac{2\,\varkappa}{\varkappa - 1}\, p_1\, v_1 \left[1 - \left(\frac{p_x}{p_1}\right)^{\frac{\varkappa-1}{\varkappa}}\right]} \qquad \textit{ideales Gas, isentrop} \qquad \textbf{(Gl 7.33)}$$

Bei Dämpfen wird die Geschwindigkeit am zweckmäßigsten aus dem Enthalpiegefälle nach Gl 7.13 bestimmt.

Kanalquerschnitt. Für die Querschnittsfläche A_x am Ort x eines Kanals gilt die Kontinuitätsgleichung (Gl 7.1):

$$A_x = \frac{\dot{m}}{\varrho_x\, c_x} = \frac{\dot{m}\, v_x}{c_x}$$

Hierin ist bei reibungsfreier Strömung c_x nach Gl 7.32 einzusetzen. Für reibungsfreie adiabate Strömung, d. h. für die isentrope Zustandsänderung, führen wir c_x nach Gl 7.33

und außerdem $v_x = v_1 \left(\frac{p_1}{p_x}\right)^{1/\varkappa}$ (Gl 3.47) ein.

Nach Einsetzen und Umstellung ergibt sich der gesuchte Kanalquerschnitt:

$$A_x = \frac{v_1 \dot{m}}{\sqrt{2\,\frac{\varkappa}{\varkappa - 1}\, p_1\, v_1}}\; \frac{\left(\frac{p_1}{p_x}\right)^{\frac{1}{\varkappa}}}{\sqrt{1 - \left(\frac{p_x}{p_1}\right)^{\frac{\varkappa-1}{\varkappa}}}} \qquad \textit{ideales Gas, isentrop} \qquad \textbf{(Gl 7.34)}$$

Der Kanalquerschnitt A_x wird in Strömungsrichtung zunächst kleiner, dann wieder größer. Die Geschwindigkeit wächst auch nach der Kanalerweiterung weiter an. Einen so ausgebildeten Kanal nennt man *Laval-Düse.*[1)]

Laval-Druck. Der Druck im engsten Querschnitt wird *kritischer Druck* oder *Laval-Druck* genannt.

---

1) *Carl G. P. de Laval* (1845–1913), schwedischer Ingenieur, erfand 1883 die nach ihm benannte Dampfturbine.

Wir bestimmen ihn, indem wir $\frac{dA_x}{dp_x} = 0$ setzen:

In Gl 7.34 enthält der erste Bruch nur konstante Größen; den zweiten Bruch nennen wir zur Vereinfachung y und setzen $\frac{p_x}{p_1} = z$.

Dann ist

$$y = \left(z^{\frac{2}{\varkappa}} - z^{\frac{\varkappa+1}{\varkappa}}\right)^{-\frac{1}{2}}$$

und

$$\frac{dy}{dz} = -\frac{1}{2}\left(z^{\frac{2}{\varkappa}} - z^{\frac{\varkappa+1}{\varkappa}}\right)^{-\frac{3}{2}}\left(\frac{2}{\varkappa}\, z^{\frac{2-\varkappa}{\varkappa}} - \frac{\varkappa+1}{\varkappa}\, z^{\frac{1}{\varkappa}}\right)$$

Für $\frac{dy}{dz} = 0$ erhalten wir z_L und damit den Laval-Druck p_L. Die erste Klammer ist null für $z = 0$ und $z = 1$; beides keine Werte für den kleinsten Querschnitt. Wir setzen daher die zweite Klammer gleich null.

$$\frac{2}{\varkappa}\, z_L^{\frac{2-\varkappa}{\varkappa}} = \frac{\varkappa+1}{\varkappa}\, z_L^{\frac{1}{\varkappa}}$$

$$z_L^{\frac{\varkappa-1}{\varkappa}} = \frac{2}{\varkappa+1}$$

$$z_L = \left(\frac{2}{\varkappa+1}\right)^{\frac{\varkappa}{\varkappa-1}} = \frac{p_L}{p_1}$$

$$p_L = p_1\left(\frac{2}{\varkappa+1}\right)^{\frac{\varkappa}{\varkappa-1}} \quad \textit{ideales Gas, isentrop} \qquad \textbf{(Gl 7.35)}$$

Bei diesem Laval-Druck p_L wird somit ein Grenzwert für die Querschnittsfläche – A_{min} – erreicht. Bei der Laval-Düse nimmt in Strömungsrichtung der Querschnitt wieder zu **(B 7.9 a)**.

Laval-Geschwindigkeit. Die Geschwindigkeit im engsten Querschnitt wird *Laval-Geschwindigkeit* genannt. Sie ist, unter der Voraussetzung, dass $p_2 < p_L$ ist, nach Gl 7.33:

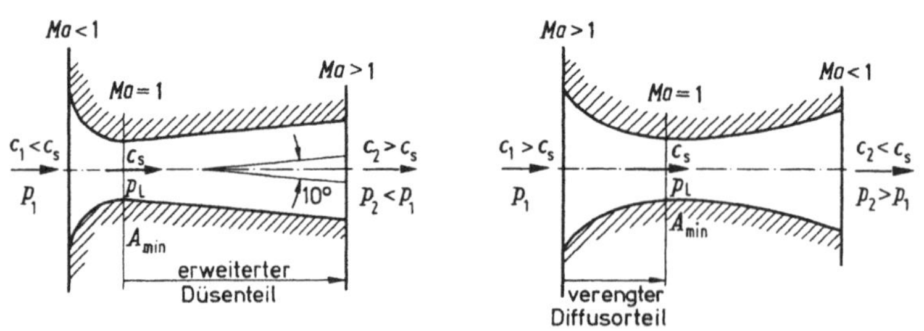

a) Laval-Düse; *Austritt* mit Überschallgeschwindigkeit
b) Überschall-Diffusor; *Eintritt* mit Überschallgeschwindigkeit

B 7.9 Düse und Diffusor für Überschallströmung

$$c_L = \sqrt{\frac{2\varkappa}{\varkappa - 1}\, p_1 v_1 \left[1 - \left(\frac{p_L}{p_1}\right)^{\frac{\varkappa-1}{\varkappa}}\right]} = \sqrt{\frac{2\varkappa}{\varkappa - 1}\, p_1 v_1 \left[1 - \left(\frac{2}{\varkappa + 1}\right)^{\frac{\varkappa}{\varkappa-1}\frac{\varkappa-1}{\varkappa}}\right]}$$

$$c_L = \sqrt{\frac{2\varkappa}{\varkappa + 1}\, p_1 v_1} = \sqrt{\frac{2\varkappa}{\varkappa + 1}\, R_i T_1} \quad \textit{ideales Gas, isentrop} \qquad \textbf{(Gl 7.36)}$$

Die Geschwindigkeit hängt also vom Ausgangszustand und von der Gasart ab. Sie kann auch durch die Zustandsgrößen im engsten Querschnitt ausgedrückt werden.

$$\frac{p_L}{p_1} = \left(\frac{T_L}{T_1}\right)^{\frac{\varkappa}{\varkappa-1}} = \left(\frac{2}{\varkappa + 1}\right)^{\frac{\varkappa}{\varkappa-1}} \qquad \text{(Gl 3.49)}$$

$$T_1 = T_L\, \frac{\varkappa + 1}{2}$$

$$c_L = \sqrt{\varkappa\, R_i\, T_L} = \sqrt{\varkappa\, p_L\, v_L} \quad \textit{ideales Gas, isentrop} \qquad \textbf{(Gl 7.37)}$$

Die Laval-Geschwindigkeit c_L ist gleich der Schallgeschwindigkeit c_s (Abschn. 7.4.3).

Durchflussfunktion. Durch Zusammenfassen der beim Durchströmen der Düse sich ändernden Größen erhält Gl 7.34 die Form

$$A_x = \frac{1}{\sqrt{\frac{\varkappa}{\varkappa - 1}\left[\left(\frac{p_x}{p_1}\right)^{\frac{2}{\varkappa}} - \left(\frac{p_x}{p_1}\right)^{\frac{\varkappa+1}{\varkappa}}\right]}}\; \frac{\dot{m}}{\sqrt{2\,\frac{p_1}{v_1}}}$$

oder

$$A_x = \frac{\dot{m}}{\psi\sqrt{2\,\frac{p_1}{v_1}}} \qquad \textbf{(Gl 7.38)}$$

mit der *Durchflussfunktion* ψ.

$$\psi = \sqrt{\frac{\varkappa}{\varkappa - 1}\left[\left(\frac{p_x}{p_1}\right)^{\frac{2}{\varkappa}} - \left(\frac{p_x}{p_1}\right)^{\frac{\varkappa+1}{\varkappa}}\right]} \quad \textit{ideales Gas, isentrop} \qquad \textbf{(Gl 7.39)}$$

Im engsten Querschnitt der Düse A_{min} ($p_x = p_L$) hat die Durchflussfunktion ψ ihren größten Wert **(B 7.10)**. Bedeutung haben nur Lösungen von ψ im Bereich $p_x/p_1 \geq p_L/p_1$.

$$\psi_{max} = \left(\frac{2}{\varkappa + 1}\right)^{\frac{1}{\varkappa-1}} \sqrt{\frac{\varkappa}{\varkappa + 1}} \quad \textit{ideales Gas, isentrop} \qquad \textbf{(Gl 7.40)}$$

Durch ψ_{max} ist der durch eine Düse strömende Massenstrom begrenzt.

7

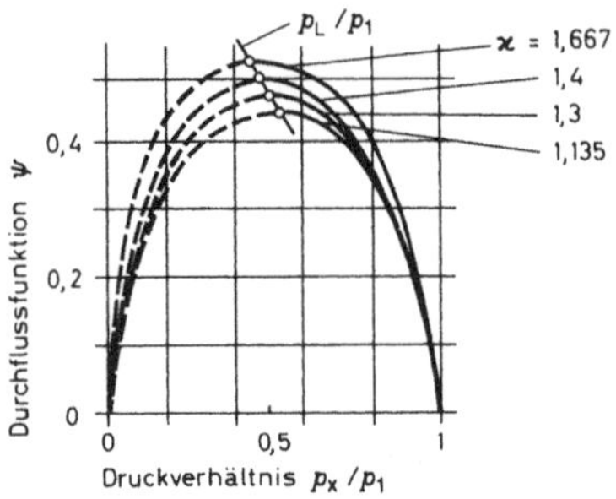

B 7.10 Durchflussfunktion in Abhängigkeit vom Druckverhältnis

Engster Querschnitt. Für den kleinsten Querschnitt gilt, mit den Zustandsgrößen an dieser Stelle (Gl 7.1 mit c_L nach Gl 7.37):

$$A_{min} = \frac{\dot{m}\, v_L}{c_L} = \dot{m}\sqrt{\frac{v_L}{\varkappa\, p_L}} \quad \textit{ideales Gas, isentrop} \qquad \textbf{(Gl 7.41)}$$

Mit den Zustandsgrößen am Eintritt in die Düse ergibt sich für A_{min} (Gl 7.38 mit ψ_{max}):

$$A_{min} = \frac{\dot{m}}{\psi_{max}\sqrt{2\,\frac{p_1}{v_1}}} \quad \textit{ideales Gas, isentrop} \qquad \textbf{(Gl 7.42)}$$

Wir setzen ψ_{max} nach Gl 7.40 ein und formen die Gleichung um:

$$A_{min} = \frac{\dot{m}}{\left(\frac{2}{\varkappa+1}\right)^{\frac{1}{\varkappa-1}}\sqrt{\frac{\varkappa}{\varkappa+1}}\sqrt{2\,\frac{p_1}{v_1}}}$$

$$A_{min} = \dot{m}\sqrt{\frac{v_1}{\varkappa\, p_1}}\left(\frac{\varkappa+1}{2}\right)^{\frac{\varkappa+1}{2(\varkappa-1)}} \quad \textit{ideales Gas, isentrop} \qquad \textbf{(Gl 7.43)}$$

7.4.3 Schallgeschwindigkeit

Unter *Schallgeschwindigkeit* c_s in Gasen und Dämpfen versteht man die Fortpflanzungsgeschwindigkeit von Druck- und Dichteschwankungen bei schwachen Störungen. Der Zusammenhang sei hier ohne Ableitung genannt:

$$c_s = \sqrt{\frac{dp}{d\varrho}} \qquad \textbf{(Gl 7.44 a)}$$

Laplace[1] erkannte, dass dieser Vorgang adiabat, bei vernachlässigter Reibung somit isentrop verläuft. Wir führen die isentrope Zustandsänderung des idealen Gases ein (Gl 3.48):

$$p\,v^{\varkappa} = \text{const oder}$$

$$\frac{\mathrm{d}p}{p} + \varkappa\frac{\mathrm{d}v}{v} = 0 \quad \text{bzw.} \quad \frac{\mathrm{d}p}{p} - \varkappa\frac{\mathrm{d}\varrho}{\varrho} = 0$$

und erhalten mit $\frac{\mathrm{d}p}{\mathrm{d}\varrho} = \varkappa\frac{p}{\varrho} = \varkappa\,p\,v$:

$$c_\mathrm{s} = \sqrt{\frac{\mathrm{d}p}{\mathrm{d}\varrho}} = \sqrt{\varkappa\,p\,v} = \sqrt{\varkappa\,R_\mathrm{i}\,T} \qquad \textit{Schallgeschwindigkeit} \qquad \textbf{(Gl 7.44 b)}$$

Mit $p = p_\mathrm{L}$, $v = v_\mathrm{L}$ und $T = T_\mathrm{L}$ ist Gl 7.44 b identisch mit Gl 7.37, d. h. $c_\mathrm{s} = c_\mathrm{L}$.

Im engsten Querschnitt der Düse tritt Schallgeschwindigkeit auf.

Gl 7.44 b zeigt, dass die Schallgeschwindigkeit keinen konstanten Wert hat, sondern von der Gasart und vom Zustand am Ort der Schallgeschwindigkeit abhängt. Bei 0 °C ergibt sich z. B. für Luft $c_\mathrm{s} = 333$ m/s, für Wasserstoff: $c_\mathrm{s} = 1\,234$ m/s.

Man nennt das Verhältnis c_x/c_s *Mach-Zahl.*[2]

$$Ma = \frac{c_x}{c_\mathrm{s}} \qquad \textbf{(Gl 7.45)}$$

Im engsten Querschnitt ist $Ma = 1$. Bei $Ma < 1$ liegt Unterschallgeschwindigkeit, bei $Ma > 1$ liegt Überschallgeschwindigkeit vor.

7.4.4 Reibungsfreie Diffusorströmung

Der Diffusor ist die Umkehrung der Düse (B 7.9 b). Daher gelten die für die Düse abgeleiteten Gleichungen bei umgekehrter Betrachtungsweise. Bei der Düse hatten wir die Zuströmgeschwindigkeit vernachlässigt, beim Diffusor ist als Grenzfall die Abströmgeschwindigkeit vernachlässigbar: $c_2 = 0$.

Bei reibungsfreier Strömung eines idealen Gases in einem adiabaten Diffusor lässt sich der *maximal erreichbare Enddruck* aus Gl 7.15 (mit $w_{\mathrm{diss}\,12} = 0$, $c_2 = 0$, $\int_1^2 v\,\mathrm{d}p$ nach Gl 3.52 und Gl 3.57) ermitteln:

[1] *Pierre Simon Marquis de Laplace* (1749–1827), französischer Mathematiker, vertiefte die Wahrscheinlichkeitsrechnung mit mathematischen Hilfsmitteln.

[2] *Ernst Mach* (1836–1916), österreichischer Physiker, bekannt durch die Erforschung der Bewegung von Festkörpern mit Überschallgeschwindigkeit.

$$-\frac{c_1^2}{2} = \frac{\varkappa}{\varkappa - 1} R_i T_1 \left[1 - \left(\frac{p_2}{p_1}\right)^{\frac{\varkappa-1}{\varkappa}}\right]$$

$$p_{2\,\max} = p_1 \left(1 + \frac{\varkappa - 1}{\varkappa} \frac{c_1^2}{2\,R_i\,T_1}\right)^{\frac{\varkappa}{\varkappa-1}} \quad \textit{ideales Gas, isentrop} \qquad \textbf{(Gl 7.46)}$$

Für den Druck p_L im engsten Diffusorquerschnitt A_{min} gilt analog zu Gl 7.35:

$$p_L = p_{2\,\max} \left(\frac{2}{\varkappa + 1}\right)^{\frac{\varkappa}{\varkappa-1}} \quad \textit{ideales Gas, isentrop} \qquad \textbf{(Gl 7.47)}$$

Für die *Laval-Geschwindigkeit* c_L im engsten Diffusorquerschnitt A_{min} gilt analog zu Gl 7.36/7.37:

$$c_L = \sqrt{\frac{2\,\varkappa}{\varkappa + 1}\,R_i\,T_2} = \sqrt{\varkappa\,R_i\,T_L} \quad \textit{ideales Gas, isentrop} \qquad \textbf{(Gl 7.48)}$$

mit der Temperatur T_L nach Gl 3.49:

$$T_L = T_1 \left(\frac{p_L}{p_1}\right)^{\frac{\varkappa-1}{\varkappa}}$$

oder

$$T_L = T_2\,\frac{2}{\varkappa + 1} \quad \textit{ideales Gas, isentrop} \qquad \textbf{(Gl 7.49)}$$

Für den *engsten Querschnitt* gilt Gl 7.41 unverändert. Anstelle der Gl 7.42 gilt:

$$A_{min} = \frac{\dot{m}}{\psi_{max}\sqrt{2\,\frac{p_2}{v_2}}} \quad \textit{ideales Gas, isentrop} \qquad \textbf{(Gl 7.50)}$$

oder anstelle von Gl 7.43:

$$A_{min} = \dot{m}\sqrt{\frac{v_2}{\varkappa\,p_2}} \left(\frac{\varkappa + 1}{2}\right)^{\frac{\varkappa+1}{2\,(\varkappa-1)}} \quad \textit{ideales Gas, isentrop} \qquad \textbf{(Gl 7.51)}$$

7.4.5 Ausbildung einer Laval-Düse oder eines Überschall-Diffusors

Im engsten Querschnitt einer Laval-Düse oder eines Überschall-Diffusors wird Laval-Geschwindigkeit c_L (= Schallgeschwindigkeit c_s) erreicht. Bei einer Düse nimmt in Strömungsrichtung der Querschnitt wieder zu, bei einem Diffusor muss umgekehrt der Querschnitt *vor* Erreichen von A_{min} größer sein (B 7.9). In der Düse *wird* die Geschwindigkeit *hinter* der engsten Stelle $c_x > c_L$, im Diffusor *war* die Geschwindigkeit *vor* der engsten Stelle $c_x > c_L$ (B 7.9).

Ausschlaggebend für den Massenstrom ist der kleinste Querschnitt A_{min}, während die weitere Ausbildung der Laval-Düse oder des Überschall-Diffusors die Strömung nur wenig beeinflusst. Dieser Querschnitt A_{min} muss zunächst nach Gl 7.41 bis Gl 7.43 bzw. nach Gl 7.50/7.51 bestimmt werden.

Bei reibungsfreier Strömung sind bei einer Laval-*Düse* durch den Enddruck p_2 die Zustandsgrößen am Austritt mittels der Isentropen, die Geschwindigkeit c_2 nach Gl 7.33 und der Austrittsquerschnitt A_2 nach Gl 7.34 bestimmbar. Den Übergang vom engsten Querschnitt bis zum Austritt macht man meist geradlinig, wobei die Erweiterung 10° – in Sonderfällen auch mehr – nicht übersteigen soll (B 7.9). Die Verengung zur engsten Stelle muss wegen der möglichen Strahleinschnürung mit einem ausreichend großen Krümmungsradius erfolgen.

In einem Überschall-*Diffusor*, in dem ein mit Überschallgeschwindigkeit zuströmendes Fluid abgebremst werden und der Druck ansteigen soll, muss der Querschnitt zunächst verengt werden, bis die Fluidgeschwindigkeit sich auf Schallgeschwindigkeit verringert hat. Erst anschließend wird der Diffusor wie üblich erweitert. Auch hierbei ist auf günstige strömungstechnische Gestaltung zu achten. Bei reibungsfreier Strömung und schwachem Verdichtungsstoß, der bei $Ma \leq 2$ vorliegt, sind bei einem Diffusor durch die Zuströmgeschwindigkeit c_1 die Zustandsgrößen am Austrittsquerschnitt mittels der Isentropen und der Enddruck $p_{2\,max}$ nach Gl 7.46 bestimmbar.

Die nähere Gestaltung von Düse und Diffusor – wie Baulänge, Erweiterungswinkel – erfolgt nach den Berechnungsmethoden der Strömungslehre.

Bei einer *reibungsbehafteten* Strömung ist gegenüber reibungsfreier Strömung bei der Düse ein größeres Druckgefälle erforderlich, um die gleiche Endgeschwindigkeit zu erzielen; entsprechend ist beim Diffusor eine größere Geschwindigkeitsminderung erforderlich, um den gleichen Enddruck zu erreichen. Die Verluste sind beim Diffusor in der Regel größer als bei der Düse.

7

Beispiel 7.9: 0,5 kg/s Luft von 10 bar und 300 °C strömen reibungsfrei durch eine adiabate Düse. Gegendruck 2 bar, $\varkappa = 1{,}4$, Zuströmgeschwindigkeit 0. Luft soll näherungsweise als ideales Gas angenommen werden.

Zu bestimmen sind:

a) der Laval-Druck und die Laval-Geschwindigkeit,

b) der engste Querschnitt der Düse,

c) die Austrittsgeschwindigkeit,

d) die Austrittsgeschwindigkeit und der isentrope Düsenwirkungsgrad, wenn infolge Reibung der Düsenbeiwert $\alpha = 0{,}9$ beträgt.

Lösung:

Zu a): $$p_L = p_1 \left(\frac{2}{\varkappa + 1}\right)^{\frac{\varkappa}{\varkappa - 1}} \quad \text{(Gl 7.35)}$$

$$p_L = 10\ \text{bar} \left(\frac{2}{1{,}4 + 1}\right)^{\frac{1{,}4}{0{,}4}} = \underline{5{,}28\ \text{bar}}$$

$$c_L = \sqrt{\frac{2\varkappa}{\varkappa + 1} R_l T_1} \quad \text{(Gl 7.36)}$$

$$c_L = \sqrt{\frac{2 \cdot 1{,}4}{1{,}4+1}\, 287{,}1\, \frac{\text{N m}}{\text{kg K}}\, 573\ \text{K}} = \underline{438\ \frac{\text{m}}{\text{s}}}$$

Zu b): $$A_{\min} = \dot{m} \sqrt{\frac{v_1}{\varkappa p_1}} \left(\frac{\varkappa+1}{2}\right)^{\frac{\varkappa+1}{2(\varkappa-1)}} \quad \text{(Gl 7.43)}$$

$$A_{\min} = \dot{m} \sqrt{\frac{R_l T_1}{\varkappa p_1^2}} \left(\frac{\varkappa+1}{2}\right)^{\frac{\varkappa+1}{2(\varkappa-1)}}$$

$$A_{\min} = 0{,}5\ \frac{\text{kg}}{\text{s}} \sqrt{\frac{287{,}1\ \frac{\text{N m}}{\text{kg K}}\ 573\ \text{K}}{1{,}4 \cdot 10^2\,(10^5)^2\ \frac{\text{N}^2}{\text{m}^4}}} \left(\frac{1{,}4+1}{2}\right)^{\frac{2{,}4}{2\cdot 0{,}4}}$$

$$A_{\min} = \underline{2{,}95 \cdot 10^{-4}\ \text{m}^2}$$

Zu c): $$c_{2'} = \sqrt{2\, \frac{\varkappa}{\varkappa-1}\, R_l T_1 \left[1 - \left(\frac{p_2}{p_1}\right)^{\frac{\varkappa-1}{\varkappa}}\right]} \quad \text{(Gl 7.33)}$$

$$c_{2'} = \sqrt{2\, \frac{1{,}4}{1{,}4-1}\, 287{,}1\, \frac{\text{N m}}{\text{kg K}}\, 573\ \text{K}\, \frac{\text{kg m}}{\text{N s}^2} \left[1 - \left(\frac{2\ \text{bar}}{10\ \text{bar}}\right)^{\frac{1{,}4-1}{1{,}4}}\right]}$$

$$c_{2'} = \underline{651{,}6\ \frac{\text{m}}{\text{s}}}$$

Zu d):

(Gl 7.31): $$c_2 = \alpha\, c_{2'} = 0{,}9 \cdot 651{,}6\ \frac{\text{m}}{\text{s}} = \underline{586{,}5\ \frac{\text{m}}{\text{s}}}$$

$$h_1 - h_{2'} = \tfrac{1}{2}\left(c_{2'}^2 - c_1^2\right) \quad \text{(Gl 7.13)}$$

$$h_1 - h_{2'} = \frac{1}{2}\left(651{,}6^2 - 0\right) \frac{\text{m}^2\ \text{N s}^2\ \text{kJ}}{\text{s}^2\ \text{kg m}\ 10^3\ \text{N m}} = 212{,}3\ \frac{\text{kJ}}{\text{kg}}$$

$$h_1 - h_2 = \frac{1}{2}\left(c_2^2 - c_1^2\right) = \frac{1}{2}\left(586{,}5^2 - 0\right) \frac{\text{m}^2\ \text{N s}^2\ \text{kJ}}{\text{s}^2\ \text{kg m}\ 10^3\ \text{N m}} = 172{,}0\ \frac{\text{kJ}}{\text{kg}}$$

$$\eta_{\text{isen Dü}} = \frac{h_1 - h_2}{h_1 - h_{2'}} \quad \text{(Gl 7.30 a, B 7.8 a)}$$

$$\eta_{\text{isen Dü}} = \frac{172{,}0\ \frac{\text{kJ}}{\text{kg}}}{212{,}3\ \frac{\text{kJ}}{\text{kg}}} = \underline{0{,}81}$$

Beispiel 7.10: 0,5 kg/s Luft strömt mit 1,0 bar, 20 °C, 700 m/s in einen Überschall-Diffusor und wird reibungsfrei auf die Geschwindigkeit 0 abgebremst. Luft soll näherungsweise als ideales Gas angenommen werden, $x = 1{,}4$.

Es sind zu ermitteln:

a) der Enddruck,

b) die Endtemperatur,

c) der Druck im engsten Diffusorquerschnitt,

d) die Temperatur im engsten Diffusorquerschnitt,

e) die Geschwindigkeit im engsten Diffusorquerschnitt,

f) das spezifische Volumen im engsten Diffusorquerschnitt,

g) der engste Diffusorquerschnitt,

h) der isentrope Diffusorwirkungsgrad, falls infolge Reibung ein Enddruck von 6,0 bar erreicht wird, sowie der Verlauf der Zustandsänderungen ohne und mit Reibung im h,s-Diagramm.

Lösung:

Zu a): (Gl 7.46)

$$p_{2\,\max} = p_1 \left(1 + \frac{\varkappa - 1}{\varkappa}\,\frac{c_1^2}{2\,R_l\,T_1}\right)^{\frac{\varkappa}{\varkappa-1}}$$

$$p_{2\,\max} = 1{,}00\ \text{bar} \left(1 + \frac{1{,}4 - 1}{1{,}4}\,\frac{700^2\ \text{m}^2\ \text{kg K}}{\text{s}^2\ 2 \cdot 287{,}1\ \text{J}\ 293\ \text{K}}\,\frac{\text{J s}^2}{\text{kg m}^2}\right)^{\frac{1{,}4}{1{,}4-1}}$$

$$p_{2\,\max} = \underline{8{,}32\ \text{bar}}$$

Zu b): (Gl 3.49)

$$T_2 = T_1 \left(\frac{p_2}{p_1}\right)^{\frac{\varkappa-1}{\varkappa}} = 293\ \text{K} \left(\frac{8{,}32\ \text{bar}}{1{,}00\ \text{bar}}\right)^{\frac{1{,}4-1}{1{,}4}} = \underline{536{,}7\ \text{K}}$$

Zu c): (Gl 7.47)

$$p_\text{L} = p_{2\,\max} \left(\frac{2}{\varkappa + 1}\right)^{\frac{\varkappa}{\varkappa-1}}$$

$$p_\text{L} = 8{,}32\ \text{bar} \left(\frac{2}{1{,}4 + 1}\right)^{\frac{1{,}4}{1{,}4-1}} = \underline{4{,}40\ \text{bar}}$$

Zu d): (Gl 3.49)

$$T_\text{L} = T_1 \left(\frac{p_\text{L}}{p_1}\right)^{\frac{\varkappa-1}{\varkappa}} = 293\ \text{K} \left(\frac{4{,}40\ \text{bar}}{1{,}00\ \text{bar}}\right)^{\frac{1{,}4-1}{1{,}4}} = \underline{447{,}3\ \text{K}}$$

oder (Gl 7.49)

$$T_\text{L} = T_2\,\frac{2}{\varkappa + 1} = 536{,}7\ \text{K}\,\frac{2}{1{,}4 + 1} = \underline{447{,}3\ \text{K}}$$

Zu e): (Gl 7.48)

$$c_\text{L} = \sqrt{\varkappa\,R_l\,T_\text{L}} = \sqrt{1{,}4 \cdot 287{,}1\,\frac{\text{J}}{\text{kg K}}\,447{,}3\ \text{K}\,\frac{\text{kg m}^2}{\text{J s}^2}}$$

$$c_\text{L} = \underline{424{,}1\ \text{m/s}}$$

Zu f): (Gl 1.15)

$$v_\text{L} = \frac{R_l\,T_\text{L}}{p_\text{L}} = \frac{287{,}1\ \text{J}\ 447{,}3\ \text{K}\ \text{m}^2}{\text{kg K}\ 4{,}40 \cdot 10^5\ \text{N}}\,\frac{\text{N m}}{\text{J}} = \underline{0{,}292\,3\ \frac{\text{m}^3}{\text{kg}}}$$

Zu g): (Gl 7.41)

$$A_{\min} = \frac{\dot{m}\,v_L}{c_L} = \frac{0{,}5\ \text{kg}\ 0{,}292\,3\ \text{m}^3\ \text{s}\ 10^4\ \text{cm}^2}{\text{s}\ \text{kg}\ 424{,}1\ \text{m}\ \text{m}^2} = \underline{3{,}45\ \text{cm}^2}$$

Zu h): **B 7.11**

Endtemperatur $T_{3'}$ bei isentroper Verdichtung auf $p_3 = 6{,}0$ bar (Gl 3.49):

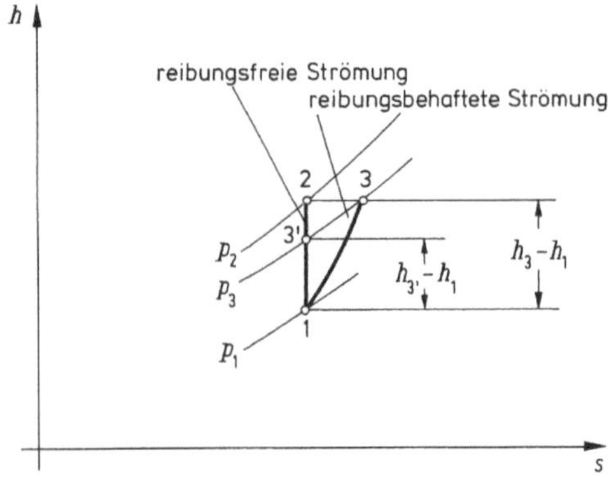

B 7.11 Enthalpiedifferenzen bei der Diffusorströmung (zu Bsp. 7.10)

$$T_{3'} = T_1 \left(\frac{p_3}{p_1}\right)^{\frac{\varkappa-1}{\varkappa}} = 293\ \text{K} \left(\frac{6{,}0\ \text{bar}}{1{,}0\ \text{bar}}\right)^{\frac{1{,}4-1}{1{,}4}} = 488{,}9\ \text{K}$$

Diffusorwirkungsgrad (Gl 7.30 b mit Gl 2.45 und $T_3 = T_2$):

$$\eta_{\text{isen Diff}} = \frac{h_{3'} - h_1}{h_3 - h_1} = \frac{c_p\,(T_{3'} - T_1)}{c_p\,(T_3 - T_1)} = \frac{(488{,}9 - 293)\ \text{K}}{(536{,}7 - 293)\ \text{K}} = \underline{0{,}80}$$

Aufgabe 7.7: Durch eine adiabate Laval-Düse mit einem engsten Querschnitt 25 mm^2 strömt reibungsfrei Sauerstoff mit einem Vordruck 100 bar bei 30 °C, Zuströmgeschwindigkeit 0. Der Gegendruck beträgt 10 bar. Sauerstoff soll näherungsweise als ideales Gas angenommen werden, c_p bei 0 °C.

Ermitteln Sie:

a) Druck, Temperatur und Geschwindigkeit im engsten Querschnitt,

b) Temperatur und Geschwindigkeit am Düsenaustritt,

c) den Massenstrom,

d) den Düsenbeiwert, wenn infolge Reibung der isentrope Düsenwirkungsgrad 90 % beträgt.

Aufgabe 7.8: In den adiabaten Überschall-Diffusor eines Staustrahltriebwerks tritt Luft mit 1 200 m/s bei 0,12 bar, 240 K ein und wird auf die Geschwindigkeit 0 reibungsfrei verzögert. Engster Diffusorquerschnitt 0,2 m^2. Luft soll als ideales Gas angenommen werden, $\varkappa = 1{,}4$.

Ermitteln Sie:

a) Druck und Temperatur am Diffusoraustritt,

b) Druck und Temperatur im engsten Diffusorquerschnitt,

c) Geschwindigkeit im engsten Diffusorquerschnitt,

d) Massenstrom,

e) den Druck am Diffusoraustritt, falls infolge Reibung ein isentroper Diffusorwirkungsgrad von 82 % erreicht wird.

Aufgabe 7.9: In einem adiabaten Diffusor soll der Druck von gesättigtem Wasserdampf bei reibungsfreier Strömung von 50 bar auf 97 bar erhöht werden. Hierbei erhöht sich die Temperatur auf 350 °C und die Enthalpie auf 2 936 kJ/kg (näherungsweise in B 5.6 u. B 5.8 kontrollierbar).

Mit welcher Geschwindigkeit muss der Dampf dem Diffusor zuströmen?

Kontrollfragen (Antworten Abschnitt 11.7)

7.1 1. Wie lautet die Kontinuitätsgleichung für kompressible Fluide?

7.2 2. Wie lautet die Bernoulli-Gleichung für die reibungsfreie Strömung kompressibler Fluide durch adiabate Systeme?

7.3 3. Wozu dient bei einer horizontalen Strömung durch ein adiabates System ohne Arbeitsabgabe oder -aufnahme das Enthalpiegefälle?

4. Wie groß ist die Kraft eines strömenden Fluids auf die Rohrwand infolge einer Umlenkung?

5. Welche Größe kann mithilfe der Euler'schen Gleichung berechnet werden?

7.4 6. a) Wie groß ist die Geschwindigkeit in der engsten Stelle einer Laval-Düse?

b) Welche Voraussetzung ist erforderlich?

7. Wie ist die Mach-Zahl definiert?

8 Wärmeübertragung

8.1 Arten der Wärmeübertragung

Ein wärmedurchlässiges System gibt an seine Umgebung Wärme ab oder nimmt sie von ihr auf, wenn zwischen beiden ein Temperaturunterschied besteht. Dieser Vorgang heißt *Wärmeübertragung*, er verläuft immer in Richtung fallender Temperaturen.

Wärme kann durch drei verschiedene Vorgänge übertragen werden, die in der Praxis meist gemeinsam auftreten, jedoch getrennt behandelt werden: durch Leitung, Konvektion oder Strahlung.

Bei der *Wärmeleitung* wird Wärme nur zwischen direkt benachbarten Teilchen fester Körper oder unbewegter Flüssigkeiten bzw. Gase übertragen. Der Vorgang tritt z. B. zwischen der Innen- und Außenfläche einer Hauswand auf.

Bei der Wärmeübertragung durch *Konvektion* wird Wärme an strömende Flüssigkeits- oder Gasteilchen übertragen. Diese Energie wird von den Teilchen mitgeführt. Wird die Strömung durch die Wärmeübertragung selbst verursacht, wie beispielsweise bei der an einem Raumheizkörper vorbeiströmenden Luft, so heißt die Bewegung *freie Strömung*. Wird die Bewegung unabhängig von der Wärmeübertragung durch Pumpen oder Gebläse hervorgerufen, wie z. B. bei der Kühlung eines Motors, so nennen wir die Bewegung *erzwungene Strömung*.

Bei der *Wärmestrahlung* wird Energie in kleinen, nicht weiter teilbaren Beträgen (Photonen) zwischen einem wärmeren und einem kälteren Körper ausgetauscht. Ein Übertragungsmedium ist nicht erforderlich. Wärmestrahlung tritt bei festen, flüssigen und einigen gasförmigen Körpern auf. Beispiel für die Energieübertragung durch Wärmestrahlung ist die Aufnahme der von der Sonne ausgesandten Strahlungsenergie durch die Erde.

8.2 Wärmeleitung

Wir behandeln ausschließlich stationäre, d. h. zeitlich unveränderliche Temperaturfelder und setzen voraus, dass sich die Temperatur nur in einer Richtung ändert. Aufheiz- und Abkühlvorgänge, Wärmeleitung mit zusätzlichen Energiequellen u. Ä. werden nicht beschrieben. Hierzu wird auf die spezielle Literatur verwiesen (z. B. [8], [9] u. [10]).

8.2.1 Ebene Wand

Fourier[1] fand bei der Untersuchung der Wärmeleitung in festen Körpern, dass die durch eine homogene, ebene Wand strömende Wärme der Wandfläche A, dem Temperaturgefälle $t_1 - t_2$, der Zeit τ direkt und der Wanddicke δ umgekehrt proportional ist **(B 8.1)**. Er formulierte unter Berücksichtigung eines Proportionalitätsfaktors λ das *Fourier'sche Gesetz*:

$$Q = \frac{\lambda}{\delta} A \, (t_1 - t_2) \, \tau \qquad \textbf{(Gl 8.1)}$$

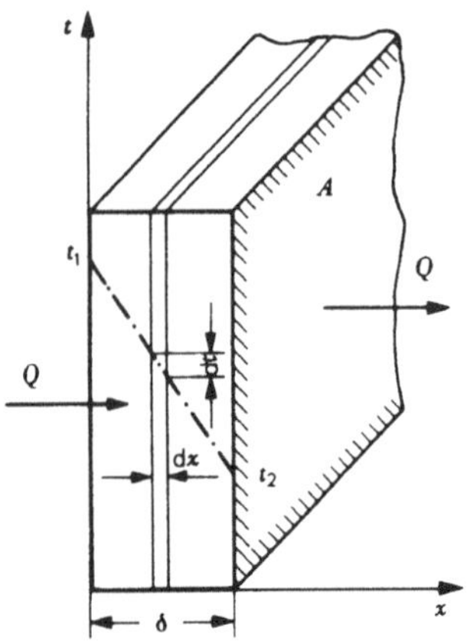

B 8.1 Stationäre Wärmeleitung durch eine ebene Wand

Mit t_1 als der höheren und t_2 als der niedrigeren Oberflächentemperatur der Wand wird die übertragene Wärme positiv. Diese Vereinbarung soll für alle Wärmeübertragungsvorgänge und die dafür formulierten Gleichungen gelten.

λ ist ein temperaturabhängiger Stoffwert, der als *Wärmeleitfähigkeit* bezeichnet wird, Werte siehe **T 8.1**, **T 8.2** und **T 8.3**. In der Regel wird für λ der Wert bei der mittleren Temperatur der Wandschicht eingesetzt. Die SI-Einheit der Wärmeleitfähigkeit λ ist $\mathrm{W/(K\,m)}$.

λ (in $\mathrm{W/(K\,m)}$) kann man sich als die Energie (in J) veranschaulichen, die je Sekunde bei 1 m Wandstärke durch eine 1 $\mathrm{m^2}$ große Fläche geleitet wird, wenn sich die Temperaturen der Wandseiten um 1 K unterscheiden.

Durch die dünne Schicht mit der Dicke dx strömt die gleiche Wärme Q wie durch die gesamte Wand, jedoch hat das Temperaturgefälle dann nur die Größe dt (B 8.1). Die Wärme strömt nur in Richtung niedrigerer Temperatur. Daher führen wir das negative Vorzeichen $\left(-\frac{\mathrm{d}t}{\mathrm{d}x}\right)$ ein und erhalten als Grundform für das Fourier'sche Gesetz:

$$Q = -\lambda A \frac{\mathrm{d}t}{\mathrm{d}x} \tau \qquad \textbf{(Gl 8.2)}$$

[1] *J. B. Fourier* (sprich furje) (1768–1830), Mitglied der Pariser Akademie der Wissenschaften, behandelte die Wärmeausbreitung, entwickelte die Fourier'schen Reihen.

T 8.1 Wärmeübertragungseigenschaften einiger fester Stoffe [1)]

	t °C	ϱ $\frac{kg}{m^3}$	c $\frac{kJ}{kg\,K}$	λ $\frac{W}{K\,m}$	a $\frac{m^2}{s}$
Aluminium 99,99 [2)]	20	2700	0,945	238	$93{,}4 \cdot 10^{-6}$
Stahl, unlegiert [3)]	0	7850	0,465	59	$16{,}2 \cdot 10^{-6}$
Stahl, unlegiert [3)]	200	7800	0,535	52	$12{,}5 \cdot 10^{-6}$
Stahl, unlegiert [3)]	400	7730	0,630	44	$9{,}0 \cdot 10^{-6}$
Kupfer, Handelsware	20	8300	0,419	372	$107 \cdot 10^{-6}$
Messing	20	8600	0,381	81 ... 116	$(25 \ldots 35) \cdot 10^{-6}$
Zink	20	7130	0,385	113	$39 \cdot 10^{-6}$
Kiesbeton	20	2200	0,879	1,28	$0{,}66 \cdot 10^{-6}$
Fensterglas	20	2480	0,70 ... 0,93	1,16	$0{,}59 \cdot 10^{-6}$
Mauerwerk, Hochlochziegel	20	1420...1460	–	0,76	$0{,}55 \cdot 10^{-6}$
Glaswolle [2)]	25	200	0,66	0,037	$0{,}28 \cdot 10^{-6}$

[1)] Werte aus Gröber/Erk/Grigull [9b; Zahlentafel 14]

[2)] Werte aus Stephan/Schaber/Stephan/Mayinger [6a; Tabelle 15.3]

[3)] Schmidt, E.: Einführung in die Technische Thermodynamik und in die Grundlagen der chemischen Thermodynamik. 7. Aufl., Berlin, Göttingen, Heidelberg: Springer-Verlag 1958; Tabelle 49

8

Der Temperaturverlauf in der Wand ist geradlinig (Gl 8.2), wenn die Wand eben ist und die Temperaturabhängigkeit von λ vernachlässigt wird.

Bezogen auf die Zeit τ ergibt sich der durch die Fläche A tretende *Wärmestrom* $\dot{Q}$:

$$\dot{Q} = \frac{Q}{\tau} = \frac{\lambda}{\delta} A\,(t_1 - t_2) \quad \textit{ebene Wand} \qquad \textbf{(Gl 8.3)}$$

Der Wärmestrom $\dot{Q}$ ist von der Größenart einer Leistung mit der Einheit W.

Bezogen auf die Fläche A wird die durchströmende Wärme als *Wärmestromdichte* oder *Heizflächenbelastung* $\dot{q}$ bezeichnet:

$$\dot{q} = \frac{\dot{Q}}{A} = \frac{\lambda}{\delta}\,(t_1 - t_2) \qquad \textbf{(Gl 8.4)}$$

T 8.2 Wärmeübertragungseigenschaften einiger Flüssigkeiten

Stoff	t	ϱ	c_p	λ	γ	η	ν	a	Pr
	°C	$\frac{\text{kg}}{\text{m}^3}$	$\frac{\text{kJ}}{\text{kg K}}$	$\frac{\text{W}}{\text{K m}}$	$\frac{1}{\text{K}}$	$\frac{\text{kg}}{\text{m s}} = \frac{\text{N s}}{\text{m}^2}$	$\frac{\text{m}^2}{\text{s}}$	$\frac{\text{m}^2}{\text{s}}$	–
Ammoniak (NH_3) [1]	20	610	4,77	0,494	0,00244	$220 \cdot 10^{-6}$	$0{,}361 \cdot 10^{-6}$	$0{,}17 \cdot 10^{-6}$	2,12
Wasser [2]	0	999,8	4,218	0,552	0,00006	$1792 \cdot 10^{-6}$	$1{,}792 \cdot 10^{-6}$	$0{,}131 \cdot 10^{-6}$	13,67
Wasser [2]	20	998,2	4,182	0,598	0,000206	$1002 \cdot 10^{-6}$	$1{,}004 \cdot 10^{-6}$	$0{,}143 \cdot 10^{-6}$	7,01
Wasser [2]	60	983,2	4,184	0,652	0,000523	$467 \cdot 10^{-6}$	$0{,}475 \cdot 10^{-6}$	$0{,}158 \cdot 10^{-6}$	3,00
Wasser [2]	100	958,4	4,216	0,682	0,000752	$282 \cdot 10^{-6}$	$0{,}295 \cdot 10^{-6}$	$0{,}169 \cdot 10^{-6}$	1,75
Wasser [2]	200	864,7	4,497	0,666	0,00139	$136 \cdot 10^{-6}$	$0{,}168 \cdot 10^{-6}$	$0{,}171 \cdot 10^{-6}$	0,92
Transformatorenöl	40	854	1,99	0,123	0,00069	$14220 \cdot 10^{-6}$	$16{,}7 \cdot 10^{-6}$	$0{,}072 \cdot 10^{-6}$	230
Transformatorenöl	80	830	2,09	0,120	0,00071	$4315 \cdot 10^{-6}$	$5{,}2 \cdot 10^{-6}$	$0{,}066 \cdot 10^{-6}$	79,4

[1] Bei 0,980665 bar. Wenn der Dampfdruck größer ist, bei dem zu der genannten Temperatur gehörenden Sättigungsdruck. Werte aus [9b; Zahlentafel 14]

[2] Werte aus [9b; Zahlentafel 10].

T 8.3 a Wärmeübertragungseigenschaften von Luft (trocken) beim Druck von 1 bar [10; Kap. D2.2, Tab. 1]*)

t °C	ϱ $\frac{kg}{m^3}$	c_p $\frac{kJ}{kg\,K}$	λ $\frac{W}{K\,m}$	η $\frac{kg}{m\,s}$	ν $\frac{m^2}{s}$	a $\frac{m^2}{s}$	Pr –
−20	1,377	1,006	0,022 81	$16{,}20 \cdot 10^{-6}$	$11{,}77 \cdot 10^{-6}$	$16{,}47 \cdot 10^{-6}$	0,7143
0	1,276	1,006	0,024 36	$17{,}22 \cdot 10^{-6}$	$13{,}50 \cdot 10^{-6}$	$18{,}98 \cdot 10^{-6}$	0,7110
20	1,189	1,006	0,025 87	$18{,}21 \cdot 10^{-6}$	$15{,}32 \cdot 10^{-6}$	$21{,}63 \cdot 10^{-6}$	0,7081
40	1,112	1,007	0,027 35	$19{,}17 \cdot 10^{-6}$	$17{,}23 \cdot 10^{-6}$	$24{,}41 \cdot 10^{-6}$	0,7056
60	1,046	1,008	0,028 80	$20{,}10 \cdot 10^{-6}$	$19{,}22 \cdot 10^{-6}$	$27{,}32 \cdot 10^{-6}$	0,7035
80	0,9862	1,010	0,030 22	$21{,}01 \cdot 10^{-6}$	$21{,}30 \cdot 10^{-6}$	$30{,}35 \cdot 10^{-6}$	0,7018
100	0,9333	1,011	0,031 62	$21{,}90 \cdot 10^{-6}$	$23{,}46 \cdot 10^{-6}$	$33{,}50 \cdot 10^{-6}$	0,7004
120	0,8857	1,014	0,032 99	$22{,}76 \cdot 10^{-6}$	$25{,}70 \cdot 10^{-6}$	$36{,}75 \cdot 10^{-6}$	0,6994
140	0,8428	1,016	0,034 44	$23{,}61 \cdot 10^{-6}$	$28{,}01 \cdot 10^{-6}$	$40{,}10 \cdot 10^{-6}$	0,6986
160	0,8039	1,019	0,035 66	$24{,}44 \cdot 10^{-6}$	$30{,}40 \cdot 10^{-6}$	$43{,}54 \cdot 10^{-6}$	0,6982
180	0,7684	1,022	0,036 96	$25{,}25 \cdot 10^{-6}$	$32{,}86 \cdot 10^{-6}$	$47{,}08 \cdot 10^{-6}$	0,6980
200	0,7359	1,025	0,038 25	$26{,}05 \cdot 10^{-6}$	$35{,}39 \cdot 10^{-6}$	$50{,}70 \cdot 10^{-6}$	0,6981
250	0,6655	1,035	0,041 38	$27{,}97 \cdot 10^{-6}$	$42{,}03 \cdot 10^{-6}$	$60{,}10 \cdot 10^{-6}$	0,6993
300	0,6075	1,045	0,044 42	$29{,}81 \cdot 10^{-6}$	$49{,}07 \cdot 10^{-6}$	$69{,}95 \cdot 10^{-6}$	0,7016
400	0,5172	1,069	0,050 24	$33{,}28 \cdot 10^{-6}$	$64{,}35 \cdot 10^{-6}$	$90{,}89 \cdot 10^{-6}$	0,7080
500	0,4503	1,093	0,055 80	$36{,}53 \cdot 10^{-6}$	$81{,}12 \cdot 10^{-6}$	$113{,}39 \cdot 10^{-6}$	0,7154
600	0,3988	1,115	0,061 14	$39{,}60 \cdot 10^{-6}$	$99{,}30 \cdot 10^{-6}$	$137{,}46 \cdot 10^{-6}$	0,7224
700	0,3578	1,136	0,066 31	$42{,}52 \cdot 10^{-6}$	$118{,}83 \cdot 10^{-6}$	$163{,}14 \cdot 10^{-6}$	0,7284
800	0,3245	1,154	0,071 35	$45{,}32 \cdot 10^{-6}$	$139{,}67 \cdot 10^{-6}$	$190{,}49 \cdot 10^{-6}$	0,7332
900	0,2968	1,171	0,076 27	$48{,}02 \cdot 10^{-6}$	$161{,}78 \cdot 10^{-6}$	$219{,}53 \cdot 10^{-6}$	0,7370
1 000	0,2735	1,185	0,081 10	$50{,}63 \cdot 10^{-6}$	$185{,}14 \cdot 10^{-6}$	$250{,}31 \cdot 10^{-6}$	0,7396

*) Für c_p nach dem Polynom Gl 2.35 errechnete Werte können von den tabellierten Werten leicht abweichen.

8

Oft wird in Anlehnung an das Ohm'sche Gesetz der *Wärmewiderstand* definiert (elektrischer Widerstand = Spannung/elektrischen Strom):

$$\text{Wärmewiderstand} = \frac{\text{Temperaturdifferenz}}{\text{Wärmestrom}}$$

T 8.3 b Wärmeübertragungseigenschaften einiger Gase bei 0,980665 bar[1)]

Stoff	t	ϱ	c_p	λ	η	ν	a	Pr
	°C	$\frac{kg}{m^3}$	$\frac{kJ}{kg\,K}$	$\frac{W}{K\,m}$	$\frac{kg}{m\,s} = \frac{N\,s}{m^2}$	$\frac{m^2}{s}$	$\frac{m^2}{s}$	–
Kohlenstoffdioxid (CO_2)[2)]	50	1,617	0,875	0,0178	$16{,}2 \cdot 10^{-6}$	$10{,}0 \cdot 10^{-6}$	$12{,}6 \cdot 10^{-6}$	0,80
Kohlenstoffmonoxid (CO)[2)]	0	1,210	1,040	0,022	$16{,}6 \cdot 10^{-6}$	$13{,}28 \cdot 10^{-6}$	$16{,}74 \cdot 10^{-6}$	0,794
Sauerstoff (O_2)[2)]	20	1,289	0,915	0,026	$20{,}3 \cdot 10^{-6}$	$18{,}4 \cdot 10^{-6}$	$25{,}7 \cdot 10^{-6}$	0,716
Schwefeldioxid (SO_2)[2)]	0	2,832	0,609	0,0084	$11{,}6 \cdot 10^{-6}$	$4{,}1 \cdot 10^{-6}$	$4{,}76 \cdot 10^{-6}$	0,86
Stickstoff (N_2)[2)]	0	1,210	1,039	0,0238	$16{,}6 \cdot 10^{-6}$	$13{,}26 \cdot 10^{-6}$	$18{,}3 \cdot 10^{-6}$	0,725
Wasserdampf (H_2O)[2)]	100	0,578	1,88	0,0242	$12{,}9 \cdot 10^{-6}$	$22{,}1 \cdot 10^{-6}$	$9{,}61 \cdot 10^{-6}$	1,12
Wasserdampf (H_2O)	200	0,452	1,93	0,0328	$16{,}6 \cdot 10^{-6}$	$36{,}8 \cdot 10^{-6}$	$37{,}6 \cdot 10^{-6}$	0,97
Wasserdampf (H_2O)	400	0,316	2,05	0,0551	$23{,}5 \cdot 10^{-6}$	$74{,}4 \cdot 10^{-6}$	$85{,}0 \cdot 10^{-6}$	0,88
Wasserstoff (H_2)[2)]	50	0,0735	14,4	0,202	$9{,}42 \cdot 10^{-6}$	$128 \cdot 10^{-6}$	$191 \cdot 10^{-6}$	0,67
Ammoniak (NH_3)[2)]	100	0,540	2,23	0,0300	$13{,}0 \cdot 10^{-6}$	$24{,}1 \cdot 10^{-6}$	$24{,}9 \cdot 10^{-6}$	0,97

Temperaturabhängigkeit der Wärmeleitfähigkeit λ (näherungsweise) bei 0,980665 bar:

Luft	$\{\lambda\} = 0{,}0242\,(1 + 0{,}003\,\{t\})$ in W/(K m)
Kohlenstoffdioxid (CO_2)	$\{\lambda\} = 0{,}0143\,(1 + 0{,}004\,\{t\})$ in W/(K m)
Wasserstoff (H_2)	$\{\lambda\} = 0{,}176\,(1 + 0{,}003\,\{t\})$ in W/(K m)

1) ϱ und c_p teilweise aus T 1.5 berechnet.

$\gamma = \frac{1}{T_f}$ (s. Erläuterungen zu Gl 8.14)

$\nu = \nu_{Tab} \frac{p_{Tab}}{p}$

2) Werte aus [9b; Zahlentafel 10].

$$R = \frac{|\Delta t|}{\dot{Q}} \qquad \textbf{(Gl 8.5)}$$

Gl 8.5 gilt ganz allgemein für jede der drei Arten der Wärmeübertragung. Für den *Wärmeleitwiderstand* der einschichtigen ebenen Wand ergibt sich hieraus mit Gl 8.3:[1)]

$$R_l = \frac{t_1 - t_2}{\dot{Q}} = \frac{\delta}{\lambda A} \qquad \textbf{(Gl 8.6)}$$

Bei einer *mehrschichtigen ebenen Wand* **(B 8.2)** geht durch jede Schicht der gleiche Wärmestrom $\dot{Q}$. Wir behandeln eine dreischichtige ebene Wand; bei mehr als drei Schichten sind die Gleichungen entsprechend zu erweitern:

$$\dot{Q} = \frac{\lambda_1}{\delta_1} A\,(t_1 - t_2) = \frac{\lambda_2}{\delta_2} A\,(t_2 - t_3) = \frac{\lambda_3}{\delta_3} A\,(t_3 - t_4)$$

Wir lösen nach der jeweiligen Temperaturdifferenz auf und addieren:

$$t_1 - t_2 = \frac{\dot{Q}\,\delta_1}{\lambda_1 A}$$

$$t_2 - t_3 = \frac{\dot{Q}\,\delta_2}{\lambda_2 A}$$

$$t_3 - t_4 = \frac{\dot{Q}\,\delta_3}{\lambda_3 A}$$

$$t_1 - t_4 = \frac{\dot{Q}}{A}\left(\frac{\delta_1}{\lambda_1} + \frac{\delta_2}{\lambda_2} + \frac{\delta_3}{\lambda_3}\right)$$

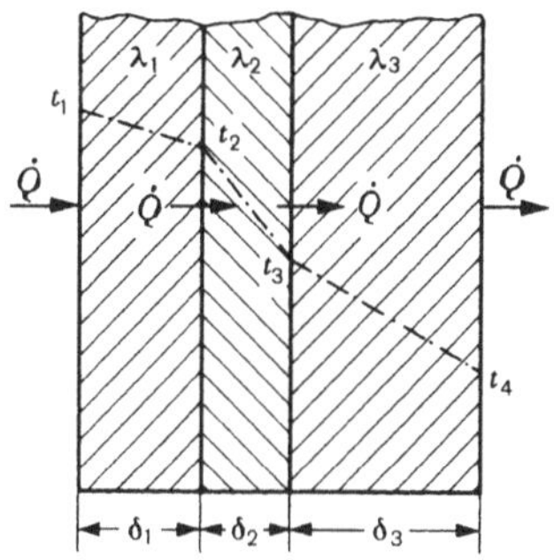

B 8.2 Stationäre Wärmeleitung durch eine mehrschichtige ebene Wand

Der Wärmestrom durch eine dreischichtige ebene Wand ist:

$$\dot{Q} = \frac{1}{\dfrac{\delta_1}{\lambda_1} + \dfrac{\delta_2}{\lambda_2} + \dfrac{\delta_3}{\lambda_3}} A\,(t_1 - t_4) \qquad \textbf{(Gl 8.7)}$$

Hieraus ergibt sich der Wärmeleitwiderstand der dreischichtigen ebenen Wand

$$R_{l\,\text{ges}} = \frac{t_1 - t_4}{\dot{Q}} = \left(\frac{\delta_1}{\lambda_1} + \frac{\delta_2}{\lambda_2} + \frac{\delta_3}{\lambda_3}\right)\frac{1}{A}$$

Er ist mit $R_{l1} = \dfrac{\delta_1}{\lambda_1 A}$ usw. (Gl 8.6) gleich der Summe der Wärmeleitwiderstände der einzelnen Schichten, sodass die Analogie zum Ohm'schen Gesetz bei Reihenschaltung begründet ist:

[1)] In der Bautechnik wird der Quotient $\dfrac{\delta}{\lambda}$ auch als Wärmedämmzahl $\dfrac{1}{\Lambda}$ bezeichnet. Zusammenhang mit dem Wärmeleitwiderstand: $\dfrac{1}{\Lambda} = A\,R_l$.

8

$$R_{l\,\text{ges}} = R_{l1} + R_{l2} + R_{l3} \qquad \textbf{(Gl 8.8)}$$

Die Summanden sind vertauschbar, demnach ändert sich der Wärmewiderstand einer ebenen Wand bei Vertauschung der Schichten nicht, solange die Veränderung von λ durch die veränderten Schichttemperaturen vernachlässigt werden kann. Die Temperaturverteilung in der Wand ist aber eine andere, was bei Isolierungen, insbesondere in der Bautechnik, zu beachten ist. Hier kann bei Diffusion des Wasserdampfes der Raumluft in die Wand der Taupunkt unterschritten und die Wand durchfeuchtet werden.

Beispiel 8.1: Eine 42 m² große Hauswand mit +12 °C Innen- und −3 °C Außentemperatur besteht aus 24 cm Ziegelmauerwerk (Hochlochziegel, $\varrho = 1\,400\ \text{kg/m}^3$), 1,5 cm Innenputz (Kalkmörtel, $\lambda = 0{,}87\ \text{W/(K m)}$) und 2 cm äußerer Holzverkleidung (Fichte, $\lambda = 0{,}13\ \text{W/(K m)}$).

Es sind zu ermitteln:

a) der Wärmestrom in kW,

b) der Wärmewiderstand der Wand in K/kW und die Wärmedämmzahl $\frac{1}{\Lambda}$ in m² K/W,

c) die Zwischentemperaturen an den Schichtgrenzen.

Lösung:

Zu a): Wärmestrom (Gl 8.7)

$$\dot{Q} = \frac{1}{\dfrac{\delta_1}{\lambda_1} + \dfrac{\delta_2}{\lambda_2} + \dfrac{\delta_3}{\lambda_3}}\, A\,(t_1 - t_4)$$

$$\dot{Q} = \frac{1}{\left(\dfrac{0{,}015}{0{,}87} + \dfrac{0{,}24}{0{,}76} + \dfrac{0{,}02}{0{,}13}\right)\dfrac{\text{m}^2\,\text{K}}{\text{W}}}\ 42\ \text{m}^2\ (12+3)\ \text{K}\ \frac{\text{kW}}{10^3\ \text{W}} = \underline{1{,}294\ \text{kW}}$$

Zu b): Wärmewiderstand (Gl 8.5)

$$R_l = \frac{t_1 - t_4}{\dot{Q}} = \frac{(12+3)\ \text{K}}{1{,}294\ \text{kW}} = \underline{11{,}6\ \frac{\text{K}}{\text{kW}}}$$

Wärmedämmzahl, im Bauwesen gebräuchlicher Begriff (s. Fußnote 1 zu Gl 8.6)

$$\frac{1}{\Lambda} = A\,R_l = 42\ \text{m}^2\ \frac{11{,}6\ \text{K kW}}{\text{kW}\ 10^3\ \text{W}} = \underline{0{,}487\ \frac{\text{m}^2\,\text{K}}{\text{W}}}$$

Zu c): Zwischentemperatur Putz/Ziegel nach $t_1 - t_2 = \dfrac{\dot{Q}\,\delta_1}{\lambda_1\,A}$

$$t_2 = t_1 - \frac{\dot{Q}\,\delta_1}{\lambda_1\,A} = 12\ ^\circ\text{C} - \frac{1\,294\ \text{W}\ 0{,}015\ \text{m}^2\ \text{K}}{0{,}87\ \text{W}\ 42\ \text{m}^2} = \underline{11{,}5\ ^\circ\text{C}}$$

Zwischentemperatur Holz/Ziegel nach $t_3 - t_4 = \dfrac{\dot{Q}\,\delta_3}{\lambda_3\,A}$

$$t_3 = t_4 + \frac{\dot{Q}\,\delta_3}{\lambda_3\,A} = -3\ ^\circ\text{C} + \frac{1\,294\ \text{W}\ 0{,}02\ \text{m}^2\ \text{K}}{0{,}13\ \text{W}\ 42\ \text{m}^2} = \underline{1{,}7\ ^\circ\text{C}}$$

Aufgabe 8.1: Durch welche Fensterfläche mit gleichen Oberflächentemperaturen und 4 mm Glasdicke geht der gleiche Wärmestrom wie durch die Wand des Bsp. 8.1?

Aufgabe 8.2: Auf der 10 mm starken ebenen Wand der Brennkammer eines Heizungskessels aus Stahl (mittlere Wandtemperatur 200 °C) hat sich eine 2 mm dicke Kesselsteinablagerung ($\lambda = 1{,}5\,\mathrm{W/(K\,m)}$) gebildet. Bei sauberer Heizfläche betrug die Heizflächenbelastung 400 kW/m^2.

Auf welchen Wert ist sie, unter der Annahme unveränderter mittlerer Temperatur der äußeren Wandoberflächen, durch die Kesselsteinschicht zurückgegangen?

8.2.2 Zylindrische Wand

Rohre mit kleinen Wandstärken und großen Durchmessern können angenähert wie ebene Wände berechnet werden. Für große Rohrwandstärken, wie sie z. B. bei Isolierungen vorliegen, ist diese Näherung nicht zulässig. Für das einschichtige Rohr **(B 8.3)** gilt nach Gl 8.2:

$$\dot{Q} = -\lambda A \frac{\mathrm{d}t}{\mathrm{d}r}$$

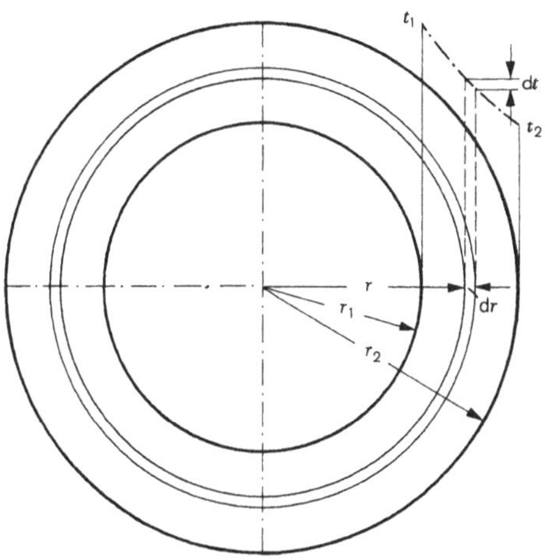

B 8.3 Stationäre Wärmeleitung durch eine einschichtige zylindrische Wand

Wir führen die Zylinderfläche $A = 2\pi r l$ mit der Rohrlänge l ein:

$$\dot{Q} = -\lambda\, 2\pi l r \frac{\mathrm{d}t}{\mathrm{d}r}$$

Umgestellt und integriert ergibt sich

$$\int_1^2 \mathrm{d}t = -\frac{\dot{Q}}{\lambda\, 2\pi l} \int_1^2 \frac{\mathrm{d}r}{r}$$

$$t_2 - t_1 = -\frac{\dot{Q}}{\lambda\, 2\pi l} \ln \frac{r_2}{r_1}$$

Der Wärmestrom durch die *einschichtige Zylinderwand* ist:

$$\dot{Q} = \frac{\lambda\, 2\pi l\,(t_1 - t_2)}{\ln \dfrac{r_2}{r_1}} \qquad \textit{Zylinderwand} \qquad \textbf{(Gl 8.9)}$$

8

Die Temperatur fällt in der Rohrwand infolge des logarithmischen Einflusses der Radien exponentiell. Der Wärmeleitwiderstand der einschichtigen Zylinderwand ist

$$R_l = \frac{t_1 - t_2}{\dot{Q}} = \frac{\ln \dfrac{r_2}{r_1}}{\lambda\, 2\,\pi\, l}$$

Beim mehrschichtigen Rohr addieren sich, wie bei der mehrschichtigen Wand, die Wärmeleitwiderstände. Für ein dreischichtiges Rohr gilt:

$$R_{l\,\mathrm{ges}} = \frac{t_1 - t_4}{\dot{Q}} = R_{l1} + R_{l2} + R_{l3} = \frac{1}{2\,\pi\, l}\left(\frac{1}{\lambda_1}\ln\frac{r_2}{r_1} + \frac{1}{\lambda_2}\ln\frac{r_3}{r_2} + \frac{1}{\lambda_3}\ln\frac{r_4}{r_3}\right)$$

Daraus ergibt sich der Wärmestrom durch eine *dreischichtige Zylinderwand.*

$$\dot{Q} = \frac{2\,\pi\, l\,(t_1 - t_4)}{\dfrac{1}{\lambda_1}\ln\dfrac{r_2}{r_1} + \dfrac{1}{\lambda_2}\ln\dfrac{r_3}{r_2} + \dfrac{1}{\lambda_3}\ln\dfrac{r_4}{r_3}} \qquad \textbf{(Gl 8.10)}$$

mit dem Innenradius r_1, den Zwischenschichtradien r_2 und r_3 und dem Außenradius r_4 sowie $t_1 > t_4$.

Aufgabe 8.3: Eine 40 m lange Dampfleitung aus 2 mm starkem Stahlrohr, Innendurchmesser 50 mm, Innentemperatur 220 °C, ist mit einem 30 mm dicken Glaswollemantel isoliert, der durch ein 1 mm starkes Aluminiumrohr, Außentemperatur 35 °C, begrenzt wird. Soweit nicht näher bekannt, sind die Wärmeleitfähigkeiten bei Raumtemperaturen einzusetzen.

a) Welcher Wärmeverluststrom tritt auf?

b) Wie viel Prozent beträgt der Fehler, wenn als Näherung das Rohr wie eine ebene Wand mit der Fläche des mittleren Rohrdurchmessers (Rohr einschließlich Isolierung) berechnet wird?

8.2.3 Hohlkugelwand

Wir führen in die Grundform des Fourier'schen Gesetzes (Gl 8.2) $\dot{Q} = -\lambda\, A\, \dfrac{\mathrm{d}t}{\mathrm{d}r}$ die Kugelfläche $A = 4\,\pi\, r^2$ ein:

$$\dot{Q} = -\lambda\, 4\,\pi\, r^2\, \frac{\mathrm{d}t}{\mathrm{d}r}$$

Umgestellt und integriert ergibt sich:

$$\int_1^2 \mathrm{d}t = -\frac{\dot{Q}}{\lambda\, 4\,\pi} \int_1^2 \frac{\mathrm{d}r}{r^2}$$

$$t_2 - t_1 = \frac{\dot{Q}}{\lambda\, 4\,\pi}\left(\frac{1}{r_2} - \frac{1}{r_1}\right)$$

mit dem Innenradius r_1 und dem Außenradius r_2 sowie $t_1 > t_2$. Der Wärmestrom durch eine *einschichtige Hohlkugelwand* ist

$$\dot{Q} = \frac{\lambda\, 4\,\pi\,(t_1 - t_2)}{\dfrac{1}{r_1} - \dfrac{1}{r_2}} \qquad \textit{Hohlkugelwand} \qquad \textbf{(Gl 8.11)}$$

Die Temperatur verläuft in der Hohlkugelwand hyperbelförmig. Bei einer mehrschichtigen Hohlkugelwand kann der Wärmestrom wieder aus dem gesamten Wärmeleitwiderstand ermittelt werden, der sich als Summe der Wärmeleitwiderstände der Schichten errechnet.

Aufgabe 8.4: Der Wärmeverluststrom durch den 20 mm dicken Zylinderdeckel eines wassergekühlten Verbrennungsmotors mit 200 mm Zylinderinnendurchmesser ist zu berechnen. Deckeltemperatur innen 165 °C, außen 150 °C, $\lambda = 40\,\mathrm{W/(K\,m)}$.

Die Deckelform ist vereinfachend

a) als Scheibe,

b) als Halbkugel

anzunehmen.

8.3 Konvektiver Wärmeübergang

8.3.1 Wärmeübergangsbeziehungen

Als *Wärmeübergang* bezeichnet man die Wärmeübertragung zwischen bewegten Flüssigkeiten oder Gasen und einer festen Wand **(B 8.4)**.

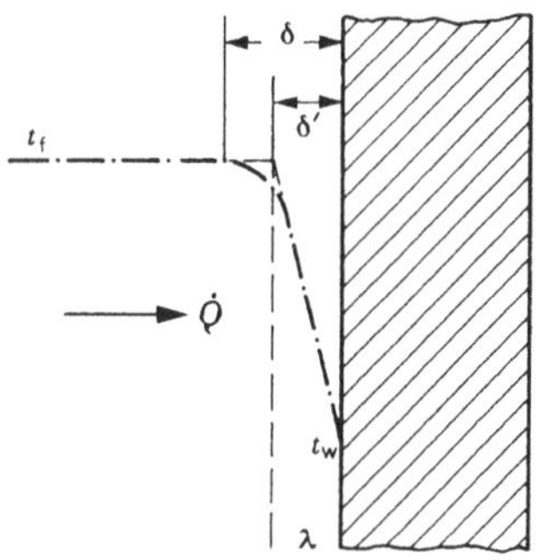

B 8.4 Wärmeübergang

Für Flüssigkeiten und Gase gelten die gleichen Gesetze. Als einheitliche Bezeichnung verwenden wir wieder das Wort *Fluid.* Die Wärmeübertragung zwischen zwei sich berührenden Fluiden ohne feste Zwischenwand gehorcht ähnlichen Regeln wie bei Vorhandensein einer Wand; hierbei treten Wärmeübergang und Stoffaustausch gemeinsam auf. Dieser Vorgang wird nicht behandelt.

Der von einem Fluid mit der mittleren Temperatur t_f an eine Wandfläche A mit der Oberflächentemperatur t_w übertragene Wärmestrom wird nach einer von *Newton* angegebenen Beziehung ermittelt:

$$\dot{Q} = \alpha A \, (t_f - t_w) \qquad \textbf{(Gl 8.12)}$$

Bei Übertragung der Wärme von der Wand an das Fluid gilt die gleiche Beziehung, lediglich die Temperaturen sind zu vertauschen und α hat häufig einen anderen Wert.

8

Der Proportionalitätsfaktor α wird als *Wärmeübergangskoeffizient* bezeichnet. Die SI-Einheit des Wärmeübergangskoeffizienten α ist $W/(m^2\,K)$. α hängt in komplizierter Weise von sehr verschiedenen Einflussgrößen ab, die durch die physikalischen Eigenschaften und den Strömungszustand des Fluids sowie durch die geometrische Form der Heizflächen bestimmt sind.

Der Wärmeübergang kann auf einen Wärmeleitvorgang in einer an der Wand ruhend gedachten Fluidschicht mit der Wärmeleitfähigkeit λ und der Dicke δ' zurückgeführt werden, wenn man in Gl 8.12 $\alpha = \dfrac{\lambda}{\delta'}$ einführt:

$$\dot{Q} = \frac{\lambda}{\delta'}\, A\,(t_f - t_W)$$

Der *Wärmeübergangswiderstand* ist nach Gl 8.5:

$$R_{ü} = \frac{t_f - t_W}{\dot{Q}} = \frac{1}{\alpha A} \qquad \textbf{(Gl 8.13)}$$

Aufgabe 8.5: Durch einen 0,8 m^2 großen ebenen Raumheizkörper wird mittels kondensierendem Wasserdampf von 1,43 bar, 110 °C eine Wärmeleistung von 600 W an Raumluft von 20 °C übertragen. Die Oberflächentemperaturen des Heizkörpers betragen innen 109,9 °C und außen 109,8 °C.

Wie groß sind

a) die Wärmeübergangskoeffizienten innen und außen,

b) die Wärmeübergangswiderstände innen und außen,

c) der Wärmeleitwiderstand des Heizkörpers?

8.3.2 Ähnlichkeitstheorie des Wärmeübergangs

Der Wärmeübergang wird durch Strömungs- und Wärmeleitungsvorgänge bestimmt. Diese Vorgänge können durch Differenzialgleichungen mathematisch beschrieben werden. Es sind jedoch bisher nur einfache Fälle rechnerisch lösbar.

Infolgedessen ist eine experimentelle Ermittlung des Wärmeübergangskoeffizienten erforderlich. Durch die Vielzahl der Einflussgrößen ist es ausgeschlossen, sämtliche Möglichkeiten durch Versuche zu erfassen. Man überträgt daher an bestimmten Modellen gewonnene Ergebnisse auf physikalisch ähnliche Objekte und bestimmt daraus den Wärmeübergangskoeffizienten, wie z. B. die Bestimmung der Längen bei geometrisch ähnlichen Figuren ohne Messung der gesuchten Länge möglich ist.

Nußelt[1)] begründete diese *Ähnlichkeitstheorie des Wärmeübergangs.* Er formte die den Wärmeübergang kennzeichnenden Differenzialgleichungen so um, dass in ihnen dimensionslose Kenngrößen auftreten. Bei physikalisch ähnlichen Problemen sind die jeweiligen Kenngrößen gleich. Die Zusammenfassung jeweils mehrerer Einflussgrößen – geometrische Größen, Geschwindigkeit, Temperatur und Stoffwerte des Fluids – zu diesen Kenngrößen verringert die Anzahl der Parameter und macht die Probleme übersichtlicher.

1) *E. W. Nußelt* (1882–1957), Professor für Thermodynamik an der TH München, veröffentlichte 1915 die Ähnlichkeitsgesetze des Wärmeübergangs.

Die dimensionslose Form des Wärmeübergangskoeffizienten trägt die Bezeichnung *Nußelt-Zahl.*

$$Nu = \frac{\alpha\, l}{\lambda} \qquad \textbf{(Gl 8.14 a)}$$

Gelingt es, die Nußelt-Zahl zu ermitteln, so kann der Wärmeübergangskoeffizient α berechnet werden (Gl 8.14 a), denn die Wärmeleitfähigkeit λ des Fluids und die konstruktive Länge l sind als bekannt vorauszusetzen. Die Nußelt-Zahl wiederum hängt von anderen dimensionslosen Kenngrößen ab, die die Strömungs- und Wärmeleitungsvorgänge kennzeichnen. Es sind mehr als 20 dimensionslose Kenngrößen zur Erfassung der Wärme- und Stoffübertragung definiert, ein Teil davon verknüpft lediglich bereits festgelegte miteinander (z. B. *Pr* als Quotient aus *Pe* und *Re*). Für den stationären Wärmeübergang ohne Phasenänderung des Fluids benötigt man folgende:

$$Re = \frac{w\, l}{\nu} \qquad \textit{Reynolds-Zahl}^{1)} \qquad \textbf{(Gl 8.14 b)}$$

$$Pe = \frac{w\, l}{a} \qquad \textit{Péclet-Zahl}^{2)} \qquad \textbf{(Gl 8.14 c)}$$

$$Pr = \frac{Pe}{Re} = \frac{\nu}{a} = \frac{\eta\, c_p}{\lambda} \qquad \textit{Prandtl-Zahl}^{3)} \qquad \textbf{(Gl 8.14 d)}$$

$$Gr = \frac{g\, \gamma\, \Delta t\, l^3}{\nu^2} \qquad \textit{Grashof-Zahl}^{4)} \qquad \textbf{(Gl 8.14 e)}$$

$$Ra = Gr\, Pr = \frac{g\, \gamma\, \Delta t\, l^3}{\nu\, a} \qquad \textit{Rayleigh-Zahl}^{5)} \qquad \textbf{(Gl 8.14 f)}$$

In Gl 8.14 bedeuten:

$\alpha =$ der Wärmeübergangskoeffizient, meist die gesuchte Größe.

$l =$ eine charakteristische Länge, z. B. beim durchströmten Rohr der Innendurchmesser, beim quer angeströmten Rohr der Außendurchmesser, u. U. auch die Überströmlänge πr, die ein Teilchen an der Oberfläche zurücklegen kann; bei turbulenter Strömung in nicht kreisfömigen Rohren der hydraulische Durchmesser $d_h = \frac{4A}{U}$, mit A als Fläche, U als benetzter Umfang; bei einer längs angeströmten Platte deren Länge; bei freier Konvektion die Höhe.

$\lambda =$ die Wärmeleitfähigkeit des Fluids, temperatur- und druckabhängig. Die Druckabhängigkeit kann bei Gasen mittlerer Drücke (0,1–10 bar) [10; D1-8.2] und bei Flüssigkeiten vernachlässigt werden.

$w =$ die Geschwindigkeit des Fluids (abweichend von dem sonst verwendeten Formelzeichen c, um Verwechslungen mit der hier häufiger auftretenden spezifischen Wärmekapazität zu vermeiden).

$\nu = \frac{\eta}{\varrho} =$ die kinematische Viskosität des Fluids, mit der dynamischen Viskosität η. Bei Gasen steigen, bei Flüssigkeiten fallen η und ν mit zunehmender Temperatur. Die Druckabhängigkeit von η kann, außer in der Nähe des kritischen Punktes, bei Gasen und Flüssigkeiten vernachlässigt werden;

---

1) *O. Reynolds* (1842–1912), englischer Professor für Physik, arbeitete besonders auf dem Gebiet der Strömungslehre.

2) *J. Péclet* (1793–1857), franz. Physiker, befasste sich bevorzugt mit der Elektrotechnik.

3) *L. Prandtl* (1875–1953), Professor in Hannover und Göttingen, einer der Begründer der Hydro- und Aerodynamik.

4) *F. Grashof* (1826–1893), lehrte an der Gewerbeakademie Berlin und der Polytechnischen Schule Karlsruhe.

5) *Lord Rayleigh (J. W. Strutt)* (1842–1919), engl. Physiker, bekannt durch Arbeiten in der Akustik, entdeckte das Argon, erhielt 1904 den Nobelpreis für Physik.

T 8.4 Berechnungsgleichungen für den Wärmeübergang*)

Modell	Gl Nr.	Gleichung	angegeben von
1. Erzwungene Strömung Rohr innen	8.18	$Nu_m = \sqrt[3]{49{,}371 + \left(1{,}615\sqrt[3]{Re\,Pr\,\frac{d}{h}} - 0{,}7\right)^3}\;K$	Gnielinski
	8.19	$Nu_m = 0{,}0214\,(Re^{0,8} - 100)\,Pr^{0,4}\left[1 + \left(\frac{d}{h}\right)^{2/3}\right]K$	Hausen und Gnielinski
	8.20	$Nu_m = 0{,}012\,(Re^{0,87} - 280)\,Pr^{0,4}\left[1 + \left(\frac{d}{h}\right)^{2/3}\right]K$	
Platte längs oder Zylinder quer angeströmt	8.21	$Nu_m = 0{,}664\,\sqrt{Re}\,\sqrt[3]{Pr}\,K$	Pohlhausen und Krouzhiline
	8.22	$Nu_m = \frac{0{,}037\,Re^{0,8}\,Pr}{1 + 2{,}443\,Re^{-0,1}\,(Pr^{2/3} - 1)}\,K$	Petukhov und Popov, Krischer und Kast
Rohrbündelwärmeübertrager mit Umlenkblechen, quer angeströmt	8.23	$Nu_m = C\,Re^{0,6}\,Pr^{0,33}\left(\frac{\eta_f}{\eta_w}\right)^{0,14}$	Donohue

*) Nach Werten aus Gröber/Erk/Grigull [9b]; Stephan/Schaber/Stephan/Mayinger [6a] und VDI-Wärmeatlas [10]. Alle Gln gelten für mittlere – nicht örtliche – Nußelt-Zahlen.

Geltungsbereich	Bezugsgrößen
laminar; $Re = \frac{w\,d}{\nu} \leq 2\,300$ $Re\,Pr\,\frac{d}{h} = 0 \ldots \infty$ $K = \left(\frac{Pr_f}{Pr_w}\right)^{0,11}$ bei Flüssigkeiten $K \approx 1$ bei Gasen und Dämpfen nur für *kreisförmige* Rohre	Stoffwerte bei $t_f = \frac{t_1 + t_2}{2}$ t_1 = Eintrittstemperatur des Fluids t_2 = Austrittstemperatur des Fluids h = Rohrlänge d = Rohrinnendurchmesser (charakteristische Länge) Pr_f = Pr-Zahl der Flüssigkeit bei t_f Pr_w = Pr-Zahl der Flüssigkeit bei t_w
Übergangs- und Turbulenzgebiet; $Re = \frac{w\,d}{\nu} = 2\,300 \ldots 10^6$; $Pr = 0{,}5 \ldots 1{,}5$ $K = \left(\frac{Pr_f}{Pr_w}\right)^{0,11}$ bei Flüssigkeiten $K = \left(\frac{T_f}{T_w}\right)^{n}$ bei Gasen und Dämpfen	wie Gl 8.18 d = Rohrinnendurchmesser oder $d_h = \frac{4\,A}{U}$ T_f = mittl. Kelvin-Temperatur des Gases T_w = mittl. Kelvin-Temperatur der Wand
Übergangs- und Turbulenzgebiet $Pr = 1{,}5 \ldots 500$ sonst wie Gl 8.19	(siehe Tabelle unten)
laminar; $Re = \frac{w\,l}{\nu}$ Platte: $Re < 10^5$; $Pr = 0{,}6 \ldots 2\,000$ Zylinder: $Re < 10$; $Pr = 0{,}6 \ldots 1\,000$ $K = \left(\frac{Pr_f}{Pr_w}\right)^{0,25}$ bei Flüssigkeiten $K = \left(\frac{T_f}{T_w}\right)^{0,12}$ bei Gasen und Dämpfen **turbulent;** $Re = \frac{w\,l}{\nu}$ K wie Gl 8.21 Platte: $Re = 5 \cdot 10^5 \ldots 10^7$; $Pr = 0{,}6 \ldots 2\,000$ Zylinder: $Re = 10 \ldots 10^7$; $Pr = 0{,}6 \ldots 1\,000$	Stoffwerte bei $t_f = \frac{t_1 + t_2}{2}$ t_1 = Fluidtemperatur vor Zuströmung t_2 = Fluidtemperatur nach Abströmung w = Anströmgeschwindigkeit l = Länge der Platte $l = \pi r$ = Überströmlänge beim Zylinder (charakteristische Länge)
$Re = \frac{w\,d}{\nu} = 4 \ldots 50\,000$ $Pr = 0{,}5 \ldots 500$ $C = 0{,}22$ bei ungebohrtem Mantelrohr $C = 0{,}25$ bei gebohrtem Mantelrohr Für Überschlagsrechnungen. Genauere Gln berücksichtigen die Rohranordnung, die Leckströmung an den Umlenkblechen und die Bypass-Strömung zwischen Rohren und Mantel; z. B. [10]	Stoffwerte bei $t_f = \frac{t_1 + t_2}{2}$ $w = \sqrt{w_q\,w_l}$ w_q = Geschwindigkeit quer zu den Rohren im engsten Querschnitt w_l = Geschwindigkeit in Längsrichtung an der Umlenkung η_f = Viskosität des Fluids bei t_f η_w = Viskosität des Fluids bei t_w d = Rohrdurchmesser, außen (charakteristische Länge)

n	Vorgang	T_f/T_w
0	Kühlen des Gases	> 1
0,45	Erwärmen von Luft	0,5 ... 1
0,12	Erwärmen von CO_2	0,5 ... 1
−0,18	Erwärmen von Wasserdampf (21 ... 100) bar	0,67 ... 1

8

T 8.4 (Fortsetzung)

Modell	Gl Nr.	Gleichung	angegeben von
2. Freie Strömung Senkrechte Wand und Kugel	**8.24 a**	$Nu_m = [0{,}825 + 0{,}387\,(Ra\,f_1)^{1/6}]^2$ mit $f_1 = \dfrac{1}{\left[1 + \left(\dfrac{0{,}492}{Pr}\right)^{9/16}\right]^{16/9}}$	Churchill und Chu
Senkrechter Zylinder	**8.24 b**	$Nu_{Zyl\,m} = Nu_m + 0{,}435\,\dfrac{h}{d}$	Fujii und Uehara
Horizontale ebene Wand Wärmeabfuhr nach oben oder Wärmezufuhr von unten	**8.25 a**	$Nu_m = 0{,}766\,(Ra\,f_2)^{1/5}$ mit $f_2 = \dfrac{1}{\left[1 + \left(\dfrac{0{,}322}{Pr}\right)^{11/20}\right]^{20/11}}$	Churchill
	8.25 b	$Nu_m = 0{,}15\,(Ra\,f_2)^{1/3}$ mit f_2 wie bei Gl 8.25 a	
Horizontale ebene Wand Wärmeabfuhr nach unten oder Wärmezufuhr von oben	**8.25 c**	$Nu_m = 0{,}6\,(Ra\,f_1)^{1/5}$ mit f_1 wie bei Gl 8.24 a	Churchill
Horizontaler Zylinder	**8.26 a**	$Nu_m = [0{,}752 + 0{,}387\,(Ra\,f_3)^{1/6}]^2$ mit $f_3 = \dfrac{1}{\left[1 + \left(\dfrac{0{,}559}{Pr}\right)^{9/16}\right]^{16/9}}$	Churchill und Chu, Korr. nach Martin
Kugel	**8.26 b**	$Nu_m = 0{,}56\left[\dfrac{Pr\,Ra}{0{,}846 + Pr}\right]^{1/4} + 2$	Raithby und Hollands
Geneigte Wand Wärmeabfuhr nach oben oder Wärmezufuhr von unten	**8.27 a**	Nu_m wie bei senkrechter Wand, jedoch mit $Ra_\varphi = Ra\cos\varphi$	Vliet, Fujii und Imura
	8.27 b	$Nu_m = 0{,}56\,(Ra_c\cos\varphi)^{1/4} + 0{,}13\,(Ra^{1/3} - Ra_c^{1/3})$ Gl 8.27 b beruht auf Messungen von Wasser	
Geneigte Wand Wärmeabfuhr nach unten oder Wärmezufuhr von oben	**8.27 c**	Nu_m wie bei senkrechter Wand, jedoch mit $Ra_\varphi = Ra\cos\varphi$	Vliet, Fujii und Imura

Geltungsbereich	Bezugsgrößen
laminar und turbulent; Senkrechte Wand: $Ra = 0{,}1 \ldots 10^{12}$ Kugel: $Ra = 10^{3} \ldots 10^{12}$; $Nu > 2$ $Pr = 0{,}001 \ldots \infty$	Stoffwerte bei $t = \frac{t_f + t_w}{2}$ γ bei t_f (ideales Gas: $\gamma = 1/T_f$) $l = h =$ Wandhöhe $l = d =$ Durchmesser, bei Kugeln (charakteristische Länge) Nu_m für senkrechte Wand nach Gl 8.24 a $l = h =$ Zylinderhöhe $d =$ Zylinderdurchmesser sonst wie Gl 8.24 a
laminar; $Ra f_2 < 7 \cdot 10^4$ $Pr = 0 \ldots \infty$ Heizfläche als Teil einer unendlich ausgedehnten Ebene **turbulent;** $Ra f_2 \geq 7 \cdot 10^4$; $Pr = 0 \ldots \infty$ sonst wie Gl 8.25 a	$l = \frac{ab}{2(a+b)}$ bei Rechteckflächen (a, b = Seitenlängen) $l = \frac{d}{4}$ bei Kreisscheiben (charakteristische Länge) sonst wie Gl 8.24 a
laminar; $Ra f_1 = 10^3 \ldots 10^{10}$ $Pr = 0{,}001 \ldots \infty$ sonst wie Gl 8.25 a	wie Gl 8.25 a
laminar und turbulent; $Ra = 0 \ldots \infty$ $Pr = 0 \ldots \infty$	$l = \pi r =$ Überströmlänge (charakteristische Länge) sonst wie Gl 8.24 a
laminar und turbulent; $Ra = 0 \ldots \infty$; $Pr = 0 \ldots \infty$	$l = d =$ Kugeldurchmesser (charakteristische Länge) sonst wie Gl 8.24 a
laminar; für $\varphi < 60°$ zur Senkrechten $Ra < Ra_c$ (Werte für Ra_c s. bei Gl 8.27 b)	l – Wandlänge in Neigungsrichtung (charakteristische Länge)
turbulent; für $\varphi < 60°$ zur Senkrechten $Ra > Ra_c$	sonst wie Gl 8.24 a

φ	0°	15°	30°	45°	60°
Ra_c	$8 \cdot 10^8$	$4 \cdot 10^8$	10^8	10^7	$8 \cdot 10^5$

Geltungsbereich	Bezugsgrößen
laminar und turbulent; für $\varphi < 60°$ zur Senkrechten Übergang laminar-turbulent bei der kritischen Ra-Zahl Ra_c (Werte für Ra_c s. Gl 8.27 b)	wie Gl 8.27 a *Gl 8.27 c gilt jedoch für die entgegengesetzte Richtung des Wärmestroms.*

8

T 8.4 (Fortsetzung)

Modell	Gl Nr.	Gleichung	angegeben von
3. Filmkondensation von ruhendem oder langsam strömendem Dampf senkrechte Wand oder senkrechtes Rohr	**8.28**	$\alpha_m = 0{,}943 \sqrt[4]{\dfrac{\lambda^3 \varrho g r}{\nu l (t_s - t_w)}}$	Nußelt
	8.29	$\alpha_m = 0{,}003 \sqrt[2]{\dfrac{\lambda^3 g l (t_s - t_w)}{\varrho \nu^3 r}}$	Grigull
waagerechtes Rohr, außen	**8.30 a**	$\alpha_{m\,waag.} = 0{,}77 \sqrt[4]{\dfrac{l}{d}}\, \alpha_m$	Nußelt
	8.30 b	$\alpha_{m\,waag.} = 0{,}725 \sqrt[4]{\dfrac{\lambda^3 \varrho g r}{\nu d (t_s - t_w)}}$	
überhitzter Dampf	**8.31**	$\alpha_ü = \alpha_m \sqrt[4]{\dfrac{h_ü - h'}{r}}$	Kirschbaum
4. Verdampfen von Wasser waagerechte Heizfläche	**8.32 a** **8.32 b**	$\{\alpha\} = 1{,}026\,\{\dot{q}\}^{0{,}26}\,\{p\}^{0{,}25}$ in $\dfrac{kW}{m^2\,K}$ $\{\alpha\} = 1{,}034\,\{t_w - t_s\}^{0{,}351}\,\{p\}^{0{,}338}$ in $\dfrac{kW}{m^2\,K}$	Jakob und Linke
waagerechte und senkrechte Heizfläche	**8.33 a** **8.33 b**	$\{\alpha\} = 0{,}274\,\{\dot{q}\}^{0{,}75}\,\{p\}^{0{,}25}$ in $\dfrac{kW}{m^2\,K}$ $\{\alpha\} = 5{,}65 \cdot 10^{-3}\,\{t_w - t_s\}^3\,\{p\}$ in $\dfrac{kW}{m^2\,K}$	Fritz

Geltungsbereich	Bezugsgrößen
laminare Kondensathaut, $Re < 400$ Sattdampf, beliebiger Stoff $Re = 0{,}943 \left[\frac{\lambda g^{\frac{1}{3}} l \,(t_s - t_w)}{\nu^{\frac{5}{3}} \varrho\, r}\right]^{\frac{3}{4}}$ **turbulente Kondensathaut,** $Re > 400$ Sattdampf, beliebiger Stoff	r bei t_s; übrige Stoffwerte für die *flüssige* Phase bei $t = \frac{t_s + t_w}{2}$ t_s = Siedetemperatur l = Wandhöhe bzw. Rohrlänge r = Verdampfungs-enthalpie (T 5.4)
laminare Kondensathaut, $Re < 400$ Sattdampf, beliebiger Stoff	d = Rohrdurchmesser sonst wie Gl 8.28
Heißdampf, laminare Kondensathaut, beliebiger Stoff	Temperaturdifferenz: $t_s - t_w$ h' = Enthalpie des siedenden Wassers (T 5.4) $h_ü$ = Enthalpie des über-hitzten Dampfes (T 5.5)
nur für Wasser $\dot{q} < 17 \frac{\text{kW}}{\text{m}^2}$ (freie Konvektion) $p = 0{,}5 \ldots 20$ bar **nur für Wasser** $\dot{q} > 17 \frac{\text{kW}}{\text{m}^2}$ bis $\dot{q} = \dot{q}_{kr}$ (Blasenverdampfung) $p = 0{,}5 \ldots 20$ bar	$\dot{q}$ in $\frac{\text{kW}}{\text{m}^2}$ p in bar Temperaturdifferenz: $t_w - t_s$

8

ν ist bei Flüssigkeiten praktisch unabhängig vom Druck, bei idealen Gasen dagegen dem Druck umgekehrt proportional:

$$\nu = \frac{p_{\text{Tab}}}{p}\,\nu_{\text{Tab}}$$

$\varrho =$ die Dichte des Fluids.

$c_p =$ die spezifische Wärmekapazität des Fluids bei konstantem Druck.

$a = \dfrac{\lambda}{\varrho\, c_p} =$ Temperaturleitfähigkeit, ein Stoffwert als Verknüpfung anderer Stoffwerte des Fluids.

$\gamma =$ der Volumenausdehnungskoeffizient des Fluids. γ ist auf das Volumen bei t_{f} zu beziehen; bei idealem Gas gilt $\gamma = \dfrac{1}{T_{\text{f}}}$.

$\Delta t = |t_{\text{f}} - t_{\text{w}}| =$ Betrag der Differenz von mittlerer Fluid- und Wandtemperatur.

$\gamma =$ die Fallbeschleunigung.

Die Stoffwerte sind, wenn in bestimmten Fällen nicht besonders angegeben, für die mittlere Fluidtemperatur t_{f} anzusetzen. Nähere Angaben s. T. 8.4.

Zwischen den genannten Größen und der Nußelt-Zahl besteht die Beziehung

$$Nu = Nu\,(Re, Pr, Gr) \qquad \textbf{(Gl 8.15)}$$

Gl 8.15 gilt für sich überlagernde freie und erzwungene Konvektion, die selten vorkommt, z. B. in senkrechten Kanälen bei kleiner Strömungsgeschwindigkeit.

Bei *erzwungener Konvektion* ist die Grashof-Zahl ohne Einfluss; für die Nußelt-Zahl gilt:

$$Nu = Nu\,(Re, Pr) \qquad \textbf{(Gl 8.16)}$$

Bei *freier Konvektion* ist die Reynolds-Zahl ohne Einfluss. Die Nußelt-Zahl wird dann ermittelt nach

$$Nu = Nu\,(Gr, Pr) \qquad \textbf{(Gl 8.17)}$$

Bei freier Konvektion ist die Nu-Zahl örtlich unterschiedlich, in der Regel wird der mittlere Wert Nu_{m} benötigt. Die Prandtl-Zahl ist ein Stoffwert, der besonders bei Flüssigkeiten stark temperaturabhängig ist (T 8.2 und T 8.3), druckabhängig ist er praktisch nur im Bereich des kritischen Punktes. Bei Gasen ist bei freier und erzwungener Konvektion der Einfluss der Prandtl-Zahl sehr gering und kann oft vernachlässigt werden.

Der funktionale Zusammenhang der Gl 8.15 bis Gl 8.17 ist für eine Reihe von Modellen, wie Rohre, Platten u. a., bei den verschiedenen Strömungsformen bekannt. Außer den Abhängigkeiten nach Gl 8.15 bis Gl 8.17 müssen in einigen Fällen geometrische Einflüsse (d/h) oder die Temperaturabhängigkeit der Stoffwerte in der Grenzschicht berücksichtigt werden, was bei Flüssigkeiten durch die Prandtl-Zahlen in der Grenzschicht ($Pr_{\text{f}}/Pr_{\text{w}}$), bei Gasen durch die Temperaturen in der Grenzschicht ($T_{\text{f}}/T_{\text{w}}$), in anderen Gleichungen auch durch Viskosität des Fluids in der Grenzschicht ($\eta_{\text{f}}/\eta_{\text{w}}$) geschieht; Beispiele s. T 8.4. Für verschiedene Modelle ist die Auswertung der Gl 8.15 bis Gl 8.17 grafisch durchgeführt [10].

Sowohl bei erzwungener als auch bei freier Konvektion ist bei *turbulenter Strömung* der Wärmeübergang besser als bei *laminarer Strömung*, da die turbulente Mischbewegung den Energieaustausch begünstigt. Bei Strömung im Rohr bildet sich unterhalb von $Re = 2\,300$ auch bei starken Einlaufstörungen mit Sicherheit laminare Strömung aus. Dann folgt ein Übergangsgebiet bis zu $Re = 10\,000$, in dem die Strömungsform ständig zwischen laminar und turbulent wechselt.[1] Bei $Re > 10\,000$ ist in technischen Fällen im Rohr turbulente Strömung zu erwarten. Bei längs angeströmten Wänden wird bei der Ermittlung der *Re*-Zahl die Plattenlänge als charakteristische Länge eingesetzt, während es beim Rohr der vergleichsweise kleine Durchmesser ist. Infolgedessen liegt die den Übergang von laminarer zu turbulenter Strömung kennzeichnende kritische *Re*-Zahl bei wesentlich höheren Zahlenwerten. Quer angeströmte Zylinder können wie Platten berechnet werden, wenn als kennzeichnende Länge die *Überströmlänge* $l = \pi\, r$, die ein Teilchen an der Oberfläche zurücklegt, eingesetzt wird (z. B. Gl 8.21).

Die *Nu*-Zahl und damit der Wärmeübergangskoeffizient α wachsen mit der *Re*-Zahl. Das bedeutet eine Verbesserung des Wärmeübergangs bei höherer Geschwindigkeit. Unter gleichen Bedingungen sind wegen der höheren *Pr*-Zahlen die Wärmeübergangskoeffizienten bei Flüssigkeiten wesentlich höher als bei Gasen.

Berechnungsgleichungen für praxisnahe Modelle enthält **T 8.4**. Neben den in T 8.4 genannten Gln 8.18 bis 8.27 ist eine große Zahl weiterer Berechnungsgleichungen für bestimmte Modelle bekannt. Teilweise gelten die Gleichungen dann auch nur für bestimmte Stoffe (z. B. Gl 8.32 und Gl 8.33) und sind direkt auf den Wärmeübergangskoeffizienten zugeschnitten (z. B. Gl 8.28 bis Gl 8.33).

Anhaltswerte für erreichbare und in der Praxis übliche Wärmeübergangskoeffizienten sind in **T 8.5** zusammengestellt.

T 8.5 Wärmeübergangskoeffizienten (Anhaltswerte)

	Wärmeübergangskoeffizient α in $\frac{W}{m^2\,K}$	
	erreichbare Werte	in der Praxis übliche Werte
1. *Gase und Dämpfe*		
freie Strömung	5 ··· 25	8 ··· 15
erzwungene Strömung	12 ··· 120	20 ··· 60
2. *Wasser*		
freie Strömung	70 ··· 700	200 ··· 400
erzwungene Strömung	600 ··· 12 000	2 000 ··· 4 000
Verdampfung	2 000 ··· 12 000	ca. 4 000
Filmkondensation	4 000 ··· 12 000	ca. 6 000
Tropfenkondensation	35 000 ··· 45 000	–
3. *Zähe Flüssigkeiten*		
erzwungene Strömung	60 ··· 600	300 ··· 400

[1] Dieses Übergangsgebiet zwischen turbulenter und laminarer Strömung ist nicht identisch mit dem bei Druckverlustberechnungen ebenfalls als Übergangsgebiet bezeichneten Bereich, in dem der Druckverlust sowohl von der *Re*-Zahl als auch von der relativen Rauigkeit abhängt.

8

Beispiel 8.2: Wasser mit 100 °C mittlerer Temperatur (zwischen Ein- und Austritt) wird in einem 3 m langen Rohr mit 22 mm Innendurchmesser, mittlere Wandtemperatur 60 °C, gekühlt. Das Wasser wird durch eine Pumpe mit 1,2 m/s Wassergeschwindigkeit durch das Rohr gepumpt.

Der Wärmeübergangskoeffizient ist zu bestimmen.

Lösung:

Zur Prüfung der Strömungsform wird die *Re*-Zahl (Gl 8.14 b) ermittelt:

$$Re = \frac{w\,d}{\nu} = \frac{1{,}2\,\text{m}\;0{,}022\,\text{m s}}{\text{s}\;0{,}295 \cdot 10^{-6}\,\text{m}^2} = 89\,492 \qquad \text{(d. h. turbulent)}$$

Für diese *Re*-Zahl kann die *Nu*-Zahl für $Pr > 1{,}5$ nach Hausen und Gnielinski berechnet werden (Gl 8.20); Bezugstemperatur für die Stoffwerte ist $t_f = 100$ °C; die *Pr*-Zahl bei Wandtemperatur ist $Pr_w = 3{,}00$.

$$Nu_m = 0{,}012\,(Re^{0{,}87} - 280)\,Pr^{0{,}4}\left[1 + \left(\frac{d}{h}\right)^{2/3}\right]\left(\frac{Pr_f}{Pr_w}\right)^{0{,}11}$$

$$Nu_m = 0{,}012\,(89\,492^{0{,}87} - 280)\,1{,}75^{0{,}4}\left[1 + \left(\frac{0{,}022\,\text{m}}{3{,}0\,\text{m}}\right)^{2/3}\right]\left(\frac{1{,}75}{3{,}00}\right)^{0{,}11} = 294{,}3$$

Aus der *Nu*-Zahl ergibt sich der Wärmeübergangskoeffizient (Gl 8.14 a):

$$\alpha_m = \frac{\lambda\,Nu_m}{d} = \frac{0{,}682\,\text{W}\;294{,}3}{\text{K m}\;0{,}022\,\text{m}} = \underline{9\,123\,\frac{\text{W}}{\text{m}^2\,\text{K}}}$$

Beispiel 8.3: Unter sonst unveränderten Verhältnissen strömt durch das Rohr des Bsp. 8.2 Luft (als ideales Gas angenommen) bei 0,5 bar und 100 °C (mittlere Temperatur zwischen Ein- und Austritt) mit 10 m/s bei 200 °C mittlerer Rohrwandtemperatur.

Der Wärmeübergangskoeffizient ist zu ermitteln.

Lösung:

Strömungsform (Gl 8.14 b):

$$Re = \frac{w\,d}{\nu} = \frac{10\,\text{m}\;0{,}022\,\text{m s}}{\text{s}\;46{,}92 \cdot 10^{-6}\,\text{m}^2} = 4\,689$$

Hierin ist die dem Druck umgekehrt proportionale kinematische Viskosität

$$\nu = \nu_{Tab}\,\frac{p_{Tab}}{p} = 23{,}46 \cdot 10^{-6}\,\frac{\text{m}^2}{\text{s}}\,\frac{1{,}0\,\text{bar}}{0{,}5\,\text{bar}} = 46{,}92 \cdot 10^{-6}\,\frac{\text{m}^2}{\text{s}}$$

Für dieses Übergangsgebiet zwischen laminarer und turbulenter Strömung gilt für $Pr = 0{,}5 \ldots 1{,}5$ nach Hausen und Gnielinski Gl 8.19, mit $n = 0{,}45$ für Erwärmen von Luft:

$$Nu_m = 0{,}021\,4\,(Re^{0{,}8} - 100)\,Pr^{0{,}4}\left[1 + \left(\frac{d}{h}\right)^{2/3}\right]\left(\frac{T_f}{T_w}\right)^{n}$$

$$Nu_m = 0{,}021\,4\,(4\,689^{0{,}8} - 100)\,0{,}700\,4^{0{,}4}\left[1 + \left(\frac{0{,}022\,\text{m}}{3{,}0\,\text{m}}\right)^{2/3}\right]\left(\frac{373{,}15\,\text{K}}{473{,}15\,\text{K}}\right)^{0{,}45} = 13{,}2$$

Wärmeübergangskoeffizient (Gl 8.14 a):

$$\alpha_m = \frac{\lambda\,Nu_m}{d} = \frac{0{,}031\,62\,\text{W}\;13{,}2}{\text{K m}\;0{,}022\,\text{m}} = \underline{19\,\frac{\text{W}}{\text{m}^2\,\text{K}}}$$

Beispiel 8.4: An einem 0,2 m hohen senkrechten Plattenheizkörper mit 100 °C Wandtemperatur wird Raumluft (als ideales Gas angenommen) von 20 °C und 1,0 bar erwärmt.

Wie groß ist der Wärmeübergangskoeffizient?

Lösung:

Wir ermitteln die Rayleigh-Zahl; Stoffwerte für

$$t = \frac{t_f + t_w}{2} = 60\ °C, \qquad \gamma = \frac{1}{T_f} = \frac{1}{293{,}15\ K}$$

(Gl 8.14 f):

$$Ra = \frac{g\,\gamma\,\Delta t\,h^3}{\nu\,a} = \frac{9{,}81\ m\ 80\ K\ 0{,}2^3\ m^3\ s\ s}{s^2\ 293{,}15\ K\ 19{,}22\cdot 10^{-6}\ m^2\ 27{,}32\cdot 10^{-6}\ m^2} = 4{,}079\cdot 10^7$$

Nußelt-Zahl nach Gl 8.24 a (Churchill und Chu) mit

$$f_1 = \frac{1}{\left[1 + \left(\frac{0{,}492}{Pr}\right)^{9/16}\right]^{16/9}} = \frac{1}{\left[1 + \left(\frac{0{,}492}{0{,}7035}\right)^{9/16}\right]^{16/9}} = 0{,}3456$$

$$Nu_m = [0{,}825 + 0{,}387\,(Ra\,f_1)^{1/6}]^2$$

$$Nu_m = [0{,}825 + 0{,}387\,(4{,}079\cdot 10^7\cdot 0{,}3456)^{1/6}]^2 = 46{,}8$$

Wärmeübergangskoeffizient (Gl 8.14 a):

$$\alpha_m = \frac{\lambda\,Nu_m}{h} = \frac{0{,}028\,80\ W\ 46{,}9}{K\ m\ 0{,}2\ m} = 6{,}7\ \underline{\frac{W}{m^2\ K}}$$

Aufgabe 8.6: Ein Rohr mit 32 mm äußerem Rohrdurchmesser, äußere Wandtemperatur 100 °C, wird von Wasserdampf unter 0,981 bar, 200 °C (Mittelwert zwischen Zu- und Abströmtemperatur) mit 8 m/s Geschwindigkeit quer angeströmt.

Der Wärmeübergangskoeffizient ist zu berechnen.

Aufgabe 8.7: Durch einen 0,4 m hohen Plattenheizkörper mit 59 °C mittlerer Wandtemperatur strömt Wasser von 0,981 bar bei freier Strömung, mittlere Wassertemperatur zwischen Ein- und Austritt 61 °C.

Der Wärmeübergangskoeffizient ist zu ermitteln.

8.3.3 Wärmeübergang beim Kondensieren und Verdampfen

Auch für das Kondensieren und Verdampfen wurden Verknüpfungen zwischen der Nußelt-Zahl *Nu* und anderen Kenngrößen entwickelt. Wir beschränken uns hier aber auf Gleichungen, die für die praktische Anwendung aufbereitet und auf den Wärmeübergangskoeffizienten α zugeschnitten sind (T 8.4). Weitergehende Darlegungen findet man z. B. in [8], [9] u. [10].

Kondensieren. Bei Wandtemperaturen unterhalb der Sättigungstemperatur eines die Wand berührenden Dampfes beginnt der Dampf zu kondensieren, auch wenn die mittlere Dampftemperatur noch oberhalb der Sättigungstemperatur liegt. Das Kondensat kann als Flüssigkeitsfilm oder tropfenförmig an der Wand ablaufen.

Unter technischen Bedingungen ist mit *Filmkondensation* zu rechnen. Bei ihr ist zwischen laminarem und turbulentem Kondensatablauf zu unterscheiden. Für ruhenden und langsam strömenden ($< 10\,\mathrm{m/s}$) Sattdampf eines beliebigen Stoffes gelten Gl 8.28 bis Gl 8.30 (T 8.4). Die Gleichungen sind für den mittleren Wärmeübergangskoeffizienten der Heizfläche α_m formuliert.

Bezieht man den Wärmeübergangskoeffizienten auch bei überhitztem Dampf auf die Sättigungstemperatur, so wird der Wärmeübergangskoeffizient für Heißdampf besser als für Sattdampf (Gl 8.31). Es ist zu beachten, dass der Wärmestrom hierbei mit dem Temperaturgefälle zwischen Sättigungs- und Wandtemperatur zu berechnen ist.

$$\dot{Q} = \alpha_\text{ü}\, A\, (t_\mathrm{s} - t_\mathrm{W})$$

Ist jedoch die Wandtemperatur höher als die Sättigungstemperatur, sodass keine Kondensation stattfindet, dann gelten für Heißdampf die gleichen Gesetzmäßigkeiten wie für Gase, wobei sich wesentlich niedrigere Wärmeübergangskoeffizienten als bei kondensierenden Dämpfen ergeben (T 8.5).

Die *Tropfenkondensation* liefert höhere Wärmeübergangskoeffizienten als die Filmkondensation (T 8.5). Da jedoch Tropfenkondensation nur bei unbenetzbarer Oberfläche vorkommt, ist ihr Auftreten ungewiss, sodass in der Regel mit Filmkondensation zu rechnen ist.

Bei hoher Strömungsgeschwindigkeit des Dampfes in Richtung des ablaufenden Kondensats wird der Wärmeübergangskoeffizient besser, bei Strömung entgegen dem ablaufenden Kondensat zunächst schlechter, bei sehr hoher Geschwindigkeit durch Aufreißen der Kondensathaut wieder besser. In Anwesenheit nichtkondensierender Gase tritt eine merkliche Verschlechterung des Wärmeübergangskoeffizienten ein.

Beispiel 8.5: Langsam strömender gesättigter Wasserdampf von 0,4 bar kondensiert mit laminarer Kondensathaut an einem 1 m langen stehenden Rohr mit 32 mm äußerem Durchmesser und 44,14 °C Wandtemperatur. Das Kondensat soll mit Sättigungstemperatur ablaufen.

Es sind zu ermitteln:

a) der Wärmeübergangskoeffizient,

b) der Wärmestrom,

c) die stündlich kondensierende Dampfmenge.

Lösung:

Zu a): Wärmeübergangskoeffizient für laminare Kondensathaut ($Re < 400$) (Gl 8.28):

$$\alpha_\mathrm{m} = 0{,}943 \sqrt[4]{\frac{\lambda^3 \varrho\, g\, r}{\nu\, l\, (t_\mathrm{s} - t_\mathrm{W})}}$$

Hierin sind die Verdampfungsenthalpie bei Sättigung mit $r = 2\,318{,}5\,\mathrm{kJ/kg}$ (T 5.4) und die übrigen Stoffwerte für die flüssige Phase bei $t_\mathrm{m} = \dfrac{t_\mathrm{s} + t_\mathrm{W}}{2} = \dfrac{75{,}86\,°\mathrm{C} + 44{,}14\,°\mathrm{C}}{2} = 60\,°\mathrm{C}$ einzusetzen.

$$\lambda = 0{,}652\,\frac{\mathrm{W}}{\mathrm{K\,m}}; \qquad \nu = 0{,}475 \cdot 10^{-6}\,\frac{\mathrm{m}^2}{\mathrm{s}} \qquad \text{(T 8.2)}$$

$$\varrho = \frac{1}{v} = \frac{\mathrm{kg}}{0{,}001\,017\,1\,\mathrm{m}^3} = 983{,}2\,\frac{\mathrm{kg}}{\mathrm{m}^3} \qquad \text{(T 5.4 oder T 8.2)}$$

Die Kontrolle des Geltungsbereiches ergibt $Re = 124$ (< 400).

$$\alpha_m = 0{,}943 \sqrt[4]{\frac{0{,}652^3 \text{ W}^3\ 983{,}2 \text{ kg}\ 9{,}81 \text{ m}\ 2\,318{,}5 \text{ kJ s}\ 10^3 \text{ W s}}{\text{m}^3 \text{ K}^3 \text{ m}^3 \text{ s}^2 \text{ kg}\ 0{,}475 \cdot 10^{-6} \text{ m}^2\ 1 \text{ m}\ (75{,}86 - 44{,}14) \text{ K kJ}}} = \underline{4\,247 \frac{\text{W}}{\text{m}^2 \text{ K}}}$$

Zu b): Wärmestrom (Gl 8.12):

$$\dot{Q} = \alpha A\,(t_s - t_w) = 4\,247 \frac{\text{W}}{\text{m}^2 \text{ K}}\ 0{,}100\,53 \text{ m}^2\ (75{,}86 - 44{,}14) \text{ K}\ 10^{-3} \frac{\text{kW}}{\text{W}}$$

$$\dot{Q} = \underline{13{,}543 \text{ kW}}$$

mit der Wandfläche $A = \pi\, d\, l = \pi\ 0{,}032 \text{ m}\ 1 \text{ m} = 0{,}100\,53 \text{ m}^2$

Zu c): Damit wird die stündlich kondensierende Dampfmenge

$$\dot{m} = \frac{\dot{Q}}{r} = \frac{13{,}543 \text{ kW kg kJ}\ 3\,600 \text{ s}}{2\,318{,}5 \text{ kJ kW s h}} = \underline{21{,}03 \frac{\text{kg}}{\text{h}}}$$

Aufgabe 8.8: Welche Dampfmenge kann stündlich kondensiert werden, wenn das Rohr des Bsp. 8.5 waagerecht angeordnet wird?

Verdampfen. In einem beheizten Gefäß mit geringer Heizflächenbelastung $\dot{q}$ wird die auf Siedetemperatur t_s erhitzte Flüssigkeit durch Auftrieb nach oben bewegt und verdampft vorwiegend an der Oberfläche. An der Heizfläche selbst bilden sich kaum Dampfblasen. Dabei treten Wärmeübergangskoeffizienten wie bei der *freien Konvektion* der Flüssigkeit auf. Der Wärmeübergangskoeffizient α vergrößert sich mit der Heizflächenbelastung $\dot{q}$, die wiederum mit dem Temperaturgefälle zwischen der Heizfläche und der Flüssigkeit $t_w - t_s$ zunimmt (**B 8.5**). Für Wasser liegt dieser Bereich unterhalb von $\dot{q} \approx 17 \text{ kW/m}^2$ und wird durch Gl 8.32 (T 8.4) erfasst.

8

Bei stärkerer Heizflächenbelastung $\dot{q}$ bilden sich unmittelbar an der Heizfläche verstärkt Dampfblasen, die nach oben steigen und durch Rührwirkung den Wärmeübergangskoeffizienten wesentlich verbessern. In diesem Bereich der *Blasenverdampfung* gilt für Wasser Gl 8.33 (T 8.4). α und $\dot{q}$ steigen mit der Temperaturdifferenz $t_w - t_s$ stark an.

Von einer kritischen Heizflächenbelastung $\dot{q}_{kr}$ an werden die Wärmeübergangskoeffizienten wieder kleiner, da sich zwischen Heizfläche und Flüssigkeit ein Dampffilm ausbildet, der als zusätzlicher Wärmewiderstand wirkt. In dem Gebiet instabiler *Filmverdampfung* verringert sich α mit der Temperaturdifferenz $t_w - t_s$ sehr stark und erreicht etwa wieder den Wert, wie er bei freier Konvektion vorlag. Nach stabiler Ausbildung der Filmverdampfung steigt α mit wachsender Temperaturdifferenz nur noch unwesentlich an. Die Heizflächenbelastung $\dot{q}$ sinkt im Gebiet der instabilen Filmverdampfung mit zunehmender Temperaturdifferenz und steigt mit dem Erreichen der stabilen Filmverdampfung wieder an.

Der günstigste Kesselbetrieb liegt im Bereich der Blasenverdampfung möglichst nahe bei $\dot{q}_{kr}$. Der Wert $\dot{q}_{kr}$ wird auch als *Ausbrennbelastung* (auch *Durchbrennpunkt* oder *burn out*) bezeichnet, da bei größerer Belastung die Heizfläche durchbrennt (B 8.5). $\dot{q}_{kr}$ liegt für verschiedene Flüssigkeiten und Heizflächenausführungen bei unterschiedlichen Werten; z. B. ist für Wasser von 1 bar bei einer Heizfläche aus Stahlrohr $\dot{q}_{kr} \approx 1\,200 \text{ kW/m}^2$, bei anderen Flüssigkeiten ist $\dot{q}_{kr}$ niedriger.

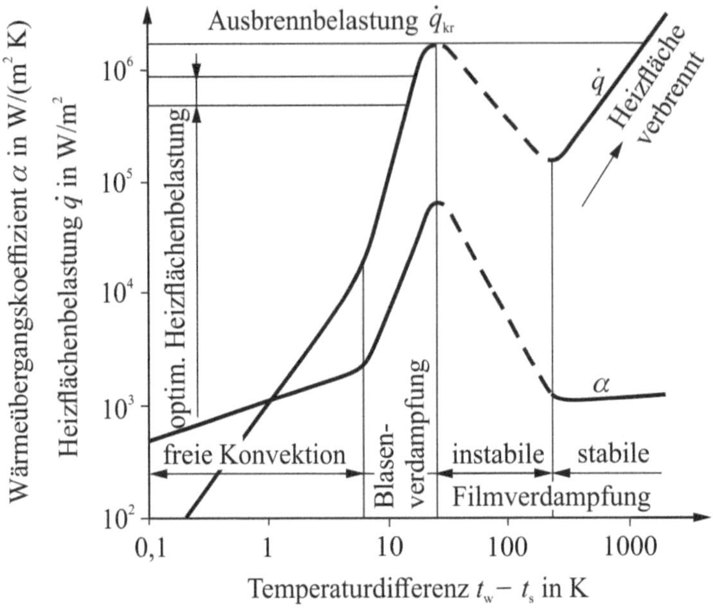

B 8.5 Wärmeübergangskoeffizient und Heizflächenbelastung beim Verdampfen von Wasser bei $p_b = 0{,}981$ bar

Die verwickelten Verhältnisse beim Sieden sind insbesondere für den Fall höherer Wärmestromdichten noch nicht zufriedenstellend geklärt. Für bestimmte Siedebereiche und Heizflächenmodelle liegen zwar Gleichungen vor, die für beliebige Stoffe gelten, aber nur für die jeweils betrachteten Vorgänge gültig sind ([8], [9] u. [10]). Daher beschränken wir uns hier auf empirische Gleichungen für Wasser. Die Wärmeübergangskoeffizienten anderer Flüssigkeiten können dann auf Wasser bezogen werden, so gilt für Petroleum $\alpha_p \approx 0{,}52\,\alpha_W$.

Den Wärmeübergangskoeffizienten beim Verdampfen liegt die Temperaturdifferenz zwischen Wand- und Siedetemperatur $t_W - t_s$ zugrunde, sodass der Wärmestrom nach

$$\dot{Q} = \alpha\, A\, (t_W - t_s)$$

zu ermitteln ist.

Die Wärmestromdichte $\dot{q}$ kann auch direkt mit der Temperaturdifferenz $t_W - t_s$ verknüpft werden. Dann ergibt sich für *freie Konvektion* aus Gl 8.12 und Gl 8.32 b:

$$\{\dot{q}\} = 1{,}034\, \{t_W - t_s\}^{1{,}351}\, \{p\}^{0{,}338} \qquad \textbf{(Gl 8.34 a)}$$

Für *Blasenverdampfung* ergibt sich aus Gl 8.12 und Gl 8.33 b:

$$\{\dot{q}\} = 5{,}65 \cdot 10^{-3}\, \{t_W - t_s\}^4\, \{p\}, \quad [p] = \text{bar},\ [\dot{q}] = \text{kW/m}^2 \qquad \textbf{(Gl 8.34 b)}$$

Aufgabe 8.9: An einer waagerechten Heizfläche verdampfen 100 kg/h Wasser bei 15 bar. Wie groß sind der Wärmeübergangskoeffizient, die Heizflächentemperatur und die erforderliche Heizfläche bei einer Heizflächenbelastung von

a) 11,6 kW/m² und b) 116 kW/m²?

8.4 Temperaturstrahlung

8.4.1 Einführung

Beschreibung des Phänomens. Als *Temperatur-* oder *Wärmestrahlung* bezeichnet man die Strahlung, die außer von dem Stoff des strahlenden Körpers nur von dessen Temperatur abhängt. Die Temperaturstrahlung wächst mit steigender Temperatur. Feste, flüssige und einige gasförmige Körper geben diese Strahlung ab und nehmen sie auf.

Neben der Temperatur eines Körpers gibt es auch andere Ursachen für die Entstehung von Strahlung: z. B. sendet ein Körper, der von schnell bewegten Elektronen getroffen wird, Strahlen aus, die nach ihrem Entdecker *Röntgenstrahlen*[1] genannt werden. Das Licht eines selbstleuchtenden Körpers beispielsweise wird in den meisten Fällen durch die Temperatur des Körpers verursacht, ist also Wärmestrahlung. Jedoch können auch andere Anlässe zur Aussendung von Lichtstrahlen führen, wie Fluoreszenz, elektrische Gasentladungen u. a.

Bei der hier behandelten Temperaturstrahlung wandelt sich die innere Energie des strahlenden Körpers in viele kleine ausgesandte Energiebeträge um. Zwar können die Bewegung und die Lage eines einzelnen dieser *Photonen* nicht angegeben, das Verhalten einer großen Anzahl aber als *elektromagnetische Welle* beschrieben werden. Wir behandeln daher die Strahlung mittels ihres Wellencharakters.

Die unterschiedlichen Erzeugungsarten der Strahlen haben zu verschiedenen Benennungen geführt, wie z. B. γ-Strahlung, Röntgenstrahlung u. a., die jeweils innerhalb bestimmter Wellenlängenbereiche auftreten, die sich auch überschneiden können **(B 8.6)**. Die Überschneidung deutet aber lediglich auf die unterschiedliche Erzeugungsweise gleichartiger Strahlung, nicht etwa auf unterschiedliches Verhalten hin.

Ausstrahlung. Der von einem strahlenden Körper in den Halbraum emittierte Energiestrom heißt *Strahlungsleistung* Φ, SI-Einheit: W.[2] Die maximal mögliche Ausstrahlung

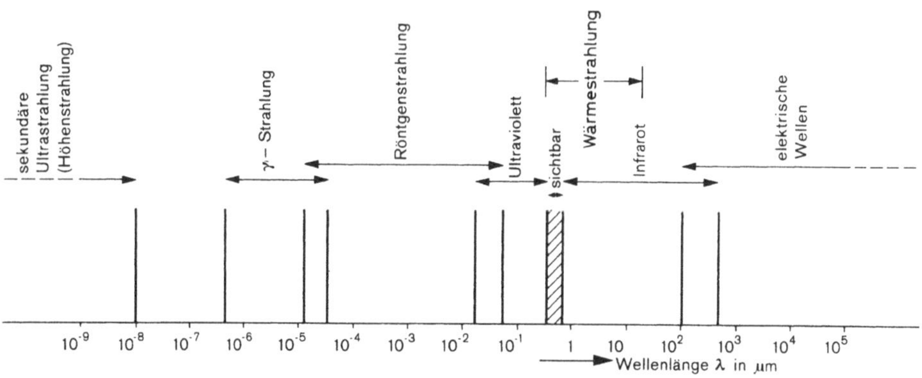

B 8.6 Gesamtspektrum elektromagnetischer Wellen

[1] *W. C. Röntgen* (1845–1923), Professor für Physik in Straßburg, Gießen, Würzburg und Berlin, untersuchte u. a. die Temperaturstrahlung des Wasserdampfes, erhielt 1901 als Erster den Nobelpreis für Physik.

[2] Begriffe und Formelzeichen nach DIN 5031-1: 1982-03: Strahlungsphysik im optischen Bereich und Lichttechnik. In der Literatur werden auch abweichende Bezeichnungen verwendet: z. B. Energiestrom $\Delta\dot{E}$ [10; Kap. K1-1.2] statt spezifische Ausstrahlung M oder Intensität I [6 a; Kap. 15.8] statt spektrale spezifische Ausstrahlung M_λ.

erreicht der sogenannte *schwarze Körper*. Bezieht man die von einem Element der Oberfläche $\mathrm{d}A$ ausgehende Strahlungsleistung $\mathrm{d}\Phi$ auf die strahlende Oberfläche $\mathrm{d}A$, so ergibt sich die *spezifische Ausstrahlung* M (in $\mathrm{W/m^2}$):

$$M = \frac{\mathrm{d}\Phi}{\mathrm{d}A} \qquad \textbf{(Gl 8.35 a)}$$

Die spezifische Ausstrahlung M ist temperaturabhängig und unterschiedlich auf das Spektrum der Wellenlängen λ verteilt. Die Wellenlängenabhängigkeit wird durch die *spektrale spezifische Ausstrahlung* M_λ $\left(\text{in MW/m}^3 \text{ bzw. kW/(m}^2\mu\text{m)}\right)$ erfasst:

$$M_\lambda = \frac{\mathrm{d}M}{\mathrm{d}\lambda} \qquad \textbf{(Gl 8.35 b)}$$

Der schwarze Körper erreicht die bei einer bestimmten Temperatur jeweils höchste spektrale spezifische Ausstrahlung $M_{\lambda\,\mathrm{s}}$. Ihre Abhängigkeit von der Wellenlänge beschreibt das *Planck'sche Strahlungsgesetz*:

$$M_{\lambda \mathrm{s}} = \frac{c_1}{\lambda^5 \left(\mathrm{e}^{\frac{c_2}{\lambda T}} - 1\right)} \qquad \textbf{(Gl 8.35 c)}$$

mit der ersten und zweiten *Planck'schen Strahlungskonstanten* [21]:

$$c_1 = 3{,}741\,771\,852 \cdot 10^{-16}\ \mathrm{W\,m^2} \qquad \textbf{(Gl 8.35 d)}$$
$$c_2 = 1{,}438\,776\,877 \cdot 10^{4}\ \mu\mathrm{m\,K}$$

Gl 8.35 c gilt exakt für die Ausstrahlung ins Vakuum, mit guter Näherung auch für die Ausstrahlung in Luft und andere Gase.

In **B 8.7** ist das Planck'sche Strahlungsgesetz für einige Temperaturen dargestellt. Die spezifische Ausstrahlung $M_{\lambda\,\mathrm{s}}$ entfällt zum größten Teil auf den Wellenlängenbereich $\lambda = 0{,}35 \ldots 10\ \mu\mathrm{m}$. Innerhalb dieses Bereichs liegt die Strahlung im optischen Bereich (Licht) bei $\lambda = 0{,}35 \ldots 0{,}75\ \mu\mathrm{m}$. Mit höherer Temperatur des Körpers wandert das Maximum der spektralen spezifischen Ausstrahlung zu niedrigeren Wellenlängen, der sichtbare Anteil der Strahlung wird größer. Das Maximum der spektralen spezifischen Ausstrahlung schwarzer Körper liegt bei der Wellenlänge

$$\lambda_{\max\,\mathrm{s}} = \frac{w}{T} \quad \textit{für schwarze Körper} \qquad \textbf{(Gl 8.36)}$$

mit $w = 2\,898\ \mu\mathrm{m\,K}$. Dieser Zusammenhang heißt *Wien'sches Verschiebungsgesetz.*[1)] Mit ihm kann bei bekannter Wellenlänge $\lambda_{\max\,\mathrm{s}}$ die Temperatur T eines schwarzen Körpers berechnet werden.

Aus Gl 8.35 b lässt sich durch Integration die spezifische Ausstrahlung M berechnen:

$$M = \int_0^\infty M_\lambda \,\mathrm{d}\lambda \qquad \textbf{(Gl 8.37 a)}$$

[1)] *Wilhelm Wien* (1864–1928), Prof. für Physik in Aachen, Gießen, Würzburg und München, befasste sich mit Fragen der Strahlung, erhielt 1911 den Nobelpreis für Physik. Genauer Wert der Wien'schen Verschiebungskonstanten s. T 1.6

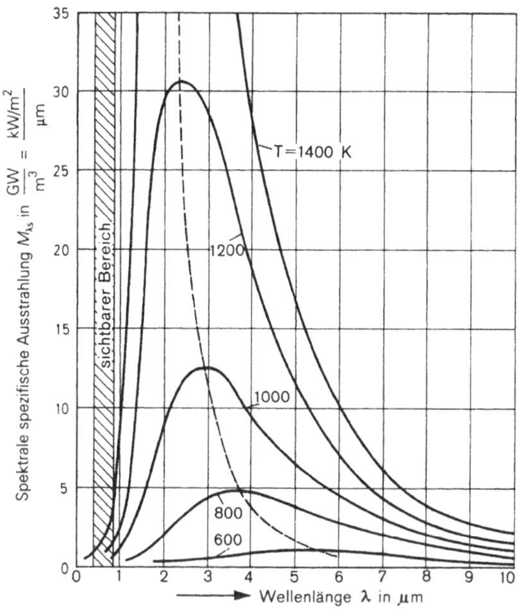

Für die Ausstrahlung ins Vakuum, näherungsweise auch für die Ausstrahlung in Luft und andere Gase.

B 8.7 Spektrale spezifische Ausstrahlung $M_{\lambda s}$ des schwarzen Körpers

Die Fläche unter einer Temperaturkurve in B 8.7 stellt somit die spezifische Ausstrahlung des schwarzen Körpers M_s dar.

Für den schwarzen Körper lässt sich aus Gl 8.37 a das Gesetz von *Stefan-Boltzmann*[1] entwickeln, nach dem die spezifische Ausstrahlung M_s der 4. Potenz der Kelvin-Temperatur des Körpers proportional ist:

$$M_s = \sigma T^4 \quad \textit{für schwarze Körper} \qquad \textbf{(Gl 8.37 b)}$$

8

Der Faktor σ ist eine physikalische Konstante mit der Bezeichnung *Stefan-Boltzmann-Konstante.* Sie hat den Wert[2]

$$\sigma = 5{,}67 \cdot 10^{-8} \frac{\mathrm{W}}{\mathrm{m^2\,K^4}} = 56{,}7 \frac{\mathrm{nW}}{\mathrm{m^2\,K^4}} \quad \textit{Stefan-Boltzmann-Konstante} \qquad \textbf{(Gl 8.37 c)}$$

Die meisten realen Körper sind *grau,* sie emittieren einen jeweils gleichen Anteil ε ($\varepsilon = \text{const} < 1$) der spektralen spezifischen Ausstrahlung des schwarzen Körpers. Bei *farbigen* Körpern – dazu zählen z. B. verschiedene Gase (Abschn. 8.4.3) – ist ε wellenlängenabhängig [$\varepsilon = f(\lambda) < 1$].

Die *spezifische Ausstrahlung grauer Körper* ist entsprechend ihrem von der Wellenlänge unabhängigen *Emissionskoeffizienten* ε geringer als die des schwarzen Körpers. Werte für Emissionskoeffizienten sind in **T 8.6** tabelliert. Emissionskoeffizienten schräg zur Fläche (ε)

---

[1] *Jožef Stefan* (1835–1893), Prof. für Physik in Wien, arbeitete an der kinetischen Gastheorie, formulierte das nach ihm benannte Strahlungsgesetz.
Ludwig Boltzmann (1844–1906), Prof. in Graz, München, Leipzig und Wien, Schüler von Stefan, begründete dessen Strahlungsgesetz.

[2] Genauer Wert s. T 1.6.

können bei hohen Werten geringfügig kleiner, bei niedrigen Werten bis zu 30 % größer als die Werte ε_n senkrecht zur Fläche sein. Die Temperaturabhängigkeit von ε_n ist gering.

$$M = \varepsilon M_s = \varepsilon \sigma T^4 \quad \textit{für graue Körper} \qquad \textbf{(Gl 8.38 a)}$$

T 8.6 Emissionskoeffizienten für einige Körper [10; Kap. K1, Tab. 2]

Oberfläche	Temperatur in °C	ε_n	ε
Kupfer, poliert	20	0,03	
Aluminium, walzblank	170	0,039	0,049
Eisen, blank, geschmirgelt	20		0,242
Eisen, stark verrostet	19		0,685
Heizkörperlack	100	0,925	
schwarzer Lack, matt	80	0,97	
Ziegelstein, Mörtel, Putz	0 bis 93		0,93
Holz (Buche)	70		0,91
Eis, glatt; Wasser	0	0,966	0,92

Schwarze und – mit guter Näherung – graue Oberflächen emittieren die spezifische Ausstrahlung M diffus in den Halbraum. Mit der *gerichteten* spezifischen Ausstrahlung senkrecht zur Oberfläche M_n besteht der Zusammenhang **(B 8.8)**:

$$M = \pi M_n \qquad \textbf{(Gl 8.38 b)}$$

π ist hier ein Raumwinkel in der Einheit Steradiant (sr); Einheit für M_n ist somit: $W/(m^2\,sr)$.[1)]

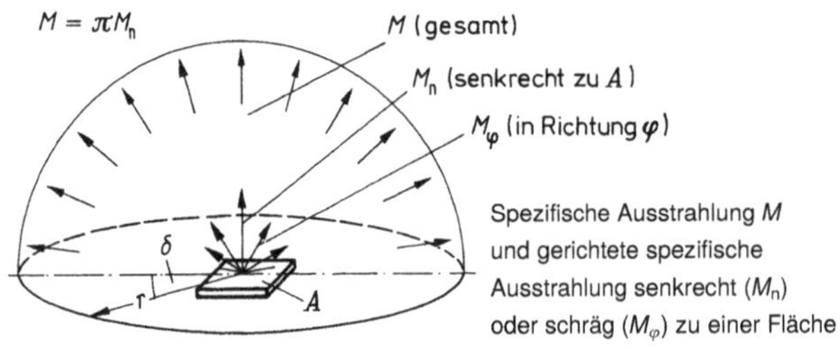

B 8.8 Spezifische Ausstrahlung einer Fläche

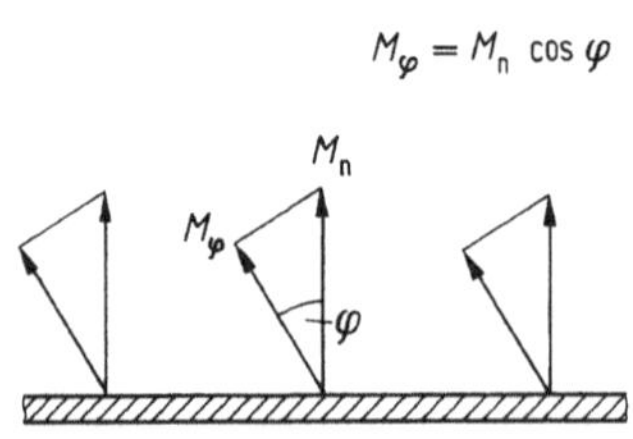

B 8.9 Lambert'sches Richtungsgesetz

1) π ergibt sich aus dem Doppelintegral $\int_{\delta=0}^{2\pi}\int_{\varphi=0}^{\pi/2} \cos\varphi \sin\varphi \, d\varphi \, d\delta$ mit den Winkeln δ in der Äquatorebene (B 8.8) und φ senkrecht zur strahlenden Fläche (B 8.9). Zur Ableitung s. z. B. [9a; Kap. 2.4.4] u. [9b; S. 363f]. π kann als derjenige Raumwinkel gedeutet werden, der auf der Einheits-Halbkugel zu einem Ausschnitt der Größe π führt.

Schräg zur Fläche verringert sich die gerichtete spezifische Ausstrahlung nach dem *Lambert'schen Richtungsgesetz*[1] zu **(B 8.9)**

$$M_\varphi = M_\mathrm{n} \cos\varphi \qquad \textbf{(Gl 8.38 c)}$$

Bei $\varphi = 90^\circ$, also längs zur Fläche, ist $M_\varphi = 0$. Bei grauen Körpern treten Abweichungen vom Richtungsgesetz auf.

Der schräg angestrahlte Beobachter sieht von der Fläche A nur die Projektion $A\cos\varphi$, sodass die „Helligkeit“ der Fläche unabhängig von der Beobachtungsrichtung φ ist. So sehen wir z. B. Sonne und Mond als Kreisscheibe mit jeweils gleicher Helligkeit.

Bestrahlung. Auf einen Körper auftreffende Strahlung wird absorbiert (Anteil a), reflektiert (Anteil r) oder durchgelassen (Anteil d):

$$a + r + d = 1 \qquad \textbf{(Gl 8.39)}$$

Mit a = *Absorptionskoeffizient*

r = *Reflexionskoeffizient*

d = *Durchlass- oder Transmissionskoeffizient*

Beim *schwarzen Körper* ist $a = 1$, beim *weißen* ist $r = 1$. Beide Körper sind theoretische Grenzfälle, der schwarze Körper lässt sich jedoch angenähert durch einen Hohlraum mit kleiner Öffnung verwirklichen; in die Öffnung eintretende Strahlung wird praktisch völlig absorbiert. Feste und flüssige Körper lassen in der Regel keine oder nur wenig Strahlung durch ($d = 0$). Die meisten Körper sind *grau.* Graue Körper absorbieren spektral jeweils gleiche Energieanteile ($a_\lambda = \text{const} < 1$). *Farbige Körper* absorbieren die Strahlung verschiedener Wellenlängen unterschiedlich stark.

Das Absorptionsvermögen eines Körpers ist nach dem *Kirchhoff'schen Gesetz*[2] gleich seinem Emissionsvermögen:

$$a = \varepsilon \qquad \textbf{(Gl 8.40)}$$

Beispiel 8.6: Ein gasbeheizter keramischer Strahler mit $720\ \mathrm{cm}^2$ großer ebener Oberfläche hat eine Temperatur von 800 °C.

Welche Werte ergeben sich (ohne Berücksichtigung von Reflexion) für

a) die spezifische Ausstrahlung und die Strahlungsleistung,

b) die gerichtete spezifische Ausstrahlung senkrecht zum Strahler,

c) die gerichtete spezifische Ausstrahlung in Richtung auf einen Beobachter, der den Strahler in einem Winkel von 30° zur Senkrechten sieht?

---

[1] *Johann Heinrich Lambert* (1728–1777), Prof. in München und Berlin, Begründer der wissenschaftlichen Photometrie. Das Lambert'sche Richtungsgesetz gilt für schwarze Körper, ist aber auch für raue Oberflächen gut erfüllt. Es gilt nicht für blanke Metalloberflächen.

[2] *Gustav R. Kirchhoff* (1824–1887), Prof. für Physik in Breslau, Heidelberg und Berlin, stellte die Kirchhoff'schen Regeln für die Stromverzweigung auf, behandelte die Thermodynamik und Optik.

Lösung:

Zu a): Spezifische Ausstrahlung (Gl 8.38 a) mit $\varepsilon = 0{,}93$ (Ziegel, T 8.6):

$$M = \varepsilon\, \sigma\, T^4 = 0{,}93 \cdot 5{,}67 \cdot 10^{-8}\ \frac{\text{W}}{\text{m}^2\,\text{K}^4}\ 1\,073{,}15^4\ \text{K}^4\ \frac{\text{kW}}{1\,000\ \text{W}} = 69{,}94\ \frac{\text{kW}}{\text{m}^2}$$

Strahlungsleistung (entspr. Gl 8.35 a):

$$\Phi = A\,M = 0{,}072\ \text{m}^2\ 69{,}94\ \frac{\text{kW}}{\text{m}^2} = \underline{5{,}04\ \text{kW}}$$

Zu b): Gerichtete spezifische Ausstrahlung senkrecht zum Strahler (Gl 8.38 b):

$$M_{\text{n}} = \frac{M}{\pi} = \frac{69{,}94\ \text{kW/m}^2}{\pi\ \text{sr}} = \underline{22{,}26\ \frac{\text{kW/m}^2}{\text{sr}}}$$

Zu c): Gerichtete spezifische Ausstrahlung im Winkel φ (Gl 8.38 c):

$$M_{\varphi} = M_{\text{n}} \cos\varphi = 22{,}26\ \frac{\text{kW/m}^2}{\text{sr}}\ \cos 30^\circ = \underline{19{,}3\ \frac{\text{kW/m}^2}{\text{sr}}}$$

Die Ergebnisse zu b) und c) sagen nichts aus über die Strahlungsleistung, die eine bestimmte Empfängerfläche erreicht. Diese ist von der Größe der Empfängerfläche A_{e} und dem Abstand r vom Strahler abhängig, die den Raumwinkel Ω bestimmen, sowie von der Neigung der Empfängerfläche zum Strahler. Bei konzentrisch um den Strahler angeordneter Empfängerfläche ist $\Omega = \frac{A_{\text{e}}}{r^2}$. Zur Lösung dieser Fragen wird auf das Schrifttum verwiesen [8], [10].

8.4.2 Wärmeübertragung durch Strahlung

Zwei Körper unterschiedlicher Temperatur tauschen gegenseitig Energie durch Strahlung aus. Hierbei gibt der wärmere Körper mehr Energie als der kältere ab, sodass insgesamt Energie vom wärmeren (1) an den kälteren Körper (2) übergeht. Wir berechnen den übergehenden Wärmestrom für zwei Körper mit gleich großen, zueinander parallelen ebenen Flächen A, deren Temperaturen jeweils konstant gehalten werden **(B 8.10)**:

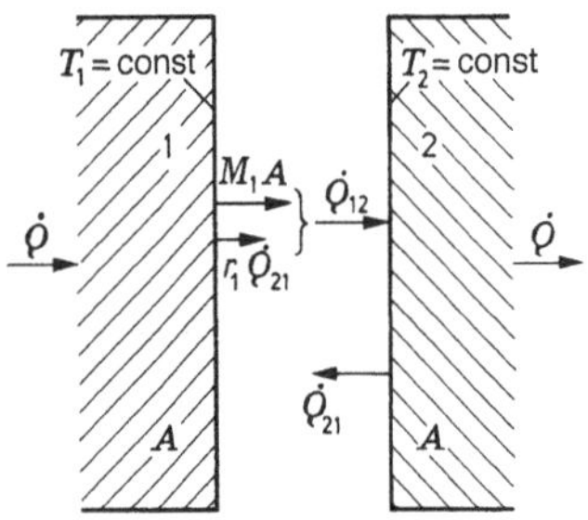

B 8.10 Wärmeübertragung durch Strahlung bei ebenen Wänden

Der Körper 1 sendet den Gesamtenergiestrom $\dot{Q}_{12}$, der Körper 2 den Gesamtenergiestrom $\dot{Q}_{21}$ aus. Bei Vernachlässigung seitlicher Verluste setzt sich $\dot{Q}_{12}$ aus der emittierten Strahlungsleistung $\Phi_1 = M_1\,A$ und dem reflektierten Energiestrom $r_1\dot{Q}_{21}$ zusammen:

$$\dot{Q}_{12} = M_1\,A + r_1\dot{Q}_{21}$$

Entsprechend gilt für den Körper 2:

$$\dot{Q}_{21} = M_2 A + r_2 \dot{Q}_{12}$$

Die Differenz der jeweils abgestrahlten Gesamtenergieströme ergibt den *Wärmestrom*:

$$\dot{Q} = \dot{Q}_{12} - \dot{Q}_{21}$$

Wir führen $\dot{Q}_{12}$ und $\dot{Q}_{21}$ sowie $M = \varepsilon \sigma T^4$ (Gl 8.38 a) und $r = 1 - a = 1 - \varepsilon$ (Gl 8.39) mit $d = 0$ und Gl 8.40 ein und erhalten nach Umformung der Gleichung

$$\dot{Q} = \frac{\sigma}{\frac{1}{\varepsilon_1} + \frac{1}{\varepsilon_2} - 1} A\,(T_1^4 - T_2^4) = C_{12} A\,(T_1^4 - T_2^4) \qquad \textbf{(Gl 8.41)}$$

Hierin ist C_{12} die *Strahlungsaustauschkonstante* der behandelten *ebenen Wandkombination* (B 8.10):

$$C_{12} = \frac{\sigma}{\frac{1}{\varepsilon_1} + \frac{1}{\varepsilon_2} - 1} \qquad \textbf{(Gl 8.42)}$$

Für zwei schwarze Körper wird hierbei $C_{12} = \sigma$. Ist eine der beiden Platten ein schwarzer Körper, so wird $C_{12} = \varepsilon_1 \sigma$.

Für ein *Innenrohr* mit der Oberfläche A_1 *in einem Mantelrohr* (A_2) ergibt sich

$$C_{12} = \frac{\sigma}{\frac{1}{\varepsilon_1} + \frac{A_1}{A_2}\left(\frac{1}{\varepsilon_2} - 1\right)} \qquad \textbf{(Gl 8.43)}$$

wobei der Wärmestrom (Gl 8.41) mit der Oberfläche des *Innenrohres* A_1 zu ermitteln ist. Bei anderen Flächenverhältnissen, wie z. B. bei Rohren in der Brennkammer eines Dampferzeugers, sind bei der Ermittlung von C_{12} die unterschiedlichen Flächengrößen und Anstrahlungswinkel zu berücksichtigen. Hierzu wird der Begriff *Einstrahlzahl, Formfaktor* oder *Sichtfaktor* eingeführt, der rechnerisch oder zeichnerisch ermittelt werden kann [10; Kap. K1-2.2].

Wärmeübertragung durch Strahlung und Konvektion treten oft gemeinsam auf. Zur Vereinfachung der Berechnung wird dann ein Wärmeübergangskoeffizient der Strahlung α_s eingeführt und der Wärmeübergang durch Strahlung nach $\dot{Q} = \alpha_s A\,(T_1 - T_2)$ (Gl 8.12) berechnet. Hieraus und aus Gl 8.41 folgt für den *Wärmeübergangskoeffizienten der Strahlung*

$$\alpha_s = C_{12} \frac{T_1^4 - T_2^4}{T_1 - T_2} \qquad \textbf{(Gl 8.44)}$$

Der *gemeinsame Wärmeübergangskoeffizient* ist bei *gleichen* Temperaturdifferenzen für Strahlung und Konvektion

$$\alpha_{ges} = \alpha_{konv} + \alpha_s \qquad \textbf{(Gl 8.45)}$$

8

8.4.3 Gas- und Flammenstrahlung

Einige *Gase,* wie H_2O, CO_2, CO, SO_2 u. a., absorbieren und emittieren Strahlung in bestimmten Wellenlängenbereichen. Auch in diesem Fall wird in der Regel nicht die spektrale spezifische Ausstrahlung M_λ der einzelnen Wellenlängen, sondern die spezifische Ausstrahlung M ermittelt. Der Wärmestrom ist stark von der Schichtdicke des Gaskörpers abhängig, im Gegensatz zu festen und flüssigen Körpern, bei denen schon sehr dünne Schichten in der Regel völlig undurchlässig sind ($d = 0$). Besonders untersucht wurden bisher der Wasserdampf und das Kohlenstoffdioxid bei Atmosphärendruck. Für höhere Drücke und andere Gase liegen bisher kaum Berechnungsunterlagen vor.

Ein technisch wichtiger Anwendungsfall ist die *Flammenstrahlung,* die durch glühende Kohlenstoffteilchen, die beim Verbrennungsablauf entstehen, verursacht wird. Die strahlende Flamme kann näherungsweise als grauer Körper behandelt werden, mit zunehmender Flammendicke nähert sich ihr Verhalten dem des schwarzen Körpers. Die Flammenstrahlung in Brennkammern von Wärmeerzeugern z. B. ist von wesentlich größerem Einfluss als die Gasstrahlung der Verbrennungsgase.

Beispiel 8.7: In die Abgaszüge eines Wärmeerzeugers mit 700 °C Wandtemperatur wird ein Thermoelement eingebaut, das eine Temperatur von 800 °C anzeigt. Die Strahlungsaustauschkonstante des nicht abgeschirmten Thermoelements mit den Umgebungswänden beträgt $2{,}5 \cdot 10^{-8}\,\mathrm{W/(m^2\,K^4)}$, der Wärmeübergangskoeffizient für Konvektion vom Abgas zum Thermoelement beträgt $100\,\mathrm{W/(m^2\,K)}$. Gasstrahlung wird vernachlässigt.

Welchen Wert hat die Abgastemperatur tatsächlich?

Lösung:

Im Thermoelement wird keine Energie gespeichert, sodass der vom Thermoelement durch Konvektion aus dem Abgas aufgenommene Wärmestrom $\dot{Q}_{\mathrm{A/T}}$ gleich dem vom Thermoelement durch Strahlung an die Wände abgegebenen Wärmestrom $\dot{Q}_{\mathrm{T/W}}$ ist:

$$\dot{Q}_{\mathrm{A/T}} = \dot{Q}_{\mathrm{T/W}}$$

Gl 8.12 und Gl 8.41 eingesetzt:

$$\alpha A\,(t_\mathrm{f} - t_1) = C_{12}\,A\,(T_1^4 - T_2^4)$$

$$t_\mathrm{f} = t_1 + \frac{C_{12}}{\alpha}\,(T_1^4 - T_2^4)$$

$$t_\mathrm{f} = 800\,^\circ\mathrm{C} + \frac{2{,}5 \cdot 10^{-8}\,\mathrm{W\,m^2\,K}}{\mathrm{m^2\,K^4} \cdot 100\,\mathrm{W}}\,(1\,073{,}15^4 - 973{,}15^4)\,\mathrm{K^4}$$

$$t_\mathrm{f} = \underline{907\,^\circ\mathrm{C}}$$

Die wirkliche Abgastemperatur ist um 106 K höher als die vom Thermoelement angezeigte! Die Messmethode ist demnach ungeeignet, das Thermoelement muss einen Strahlungsschutz erhalten und der Wärmeübergang durch Konvektion muss verbessert werden.

Aufgabe 8.10: Ein lackierter $0{,}7\,\mathrm{m^2}$ großer Plattenheizkörper mit 100 °C Oberflächentemperatur strahlt auf die parallel dazu stehende $0{,}7\,\mathrm{m^2}$ große Seitenwand eines Schreibtisches (Buche), die sich dabei auf 70 °C erwärmt. Zur Seite gehende Strahlung ist zu vernachlässigen.

Welche Wärmeleistung in W wird vom Heizkörper an den Schreibtisch durch Strahlung abgegeben?

Aufgabe 8.11: Der Strahler des Bsp. 8.6 wird zur Trocknung von Holz (Buche) verwendet, das in geringem Abstand parallel zum Strahler vorbeitransportiert wird. Seitliche Abstrahlungsverluste sind somit vernachlässigbar. Die Holzoberflächentemperatur beträgt 40 °C.

Welche Wärmeleistung gibt der Strahler an das Holz ab?

8.5 Wärmedurchgang

8.5.1 Wärmedurchgangsbeziehungen

Bei der Wärmeübertragung zwischen zwei durch eine Wand getrennten Fluiden mit den Temperaturen t_{f1} und t_{f2} muss die Wärme zunächst von dem wärmeren Fluid 1 an die Trennwand übergehen, durch die Wand geleitet und anschließend von der Wand an das kältere Fluid 2 übertragen werden **(B 8.11)**.

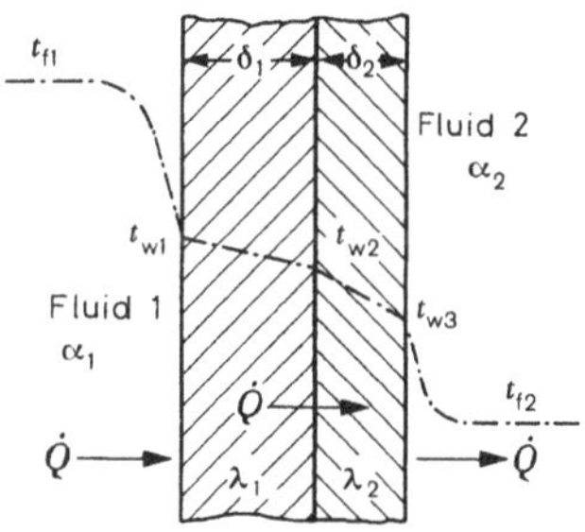

B 8.11 Wärmedurchgang

Statt dieser Einzelvorgänge wird der gesamte als *Wärmedurchgang* bezeichnete Vorgang betrachtet, wodurch die unbekannten und oft nicht näher interessierenden Wandtemperaturen nicht in Erscheinung treten. In Anlehnung an die Beziehung von *Newton* (Gl 8.12) setzen wir für den Wärmedurchgang einer ebenen Wand an:

$$\dot{Q} = k\,A\,(t_{f1} - t_{f2}) \quad \textit{ebene Wand} \qquad \textbf{(Gl 8.46)}$$

Hierin sind der Proportionalitätsfaktor k der *Wärmedurchgangskoeffizient*[1)] und $t_{f1} - t_{f2}$ die Temperaturdifferenz zwischen den Fluiden 1 und 2, dessen Wert sich in diesem Fall während des Wärmedurchgangs nicht ändern darf.

Der *Wärmedurchgangswiderstand* ist

$$R_d = \frac{t_{f1} - t_{f2}}{\dot{Q}} = \frac{1}{k\,A} \qquad \textbf{(Gl 8.47)}$$

Beim Wärmedurchgang sind die hintereinander geschalteten Wärmewiderstände zu überwinden, die sich addieren:

$$R_d = R_{ü1} + \sum R_l + R_{ü2}$$

1) In der Energieeinsparverordnung (EnEV) wird der Wärmedurchgangskoeffizient k mit dem Formelzeichen U bezeichnet.

8

Für die *mehrschichtige ebene Wand* führen wir ein:

$$R_d = \frac{1}{k\,A} \quad (\text{Gl } 8.47)\,, \qquad R_l = \frac{\delta}{\lambda\,A} \quad (\text{Gl } 8.6)\,, \qquad R_ü = \frac{1}{\alpha\,A} \quad (\text{Gl } 8.13)$$

$$\frac{1}{k\,A} = \frac{1}{\alpha_1\,A} + \sum \frac{\delta}{\lambda\,A} + \frac{1}{\alpha_2\,A}$$

Hieraus kann der Wärmedurchgangskoeffizient für eine ebene Wand berechnet werden:

$$k = \frac{1}{\dfrac{1}{\alpha_1} + \sum \dfrac{\delta}{\lambda} + \dfrac{1}{\alpha_2}} \qquad \textbf{(Gl 8.48)}$$

Falls bei dem Wärmeübergang zwischen Wand und Fluid auch Strahlungswärmeübertragung stattfindet, so ist diese in den Wärmeübergangskoeffizienten α_1 und α_2 zu berücksichtigen.

Für anders geformte Wandflächen ist die übertragene Wärme ebenfalls aus der Summe der Wärmewiderstände zu berechnen. Für die einschichtige *Zylinderwand* z. B. ergibt sich

$$\dot{Q} = \frac{2\,\pi\,l\,(t_{f1} - t_{f2})}{\dfrac{1}{\alpha_1\,r_1} + \dfrac{1}{\lambda}\ln\dfrac{r_2}{r_1} + \dfrac{1}{\alpha_2\,r_2}} \qquad \textit{Zylinderwand} \qquad \textbf{(Gl 8.49)}$$

Für die einschichtige *Hohlkugelwand* gilt

$$\dot{Q} = \frac{4\,\pi\,(t_{f1} - t_{f2})}{\dfrac{1}{\alpha_1\,r_1^2} + \dfrac{1}{\lambda}\left(\dfrac{1}{r_1} - \dfrac{1}{r_2}\right) + \dfrac{1}{\alpha_2\,r_2^2}} \qquad \textit{Hohlkugelwand} \qquad \textbf{(Gl 8.50)}$$

Bei verhältnismäßig kleinen Wanddicken wird auch für Zylinder und Hohlkugel die Gleichung für ebene Wände angesetzt (Gl 8.46 und Gl 8.48).

Hierbei wird die Wärmeübertragungsfläche bei annähernd gleichen Wärmeübergangskoeffizienten α_1 und α_2 mit dem mittleren Rohr- oder Kugeldurchmesser berechnet. Bei stark unterschiedlichen Wärmeübergangskoeffizienten ist es zweckmäßig, zur Flächenermittlung den Durchmesser der Berührungsfläche zugrunde zu legen, an der der Wärmeübergangskoeffizient den kleineren Wert hat, weil dann die Abweichung von den exakten Gln 8.49 und 8.50 am geringsten ist.

8.5.2 Beeinflussung des Wärmedurchgangs

Bei stark unterschiedlichen Wärmeübergangskoeffizienten α_1 und α_2 hat der größere auf den Wärmedurchgangskoeffizienten k kaum einen Einfluss; k ist immer kleiner als der kleinste der beiden Wärmeübergangskoeffizienten.

Soll der Wärmedurchgang *verbessert* werden, was bei Wärmeübertragern erwünscht ist, so müssen die Bemühungen auf der Wandseite mit dem niedrigeren Wärmeübergangskoeffizienten ansetzen. Eine Erhöhung des Wärmeübergangskoeffizienten ist durch größere Strömungsgeschwindigkeit oder durch Einbau von Turbulenzeinrichtungen möglich.

Beide Maßnahmen erhöhen jedoch den Reibungsverlust des strömenden Fluids. Neben den technischen Gegebenheiten der Anlage entscheidet vor allem die Wirtschaftlichkeit über die optimale Konstruktion, d. h. über größere Heizflächen (= hohe Investition) oder größeren Druckverlust (= hohe Betriebskosten). Bei laminarer Strömung kann der Wärmeübergangskoeffizient durch Ausnutzung der gestörten Strömung der Anlaufstrecke, z. B. durch kurze Heizflächen mit mehrfacher Umlenkung der Strömung, verbessert werden.

Eine Vergrößerung der Heizfläche durch Rippen auf der Seite des kleineren Wärmeübergangskoeffizienten bringt wesentliche Vorteile. Eine Erhöhung der Wärmeleitfähigkeit der Wand durch geeignetes Wandmaterial, wie z. B. Sondergraphit mit $\lambda = 80 \ldots 140\,\mathrm{W/(K\,m)}$, ist nur dann sinnvoll, wenn die Wärmeübergangskoeffizienten auf beiden Seiten sehr hoch sind.

Soll der Wärmedurchgang *behindert* werden, z. B. bei Dampfleitungen, so muss der Wärmedurchgangskoeffizient durch eine zusätzliche Isolierschicht mit möglichst kleiner Wärmeleitfähigkeit λ verringert werden. In Wärmeübertragern verursacht eine solche isolierende Schicht, wie sie durch Kesselstein, Rußablagerung o. Ä. entstehen kann, eine Verschlechterung der Wärmeübertragerleistung.

8.5.3 Zwischentemperaturen

Die Zwischentemperaturen $t_{\mathrm{w}\,1}$, $t_{\mathrm{w}\,2}$ usw. können aus dem für den Gesamtvorgang wie auch für die einzelnen Schichten gleichen Wärmestrom $\dot{Q}$ bestimmt werden, z. B. gilt für die Wandtemperatur $t_{\mathrm{w}\,1}$ (B 8.11):

$$\dot{Q} = k\,A\,(t_{\mathrm{f}\,1} - t_{\mathrm{f}\,2}) = \alpha_1\,A\,(t_{\mathrm{f}\,1} - t_{\mathrm{w}\,1})$$

$$t_{\mathrm{w}\,1} = t_{\mathrm{f}\,1} - \frac{k}{\alpha_1}\,(t_{\mathrm{f}\,1} - t_{\mathrm{f}\,2}) \qquad \textbf{(Gl 8.51)}$$

Für die Zwischentemperatur $t_{\mathrm{w}\,2}$ (B 8.11) gilt:

$$\dot{Q} = \frac{\lambda_1}{\delta_1}\,A\,(t_{\mathrm{w}\,1} - t_{\mathrm{w}\,2}) = \alpha_1\,A\,(t_{\mathrm{f}\,1} - t_{\mathrm{w}\,1})$$

$$t_{\mathrm{w}\,2} = t_{\mathrm{w}\,1} - \frac{\alpha_1\,\delta_1}{\lambda_1}\,(t_{\mathrm{f}\,1} - t_{\mathrm{w}\,1}) \qquad \textbf{(Gl 8.52)}$$

In gleicher Weise können die übrigen Wandtemperaturen berechnet werden.

Aufgabe 8.12: Wie groß sind

a) der Wärmedurchgangskoeffizient,

b) der Wärmedurchgangswiderstand

bei dem Raumheizkörper nach Aufgabe 8.5?

Aufgabe 8.13: Im 5 mm dicken Flammrohr eines Dampferzeugers beträgt die örtliche Verbrennungsgastemperatur 1200 °C bei einem gemeinsamen Wärmeübergangskoeffizienten für Strahlung und Konvektion von $\alpha_{\mathrm{ges}} = 100\,\mathrm{W/(m^2\,K)}$. Die vom Verbrennungsgas abgegebene Wärme wird an verdampfendes Wasser von 10 bar übertragen, wobei ein Wärmeübergangskoeffizient von $\alpha_{\mathrm{w}} = 8\,100\,\mathrm{W/(m^2\,K)}$ errechnet wurde.

8

Das Flammrohr kann vereinfachend als ebene Stahlwand betrachtet werden.

Es sind zu ermitteln:

a) der Wärmedurchgangskoeffizient,

b) die Heizflächenbelastung,

c) der Wärmedurchgangswiderstand einer 1 m^2 großen Heizfläche,

d) die Wandtemperaturen.

8.6 Wärmeübertrager

In Wärmeübertragern wird Wärme von einem wärmeren Fluid an ein kälteres abgegeben. Man unterscheidet drei Ausführungsarten:

Rekuperatoren, in denen das wärmere und kältere Fluid zwei durch eine wärmedurchlässige Grenze getrennte Systeme durchströmen, wie z. B. im Dampferzeuger;

Regeneratoren, bei denen ein und dasselbe System im zeitlichen Wechsel durch das heiße Fluid erwärmt und die gespeicherte Energie anschließend an das kältere Fluid abgegeben wird, wie z. B. beim Winderhitzer des Hochofens;

Mischwärmeübertrager, in denen sich das warme und kalte Fluid unmittelbar berühren, wie z. B. im Nasskühlturm.

Wir behandeln nur die stationäre Wärmeübertragung in Rekuperatoren, für die wir die allgemeine Bezeichnung Wärmeübertrager verwenden.

8.6.1 Gegen-, Gleich- und Kreuzstrom

Im Wärmeübertrager laufen in zwei getrennten Systemen Strömungsprozesse ab (Abschn. 7.2.2); bei reibungsfreier Strömung bleibt der Druck des durchströmenden Fluids konstant. Je nach der Bauart des Wärmeübertragers strömen die Fluide im *Gegen-*, *Gleich-* oder *Kreuzstrom* **(B 8.12, B 8.13** und **B 8.14)**. Die Temperaturen der Fluide ändern sich während des Durchströmens im Wärmeübertrager (B 8.12 und B 8.13), bei der Phasenänderung eines Stoffes bleibt dessen Temperatur für die Dauer dieser Änderung konstant. Auch die Temperaturdifferenz $\Delta t = t_a - t_b$ ändert sich über den Verlauf der Wärmeübertragungsfläche. Bevor wir daher den gesamten Wärmestrom berechnen, setzen wir den sehr kleinen Wärmestrom $\mathrm{d}\dot{Q}$ an einer beliebigen Stelle für die sehr kleine Teilwärmeübertragungsfläche $\mathrm{d}A$ an (B 8.12 a):

$$\mathrm{d}\dot{Q} = k\,\Delta t\,\mathrm{d}A$$

Hierbei wird der Wärmestrom $\mathrm{d}\dot{Q}$ von dem Fluid a abgegeben, wobei es sich um die Temperaturdifferenz $\mathrm{d}t_a$ abkühlt. Von dem Fluid b, dessen Temperatur sich um $\mathrm{d}t_b$ erhöht, wird – bei Vernachlässigung von Wärmeverlusten an die Umgebung – dieser Wärmestrom aufgenommen. Bei vernachlässigter Reibung folgt aus Gl 2.36:

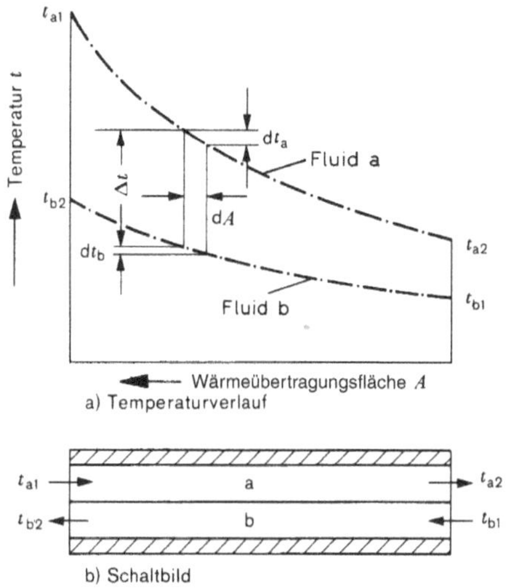

B 8.12 Gegenstromwärmeübertrager

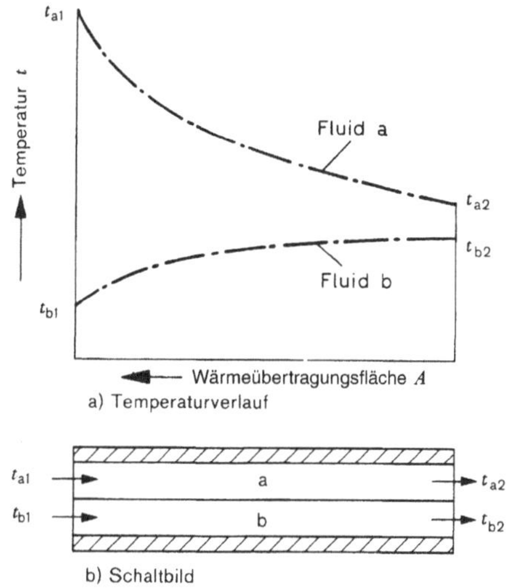

B 8.13 Gleichstromwärmeübertrager

$$d\dot{Q} = |\dot{m}_a\, c_{pa}\, dt_a| = \dot{m}_b\, c_{pb}\, dt_b$$

Umgeformt erhält man:

$$|dt_a| = d\dot{Q}\,\frac{1}{\dot{m}_a\, c_{pa}}; \qquad dt_b = d\dot{Q}\,\frac{1}{\dot{m}_b\, c_{pb}}$$

Wir bilden die Differenz und führen obige Terme ein:

$$|dt_a| - dt_b = d(\Delta t) = d\dot{Q}\left(\frac{1}{\dot{m}_a\, c_{pa}} - \frac{1}{\dot{m}_b\, c_{pb}}\right)$$

$$d(\Delta t) = k\,\Delta t\, dA\left(\frac{1}{\dot{m}_a\, c_{pa}} - \frac{1}{\dot{m}_b\, c_{pb}}\right)$$

Die Gleichungen für den insgesamt im Wärmeübertrager übertragenen Wärmestrom (Gl 2.36)

$$\dot{Q} = \dot{m}_a\, c_{pa}\,(t_{a1} - t_{a2}) = \dot{m}_b\, c_{pb}\,(t_{b2} - t_{b1})$$

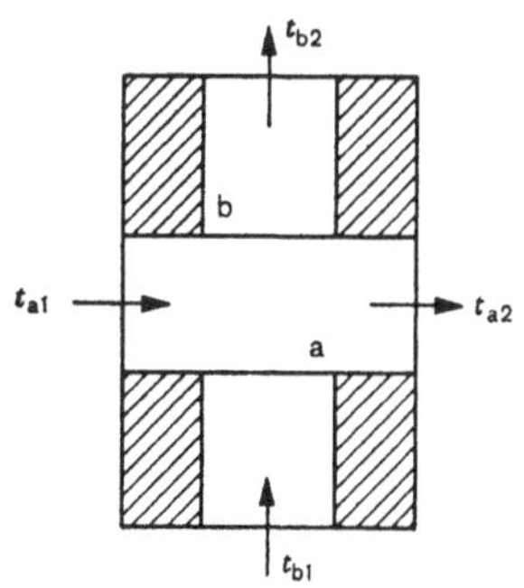

B 8.14 Schaltbild eines Kreuzstromwärmeübertragers

8

formen wir wie folgt um:

$$\frac{1}{\dot{m}_a \, c_{pa}} = \frac{t_{a\,1} - t_{a\,2}}{\dot{Q}} \quad \text{und} \quad \frac{1}{\dot{m}_b \, c_{pb}} = \frac{t_{b\,2} - t_{b\,1}}{\dot{Q}}$$

Eingesetzt in die vorherige Gleichung und integriert erhält man:

$$\int\limits_{\Delta t_{\min}}^{\Delta t_{\max}} \frac{d(\Delta t)}{\Delta t} = \int\limits_{0}^{A} k \, \frac{t_{a\,1} - t_{a\,2} - t_{b\,2} + t_{b\,1}}{\dot{Q}} \, dA$$

$$\ln \frac{\Delta t_{\max}}{\Delta t_{\min}} = k \frac{\Delta t_{\max} - \Delta t_{\min}}{\dot{Q}} \, A$$

Der *gesamte Wärmestrom* beträgt

$$\dot{Q} = k\,A \, \frac{\Delta t_{\max} - \Delta t_{\min}}{\ln \dfrac{\Delta t_{\max}}{\Delta t_{\min}}}$$

$$\dot{Q} = k\,A\,\Delta t_m \qquad \textbf{(Gl 8.53)}$$

mit der *mittleren logarithmischen Temperaturdifferenz*[1)]

$$\Delta t_m = \frac{\Delta t_{\max} - \Delta t_{\min}}{\ln \dfrac{\Delta t_{\max}}{\Delta t_{\min}}} \qquad \textbf{(Gl 8.54)}$$

Die mittlere logarithmische Temperaturdifferenz ist immer kleiner als die arithmetische. Für Gleichstrom gilt Gl 8.54 ebenfalls. Beim Kreuzstrom ist die Temperatur räumlich unterschiedlich verteilt; Δt_m wird dann wie beim Gegenstrom unter Berücksichtigung eines Korrekturfaktors für Kreuzstrom berechnet.

Beim Gleichstrom streben beide Fluide der gleichen Austrittstemperatur zu (B 8.13 a). Beim Gegenstrom kann die Austrittstemperatur des kälteren Fluids höher als die des wärmeren sein (B 8.12 a).

Bei gleicher Wärmeübertragungsfläche ist die Wärmeleistung im Gegenstrom größer als im Gleichstrom, beim Kreuzstrom liegt sie zwischen beiden. Trotz des günstigeren Gegenstromes ist jedoch manchmal Gleichstrom erforderlich, da hierbei die Wandtemperaturen an allen Stellen der Wärmeübertragungsfläche im mittleren Bereich bleiben, während sie beim Gegenstrom am Eintritt des wärmeren Fluids unzulässig hohe Werte annehmen können, wodurch u. U. eine Schädigung des Wandmaterials oder des zu erwärmenden Fluids eintritt.

Falls sich bei einem Fluid (oder auch bei beiden) während der Wärmeübertragung die Phase ändert, wie z. B. beim H_2O im Dampferzeuger, müssen für jeden Teilbereich des Wärmeübertragers die mittlere Temperaturdifferenz ($\Delta t_{m\,1}$, $\Delta t_{m\,2} \ldots$) und der Wärmedurchgangskoeffizient (k_1, $k_2 \ldots$) getrennt berechnet werden. Mit der ebenfalls für jeden Teilvorgang zu ermittelnden Wärmeleistung ($\dot{Q}_1, \dot{Q}_2 \ldots$) lassen sich dann die Teilwärmeübertragungsflächen (A_1, $A_2 \ldots$) und die Gesamtwärmeübertragungsfläche ($A = A_1 + A_2 + \ldots$) ermitteln.

---

1) $\Delta t_{\max}$ bzw. $\Delta t_{\min}$ werden in der Praxis – speziell bei der Speisewasservorwärmung in Dampfkraftanlagen – auch als obere bzw. untere *Grädigkeit* bezeichnet.

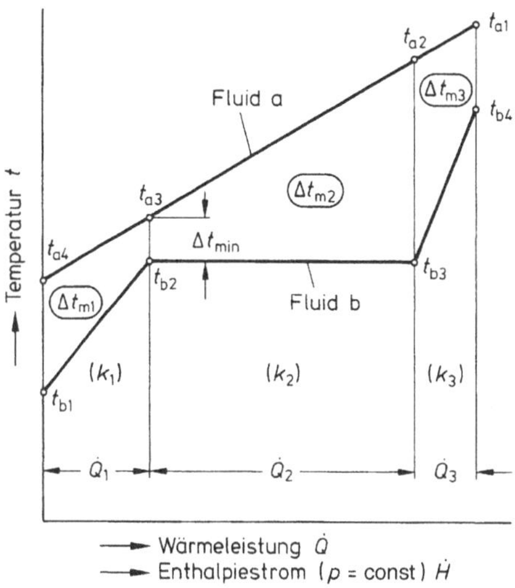

B 8.15 Temperaturverlauf in einem Wärmeübertrager bei Phasenänderung eines Fluids

Zur Veranschaulichung eignet sich besonders das $t,\dot{Q}$-Diagramm **(B 8.15)**, das bei isobarer Wärmeübertragung identisch ist mit dem $t,\dot{H}$-Diagramm. Die isobaren Zustandsverläufe sind horizontal verschiebbar. Man kann in dem Diagramm die örtliche Temperaturdifferenz zwischen den Fluiden, den Einfluss der Massenströme auf die Temperaturverläufe u. Ä. gut verfolgen und z. B. abschätzen, ob die minimale Temperaturdifferenz Δt_{min} in einem sinnvollen Bereich liegt.

8.6.2 Berechnungsverfahren

8

Die Berechnung der Wärmeübertragungsfläche eines Wärmeübertragers erfolgt zunächst mit einem vorausgeschätzten Wärmedurchgangskoeffizienten k. Erst dann kann der konstruktive Entwurf und eine genaue Nachrechnung erfolgen, die eventuell wiederholt werden muss, da die Abmessungen der Wärmeübertragungsfläche, wie Rohrlänge, Rohrdurchmesser u. Ä., die Wärmeübergangskoeffizienten beeinflussen. Grafische Verfahren, auf die nicht näher eingegangen werden kann, erleichtern bei Zuhilfenahme der Wärmekapazitäten der Fluide ($C = m\,c$) die Berechnung besonders dann, wenn Wärmeübertragungsfläche und Wärmedurchgangskoeffizient bekannt sind und die Wärmeleistung zu ermitteln ist.

Nach der konstruktiven Bemessung des Wärmeübertragers muss der Druckverlust beider Fluide ermittelt werden, der bei erzwungener Strömung den erforderlichen Energieaufwand für den Durchfluss bestimmt. Hohe Strömungsgeschwindigkeiten der Fluide haben zwar kleine Wärmeübertragungsflächen zur Folge, sie verursachen jedoch infolge der quadratischen Abhängigkeit von der Strömungsgeschwindigkeit große Druckverluste. Ob eine Verkleinerung der Wärmeübertragungsfläche durch Erhöhung der Strömungsgeschwindigkeit tragbar ist, kann nur eine Wirtschaftlichkeitsrechnung zeigen. Diese ist oft nicht im Einzelnen durchführbar, sodass man Erfahrungswerte für den zulässigen Druckverlust bestimmter Anlagenteile zugrunde legt, wodurch die Strömungsgeschwindigkeiten begrenzt werden. In der Literatur werden für Wärmeübertrager verschiedene Bewertungsmethoden angegeben, die neben den thermischen Vorgängen auch den Leistungsaufwand berücksichtigen.

Beispiel 8.8: In einem Rohrbündelwärmeübertrager sollen im Gegenstrom 8 000 kg/h Transformatorenöl von 95 °C auf 65 °C gekühlt werden. Es steht Kühlturmwasser von 26 °C zur Verfügung, das den Wärmeübertrager mit 34 °C verlassen soll. Druckverluste durch Reibung sind zu vernachlässigen.

Die Wärmeübertragungsfläche und ihre konstruktive Anordnung sind festzulegen.

Lösung:

a) Vorausberechnung der Wärmeübertragungsfläche

Erforderliche Wärmeübertragerleistung (Gl 2.36):

$$\dot{Q} = \dot{m}_{\text{ö}}\, c_{p\text{mö}}\, (t_{\text{ö}1} - t_{\text{ö}2}) = 8\,000\,\frac{\text{kg}}{\text{h}}\; 2{,}09\,\frac{\text{kJ}}{\text{kg K}}\,(95 - 65)\,\text{K}\,\frac{\text{h kW s}}{3\,600\,\text{s kJ}} = 139{,}33\,\text{kW}$$

Vorausgeschätzter Wärmedurchgangskoeffizient (T 8.5):

$$k \approx 200\,\frac{\text{W}}{\text{m}^2\,\text{K}}$$

Logarithmische Temperaturdifferenz (Gl 8.54, **B 8.16 a**):

$$\Delta t_{\text{m}} = \frac{\Delta t_{\max} - \Delta t_{\min}}{\ln \dfrac{\Delta t_{\max}}{\Delta t_{\min}}} = \frac{61\,\text{K} - 39\,\text{K}}{\ln \dfrac{61\,\text{K}}{39\,\text{K}}} = 49{,}18\,\text{K}$$

mit $\Delta t_{\max} = t_{\text{ö}1} - t_{\text{w}2} = (95 - 34)\,\text{K} = 61\,\text{K}$

$\Delta t_{\min} = t_{\text{ö}2} - t_{\text{w}1} = (65 - 26)\,\text{K} = 39\,\text{K}$

Vorausgeschätzte Wärmeübertragungsfläche (Gl 8.53):

$$A = \frac{\dot{Q}}{k\,\Delta t_{\text{m}}} = \frac{139{,}33\,\text{kW m}^2\,\text{K}\,10^3\,\text{W}}{200\,\text{W}\,49{,}18\,\text{K kW}} = 14{,}2\,\text{m}^2$$

A wird erhöht auf 15 m²; dann ist

$$k_{\text{erf}} = 189\,\frac{\text{W}}{\text{m}^2\,\text{K}}$$

b) Konstruktive Festlegung der Wärmeübertragungsfläche (B 8.16 b)

Der k-Wert wird in erster Linie durch den ungünstigen α-Wert des zähen Öls bestimmt. Da sich bei quer angeströmten Rohren höhere α-Werte als im Rohr erzielen lassen, wird das Öl durch den Mantelraum und das Wasser durch die Rohre geführt. Der Mantelraum ist durch ein am Ende geöffnetes Längsblech getrennt, sodass das Öl in zwei Wegen durch den Kühler strömt. Auf diesen Wegen wird es durch Umlenkbleche mehrfach umgelenkt, wodurch es die Rohre quer anströmt. Das Wasser wird im Gegenstrom zum Öl durch die Rohre geführt, die Umlenkung des Wassers erfolgt in einer Umkehrhaube am Ende des Wärmeübertragers. Es werden $z = 100$ Stahlrohre, $d_{\text{a}} = 22$ mm, Wanddicke 2 mm mit 29 mm Rohrteilung eingebaut. Durch Aufskizzieren des Rohrplanes ergibt sich ein Mantelinnendurchmesser von 360 mm.

Nutzbare Rohrlänge, wenn die Rohre als ebene Wände mit der Fläche des mittleren Rohrdurchmessers behandelt werden:

$$l_{\text{r}} = \frac{A}{\pi\, d_{\text{m}}\, z} = \frac{15\,\text{m}^2}{\pi\; 0{,}020\,\text{m}\; 100} = 2{,}387\,3\,\text{m}$$

Bei je 10 mm Dicke der Rohrscheiben an den Enden, in denen die Rohre zu befestigen sind, ist die Gesamtlänge der Rohre

$$h = 2\,407\,\text{mm}$$

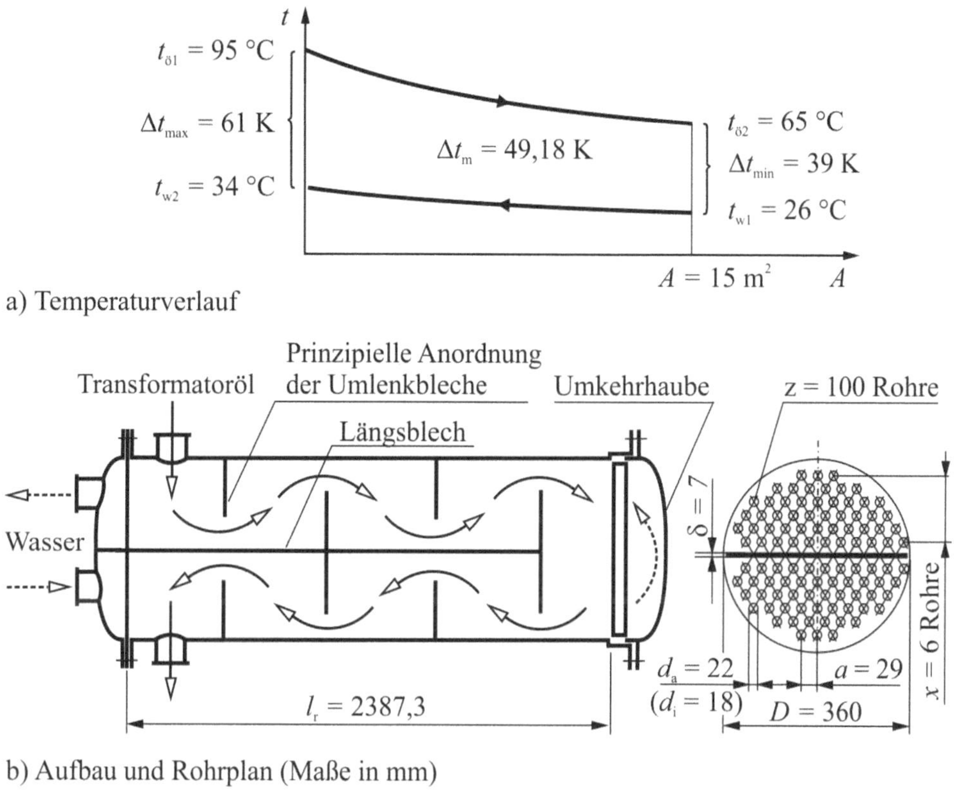

B 8.16 Rohrbündelwärmeübertrager (zu Bsp. 8.8)

Bei 4 Umlenkblechen ergibt sich aus dem Rohrplan für das quer strömende Öl ein mittlerer freier Querschnitt an der engsten Stelle zwischen den Rohren von (B 8.16b):

$$A_m = \left(\frac{D}{2} - x\, d_a - \frac{\delta}{2}\right) \frac{l_r}{5} = \left(\frac{360}{2} - 6 \cdot 22 - \frac{7}{2}\right) \text{mm}\ \frac{2\,387,3\ \text{mm}}{5}\ \frac{\text{cm}^2}{10^2\ \text{mm}^2} = 212{,}47\ \text{cm}^2$$

Für die Längsströmung an den Umlenkungen wird der gleiche Querschnitt freigelassen, sodass $w_l = w_q$ ist.

c) Nachrechnung des Wärmedurchgangskoeffizienten

Öl

Stoffwerte (T 8.2) bei

$$t_ö = \frac{t_1 + t_2}{2} = \frac{95\ °\text{C} + 65\ °\text{C}}{2} = 80\ °\text{C}$$

Ölgeschwindigkeit (Gl 7.2):

$$w_ö = \frac{\dot{V}_ö}{A_m} = \frac{\dot{m}_ö}{\varrho_ö\, A_m} = \frac{8\,000\ \text{kg m}^3\ \text{h}}{\text{h}\ 830\ \text{kg}\ 0{,}021\,247\ \text{m}^2\ 3\,600\ \text{s}} = 0{,}126\ \frac{\text{m}}{\text{s}}$$

Reynolds-Zahl (Gl 8.14 b):

$$Re_ö = \frac{w_ö\, d_a}{\nu_ö} = \frac{0{,}126 \text{ m } 0{,}022 \text{ m s}}{\text{s } 5{,}2 \cdot 10^{-6} \text{ m}^2} = 533{,}1$$

Nußelt-Zahl, für Wärmeübertrager mit gebohrtem Mantelrohr (Gl 8.23 mit $C = 0{,}25$):

$$Nu_ö = C\, Re_ö^{0{,}6}\, Pr_ö^{0{,}33} \left(\frac{\eta_f}{\eta_w}\right)^{0{,}14} = 0{,}25 \cdot 533{,}1^{0{,}6} \cdot 79{,}4^{0{,}33} \left(\frac{4\,315}{14\,220}\right)^{0{,}14} = 38{,}768$$

η_w wurde für eine geschätzte Wandtemperatur von 40 °C eingesetzt.

Wärmeübergangskoeffizient (Gl 8.14 a):

$$\alpha_ö = \frac{Nu_ö\, \lambda_ö}{d_a} = \frac{38{,}768 \cdot 0{,}120 \text{ W}}{\text{K m } 0{,}022 \text{ m}} = \underline{211{,}46 \frac{\text{W}}{\text{m}^2 \text{ K}}}$$

Wasser

Stoffwerte bei $t_w = 30$ °C. Da α_w von geringerem Einfluss als $\alpha_ö$ ist, können die Stoffwerte genügend genau aus T 8.2 linear interpoliert werden.

Wassermengenstrom (Gl 2.36):

$$\dot{m}_w = \frac{\dot{Q}}{c_{pmw}\,(t_{w2} - t_{w1})} = \frac{139{,}33 \text{ kJ kg K}}{\text{s } 4{,}1825 \text{ kJ } (34 - 26) \text{ K}} = 4{,}164 \frac{\text{kg}}{\text{s}}$$

Wassergeschwindigkeit (Gl 7.2):

$$w_w = \frac{\dot{V}_w}{A_r} = \frac{\dot{m}_w}{\varrho_w \dfrac{\pi\, d_i^2}{4} \dfrac{z}{2}} = \frac{4{,}164 \text{ kg m}^3}{\text{s } 994{,}45 \text{ kg } 0{,}000\,254\,5 \text{ m}^2\ 50} = 0{,}3291 \frac{\text{m}}{\text{s}}$$

Reynolds-Zahl (Gl 8.14 b):

$$Re_w = \frac{w_w\, d_i}{\nu_w} = \frac{0{,}3291 \text{ m } 0{,}018 \text{ m s}}{\text{s } 0{,}871\,75 \cdot 10^{-6} \text{ m}^2} = 6\,795{,}5$$

Nußelt-Zahl (Gl 8.20), mit Pr_w bei 40 °C:

$$Nu = 0{,}012\, (Re^{0{,}87} - 280)\, Pr^{0{,}4} \left[1 + \left(\frac{d}{h}\right)^{2/3}\right] \left(\frac{Pr_f}{Pr_w}\right)^{0{,}11}$$

$$Nu = 0{,}012\, (6\,795{,}5^{0{,}87} - 280)\, 6{,}0075^{0{,}4} \left[1 + \left(\frac{18}{2\,407}\right)^{2/3}\right] \left(\frac{6{,}0075}{5{,}005}\right)^{0{,}11} = 48{,}905$$

Wärmeübergangskoeffizient (Gl 8.14 a):

$$\alpha_w = \frac{Nu_w\, \lambda_w}{d_i} = \frac{48{,}905 \cdot 0{,}6115 \text{ W}}{\text{K m } 0{,}018 \text{ m}} = \underline{1\,661 \frac{\text{W}}{\text{m}^2 \text{ K}}}$$

Wärmedurchgangskoeffizient, wenn die Rohre als Platten betrachtet werden (Gl 8.48):

$$k = \frac{1}{\dfrac{1}{\alpha_ö} + \dfrac{\delta}{\lambda} + \dfrac{1}{\alpha_w}} = \frac{1}{\dfrac{\text{m}^2 \text{ K}}{211{,}46 \text{ W}} + \dfrac{0{,}002 \text{ m}^2 \text{ K}}{57{,}6 \text{ W}} + \dfrac{\text{m}^2 \text{ K}}{1\,661 \text{ W}}} = \underline{186 \frac{\text{W}}{\text{m}^2 \text{ K}}}$$

d) Kontrolle der geschätzten Wandtemperaturen

$$\text{(Gl 8.51)}\quad t_{x1} \approx t_{\text{öm}} - \frac{k}{\alpha_{\text{ö}}}\,\Delta t_{\text{m}} \approx 80\ {}^\circ\text{C} - \frac{186\ \text{W}\ \text{m}^2\ \text{K}}{\text{m}^2\ \text{K}\ 211{,}46\ \text{W}}\ 49{,}18\ \text{K} \approx \underline{36{,}7\ {}^\circ\text{C}}$$

$$t_{x2} \approx t_{\text{wm}} + \frac{k}{\alpha_{\text{w}}}\,\Delta t_{\text{m}} \approx 30\ {}^\circ\text{C} + \frac{186\ \text{W}\ \text{m}^2\ \text{K}}{1\,661\ \text{W}\ \text{m}^2\ \text{K}}\ 49{,}18\ \text{K} \approx \underline{35{,}5\ {}^\circ\text{C}}$$

Die Wandtemperatur war mit 40 °C etwas zu hoch geschätzt worden. Eine Korrektur erübrigt sich jedoch.

e) Ergebnis

Die Wärmeübertragerleistung bei Berücksichtigung der wirklichen Form der Wärmeübertragungsfläche ist (Gl 8.49), jedoch mit der mittleren logarithmischen Temperaturdifferenz Δt_{m}:

$$\dot{Q}_{\text{tats}} = \frac{2\,\pi\,l\,z\,\Delta t_{\text{m}}}{\dfrac{1}{\alpha_{\text{w}}\,r_1} + \dfrac{1}{\lambda}\ln\dfrac{r_2}{r_1} + \dfrac{1}{\alpha_{\text{ö}}\,r_2}}$$

$$\dot{Q}_{\text{tats}} = \frac{2\,\pi\ 2{,}387\,3\ \text{m}\ 100 \cdot 49{,}18\ \text{K}}{\dfrac{\text{m}^2\ \text{K}}{1\,661\ \text{W}\ 0{,}009\ \text{m}} + \dfrac{\text{K}\,\text{m}}{57{,}6\ \text{W}}\ln\dfrac{0{,}011}{0{,}009} + \dfrac{\text{m}^2\ \text{K}}{211{,}46\ \text{W}\ 0{,}011\ \text{m}}}\ \frac{\text{kW}}{10^3\ \text{W}} = \underline{147{,}5\ \text{kW}}$$

Die tatsächliche Kühlleistung ist um 8,1 kW oder 5,8 % größer als die erforderliche. Die festgelegte mittlere Wärmeübertragungsfläche von 15 m^2 wird jedoch nicht verkleinert, um Unsicherheiten durch Leckverluste an den Umlenkblechen für das Öl zu kompensieren.

Der Druckverlust beider Fluide muss nach den Gesetzen der Strömungslehre ermittelt werden. Im Rahmen dieses Beispiels kann hierauf nicht näher eingegangen werden.

Aufgabe 8.14: Der Wärmeübertrager des Bsp. 8.8 soll ohne konstruktive Änderung verwendet werden, um Heizungswasser von 70 °C auf 90 °C mittels Heißwasser von 130 °C zu erwärmen, das den Wärmeübertrager mit 80 °C verlassen soll. Das Heißwasser ist durch den Mantel, das Heizungswasser durch die Rohre zu führen. Die Stoffwerte für Wasser sind aus T 8.2 zu entnehmen und linear zu interpolieren.

Bei der iterativen Berechnung des Wärmedurchgangskoeffizienten soll mit einem geschätzten Wert von 925 W/(m^2 K) begonnen werden. Bei der Berechnung der Wärmeübergangskoeffizienten sollen die Wandtemperaturen mit 95 °C angenommen werden.

Welche Wärmeleistung erreicht der Wärmeübertrager?

Aufgabe 8.15: Bei dem GUD-Prozess nach Bsp. 5.14 wird in einem Abhitzedampferzeuger Wasser erwärmt, verdampft und der Dampf überhitzt (B 8.15). Für die dort genannten Verhältnisse (z. B. Turbinenabgas als Luft mit idealem Gasverhalten und c_p bei 0 °C gerechnet) sind zu ermitteln:

a) der Abgas- und Wasser-Dampf-Massenstrom,

b) die Wärmeübertragungsleistungen der Teilbereiche,

c) die Temperaturen der Fluide an den jeweiligen Knickpunkten des H_2O im $t,\dot{Q}$-Diagramm,

d) die mittlere logarithmische Temperaturdifferenz zwischen den beiden Fluiden beim Wassererwärmen, Verdampfen und Überhitzen.

8.6.3 Verfahrensoptimierung bei der Wärmenutzung

In verzweigten wärmetechnischen Anlagen sind an verschiedenen Stellen heiße Fluide zu kühlen und kalte Fluide zu erwärmen. Es ist anzustreben, durch Kopplung dieser

Energieströme die verfügbare Energie weitgehend und mit möglichst geringem Exergieverlust zu nutzen. Weitgehende Nutzung spart Primärenergie und deren Kosten, erhöht aber die Investitionskosten. Somit sind zur optimalen Lösung sowohl thermodynamische als auch wirtschaftliche Überlegungen zu berücksichtigen.

Es werden verschiedene Methoden angewandt. Ein Verfahren, die *Pinch-Point-Methode,*[1] wollen wir kurz erläutern. Das Verfahren geht von einer vorzugebenden optimalen Mindesttemperaturdifferenz $\Delta t_{\min}^{P}$ zwischen den Wärme abgebenden (heißen) und den Wärme aufnehmenden (kalten) Fluidströmen aus. Zunächst werden alle heißen bzw. kalten Enthalpieströme des zu analysierenden Systems zu jeweiligen Summenströmen zusammengefasst und in ein $t,\dot{Q}$- bzw. $t,\dot{H}$-Diagramm (isobare Strömung angenommen) eingetragen **(B 8.17)**.

Die Linien sind horizontal verschiebbar. Bei ihrer Berührung ist $\Delta t_{\min}^{P} = 0$. Für die Wärmeübertragung muss ein Mindestwert für $\Delta t_{\min}^{P}$ eingehalten werden, der für die jeweiligen Verhältnisse vorgegeben wird. Dieser so festgelegte Punkt wird als Pinch-Point bezeichnet.

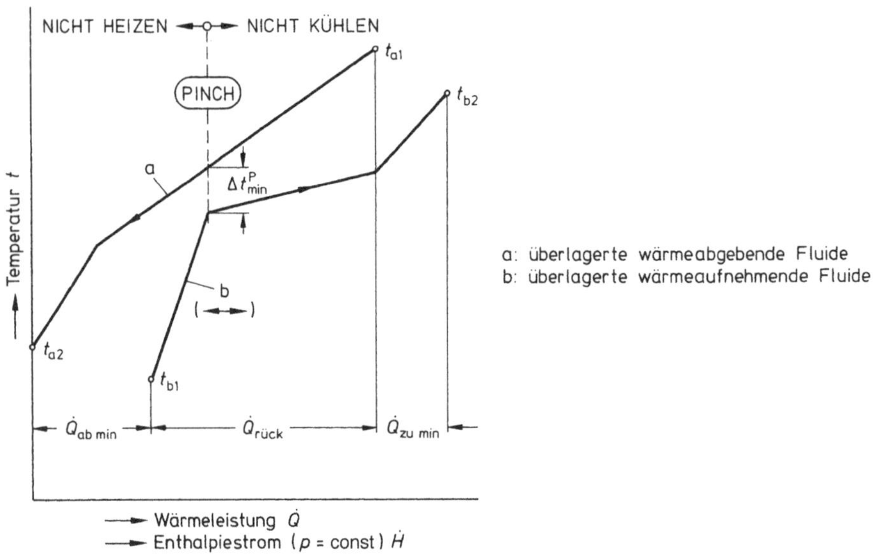

B 8.17 Verfahrensoptimierung bei der Wärmenutzung

Aus B 8.17 sind die rückgewinnbare Wärmeleistung $\dot{Q}_{\text{rück}}$ sowie die bei hoher Temperatur an die Fluide b von außen zuzuführende Mindestwärmeleistung $\dot{Q}_{\text{zu min}}$ und die bei niedriger Temperatur von den Fluiden a nach außen abzuführende Mindestwärmeleistung $\dot{Q}_{\text{ab min}}$ ablesbar. Die unter a zusammengefassten Fluide sollen rechts vom Pinch nicht von außen gekühlt, die unter b zusammengefassten Fluide links vom Pinch nicht von außen beheizt werden; über den Pinch hinweg soll keine Wärme von a an b übertragen werden.

Die apparative Verknüpfung der verschiedenen Fluidströme erfolgt in weiteren Schritten.

Aufgabe 8.16: Wie hoch ist die Temperaturdifferenz am Pinch-Point bei dem GUD-Prozess nach Aufgabe 8.15?

[1] pinch (engl.): drücken, zusammendrücken. Nähere Ausführungen in [28] u. [29].

8.6.4 Exergieverlust im Wärmeübertrager

Der wegen des Temperaturgefälles irreversible Vorgang der Wärmeübertragung verursacht einen Exergieverlust. Die Exergie des wärmeren Fluids a verringert sich durch die abgegebene Wärme Q_{a12} um E_{qa12} (negativ).

Bei reibungsfreier Strömung gilt mit $dW_{diss} = 0$ (Gl 3.121):

$$E_{qa12} = Q_{a12} - T_b\,(S_{a2} - S_{a1})$$

Die Exergie des kälteren Fluids c vergrößert sich durch die zugeführte Wärme um den kleineren Betrag E_{qc12} (positiv):

$$E_{qc12} = Q_{c12} - T_b\,(S_{c2} - S_{c1})$$

Der Exergieverlust E_{v12} ist:

$$E_{v12} = |E_{qa12}| - E_{qc12}$$

$$E_{v12} = |Q_{a12} - T_b\,(S_{a2} - S_{a1})| - [Q_{c12} - T_b\,(S_{c2} - S_{c1})]$$

$$E_{v12} = -Q_{a12} + T_b\,(S_{a2} - S_{a1}) - Q_{c12} + T_b\,(S_{c2} - S_{c1})$$

Mit $Q_{a12} + Q_{c12} = 0$, also bei nach außen adiabatem Gesamtsystem, ergibt sich:

$$E_{v12} = T_b\,(S_{a2} - S_{a1} + S_{c2} - S_{c1}) = T_b\,\Delta S_{ges} \quad \textit{gilt allgemein} \qquad \textbf{(Gl 8.55)}$$

Das Ergebnis entspricht – wie erwartet – Gl 3.129.

Die Entropieabnahme des wärmeren Fluids $S_{a2} - S_{a1}$ ist kleiner als die Entropiezunahme des kälteren Fluids $S_{c2} - S_{c1}$ **(B 8.18)**. Der Unterschied zwischen den beiden Entropiedifferenzen und damit der Exergieverlust steigen mit der Temperaturdifferenz zwischen dem warmen und kalten Fluid. Nur bei dem reversiblen Vorgang der Wärmeübertragung ohne Temperaturgefälle wird der Exergieverlust zu null.

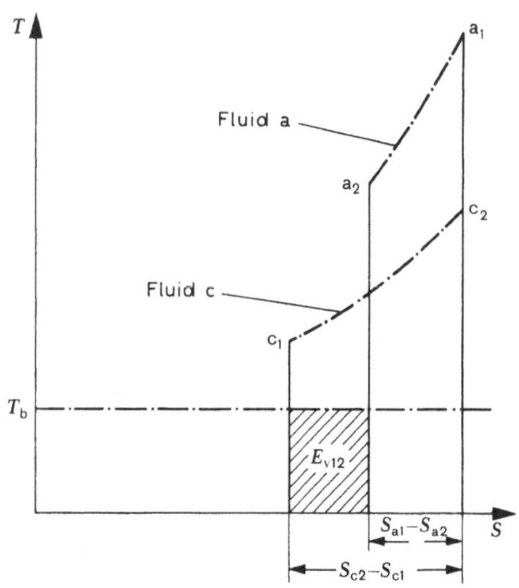

B 8.18 Exergieverlust im Wärmeübertrager[1)]

[1)] In der Darstellung wurde zur Veranschaulichung c_2 willkürlich unter a_1 gelegt. Das ist zulässig, da nur Entropie*differenzen* betrachtet wurden.

8

Für die oben vorausgesetzte reibungsfreie Strömung gilt bei Fluiden mit gleich bleibender Phase mit Gl 3.33:[1)]

$$E_{v\,12} = T_b \left(m_a\, c_{pam}\big|_{T_{a1}}^{T_{a2}} \ln \frac{T_{a\,2}}{T_{a\,1}} + m_c\, c_{pcm}\big|_{T_{c1}}^{T_{c2}} \ln \frac{T_{c\,2}}{T_{c\,1}} \right) \quad \textit{ohne Phasenänderung}$$

(Gl 8.56)

Beispiel 8.9: In einem Heißdampfkühler werden 3 000 kg/h Dampf unter 150 bar von 550 °C auf 500 °C durch 3 000 kg/h Speisewasser von 94 °C, 150 bar gekühlt. Umgebungszustand: 1 bar, 20 °C. Druckverluste durch Reibung sind zu vernachlässigen.

Der Exergieverluststrom (= Exergieverlust/Zeit) ist zu ermitteln.

Lösung:

Spezifische Entropieänderung des Dampfes (*spez. Entropie* s. T 5.5):

$$(s_{d\,2} - s_{d\,1}) = (6{,}347\,9 - 6{,}523\,0)\,\frac{\text{kJ}}{\text{kg K}} = -0{,}175\,1\,\frac{\text{kJ}}{\text{kg K}}$$

Spezifische Entropieänderung des Speisewassers (Gl 3.33):

$$s_{w\,2} - s_{w\,1} = c_w \ln \frac{T_{w\,2}}{T_{w\,1}} = 4{,}2112\,\frac{\text{kJ}}{\text{kg K}} \ln \frac{400{,}323\ \text{K}}{367{,}15\ \text{K}} = 0{,}3643\,\frac{\text{kJ}}{\text{kg K}}$$

mit der Kühlleistung $\dot{Q} = \dot{m}_d\,(h_{d\,1} - h_{d\,2})$ sowie $\dot{m}_d = \dot{m}_w$ berechnet sich die Speisewasseraustrittstemperatur nach Gl 2.36:

$$T_{w\,2} = T_{w\,1} + \frac{\dot{Q}}{\dot{m}_w\, c_w} = T_{w\,1} + \frac{\dot{m}_d\,(h_{d\,1} - h_{d\,2})}{\dot{m}_w\, c_w} = T_{w\,1} + \frac{h_{d\,1} - h_{d\,2}}{c_w}$$

$$T_{w\,2} = 367{,}15\ \text{K} + \frac{(3\,450{,}5 - 3\,310{,}8)\ \text{kJ kg K}}{\text{kg}\ 4{,}2112\ \text{kJ}} = 400{,}323\ \text{K}$$

Exergieverluststrom (Gl 8.55) mit $\dot{S} = \dot{m}\,s$ und $\dot{m}_d = \dot{m}_w$:

$$\dot{E}_{v\,12} = T_b\,(\dot{S}_{d\,2} - \dot{S}_{d\,1} + \dot{S}_{w\,2} - \dot{S}_{w\,1}) = T_b\,\dot{m}_d\,(s_{d\,2} - s_{d\,1} + s_{w\,2} - s_{w\,1})$$

$$\dot{E}_{v\,12} = 293{,}15\ \text{K}\ 3\,000\,\frac{\text{kg}}{\text{h}}\,(-0{,}175\,1 + 0{,}364\,3)\,\frac{\text{kJ kW h}}{\text{kg K}\ 3\,600\ \text{kJ}}$$

$$\dot{E}_{v\,12} = \underline{46{,}2\ \text{kW}}$$

Der Exergieverluststrom ist ein *Verlust an Leistungsfähigkeit.*

Aufgabe 8.17: In einem Wärmeüberträger werden 10 000 kg/h Luft von 200 °C auf 600 °C im Gegenstrom durch Abgas von 1 400 °C erwärmt, das sich dabei auf 400 °C abkühlt. Umgebungszustand 0,98 bar, 15 °C. Die mittlere spezifische Wärmekapazität der Luft soll bei Annahme idealen Gasverhaltens berechnet werden; mittlere spezifische Wärmekapazität des Abgases $c_{pma} = 1{,}2\ \text{kJ}/(\text{kg K})$. Druckverluste durch Reibung sind zu vernachlässigen.

Wie groß ist der Exergieverluststrom in kW?

[1)] Mit der Vernachlässigung bei c_p gemäß Fußnote zu Gl 3.25.

Kontrollfragen (Antworten Abschnitt 11.8)

8.1 1. Welche Arten der Wärmeübertragung sind möglich?

8.2 2. a) Wie wird bei Wärmeleitung der Wärmestrom berechnet (Ansatz nach Fourier)?
Was versteht man unter
b) Heizflächenbelastung,
c) Wärmeleitfähigkeit?

3. Definieren Sie die Begriffe
a) Wärmewiderstand,
b) Wärmeleitwiderstand.

8.3 4. a) Wie wird konvektiver Wärmeübergang berechnet (Ansatz nach Newton)?
b) Wovon hängt der Wärmeübergangskoeffizient ab?
c) Aus welchen Kennzahlen kann man α ermitteln?

5. Was versteht man unter
a) freier und erzwungener Konvektion,
b) laminarer und turbulenter Strömung?

6. Erklären Sie die Arten der Kondensation.

7. a) Skizzieren Sie den Verlauf des Wärmeübergangskoeffizienten und der Heizflächenbelastung beim Verdampfen in Abhängigkeit von der Differenz zwischen Heizflächen- und Siedetemperatur.
b) Benennen Sie die Bereiche unterschiedlicher Art der Verdampfung.

8.4 8. a) Welche Ursachen hat die Temperaturstrahlung, wovon hängt sie ab?
b) In welchem Wellenlängenbereich tritt sie vorwiegend auf?

9. Erläutern Sie kurz die Gesetze von a) Planck, b) Wien, c) Kirchhoff, d) Stefan-Boltzmann, e) Lambert.

10. Wie verhalten sich schwarze, weiße, graue und farbige Körper? 8

11. Was versteht man unter
a) Strahlungskonstante des schwarzen Körpers,
b) Strahlungsaustauschkonstante,
c) Wärmeübergangskoeffizient der Strahlung?

8.5 12. Definieren Sie den
a) Wärmeübergangs-,
b) Wärmedurchgangswiderstand.

13. Wie kann der Wärmedurchgang verbessert werden?

14. a) Welche drei Ausführungsarten von Wärmeübertragern sind möglich?
b) Welche Strömungsführung wird angewandt, welche ergibt bei gleichen Wärmedurchgangskoeffizienten die bessere Wärmeübertragungsleistung? Ursache?

15. Geben Sie die Gleichung zur Berechnung des Wärmestroms bei einem Wärmeübertrager an.

8.6 16. Stellen Sie den im Wärmeübertrager auftretenden Exergieverlust im T,S-Diagramm dar.

9 Energieumwandlung durch Verbrennung und in Brennstoffzellen

Die wichtigste Primärenergiequelle ist für voraussichtlich noch lange Zeit die in den Brennstoffen chemisch gebundene und durch Reaktion mit Sauerstoff frei werdende Energie. Die Reaktion kann durch Verbrennen oder elektrochemisch erfolgen.

Bei der *Verbrennung* werden hohe Temperaturen erzielt – oft höher als notwendig –, mit denen wärmetechnische Prozesse oder Wärme- und Verbrennungskraftanlagen betrieben werden. Die Verbrennung ist das heute überwiegend angewandte Verfahren zur Umwandlung der Brennstoffenergie.

In *Brennstoffzellen* verläuft – ohne die Zwischenstufe thermische Energie – eine elektrochemische Reaktion zwischen Brennstoff und Sauerstoff. Dabei wird elektrische Arbeit abgegeben. An der Wettbewerbsfähigkeit der Brennstoffzellen wird zurzeit stark gearbeitet. Man rechnet daher längerfristig mit ihrem vermehrten Einsatz.

9.1 Umwandlung der Brennstoffenergie durch Verbrennung

9.1.1 Verbrennungstechnische Eigenschaften der Brennstoffe

Die *brennbaren Bestandteile* sind hauptsächlich Kohlenstoff und Wasserstoff, daneben häufig (unerwünschter) Schwefel. Als *Ballaststoffe* kommen Sauerstoff, Stickstoff, Asche und Wasser vor. In der *Asche* sind diejenigen festen Rückstände erfasst, die nicht mit Sauerstoff reagieren können, also z. B. Quarz u. a., aber auch der in Karbonaten gebundene Kohlenstoff und Sulfidschwefel. Die einzelnen Elemente liegen im Brennstoff in meist nicht näher bekannten Bindungen vor.

Bei *festen und flüssigen Brennstoffen* **(T 9.1)** werden die Mengen der vorhandenen Elemente durch eine Elementaranalyse ermittelt und als Massenanteile angegeben. Auch von der Asche und vom Wasser werden die Massenanteile bestimmt. Zur Kennzeichnung der Massenanteile μ_i verwenden wir Kleinbuchstaben, z. B. schreiben wir beim Kohlenstoff statt μ_C vereinfachend c, beim Wasserstoff h, bei der Asche a, beim Wasser w usw.

Die Summe der Massenanteile ist:

$$c + h + s + o + n + a + w = 1 \qquad \textbf{(Gl 9.1 a)}$$

T 9.1 Feste und flüssige Brennstoffe*): Zusammensetzung, Heizwert, Brennwert, Dichte (typische Werte bzw. Mittelwert)

	Zusammensetzung in Massen-%							Heizwert	Brennwert	Dichte
	c	h	o	n	s	a	w	H_u MJ/kg	H_o MJ/kg	$\varrho_{15\,°C}$ kg/m³
Rohbraunkohle (Rheinland)	25–32	2	9–12	0,3	0,2	3	50–60	7,5–10,5	9,3–12,3	
Steinkohle (Gaskohle/ Ruhr)	73–83	3,4–5,3	1,8–6,5	1,1	0,9	4–7	3–5	31,7	32,8	
Koks	83–86	0,3–0,5	0,5	1	0,7–1,0	9–12	1,5–5,0	28,8	29,0	
Holz (lufttrocken)	44	5	35	0,5	<0,04	0,5	15	15,5	17,7	
Holzpellets	38–44	5	37	0,06	<0,08	1,5	12	17,6	19,8	
Heizöl EL	86,6	13		0,015	≤0,1		0,008	42,8	45,9	845
Heizöl S	87,5	10,6	0,5	0,4	≤1,0	0,05	<0,1	40,7	43,1	885
Benzin	85	15			<0,002			42,7	46,05	720

*) Werte aus Recknagel/Sprenger/Schramek [17; Tafel 1.3.8-3 und Tafel 1.3.8-4], für Heizöl EL aus DGMK [45; Tabelle 1a und Tabelle 1b] und für Heizöl S nach Aral [30].
Die Zusammensetzung von Braunkohle, Torf und Holz schwankt in sehr weiten Grenzen, besonders der Wassergehalt. Brenn- und Heizwerte der festen Brennstoffe bezogen auf den trockenen Brennstoff.

Bei *technischen Brenngasen* **(T 9.2)**, wie Erdgas, Kokereigas u. a., wird keine Elementaranalyse, sondern eine Analyse der Raumanteile der Einzelgase durchgeführt, sodass die Gaszusammensetzung immer in Raumanteilen des trockenen Gases angegeben wird. Als brennbare Gase können z. B. vorkommen: Kohlenstoffmonoxid CO, Wasserstoff H_2, Methan CH_4, Ethen (Ethylen) C_2H_4, Ethan C_2H_6 und nicht näher benannte schwere Kohlenwasserstoffe C_nH_m, außerdem die nicht brennbaren Gase CO_2, N_2, O_2 (*Inerte*).

Die Raumanteile *r* kennzeichnen wir durch das chemische Symbol des Gasanteils, z. B. den Raumanteil des Kohlenstoffmonoxids r_{CO} durch das Symbol *CO*. Handelt es sich bei dem Raumanteil um einen Brenngasbestandteil, so wird das durch den hochgestellten Index b ausgedrückt, um Verwechslungen mit der Abgaszusammensetzung zu vermeiden. Der Raumanteil des Kohlenstoffmonoxids im Brenngas wird demnach mit CO^b bezeichnet.

Die Summe der Raumanteile ist:

$$CO^b + H_2^b + CH_4^b + C_2H_4^b + C_2H_6^b + \sum C_nH_m^b + CO_2^b + N_2^b + O_2^b = 1 \qquad \textbf{(Gl 9.1 b)}$$

T 9.2 Brenngase (trocken)[1]: Zusammensetzung, Heizwert, Brennwert (typische Werte)

	Zusammensetzung in Mol-%[3]										Heizwert	Brennwert
	CH_4^b	$C_2H_6^b$	$C_3H_8^b$	$C_4H_{10}^b$	CO_2^b	H_2S^b	NH_3^b	H_2^b	N_2^b	O_2^b	H_{un} MJ/m³	H_{on} MJ/m³
Erdgas L[1]	81,8	2,8	0,4	0,2	0,8				14,0		31,8	35,2
Erdgas H[1]	93,0	3	1,3	0,6	1				1,1		37,2	41,2
Biogas[2]	50–80	25–55			15–50	0–1	0–1	0–2	0–5	0–1	14–27	17–30

[1] Werte aus Cerbe [11; Tafel 1.1, Tafel 2.1]
[2] Werte aus Cerbe [11; Tafel 1.3]
[3] Bei Annahme idealen Gasverhaltens (sonst näherungsweise) auch Vol.-%.

Wenn wir diese Gase näherungsweise als ideal ansehen, so sind die Raumanteile gleichzeitig Molanteile. Im Brenngas vorhandenes H_2O wird nicht als Raumanteil, sondern durch Angabe der relativen Gasfeuchte φ_g berücksichtigt.

Durch Reaktion des Brennstoffes mit Sauerstoff wird Energie frei.[1] Ihr Betrag wird, bezogen auf die Brennstoffmenge und je nach der Berücksichtigung der Kondensationsenthalpie des entstehenden H_2O, *Brennwert* oder *Heizwert* genannt. Brennwert und Heizwert kennzeichnen somit die im Brennstoff chemisch gebundene Energie:

Der *Brennwert* (früher auch oberer Heizwert genannt) ist der auf die Brennstoffmenge bezogene Betrag der Energie, die bei vollständiger Verbrennung frei wird, wenn die Verbrennungsprodukte auf die Bezugstemperatur zurückgekühlt werden.

Bei der Bestimmung des Brennwertes kondensiert der vom Brennstoff verursachte Wasserdampf und gibt seine Kondensationsenthalpie ab. In konventionellen technischen Feuerungen wird diese Kondensationsenthalpie nicht nutzbar gemacht, weil eine Abkühlung der Abgase bis unter den Taupunkt zur Vermeidung von Korrosionen hierin unerwünscht ist.[2] Deshalb wird zusätzlich der Heizwert formuliert, der die Kondensationsenthalpie des Wassers nicht enthält:

Der *Heizwert* (früher auch unterer Heizwert genannt) ist der auf die Brennstoffmenge bezogene Betrag der Energie, die bei vollständiger Verbrennung frei wird, wenn die Verbrennungsprodukte auf die Bezugstemperatur zurückgekühlt werden, der Wasserdampf jedoch dampfförmig gedacht bleibt.

Als Bezugstemperatur wird vielfach die chemische Standardtemperatur 25 °C verwendet.[3] Brenn- und Heizwert sind leicht von der Bezugstemperatur abhängig, i. Allg. fallen sie, bei Wasserstoff steigt der Heizwert mit der Bezugstemperatur. Bei isochorer Verbrennung wird

9

[1] Bei isobarer Reaktion handelt es sich um die Reaktionsenthalpie, sie ist negativ. In Abschn. 9.8.1 gehen wir näher auf sie ein.

[2] In Spezialkonstruktionen („*Brennwertkessel*") wird die Kondensation zur Erhöhung der Energienutzung bewusst herbeigeführt.

[3] In einigen europäischen Normen wurde als Bezugstemperatur auch 15 °C gewählt, z. B. in DIN EN 437: 2019-04; S. 3: Prüfgase, Prüfdrücke, Gerätekategorien und in DIN EN ISO 6976 [40].

gegenüber isobarer Verbrennung eine geringfügig abweichende Energie frei, vorausgesetzt, dass bei der isobaren Verbrennung eine Volumenänderung nach der Abkühlung zurückbleibt. Die Ursache liegt bei der hierbei verrichteten Volumenänderungsarbeit. Bei gasförmigen Brennstoffen werden immer die isobaren Werte, bei festen und flüssigen Brennstoffen in der Regel die isochoren Werte angegeben.

Werden Brennwert und Heizwert auf die Masse m bezogen, so nennt man sie *spezifischer Brennwert* H_o bzw. *spezifischer Heizwert* H_u, werden sie auf die Stoffmenge n bezogen, so heißen sie *molarer Brennwert* H_{om} bzw. *molarer Heizwert* H_{um}. Bei gasförmigen Brennstoffen werden Brennwert und Heizwert auch auf das Normvolumen des trockenen Gases bezogen und mit H_{on} und H_{un} bezeichnet. Umrechnung:

$$H_{om} = H_o\, M = H_{on}\, V_{mn} \qquad \textbf{(Gl 9.2 a)}$$

$$H_{um} = H_u\, M = H_{un}\, V_{mn} \qquad \textbf{(Gl 9.2 b)}$$

Brennwert und Heizwert unterscheiden sich durch die Energie, die bei Kondensation des vom Brennstoff herrührenden Wassers bei Bezugstemperatur frei wird. Für die spezifischen Werte H_o und H_u gilt:[1)]

$$H_u = H_o - w_a\, r \qquad \textbf{(Gl 9.3)}$$

Entsprechende Gleichungen gelten für die molaren und die auf das Normvolumen bezogenen Werte. w_a ist die durch den Brennstoff verursachte Feuchtigkeitsmenge im Abgas, bezogen auf die Brennstoffmenge. r ist die Kondensationsenthalpie; sie beträgt z. B. bei 25 °C 2 442 kJ/kg bzw. 44,0 MJ/kmol bzw. 1,96 MJ/m^3.[2)]

Im internationalen Sprachgebrauch und in einigen Normen wird H_o mit H_s (*superior* = höher) und H_u mit H_i (*inferior* = niedriger) bezeichnet.

Die genaue Bestimmung des Brennwertes erfolgt durch Messung im Kalorimeter. Bei gleichzeitiger Ermittlung der dabei gebildeten Wassermenge kann der Heizwert aus dem Brennwert berechnet werden (Gl 9.3). Angenähert können der *spezifische Brenn-* und *Heizwert* für *feste und flüssige Brennstoffe* auch aus der Elementaranalyse mittels empirischer Gleichungen bestimmt werden, von denen hier nur jeweils eine genannt werden soll:[3)]

$$H_u \approx (34{,}0\, c + 101{,}6\, h + 6{,}3\, n + 19{,}1\, s - 9{,}8\, o - 2{,}5\, w)\ \frac{\text{MJ}}{\text{kg}} \qquad \textbf{(Gl 9.4 a)}$$

$$H_o \approx (34{,}0\, c + 124{,}3\, h + 6{,}3\, n + 19{,}1\, s - 9{,}8\, o)\ \frac{\text{MJ}}{\text{kg}} \qquad \textbf{(Gl 9.4 b)}$$

Die *molaren Brenn-* und *Heizwerte gasförmiger Brennstoffe* können neben der Bestimmung im Kalorimeter auch aus den Molanteilen der Bestandteile berechnet werden:[4)]

---

1) Entsprechend der Definition des Brenn- und Heizwertes ist der *Betrag* der spezifischen Kondensationsenthalpie r einzusetzen. Auf das Betragszeichen verzichtet man und setzt r mit positivem Wert ein.

2) Werte nach DIN 5499:2018-07; Nr. 5.3: Brennwert und Heizwert, Allgemeine Grundlagen; der letzte Wert ist auf das Normvolumen bezogen.

3) Stickstoff und Sauerstoff liegen in festen und flüssigen Brennstoffen in chemischen Bindungen vor. Der Term $6{,}3n$ resultiert aus der frei werdenden Bindungsenergie, der Term $-9{,}8\, o$ berücksichtigt, dass mit Sauerstoff schon gebundener Kohlenstoff oder Wasserstoff bei der Verbrennung keine Energie freigeben kann. Bezugstemperatur 25 °C.

4) Werte nach DIN EN ISO 6976 [40; Tabelle 3] bei 25 °C Bezugstemperatur.

$$H_{\text{um}} = (282{,}98\ CO^{\text{b}} + 241{,}81\ H_2^{\text{b}} + 802{,}60\ CH_4^{\text{b}} + 1\,323{,}15\ C_2H_4^{\text{b}} + 1\,428{,}64\ C_2H_6^{\text{b}} + 1\,925{,}97\ C_3H_6^{\text{b}} + 2\,043{,}11\ C_3H_8^{\text{b}} + 2\,657{,}32\ C_4H_{10}^{\text{b}})\ \frac{\text{MJ}}{\text{kmol}} \qquad \textbf{(Gl 9.5 a)}$$

$$H_{\text{om}} = (282{,}98\ CO^{\text{b}} + 285{,}83\ H_2^{\text{b}} + 890{,}58\ CH_4^{\text{b}} + 1\,411{,}18\ C_2H_4^{\text{b}} + 1\,560{,}69\ C_2H_6^{\text{b}} + 2\,058{,}02\ C_3H_6^{\text{b}} + 2\,219{,}17\ C_3H_8^{\text{b}} + 2\,877{,}40\ C_4H_{10}^{\text{b}})\ \frac{\text{MJ}}{\text{kmol}} \qquad \textbf{(Gl 9.5 b)}$$

Bei Kokereigas können die nicht näher bekannten schweren Kohlenwasserstoffe angenähert wie Propan C_3H_8 behandelt werden.

9.1.2 Verbrennungsvorgang

Kohlenstoff, Wasserstoff und Schwefel bilden gasförmige Verbrennungsprodukte. Reagieren diese Stoffe zu den Endprodukten CO_2, H_2O und SO_2, so wird die Verbrennung als *vollständig* bezeichnet. Treten nach der Verbrennung noch brennbare Gase, wie CO, H_2, CH_4 und schwere Kohlenwasserstoffe, oder brennbare feste Stoffe auf, so ist die Verbrennung *unvollständig*. Der genaue Vorgang des Abbaus der Kohlenwasserstoffe und ihrer Verbindung mit Sauerstoff ist noch nicht ganz geklärt. Für die Berechnung genügt es aber, die Enderzeugnisse zu kennen.

SO_2 und CO sind Schadstoffe, außerdem das bei der Verbrennung entstehende Stickstoffoxid NO_x (NO und NO_2). Wegen seiner Klimawirksamkeit ist auch das CO_2 so gering wie möglich zu halten. Näheres zu Schadstoffen im Abgas folgt in Abschn. 9.7.

Die Verbrennung findet statt, wenn folgende Bedingungen erfüllt sind:

a) Der erforderliche *Sauerstoff* muss verfügbar sein. Er wird meist der Umgebungsluft entnommen. In besonderen Fällen wird auch reiner Sauerstoff verwendet, wie beispielsweise beim Schweißen zur Erzielung hoher Temperaturen, oder chemisch gebundener Sauerstoff in Treibmitteln für Raketen und in Sprengstoffen.

b) Die *Zündtemperatur* muss erreicht sein. Diese Temperatur ist physikalisch nicht eindeutig definierbar. Man versteht darunter die Temperatur, bei der die Verbrennung so schnell verläuft, dass sie unter starker Wärmeabgabe selbsterhaltend aufrechterhalten wird. Auch bei niedriger Temperatur reagiert der Brennstoff mit dem Luftsauerstoff, allerdings sehr langsam, wobei die frei werdende Wärme in der Regel an die Umgebung abgeführt werden kann. Wird diese Wärmeabfuhr behindert, so kommt es zur Erwärmung und damit zur *Selbstzündung*.

c) Bei Gasen und Dämpfen muss die Mischung mit Sauerstoff oder Verbrennungsluft örtlich innerhalb der *Zündgrenzen* liegen. Diese sind dadurch begründet, dass die bei der Reaktion des Gases mit dem Sauerstoff frei werdende Wärme ausreichen muss, um eine Mindesttemperatur aufrechtzuerhalten (ca. 1200 °C). Das ist durch eine kleine Luftmenge in einer großen Gasmenge nicht möglich, da dann nur ein kleiner Teil des Brenngases reagieren kann, also nur wenig Energie frei wird. Aber auch eine kleine Gasmenge in einer großen Luftmenge liegt außerhalb der Zündgrenzen, da durch die kleine Gasmenge die große Gemischmenge nicht auf der notwendigen Mindesttemperatur gehalten werden kann.

9.1.3 Reaktionsgleichungen

Die brennbaren Bestandteile des Brennstoffes können mit Sauerstoff folgende Verbindungen eingehen:

$$1\,C + 1\,O_2 \rightleftharpoons 1\,CO_2 \qquad \textbf{(Gl 9.6 a)}$$

$$1\,C + \frac{1}{2}\,O_2 \rightleftharpoons 1\,CO \qquad \textbf{(Gl 9.6 b)}$$

$$1\,CO + \frac{1}{2}\,O_2 \rightleftharpoons 1\,CO_2 \qquad \textbf{(Gl 9.6 c)}$$

$$1\,H_2 + \frac{1}{2}\,O_2 \rightleftharpoons 1\,H_2O \qquad \textbf{(Gl 9.6 d)}$$

$$1\,S + 1\,O_2 \rightleftharpoons 1\,SO_2 \qquad \textbf{(Gl 9.6 e)}$$

Die Gleichungen gelten für jeweils 1 Molekül des brennbaren Bestandteiles. Sie gelten aber auch für 1 kmol und beim idealen Gas auch für 1 m^3 im Normzustand, da 1 kmol bzw. beim idealen Gas 1 m^3 im Normzustand eine ganz bestimmte Anzahl Moleküle enthalten (Abschn. 1.5.2).

Die Gln 9.6 sind Reaktionsgleichungen, die einen chemischen Vorgang beschreiben. Es sind keine Größengleichungen, die etwa besagen, dass *C plus O_2 gleich CO_2 sind,* sondern dass sich C und O_2 zu CO_2 verbinden.

Mithilfe der Reaktionsgleichungen lassen sich der erforderliche Luftbedarf und die Verbrennungs- oder Abgasmenge berechnen. Zu energetischen Fragen siehe Abschnitt 9.8.1.

Beispiel 9.1: Für Ethin (Acetylen C_2H_2) mit einem spezifischen Brennwert von 50,0 MJ/(kg C_2H_2) bei 25 °C sind zu ermitteln:

a) der Sauerstoffbedarf in kmol O_2/kmol C_2H_2

b) der spezifische Heizwert in MJ/kg und der auf das Normvolumen bezogene Heizwert in MJ/m^3.

Lösung:

Zu a): $1\,C_2H_2 + 2{,}5\,O_2 \rightleftharpoons 2\,CO_2 + 1\,H_2O$

Die Gleichung gilt unter anderem für 1 kmol C_2H_2, demnach beträgt der Sauerstoffbedarf

$$\underline{2{,}5\,\frac{\text{kmol } O_2}{\text{kmol } C_2H_2}}$$

Zu b): 1 kmol C_2H_2 sind $m_B = 26$ kg C_2H_2. Sie ergeben durch Verbrennung $m_{H_2O} = 18$ kg H_2O, d. h.

$$w_a = \frac{m_{H_2O}}{m_B} = \frac{18\text{ kg } H_2O}{26\text{ kg } C_2H_2} = 0{,}693\,\frac{\text{kg } H_2O}{\text{kg } C_2H_2}$$

Spezifischer Heizwert (Gl 9.3):

$$H_u = H_o - w_a\,r = 50{,}0\,\frac{\text{MJ}}{\text{kg } C_2H_2} - 0{,}693\,\frac{\text{kg } H_2O}{\text{kg } C_2H_2}\,2{,}442\,\frac{\text{MJ}}{\text{kg } H_2O}$$

$$H_u = \underline{48{,}3\,\frac{\text{MJ}}{\text{kg } C_2H_2}}$$

Auf das Normvolumen bezogener Heizwert: Mit $\varrho_n = 1{,}177\,2$ kg/m^3 (T 1.5) wird nach Gl 9.2 b und Gl 1.25:

$$\mathrm{H_{un}} = H_\mathrm{u} \frac{M}{V_\mathrm{mn}} = H_\mathrm{u} \varrho_\mathrm{n}$$

$$\mathrm{H_{un}} = 48{,}3 \frac{\mathrm{MJ}}{\mathrm{kg}} 1{,}1772 \frac{\mathrm{kg}}{\mathrm{m^3}} = \underline{56{,}9 \frac{\mathrm{MJ}}{\mathrm{m^3}}}$$

Aufgabe 9.1: Hexan (C_6H_{14}) hat einen spezifischen Heizwert von 45,1 MJ/kg bei 25 °C. Aus diesem Wert ist der spezifische Brennwert zu berechnen.

9.2 Verbrennungsrechnung

Ziel ist die Berechnung des Sauerstoff- und Luftbedarfs sowie der Verbrennungsgasmenge und -zusammensetzung.

9.2.1 Feste und flüssige Brennstoffe

Die Berechnung ist darauf ausgerichtet, dass die Elementaranalyse des Brennstoffes bekannt, die Bindungsformen der Elemente aber unbekannt sind, was in der Regel zutrifft. Für chemisch einfach aufgebaute Stoffe aber, wie z. B. Benzol (C_6H_6), empfiehlt sich die Berechnung nach Abschn. 9.2.2. [1)]

Sauerstoffbedarf. Bei der Behandlung chemischer Reaktionen ist es zweckmäßig, mit Stoffmengen in kmol zu rechnen, da dann die Reaktionsgleichungen ohne Veränderung anwendbar sind (Gl 9.6). Wir setzen voraus, dass die Brennstoffzusammensetzung in Massenanteilen gegeben ist. Diese Massenanteile (in kg Anteil/kg Brennstoff) rechnen wir in kmol Anteil/kg Brennstoff wie folgt um.

Nach Gl 1.19 gilt z. B. für den Kohlenstoff, mit $m_\mathrm{c} = c\, m_\mathrm{B}$ (Gl 6.2):

$$n_\mathrm{c} = \frac{m_\mathrm{c}}{M_\mathrm{c}} = \frac{c\, m_\mathrm{B}}{M_\mathrm{c}}$$

$$\frac{n_\mathrm{c}}{m_\mathrm{B}} = \frac{c}{M_\mathrm{c}}$$

Hierin sind m_c die mit dem Brennstoff eingebrachte Kohlenstoffmasse, m_B die Brennstoffmasse, c der Kohlenstoffmassenanteil, n_c die mit dem Brennstoff eingebrachte Kohlenstoffmenge in kmol und M_c die molare Kohlenstoffmasse.

Wir schreiben o. Gl als Zahlenwertgleichung und erhalten für die in 1 kg Brennstoff enthaltene Kohlenstoffmenge in kmol C:

$$\left\{\frac{c}{M_\mathrm{c}}\right\} = \left\{\frac{c}{12}\right\} \quad \text{mit} \quad \frac{c}{12} \text{ in } \frac{\mathrm{kmol\ C}}{\mathrm{kg\ B}}$$

Entsprechend gilt für Wasserstoff, Schwefel und Sauerstoff

[1)] Die hier dargestellte Berechnung, nach der sich bei festen und flüssigen Stoffen die Mengen in kmol/kg B ergeben, wird in der Praxis bevorzugt. Der Vorteil zeigt sich besonders bei Brenngasen, bei denen die Mengen in kmol/kmol B ermittelt werden. Man kann natürlich auch Gln entwickeln, nach denen sich die Sauerstoff-, Luft- und Verbrennungsgasmengen als Massen (in kg/kg B) ergeben.

9

$$\frac{n_\mathrm{h}}{m_\mathrm{B}} = \frac{h}{M_\mathrm{h}}, \qquad \frac{n_\mathrm{s}}{m_\mathrm{B}} = \frac{s}{M_\mathrm{s}}, \qquad \frac{n_\mathrm{o}}{m_\mathrm{B}} = \frac{o}{M_\mathrm{o}}$$

und mit den molaren Massen der Bestandteile ($M_\mathrm{h} = 2\,\mathrm{kg/kmol}$, $M_\mathrm{s} = 32\,\mathrm{kg/kmol}$, $M_\mathrm{o} = 32\,\mathrm{kg/kmol}$) jeweils in kmol je kg Brennstoff: [1]

$$\frac{h}{2}, \qquad \frac{s}{32}, \qquad \frac{o}{32} \qquad \text{jeweils in } \frac{\mathrm{kmol}}{\mathrm{kg\,B}}$$

Nun ist für 1 kmol C zur vollständigen Verbrennung 1 kmol O_2 erforderlich (Gl 9.6 a), also wird für die je kg Brennstoff vorhandene Kohlenstoffmenge $\frac{c}{12}\left(\text{in } \frac{\mathrm{kmol\,C}}{\mathrm{kg\,B}}\right)$ die Sauerstoffmenge $\frac{c}{12}\left(\text{in } \frac{\mathrm{kmol\,O_2}}{\mathrm{kg\,B}}\right)$ benötigt. Für 1 kmol H_2 ist $\frac{1}{2}$ kmol O_2 erforderlich (Gl 9.6 d), für die Wasserstoffmenge $\frac{h}{2}\left(\text{in } \frac{\mathrm{kmol\,H_2}}{\mathrm{kg\,B}}\right)$ wird dann die Sauerstoffmenge $\frac{h}{4}\left(\text{in } \frac{\mathrm{kmol\,O_2}}{\mathrm{kg\,B}}\right)$ gebraucht. Für die Schwefelmenge $\frac{s}{32}\left(\text{in } \frac{\mathrm{kmol\,S}}{\mathrm{kg\,B}}\right)$ ist die Sauerstoffmenge $\frac{s}{32}\left(\text{in } \frac{\mathrm{kmol\,O_2}}{\mathrm{kg\,B}}\right)$ erforderlich (Gl 9.6 e).

Der im Brennstoff bereits vorhandene Sauerstoff o $\left(\text{in } \frac{\mathrm{kmol\,O_2}}{\mathrm{kg\,B}}\right)$ oder $\frac{o}{32}\left(\text{in } \frac{\mathrm{kmol\,O_2}}{\mathrm{kg\,B}}\right)$ braucht nicht mehr zugeführt zu werden und muss daher bei der Ermittlung der theoretisch zur vollständigen Verbrennung erforderlichen Sauerstoffmenge abgezogen werden. Diese auf die Brennstoffmenge bezogene Sauerstoffmenge heißt *Mindestsauerstoffbedarf.* [2]

$$\{o_\mathrm{min}\} = \frac{c}{12} + \frac{h}{4} + \frac{s}{32} - \frac{o}{32} \qquad o_\mathrm{min} \text{ in } \frac{\mathrm{kmol\,O_2}}{\mathrm{kg\,B}} \qquad \textbf{(Gl 9.7)}$$

Luftbedarf. 1 kmol trockene Luft enthält 0,21 kmol Sauerstoff. Der Rest besteht aus Stickstoff und kleinen Mengen anderer nicht an der Verbrennung beteiligter Gase. [3] Wir bezeichnen die theoretisch zur vollständigen Verbrennung erforderliche, auf die Brennstoffmenge bezogene Luftmenge als *Mindestluftbedarf*:

$$l_\mathrm{min} = \frac{o_\mathrm{min}\,\mathrm{kmol\,L}}{0{,}21\,\mathrm{kmol\,O_2}} \qquad \textbf{(Gl 9.8)}$$

Gl 9.8 gilt für trockene Luft. Das Einheitenzeichen kmol L in Gl 9.8 und folgenden Gln bedeutet daher immer kmol *trockene* Luft.

Die Luftfeuchte wird hier am besten als Beladung w_l (Gl 6.12 b) in kmol H_2O je kmol *trockener* Luft angegeben. Dieses Verhältnis ist gleichbedeutend mit dem des Partialdruckes des Wasserdampfes p_d^* zu dem der trockenen Luft p_l^* (Abschn. 6.4.3):

---

[1] Die molaren Massen wurden abgerundet. Nachfolgend wird bei den Zahlenwerten $c/12$, $n/4$ usw. wegen der besseren Lesbarkeit auf die Klammer { } verzichtet.

[2] Gl 9.7 ist, wie viele Gleichungen in der Verbrennungsrechnung, eine Zahlenwertgleichung.

[3] Zur Zusammensetzung trockener Luft s. ISO 6976:1995. Darin wird als Stoffmengenanteil des Sauerstoffs 0,209 46 genannt.

$$w_l = \frac{p_d^*}{p_l^*} = \frac{p_d^*}{p - p_d^*} \qquad w_l = \frac{\varphi_l \, p_s}{p - \varphi_l \, p_s} \frac{\text{kmol H}_2\text{O}}{\text{kmol L}} \tag{Gl 9.9 a}$$

mit der relativen Feuchte der Luft φ_l (Gl 6.56) und dem Sättigungsdruck des Wasserdampfes p_s (T 6.1). Die auf die Brennstoffmenge bezogene *feuchte* Mindestluftmenge ist

$$l_{\text{min f}} = (1 + w_l) \, l_{\text{min}} \tag{Gl 9.9 b}$$

Für die Umrechnung des Sauerstoff- oder Luftbedarfs von kmol in kg gilt: $m = n M$ (Gl 1.19); für die Umrechnung von kmol in das Normvolumen V_n gilt (Gl 1.22): $V_n = n \, V_{mn}$, mit $V_{mn} = 22{,}4 \text{ m}^3/\text{kmol}$ (Gl 1.21) für das ideale Gas. Zur Berechnung der Luftmenge in m^3 feuchte Luft s. Bsp. 9.4.

Luftüberschuss. Im praktischen Feuerungsbetrieb muss mehr Luft zugeführt werden, als theoretisch erforderlich ist, da sonst nicht jedem brennbaren Molekül der erforderliche Sauerstoff zugeteilt werden könnte. Das Verhältnis der wirklich zugeführten Luftmenge (l bzw. l_f) zur theoretisch bei vollständiger Verbrennung erforderlichen Mindestluftmenge (l_{min} bzw. $l_{\text{min f}}$) heißt *Luftverhältnis* λ:

$$\lambda = \frac{l}{l_{\text{min}}} \tag{Gl 9.10 a}$$

Die tatsächlich zuzuführende Verbrennungsluftmenge ist

$$l = \lambda \, l_{\text{min}} \tag{Gl 9.10 b}$$

Der *Luftüberschuss*

$$l_{ü} = (\lambda - 1) \, l_{\text{min}} \tag{Gl 9.10 c}$$

soll möglichst gering sein. Erfahrungswerte für das Luftverhältnis betragen $\lambda \approx 1{,}05 \ldots 1{,}2$ für Öl- und Gasgebläsebrenner, $\lambda \approx 1{,}2 \ldots 1{,}5$ für Kohle, $\lambda \approx 1{,}2 \ldots 2{,}0$ für Gasbrenner ohne Gebläse. Bei feuchter Luft sind in o. Gln l_f und $l_{\text{min f}}$ einzusetzen.

Verbrennungsgasmenge. Die gasförmigen Verbrennungsprodukte werden *Verbrennungsgas* oder – beim Verlassen der Feuerung – *Abgas* genannt. Bei vollständiger Verbrennung kann das Verbrennungsgas CO_2, SO_2, H_2O, N_2 und O_2 enthalten. Die gesamte auf die Brennstoffmenge bezogene *feuchte Verbrennungsgasmenge* v_f ist bei vollständiger Verbrennung[1)]

$$v_f = v_{CO_2} + v_{SO_2} + v_{H_2O} + v_{N_2} + v_{O_2} \tag{Gl 9.11}$$

Ein Teil dieser Bestandteile entsteht bei der chemischen Reaktion des Brennstoffes, z. B. wird aus 1 kmol C 1 kmol CO_2 (Gl 9.6 a). Aus der in 1 kg Brennstoff enthaltenen Kohlenstoffmenge $\frac{c}{12} \left(\text{in } \frac{\text{kmol C}}{\text{kg B}} \right)$ entsteht demnach die CO_2-Menge

[1)] Für die auf die Brennstoffmenge bezogene Verbrennungsgas*menge* verwenden wir in der Verbrennungslehre das Formelzeichen v. Diese Mengenbezeichnung darf nicht mit dem *spezifischen Volumen* des Verbrennungsgases verwechselt werden. Bei festen und flüssigen Brennstoffen bedeutet $v = n_a/m_B$, bei gasförmigen ist $v = n_a/n_B$ mit n_a = Verbrennungsgasmenge. Den Index a verwenden wir einheitlich für Verbrennungsgas und Abgas.

$\frac{c}{12}\left(\text{in }\frac{\text{kmol CO}_2}{\text{kg B}}\right)$. Entsprechendes gilt für die übrigen brennbaren Elemente. Daneben gehen die im Brennstoff und in der Verbrennungsluft vorhandenen Wasser- und Stickstoffmengen und der überschüssige Sauerstoff in das Verbrennungsgas über. Die Stickstoffmenge des Brennstoffes ist $\frac{n}{28}\left(\text{in }\frac{\text{kmol N}_2}{\text{kg B}}\right)$, die Wassermenge im Brennstoff ist $\frac{w}{18}\left(\text{in }\frac{\text{kmol H}_2\text{O}}{\text{kg B}}\right)$. Die Stickstoffmenge der Luft ist (Edelgase und CO_2-Gehalt der Luft zum Stickstoff zugerechnet) $0{,}79\,\lambda\,\{l_{\min}\}$, die mit der Luft zugeführte Wasserdampfmenge ist $w_l\,\lambda\,\{l_{\min}\}$, der Sauerstoffüberschuss ist $0{,}21\,\{l - l_{\min}\} = 0{,}21\,\{\lambda - 1\}\,\{l_{\min}\}$.

Somit ergibt sich bei *vollständiger* Verbrennung für die *Einzelbestandteile des Verbrennungsgases* je kg Brennstoff:[1]

$$\left.\begin{aligned}
\{v_{CO_2}\} &= \frac{c}{12} && v_{CO_2}\text{ in }\frac{\text{kmol CO}_2}{\text{kg B}}\\
\{v_{SO_2}\} &= \frac{s}{32} && v_{SO_2}\text{ in }\frac{\text{kmol SO}_2}{\text{kg B}}\\
\{v_{H_2O}\} &= \frac{h}{2}+\frac{w}{18}+w_l\,\lambda\,\{l_{\min}\} && v_{H_2O}\text{ in }\frac{\text{kmol H}_2\text{O}}{\text{kg B}}\\
\{v_{N_2}\} &= \frac{n}{28}+0{,}79\,\lambda\,\{l_{\min}\} && v_{N_2}\text{ in }\frac{\text{kmol N}_2}{\text{kg B}}\\
\{v_{O_2}\} &= 0{,}21\,(\lambda-1)\,\{l_{\min}\} && v_{O_2}\text{ in }\frac{\text{kmol O}_2}{\text{kg B}}
\end{aligned}\right\} \quad \textbf{(Gl 9.12)}$$

Für verschiedene verbrennungstechnische Berechnungen ist die Kenntnis der *trockenen Verbrennungsgasmenge* erforderlich. Darunter versteht man die Verbrennungsgasmenge ohne den Wasserdampfanteil. Sie ist bei *vollständiger* Verbrennung:

$$v_t = v_{CO_2} + v_{SO_2} + v_{N_2} + v_{O_2} \quad \textbf{(Gl 9.13)}$$

Zusammenhang zwischen trockener und feuchter Verbrennungsgasmenge:

$$v_f = v_t + v_{H_2O} \quad \textbf{(Gl 9.14)}$$

Die *Mindestverbrennungsgasmenge* $v_{\min f}$ (feucht) oder $v_{\min t}$ (trocken) entsteht bei vollständiger Verbrennung ohne Luftüberschuss. Sie kann nach Gl 9.11 bis Gl 9.13 mit $\lambda = 1$ oder nach der Überlegung berechnet werden, dass die Differenz zwischen der wirklichen und der kleinsten Verbrennungsgasmenge durch den Luftüberschuss $(\lambda - 1)\,l_{\min}$ und die Wasserdampfmenge der Überschussluft $w_l\,(\lambda - 1)\,l_{\min}$ verursacht wird. Zusammenhang zwischen wirklicher und Mindestverbrennungsgasmenge:

$$v_f = v_{\min f} + (\lambda - 1)\,(1 + w_l)\,l_{\min} \quad \textbf{(Gl 9.15 a)}$$

$$v_t = v_{\min t} + (\lambda - 1)\,l_{\min} \quad \textbf{(Gl 9.15 b)}$$

Gl 9.15 a und Gl 9.15 b gelten nur für vollständige Verbrennung $(\lambda \geq 1)$.

[1] Die Gl für v_{N_2} gilt auch bei unvollständiger Verbrennung.

Für die Umrechnung der Verbrennungsgasmenge von kmol in kg bzw. in das Normvolumen gelten, wie bei der Umrechnung des Luftbedarfs, Gl 1.19 bzw. Gl 1.21. Die Angabe des Normvolumens wird durch den Index n gekennzeichnet, z. B. $l_{\min n}$, v_{fn}.

In vereinfachten Berechnungen wird oft mit trockener Verbrennungsluft ($w_l = 0$) gerechnet. Das Verbrennungsgas ist in der Regel trotzdem feucht, weil die meisten Brennstoffe Wasser oder Wasserstoff enthalten. Bei sehr genauen Berechnungen werden statt der abgerundeten molaren Massen die genauen Werte und bei der Umrechnung in das Normvolumen das wirkliche Volumen jedes einzelnen Gases eingesetzt (T 1.5). Außerdem werden dann die Edelgase und das Kohlenstoffdioxid der Luft nicht gemeinsam mit dem Stickstoff, sondern getrennt berücksichtigt.

Unvollständige Verbrennung. Bei der unvollständigen Verbrennung treten im Verbrennungsgas brennbare Gase wie CO, CH_4, schwere Kohlenwasserstoffe oder H_2 auf; Gl 9.11 bis Gl 9.15 gelten dann nicht. Die Ursache kann Luftmangel oder ungenügende Durchmischung von Brennstoff und Luft trotz ausreichender Luftzufuhr sein. Im zweiten Fall tritt außerdem freier Sauerstoff im Verbrennungsgas auf. In normalen Feuerungen ist die unvollständige Verbrennung wegen der hohen Verluste durch die chemisch gebundene Energie äußerst unerwünscht. 1 % CO im Verbrennungsgas verursacht z. B. einen Wirkungsgradverlust der Feuerung von etwa 4 bis 6 %!

In Sonderfällen kann auch unvollständige Verbrennung unter Luftmangel beabsichtigt sein. So wird bei metallurgischen Prozessen durch eine *reduzierende Feuerungsatmosphäre* die Oxidation des Metalls stark verringert. Bei der Keramik- und Porzellanherstellung kann durch *reduzierenden Brand* die Reduktion von färbenden Metalloxiden und damit die Farbgebung des Produktes bewirkt werden.

Die Verbrennungsgasmenge und -zusammensetzung ändern sich gegenüber der vollständigen Verbrennung durch die brennbaren Gase sowie den bei ungenügender Durchmischung nicht verbrauchten Sauerstoff. Wir behandeln die unvollständige Verbrennung in Bsp. 9.3 und Bsp. 9.5.

9

Stickstoffoxide. Stickstoffoxide werden im Vergleich zu den anderen Verbrennungsprodukten nur in geringer Menge gebildet und daher in der Bilanz vernachlässigt. Stickstoffmonoxid NO, auf das ca. 90 ... 95 % des bei der Verbrennung entstehenden NO_x entfällt, verändert die Verbrennungsgasmenge bei $\lambda > 1$ nicht, da sich 1 N_2 mit 1 O_2 zu 2 NO verbinden. Stickstoffdioxid NO_2 bindet zusätzlich $\frac{1}{2}\,O_2$, sodass sich die Verbrennungsgasmenge dadurch geringfügig verringert.

Verbrennungsgaszusammensetzung. Als Bestandteile des feuchten Verbrennungsgases treten CO_2, SO_2, H_2O, O_2 und N_2 auf, bei unvollständiger Verbrennung zusätzlich CO sowie CH_4 und H_2; schwere Kohlenwasserstoffe wollen wir vernachlässigen, ebenso NO_x, wenn es sich nicht ausdrücklich um eine Schadstoffbetrachtung handelt (vgl. Abschn. 9.7). Beim trockenen Verbrennungsgas wird das H_2O nicht angegeben. Die für verschiedene Berechnungen notwendigen Stoffmengenanteile im trockenen Verbrennungsgas kennzeichnen wir durch den hochgestellten Index a. Auch für die trockene Verbrennungsgasmenge verwenden wir hier den hochgestellten Index a ($v_{\mathrm{t}}^{\mathrm{a}}$). Die mit $v_{\mathrm{t}}^{\mathrm{a}}$ aufgestellten Gleichungen gelten für vollständige und unvollständige Verbrennung. Bei vollständiger Verbrennung ist v_t^a mit der nach Gl 9.12/9.13 ermittelten Verbrennungsgasmenge v_t identisch, dann ist $v_t^a = v_t$.

Die Stoffmengenanteile im trockenen Verbrennungsgas sind (z. B. Kohlenstoffdioxidanteil, die übrigen entsprechend):

$$CO_2^a = \frac{v_{CO_2}}{v_t^a} \qquad \textbf{(Gl 9.16)}$$

Die Summe der Stoffmengenanteile des trockenen Verbrennungsgases ist:

$$CO_2^a + SO_2^a + O_2^a + N_2^a + CO^a + CH_4^a + H_2^a = 1 \qquad \textbf{(Gl 9.17)}$$

Beispiel 9.2: Heizöl EL, bestehend aus 86,5 % Kohlenstoff, 13,4 % Wasserstoff und 0,1 % Schwefel (jeweils Massen-%) wird mit feuchter Luft von 1 bar, 25 °C und 60 % relativer Feuchte bei 15 % Luftüberschuss vollständig verbrannt.

Es sind, bei vernachlässigter Abweichung vom idealen Gaszustand, als Normvolumen in m^3/kg Brennstoff zu ermitteln:

a) der Mindestluftbedarf,

b) die feuchte und trockene Mindestverbrennungsgasmenge,

c) die tatsächliche feuchte und trockene Verbrennungsgasmenge.

Lösung:

Zu a): Mindestsauerstoffbedarf (Gl 9.7):

$$\{o_{min}\} = \frac{c}{12} + \frac{h}{4} + \frac{s}{32}; \qquad o_{min} \text{ in } \frac{\text{kmol O}_2}{\text{kg B}}$$

$$\{o_{min}\} = \frac{0{,}865}{12} + \frac{0{,}134}{4} + \frac{0{,}001}{32}$$

$$o_{min} = 0{,}105\,6\ \frac{\text{kmol O}_2}{\text{kg B}}$$

Mindestluftbedarf (Gl 9.8):

$$l_{min} = \frac{o_{min}\ \text{kmol L}}{0{,}21\ \text{kmol O}_2} = \frac{0{,}105\,6\ \text{kmol O}_2\ \text{kmol L}}{\text{kg B}\ 0{,}21\ \text{kmol O}_2} = 0{,}503\ \frac{\text{kmol L}}{\text{kg B}}$$

$$l_{min\,n} = l_{min}\, V_{mn} = 0{,}503\ \frac{\text{kmol L}}{\text{kg B}}\, 22{,}4\ \frac{\text{m}^3}{\text{kmol}} = \underline{11{,}27\ \frac{\text{m}^3\ \text{L}}{\text{kg B}}}$$

Zu b): Feuchte Mindestverbrennungsgasmenge,[1] Gl 9.11 und Gl 9.12 mit $\lambda = 1$:

$$\{v_{min\,f}\} = \frac{c}{12} + \frac{s}{32} + \frac{h}{2} + w_l\,\{l_{min}\} + 0{,}79\, l_{min} \qquad v_{min\,f} \text{ in } \frac{\text{kmol f A}}{\text{kg B}}$$

$$\{v_{min\,f}\} = \frac{0{,}865}{12} + \frac{0{,}001}{32} + \frac{0{,}134}{2} + 0{,}019\,4 \cdot 0{,}503 + 0{,}79 \cdot 0{,}503$$

$$v_{min\,f} = 0{,}546\ \frac{\text{kmol f A}}{\text{kg B}}$$

[1] Das Einheitenzeichen A verwenden wir einheitlich für Verbrennungsgas und Abgas.

$$v_{\min\,\text{fn}} = 0{,}546\ \frac{\text{kmol f A}}{\text{kg B}}\ 22{,}4\ \frac{\text{m}^3}{\text{kmol}} = \underline{12{,}23\ \frac{\text{m}^3\ \text{f A}}{\text{kg B}}}$$

Darin ist die Luftfeuchte (Gl 9.9 a, mit p_s nach T 6.1):

$$w_l = \frac{\varphi_l\, p_s}{p - \varphi_l\, p_s}\ \frac{\text{kmol H}_2\text{O}}{\text{kmol L}}$$

$$w_l = \frac{0{,}6 \cdot 0{,}031\,70\ \text{bar}}{1\ \text{bar} - 0{,}6 \cdot 0{,}031\,70\ \text{bar}}\ \frac{\text{kmol H}_2\text{O}}{\text{kmol L}} = 0{,}019\,4\ \frac{\text{kmol H}_2\text{O}}{\text{kmol L}}$$

Trockene Mindestverbrennungsgasmenge, Gl 9.13 und Gl 9.12 mit $\lambda = 1$:

$$\{v_{\min\,\text{t}}\} = \frac{c}{12} + \frac{s}{32} + 0{,}79\ \{l_{\min}\} \qquad v_{\min\,\text{t}}\ \text{in}\ \frac{\text{kmol t A}}{\text{kg B}}$$

$$\{v_{\min\,\text{t}}\} = \frac{0{,}865}{12} + \frac{0{,}001}{32} + 0{,}79 \cdot 0{,}503$$

$$v_{\min\,\text{t}} = 0{,}469\ \frac{\text{kmol t A}}{\text{kg B}}$$

$$v_{\min\,\text{tn}} = 0{,}469\ \frac{\text{kmol t A}}{\text{kg B}}\ 22{,}4\ \frac{\text{m}^3}{\text{kmol}} = \underline{10{,}52\ \frac{\text{m}^3\ \text{t A}}{\text{kg B}}}$$

Zu c): Tatsächliche feuchte Verbrennungsgasmenge (Gl 9.15 a):

$$v_\text{f} = v_{\min\,\text{f}} + (\lambda - 1)\,(1 + w_l)\,l_{\min}$$

$$v_\text{fn} = 12{,}23\ \frac{\text{m}^3\ \text{f A}}{\text{kg B}} + (1{,}15 - 1)\,(1 + 0{,}0194)\ 11{,}27\ \frac{\text{m}^3}{\text{kg B}}$$

$$\underline{v_\text{fn} = 13{,}96\ \frac{\text{m}^3\ \text{f A}}{\text{kg B}}}$$

Tatsächliche trockene Verbrennungsgasmenge (Gl 9.15 b):

$$v_\text{t} = v_{\min\,\text{t}} + (\lambda - 1)\,l_{\min}$$

$$v_\text{tn} = 10{,}52\ \frac{\text{m}^3\ \text{t A}}{\text{kg B}} + (1{,}15 - 1)\ 11{,}27\ \frac{\text{m}^3}{\text{kg B}} = \underline{12{,}20\ \frac{\text{m}^3\ \text{t A}}{\text{kg B}}}$$

9

Aufgabe 9.2: In einem Dampfkessel wird Steinkohle mit 66,32 % Kohlenstoff, 3,57 % Wasserstoff, 0,5 % Schwefel, 1,56 % Stickstoff, 5,53 % Sauerstoff, 8,2 % Wasser und 14,32 % Asche verfeuert (Angaben in Massen-%). Die Verbrennung erfolgt mit Luft von 12 °C, 995 mbar und 75 % relativer Feuchte bei Teillast mit 40 % Luftüberschuss.

Mit Näherungsgleichungen sollen

a) der spezifische Heizwert und der spezifische Brennwert bestimmt werden.

Bei vernachlässigter Abweichung vom idealen Gaszustand sind als Normvolumen in m^3/kg Brennstoff zu berechnen:

b) der Mindestluftbedarf,

c) die zuzuführende Luftmenge,

d) die feuchte und trockene Mindestverbrennungsgasmenge,

e) die tatsächliche feuchte und trockene Verbrennungsgasmenge.

Beispiel 9.3: Das Heizöl des Bsp. 9.2 ($c = 0{,}865$; $h = 0{,}134$; $s = 0{,}001$) wird mit 5 % Luftmangel verbrannt. Neben den Endprodukten der Verbrennung soll im Verbrennungsgas nur CO als unverbrannter Bestandteil auftreten. Fester Kohlenstoff bleibt nicht zurück, freier Sauerstoff tritt nicht auf.

Es sind zu berechnen:

a) die feuchte und trockene Verbrennungsgasmenge in kmol/kg B,

b) die prozentuale Verbrennungsgaszusammensetzung, bezogen auf trockenes Verbrennungsgas.

Lösung:

Aus Bsp. 9.2 werden folgende Zwischenergebnisse übernommen:

$$o_{\min} = 0{,}1056 \text{ kmol } \mathrm{O_2/kg\,B}\,; \qquad l_{\min} = 0{,}503 \text{ kmol } \mathrm{L/kg\,B}\,;$$

$$w_l = 0{,}0194 \text{ kmol } \mathrm{H_2O/kmol\,L}$$

Zu a): Bei Luftmangel und sauerstofffreiem Verbrennungsgas ist der Sauerstoffmangel gleich dem Sauerstoffrestbedarf zur vollständigen Verbrennung ($o_{\mathrm{Man}} = o_{\mathrm{Bed}}$). Für den Sauerstoffmangel gilt

$$o_{\mathrm{Man}} = (1 - \lambda)\, o_{\min}$$

Wenn nur CO als brennbarer Verbrennungsgasbestandteil auftritt, so ist der Sauerstoffrestbedarf (Gl 9.6 c)

$$\{o_{\mathrm{Bed}}\} = \frac{\{v_{\mathrm{CO}}\}}{2}$$

Daraus:

$$\{v_{\mathrm{CO}}\} = 2\,(1 - \lambda)\,\{o_{\min}\} \qquad v_{\mathrm{CO}} \text{ in } \frac{\text{kmol CO}}{\text{kg B}}$$

$$v_{\mathrm{CO}} = 2\,(1 - 0{,}95)\, 0{,}1056\, \frac{\text{kmol CO}}{\text{kg B}} = 0{,}0106\, \frac{\text{kmol CO}}{\text{kg B}}$$

Infolge O_2-Mangel verbrennt der Kohlenstoffanteil c' nach CO statt nach CO_2. Aus 1 kmol C entsteht bei unvollständiger Verbrennung 1 kmol CO (Gl 9.6 b), aus $\frac{c'}{12}\left(\text{in } \frac{\text{kmol C}}{\text{kg B}}\right)$ entsteht demnach die CO-Menge $\frac{c'}{12}\left(\text{in } \frac{\text{kmol CO}}{\text{kg B}}\right)$. Somit:

$$\{v_{\mathrm{CO}}\} = \frac{c'}{12} \qquad v_{\mathrm{CO}} \text{ in } \frac{\text{kmol CO}}{\text{kg B}}$$

$$c' = 12\,\{v_{\mathrm{CO}}\} = 12 \cdot 0{,}0106 = 0{,}127 \quad \text{in } \frac{\text{kg C}}{\text{kg B}}$$

Die übrigen Verbrennungsgasbestandteile sind in kmol/kg B (Gl 9.12):

$$\{v_{\mathrm{CO_2}}\} = \frac{c - c'}{12} = \frac{0{,}865 - 0{,}127}{12}$$

$$v_{\mathrm{CO_2}} = 0{,}0615\, \frac{\text{kmol } \mathrm{CO_2}}{\text{kg B}}$$

$$\{v_{\mathrm{SO_2}}\} = \frac{s}{32} = \frac{0{,}001}{32}$$

$$v_{\mathrm{SO_2}} = 0{,}00003\, \frac{\text{kmol } \mathrm{SO_2}}{\text{kg B}}$$

$$\{v_{H_2O}\} = \frac{h}{2} + w_l\,\lambda\,\{l_{min}\} = \frac{0{,}134}{2} + 0{,}0194 \cdot 0{,}95 \cdot 0{,}503$$

$$v_{H_2O} = 0{,}0763\ \frac{\text{kmol H}_2\text{O}}{\text{kg B}}$$

$$\{v_{N_2}\} = 0{,}79\,\lambda\,\{l_{min}\} = 0{,}79 \cdot 0{,}95 \cdot 0{,}503$$

$$v_{N_2} = 0{,}378\ \frac{\text{kmol N}_2}{\text{kg B}}$$

Gesamte feuchte Verbrennungsgasmenge:[1)]

$$v_{fu} = v_{CO} + v_{CO_2} + v_{SO_2} + v_{H_2O} + v_{N_2}$$

$$v_{fu} = (0{,}0106 + 0{,}0615 + 0{,}00003 + 0{,}0763 + 0{,}378)\ \frac{\text{kmol f A}}{\text{kg B}}$$

$$\underline{v_{fu} \approx 0{,}526\ \frac{\text{kmol f A}}{\text{kg B}}}$$

Gesamte trockene Verbrennungsgasmenge:

$$v_{tu} = v_{CO} + v_{CO_2} + v_{SO_2} + v_{N_2}$$

$$v_{tu} = (0{,}0106 + 0{,}0615 + 0{,}00003 + 0{,}378)\ \frac{\text{kmol t A}}{\text{kg B}} = \underline{0{,}450\ \frac{\text{kmol t A}}{\text{kg B}}}$$

Zu b): Verbrennungsgaszusammensetzung, bezogen auf trockenes Verbrennungsgas (Gl 9.16):

$$CO_2^a = \frac{v_{CO_2}}{v_{tu}} = \frac{0{,}0615\ \frac{\text{kmol CO}_2}{\text{kg B}}}{0{,}450\ \frac{\text{kmol t A}}{\text{kg B}}} = 0{,}1368\ \frac{\text{kmol CO}_2}{\text{kmol t A}} \quad \text{oder} \quad \underline{13{,}68\,\%}$$

$$CO^a = \frac{v_{CO}}{v_{tu}} = \frac{0{,}0106\ \frac{\text{kmol CO}}{\text{kg B}}}{0{,}450\ \frac{\text{kmol t A}}{\text{kg B}}} = 0{,}0235\ \frac{\text{kmol CO}}{\text{kmol t A}} \quad \text{oder} \quad \underline{2{,}35\,\%}$$

$$SO_2^a = \frac{v_{SO_2}}{v_{tu}} = \frac{0{,}00003\ \frac{\text{kmol SO}_2}{\text{kg B}}}{0{,}450\ \frac{\text{kmol t A}}{\text{kg B}}} = 0{,}0001\ \frac{\text{kmol SO}_2}{\text{kmol t A}} \quad \text{oder} \quad \underline{0{,}01\,\%}$$

$$N_2^a = \frac{v_{N_2}}{v_{tu}} = \frac{0{,}378\ \frac{\text{kmol N}_2}{\text{kg B}}}{0{,}450\ \frac{\text{kmol t A}}{\text{kg B}}} = 0{,}8396\ \frac{\text{kmol N}_2}{\text{kmol t A}} \quad \text{oder} \quad \underline{83{,}96\,\%}$$

9.2.2 Gasförmige Brennstoffe

Außer für Gase ist die hier behandelte Berechnung auch für chemisch einfach aufgebaute Flüssigkeiten zweckmäßig. Die nachfolgenden Gleichungen sind für schwefelfreie Brenngase aufgestellt, wovon bei Brenngasen der öffentlichen Gasversorgung ausgegangen werden kann.

[1)] Index u zur Kennzeichnung der unvollständigen Verbrennung.

Sauerstoff- und Luftbedarf. Wir stellen für einzelne Gase zusätzliche Reaktionsgleichungen auf:

$$1\,CH_4 + 2\,O_2 \rightleftharpoons 1\,CO_2 + 2\,H_2O \quad \textbf{(Gl 9.6 f)}$$

$$1\,C_2H_4 + 3\,O_2 \rightleftharpoons 2\,CO_2 + 2\,H_2O \quad \textbf{(Gl 9.6 g)}$$

oder für beliebige Kohlenwasserstoffe

$$1\,C_nH_m + \left(n + \frac{m}{4}\right) O_2 \rightleftharpoons n\,CO_2 + \frac{m}{2}\,H_2O \quad \textbf{(Gl 9.6 h)}$$

Aus den Reaktionsgleichungen kann der Sauerstoffbedarf direkt abgelesen werden. Wenn man nämlich für 1 kmol CH_4 zur Verbrennung 2 kmol O_2 benötigt, so ist z. B. für einen 25%igen Methananteil im Brenngas die Sauerstoffmenge $2\,CH_4^b = 2 \cdot 0{,}25\,\frac{\text{kmol O}_2}{\text{kmol B}} = 0{,}5\,\frac{\text{kmol O}_2}{\text{kmol B}}$ erforderlich. Der gesamte *Mindestsauerstoffbedarf* ist:

$$o_{\min} = \left[\frac{1}{2}\,(CO^b + H_2^b) + 2\,CH_4^b + \sum\left(n + \frac{m}{4}\right) C_nH_m^b - O_2^b\right] \frac{\text{kmol O}_2}{\text{kmol B}} \quad \textbf{(Gl 9.18)}$$

Daraus ergibt sich der Mindestluftbedarf (Gl 9.8). Für Luftüberschuss gilt Gl 9.10, für die Luftfeuchte Gl 9.9.

Da die Gaszusammensetzung in Raumanteilen des trockenen Gases ermittelt wird, gilt Gl 9.18 für trockenes Brenngas. Das Einheitenzeichen kmol B bedeutet daher immer kmol *trockenes* Brenngas. Im Allgemeinen ist das Brenngas feucht. Als Bezugsgröße wird aber am besten die *trockene Gasmenge* in kmol beibehalten, aus der die Masse mittels der molaren Masse des Gases (Gln 6.10 oder 6.11) und daraus das Volumen ermittelt werden können (Gl 6.58).

Verbrennungsgasmenge. Das Verbrennungsgas setzt sich bei vollständiger Verbrennung aus den gleichen Bestandteilen wie bei festen und flüssigen Brennstoffen zusammen (Gl 9.11 und Gl 9.13 bis Gl 9.15). Die Bestandteile ergeben sich aus den Reaktionsgleichungen, aus dem Zustand und dem Überschuss der Verbrennungsluft und aus der Brenngasfeuchte. Die Brenngasfeuchte wird, wie die Luftfeuchte, hier als Beladung w_g, bezogen auf die *trockene Brenngasmenge*, angegeben:

$$w_g = \frac{p_d^*}{p_g^*} = \frac{\varphi_g\,p_s}{p - \varphi_g\,p_s}\,\frac{\text{kmol H}_2\text{O}}{\text{kmol B}} \quad \textbf{(Gl 9.19)}$$

Die Einzelbestandteile sind:

$$\left.\begin{aligned}
v_{CO_2} &= (CO^b + CH_4^b + \textstyle\sum n\,C_nH_m^b + CO_2^b)\,\frac{\text{kmol CO}_2}{\text{kmol B}}\\
v_{H_2O} &= \left(H_2^b + 2\,CH_4^b + \textstyle\sum \frac{m}{2}\,C_nH_m^b + w_l\,\lambda\,l_{\min} + w_g\right)\frac{\text{kmol H}_2\text{O}}{\text{kmol B}}\\
v_{N_2} &= (N_2^b + 0{,}79\,\lambda\,l_{\min})\,\frac{\text{kmol N}_2}{\text{kmol B}}\\
v_{O_2} &= 0{,}21\,(\lambda - 1)\,l_{\min}\,\frac{\text{kmol O}_2}{\text{kmol B}}
\end{aligned}\right\} \quad \textbf{(Gl 9.20)}$$

Die Mindestverbrennungsgasmenge ergibt sich wieder bei $\lambda = 1$ bzw. nach Gl 9.15.

Bei vernachlässigter Abweichung vom idealen Gaszustand ist zu Gl 9.18 bis Gl 9.20 sowie zu Gl 9.8 und Gl 9.9 bei Angabe des Normvolumens auch die Einheit m^3/m^3 gültig.

Beispiel 9.4: In einem Industrieofen wird Erdgas von 1,3 bar, 15 °C und 7% relativer Feuchte mit feuchter Luft von 1,01 bar, 20 °C und 70% relativer Feuchte vollständig verbrannt. Gaszusammensetzung in Molprozenten, bezogen auf trockenes Gas: 81,8% CH_4, 14,0% N_2, 3,4% C_nH_m (gerechnet als C_3H_8), 0,8% CO_2.

Es sind bei vernachlässigter Abweichung vom idealen Gaszustand zu bestimmen:

a) der Mindestluftbedarf als Normvolumen in m^3 L/m^3 B und als wirkliches Volumen in m^3 f L/m^3 f B,

b) die feuchte Mindestverbrennungsgasmenge als Normvolumen in m^3 f A/m^3 B.

Lösung:

Zu a): Mindestsauerstoffbedarf (Gl 9.18), bei Angabe als Normvolumen:

$$o_{\text{min n}} = \left[2\,CH_4^{\text{b}} + \left(3 + \frac{8}{4}\right) C_3H_8^{\text{b}}\right] \frac{\text{m}^3\ \text{O}_2}{\text{m}^3\ \text{B}}$$

$$o_{\text{min n}} = [2 \cdot 0{,}818 + 5 \cdot 0{,}034] \frac{\text{m}^3\ \text{O}_2}{\text{m}^3\ \text{B}}$$

$$o_{\text{min n}} = \underline{1{,}806\ \frac{\text{m}^3\ \text{O}_2}{\text{m}^3\ \text{B}}}$$

Mindestluftbedarf (Gl 9.8), bei Angabe als Normvolumen:

$$l_{\text{min n}} = \frac{o_{\text{min}}\ \text{m}^3\ \text{L}}{0{,}21\ \text{m}^3\ \text{O}_2} = \frac{1{,}806\ \text{m}^3\ \text{O}_2\ \text{m}^3\ \text{L}}{\text{m}^3\ \text{B}\ 0{,}21\ \text{m}^3\ \text{O}_2} = \underline{8{,}60\ \frac{\text{m}^3\ \text{L}}{\text{m}^3\ \text{B}}}$$

Umrechnung in das wirkliche Volumen in m^3 f L/m^3 f B:

Wir ermitteln das Verhältnis des wirklichen Volumens zum Normvolumen, indem wir die im Normzustand in V_{gn} enthaltene Masse des trockenen Gases (Gl 1.16) und die im wirklichen Zustand in V_{fg} enthaltene Masse des trockenen Gases (Gl 6.58) errechnen und gleichsetzen:

(Gl 1.16)

$$m_{\text{g}} = \frac{p_{\text{n}}\, V_{\text{gn}}}{R_{\text{g}}\, T_{\text{n}}} \qquad \text{(trockenes Gas)}$$

(Gl 6.58)

$$m_{\text{g}} = \frac{(p_{\text{ges g}} - \varphi_{\text{g}}\, p_{\text{sg}})\, V_{\text{fg}}}{R_{\text{g}}\, T_{\text{g}}} \qquad \text{(feuchtes Gas)}$$

daraus, mit p_{sg} nach T 6.1:

$$\frac{V_{\text{fg}}}{V_{\text{gn}}} = \frac{p_{\text{n}}\, T_{\text{g}}}{T_{\text{n}}\, (p_{\text{ges g}} - \varphi_{\text{g}}\, p_{\text{sg}})}$$

$$\frac{V_{\text{fg}}}{V_{\text{gn}}} = \frac{1{,}013\,25\ \text{bar}\ 288{,}15\ \text{K}}{273{,}15\ \text{K}\ (1{,}3 - 0{,}07 \cdot 0{,}017\,057)\ \text{bar}} = 0{,}823\ \frac{\text{m}^3\ \text{f B}}{\text{m}^3\ \text{t B}}$$

Entsprechend ergibt sich für die Luft:

9

$$\frac{V_{\mathrm{f}l}}{V_{l\mathrm{n}}} = \frac{p_{\mathrm{n}}\,T_l}{T_{\mathrm{n}}\,(p_{\mathrm{ges}\,l} - \varphi_l\,p_{\mathrm{s}\,l})}$$

$$\frac{V_{\mathrm{f}l}}{V_{l\mathrm{n}}} = \frac{1{,}013\,25\ \mathrm{bar}\ 293{,}15\ \mathrm{K}}{273{,}15\ \mathrm{K}\,(1{,}01 - 0{,}7 \cdot 0{,}023\,392)\ \mathrm{bar}} = 1{,}094\ \frac{\mathrm{m^3\ f\,L}}{\mathrm{m^3\ t\,B}}$$

Das wirkliche Mindestluftvolumen, bezogen auf das wirkliche Brenngasvolumen in $\mathrm{m^3}$ f B, ist dann:

$$l_{\mathrm{min\,f}} = l_{\mathrm{min\,n}}\,\frac{V_{\mathrm{gn}}}{V_{\mathrm{fg}}}\,\frac{V_{\mathrm{f}l}}{V_{l\mathrm{n}}}$$

$$l_{\mathrm{min\,f}} = \frac{8{,}60\ \mathrm{m^3\ L}\ 1{,}094}{\mathrm{m^3\ B}\ 0{,}823} = \underline{11{,}44\ \frac{\mathrm{m^3\ f\,L}}{\mathrm{m^3\ f\,B}}}$$

Zu b): Feuchte Mindestverbrennungsgasmenge, Gl 9.11 und Gl 9.20 mit $\lambda = 1$:

$$v_{\mathrm{min\,f\,n}} = (CH_4^{\mathrm{b}} + 3\,C_3H_8^{\mathrm{b}} + CO_2^{\mathrm{b}} + 2\,CH_4^{\mathrm{b}} + 4\,C_3H_8^{\mathrm{b}} + w_{l\mathrm{n}}\,l_{\mathrm{min\,n}}$$
$$+ w_{\mathrm{g}} + N_2^{\mathrm{b}} + 0{,}79\,l_{\mathrm{min\,n}})\ \frac{\mathrm{m^3\ f\,A}}{\mathrm{m^3\ B}}$$

Hierin sind w_l und w_{g} nach Gl 9.9 a und Gl 9.19:

$$w_l = \frac{\varphi_l\,p_{\mathrm{s}}}{p - \varphi_l\,p_{\mathrm{s}}}\ \frac{\mathrm{m^3\ H_2O}}{\mathrm{m^3\ L}}$$

$$w_l = \frac{0{,}7 \cdot 0{,}023\,392\ \mathrm{bar}}{1{,}01\ \mathrm{bar} - 0{,}7 \cdot 0{,}023\,392\ \mathrm{bar}}\ \frac{\mathrm{m^3\ H_2O}}{\mathrm{m^3\ L}} = 0{,}016\,5\ \frac{\mathrm{m^3\ H_2O}}{\mathrm{m^3\ L}}$$

$$w_{\mathrm{g}} = \frac{\varphi_{\mathrm{g}}\,p_{\mathrm{s}}}{p - \varphi_{\mathrm{g}}\,p_{\mathrm{s}}}\ \frac{\mathrm{m^3\ H_2O}}{\mathrm{m^3\ B}}$$

$$w_{\mathrm{g}} = \frac{0{,}07 \cdot 0{,}017\,057\ \mathrm{bar}}{1{,}3\ \mathrm{bar} - 0{,}07 \cdot 0{,}017\,057\ \mathrm{bar}}\ \frac{\mathrm{m^3\ H_2O}}{\mathrm{m^3\ B}} = 0{,}000\,92\ \frac{\mathrm{m^3\ H_2O}}{\mathrm{m^3\ B}}$$

Damit wird

$$v_{\mathrm{min\,fn}} = (0{,}818 + 3 \cdot 0{,}034 + 0{,}008 + 2 \cdot 0{,}818 + 4 \cdot 0{,}034 + 0{,}0165 \cdot 8{,}60 + 0{,}000\,92 + 0{,}14$$
$$+ 0{,}79 \cdot 8{,}6)\ \frac{\mathrm{m^3\ f\,A}}{\mathrm{m^3\ B}}$$

$$v_{\mathrm{min\,fn}} = \underline{9{,}78\ \frac{\mathrm{m^3\ f\,A}}{\mathrm{m^3\ B}}}$$

Aufgabe 9.3: Für Propan (C_3H_8) ist der prozentuale CO_2-Gehalt des Verbrennungsgases, bezogen auf die trockene Verbrennungsgasmenge, zu bestimmen, wenn eine vollständige Verbrennung mit dem Mindestluftbedarf erfolgt. Es ist näherungsweise mit idealem Gasverhalten zu rechnen.

Beispiel 9.5: Das Erdgas des Bsp. 9.4 wird mit 10 % Luftmangel verbrannt, weil aus Werkstoffgründen eine reduzierende Feuerungsatmosphäre verlangt wird.

Zu berechnen sind, bei vernachlässigter Abweichung vom idealen Gasverhalten,

a) die tatsächlich zuzuführende Luftmenge,

b) die prozentuale Verbrennungsgaszusammensetzung, bezogen auf die trockene Verbrennungsgasmenge, wenn nur CO als brennbarer Verbrennungsgasbestandteil und kein freier Sauerstoff auftreten.

Lösung:

Die Berechnung erfolgt in kmol/kmol, wobei die in Bsp. 9.4 für das Normvolumen in m^3/m^3 ermittelten Ergebnisse unverändert übernommen werden können:

$$o_{min} = 1{,}806 \text{ kmol O}_2/\text{kmol B}\,; \qquad l_{min} = 8{,}60 \text{ kmol L}/\text{kmol B}\,;$$

Zu a): Tatsächliche Luftmenge (Gl 9.10b):

$$l = \lambda\, l_{min} = 0{,}9 \cdot 8{,}60\,\frac{\text{kmol L}}{\text{kmol B}} = \underline{7{,}74\,\frac{\text{kmol L}}{\text{kmol B}}}$$

Zu b): Das trockene Verbrennungsgas setzt sich bei dieser unvollständigen Verbrennung aus CO, CO_2 und N_2 zusammen:

$$v_{tu} = v_{CO} + v_{CO_2} + v_{N_2}$$

Wir ermitteln zunächst die CO-Menge v_{CO} (vgl. Bsp. 9.3):

$$v_{CO} = 2\,(1-\lambda)\,o_{min} = 2\,(1-0{,}9)\,1{,}806\,\frac{\text{kmol CO}}{\text{kmol B}} = 0{,}361\,2\,\frac{\text{kmol CO}}{\text{kmol B}}$$

Die CO_2-Menge im Verbrennungsgas ist gegenüber der vollständigen Verbrennung um die CO-Menge v_{CO} verringert:

$$v_{CO_2} = v_{CO_2\,\text{vollst}} - v_{CO}$$

Hierin wird $v_{CO_2,\text{vollst}}$ nach Gl 9.20 eingesetzt:

$$v_{CO_2} = (CH_4^b + 3\,C_3H_8^b + CO_2^b - v_{CO})\,\frac{\text{kmol CO}_2}{\text{kmol B}}$$

$$v_{CO_2} = (0{,}818 + 3 \cdot 0{,}034 + 0{,}008 - 0{,}361\,2)\,\frac{\text{kmol CO}_2}{\text{kmol B}} = 0{,}566\,8\,\frac{\text{kmol CO}_2}{\text{kmol B}}$$

Stickstoffgehalt (Gl 9.20):

$$v_{N_2} = (N_2^b + 0{,}79\,\lambda\, l_{min})\,\frac{\text{kmol N}_2}{\text{kmol B}}$$

$$v_{N_2} = (0{,}14 + 0{,}79 \cdot 0{,}9 \cdot 8{,}60)\,\frac{\text{kmol N}_2}{\text{kmol B}} = 6{,}25\,\frac{\text{kmol N}_2}{\text{kmol B}}$$

Gesamte trockene Verbrennungsgasmenge:

$$v_{tu} = (0{,}361\,2 + 0{,}566\,8 + 6{,}25)\,\frac{\text{kmol t A}}{\text{kmol B}} = 7{,}183\,\frac{\text{kmol t A}}{\text{kmol B}}$$

Verbrennungsgaszusammensetzung (Gl 9.16):

$$CO^a = \frac{v_{CO}}{v_{tu}} = \frac{0{,}361\,2\,\frac{\text{kmol CO}}{\text{kmol B}}}{7{,}178\,\frac{\text{kmol t A}}{\text{kmol B}}} = \underline{0{,}050\,\frac{\text{kmol CO}}{\text{kmol t A}}} \quad \text{oder} \quad \underline{5{,}0\,\%}$$

$$CO_2^a = \frac{v_{CO_2}}{v_{tu}} = \frac{0{,}566\,8\,\frac{\text{kmol CO}_2}{\text{kmol B}}}{7{,}178\,\frac{\text{kmol t A}}{\text{kmol B}}} = \underline{0{,}079\,\frac{\text{kmol CO}_2}{\text{kmol t A}}} \quad \text{oder} \quad \underline{7{,}9\,\%}$$

$$N_2^a = \frac{\upsilon_{N_2}}{\upsilon_{tu}} = \frac{6{,}25\ \dfrac{\text{kmol N}_2}{\text{kmol B}}}{7{,}178\ \dfrac{\text{kmol t A}}{\text{kmol B}}} = \underline{0{,}871\ \frac{\text{kmol N}_2}{\text{kmol t A}}} \quad \text{oder} \quad \underline{87{,}1\,\%}$$

9.2.3 Näherungslösungen

Eine angenäherte Ermittlung des Mindestluftbedarfs und der Mindestverbrennungsgasmenge ist bei Kenntnis des Heizwertes durch empirische Gleichungen möglich, wie sie beispielsweise von *Rosin* und *Fehling* angegeben wurden **(T 9.3)**.

T 9.3 Normvolumen der Mindestluft- und Mindestverbrennungsgasmengen (Näherungsgleichungen)*)

Brennstoff	Gl	Mindestluft-bedarf $l_{\min n}$	Gl	Mindestverbrennungs-gasmenge $\upsilon_{\min f n}$	Werte als Norm-volumen
Feste Brennstoffe $\left(H_u \text{ in } \frac{\text{MJ}}{\text{kg}}\right)$	**9.21 a**	$0{,}241\,\{H_u\} + 0{,}5$	**9.21 b**	$0{,}212\,\{H_u\} + 1{,}65$	in $\frac{\text{m}^3}{\text{kg B}}$
Flüssige Brennstoffe $\left(H_u \text{ in } \frac{\text{MJ}}{\text{kg}}\right)$	**9.22 a**	$0{,}203\,\{H_u\} + 2{,}0$	**9.22 b**	$0{,}265\,\{H_u\}$	in $\frac{\text{m}^3}{\text{kg B}}$
Armgase $\left(H_{un} < 13\ \frac{\text{MJ}}{\text{m}^3}\right)$	**9.23 a**	$0{,}209\,\{H_{un}\}$	**9.23 b**	$0{,}173\,\{H_{un}\} + 1{,}0$	in $\frac{\text{m}^3}{\text{m}^3\text{ B}}$
Starkgase $\left(H_{un} \geq 13\ \frac{\text{MJ}}{\text{m}^3}\right)$	**9.23 c**	$0{,}260\,\{H_{un}\} - 0{,}25$	**9.23 d**	$0{,}272\,\{H_{un}\} + 0{,}25$	in $\frac{\text{m}^3}{\text{m}^3\text{ B}}$

*) Rosin P./Fehling, R.: Das It-Diagramm der Verbrennung. Berlin: VDI-Verlag 1929; Tabelle S. 12 und Zahlentafel 2, S. 3, 1 kcal = 4,1907 kJ
Grafische Lösungen siehe [17; Bild 1.3.8-1 bis 1.3.8-3].

Die Gleichungen sind bis zu einem Aschegehalt von etwa 10 % anwendbar, darüber hinaus sind Korrekturen erforderlich. Die Genauigkeit ist bei festen und flüssigen Brennstoffen größer als bei Gasen. Die Auswertung der Gleichungen kann auch durch grafische Darstellung erfolgen.

Durch zusätzliche Einführung bestimmter Brennstoffkenngrößen, auf die hier nicht näher eingegangen wird, lässt sich bei festen und flüssigen Brennstoffen durch solche vereinfachten Berechnungsverfahren eine Genauigkeit von $\pm 1\,\%$ erzielen, wenn der Schwefelgehalt nicht extrem hoch ist. Dieses Verfahren wird bevorzugt bei automatischer Feuerungsregelung und bei Programmierung der Verbrennung durch Prozessrechner angewandt.

Aufgabe 9.4: Bei Verbrennung mit 10 % Luftüberschuss sind der Luftbedarf und die Verbrennungsgasmenge zu bestimmen

a) für Heizöl mit einem spezifischen Heizwert von 42 MJ/kg,

b) für Erdgas mit einem auf das Normvolumen bezogenen Heizwert von 37 MJ/m³.

9.3 Verbrennungskontrolle

9.3.1 Messmethode

Bei der Verbrennung soll der Luftüberschuss so gering wie möglich sein, denn mit der überschüssig zugeführten Luft steigt die Abgasmenge und damit die in ihr abgeführte Energie, d. h. der Abgasverlust.[1)] Andererseits muss der Luftüberschuss so groß sein, dass die Verbrennung vollständig ist und keine brennbaren Stoffe die Feuerung ungenutzt verlassen. Außerdem soll das Abgas möglichst wenig Schadstoffe enthalten. Um die Güte der Verbrennung zu überprüfen, müssen demnach das Luftverhältnis, eventuell vorhandene brennbare Abgasbestandteile, Schadstoffe und feste Rückstände ermittelt werden.

Eine unmittelbare Messung der Luftmenge macht Schwierigkeiten, insbesondere weil auch die an undichten Stellen der Feuerung angesaugte Falschluft zur Bestimmung des Abgasverlustes erfasst werden muss. Auch die Abgasmenge lässt sich kaum direkt messen. Das Luftverhältnis und die auf die Brennstoffmenge bezogene Abgasmenge können aber aus der Abgaszusammensetzung berechnet werden. Die Abgasanalyse gibt also volle Auskunft darüber, ob die Verbrennung richtig geführt wird, vorausgesetzt, dass die Menge der eventuell vorhandenen festen brennbaren Rückstände bekannt ist.

Eine Analyse ist mittels chemischer und physikalischer Methoden möglich. Die Analyse des Abgases von Feuerungen wird bei Raumtemperatur durchgeführt, bei der der größte Teil des Wasserdampfes des feuchten Abgases bereits kondensiert ist. Das Abgas ist also gesättigt. Bei der chemischen Analyse im *Orsatgerät* werden die Abgasbestandteile CO_2, O_2 und CO nacheinander in geeigneten Flüssigkeiten absorbiert. Dabei verringert sich auch der Wasserdampfgehalt der Probe um die gleichen Volumenanteile wie der jeweils absorbierte Abgasbestandteil, da das durch den absorbierten Bestandteil vorher dampfförmig gehaltene Wasser infolge der Volumenverringerung der Probe auskondensiert (Abschn. 6.4).

9

Die Messwerte ergeben daher die auf das *trockene* Abgas bezogene Abgasanalyse. Die Volumenanteile im Messzustand sind gleichbedeutend mit der Menge in $\frac{\text{kmol Anteil}}{\text{kmol t A}}$ bzw. $\frac{\text{m}^3\text{ Anteil}}{\text{m}^3\text{ t A}}$ im physikalischen Normzustand, wenn wir das Abgas als ideales Gas betrachten (Gl 9.16 und Gl 9.17).

Auf Prüfständen für Kraftfahrzeuge ergeben sich die Messwerte für den Nachweis der Euro- oder US-Norm jedoch als Volumenanteile des *feuchten* Abgases, da das Abgas ent-

[1)] Die Verbrennungskontrolle erfolgt in der Regel am Ende der Feuerstätte, daher sprechen wir in diesem Abschnitt von *Abgas*. In einer dichten Feuerung ändert sich die Verbrennungsgasmenge bis zum Abgasaustritt nicht.

weder bei hoher Temperatur (ca. 185 °C) oder nach vorheriger Verdünnung mit Luft (1:8 bis 1:10) analysiert wird, sodass der Wasserdampf nicht kondensiert. Dagegen werden bei der Nachuntersuchung (ASU) die Emissionswerte im *trockenen* Abgas ermittelt.

Statt des beschriebenen Verfahrens nach Orsat werden heute weitgehend physikalische Messverfahren (z. B. auf Infrarotabsorptionsbasis) angewandt.

9.3.2 Auswertung der Messung

Stoffbilanzen. Alle Stoffe, die der Feuerung zugeführt werden, müssen sie auch wieder verlassen (**B 9.1**). Zugeführt wird neben dem Brennstoff die feuchte Verbrennungsluft. Abgeführt werden das Abgas mit den Bestandteilen CO_2, SO_2, H_2O, N_2 und O_2, und bei unvollständiger Verbrennung zusätzlich CO, H_2 und CH_4, ferner die festen Rückstände. Diese bestehen aus Asche und, bei unvollständiger Verbrennung, auch aus festen Brennstoffteilen. Schwere Kohlenwasserstoffe und NO_x können wir wegen der geringen Mengen bei diesen Stoffbilanzen vernachlässigen. Es wird vorausgesetzt, dass die *brennbaren Rückstände* nur aus Kohlenstoff bestehen, während die übrigen brennbaren Bestandteile restlos in das Abgas übergehen. Diese Voraussetzung stimmt mit der Erfahrung überein. Den Anteil des unverbrannt gebliebenen Kohlenstoffs bezeichnen wir mit $\bar{c}$.

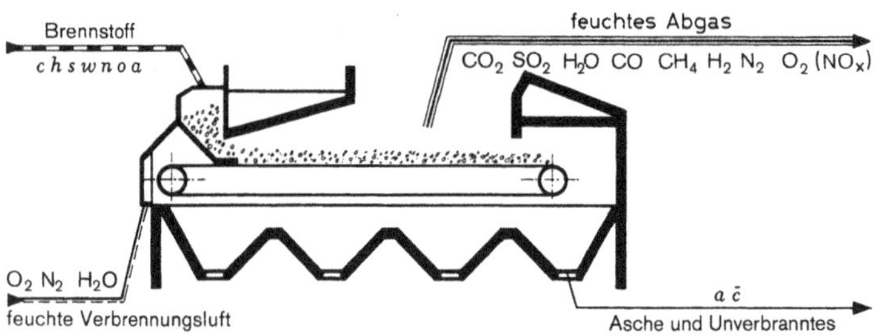

B 9.1 Stoffdurchsatz in einer Feuerung

Wir stellen für die einzelnen in der Feuerung durchgesetzten Stoffe Bilanzen auf und werden daraus die Abgasmenge und das Luftverhältnis ermitteln.

Abgasmenge. Die Abgasmenge kann aus der Kohlenstoffbilanz bestimmt werden. Bei festen und flüssigen Brennstoffen wird der Feuerung die Kohlenstoffmenge $\frac{c}{12}\left(\text{in } \frac{\text{kmol C}}{\text{kg B}}\right)$ zugeführt, bei unvollständiger Verbrennung werden $\frac{\bar{c}}{12}\left(\text{in } \frac{\text{kmol C}}{\text{kg B}}\right)$ als fester Kohlenstoff abgeführt. Im Abgas wird Kohlenstoff in Form von CO_2, CO und CH_4 abgeführt, die Anteile davon werden durch die Abgasanalyse in $\frac{\text{kmol Anteil}}{\text{kmol t A}}$ ermittelt. Nun ist in 1 kmol CO_2 ebenso wie in 1 kmol CO oder in 1 kmol CH_4 jeweils 1 kmol C enthalten. Wir können für die Abgasanteile CO_2^a, CO^a und CH_4^a demnach als Einheit $\frac{\text{kmol C}}{\text{kmol t A}}$ setzen. Wenn wir die Summe aus den Anteilen CO_2^a, CO^a und CH_4^a mit der trockenen Abgasmenge v_t^a in der Einheit $\frac{\text{kmol t A}}{\text{kg B}}$ multiplizieren, so erhalten wir den mit den Abgasen abgeführten Kohlenstoff in kmol C/kg B:

$$\{v_t^a\}\,(CO_2^a + CO^a + CH_4^a)$$

Kohlenstoffbilanz je kg Brennstoff:

zugeführter = abgeführter Kohlenstoff

$$\frac{c}{12} = \frac{\overline{c}}{12} + \{v_t^a\}\,(CO_2^a + CO^a + CH_4^a)$$

$$\{v_t^a\}\,(CO_2^a + CO^a + CH_4^a) = \frac{c - \overline{c}}{12} = \frac{\alpha\, c}{12}$$

mit dem vergasten Kohlenstoff $\alpha\, c = c - \overline{c}$.

$$\alpha = \frac{c - \overline{c}}{c} \qquad \textbf{(Gl 9.24)}$$

ist das Verhältnis der vergasten zu der im Brennstoff vorhandenen Kohlenstoffmasse.

Trockene Abgasmenge je kg Brennstoff:

$$\{v_t^a\} = \frac{\alpha\,\dfrac{c}{12}}{CO_2^a + CO^a + CH_4^a} \qquad v_t^a \text{ in } \frac{\text{kmol t A}}{\text{kg B}} \qquad \textbf{(Gl 9.25)}$$

Die auf die Brennstoffmenge bezogene trockene Abgasmenge kann also ohne unmittelbare Messung, allein durch Analyse des Abgases und des Brennstoffes sowie durch Ermittlung des unverbrannten Kohlenstoffes, bestimmt werden.

Die *feuchte Abgasmenge* ist dann, mit v_{H_2O} nach Gl 9.12:

$$v_f^a = v_t^a + v_{H_2O} \qquad \textbf{(Gl 9.26)}$$

Die Kohlenstoffbilanz für gasförmige Brennstoffe wird in Bsp. 9.7 behandelt.

Luftverhältnis. Durch eine Kohlenstoff- und Stickstoffbilanz kann das Luftverhältnis aus der Abgasanalyse berechnet werden. Mit dem Brennstoff wird die Stickstoffmenge $\frac{n}{28}\left(\text{in } \frac{\text{kmol N}_2}{\text{kg B}}\right)$ und mit der Verbrennungsluft $0{,}79\,\lambda\,\{l_{min}\}$ $\left(\text{in } \frac{\text{kmol N}_2}{\text{kg B}}\right)$ zugeführt, während im Abgas $\{v_t^a\}\,N_2^a$ $\left(\text{in } \frac{\text{kmol N}_2}{\text{kg B}}\right)$ abgeführt werden.

Stickstoffbilanz je kg Brennstoff:

zugeführter = abgeführter Stickstoff

$$\frac{n}{28} + 0{,}79\,\lambda\,\{l_{min}\} = \{v_t^a\}\,N_2^a$$

$$\{v_t^a\} = \frac{0{,}79\,\lambda\,\{l_{min}\} + \dfrac{n}{28}}{N_2^a} \qquad v_t^a \text{ in } \frac{\text{kmol t A}}{\text{kg B}} \qquad \textbf{(Gl 9.27)}$$

9

Wir setzen die rechten Seiten der Gl 9.25 und Gl 9.27 gleich und erhalten mit $l_{\min} = \dfrac{o_{\min}}{0{,}21}$ (Gl 9.8) das Luftverhältnis bei *festen* und *flüssigen Brennstoffen*:

$$\lambda = \frac{21}{79}\,\frac{\dfrac{c}{12}}{\{o_{\min}\}}\left(\frac{\alpha\,N_2^{\mathrm{a}}}{CO_2^{\mathrm{a}} + CO^{\mathrm{a}} + CH_4^{\mathrm{a}}} - \frac{\dfrac{n}{28}}{\dfrac{c}{12}}\right) \qquad \textbf{(Gl 9.28 a)}$$

Für *gasförmige Brennstoffe* – außer für reinen Wasserstoff – ergibt sich durch entsprechende Ableitung:

$$\lambda = \frac{21}{79\,o_{\min}}\left[\frac{(CO^{\mathrm{b}} + CH_4^{\mathrm{b}} + \sum \mathrm{n}\,C_{\mathrm{n}}\,H_{\mathrm{m}}^{\mathrm{b}} + CO_2^{\mathrm{b}})\,N_2^{\mathrm{a}}}{CO_2^{\mathrm{a}} + CO^{\mathrm{a}} + CH_4^{\mathrm{a}}} - N_2^{\mathrm{b}}\right] \qquad \textbf{(Gl 9.28 b)}$$

Eine Gleichung für das Luftverhältnis ergibt sich auch durch eine Sauerstoff- und Stickstoffbilanz:

Wir setzen für unvollständige Verbrennung, bei der jedoch nur CO neben den Endprodukten der Verbrennung auftreten soll, eine Bilanz für den überschüssig zugeführten Sauerstoff $0{,}21\,(\lambda - 1)\,l_{\min}$ an. Dann ist der im Abgas wirklich vorhandene Sauerstoff $v_{\mathrm{O_2}} = v_{\mathrm{t}}^{\mathrm{a}}\,O_2^{\mathrm{a}}$ größer als der Sauerstoffüberschuss, da der für die Verbrennung des CO erforderliche Sauerstoff $\dfrac{v_{\mathrm{CO}}}{2} = v_{\mathrm{t}}^{\mathrm{a}}\,\dfrac{CO^{\mathrm{a}}}{2}$ eigentlich noch hätte verbraucht werden müssen. Er ist deshalb von dem vorhandenen Sauerstoff abzuziehen.

Sauerstoffbilanz für feste, flüssige und gasförmige Brennstoffe:

überschüssig zugeführter =

im Abgas vorhandener – für CO erforderlicher Sauerstoff

$$0{,}21\,(\lambda - 1)\,l_{\min} = v_{\mathrm{O_2}} - \frac{v_{\mathrm{CO}}}{2} = v_{\mathrm{t}}^{\mathrm{a}}\left(O_2^{\mathrm{a}} - \frac{CO^{\mathrm{a}}}{2}\right)$$

$$v_{\mathrm{t}}^{\mathrm{a}} = \frac{0{,}21\,(\lambda - 1)\,l_{\min}}{O_2^{\mathrm{a}} - \dfrac{CO^{\mathrm{a}}}{2}} \qquad \textbf{(Gl 9.29 a)}$$

Gl 9.29 a gilt exakt für $\alpha = 1$, $H_2^{\mathrm{a}} = 0$ und $CH_4^{\mathrm{a}} = 0$

Die trockene Verbrennungsgasmenge $v_{\mathrm{t}}^{\mathrm{a}}$ berechnet sich als Summe aus der trockenen Verbrennungsgasmenge bei vollständiger Verbrennung v_{t} nach Gl 9.15 b und dem Sauerstoff $\dfrac{v_{\mathrm{CO}}}{2} = v_{\mathrm{t}}^{\mathrm{a}}\,\dfrac{CO^{\mathrm{a}}}{2}$, der für die Verbrennung des CO eigentlich noch hätte verbraucht werden müssen:

$$v_{\mathrm{t}}^{\mathrm{a}} = v_{\min\mathrm{t}} + (\lambda - 1)\,l_{\min} + v_{\mathrm{t}}^{\mathrm{a}}\,\frac{CO^{\mathrm{a}}}{2}$$

$$v_{\mathrm{t}}^{\mathrm{a}} = [v_{\min\mathrm{t}} + (\lambda - 1)\,l_{\min}]\,\frac{1}{1 - \dfrac{CO^{\mathrm{a}}}{2}} \qquad \textbf{(Gl 9.29 b)}$$

Setzt man Gl 9.29 a und Gl 9.29 b gleich, erhält man für das Luftverhältnis:

$$\lambda = 1 + \frac{v_{\mathrm{min\,t}}}{l_{\mathrm{min}}} \frac{O_2^{\mathrm{a}} - \dfrac{CO^{\mathrm{a}}}{2}}{0{,}21 - O_2^{\mathrm{a}} + 0{,}79 \dfrac{CO^{\mathrm{a}}}{2}} \qquad \textbf{(Gl 9.30 a)}$$

Für Brennstoffe ohne Stickstoff lässt sich mittels Gl 9.27 und Gl 9.29 a mit $n = 0$ das *Luftverhältnis* auch nur aus der Abgasanalyse ermitteln:

$$\lambda = \frac{N_2^{\mathrm{a}}}{N_2^{\mathrm{a}} - \dfrac{79}{21}\left(O_2^{\mathrm{a}} - \dfrac{CO^{\mathrm{a}}}{2}\right)} \qquad \textbf{(Gl 9.30 b)}$$

Gl 9.30 b gilt exakt nur für $n = 0$, $\alpha = 1$, $H_2^{\mathrm{a}} = 0$ und $CH_4^{\mathrm{a}} = 0$, andernfalls gilt sie angenähert.

Eine weitere Gleichung für das Luftverhältnis erhält man durch eine zweimalige Kohlenstoffbilanz für den gleichen Brennstoff, aber einmal für $\lambda = 1$ und vollständige Verbrennung, und einmal für $\lambda > 1$, wobei auch CO im Abgas, sonst aber keine brennbaren Stoffe auftreten dürfen. Bei Verbrennung mit $\lambda = 1$ entsteht wegen des fehlenden Luftüberschusses die kleinstmögliche Abgasmenge $v_{\mathrm{min\,t}}$, der CO_2-Anteil des Abgases nimmt dagegen den für den betreffenden Brennstoff größtmöglichen Wert $CO_{2\,\mathrm{max}}^{\mathrm{a}}$ an, da keine Verdünnung des Abgases durch die Überschussluft eintritt:

$$CO_{2\,\mathrm{max}}^{\mathrm{a}} = \frac{v_{CO_2}}{v_{\mathrm{min\,t}}} \qquad \textbf{(Gl 9.31)}$$

Die abgeführte Kohlenstoffmenge ist vom Luftverhältnis unabhängig. Ansatz für feste, flüssige und gasförmige Brennstoffe:

$$v_{\mathrm{min\,t}}\, CO_{2\,\mathrm{max}}^{\mathrm{a}} = v_{\mathrm{t}}^{\mathrm{a}}\, (CO_2^{\mathrm{a}} + CO^{\mathrm{a}})$$

Setzt man $v_{\mathrm{t}}^{\mathrm{a}}$ nach Gl 9.29 b ein, erhält man für das Luftverhältnis:

$$\lambda = 1 + \frac{v_{\mathrm{min\,t}}}{l_{\mathrm{min}}} \left[\frac{CO_{2\,\mathrm{max}}^{\mathrm{a}}}{CO_2^{\mathrm{a}} + CO^{\mathrm{a}}}\left(1 - \frac{CO^{\mathrm{a}}}{2}\right) - 1\right] \qquad \textbf{(Gl 9.32 a)}$$

9

In normalen Feuerungen ist $CO^{\mathrm{a}}/2 \ll 1$.

Dann gilt *bei vollständiger Verbrennung exakt*, bei unvollständiger mit guter Näherung

$$\lambda = 1 + \frac{v_{\mathrm{min\,t}}}{l_{\mathrm{min}}} \left(\frac{CO_{2\,\mathrm{max}}^{\mathrm{a}}}{CO_2^{\mathrm{a}} + CO^{\mathrm{a}}} - 1\right) \qquad \textbf{(Gl 9.32 b)}$$

Führt man die relativ grobe Näherung $v_{\mathrm{min\,t}} \approx l_{\mathrm{min}}$ ein, die für Brennstoffe mit hohem Brenn- und Heizwert für abschätzende Berechnungen zulässig ist, so erhält man für *überschlägliche Ermittlungen des Luftverhältnisses*:

$$\lambda \approx \frac{CO_{2\,\mathrm{max}}^{\mathrm{a}}}{CO_2^{\mathrm{a}} + CO^{\mathrm{a}}} \quad \textit{Näherungsgleichung} \qquad \textbf{(Gl 9.32 c)}$$

9.3.3 Verbrennungsdreiecke

Verbrennungsdreiecke veranschaulichen den Zusammenhang zwischen dem CO_2-, O_2- und CO-Gehalt des Abgases und ermöglichen die grafische Ermittlung des Luftverhältnisses.

Das *Bunte-Dreieck*[1)] gilt jeweils für nur einen Brennstoff bei vollständiger Verbrennung ($CO^a = 0$). Über dem O_2-Gehalt des trockenen Abgases wird der CO_2-Gehalt aufgetragen **(B 9.2)**. Bei $\lambda = \infty$ besteht das Abgas aus Luft mit 21 Vol.-% O_2 und 0 Vol.-% CO_2, bei vollständiger Verbrennung mit $\lambda = 1$ erreicht der CO_2-Gehalt bei 0 Vol.-% O_2 seinen maximal möglichen Wert $CO^a_{2\,max}$, der vom Kohlenstoffgehalt des Brennstoffes abhängt. Die lineare Verbindung dieser beiden Eckpunkte ergibt den Zusammenhang zwischen O_2 und CO_2 bei der vollständigen Verbrennung.

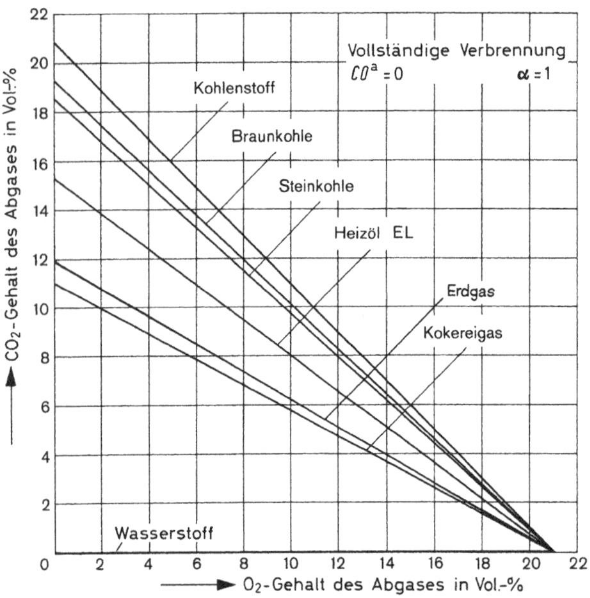

B 9.2 *Bunte*-Dreiecke für verschiedene Brennstoffe

Aus dem Bunte-Dreieck ist für $CO^a = 0$ ablesbar:

$$\frac{CO^a_{2\,max}}{CO^a_2} = \frac{O^a_{2\,max}}{O^a_{2\,max} - O^a_2} = \frac{0{,}21}{0{,}21 - O^a_2}$$

In Gl 9.32 b eingeführt ergibt sich für das Luftverhältnis *bei vollständiger Verbrennung exakt*, bei unvollständiger mit guter Näherung:

$$\lambda = 1 + \frac{v_{min\,t}}{l_{min}} \frac{O^a_2}{0{,}21 - O^a_2} \qquad \textbf{(Gl 9.33)}$$

Mit der Näherung $v_{min\,t} \approx l_{min}$ erhält man für *überschlägliche Ermittlungen des Luftverhältnisses*:

[1)] *Hans Hugo Christian Bunte* (1848–1925), Chemiker, begründet die wissenschaftliche Verbrennungslehre.

$$\lambda \approx \frac{0{,}21}{0{,}21 - O_2^a} \qquad \textit{Näherungsgleichung} \qquad \textbf{(Gl 9.34)}$$

Auch das *Ostwald-Dreieck*[1] gilt jeweils nur für einen bestimmten Brennstoff und Verbrennung ohne feste brennbare Rückstände ($\alpha = 1$), jedoch wird die unvollständige Verbrennung des Kohlenstoffes erfasst. Aus dem Ostwald-Dreieck kann das Luftverhältnis grafisch ermittelt und die Abgasanalyse auf ihre Richtigkeit überprüft werden, da durch Bestimmung zweier Abgasanteile (z. B. CO_2^a und CO^a) der dritte (O_2^a) bereits festliegt. Die Berechnung des Dreiecks ist mit Gl 9.35 möglich, die man durch Gleichsetzen von Gl 9.30 a und Gl 9.32 a erhält:

$$CO_2^a = CO_{2\,max}^a \left(1 - \frac{O_2^a}{0{,}21}\right) - CO^a \left(1 - \frac{CO_{2\,max}^a}{2}\,\frac{79}{21}\right) \qquad \textbf{(Gl 9.35)}$$

Als Beispiel ist das Ostwald-Dreieck für Heizöl S mit $CO_{2\,max}^a = 16{,}0$ Vol.-% angegeben **(B 9.3)**.

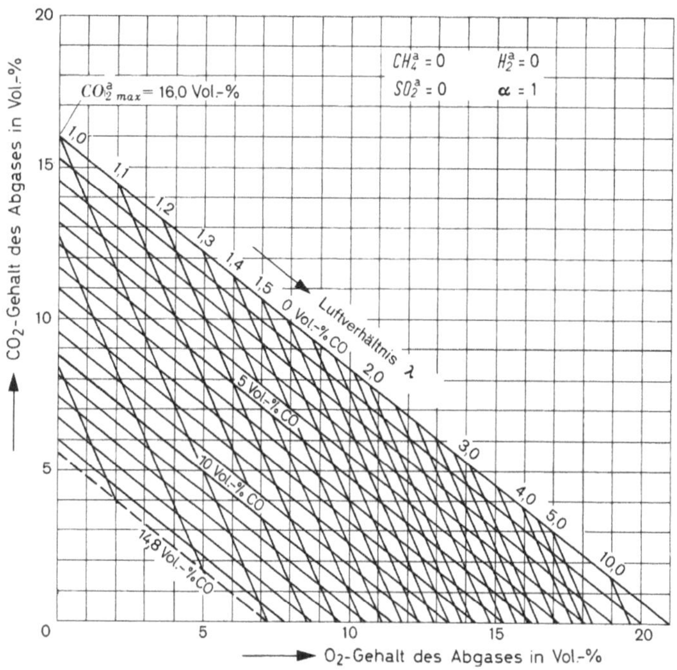

B 9.3 *Ostwald*-Dreieck für ein Heizöl S mit $CO_{2\,max}^a = 16{,}0$ Vol.-%

Neben den genannten sind weitere Verbrennungsdreiecke bekannt.

Beispiel 9.6: Bei der Verbrennung von Heizöl EL des Bsp. 9.2 ($c = 0{,}865$; $h = 0{,}134$; $s = 0{,}001$) ergibt die Abgasanalyse 8,0 Vol.-% CO_2, 9,5 Vol.-% O_2 und 0,6 Vol.-% CO. Andere brennbare Bestandteile enthält das Abgas nicht, geringe Rußmengen können vernachlässigt werden. Auf eine Korrektur der Abgasmengen infolge des Schwefelgehaltes im Brennstoff soll verzichtet werden.

Wie groß sind als Normvolumen in m^3/kg B, unter Vernachlässigung der Abweichung vom idealen Gaszustand,

[1] *Walter Ostwald* (1886–1958), Chemiker, Arbeitsgebiete Kraftfahrzeuge und Verbrennungstechnik.

9

a) die Verbrennungsluftmenge,

b) die feuchte Abgasmenge?

Kontrollieren Sie die Plausibilität der Abgasanalyse

c) rechnerisch,

d) näherungsweise mittels Ostwald-Dreieck.

Lösung:

Zu a): Gl 9.31 gilt hier exakt. Darin ist N_2^a (Gl 9.17):

$$N_2^a = 1 - CO_2^a - O_2^a - CO^a = 1 - 0{,}080 - 0{,}095 - 0{,}006 = 0{,}819$$

Luftverhältnis:

$$\lambda = \frac{N_2^a}{N_2^a - \frac{79}{21}\left(O_2^a - \frac{CO^a}{2}\right)} = \frac{0{,}819}{0{,}819 - \frac{79}{21}\left(0{,}095 - \frac{0{,}006}{2}\right)} = 1{,}73$$

Zugeführte Verbrennungsluftmenge ($l_{\min n} = 11{,}27\ \mathrm{m^3\ L/kg\ B}$, s. Bsp. 9.2):

$$l_n = \lambda\, l_{\min n} = 1{,}73 \cdot 11{,}27\ \frac{\mathrm{m^3\ L}}{\mathrm{kg\ B}} = \underline{19{,}5\ \frac{\mathrm{m^3\ L}}{\mathrm{kg\ B}}}$$

Zu b): Trockene Abgasmenge (Gl 9.25, mit $\alpha = 1$ und $CH_4^a = 0$) in kmol t A/kg B

$$\{v_t^a\} = \frac{\frac{c}{12}}{CO_2^a + CO^a} = \frac{\frac{0{,}865}{12}}{0{,}08 + 0{,}006}$$

$$v_t^a = 0{,}838\ \frac{\mathrm{kmol\ t\ A}}{\mathrm{kg\ B}}$$

Wasserdampfmenge im Abgas (Gl 9.12, $w_l = 0{,}0194\ \mathrm{kmol\ H_2O/kmol\ L}$ und $l_{\min} = 0{,}503\ \mathrm{kmol\ L/kg\ B}$, s. Bsp. 9.2) in kmol H_2O/kg B

$$\{v_{H_2O}\} = \frac{h}{2} + w_l\,\lambda\,\{l_{\min}\} = \frac{0{,}134}{2} + 0{,}0194 \cdot 1{,}73 \cdot 0{,}503$$

$$v_{H_2O} = 0{,}0839\ \frac{\mathrm{kmol\ H_2O}}{\mathrm{kg\ B}}$$

Feuchte Abgasmenge (Gl 9.26):

$$v_f^a = v_t^a + v_{H_2O} = (0{,}838 + 0{,}0839)\ \frac{\mathrm{kmol}}{\mathrm{kg\ B}}$$

$$v_{fn}^a = 0{,}922\ \frac{\mathrm{kmol\ f\ A}}{\mathrm{kg\ B}}\ 22{,}4\ \frac{\mathrm{m^3}}{\mathrm{kmol}} = \underline{20{,}7\ \frac{\mathrm{m^3\ f\ A}}{\mathrm{kg\ B}}}$$

Zu c): Zunächst berechnen wir $CO_{2\max}^a$:

Mit (Gl 9.12) $v_{CO_2} = \frac{c}{12} = \frac{0{,}865}{12} = 0{,}0721\ \frac{\mathrm{kmol\ CO_2}}{\mathrm{kg\ B}}$ und $v_{\min t} = 0{,}469\ \frac{\mathrm{kmol\ t\ A}}{\mathrm{kg\ B}}$ (aus Bsp. 9.2) erhält man (Gl 9.31):

$$CO_{2\max}^a = \frac{v_{CO_2}}{v_{\min t}} = \frac{0{,}0721\ \frac{\mathrm{kmol\ CO_2}}{\mathrm{kg\ B}}}{0{,}469\ \frac{\mathrm{kmol\ t\ A}}{\mathrm{kg\ B}}} = 0{,}154\ \frac{\mathrm{kmol\ CO_2}}{\mathrm{kmol\ t\ A}}$$

Plausibilitäskontrolle (Gl 9.35):

$$CO_2^a = CO_{2\,max}^a \left(1 - \frac{O_2^a}{0{,}21}\right) - CO^a \left(1 - \frac{CO_{2\,max}^a}{2} \frac{79}{21}\right)$$

$$CO_2^a = 0{,}154 \left(1 - \frac{0{,}095}{0{,}21}\right) - 0{,}006 \left(1 - \frac{0{,}154}{2} \frac{79}{21}\right)$$

$$CO_2^a = 0{,}0801 \mathrel{\widehat{=}} 8{,}01 \text{ Vol.-\%} \approx 8{,}0 \text{ Vol.-\%}$$

Ergebnis: Die Analysenwerte stimmen mit den berechneten Werten gut überein.

Zu d): Wir verwenden das für $CO_{2\,max}^a = 16{,}0$ Vol.-% geltende Ostwald-Dreieck nach B 9.3 näherungsweise auch für das hier behandelte Heizöl S mit $CO_{2\,max}^a = 15{,}4$ Vol.-%. Bei höheren Genauigkeitsansprüchen kann das Ostwald-Dreieck für beliebige $CO_{2\,max}^a$-Werte nach Gl 9.35 konstruiert werden.

Ergebnis: Die drei Analysewerte liegen im Rahmen der Ablesegenauigkeit auf einem gemeinsamen Punkt. Die Analysewerte sind plausibel.

Beispiel 9.7: An einer mit Erdgas (90 Vol.-% CH_4, 2 Vol.-% C_2H_6 und 8 Vol.-% N_2) betriebenen Feuerung werden in Brennernähe 10,0 Vol.-% CO_2, am Abgasstutzen 9,4 Vol.-% CO_2 gemessen. CO und Ruß treten nicht auf. Die Verringerung des CO_2-Gehaltes kann nur durch Vergrößerung der Verbrennungsgasmenge infolge Falschluft verursacht worden sein.

Wie groß ist bei vernachlässigter Abweichung vom idealen Gaszustand die Falschluftmenge in kmol L/kmol B?

Lösung:

Verbrennungsgasmenge am Abgasstutzen $v_{t\,A}^a$ und am Brenner $v_{t\,B}^a$ mittels der Kohlenstoffbilanz:

$$v_t^a \, CO_2^a = CH_4^b + 2\, C_2H_6^b$$

$$v_t^a = \frac{CH_4^b + 2\, C_2H_6^b}{CO_2^a}$$

$$v_{t\,A}^a = \frac{(0{,}90 + 2 \cdot 0{,}02)\, \dfrac{\text{kmol C}}{\text{kmol B}}}{0{,}094\, \dfrac{\text{kmol C}}{\text{kmol t A}}} = 10{,}0\, \frac{\text{kmol t A}}{\text{kmol B}}$$

$$v_{t\,B}^a = \frac{(0{,}90 + 2 \cdot 0{,}02)\, \dfrac{\text{kmol C}}{\text{kmol B}}}{0{,}10\, \dfrac{\text{kmol C}}{\text{kmol t A}}} = 9{,}4\, \frac{\text{kmol t A}}{\text{kmol B}}$$

Die Erhöhung der Verbrennungsgasmenge ist gleich der Falschluftmenge:

$$l_{falsch} = v_{t\,A}^a - v_{t\,B}^a$$

$$l_{falsch} = (10{,}0 - 9{,}4)\, \frac{\text{kmol}}{\text{kmol B}} = \underline{0{,}6\, \frac{\text{kmol L}}{\text{kmol B}}}$$

Die Falschluft verschlechtert den Wirkungsgrad, die Undichtigkeiten an der Feuerung müssen daher beseitigt werden.

Aufgabe 9.5: Braunkohle mit $c = 0{,}36$, $h = 0{,}03$, $o = 0{,}14$, $a = 0{,}07$ und $w = 0{,}40$ wird mit Luft von 15 °C, 997 mbar und 80 % rel. Feuchte verbrannt. Im Abgas werden 10,0 Vol.-% CO_2, 9,5 Vol.-% O_2 und 1,0 Vol.-% CO gefunden. 1 Massen-% der Brennstoffmenge verlässt als unvergaster Kohlenstoff die Feuerung.

9

Wie groß sind bei vernachlässigter Abweichung vom idealen Gaszustand als Normvolumen in m^3/kg B

a) die zugeführte trockene Luftmenge,

b) die feuchte Abgasmenge?

Aufgabe 9.6: Trockenes Hochofengas (2 Vol.-% H_2, 30 Vol.-% CO, 8 Vol.-% CO_2 und 60 Vol.-% N_2) wird bei 5 % Luftmangel verbrannt.

Welche Messwerte muss die Abgasanalyse ergeben, wenn nur CO als brennbarer Abgasbestandteil, kein Ruß und kein freier Sauerstoff im Abgas auftreten (näherungsweise ideales Gasverhalten vorausgesetzt)?

9.4 Theoretische Verbrennungstemperatur

Bei vollständiger Verbrennung in einem adiabaten System erreicht das Verbrennungsgas die *theoretische Verbrennungstemperatur*.

Wir führen einem solchen System Brennstoff mit der Enthalpie $H_{B\,ges}$ und Verbrennungsluft mit der Enthalpie H_l zu; abgeführt werden das Verbrennungsgas mit der Enthalpie H_a und die Asche, deren Enthalpie wir vernachlässigen wollen **(B 9.4)**. Die Brennstoffenthalpie $H_{B\,ges}$ setzt sich aus dem chemisch gebundenen, als Heizwert bezeichneten Anteil und dem durch die Temperatur des Brennstoffes festliegenden Anteil H_B zusammen.

Die Enthalpie der Stoffe *vor* der Verbrennung fassen wir zu H_v zusammen und stellen sie gemeinsam mit der Verbrennungsenthalpie H_a (Enthalpie der Stoffe *nach* der Verbrennung) in einem *H,t*-Diagramm dar **(B 9.5)**. Das Diagramm gilt für einen bestimmten Brennstoff und festliegendes Luftverhältnis. Wir vereinbaren H_a für dampfförmig bleibendes H_2O sowie H_B und H_l gleich null bei 0 °C.

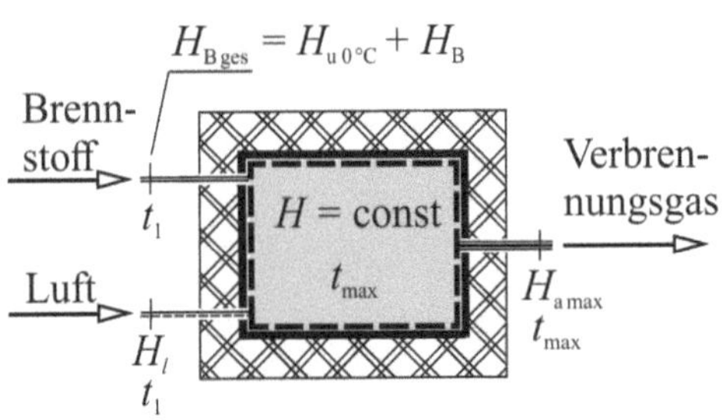

B 9.4 Theoretische Verbrennungstemperatur[1)]

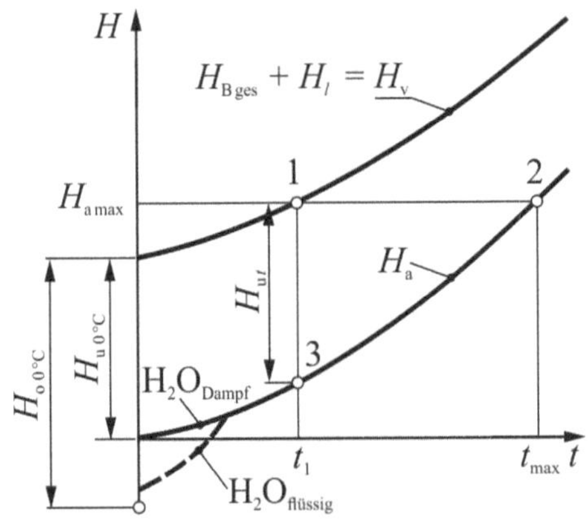

B 9.5 *H,t*-Diagramm der Verbrennung (λ = const)

Werden Brennstoff und Luft im Zustand 1 (B 9.5) mit der gemeinsamen Temperatur t_1 der adiabaten Feuerung zugeführt, so erreicht bei isobarer Verbrennung und vernachlässigter Änderung der kinetischen und potenziellen Energie das Verbrennungsgas den Zu-

---

1) Das Schaltbild veranschaulicht die Abläufe. Zur technischen Realisierung einer kontrollierten Verbrennung müssen Brennstoff und Luft in einem *Brenner* zusammengeführt, gemischt und gezündet werden.

stand 2 ($H = \text{const}$) und damit die maximal mögliche Enthalpie $H_{\text{a max}}$. Die Temperatur des Punktes 2 ist die theoretische Verbrennungstemperatur t_{max}.

Energiebilanz:[1]

$$H_{\text{B ges}} + H_l = H_{\text{a max}}$$

In $H_{\text{B ges}}$ ist der Heizwert bei 0 °C einzusetzen,[2] nicht etwa der Brennwert, weil der Nullpunkt von H_a für dampfförmig bleibendes H_2O vereinbart wurde:

$$H_{\text{B ges}} = H_{\text{u}\,0\,°\text{C}} + H_\text{B}$$

$$H_{\text{u}\,0\,°\text{C}} + H_\text{B} + H_l = H_{\text{a max}} \qquad \textbf{(Gl 9.36)}$$

Für $H_{\text{a max}}$ gilt, bezogen auf die Brennstoffmenge (Gl 2.45):

$$H_{\text{a max}} - 0 = v_\text{f}\, C_{\text{m}pa}\big|_{0\,°\text{C}}^{t_{\text{max}}} (t_{\text{max}} - 0\,°\text{C})$$

$$H_{\text{a max}} = v_\text{f}\, C_{\text{m}pa}\big|_{0\,°\text{C}}^{t_{\text{max}}} (t_{\text{max}} - 0\,°\text{C}) \qquad \textbf{(Gl 9.37)}$$

mit $C_{\text{m}pa}$ entspr. Gl 6.29 b (vgl. auch Gl 6.31):

$$C_{\text{m}pa}\big|_{0\,°\text{C}}^{t_{\text{max}}} = r_{CO_2}\, C_{\text{m}p\,CO_2}\big|_{0\,°\text{C}}^{t_{\text{max}}} + r_{H_2O}\, C_{\text{m}p\,H_2O}\big|_{0\,°\text{C}}^{t_{\text{max}}} + r_{SO_2}\, C_{\text{m}p\,SO_2}\big|_{0\,°\text{C}}^{t_{\text{max}}} + r_{N_2}\, C_{\text{m}p\,N_2}\big|_{0\,°\text{C}}^{t_{\text{max}}}$$
$$+ r_{O_2}\, C_{\text{m}p\,O_2}\big|_{0\,°\text{C}}^{t_{\text{max}}}$$

worin $r_{CO_2} = \dfrac{v_{CO_2}}{v_\text{f}}$, $r_{H_2O} = \dfrac{v_{H_2O}}{v_\text{f}}$ usw. sind. $C_{\text{m}p}$ ist für 1 kmol einzusetzen.

In Gl 9.36 eingesetzt:

$$t_{\text{max}} = \frac{H_{\text{u}\,0\,°\text{C}} + H_\text{B} + H_l}{v_\text{f}\, C_{\text{m}pa}\big|_{0\,°\text{C}}^{t_{\text{max}}}} + 0\,°\text{C} \qquad \textbf{(Gl 9.38)}$$

Hierin ist H_B die mit dem Brennstoff von der Temperatur t_B eingebrachte und auf die Brennstoffmenge bezogene Enthalpie

$$H_\text{B} = c_{p\text{B}}\big|_{0\,°\text{C}}^{t_\text{B}} (t_\text{B} - 0\,°\text{C}) \quad \text{für 1 kg Brennstoff} \qquad \textbf{(Gl 9.39 a)}$$

$$H_\text{B} = C_{\text{m}p\text{B}}\big|_{0\,°\text{C}}^{t_\text{B}} (t_\text{B} - 0\,°\text{C}) \quad \text{für 1 kmol Brennstoff} \qquad \textbf{(Gl 9.39 b)}$$

mit $c_{p\text{B}}$ für 1 kg, $C_{\text{m}p\text{B}}$ für 1 kmol B. Die Enthalpie H_l der auf die Brennstoffmenge bezogenen Verbrennungsluft ist

$$H_l = \lambda\, l_{\text{min}}\, C_{\text{m}pl}\big|_{0\,°\text{C}}^{t_l} (t_l - 0\,°\text{C}) \qquad \textbf{(Gl 9.40)}$$

mit $C_{\text{m}pl}$ für 1 kmol Luft.

Luft- und Brenngasfeuchte wurden in Gl 9.39 und Gl 9.40 vernachlässigt. Außerdem erfolgte die Berechnung unter der Annahme, dass die Verbrennungsgasbestandteile nicht dissoziieren, worunter der mit Energieverbrauch verbundene Zerfall des CO_2 und H_2O, sowie bei höheren Temperaturen des H_2 und O_2 in ihre Atome und die Bildung von NO

9

[1] Bei isochorer Verbrennung gilt $U_{\text{B ges}} + U_l = U_{\text{a max}}$. Hierin ist $H_{\text{u}\,0\,°\text{C}}$ bei konstantem Volumen einzusetzen.
[2] Anstelle der Heizwerte bei 0 °C können mit guter Näherung die bei 25 °C tabellierten Werte verwendet werden.

verstanden werden. Die Dissoziation tritt oberhalb von 1 500 °C merklich in Erscheinung und senkt die theoretische Verbrennungstemperatur.

Die auf die feuchte Verbrennungsgasmenge bezogene Enthalpie ist

$$H_{\mathrm{ma}} = \frac{H_{\mathrm{a}}}{v_{\mathrm{f}}}$$

Diese Enthalpie schwankt bei Verbrennung mit Luft trotz der unterschiedlichen Verbrennungsgaszusammensetzung bei verschiedenen Brennstoffen nur um ±1,5 %, wie *Rosin* und *Fehling*[1)] nachgewiesen haben. Man kann daher ein H_{ma},t-Diagramm für die Enthalpie beliebiger Verbrennungsgase verwenden und die theoretische Verbrennungstemperatur für den Maximalwert

$$H_{\mathrm{ma\,max}} = \frac{H_{\mathrm{a\,max}}}{v_{\mathrm{f}}} = \frac{H_{\mathrm{u0\,^\circ C}} + H_{\mathrm{B}} + H_{l}}{v_{\mathrm{f}}} \qquad \textbf{(Gl 9.41)}$$

angenähert grafisch ermitteln **(B 9.6)**. Der Einfluss der Dissoziation ist hier berücksichtigt, die Werte für t_{max} sind daher etwas geringer als nach Gl 9.38. In B 9.6 tritt als Luftgehalt l_{a} der Stoffmengenanteil (Molanteil) der überschüssig zugeführten Luft im feuchten Verbrennungsgas auf:

$$l_{\mathrm{a}} = \frac{(\lambda - 1)\, l_{\mathrm{min}}}{v_{\mathrm{f}}} \qquad \textbf{(Gl 9.42)}$$

l_{a} kann näherungsweise den Diagrammen (B 9.6) oben entnommen werden.

Die theoretische Verbrennungstemperatur steigt mit höherem Heizwert, mit steigender Vorwärmung von Brennstoff und Verbrennungsluft und mit kleiner werdendem Luftverhältnis, vollständige Verbrennung vorausgesetzt. Verbrennung mit reinem Sauerstoff erhöht die Verbrennungstemperatur, weil die Verbrennungsgasmenge infolge des fehlenden Luftstickstoffes kleiner ist.

Im praktischen Feuerungsbetrieb bleibt die wirkliche Flammentemperatur wegen der sofort einsetzenden Wärmeabgabe weit unter dem theoretischen Wert, sie liegt für Verbrennung mit Luft bei etwa 1 000 °C bis 1 400 °C. Soll die theoretische Verbrennungstemperatur für Verbrennung bei konstantem Volumen ermittelt werden, so ist die Berechnung für $U_{\mathrm{v}} = U_{\mathrm{a}}$ durchzuführen, sowie der Heizwert $H_{\mathrm{u\,0\,^\circ C}}$ für konstantes Volumen einzusetzen.

In B 9.5 kann man die Temperaturabhängigkeit des Heizwertes verfolgen. Der senkrechte Abstand zwischen H_{v} und H_{a} stellt den Heizwert bei der Temperatur t_1 dar ($H_{\mathrm{ut}} = H_1 - H_3$). Wegen der unterschiedlichen Temperaturabhängigkeit der spezifischen Wärmekapazitäten der Stoffe vor und nach der Verbrennung wird der Abstand mit steigender Temperatur i. d. R. etwas geringer, d. h., der Heizwert fällt i. Allg. mit steigender Bezugstemperatur, beim Wasserstoff steigt er (Abschn. 9.1.1).

Außerdem wurde in B 9.5 der Brennwert bei 0 °C $H_{\mathrm{o\,0\,^\circ C}}$ eingetragen. Er ist gegenüber dem Heizwert $H_{\mathrm{u\,0\,^\circ C}}$ um die Verdampfungsenthalpie des gesamten vom Brennstoff verursachten H_2O im Verbrennungsgas größer. Der gestrichelte Verlauf H_{a} berücksichtigt die bei Abkühlung des Verbrennungsgases frei werdende Kondensationsenthalpie des H_2O, von dem bei

[1)] *Rosin, P./Fehling, R.:* Das It-Diagramm der Verbrennung. Berlin: VDI-Verlag 1929.

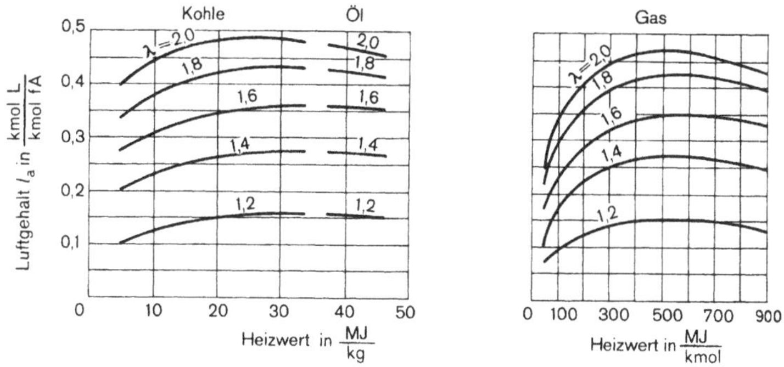

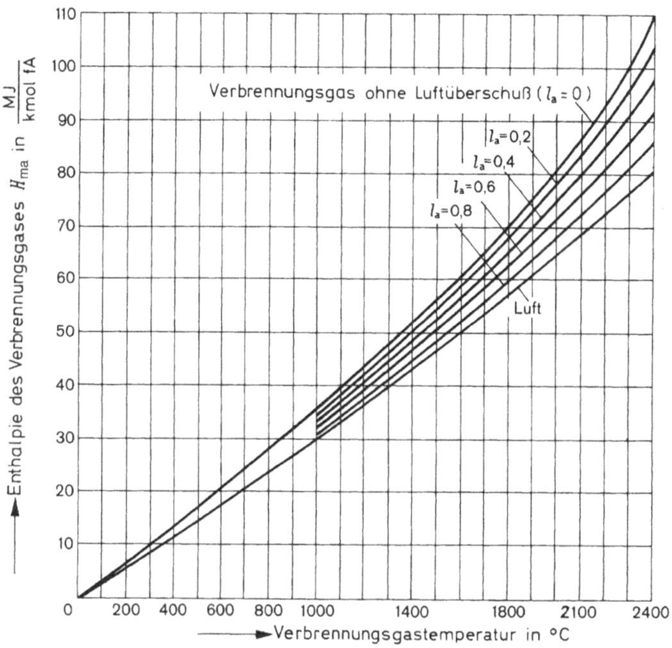

B 9.6 H_{ma},*t*-Diagramm für Verbrennungsgase (nach *Rosin* und *Fehling)*

0 °C nur noch ein kleiner, dem Sättigungszustand entsprechender Restbetrag dampfförmig im Verbrennungsgas zurückbleibt.

Beispiel 9.8: Das Erdgas des Bsp. 9.4 (81,8 % CH_4, 14 % N_2, 3,4 % C_3H_8, 0,8 % CO_2, jeweils in Molprozenten) wird bei 20 % Luftüberschuss vollständig verbrannt. 30 % der Verbrennungsluft wird als Erstluft, der Rest als vorgewärmte Zweitluft mit 200 °C zugeführt. Luft- und Gaszustand wie Bsp. 9.4; die Enthalpien des Erdgases und der Erstluft können jedoch angenähert gleich null und $H_{u\,0\,°C} = H_{u\,25\,°C}$ gesetzt werden. Näherungsweise ist ideales Gasverhalten anzunehmen.

Die theoretische Verbrennungstemperatur ist zu ermitteln

a) rechnerisch,

b) mithilfe des H_{ma}, *t*-Diagramms.

Lösung:

Zu a): Theoretische Verbrennungstemperatur (Gl 9.38):

$$t_{max} = \frac{H_{u\,0\,°C} + H_B + H_l}{v_f \, C_{mpa}\big|_{0\,°C}^{t_{max}}} + 0\,°C$$

Hierin sind, mit jeweils auf 1 kmol Brennstoff bezogenen Werten:

molarer Heizwert (Gl 9.5 a)

$$H_{um} = (802{,}6\ CH_4^b + 2\,043{,}11\ C_3H_8^b)\ \frac{MJ}{kmol}$$

$$H_{um} = (802{,}6 \cdot 0{,}818 + 2\,043{,}11 \cdot 0{,}034)\ \frac{MJ}{kmol} = 726\ \frac{MJ}{kmol}$$

auf die Brennstoffmenge bezogene Enthalpie der Verbrennungsluft (ähnlich Gl 9.40)

$$H_l = 0{,}7\ \lambda\ l_{min}\ C_{mpl}|_{0\,°C}^{t_l}\ (t_l - 0\ °C)$$

$$H_l = 0{,}7 \cdot 1{,}2 \cdot 8{,}60\ \frac{kmol\ L}{kmol\ B}\ 29{,}30\ \frac{kJ}{kmol\ L\ K}\ (200 - 0)\ K\ \frac{MJ}{10^3\ kJ} = 42{,}3\ \frac{MJ}{kmol\ B}$$

mit $l_{min} = 8{,}60$ kmol L/kg B aus Bsp. 9.4 und $C_{mpl}|_{0\,°C}^{200\,°C} = 29{,}30$ kJ/(kmol K) (T 2.5)

auf die Brennstoffmenge bezogene Verbrennungsgasmenge v_f (nach Gl 9.11 und Gl 9.20, tabellarisch)

	Abgasbestandteil in kmol/kmol B	
v_{CO_2}	$CH_4^b + 3\,C_3H_8^b + CO_2^b$	$0{,}818 + 3 \cdot 0{,}034 + 0{,}008 = 0{,}928$
v_{H_2O}	$2\,CH_4^b + 4\,C_3H_8^b + w_l\,\lambda\,l_{min} + w_g$	$2 \cdot 0{,}818 + 4 \cdot 0{,}034 + 0{,}0165 \cdot 1{,}2 \cdot 8{,}60 + 0{,}00092 = 1{,}943$
v_{N_2}	$N_2^b + 0{,}79\,\lambda\ l_{min}$	$0{,}14 + 0{,}79 \cdot 1{,}2 \cdot 8{,}60 = 8{,}293$
v_{O_2}	$0{,}21\ (\lambda - 1)\ l_{min}$	$0{,}21\ (1{,}2 - 1)\ 8{,}60 = 0{,}361$
v_f	$v_{CO_2} + v_{H_2O} + v_{N_2} + v_{O_2}$	$= 11{,}525$

molare isobare Wärmekapazität des Verbrennungsgases (Gl 6.29b)

$$C_{mpa}|_{0\,°C}^{1\,800\,°C} = \sum r_i\ C_{mpi}|_{0\,°C}^{1\,800\,°C} = 36{,}40\ \frac{kJ}{kmol\,f\,A\,K}$$

unten tabellarisch gelöst mit einer vorausgeschätzten Verbrennungstemperatur von $t_{max} = 1\,800$ °C. Bei falscher Vorausschätzung muss die molare Wärmekapazität neu errechnet werden.

Raumanteil im feuchten Abgas $r_i = \frac{\nu_i}{\nu_f}$	Molare isobare Wärmekapazität $C_{mpi}|_{0\,°C}^{1\,800\,°C}$ (T 2.5) $\frac{kJ}{kmol\ K}$	$r_i\ C_{mpi}|_{0\,°C}^{1\,800\,°C}$ $\frac{kJ}{kmol\ K}$
$r_{CO_2} = 0{,}0805$	53,74	4,33
$r_{H_2O} = 0{,}1686$	43,03	7,26
$r_{N_2} = 0{,}7196$	32,97	23,72
$r_{O_2} = 0{,}0313$	34,83	1,09
$\sum r_i = 1{,}0000$		36,40

Mit diesen Einzelwerten wird die theoretische Verbrennungstemperatur ohne Berücksichtigung der Dissoziation:

$$t_{\max} = \frac{(726 + 0 + 42{,}3)\ \dfrac{\text{MJ}}{\text{kmol B}}\ 10^3\ \dfrac{\text{kJ}}{\text{MJ}}}{11{,}525\ \dfrac{\text{kmol f A}}{\text{kmol B}}\ 36{,}40\ \dfrac{\text{kJ}}{\text{kmol fA K}}} = 1\,831\ \text{K} + 0\ ^\circ\text{C}$$

$t_{\max}$ liegt um die Temperaturdifferenz 1 831 K oberhalb von 0 °C und beträgt somit:

$$t_{\max} = \underline{1\,831\ ^\circ\text{C}}$$

Auf eine Korrektur von $C_{mpa}|_{0\,^\circ\text{C}}^{t_{\max}}$ kann verzichtet werden, da $t_{\max}$ annähernd richtig vorausgeschätzt wurde.

Zu b): Enthalpie des Verbrennungsgases nach der Verbrennung (Gl 9.41):

$$H_{\text{ma max}} = \frac{H_{\text{u}\,0\,^\circ\text{C}} + H_{\text{B}} + H_l}{v_{\text{f}}} = \frac{(726 + 42{,}3)\ \dfrac{\text{MJ}}{\text{kmol B}}}{11{,}525\ \dfrac{\text{kmol f A}}{\text{kmol B}}}$$

$$H_{\text{ma max}} = 66{,}7\ \frac{\text{MJ}}{\text{kmol f A}}$$

Luftgehalt (Gl 9.42):

$$l_{\text{a}} = \frac{(\lambda - 1)\ l_{\min}}{v_{\text{f}}} = \frac{(1{,}2 - 1)\ 8{,}60\ \dfrac{\text{kmol L}}{\text{kmol B}}}{11{,}525\ \dfrac{\text{kmol f A}}{\text{kmol B}}} = 0{,}149\ \frac{\text{kmol L}}{\text{kmol f A}}$$

Theoretische Verbrennungstemperatur, mit Berücksichtigung der Dissoziation (B 9.6):

$$t_{\max} = \underline{1\,760\ ^\circ\text{C}}$$

Dieser Wert ist infolge der berücksichtigten Dissoziation niedriger als der unter a) berechnete.

Aufgabe 9.7: Wie hoch ist die theoretische Verbrennungstemperatur ohne Berücksichtigung der Dissoziation, wenn CO von 25 °C mit trockener Luft von 25 °C verbrannt wird (ideales Gasverhalten angenommen):

a) mit $\lambda = 1{,}0$,

b) mit $\lambda = 1{,}4$?

9

Aufgabe 9.8: Bei einem Schmelzprozess wird eine theoretische Verbrennungstemperatur von 2 000 °C gefordert. Die Beheizung erfolgt mit dem Heizöl EL des Bsp. 9.2, das mit 70 °C zugeführt wird. Luftüberschuss 40 %, Luftzustand wie Bsp. 9.2, spezifische Wärmekapazität des Heizöls 1,88 kJ/(kg K), ideales Gasverhalten angenommen.

Wie hoch muss die Luft erwärmt werden? Die Ermittlung soll

a) rechnerisch ohne Berücksichtigung der Dissoziation,

b) grafisch mit Berücksichtigung der Dissoziation erfolgen.

9.5 Abgasverlust und feuerungstechnischer Wirkungsgrad

9.5.1 Konventionelle Verbrennungsanlagen

Abgasverlust q_a (B 9.7 und B 9.8). Der Abgasverlust erfasst die mit dem Abgas bei vollständiger Verbrennung abgeführte Enthalpie. Die gegenüber dem Umgebungszustand (t_b) nicht genutzte Enthalpiedifferenz des Abgases ist:

$$H_{a4} - H_{ab} = v_f \, C_{mpa}\big|_{t_b}^{t_{a4}} \, (t_{a4} - t_b) \qquad \textbf{(Gl 9.43)}$$

Es wurde vorausgesetzt, dass das H_2O im Verbrennungsgas dampfförmig ist und auch bei Abkühlung auf t_b dampfförmig bleibt, entsprechend der Definition des Heizwertes H_u. Bezogen auf den Heizwert H_u als Maß für die eingesetzte Energie[1] ist der *Abgasverlust*:

$$q_a = \frac{H_{a4} - H_{ab}}{H_u} \qquad \textbf{(Gl 9.44 a)}$$

$$q_a = \frac{v_f \, C_{mpa}\big|_{t_b}^{t_{a4}} \, (t_{a4} - t_b)}{H_u} \qquad \textbf{(Gl 9.44 b)}$$

In Gl 9.44 wurde unterstellt, dass Brennstoff und Luft mit Umgebungstemperatur der Anlage zugeführt und dann – eventuell – durch Eigenvorwärmung erwärmt werden.

Oft wird vereinfachend mit dem Umgebungszustand $t_b = 0\ °C$ gerechnet, wobei $H_{ab} = 0$ wird. Für H_u ist der tabellierte Wert (i. Allg. im Standardzustand) einzusetzen.

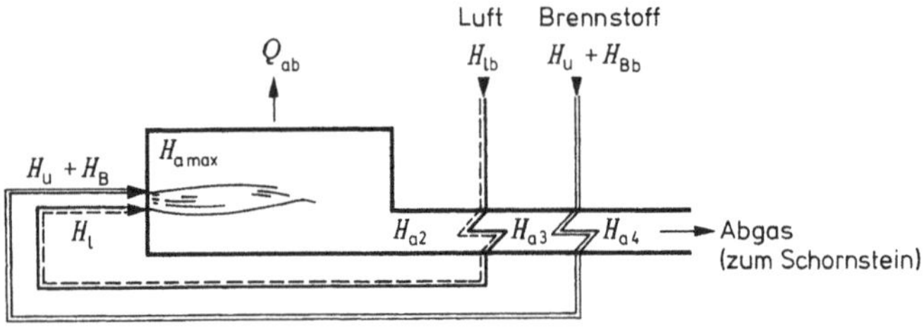

B 9.7 Verbrennungsanlage mit Eigenvorwärmung von Brennstoff und Verbrennungsluft[2]

Die auf die Brennstoffmenge bezogene *Abgasenthalpie* H_{a4} ist, mit der Vereinbarung $H_a = 0$ bei 0 °C (Abschn. 9.4):

$$H_{a4} = v_f \, C_{mpa}\big|_{0\,°C}^{t_{a4}} \, (t_{a4} - 0\ °C) \qquad \textbf{(Gl 9.45 a)}$$

Feuerungstechnischer Wirkungsgrad η_f. Der feuerungstechnische Wirkungsgrad berücksichtigt den Abgasverlust:

$$\eta_f = 1 - q_a \qquad \textbf{(Gl 9.46)}$$

[1] In USA, England und Frankreich wird mit dem Brennwert H_o gerechnet, was bei Vergleichen zu beachten ist.

[2] Vgl. Fußnote zu B 9.4.

Durch Vorwärmung der Verbrennungsluft und/oder des Brennstoffes (B 9.7) werden der Wirkungsgrad verbessert und höhere Arbeitstemperaturen erzielt. Da in den Vorwärmern Verluste auftreten, ist es zweckmäßig, die in q_a erfasste Abgasenthalpie hinter dem letzten Vorwärmer $H_{a\,4}$ durch die Abgasenthalpie am Ende der Verbrennungsanlage $H_{a\,2}$ nach den Bilanzen

$$H_l - H_{l\,b} = H_{a\,2} - H_{a\,3}$$

$$H_B - H_{B\,b} = H_{a\,3} - H_{a\,4}$$

zu ersetzen. Die Bilanzen wurden verlustlos angesetzt. Da aber H_l und H_B aus den Temperaturen t_l und t_B ermittelt werden (Gln 9.39/9.40), werden die bei der Vorwärmung auftretenden Verluste berücksichtigt. Werden Brennstoff und Luft mit Umgebungstemperatur t_b zugeführt, so ist die dadurch eingebrachte Enthalpie etwa gleich der Enthalpie des Abgases bei Umgebungstemperatur

$$H_{a\,b} \approx H_{B\,b} + H_{l\,b}$$

Wir führen diese und die obige Bilanz in Gl 9.46 ein, ersetzen q_a nach Gl 9.44 und erhalten für den auf den *Heizwert H_u bezogenen feuerungstechnischen Wirkungsgrad*:

$$\eta_f = \frac{H_u + H_B + H_l - H_{a\,2}}{H_u} = \frac{H_{a\,max} - H_{a\,2}}{H_u} \qquad \textbf{(Gl 9.47 a)}$$

$$\eta_f = \frac{v_f\, C_{mpa}\big|_{t_{a\,2}}^{t_{a\,max}} (t_{a\,max} - t_{a\,2})}{H_u} \qquad \textbf{(Gl 9.47 b)}$$

Hierin wurde $H_{a\,max}$ nach Gl 9.36 eingeführt. Die Abgasenthalpie bei $t_{a\,2}$ ist

$$H_{a\,2} = v_f\, C_{mpa}\big|_{0\,°C}^{t_{a\,2}} (t_{a\,2} - 0\ °C) \qquad \textbf{(Gl 9.45 b)}$$

9.5.2 Verbrennungsanlagen mit Kondensation im Abgas

9

Zur Erhöhung der Energieausbeute wird in Spezialkonstruktionen das Abgas bis unter die Taupunkttemperatur abgekühlt (Abschn. 9.6). Dabei wird die Enthalpie des Abgases („fühlbare" Energie) weiter vermindert und zusätzlich die durch Teilkondensation des im Abgas enthaltenen Wasserdampfes frei werdende Kondensationsenthalpie genutzt.

Kondensatmenge. Die auf die Brennstoffmenge bezogene Kondensatmasse w_{kon} kann gemessen oder nach Gl 9.48 a berechnet werden.

Wird die Abgasfeuchte durch die Beladung w_a (Gl 6.12 b) analog zu Gl 9.9 a in kmol H_2O je kmol trockenes Abgas angegeben,

$$w_a = \frac{\varphi_a\, p_{s,\,t_a}}{p - \varphi_a\, p_{s,\,t_a}}\ \frac{\text{kmol H}_2\text{O}}{\text{kmol t A}}$$

so berechnet sich die auf die Brenngasmenge bezogene H_2O-Menge im Abgas durch Multiplikation mit der trockenen Abgasmenge v_t:

$$v_{H_2O,\,a} = v_t\, w_a$$

Die Differenz aus der anfänglich mit Verbrennungsgas enthaltenen Wasserdampfmenge v_{H_2O} und der im abgekühlten Abgas enthaltenen Wasserdampfmenge $v_{H_2O,a}$ ist kondensiert:

$$v_{kon} = v_{H_2O} - v_{H_2O,a}$$

Mit der molaren Masse des Wasserdampfes M_{H_2O} ergibt sich die auf die Brenngasmenge bezogene Kondensatmasse:

$$w_{kon} = v_{kon}\, M_{H_2O} = (v_{H_2O} - v_{H_2O,a})\, M_{H_2O}$$

$$w_{kon} = \left(v_{H_2O} - v_t \, \frac{\varphi_a \, p_{s,t_a}}{p - \varphi_a \, p_{s,t_a}} \right) M_{H_2O} \qquad \textbf{(Gl 9.48 a)}$$

Die relative Feuchte des Abgases kann bei hinreichend großer Wärmeübertragungsfläche und deutlicher Unterschreitung des Taupunktes mit $\varphi_a = 0{,}95$ angenommen werden. Der Wert $\varphi_a < 1$ ist darin begründet, dass die Abgastemperatur in Wandnähe niedriger ist als im Kernstrom.

Abgasverlust $q_{a,kon}$. Bei Anlagen mit teilweiser Kondensation des im Abgas enthaltenen Wasserdampfes ist auch die mit dem Kondensat abgeführte Enthalpie zu berücksichtigen. Die Kondensation beginnt bei Unterschreitung des Abgastaupunktes t_τ (**B 9.8**, ausgezogene Linie $1 \to 4_{kon}$). Zur einfacheren Berechnung von $H_{a\,4,kon}$ kann man sich aber vorstellen, dass das gesamte H_2O im Abgas zunächst bis zu $4'$ in Dampfform gekühlt und dann die Teilmenge w_{kon} bei $t_{a\,4,kon} = \text{const}$ auskondensiert wird (Verlauf $4' \to 4_{kon}$). Dann gilt für die *Abgas- einschließlich Kondensatenthalpie* unterhalb des Abgastaupunktes:

$$H_{a\,4,kon} = v_f \, C_{mpa}\big|_{0\,°C}^{t_{a\,4,kon}} \, (t_{a\,4,kon} - 0\,°C) - w_{kon}\, r \qquad \textbf{(Gl 9.48 b)}$$

w_{kon} ist die auf die Brennstoffmenge bezogene Kondensatmasse, Werte für die Verdampfungsenthalpie r des H_2O sind bei $t_{a\,4,kon}$ einzusetzen.

$H_{a\,4,kon}$ kann negative Werte annehmen, da $H_a = 0$ bei 0 °C für *dampfförmig* bleibendes H_2O vereinbart wurde.

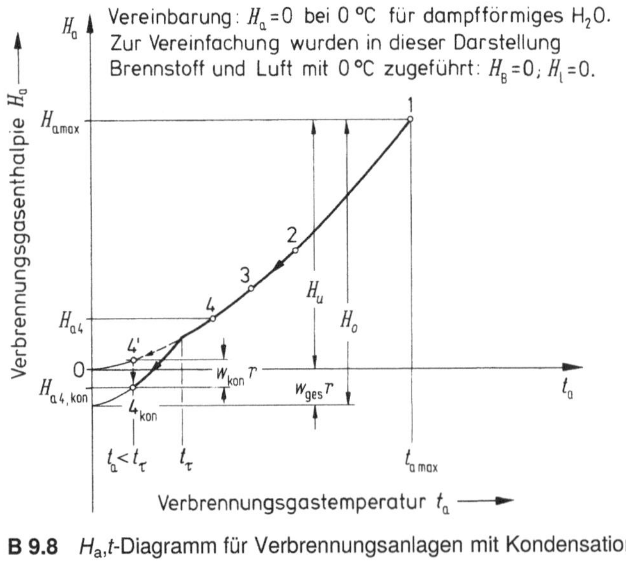

B 9.8 H_a,t-Diagramm für Verbrennungsanlagen mit Kondensation im Abgas

Der Abgasverlust $q_{a,\,kon}$ ergibt sich entsprechend Gl 9.44 mit $H_{a\,4,\,kon}$, jedoch ist $H_{a\,b}$ weiterhin für dampfförmig gebliebenes H_2O anzusetzen. $q_{a,\,kon}$ kann negativ werden.

Feuerungstechnischer Wirkungsgrad. Es gilt Gl 9.47. Falls schon vor einer eventuellen Luft- oder Brennstoffvorwärmung (B 9.7) Kondensation im Abgas eintritt, ist $H_{a\,2}$ durch $H_{a\,2,\,kon}$ zu ersetzen. Bei Kondensation im Abgas kann der feuerungstechnische Wirkungsgrad größer als 1 sein. Bei solchen Anlagen ist daher statt des Heizwertes H_u der Brennwert H_o, der die Kondensationsenthalpie des Wasserdampfes enthält, die sinnvollere Bezugsgröße. Auf den *Brennwert H_o bezogener feuerungstechnischer Wirkungsgrad*:

$$\eta_f^* = \frac{H_{a\,max} - H_{a\,2}}{H_o} = \frac{H_u + H_B + H_l - H_{a\,2}}{H_o} \qquad \textbf{(Gl 9.49)}$$

Falls im Zustand 2 der Taupunkt unterschritten wird, ist $H_{a\,2,\,kon}$ statt $H_{a\,2}$ einzusetzen.

Zusammenhang zwischen η_f – auf den Heizwert H_u bezogen – und η_f^* – auf den Brennwert H_o bezogen – (Gl 9.47/Gl 9.49):

$$\eta_f^* = \frac{H_u}{H_o}\,\eta_f \qquad \textbf{(Gl 9.50)}$$

Beispiel 9.9: In einem Brennwertkessel wird Erdgas mit der Zusammensetzung nach Bsp. 9.4 mit 20 % Luftüberschuss (wie in Bsp. 9.8) verbrannt. Brennstoff und Luft werden hier mit 20 °C zugeführt und nicht weiter vorgewärmt, das Abgas verlässt den Wärmeerzeuger mit 43,8 °C. Näherungsweise ist ideales Gasverhalten anzunehmen. Die Hälfte des bei der Verbrennung entstehenden H_2O soll in dem Brennwertkessel kondensieren. Zwischenwerte sollen aus Bsp. 9.4/9.8 entnommen werden, wobei die Differenz gegenüber der dort etwas niedriger angesetzten Erdgastemperatur vernachlässigt werden kann.

Es sind zu ermitteln:

a) die Summe der Abgas- und Kondensatenthalpie,

b) der Abgasverlust,

c) der feuerungstechnische Wirkungsgrad, bezogen auf den Heizwert,

d) der feuerungstechnische Wirkungsgrad, bezogen auf den Brennwert.

Lösung:

Zu a): Abgas- einschließlich Kondensatenthalpie bei $t_{a\,4} = 43{,}8$ °C (Gl 9.48 b):

$$H_{a\,4,\,kon} = \nu_f\, C_{mpa}\big|_{0\,°C}^{t_{a\,4,\,kon}} (t_{a\,4,\,kon} - 0\,°C) - w_{kon}\, r$$

Hierin werden eingesetzt:

$$\nu_f = 11{,}525\,\frac{\text{kmol f A}}{\text{kmol B}} \qquad \text{(aus Bsp. 9.8)}$$

$$C_{mpa}\big|_{0\,°C}^{43{,}8\,°C} = \sum r_i\, C_{mpi}\big|_{0\,°C}^{43{,}8\,°C}$$

mit r_i aus Beispiel 9.8 und $C_{mpi}\big|_{0\,°C}^{43{,}8\,°C}$ aus T 2.5

$$C_{mpa}\big|_{0\,°C}^{43{,}8\,°C} = (0{,}0805 \cdot 36{,}91 + 0{,}1686 \cdot 33{,}58 + 0{,}7196 \cdot 29{,}11 + 0{,}0313 \cdot 29{,}38)\,\frac{\text{kJ}}{\text{kmol f A K}}$$

$$C_{mpa}\big|_{0\,°C}^{43{,}8\,°C} = 30{,}50\,\frac{\text{kJ}}{\text{kmol f A K}}$$

9

Kondensatmenge mit $\upsilon_{H_2O} = 1{,}943\ \dfrac{\text{kmol H}_2\text{O}}{\text{kmol B}}$ aus Beisp. 9.8 und $M_{H_2O} = 18{,}0153\ \dfrac{\text{kg}}{\text{kmol}}$ aus T 2.5:

$$w_{\text{kon}} = 0{,}5\,\upsilon_{H_2O}\,M_{H_2O} = 0{,}5 \cdot 1{,}943\ \frac{\text{kmol H}_2\text{O}}{\text{kmol B}}\,18{,}0153\ \frac{\text{kg H}_2\text{O}}{\text{kmol H}_2\text{O}} = 17{,}50\ \frac{\text{kg H}_2\text{O}}{\text{kmol B}}$$

Kondensationsenthalpie $r = 2\,397{,}0$ kJ/kg (T 5.4).

Oben eingesetzt:

$$H_{\text{a}\,4,\,\text{kon}} = 11{,}525\ \frac{\text{kmol f A}}{\text{kmol B}}\ 30{,}50\ \frac{\text{kJ}}{\text{kmol f A K}}\ (43{,}8 - 0)\ \text{K} - 17{,}50\ \frac{\text{kg H}_2\text{O}}{\text{kmol B}}\ 2\,397{,}0\ \frac{\text{kJ}}{\text{kg H}_2\text{O}}$$

$$H_{\text{a}\,4,\,\text{kon}} = \underline{-26\,556\ \frac{\text{kJ}}{\text{kmol B}}}$$

Zu b): Abgasenthalpie bei Bezugstemperatur $t_{\text{b}} = 20\ ^\circ\text{C}$ (entspr. Gl 9.45 a):

$$H_{\text{a b}} = \upsilon_{\text{f}}\ C_{\text{mpa}}\big|_{0\,^\circ\text{C}}^{t_{\text{ab}}}\ (t_{\text{a b}} - 0\ ^\circ\text{C})$$

Hierin (wie unter a)

$$C_{\text{mpa}}\big|_{0\,^\circ\text{C}}^{20\,^\circ\text{C}} = \sum r_{\text{i}}\ C_{\text{mpi}}\big|_{0\,^\circ\text{C}}^{20\,^\circ\text{C}}$$

$$C_{\text{mpa}}\big|_{0\,^\circ\text{C}}^{20\,^\circ\text{C}} = (0{,}0805 \cdot 36{,}38 + 0{,}1686 \cdot 33{,}52 + 0{,}7196 \cdot 29{,}10 + 0{,}0313 \cdot 29{,}32)\ \frac{\text{kJ}}{\text{kmol f A K}}$$

$$C_{\text{mpa}}\big|_{0\,^\circ\text{C}}^{20\,^\circ\text{C}} = 30{,}44\ \frac{\text{kJ}}{\text{kmol f A K}}$$

$$H_{\text{a b}} = 11{,}525\ \frac{\text{kmol f A}}{\text{kmol B}}\ 30{,}44\ \frac{\text{kJ}}{\text{kmol f A K}}\ (20 - 0)\ \text{K} = 7\,016\ \frac{\text{kJ}}{\text{kmol B}}$$

Abgasverlust (entspr. Gl 9.44), mit $H_{\text{um}} = 726\ \dfrac{\text{MJ}}{\text{kmol}}$ (Beisp. 9.8):

$$q_{\text{a, kon}} = \frac{H_{\text{a}\,4,\,\text{kon}} - H_{\text{a b}}}{H_{\text{um}}} = \frac{(-26{,}6 - 7{,}0)\ \dfrac{\text{MJ}}{\text{kmol B}}}{726\ \dfrac{\text{MJ}}{\text{kmol B}}} = \underline{-0{,}046} \mathrel{\hat{=}} \underline{-4{,}6\,\%}$$

Verursacht durch die Festlegung $H_{\text{a}} = 0$ bei 0 °C und dampfförmigem H_2O werden die Enthalpie $H_{\text{a}\,4,\,\text{kon}}$ und der Abgasverlust $q_{\text{a, kon}}$ in diesem Fall *negativ!*

Zu c): Feuerungstechnischer Wirkungsgrad, bezogen auf den Heizwert H_{u} (Gl 9.46):

$$\eta_{\text{f, kon}} = 1 - q_{\text{a, kon}} = 1 - (-0{,}046) = \underline{1{,}046} \mathrel{\hat{=}} \underline{104{,}6\,\%}$$

Der Wert >1 wird durch die unzweckmäßige Bezugsgröße H_{u} verursacht.

Zu d): Mit dem Brennwert (Gl 9.5 b)

$$H_{\text{om}} = 890{,}58\ CH_4^{\text{b}} + 2\,219{,}17\ C_3H_8^{\text{b}}$$

$$H_{\text{om}} = (890{,}58 \cdot 0{,}818 + 2\,219{,}17 \cdot 0{,}034)\ \frac{\text{MJ}}{\text{kmol}} = 804{,}0\ \frac{\text{MJ}}{\text{kmol}}$$

ergibt sich der auf den Brennwert bezogene feuerungstechnische Wirkungsgrad (Gl 9.50):

$$\eta^*_{f,kon} = \eta_{f,kon} \frac{H_{um}}{H_{om}} = 1{,}046 \frac{726 \frac{MJ}{kmol}}{804{,}0 \frac{MJ}{kmol}} = \underline{0{,}945} \mathrel{\widehat{=}} \underline{94{,}5\,\%}$$

Aufgabe 9.9: Das Erdgas des Bsp. 9.9 wird in einem konventionellen Wärmeerzeuger verbrannt. Das Abgas verlässt den Wärmeerzeuger mit 200 °C. Die übrigen Voraussetzungen sind die gleichen wie in Bsp. 9.9.

Es sind zu ermitteln:

a) die Abgasenthalpie am Abgasaustritt,

b) der Abgasverlust,

c) der feuerungstechnische Wirkungsgrad, bezogen auf den Heizwert.

9.6 Abgastaupunkt

Die Taupunkttemperatur des Abgases t_τ – auch *Abgastaupunkt* genannt – ist die Temperatur, bei der bei isobarer Abkühlung bei konstantem Gehalt an kondensierbaren Bestandteilen gerade Sättigung erreicht wird (Abschn. 6.4.1). Bei Abgasen sind der Wasserdampf- und der Schwefelsäuretaupunkt zu unterscheiden.

Bei schwefelfreien Brennstoffen tritt immer nur der *Wasserdampftaupunkt* auf.

Zu seiner Ermittlung wird der Wasserdampfpartialdruck p^*_d im feuchten Abgas bestimmt. Dieser Partialdruck verhält sich zum Gasdruck des feuchten Abgases p_{fa} wie das Partialvolumen zum Gesamtvolumen.

$$\frac{p^*_d}{p_{fa}} = \frac{v_{H_2O}}{v_f}$$

$$p^*_d = p_{fa} \frac{v_{H_2O}}{v_f} \qquad \textbf{(Gl 9.51)}$$

Der Taupunkt wird bei $p^*_d = p_s$ erreicht (T 6.1). In B 9.8 ist er als Knickpunkt auf der Linie zwischen den Punkten 4 und 4_{kon} erkennbar. Er liegt etwa im Temperaturbereich 50 ... 70 °C. Der Taupunkt ist abhängig vom Wasserstoffgehalt des Brennstoffes und erhöht sich mit zunehmender Brennstoff- und Verbrennungsluftfeuchte. Höherer Luftüberschuss verdünnt das Abgas und verringert den Taupunkt. Durch Schwefel im Brennstoff (Kohle, Heizöl, nichtentschwefeltes Gas) wird der wesentlich höhere Taupunkt verdünnter Schwefelsäure etwa im Temperaturbereich 90 ... 160 °C erreicht. Der *Schwefelsäuretaupunkt* steigt mit dem Schwefelgehalt des Brennstoffes und mit dem Anteil des aus SO_2 aufoxidierten SO_3, er fällt mit dem Luftüberschuss. [1)]

Bei Unterschreitung des Taupunktes kann es an den Heizflächen und Abgasanlagen zur Korrosion kommen, beim Wasserdampftaupunkt durch die Anwesenheit des Kohlenstoffdioxids, beim Schwefelsäuretaupunkt durch die anfallende Schwefelsäure. Wird eine Senkung der Abgastemperatur bis unter den Taupunkt angestrebt, um auch die

[1)] Die rechnerische Ermittlung ist schwierig. Näherungsgleichungen s. DIN EN 13384-1:2019-09; Tabelle B. 1: Abgasanlagen – Wärme- und strömungstechnische Berechnungsverfahren.

Kondensationsenthalpie des Wasserdampfes im Abgas zu nutzen, so sind die in Abschn. 9.5.2 erwähnten kondensatbeständigen Konstruktionen erforderlich.

Beispiel 9.10: Welchen Wert hat die Taupunkttemperatur des Abgases bei der Verbrennung des Erdgases unter den Voraussetzungen des Bsp. 9.8? Der Abgasdruck soll gleich dem Luftdruck der Umgebung sein.

Lösung:

Aus Bsp. 9.4 übernehmen wir: $p_{fa} = 1{,}01$ bar

Aus Bsp. 9.8 übernehmen wir:

$$\upsilon_{H_2O} = 1{,}943 \,\frac{\text{kmol H}_2\text{O}}{\text{kmol B}}, \qquad \upsilon_f = 11{,}525 \,\frac{\text{kmol f A}}{\text{kmol B}}$$

Der Partialdruck des Wasserdampfes im Abgas ist (Gl 9.51):

$$p_d^* = p_{fa}\,\frac{\upsilon_{H_2O}}{\upsilon_{fa}} = 1{,}01 \text{ bar}\,\frac{1{,}943}{11{,}525} = 0{,}17 \text{ bar}$$

Für $p_d^* = p_s$ ist nach T 6.1 (näherungsweise linear interpoliert) die Sättigungstemperatur:

$$t_\tau = \underline{56{,}6\ {}^\circ\text{C}}$$

Aufgabe 9.10: Propan C_3H_8 (trocken) wird mit feuchter Luft von 25 °C, 990 mbar, 80 % relativer Feuchte bei 40 % Luftüberschuss vollständig verbrannt. Ideales Gasverhalten angenommen; Abgasdruck = Umgebungsdruck.

Welchen Wert hat der Taupunkt, abgerundet auf ganze Zahlen?

9.7 Emissionen aus Verbrennungsanlagen

9.7.1 Einführung

Emissionsbegrenzung. Abgase aus Verbrennungsanlagen enthalten neben umweltneutralen Gasen, wie z. B. N_2 und O_2, auch klimawirksame Gase, wie z. B. CO_2, sowie Schadstoffe, wie z. B. SO_2, NO_x und – im Staub – Schwermetalle.

Schadstoffemissionen. *Schadstoffe* können brennstoffabhängig sein, wie z. B. SO_2, oder prozessabhängig, wie z. B. CO.

Vorrang bei der Emissionsminderung haben *Primärmaßnahmen*, die die prozessabhängige Schadstoffbildung verringern. Durch *Sekundärmaßnahmen* werden entstandene Schadstoffe reduziert. Bei Großanlagen sind in der Regel *Rauchgasreinigungsanlagen* (RRA) erforderlich zur

Staubabscheidung: Absetzkammern, Zyklonabscheider, Elektrofilter,
Entschwefelung: REA (Rauchgasentschwefelungsanlage),
Entstickung: DeNOx (Entstickungsanlage).

In vielen Ländern sind für Emissionen aus Verbrennungsanlagen Emissionsgrenzwerte vorgegeben, für Großfeuerungsanlagen in Deutschland z. B. mit der 13. Bundes-Immissionsschutzverordnung (BImSchV) vom 02. 05. 2013 [13]. **T 9.4** enthält daraus auszugsweise

Grenzwerte für Anlagen mit $\dot{Q}_b > 300$ MW. Die Werte sind als Tagesmittelwerte einzuhalten, Halbstundenmittelwerte dürfen das Doppelte nicht überschreiten. Die Werte sind in mg/m^3 tA (Normzustand) für einen vereinbarten O_2-Gehalt im trockenen Abgas angegeben.

Staub kann durch geeignete Filter, CO durch geeignete Prozessführung verringert werden. Auf die nach Menge und Wirksamkeit besonders schädlichen Abgaskomponenten SO_2 und NO_x gehen wir in den Abschnitten 9.7.2 und 9.7.3 näher ein.

T 9.4 Emissionsgrenzwerte (Tagesmittelwerte) für Neuanlagen mit $\dot{Q}_b > 300$ MW in Deutschland *)

Schadstoff **) in $\frac{\text{mg}}{\text{m}^3\ \text{tA}}$	Staub	Schwefeloxide SO_2	Stickstoffoxide NO_2	Kohlenstoffmonoxid CO	O_2^a-Bezugswert Vol.-%
Fester Brennstoff, außer Biobrennstoff					
allgemeine Grenzwerte	10	150	150	200	6
abweichende Grenzwerte					
– Braunkohlenstaubfeuerung			*200*		
– Wirbelschichtfeuerung		*200*			
Biobrennstoff (fest)					
allgemeine Grenzwerte	10	150	150	250	6
abweichende Grenzwerte bei Holz				*200*	
Flüssiger Brennstoff	10	150	100	80	3
Erdgas	5	35	100	50	3

*) Nach 13. BImSchV vom 02. 05. 2013 [13; § 4 - § 7]. In anderen Industrieländern sind vergleichbare Grenzwerte festgelegt.

**) Die Grenzwerte sind auf trockenes Abgas mit dem jeweils genannten Sauerstoffgehalt bezogen. Messwerte müssen darauf umgerechnet werden. In SO_2 bzw. NO_2 sind die als SO_3 bzw. NO vorliegenden Werte - nach Umrechnung - einzubeziehen.

Kohlenstoffdioxidemission. Als *klimawirksamer Abgasbestandteil* verursacht vor allem CO_2 den *anthropogenen* Treibhauseffekt[1)] (Abschn. 5.5.2). Eine Reduzierung der CO_2-Emissionen kann vor allem durch sparsame Energieverwendung, durch vermehrten Einsatz regenerativer Energie, durch Kernenergie oder auch durch Verwendung von Brennstoffen mit geringem Kohlenstoffanteil – wie z. B. Erdgas – erfolgen, vgl. **T 9.5**.

9

T 9.5 CO_2-Bildung verschiedener Brennstoffe; heizwertbezogene Emissionsfaktoren [27]

Emissionsfaktor	Braunkohle	Steinkohle	Heizöl EL	Erdgas
$E_{CO_2} = \frac{m_{CO_2}}{Q_b}$ in $\frac{\text{kg}}{\text{kW h}}$	0,40	0,33	0,26	0,20

1) Der Treibhauseffekt wird vor allem durch H_2O und CO_2 in der Atmosphäre bewirkt. Deren Konzentration hat sich in den vergangenen ca. 150 Jahren beim H_2O mit einer Verweilzeit von ca. 10 Tagen praktisch nicht (1 ... 4 Vol.-%), beim CO_2 mit einer Verweilzeit von 50 ... 100 Jahren merklich (von 0,03 auf 0,04 Vol.-%) verändert. Daher wird beim *anthropogenen* Treibhauseffekt, der dem *natürlichen* Treibhauseffekt überlagert ist, H_2O i. Allg. nicht berücksichtigt. Klimaforscher sind allerdings der Auffassung, dass H_2O längerfristig eine größere Bedeutung beim globalen Temperaturanstieg haben wird (vgl. z. B. [11]).

Auch die Abtrennung von CO_2 aus dem Abgas (Abschn. 9.7.4) verringert den Treibhauseffekt. CO_2-Abtrennung wurde in Pilotanlagen erprobt, großtechnisch aber nicht eingesetzt; Kernenergie wird weltweit vermehrt, in mehreren europäischen Ländern jedoch nur noch übergangsweise verwendet, in Deutschland z. B. bis 2022.

Unter der Bezeichnung *Kyoto-Protokoll* ist 1997 ein erstes internationales Abkommen zur Reduzierung der CO_2- und weiterer klimawirksamer Emissionen verabschiedet worden. Ein Folgeabkommen wurde 2015 als Pariser Klimaabkommen von über 170 Ländern beschlossen. Es begrenzt die globale Erwärmung der erdnahen Atmosphäre auf deutlich unter 2 K, möglichst 1,5 K, gegenüber der Temperatur vor der Industrialisierung. Das Abkommen ist im November 2016 in Kraft getreten. Es ist rechtlich weniger bindend als das Kyoto-Protokoll.

Als Anreiz zur Minderung der CO_2-Emissionen wurde 2003 die EU-Richtlinie zum *Emissionshandel* verabschiedet, nach der die Industrienationen nicht genutzte Emissionsrechte kaufen oder verkaufen können. In Deutschland wurde der Emissionshandel 2005 eingeführt.

Messwerte und deren Bewertung. Abgasanalysen werden bei unterschiedlichen Betriebsverhältnissen durchgeführt. Die Messwerte müssen daher auf einen einheitlichen Bezugszustand umgerechnet werden. Für Feststoff-Großfeuerungen z. B. ist $O^{\text{a}}_{2\,\text{Bez}} = 6\,\text{Vol.-\%}$ festgelegt (T 9.4). In anderen Fällen gelten andere Bezugszustände, z. B. gilt für Holz-Kleinfeuerungen $O^{\text{a}}_{2\,\text{Bez}} = 13\,\%$.

In ppm oder in Vol.-% vorliegende Messwerte müssen zur Bewertung in $\text{mg/m}^3\,\text{tA}$ (T 9.4) umgerechnet werden.[1)]

NO ist als NO_2 zu bewerten. Falls NO getrennt gemessen wird, ist es entsprechend umzurechnen. Das Gleiche gilt für SO_3, das als SO_2 zu bewerten ist.

Umrechnung des Messwertes auf den Bezugssauerstoffgehalt. Wir leiten die Umrechnung für CO ab, sie gilt in gleicher Weise auch für andere Emissionen. Der Index „gem" kennzeichnet den gemessenen, der Index „Bez" den Bezugs- bzw. zu bewertenden Wert.

Entsprechend Gl 9.16 gilt

$$v_{\text{CO}} = v^{\text{a}}_{\text{t gem}}\, CO^{\text{a}}_{\text{gem}} = v^{\text{a}}_{\text{t Bez}}\, CO^{\text{a}}_{\text{Bez}}$$

$$CO^{\text{a}}_{\text{Bez}} = CO^{\text{a}}_{\text{gem}}\, \frac{v^{\text{a}}_{\text{t gem}}}{v^{\text{a}}_{\text{t Bez}}}$$

Wir führen $v_{\text{t}} = v_{\text{min t}} + (\lambda - 1)\, l_{\text{min}}$ (Gl 9.15 b) und $v_{\text{min t}} \approx l_{\text{min}}$ (wie bei Gl 9.32c und Gl 9.34) ein

$$CO^{\text{a}}_{\text{Bez}} = CO^{\text{a}}_{\text{gem}}\, \frac{v_{\text{min t}} + \lambda_{\text{gem}}\, l_{\text{min}} - l_{\text{min}}}{v_{\text{min t}} + \lambda_{\text{Bez}}\, l_{\text{min}} - l_{\text{min}}} \approx CO^{\text{a}}_{\text{gem}}\, \frac{\lambda_{\text{gem}}}{\lambda_{\text{Bez}}}$$

sowie λ nach Gl 9.34 und erhalten bei üblichem CO-Gehalt (z. B. nach T 9.4):

$$CO^{\text{a}}_{\text{Bez}} \approx CO^{\text{a}}_{\text{gem}}\, \frac{0{,}21 - O^{\text{a}}_{2\,\text{Bez}}}{0{,}21 - O^{\text{a}}_{2\,\text{gem}}} \qquad \textbf{(Gl 9.52)}$$

---

1) Kleine Stoffmengenanteile werden gern in ppm (parts per million), kleine Raumanteile in vpm (volume parts per million) angegeben. 1 ppm bzw. 1 vpm sind 10^{-6} Anteile. Beim idealen Gas ist 1 ppm = 1 vpm.

Umrechnung von Raumanteilen in die Massenkonzentration. Aus Gl 6.23 b ergibt sich der Zusammenhang zwischen einem Raumanteil r_a und dessen Massenkonzentration (Partialdichte): $\varrho_a^* = \varrho_a\, r_a$. Für CO z. B. gilt (mit $r_{CO} = CO^a$):

$$\varrho_{CO}^* = \varrho_{n\,CO}\, CO^a \qquad \textbf{(Gl 9.53)}$$

Normdichten s. T 1.5; weitere Werte: $\varrho_{n\,NO_2} = 2{,}05\ \mathrm{kg/m^3}$, $\varrho_{n\,NO} = 1{,}34\ \mathrm{kg/m^3}$.

Für andere Schadstoffe als CO gelten die Gln 9.52 und 9.53 entsprechend.

Umrechnung der Massenkonzentration ϱ_{NO}^* in den zu bewertenden Wert $\varrho_{NO_2}^*$. Die Umrechnung kann mittels der molaren Massen oder der Dichten erfolgen:

$$\varrho_{NO_2}^* = \frac{M_{NO_2}}{M_{NO}}\, \varrho_{NO}^* = \frac{\varrho_{n\,NO_2}}{\varrho_{n\,NO}}\, \varrho_{NO}^* \qquad \textbf{(Gl 9.54 a)}$$

Mit den o. g. Werten für die Dichten für NO_2 und NO ergibt sich:

$$\varrho_{NO_2}^* = 1{,}53\, \varrho_{NO}^* \qquad \textbf{(Gl 9.54 b)}$$

Bei den Raumanteilen (bzw. Vol.-% oder ppm) erübrigt sich die Umrechnung, da 1 NO zu 1 NO_2 wird und sich somit, bei Annahme idealen Gasverhaltens, das Volumen nicht ändert. Die Umrechnung von SO_3 in SO_2 erfolgt entsprechend.

Umrechnung in Emissionsfaktoren. Als Emissionsfaktoren bezeichnet man die auf die Brennstoffenergie bezogene Schadstoffmasse, z. B. für CO (für andere Schadstoffe entsprechend):

$$E_{CO} = \frac{m_{CO}}{Q_B} \qquad \textbf{(Gl 9.55 a)}$$

Mit der Brennstoffenergie $Q_B = m_B\, H_u$ und der Schadstoffmasse $m_{CO} = m_B\, v_{tn}^a\, \varrho_{CO}^*$ erhält man:

$$E_{CO} = \varrho_{CO}^*\, \frac{v_{tn}^a}{H_u} \qquad \textit{heizwertbezogener Emissionsfaktor} \qquad \textbf{(Gl 9.55 b)}$$

9

Emissionsfaktoren werden bevorzugt in mg/(kW h) angegeben. Sie werden manchmal auch auf die Nutzenergie bezogen. Bei Kraftfahrzeugen werden auch die auf die Fahrstrecke bezogenen Schadstoffmengen (z. B. in g/km) Emissionsfaktoren genannt.

Beispiel 9.11: Bei einer Braunkohlen-Staubfeuerung (trockener Ascheabzug) mit >300 MW Brennstoffleistung werden 153 ppm NO und 5 ppm NO_2 bei 4 Vol.-% O_2 im trockenen Abgas gemessen.

Wird der Emissionsgrenzwert nach T 9.4 eingehalten?

Lösung:

Die gesamte Stickstoffoxidmenge ist

$$NO_x^a = NO_2^a + NO_{(\mathrm{als}\ NO_2)}^a = (5 + 153)\ \mathrm{ppm} = 158\ \mathrm{ppm}$$

Als NO_x-Anteil im Abgas ausgedrückt: $NO_x^a = 158 \cdot 10^{-6}\ \dfrac{\mathrm{m^3\ NO_2}}{\mathrm{m^3\ t\,A}}$

Umgerechnet in die Massenkonzentration in mg NO_2/m^3 tA ergibt sich entspr. Gl 9.53:

$$\varrho^*_{NO_x} = \varrho_{n\,NO_2}\, NO^a_x = 2{,}05\,\frac{kg\,NO_2}{m^3\,NO_2}\;158\cdot 10^{-6}\,\frac{m^3\,NO_2}{m^3\,t\,A}\;10^6\,\frac{mg}{kg} = 324\,\frac{mg\,NO_2}{m^3\,t\,A}$$

Dieser Wert gilt als der gemessene NO_x-Wert. Er muss vom Messzustand mit $O^a_2 = 0{,}04 = 4$ Vol.-% auf den Bezugszustand (T 9.5) mit $O^a_2 = 0{,}06 = 6$ Vol.-% entspr. Gl 9.52 umgerechnet werden:

$$\varrho^*_{NO_x\,Bez} = \varrho^*_{NO_x\,gem}\,\frac{0{,}21 - O^a_{2\,Bez}}{0{,}21 - O^a_{2\,gem}} = 324\,\frac{mg\,NO_2}{m^3\,t\,A}\,\frac{0{,}21 - 0{,}06}{0{,}21 - 0{,}04} = \underline{286\,\frac{mg\,NO_2}{m^3\,t\,A}}$$

Der Emissionsgrenzwert $\varrho^*_{NO_x\,zul} = 200$ mg NO_2/m^3 t A (T 9.4) wird *überschritten*.

Aufgabe 9.11: Welcher Messwert ist bei der Feuerung nach Bsp. 9.11 für SO_2 in mg/m^3 tA und in ppm zulässig?

Aufgabe 9.12: Bei der Verbrennung des Heizöls nach Bsp. 9.2 wird im Abgas 100 mg NO_2/m^3 tA gemessen. Heizwert des Heizöls 11,5 kW h/kg.

Wie hoch ist der heizwertbezogene Emissionsfaktor in mg NO_2/(kW h)?

9.7.2 Minderung der Schwefeloxidemission

Minderungsmöglichkeiten. Der im Brennstoff enthaltene Schwefel verbrennt zu SO_2 (Gl 9.6 e), ein geringer Teil auch zu SO_3. Die entstehende Schwefeloxidmenge ist vom Schwefelgehalt des Brennstoffes abhängig. Übliche bzw. festgelegte Werte: [1)]

Stein- und Braunkohle	ca.	1	Massen-%
Heizöl S	max.	1	Massen-%
Heizöl EL	max.	0,1	Massen-%
Heizöl EL schwefelarm	max.	50	mg/kg = 0,005 Massen-%
Erdgas	max.	30	mg/m^3(V_n) (Jahresmittelwert)

Erdgas, z. T. auch Heizöl, werden *vor der Verbrennung* entschwefelt.

Schwefeleinbindung *während der Verbrennung* ist bei Staub- und Wirbelschichtfeuerungen möglich, indem z. B. Kalkstein ($CaCO_3$) zugegeben wird, der zu Gips umgesetzt wird.

Bei Großfeuerungsanlagen erfolgt die Entschwefelung in der Regel *nach der Verbrennung* in einer *Rauchgasentschwefelungsanlage* (REA), nach vorheriger Entstaubung **(B 9.9)**. Es wurden verschiedene Verfahren entwickelt, Emissionsgrenzwerte s. T 9.4.

Verfahren. Unter den möglichen Verfahren hat sich für große Kohlekraftwerke das *Nasswaschverfahren mit Calciumcarbonat* $CaCO_3$ (Kalkstein) durchgesetzt, nach dem z. B. in Deutschland ca. 95 % aller Anlagen arbeiten. $CaCO_3$ wird in Wasser angemischt, teilweise wird auch Calciumoxid CaO (gebrannter Kalk) eingesetzt. Mit dieser Suspension wird in einem Waschturm das Abgas besprüht und das gasförmige SO_2 gelöst, das anschließend nach folgendem vereinfachtem Reaktionsschema zu Calciumsulfit $CaSO_3$ reagiert:

$$SO_2 + CaCO_3 \rightarrow CaSO_3 + CO_2 \qquad \textbf{(Gl 9.56)}$$

[1)] Werte für Kohle [17; Kap. 1.9], für Heizöl nach 3. BImSchV vom 24. 06. 2002, für Erdgas [11].

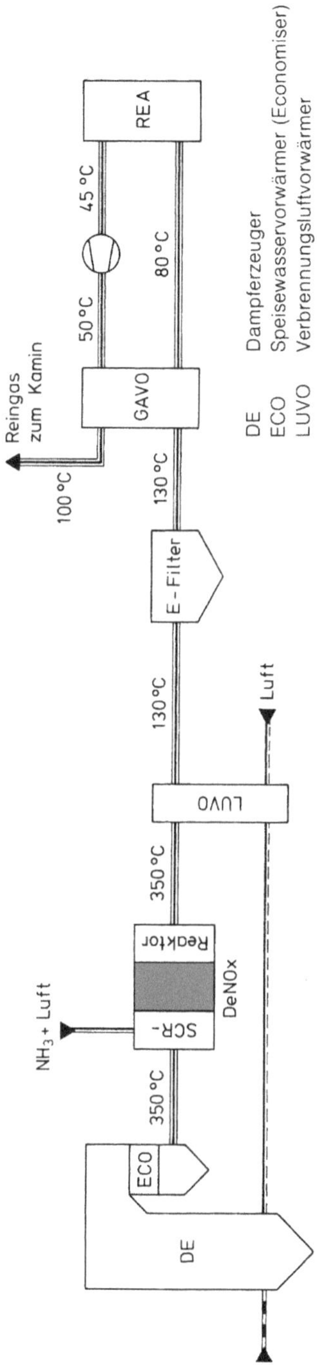

a) High-Dust-Verfahren (DeNOx zwischen ECO und LUVO)

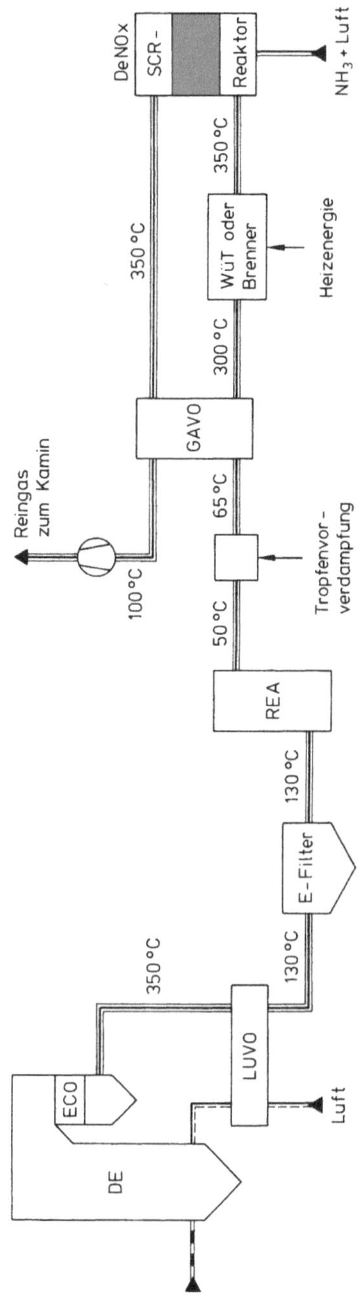

b) Low-Dust-Verfahren (DeNOx nach REA)

DE Dampferzeuger
ECO Speisewasservorwärmer (Economiser)
LUVO Verbrennungsluftvorwärmer
GAVO Abgasaufwärmer
DeNOx Entstickungsanlage
REA Rauchgasentschwefelungsanlage
Temperaturen: Beispielhaft

B 9.9 Rauchgasreinigungsanlage (RRA)

Das von SO_2 gereinigte Abgas verlässt den Waschturm über einen Tropfenabscheider. Das $CaSO_3$ wird im unteren Teil des Waschturms durch Einblasen von Luft oxidiert:

$$CaSO_3 + \frac{1}{2} O_2 + 2\,H_2O \rightarrow CaSO_4 \cdot 2\,H_2O \qquad \textbf{(Gl 9.57)}$$

Es entsteht Calciumsulfat-Dihydrat (Gips), das bis auf ca. 10 % Restfeuchte entwässert und rieselfähig oder brikettiert abgegeben wird. Der REA-Gips hat den Naturgips in der Baustoffindustrie fast vollständig ersetzt.

Aus 1 kmol SO_2 (64 kg) wird 1 kmol $CaSO_4 \cdot 2\,H_2O$ (172 kg); 1 kg SO_2 wird somit in 2,69 kg $CaSO_4 \cdot 2\,H_2O$ (Gips) umgewandelt.

Das Waschadditiv wird verbraucht, das Verfahren ist somit nicht regenerativ. Es werden Entschwefelungsgrade um 95 % erreicht.

Auf andere Verfahren, wie z. B. die *Trockenentschwefelung durch Aktivkoks,* gehen wir nicht näher ein; der erreichte Entschwefelungsgrad beträgt ca. 80 %. Bei dem *Trockenadditiv-Verfahren* ($CaCO_3$-Einblasen in die Feuerung) werden Entschwefelungsgrade um 50 %, bei dem *Nasswaschverfahren mit Natriumsulfit* Na_2SO_3 (Wellman-Lord-Verfahren) werden $>$95 % erreicht.

Beispiel 9.12: In einem Kraftwerk mit 2 000 MW Feuerungswärmeleistung werden 240 t/h Steinkohle mit 1 Massen-% Schwefel in einer Schmelzfeuerung eingesetzt. Die Abgasmenge beträgt 9,0 m^3 tA/kg B bei dem Bezugssauerstoffgehalt von 6 Vol.-% O_2 im trockenen Abgas. Das Abgas soll durch Nasswäsche mit Calciumcarbonat bis zu dem nach der 13. BImSchV zulässigen Grenzwert entschwefelt werden. Schwefeleinbindung in der Asche soll vernachlässigt werden.

Es sind zu ermitteln:

a) die SO_2-Konzentration im trockenen Abgas in mg SO_2/m^3 tA,

b) der stündlich zu entfernende SO_2-Massenstrom,

c) die stündlich anfallende Gipsmasse ($CaSO_4 \cdot 2\,H_2O$).

Lösung:

Zu a): Mit dem Brennstoff zugeführter Schwefelmassenstrom:

$$\dot{m}_s = s\,\dot{m}_b = 0{,}01 \cdot 240\ \frac{t}{h} = 2{,}4\ \frac{t}{h}$$

Aus 1 kg S entstehen 2 kg SO_2 (Gl 9.6 e):

$$\dot{m}_{SO_2} = 2\,\dot{m}_s = 2 \cdot 2{,}4\ \frac{t}{h} = 4{,}8\ \frac{t}{h}$$

Bezogen auf den trockenen Abgasvolumenstrom

$$\dot{V}_t = \dot{m}_b\,v_t = 240\,000\ \frac{kg\,B}{h}\ 9{,}0\ \frac{m^3\,t\,A}{kg\,B} = 2{,}16 \cdot 10^6\ \frac{m^3\,t\,A}{h}$$

ergibt sich die SO_2-Konzentration im trockenen Abgas:

$$\varrho^*_{SO_2} = \frac{\dot{m}_{SO_2}}{\dot{V}_t} = \frac{4{,}8 \cdot 10^9\ mg\,SO_2\,h}{h\,2{,}16 \cdot 10^6\ m^3\,t\,A} = \underline{2\,222\ \frac{mg\,SO_2}{m^3\,t\,A}}$$

Zu b): Mit $\varrho^*_{SO_2\,zul} = 150$ mg SO_2/m^3 t A (T 9.4) ergibt sich die zu entfernende SO_2-Konzentration:

$$\Delta\varrho^*_{SO_2} = \varrho^*_{SO_2} - \varrho^*_{SO_2\,zul} = (2\,222 - 150)\ \frac{mg\,SO_2}{m^3\,t\,A} = 2\,072\ \frac{mg\,SO_2}{m^3\,t\,A}$$

Daraus ermitteln wir den zu entfernenden SO_2-Massenstrom:

$$\Delta \dot{m}_{SO_2} = \dot{V}_t \, \Delta \varrho^*_{SO_2} = 2{,}16 \cdot 10^6 \, \frac{m^3 \, t\,A}{h} \, 2\,072 \, \frac{mg\,SO_2}{m^3\,t\,A} \, \frac{t}{10^9\,mg} = \underline{4{,}48 \, \frac{t}{h}}$$

Zu c): Nach Gl 9.57 wird 1 kg SO_2 in 2,69 kg Gips umgewandelt. Somit entsteht stündlich die Gipsmasse (Calciumsulfat-Dihydrat)

$$\dot{m}_{Gips} = 2{,}69 \, \Delta \dot{m}_{SO_2} = 2{,}69 \cdot 4{,}48 \, \frac{t}{h} = \underline{12{,}0 \, \frac{t}{h}}$$

9.7.3 Minderung der Stickstoffoxidemission

Entstehung von Stickstoffoxiden. Stickstoffoxid NO_x im Abgas von Feuerungen besteht zu ca. 90...95 % aus Stickstoffmonoxid NO und zu ca. 5...10 % aus Stickstoffdioxid NO_2. In der Atmosphäre wandelt sich NO allmählich zu NO_2 um, das als der eigentliche Schadstoff betrachtet wird. Bei der Emissionsbeurteilung wird daher die NO-Konzentration in NO_2 umgerechnet und die Summe NO_x (als NO_2) bewertet. Im Abgas von Großfeuerungsanlagen findet man ohne Minderungsmaßnahmen bei

Steinkohle-Schmelzfeuerung	1 200 ... 2 000 mg NO_2/m^3 t A
Steinkohle-Trockenfeuerung	500 ... 1 500 mg NO_2/m^3 t A
Heizöl- oder Erdgasfeuerung	400 ... 1 200 mg NO_2/m^3 t A

Bei Neuanlagen sind für Großfeuerungen mit mehr als 300 MW Feuerungswärmeleistung bei festem Brennstoff max. 200 mg NO_2/m^3 t A zugelassen, bei flüssigem oder gasförmigem Brennstoff weniger. Die Werte sind jeweils auf trockenes Abgas mit einem vereinbarten Bezugssauerstoffgehalt bezogen, bei Erdgas z. B. auf $O_2^a = 3\,\%$ (T 9.4).

Stickstoffoxide sind auf *drei Bildungsmechanismen* zurückzuführen:

Thermisches NO bildet sich vor allem ab ca. 1 300 °C aus molekularem Stickstoff und atomarem Sauerstoff unter Abspaltung eines Stickstoffatoms, das sich mit Sauerstoff ebenfalls zu NO umwandelt. Einfluss haben die Verbrennungstemperatur, die Verweilzeit bei hoher Temperatur und der Luftüberschuss.

9

Brennstoff NO wird schon unterhalb von ca. 1 400 °C aus dem im Brennstoff gebundenen Stickstoff erzeugt. Einfluss haben der Stickstoffgehalt, das Sauerstoff-Stickstoff-Verhältnis des Brennstoffes, bei Kohle die Mahlfeinheit, ferner der Luftüberschuss. Bei festen Brennstoffen kann das Brennstoff NO bis zu 75 % des gesamten NO betragen. Bei Erdgas z. B. entsteht kein Brennstoff NO.

Promptes NO bildet sich, indem Luftstickstoff mit Kohlenwasserstoffradikalen (z. B. CH, CH_2) zu Zwischenprodukten wie HCN reagiert, das dann – ähnlich wie beim Brennstoff NO – zu NO weiterreagiert. Prompt NO-Bildung nimmt, wie die thermische NO-Bildung, mit steigender Temperatur zu.

Durch geeignete Maßnahmen ist die Entstehung von Stickstoffoxiden bei der Verbrennung niedrig zu halten (*Primärmaßnahmen*), gegebenenfalls sind Entstickungsanlagen erforderlich (*Sekundärmaßnahmen*).

Primärmaßnahmen. In Dampferzeugern mit Steinkohlefeuerung kann durch Primärmaßnahmen, d. h. Maßnahmen während der Verbrennung, die Stickstoffoxidbildung um mehr als 30 % vermindert werden, bei Braunkohlefeuerungen wurden bis zu 70 % erreicht, wodurch der zulässige Grenzwert meistens eingehalten wird. Bei kleinen Gasfeuerungen wurden schon Minderungen bis zu 90 % erzielt.

Beispiele für Primärmaßnahmen sind:

Wärmeabfuhr aus der Reaktionszone, z. B. durch gekühlte Brennräume oder gekühlte Brenner.

Rückführung kalter Abgase zum Brenner. Bei zu hoher Rückführrate kann die CO-Bildung ansteigen, sodass die Rückführrate auf ca. 15 ... 20 % begrenzt ist.

Gestufte Verbrennung durch:

Aufteilung der Brennerleistung auf verschiedene Brennerebenen,

Stufenbrenner mit Luftstufung, wobei zunächst mit Luftmangel verbrannt und im weiteren Verbrennungsverlauf die notwendige Restluft zugeführt wird,

Stufenverbrennung mit Brennstoffstufung, wobei nach einer Primärverbrennung mit starkem Luftüberschuss weiterer Brennstoff zugeführt wird. Wird diese zweite Stufe insgesamt mit Luftmangel betrieben, so ist in einer dritten Stufe die Restluft zuzuführen.

Sekundärmaßnahmen. Soweit Primärmaßnahmen nicht ausreichen, z. B. in Steinkohle-Kraftwerken, werden nach der Verbrennung Entstickungs-(DeNOx-)Anlagen eingesetzt. Es werden verschiedene Verfahren angewendet.

Am häufigsten wird bei Großfeuerungen das *SCR-(Selective Catalytic Reduction-)Verfahren* verwendet, in dem katalytisch bei ca. (300 ... 400) °C Stickstoffoxide unter Zugabe von Ammoniak NH_3 abgebaut werden. Reaktionsschema:

$$4\,NO + 4\,NH_3 + O_2 \xrightarrow{\text{katal.}} 4\,N_2 + 6\,H_2O \qquad \textbf{(Gl 9.58)}$$

$$6\,NO_2 + 8\,NH_3 \xrightarrow{\text{katal.}} 7\,N_2 + 12\,H_2O \qquad \textbf{(Gl 9.59)}$$

1 kmol NO (30 kg) reagiert mit 1 kmol NH_3 (17 kg), für 1 kg NO ist somit ca. 0,57 kg NH_3 erforderlich, für 1 kg NO_2 ist entsprechend ca. 0,49 kg NH_3 notwendig.

Das zugegebene Ammoniak soll möglichst vollständig verbraucht werden, es soll also kein NH_3-Schlupf auftreten.

Die Katalysatoren tragen auf nichtaktivem Trägermaterial – keramische Wabenkörper oder Edelstahlplatten – die aktiven Katalysatorstoffe, z. B. Titandioxid TiO_2 (ca. 95 %), durchmischt mit z. B. Vanadiumpentoxid V_2O_5 (ca. 5 %).

Je nach Schaltung spricht man von High-Dust- (heißem) oder vom Low-Dust- (kaltem) DeNOx-Verfahren (B 9.9).

Beim *High-Dust-Verfahren* (B 9.9 a) wird der DeNOx-Katalysator zwischen dem Speisewasservorwärmer des Dampferzeugers (ECO = Economiser) und dem Verbrennungsluftvorwärmer (LUVO) angeordnet. Das hat den Vorteil, dass das Abgas hier die notwendige

Reaktionstemperatur von 300...400 °C hat. Das Abgas ist allerdings noch nicht entstaubt, was zu Katalysatorschäden durch Erosion und zur Katalysator-„Vergiftung“, z. B. durch Arsen, führen kann.

Beim *Low-Dust-Verfahren* (B 9.9 b) ist der DeNOx-Katalysator hinter der REA, somit auch hinter der Entstaubung angeordnet. Die oben erwähnten Nachteile sind dadurch begrenzt. Das Abgas muss aber wieder auf die notwendige Reaktionstemperatur von >300 °C vor dem SCR-Katalysator aufgeheizt werden.

Neben dem SCR-Verfahren sind *weitere Verfahren* bekannt, z. B. werden bei dem *Aktivkoksverfahren* zur Entschwefelung gleichzeitig die Stickstoffoxide entfernt. Auch durch direkte Einspeisung von NH_3 in heißes Abgas von 900...1 000 °C reagiert NO_x nach dem vorn dargestellten Schema; das Verfahren heißt *SNCR-(Selective Non Catalytic Reduction-)Verfahren.* In Kraftwerken wurden beide Verfahren in Deutschland nur vereinzelt angewandt.

Aufgabe 9.13: In dem Kraftwerk nach Bsp. 9.12 wird im Abgas unter sonst gleichen Bedingungen 1 500 mg NO_2/m^3 tA gemessen. Zur Entstickung bis auf den zulässigen Grenzwert wird NH_3 eingesetzt.

Es sind zu ermitteln:

a) die zu entfernende NO_x-Konzentration in mg NO_2/m^3 tA,

b) der stündlich im SCR-Katalysator zu entfernende NO-Massenstrom in t/h unter der näherungsweisen Annahme, dass das gesamte NO_x im Abgas als NO vorliegt,

c) der für den NO-Massenstrom nach b) erforderliche NH_3-Massenstrom in t/h.

9.7.4 Minderung der Kohlenstoffdioxidemission

Durch Abtrennung und langfristige Speicherung des Kohlenstoffdioxids (Carbon Capture and Storage: *CCS*) kann die CO_2-Emission aus Kraftwerken weitgehend vermieden werden.

Verfahren zur Abtrennung des Kohlenstoffdioxids. Eine CO_2-Abtrennung ist vor allem für Kohlekraftwerke interessant. Verfahrensmöglichkeiten sind:

- CO_2-Abtrennung *nach der Verbrennung* durch Abgasnachbehandlung (Post-Combustion-Verfahren),
- CO_2-Abtrennung *vor der Verbrennung* durch vorgeschaltete Aufbereitung (Vergasung, CO-Konvertierung) des Brennstoffes (Pre-Combustion-Verfahren),
- CO_2-Abtrennung durch Maßnahmen *bei der Verbrennung* (z. B. Oxyfuel-Verfahren).

Bei ca. 90 % CO_2-Abtrennung rechnet man je nach Verfahren mit 6...18 % Wirkungsgradeinbuße und mit 30...150 % höherem Investitionsbedarf [12; Kap. 21.1.1]. Die Verringerung des Wirkungsgrades erhöht den Verbrauch an fossiler Primärenergie.

Alle Verfahren wurden in Pilotanlagen erprobt und werden in einigen Großkraftwerken eingesetzt.

Nachfolgend werden die Verfahren dargestellt.

Post-Combustion-Verfahren (Bild 9.10). Für bestehende Kraftwerke ist die Nachbehandlung des Abgases die vorrangige Möglichkeit zur CO_2-Abtrennung. Dazu kann im An-

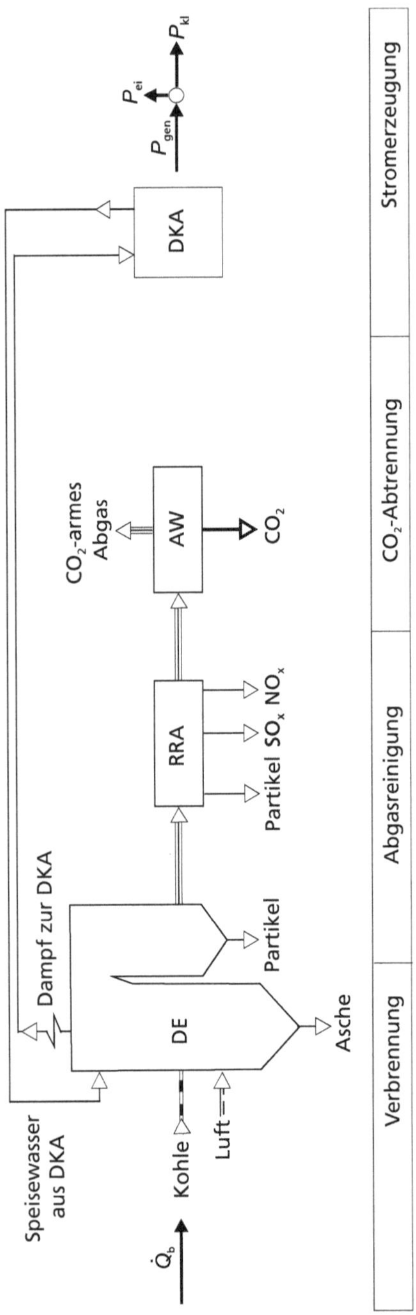

B 9.10 CO_2-Abtrennung durch Abgasnachbehandlung (Post-Combustion-Verfahren)

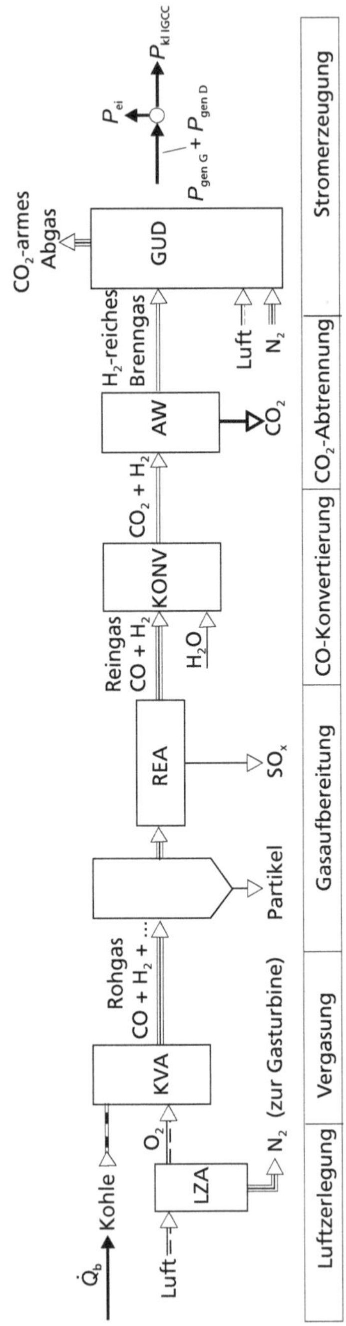

B 9.11 CO_2-Abtrennung mit dem IGCC-Verfahren (Pre-Combustion-Verfahren)

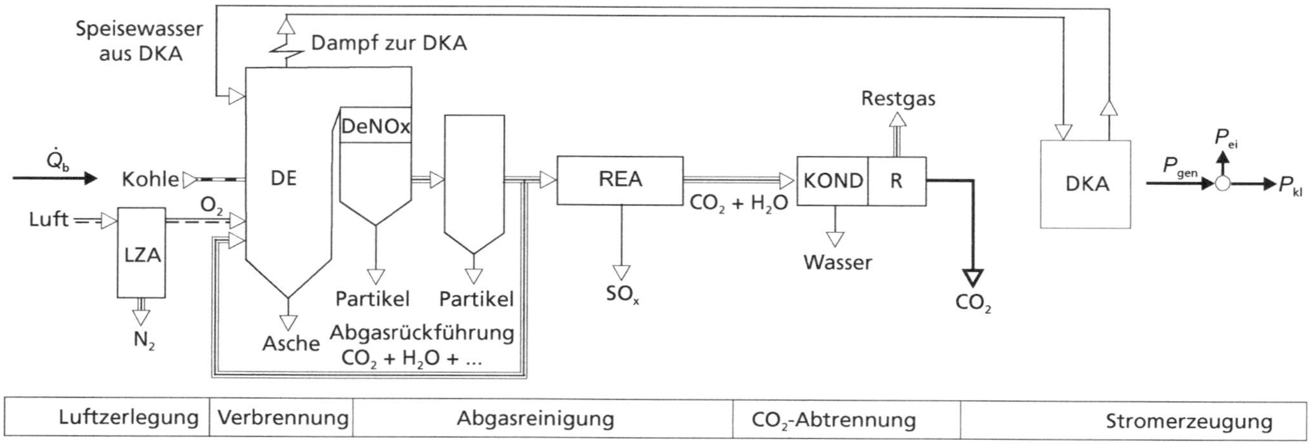

B 9.12 CO_2-Abtrennung mit dem Oxyfuel-Verfahren

AW	Abgaswäsche
DE	Dampferzeuger
DKA	Dampfkraftanlage
GUD	Gas- und Dampfkraftanlage
KVA	Kohlevergasungsanlage
KOND	H_2O-Kondensator
KONV	Konvertierungsanlage
LZA	Luftzerlegungsanlage
R	CO_2-Reinigung/Restgasabtrennung
REA	Rauchgasentschwefelungsanlage
RRA	Rauchgasreinigungsanlage (B 9.9)

9

schluss an die Rauchgasreinigungsanlage (RRA) des Kraftwerks eine chemisch wirkende Abgaswäsche eingesetzt werden. Solche Verfahren sind aus der chemischen Industrie grundsätzlich bekannt, z. B. die Wäsche mit Monoethanolamin (MEA, C_2H_7NO; 30 Vol.-% in Wasser) oder anderen Aminen. Die Waschflüssigkeit wird anschließend regeneriert. Alternative Optionen sind anorganische Lösungsmittel oder die trockene CO_2-Abtrennung.

Wegen der relativ niedrigen CO_2-Konzentration im Abgas müssen große Abgasmengen behandelt werden. Bei der Nachrüstung herkömmlicher Kohlekraftwerke werden bei ca. 85 % CO_2-Abtrennung die Wirkungsgradeinbußen auf 8 … 14 % und der Brennstoffmehraufwand auf 10 … 35 % geschätzt [46; Kap. 5.1.1.1, S. 48].

Pre-Combustion-Verfahren (Bild 9.11). Die CO_2-Abtrennung *vor* der Verbrennung ist nur beim *IGCC-Verfahren* (*I*ntegrated *G*asifikation *C*ombined *C*ycle) realisierbar. Beim IGCC-Verfahren *mit* CO_2-Abtrennung wird nach der Vergasung des Festbrennstoffes und Konvertierung des CO zu CO_2 das Kohlenstoffdioxid *vor* der Verbrennung durch Aufbereitung (Vergasung) des Brennstoffes abgetrennt. Hierzu wird der Festbrennstoff, i. Allg. Braun- oder Steinkohle, mittels Sauerstoff bei etwa 35 bar vergast. Das Rohgas ($CO + H_2$ + Begleitstoffe) wird gekühlt, entstaubt und entschwefelt. Aus dem entstandenen Reingas ($CO + H_2$) wird CO mittels Wasserdampf zu CO_2 konvertiert ($CO + H_2O \rightarrow CO_2 + H_2$). Danach erfolgt die CO_2-Abtrennung durch z. B. physikalische Wäsche oder H_2-Membranen. Das verbleibende H_2-reiche Brenngas wird in der Gasturbinenbrennkammer eines GUD-Prozesses (Abschn. 5.4) mit Luftsauerstoff verbrannt. Zur Begrenzung der Verbrennungstemperatur auf etwa 1 250 °C wird der Gasturbinenbrennkammer der bei der anfänglichen Luftzerlegung abgetrennte Stickstoff zugeführt.

Oxyfuel-Verfahren (Bild 9.12). Beim *Oxyfuel-Verfahren* wird der Brennstoff, i. Allg. Braun- oder Steinkohle, nicht mit Luft, sondern mittels Sauerstoff verbrannt. Dadurch ist der CO_2-Anteil im Verbrennungsgas hoch ($CO_2^a \approx 0{,}85 - 0{,}90$). Der Prozess verläuft wie folgt: Das Abgas (überwiegend $CO_2 + H_2O$) wird entstaubt. Zur Absenkung der Verbrennungstemperatur werden 60–70 % des Abgasstromes zum Dampferzeuger zurückgeführt. Der verbleibende, nicht rückgeführte Abgasstrom wird gekühlt und entschwefelt. Anschließend wird das Abgas ($CO_2 + H_2O$ + geringe Anteile NO_x, SO_x, CO) weiter gekühlt, wodurch restliches H_2O entsprechend dem Taupunkt auskondensiert. In der nachfolgenden CO_2-Reinigung kann CO_2 mit hoher Reinheit erzeugt werden, das für den Leitungstransport komprimiert oder auch verflüssigt wird.

Eine Pilotanlage nach dem Oxyfuel-Verfahren war in Deutschland mehrere Jahre in Betrieb. In der Anlage wurden eine CO_2-Reinheit von > 99,7 % und eine CO_2-Abscheidung von ca. 90 % der entstandenen CO_2-Menge erreicht. Die Pläne eines darauf aufbauenden Demonstrationskraftwerkes ($P_{kl} = 250$ MW) wurden aufgegeben [44].

Transport, Verwertung und Lagerung des Kohlenstoffdioxids. Zum *Transport* muss das abgetrennte CO_2 verdichtet werden, auch auf Drücke oberhalb des kritischen Druckes p_k (kritische Daten des CO_2: $p_k = 73{,}9$ bar, $t_k = 31{,}0$ °C; T 5.1). In diesem Zustandsbereich wird der Stoff üblicherweise als „Flüssigkeit" bezeichnet (B 5.5). Als Flüssigkeit kann das CO_2 über Rohrleitungen zur Verwertung oder Lagerung transportiert werden, alternativ auch in Tankbehältern oder Tankschiffen. Der Transport von festem CO_2 (Trockeneis) ist wegen des hohen Energieaufwands nur bei Verwertung als Kühlmittel sinnvoll.

Eine *Verwertung* des CO_2 als chemischer Grundstoff ist nur in begrenztem Umfang möglich. Man rechnet bei dem derzeitigen technologischen Stand mit max. 0,1 %, bei der Weiterentwicklung technologischer Verfahren mit max. 5 % der frei gesetzten CO_2-Menge [47; S. X].

Zur *Lagerung* des CO_2 werden am ehesten ausgebeutete Erdgas- oder Erdölfelder, salzwasserführende („saline") Aquifer-Speicher [1)] oder Salzkavernen für geeignet gehalten. Auch die CO_2-Einleitung in Ozeane wird diskutiert, wodurch das CO_2 für einige Jahrzehnte, evtl. auch Jahrhunderte, gespeichert werden könnte. Die damit verbundenen Umweltfolgen sind noch unbekannt.

Perspektiven. Wegen fehlender Akzeptanz der CCS-Technik in Deutschland und anderen Ländern wurden Pläne für CCS-Großkraftwerke in diesen Ländern weitgehend aufgegeben.

Weltweit sind z. Z. nur einzelne kommerzielle Kraftwerke mit CCS ausgerüstet. Zum Beispiel wird seit 2014 das Post-Combustion-Verfahren in einem kanadischen Kraftwerk mit 150 MW Kraftwerksleistung eingesetzt. In den USA hat ein IGCC-Kraftwerk mit CO_2-Abtrennung und etwa 600 MW Kraftwerksleistung Ende 2016 den Probebetrieb aufgenommen. China plant für seine zahlreichen Kohlekraftwerke einen schrittweisen Einsatz der CCS-Technologie bis 2050. (Stand 2017) [49], [50], [51; S. 262 ff] u. [52].

Auf den Einsatz der CCS-Technologie z. B. bei der Förderung von CO_2-reichem Erdgas oder bei der Erdgasverflüssigung sowie deren mögliche Verwendung in industriellen Prozessen, wie der Zement-, Stahl- und Aluminiumproduktion, gehen wir nicht ein.

Beispiel 9.13: Die emittierten CO_2-Massenströme zweier Kraftwerke (Braunkohle- bzw. Erdgas-GUD-Kraftwerk) mit jeweils 400 MW Kraftwerksnettoleistung (Klemmenleistung) sollen verglichen werden.

In dem Braunkohle-Kaftwerk wird Braunkohle mit 27 Massen-% Kohlenstoff, Heizwert 10 MJ/kg eingesetzt; ohne CO_2-Abtrennung beträgt der Kraftwerksnettowirkungsgrad 43 %, bei 85 % CO_2-Abtrenngrad verringert sich der Kraftwerksnettowirkungsgrad auf 34 %.

In dem GUD-Kraftwerk wird Erdgas mit 93,0 Mol-% CH_4, 1,0 Mol-% CO_2, Rest N_2, eingesetzt; der Kraftwerksnettowirkungsgrad beträgt 60 %, eine CO_2-Abtrennung ist nicht vorgesehen.

a) Welcher CO_2-Massenstrom wird bei dem herkömmlichen Braunkohle-Kraftwerk stündlich emittiert?
b) Um wie viel Prozent erhöht sich der Brennstoffverbrauch des Braunkohle-Kraftwerks durch die CO_2-Abtrennung?
c) Welcher CO_2-Massenstrom wird bei dem mit CO_2-Abtrennung ausgestatteten Braunkohle-Kraftwerk stündlich emittiert?
d) Welcher CO_2-Massenstrom wird bei dem GUD-Kraftwerk stündlich emittiert?
e) Die Ergebnisse sind zu vergleichen.

9

Lösung:

Zu a): Brennstoffmassenstrom (Gl 5.35b):

$$\dot{m}_\text{b} = \frac{|P_\text{kl}|}{\eta_\text{ges} H_\text{u}} = \frac{400\ \text{MW}}{0{,}43 \cdot 10}\ \frac{\text{kg B}}{\text{MJ}}\ \frac{\text{MJ}\ 3600\ \text{s}}{\text{s MW h}}$$

$$\dot{m}_\text{b} = 334\,883{,}7\ \frac{\text{kg B}}{\text{h}}$$

[1)] Aquifer-Speicher: Porenspeicher in Gesteinsschichten, aus denen Wasser durch eingepresstes Gas verdrängt wird.

CO_2-Stoffmenge im Verbrennungsgas (Gl 9.12):

$$\{\upsilon_{CO_2}\} = \frac{c}{12} = \frac{0{,}27}{12} = 0{,}0225 \quad \text{in} \quad \frac{\text{kmol CO}_2}{\text{kg B}}$$

Emittierter CO_2-Stoffmengenstrom:

$$\dot{n}_{CO_2} = \dot{m}_b \upsilon_{CO_2} = 334\,883{,}7\ \frac{\text{kg B}}{\text{h}}\ 0{,}0225\ \frac{\text{kmol CO}_2}{\text{kg B}} = 7\,534{,}88\ \frac{\text{kmol CO}_2}{\text{h}}$$

Emittierter CO_2-Massenstrom (Gl 1.19; M_{CO_2} nach T 1.5):

$$\dot{m}_{CO_2} = \dot{n}_{CO_2} M_{CO_2} = 7\,534{,}88\ \frac{\text{kmol CO}_2}{\text{h}}\ 44{,}0095\ \frac{\text{kg CO}_2}{\text{kmol CO}_2}$$

$$\dot{m}_{CO_2} = \underline{331\,606\ \frac{\text{kg CO}_2}{\text{h}}} \quad \text{(herkömmliches Braunkohle-Kraftwerk)}$$

Zu b): Der Brennstoffverbrauch erhöht sich entsprechend dem Verhältnis der Wirkungsgrade:

$$\dot{m}_{b(2)} = \frac{\eta_{ges(1)}}{\eta_{ges(2)}}\ \dot{m}_{b(1)} = \frac{0{,}43}{0{,}34}\ \dot{m}_{b(1)} = 1{,}264\,71\ \dot{m}_{b(1)}$$

Brennstoffmehrbedarf: $\underline{26{,}5\ \%}$

Zu c): Der erzeugte CO_2-Massenstrom erhöht sich wie der Brennstoffverbrauch um 26,5 %:

$$\dot{m}_{CO_2(2)} = 1{,}264\,71\ \dot{m}_{CO_2(1)} = 1{,}264\,71 \cdot 331\,606\ \frac{\text{kg}}{\text{h}} = 419\,385\ \frac{\text{kg}}{\text{h}}$$

Emittierter CO_2-Massenstrom bei $\eta_{AB} = 0{,}85$:

$$\dot{m}_{CO_2,\text{em}} = (1 - \eta_{AB})\ \dot{m}_{CO_2(2)} = (1 - 0{,}85)\ 419\,385\ \frac{\text{kg}}{\text{h}}$$

$$\dot{m}_{CO_2,\text{em}} = \underline{62\,908\ \frac{\text{kg}}{\text{h}}} \quad \text{(Braunkohle-Kraftwerk mit CO}_2\text{-Abtrennung)}$$

Zu d): CO_2-Stoffmenge im Verbrennungsgas (Gl 9.20):

$$\upsilon_{CO_2} = (CH_4^b + CO_2^b)\ \frac{\text{kmol CO}_2}{\text{kmol B}} = (0{,}93 + 0{,}01)\ \frac{\text{kmol CO}_2}{\text{kmol B}} = 0{,}94\ \frac{\text{kmol CO}_2}{\text{kg B}}$$

Molarer Heizwert des Erdgases (Gl 9.5 a)

$$H_{um} = 802{,}60\ CH_4^b\ \frac{\text{MJ}}{\text{kmol B}} = 802{,}60 \cdot 0{,}93\ \frac{\text{MJ}}{\text{kmol B}} = 746{,}418\ \frac{\text{MJ}}{\text{kmol B}}$$

Daraus errechnet sich der Brennstoffmengenstrom (entspr. Gl 5.35 b).

$$\dot{n}_b = \frac{|P_{kl\,GUD}|}{\eta_{GUD} H_{um}} = \frac{400\ \text{MW}}{0{,}60 \cdot 746{,}418}\ \frac{\text{kmol B}}{\text{MJ}}\ \frac{\text{MJ}\ 3\,600\ \text{s}}{\text{s MW h}} = 3\,215{,}36\ \frac{\text{kmol B}}{\text{h}}$$

Emittierter CO_2-Stoffmengenstrom:

$$\dot{n}_{CO_2} = \dot{n}_b\ \upsilon_{CO_2} = 3\,215{,}36\ \frac{\text{kmol B}}{\text{h}}\ 0{,}94\ \frac{\text{kmol CO}_2}{\text{kmol B}} = 3\,022{,}44\ \frac{\text{kmol CO}_2}{\text{h}}$$

Emittierter CO_2-Massenstrom (Gl 1.19):

$$\dot{m}_{CO_2} = \dot{n}_{CO_2} M_{CO_2} = 3\,022{,}44 \frac{\text{kmol } CO_2}{\text{h}} \, 44{,}095 \frac{\text{kg } CO_2}{\text{kmol } CO_2}$$

$$\underline{\dot{m}_{CO_2} = 133\,016 \frac{\text{kg } CO_2}{\text{h}}} \qquad \text{(Erdgas-GUD-Kraftwerk)}$$

Zu e):

- Der Vorteil des Erdgas-GUD-Kraftwerks (ca. 133 t CO_2/h) gegenüber dem herkömmlichen Braunkohle-Kraftwerk (ca. 332 t CO_2/h) ist begründet im niedrigen Kohlenstoffgehalt des Erdgases und im besseren Wirkungsgrad des GUD-Verfahrens.
- Die CO_2-Abtrennung verringert den emittierten CO_2-Massenstrom des Braunkohle-Kraftwerks (ca. 63 t CO_2/h) auf Werte unterhalb des Erdgas-GUD-Kraftwerks (ca. 133 t CO_2/h), erhöht aber den Brennstoffverbrauch.

9.8 Chemische Reaktionen und Irreversibilität der Verbrennung

9.8.1 Enthalpie, Entropie, freie Enthalpie

Bisher hatten wir Änderungen der Enthalpie und der Entropie einheitlicher Stoffe bei unterschiedlichen Zuständen berechnet. Dabei entfielen die Integrationskonstanten. Bei chemischen Reaktionen (für Brennstoffe z. B. nach Gl 9.6) treten ebenfalls Änderungen der Enthalpie und der Entropie ein. Infolge der unterschiedlichen Stoffe fallen aber die Integrationskonstanten nicht heraus. Nachfolgend wird gezeigt, wie man auch hier zu einfachen Rechenverfahren kommt. Wegen der chemischen Reaktionen ist es zweckmäßig, mit Stoffmengen (in mol bzw. kmol) zu rechnen. Wir beziehen daher die energetischen Zustandsgrößen auf die Stoffmengen. Bei Gasen setzen wir den idealen Gaszustand voraus. Als Bezugszustand für Eigenschaften und chemische Reaktionen führen wir den chemischen Standardzustand (Index „0") ein:

$t_0 = 25\,°\text{C}$, $p_0 = 1{,}0$ bar *chemischer Standardzustand*[1] **(Gl 9.60)**

Enthalpie. Die bei isotherm-isobarer Reaktion eintretende Änderung der Enthalpie wird als *Reaktionsenthalpie* bezeichnet. Zu ihrer Ermittlung geht man wie folgt vor:

1. Man vereinbart ein Bezugsniveau: den chemischen Standardzustand (Gl 9.60).
2. Man setzt die Enthalpie der Elemente in ihrer stabilen Phase (z. B. H_2, nicht H) im Standardzustand = null.
3. Man misst für Verbindungen die Enthalpieänderung im Standardzustand bei der Bildung aus Elementen, oder man berechnet sie aus schon gemessenen.

Die so gewonnenen Werte der Enthalpie der Stoffe nennt man *Standardbildungsenthalpie*, bezogen auf die ihrer Bildung zugrunde liegende Stoffmenge („Formelumsatz") *molare Standardbildungsenthalpie* $\Delta_B H_m^0$. Werte s. **T 9.6.**

[1] $p_0 = 1{,}00$ bar ist, gemäß IUPAC-Empfehlung von 1982 [36; S. 57], bei neueren Tabellierungen üblich, daneben wird auch $p_0 = 1{,}013\,25$ bar verwendet. Der chemische Standardzustand ist von dem physikalischen Normzustand gem. Gl 1.20 ($t_n = 0\,°\text{C}$, $p_n = 1{,}013\,25$ bar) zu unterscheiden.

9

Für Elemente gilt also:

$$\Delta_B H_m^0 = 0 \quad \textit{für Elemente in stabiler Phase} \qquad \textbf{(Gl 9.61)}$$

Bei Verbindungen ist somit $\Delta_B H_m^0$ die Reaktionsenthalpie bei der Bildung eines Mols (Kilomols) aus den Elementen im Standardzustand.

Mithilfe der tabellierten molaren Standardbildungsenthalpie lässt sich die molare Standardreaktionsenthalpie berechnen:

$$\Delta_R H_m^0 = \sum \nu_i \, \Delta_B H_{mi}^0 \quad \textit{molare Standardreaktionsenthalpie} \qquad \textbf{(Gl 9.62)}$$

$\Delta_R H_m$ ist auf die der Reaktion zugrunde liegenden Stoffmengen bezogen, die durch die stöchiometrischen Zahlen ν_i gekennzeichnet sind. Für die Stoffe am Ausgang (Produkte) ist ν_i positiv, für die Einsatzstoffe (Edukte) ist ν_i negativ; z. B. gilt für die Reaktion

$$H_2 + \frac{1}{2}\,O_2 = H_2O: \qquad \nu_{H_2} = -1\,, \qquad \nu_{O_2} = -\frac{1}{2}\,, \qquad \nu_{H_2O} = +1\,.$$

In der Regel verläuft die Reaktion nicht im Standardzustand. Während die Druckabhängigkeit oft vernachlässigt werden kann, ist die Temperaturabhängigkeit zu beachten. Bei beliebiger Temperatur gilt:

$$\Delta_R H_m = \Delta_R H_m^0 + \sum \nu_i \, C_{mpi}\big|_{T_0}^{T} (T - T_0) \quad \textit{molare Reaktionsenthalpie} \qquad \textbf{(Gl 9.63)}$$

Falls $\Delta_R H_m$ negativ ist, wird Wärme abgegeben: die Reaktion verläuft *exotherm*; falls $\Delta_R H_m$ positiv ist, muss Wärme zugeführt werden: die Reaktion verläuft *endotherm* (das folgt aus Gl 2.16, in der, mit Ausnahme elektrochemischer Reaktionen, $W_{t12} = 0$ ist).

Den bei der Verbrennung eines Brennstoffes freigesetzten Betrag der Reaktionsenthalpie nennt man, wenn das entstandene H_2O dabei flüssig vorliegt, *Brennwert*. Bezogen auf die Stoffmenge ist es der *molare Brennwert* H_{om} (Bsp. 9.14 b) und c)).

$$H_{om} = -\Delta_R H_m \quad (\Delta_R H_m \text{ für flüssiges } H_2O) \quad \textit{molarer Brennwert} \qquad \textbf{(Gl 9.64)}$$

Setzt man die Reaktionsenthalpie für gasförmig bleibendes H_2O an, so erhält man den *Heizwert*. Bezogen auf die Stoffmenge ist es der *molare Heizwert* H_{um} (vgl. Abschnitt 9.1.1 sowie T 9.6 und T 9.8):

$$H_{um} = -\Delta_R H_m \quad (\Delta_R H_m \text{ für gasförmiges } H_2O) \quad \textit{molarer Heizwert} \qquad \textbf{(Gl 9.65)}$$

Der spezifische Brennwert H_o und der spezifische Heizwert H_u sind auf die Masse bezogen (Gl 9.4 und T 9.9).

Beispiel 9.14: Für die bei 25 °C, 1,0 bar verlaufenden Reaktionen

a) $C + \frac{1}{2} O_2 \rightarrow CO$

b) $CO + \frac{1}{2} O_2 \rightarrow CO_2$

c) $C + O_2 \rightarrow CO_2$

ist jeweils die molare Standardreaktionsenthalpie zu ermitteln.

Lösung:

Stoffwerte nach T 9.6. Molare Standardreaktionsenthalpie jeweils nach Gl 9.62

$$\Delta_R H_m^0 = \sum \nu_i \, \Delta_B H_{mi}^0$$

Zu a): Für die Reaktion $C + \frac{1}{2} O_2 \rightarrow CO$ gilt, mit $\nu_C = -1$, $\nu_{O_2} = -\frac{1}{2}$, $\nu_{CO} = +1$:

$$\Delta_R H_m^0 = -1 \, \Delta_B H_{m\,C}^0 + \left(-\frac{1}{2}\right) \Delta_B H_{m\,O_2}^0 + 1 \, \Delta_B H_{m\,CO}^0 = -0 - 0 + \left(-110\,529 \, \frac{kJ}{kmol}\right)$$

$$\underline{\Delta_R H_m^0 = -110\,529 \, \frac{kJ}{kmol}}$$

CO wurde im Standardzustand aus den Elementen C und O_2 gebildet. Als Ergebnis ergibt sich somit die molare Standardbildungsenthalpie des CO: $\Delta_B H_{m\,CO}^0$ (vgl. T 9.6).

Zu b): Für die Reaktion $CO + \frac{1}{2} O_2 \rightarrow CO_2$ gilt, mit $\nu_{CO} = -1$, $\nu_{O_2} = -\frac{1}{2}$, $\nu_{CO_2} = +1$:

$$\Delta_R H_m^0 = -1 \, \Delta_B H_{m\,CO}^0 + \left(-\frac{1}{2}\right) \Delta_B H_{m\,O_2}^0 + 1 \, \Delta_B H_{m\,CO_2}^0$$

$$\Delta_R H_m^0 = -\left(-110\,529 \, \frac{kJ}{kmol}\right) + 0 + \left(-393\,522 \, \frac{kJ}{kmol}\right)$$

$$\underline{\Delta_R H_m^0 = -\,282\,993 \, \frac{kJ}{kmol}}$$

Der Betrag des Ergebnisses $|-\Delta_R H_m|$ ist der molare Brennwert H_{om} des CO (s. Gl 9.64 und T 9.8).

Zu c): Für die Reaktion $C + O_2 \rightarrow CO_2$ gilt, mit $\nu_C = -1$, $\nu_{O_2} = -1$, $\nu_{CO_2} = +1$:

$$\Delta_R H_m^0 = -1 \, \Delta_B H_{m\,C}^0 - 1 \, \Delta_B H_{m\,O_2}^0 + 1 \, \Delta_B H_{m\,CO_2}^0$$

$$\Delta_R H_m^0 = -0 - 0 + \left(-393\,522 \, \frac{kJ}{kmol}\right)$$

$$\underline{\Delta_R H_m^0 = -\,393\,522 \, \frac{kJ}{kmol}}$$

Das Ergebnis ist die molare Standardbildungsenthalpie $\Delta_B H_m^0$ (T 9.6), der Betrag des Ergebnisses $|-\Delta_R H_m^0|$ ist der molare Brennwert H_{om} des Kohlenstoffes (vgl. T 9.8).

Bsp. 9.14 zeigt: Das Gesamtergebnis zu c) ist zugleich die Summe der Einzelergebnisse von a) und b). Das wird allgemein in dem Satz von *Hess* zum Ausdruck gebracht: [1)]

Bei allen Folgen von Reaktionen, die von jeweils gleichen Einsatzstoffen zu jeweils gleichen Produkten führen, ist die Summe der Reaktionsenthalpien gleich.

Das ist einleuchtend, da die Enthalpie eine Zustandsgröße ist und ihre Änderung, d. h. die Reaktionsenthalpie, nur vom Anfangs- und Endzustand abhängt.

9

---

1) *Germain Henri Hess* (1802–1850), Chemiker, Prof. in St. Petersburg, formulierte diesen Satz schon 1840, d. h. bevor der 1. Hauptsatz bekannt war.

T 9.6 Molare Standardbildungsenthalpie $\Delta_B H_m^0$, molare Standardentropie S_m^0 und molare freie

Stoff	H_2	O_2	$H_2O_{(f)}$	$H_2O_{(g)}$	N_2
$\Delta_B H_m^0$ in $\frac{kJ}{kmol}$	0	0	−285 838[1]	−241 827[1]	0
S_m^0 in $\frac{kJ}{kmol\,K}$	130,7	205,2	69,9	188,8	191,6
G_m^0 in $\frac{kJ}{kmol}$	−38 962	−61 166	−306 690	−298 130	−57 128

[1] [7a; Tabelle A2.1]

Beispiel 9.15: Bei 200 °C soll Wasserstoff mit Sauerstoff zu Wasserdampf reagieren. Wie groß ist die molare Reaktionsenthalpie? Näherungsweise soll für die isobare molare Wärmekapazität der Mittelwert zwischen 0 °C und 200 °C eingesetzt werden. Das Ergebnis ist mit dem tabellierten Wert nach T 9.10 zu vergleichen.

Lösung:

Es gilt Gl 9.63. Darin sind einzusetzen:

$\Delta_R H^0_{m\,(g)}$ nach T 9.6

$C_{mpi}\big|_{T_0}^{T}$ nach T 2.5

$$\nu_{H_2} = -1; \qquad \nu_{O_2} = -\frac{1}{2}; \qquad \nu_{H_2O} = +1$$

Molare Reaktionsenthalpie nach Gl 9.63:

$$\Delta_R H_m = \Delta_R H_m^0 + \sum \nu_i\, C_{mpi}\big|_{T_0}^{T}\,(T - T_0)$$

$$\Delta_R H_m = -241\,827\,\frac{kJ}{kmol} + \left(-1 \cdot 29{,}07 - \frac{1}{2} \cdot 29{,}92 + 1 \cdot 34{,}08\right) \frac{kJ}{kmol\,K}\,(200 - 25)\,K$$

$$\underline{\Delta_R H_m = -\,243\,568\,\frac{kJ}{kmol}}$$

Das Ergebnis entspricht dem für $T = 473$ K interpolierten Wert nach T 9.8.

Entropie. Die bei isotherm-isobarer Reaktion eintretende Änderung der Entropie wird als *Reaktionsentropie* $\Delta_R S$ bezeichnet; bezogen auf die der Reaktion zugrunde liegenden Stoffmengen ist es die *molare Reaktionsentropie* $\Delta_R S_m$:

$$\Delta_R S_m = \sum \nu_i\, S_{mi} \quad \textit{molare Reaktionsentropie} \qquad \textbf{(Gl 9.66)}$$

Bei Reaktionen im chemischen Standardzustand wird die Bezeichnung molare *Standardreaktionsentropie* $\Delta_R S_m^0$ verwendet:

$$\Delta_R S_m^0 = \sum \nu_i\, S_{mi}^0 \quad \textit{molare Standardreaktionsentropie} \qquad \textbf{(Gl 9.67)}$$

Der Nullpunkt der Entropie wird durch einen von *Nernst*[1] gefundenen Erfahrungssatz festgelegt, der als *Nernst'sches Wärmetheorem* oder als *3. Hauptsatz der Thermodynamik* bezeichnet wird:

[1] *Walther Hermann Nernst* (1864–1941), Prof. für Physik in Göttingen und Berlin, Mitbegründer der physikalischen Chemie, erhielt 1920 den Nobelpreis für Chemie.

Standardenthalpie G_m^0 im chemischen Standardzustand ($t_0 = 25$ °C, $p_0 = 1{,}0$ bar) [1; Tabelle 10.6]

$C_{graphit}$	CO	CO_2	CH_4	Luft	Stoff
0	−110 529[1)]	−393 522[1)]	−74 873[1)]	−142	$\Delta_B H_m^0$ in $\frac{kJ}{kmol}$
5,74	197,7	213,8	186,3	198,8	S_m^0 in $\frac{kJ}{kmol\,K}$
−1 711	−169 460	−457 250	−130 400	−59 420	G_m^0 in $\frac{kJ}{kmol}$

Die Entropie jedes homogenen, kristallisierten Stoffes wird bei 0 K zu null.

Der von diesem Nullpunkt aus für einen bestimmten Zustand ermittelte Wert der Entropie wird als *absolute Entropie* bezeichnet. Für praktische Berechnungen ist die Ermittlung der absoluten Entropie von jeweils 0 K an umständlich. Deshalb wird die absolute Entropie verschiedener Stoffe im chemischen Standardzustand tabellarisch erfasst. Diese wird als *molare Standardentropie* S_m^0 bezeichnet (T 9.6). Für beliebige andere Zustände kann aus der molaren Standardentropie S_m^0 die molare Entropie S der Masse m ermittelt werden, z. B. nach Gl 3.4:

$$dS = \frac{dH}{T} - \frac{V\,dp}{T}$$

Daraus für das ideale Gas:

$$dS = \frac{m\,c_p\,dT}{T} - \frac{m\,R_i\,dp}{p}$$

Integriert, sowie $S = \frac{m}{M}\,S_m$, R_m nach Gl 1.31 und $C_{m\,p}$ nach Gl 2.53:

$$S = S^0 + m\,c_{pm}|_{T_0}^{T}\,\ln\frac{T}{T_0} - m\,R_i\,\ln\frac{p}{p_0} \qquad \textbf{(Gl 9.68)}$$

$$S_m = S_m^0 + C_{m\,p}|_{T_0}^{T}\,\ln\frac{T}{T_0} - R_m\,\ln\frac{p}{p_0} \qquad \textbf{(Gl 9.69)}$$

9

Beispiel 9.16: Für die Reaktionen nach Bsp. 9.14 ist die molare Standardreaktionsentropie zu ermitteln.

Lösung:

Stoffwerte nach T 9.6, ν_i wie Bsp. 9.14; molare Standardreaktionsentropie jeweils nach Gl 9.67

$$\Delta_R S_m^0 = \sum \nu_i\,S_{mi}^0$$

Zu a): Für die Reaktion $C + \frac{1}{2}\,O_2 \rightarrow CO$ gilt:

$$\Delta_R S_m^0 = -1\,S_{m\,C}^0 + \left(-\frac{1}{2}\right) S_{m\,O_2}^0 + 1\,S_{m\,CO}^0$$

$$\Delta_R S_m^0 = \left[-5{,}74 + \left(-\frac{1}{2}\right) 205{,}2 + 197{,}7\right] \frac{\text{kJ}}{\text{kmol K}}$$

$$\Delta_R S_m^0 = +89{,}36 \frac{\text{kJ}}{\text{kmol K}}$$

Zu b): Für die Reaktion $CO + \frac{1}{2} O_2 \rightarrow CO_2$ gilt:

$$\Delta_R S_m^0 = -1\, S_{m\,CO}^0 + \left(-\frac{1}{2}\right) S_{m\,O_2}^0 + 1\, S_{m\,CO_2}^0$$

$$\Delta_R S_m^0 = \left[-197{,}7 + \left(-\frac{1}{2}\right) 205{,}2 + 213{,}8\right] \frac{\text{kJ}}{\text{kmol K}}$$

$$\Delta_R S_m^0 = -86{,}50 \frac{\text{kJ}}{\text{kmol K}}$$

Zu c): Für die Reaktion $C + O_2 \rightarrow CO_2$ gilt:

$$\Delta_R S_m^0 = -1\, S_{m\,C}^0 + (-1)\, S_{m\,O_2}^0 + 1\, S_{m\,CO_2}^0$$

$$\Delta_R S_m^0 = (-5{,}74 - 205{,}2 + 213{,}8) \frac{\text{kJ}}{\text{kmol K}}$$

$$\Delta_R S_m^0 = +2{,}86 \frac{\text{kJ}}{\text{kmol K}}$$

Da die Entropie eine Zustandsgröße ist, ist das Gesamtergebnis zu c) gleich der Summe der Einzelergebnisse von a) und b).

Beispiel 9.17: Welchen Wert hat die absolute Entropie von 10 kg O_2 bei 10 bar, 800 °C?

Lösung:

$$S = S^0 + m\, c_{pm}\big|_{T_0}^{T} \ln \frac{T}{T_0} - m\, R_{O_2} \ln \frac{p}{p_0} \quad \text{(Gl 9.68)}$$

Mit $S^0 = \frac{m}{M} S_m^0$ und $c_{pm}\big|_{T_0}^{T}$ nach T 2.5 erhält man

$$S = \frac{10\ \text{kg}\ 205{,}2\ \text{kJ kmol}}{\text{kmol K}\ 32\ \text{kg}} + 10\ \text{kg}\ 1{,}0154 \frac{\text{kJ}}{\text{kg K}} \ln \frac{1\,073}{298} - 10\ \text{kg}\ 0{,}2598 \frac{\text{kJ}}{\text{kg K}} \ln \frac{10}{1{,}0}$$

$$S = 71{,}15 \frac{\text{kJ}}{\text{K}}$$

Freie Enthalpie. Bei chemischen Reaktionen tritt die freie Enthalpie auf. Wir werden das bei der Behandlung der Brennstoffzelle feststellen (Abschn. 9.9.2). Für die Masse m gilt (entsprechend Gl 3.16 b).

$$G = H - T\,S \quad \textit{freie Enthalpie} \qquad \textbf{(Gl 9.70)}$$

G ist immer negativ, da $T\,S > H$ ist.

Für die Stoffmenge n erhält man die *molare freie Enthalpie* G_m, für den chemischen Standardzustand die *molare freie Standardenthalpie* G_m^0 (T 9.6). Auch hier gelten die für die Enthalpie und die Entropie getroffenen Vereinbarungen.

Die bei isotherm-isobarer Reaktion eintretende Änderung der freien Enthalpie wird als *freie Reaktionsenthalpie* (auch als *Reaktions-Gibbs-Funktion*) $\Delta_R G$, bezogen auf die Stoffmenge als *molare* freie Reaktionsenthalpie $\Delta_R G_m$, bezeichnet:

$$\Delta_R G_m = \sum \nu_i \, G_{mi} \qquad \textbf{(Gl 9.71 a)}$$

oder, mit Gl 9.70

$$\Delta_R G_m = \Delta_R H_m - T \, \Delta_R S_m \qquad \textit{molare freie Reaktionsenthalpie} \qquad \textbf{(Gl 9.71 b)}$$

Neben der Temperatur T muss auch der Druck p aller Reaktionspartner gleiche Werte haben. Man kann sich den Ablauf so vorstellen, dass jeder Einsatzstoff getrennt mit p,T zuströmt und jeder Produktpartner getrennt mit gleichem p,T abströmt. Mischungseffekte (z. B. nach Gl 6.33) werden nicht berücksichtigt.

Bei Reaktionen im chemischen Standardzustand verwenden wir die Bezeichnung molare freie *Standard*reaktionsenthalpie $\Delta_R G_m^0$:

$$\Delta_R G_m^0 = \sum \nu_i \, G_{mi}^0 \qquad \textbf{(Gl 9.72 a)}$$

$$\Delta_R G_m^0 = \Delta_R H_m^0 - T_0 \, \Delta_R S_m^0 \qquad \textit{molare freie Standardreaktionsenthalpie} \qquad \textbf{(Gl 9.72 b)}$$

Man erkennt (mit Gl 9.64), dass bei Brennstoffen $\Delta_R G_m^0$ mit dem Brennwert H_{om} durch den Summanden $T_0 \, \Delta_R S_m^0$ verknüpft ist.

Falls eine elektrochemische Reaktion vorliegt (z. B. in der Brennstoffzelle, Abschn. 9.9), kann bei reversiblem Vorgang die freie Reaktionsenthalpie in die maximal mögliche *reversible Reaktionsarbeit* W_R umgesetzt werden. Bezogen auf die Stoffmenge gilt:

$$W_{Rm} = \Delta_R G_m \qquad \textit{molare reversible Reaktionsarbeit} \qquad \textbf{(Gl 9.73)}$$

W_{Rm}^0 bzw. $\Delta_R G_m^0$ sind feststehende Eigenschaften der isotherm-isobaren Reaktion im chemischen Standardzustand. Werte für einige Brennstoffe s. T 9.8. Ist die Reaktionsarbeit negativ, so wird Arbeit abgegeben.

9

Beispiel 9.18: Für die Reaktionen nach Bsp. 9.14 ist die molare freie Standardreaktionsenthalpie zu ermitteln.

Lösung:

Stoffwerte nach T 9.6, ν_i wie Bsp. 9.14; molare freie Standardreaktionsenthalpie jeweils nach Gl 9.71 a

$$\Delta_R G_m^0 = \sum \nu_i \, G_{m\,i}^0$$

Zu a): Für die Reaktion $C + \frac{1}{2} \, O_2 \rightarrow CO$ gilt:

$$\Delta_R G_m^0 = -1 \, G_{m\,C}^0 + \left(-\frac{1}{2}\right) G_{m\,O_2}^0 + 1 \, G_{m\,CO}^0$$

$$\Delta_R G_m^0 = \left[-1\,(-1\,711) - \frac{1}{2}\,(-61\,166) + 1\,(-169\,460)\right] \frac{\text{kJ}}{\text{kmol}}$$

$$\underline{\Delta_R G_m^0 = -137\,166 \, \frac{\text{kJ}}{\text{kmol}}}$$

Zu b): Für die Reaktion $CO + \frac{1}{2}\, O_2 \rightarrow CO_2$ gilt:

$$\Delta_R G^0_m = -1\, G^0_{m\,CO} + \left(-\frac{1}{2}\right) G^0_{m\,O_2} + 1\, G^0_{m\,CO_2}$$

$$\Delta_R G^0_m = \left[-1\,(-169\,460) - \frac{1}{2}\,(-61\,166) + 1\,(-457\,250)\right] \frac{kJ}{kmol}$$

$$\underline{\Delta_R G^0_m = -257\,207\, \frac{kJ}{kmol}}$$

Zu c): Für die Reaktion $C + O_2 \rightarrow CO_2$ gilt:

$$\Delta_R G^0_m = -1\, G^0_{m\,C} - 1\, G^0_{m\,O_2} + 1\, G^0_{m\,CO_2}$$

$$\Delta_R G^0_m = [-1\,(-1\,711) - 1\,(-61\,166) + 1\,(-457\,250)]\, \frac{kJ}{kmol}$$

$$\underline{\Delta_R G^0_m = -394\,373\, \frac{kJ}{kmol}}$$

Da die freie Enthalpie eine Zustandsgröße ist, ist das Gesamtergebnis zu c) gleich der Summe der Einzelergebnisse von a) und b).

Beispiel 9.19: Kohlenstoff soll mit Sauerstoff zu Kohlenstoffdioxid reagieren.

a) Aus tabellierten Werten für die Standardbildungsenthalpie und die Standardentropie ist die molare freie Standardreaktionsenthalpie zu ermitteln.

b) Um wie viel Prozent weicht beim Kohlenstoff der Betrag der molaren freien Standardreaktionsenthalpie vom Brennwert (bei 25 °C Bezugstemperatur) ab? Welcher mathematische Term erfasst die Abweichung?

Lösung:

Zu a): Reaktion nach Gl 9.6 a: $C + O_2 \rightarrow CO_2$

Molare freie Standardenthalpie nach Gl 9.72 b:

$$\Delta_R G^0_m = \Delta_R H^0_m - T_0\, \Delta_R S^0_m$$

$\Delta_R H^0_m$ ist die molare Bildungsenthalpie $\Delta_B H^0_m$ des CO_2. Wir ersetzen $\Delta_R S_m = \sum \nu_i\, S^0_{mi}$ (Gl 9.67) mit $\nu_{CO_2} = +1$, $\nu_C = -1$, $\nu_{O_2} = -1$ und erhalten mit den Werten nach T 9.6:

$$\Delta_R G^0_m = \Delta_B H^0_m - T_0\, (S^0_{m\,CO_2} - S^0_{m\,C} - S^0_{m\,O_2})$$

$$\Delta_R G^0_m = -393{,}52\, \frac{MJ}{kmol} - 298\, K\, (213{,}8 - 5{,}74 - 205{,}2)\, \frac{kJ}{kmol\, K}\, \frac{MJ}{10^3\, kJ}$$

$$\Delta_R G^0_m = -393{,}52\, \frac{MJ}{kmol} - 0{,}85\, \frac{MJ}{kmol}$$

$$\underline{\Delta_R G^0_m = -394{,}37\, \frac{MJ}{kmol}} \quad \text{(vgl. T 9.8)}$$

Zu b): Abweichung zwischen $|\Delta_R G^0_m|$ und H^0_{om}.

Mit der unter a) umgeformten Gl 9.72 b, mit $\Delta_R H_m = -H_{om}$ (Gl 9.64) und den oben eingesetzten Werten gilt:

$$\Delta_R G^0_m + H^0_{om} = -T_0\, \Delta_R S^0_m = -T_0\, (S^0_{m\,CO_2} - S^0_{m\,C} - S^0_{m\,O_2})$$

$$\Delta_R G^0_m + H^0_{om} = \underline{-0{,}85 \frac{\text{MJ}}{\text{kmol}}}$$

Die Abweichung beträgt in Prozent:

$$\psi = \frac{|\Delta_R G^0_m + H^0_{om}|}{H_{om}} = \frac{|-0{,}85|\ \text{MJ/kmol}}{393{,}52\ \text{MJ/kmol}} = \underline{0{,}0022} \mathrel{\hat{=}} \underline{0{,}22\,\%}$$

Die Abweichung zwischen $|\Delta_R G^0_m|$ und H^0_{om} liegt lediglich in dem Term $T_0\,\Delta_R S_m$ begründet. Dessen Wert ist vergleichsweise klein.

Aufgabe 9.14: Wie groß ist die molare freie Standardreaktionsenthalpie bei der isotherm-isobaren Reaktion von Wasserstoff mit Sauerstoff zu

a) H_2O in flüssiger,

b) H_2O in gasförmiger Phase?

9.8.2 Brennstoffexergie

Definition. Die Exergie eines Brennstoffes ist der Teil der Bindungsenergie, der im günstigsten Fall bei reversibler chemischer Reaktion zwischen dem Brennstoff und dem Luftsauerstoff in technische Arbeit umgewandelt werden kann, wenn nach der Reaktion zwischen System und Umgebung physikalisches und auch chemisches Gleichgewicht herrscht (Abschn. 3.9.1). Die Umgebung ist hinsichtlich Temperatur, Druck und Zusammensetzung festzulegen. Als Umgebung wird hier gesättigte Luft im Standardzustand ($t_b = t_0 = 25\ °C$, $p_b = p_0 = 1{,}0$ bar) gewählt **(T 9.7)**.

Zur Berechnung der Exergie gehen wir von dem Bilanzsystem nach **B 9.13** aus. Dadurch können wir auf die schon definierte reversible Reaktionsarbeit W_R (Gl 9.73)

T 9.7 Partialdrücke p_i^* gesättigter feuchter Luft im Standardzustand [1; Tabelle 5.9]

Luftbestandteil	N_2	O_2	H_2O	Ar	CO_2
Partialdruck p_i^* in bar	0,7561	0,2028	0,0317	0,0091	0,00040

9

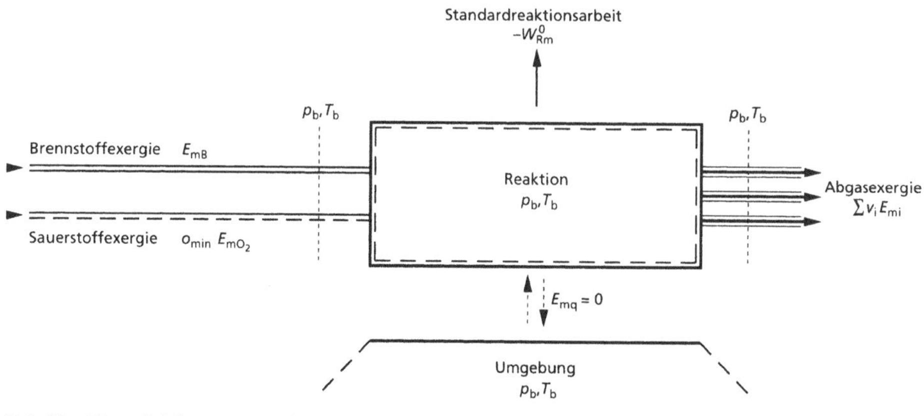

B 9.13 Exergiebilanz zur molaren Brennstoffexergie ($t_b = t_0 = 25\ °C$, $p_b = p_0 = 1{,}0$ bar)

zurückgreifen. In dem System sollen Brennstoff und Sauerstoff im Standardzustand reagieren. Änderungen der kinetischen und potenziellen Energie sollen nicht eintreten.

Zugeführt werden: die Brennstoffexergie $E_{\mathrm{m\,B}}$ und die auf die Brennstoffmenge bezogene Exergie des Luftsauerstoffes $o_{\min} E_{\mathrm{m\,O_2}}$. Der Sauerstoff bringt Exergie mit, da er mit $p_0 = 1$ bar zurückgeführt wird, in der Umgebung aber nur mit dem Partialdruck $p^*_{\mathrm{O_2}}$ vorkommt.

Abgeführt werden: die molare reversible Standardreaktionsarbeit W_{Rm} und die auf die Brennstoffmenge bezogene Exergie der Abgaskomponenten $\sum \nu_{\mathrm{i}} E_{\mathrm{mi}}$. Auch die Abgaskomponenten führen Exergie mit, da ihr Druck $p_0 = 1$ bar noch mit dem Partialdruck p^*_{i} desselben Stoffes in der Umgebung ins Gleichgewicht gebracht werden kann.

Wir stellen folgende Exergiebilanz auf (B 9.13):

$$E_{\mathrm{mB}} + o_{\min} E_{\mathrm{mO_2}} = -W^0_{\mathrm{Rm}} + \sum \nu_{\mathrm{i}} E_{\mathrm{mi}} \qquad \textbf{(Gl 9.74)}$$

Für die molaren Exergien des Sauerstoffes und des Abgases gilt allgemein Gl 3.110

$$E_{\mathrm{m1}} = H_{\mathrm{m1}} - H_{\mathrm{mb}} + T_{\mathrm{b}} \left(S_{\mathrm{mb}} - S_{\mathrm{m1}}\right)$$

mit $H_{\mathrm{m1}} - H_{\mathrm{mb}} = 0$, da $T_1 = T_{\mathrm{b}} = T_0$ ist. Enddruck (anstelle des Bezugsdruckes p_{b}) ist hier der jeweilige Partialdruck p^*_{i}. Der Druck des Zustandes 1 ist hier der Druck $p_1 = p_0 = 1$ bar an der Bilanzgrenze. Mit Gl 9.69 (für $T = T_0$)

$$S_{\mathrm{m},p^*_{\mathrm{i}}} - S_{\mathrm{m},p_0} = -R_{\mathrm{m}} \ln \frac{p^*_{\mathrm{i}}}{p_0}$$

lässt sich für die molare Exergie des Sauerstoffes und des Abgases angeben:

$$E_{\mathrm{m1}} = -T_0 \, R_{\mathrm{m}} \ln \frac{p^*_{\mathrm{i}}}{p_0} \qquad \textbf{(Gl 9.75)}$$

Damit erhalten wir für die vom Luftsauerstoff in das Bilanzsystem (nach B 9.13) eingebrachte Exergie

$$o_{\min} E_{\mathrm{mO_2}} = -o_{\min} \, T_0 \, R_{\mathrm{m}} \ln \frac{p^*_{\mathrm{O_2}}}{p_0} \qquad \textbf{(Gl 9.76)}$$

und für die vom Abgas aus dem Bilanzsystem (nach B 9.13) abgeführte Exergie

$$\sum \nu_{\mathrm{i}} E_{\mathrm{mi}} = -T_0 \, R_{\mathrm{m}} \sum \nu_{\mathrm{i}} \ln \frac{p^*_{\mathrm{i}}}{p_0} \qquad \textbf{(Gl 9.77)}$$

Eingesetzt in Gl 9.74 ergibt sich für die molare Brennstoffexergie:

$$E_{\mathrm{mB}} = -W^0_{\mathrm{Rm}} - o_{\min} E_{\mathrm{m\,O_2}} + \sum \nu_{\mathrm{i}} E_{\mathrm{mi}}$$

$$E_{\mathrm{mB}} = -W^0_{\mathrm{Rm}} - T_0 \, R_{\mathrm{m}} \left(\sum \nu_{\mathrm{i}} \ln \frac{p^*_{\mathrm{i}}}{p_0} - o_{\min} \ln \frac{p^*_{\mathrm{O_2}}}{p_0}\right) \qquad \textbf{(Gl 9.78)}$$

Die Abgasbestandteile sind CO_2 und SO_2, H_2O soll flüssig vorliegen.

Für schwefelfreien Brennstoff ist als Abgaskomponente nur CO_2 zu berücksichtigen:

$$E_{\mathrm{mB}} = -W^0_{\mathrm{Rm}} - T_0\,R_{\mathrm{m}}\left(\nu_{\mathrm{CO_2}}\ln\frac{\overset{*}{p}_{\mathrm{CO_2}}}{p_0} - o_{\mathrm{min}}\ln\frac{\overset{*}{p}_{\mathrm{O_2}}}{p_0}\right)$$

für schwefelfreien Brennstoff **(Gl 9.79)**

Gl 9.78 kann durch Einsetzen von $\Delta_{\mathrm{R}}G^0_{\mathrm{m}} = W^0_{\mathrm{Rm}}$ (Gl 9.73) und weiter mit Gl 9.72 b ($\Delta_{\mathrm{R}}G^0_{\mathrm{m}} = \Delta_{\mathrm{R}}H^0_{\mathrm{m}} - T_0\,\Delta_{\mathrm{R}}S^0_{\mathrm{m}}$) sowie Gl 9.64 ($\Delta_{\mathrm{R}}H^0_{\mathrm{m}} = -H_{\mathrm{om}}$) umgeformt werden in

$$E_{\mathrm{mB}} = H_{\mathrm{om}} + T_0\left(S_{\mathrm{ab}} - S_{\mathrm{mB}} - S_{\mathrm{O_2}}\right) \qquad \textbf{(Gl 9.80)}$$

Mit S_{ab} ist hier die Summe der Entropien der Abgaskomponenten im Bezugszustand bezeichnet. Auch in Gl 9.80 sind bei S_{ab} und $S_{\mathrm{O_2}}$ die Partialdrücke in der vereinbarten Umgebung zu berücksichtigen.

Auf welche Weise die maximal mögliche technische Arbeit praktisch erzielt werden kann, wird hier nicht näher diskutiert. Denkbar wäre z. B. zur Nutzung der Teildrücke der Einzelstoffe in der Umgebungsluft die Verwendung einer semipermeablen Membran.

Die herkömmlichen Verfahren, bei denen der Brennstoff bei hoher Temperatur verbrannt und die dann im Verbrennungsgas vorhandene Energie zum Betrieb einer Wärmekraftmaschine verwendet wird, nützen die Exergie des Brennstoffes nicht angenähert aus.

Zusammenhang zwischen Brennstoffexergie und Brennwert. Gl 9.80 verknüpft die Brennstoffexergie E_{B} mit dem Brennwert H_{o}. Da der 2. Term in Gl 9.80 klein gegenüber H_{o} ist, ist die Exergie von Brennstoffen hoch und liegt in der Größenordnung des Brennwertes **(T 9.8** und **T 9.9)**.

Die Exergie ist bei Kohlenstoff um 4,3 % größer als der Brennwert, die Ursache liegt darin, dass bei dieser maximal möglichen technischen Arbeit Wärme aus der Umgebung zugeführt wird. Bei Wasserstoff ist die Exergie um 17,7 % kleiner als der Brennwert. Eine

9

T 9.8 Molarer Brennwert H_{om}, molarer Heizwert H_{um}, molare reversible Reaktionsarbeit W^0_{Rm}, molare Exergie E_{mB} und Energiequalitätsgrad φ_{EQ} einiger einfacher Brennstoffe im chemischen Standardzustand (25 °C, 1,0 bar). Bezugszustand für E_{mB}: gesättigte feuchte Luft nach T 9.7 im Standardzustand [1; Tabelle 10.13].

Brennstoff	H_{om} $\frac{\mathrm{MJ}}{\mathrm{kmol}}$	H_{um} $\frac{\mathrm{MJ}}{\mathrm{kmol}}$	$W^0_{\mathrm{Rm}} = \Delta_{\mathrm{R}}G^0_{\mathrm{m}}$ $\frac{\mathrm{MJ}}{\mathrm{kmol}}$	E_{mB} $\frac{\mathrm{MJ}}{\mathrm{kmol}}$	$\frac{E_{\mathrm{mB}}}{-W_{\mathrm{Rm}}}$	$\varphi_{\mathrm{EQ}} = \frac{E_{\mathrm{mB}}}{H_{\mathrm{om}}}$
$C_{graphit}$	393,5	393,5	−394,37	405,6	1,028	1,031
H_2	285,8	241,8	−237,15 *)	234,7	0,990	0,821
CO	283,0	283,0	−257,21	270,9	1,053	0,957
CH_4	890,3	802,3	−817,90 *)	824,2	1,008	0,926
C_2H_6	1 559,8	1 427,8	−1 467,3 *)	1 482,3	1,010	0,950

*) H_2O nach der Reaktion in flüssiger Phase ($H_2O_{(f)}$)

T 9.9 Spezifischer Brennwert H_o, spezifische Exergie e_B und Energiequalitätsgrad φ_{EQ} einiger flüssiger und fester Brennstoffe bei 25 °C, 1,01325 bar [26; Tabelle 5]

Brennstoff	H_o $\frac{MJ}{kg}$	e_B $\frac{MJ}{kg}$	$\varphi_{EQ} = \frac{e_B}{H_o}$
Heizöl EL	45,96	45,1	0,981
Rohbraunkohle (Rhein)	9,90	10,1	1,020
Steinkohle (Ruhr)			
- Fettkohle	32,82	33,3	1,015
- Anthrazit	32,67	33,0	1,011
Koks (Steinkohle)	29,01	29,5	1,019

Berechnung der Exergie ist nur bei chemisch einfachen Stoffen, nicht jedoch bei Kohle und Heizöl möglich, da diese aus vielfältigen Verbindungen bestehen. In solchen Fällen wird die Exergie durch statistisch gefundene Näherungsgleichungen ermittelt, z. B. gilt für feste und flüssige Brennstoffe $e_B \approx H_o$ (T 9.9) und für Brenngase – außer für Wasserstoff – $e_B \approx (0{,}93\ldots0{,}97)\,H_o$ (T 9.8).

Zusammenhang zwischen Brennstoffexergie und reversibler Reaktionsarbeit.
Gl 9.78/Gl 9.79 verknüpfen die Brennstoffexergie E_B mit der reversiblen Reaktionsarbeit im Standardzustand W_R^0. Beide Begriffe sind für die gleiche Temperatur (25 °C) definiert. Sie unterscheiden sich aber durch folgende Vereinbarung hinsichtlich des Druckes:

Bei der Brennstoffexergie sind nach der Reaktion bei $p_b = p_0 = 1{,}0$ bar die Drücke der einzelnen Abgasbestandteile ins Gleichgewicht mit den *Partial*drücken p_i^* der selben Stoffe in der vereinbarten Umgebung zu bringen. Die aus dem Bilanzsystem (B 9.13) mit $p_b = 1{,}0$ bar austretenden Abgaskomponenten verfügen somit noch über Exergie. Beim Sauerstoff ist zu beachten, dass dieser gemäß Definition bei p_b mit dem Brennstoff reagieren soll, in der Umgebungsluft aber nur mit dem Partialdruck $p_{O_2}^*$ vorkommt. Der Luftsauerstoff bringt somit Exergie mit. Bei der reversiblen Reaktionsarbeit wird dagegen vereinbarungsgemäß für jeden Reaktionspartner gleichbleibender Druck (im Standardzustand $p_0 = 1{,}0$ bar) vorausgesetzt.

Dadurch ergeben sich bei den meisten Brennstoffen etwas höhere Werte für die Brennstoffexergie E_B als für den Betrag der reversiblen Reaktionsarbeit im Standardzustand W_R^0 (T 9.8 und Bsp. 9.20). Während die reversible Reaktionsarbeit eine Eigenschaft der Brennstoffreaktion ist, hängt die Brennstoffexergie von der vereinbarten Umgebung ab. Unterschiedliche Umgebungsmodelle führen zu leicht unterschiedlichen Brennstoffexergien.

Beispiel 9.20: Wie groß ist im chemischen Standardzustand

a) die molare Exergie von Kohlenstoff,

b) ihre Differenz zur molaren Reaktionsarbeit der Reaktion $C + O_2 \rightarrow CO_2$? Worin liegt die Abweichung begründet?

Lösung:

Zu a): Reaktionsgleichung (Gl 9.6 a): $C + O_2 \rightarrow CO_2$

Lösungsweg 1: Brennstoffexergie nach Gl 9.79

$$E_{mB} = -W^0_{Rm} - T_0\,R_m\left(\nu_{CO_2}\ln\frac{\overset{*}{p}_{CO_2}}{p_0} - o_{min}\ln\frac{\overset{*}{p}_{O_2}}{p_0}\right)$$

Mit $W^0_{Rm} = -394{,}37\,\frac{MJ}{kmol}$ (T 9.8)

$\nu_{CO_2} = 1;\quad o_{min} = 1$ (gem. Gl 9.6 a)

$\overset{*}{p}_{CO_2} = 0{,}000\,40\ \text{bar},\quad \overset{*}{p}_{O_2} = 0{,}202\,8\ \text{bar}$ (T 9.7)

ergibt sich:

$$E_{mB} = -\left(-394{,}37\,\frac{MJ}{kmol}\right) - 298{,}15\,K\,8{,}314\,46\,\frac{kJ}{kmol\,K}\,\frac{MJ}{10^3\,kJ}\,(\ln 0{,}000\,40 - \ln 0{,}202\,8)$$

$$\underline{E_{mB} = 410\,\frac{MJ}{kmol}}\quad \text{(vgl. T 9.8)}$$

Lösungsweg 2: Brennstoffexergie nach Gl 9.80

$$E_{mB} = H_{om} + T_0\,(S_{ab} - S_{mC} - S_{O_2})$$

Hierin sind, mit S^0_m nach T 9.6 und H_{om} nach T 9.8, gem. Gl 9.69:

$$S_{ab} = S_{m\,CO_2} = S^0_{m\,CO_2} - R_m\ln\frac{\overset{*}{p}_{CO_2}}{p_0}$$

$$S_{m\,CO_2} = 213{,}8\,\frac{kJ}{kmol\,K} - 8{,}314\,46\,\frac{kJ}{kmol\,K}\ln 0{,}000\,40 = 279\,\frac{kJ}{kmol\,K}$$

$$S_{O_2} = S_{m\,O_2} = S^0_{m\,O_2} - R_m\ln\frac{\overset{*}{p}_{O_2}}{p_0}$$

$$S_{m\,O_2} = 205{,}2\,\frac{kJ}{kmol\,K} - 8{,}314\,46\,\frac{kJ}{kmol\,K}\ln 0{,}202\,8 = 218\,\frac{kJ}{kmol\,K}$$

Somit wird:

$$E_{mB} = 393{,}5\,\frac{MJ}{kmol} + 298{,}15\,K\,(279 - 5{,}74 - 218)\,\frac{kJ\,MJ}{kmol\,K\,10^3\,kJ}$$

$$\underline{E_{mB} = 410\,\frac{MJ}{kmol}}\quad \text{(vgl. T 9.6)}$$

Zu b): Die Differenz zwischen der molaren Brennstoffexergie E_{mB} und dem Betrag der molaren reversiblen Reaktionsarbeit W^0_{Rm} ist gering. Sie liegt in der Vereinbarung über die Drücke begründet. Bei W^0_{Rm} ist der Druck der Partner vor und nach der Reaktion vereinbarungsgemäß $p_0 = 1$ bar. Bei E_{mB} wird dagegen der Druck der Reaktionspartner mit deren Partialdruck in der vereinbarten Umgebung ins Gleichgewicht gebracht. Die Differenz beträgt

$$T_0\,R_m\left(\sum\nu_i\ln\frac{\overset{*}{p}_i}{p_0} - o_{min}\ln\frac{\overset{*}{p}_{O_2}}{p_0}\right)$$

und errechnet sich im vorliegenden Beispiel zu 15,4 MJ/kmol oder ca. 4 %.

9

Aufgabe 9.15: Für Methan ist die molare Exergie aus dem Wert der molaren reversiblen Reaktionsarbeit (T 9.8) zu berechnen und mit dem Tabellenwert (ebenfalls T 9.8) zu vergleichen.

9.8.3 Exergieverlust bei der Verbrennung

Die Summe der mit dem Brennstoff und der Verbrennungsluft in eine Feuerung eingebrachten Exergie ist größer als die Exergie des Verbrennungsgases nach der Verbrennung in einem adiabaten System. Die Differenz ist der Exergieverlust:

$$E_v = E_B + E_l - E_{a\,max} \qquad \textbf{(Gl 9.81)}$$

E_B = die Brennstoffexergie (entspr. Gl 9.78/79 und Gl 9.80)

E_l = die auf die Brennstoffmenge bezogene Exergie der Luft, von der wir vereinfachend annehmen wollen, dass sie mit $p_b = p_0$ und $t_b = t_0$ zugeführt wird; dann ist $E_l = 0$

$E_{a\,max}$ = die auf die Brennstoffmenge bezogene Exergie des Verbrennungsgases bei Verbrennung in einer adiabaten Feuerung, also bei theoretischer Verbrennungstemperatur t_{max}. Die Annahme der adiabaten Feuerung ist notwendig, da die Exergieverringerung des Verbrennungsgases bei Abkühlung nicht der Verbrennung zugeschrieben werden darf.

Die *Verbrennungsgasexergie* bei t_{max} ist (Gl 3.110):

$$E_{a\,max} = H_{a\,max} - H_{a\,b} + T_0\,(S_{a\,b} - S_{a\,max})$$

mit $H_{a\,max} - H_{a\,b} = H_o$ (B 9.8)

$$E_{a\,max} = H_o + T_0\,(S_{a\,b} - S_{a\,max}) \qquad \textbf{(Gl 9.82)}$$

Damit wird der Exergieverlust bei adiabater Verbrennung (Gl 9.82 und Gl 9.80 in Gl 9.81 eingesetzt):

$$E_v = T_0\,(S_{a\,max} - S_B - S_l) \qquad \textbf{(Gl 9.83)}$$

Das Ergebnis entspricht – wie zu erwarten – Gl 3.130. $S_{a\,max}$ besteht aus der Entropie der einzelnen Abgasbestandteile und deren Mischungsentropie nach Gl 6.33.

Der Exergieverlust erreicht bei der Verbrennung beachtliche Werte (Bsp. 9.21), die Verbrennung ist also ein Vorgang von hoher Irreversibilität. Eine annähernd reversible Reaktion ist durch Brennstoffzellen erreichbar, in denen die chemische Energie des Brennstoffes direkt in elektrische Energie umgewandelt wird (Abschn. 9.9).

Beispiel 9.21: Welcher Exergieverlust tritt bei der Verbrennung von 1 kmol CO mit Luft bei $\lambda = 1$ ein? Die Brennstoff- und Lufttemperatur sollen 25 °C, der Umgebungszustand 25 °C, 1,0 bar betragen. Die Mischungsentropie der Abgasbestandteile soll vernachlässigt werden.

Lösung:

Wir ermitteln zunächst die Entropien:

$$S_B = S^0_{m\,CO} = 197{,}7\,\frac{\text{kJ}}{\text{kmol B K}} \qquad \text{(T 9.6)}$$

$$S_l = l_{\min}\,S^0_{ml} = 2{,}380\,95\,\frac{\text{kmol L}}{\text{kmol B}}\,198{,}8\,\frac{\text{kJ}}{\text{kmol L K}} = 473{,}3\,\frac{\text{kJ}}{\text{kmol B K}}$$

$$S_{\text{a max}} = \upsilon_{CO_2}\,S_{\text{m max}\,CO_2} + \upsilon_{N_2}\,S_{\text{m max}\,N_2}$$

$$S_{\text{a max}} = 1\,\frac{\text{kmol CO}_2}{\text{kmol B}}\,336{,}063\,\frac{\text{kJ}}{\text{kmol CO}_2\,\text{K}} + 1{,}880\,95\,\frac{\text{kmol N}_2}{\text{kmol B}}\,265{,}764\,8\,\frac{\text{kJ}}{\text{kmol N}_2\,\text{K}}$$

$$S_{\text{a max}} = 835{,}953\,\frac{\text{kJ}}{\text{kmol B K}}$$

Hierin sind:

$$l_{\min} = \frac{o_{\min}\,\text{kmol L}}{0{,}21\,\text{kmol O}_2} = \frac{CO^{\text{b}}\,\text{kmol L}}{2\cdot 0{,}21\,\text{kmol B}} = \frac{1\,\text{kmol L}}{0{,}42\,\text{kmol B}} = 2{,}380\,95\,\frac{\text{kmol L}}{\text{kmol B}}$$

$$\upsilon_{CO_2} = CO^{\text{b}}\,\frac{\text{kmol CO}_2}{\text{kmol B}} = 1\,\frac{\text{kmol CO}_2}{\text{kmol B}}$$

$$\upsilon_{N_2} = 0{,}79\,\lambda\,l_{\min}\,\frac{\text{kmol N}_2}{\text{kmol B}} = 0{,}79\cdot 1{,}0\cdot 2{,}380\,95\,\frac{\text{kmol N}_2}{\text{kmol B}} = 1{,}880\,95\,\frac{\text{kmol N}_2}{\text{kmol B}}$$

$$S_{\text{m max}\,CO_2} = S^0_{\text{m}\,CO_2} + C_{\text{m}p\,CO_2}\big|_{T_0}^{T_{\max}}\ln\frac{T_{\max}}{T_0}\quad [(\text{Gl } 9.69);\ t_{\max} = 2\,396{,}1\ °\text{C, Aufgabe } 9.7]$$

$$S_{\text{m max}\,CO_2} = 213{,}8\,\frac{\text{kJ}}{\text{kmol CO}_2\,\text{K}} + 55{,}778\,\frac{\text{kJ}}{\text{kmol K}}\,\ln\frac{2\,669{,}25\,\text{K}}{298{,}15\,\text{K}} = 336{,}063\,\frac{\text{kJ}}{\text{kmol CO}_2\,\text{K}}$$

$$S_{\text{m max}\,N_2} = 191{,}6\,\frac{\text{kJ}}{\text{kmol N}_2\,\text{K}} + 33{,}785\,4\,\frac{\text{kJ}}{\text{kmol K}}\,\ln\frac{2\,669{,}25\,\text{K}}{298{,}15\,\text{K}} = 265{,}764\,8\,\frac{\text{kJ}}{\text{kmol N}_2\,\text{K}}$$

Damit ist der Exergieverlust (Gl 9.83):

$$E_{\text{v}} = T_0\,(S_{\text{a max}} - S_{\text{B}} - S_l)$$

$$E_{\text{v}} = 298{,}15\,\text{K}\,(835{,}953 - 197{,}7 - 473{,}809\,5)\,\frac{\text{kJ}}{\text{kmol B K}}\,\frac{\text{MJ}}{10^3\,\text{kJ}} = \underline{49{,}17\,\frac{\text{MJ}}{\text{kmol B}}}$$

Bezogen auf die Brennstoffexergie (T 9.8) beträgt der Exergieverlust:

$$\frac{E_{\text{v}}}{E_{\text{B}}} = \frac{49{,}17}{270{,}9} = \underline{0{,}182}\quad\text{oder}\quad\underline{18{,}2\,\%}$$

Aufgabe 9.16: Wie groß ist der Exergieverlust für das Bsp. 9.21, wenn der Luftüberschuss 40 % beträgt? ($t_{\max} = 1\,920$ °C aus Aufgabe 9.7).

9

9.9 Brennstoffzellen

9.9.1 Wirkprinzip

In Brennstoffzellen verläuft eine elektrochemische Reaktion zwischen Brennstoff (Wasserstoff) und Sauerstoff. Dabei wird elektrische Arbeit abgegeben.

Zwischen zwei Elektroden (Anode und Kathode) befindet sich ein flüssiger oder fester Elektrolyt. An der Anode wird Brennstoff, an der Kathode werden Sauerstoff oder Luft zugeführt. Wir erläutern den Vorgang am Beispiel einer Brennstoffzelle mit Phosphorsäure als Elektrolyt (PAFC), die bei etwa 200 °C arbeitet **(B 9.14)**.

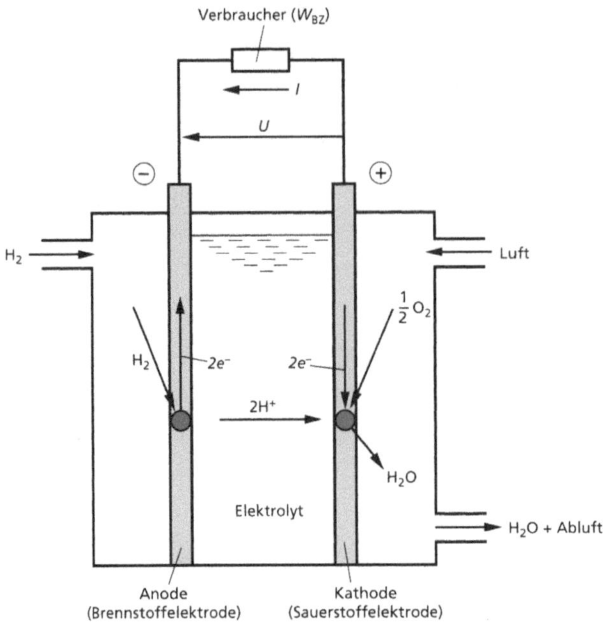

B 9.14 Wirkschema einer Brennstoffzelle (PAFC)

An der Anode spalten sich je H_2-Molekül zwei Elektronen ab:

$$H_2 \rightarrow 2\,H^+ + 2\,e^-$$

Die Elektronen fließen über den äußeren Stromkreis (Verbraucher), die Wasserstoff-Ionen (Protonen) über den Elektrolyten zur Kathode. Dort reagieren sie mit Sauerstoff:

$$\frac{1}{2}\,O_2 + 2\,H^+ + 2\,e^- \rightarrow H_2O$$

Das entstandene H_2O wird mit den verbleibenden Luftbestandteilen als Wasserdampf abgeführt.

Es gibt auch anderswirkende Elektrolyten. So wandern z. B. in der oxidkeramischen Brennstoffzelle (SOFC) Sauerstoff-Ionen von der Kathode zur Anode, an der dann die Oxidation stattfindet.

9.9.2 Energetische Bewertung

Arbeit. In der Brennstoffzelle wird bei isotherm-isobarer Reaktion von Wasserstoff mit Sauerstoff die elektrische Arbeit W_{BZ} abgegeben. Dabei bildet sich H_2O.

W_{BZ} ermitteln wir in Anlehnung an die für einheitliche Stoffe entwickelte Gl 2.16 (1. Hauptsatz, Änderung der kinetischen und potenziellen Energie vernachlässigt):

$$W_{t\,12} = H_2 - H_1 - Q_{12}$$

Ersetzt man darin Q_{12} für isotherme Vorgänge nach Gl 3.40

$$Q_{12} + W_{\mathrm{diss}\,12} = T\,(S_2 - S_1)$$

so erhält man

$$W_{\mathrm{t}\,12} = H_2 - H_1 - T\,(S_2 - S_1) + W_{\mathrm{diss}\,12}$$

Wir wenden diese Gleichung auf die isotherm-isobare Reaktion in der Brennstoffzelle an (Ablauf wie bei der Definition der freien Reaktionsenthalpie; s. Anmerkung zu Gl 9.71), beziehen sie auf die Stoffmenge des Wasserstoffs und führen ein:

$$H_{\mathrm{m}\,2} - H_{\mathrm{m}\,1} = \Delta_{\mathrm{R}} H_{\mathrm{m}} \qquad \text{(Reaktionsenthalpie, entspr. Gl 9.62)}$$
$$S_{\mathrm{m}\,2} - S_{\mathrm{m}\,1} = \Delta_{\mathrm{R}} S_{\mathrm{m}} \qquad \text{(Reaktionsentropie, entspr. Gl 9.66)}$$
$$\Delta_{\mathrm{R}} G_{\mathrm{m}} = \Delta_{\mathrm{R}} H_{\mathrm{m}} - T\,\Delta_{\mathrm{R}} S_{\mathrm{m}} \qquad \text{(freie Reaktionsenthalpie, Gl 9.71 b)}$$

Dann erhalten wir mit der in der Brennstoffzelle dissipierten Energie $W_{\mathrm{diss}\,12} = W_{\mathrm{BZ\,diss}}$:

$$W_{\mathrm{BZ\,m}} = \Delta_{\mathrm{R}} G_{\mathrm{m}} + W_{\mathrm{BZ\,m\,diss}} \qquad \textit{molare Arbeit der Brennstoffzelle} \qquad \textbf{(Gl 9.84 a)}$$

Die maximal mögliche molare elektrische Arbeit $W^{\mathrm{rev}}_{\mathrm{BZ\,m}}$ wird von einer reversibel arbeitenden Brennstoffzelle abgegeben (Gl 9.84 a mit $W_{\mathrm{BZ\,m\,diss}} = 0$):

$$W^{\mathrm{rev}}_{\mathrm{BZ\,m}} = \Delta_{\mathrm{R}} G_{\mathrm{m}} \qquad \textit{reversible molare Arbeit der Brennstoffzelle} \qquad \textbf{(Gl 9.84 b)}$$

$\Delta_{\mathrm{R}} G_{\mathrm{m}}$ setzen wir für gasförmiges H_2O ein, was bei Brennstoffzellen in der Regel zutrifft. Im Standardzustand ist $\Delta_{\mathrm{R}} G_{\mathrm{m}} = -228{,}58$ MJ/kmol. Mit höherer Reaktionstemperatur verringern sich $\Delta_{\mathrm{R}} G_{\mathrm{m}}$ und somit die reversible Arbeit der Brennstoffzelle $W^{\mathrm{rev}}_{\mathrm{BZ\,m}}$ **(T 9.10)**.

Wärme. Bei der Reaktion in der Brennstoffzelle wird Wärme abgeführt. Sie nimmt mit höherer Temperatur zu. Aus Gl 2.16 folgt gemäß den vorstehenden Voraussetzungen (mit $\Delta_{\mathrm{R}} H_{\mathrm{m}} = -H_{\mathrm{um}}$ für gasförmiges H_2O; Gl 9.65):

$$Q_{\mathrm{m}} = \Delta_{\mathrm{R}} H_{\mathrm{m}} - W_{\mathrm{BZ\,m}} = -H_{\mathrm{um}} - W_{\mathrm{BZ\,m}} \qquad \textbf{(Gl 9.85 a)}$$

Auch bei reversibler Reaktion in der Brennstoffzelle wird Wärme abgeführt:

$$Q_{\mathrm{m}} = \Delta_{\mathrm{R}} H_{\mathrm{m}} - W^{\mathrm{rev}}_{\mathrm{BZ\,m}} = -H_{\mathrm{um}} - W^{\mathrm{rev}}_{\mathrm{BZ\,m}} \qquad \textit{reversibel} \qquad \textbf{(Gl 9.85 b)}$$

Leistung und Klemmenspannung. Mit dem Brennstoffmengenstrom $\dot{n}$ (H_2-Schlupf vernachlässigt) ergibt sich die elektrische Leistung der Brennstoffzelle P_{BZ}:

$$P_{\mathrm{BZ}} = \dot{n}\,W_{\mathrm{BZ\,m}} \qquad \textit{Leistung der Brennstoffzelle} \qquad \textbf{(Gl 9.86 a)}$$

Bei reversibler Brennstoffzelle wird die maximal mögliche Leistung erreicht:

$$P^{\mathrm{rev}}_{\mathrm{BZ}} = \dot{n}\,W^{\mathrm{rev}}_{\mathrm{BZ\,m}} = \dot{n}\,\Delta_{\mathrm{R}} G_{\mathrm{m}} \qquad \textit{reversibel} \qquad \textbf{(Gl 9.86 b)}$$

Die Leistung kann auch aus der tatsächlich erzeugten Spannung U und dem elektrischen Strom I ermittelt werden:

$$P_{\mathrm{BZ}} = -U\,I \qquad \textit{Leistung der Brennstoffzelle} \qquad \textbf{(Gl 9.87 a)}$$

T 9.10 Molare Reaktionsenthalpie $\Delta_R H_m$, molare freie Reaktionsenthalpie $\Delta_R G_m$ von $H_2O_{(g)}$

	Temperatur T in K					
	298,15	300	400	500	600	700
$\Delta_R H_m$ in $\frac{MJ}{kmol}$	−241,81	−241,84	−242,85	−243,83	−244,76	−245,63
$\Delta_R G_m$ in $\frac{MJ}{kmol}$	−228,58	−228,50	−223,90	−219,05	−214,01	−208,81
S_m in $\frac{kJ}{kmol\,K}$	188,83	189,04	198,79	206,53	213,05	218,74

Bei reversibler Brennstoffzelle werden die maximal mögliche Leistung P_{BZ}^{rev} und die maximale Spannung U_{rev} erzeugt:

$$P_{BZ}^{rev} = -U_{rev}\, I \qquad \textit{reversibel} \qquad \textbf{(Gl 9.87 b)}$$

Der elektrische Strom I resultiert aus dem Stoffmengenstrom der Elektronen $\dot{n}_{el}$ und der *Faraday-Konstanten*:[1)]

$$I = \dot{n}_{el}\, F$$

Die *Faraday-Konstante* gehört zu den physikalischen Konstanten (genauer Wert s. T 1.6).

$$F = e\, N_A = 96\,485{,}3\ \mathrm{C/mol} \qquad \textit{Faraday-Konstante} \qquad \textbf{(Gl 9.88)}$$

Da je Molekül des Wasserstoffs 2 Elektronen frei werden, gilt für die Stoffmengenströme:

$$\dot{n}_{el} = 2\, \dot{n}_{H_2}$$

Damit kann die Spannung der reversiblen Brennstoffzelle berechnet werden (Gl 9.86 b in Gl 9.87 b eingesetzt, I nach o. Gl mit F nach Gl 9.88):

$$U_{rev} = -\frac{P_{BZ}^{rev}}{I} = -\frac{\dot{n}_{H_2}\, \Delta_R G_m}{2\, \dot{n}_{H_2}\, F}$$

$$U_{rev} = -\frac{\Delta_R G_m}{2\, F} \qquad \textbf{(Gl 9.89)}$$

Bei reversibler Reaktion im chemischen Standardzustand ergibt sich für U_{rev}^0 (mit $\Delta_R G_{m\,(g)}^0 = -228{,}58$ MJ/kmol für H_2O in Gasphase nach T 9.10) bzw. für U_{rev}^{0*} (mit $\Delta_R G_{m\,(f)}^0 = -237{,}15$ MJ/kmol für H_2O in flüssiger Phase nach T 9.8):

$$U_{rev}^0 = +1{,}18\ \mathrm{V}, \qquad U_{rev}^{0*} = +1{,}23\ \mathrm{V} \qquad \textbf{(Gl 9.90)}$$

U_{rev}^0 gilt für gasförmig bleibendes H_2O, U_{rev}^{0*} für kondensiertes H_2O. Die erzielbare Spannung ist gering. Daher müssen Brennstoffzellen in großer Zahl zusammengeschaltet wer-

[1)] *Michael Faraday* (1791–1867), engl. Naturwissenschaftler, Autodidakt, Prof. für Chemie, entdeckte u. a. die elektromagnetische Induktion. 1 C = 1 A s = 1 J/V.

(Gasphase) und molare Standardentropie S_m, Standarddruck: 1,0 bar. *)

Temperatur T in K						
800	900	1 000	1 100	1 200	1 300	
−246,44	−247,19	−247,86	−248,46	−249,00	−249,47	$\Delta_R H_m$ in $\frac{MJ}{kmol}$
−203,50	−198,08	−192,59	−187,03	−181,43	−175,77	$\Delta_R G_m$ in $\frac{MJ}{kmol}$
223,83	228,46	232,74	238,73	240,49	244,04	S_m in $\frac{kJ}{kmol\,K}$

*) J. Phys. Chem. Ref. Data, Vol. 14, Suppl. 1 (1985) S. 1274

den. Bei höherer Reaktionstemperatur ist die maximal erreichbare Spannung noch geringer (vgl. Bsp. 9.23), da die freie Reaktionsenthalpie sich verringert (T 9.10).

Wirkungsgrad. In der Brennstoffzelle wird Brennstoffenergie ohne den Umweg über die Wärme in elektrische Energie umgewandelt. Daher ist, im Gegensatz zu den Wärmekraftanlagen, der Wirkungsgrad der Brennstoffzelle η_{BZ} nicht prinzipiell durch den Carnot-Faktor η_c begrenzt. Wir definieren den *Wirkungsgrad der Brennstoffzelle* als Verhältnis der tatsächlichen Reaktionsarbeit W_{BZ} zur reversiblen Reaktionsarbeit $W_{BZ}^{rev} = \Delta_R G$ oder als Verhältnis der tatsächlichen zur reversiblen Leistung:

$$\eta_{BZ} = \frac{W_{BZ\,m}}{\Delta_R G_m} = \frac{P_{BZ}}{P_{BZ}^{rev}}$$ *Wirkungsgrad der Brennstoffzelle* **(Gl 9.91 a)**

η_{BZ} kann auch aus der erzeugten Spannung U ermittelt werden (Gl 9.87 a und Gl 9.87 b) und wird deshalb auch *Spannungswirkungsgrad* genannt.

$$\eta_{BZ} = \frac{P_{BZ}}{P_{BZ}^{rev}} = \frac{U}{U_{rev}}$$ **(Gl 9.91 b)**

9

η_{BZ} erfasst alle in einer Brennstoffzelle auftretenden Irreversibilitäten. Bisher wurden Werte um $\eta_{BZ} = 0{,}4 \ldots 0{,}6$ erreicht. Der Systemwirkungsgrad ist wegen des Eigenbedarfs für die Gasaufbereitung und Luftversorgung aber deutlich geringer. Ggf. ist auch H_2-Schlupf zu beachten. [1)]

Bei herkömmlichen Wärmekraftanlagen ist der Gesamtwirkungsgrad η_{ges} auf den Heizwert bezogen. Um die Brennstoffzelle auf dieser Basis vergleichen zu können, führen wir den *idealen Wirkungsgrad* η_{id} ein: [2)]

$$\eta_{id} = \frac{\Delta_R G_m}{\Delta_R H_m} = \frac{|\Delta_R G_m|}{H_{u\,m}}$$ *idealer Wirkungsgrad, heizwertbezogen* **(Gl 9.92)**

1) Unerwünschter H_2-Schlupf kann im Faraday-Wirkungsgrad berücksichtigt werden [5; Kap. 9.4], auf den wir hier nicht eingehen.

2) Für η_{id} findet man im Schrifttum auch die Bezeichnung *thermischer Wirkungsgrad* der Brennstoffzelle. Da der Begriff belegt ist (Gl 3.84), verwenden wir ihn hier nicht.

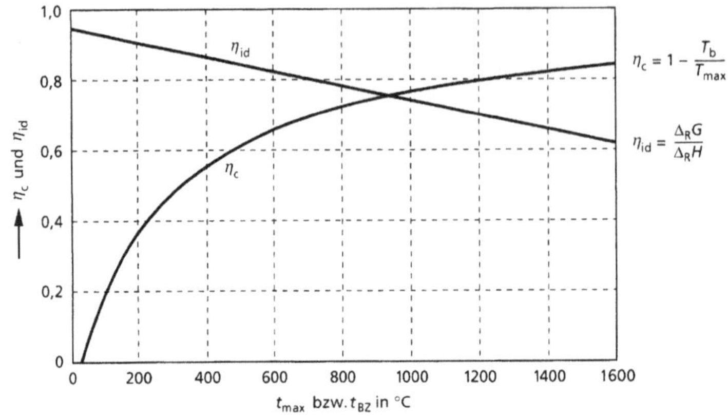

B 9.15 Carnot-Faktor η_c und idealer Wirkungsgrad der Brennstoffzelle η_{id} im Vergleich

η_{id} verringert sich mit steigender Temperatur **(B 9.15)**, da $\Delta_R G_m$ geringer wird (T 9.10) und H_{um} leicht steigt. Für die Reaktion im chemischen Standardzustand ergibt sich mit $\Delta_R G_m = -228{,}58$ MJ/kmol und $H_{um} = 241{,}8$ MJ/kmol (T 9.10/T 9.8):

$$\eta_{id}^0 = 0{,}945 \quad \textit{idealer Wirkungsgrad im Standardzustand, heizwertbezogen}$$

Wie bei Gl 9.92 erläutert, haben wir η_{id} wegen des besseren Vergleichs mit dem Wirkungsgrad bei Wärmekraftanlagen auf den *Heizwert bezogen.* In der Fachliteratur wird der ideale Wirkungsgrad der Brennstoffzelle im Standardzustand auch auf den Brennwert bezogen. Dann ergibt sich, mit $H_{om} = 285{,}8$ MJ/kmol und $\Delta_R G^0_{m\,(f)} = -237{,}15$ MJ/kmol nach T 9.8:

$$\eta_{id}^{0*} = 0{,}830 \quad \textit{idealer Wirkungsgrad im Standardzustand, brennwertbezogen}$$

Mit dem heizwertbezogenen idealen Wirkungsgrad η_{id} können wir den in der Praxis üblichen, auf den Heizwert bezogenen Gesamtwirkungsgrad der Brennstoffzelle formulieren:

$$\eta_{BZ\,ges} = \eta_{BZ}\,\eta_{id} = \frac{|W_{BZ\,m}|}{H_{um}} \quad \textit{Gesamtwirkungsgrad der Brennstoffzelle} \quad \textbf{(Gl 9.93)}$$

$\eta_{BZ\,ges}$ ist mit dem Gesamtwirkungsgrad einer herkömmlichen Wärmekraftanlage (Kraftwerksnettowirkungsgrad η_{ges} nach Gl 5.35) vergleichbar. Beide Wirkungsgrade sind auf den Brennstoffheizwert H_u bezogen. Es ist aber zu beachten, dass bei der Brennstoffzelle der Eigenbedarf zusätzlich zu berücksichtigen ist.

9.9.3 Bauarten

Brennstoffzellentypen. Brennstoffzellen werden nach ihren Elektrolyten unterschieden. Die wichtigsten Typen enthält **T 9.11**, der Betriebstemperaturen, Leistungsbereiche und Gesamtwirkungsgrade (elektrisch) entnommen werden können.

Die Polymermembran-Brennstoffzelle (*PEMFC*) arbeitet mit einer protonenleitenden Polymer-Elektrolytmembran (Fluorpolymer mit Sulfongruppen) im Niedertemperatur-(NT-)

T 9.11 Brennstoffzellen, Entwicklungsstand 2008 [11; Kap. 8.3.7.2, 34]

Elektrolyt	Abk.	englische Bezeichnung	Typische Betriebs-temperatur t in °C	Leistungs bereich P_{el} in kW	Gesamtwir-kungsgrad (etwa) $\eta_{BZ\,ges}$ in %
Polymer-membran	PEMFC	*Proton Exchange Membrane Fuel Cell*	80...100 (120...180)	bis 10	40
Phosphorsäure	PAFC	*Phosphoric Acid Fuel Cell*	200...220	200 bis 250	40
Karbonat-schmelze	MCFC	*Molten Carbonate Fuel Cell*	620...660	bis 250	bis 60 erwartet
Oxidkeramik	SOFC	*Solid Oxide Fuel Cell*	800...1 000	1	bis 70 erwartet

Bereich bei (80 ... 100) °C. Die PEMFC ist als Antriebsaggregat im Verkehrsbereich in der praktischen Demonstrationsphase. Sie wurde auch als dezentrales Gerät zur Strom- und Wärmeversorgung von Gebäuden als Prototyp mit einer elektrischen Leistung bis etwa 10 kW entwickelt. Die PEMFC benötigt Wasserstoff mit einem Reinheitsgrad von $\leq$ 10 ppm CO im Prozessgas. Neuere Entwicklungen (Polymer mit Phosphatgruppen) lassen bis zu 1 Vol.-% CO zu. Sie arbeiten bei (120 ... 180) °C.

Die Phosphorsäure-Brennstoffzelle (*PAFC*) arbeitet mit konzentrierter Phosphorsäure (H_3PO_4) im Mitteltemperatur-(MT-)Bereich bei etwa (200 ... 220) °C. Die PAFC wird zur dezentralen Stromerzeugung, z. T. auch mit Abwärmenutzung, mit elektrischen Leistungen von (200 ... 250) kW eingesetzt.

Die Carbonatschmelzen-Brennstoffzelle (*MCFC*) arbeitet mit Alkalicarbonatschmelzen (Li_2CO_3; K_2CO_3), die in keramischem Material ($LiAlO_2$) fixiert sind, im Hochtemperatur-(HT-)Bereich bei etwa (620 ... 660) °C. Zurzeit werden Anlagen im Leistungsbereich P_{el} = 250 kW entwickelt.

Die oxidkeramische Brennstoffzelle (*SOFC*) arbeitet mit einer Mischkeramik aus Zinkoxid (Kathodenseite) und Lanthan-Strontium-Manganat (Anodenseite) im HT-Bereich bei (800 ... 1 000) °C. Die SOFC befindet sich in der Entwicklungs- und Testphase. Angestrebt wird ein Leistungsbereich von etwa 1 kW.

Neben den in T 9.11 aufgeführten gibt es weitere Bauarten, wie z. B. die alkalische Brennstoffzelle (*AFC*), die reinen Sauerstoff und Reinstwasserstoff benötigt. Sie wird für militärische Zwecke und in der Raumfahrt verwendet. An weiteren Typen wird gearbeitet, u. a. an Klein-Brennstoffzellen im Leistungsbereich bis 100 W als Batterieersatz. Sie befinden sich im Entwicklungsstadium.

Brennstoffzellenaggregat (B 9.16). Die in einer einzelnen Brennstoffzelle erzielbare Spannung (Gl 9.89 bzw. Gl 9.90) ist für die praktische Verwertung zu gering. Daher müssen Brennstoffzellen zu *Zellenstapeln* bzw. *Zellenblöcken* zusammengeschaltet werden.

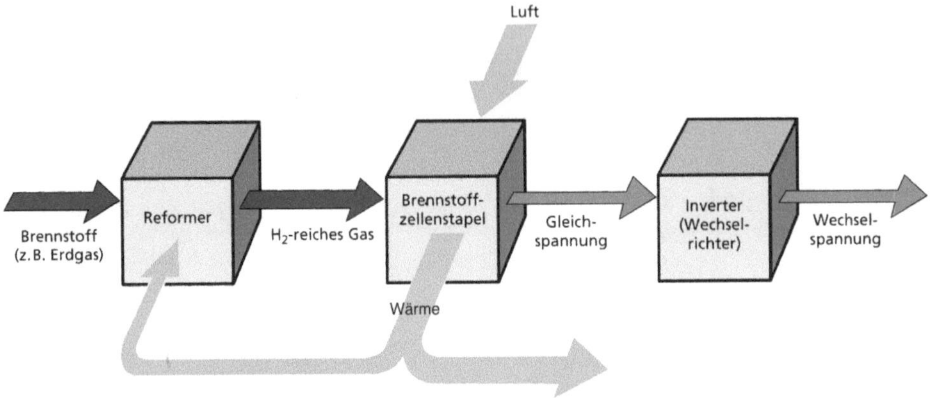

B 9.16 Brennstoffzellenaggregat, Prinzip [nach 34]

Da der für die elektrochemische Reaktion in der Brennstoffzelle erforderliche Wasserstoff in der Natur nicht vorkommt, muss er erzeugt werden. In Betracht kommt zurzeit nur die Gewinnung aus einem Primärbrennstoff, in der Regel aus Erdgas. Das geschieht bei NT- und MT-Brennstoffzellen (PEMFC, PAFC) in einem vorgeschalteten *Reformer*. Bei der HT-Brennstoffzelle (MCFC, SOFC) ist auch eine Reformierung des eingesetzten Erdgases in der Brennstoffzelle selbst möglich.

Die vom Zellstapel abgegebene Gleichspannung muss im Allgemeinen in einem nachgeschalteten elektrischen *Inverter* in Wechselspannung umgeformt werden.

Entwicklungspotenzial. Der Aufwand für die beschriebenen Verfahrensschritte ist hoch. Gleichzeitig wurden die herkömmlichen Energieumwandlungsverfahren effizienter. Es sind daher erhebliche Anstrengungen notwendig, um die Brennstoffzelle zu einem wettbewerbsfähigen Produkt zu entwickeln. Daran arbeiten zurzeit zahlreiche Forschungseinrichtungen und Unternehmen. Gleichwohl wird erst mittel- bis längerfristig ein größerer Anteil der Brennstoffzellen bei der Energieumwandlung erwartet. Langfristig aber ist damit zu rechnen, dass bei höheren Stückzahlen und dadurch sinkenden Herstellungskosten Brennstoffzellen andere Energieumwandlungsverfahren in merklichem Umfang ergänzen werden.

Beispiel 9.22: Eine PEM-Brennstoffzelle soll bei üblichen Werten der Betriebstemperatur und des Gesamtwirkungsgrades betrieben werden. H_2-Schlupf soll vernachlässigt werden.

a) Wie groß ist die maximal mögliche reversible elektrische Arbeit für 1 kmol H_2?

b) Wie groß sind die je kmol H_2 tatsächlich verrichtete elektrische Arbeit und abzuführende Wärme?

c) Welche elektrische Leistung kann ein Normvolumenstrom von 8 m^3 H_2/h verrichten?

d) Welcher Wärmestrom ist dabei abzuführen?

Lösung:

Zu a): Reversible molare Arbeit der Brennstoffzelle (Gl 9.84 b), bei 80 °C Betriebstemperatur (T 9.11), mit $\Delta_R G_m = -226{,}1$ MJ/kmol (T 9.10, interpoliert):

$$W_{\mathrm{BZ\,m}}^{\mathrm{rev}} = \Delta_R G_m = W_{\mathrm{Rm}} = \underline{-226{,}1\ \mathrm{MJ/kmol\ H_2}}$$

Zu b): Tatsächlich verrichtete molare Arbeit (Gl 9.91 a), mit

$$\eta_{BZ\,ges} = 0{,}40 \text{ (T 9.11)}$$

$$\eta_{id} = \frac{\Delta_R G_m}{\Delta_R H_m} = \frac{-226{,}1 \text{ MJ/kmol}}{-242{,}4 \text{ MJ/kmol}} = 0{,}933 \qquad \text{(nach Gl 9.92 mit } \Delta_R H_m \text{ aus T 9.10, interpoliert)},$$

$$\eta_{BZ} = \frac{\eta_{BZ\,ges}}{\eta_{id}} = \frac{0{,}40}{0{,}933} = 0{,}429 \qquad \text{(nach Gl 9.93)}.$$

Damit ergibt sich (entspr. Gl 9.91 a):

$$W_{BZm} = \eta_{BZ}\, W_{BZm}^{rev} = 0{,}429\,(-\,226{,}1 \text{ MJ/kmol H}_2)$$

$$W_{BZm} = \underline{-97{,}0 \text{ MJ/kmol H}_2}$$

Abzuführende Wärme (Gl 9.85 a), mit $H_{um} = -\Delta_R H_m = 242{,}4$ MJ/kmol H_2 (T 9.10, interpoliert):

$$Q_m = -H_{um} - W_{BZm} = [-242{,}4 - (-97{,}0)] \text{ MJ/kmol H}_2$$

$$Q_m = \underline{-145{,}4 \text{ MJ/kmol H}_2}$$

Zu c): Stoffmengenstrom nach Gl 1.22 mit V_{mn} nach T 1.5:

$$\dot{n} = \frac{\dot{V}_n}{V_{mn}} = \frac{8 \text{ m}^3}{\text{h}} \frac{\text{kmol}}{22{,}428 \text{ m}^3} \frac{\text{h}}{3\,600 \text{ s}} = 0{,}000\,099\,1 \frac{\text{kmol}}{\text{s}}$$

Damit ergibt sich die elektrische Leistung der Brennstoffzelle (Gl 9.86 a):

$$P_{BZ} = \dot{n}\, W_{BZm} = 0{,}000\,099\,1 \frac{\text{kmol}}{\text{s}} \left(-97{,}0 \frac{\text{MJ}}{\text{kmol}}\right) \frac{10^3 \text{ kJ}}{\text{MJ}}$$

$$P_{BZ} = \underline{-9{,}6 \text{ kW}}$$

Zu d): Abzuführender Wärmestrom:

$$\dot{Q}_m = \dot{n}\, Q_m = 0{,}000\,099\,1 \frac{\text{kmol}}{\text{s}} \left(-145{,}4 \frac{\text{MJ}}{\text{kmol}}\right) \frac{10^3 \text{ kJ}}{\text{MJ}}$$

$$\dot{Q}_m = \underline{-14{,}4 \text{ kW}}$$

Beispiel 9.23: Welche theoretische und tatsächliche Klemmenspannung ist bei folgenden Brennstoffzellen erreichbar?

a) PEMFC: $t = 100$ °C, $\eta_{BZ} = 0{,}43$,

b) SOFC: $t = 1\,000$ °C, $\eta_{BZ} = 0{,}58$.

Lösung:

Theoretische Klemmenspannung nach Gl 9.89: $U_{rev} = -\dfrac{\Delta_R G_m}{2\,F}$

Tatsächliche Klemmenspannung nach G 9.91 b: $U = \eta_{BZ}\, U_{rev}$

Faraday-Konstante nach Gl 9.88: $F = 96\,485{,}3$ C/mol, mit 1 C = 1 A s = 1 J/V

Zu a): Mit $\Delta_R G_m = -225{,}14$ MJ/kmol $= -225\,140$ J/mol (T 9.8, interpoliert) erhält man:

$$U_{rev} = -\frac{-225\,140 \text{ J}}{\text{mol}} \frac{\text{V mol}}{2 \cdot 96\,485{,}3 \text{ J}} = \underline{1{,}17 \text{ V}}$$

9

$$U = \eta_{BZ}\, U_{rev} = 0{,}43 \cdot 1{,}17\ \text{V} = \underline{0{,}50\ \text{V}}$$

Zu b): Mit $\Delta_R G_m = -177{,}30\ \text{MJ/kmol} = -177\,300\ \text{J/mol}$ (T 9.10, interpoliert) erhält man:

$$U_{rev} = -\frac{-177\,300\ \text{J}}{\text{mol}} \frac{\text{V mol}}{2 \cdot 96\,485{,}3\ \text{J}} = \underline{0{,}92\ \text{V}}$$

$$U = \eta_{BZ}\, U_{rev} = 0{,}58 \cdot 0{,}92\ \text{V} = \underline{0{,}53\ \text{V}}$$

Aufgabe 9.17: Bei einer mit 650 °C betriebenen Brennstoffzelle für 100 kW elektrische Leistung mit Carbonatschmelze-Elektrolyten (MCFC) wird eine Spannung von 0,50 V je Zelle gemessen. H_2-Schlupf soll vernachlässigt werden.

Es sind zu ermitteln:

a) der elektrische Wirkungsgrad der Brennstoffzelle,
b) die verrichtete Arbeit je kmol H_2,
c) die Dissipationsarbeit je kmol H_2,
d) die abgegebene Wärme je kmol H_2,
e) der erforderliche stündliche Normvolumenstrom des H_2,
f) der Gesamtwirkungsgrad der Brennstoffzelle.

Kontrollfragen (Antwort in Abschnitt 11.9)

9.1

1. Welches sind die brennbaren Bestandteile in Brennstoffen, welche sonstigen Stoffe kommen außerdem vor?
2. Wie wird die im Brennstoff gebundene Energie gekennzeichnet?
3. Wie hängen spezifischer, molarer und auf das Normvolumen bezogener Brennwert zusammen?
4. Welche Voraussetzungen müssen zur Einleitung der Verbrennung erfüllt sein?

9.2

5. Definieren Sie die Begriffe: a) Mindestluftmenge, b) Luftverhältnis, c) Mindestverbrennungsgasmenge, d) feuchte und trockene Verbrennungsgasmenge.
6. a) Wie wird der Wasserstoffanteil h in die Einheit kmol H_2/kg B umgerechnet?

   b) Wie wird der hierfür erforderliche Mindestsauerstoffbedarf angesetzt?

   c) Wie wird aus dem Mindestsauerstoff- der Mindestluftbedarf ermittelt?
7. Ist bei Verbrennung mit trockener Luft das Verbrennungsgas trocken oder feucht, wenn man

   a) trockenes Holz,
   b) trockenes CO verbrennt? Begründung!

9.3

8. a) Beschreiben Sie die Orsatanalyse.

   b) Warum ist der Messwert auf trockenes Abgas bezogen?
9. Für trockenes Erdgas (Mischung aus CH_4 und N_2) sind bei vollständiger Verbrennung mit Luftüberschuss Bilanzen aufzustellen für a) Kohlenstoff, b) Stickstoff, c) Sauerstoff.

10. Die Fragestellung 9. ist auf Flüssiggas (Mischung aus C_3H_8 und C_4H_{10}) anzuwenden.

11. Heizöl (c, h, s) wird verbrannt, durch Abgasanalyse werden CO_2, O_2 und CO gefunden. Die

    a) Kohlenstoff- und
    b) Sauerstoffbilanz ist anzusetzen.

12. Unter welcher Bedingung tritt im Abgas der maximal mögliche CO_2-Anteil auf? Begründung!

13. Welche wesentliche Näherung führt zu der Gleichung $\lambda \approx \frac{CO^{\mathrm{a}}_{2\,\mathrm{max}}}{CO^{\mathrm{a}}_2 + CO^{\mathrm{a}}}$?

14. Zeichnen Sie als Prinzipskizze

    a) das Bunte-Dreieck,

    b) das Ostwald-Dreieck für Erdgas mit $CO^{\mathrm{a}}_{2\,\mathrm{max}} = 12$ Vol.-%.

9.4 15. a) Was versteht man unter theoretischer Verbrennungstemperatur? Wie wird sie durch

    b) Dissoziation,
    c) Luftüberschuss beeinflusst?

16. a) Skizzieren Sie das Enthalpie-Temperatur-Diagramm der Verbrennung.

    b) Tragen Sie den Heizwert bei 0 °C und bei t ein.

    c) Begründen Sie die Temperaturabhängigkeit des Heizwertes.

17. Wie sind folgende Begriffe definiert:

    a) Reaktionsenthalpie,

    b) Reaktionsentropie,

    c) freie Enthalpie,

    d) freie Reaktionsenthalpie?

9.8 18. Wie lautet der 3. Hauptsatz der Thermodynamik?

19. Wie ist die Brennstoffexergie definiert?

20. Welcher Exergieverlust tritt bei der Verbrennung auf?

9.9 21. Wie wirkt (im Prinzip) eine Brennstoffzelle mit Phosphorsäure?

22. Wie sind folgende Wirkungsgrade bei einer Brennstoffzelle definiert:

    a) Spannungswirkungsgrad, b) idealer Wirkungsgrad, c) Gesamtwirkungsgrad?

23. Wie hängen der ideale Wirkungsgrad einer Brennstoffzelle und der Carnot-Faktor von der Temperatur ab?

24. Benennen Sie einige Bauarten von Brennstoffzellen und deren Arbeitstemperaturen.

10 Lösungsergebnisse der Aufgaben

(in Klammern sind Zwischenergebnisse angegeben)

1 Grundlagen der Thermodynamik (S. 21 bis S. 59)

1.1 a) $W_{10\,\mathrm{min}} = 60\ \mathrm{GJ}$ b) $W_{10\,\mathrm{min}} = 16\,667\ \mathrm{kW\,h}$

1.2 $p = 5\,886\,000\ \dfrac{\mathrm{N}}{\mathrm{m}^2} = 5{,}886\ \mathrm{MPa}$

1.3 a) $p = 143{,}4\ \mathrm{kPa} = 1{,}434\ \mathrm{bar}$ b) $h = 0{,}334\ \mathrm{m}$

1.4 $p = 147\,100\ \mathrm{Pa} = 1{,}471\ \mathrm{bar} = 21{,}335\ \mathrm{lbf/in^2}$

1.5 a) $p_e = 25{,}5\ \mathrm{kPa} = 255\ \mathrm{mbar}$ b) $h = 0{,}191\,8\ \mathrm{m}$

1.6 $t = 37{,}78\ ^\circ\mathrm{C}$; $T = 310{,}93\ \mathrm{K}$; $T_R = 560\ ^\circ\mathrm{R}$

1.7 $V = 1{,}275\ \mathrm{m^3}$; $v = 0{,}255\ \dfrac{\mathrm{m^3}}{\mathrm{kg}}$; $\varrho = 3{,}92\ \dfrac{\mathrm{kg}}{\mathrm{m^3}}$

1.8 $m_{ab} = 0{,}7\ \mathrm{kg}$

1.9 $t = 10\ ^\circ\mathrm{C}$

1.10 $m = 1\,169\ \mathrm{kg}$

1.11 $\varrho_n = 1{,}25\ \dfrac{\mathrm{kg}}{\mathrm{m^3}}$; $R_{CO} = 297\ \dfrac{\mathrm{J}}{\mathrm{kg\,K}}$

1.12 a) $t = 98{,}6\ ^\circ\mathrm{C}$ b) $F = 408\ \mathrm{kN}$

1.13 5,57 %

2 Erster Hauptsatz der Thermodynamik (S. 61 bis S. 93)

2.1 a) $U_2 - U_1 = -1{,}5\ \mathrm{MJ}$ b) $W_{diss\,12} = 1{,}5\ \mathrm{MJ}$

2.2 a) $W_{u\,12} = -51\ \mathrm{kJ}$ b) $W_{n\,12} = -49\ \mathrm{kJ}$

2.3 $Q_{12} = -10\ \mathrm{MJ}$

2.4 $H_2 - H_1 = -1\,443{,}1\ \mathrm{kcal}_{15\,^\circ\mathrm{C}} = -1{,}678\ \mathrm{kW\,h} = -5\,724{,}8\ \mathrm{Btu}$

$U_2 - U_1 = -1\,072{,}8\ \mathrm{kcal}_{15\,^\circ\mathrm{C}} = -1{,}247\ \mathrm{kW\,h} = -4\,255{,}7\ \mathrm{Btu}$

2.5 a) $Q_{12}^{rev} = -8{,}1\ \mathrm{MJ}$ b) $H_2 - H_1 = -8{,}1\ \mathrm{MJ}$

2.6 $\dot{m}_w = 60\,225\ \dfrac{\mathrm{kg}}{\mathrm{h}}$

2.7 a) $Q_{12}^{rev} = 13{,}5\ \mathrm{GJ}$ b) $W_{v\,12} = -3{,}31\ \mathrm{GJ}$ ($V_2 = 331\,785{,}27\ \mathrm{m^3}$, $R_i = 440{,}76\ \mathrm{J/(kg\,K)}$)

c) $U_2 - U_1 = 10{,}19\ \mathrm{GJ}$

2.8 a) $c_p = 1{,}115\,0\ \dfrac{\mathrm{kJ}}{\mathrm{kg\,K}}$, T 8.3 a: $1{,}115\ \dfrac{\mathrm{kJ}}{\mathrm{kg\,K}}$

b) $c_{pm}\Big|_{373\,\mathrm{K}}^{873\,\mathrm{K}} = 1{,}058\,9\ \dfrac{\mathrm{kJ}}{\mathrm{kg\,K}}$, T 2.5: $1{,}058\,6\ \dfrac{\mathrm{kJ}}{\mathrm{kg\,K}}$

2.9 $\dot{m}_w = 168\,386\ \dfrac{\mathrm{kg}}{\mathrm{h}}$

3 Zweiter Hauptsatz der Thermodynamik (S. 95 bis S. 189)

3.1 $\dot{S}_{\text{diss}\,12} = 1{,}34\,\dfrac{\text{W}}{\text{K}}$

3.2 a) $t = 64{,}44\,°\text{C}$ b) $p_{\text{e}\,2} = 198\,\text{kPa}$

c) $U_2 - U_1 = 2{,}55\,\text{kJ}$; $H_2 - H_1 = 3{,}57\,\text{kJ}$ d) $m_3 - m_2 = -0{,}010\,5\,\text{kg}$

3.3 $S_2 - S_1 = 4{,}15\,\dfrac{\text{kJ}}{\text{K}}$

3.4 a) $V_2 = 331\,785\,\text{m}^3$; $v_2 = 1{,}33\,\dfrac{\text{m}^3}{\text{kg}}$ b) $H_2 - H_1 = 13{,}5\,\text{GJ}$

c) $S_2 - S_1 = 45{,}32\,\dfrac{\text{MJ}}{\text{K}}$

3.5 $T_1 = 300\,\text{K}$; $T_2 = 600\,\text{K}$; $s_2 - s_1 = 0{,}709\,\dfrac{\text{kJ}}{\text{kg K}}$; $T_3 = 900\,\text{K}$; $s_3 - s_1 = 1{,}159\,\dfrac{\text{kJ}}{\text{kg K}}$;

$T_4 = 1\,200\,\text{K}$; $s_4 - s_1 = 1{,}506\,\dfrac{\text{kJ}}{\text{kg K}}$; $T_5 = 1\,500\,\text{K}$; $s_5 - s_1 = 1{,}792\,\dfrac{\text{kJ}}{\text{kg K}}$ s. **B 10.1**

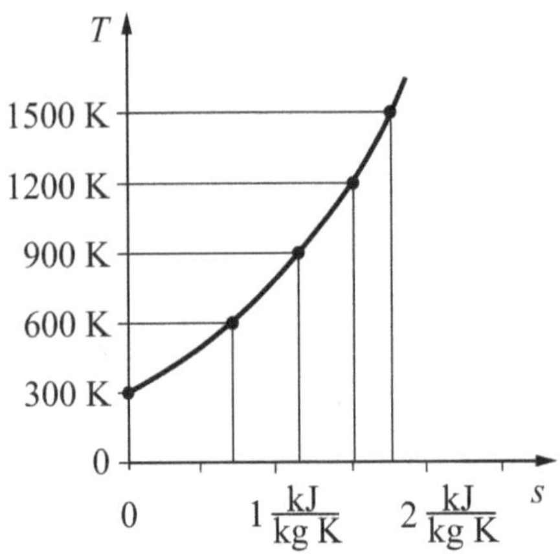

B 10.1 zu 3.5

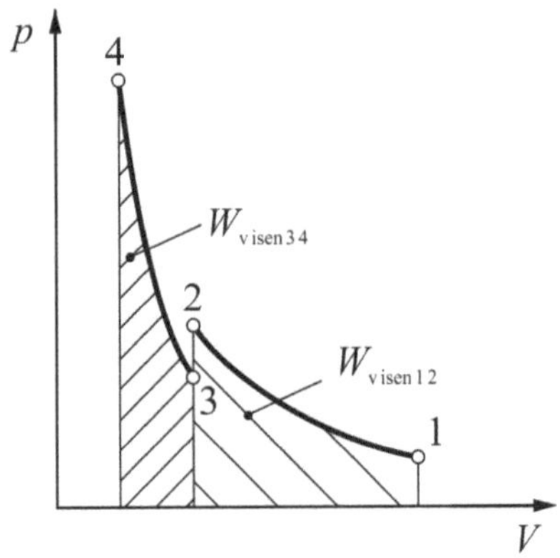

B 10.2 zu 3.8

3.6 a) $W_{\text{v ith}\,23} = -51{,}0\,\text{kJ}$ ($t_2 = 320{,}29\,°\text{C}$) b) $Q^{\text{rev}}_{\text{ith}\,23} = 51{,}0\,\text{kJ}$

c) $W_{\text{v ith}\,14} = -25{,}2\,\text{kJ}$; $Q^{\text{rev}}_{\text{ith}\,14} = 25{,}2\,\text{kJ}$

3.7 a) $W^{\text{rev}}_{\text{t ith}\,12} = 24{,}1\,\text{MJ}$ (positiv, da zugeführt; wird in abgeführte Wärme umgewandelt)

b) $Q^{\text{rev}}_{\text{ith}\,12} = -24{,}1\,\text{MJ}$ (negativ, da abgeführt)

c) $U_2 - U_1 = 0$; $H_2 - H_1 = 0$; $S_2 - S_1 = -80{,}4\,\dfrac{\text{kJ}}{\text{K}}$

3.8 a) $W_{\text{v isen}\,12} = +3{,}78\,\text{kJ}$; $W_{\text{v isen}\,34} = +3{,}78\,\text{kJ}$

b) $p_2 = 2{,}512\,\text{MPa}$; $v_2 = 0{,}083\,\dfrac{\text{m}^3}{\text{kg}}$; $T_2 = 723{,}8\,\text{K}$; $p_3 = 1\,\text{MPa}$; $v_3 = 0{,}083\,\dfrac{\text{m}^3}{\text{kg}}$; $T_3 = 288{,}15\,\text{K}$;

$p_4 = 25{,}119\,\text{MPa}$; $v_4 = 0{,}008\,\dfrac{\text{m}^3}{\text{kg}}$; $T_4 = 723{,}8\,\text{K}$

$U_2 - U_1 = +3{,}78\,\text{kJ}$; $H_2 - H_1 = +5{,}29\,\text{kJ}$; $U_4 - U_3 = +3{,}78\,\text{kJ}$; $H_4 - H_3 = +5{,}29\,\text{kJ}$

c) $Q_{\text{ich}\,23} = -3{,}78\,\text{kJ}$; $U_3 - U_2 = -3{,}78\,\text{kJ}$; $H_3 - H_2 = -5{,}29\,\text{kJ}$

d) s. **B 10.2**

3.9 a) $W^{rev}_{t\,isen\,1\,2} = 36{,}4$ MJ (positiv, da zugeführt; wird in Enthalpie umgewandelt)

b) $Q^{rev}_{isen\,1\,2} = 0$

c) $U_2 - U_1 = 26{,}0$ MJ; $H_2 - H_1 = 36{,}4$ MJ; $S_2 - S_1 = 0$

3.10 a) $p_2 = 1{,}585$ MPa; $T_2 = 456{,}687$ K; $U_2 - U_1 = 1{,}4611$ kJ; $H_2 - H_1 = 2{,}046$ kJ; $S_2 - S_1 = -3{,}999\ \frac{\text{J}}{\text{K}}$

b) $W_{v\,pol\,1\,2} = +2{,}92$ kJ; $Q^{rev}_{pol\,1\,2} = -1{,}46$ kJ

3.11 a) $n = 1{,}502$ b) $W_{v\,pol\,1\,2} = -5\,795$ kJ c) $Q^{rev}_{pol\,1\,2} = 1\,433$ kJ

d) $U_2 - U_1 = -4\,362$ kJ; $H_2 - H_1 = -7\,271$ kJ; $S_2 - S_1 = 2{,}75$ kJ/K

3.12 a) $H_2 - H_1 = 62\,847\ \text{kJ}\left(c_{pm}\Big|_{25\,°\text{C}}^{320\,°\text{C}} = 0{,}973\,121\ \frac{\text{kJ}}{\text{kg K}}\right);$

$U_2 - U_1 = 50\,907\ \text{kJ}\left(c_{vm}\Big|_{25\,°\text{C}}^{320\,°\text{C}} = 0{,}784\,221\ \frac{\text{kJ}}{\text{kg K}}\right);$

$S_2 - S_1 = 5{,}91\ \frac{\text{kJ}}{\text{K}}\,(n = 1{,}253\,5,\ \varkappa = 1{,}240\,9)$

b) $Q^{rev}_{12} = 2\,536$ kJ c) $W^{rev}_{t\,pol\,1\,2} = 60\,633$ kJ

3.13 a) $P_{t\,1\,2} = -10\,043$ kW b) $P_{diss\,1\,2} = 4\,014$ kW $(n = 1{,}256\,47)$

c) $\dot{H}_2 - \dot{H}_1 = -10\,043$ kW; $\dot{S}_2 - \dot{S}_1 = 5{,}25\ \frac{\text{kW}}{\text{K}}$ d) $P^{rev}_{t12} = -14\,057$ kW

3.14 a) 1) $W^{rev}_{t\,ith\,1\,2} = +2{,}3$ kJ; $W^{rev}_{t\,ith\,2\,3} = +2{,}3$ kJ

2) $Q^{rev}_{ith\,1\,2} = -2{,}3$ kJ; $Q^{rev}_{ith\,2\,3} = -2{,}3$ kJ

3) $U_2 - U_1 = 0$; $U_3 - U_2 = 0$; $H_2 - H_1 = 0$; $H_3 - H_2 = 0$;

$S_2 - S_1 = -7{,}99\ \frac{\text{J}}{\text{K}}$; $S_3 - S_2 = -7{,}99\ \frac{\text{J}}{\text{K}}$

4) s. **B 10.3**

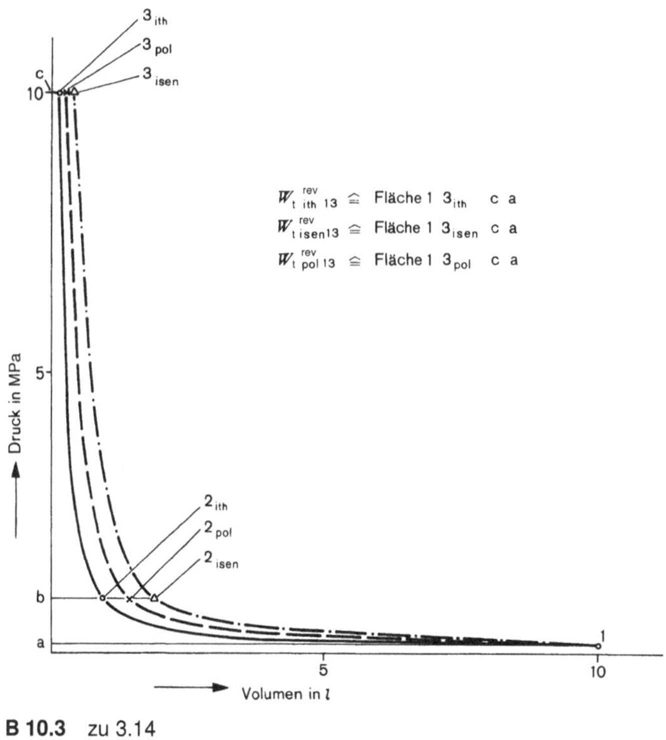

B 10.3 zu 3.14

10

b) 1) $W^{rev}_{t\,isen\,1\,2} = +3{,}26\,kJ$; $W^{rev}_{t\,isen\,2\,3} = +6{,}3\,kJ\;(V_{2\,isen} = 1{,}93\,l)$

2) $Q^{rev}_{isen\,1\,2} = 0$; $Q^{rev}_{isen\,2\,3} = 0$

3) $U_2 - U_1 = 2{,}33\,kJ$; $U_3 - U_2 = 4{,}5\,kJ$; $H_2 - H_1 = 3{,}26\,kJ$; $H_3 - H_2 = 6{,}3\,kJ$;

$S_2 - S_1 = 0$; $S_3 - S_2 = 0$

c) 1) $W^{rev}_{t\,pol\,1\,2} = +2{,}81\,kJ$; $W^{rev}_{t\,pol\,2\,3} = +4{,}12\,kJ\;(V_{2\,pol} = 1{,}468\,l)$

2) $Q^{rev}_{pol\,1\,2} = -1{,}17\,kJ$; $Q^{rev}_{pol\,2\,3} = -1{,}717\,kJ$

3) $U_2 - U_1 = 1{,}17\,kJ$; $U_3 - U_2 = 1{,}72\,kJ$; $H_2 - H_1 = 1{,}637\,kJ$; $H_3 - H_2 = 2{,}4\,kJ$;

$S_2 - S_1 = -3{,}33\,\frac{J}{K}$; $S_3 - S_2 = -3{,}33\,\frac{J}{K}\;(m = 0{,}012\,09\,kg,\ T_2 = 422{,}9\,K,\ T_3 = 620{,}8\,K)$

3.15 $T_3 = 664{,}44\,K$; $s_2 - s_1 = 0{,}229\,\frac{kJ}{kg\,K}$ **s. B 10.4**

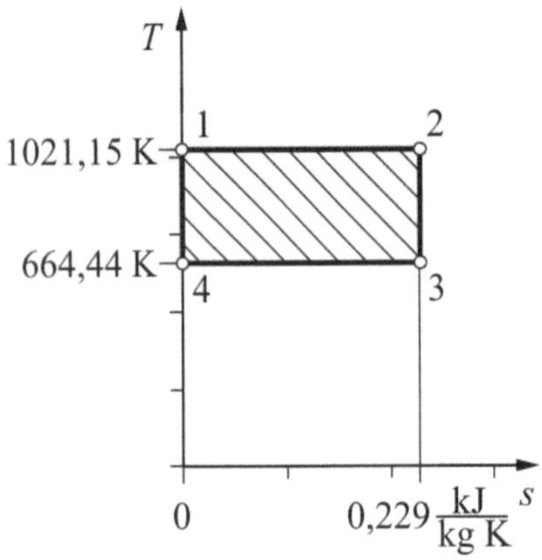

B 10.4 zu 3.15

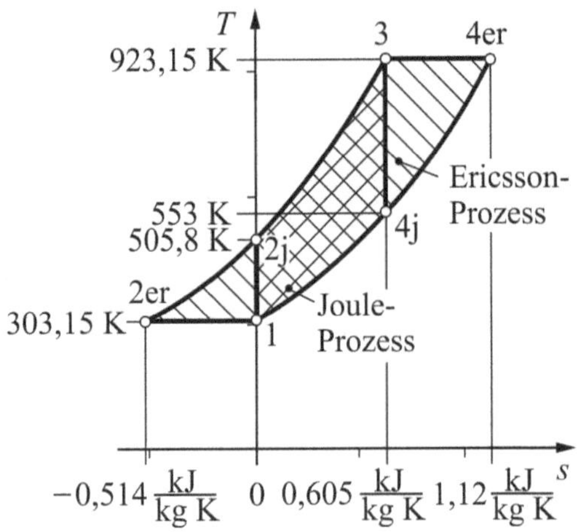

B 10.5 zu 4.2

3.16 a) $\dot{Q}^{rev}_{12} = 393{,}2\,kW$ b) $\xi = 2{,}54$

3.17 a) $S_2 - S_1 = 40{,}1\,\frac{kJ}{K}$ b) $W_{diss\,1\,2} = 6\,951\,kJ$

3.18 $p_2 = 393\,kPa$

3.19 a) $t_{Mi} = 225{,}8\,°C$

b) Abgas: $\dot{H}_{a,Mi} - \dot{H}_{a,1} = -42{,}9\,\frac{MJ}{h}$, Luft: $\dot{H}_{l,Mi} - \dot{H}_{l,1} = 22{,}9\,\frac{MJ}{h}$

3.20 a) $m_w = 0{,}63\,kg$ b) $m_w = 0{,}50\,kg$

3.21 $\dot{S}_{diss\,1\,2} = 0{,}247\,\frac{W}{K}$

3.22 $e_2 - e_1 = 80{,}34\,\frac{kJ}{kg}$

3.23 a) $e_2 - e_1 = -183{,}1\,\frac{kJ}{kg}$ b) $e_2 - e_1 = -150{,}8\,\frac{kJ}{kg}$

3.24 a) $e_{v\,1\,2} = 8{,}87\ \frac{\text{kJ}}{\text{kg}}$ b) $w_{\text{diss}\,1\,2} = 9{,}17\ \frac{\text{kJ}}{\text{kg}}$

3.25 $\dot{E}_{v\,1\,2} = 1\,544\ \text{kW}$

3.26 a) $\eta_{\text{th}}^{\text{rev}} = \eta_{\text{c}} = 0{,}369$ b) $\zeta^{\text{rev}} = 0{,}52$

4 Das ideale Gas in Maschinen und Anlagen (S. 191 bis S. 246)

4.1 a) $\frac{p_2}{p_1} = 8{,}77\ (T_2 = 582{,}399\ \text{K})$ b) $\eta_{\text{th}}^{\text{rev}} = 0{,}462$; $\zeta^{\text{rev}} = 0{,}726$

c) $w_{\text{j}} = -233\ \frac{\text{kJ}}{\text{kg}} \left(c_{pm} = 1004{,}85\ \frac{\text{J}}{\text{kgK}} \right)$ d) $r_{\text{t}} = 0{,}463$

e) $s_3 - s_2 = 0{,}623\ \frac{\text{kJ}}{\text{kg K}}$

4.2 **B 10.5**

4.3 a) s. **B 10.6** b) $T_4 = 583{,}245\ \text{K}$ c) $w_{\text{k}}^{\text{rev}} = -241{,}2\ \frac{\text{kJ}}{\text{kg}}$ d) $\eta_{\text{th}}^{\text{rev}} = 0{,}349$

4.4 a) $P_{\text{k}} = -17{,}6\ \text{MW}$

b) $\eta_{\text{i}} = 0{,}77\ (t_{2'} = 238\ °\text{C},\quad t_{4'} = 399{,}67\ °\text{C},\quad \dot{m}_{\text{j}} = 80{,}56 \frac{\text{kg}}{\text{s}},\quad w_{\text{j}} = -22{,}84\ \text{MW})$

4.5 a) $P_{\text{t V}} = 11{,}14\ \text{MW}$

b) $P_{\text{t T}} = -27{,}74\ \text{MW}\ (T_5 = 659{,}4\ \text{K},\ T_5 = 720{,}8\ \text{K})$

c) $P_{\text{gen}} = -16{,}1\ \text{MW}$ d) $\eta_{\text{ges}} = 0{,}458\ (\dot{Q}_{\text{zu}} = 35{,}151\ \text{MW})$

4.6 a) $\dot{Q}_{3\,4} = 57\ \text{kW}$ b) $\dot{Q}_{1\,2} = -19\ \text{kW}$

c) $\dot{Q}_{2\,3} = 50\ \text{kW}$

4.7 $\varepsilon = 10{,}05$

4.8 $\zeta^{\text{rev}} = 0{,}80$; $r_{\text{v}} = 0{,}51$

4.9 s. **B 10.7**

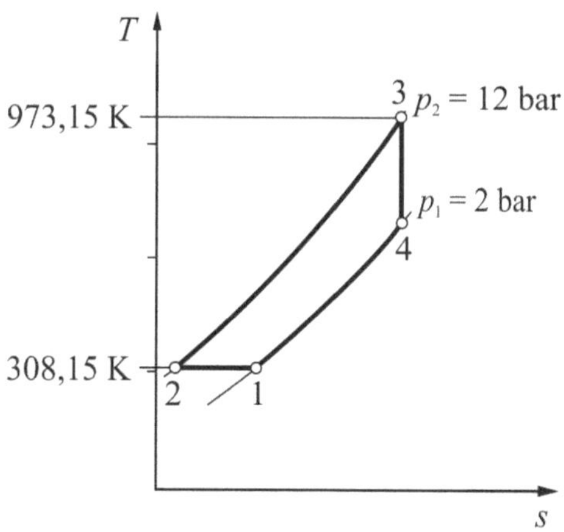

B 10.6 zu 4.3 a)

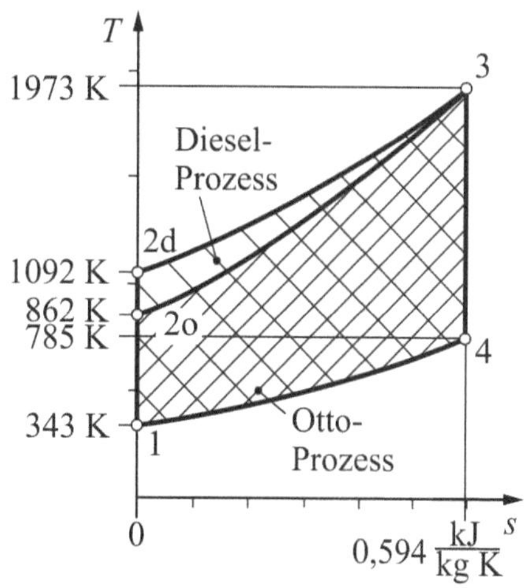

B 10.7 zu 4.9

4.10 a) $V_1 = 0{,}84\,m^3$; $V_2 = 0{,}383\,m^3$; $V_3 = 0{,}128\,m^3$; $V_4 = 0{,}0427\,m^3$

b) s. **B 10.8** c) s. **B 10.9**

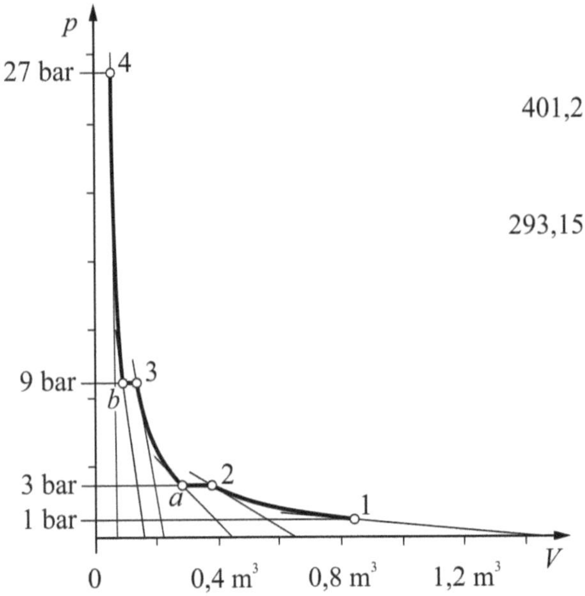

B 10.8 zu 4.10 b)

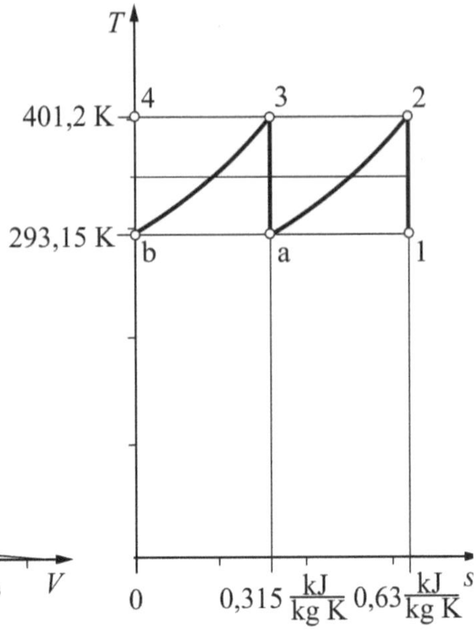

B 10.9 zu 4.10 c)

4.11 a) $p_2 = 3{,}4087$ bar; $p_3 = 7{,}746$ bar; $p_4 = 17{,}602$ bar

b) $T_2 = 371$ K c) $T_{z\,isen} = 749$ K

4.12 $\mu = 0{,}941$

4.13 a) $\mu = 0{,}8494$ b) $\lambda = 0{,}804$

4.14 a) $\eta_{ith\,ind} = 0{,}783$ b) $P_e = 12{,}7$ kW

5 Der Dampf und seine Anwendung in Maschinen und Anlagen (S. 247 bis S. 319)

5.1 $Q_{12} = 38{,}87$ MJ

5.2 $Q_{12} = 4{,}389$ MJ

5.3 $m_{eis} = 0{,}76$ kg

5.4 $h_2 - h_1 = -1244{,}7\ \dfrac{kJ}{kg}$, $v_2 - v_1 = 1{,}18\ \dfrac{m^3}{kg}$

5.5 a) $h_1 = 2449{,}2\ \dfrac{kJ}{kg}$ b) $h_2 = 3278{,}5\ \dfrac{kJ}{kg}$

c) $q_{12} = 829{,}3\ \dfrac{kJ}{kg}$

5.6 a) $h = 2816{,}8\ \dfrac{kJ}{kg}$ b) $t_2 = 195\ °C$

5.7 $\dot{Q}_{12} = 15{,}66\ \dfrac{GJ}{h} = 4{,}35$ MW

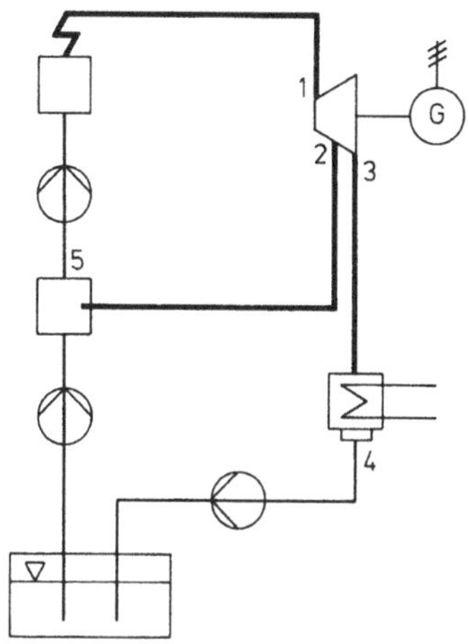

B 10.10 zu 5.11 a)

5.8 $\dot{Q}_{12} = -8{,}81\ \dfrac{\text{GJ}}{\text{h}} = -2{,}45\ \text{MW}$

5.9 $x_2 = 0{,}042\,9\ \dfrac{\text{kg Dampf}}{\text{kg H}_2\text{O}}$

5.10 a) $p_1 = 67\ \text{bar}$ b) $w_{c/r} = -1\,065\ \dfrac{\text{kJ}}{\text{kg}}$; $\eta_{th}^{rev} = 0{,}33$

5.11 a) **B 10.10**

b) $t = 118{,}2\ °\text{C}$; $\eta_{th}^{rev*} = 0{,}3865$

5.12 $t = 394\ °\text{C}$

5.13 $h_1 = 3\,064{,}4\ \dfrac{\text{kJ}}{\text{kg}}$; $t_1 \approx 330\ °\text{C}$; $s_1 = 6{,}6\ \dfrac{\text{kJ}}{\text{kg K}}$

5.14 a) $\eta_{th}^{rev*} = 0{,}39$ b) $\eta_{th}^{*} = 0{,}35$

c) $P_{kl} = -15{,}4\ \text{MW}$

5.15 $\eta_{th}^{*} = 0{,}403$

5.16 $P_{kl} = 163{,}4\ \text{MW}\ \left(h_1 = 3\,378{,}51\ \dfrac{\text{kJ}}{\text{kg}};\ h_2 = 3\,076{,}54\ \dfrac{\text{kJ}}{\text{kg}};\right.$

$\left. h_3 = 2\,810{,}9\ \dfrac{\text{kJ}}{\text{kg}};\ h_4 = 2\,665\ \dfrac{\text{kJ}}{\text{kg}};\ \alpha = 0{,}127\,8;\ \beta = 0{,}064\,8\right)$

5.17 a) $\eta_{GUD} = 48{,}5\ \%$; $\dfrac{P_G}{P_D} = 2{,}13$

b) $\eta_{GUD} = 43{,}0\ \%$; $\dfrac{P_G}{P_D} = 1{,}45$

5.18 a) $|P_G| = 1{,}02\ \text{MW}$ b) $|P_D| = 2{,}80\ \text{MW}$

c) $|P_{kl\,GUD}| = 3{,}82\ \text{MW}$ d) $\eta_{GUD} = 28{,}1\ \%$

5.19 a) $|w_{ORC}| = 26\ \text{kJ/kg}$ b) $q_{61} = 189\ \text{kJ/kg}$

c) $\eta_{th}^{*} = 13{,}8\ \%$ d) $|P_{ORC}| = 72{,}2\ \text{kW}$

6 Gemische (S. 321 bis S. 373)

6.1 a) $M_{Mi} = 18{,}531\ \dfrac{\text{kg}}{\text{kmol}}$

b) $\mu_{CH_4} = 70{,}81$ Massen-% ; $\mu_{C_2H_6} = 4{,}54$ Massen-% ; $\mu_{C_3H_8} = 0{,}95$ Massen-% ;

$\mu_{C_4H_{10}} = 0{,}63$ Massen-% ; $\mu_{CO_2} = 1{,}90$ Massen-% ; $\mu_{N_2} = 21{,}16$ Massen-%

6.2 $\mu_a = 50$ Massen-% ; $\mu_b = 50$ Massen-%

6.3 a) $\varrho_{Mi} = 867{,}8\ \dfrac{\text{kg}}{\text{m}^3}$ b) Volumenkontraktion

6.4 a) $c_{p\,Mi} = 3{,}012\ \dfrac{\text{kJ}}{\text{kg K}}$ b) $\dfrac{\Delta c_{p\,Mi}}{c_{p\,Mi}} = -6{,}6\ \%$

6.5 a) $t_{Mi} = 23{,}56\ °\text{C}$

b) $S_{m\,diss\,12,\,ges} = \Delta S_{m\,Mi,\,ges} = 2\,613\ \dfrac{\text{J}}{\text{kmol K}}$

c) $\dot{S}_{diss\,12,\,ges} = \Delta\dot{S}_{Mi,\,ges} = 27{,}51\ \dfrac{\text{W}}{\text{K}}$

6.6 a) $w_{t12}^{rev} = 39{,}96\ \frac{kJ}{kg}$ b) $w_{t12}^{rev} = 30{,}79\ \frac{kJ}{kg}$

6.7 $P_{t12}^{rev} = \dot{W}_{t12}^{rev} = 5\,130\ W$

6.8 $\dot{V}_{Mi} = 10\,146\ \frac{m^3}{h}$

6.9 $\frac{\dot{m}_{H_2O}}{\dot{m}_l} = \frac{\dot{m}_w}{\dot{m}_l} = -0{,}048\,8\ \frac{kg\ H_2O}{kg\ t\ L}$

6.10 $\varphi_2 = 0{,}8$

6.11 $\Delta h_{1+x} = 0{,}250\,8\ \frac{kJ}{kg\ t\ L}$

6.12 $Q_{12} = 11\,930\ kJ$

6.13 $t_2 \approx 13{,}5\ °C$; $\varphi_2 \approx 1$; $x_2 \approx 0{,}009\,3\ \frac{kg\ H_2O}{kg\ t\ L}$; $h_2 \approx 38\ \frac{kJ}{kg}$

6.14 grafisch: $x = 6{,}5\ \frac{g\ H_2O}{kg\ t\ L}$; rechnerisch: $x = 6{,}44\ \frac{g\ H_2O}{kg\ t\ L}$

6.15 a) $t_1 \approx 40\ °C$ b) $\mu_{H_2O\,f2} \approx 0{,}39$

c) $m_{f1} - m_{f2} = 0{,}0902\ kg$ d) $H_1 = 3\,900{,}0\ kJ$, $H_2 = 4\,221{,}6\ kJ$

e) $Q_{12} = 321{,}63\ kJ$

7 Strömungsvorgänge (S. 375 bis S. 403)

7.1 a) $P_{t12}^{*} = 8{,}8\ kW$ b) 34 % c) $\eta_{isen\,V} = 66\ \%$

7.2 a) $P_{t12}^{*} = -1\,221\ kW$ b) $P_{diss\,12} = 342\ kW$

7.3 a) $c_{2'} = 28{,}5\ m/s$ b) $c_2 = 24{,}7\ m/s$

7.4 a) $F_i = 0{,}33\ N$ b) $F_p = 5{,}55\ N$ c) $F_{res} = 5{,}88\ N$

7.5 a) $F_i = -1\,271\ N$ (entgegen der Strömungsrichtung)

b) $F_p = 6\,989\ N$ (in Strömungsrichtung)

c) $F_{res} = 5\,718\ N$ (in Strömungsrichtung)

7.6 a) $M_d = 61\ N\,m$ b) $P_{Sch} = 9{,}6\ kW$

7.7 a) $p_L = 52{,}9\ bar$, $T_L = 252{,}9\ K$, $c_L = 303{,}0\ m/s$

b) $T_2 = 157{,}6\ K$, $c_2 = 515{,}9\ m/s$

c) $\dot{m} = 0{,}61\ kg/s$ d) $\alpha = 0{,}95$

7.8 a) $p_{2\,max} = 15{,}2\ bar$, $T_2 = 956{,}3\ K$ b) $p_L = 8{,}0\ bar$, $T_L = 796{,}9\ K$

c) $c_L = 566\ m/s$ d) $\dot{m} = 396{,}0\ kg/s$

e) $p_3 = 9{,}1\ bar$

7.9 $c_1 = 532{,}5\ m/s$

8 Wärmeübertragung (S. 405 bis S. 453)

8.1 $A = 0{,}359\ m^2$

8.2 $\dot{q} = 50{,}5\ \frac{kW}{m^2}$

8.3 a) $\dot{Q} = 2{,}30\ \mathrm{kW}$ b) $+3{,}4\,\%$

8.4 a) $\dot{Q} = 942\ \mathrm{W}$ b) $\dot{Q} = 2\,262\ \mathrm{W}$

8.5 a) $\alpha_\mathrm{i} = 7\,500\ \dfrac{\mathrm{W}}{\mathrm{m^2\,K}}$; $\alpha_\mathrm{a} = 8{,}35\ \dfrac{\mathrm{W}}{\mathrm{m^2\,K}}$ b) $R_\text{ü i} = 0{,}167\ \dfrac{\mathrm{K}}{\mathrm{kW}}$; $R_\text{ü a} = 150\ \dfrac{\mathrm{K}}{\mathrm{kW}}$

c) $R_l = 0{,}167\ \dfrac{\mathrm{K}}{\mathrm{kW}}$

8.6 $\alpha = 41{,}8\ \dfrac{\mathrm{W}}{\mathrm{m^2\,K}}$

8.7 $\alpha = 467\ \dfrac{\mathrm{W}}{\mathrm{m^2\,K}}$

8.8 $\dot{m}_\mathrm{d} = 38{,}4\ \dfrac{\mathrm{kg}}{\mathrm{h}}$

8.9 a) $\alpha = 3{,}8\ \dfrac{\mathrm{kW}}{\mathrm{m^2\,K}}$; $t_\mathrm{w} = 201{,}3\ ^\circ\mathrm{C}$; $A = 4{,}66\ \mathrm{m^2}$

b) $\alpha = 19{,}1\ \dfrac{\mathrm{kW}}{\mathrm{m^2\,K}}$; $t_\mathrm{w} = 204{,}4\ ^\circ\mathrm{C}$; $A = 0{,}466\ \mathrm{m^2}$

8.10 $\dot{Q} = 190{,}3\ \mathrm{W}$

8.11 $\dot{Q}_{1\,2} = 4{,}7\ \mathrm{kW}$

8.12 a) $k = 8{,}33\ \dfrac{\mathrm{W}}{\mathrm{m^2\,K}}$ b) $R_\mathrm{d} = 150\ \dfrac{\mathrm{K}}{\mathrm{kW}}$

8.13 a) $k = 97{,}8\ \dfrac{\mathrm{W}}{\mathrm{m^2\,K}}$ b) $\dot{q} = 99{,}8\ \dfrac{\mathrm{kW}}{\mathrm{m^2}}$

c) $R_\mathrm{d} = 10{,}2\ \dfrac{\mathrm{K}}{\mathrm{kW}}$ d) $t_{\mathrm{w}\,1} = 201{,}8\ ^\circ\mathrm{C}$; $t_{\mathrm{w}\,2} = 192{,}2\ ^\circ\mathrm{C}$

8.14 $\dot{Q} \approx 300\ \mathrm{kW}\ \left(\dot{m}_\mathrm{a} = 1{,}419\,6\ \mathrm{kg/s},\ w_\mathrm{a} = 0{,}070\,2\ \mathrm{m/s},\ \alpha_\mathrm{a} = 1574\dfrac{\mathrm{W}}{\mathrm{m^2\,K}},\right.$

$\left.\dot{m}_\mathrm{b} = 3{,}57\ \mathrm{kg/s},\ w_\mathrm{b} = 0{,}290\,01\ \mathrm{m/s},\ \alpha_\mathrm{b} = 2437\dfrac{\mathrm{W}}{\mathrm{m^2\,K}}\right)$

8.15 a) $\dot{m}_\mathrm{a} = 586\ \mathrm{kg/s}$; $\dot{m}_\mathrm{b} = 50{,}6\ \mathrm{kg/s}$

b) $\dot{Q}_1 = 45{,}4\ \mathrm{MW}$; $\dot{Q}_2 = 86{,}7\ \mathrm{MW}$; $\dot{Q}_3 = 14{,}9\ \mathrm{MW}$

c) $t_{\mathrm{a}\,1} = 450{,}0\ ^\circ\mathrm{C}$ $t_{\mathrm{b}\,1} = 45{,}8\ ^\circ\mathrm{C}$

$t_{\mathrm{a}\,2} = 424{,}6\ ^\circ\mathrm{C}$ $t_{\mathrm{b}\,2} = 250{,}3\ ^\circ\mathrm{C}$

$t_{\mathrm{a}\,3} = 277{,}1\ ^\circ\mathrm{C}$ $t_{\mathrm{b}\,3} = 250{,}3\ ^\circ\mathrm{C}$

$t_{\mathrm{a}\,4} = 200{,}0\ ^\circ\mathrm{C}$ $t_{\mathrm{b}\,4} = 350{,}0\ ^\circ\mathrm{C}$

d) $\Delta t_{\mathrm{m}\,1} = 72{,}8\ \mathrm{K}$; $\Delta t_{\mathrm{m}\,2} = 78{,}8\ \mathrm{K}$; $\Delta t_{\mathrm{m}\,3} = 133{,}7\ \mathrm{K}$

8.16 $\Delta t^\mathrm{P}_\mathrm{min} = 26{,}8\ \mathrm{K}$

8.17 $\dot{E}_{\mathrm{v}\,1\,2} = 212\ \mathrm{kW}$

9 Energieumwandlung durch Verbrennung und in Brennstoffzellen (S. 455 bis S. 535)

9.1 $H_\mathrm{o} = 48{,}68\ \dfrac{\mathrm{MJ}}{\mathrm{kg}}$

9.2 a) $H_\mathrm{u} = 25{,}62\ \dfrac{\mathrm{MJ}}{\mathrm{kg}}$; $H_\mathrm{o} = 26{,}64\ \dfrac{\mathrm{MJ}}{\mathrm{kg}}$

b) $l_{\mathrm{min\,n}} = 6{,}68\ \dfrac{\mathrm{m^3\,L}}{\mathrm{kg\,B}}$ $\left(l_\mathrm{min} = 0{,}298\,19\ \dfrac{\mathrm{kmol}}{\mathrm{kg\,B}}\right)$

c) $l_\mathrm{n} = 9{,}4\ \dfrac{\mathrm{m^3\,L}}{\mathrm{kg\,B}}$

d) $v_{\min\,\mathrm{f\,n}} = 7{,}1\,\dfrac{\mathrm{m^3\,f\,A}}{\mathrm{kg\,B}}$; $\quad v_{\min\,\mathrm{t\,n}} = 6{,}53\,\dfrac{\mathrm{m^3\,t\,A}}{\mathrm{kg\,B}}$

e) $v_{\mathrm{f\,n}} = 9{,}8\,\dfrac{\mathrm{m^3\,f\,A}}{\mathrm{kg\,B}}$; $\quad v_{\mathrm{t\,n}} = 9{,}2\,\dfrac{\mathrm{m^3\,t\,A}}{\mathrm{kg\,B}}$

9.3 $CO_2^{\mathrm{a}} = 13{,}75\,\%$

9.4 a) $l_{\mathrm{n}} \approx 11{,}6\,\dfrac{\mathrm{m^3\,L}}{\mathrm{kg\,B}}$; $\quad v_{\mathrm{f\,n}} \approx 12{,}2\,\dfrac{\mathrm{m^3\,f\,A}}{\mathrm{kg\,B}}$

b) $l_{\mathrm{n}} \approx 10{,}3\,\dfrac{\mathrm{m^3\,L}}{\mathrm{m^3\,B}}$; $\quad v_{\mathrm{f\,n}} \approx 11{,}3\,\dfrac{\mathrm{m^3\,f\,A}}{\mathrm{m^3\,B}}$

9.5 a) $l_{\mathrm{n}} \approx 5{,}98\,\dfrac{\mathrm{m^3\,L}}{\mathrm{kg\,B}}$ b) $v_{\mathrm{f\,n}}^{\mathrm{a}} = 6{,}86\,\dfrac{\mathrm{m^3\,f\,A}}{\mathrm{kg\,B}}$

9.6 $CO_2^{\mathrm{a}} = 23{,}5\,\%$; $\quad CO^{\mathrm{a}} = 1{,}03\,\%$; $\quad O_2^{\mathrm{a}} = 0\,\%$

9.7 a) $t_{\max} = 2\,396{,}1\,^\circ\mathrm{C}\ \left(H_l = 1732\,\dfrac{\mathrm{kJ}}{\mathrm{kmol\,B}};\quad v_{\mathrm{f}} = 2{,}880\,95\,\dfrac{\mathrm{kmol\,fA}}{\mathrm{kmol\,B}}\right)$

b) $t_{\max} = 1\,926{,}45\,^\circ\mathrm{C}\ \left(H_l = 2424{,}8\,\dfrac{\mathrm{kJ}}{\mathrm{kmol\,B}};\quad v_{\mathrm{f}} = 3{,}833\,\dfrac{\mathrm{kmol\,fA}}{\mathrm{kmol\,B}}\right)$

9.8 a) $t_l = 550\,^\circ\mathrm{C}$

b) $t_l = 680\,^\circ\mathrm{C}$

9.9 a) $H_{\mathrm{a}\,4} = 71{,}28\,\dfrac{\mathrm{MJ}}{\mathrm{kmol\,B}}$ b) $q_{\mathrm{a}} = 0{,}089 \mathrel{\widehat{=}} 8{,}9\,\%$

c) $\eta_{\mathrm{f}} = 0{,}911 \mathrel{\widehat{=}} 91{,}1\,\%$

9.10 $t_\tau \approx 52\,^\circ\mathrm{C}$

9.11 $\varrho^*_{\mathrm{SO_2\,gem}} = 227\,\dfrac{\mathrm{mg\,SO_2}}{\mathrm{m^3\,t\,A}}$ $\quad SO^{\mathrm{a}}_{2\,\mathrm{gem}} = 77\,\mathrm{ppm}$

9.12 $E_{\mathrm{NO_x}} = 101{,}7\,\dfrac{\mathrm{mg\,NO_2}}{\mathrm{kW\,h}}$

9.13 a) $\Delta\varrho^*_{\mathrm{NO_x}} = 1\,300\,\dfrac{\mathrm{mg\,NO_2}}{\mathrm{m^3\,t\,A}}$ b) $\Delta\dot{m}_{\mathrm{NO}} = 1{,}84\,\mathrm{t/h}$

c) $\dot{m}_{\mathrm{NH_3}} = 1{,}05\,\mathrm{t/h}$

9.14 a) $\Delta_{\mathrm{R}} G^0_{\mathrm{m}} = -237\,145\,\mathrm{kJ/kmol}$ b) $\Delta_{\mathrm{R}} G^0_{\mathrm{m}} = -228\,585\,\mathrm{kJ/kmol}$

9.15 $E_{\mathrm{m\,CH_4}} = 830{,}3\,\dfrac{\mathrm{MJ}}{\mathrm{kmol}}$

9.16 $E_{\mathrm{v}} = 59{,}1\,\dfrac{\mathrm{MJ}}{\mathrm{kmol\,B}}$; $\quad \dfrac{E_{\mathrm{v}}}{E_{\mathrm{B}}} = 0{,}214 \mathrel{\widehat{=}} 21{,}4\,\%$

9.17 a) $\eta_{\mathrm{BZ}} = 0{,}49$ b) $W_{\mathrm{BZ\,m}} = -96{,}5\,\mathrm{MJ/kmol}$

c) $W_{\mathrm{BZ\,m\,diss}} = 100{,}3\,\mathrm{MJ/kmol}$ d) $\dot{Q} = -150{,}8\,\mathrm{MJ/kmol}$

e) $\dot{V}_{\mathrm{n}} = 83{,}7\,\mathrm{m^3/h}$ f) $\eta_{\mathrm{BZ\,ges}} = 0{,}39$

11 Antworten auf die Kontrollfragen

11.1 Grundlagen der Thermodynamik

1. Länge, Meter; Masse, Kilogramm; Zeit, Sekunde; Elektr. Stromstärke, Ampere; Thermodyn. Temperatur, Kelvin; Stoffmenge, Mol; Lichtstärke, Candela.
2. Der absolute Druck ist der Druck gegenüber dem Druck null im leeren Raum. Die Druckdifferenz gegenüber atmosphärischem Bezugsdruck wird Überdruck genannt. Druckeinheit: $1\ \text{Pa} = 1\ \text{N/m}^2$. Besonderer Name für 10^5 Pa: 1 bar.
3. a) Eine empirische Temperaturskala entsteht, wenn man reproduzierbare Temperaturfestpunkte festlegt und dann z. B. die durch Temperaturerhöhung zwischen zwei Festpunkten eintretende Verlängerung eines Quecksilberfadens in gleiche Teile teilt; die so gewonnenen Intervalle stimmen wegen des temperaturabhängigen thermischen Ausdehnungskoeffizienten mit den wirklichen Temperaturdifferenzen nicht genau überein.

   b) Die thermodynamische Temperaturskala basiert auf der Erkenntnis, dass ein absoluter Nullpunkt existiert. Durch Festlegung der Temperatur des Tripelpunktes des Wassers mit 273,16 K werden die gleichen Intervalle wie bei der Celsius-Skala erreicht.

   c) Die ITS ist durch international vereinbarte Temperaturfestpunkte verwirklicht.
4. Zwei Systeme mit der gleichen Temperatur sind im thermischen Gleichgewicht.
5. a) Ein ideales Gas befolgt die Gleichung nach b) bei beliebigen Drücken.

   b) $p\,v = R_i\,T$

   c) $R_i = \dfrac{p\,v}{T}$, R_i ist vom physikalischen Zustand des Gases unabhängig.
6. a) $p\,V = \text{const}$ *bei* $T =$ *konstant*

   b) $\dfrac{V}{T} = \text{const}$ *bei* $p =$ *konstant*

   In beiden Fällen nur für das ideale Gas.
7. $p_n = 101{,}325\ \text{kPa}$, $t_n = 0\ °\text{C}$ bzw. $T_n = 273{,}15\ \text{K}$.
8. a) Bei idealen Gasen ist in gleichem Volumen bei gleichen Drücken und Temperaturen dieselbe Anzahl Moleküle enthalten.

   b) $N_A = 6{,}022 \cdot 10^{26}\ \dfrac{1}{\text{kmol}}$; Zahl der Moleküle in 1 kmol.
9. a) Stoffmenge, bestehend aus $\{N_A\}$ Molekülen.

   b) Masse eines Kilomols, z. B. ist $M_c = 12\ \text{kg/kmol}$.

   c) Volumen eines Kilomols.

   d) Von einer Gasmenge bei physikalischem Normzustand eingenommenes Volumen.
10. a) $m = n\,M$

    b) $V_{mn} = \dfrac{V_n}{n}$

    c) $\varrho_n = \dfrac{M}{V_{mn}}$

11. a) $R_m = \frac{p\,V_m}{T}$

    b) Für physikalischen Normzustand gilt $R_m = \frac{p_n\,V_{mn}}{T_n}$ mit $V_{mn} = 22{,}4\ \frac{m^3}{kmol}$ für alle idealen Gase; somit ist R_m für alle idealen Gase gleich.

    c) $R_m = M\,R_i$

12. a) $\Delta l = \alpha_m|_{t_1}^{t_2}\, l_0\,(t_2 - t_1)$ $\quad \Delta V = \gamma_m|_{t_1}^{t_2}\, V_0\,(t_2 - t_1)$

    b) Längendehnung oder relative Längenänderung ist das Verhältnis der Längenänderung zur Ausgangslänge: $\varepsilon = \frac{\Delta l}{l_1}$

    c) Beim idealen Gas; Wasser dehnt sich bei Abkühlung unter +4 °C aus.

13. In einem geschlossenen System befindet sich eine bestimmte Stoffmenge, ein offenes System ist ein bestimmter Raum mit Stoffdurchfluss.

14. Zustandsgrößen beschreiben die Eigenschaften eines Stoffes; unterschieden werden thermische und kalorische Zustandsgrößen; die thermischen sind Volumen, Druck, Temperatur. Daneben unterscheidet man intensive (unabhängig von der Systemgröße), extensive (proportional zur Systemgröße), spezifische (auf die Masse bezogene) und molare (auf die Stoffmenge bezogene) Zustandsgrößen.

15. Prozesse bewirken Zustandsänderungen. Z. B. kann eingeschlossenes Gas durch Wärmezufuhr oder durch Dissipationsenergie erwärmt werden; die Zustandsänderung ist die gleiche, die Prozesse sind verschieden. Der Begriff des Prozesses ist somit umfassender.

16. Irreversible thermodynamische Vorgänge sind:

    a) Dissipationsprozesse; z. B. Reibung, plastische Verformung, elektrische Vorgänge, Verbrennung.

    b) Ausgleichsprozesse; z. B. Temperatur-, Druck-, Konzentrationsausgleich.

11.2 Erster Hauptsatz der Thermodynamik

1. a) Innere Energie, potenzielle Energie, kinetische Energie

   b) Arbeit, Wärme

2. Volumenänderungsarbeit ist die an einem geschlossenen System reversibel verrichtete Arbeit $W_{v\,12} = -\int_1^2 p\,\mathrm{d}V$.

3. B 2.1 b, Volumenänderungsarbeit, positiv.

4. Innere Energie ist die in einem System gespeicherte Energie.

5. Wärme ist Energie, die bei einem System mit nichtadiabater Grenze aufgrund eines Temperaturunterschiedes über die Systemgrenze tritt. Beim geschlossenen System ist sie die Differenz aus der Änderung der inneren Energie und der verrichteten Arbeit.

6. Technische Arbeit tritt im offenen, Volumenänderungsarbeit im geschlossenen System auf.

7. a) Reversible technische Arbeit ist die an einem offenen System bei reversibler Zustandsänderung verrichtete Arbeit. $W_{t\,12}^{\mathrm{rev}\,*} = \int_1^2 V\,\mathrm{d}p + \frac{m}{2}\,(c_2^2 - c_1^2) + m\,g\,(z_2 - z_1)$.

   b) Enthalpie ist die Summe aus der inneren Energie und dem Produkt $p\,V$.

8. B 2.8, reversible technische Arbeit, positiv.
9. a) B 2.1 Volumenänderungsarbeit, positiv.
   b) B 2.8 reversible technische Arbeit, positiv.
10. a) U steigt um 10 kJ
    b) um 10 kJ
    c) um 20 kJ
11. Wärme ist eine Energieform. Eine Maschine kann nur Arbeit verrichten, wenn ihr der gleiche Betrag anderer Energie zugeführt wird.

    $Q_{12} + W_{g12} = U_2 - U_1$ (geschlossenes System).

    $Q_{12} + W^*_{t12} = H_2 - H_1 + \frac{m}{2}(c_2^2 - c_1^2) + m\,g\,(z_2 - z_1)$ (offenes System).
12. a) Die spezifische Wärmekapazität ist messbar als diejenige Wärme (oder Dissipationsenergie), mit der man die Temperatur von 1 kg eines Stoffes, der keine Phasenänderung erfährt, um 1 K steigern kann.
    b) c ist, außer beim einatomigen idealen Gas, bei allen Stoffen temperaturabhängig.
13. a) $\mathrm{d}u = c_v\,\mathrm{d}T$; $\mathrm{d}h = c_p\,\mathrm{d}T$
    b) Sie gelten für beliebige Zustandsänderungen.
    c) $\mathrm{d}u = c_v\,\mathrm{d}T$ bei $v = \text{const}$, $\mathrm{d}h = c_p\,\mathrm{d}T$ bei $p = \text{const}$, in beiden Fällen bei unveränderter Phase.
14. Die innere Energie des idealen Gases ist bei konstanter Temperatur vom Volumen unabhängig: $\left(\frac{\partial u}{\partial v}\right)_T = 0$. Somit ist u eine reine Temperaturfunktion; aus $u = f(v, T)$ wird $u = f(T)$ oder $\mathrm{d}u = c_v\,\mathrm{d}T$.
15. a) $c_p - c_v = R_i$ (nicht temperaturabhängig), $\varkappa = \frac{c_p}{c_v}$ (temperaturabhängig)
    b) Die auf 1 kmol eines Stoffes bezogene Wärmekapazität

       $C_{mv} = M\,c_v$, $C_{mp} = M\,c_p$
    c) $C_{mp} - C_{mv} = R_m$ (nicht temperaturabhängig),

       $\varkappa = \frac{C_{mp}}{C_{mv}}$ (temperaturabhängig).
16. a) $Q_{ich\,12} = m\,c_{vm}|_{T_1}^{T_2}\,(T_2 - T_1)$; negativ; gedeckt aus der inneren Energie.
    b) $U_2 - U_1 = Q_{ich\,12}$; negativ (U fällt)

       $H_2 - H_1 = \varkappa\,(U_2 - U_1)$; negativ ($H$ fällt).
    c) $W_{v\,ich\,12} = 0$.
17. a) $Q_{ib\,12} = m\,c_{pm}|_{T_1}^{T_2}\,(T_2 - T_1)$; negativ, gedeckt aus der Enthalpie.
    b) $H_2 - H_1 = Q_{ib\,12}$; negativ (H fällt)

       $U_2 - U_1 = \frac{H_2 - H_1}{\varkappa}$; negativ ($U$ fällt).
    c) $W_{v\,ib\,12} = (U_2 - U_1) - Q_{ib\,12}$; positiv, wird zugeführt.

11

11.3 Zweiter Hauptsatz der Thermodynamik

1. Irreversible Vorgänge verlaufen von selbst nur in einer Richtung; bei ihnen wird Energie entwertet; sie lassen sich wieder rückgängig machen, dann muss von außen in das System eingegriffen werden, wodurch Veränderungen in der Umgebung zurückbleiben.

2. Wärme kann nicht von selbst von einem System niederer Temperatur auf ein System höherer Temperatur übergehen.
3. Die allgemeinste Form des 2. Hauptsatzes lautet: Alle natürlichen und technischen Prozesse sind irreversibel.
4. $\mathrm{d}S = \dfrac{\mathrm{d}Q + \mathrm{d}W_{\mathrm{diss}}}{T}$
5. Die Summe der Entropien aller an irreversiblen Vorgängen beteiligten Systeme wächst.
6. $Q_{12} + W_{\mathrm{diss}\,12}$
7. Im *T,S*-Diagramm kann bei reversiblen Vorgängen die Wärme direkt als Fläche dargestellt werden.
8. a) $p/T = \mathrm{const}$
   b) s. B 3.6
9. a) Isotherme Zustandsänderung
   b) Die Fläche $-\int_1^2 p\,\mathrm{d}V$ stellt beim geschlossenen System die Volumenänderungsarbeit $W_{\mathrm{v}\,12}$ dar, bei der reversiblen isothermen Zustandsänderung aber auch den Betrag der Wärme $Q^{\mathrm{rev}}_{\mathrm{ith}\,12}$.
   c) nichtadiabat.
   d) U und H bleiben konstant.
10. Die Gasart ist bei gleicher Stoffmenge ohne Einfluss (vgl. Gl 3.36).
11. a) $\mathrm{d}S = 0$
    b) $W_{\mathrm{v}\,12}$; bei der Isentropen aber auch $U_2 - U_1$, da $Q_{\mathrm{isen}\,12} = 0$.
    c) $p\,V^{\varkappa} = \mathrm{const}$
12. Die isotherme ist die erwünschtere Zustandsänderung, denn ein isotherm entspanntes System verrichtet die größere, ein isotherm komprimiertes System erfordert die kleinere Volumenänderungsarbeit $W_{\mathrm{v}\,12}$ bzw. reversible technische Arbeit $W^{\mathrm{rev}}_{\mathrm{t}\,12}$; s. B 3.16 u. B 3.18.
13. a) $p\,V^n = \mathrm{const}$
    b) $n = \infty$: Isochore, $n = 0$: Isobare, $n = 1$: Isotherme, $n = \varkappa$: Isentrope; s. B 3.21.
    c) $1 < n < \varkappa$, jedoch liegt n näher bei $\varkappa$.
    d) $p\,V^{-1} = \mathrm{const}$; $p = \mathrm{const} \cdot V$, d. h. Gerade durch den Nullpunkt (s. B 3.24).
14. a) S. B 3.16 b; die Polytrope mit $1 < n < \varkappa$ verläuft zwischen der Isentropen ($n = \varkappa$) und der Isothermen ($n = 1$).
    b) Die zugeführte Arbeit wandelt sich bei der isothermen Zustandsänderung in abgegebene Wärme ($W_{\mathrm{v\,ith}\,12} = -Q^{\mathrm{rev}}_{\mathrm{ith}\,12}$), bei der isentropen Zustandsänderung in innere Energie ($W_{\mathrm{v\,isen}\,12} = U_2 - U_1$), bei der Polytropen z. T. in abgegebene Wärme, z. T. in innere Energie um ($W_{\mathrm{v\,pol}\,12} = U_2 - U_1 - Q^{\mathrm{rev}}_{\mathrm{pol}\,12}$).
15. a) $W^{\mathrm{rev}}_{\mathrm{t\,ith}\,12} = W_{\mathrm{v\,ith}\,12}$.
    b) $W^{\mathrm{rev}}_{\mathrm{t\,isen}\,12} = \varkappa\, W_{\mathrm{v\,isen}\,12}$.
    c) $W^{\mathrm{rev}}_{\mathrm{t\,pol}\,12} = n\, W_{\mathrm{v\,pol}\,12}$.
16. a) Volumenänderungsarbeit, $W^{\mathrm{rev}}_{\mathrm{v\,isen}\,12} = -\int_1^2 p\,\mathrm{d}V = U_2 - U_1$, positiv, wird in innere Energie umgewandelt. Isentrope Zustandsänderung. Zum *p,V*-Diagramm s. B 3.16 b.
    b) Reversible technische Arbeit, $W^{\mathrm{rev}}_{\mathrm{t\,isen}\,12} = \int_1^2 V\,\mathrm{d}p = H_2 - H_1$, positiv, wird in Enthalpie umgewandelt (da $c_2 = c_1$ und $z_2 = z_1$). Isentrope Zustandsänderung. Zum *p,V*-Diagramm s. B 3.18 b.

17. a) *Geschlossenes* System: $W_{\text{v ith 1 2}} > W_{\text{v pol 1 2}} > W_{\text{v isen 1 2}}$ (Volumenänderungsarbeit, negativ) *Offenes* System: $W^{\text{rev}}_{\text{t ith 1 2}} > W^{\text{rev}}_{\text{t pol 1 2}} > W^{\text{rev}}_{\text{t isen 1 2}}$ (reversible technische Arbeit, negativ).

    b) Geschlossenes System: B 3.16 a, offenes System: B 3.18 a; die Polytrope $1 < n < \varkappa$ verläuft in beiden Diagrammen zwischen der Isothermen und der Isentropen.

    c) *Isotherme Zustandsänderung:*

    Beim geschlossenen und offenen System aus der zugeführten Wärme:

    $W_{\text{v ith 1 2}} = W^{\text{rev}}_{\text{t ith 1 2}} = -Q^{\text{rev}}_{\text{ith 1 2}}$;

    Isentrope Zustandsänderung:

    Beim geschlossenen System durch Verringerung der inneren Energie:

    $W_{\text{v isen 1 2}} = U_2 - U_1$;

    beim offenen System durch Verringerung der Enthalpie:

    $W^{\text{rev}}_{\text{t isen 1 2}} = H_2 - H_1$.

    Polytrope Zustandsänderung:

    Beim geschlossenen System aus zugeführter Wärme und durch Verringerung der inneren Energie:

    $W_{\text{v pol 1 2}} = U_2 - U_1 - Q^{\text{rev}}_{\text{pol 1 2}}$;

    beim offenen System aus zugeführter Wärme und durch Verringerung der Enthalpie: $W^{\text{rev}}_{\text{t pol 1 2}} = H_2 - H_1 - Q^{\text{rev}}_{\text{pol 1 2}}$.

18. *Geschlossenes* System: $W_{\text{v ith 1 2}} < W_{\text{v pol 1 2}} < W_{\text{v isen 1 2}}$ (Volumenänderungsarbeit, positiv). *Offenes* System: $W^{\text{rev}}_{\text{t ith 1 2}} < W^{\text{rev}}_{\text{t pol 1 2}} < W^{\text{rev}}_{\text{t isen 1 2}}$ (reversible technische Arbeit, positiv).

19. Zur Darstellung der zur polytropen Zustandsänderung gehörenden Energien vergleiche B 3.23.

20. Bei einem Kreisprozess wird durch aufeinander folgende Zustandsänderungen der Anfangszustand wieder erreicht.

21. $W^{\text{rev}}_{\text{k}} = \sum W_{\text{v}} = \sum W^{\text{rev}}_{\text{t}} = -\sum Q^{\text{rev}}$.

22. a) Carnot-Prozess im *T,S*-Diagramm, vergleiche B 3.35 b.

    b) $\eta^{\text{rev}}_{\text{th}} = \dfrac{|W_{\text{car}}|}{Q^{\text{rev}}_{\text{zu}}} = \dfrac{\text{Fl 1 2 3 4}}{\text{Fl 1 2 b a}} = \dfrac{(T_1 - T_3)\,(S_{\text{b}} - S_{\text{a}})}{T_1\,(S_{\text{b}} - S_{\text{a}})}$

    $\eta^{\text{rev}}_{\text{th}} = 1 - \dfrac{T_3}{T_1}$

23. a) B 3.30 a und B 3.31 a, negativ.

    b) B 3.30 c und B 3.31 b, positiv.

24. a) Wärmekraftmaschine, wandelt Wärme in Arbeit um, die abgegebene Arbeit ist die Nutzenergie.

    b) Wärmepumpe oder Kältemaschine, beide nehmen Wärme bei geringer Temperatur auf und geben eine um die zugeführte Arbeit vergrößerte Wärme bei höherer Temperatur ab. Aufgabe der Wärmepumpe ist die Beheizung eines anderen Systems, die abgegebene Wärme ist die Nutzenergie. Aufgabe der Kältemaschine ist die Kühlung eines anderen Systems, die aufgenommene Wärme ist die Nutzenergie.

25. a) $\eta_{\text{th}} = \dfrac{|W_{\text{k}}|}{Q_{\text{zu}}}$; η_{th} gibt an, welcher Anteil der zugeführten Wärme in Arbeit umgewandelt wird. $\eta_{\text{th}} = 1$ ist nicht erreichbar.

    b) $\varepsilon_{\text{WP}} = \dfrac{|Q_{\text{ab}}|}{W_{\text{k}}} = \dfrac{\text{Nutzwärme}}{\text{Arbeitsaufwand}}$; $\varepsilon_{\text{WP}} > 1$

    c) $\varepsilon_{\text{KM}} = \dfrac{|Q_{\text{zu}}|}{W_{\text{k}}} = \dfrac{\text{Nutzwärme}}{\text{Arbeitsaufwand}}$; $\varepsilon_{\text{KM}} \gtrless 1$

    d) $\varepsilon_{\text{WP}} = 1 + \varepsilon_{\text{KM}}$ (bei gleichem Prozess)

26. a) Aus 2 isothermen und 2 isentropen Zustandsänderungen.
    b) $\eta_c = 1 - \frac{T_3}{T_1}$ zeigt:
        1. Wärmezufuhr ist bei möglichst hoher Temperatur (T_1), Wärmeabfuhr bei möglichst niedriger Temperatur (T_3) anzustreben,
        2. $\eta_c = 1$ ist nicht erreichbar, da $T_3 = 0$ K nicht möglich ist,
        3. ohne Temperaturgefälle ($T_3 = T_1$) wird die Nutzarbeit null.
27. a) B 4.5; negativ.
    b) Wärmekraftmaschinenprozess mit der Aufgabe, Wärme in Arbeit umzuwandeln.
28. An einer Carnot-Maschine wird der Wirkungsgrad gemessen. Aus $\eta_c = 1 - \frac{T_3}{T_1}$ kann dann durch willkürliche Festlegung einer der beiden Temperaturen die andere berechnet werden (Gedankenexperiment).
29. a) Eine Drosselung ist die Druckminderung eines strömenden Stoffes ohne Arbeitsabgabe.
    b) Die Gesetze gelten für die stationäre Strömung durch eine adiabate Drosselstelle.
    c) Neben obigen Bedingungen müssen die Geschwindigkeiten vor und nach der Drosselstelle gleich sein, damit die Drosselung bei konstanter Enthalpie verläuft.
30. a) Der Begriff „Exergie" wurde eingeführt, weil von innerer Energie und zugeführter Wärme selbst bei reversiblen Zustandsänderungen nur ein Teil in mechanische Arbeit, also in hochwertige Energie, umgewandelt werden kann und daher eine besondere Bezeichnung für den umwandelbaren Teil der Energie vorteilhaft ist.
    b) Energie = Exergie + Anergie
31. Exergie ist der Teil der Energie, der sich in einer vorgegebenen Umgebung in jede beliebige Energieform umwandeln lässt. Anergie ist der Teil der Energie, der nicht in Exergie umgewandelt werden kann.
32. a) Die Gleichung für die Exergie eines strömenden Fluids lautet:

    $$E_1^* = H_1 - H_b + T_b\,(S_b - S_1) + \frac{m}{2}\,c_1^2 + m\,g\,z_1$$

    b) Zur Exergie eines strömenden idealen Gases vergleiche B 3.49.
33. Die Exergie der Wärme ist die Nutzarbeit eines reversiblen Kreisprozesses, bei dem die Wärme längs beliebiger Zustandsänderungen zugeführt wird und die Wärmeabfuhr isotherm bei Umgebungstemperatur erfolgt.
34. $\eta_c = 1$ ist auch beim Carnot-Prozess nicht erreichbar, weil die in der zugeführten Wärme enthaltene Anergie nicht in Arbeit umgesetzt werden kann.
35. Bei allen irreversiblen Vorgängen treten Exergieverluste auf.
36. Darstellung von Wärme, Dissipationsenergie, Exergie, Anergie und Exergieverlust vergleiche B 3.54 b.
37. Das Exergieflussbild zeigt auch die Exergieverluste, die bei irreversiblen Vorgängen auftreten.

11.4 Das ideale Gas in Maschinen und Anlagen

1. Die Vergleichsprozesse sind idealisierte Kreisprozesse, die das thermodynamische Arbeitsprinzip der Wärmekraftmaschinen möglichst gut wiedergeben.
2. Durch die einfachen reversiblen Vergleichsprozesse ist es möglich, übersichtliche Gesetzmäßigkeiten für die Nutzarbeit und die Bewertungszahlen aufzustellen, um so Hinweise für die Verbesserung der Prozesse zu finden.

3. a) Der thermische Wirkungsgrad ist das Verhältnis des Betrages der Nutzarbeit des Kreisprozesses zur zugeführten Wärme.
   b) Der exergetische Wirkungsgrad ist das Verhältnis des Betrages der Nutzarbeit des Kreisprozesses zur Exergie der zugeführten Wärme.
   c) Das Arbeitsverhältnis ist das Verhältnis der Nutzarbeit des Vergleichsprozesses zu der bei der Volumenzunahme (geschlossenes System) bzw. bei der Druckminderung (hintereinander geschaltete offene Systeme) verrichteten Arbeit.
4. Ein Arbeitsverhältnis nahe eins zeigt, dass der Vergleichsprozess gegenüber Irreversibilität wenig anfällig und daher gut zu realisieren ist.
5. Der Nachteil des Joule-Prozesses ist das gegenläufige Verändern von thermischem Wirkungsgrad und Arbeitsverhältnis. Mit steigendem thermischem Wirkungsgrad sinkt das Arbeitsverhältnis.
6. Die Wärmezufuhr beeinflusst den thermischen Wirkungsgrad des Joule-Prozesses nicht.
7. Zwei isotherme und zwei isobare Zustandsänderungen ergeben den Ericsson-Prozess.
8. Vorteil: Beim Ericsson-Prozess wächst das Arbeitsverhältnis mit steigendem thermischem Wirkungsgrad. Der thermische Wirkungsgrad ist gleich dem des Carnot-Prozesses.
   Nachteil: Der Ericsson-Prozess lässt sich nur durch komplizierte Anlagen und Maschinen verwirklichen.
9. a) Bei der geschlossenen Anlage können minderwertige, billige Brennstoffe verwendet werden, sie können bei höherem Druckniveau betrieben werden, ihr Teillastwirkungsgrad ist besser.
   b) Die offenen Anlagen mit innerer Wärmezufuhr haben kleinere Heizflächen und geringeres Gewicht; sie lassen sich schneller anfahren, die Anlagen sind wirtschaftlicher.
10. Bei den Verbrennungsmotoren unterscheidet man Otto-Prozess (Gleichraumprozess), Diesel-Prozess (Gleichdruckprozess) und Seiliger-Prozess (Gemischter Vergleichsprozess).
11. Vgl. B 4.17 und B 4.19.
12. Das größtmögliche Verdichtungsverhältnis des Otto-Motors ist durch die Gefahr der Selbstentzündung des angesaugten brennbaren Gemisches begrenzt.
13. Der als Rotationskolbenmaschine arbeitende Verbrennungsmotor heißt Wankel-Motor.
14. Der Arbeitsaufwand des zweistufigen Verdichters ist am kleinsten, wenn die Druckverhältnisse der beiden Stufen gleich groß sind.
15. Das Restvolumen ist ein „Schadraum“, weil durch die Rückdehnung des in diesem Raum verbleibenden Gases nur ein Teil des Hubvolumens zum Ansaugen ausgenutzt werden kann.
16. a) Der Füllungsgrad ist das Verhältnis des angesaugten Volumens zum Hubvolumen.
    b) Der Liefergrad ist das Verhältnis der geförderten Gasmasse zu der Gasmasse, die das Hubvolumen im Ansaugezustand füllen würde.
17. Der Liefergrad ist kleiner als der Füllungsgrad, weil durch Erwärmen und Drosseln des Gases beim Ansaugen die angesaugte Gasmenge geringer ist, als sie sein würde, wenn das angesaugte Gas den Zustand vor dem Verdichter behalten würde.

11.5 Der Dampf und seine Anwendung in Maschinen und Anlagen

1. Die Temperatur bleibt beim isobaren Verdampfen konstant.
2. Der kritische Punkt ist der Endpunkt der Dampfdruckkurve im p,t-Diagramm. In ihm erfolgt der Übergang von der Flüssigkeit zum Dampf ohne Übergang durch ein Nassdampfgebiet.

3. a) Spezifische Verdampfungsenthalpie Δh_v oder r nennt man die Energie, die erforderlich ist, um 1 kg bei konstantem Druck zu verdampfen.
   b) Spezifische Schmelzenthalpie Δh_{sch} oder σ nennt man die Energie, die erforderlich ist, um 1 kg bei konstantem Druck zu schmelzen.
4. Der Tripelpunkt ist der Treffpunkt von Schmelzdruck-, Dampfdruck- und Sublimationsdruckkurve im p,t-Diagramm. In diesem Punkt sind bei bestimmtem Druck und bestimmter Temperatur alle drei Phasen möglich.
5. a) Die Gleichung von van der Waals beschreibt den Zusammenhang der thermischen Zustandsgrößen nichtidealer Gase näherungsweise.
   b) Die Gleichung hat den Vorteil, dass die Korrekturglieder anschaulich gedeutet werden können.
6. Oberhalb des kritischen Punktes gibt es keine Grenze zwischen Flüssigkeit und Dampf; die Unterscheidung verliert physikalisch ihren Sinn.
7. Die Werte der Enthalpie und der Entropie des Wasserdampfes werden auf Wasser im Tripelpunkt als Nullpunkt bezogen.
8. Beim Verdampfen sind
   a) $h'' - h' = r$
   b) $s'' - s' = \dfrac{r}{T_s}$
9. Vgl. B 5.6.
10. In dem Zustandsgebiet, in dem die Isothermen waagerecht verlaufen, verhält sich der Wasserdampf wie das ideale Gas. Dort ist neben $\mathrm{d}h = 0$ auch $\mathrm{d}T = 0$, also ist die kalorische Zustandsgleichung des idealen Gases $\mathrm{d}h = c_p\,\mathrm{d}T$ erfüllt.
11. Vgl. B 5.11.
12. Durch isochoren Wärmeentzug überhitzten Dampfes mit $v > v_k$ können nur das Nassdampfgebiet und das Sublimationsgebiet erreicht werden, eine vollständige Verflüssigung ist nicht möglich.
13. Beide Prozesse bestehen aus zwei isentropen und zwei isobaren Zustandsänderungen. Beim Clausius-Rankine-Prozess ändert sich aber die Phase des Arbeitsfluids. Bei der isobaren Wärmezufuhr verdampft es, und bei der isobaren Wärmeabfuhr wird es wieder verflüssigt.
14. Beim Clausius-Rankine-Prozess expandiert Dampf, während der Druck des Wassers erhöht werden muss, wofür nur relativ wenig Arbeit erforderlich ist.
15. Vgl. B 10.10.
16. a) Vier Maßnahmen gibt es zur Steigerung des thermischen Wirkungsgrades des Clausius-Rankine-Prozesses:
       1. Steigerung von Druck und Temperatur bis über den kritischen Punkt,
       2. Senken des Gegendruckes so weit wie möglich (Kondensationsturbinen),
       3. Anzapfvorwärmung,
       4. Zweistoffverfahren. Insbesondere ist die Kopplung von Gas- und Dampfturbinen zu erwähnen.
    b) Vgl. B 5.17.
17. Durch das Zwischenüberhitzen soll die Dampfnässe in den letzten Turbinenstufen vermindert werden.
18. Wenn die Turbine näherungsweise als adiabates System betrachtet und die Änderung der kinetischen und potenziellen Energie vernachlässigt werden können, also $W_{t12} = H_2 - H_1$ ist, kann die Arbeit direkt als Enthalpiedifferenz dem Diagramm entnommen werden.
19. Der Wirkungsgrad kann gegenüber den Einzelanlagen erheblich gesteigert werden.
20. Die Arbeitsmedien sollen für das vorhandene Temperaturniveau weder einen zu kleinen noch einen zu großen Sättigungsdruck haben. Die Arbeitsmedien sollen die Umwelt nicht gefährden (kein FCKW).

21. FCKW trägt zum Ozonabbau (*ODP*-Wert) und zum Treibhauseffekt (*HGWP*-Wert) bei. Substitutionsprodukte müssen chlorfrei sein, z. B. R 134 a anstelle von R 12.
22. ORC-Anlagen eignen sich zur Umwandlung von Wärme mit niedriger Temperatur in mechanische Arbeit. Der Wirkungsgrad ist jedoch niedrig.
23. Bei der Kaltdampfanlage wird die Flüssigkeit nicht bis zur Ausgangstemperatur abgekühlt, sondern von höherer Temperatur auf Anfangstemperatur und -druck gedrosselt. Man spricht deshalb von einem *abgewandelten* Clausius-Rankine-Prozess.

11.6 Gemische

1. Das Gemisch besteht aus
   a) einer Phase,
   b) zwei Komponenten.
2. a) Der Massenanteil μ_a einer Komponente a im Gemisch ist das Verhältnis der Masse m_a zur Masse des Gemisches m_{Mi}.
   b) Der Stoffmengenanteil y_a einer Komponente a im Gemisch ist das Verhältnis der Stoffmenge n_a zur Stoffmenge des Gemisches n_{Mi}.
   c) Für die Definition setzt man voraus, dass die Masse m_b einer der Komponenten unverändert bleibt. Die Beladung eines binären Gemisches ist dann $x = m_a/m_b$.
3. Die molare Masse berechnet sich aus den molaren Massen der Komponenten mit
   a) den Stoffmengenanteilen durch $M_{Mi} = y_a\,M_a + y_b\,M_b + y_c\,M_c$,
   b) den Massenanteilen durch $\dfrac{1}{M_{Mi}} = \dfrac{\mu_a}{M_a} + \dfrac{\mu_b}{M_b} + \dfrac{\mu_c}{M_c}$.
4. Für die Umrechnung benötigt man die molaren Massen der Komponenten. Es gilt $\dfrac{M_{Mi}}{M_a} = \dfrac{y_a}{\mu_a}$.
5. Bei gegebenen Größen Druck und Temperatur ist das
   a) Gemischvolumen die Summe der Volumen der ungemischten Komponenten (Gesetz von Amagat),
   b) tatsächliche Gemischvolumen kleiner als die Summe der Volumen der ungemischten Komponenten.
6. Die Masse einer Komponente a wird bei der Partialdichte auf das Gemischvolumen bezogen ($\varrho_a^* = m_a/V_{Mi}$), bei der Dichte der ungemischten Komponente auf das Komponentenvolumen ($\varrho_a = m_a/V_a$).
7. Der Raumanteil r_a einer Komponente a im idealen Gemisch ist das Verhältnis des Volumens V_a im ungemischten Zustand zum Gemischvolumen V_{Mi} bei gleichen Größen Druck und Temperatur.
8. Die Gemischdichte eines idealen Gemisches ist
   a) die Summe der Partialdichten $\varrho_{Mi} = \varrho_a^* + \varrho_b^* + \varrho_c^*$,
   b) die Summe der mit den Raumanteilen gewichteten Dichten der ungemischten Komponenten $\varrho_{Mi} = r_a\,\varrho_a + r_b\,\varrho_b + r_c\,\varrho_c$,
   c) aus den Massenanteilen mit $\dfrac{1}{\varrho_{Mi}} = \dfrac{\mu_a}{\varrho_a} + \dfrac{\mu_b}{\varrho_b} + \dfrac{\mu_c}{\varrho_c}$ berechenbar.
9. Mit $z = Z/m$ als spezifischer und $Z_m = Z/n$ als molarer Zustandsgröße gilt für die Gemischgröße:
   a) $z_{Mi} = \mu_a\,z_a + \mu_b\,z_b + \mu_c\,z_c$,

b) $Z_{m\,Mi} = y_a\, Z_{m\,a} + y_b\, Z_{m\,b} + y_c\, Z_{m\,c}$.

10. Mit Berücksichtigung der molaren Mischungsentropie

$\Delta S_{m\,Mi} = -R_m\, (y_a \ln y_a + y_b \ln y_b + y_c \ln y_c)$ gilt:

$S_{m\,Mi} = y_a\, S_{m\,a} + y_b\, S_{m\,b} + y_c\, S_{m\,c} + \Delta S_{m\,Mi}$.

11. Das Gemisch idealer Gase ist ein ideales Gemisch, die innere Energie und die Enthalpie hängen nur von der Temperatur ab. Mit der speziellen Gaskonstanten des Gemisches $R_{Mi} = \mu_a\, R_a + \mu_b\, R_b + \mu_c\, R_c$ ist die thermische Zustandsgleichung $p\, v_{Mi} = R_{Mi}\, T$.

12. a) Der Partialdruck ist das Produkt aus Stoffmengenanteil und Gesamtdruck: $p_a^* = y_a\, p$.
    b) Der Partialdruck einer Gaskomponente im Gemisch ist gleich dem Druck, den die Komponente allein im Gemischvolumen bei gleicher Temperatur annimmt.

13. a) Der Druck jeder Komponente vor der Gemischbildung ist gleich dem Gesamtdruck nach der Gemischbildung.
    b) Durch die Anordnung von B 6.1. Der unveränderte Druck wird durch die gewichtsbelasteten Kolben im Schwerefeld erzielt.

14. a) Bei der isothermen und isobaren Gemischbildung diffundieren die zunächst ungemischten Komponenten vom Gesamtdruck p auf den Partialdruck ($p_a^* = y_a\, p$) ohne Abgabe von Arbeit.
    b) Der Exergieverlust ist das Produkt von Umgebungstemperatur und Mischungsentropie: $T_{amb}\, \Delta S_{Mi}$.

15. Im Gemisch idealer Gase sind Stoffmengen- und Raumanteile gleich.

16. a) Der Partialdruck p_d^* des Wasserdampfes in der feuchten Luft kann den Sättigungsdruck p_s nicht überschreiten, d. h. $p_d^* \leq p_s$.
    b) Es liegen Gas- und Kondensatphase vor, wobei die Gasphase gesättigt ist.
    c) Bei isobarer Abkühlung sinkt der von der Temperatur abhängende Sättigungsdruck der kondensierbaren Komponente. Die bei $p_d^* = p_s$ erreichte Temperatur ist der Taupunkt.

17. a) Die absolute Feuchte ϱ_d^* ist die Partialdichte des Wasserdampfes in der feuchten Luft, also die Masse m_d des Wasserdampfes bezogen auf das Gemischvolumen V_{Mi}.
    b) Die relative Feuchte φ ist bei gegebener Temperatur das Verhältnis von Wasserdampfpartialdruck p_d^* und Sättigungsdruck p_s bzw. von Wasserdampfpartialdichte ϱ_d^* und Sättigungs(partial)dichte ϱ_s^*.
    c) Der Feuchtegehalt x ist die Wasserbeladung der trockenen Luft, d. h. die Masse m_{H_2O} des H_2O bezogen auf die Masse m_l der trockenen Luft.

18. Mit sinkendem Druck p wird der Wasserdampfpartialdruck $p_d^* = y_d\, p$ kleiner. Da sich der Sättigungsdruck p_s im Gemisch idealer Gase bei konstanter Temperatur nicht ändert, muss die relative Feuchte $\varphi = p_d^*/p_s$ kleiner werden.

19. Die extensiven Zustandsgrößen des Gemisches V_{Mi} und H_{Mi} werden auf die Masse m_l der trockenen Luft bezogen.

    a) $v_{1+x} = \dfrac{V_{Mi}}{m_l}$

    b) $h_{1+x} = \dfrac{H_{Mi}}{m_l}$

20. Die Gültigkeitsbereiche sind:

    $\varphi \leq 1$ (ungesättigt und gesättigt),

    $\varphi > 1,\ t \geq 0\ °C$ (übersättigt, Wasser),

    $\varphi > 1,\ t \leq 0\ °C$ (übersättigt, Eis).

21. Zustandspunkte von reinem H_2O sind im h,x-Diagramm nicht enthalten. Bei adiabater Mischung von H_2O mit feuchter Luft lässt sich die Richtung der Zustandsänderung $h_{H_2O} = \frac{\Delta h_{1+x}}{\Delta x}$ mit Pol und Randmaßstab ermitteln.
22. Das Vorzeichen der spezifischen Enthalpie hängt vom Zustand der feuchten Luft und von der Nullpunktswahl ab. Die Enthalpienullpunkte der Komponenten für feuchte Luft sind willkürlich festgelegt, nämlich flüssiges Wasser und trockene Luft bei 0 °C. Danach besitzt feuchte Luft unterhalb von 0 °C im Allgemeinen eine negative spezifische Enthalpie.
23. Bei isobarer Wärmezufuhr tritt keine Änderung des Feuchtegehaltes x auf. Die Zustandsänderung verläuft senkrecht im h,x-Diagramm.
24. Auf der Mischungsgeraden zwischen den beiden Zustandspunkten 1 und 2 der feuchten Luft liegt der Mischungspunkt 3. Das Verhältnis der Strecken $|\overline{13}|$ und $|\overline{32}|$ ist gleich dem Kehrwert des Verhältnisses aus den trockenen Massen der feuchten Luft im Zustand 1 und 2.
25. Die Kühlgrenztemperatur t_{wg} ist die niedrigste Wassertemperatur, die durch adiabate und isobare Verdunstungskühlung bei gegebenem Zustand der zuströmenden Luft erreicht werden kann. Die abströmende feuchte Luft hat die Temperatur des Wassers (thermisches Gleichgewicht) und ist zugleich gesättigt ($\varphi = 1$, stoffliches Gleichgewicht).

11.7 Strömungsvorgänge

1. Kontinuitätsgleichung für kompressible Fluide:

   $$\dot{m} = \varrho\, c_m\, A = \text{const}$$

2. Bernoulli-Gleichung für reibungsfreie Strömung durch adiabate Systeme:

   $$u_2 + p_2\, v_2 + \frac{c_2^2}{2} + g\, z_2 = u_1 + p_1\, v_1 + \frac{c_1^2}{2} + g\, z_1$$

3. Das Enthalpiegefälle dient unter den genannten Voraussetzungen nur zur Erhöhung der Geschwindigkeitsenergie:

   $$h_1 - h_2 = \tfrac{1}{2}\,(c_2^2 - c_1^2)$$

4. $\vec{F}_{res} = \vec{F}_p + \vec{F}_i$ mit der resultierenden Druckkraft $\vec{F}_p$ und der resultierenden Impulskraft $\vec{F}_i = \dot{m}\,(\vec{c}_1 - \vec{c}_2)$.
5. Mithilfe der Euler'schen Gleichung werden die Kraft auf ein Schaufelgitter bzw. das Drehmoment und die Leistung berechnet.
6. a) Im engsten Querschnitt der Düse tritt Laval- bzw. Schallgeschwindigkeit auf.
   b) Der Gegendruck nach der Düse muss kleiner sein als der zum Anfangszustand gehörende Laval-Druck p_L.
7. Die Mach-Zahl ist das Verhältnis der Geschwindigkeit eines Fluids zu der zum gleichen Zustand gehörenden Schallgeschwindigkeit.

11.8 Wärmeübertragung

1. Wärmeleitung, konvektiver Wärmeübergang, Wärmestrahlung.
2. a) $\dot{Q} = \frac{\lambda}{\delta}\, A\, (t_1 - t_2)$

   b) $\dot{q} = \frac{\dot{Q}}{A}$

c) $\lambda = f(T)$ = Proportionalitätsfaktor; Energiestrom, der bei 1 m dicker Wand durch 1 m^2 Fläche strömt, wenn $t_1 - t_2 = 1$ K ist.

3. a) $R = \dfrac{|\Delta t|}{\dot{Q}}$ (gilt allgemein) b) $R_l = \dfrac{\delta}{\lambda A}$

4. a) $\dot{Q} = \alpha A\,(t_f - t_w)$

b) α hängt von den Stoffeigenschaften und dem Strömungszustand des Fluids sowie von der Form der Heizfläche ab.

c) α wird aus Nu ermittelt; bei erzwungener Konvektion ist $Nu = Nu\,(Re, Pr)$, bei freier Konvektion ist $Nu = Nu\,(Gr, Pr)$.

5. a) Bei freier Konvektion wird die Strömung durch die Wärmeübertragung selbst verursacht, bei erzwungener Konvektion wird die Bewegung durch Pumpen oder Gebläse hervorgerufen.

b) Bei laminarer Strömung bewegt sich das Fluid in geordneten Stromfäden, bei turbulenter Strömung tritt eine ungeordnete Querbewegung auf. Geschwindigkeitsverteilung B 7.2.

6. Bei Filmkondensation baut sich auf der Heizfläche ein laminar oder turbulent ablaufender Kondensatfilm auf. Bei unbenetzbarer Oberfläche tritt Tropfenkondensation auf, die Wärmeübergangskoeffizienten sind besser.

7. a) B 8.5.

b) Freie Konvektion, Blasenverdampfung, Filmverdampfung.

8. a) Temperaturstrahlung wird durch die Temperatur des Körpers verursacht, sie ist außer von der Oberfläche des Körpers nur von dessen Temperatur abhängig.

b) $\lambda = 0{,}35 \ldots 10\ \mu$m.

9. a) Die spezifische Ausstrahlung der Temperaturstrahlung ist nach B 8.7 über die Wellenlängen verteilt.

b) Das Maximum der spektralen spezifischen Ausstrahlung verschiebt sich bei höherer Temperatur zu niedrigeren Wellenlängen.

c) Das Absorptions- ist gleich dem Emissionsvermögen.

d) Die spezifische Ausstrahlung M ist beim schwarzen Körper der 4. Potenz der Kelvin-Temperatur proportional: $M_s = \sigma T^4$.

e) Schräg zur Fläche nimmt die spezifische Ausstrahlung ab: $M_\varphi = M_n \cos\varphi$.

10. Beim schwarzen Körper erreichen Absorption und Emission ihr Maximum: $a = \varepsilon = 1$, beim weißen Körper ihr Minimum: $a = \varepsilon = 0$; hier ist $r = 1$. Graue Körper absorbieren bei allen Wellenlängen den gleichen Energieanteil ($a_{\bar{\lambda}}$ = const < 1), farbige absorbieren bei verschiedenen Wellenlängen unterschiedlich stark.

11. a) Die Strahlungskonstante des schwarzen Körpers ist ein Proportionalitätsfaktor, der die Temperatur mit der maximal möglichen spezifischen Ausstrahlung eines Körpers – des „schwarzen" Körpers – verknüpft.

b) Die Strahlungsaustauschkonstante verknüpft als Proportionalitätsfaktor die Temperaturen der im Strahlungsaustausch stehenden Körper mit dem übertragenen Wärmestrom unter Beachtung der Körperformen und Emissionskoeffizienten.

c) Die Definition eines Wärmeübergangskoeffizienten der Strahlung ermöglicht es, den Wärmeübergang bei Strahlung nach dem Ansatz von Newton zu berechnen. α_s kann aus der Strahlungsaustauschkonstanten berechnet werden.

12. a) $R = \dfrac{t_f - t_w}{\dot{Q}} = \dfrac{1}{\alpha A}$

b) $R_d = \frac{t_{f1} - t_{f2}}{\dot{Q}} = \frac{1}{kA}$

13. Maßnahmen: Höhere Strömungsgeschwindigkeit, Turbulenzeinrichtungen und Rippen auf der Seite mit dem schlechteren Wärmeübergang. Besser leitendes Wandmaterial ist nur bei hohen α-Werten auf beiden Seiten sinnvoll.

14. a) Rekuperatoren, Regeneratoren, Mischwärmeübertrager.

    b) Gegen-, Gleich- und Kreuzstrom; die Leistung ist bei Gegenstrom am höchsten, da die mittlere logarithmische Temperaturdifferenz hierbei am höchsten ist.

15. $\dot{Q} = kA\,\Delta t_m$ mit $\Delta t_m = \frac{\Delta t_{max} - \Delta t_{min}}{\ln \frac{\Delta t_{max}}{\Delta t_{min}}}$

16. s. B 8.18.

11.9 Energieumwandlung durch Verbrennung und in Brennstoffzellen

1. Brennbar sind Kohlenstoff, Wasserstoff, Schwefel; sonstige Stoffe sind Sauerstoff, Stickstoff, Asche, Wasser.

2. Brennwert H_o: Auf die Brennstoffmenge bezogener Betrag der Energie, die bei vollständiger Verbrennung bei konstantem Druck frei wird, wenn die Verbrennungsprodukte auf t_b zurückgekühlt werden. Heizwert $H_u = H_o - w_a\, r$: gegenüber dem Brennwert wird die Kondensationsenthalpie des bei der Verbrennung entstehenden H_2O nicht berücksichtigt.

3. $H_{om} = H_o\, M = H_{on}\, V_{mn}$

4. Der erforderliche Sauerstoff muss verfügbar, die Zündtemperatur erreicht sein. Bei Gasen und Dämpfen müssen die Zündgrenzen eingehalten sein.

5. a) l_{min} ist die auf die Brennstoffmenge bezogene Luftmenge, die zur vollständigen Verbrennung des Brennstoffes theoretisch erforderlich ist.

    b) $\lambda = \frac{l}{l_{min}}$ mit l als tatsächlich zugeführter Luftmenge.

    c) v_{min} ist die bei vollständiger Verbrennung mit l_{min} entstehende, auf die Brennstoffmenge bezogene Verbrennungsgasmenge.

    d) Verbrennungsgasmenge mit bzw. ohne die H_2O-Menge im Verbrennungsgas; $v_f = v_t + v_{H_2O}$

6. a) $\frac{m_h}{m_B} = \frac{h}{M_h} = \frac{h}{2}\,\frac{\text{kmol H}_2}{\text{kg B}}$ b) $\{o_{min\,(h)}\} = \frac{1}{2} \cdot \frac{h}{2} = \frac{h}{4}$ in $\frac{\text{kmol O}_2}{\text{kg B}}$

    c) $l_{min} = \frac{o_{min}\ \text{kmol L}}{0{,}21\ \text{kmol O}_2}$

7. a) Trockenes Holz enthält Kohlenwasserstoffverbindungen, die zu CO_2 und H_2O reagieren; das Verbrennungsgas ist feucht.

    b) CO reagiert nach CO_2; da auch die Luft kein H_2O enthalten soll, ist das Verbrennungsgas trocken.

8. a) Dem gekühlten Abgas wird nacheinander CO_2, O_2 und CO durch Absorption entzogen, wobei der Druck konstant gehalten wird; die jeweilige Volumenverringerung entspricht dem absorbierten Abgasbestandteil.

    b) Der Messwert ist auf die trockene Abgasmenge bezogen, da bei der Volumenverringerung aus dem gesättigten Abgas der anteilige H_2O-Gehalt herauskondensiert.

9. a) $CH_4^b = v_t\, CO_2^a$; b) $N_2^b + 0{,}79\,\lambda\, l_{min} = v_t\, N_2^a$; c) $0{,}21\,(\lambda - 1)\, l_{min} = v_t\, CO_2^a$
10. a) $3\, C_3H_8^b + 4\, C_4H_{10}^b = v_t\, CO_2^a$; b) $0{,}79\,\lambda\, l_{min} = v_t\, N_2^a$; c) $0{,}21\,(\lambda - 1)\, l_{min} = v_t\, O_2^a$
11. a) $\frac{c}{12} = \{v_t^a\}\,(CO_2^a + CO^a)$; b) $0{,}21\,(\lambda - 1)\, l_{min} = v_t^a \left(O_2^a - \frac{CO^a}{2}\right)$
12. Bei vollständiger Verbrennung mit $\lambda = 1$ ergibt sich die Mindestabgasmenge. In der Gleichung $CO_2^a = \frac{v_{CO_2}}{v_t}$ nimmt der Nenner den kleinstmöglichen Wert an, sodass der CO_2-Anteil sein Maximum $CO^a_{2\,max}$ erreicht.
13. $l_{min} \approx v_{min\,t}$.
14. a) s. B 9.2. b) s. B 9.3, jedoch $CO^a_{2\,max} = 12\,\%$.
15. a) Theoretische Verbrennungstemperatur t_{max} wird bei vollständiger Verbrennung in einem adiabaten System erreicht.
    b) Dissoziation verringert t_{max}.
    c) Mit größer werdendem Luftüberschuss verringert sich t_{max}.
16. a) b) s. B 9.5. c) Wegen unterschiedlicher Temperaturabhängigkeit der spezifischen Wärmekapazitäten der Stoffe vor und nach der Verbrennung wird der senkrechte Abstand zwischen den Linien H_v und H_a, der den Heizwert darstellt, mit steigender Temperatur in der Regel geringer. Beim Wasserstoff ist es umgekehrt.
17. a) Reaktionsenthalpie: Änderung der Enthalpie bei isotherm-isobarer Reaktion.
    b) Reaktionsentropie: Änderung der Entropie bei isotherm-isobarer Reaktion.
    c) freie Enthalpie: $G = H - T\,S$.
    d) freie Reaktionsenthalpie: Änderung der freien Enthalpie bei isotherm-isobarer Reaktion.
18. Die Entropie jedes festen kristallisierten Körpers, der aus gleichen und gleich geordneten Teilchen besteht, wird bei 0 K zu null.
19. Die Exergie eines Brennstoffes ist der Teil der Bindungsenergie, der bei der Reaktion des Brennstoffes mit Luftsauerstoff im günstigsten Fall in technische Arbeit umgewandelt werden kann, wenn nach der Reaktion Gleichgewicht mit der Umgebung herrscht.
    $E_B = H_o + T_b\,(S_a - S_B - S_{O_2})$
20. Der Exergieverlust bei Verbrennung ergibt sich aus der Differenz zwischen der mit dem Brennstoff und der Verbrennungsluft der Feuerung zugeführten Exergie und der im Verbrennungsgas bei adiabater Reaktion enthaltenen Exergie.
    $E_v = E_B + E_l - E_{a\,max}$.
21. In der PAFC verläuft eine elektrochemische Reaktion zwischen Wasserstoff und Sauerstoff. An der Anode spalten sich je H_2-Molekül zwei Elektronen ab, die über einen äußeren Stromkreis (Verbraucher) fließen. Die Wasserstoff-Ionen fließen über den Elektrolyten (Phosphorsäure) zur Kathode und reagieren dort mit Sauerstoff zu H_2O (B 9.14).
22. a) $\eta_{BZ} = \frac{W_{BZ\,m}}{\Delta_R G_m} = \frac{U}{U_{rev}}$ b) $\eta_{id} = \frac{\Delta_R G_m}{\Delta_R H_m} = \frac{|\Delta_R G_m|}{H_{um}}$ c) $\eta_{BZ\,ges} = \frac{|W_{BZ\,m}|}{H_{um}}$
23. Der ideale Wirkungsgrad der Brennstoffzelle verringert sich leicht, der Carnot-Faktor steigt mit höherer Temperatur (B 9.15).
24. Polymermembran-Brennstoffzelle (PEMFC), ca. 80 °C,
    Phosphorsäure-Brennstoffzelle (PAFC), ca. 200 °C,
    Carbonatschmelzen-Brennstoffzelle (MCFC), ca. 650 °C
    oxidkeramische Brennstoffzelle (SOFC), ca. 1 000 °C.

A Anhang

A 1 Schrifttum

1 Baehr, H. D./Kabelac, S.: Thermodynamik – Grundlagen und technische Anwendungen. 16. Aufl., Berlin: Springer-Verlag 2016

2 Bošnjaković, F./Knoche, K. F.: Technische Thermodynamik. Teil 1. 8. Aufl., Darmstadt: Steinkopff Verlag 1998

3 Wilhelms, G.: Übungsaufgaben – Technische Thermodynamik. 6. Aufl., München: Carl Hanser Verlag 2017

5 Zahoransky, R. (Hrsg.): Energietechnik – Systeme zur konventionellen und erneuerbaren Energieumwandlung. 8. Aufl., Wiesbaden: Springer Fachmedien Wiesbaden 2019

6a Stephan, P./Schaber, K./Stephan, K./Mayinger, F.: Thermodynamik – Grundlagen und technische Anwendungen. Band 1: Einstoffsysteme. 19. Aufl., Berlin, Heidelberg: Springer-Verlag 2013

6b Stephan, P./Schaber, K./Stephan, K./Mayinger, F.: Thermodynamik – Grundlagen und technische Anwendungen. Band 2: Mehrstoffsysteme und chemische Reaktionen. 16. Aufl., Berlin: Springer-Verlag 2017

7a Lucas, K.: Thermodynamik – Die Grundgesetze der Energie- und Stoffumwandlungen. 7. Aufl., Berlin, Heidelberg: Springer-Verlag 2008

7b Jungnickel, H./Agsten, R./Kraus, W. E.: Grundlagen der Kältetechnik. 3. Aufl., Berlin: Verlag Technik 1990

8 Baehr, H. D./Stephan, K.: Wärme- und Stoffübertragung. 10. Aufl., Berlin: Springer-Verlag 2019

9a Siegel, R./Howell, J. R./Lohrengel, J.: Wärmeübertragung durch Strahlung. Teil I: Grundlagen und Materialeigenschaften. In: Grigull, U. (Hrsg.): Wärme- und Stoffübertragung. Berlin, Heidelberg, New York: Springer-Verlag 1988

9b Gröber, H./Erk, S./Grigull, U.: Die Grundgesetze der Wärmeübertragung. 3. Aufl., 3. Neudruck, 2. unveränderter Nachdruck, Berlin, Heidelberg, New York, London, Paris, Tokyo: Springer-Verlag 1988

10 Stephan, P./Kabelac, S./Kind, M./Mewes, D./Schaber, K./Wetzel, Th. (Hrsg.): VDI-Wärmeatlas – Fachlicher Träger: VDI-Gesellschaft Verfahrenstechnik und Chemieingenieurwesen. 12. Aufl., Berlin, Heidelberg: Springer-Verlag 2019

11 Cerbe, G./Lendt, B.: Grundlagen der Gastechnik – Gasbeschaffung – Gasverteilung - Gasverwendung. 8., vollständig überarbeitete Aufl., München: Carl Hanser Verlag 2017

12 Joos, F.: Technische Verbrennung – Verbrennungstechnik, Verbrennungsmodellierung, Emissionen. Berlin, Heidelberg, New York: Springer-Verlag 2006

13 Bundesministerium der Justiz und für Verbraucherschutz (BMJV) (Hrsg.): Dreizehnte Verordnung zur Durchführung des Bundes-Immissionsschutzgesetzes (Verordnung über Großfeuerungs-, Gasturbinen- und Verbrennungsmotoranlagen - 13. BlmSchV). BGBl (2013) Teil I, Nr. 21, S. 1023-1043, Bonn: 2. Mai 2013

14 Grote, K.-H./Bender, B./Göhlich, D.: (Hrsg.): Dubbel – Taschenbuch für den Maschinenbau. 25. Aufl., Berlin, Heidelberg: Springer-Verlag 2019

15 Czichos, H./Hennecke, M. (Hrsg.): HÜTTE – Das Ingenieurwissen. 34. Aufl., Berlin, Heidelberg: Springer-Verlag 2012

17 Recknagel, H./Sprenger, E./Albers, K.-J. (Hrsg.): Taschenbuch für Heizung und Klimatechnik 2019/2020. Band 1. 79. Aufl., Augsburg: ITM InnoTech Medien 2018

18 Wagner, W./Kruse, A.: Zustandsgrößen von Wasser und Wasserdampf – Der Industrie-Standard IAPWS-IF97. Berlin, Heidelberg, New York: Springer-Verlag 1998

19a D'Ans, J./Lax, E.: Taschenbuch für Chemiker und Physiker. Band I: Physikalisch-chemische Daten. 4. Aufl., Berlin, Heidelberg: Springer-Verlag 1992

19b D'Ans, J./Lax, E.: Taschenbuch für Chemiker und Physiker. Band II: Organische Verbindungen. 4. Aufl., Berlin, Heidelberg: Springer-Verlag 1983

20 Markewitz, P./Robinius M.: Technologiebericht 2.1 Zentrale Großkraftwerke innerhalb des Forschungsprojekts TF_Energiewende. In: Wuppertal Institut, ISI, IZES (Hrsg.): Technologien für die Energiewende. Teilbericht 2 an das BMWi. Wuppertal, Karlsruhe, Saarbrücken: 2017

21 Tiesinga, E./Mohr, P. J./Newell, D. B./Taylor, B. N.: The 2018 CODATA Recommended Values of the Fundamental Physical Constants (Web Version 8.1). http://physics.nist.gov/cuu/Constants/

22 Kose, V./Wagner, S. (Hrsg.): Kohlrausch Praktische Physik – Zum Gebrauch für Unterricht, Forschung und Technik. Band 3. 24. Aufl., Stuttgart: Teubner 1996

23 Siemens AG, Power Generation, Erlangen: Wirkungsgradverlauf fossil befeuerter Kraftwerke.

24 Glück, B.: Zustands- und Stoffwerte – Wasser Dampf Luft – Verbrennungsrechnung. In: Glück, B.: Bausteine der Heizungstechnik – Berechnung Software. 2. Aufl., Berlin: Verlag für Bauwesen 1991

25 Klenke, W.: Der erste Hauptsatz bei Prozessen mit feuchter Luft. Ki Klima + Kälte Ingenieur H 5 (1977) S. 183-186

26 Baehr, H. D.: Die Exergie der Brennstoffe. BWK 31 (1979) Nr. 7, S. 292-297

27 Enquete-Kommission des Deutschen Bundestages „Vorsorge zum Schutz der Erdatmosphäre" (Hrsg.): Zweiter Bericht zum Thema Schutz der tropischen Wälder. Bonn: 1990

28 Optarget GmbH, Hamm: Einsatz moderner Wärmeintegrationsverfahren zur Optimierung der industriellen Wärmenutzung (1991)

29 Gries, A.: Die Pinch-Point-Methode zur Optimierung der Energieeinsparung in der Industrie. Institut für Wärme- und Brennstofftechnik. TU Braunschweig (1991)

30 Aral Forschung: Bochum 2007

31 Wagner, W./Saul, A./Pruß, A.: International Equations for the Pressure Along the Melting and Along the Sublimation Curve of Ordinary Water Substance. J. Phys. Chem. Ref. Data 23 (1994) Nr. 3, S. 515-527

32 Wagner, W./Pruß, A.: The IAPWS Formulation 1995 for the Thermodynamic Properties of Ordinary Water Substance for General and Scientific Use. J. Phys. Chem. Ref. Data 31 (2002) Nr. 2, S. 387-535

33 Solvay Fluor GmbH, Hannover (Hrsg.): Solkane-Taschenbuch - Kälte- und Klimatechnik. 7. Aufl., Hannover: 2010

34 Ruhrgas AG.: Essen: 2001

35 Jones, J. B./Dugan, R. E.: Engineering Thermodynamics. New Jersey, USA: Prentice Hall 1996

36 Homann, K.-H. (Hrsg.): IUPAC Größen, Einheiten und Symbole in der Physikalischen Chemie. Weinheim: VCH Verlagsgesellschaft 1996 (online ressource 2005)

37 Keller, H.-U.: Astrowissen - Zahlen, Daten und Fakten. Stuttgart: Franckh-Kosmos Verlag 2003

38 Stockenreitner, R.: Stromerzeugung aus Niedertemperaturwärme mit ORC-Anlagen. (2004)

39 Deutsche Babcock Werke AG und Interatom: Studie für ein BRC-Kraftwerk (1988)

40 Deutsches Institut für Normung (Hrsg.): DIN EN ISO 6976:2016-12, Erdgas - Berechnung von Brenn- und Heizwert, Dichte, relativer Dichte und Wobbeindex aus der Zusammensetzung. Berlin: Beuth Verlag 2016

41 Deutsches Institut für Normung (Hrsg.): DIN 1301-1:2010-10, Einheiten - Teil 1: Einheitennamen, Einheitenzeichen. Berlin: Beuth Verlag 2010

42 Hoechst AG, Frankfurt/M.: Kältemittel Reclin 134a (1992)

43 Kalide, W./Sigloch, H.: Energieumwandlung in Kraft- und Arbeitsmaschinen - Kolbenmaschinen Strömungsmaschinen Kraftwerke. 11. Aufl., München, Wien: Carl Hanser Verlag 2019

44 Projekt-Cluster: CO2 abscheiden im Oxyfuel-Kohlekraftwerk. (2011)

45 Gorek, W.: DGMK Forschungsbericht 635 - Zusammensetzung von Heizöl EL, Standard - Produktqualität 2004 -. Hamburg: DMGK 2005

46 RECCS Strukturell-ökonomisch-ökologischer Vergleich regenerativer Energietechnologien (RE) mit Carbon Capture and Storage (CCS). Forschungsvorhaben im Auftrag des Bundesministeriums für Umwelt, Naturschutz und Reaktorsicherheit: BMU, Bonn 2007

47 COORETEC-Arbeitsgruppen: Forschungs- und Entwicklungskonzept für emissionsarme fossil befeuerte Kraftwerke. BMWA-Dokumentation Nr. 527: Bundesministerium für Wirtschaft und Arbeit, Berlin 2003

49 Kemper County Integrated Gasification Combined Cycle (IGCC) Power Plant, Mississippi, USA. https://sequestration.mit.edu/tools/projects/kemper.html

50 China wird CO2-Abscheidung und -Speicherungs-Technologie einsetzen, China Tibet Online (03.12.2015). http://german.xinhuanet.com/2015-12/03/c_134881197.htm

51 Fischedick, M./Görner, K./Thomeczek, M. (Hrsg.): CO2: Abtrennung, Speicherung, Nutzung - Ganzheitliche Bewertung im Bereich von Energiewirtschaft und Industrie. Berlin, Heidelberg: Springer-Verlag 2015

52 Large Scale CCS Projects: Global CCS Institute

53 Deutsches Institut für Normung (Hrsg.): DIN 1871:1999-05, Gasförmige Brennstoffe und sonstige Gase - Dichte und andere volumetrische Größen. Berlin: Beuth Verlag 1999c

54 Deutsches Institut für Normung (Hrsg.): DIN 1343:1990-01, Referenzzustand, Normzustand, Normvolumen - Begriffe und Werte. Berlin: Beuth Verlag 1990

55 Deutsches Institut für Normung (Hrsg.): DIN 1345:1993-12, Thermodynamik - Grundbegriffe. Berlin: Beuth Verlag 1993

A2 Nachweis verwendeter Unterlagen

T 1.1	DIN 1301 [41]
T 1.2	DIN 1301 [41]
T 1.5	Baehr/Kabelac [1], Stephan u. a. [6a], DIN EN ISO 6976 [40], DIN 1871 [53]
T 1.6	CODATA [21], Wagner/Pruß [32], IUPAC [36], Keller [37], DIN 1343 [54]
T 1.7	HÜTTE [15]
T 1.8	Kohlrausch [22]
T 2.2	Jones/Dugan [35]
T 2.5	DIN EN ISO 6976 [40], Stephan u. a. [6a], DIN 1871 [53]
T 5.1	Baehr/Kabelac [1], Stephan u. a. [6a], VDI-Wärmeatlas [10], D'Ans/Lax [19a], D'Ans/Lax [19b]
T 5.2	VDI-Wärmeatlas [10], DUBBEL [14], HÜTTE [15]
T 5.3	Bosnjakoviæ/Knoche [2], Wagner/Kruse [18]
T 5.4	Wagner/Kruse [18]
T 5.5	Wagner/Kruse [18]
T 5.6	Solvay Fluor GmbH [33]
T 6.1	Wagner/Kruse [18], Wagner/Saul/Pruß [31], Wagner/Pruß [32]
B 6.14	Jungnickel/Agsten/Kraus [7b]
T 8.1	Stephan u. a. [6a], Gröber/Erk/Grigull [9b]
T 8.2	Gröber/Erk/Grigull [9b]
T 8.3a	VDI-Wärmeatlas [10]
T 8.3b	Gröber/Erk/Grigull [9b]
T 8.4	Stephan u. a. [6a], Gröber/Erk/Grigull [9 b], VDI-Wärmeatlas [10]
T 8.6	VDI-Wärmeatlas [10]
T 9.1	Recknagel [17], Gorek [45], Aral Forschung [30]
T 9.2	Cerbe/Lendt [11]
T 9.5	[27]
T 9.6	Baehr/Kabelac [1], Lucas [7a]
T 9.7	Baehr Kabelac [1]
T 9.8	Baehr/Kabelac [1]
T 9.9	Baehr [26]
T 9.11	Cerbe/Lendt [11], Ruhrgas AG [34]

A 3 Wiederholung häufig benutzter Tabellen

T 1.5 Stoffwerte von Gasen*

Gas	Chemisches Symbol	Molares Normvolumen bei 0 °C, 101,325 kPa V_{mn} $\frac{m^3}{kmol}$	Molare Masse M $\frac{kg}{kmol}$	Spezielle Gaskonstante R_i $\frac{J}{kg\,K}$
Helium	He	22,425	4,0026	2077,3
Argon	Ar	22,392	39,948	208,1
Wasserstoff	H_2	22,428	2,0159	4124,5
Stickstoff	N_2	22,403	28,0134	296,8
Sauerstoff	O_2	22,392	31,9988	259,8
Luft (trocken)	–	22,401	28,9655	287,1
Kohlenstoffmonoxid	CO	22,398	28,0101	296,8
Kohlenstoffdioxid	CO_2	22,264	44,0095	188,9
Schwefeldioxid	SO_2	21,876	64,0638	129,8
Ammoniak	NH_3	22,078	17,0305	488,2
Methan	CH_4	22,360	16,0425	518,3
Ethin (Acetylen)	C_2H_2	22,212	26,0373	319,3
Ethen (Ethylen)	C_2H_4	22,246	28,0532	296,4
Ethan	C_2H_6	22,190	30,0690	276,5

* R_i, C_{mp} und c_p nach Stephan/Schaber/Stephan/Mayinger [6a; Tabelle 6.2], für Helium nach Baehr/Kabelac [1; Tabelle 10.6].
M nach [40; Tabelle 1], V_{mn} und ϱ_n nach [53; Tabelle 2]. $c_v, \varkappa$ und C_{mv} nach Gln 2.46/2.47 und Gl 2.54 berechnet.

Dichte im Normzustand bei 0 °C, 101,325 kPa	Molare und spezifische Wärmekapazität bei 0 °C und idealem Gaszustand				$\varkappa = \frac{c_p}{c_v}$	Gas
ϱ_n	C_{mp}	c_p	C_{mv}	c_v	bei 0 °C und idealem Gaszustand	
$\frac{kg}{m^3}$	$\frac{kJ}{kmol\,K}$	$\frac{kJ}{kg\,K}$	$\frac{kJ}{kmol\,K}$	$\frac{kJ}{kg\,K}$		
0,1785	20,7863	5,1932	12,4718	3,1159	1,667	Helium
1,7841	20,7858	0,5203	12,4713	0,3122	1,667	Argon
0,0899	28,6228	14,2003	20,3083	10,0758	1,409	Wasserstoff
1,2504	29,0967	1,0389	20,7822	0,7421	1,400	Stickstoff
1,4290	29,2722	0,9150	20,9577	0,6552	1,397	Sauerstoff
1,2929	29,0743	1,0043	20,7598	0,7172	1,400	Luft (trocken)
1,2506	29,1242	1,0403	20,8097	0,7435	1,399	Kohlenstoffmonoxid
1,9767	35,9336	0,8169	27,6191	0,6280	1,301	Kohlenstoffdioxid
2,9285	38,9666	0,6092	30,6521	0,4794	1,271	Schwefeldioxid
0,7714	35,0018	2,0557	26,6873	1,5675	1,311	Ammoniak
0,7175	34,5667	2,1562	26,2522	1,6379	1,316	Methan
1,1772	39,3536	1,5127	31,0391	1,1934	1,268	Ethin (Acetylen)
1,2611	45,1842	1,6119	36,8697	1,3155	1,225	Ethen (Ethylen)
1,3551	51,9556	1,7291	43,6411	1,4526	1,190	Ethan

A

T 1.2 Genormte Vorsatzzeichen für dezimale Vielfache und Teile von Einheiten [41; Tabelle 5]

Vorsatz	Vorsatzzeichen	Bedeutung des Vorsatzzeichens
Peta	P	das 10^{15}fache der Einheit
Tera	T	„ 10^{12} „ „ „
Giga	G	„ 10^{9} „ „ „
Mega	M	„ 10^{6} „ „ „
Kilo	k	„ 10^{3} „ „ „
Hekto	h	„ 10^{2} „ „ „
Deka	da	„ 10^{1} „ „ „
Dezi	d	„ 10^{-1} „ „ „
Zenti	c	„ 10^{-2} „ „ „
Milli	m	„ 10^{-3} „ „ „
Mikro	µ	„ 10^{-6} „ „ „
Nano	n	„ 10^{-9} „ „ „
Piko	p	„ 10^{-12} „ „ „

T 1.6 Naturkonstanten, Bezugsgröße und -zustände sowie weitere Größen

	Name	Größe
Naturkonstanten [21]	Avogadro-Konstante	$N_A = 6{,}022\,140\,76 \cdot 10^{26}$ 1/kmol
	Boltzmann-Konstante	$k = 1{,}380\,649 \cdot 10^{-23}$ J/K
	Faraday-Konstante	$F = 96\,485{,}332\,12$ C/mol
	Planck'sches Wirkungsquantum	$h = 6{,}626\,070\,15 \cdot 10^{-34}$ J s
	Stefan-Boltzmann-Konstante	$\sigma = 5{,}670\,374 \cdot 10^{-8}$ W/(m² K⁴)
	Wien'sche Verschiebungskonstante	$w = 2897{,}771\,96$ µm K
	Molare Gaskonstante	$R_m = 8\,314{,}462\,6$ J/(kmol K)
	Molares Normvolumen des idealen Gases	$V_{mn} = 22{,}413\,969\,54$ m³/kmol
	Gravitationskonstante	$\Gamma = 6{,}674\,30 \cdot 10^{-11}$ m³/(kg s²)
	Lichtgeschwindigkeit im Vakuum	$c_0 = 299\,792\,458$ m/s
	Masse des Elektrons	$m_e = 9{,}109\,383\,702 \cdot 10^{-31}$ kg
	Masse des Protons	$m_p = 1{,}672\,621\,924 \cdot 10^{-27}$ kg
	Masse des Neutrons	$m_n = 1{,}674\,927\,498 \cdot 10^{-27}$ kg
Bezugsgrößen und -zustände	Normfallbeschleunigung [21]	$g_n = 9{,}806\,65$ m/s²
	Physikalischer Normzustand [1]: Normtemperatur Normdruck	$t_n = 0\,°C$, $T_n = 273{,}15$ K $p_n = 101{,}325$ kPa
	Chemischer Standardzustand [36; S. 57]	$t_0 = 25\,°C$, $T_0 = 298{,}15$ K $p_0 = 100$ kPa (auch $p_0 = 101{,}325$ kPa)
	Tripelpunkt des Wassers [32]	$t_{tr} = 0{,}01\,°C$, $T_{tr} = 273{,}16$ K $p_{tr} = 611{,}657$ Pa
Weitere Größen	Erdmasse [2]	$m_E = 5{,}973 \cdot 10^{24}$ kg
	Mittlerer Erdradius [2]	$r_E = 6\,371{,}009$ km
	Mittlerer Erdbahnradius [3]	$d_{S,E} = 149\,598\,000$ km
	Sonnenmasse [3]	$m_S = 1{,}989 \cdot 10^{30}$ kg
	Mittlerer Sonnenradius [3]	$r_S = 696\,260$ km
	Mittlere Temperatur der Sonnenoberfläche [3]	$T_S = 5\,780$ K

1) DIN 1343 [54; Nr. 2]

2) [37; S. 74]

3) [37; S. 62]

A

T 1.7 Mittlere Längen- und Volumenausdehnungskoeffizienten, geltend für die Länge l_0 bzw. das Volumen V_0 des Körpers bei 0 °C [15]

Temperaturbereich	Längenausdehnungskoeffizient $\alpha_m\|_{0\,°C}^{t}$ in $\frac{m}{K\,m} = \frac{1}{K}$ 0 °C–100 °C	0 °C–200 °C
Aluminium (99,5%)	$23{,}8 \cdot 10^{-6}$	$24{,}5 \cdot 10^{-6}$
Gusseisen	$10{,}4 \cdot 10^{-6}$	$11{,}1 \cdot 10^{-6}$
Glas (technisch)	$(3{,}5–8{,}1) \cdot 10^{-6}$	$(3{,}6–8{,}4) \cdot 10^{-6}$
Quarzglas	$0{,}5 \cdot 10^{-6}$	$0{,}6 \cdot 10^{-6}$
Kupfer	$16{,}5 \cdot 10^{-6}$	$16{,}9 \cdot 10^{-6}$
Messing (mit 62% Cu)	$18{,}4 \cdot 10^{-6}$	$19{,}3 \cdot 10^{-6}$
Stahl (mit 0,2–0,6% C)	$11{,}0 \cdot 10^{-6}$	$12{,}0 \cdot 10^{-6}$
Temperaturbereich	**Volumenausdehnungskoeffizient $\gamma_m\|_{0\,°C}^{t}$ in $\frac{m^3}{m^3\,K} = \frac{1}{K}$ 0 °C–50 °C**	**0 °C–100 °C**
Quecksilber	$182{,}2 \cdot 10^{-6}$	$182{,}6 \cdot 10^{-6}$
Glyzerin	$520 \cdot 10^{-6}$	–

T 1.8 Temperaturabhängigkeit des Längenausdehnungskoeffizienten; Koeffizienten für Gl 1.41 und Gl 1.42 [22; S. 361f, Tab. 3.19b]

Stoff	Temperaturbereich t_1 bis t_2 °C	Koeffizienten a –	b $\frac{1}{°C}$	c $\frac{1}{°C^2}$	d $\frac{1}{°C^3}$
Aluminium	–250 bis 600	$22{,}69 \cdot 10^{-6}$	$39{,}02 \cdot 10^{-9}$	$-118{,}56 \cdot 10^{-12}$	$154{,}84 \cdot 10^{-15}$
Baustahl	–250 bis 700	$11{,}26 \cdot 10^{-6}$	$21{,}88 \cdot 10^{-9}$	$-52{,}56 \cdot 10^{-12}$	$55 \cdot 10^{-15}$
Bronze	0 bis 500	$17{,}04 \cdot 10^{-6}$	$8{,}68 \cdot 10^{-9}$		
Gold	–250 bis 900	$14{,}13 \cdot 10^{-6}$	$11{,}578 \cdot 10^{-9}$	$-35{,}07 \cdot 10^{-12}$	$36{,}936 \cdot 10^{-15}$
Kupfer	–250 bis 600	$15{,}95 \cdot 10^{-6}$	$19{,}758 \cdot 10^{-9}$	$-64{,}92 \cdot 10^{-12}$	$83{,}6 \cdot 10^{-15}$
Silber	–250 bis 800	$18{,}74 \cdot 10^{-6}$	$19{,}918 \cdot 10^{-9}$	$-51{,}72 \cdot 10^{-12}$	$50{,}72 \cdot 10^{-15}$
Thermometerglas	–250 bis 480	$7{,}457 \cdot 10^{-6}$	$16{,}174 \cdot 10^{-9}$	$-57{,}72 \cdot 10^{-12}$	$85{,}04 \cdot 10^{-15}$
Titan	–123 bis 883	$8{,}13 \cdot 10^{-6}$	$9{,}39 \cdot 10^{-9}$	$-6{,}609 \cdot 10^{-12}$	

T 2.1 Umrechnung von Energieeinheiten

Einheit außerhalb des SI		Umrechnung in SI-Einheit
Name	Anwendung	
Kilowattstunde	Energiehandel	1 kW h = 3,6 MJ
Steinkohleneinheit *)	Energiestatistik	1 kg SKE = 29,3 MJ
15 °C-Kalorie *)	älteres Schrifttum	$1\ \mathrm{kcal}_{15\,°\mathrm{C}} = 4\,185{,}5\ \mathrm{J}$
British thermal unit	angelsächsisches Einheitensystem	1 Btu = 1,055 06 kJ

*) Die Einheit SKE ist zurückzuführen auf Steinkohle mit $H_u = 7\,000\ \mathrm{kcal/kg} = 29{,}3\ \mathrm{MJ/kg}$. $1\ \mathrm{kcal}_{15\,°\mathrm{C}}$ ist die Energie, die 1 kg Wasser zugeführt werden muss, um es bei 101,325 kPa von 14,5 °C auf 15,5 °C zu erwärmen.

T 2.2 Temperaturabhängigkeit der spezifischen Wärmekapazität bei konstantem Druck für einige *ideale Gase*; Koeffizienten für Gl 2.35 und Gl 2.39 [35; S. 898f, Table A-1]

Gas	Temperaturbereich T_1 bis T_2 K	Koeffizienten				
		a $\frac{\mathrm{kJ}}{\mathrm{kg\,K}}$	b $\frac{\mathrm{kJ}}{\mathrm{kg\,K^2}}$	c $\frac{\mathrm{kJ}}{\mathrm{kg\,K^3}}$	d $\frac{\mathrm{kJ}}{\mathrm{kg\,K^4}}$	e $\frac{\mathrm{kJ}}{\mathrm{kg\,K^5}}$
H_2	300 bis 1 000	11,9150	$16{,}0021 \cdot 10^{-3}$	$-36{,}4620 \cdot 10^{-6}$	$358{,}1928 \cdot 10^{-10}$	$-123{,}1056 \cdot 10^{-13}$
	1 000 bis 3 000	15,3140	$-3{,}7986 \cdot 10^{-3}$	$5{,}0305 \cdot 10^{-6}$	$-17{,}8314 \cdot 10^{-10}$	$2{,}1432 \cdot 10^{-13}$
N_2	300 bis 1 000	1,1063	$-0{,}4639 \cdot 10^{-3}$	$0{,}9528 \cdot 10^{-6}$	$-4{,}6154 \cdot 10^{-10}$	$0{,}3427 \cdot 10^{-13}$
	1 000 bis 3 000	0,7333	$0{,}7327 \cdot 10^{-3}$	$-0{,}3897 \cdot 10^{-6}$	$1{,}0101 \cdot 10^{-10}$	$-0{,}1026 \cdot 10^{-13}$
O_2	300 bis 1 000	0,9976	$-0{,}8892 \cdot 10^{-3}$	$2{,}8574 \cdot 10^{-6}$	$-28{,}4960 \cdot 10^{-10}$	$9{,}7422 \cdot 10^{-13}$
	1 000 bis 3 000	0,8206	$0{,}4703 \cdot 10^{-3}$	$-0{,}2735 \cdot 10^{-6}$	$0{,}8294 \cdot 10^{-10}$	$-0{,}0944 \cdot 10^{-13}$
CO	300 bis 1 000	1,1215	$-0{,}6216 \cdot 10^{-3}$	$1{,}4494 \cdot 10^{-6}$	$-9{,}7149 \cdot 10^{-10}$	$2{,}0742 \cdot 10^{-13}$
	1 000 bis 3 000	0,7882	$0{,}6611 \cdot 10^{-3}$	$-0{,}3404 \cdot 10^{-6}$	$0{,}8468 \cdot 10^{-10}$	$-0{,}0820 \cdot 10^{-13}$
CO_2	300 bis 1 000	0,4209	$1{,}8885 \cdot 10^{-3}$	$-1{,}8526 \cdot 10^{-6}$	$10{,}2003 \cdot 10^{-10}$	$-2{,}4211 \cdot 10^{-13}$
	1 000 bis 3 000	0,6137	$1{,}1051 \cdot 10^{-3}$	$-0{,}6449 \cdot 10^{-6}$	$1{,}7896 \cdot 10^{-10}$	$-0{,}1907 \cdot 10^{-13}$
H_2O	300 bis 1 000	1,9090	$-0{,}7203 \cdot 10^{-3}$	$2{,}4555 \cdot 10^{-6}$	$-19{,}4456 \cdot 10^{-10}$	$5{,}9321 \cdot 10^{-13}$
	1 000 bis 3 000	1,2927	$1{,}2442 \cdot 10^{-3}$	$-0{,}2491 \cdot 10^{-6}$	$-0{,}0082 \cdot 10^{-10}$	$0{,}0417 \cdot 10^{-13}$
Luft	300 bis 1 000	1,0679	$-0{,}5378 \cdot 10^{-3}$	$1{,}3544 \cdot 10^{-6}$	$-9{,}8872 \cdot 10^{-10}$	$2{,}4484 \cdot 10^{-13}$
	1 000 bis 3 000	0,7996	$0{,}5525 \cdot 10^{-3}$	$-0{,}2717 \cdot 10^{-6}$	$0{,}6661 \cdot 10^{-10}$	$-0{,}0640 \cdot 10^{-13}$

T 2.5 Mittlere molare isobare und spezifische isobare Wärmekapazität von Gasen für den idea-

Temp. °C	H_2 $C_{mp}\|_{0\,°C}^{t}$ $\frac{kJ}{kmol\,K}$	H_2 $c_{pm}\|_{0\,°C}^{t}$ $\frac{kJ}{kg\,K}$	N_2 $C_{mp}\|_{0\,°C}^{t}$ $\frac{kJ}{kmol\,K}$	N_2 $c_{pm}\|_{0\,°C}^{t}$ $\frac{kJ}{kg\,K}$	O_2 $C_{mp}\|_{0\,°C}^{t}$ $\frac{kJ}{kmol\,K}$	O_2 $c_{pm}\|_{0\,°C}^{t}$ $\frac{kJ}{kg\,K}$	CO $C_{mp}\|_{0\,°C}^{t}$ $\frac{kJ}{kmol\,K}$	CO $c_{pm}\|_{0\,°C}^{t}$ $\frac{kJ}{kg\,K}$
0	28,62	14,20	29,09	1,038	29,26	0,9144	29,11	1,039
100	28,94	14,36	29,12	1,040	29,53	0,9228	29,16	1,041
200	29,07	14,42	29,20	1,042	29,92	0,9350	29,29	1,046
300	29,14	14,46	29,35	1,048	30,39	0,9497	29,50	1,053
400	29,19	14,48	29,56	1,055	30,87	0,9647	29,77	1,063
600	29,32	14,54	30,11	1,075	31,75	0,9922	30,41	1,086
800	29,52	14,64	30,69	1,096	32,49	1,0154	31,05	1,109
1000	29,79	14,78	31,25	1,116	33,11	1,0347	31,65	1,130
1200	30,12	14,94	31,77	1,134	33,62	1,0507	32,17	1,149
1400	30,47	15,11	32,22	1,150	34,07	1,0647	32,63	1,165
1600	30,84	15,30	32,62	1,164	34,47	1,0772	33,03	1,179
1800	31,21	15,48	32,97	1,177	34,83	1,0885	33,38	1,192
2000	31,58	15,67	33,28	1,188	35,17	1,0991	33,69	1,203
2200	31,93	15,84	33,55	1,198	35,48	1,1088	33,96	1,212
2500	32,44	16,09	33,91	1,210	35,93	1,1229	34,31	1,225
3000	33,22	16,48	34,40	1,228	36,62	1,1444	34,79	1,242
M in $\frac{kg}{kmol}$	2,0159		28,0134		31,9988		28,0101	
ϱ_n in $\frac{kg}{m^3}$	0,0899		1,2504		1,4290		1,2506	

Anmerkungen zu T 2.5:

Spezifische isochore Wärmekapazität $c_{vm}|_{0\,°C}^{t}$ nach Gl 2.46: $c_{vm}|_{0\,°C}^{t} = c_{pm}|_{0\,°C}^{t} - R_i$

Molare isochore Wärmekapazität $C_{mv}|_{0\,°C}^{t}$ nach Gl 2.54: $C_{mv}|_{0\,°C}^{t} = C_{mp}|_{0\,°C}^{t} - R_m$

Mittelwert $\varkappa_m|_{0\,°C}^{t}$ nach Gl 2.51: $\varkappa_m|_{0\,°C}^{t} = \frac{c_{pm}|_{0\,°C}^{t}}{c_{vm}|_{0\,°C}^{t}} = \frac{C_{mp}|_{0\,°C}^{t}}{C_{mv}|_{0\,°C}^{t}}$

$c_{pm}|_{t_1}^{t_2}$ kann auch mittels Polynom (Gl 2.38) berechnet werden. Die Ergebnisse können von den Tabellenwerten leicht abweichen.

len Gaszustand[1)]

H_2O		CO_2		SO_2		Luft (trocken)		Temp.
$C_{mp}\|_{0\,°C}^{t}$ $\frac{kJ}{kmol\,K}$	$c_{pm}\|_{0\,°C}^{t}$ $\frac{kJ}{kg\,K}$	$C_{mp}\|_{0\,°C}^{t}$ $\frac{kJ}{kmol\,K}$	$c_{pm}\|_{0\,°C}^{t}$ $\frac{kJ}{kg\,K}$	$C_{mp}\|_{0\,°C}^{t}$ $\frac{kJ}{kmol\,K}$	$c_{pm}\|_{0\,°C}^{t}$ $\frac{kJ}{kg\,K}$	$C_{mp}\|_{0\,°C}^{t}$ $\frac{kJ}{kmol\,K}$	$c_{pm}\|_{0\,°C}^{t}$ $\frac{kJ}{kg\,K}$	°C
33,47	1,858	35,92	0,8162	38,91	0,6074	29,08	1,004	0
33,71	1,871	38,17	0,8673	40,71	0,6355	29,15	1,006	100
34,08	1,892	40,13	0,9118	42,43	0,6623	29,30	1,012	200
34,54	1,917	41,83	0,9505	43,99	0,6867	29,52	1,019	300
35,05	1,945	44,33	1,0073	45,35	0,7079	29,79	1,029	400
36,15	2,007	45,85	1,0418	47,55	0,7422	30,41	1,050	600
37,34	2,073	47,86	1,0875	49,20	0,7680	31,03	1,071	800
38,56	2,140	49,50	1,1248	50,47	0,7878	31,60	1,091	1000
39,76	2,207	50,85	1,1554	51,49	0,8037	32,11	1,109	1200
40,91	2,271	51,98	1,1811	52,31	0,8165	32,57	1,124	1400
42,00	2,331	52,93	1,2027	53,00	0,8273	32,97	1,138	1600
43,03	2,389	53,74	1,2211	53,59	0,8365	33,32	1,150	1800
43,97	2,441	54,44	1,2370	54,09	0,8443	33,64	1,161	2000
44,86	2,490	55,06	1,2511	54,54	0,8513	33,93	1,171	2200
46,07	2,557	55,85	1,2690	55,13	0,8605	34,31	1,185	2500
47,82	2,654	56,91	1,2931	55,95	0,8733	34,84	1,203	3000
18,0153		44,095		64,0638		28,9655		M in $\frac{kg}{kmol}$
0,8038		1,9767		2,9285		1,2929		ϱ_n in $\frac{kg}{m^3}$

[1)] $C_{mp}|_{0\,°C}^{t}$ nach Stephan/Schaber/Stephan/Mayinger [6a; Tabelle 6.4]. M nach DIN EN ISO 6976 [40; Tab.1], ϱ_n nach DIN 1871 [53; Tab. 2]. $c_{pm}|_{0\,°C}^{t}$ nach Gl 2.53 berechnet. Auf den zusätzlichen Index m zur Kennzeichnung des Mittelwertes bei der molaren Wärmekapazität wird verzichtet; wir schreiben $C_{mp}|_{0\,°C}^{t}$ statt $C_{mpm}|_{0\,°C}^{t}$.

A

T 2.3 Wahre spezifische Wärmekapazität c_p einiger fester und flüssiger Stoffe bei 20 °C

Fester Stoff	$\frac{kJ}{kg\,K}$	Flüssigkeit	$\frac{kJ}{kg\,K}$
Beton	0,88	Benzol	1,72
Holz	2,1–2,9	Quecksilber	0,138
Eis (bei 0 °C)	2,04	Wasser*)	4,1843

*) bei 101,325 kPa [32]

T 2.4 Mittlere spezifische Wärmekapazität $c_{pm}|_{0\,°C}^{t}$ einiger Metalle

Temperaturbereich	0 °C–100 °C $\frac{kJ}{kg\,K}$	0 °C–300 °C $\frac{kJ}{kg\,K}$	0 °C–500 °C $\frac{kJ}{kg\,K}$
Aluminium	0,908	0,954	0,992
Blei	0,131	0,136	–
Eisen, rein	0,464	0,469	0,473
Stahl, 0,2 % C	0,473	0,502	0,540
Stahl, 1,0 % C	0,490	0,515	0,552
Gusseisen	0,544	0,573	0,590
Kupfer	0,387	0,401	0,408

T 5.1 Spezifische Verdampfungsenthalpie r und Siedetemperatur t_s bei 1,013 **25** bar sowie kritischer Punkt verschiedener Stoffe

Stoff		Spez. Verdampfungsenthalpie bei 1,013 25 bar r $\frac{kJ}{kg}$	Siedetemperatur bei 1,013 25 bar t_s °C	kritische Daten [1)] p_k bar	t_k °C
Ammoniak	NH_3	1 369,4 [2)]	−33,3 [3)]	113,5	132,35
Ethanol	C_2H_5OH	846	78,32 [5)]	61,37	240,75
Kohlenstoffdioxid	CO_2	(574 [a)])	(−78,5 [b)]) [4)]	73,84	31,05
Quecksilber	Hg	285	356,58 [4)]	1 490	1 491,85
Schwefeldioxid	SO_2	402	−10,0 [3)]	78,84	157,55
Wasser	H_2O	2 256,4 [2)]	100 [c) 3)]	220,64	373,95

a) Sublimationsenthalpie.

b) Sublimationstemperatur – sublimiert bei 1,013 **25** bar.

c) Wissenschaftlich genauer Wert: 99,975 °C [1; S. 31].

1) p_k und t_k nach Stephan/Schaber/Stephan/Mayinger [6a; Tabelle 13.1]

2) [1; Tabelle 9.3]

3) [10; Kap. D3.1, Tab. 1]

4) [19a; Kap. 1.2.1.1.2]

5) [19b; S. 2-32 und S. 2-953]

A

T 5.4 Wasserdampftafel, Sättigungszustand (Drucktafel) [1)]

p bar	t °C	v' m^3/kg	v'' m^3/kg	h' kJ/kg	h'' kJ/kg	r kJ/kg	s' kJ/(kg K)	s'' kJ/(kg K)
0,0061 [2)]	0	0,001 0002	206,14	−0,04	2500,9	2500,9	−0,0002	9,1558
0,0061	0,01	0,001 0002	206,00	0,00	2500,9	2500,9	0	9,1555
0,01	6,97	0,001 0001	129,18	29,30	2513,7	2484,4	0,1059	8,9749
0,02	17,50	0,001 0014	66,99	73,43*	2532,9	2459,5	0,2606	8,7227
0,03	24,08	0,001 0028	45,66	100,99	2544,9	2443,9	0,3543	8,5766
0,04	28,96	0,001 0041	34,79	121,40	2553,7	2432,3	0,4224	8,4735
0,05	32,88	0,001 0053	28,19	137,77	2560,8	2423,0	0,4763	8,3939
0,06	36,16	0,001 0064	23,73	151,49	2566,7	2415,2	0,5209	8,3291
0,07	39,00	0,001 0075	20,53	163,37	2571,8	2408,4	0,5591	8,2746
0,08	41,51	0,001 0085	18,10	173,85	2576,2	2402,4	0,5925	8,2274
0,09	43,76	0,001 0094	16,20	183,26	2580,3	2397,0	0,6223	8,1859
0,1	45,81	0,001 0103	14,671	191,81	2583,9	2392,1	0,6492	8,1489
0,2	60,06	0,001 0171	7,648	251,40	2608,9*	2357,5*	0,8320	7,9072
0,3	69,10	0,001 0222	5,229	289,23	2624,6	2335,3	0,9439	7,7675
0,4	75,86	0,001 0264	3,993	317,57	2636,1	2318,5	1,0259	7,6690
0,5	81,32	0,001 0299	3,240	340,48	2645,2	2304,7	1,0910	7,5930
0,6	85,93	0,001 0331	2,732	359,84	2652,9	2293,0	1,1452	7,5311
0,7	89,93	0,001 0359	2,365	376,68	2659,4	2282,7	1,1919	7,4790
0,8	93,49	0,001 0385	2,087	391,64	2665,2	2273,5	1,2328	7,4339
0,9	96,69	0,001 0409	1,870	405,13	2670,3	2265,2	1,2694	7,3942
1,0	99,61	0,001 0431	1,694	417,44	2675,0	2257,5	1,3026	7,3588
1,1	102,29	0,001 0453	1,550	428,77*	2679,2	2250,4	1,3328	7,3268
1,2	104,78	0,001 0473	1,428	439,30	2683,1	2243,8	1,3608	7,2976
1,3	107,11	0,001 0492	1,325	449,13	2686,7	2237,5	1,3867	7,2708
1,4	109,29	0,001 0510	1,237	458,37	2690,0	2231,6	1,4109	7,2460
1,5	111,35	0,001 0527	1,159	467,08	2693,1	2226,0	1,4335	7,2229

[1)] Auszug aus den Wasserdampftafeln [18; Table 2]. Werte für v', die mit sieben Stellen nach dem Komma angegeben sind und mit * gekennzeichnete Werte sind mit Polynom berechnet.

[2)] [18; Table 1]

Bei Berechnung von h'' nach Gl 5.10 ($h'' = h' + r$) treten gegenüber den Tabellenwerten z. T. rundungsbedingte Abweichungen auf. Temperaturtafel s. T 6.1.

T 5.4 (Fortsetzung)

p bar	t °C	v' m³/kg	v'' m³/kg	h' kJ/kg	h'' kJ/kg	r kJ/kg	s' kJ/(kg K)	s'' kJ/(kg K)
2,0	120,21	0,001 0605	0,8857	504,68	2706,2	2201,6	1,5301	7,1269
3,0	133,53	0,001 0732	0,6058	561,46	2724,9	2163,4	1,6718	6,9916
4,0	143,61	0,001 0836	0,4624	604,72	2738,1	2133,3	1,7766	6,8954
6,0	158,83	0,001 1006	0,3156	670,50	2756,1	2085,6	1,9311	6,7592
8,0	170,41	0,001 1148	0,2403	721,02	2768,3	2047,3	2,0460	6,6615
10	179,89	0,001 1272	0,1943	762,7	2777,1	2014,4	2,1384	6,5850
15	198,30	0,001 1539	0,1317	844,7	2791,0	1946,3	2,3147	6,4431
20	212,38	0,001 1768	0,0996	908,6	2798,4	1889,8	2,4470	6,3392
30	233,86	0,001 2167	0,0667	1008,4	2803,3	1794,9	2,6456	6,1858
40	250,36	0,001 2526	0,0498	1087,4	2800,9	1713,5	2,7967	6,0697
50	263,94	0,001 2864	0,0394	1154,5	2794,2	1639,7	2,9207	5,9737
60	275,59	0,001 3193	0,0324	1213,7	2784,6	1570,8	3,0274	5,8901
70	285,83	0,001 3519	0,0274	1267,4	2772,6	1505,1	3,1220	5,8146
80	295,01	0,001 3847	0,0235	1317,1	2758,6	1441,5	3,2077	5,7448
90	303,35	0,001 4181	0,0205	1363,7	2742,9	1379,2	3,2866	5,6790
100	311,00	0,001 453	0,0180	1407,9	2725,5	1317,6	3,3603	5,6159
110	318,08	0,001 489	0,0160	1450,3	2706,4	1256,2*	3,4300	5,5545
120	324,68	0,001 526	0,0143	1491,3	2685,6	1194,3	3,4965	5,4941
130	330,86	0,001 566	0,0128	1531,4	2662,9	1131,5	3,5606	5,4339
140	336,67	0,001 610	0,0115	1570,9	2638,1	1067,2	3,6230	5,3730
150	342,16	0,001 657	0,0103	1610,2	2610,9	1000,7	3,6844	5,3108
160	347,36	0,001 710	0,0093	1649,7	2580,8	931,1	3,7457	5,2463
180	356,99*	0,001 839	0,0075	1732,0	2509,6	777,6	3,8717	5,1056
200	365,75*	0,002 039	0,0059	1827,1*	2411,5	584,4	4,0155	4,9301
210	369,83	0,002 212	0,0050	1889,4	2337,7	448,3	4,1093	4,8065
220	373,71	0,002 750	0,0036	2021,9	2169,3	147,3	4,3109	4,5386
220,64	373,95	0,003 106		2087,55		0	4,4120	

T 5.5 Wasserdampftafel, überhitzter Dampf[1)]

p bar	t °C	v m³/kg	h kJ/kg	s kJ/(kg K)	t °C	v m³/kg	h kJ/kg	s kJ/(kg K)
0,2	100	8,586	2686,2	8,1262	350	14,375	3177,4	9,1311
	150	9,749	2782,3	8,3680	400	15,530	3279,8	9,2892
	200	10,907	2879,1	8,5842	450	16,684	3383,8	9,4383
	250	12,064	2977,1	8,7811	500	17,839	3489,6	9,5797
	300	13,220	3076,5	8,9624	600	20,147	3706,2	9,8431
0,4	100	4,280	2683,7	7,8009	350	7,185	3177,0	8,8108
	150	4,866	2780,9	8,0455	400	7,763	3279,5	8,9690
	200	5,448	2878,2	8,2629	450	8,341	3383,6	9,1182
	250	6,028	2976,5	8,4602	500	8,918	3489,4	9,2596
	300	6,607	3076,0	8,6419	600	10,073	3706,0	9,5231
0,6	100	2,845	2681,1	7,6083	350	4,788	3176,6	8,6232
	150	3,239	2779,5	7,8557	400	5,174	3279,2	8,7815
	200	3,628	2877,3	8,0743	450	5,559	3383,3	8,9308
	250	4,016	2975,8	8,2722	500	5,944	3489,1	9,0722
	300	4,402	3075,5	8,4541	600	6,714	3705,9	9,3358
1,0	100	1,696	2675,8	7,3610	350	2,871	3175,8	8,3865
	150	1,937	2776,6	7,6147	400	3,103	3278,5	8,5451
	200	2,172*	2875,5	7,8356	450	3,334	3382,8	8,6945
	250	2,406	2974,5	8,0346	500	3,566	3488,7	8,8361
	300	2,639	3074,5	8,2171	600	4,028	3705,6	9,0998
1,2	150	1,611	2775,1	7,5278	400	2,585	3278,2	8,4606
	200	1,809	2874,6	7,7499	450	2,778	3382,6	8,6101
	250	2,004	2973,9	7,9495	500	2,971	3488,5	8,7517
	300	2,198	3074,1	8,1323	550	3,164	3596,1	8,8866
	350	2,392	3175,4	8,3019	600	3,356	3705,4	9,0155

[1)] Auszug aus den Wasserdampftafeln [18; Table 4].
Werte für v', die mit fünf Stellen nach dem Komma angegeben sind, mit * gekennzeichnete Werte und Werte, die in Table 4 nicht angegeben sind, sind mit Polynom berechnet.

T 5.5 (Fortsetzung)

p bar	*t* °C	*v* m³/kg	*h* kJ/kg	*s* kJ/(kg K)	*t* °C	*v* m³/kg	*h* kJ/kg	*s* kJ/(kg K)
1,5	150	1,286	2772,9	7,4207	400	2,067	3277,8	8,3571
	200	1,445	2873,1	7,6447	450	2,222	3382,2	8,5067
	250	1,601	2972,9	7,8451	500	2,376	3488,2	8,6484
	300	1,757	3073,3	8,0284	550	2,530*	3595,8	8,7833
	350	1,912	3174,9	8,1983	600	2,685	3705,2	8,9123
2,0	150	0,9599	2769,1	7,2809	400	1,5493	3277,0	8,2235
	200	1,0805	2870,8	7,5081	450	1,6655	3381,5	8,3733
	250	1,1989	2971,3	7,7100	500	1,7814	3487,6	8,5151
	300	1,3162	3072,1	7,8940	550	1,8973	3595,4	8,6501
	350	1,4330	3173,9	8,0643	600	2,0130	3704,8	8,7792
4,0	150	0,4709	2752,8	6,9305	400	0,7726	3273,9	7,9001
	200	0,5343	2861,0	7,1724	450	0,8311	3379,0	8,0507
	250	0,5952	2964,6	7,3805	500	0,8894	3485,5	8,1931
	300	0,6549	3067,1	7,5677	550	0,9475	3593,6	8,3286
	350	0,7139	3170,0	7,7398	600	1,0056	3703,2	8,4579
6,0	200	0,3521	2850,7	6,9684	450	0,5530	3376,4	7,8609
	250	0,3939	2957,7	7,1834	500	0,5920	3483,3	8,0039
	300	0,4344	3062,1	7,3740	550	0,6309	3591,7	8,1398
	350	0,4743	3166,1	7,5480	600	0,6698	3701,7	8,2694
	400	0,5137	3270,7	7,7095	650	0,7085	3813,2	8,3937
8,0	200	0,2609	2839,8	6,8176	450	0,4139	3373,8	7,7255
	250	0,2932	2950,5	7,0403	500	0,4433	3481,2	7,8690
	300	0,3242	3056,9	7,2345	550	0,4726	3589,9	8,0053
	350	0,3544	3162,2	7,4106	600	0,5019	3700,1	8,1353
	400	0,3843	3267,6	7,5733	650	0,5310	3811,9	8,2598

A

T 5.5 (Fortsetzung)

p bar	*t* °C	*v* m³/kg	*h* kJ/kg	*s* kJ/(kg K)	*t* °C	*v* m³/kg	*h* kJ/kg	*s* kJ/(kg K)
10	200	0,2060	2828,3	6,6955	450	0,3304	3371,2	7,6198
	250	0,2327	2943,2	6,9266	500	0,3541	3479,0	7,7640
	300	0,2580	3051,7	7,1247	550	0,3777	3588,1	7,9007
	350	0,2825	3158,2	7,3028	600	0,4011	3698,6	8,0309
	400	0,3066	3264,4	7,4668	650	0,4245	3810,5*	8,1557
15	200	0,1324	2796,0	6,4537	450	0,2192	3364,7	7,4259
	250	0,1520	2924,0	6,7111	500	0,2352	3473,6	7,5716
	300	0,1697	3038,3	6,9199	550	0,2510	3583,5	7,7093
	350	0,1866	3148,0	7,1035	600	0,2668	3694,6	7,8404
	400	0,2030	3256,4	7,2708	650	0,2825	3807,2	7,9657
20	250	0,1115	2903,2	6,5474	500	0,1757	3468,1	7,4335
	300	0,1255	3024,3	6,7685	550	0,1877	3578,9	7,5723
	350	0,1386	3137,6	6,9582	600	0,1996	3690,7	7,7042
	400	0,1512	3248,2	7,1290	650	0,2115	3803,8	7,8301
	450	0,1635	3358,1	7,2863	700	0,2233	3918,2	7,9509
30	250	0,07062	2856,5*	6,2893	500	0,11619	3457,0	7,2356
	300	0,08118	2994,3*	6,5412	550	0,12437	3569,6	7,3767
	350	0,09056	3116,1	6,7449	600	0,13245	3682,8	7,5102
	400	0,09938	3231,6	6,9233	650	0,14045	3797,0	7,6373
	450	0,10788	3344,7	7,0853	700	0,14840	3912,3	7,7590
40	300	0,05887	2961,7	6,3638	550	0,09270	3560,2	7,2353
	350	0,06647	3093,3	6,5843	600	0,09886	3674,8*	7,3704
	400	0,07343	3214,4	6,7712	650	0,10494	3790,2	7,4989
	450	0,08004	3331,0	6,9383	700	0,11097	3906,4	7,6125
	500	0,08644	3445,8	7,0919	750	0,11696	4023,8	7,7391

T 5.5 (Fortsetzung)

p bar	t °C	v m³/kg	h kJ/kg	s kJ/(kg K)	t °C	v m³/kg	h kJ/kg	s kJ/(kg K)
60	300	0,03619	2885,5	6,0702	550	0,06102	3541,2	7,0306
	350	0,04225	3043,9	6,3356	600	0,06526	3658,8	7,1692
	400	0,04742	3178,2	6,5431	650	0,06943	3776,4	7,3002
	450	0,05217	3302,8	6,7216	700	0,07354	3894,5	7,4248
	500	0,05667	3422,9*	6,8824	750	0,07761	4013,4	7,5439
80	300	0,02428	2786,4	5,7935	550	0,04517	3521,8	6,8798
	350	0,02998	2988,1	6,1319	600	0,04846	3642,4	7,0221
	400	0,03435	3139,3	6,3657	650	0,05167	3762,4	7,1557
	450	0,03820	3273,2	6,5577	700	0,05483	3882,4	7,2823
	500	0,04177	3399,4	6,7264	750	0,05793	4002,9	7,4930
100	350	0,02244	2924,0	5,9458	600	0,03838	3625,8	6,9045
	400	0,02644	3097,4	6,2139	650	0,04102	3748,3	7,0409
	450	0,02979	3242,3	6,4217	700	0,04359	3870,3	7,1696
	500	0,03281	3375,1	6,5993	750	0,04613	3992,3	7,2918
	550	0,03566	3501,9	6,7584	800	0,04862	4114,7	7,4087
150	350	0,01148	2693,0	5,4435	600	0,02492	3583,3	6,6797
	400	0,01567	2975,5*	5,8817	650	0,02680	3712,4	6,8235
	450	0,01848	3157,8	6,1433	700	0,02862	3839,5	6,9576
	500	0,02083	3310,8	6,3479	750	0,03039	3965,6	7,0839
	550	0,02295	3450,5	6,5230	800	0,03212	4091,3	7,2039
200	400	0,00995	2816,8	5,5525	650	0,01969	3675,6	6,6596
	450	0,01272	3061,5	5,9041	700	0,02113	3808,2	6,7994
	500	0,01479	3241,2	6,1445	750	0,02252	3938,5	6,9301
	550	0,01657	3396,2	6,3390	800	0,02387	4067,7	7,0534
	600	0,01818	3539,2	6,5077				

A

T 5.2 Spezifische Schmelzenthalpie und Schmelztemperatur einiger Stoffe bei 1,013 25 bar[1)]

Stoff		Spez. Schmelzenthalpie σ kJ/kg	Schmelztemperatur t_{sch} °C
Ammoniak	NH_3	332,2	−77,8
Ethanol	C_2H_5OH	107,0	−114,1
Kohlenstoffdioxid[2)]	CO_2	204,95	−56,6
Quecksilber[3)]	Hg	11,7	−38,9
Schwefeldioxid	SO_2	115,5	−73,2
Wasser (Eis)	H_2O	333,1	0
Aluminium[3)]	Al	355,9	660
Blei[3)]	Pb	23,9	327,3
Eisen, rein[3)]	Fe	272,1	1 530
Stahl mit ca. 0,2 % C		≈209	≈1 500
Grauguss		≈ 96	≈1 200
Kupfer[3)]	Cu	209,3	1 083

[1)] Werte aus VDI-Wärmeatlas [10; D3.1, Tab.1].

[2)] Werte aus Hütte [15; Tabelle 8.8] . σ und t_{sch} gelten für den Tripelpunkt, da CO_2 erst bei Drücken ab 5,18 bar schmilzt.

[3)] Werte aus Dubbel [14; D50, Anh. D6, Tab. 11]

T 6.1 Partialdruck des Wasserdampfes und absolute Feuchte (Partialdichte) in gesättigter feuchter Luft und anderen gesättigten Gasen*)

t °C	p_s bar	ϱ_s $\frac{kg}{m^3}$	t °C	p_s bar	ϱ_s $\frac{kg}{m^3}$
−20	0,001 033	0,000 884	26	0,033 637	0,024 404
−18	0,001 249	0,001 061	27	0,035 679	0,025 801
−16	0,001 507	0,001 270	28	0,037 828	0,027 266
−14	0,001 812	0,001 515	29	0,040 089	0,028 802
−12	0,002 173	0,001 804	30	0,042 467	0,030 412
−10	0,002 599	0,002 141	32	0,047 592	0,033 864
−8	0,003 100	0,002 534	34	0,053 247	0,037 647
−6	0,003 687	0,002 992	36	0,059 475	0,041 785
−4	0,004 375	0,003 523	38	0,066 324	0,046 306
−2	0,005 177	0,004 139	40	0,073 844	0,051 237
0	0,006 112	0,004 851	42	0,082 090	0,056 608
1	0,006 571	0,005 196	44	0,091 118	0,062 451
2	0,007 060	0,005 563	46	0,100 988	0,068 797
3	0,007 581	0,005 952	48	0,111 764	0,075 682
4	0,008 135	0,006 365	50	0,123 513	0,083 140
5	0,008 726	0,006 802	52	0,136 305	0,091 210
6	0,009 354	0,007 265	54	0,150 215	0,099 931
7	0,010 021	0,007 756	56	0,165 322	0,109 344
8	0,010 730	0,008 276	58	0,181 704	0,119 492
9	0,011 483	0,008 825	60	0,199 458	0,130 418
10	0,012 282	0,009 407	62	0,218 664	0,142 170
11	0,013 129	0,010 021	64	0,239 421	0,154 795
12	0,014 028	0,010 670	66	0,261 827	0,168 344
13	0,014 981	0,011 355	68	0,285 986	0,182 869
14	0,015 989	0,012 078	70	0,312 006	0,198 423
15	0,017 057	0,012 840	72	0,340 001	0,215 063
16	0,018 188	0,013 644	74	0,370 088	0,232 846
17	0,019 383	0,014 491	76	0,402 389	0,251 832
18	0,020 647	0,015 384	78	0,437 031	0,272 083
19	0,021 982	0,016 324	80	0,474 147	0,293 663
20	0,023 392	0,017 313	90	0,701 824	0,423 882
21	0,024 881	0,018 353	100	1,014 180	0,598 136
22	0,026 452	0,019 447			
23	0,028 109	0,020 596			
24	0,029 856	0,021 804			
25	0,031 697	0,023 073			

*) Als Partialdruck wurde der Dampfdruck p_s des H_2O tabelliert. Bei mäßigem Gesamtdruck, wie er z. B. in Anlagen der Trocknungs- und Klimatechnik vorliegt (um 1 bar), stimmen p_s^* und p_s überein. Drücke für $t = -20$ °C bis -2 °C aus Wagner/Saul/Pruß [31; S. 527, Gl. (6)], Partialdichten aus Wagner/Pruß [32]; Werte für $t = 0$ °C bis 100 °C: Wasserdampftafeln [18]. Drucktafel s. T 5.4.

A

T 8.1 Wärmeübertragungseigenschaften einiger fester Stoffe[1)]

	t	ϱ	c	λ	a
	°C	$\frac{\text{kg}}{\text{m}^3}$	$\frac{\text{kJ}}{\text{kg K}}$	$\frac{\text{W}}{\text{K m}}$	$\frac{\text{m}^2}{\text{s}}$
Aluminium 99,99[2)]	20	2700	0,945	238	$93{,}4 \cdot 10^{-6}$
Stahl, unlegiert[3)]	0	7850	0,465	59	$16{,}2 \cdot 10^{-6}$
Stahl, unlegiert[3)]	200	7800	0,535	52	$12{,}5 \cdot 10^{-6}$
Stahl, unlegiert[3)]	400	7730	0,630	44	$9{,}0 \cdot 10^{-6}$
Kupfer, Handelsware	20	8300	0,419	372	$107 \cdot 10^{-6}$
Messing	20	8600	0,381	81 ... 116	$(25 \ldots 35) \cdot 10^{-6}$
Zink	20	7130	0,385	113	$39 \cdot 10^{-6}$
Kiesbeton	20	2200	0,879	1,28	$0{,}66 \cdot 10^{-6}$
Fensterglas	20	2480	0,70 ... 0,93	1,16	$0{,}59 \cdot 10^{-6}$
Mauerwerk, Hochlochziegel	20	1420...1460	–	0,76	$0{,}55 \cdot 10^{-6}$
Glaswolle[2)]	25	200	0,66	0,037	$0{,}28 \cdot 10^{-6}$

1) Werte aus Gröber/Erk/Grigull [9b; Zahlentafel 14]

2) Werte aus Stephan/Schaber/Stephan/Mayinger [6a; Tabelle 15.3]

3) Schmidt, E.: Einführung in die Technische Thermodynamik und in die Grundlagen der chemischen Thermodynamik. 7. Aufl., Berlin, Göttingen, Heidelberg: Springer-Verlag 1958; Tabelle 49

T 8.2 Wärmeübertragungseigenschaften einiger Flüssigkeiten

Stoff	t	ϱ	c_p	λ	γ	η	ν	a	Pr
	°C	$\frac{kg}{m^3}$	$\frac{kJ}{kg\,K}$	$\frac{W}{K\,m}$	$\frac{1}{K}$	$\frac{kg}{m\,s} = \frac{N\,s}{m^2}$	$\frac{m^2}{s}$	$\frac{m^2}{s}$	–
Ammoniak (NH_3) 1)	20	610	4,77	0,494	0,00244	$220 \cdot 10^{-6}$	$0{,}361 \cdot 10^{-6}$	$0{,}17 \cdot 10^{-6}$	2,12
Wasser 2)	0	999,8	4,218	0,552	0,00006	$1792 \cdot 10^{-6}$	$1{,}792 \cdot 10^{-6}$	$0{,}131 \cdot 10^{-6}$	13,67
Wasser 2)	20	998,2	4,182	0,598	0,000206	$1002 \cdot 10^{-6}$	$1{,}004 \cdot 10^{-6}$	$0{,}143 \cdot 10^{-6}$	7,01
Wasser 2)	60	983,2	4,184	0,652	0,000523	$467 \cdot 10^{-6}$	$0{,}475 \cdot 10^{-6}$	$0{,}158 \cdot 10^{-6}$	3,00
Wasser 2)	100	958,4	4,216	0,682	0,000752	$282 \cdot 10^{-6}$	$0{,}295 \cdot 10^{-6}$	$0{,}169 \cdot 10^{-6}$	1,75
Wasser 2)	200	864,7	4,497	0,666	0,00139	$136 \cdot 10^{-6}$	$0{,}168 \cdot 10^{-6}$	$0{,}171 \cdot 10^{-6}$	0,92
Transformatorenöl	40	854	1,99	0,123	0,00069	$14220 \cdot 10^{-6}$	$16{,}7 \cdot 10^{-6}$	$0{,}072 \cdot 10^{-6}$	230
Transformatorenöl	80	830	2,09	0,120	0,00071	$4315 \cdot 10^{-6}$	$5{,}2 \cdot 10^{-6}$	$0{,}066 \cdot 10^{-6}$	79,4

1) Bei 0,980665 bar. Wenn der Dampfdruck größer ist, bei dem zu der genannten Temperatur gehörenden Sättigungsdruck. Werte aus [9b; Zahlentafel 14]

2) Werte aus [9b; Zahlentafel 10].

A

T 8.3 a Wärmeübertragungseigenschaften von Luft (trocken) beim Druck von 1 bar [10; Kap. D2.2, Tab. 1]*)

t °C	ϱ $\frac{kg}{m^3}$	c_p $\frac{kJ}{kg\,K}$	λ $\frac{W}{K\,m}$	η $\frac{kg}{m\,s}$	ν $\frac{m^2}{s}$	a $\frac{m^2}{s}$	Pr –
–20	1,377	1,006	0,022 81	$16{,}20 \cdot 10^{-6}$	$11{,}77 \cdot 10^{-6}$	$16{,}47 \cdot 10^{-6}$	0,7143
0	1,276	1,006	0,024 36	$17{,}22 \cdot 10^{-6}$	$13{,}50 \cdot 10^{-6}$	$18{,}98 \cdot 10^{-6}$	0,7110
20	1,189	1,006	0,025 87	$18{,}21 \cdot 10^{-6}$	$15{,}32 \cdot 10^{-6}$	$21{,}63 \cdot 10^{-6}$	0,7081
40	1,112	1,007	0,027 35	$19{,}17 \cdot 10^{-6}$	$17{,}23 \cdot 10^{-6}$	$24{,}41 \cdot 10^{-6}$	0,7056
60	1,046	1,008	0,028 80	$20{,}10 \cdot 10^{-6}$	$19{,}22 \cdot 10^{-6}$	$27{,}32 \cdot 10^{-6}$	0,7035
80	0,9862	1,010	0,030 22	$21{,}01 \cdot 10^{-6}$	$21{,}30 \cdot 10^{-6}$	$30{,}35 \cdot 10^{-6}$	0,7018
100	0,9333	1,011	0,031 62	$21{,}90 \cdot 10^{-6}$	$23{,}46 \cdot 10^{-6}$	$33{,}50 \cdot 10^{-6}$	0,7004
120	0,8857	1,014	0,032 99	$22{,}76 \cdot 10^{-6}$	$25{,}70 \cdot 10^{-6}$	$36{,}75 \cdot 10^{-6}$	0,6994
140	0,8428	1,016	0,034 44	$23{,}61 \cdot 10^{-6}$	$28{,}01 \cdot 10^{-6}$	$40{,}10 \cdot 10^{-6}$	0,6986
160	0,8039	1,019	0,035 66	$24{,}44 \cdot 10^{-6}$	$30{,}40 \cdot 10^{-6}$	$43{,}54 \cdot 10^{-6}$	0,6982
180	0,7684	1,022	0,036 96	$25{,}25 \cdot 10^{-6}$	$32{,}86 \cdot 10^{-6}$	$47{,}08 \cdot 10^{-6}$	0,6980
200	0,7359	1,025	0,038 25	$26{,}05 \cdot 10^{-6}$	$35{,}39 \cdot 10^{-6}$	$50{,}70 \cdot 10^{-6}$	0,6981
250	0,6655	1,035	0,041 38	$27{,}97 \cdot 10^{-6}$	$42{,}03 \cdot 10^{-6}$	$60{,}10 \cdot 10^{-6}$	0,6993
300	0,6075	1,045	0,044 42	$29{,}81 \cdot 10^{-6}$	$49{,}07 \cdot 10^{-6}$	$69{,}95 \cdot 10^{-6}$	0,7016
400	0,5172	1,069	0,050 24	$33{,}28 \cdot 10^{-6}$	$64{,}35 \cdot 10^{-6}$	$90{,}89 \cdot 10^{-6}$	0,7080
500	0,4503	1,093	0,055 80	$36{,}53 \cdot 10^{-6}$	$81{,}12 \cdot 10^{-6}$	$113{,}39 \cdot 10^{-6}$	0,7154
600	0,3988	1,115	0,061 14	$39{,}60 \cdot 10^{-6}$	$99{,}30 \cdot 10^{-6}$	$137{,}46 \cdot 10^{-6}$	0,7224
700	0,3578	1,136	0,066 31	$42{,}52 \cdot 10^{-6}$	$118{,}83 \cdot 10^{-6}$	$163{,}14 \cdot 10^{-6}$	0,7284
800	0,3245	1,154	0,071 35	$45{,}32 \cdot 10^{-6}$	$139{,}67 \cdot 10^{-6}$	$190{,}49 \cdot 10^{-6}$	0,7332
900	0,2968	1,171	0,076 27	$48{,}02 \cdot 10^{-6}$	$161{,}78 \cdot 10^{-6}$	$219{,}53 \cdot 10^{-6}$	0,7370
1 000	0,2735	1,185	0,081 10	$50{,}63 \cdot 10^{-6}$	$185{,}14 \cdot 10^{-6}$	$250{,}31 \cdot 10^{-6}$	0,7396

*) Für c_p nach dem Polynom Gl 2.35 errechnete Werte können von den tabellierten Werten leicht abweichen.

T 8.3 b Wärmeübertragungseigenschaften einiger Gase bei 0,980 665 bar[1)]

Stoff	t	ϱ	c_p	λ	η	ν	a	Pr
	°C	$\frac{kg}{m^3}$	$\frac{kJ}{kg\,K}$	$\frac{W}{K\,m}$	$\frac{kg}{m\,s} = \frac{N\,s}{m^2}$	$\frac{m^2}{s}$	$\frac{m^2}{s}$	–
Kohlenstoffdioxid (CO_2)[2)]	50	1,617	0,875	0,0178	$16,2 \cdot 10^{-6}$	$10,0 \cdot 10^{-6}$	$12,6 \cdot 10^{-6}$	0,80
Kohlenstoffmonoxid (CO)[2)]	0	1,210	1,040	0,022	$16,6 \cdot 10^{-6}$	$13,28 \cdot 10^{-6}$	$16,74 \cdot 10^{-6}$	0,794
Sauerstoff (O_2)[2)]	20	1,289	0,915	0,026	$20,3 \cdot 10^{-6}$	$18,4 \cdot 10^{-6}$	$25,7 \cdot 10^{-6}$	0,716
Schwefeldioxid (SO_2)[2)]	0	2,832	0,609	0,0084	$11,6 \cdot 10^{-6}$	$4,1 \cdot 10^{-6}$	$4,76 \cdot 10^{-6}$	0,86
Stickstoff (N_2)[2)]	0	1,210	1,039	0,0238	$16,6 \cdot 10^{-6}$	$13,26 \cdot 10^{-6}$	$18,3 \cdot 10^{-6}$	0,725
Wasserdampf (H_2O)[2)]	100	0,578	1,88	0,0242	$12,9 \cdot 10^{-6}$	$22,1 \cdot 10^{-6}$	$9,61 \cdot 10^{-6}$	1,12
Wasserdampf (H_2O)	200	0,452	1,93	0,0328	$16,6 \cdot 10^{-6}$	$36,8 \cdot 10^{-6}$	$37,6 \cdot 10^{-6}$	0,97
Wasserdampf (H_2O)	400	0,316	2,05	0,0551	$23,5 \cdot 10^{-6}$	$74,4 \cdot 10^{-6}$	$85,0 \cdot 10^{-6}$	0,88
Wasserstoff (H_2)[2)]	50	0,0735	14,4	0,202	$9,42 \cdot 10^{-6}$	$128 \cdot 10^{-6}$	$191 \cdot 10^{-6}$	0,67
Ammoniak (NH_3)[2)]	100	0,540	2,23	0,0300	$13,0 \cdot 10^{-6}$	$24,1 \cdot 10^{-6}$	$24,9 \cdot 10^{-6}$	0,97

Temperaturabhängigkeit der Wärmeleitfähigkeit λ (näherungsweise) bei 0,980 665 bar:

Luft	$\{\lambda\} = 0{,}0242\,(1 + 0{,}003\,\{t\})$ in W/(K m)
Kohlenstoffdioxid (CO_2)	$\{\lambda\} = 0{,}0143\,(1 + 0{,}004\,\{t\})$ in W/(K m)
Wasserstoff (H_2)	$\{\lambda\} = 0{,}176\,(1 + 0{,}003\,\{t\})$ in W/(K m)

1) ϱ und c_p teilweise aus T 1.5 berechnet.

$\gamma = \frac{1}{T_f}$ (s. Erläuterungen zu Gl 8.14)

$\nu = \nu_{Tab} \frac{p_{Tab}}{p}$

2) Werte aus [9b; Zahlentafel 10].

A

T 9.1 Feste und flüssige Brennstoffe*): Zusammensetzung, Heizwert, Brennwert, Dichte (typische Werte bzw. Mittelwert)

	Zusammensetzung in Massen-%							Heizwert	Brennwert	Dichte
	c	h	o	n	s	a	w	H_u MJ/kg	H_o MJ/kg	$\varrho_{15\,°C}$ kg/m^3
Rohbraunkohle (Rheinland)	25–32	2	9–12	0,3	0,2	3	50–60	7,5–10,5	9,3–12,3	
Steinkohle (Gaskohle/Ruhr)	73–83	3,4–5,3	1,8–6,5	1,1	0,9	4–7	3–5	31,7	32,8	
Koks	83–86	0,3–0,5	0,5	1	0,7–1,0	9–12	1,5–5,0	28,8	29,0	
Holz (lufttrocken)	44	5	35	0,5	<0,04	0,5	15	15,5	17,7	
Holzpellets	38–44	5	37	0,06	<0,08	1,5	12	17,6	19,8	
Heizöl EL	86,6	13		0,015	≤0,1		0,008	42,8	45,9	845
Heizöl S	87,5	10,6	0,5	0,4	≤1,0	0,05	<0,1	40,7	43,1	885
Benzin	85	15			<0,002			42,7	46,05	720

*) Werte aus Recknagel/Sprenger/Schramek [17; Tafel 1.3.8-3 und Tafel 1.3.8-4], für Heizöl EL aus DGMK [45; Tabelle 1a und Tabelle 1b] und für Heizöl S nach Aral [30].
Die Zusammensetzung von Braunkohle, Torf und Holz schwankt in sehr weiten Grenzen, besonders der Wassergehalt. Brenn- und Heizwerte der festen Brennstoffe bezogen auf den trockenen Brennstoff.

T 9.2 Brenngase (trocken)[1)]: Zusammensetzung, Heizwert, Brennwert (typische Werte)

	Zusammensetzung in Mol-%[3)]										Heizwert	Brennwert
	CH_4^b	$C_2H_6^b$	$C_3H_8^b$	$C_4H_{10}^b$	CO_2^b	H_2S^b	NH_3^b	H_2^b	N_2^b	O_2^b	H_{un} MJ/m^3	H_{on} MJ/m^3
Erdgas L[1)]	81,8	2,8	0,4	0,2	0,8				14,0		31,8	35,2
Erdgas H[1)]	93,0	3	1,3	0,6	1				1,1		37,2	41,2
Biogas[2)]	50–80	25–55			15–50	0–1	0–1	0–2	0–5	0–1	14–27	17–30

[1)] Werte aus Cerbe [11; Tafel 1.1, Tafel 2.1]
[2)] Werte aus Cerbe [11; Tafel 1.3]
[3)] Bei Annahme idealen Gasverhaltens (sonst näherungsweise) auch Vol.-%.

S Sachwortverzeichnis

A

E

F

H

L

M

S

N

O

P

Q

R

S

S

T

Z